Starkstrommeßtechnik

Starkstrommeßtechnik

Ein Handbuch für Laboratorium und Praxis

unter Mitarbeit von

Dr.-Ing. F. Hillebrand, Berlin · Regierungsrat Dr. R. Jäger, Berlin
Dr.-Ing. e. h. M. Schenkel, Berlin · Dr.-Ing. K. Schmiedel, Nürnberg
Oberregierungsrat Dr. W. Steinhaus, Berlin
Regierungsrat Dr. R. Vieweg, Berlin

herausgegeben von

Dr. G. Brion und **Dipl.-Ing. V. Vieweg**

Professor an der Sächsischen Bergakademie Freiberg

Oberregierungsrat u. Mitglied d. Physikalisch-Technischen Reichsanstalt Berlin

Mit 530 Abbildungen im Text
und zahlreichen Tabellen

Berlin
Verlag von Julius Springer
1933

ISBN-13: 978-3-642-98571-3 e-ISBN-13: 978-3-642-99386-2
DOI: 10.1007/978-3-642-99386-2

Softcover reprint of the hardcover 1st edition 1933

Vorwort.

Die Starkstrommeßtechnik ist heute zu einem besonderen Zweig der Elektrotechnik geworden, der selbständig behandelt werden kann. Während über einen Teil dieser Meßtechnik bereits seit Jahren einzelne Bücher vorliegen, sind andere Teile erst neuerdings in den Prüffeldern der elektrischen Fabriken entwickelt und zu einem gewissen Abschluß gebracht worden. Auch die Behandlung meßtechnischer Fragen in den Kommissionen des Verbandes Deutscher Elektrotechniker hat in den letzten Jahren beachtlichen Umfang angenommen. Eine Zusammenfassung des gegenwärtigen Standes der Starkstrommeßtechnik entspricht daher einem praktischen Bedürfnis.

Zu beachten war, daß heute Meßmethoden in Prüffeldern Anwendung finden, die noch vor kurzem auf wenige Speziallaboratorien beschränkt waren. Über den üblichen meßtechnischen Rahmen — Behandlung von Meßgeräten, Maschinen, Transformatoren und Apparaten — hinaus erforderten einige jetzt besonders weit entwickelte Zweige, wie die Hochspannungs- und Isolierstofftechnik, Berücksichtigung.

Um den Umfang des Buches nicht über einen handlichen Band hinauswachsen zu lassen, mußten die grundlegenden Gesetzmäßigkeiten im allgemeinen als bekannt vorausgesetzt werden. Außerdem konnten einzelne Teilgebiete wie Messungen an Akkumulatoren, an Lichtquellen, an Schaltern und Anlassern nicht oder nur sehr kurz behandelt werden. Für näheres Studium ist vielfach Einzelliteratur angegeben, ferner ist bei allen Abschnitten die einschlägige Buchliteratur zusammengestellt. Ein ausführliches Namen- und Sachverzeichnis und eine Inhaltsübersicht werden die Benutzung des Buches als Nachschlagewerk erleichtern. Den Bezeichnungen sind nach Möglichkeit die Vorschläge des Ausschusses für Einheiten und Formelzeichen (AEF) zugrunde gelegt worden, ebenso in umfassender Weise die Bestimmungen des VDE.

Das Buch wendet sich in erster Linie an Ingenieure und technische Physiker in Elektrizitätswerken und Prüffeldern elektrischer Fabriken. Es wird aber auch Studierenden der Elektrotechnik in Ergänzung des Praktikums ein Führer durch die Meßtechnik sein können. Die Darstellung ist zwar nicht elementar, aber bewußt leicht faßlich gehalten und nimmt auf den praktischen Gebrauch des Bandes als Handbuch Rücksicht.

Der Verlagsbuchhandlung, die keine Mühe scheute, um das Unternehmen trotz der Ungunst der Verhältnisse zum Abschluß zu bringen und das Buch gut auszustatten, sprechen wir an dieser Stelle unseren herzlichen Dank aus. Für jede Anregung zu Verbesserungen bei einer Neuauflage sind wir den Fachkollegen dankbar.

Freiberg und Berlin, im März 1933.

G. Brion, V. Vieweg.

Inhaltsverzeichnis.

Druckfehlerberichtigung.

Seite 69, Zeile 22

lies: $N = \frac{1}{2R_2}(U_3^2 - U_1^2 - U_2^2)$ statt: $\frac{R_2}{2}(U_3^2 - U_1^2 - U_2^2)$.

I. Allgemeines über Messungen.

Von **G. Brion**, Freiberg.

1. Einheiten elektrischer Größen. Im CGS-System sind als Grundgrößen gewählt: Länge (l), Masse (m), Zeit (t); als Einheiten festgesetzt: cm, g, s. Im technischen Maßsystem sind die Grundgrößen: Länge (l), Kraft (P), Zeit (t); als Einheiten gelten: m, kg, s; die Krafteinheit ist definiert durch die auf die Masse von 1000 g = 1 kg in mittleren Breiten (g = 9,807 m/s²) wirkende Kraft; durch die Einführung des kg als Krafteinheit im technischen System ist eine bedauerliche Verwechslung mit dem 1000fachen Betrag der Masseneinheit im CGS-System möglich; die Kennzeichnung des kg als Krafteinheit durch ein Sternchen in Exponentstellung ist nicht allgemein durchgeführt; bis zur einheitlichen Regelung dürfte es sich empfehlen, dem Ausdruck kg die nähere Bezeichnung Kraft oder Masse beizufügen, je nachdem es sich um eine Krafteinheit oder um eine Masse handelt, falls Verwechslungen möglich. Für die einheitliche Benennung, Bezeichnung und Begriffsbestimmung technisch wichtiger Größen und Einheiten, Aufstellung einheitlicher Zeichen usw. sei insbesondere auf die Arbeiten des AEF (Ausschuß für Einheiten und Formelgrößen) hingewiesen.

Die Dimension einer Größe gibt ihren Zusammenhang mit den Grundgrößen an. Im CGS-System hat die Kraft die Dimension $[m l t^{-2}]$; ihre Einheit ist das dyn oder die dyne, d. h. die Kraft, die der Masse 1 g die Beschleunigung 1 cm/s² erteilt; einem kg-Kraft entsprechen $9{,}81 \cdot 10^5$ dynen. Die Arbeitseinheit in CGS-Einheiten ist das erg; dessen Dimension $[m l^2 t^{-2}]$; $9{,}81 \cdot 10^7$ erg = 1 kgm = Arbeitseinheit im technischen System; 10^7 erg/s = 1 Watt; 1 PS = 75 mkg/s = 735 Watt.

Um bei Größen, die sich quantitativ stark von den gewählten Einheiten unterscheiden, viele Nullen zu vermeiden, benutzt man nach dem Dezimalsystem Potenzen von 10 und arbeitet insbesonders mit 10^{-9} (n; sprich nano), 10^{-6} (μ; sprich Mikron), 10^{-3} (m), 10^3 (k; sprich Kilo), 10^6 (M; sprich Mega).

Die elektrischen und magnetischen Größen und Einheiten werden entweder nach dem elektrostatischen System auf das CGS-System zurückgeführt, indem man vom Coulombschen Gesetz für die elektrischen Ladungen

$$\left(P = \frac{1}{4\pi\varepsilon}\,\frac{Q_1 Q_2}{r^2}\right)^*$$

und vom Gesetz von Biot-Savart

$$\left(P = \frac{\mathfrak{m}\, dl\, i}{4\pi r^2}\sin(l, r) \quad \text{bzw.} \quad \oint \mathfrak{H}\, dl = w i\right)^*$$

ausgeht oder nach dem elektromagnetischen System, indem man das Coulombsche Gesetz für magnetische Polstärken $\left(P = \frac{1}{4\pi\mu}\,\frac{\mathfrak{m}_1 \mathfrak{m}_2}{r^2}\right)^*$ und das Gesetz von Biot-Savart zugrunde legt. Im ersten Fall ist i durch die Ladung je Zeiteinheit

* Wegen der Zahl 4π s. u. a. Elektrotechn. Z. Bd. 53 (1932) S. 114 Satz 14, III.

Größe	Zeichen	Dimension		Technische Einheit Bezeichnung und Zeichen	Verhältnis der Größe der technischen Einheit	
		elektrostatisch	elektromagnetisch		zur elektrostatischen Einheit	zur elektromagnetischen Einheit
Elektrizitätsmenge	Q	$l^{3/2} m^{1/2} t^{-1} \varepsilon^{1/2}$	$l^{1/2} m^{1/2} \mu^{-1/2}$	Coulomb C	$3 \cdot 10^{9}$	10^{-1}
Stromstärke	I	$l^{3/2} m^{1/2} t^{-2} \varepsilon^{1/2}$	$l^{1/2} m^{1/2} t^{-1} \mu^{-1/2}$	Ampere A	$3 \cdot 10^{9}$	10^{-1}
Elektrische Feldstärke . .	$\mathfrak{E}$	$l^{-1/2} m^{1/2} t^{-1} \varepsilon^{-1/2}$	$l^{1/2} m^{1/2} t^{-2} \mu^{1/2}$	V/cm	$1/3 \cdot 10^{-2}$	10^{8}
Dielektrizitätskonstante (Elektrisierungszahl) . .	ε	ε	$l^{-2} \cdot t^{2} \mu^{-1}$	—	—	—
Elektrische Verschiebung .	$\mathfrak{D} = \varepsilon \mathfrak{E}$	$l^{-1/2} m^{1/2} t^{-1} \varepsilon^{1/2}$	$l^{-3/2} m^{1/2} \mu^{-1/2}$	—	—	—
Elektrische Kapazität . .	C	$l \cdot \varepsilon$	$l^{-1} t^{2} \mu^{-1}$	Farad F 1 μ F = 900000 cm	$9 \cdot 10^{11}$	10^{-9}
Magnetische Polstärke . .	$\mathfrak{m}$	$l^{1/2} m^{1/2} \varepsilon^{-1/2}$	$l^{3/2} m^{1/2} t^{-1} \mu^{1/2}$	—	—	—
„ Feldstärke . .	$\mathfrak{H}$	$l^{1/2} m^{1/2} t^{-2} \varepsilon^{1/2}$	$l^{-1/2} m^{1/2} t^{-1} \mu^{-1/2}$	Oersted		
„ Induktion . .	$\mathfrak{B} = \mu \cdot \mathfrak{H}$	$l^{-3/2} m^{1/2} \varepsilon^{-1/2}$	$l^{-1/2} m^{1/2} t^{-1} \mu^{1/2}$	Gauß		
Magnetischer Fluß	$\Phi = F \cdot \mathfrak{B}$	$l^{1/2} m^{1/2} \varepsilon^{-1/2}$	$l^{3/2} m^{1/2} t^{-1} \mu^{1/2}$	Maxwell		
Magnetische Permeabilität (Leitfähigkeit)	μ	$l^{-2} t^{2} \varepsilon^{-1}$	μ			
Induktivität	L	$l^{-1} t^{2} \varepsilon^{-1}$	$l \cdot \mu$	Henry H	$1/9 \cdot 10^{-11}$	10^{9}
Elektrische Spannung . . EMK	U E	$l^{1/2} m^{1/2} t^{-1} \varepsilon^{-1/2}$	$l^{3/2} m^{1/2} t^{-2} \mu^{1/2}$	Volt V 300 V = 1 elektrostat. Einheit	$1/3 \cdot 10^{-2}$	10^{8}
Elektrischer Widerstand .	R	$l^{-1} t \varepsilon^{-1}$	$l t^{-1} \mu$	Ohm Ω	$1/9 \cdot 10^{-11}$	10^{9}
„ Leitwert . .	$1/R$	$l t^{-1} \varepsilon$	$l^{-1} t \mu^{-1}$	Siemens S		
Elektrische Leistung . . .	N	$l^{2} m t^{-3}$	$l^{2} m t^{-3}$	Watt W	10^{7}	10^{7}
„ Arbeit	A	$l^{2} m t^{-2}$	$l^{2} m t^{-2}$	Joule Ws	10^{7}	10^{7}

definiert; die Dimensionen von $\mathfrak{m}$ und $\mathfrak{H}$ ergeben sich aus der Formel von Biot-Savart. Beim elektromagnetischen System werden Dimensionen und Einheiten von i und Q aus der Formel von Biot-Savart abgeleitet, indem sich Dimensionen und Einheiten von $\mathfrak{m}$ und $\mathfrak{H}$ $\left(\mathfrak{H} = \frac{P}{\mathfrak{m}}\right)$ aus der Formel für magnetische Polstärken ergeben. Man erhält dann nebenstehendes Schema.

Setzt man die Dimension derselben Größe im elektrostatischen und elektromagnetischen System einander gleich, so erhält man $lt^{-1} = \frac{1}{\sqrt{\mu\varepsilon}}$, d. h. $1/\sqrt{\mu\varepsilon}$ hat die Dimension einer Geschwindigkeit, die experimentell gleich der Lichtgeschwindigkeit c im Vakuum, zu $3 \cdot 10^{10}$ cm/s gefunden worden ist. Setzt man dagegen $\varepsilon = 1$, $\mu = 1$, d. h. betrachtet man ε und μ als dimensionslose Materialkonstanten, so hat das Verhältnis der gleichen im elektrostatischen und elektromagnetischem System gemessenen Größe die Dimension einer Potenz einer Geschwindigkeit.

Technische Einheiten: Die in der Zahlentafel S. 2 angegebenen technischen Einheiten decken sich nicht ganz mit einem ganzen Vielfachen der absoluten Einheiten, die Unterschiede betragen jedoch weniger als 1‰. Das internationale Ampere wird durch einen konstanten Strom dargestellt, der je Sekunde aus einer $AgNO_3$-Lösung 1,11800 mg Ag niederschlägt, das internationale Ohm durch den Widerstand einer Hg-Säule von 0°, von 106,300 cm Länge bei gleichmäßigem Querschnitt und 14,4521 g; das internationale Volt ist die Spannung, die in einem Leiter von 1 Ω einen Strom von 1 A hervorbringt. Da jedoch die Bestimmung der technischen Stromeinheit mit Hilfe des Silbervoltameters lästig ist, wird praktisch laut internationaler Vereinbarung die EMK eines Weston-Elements bei 20° zu $1{,}0183_0$ V festgesetzt. (Zusammensetzung: Hg und Kadmiumamalgam als Elektroden; gesättigte Lösung von Kadmiumsulfat als Elektrolyt.) Die EMK ist allerdings von der Temperatur abhängig. Angenäherte Formel

$$E = 1{,}0183_0 - 0{,}041\,(t - 20)\,10^{-3}\ \text{V}.$$

Die EMK des Elementes mit einer bei 4° gesättigten Lösung beträgt 1,0187 V; der Temperaturkoeffizient ist bei dieser Ausführung fast Null, das Element in dieser Form jedoch nicht genau reproduzierbar. Zeitliche Konstanz beider Formen sehr groß, wenn Element nur im stromlosen Zustand benutzt wird. Innerer Widerstand der gebräuchlichsten Form etwa 300 Ω; maximaler zulässiger Strom für wenige Sekunden $\sim 10^{-4}$ A.

2. Messung physikalischer Größen. Durch Messung einer Größe wird ihr Verhältnis zur Einheit derselben Art festgelegt. Der gemessene Wert weicht in der Regel vom gesuchten, wahren Wert ab; die Abweichung nennt man den Fehler der Messung. Man unterscheidet den absoluten Fehler Δx der Größe x, den relativen Fehler $\frac{\Delta x}{x}$ und den prozentualen Fehler $100\,\frac{\Delta x}{x}$. In der Meßtechnik sind oft die relativen und prozentualen Fehler wichtiger als der absolute; ist z. B. bei Messung von Ausschlägen der Fehler Δx unabhängig von der Lage des Zeigers, d. h. von der Größe des Ausschlags α, so wird der prozentuale Fehler um so $<$, je $> \alpha$; deshalb arbeitet man bei den Meßinstrumenten zwecks größerer Genauigkeit mit möglichst großen Ausschlägen. Fehler können sich ergeben durch eine falsche Methode (unzutreffende Annahmen, falsche Meßanordnung), durch ungenaue Meßgeräte (falscher Nullpunkt, falsche Eichung, Reibung, Beeinflussung der Angaben durch fremde elektrische oder magnetische Felder, ferner durch Temperatur- oder Druckänderung, Feuchtigkeit usw.) sowie durch einseitige, systematische Beobachtungsfehler (z. B. Beobachtung von einem gleich bleibenden, einseitigen Standpunkt aus). Diese Fehler können nur durch Arbeiten nach verschiedenen Methoden, mit anderen Meßanordnungen und Meßgeräten und durch Beseitigung der Störungsursachen eingeschränkt werden. Der Fehler kann zweitens eine Folge der beschränkten Schärfe unserer natürlichen Beobachtungsgabe, endliche Stärke von Skala und Zeiger, Parallaxe, von Unaufmerksamkeit und Versehen sein. Sie werden als „Beobachtungsfehler" zusammengefaßt und wirken meist zufällig, in unkontrollierbarer Weise in dem einen oder anderen Sinn, sie folgen den Zufallsgesetzen und können dadurch heruntergedrückt werden, daß dieselbe Größe mehrfach gemessen bzw. mehr Größen gemessen werden, als zur Berechnung des Resultats notwendig. Die Fehlerrechnung gibt uns die Möglichkeit, die Beobachtungswerte nach den Regeln der Wahrscheinlichkeitsrechnung so zusammenzufassen, daß der wahrscheinlichste Wert des Resultats sowie die Größe des zu erwartenden Fehlers berechnet werden kann:

a) Die gesuchte Größe wird direkt gemessen. Es mögen n gleichwertige Messungen vorliegen; die Einzelwerte seien $a_1 \ldots a_i \ldots a_n$; der arithmetische Mittelwert $\bar{a} = \frac{\sum_1^n i\, a_i}{n}$ ist der wahrscheinlichste, die Differenz δ der Einzelwerte gegen $\bar{a}$ ist der scheinbare Fehler der Einzelmessung; der durchschnittliche Fehler F_d der Einzelmessung ist $F_d = \frac{\sum_1^n i\, \delta_i}{n}$, wobei $\delta_i = |\bar{a} - a_i|$; hierbei bedeuten die vertikalen Striche, daß für δ der absolute Wert ohne Rücksicht auf das Vorzeichen einzusetzen ist. Der wahrscheinliche Fehler der Einzelmessung ist $\approx \frac{2}{3} F_d$*, der wahrscheinliche Fehler F_w des Mittelwertes ist durch den Ausdruck gegeben $F_w \approx 1/\sqrt{n}\, F_d$, d. h. es ist 50% Wahrscheinlichkeit, daß der Fehler des Resultats $>$ als F_w und 50%, daß er $<$ als F_w ist. Da die zu erwartende Genauigkeit nur mit $\sqrt{n}$ zunimmt, so hat es keinen Zweck, die Ungenauigkeit von Einzelmessungen durch eine große Zahl von Beobachtungen kompensieren zu wollen (Abb. 1).

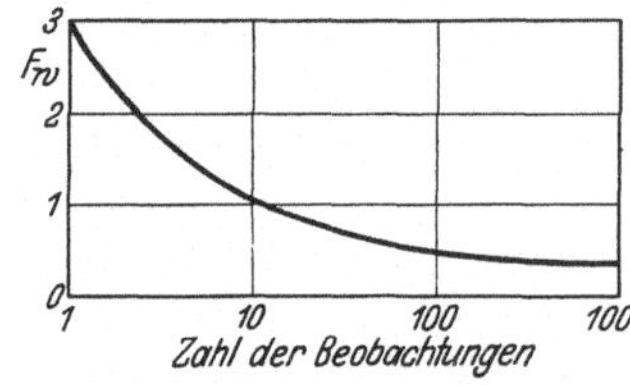

Abb. 1. Abnahme des wahrscheinlichen Fehlers mit der Zahl der gemessenen Werte.

Sind die Einzelbeobachtungen a nicht gleich zuverlässig, so multipliziert man die Werte a mit ganzzahligen Koeffizienten b, die den Genauigkeitsgrad oder das „Gewicht" der Einzelmessung angeben. An Stelle des arithmetischen Mittelwertes tritt dann der Ausdruck $\frac{\Sigma a_i b_i}{\Sigma b}$. Beispiel: Es sei eine Größe a 3mal gemessen; das Gewicht von a_1 sei 1, von a_2 sei 2, von a_3 sei 3, dann ist

$$\frac{\Sigma a_i b_i}{\Sigma b} = \frac{a_1 + 2a_2 + 3a_3}{b}.$$

Temperaturzunahme	Widerstandszunahme
5^0	2,0%
10^0	3,9%
20^0	7,9%
30^0	11,8%

Ein ähnliches Rechenverfahren ist am Platz, wenn man z. B. den Temperaturkoeffizienten eines Leiters durch Messung des Widerstandes bei verschiedenen Temperaturen zu bestimmen hat und einen linearen Zusammenhang zwischen Widerstand und Temperatur voraussetzt. Es seien z. B. durch Messung die nebenstehenden Werte gefunden.

* $\approx$ ist das Zeichen für: nahezu gleich.

Durch Summation der beiden Zahlenreihen ergibt sich für die Widerstandsänderung je Grad: $\frac{25{,}6}{65}\,\% = 0{,}395\,\%$. Hier tritt an Stelle des „Gewichts“ der Einzelmessung das Temperaturintervall.

Graphische Behandlung. Die beobachteten Werte $a_1 \ldots a_n$ werden wie eine statistische Reihe (Kollektivreihe) nach ihrer Größe in passend gewählte gleich große Abschnitte (Intervalle oder Klassen) eingeteilt (eingeordnet). Die Zahl der je Intervall entfallenden Glieder, also die Häufigkeit der Einzelwerte innerhalb der einzelnen Intervalle wird zusammengefaßt und in Abhängigkeit des mittleren Wertes der zugehörigen Klasse aufgetragen. In Abb. 2 sind unter (a) die Werte der nebenstehenden Zahlentafel hiernach aufgetragen:

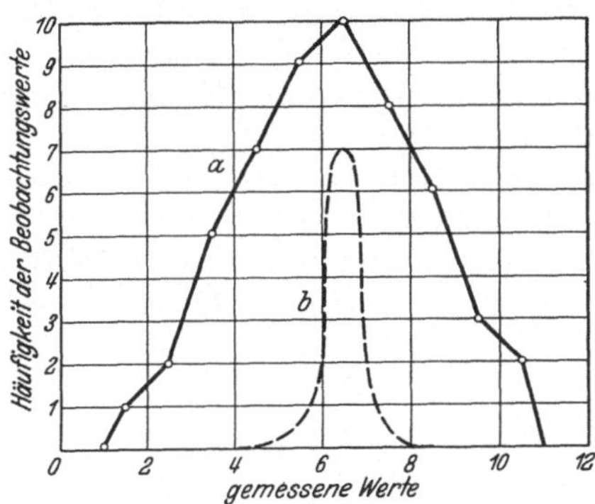

Abb. 2. Verteilungskurve.
a mit großer Streuung. b mit geringer Streuung.

Intervall	Häufigkeit der Werte
1 bis 2	1
2 „ 3	2
3 „ 4	5
4 „ 5	7
5 „ 6	9
6 „ 7	10
7 „ 8	8
8 „ 9	6
9 „ 10	3
10 „ 11	2

Die Kurve ist der Gaußschen Verteilungskurve ähnlich. Je $>$ die Zahl der gleichwertig gemessenen Werte, um so $<$ ist im allgemeinen die Abweichung von der idealen Verteilungskurve; bei der letzteren liegen die gemessenen Werte symmetrisch zur Mitte; hier liegt das Maximum; der diesem Häufigkeitsmaximum entsprechende Abszissenwert ist mit großer Annäherung der wahrscheinlichste. Abb. 2 zeigt zwei Verteilungskurven, (a) mit großer, (b) mit geringer Streuung oder Dispersion. Je spitzer die Kurve, um so $>$ die Meßgenauigkeit.

b) Die gesuchte Größe y ist eine Funktion einer Beobachtungsgröße x. Wie hängt der Fehler $\varDelta x$ der Beobachtungsgröße x mit dem Fehler $\varDelta y$ der Funktion y zusammen? Da $y + \varDelta y = f(x + \varDelta x)$ und $\varDelta y \approx y' \varDelta x$, solange $\varDelta x$ klein, so erhält man $\frac{\varDelta y}{y} \approx \frac{f'(x)}{fx} \cdot \varDelta x$. Beispiel: $y = a x^n$; $\frac{\varDelta y}{y} \approx n \cdot \frac{\varDelta x}{x}$, d.h. der relative Fehler des Resultats ist n-mal so groß wie der der gemessenen Größe; je höher daher der Exponent, um so größer ist der Fehler des Resultats, um so genauer muß daher die Beobachtungsgröße x gemessen werden.

c) Die gesuchte Größe y ist eine Funktion mehrerer Beobachtungsgrößen x. $y = f(x_1 \ldots x_n)$. Wie hängt der Fehler $\varDelta y$ des Resultats mit den Partialfehlern $\varDelta x$ zusammen? Es ist

$$\varDelta y \approx \frac{\partial f}{\partial x_1} \cdot \varDelta x_1 + \cdots \frac{\partial f}{\partial x_n} \cdot \varDelta x_n\,; \qquad \varDelta y_{\max} = \sum_1^n{}^i \left| \frac{\partial f}{\partial x_i} \cdot \varDelta x_i \right|.$$

Nach der Wahrscheinlichkeitsrechnung ist der zu erwartende Fehler:

$$\varDelta y = \sqrt{\sum_1^n{}^i \varDelta y_i^2}\,, \quad \text{wobei} \quad \varDelta y_i = \frac{\partial f}{\partial x_i} \varDelta x_i\,.$$

Beispiel: $y = x_1 - x_2$, es wird $\frac{\Delta y}{y} = \frac{\sqrt{\Delta x_1^2 + \Delta x_2^2}}{x_1 - x_2}$, d. h. je $<$ die Differenz, um so $>$ ist der Relativfehler des Resultats. Man vermeide daher nach Möglichkeit Methoden, bei denen sich das Resultat aus einer Differenz von zwei gemessenen Größen gleicher Ordnung ergibt, und suche die Differenz direkt zu messen; wenn letzteres unmöglich, müssen die Einzelwerte mit der größtmöglichen Genauigkeit bestimmt werden.

Die Fehlerrechnung (Gauß) arbeitet nicht mit durchschnittlichen, sondern mit mittleren Fehlern; der mittlere Fehler einer Einzelmessung ist $\frac{\sqrt{\Sigma\delta^2}}{n-1}$; ferner ist der wahrscheinlichste Wert dadurch definiert, daß die Summe der Fehlerquadrate ein Minimum ist (Methode der kleinsten Quadrate). In fast allen Fällen kommt man jedoch mit den einfacheren, durchschnittlichen Fehlern aus, zumal die genaue Fehlerrechnung ziemlich umständlich ist.

Rechnen mit kleinen Größen. Läßt sich eine Größe auf die Form bringen $(1 + \delta)^m$, wobei $\delta \ll 1$ und m eine beliebige ganze oder gebrochene, positive oder negative Zahl, so kann man oft die Rechnung vereinfachen, indem man je nach dem gewünschten Genauigkeitsgrad und der Größe δ die höheren Potenzen von δ bei der Reihenentwickelung vernachlässigt.

Es ergibt sich:

$$(1 \pm \delta)^m \approx 1 \pm m\,\delta\,,$$

$$(1 + \delta)(1 + \varepsilon)(1 + \zeta) \approx 1 + \delta + \varepsilon + \zeta\,,$$

$$\sin\delta \approx \delta,\ \cos\delta \approx 1\,,\ \operatorname{tg}\delta \approx \sin\delta\,.$$

Zahlengenauigkeit. Eine Größe muß um so genauer gemessen werden, je größer ihr Einfluß auf das Resultat und je größer die erstrebte Meßgenauigkeit ist. Die Größe des Resultatfehlers wird durch die am wenigsten genau gemessene Größe bestimmt; es ist zwecklos, einzelne Größen besonders genau zu messen, wenn andere das Resultat in gleicher Weise beeinflussende Größen mit Fehlern behaftet sind oder Annahmen gemacht werden, die nur angenähert stimmen. In der Durchführung der Rechnung ist die gleiche Genauigkeit wie im Resultat anzustreben, im Resultat selbst läßt man öfters die letzte, rechnungsmäßig geführte Stelle weg. In den meisten Fällen genügt Genauigkeit des Rechenschiebers. Bei manchen Messungen, z. B. Isolationswerten, ist eine große Zahlengenauigkeit schon wegen des Einflusses der Feuchtigkeit, der Temperatur, der Höhe und der Zeitdauer der angelegten Prüfspannung usw. direkt irreführend.

Korrektionsrechnungen. Bei fast allen Untersuchungen ergibt sich das Resultat nicht direkt aus den Beobachtungswerten, sondern es müssen Korrektionen angebracht werden, besonders wenn man die Messung auf Normalverhältnisse zurückführen will (z. B. auf Normaldruck und -temperatur), weshalb diese 2 Größen fast stets angegeben werden müssen. Vielfach wird ferner durch das Einschalten der Meßinstrumente der Versuch gestört. Bei der Messung von Widerständen durch Strom und Spannung, von Leistungen usw. muß der Verbrauch der Meßgeräte, bei Spannungsmessungen mittels Funkenstrecke die Temperatur, Barometerstand und Feuchtigkeit, bei vielen Wechselstrommessungen die Kurvenform berücksichtigt werden. Bei allen Widerstands- und Verlustmessungen, Bestimmung der Lagerreibung usw. spielt die Temperatur eine große Rolle. Es gehört eine große Laboratoriumserfahrung dazu, in jedem Fall zu wissen, ob und welche Korrektionen anzubringen sind. Es hat keinen Zweck, in jedem Fall Korrektionen anzubringen, sonst wird die einfachste Messung zu umständlich und zeitraubend; anderseits bringt die generelle Nichtberücksichtigung von

Korrektionen meist eine Unsicherheit in das Resultat hinein, über deren Größe nichts bekannt ist. Man merke sich jedoch allgemein, daß die prozentuale Genauigkeit der Korrektionsgrößen selbst viel geringer zu sein braucht als die der Hauptgrößen. Bei jeder Untersuchung muß man über folgende 2 Punkte im klaren sein: 1. Wie groß soll die Genauigkeit des Resultats sein? 2. Wie groß ist im ungünstigsten Fall der Fehler infolge der Nichtberücksichtigung von Korrektionen? Im allgemeinen soll dieser letztere Fehler kleiner als die Beobachtungsfehler sein.

In der Starkstromtechnik hat man der Unmöglichkeit, die Eigenschaften von Maschinen und Geräten und ihre Abweichungen vom Sollwert absolut genau zu bestimmen, dadurch Rechnung getragen, daß man höchstzulässige Abweichungen des festgestellten Wertes von dem gewährleisteten Werte, sog. Toleranzen, festgelegt hat. Letztere sollen die unvermeidlichen Ungleichmäßigkeiten in der Beschaffenheit der Rohstoffe, Ungenauigkeiten der Fertigung und Meßfehler decken[1].

Rechnen mit gleichen Intervallen. Es werde vorausgesetzt, daß sich eine Größe y proportional mit einer anderen x ändert; von der letzteren werden eine Anzahl gleich weit auseinanderstehender bekannter Punkte $x_1 \ldots x_n$ genommen und die zugehörigen $y_1 \ldots y_n$ beobachtet. Bei richtiger Messung müßten $y_2 - y_1$, $y_3 - y_2$ usw. untereinander gleich sein, während verschiedene Werte gemessen werden; welches ist der wahrscheinlichste Wert Δy, der zu einem bekannten Δx gehört? Ein Beispiel mag zeigen, wie zweckmäßig verfahren wird: Bei gleichbleibender Spannung und Belastung wird die minutliche Drehzahl eines Zählers gemessen, indem die Zeit des Durchgangs eines Punktes der Zählerscheibe durch eine beliebige Meridianebene $2n$ mal nacheinander beobachtet wird. Wie groß ist die Zeitdauer einer Umdrehung? Das arithmetische Mittel aus den einzelnen aufeinander folgenden Zeitintervallen ergibt denselben Wert wie das Mittel aus der ersten und letzten Messung; die Beobachtung der Zwischenwerte wäre also zwecklos. Man berechne die Zeitdauer von n Umdrehungen durch Zusammenfassung des Zeitpunktes des 0ten und n^{ten} Durchgangs des gewählten Scheibenpunktes durch die Meridianebene, desgleichen des 1ten und $n+1^{\text{ten}}$, des 2ten und $n+2^{\text{ten}}$ Durchgangs usw. Man erhält auf diese Weise für die Dauer von n Umdrehungen n voneinander unabhängige Werte, sämtliche Beobachtungen werden ausgenutzt. Man kann auch nach S. 4 verfahren: Man faßt den Zeitpunkt des Durchgangs der

$(n-1)^{\text{ten}}$ und der $(n+1)^{\text{ten}}$,

$(n-2)^{\text{ten}}$,, ,, $(n+2)^{\text{ten}}$,

$(n-3)^{\text{ten}}$,, ,, $(n+3)^{\text{ten}}$ Umdrehung usw.

zusammen, erhält hierdurch die Zeitdauer von $2, 4, 6 \ldots$ Umdrehungen und multipliziert die so gefundenen Zeitintervalle mit den Faktoren $2, 4, 6 \ldots$; die Division der Summe dieser Produkte durch die Summe $2 + 4 + 6 + \cdots n = \frac{n(n+2)}{2}$ ergibt den Mittelwert für die Zeitdauer einer Umdrehung.

Ein genaueres aber umständlicheres Verfahren erhält man nach der Methode der kleinsten Quadrate.

Inter- und Extrapolation. Oft läßt sich die zu einer bestimmten Größe x gehörige Größe y nicht bestimmen, während der Zusammenhang zwischen x_1 und y_1 sowie x_2 und y_2 bekannt ist, wobei x_1 und x_2 Punkte in der Nachbarschaft von x sind. (Beispiel: Es mögen die Eisenverluste eines Transformators

[1] Siehe R.E.M. des VDE 1930 § 87.

bei einer Spannung von 100 V und bei 50 Hertz gesucht sein, während sie bei 100 V aber bei einer Frequenz von 49 und 51 Hz bestimmt sind.) Liegen die Punkte so nahe beieinander, daß innerhalb dieser Werte die Änderungen von x denen von y proportional sind, so erhält man $\frac{x - x_1}{x_2 - x} = \frac{y - y_1}{y_2 - y}$, woraus sich y ergibt.

Ist über den Zusammenhang zwischen geringen Änderungen von x und y nichts bekannt, so werden einige Punkte möglichst in der Nähe des gesuchten aufgenommen und die Beziehungen zwischen x und y in bekannter Weise graphisch aufgetragen, die y-Werte durch eine Kurve verbunden und der zu x gehörige Wert y durch eine durch x gezogene Vertikale gefunden (Interpolation).

Eine einseitige Verlängerung einer Kurve (Extrapolation) über die beobachteten Werte hinaus ist dagegen nur statthaft, wenn die Gültigkeit einer Beziehung zwischen x und y jenseits des beobachteten Gebietes festliegt.

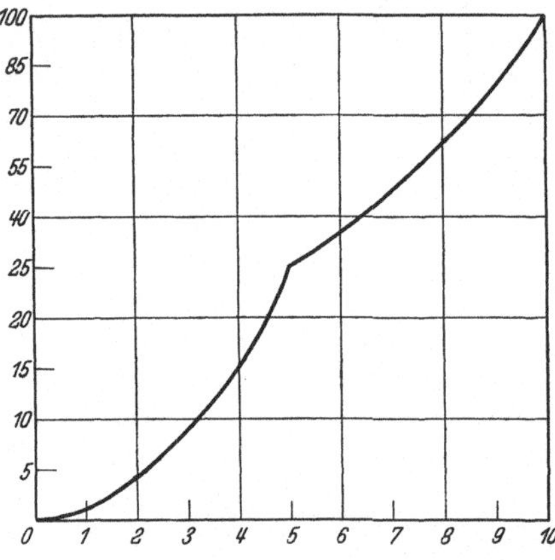

Abb. 3. Maßstabsänderung der Ordinatenachse für die Kurve $y = x^2$.

3. Nomographie. Die Nomographie beschäftigt sich mit der geometrischen Darstellung von Größenbeziehungen zwischen verschiedenen Variablen zu dem Zweck, den zu bestimmten Werten einer Gruppe von Variablen gehörigen Wert einer anderen Variablen möglichst übersichtlich, schnell, bequem und genau zahlenmäßig zu entnehmen. Die einfachste Art der graphischen Darstellung für die Beziehung zwischen 2 Variablen ist das kartesische rechtwinkelige Achsenkreuz mit gleichmäßiger Teilung, sog. Netztafel mit Gleichschritteilung. Ihre Hauptvorteile sind: Große Übersichtlichkeit, herausfallende Werte werden als solche leicht erkannt (wichtig besonders dann, wenn Kurve während des Versuchs aufgenommen wird); Zwischenwerte werden durch Interpolation ermittelt; bei feststehendem Verlauf wird Kurve, die wahrscheinlichsten Wert wiedergibt, ausgleichend gezogen; doch ist stets, insbesondere in der Nähe von Maximal- oder Minimalwerten Vorsicht notwendig; hier Kontrolle durch Aufnahme von vielen benachbarten Punkten, auch an den Stellen, wo Werte herausfallen.

Sollen einzelne Teile einer Kurve besonders hervorgehoben werden, so wird der Nullpunkt unterdrückt; diese Darstellung ist aber für den Anfänger leicht irreführend, wenn Verlauf der Kurve auf größeren Bereich verfolgt werden soll.

Koordinatenmaßstab. Sollen die geringen Änderungen der einen Variablen entsprechenden Änderungen der anderen aus der kartesischen Netztafel entnommen werden, so ist die Genauigkeit an den Stellen gering, wo die Kurve steil oder flach verläuft, sie ist am größten bei einer Neigung von 45°. Um dies zu erreichen, wird der Maßstab (d. h. die Länge der Einheitsgröße auf den Achsen) passend gewählt, unter Umständen abschnittweise geändert. Beispiele: $y = x^2$; bei gleichmäßiger Abszissenteilung wird Ordinatenachse in 2 Abschnitte geteilt, so daß auf jeden Abschnitt der mittlere Verlauf der Kurve gegen die Achsen um etwa 45° geneigt ist. In Abb. 3 ist für Strecke $x = 0$ bis $x = 5$ die Teilung so gewählt, daß die Länge von 25 Einheiten auf der Y-Achse 5 Einheiten der X-Achse gleich sind, für die Strecke $x = 5$ bis $x = 10$ dagegen 5 Längeneinheiten der X-Achse 75 Einheiten der Y-Achse entsprechen; d. h. die Länge der Einheitsstrecke auf der X-Achse ist 5- bzw. 15 mal so groß wie auf der Ordinatenachse. In Abb. 3 ist die Länge der Einheitsstrecke, der Modul dieser Strecke für die X-Achse 0,5 cm, für die Y-Achse 0,1 bzw. 0,033 cm.

Es sei eine Fläche (z. B. Hysterese) bei beliebig gewählten, aber gleichmäßigen Maßstäben für die Koordinaten auszuwerten; x und y sei ein zugehöriges Wertepaar, x_1 und y_1 seien die auf den Koordinaten abgegriffenen Längen; es ist $x = \frac{x_1}{\alpha}$, $y = \frac{y_1}{\beta}$, wo α und β die Moduln der Strecken auf der X- und Y-Achse bedeuten. Es wird eine Fläche z. B. $xy = \frac{x_1 y_1}{\alpha \cdot \beta}$, d. h. die mittels Planimeter gemessene Fläche muß durch das Produkt der Moduln dividiert werden. Der Differentialquotient $\frac{dy}{dx}$ ergibt sich in gleicher Weise zu $\frac{dy_1}{dx_1} \cdot \frac{\alpha}{\beta}$, d. h. der gemessene Tangens des Neigungswinkels der Kurventangente gegen die Abszissenachse ist mit dem Verhältnis der Moduln zu multiplizieren.

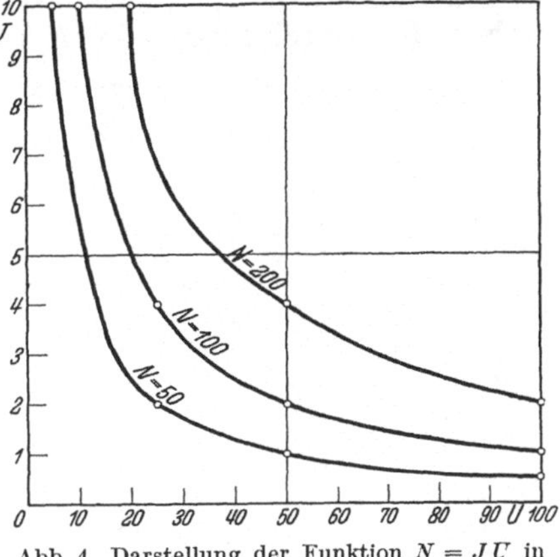

Abb. 4. Darstellung der Funktion $N = JU$ in einer Netztafel mit gleichmäßiger Teilung.

Allgemein gilt für den zu wählenden Maßstab, daß die Genauigkeit der graphischen Darstellung der Genauigkeit der Meßgeräte und der Beobachtung entsprechen soll. Es hat keinen Zweck, die Fehler von ungenauen Meßgeräten oder flüchtigen Beobachtungen durch Wahl großer Moduln bei der Darstellung zu kompensieren.

Soll mittels kartesischer Koordinaten die Beziehung zwischen 3 Variablen $F(x, y, z) = 0$ dargestellt werden, so muß man zum räumlichen Bild übergehen, da diese Gleichung eine Fläche ergibt. Meist trägt man für bestimmte, konstante Werte von z die Beziehung zwischen zugehörigen Werten von x und y auf und erhält nach Abb. 4 eine Kurvenschar, die den Schnittkurven der Fläche mit verschiedenen Ebenen $z =$ konst. entspricht.

Nachteile der Darstellung durch gewöhnliche Koordinaten mit gleichmäßiger Teilung: Fläche auf der Zeichnung wird meist schlecht ausgenutzt, das Aufsuchen des zu einem bestimmten x gehörigen y ist wegen 2maligen Visierens lästig und führt leicht zu Fehlern; Meßgenauigkeit an verschiedenen Stellen meist sehr verschieden, besonders dann, wenn der Funktionswert sich stark bei geringen Änderungen der unabhängigen Variablen ändert; außerdem ist es oft schwer festzustellen, ob ein einfacher gesetzmäßiger Zusammenhang zwischen den Variablen besteht. Die **Funktionsleiter** verbindet die Vorteile der gewöhnlichen graphischen Darstellung mit denen einer Zahlentafel, sie ist allerdings weniger übersichtlich. Einfachster Fall: Thermometer mit Celsius- und Reaumur-Teilung. Allgemein wird bei **Doppelskalen** auf der einen Seite (Ufer) die eine Variable, auf der andern die andere (unter Umständen über den Weg der Kurvendarstellung) aufgetragen. Die Skalenteile sind

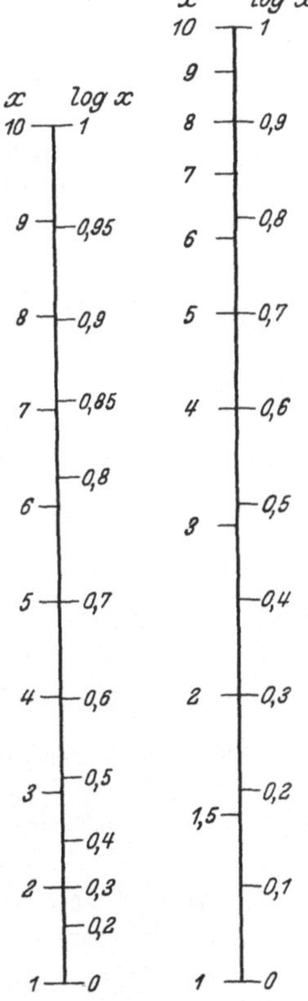

Abb. 5. Doppelskalen für den $\lg_{10}$ und den numerus.

so eng zu ziehen, daß zwischen 2 benachbarten Teilstrichen lineare Teilung angenommen werden kann. Abb. 5 gibt das Bild einer logarithmischen Doppelskala. Ähnliche Doppelskalen findet man unter anderen für die Beziehung zwischen der Durchflutung in AW/cm und der Induktion im Eisen, zwischen Spannung und Lichtstärke in Glühlampen, wobei vielfach eine logarithmische Teilung benutzt wird.

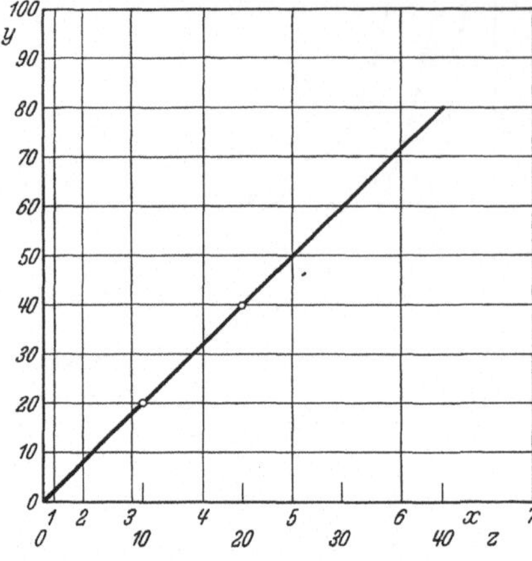

Abb. 6. Funktionsskala mit linearer und quadratischer Abszissenteilung.

Ist der Zusammenhang zwischen x und y durch eine mathematische Funktion gegeben, so ist es bei der Darstellung durch ein Achsenkreuz meist zweckmäßig, statt der regelmäßigen Teilung eine Funktionsskala einzuführen, um die Kurve durch eine Verzerrung zu einer Geraden zu strecken. Hierdurch wird die Zeichnung der Kurve ungleich bequemer, die Werte der Parameter werden ohne viel Rechnung viel schneller und genauer gefunden, herausfallende Werte ungleich besser festgestellt. Beispiele, wie diese Streckung zu erfolgen hat: $y = a x^2$, setze $x^2 = z$, dann wird $y = a z$, d. h. zwischen y und z besteht ein linearer Zusammenhang. Bei der Darstellung wird aber nicht z, sondern das dazu gehörige x eingetragen. In Abb. 6 ist $a = 2$ gesetzt, und nur des Verständnisses halber unter der Abszissenachse die Werte von z eingetragen. Man muß daher bei quadratischen Beziehungen mm-Papier mit quadratisch geteiltem Abszissenmaßstab verwenden, bei Benutzung solcher ungleichmäßig geteilter Papiere genau so verfahren wie bei linearer Teilung und zunächst ganz vergessen, daß die Teilung der Koordinatenachsen ungleichmäßig ist (zu beziehen unter anderen durch Schleicher u. Schüll, Düren; Tafeln durch Stugra, Zentralstelle für graphische Berechnungstafeln, Berlin-Waidmannslust).

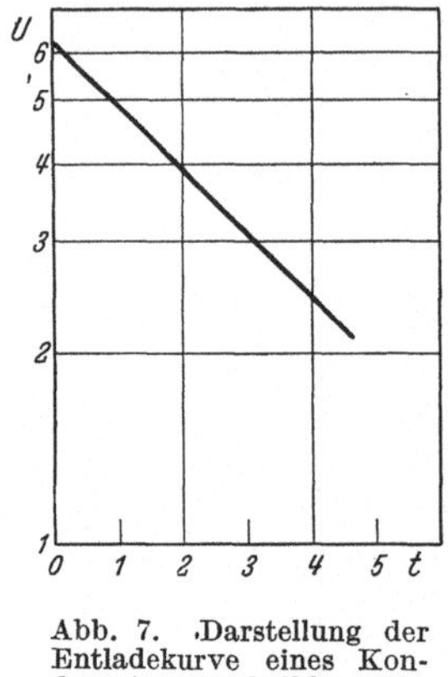

Abb. 7. Darstellung der Entladekurve eines Kondensators im halblogarithmischen Maßstab.

Am wichtigsten sind die logarithmischen Teilungen (z. B. Rechenschieber). Es sei z. B. $y = m q^x$; durch Logarithmieren erhält man $\lg y = \lg m + x \lg q$ oder $y_1 = m_1 + x q_1$, d. h. zwischen x und $\lg y$ besteht eine lineare Beziehung. Allgemein benutzt man daher bei Exponentialfunktionen mm-Papier mit einfacher oder halblogarithmischer Teilung (Abb. 7). Es werde z. B. ein Kondensator C über einen großen Widerstand R entladen, die Spannung am Kondensator zur Zeit t sei U_t, die ursprüngliche Spannung sei U_0, die Entladung beginne zur Zeit $t = 0$. Es ist $U_t = U_0 \cdot e^{-\frac{t}{RC}}$; $\lg U_t = \lg U_0 - \frac{t}{RC}$, d. h. zwischen $\lg U_t$ und t besteht ein linearer Zusammenhang. Die den beobachteten Werten sich am besten anpassende Gerade wird gezogen und daraus RC bestimmt.

Bei Potenzfunktionen verwendet man für beide Koordinaten logarithmische Teilung. Es sei $y = a x^b$; $\lg y = \lg a + b \lg x$, hier erhalten wir eine lineare Gleichung zwischen $\lg y$ und $\lg x$. Wenn man vermutet, daß ein Exponential- oder Potenzgesetz besteht, so trägt man x und y in einem halb- oder ganzlogarithmischen Netz auf und stellt fest, ob die Werte auf einer Geraden liegen. Die bekannteste Anwendung der vollogarithmischen Darstellung findet beim Boyle-Mariotteschen Gesetz $pv =$ konst. statt. Nach Abb. 8 erhält man eine Schar paralleler Geraden, die jeweilig einem bestimmten Wert der Konstanten entsprechen.

Die logarithmischen Skalen werden meist für den Bereich 1 bis 10, 1 bis 100 usw. ausgeführt. In vielen Fällen ist es jedoch zweckmäßig, sich von den vorgedruckten Zahlen unabhängig zu machen, indem man die Werte des Koordinatenpapiers mit einer beliebigen Zahl multipliziert, wodurch wieder eine logarithmische Teilung entsteht. Es seien z. B. die Werte zwischen 5 und 40 einzutragen; will man hierfür ein von 1 bis 10 geteiltes Blatt benutzen, so multipliziert man die Teilung mit 5 und kann Werte von 5 bis 50 eintragen.

Fluchtlinientafeln[1]. Im Gegensatz zu Netzen, bei denen 2 meist senkrecht zueinander stehende Gerade als Bezugslinien gewählt werden, bilden hier 2 oder mehrere Linien — im einfachsten Fall parallele Gerade — das Bezugs-

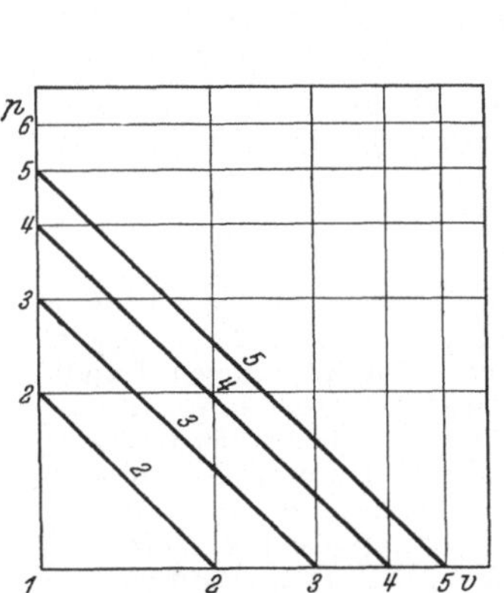

Abb. 8. Darstellung der Funktion $xy = z$ in logarithmischem Maßstab.

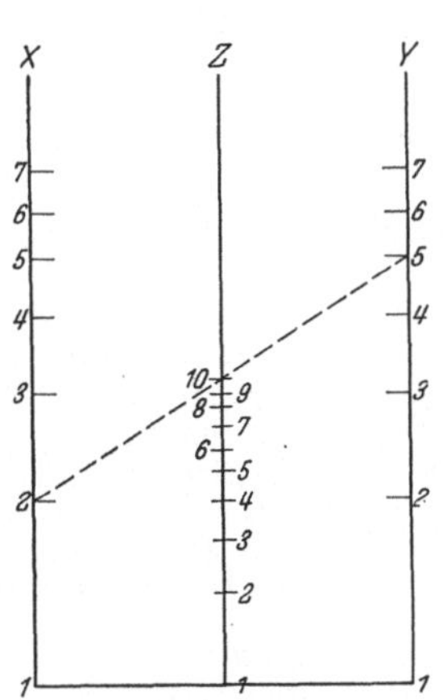

Abb. 9. Fluchtlinientafel für $xy = z$.

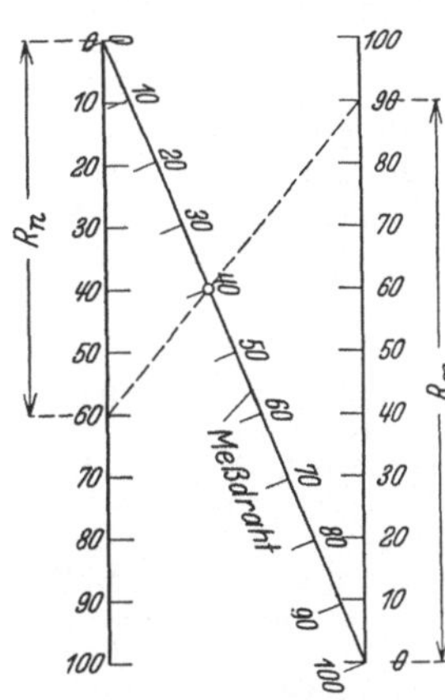

Abb. 10. Fluchtlinientafel für die Wheatstonesche Brücke.

system. Einem Punkt bei der Darstellung durch kartesische Koordinaten entspricht hier eine Gerade, die die Bezugslinien oder Skalenträger in zueinander gehörigen Punkten schneidet. Diese Darstellung eignet sich besonders zur Festlegung von Beziehungen zwischen mehr als 2 Variablen.

Beispiele: 1. $x \cdot y = z$: Man teilt 3 äquidistante parallele Gerade X, Y, Z logarithmisch ein; der Maßstab für die X- und Y-Linie ist der gleiche, für die dazwischen in der Mitte liegende Z-Linie ist die Länge einer jeden Zahl nur halb so groß. Um den zu einem beliebigen Wert x und y gehörigen Wert z zu erhalten, braucht man nur diese Werte durch eine Gerade zu verbinden, der Schnittpunkt mit der Z-Achse gibt direkt den z-Wert (Abb. 9). Umgekehrt erhält man zu jedem x und z das entsprechende y.

2. $\frac{R_n}{R_x} = \frac{l}{100 - l}$ (Wheatstonesche Brücke mit Kirchhoffschem Meßdraht): Ziehe 2 parallele Geraden, teile sie im gleichen Maßstab so ein, daß die Nullpunkte der Teilungen diametral gegenüber liegen, teile Verbindungslinie der Nullpunkte (Diagonale) in 100 Teile ein (Abb. 10), trage auf der einen Geraden die Größe R_n auf, verbinde den Endpunkt von R_n mit dem Punkt der Diagonalen,

[1] Für Anwendungen in der Starkstromtechnik s. u. a. Krämer: Fluchtlinientafeln über Durchhänge an Freileitungen. Elektrotechn. Z. 1930 S. 804.

der der Nullage des Galvanometers im Brückenzweig entspricht; die Verlängerung dieser Geraden schneidet von der zweiten Parallelen die Größe R_x ab.

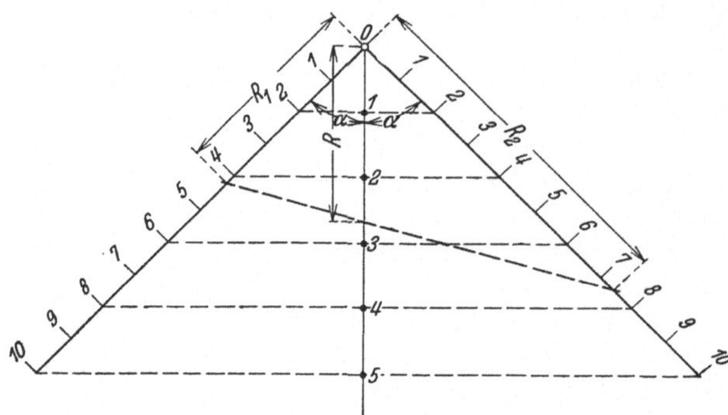

Abb. 11. Fluchtlinientafel für parallel geschaltete Widerstände oder in Reihe geschaltete Kondensatoren.

3. Es sei der äquivalente Widerstand R von 2 parallel geschalteten Widerständen R_1 und R_2 zu bestimmen $\left(\frac{1}{R} = \frac{1}{R_1} + \frac{1}{R_2}\right)$ oder die äquivalente Kapazität C von 2 hintereinander geschalteten Kondensatoren C_1 und $C_2 \left(\frac{1}{C} = \frac{1}{C_1} + \frac{1}{C_2}\right)$. Ziehe nach Abb. 11 2 Geraden, die mit der Vertikalen gleiche Winkel bilden, teile sie in gleichem Maßstab ein, während die Verbindungslinie von 2 gleichen Teilstrichen x die Senkrechte in einem Teilstrich $x/2$ trifft; man findet R, indem man R_1 und R_2 auf den 2 Geraden aufträgt und den Schnittpunkt der Verbindungslinie ihrer Endpunkte mit der Vertikalen aufsucht.

Allgemeine Literatur.

AEF-Verhandlungen, herausgeg. v. Wallot. Berlin: Julius Springer 1928. Jaeger: Elektr. Maßsysteme. Handb. d. Physik Bd. 16 (1927) S. 1ff. Holborn: Handb. d. Experimentalphysik Bd. 1 (1926) S. 1ff. Scheel: Elementare Einheiten u. ihre Messungen. Handb. d. Physik Bd. 2. Berlin: Julius Springer 1926. W. Jäger,: Einführung der internationlen Maße der Elektrotechnik 1932. (IV. Band der geschichtl. Einzeldarstellungen aus der Elektrot., herausgeg. v. E. V.) E. Weber: Elektrische Einheitensysteme. Elektrotechn. u. Maschinenb. Bd. 51 (1933) S. 45.

Kohlrausch: Lehrb. der prakt. Physik S. 1ff. Riebesell: Variationslehre, Mathemat. Bibliothek Bd. 247. Leipzig: B. G. Teubner 1916, S. a.: Becker, Plaut u. Runge: Anwendungen der mathem. Statistik auf Probleme der Massenfabrikation. Berlin 1927; s. ferner Rüdenberg: Beurteilung elektr. Maschinen durch Toleranzen auf Grund statistischer Methoden. Elektrotechn.Z. 1930 S. 599 u. 621; ferner E. Weber: Wahrscheinlichkeitsrechnung bei großen Kraftwerken. Veröff. v. Siemens Konzern Bd. IX, 2 (1930) S. 64. Runge-König: Numerisches Rechnen. Berlin: Julius Springer 1924.

Pirani: Graph. Darstellung, Sammlung Göschen 1919. Mader: Handb. d. Physik Bd. 3 (1928) S. 564, wo auch weitere Lit. zusammengestellt ist. Gütscher, Runge u. Wolf: Graph. Rechnen AWF 222. Beuth-Verlag 1928. Schwerdt: Lehrbuch der Nomographie. Berlin: Julius Springer 1924.

II. Elektrische Messungen.

A. Allgemeines über elektrische Meßgeräte.

Von **G. Brion**, Freiberg.

1. Ablenkendes Drehmoment und Richtvermögen. Mit steigendem Strom oder Spannung wird eine zunehmende Kraft auf ein bewegliches, meist drehbares System ausgeübt. Bei Drehsystemen beträgt die Größe des durch diese Kraft erzeugten Momentes bei Endausschlag für Zeigerinstrumente mit Bandaufhängung etwa 1 mgcm, für solche mit Spitzenlagerung 0,1 ... 1 gcm, für schreibende Geräte bis 20 gcm. Ein der Ablenkung entgegenwirkendes Gegenmoment sucht das Drehsystem in die Nullage zurückzudrehen; das Verhältnis $\frac{\text{Gegenmoment}}{\text{Drehwinkel}}$ wird als Richtvermögen (D) (früher Direktions- oder Richtkraft) bezeichnet.

Als solches Moment wirkt die Schwerkraft, die Torsion von Drähten und gelegentlich elektromagnetische Kräfte (z. B. bei Kreuzspulinstrumenten). Man bestimmt dieses Moment mit besonderen Apparaten, sog. Torsionswaagen, wobei man eine den Zeiger des Drehsystems mitschleppende geeichte Feder so stark dreht, bis der Zeiger von der Nullage ausgehend einen bestimmten Ausschlag einnimmt. Man mißt ähnlich wie bei den alten Torsionsdynamometern von Siemens die dieser Lage des Instrumentenzeigers entsprechende Federtorsion.

Wirkt die Schwerkraft als Richtkraft, so liegt der Schwerpunkt in der Nullage des Drehsystems unterhalb der Drehachse in der durch diese Achse liegenden Vertikalen; bei diesen Instrumenten muß die Drehachse waagerecht sein. Das Gegenmoment ist proportional zu $\sin\alpha$, wo α der Ablenkungswinkel ist. Die nach diesem Prinzip gebauten Instrumente (z. B. viele Weicheiseninstrumente) zeichnen sich durch große Einfachheit und Konstanz der Richtkraft aus; die größten Schwankungen betragen je nach den Breitengrad nur $\pm$ 0,2% vom Mittel.

Federn (Schraubenfedern) wurden bei den alten Torsionsgalvanometern und -dynamometern von Siemens verwandt, ebene Spiralfedern sind bei allen Drehspulgeräten und den neuen direkt zeigenden Dynamometern in Gebrauch, Blattfedern bei Hitzdrahtinstrumenten. Das Moment der Federn ist dem Drehwinkel direkt proportional. Als Material kommt fast nur Phosphorbronze in Betracht, da Stahlfedern wegen ihrer magnetischen Eigenschaften leider in der Regel ausgeschlossen sind. Bei Drehspulinstrumenten und Dynamometern sind zur Stromzuführung und -ableitung 2 entgegengesetzt gewickelte Spiralfedern angebracht; außerdem gestattet eine kleine, von außen zu bedienende Schraube geringe Nullpunktsänderungen des Drehsystems und Zeigers durch Nachspannen der einen Feder zu korrigieren.

Die Einstellsicherheit ist — abgesehen von der Spitzenreibung — um so größer, je mehr sich bei gegebener Lage des beweglichen Systems das ablenkende Moment mit einer bestimmten Stromänderung bzw. das Gegenmoment mit zunehmenden Ausschlag ändert; sie ist z. B. bei Weicheiseninstrumenten von der Lage des Drehsystems im Magnetfeld, d. h. von der Stromstärke abhängig, bei den normalen Drehspulinstrumenten dagegen von ihr unabhängig.

Die Empfindlichkeit ist um so größer, je kleiner die Strom- bzw. Spannungsänderung ist, die einer Einstellungsänderung des Systems und Zeigers um einen bestimmten Betrag, z. B. um 1^0 entspricht, d. h. je kleiner $\frac{dI}{da}$ bzw. $\frac{dU}{d\alpha}$ ist. Auch sie ist bei vielen Meßgeräten von der Lage des beweglichen Systems und von der Stärke des Stroms abhängig. Man verwendet Strom- oder Spannungsempfindliche Geräte, je nachdem man geringe Stromänderungen bzw. Ströme (z. B. bei Isolationsmessungen) oder aber geringe Spannungsänderungen bzw. Spannungen (z. B. bei Thermoelementen) messen will. Da bei fast allen auf magnetischen Wirkungen beruhenden Meßgeräten die Durchflutung einer stromdurchflossenen Spule für die Größe des ablenkenden Momentes maßgebend ist, so kommt es zur Erreichung einer hohen Empfindlichkeit darauf an, bei gegebenem Wickelraum der Spule das Produkt Windungszahl $\times$ Stromstärke möglichst groß zu machen. Ist z. B. bei Isolationsmessungen der Widerstand im äußeren Stromkreis sehr groß, so daß ihm gegenüber der des Galvanometers zurücktritt, so ist bei gegebener Klemmenspannung die Stromstärke durch den Isolationswiderstand gegeben und die Empfindlichkeit um so größer, je größer die Windungszahl, d. h. je geringer der Drahtquerschnitt und je größer der Widerstand des Galvanometers ist. Der umgekehrte Fall tritt bei Messung geringer Spannungen ein: Hier ist der Widerstand des übrigen Stromkreises gegenüber dem des Galvanometers meist gering, der Galvanometerstrom durch das Verhältnis: Zu messende Spannung/Galvanometerwiderstand gegeben. Eine kleine Rechnung zeigt, daß bei Vergrößerung des Drahtquerschnitts — also bei Verkleinerung der Windungszahl — die Stromstärke in höherem Maß als die Windungszahl abnimmt; daher werden zur Erreichung einer großen Spannungsempfindlichkeit die Spulengalvanometer mit geringem inneren Widerstand gebaut. Eine Ausnahme von dieser Regel machen scheinbar die Drehspulgalvanometer; hier muß in jedem Fall ein größerer Widerstand vor die Drehspule geschaltet werden (mindestens 5- bis 10 mal so groß wie der Spulenwiderstand), wenn man den überaperiodischen Zustand und damit das Kriechen des Galvanometers vermeiden will (siehe auch S. 41).

2. Meßgenauigkeit und Fehler werden abgesehen von der Schärfe unserer Sinne begrenzt durch die Fehler des Meßgerätes (Anzeigefehler) und durch fremde Einflußgrößen. Die Anzeigefehler sind u. a. eine Folge der mechanischen Reibung, der Verlagerung des Schwerpunktes, von Eichfehlern und von elektrischen und mechanischen Beschädigungen (Verlagerung des drehbaren gegen den festen Teil, Spulendefekte, Nachlassen der Federn). Die Einflußgrößen können ebenfalls die Angaben der Meßgeräte fälschen; als solche kommen in Betracht: Die Temperatur, die Lage des Meßgerätes, die Höhe der Spannung, die Frequenz, elektrische und vor allem fremde magnetische Felder. Der Temperatureinfluß macht sich durch eine verringerte Stromaufnahme bei Temperatursteigerung infolge Widerstandszunahme der Kupferspulen bemerkbar (0,4% je Grad, man macht sich hiervon durch Vorschalten von Widerständen ohne merklichen Temperaturkoeffizienten oder durch besondere Schaltungen fast unabhängig), ferner durch die Änderung der Torsionskraft der Federn (etwa 0,04% je Grad) sowie des Magnetismus der Stahlmagnete, der letztere Einfluß ist bei gebräuchlichen Temperaturen sehr gering. Als normale Temperatur gilt eine solche von 20^0, der Temperatureinfluß wird festgelegt durch die Änderung der Anzeige, wenn sich diese Temperatur um $\pm 10^0$ ändert[1]. Als Lageneinfluß wird die Änderung der Anzeige bei einer Neigung von $\pm 5^0$ aus der normalen bezeichnet. Bei Drehspul-Präzisionsinstrumenten und Dynamometern ist zur Vermeidung von Fehlern infolge Verlagerung des Schwerpunktes aus der Drehachse die normale Lage der Drehachse vertikal (Bezeichnung: liegend geeicht; Lagezeichen: horizontaler oder vertikaler Strich, je nachdem die Gebrauchslage waagerecht oder senkrecht ist). Die Höhe der Netzspannung beeinflußt unter Umständen die Angaben von direkt zeigenden Frequenzmessern, die Frequenz die Angaben von Spannungs- und Leistungsmessern; denn mit zunehmender Frequenz wächst die Impedanz des Spannungspfades, hierdurch nimmt der durch die Spannungsspule fließende Strom ab und seine Phase wird gegen die Spannung verschoben. Auch werden durch die Magnetfelder der Meßgeräte bei Wechselstrom Wirbelströme in den Metallteilen erzeugt, die auf die Spulenfelder zurückwirken; diese Störungsfelder wachsen mit zunehmender Frequenz und haben in der Regel eine Verringerung des Ausschlags des Meßgerätes zur Folge.

Störende elektrische Felder können durch elektrische Ladungen der Glasplatte (z.B. bei Abreiben mit trockenem Tuch) sowie durch größere Spannung zwischen den beweglichen und den festen Metallteilen des Meßgerätes oder der Umgebung entstehen. Der drehbare Teil bildet mit der Glasplatte oder dem festen Teil einen Kondensator, dessen eine Belegung beweglich ist; da sich

---

[1] Regeln für Meßgeräte des VDE § 19. 1930.

die Kondensatorbelegungen bei Potentialdifferenzen anziehen, ergibt sich auf das Drehsystem eine zusätzliche Kraftwirkung, die das Resultat fälschen kann. Abhilfe: Anhauchen der Deckplatte, Vermeidung größerer Potentialdifferenzen zwischen fester und beweglicher Spule und anderen Metallteilen in der Umgebung.

Benachbarte Magnetfelder haben weitaus den größten störenden Einfluß auf die Angaben der Meßgeräte, sie begrenzen meist ihre Genauigkeit, ihr Einfluß wird fast stets unterschätzt, er ist um so größer, je größer die zu messenden Ströme, zumal mit zunehmenden Strom der schwer zu eliminierende Einfluß der Zuleitungsdrähte wächst. Schon aus diesem Grund ist die Anwendung von Nebenwiderständen und Wandlern dringend zu empfehlen. Der Einfluß dieser Magnetfelder kann festgestellt bzw. beseitigt werden durch Drehen des Meßgerätes um 180°, durch Kommutieren des fremden Feldes, durch Eisenpanzerung des Instruments (Vorsicht wegen Ausbildung von Magnetpolen im Panzer) und durch Astasierung des Drehsystems; bei Dynamometern sind in diesem Fall 2 starr miteinander verbundene, dicht benachbarte Spulen auf der Drehachse befestigt; sie werden vom gleichen Strom derart durchflossen, daß ihre Magnetfelder entgegengesetzt gerichtet sind; infolgedessen wirkt das Drehmoment des Fremdfeldes im umgekehrten Sinn auf die 2 Drehspulen. Dieser Fremdfeldeinfluß wird nach den Regeln des VDE gekennzeichnet durch die Änderung der Anzeige durch ein Feld von 5 Oersted; ein solches Feld wird z. B. im Zentrum einer kreisförmigen, von einem Strom von 400 A durchflossenen Schleife von $2r = 100$ cm gebildet. Statt einer Windung von 400 A benutzt man praktisch eine enge Spule von gleichem Durchmesser und einer Durchflutung von 400 AW.

Die Fehler eines Instrumentes werden in % des Sollwertes oder des Höchstwertes angegeben und meist auf den Höchstwert bezogen, während im praktischen Betrieb der erstere Fehler in der Regel wichtiger ist. Ein Beispiel mag auf den großen Unterschied der Fehlergröße hinweisen, je nachdem sie auf den Soll- oder Höchstwert bezogen wird, wobei die Skala hundertteilig sein möge:

Wahrer Wert	Abgelesener Wert	Fehler in Prozenten	
		des Höchstwertes	des Sollwertes
100 *ST*	100 ± 1 *ST*	1	1
10 *ST*	10 ± 1 *ST*	1	10
5 *ST*	5 ± 1 *ST*	1	20

Die Korrektionstabellen sind so anzulegen, daß jedes Mißverständnis über das Vorzeichen der anzubringenden Korrektur ausgeschlossen ist, etwa in folgender Weise: abgelesener Wert, wahrer Wert, Korrektionsgröße. Korrekturen sind im übrigen stets zum abgelesenen Wert zu addieren. Beispiele: Es sei der abgelesene Wert 97 *ST*, der wahre Wert 99 *ST*, dann ist die Korrektur + 2 *ST*. Ist umgekehrt der abgelesene Wert 40 *ST*, der wahre Wert 39 *ST*, dann ist die Korrektur — 1 *ST*.

Soweit die Einflußgrößen berücksichtigt bzw. beseitigt werden, dürfen folgende Anzeigefehler nicht überschritten werden: (Regeln des VDE § 31)

	Fehler in % des Endwertes
Drehspulinstrumente, Feinmeßgerät, Klasse E Laboratoriumstyp	0,2
Leistungsmesser, Präzision, Feinmeßgerät, Klasse E	0,3
Betriebsgeräte, Klasse G	1,5

Eine übertriebene Meßgenauigkeit zu verlangen hat mit Rücksicht auf die vielen beeinflussenden Faktoren gar keinen Sinn; je genauer das Instrument, um so teurer ist es im allgemeinen. Meist erwartet man eine viel zu große Genauigkeit, weil die Einflußgrößen, namentlich die fremden Magnetfelder zu wenig berücksichtigt werden.

3. Schwingungsdauer und Dämpfung. Die Schwingungsdauer ist bei geringer Dämpfung durch die Pendelformel gegeben: $T = 2\pi\sqrt{\frac{I}{D}}$, wo I das axiale Trägheitsmoment, D das Richtvermögen bedeutet. Die Einstellung wird durch eine Dämpfervorrichtung beschleunigt; man verwendet meist Luft- oder Wirbelstrom-, selten Flüssigkeitsdämpfung. Bei der Luftdämpfung ist ein Kolben oder Scheibe in einer festen Kammer mit ganz geringem Spielraum drehbar angeordnet, sonst ist die Wirkung gering; bei der Wirbelstromdämpfung ist auf der Welle eine Kupferscheibe befestigt, die sich mit geringem Spielraum zwischen den Polen eines Stahlmagneten bewegt, wodurch sich die Bewegungsenergie des Drehsystemes in Joulesche Wärme der Wirbelströme umwandelt. Die Dämpfung wird meist so gewählt, daß keine aperiodische Bewegung erfolgt, da in diesem Fall das bewegliche System leicht kriecht, vielmehr das Dämpfungsverhältnis k, d. h. das Verhältnis der Amplitude von 2 aufeinanderfolgenden Schwingungen etwa 10 beträgt, so daß nach 3 halben Schwingungen der Schwingungsausschlag auf 1% des ersten Wertes zurückgeht. Beruhigungszeit ist die Zeit, die der vorher auf Null stehende Zeiger braucht, um bis auf etwa 1% der Skalenlänge auf einen in der Mitte der Skala liegenden Teilstrich einzuspielen. Diese Zeit wird durch die Dämpfung stark reduziert, obgleich die Schwingungsdauer größer wird nach der Formel $T = T_0\sqrt{1 + \left(\frac{\ln k}{\pi}\right)^2}$, wobei T_0 = Schwingungsdauer der ungedämpften Schwingung; für $k = 10$ ist T knapp 25% größer als T_0, $\ln k$ ist das logarithmische Dekrement der Schwingung.

4. Mechanische Ausführung. Lagerung. Am gebräuchlichsten ist Stahlspitzenlagerung mit Lagersteinen aus Halb-Edelsteinen; Spitze leicht abgerundet, sonst Stauchung der Spitze beim Transport nicht zu vermeiden. Zapfenlager nur im Zählerbau üblich. Bandaufhängung benutzt, wenn Drehmomente sehr gering sind ($\approx$ 1 mg/cm, z. B. bei der Messung der EMK von Thermoelementen), allerdings in diesem Fall T groß; solche Instrumente müssen mit Libelle genau eingestellt werden. Arretierung beim Transport nur bei Zählern und Instrumenten mit Bandaufhängung üblich.

Skala Bei Schalttafelinstrumenten ist grobe Teilung zweckmäßig; der Übersicht halber nicht viel Teilstriche, da große Ablesegenauigkeit meist illusorisch. Teilung möglichst nach dem Dezimalsystem, jeden 5. und besonders jeden 10. Teilstrich hervorheben. Skala linear bei Drehspuleninstrumenten und Leistungszeigern, am Anfang und gelegentlich auch am Ende zusammengedrängt bei Dynamometern, Hitzdraht- und Dreheiseninstrumenten; durch passende Anordnung der das Richtvermögen gebenden Federn, je nach Lage und Form des drehbaren Systems kann man den Skalencharakter verändern, insbesondere die Anfangsempfindlichkeit erhöhen, was allerdings nur auf Kosten einer größeren Leistungsaufnahme möglich ist oder je nach Wunsch einen ziemlich linearen Verlauf der Skala auf weitem Gebiet bzw. eine große Empfindlichkeit in dem Gebiet erzielen, in dem meist gearbeitet wird. So ist z. B. bei Spannungsmessern für 100 V oft eine große Empfindlichkeit in den Grenzen von etwa 90 bis 110 V erwünscht. Treten betriebsmäßig Ströme auf, die kurzzeitig ein Vielfaches des Nennstromes betragen, wie z. B. bei Kurzschlußankermotoren, so erhalten die

Skalen einen solchen Verlauf, daß die Endteile eng sind, und daß bei Überstrom der Zeiger nicht gegen den Anschlag aufprallt (erweiterte Skala).

5. Elektrische Eigenschaften. Der Eigenverbrauch ergibt sich der Größenordnung nach für den vollen Anschlag aus folgender Tabelle:

	Strommesser:	Spannungsmesser:
	Spannung am Instrument beim Nennstrom	Strom bei Nennspannung
Drehspulmeßgeräte	10 . . . 50 mV	0,01 . . . 0,05 A
Weicheisenmeßgeräte	10 . . . 100 mV	0,05 . . . 0,1 A
Hitzdrahtmeßgeräte	0,2 V	0,2 A
Dynamometr. Zeigerinstrumente	2 V	0,05 . . . 0,1 A

Beim Meßbereich unter 1 A und 5 V nimmt die Spannung am Strommesser bzw. die Stromstärke im Spannungsmesser stark zu, insbesonders bei Weicheisen- und Hitzdrahtmeßgeräten.

Wenn die Leistungsaufnahme der Meßgeräte etwa 10 W übersteigt, müssen die Neben- bzw. Vorwiderstände der besseren Abkühlung halber außerhalb des abgeschlossenen Raumes, meist hinter der Grundplatte geschützt untergebracht werden, sonst beschlägt sich die Glasplatte.

Überlastbarkeit. Die Prüfung der thermischen und elektrischen Überlastbarkeit ist in den VDE-Regeln für Meßgeräte § 26 und 27 festgelegt. Am geringsten ist die thermische Überlastbarkeit der Hitzdrahtinstrumente, sie ist aber auch bei den meisten anderen elektrischen Meßgeräten niedrig. Auch von diesem Standpunkt aus ist die Messung stärkerer Ströme bei Wechselstrom mit Wandlern viel günstiger als die direkte Methode; denn es ist erstens die Wärmekapazität des Wandlers und daher auch seine Überlastbarkeit viel größer als die des Meßinstrumentes selbst, sodann werden die Meßwandler meist so gebaut, daß bei übernormaler Belastung (Kurzschlüssen) der durch die Sekundärspule des Wandlers und damit auch durch das Meßwerk fließende Strom infolge der magnetischen Sättigung und Streuung des Wandlers viel kleiner wird als dem Übersetzungsverhältnis entspricht.

Gütefaktor: Als solcher wird der Quotient: Einstellmoment bei 90^0 Ausschlag in gcm durch das Gewicht in g bezeichnet. Beim Vergleich ähnlicher Instrumente ist die Einführung dieser Größe zweckmäßig, für allgemeine Betrachtungen jedoch unbrauchbar, zumal bei dieser Größe u. a. der Einfluß der Lagerung (Reibung) ganz außer acht bleibt.

Einschaltdauer. Mit zunehmender Temperatur nimmt der Widerstand der Kupferspulen zu, die Torsionskonstante der Federn ab. Durch passende Abgleichung dieser 2 Größen, sowie durch temperaturunabhängige Vorwiderstände und besondere Schaltungen ist es gelungen, die Angaben der Meßgeräte von der Einschaltdauer praktisch unabhängig zu machen. Eine Kontrolle ist aber stets notwendig zur Feststellung, ob dieses Ziel erreicht ist.

6. Schreibende Meßgeräte. Wegen der Reibung der Federspitze gegen das Papier muß das Drehmoment, also auch der Leistungsverbrauch des Meßgerätes viel größer sein als bei gewöhnlichen Meßgeräten (bis zu 20 gcm für den Nennstrom). Ist das zur Verfügung stehende Moment nicht groß genug, um die Reibung des Zeigers gegen das Papier zu überwinden, so erfolgt die Aufzeichnung mittels Lichtzeigers oder intermittierend. Im ersteren Fall wird eine punktförmige Lichtquelle über eine Sammellinse und einen auf der Achse des Drehsystems befestigten Spiegel auf photographisches Papier abgebildet, das an Stelle der Papierrolle tritt. Als Lichtquelle eignen sich u. a. Punktlichtlampen. Die Zeit wird u. a. dadurch markiert, daß der Lichtstrahl in regelmäßigen Zeitabschnitten unterbrochen wird. Die intermittierende Aufzeichnung erfolgt in der Regel durch Fallbügel, der etwa einmal alle halben Minuten mittels Uhrwerks den Zeiger auf das Papier und ein darunter befindliches Farbband niederdrückt. Mit einem einzigen Meßwerk können nach diesem Prinzip mit Hilfe von 6 verschiedenen Farbbändern 6 verschiedene Größen aufgezeichnet werden.

Der Papierstreifen ist fast allgemein in rechtwinkelige Koordinaten eingeteilt. Damit die Zeigerspitze bei Änderungen der zu messenden Größe statt der kreisförmigen eine geradlinige Bewegung senkrecht zur Zeitlinie beschreibt, ist eine besondere Führung des Zeigers notwendig; bei dem Ellipsenlenker von Siemens & Halske wird nach Abb. 12 das eine Ende R des Zeigers Z durch eine Rolle R gebildet, die sich mit geringem Spiel sehr leicht zwischen 2 Schneiden Q bewegt, während das andere Ende A die Schreibspitze trägt. In B ist der Zeiger durch den Stab BD mit der Achse D des Drehsystems gelenkartig verbunden. Bei richtiger Dimensionierung der Längenverhältnisse beschreibt A fast eine Gerade. Der Papiervorschub erfolgt entweder mittels Uhrwerk (Gangzeit etwa 10... 30 Tage) wobei die Genauigkeit nicht groß ist, da sonst der Apparat zu teuer wird, oder von einer Hauptuhr aus. Bei zu geringen Geschwindigkeiten der Papierrolle lassen sich bei nicht sehr gut gedämpften Instrumenten die Einzelheiten der Kurve nicht mehr erkennen, großer Vorschub zieht großen Papierverbrauch nach sich; eine Geschwindigkeit von etwa 10...30 mm je Stunde ist üblich. Für die Untersuchung zeitlich schnell veränderlicher Vorgänge läßt sich durch besondere Ausbildung des Räderwerkes der Papiervorschub bis auf 1 cm je sec steigern.

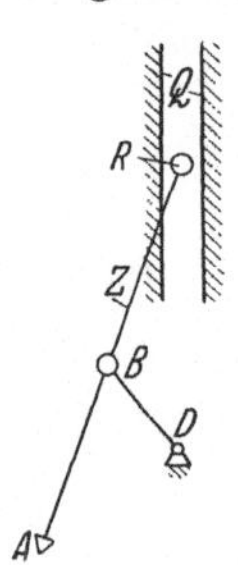

Abb. 12. Ellipsenlenker von Siemens & Halske.

Vor jeder Neufüllung (Spezialtinte) muß die Schreibfeder mit Wasser und Alkohol gut gereinigt werden; Spitze nicht nachbohren. Tintenfüllung reicht bei 300 m Papierlänge etwa 5 Wochen bei 2 cm stündlichem Papiervorschub. Spezialausführungen u. a. von Askaniawerken u. Leeds & Northrup.

7. Fernmessungen[1]. Die Fernmessungen sind noch in der Entwicklung begriffen, es sollen daher hier nur einige Gesichtspunkte mitgeteilt werden. Man verwendet zur Übertragung meist Signal- oder Telephonleitungen und arbeitet mit Gleich- oder Wechselstrom. Der Gleichstrom hat den Vorteil empfindlicher Anzeigeinstrumente und geringerer Störungen durch benachbarte Leitungen, er ist aber unbrauchbar, sobald die Strecke durch Zwischentransformatoren geteilt ist. Zwei Meßmethoden mögen kurz angedeutet werden: Entweder man überträgt die Drehung des Zeigers des Meßgerätes an der Meßstelle auf einen 2. Apparat an der Empfangsstelle oder man mißt an der Empfangsstelle eine Größe, die der zu messenden proportional ist. Abb. 13 zeigt schematisch eine Lösung der Aufgabe im ersten Fall (Anordnung von Hartmann & Braun): Der Schleifkontakt S eines kreisförmig angeordneten Widerstandes AB ist um eine Achse M drehbar, die in der Verlängerung der Drehachse des Gebers liegt, dessen Angaben übertragen werden sollen. Mittels Kupplung zwischen Geber und Kurbel SM bleibt MS immer parallel zum Zeiger des Gebers. Die Enden AB des Widerstandes sowie der Schleifkontakt führen über eine Stromquelle und

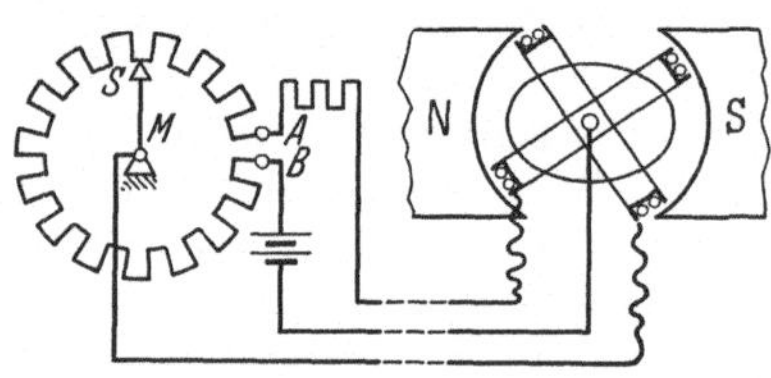

Abb. 13. Kreuzspulinstrument zu Fernmessung.

[1] Elektrotechn. Z. 1929 S. 1509 u. 1536; Elektrotechn. u. Maschinenb. S. 773. Wien 1930. Schleicher: Die elektrische Fernüberwachung und Fernbedienung für Starkstromanlagen und Kraftbetrieb. Berlin: Julius Springer 1932.

Ausgleichwiderstände zu einem Kreuzspulinstrument, dessen Zeiger sich nach der Lage von MS einstellt. Die Höhe der Hilfsspannung beeinflußt nur die Einstellsicherheit; die Methode hat aber den Nachteil, daß man 3 Meßleitungen braucht und daß der Geber ein großes Moment entwickeln muß, um die Kurbel MS sicher mitzunehmen.

Von dem anderen Verfahren mögen zwei Ausführungen angedeutet werden: Bei der einen Ausführung ist ein Elektrizitätszähler derart ausgebildet, daß dessen Drehgeschwindigkeit der zu messenden und zu übertragenden Größe direkt proportional ist. Auf der Zählerwelle ist ein kleiner magnetelektrischer Generator von maximal etwa 1 V befestigt, dessen EMK der Drehgeschwindigkeit, also auch der zu messenden Größe proportional ist. Die Klemmen dieses Generators sind über Signalleitungen mit einem Spannungsmesser an der Empfangsstelle verbunden. Bei der anderen Ausführung nach dem Impulsverfahren schickt man durch die Meßleitung einen Stromstoß, wobei die zu messende Größe entweder der Dauer dieses Stoßes oder der Zahl der Impulse je Zeiteinheit, d. h. ihrer Frequenz proportional ist.

8. Regeln für Meßgeräte des VDE. Die Instrumente sind je nach Art des Meßwerkes mit den Buchstaben M_1 bis M_7 und durch besondere Zeichen, die Schutzart durch das Gehäuse durch die Buchstaben S_1 bis S_6 festgelegt, desgl. ist die normale Gebrauchslage durch vertikale (senkrechte Gebrauchslage) und horizontale Striche (waagerechte Gebrauchslage) gekennzeichnet. Die Art des Meßwerkes, das Klassenzeichen, Gebrauchslage, Verwendbarkeit für Gleich- bzw. Wechselstrom, die Prüfspannung müssen auf dem Instrument vermerkt sein.

Allgemeine Literatur.

Keinath: Die Technik elektr. Meßgeräte, 3. Aufl. München: Oldenburg 1928. Jäger: Elektr. Meßtechnik, 3. Aufl. Leipzig: Barth 1928. Gruhn: Elektr. Meßinstrumente, 2. Aufl. 1923. Berlin: Julius Springer; Handb. Physik Bd. 16. Berlin: Julius Springer 1927. Holborn: Handb. Experimentalphysik, Bd. 1 (1926) S. 201ff. Leipzig: Akad. Verlagsges. Valentiner: El. Meßmethoden u. Instrumente. Braunschweig: Vieweg 1930. Regeln für Meßgeräte im Normalienbuch des Verbandes Deutscher Elektrotechniker (VDE). Skirl: Elektr. Messungen. Siemens Handbücher VI. Berlin: W. de Gruyter 1928. Drysdale and Jolly: Electr. Measuring Instrum. London: Benn Limited 1924. Siehe auch Prüfordnung für elektrische Meßgeräte, herausgegeb. von der Physik.-Techn. Reichsanstalt 1933. Berlin: Julius Springer.

B. Messung von Strom und Spannung.

Von **G. Brion**, Freiberg.

1. Strom- und Spannungsmesser.

1. Drehspulinstrumente. Stahlmagnete von großer Konstanz in Hufeisenform, künstlich gealtert, mit Polschuhen aus weichem Eisen und zylindrischer Bohrung; koaxial zur Bohrung liegt ein fester Weicheisenzylinder und stromdurchflossene Drehspule; radialer Luftspalt δ zwischen Bohrung und Zylinder etwa 1 mm einseitig; je $< \delta$, um so $<$ die magnetische Streuung, um so $<$ die Beeinflussung durch benachbarte Magnetfelder oder Weicheisenstücke. Feldstärke $\mathfrak{H}$ im Luftspalt etwa 1000 Oersted, bei Taschenformatgeräten etwa 600 Oersted. Gelegentlich magnetische Überbrückung (Nebenschluß) des Luftspaltes zur Regulierung der Empfindlichkeit. Drehspule in Spitzen gelagert, Stromzuführung zur Spulenwickelung über 2 flache Spiralfedern, die gleichzeitig das Richtmoment geben. Gewicht des Drehsystems einschließlich Zeiger etwa 1 g, Durchflutung beim Endausschlag etwa 1 AW. Dämpfung erfolgt durch Wirbelströme in Kupfer- oder Aluminiumrahmen (Träger der Wicklung) und in der Spule selbst (besonders bei Strommessern mit Nebenschluß oder geringem äußeren Widerstand). Im allgemeinen Dämpfung eher zu gering, nur bei hochempfindlichen Spiegelinstrumenten leicht zu groß; im letzteren Fall ohne Vorschaltwiderstand meist überaperiodische Bewegung, kriechen des Systems. Es ist im Gleichgewichtszustand $C \cdot \alpha = i\,\mathfrak{H}$, wo α der Ausschlag und i die Stromstärke, C die Torsionskonstante bedeuten; da δ überall gleich, so ist $\mathfrak{H}$ von Lage der Drehspule unabhängig. Haupteigenschaften: Lineare Skala, gute Dämpfung, sehr geringe Beeinflussung durch fremde Magnetfelder, nur bei Gleichstrom brauchbar, größte Genauigkeit bei Präzisionsausführung, hoher Preis.

Kreuzspulmeßgeräte sind ähnlich gebaut, sie besitzen 2 miteinander fest verbundene, meist gekreuzte Spulen. Das Feld im Luftspalt ist ungleich; die Stromzuführung erfolgt über Bänder möglichst ohne Richtkraft in der Weise, daß der Anfang beider Spulen gemeinsam ist, so daß 3 Zuleitungen für die beide Spulen durchfließenden Ströme benötigt werden. Die auf beide Spulen wirkenden Momente sind entgegengesetzt gerichtet wie in Abb. 14 angedeutet, der Weicheisenzylinder entweder elliptisch geformt oder die Polschuhe abgeschrägt. Die Instrumente besitzen keine besondere Nullage, Drehmomente werden nur durch die 2 Spulenströme erzeugt. Es ist im Gleichgewichtszustand $i_1\,\mathfrak{H}_1 = i_2\,\mathfrak{H}_2$, wobei i_1 und i_2 die 2 Spulenströme, $\mathfrak{H}_1$ und $\mathfrak{H}_2$ die Feldstärken sind, wo sich beide Spulen befinden; also $\frac{i_1}{i_2} = \frac{\mathfrak{H}_2}{\mathfrak{H}_1}$; da jeder Lage der Kreuzspule ein bestimmter Wert $\mathfrak{H}_1/\mathfrak{H}_2$ entspricht, so gibt die Einstellung das Verhältnis der 2 Ströme an (Quotientenmesser).

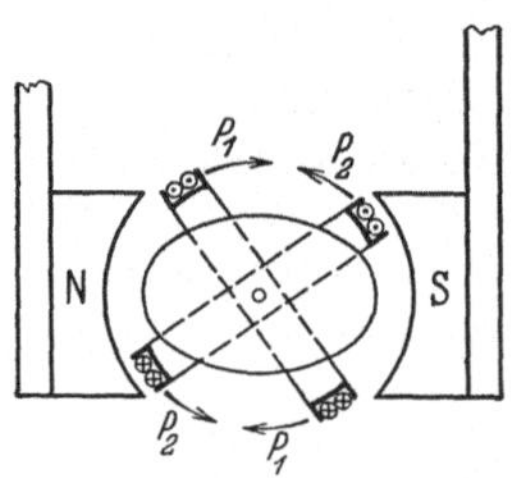

Abb. 14. Kreuzspulensystem.

2. Dreheisen- (Weicheisen-) Instrumente besitzen ein oder mehrere Weicheisenstücke im Magnetfeld einer festen stromdurchflossenen Spule.

Bei der gebräuchlichsten konstruktiven Ausführung wird Eisenkern (dünne Scheibe oder Stäbchen aus Spezialblech von geringer Remanenz und Koerzitivkraft) in Feld von runder oder flacher Spule gedreht; daher der Ausdruck: Dreheiseninstrument. Skalencharakter von Gestalt des Eisenkörpers und von Anfangslage gegenüber Spule abhängig, aber stets am Anfang der Teilung gedrängt. Feste Weicheisenstücke, zur Erhöhung des Anfangsmoments im Magnetfeld der Spule öfters angeordnet, ändern den Skalencharakter. Die Durchflutung der Spule beträgt bei vollem Ausschlag etwa 300 AW, der Leistungsverbrauch $\approx$ 1 W, das Drehmoment $\approx$ 0,2 gcm. Richtkraft: Schwerkraft oder Feder, letzteres hat den Vorteil, daß die Lage des Meßgerätes ohne Einfluß ist. Unterschied der Angaben zwischen kommutiertem Gleichstrom (Mittelwert!) und Wechselstrom von 50 Hz meist geringer als 1% des Höchstwertes. Einfluß der Kurvenform bei schwach gesättigtem Eisen gering, desgleichen von Frequenz bis gegen 1000 Hz, wenn geschlossene Metallmassen im Meßinstrument vermieden werden. Zum Schutz gegen äußere Magnetfelder öfters Panzerung der Spule mit Eisenblech. Instrumente sind weit besser als ihr Ruf, kommen bei astatischer Ausführung sogar für Präzisionsmessungen in Frage, zeichnen sich durch einfache Bauart und Billigkeit aus, sie sind die gegebenen Betriebsmeßgeräte. Eichung am besten mit Präzisionswechselstrom-Instrumenten (Dynamometern). Für größere Ansprüche sind in den letzten Jahren astatische Dreheisenmeßgeräte gebaut worden, hierdurch sind die Angaben von fremden Magnetfeldern fast unabhängig[1].

[1] Siemens-Z. 1931 S. 444.

Eine besondere Art von Weicheiseninstrumenten bilden die **Dreheisen-Quotientenmesser** von W. Geyger[1]. In dem in Abb. 15 dargestellten Ringeisenmeßwerk wird das ringförmige Dreheisen D von den beiden Spulen S_1 und S_2 umfaßt. Es ist durch den Hebelarm H mit der Systemachse A und dem Zeiger Z verbunden, der die Ausgleichgewichte B trägt. Zur Dämpfung dient die Kammer N mit dem Flügel O. Über die Anwendung s. Abb. 321 S. 280.

3. Stromdynamometer besitzen eine feste und eine drehbare stromdurchflossene Spule; letztere sucht sich bei Stromdurchgang so einzustellen, daß die magnetischen Achsen beider Spulen zusammenfallen. Diese Meßgeräte werden mit und ohne Eisen ausgeführt, je nachdem zur Erhöhung des Drehmomentes und zum Schutz vor äußeren Feldern die magnetischen Kraftlinien zum Teil durch Eisen verlaufen oder nicht. Größere Metallmassen müssen wegen der Feldverzerrung durch Wirbelströme vermieden, mindestens unterteilt werden. Eisenfreie Dynamometer sind in erster Linie bei Wechselstrompräzisionsmessungen in Gebrauch. Hauptvorteil: Große Meßgenauigkeit bei entsprechender Vorsicht; Eichung mit kommutiertem Gleichstrom ergibt ohne weiteres den Effektivwert bei Wechselstrom; Nachteile: hoher Preis, ferner Schwierigkeit, den Einfluß fremder Magnetfelder (insbesondere der Zuleitungsdrähte) bei Meßgeräten für starke Ströme zu eliminieren.

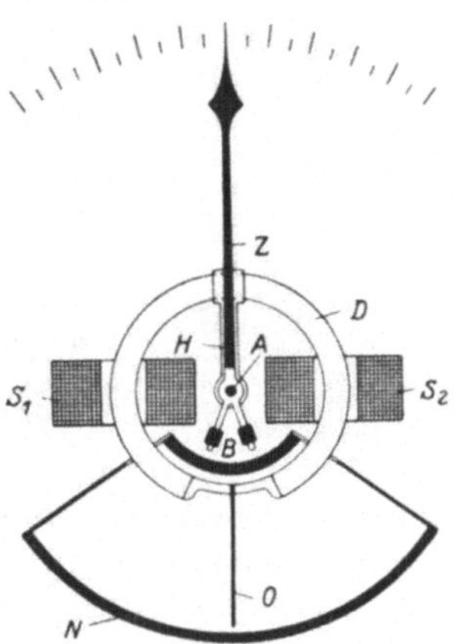

Abb. 15. Dreheisen-Quotientenmesser.

Bei der ursprünglichen Konstruktion von Siemens (Torsionsdynamometer) waren beide Spulen im stromlosen Zustand senkrecht zueinander angeordnet. Bei Stromdurchgang suchte sich die drehbare Spule zu drehen; eine Feder wurde so lange gedreht bis sich die Spule gegen das elektrodynamische Moment in die Nullage einstellte. Bei der elektrodynamischen Waage von W. Thomson (Kelvin) hatten beide Spulen die gleiche Achse, die drehbare Spule war an einem Hebelarm befestigt; bei Stromdurchgang erfolgte je nach der Stromrichtung eine Anziehung oder Abstoßung dieser Spule; mittels Laufgewichts wurde das elektrodynamische Moment kompensiert. Diese Instrumente werden wegen ihrer umständlichen Bedienung (außerdem bei Hochspannung Schwierigkeit wegen des Hantierens mit dem Meßgerät) kaum mehr benutzt; anderseits ist diese Siemenssche Konstruktion in besonderen Fällen zweckmäßig, weil wegen der senkrechten Lage der beiden Spulen zueinander ihre gegenseitige Induktion gleich Null ist und in der drehbaren Spule durch das Wechselfeld der anderen keine EMKe induziert werden, daher ihre vorteilhafte Anwendung bei höheren Frequenzen.

Bei den jetzt üblichen direkt zeigenden Instrumenten dreht sich die bewegliche Spule im Feld der festen; als Richtkraft und zur Stromzuführung dienen 2 Flachfedern, die Luftdämpfung sorgt für schnelle Einstellung. Nachteil der direkten Ablesung: Die gegenseitige Induktion der 2 Spulen ändert sich mit dem Ausschlag; ferner werden in der Drehspule — besonders wenn sie im Abzweigkreis liegt — EMKe und Ströme induziert, die von der gegenseitigen Lage der 2 Spulen, von der Stärke des Feldes der festen Spule und von der Frequenz abhängig sind und die Angaben beeinflussen. Außerdem kann bei Messungen stärkerer Ströme über 1 A die Drehspule wegen der Schwierigkeit der Stromzuführung nicht den vollen Strom aufnehmen, sie ist von einem Widerstand im

---
[1] ATM. 1931 — T 74.

Hauptkreis abgezweigt und muß zur Temperaturkorrektion einen Vorwiderstand erhalten; infolgedessen wird an den Instrumentenklemmen bei vollem Ausschlag bei Strommessern eine Spannung von rund 2 V benötigt; bei stärkeren Strömen wird daher die Leistungsaufnahme sehr groß. Störungen durch fremde Magnetfelder kommen leicht vor, da das Feld der festen Spule bei Nennstrom nur etwa 20 Oersted beträgt; deshalb ist Vorsicht notwendig, falls nicht große Genauigkeit illusorisch sein soll. Den Schutz eines Torsionsdynamometers gegen fremde Magnetfelder durch Astasierung zeigt Abb. 16; der Strom fließt sowohl in den 4 festen wie in den 2 drehbaren Spulen in umgekehrter Richtung, so daß ihre Drehmomente sich addieren, während die von einem fremden Feld auf die Drehspulen erzeugten Momente sich entgegenarbeiten. Bei dieser Anordnung besteht eine Schwierigkeit darin, daß keine nennenswerte Wirkung des Magnetfeldes der oberen festen Spulen auf E_2 und dergleichen der unteren festen Spulen auf E_1 auftritt.

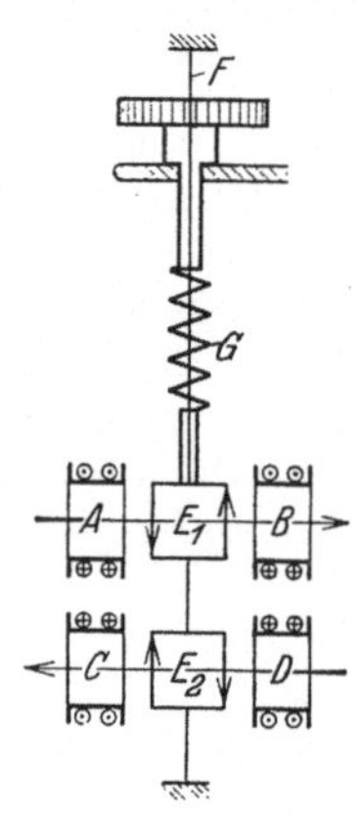

Abb. 16. Astatisches Torsions-Elektrodynamometer.
F ist der Aufhängefaden, G die Feder, A, B, C, D sind feste Stromspulen, E_1 und E_2 sind Spulen im Abzweigkreis.

Bei den eisengeschirmten Dynamometern soll der Panzer oder Schirm aus Eisenblechen fremde Felder abschirmen. Nachteil: Restmagnetisierung im Panzer, wenn in Feldspule übernormale Ströme geflossen sind; die höchst erreichbare Genauigkeit ist geringer als ohne Eisen, aber in der Regel bleibt man frei von Beeinflussungen durch fremde Felder.

Wichtiger sind die eisengeschlossenen Instrumente, bei denen sich nach Abb. 17 die drehbare Spule mit geringem Spielraum zwischen einem Eisenzylinder und einem Hohlzylinder (beide aus Blechen) bewegt, während die feste Spule in einer Aussparung des Hohlzylinders gebettet ist und das radiale Feld liefert. Störungsmomente dieser Anordnung: 1. Infolge der gekrümmten Form der Magnetisierungskurve sind die AW der Stromspule und das Stromfeld nicht einander proportional. 2. Die Werte bei zu- und abnehmendem Strom sind infolge Hysterese verschieden. 3. Infolge der Remanenz schlägt das Instrument auch dann aus, wenn der Nutzstrom verschwindet; desgleichen tritt eine Empfindlichkeitsänderung und Unsymmetrie auf, wenn nach starken Überlastungen eine große Remanenz zurückgeblieben ist. 4. Da das Feld der Stromspule nicht mit diesem Strom phasengleich ist, so kommt noch ein Fehlwinkelfehler hinzu.

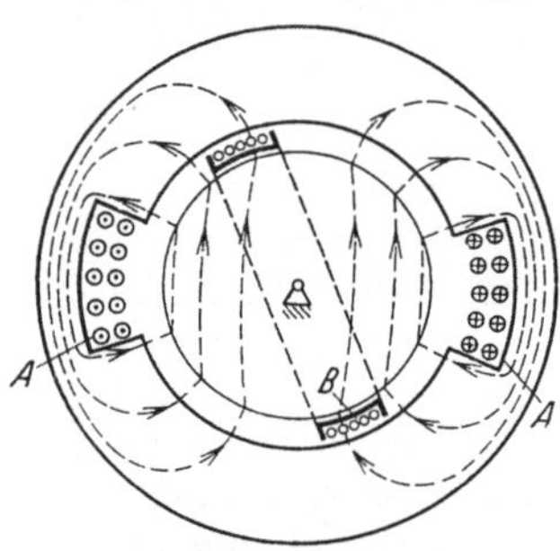

Abb. 17. Eisengeschlossenes Stromdynamometer.
A ist die feste Stromspule, B die drehbare Abzweigspule.

Diese Fehler sind um so kleiner, je geringer die magnetische Induktion, je geringer der magnetische Widerstand des Eisenpfades, je geringer Hysterese und Wirbelströme und je mehr μ über den ganzen Bereich konstant bleibt. Der Fehlwinkelfehler kann notdürftig durch eine Selbstinduktivität im Spannungskreis kompensiert werden. Der Hauptvorteil gegenüber den eisenfreien Dynamometern liegt in der robusteren Bauart und im größeren Moment sowie in der weitgehenden Unabhängigkeit von fremden Feldern, aber es ist kein Standartinstrument.

4. Drehfeldinstrumente. Bei diesen Instrumenten werden in einer drehbaren, kurzgeschlossenen Spule, einem Metallzylinder oder -scheibe durch die magnetischen Wechselfelder der Stromspule Wirbelströme induziert, und auf den Träger dieser Ströme mechanische Kräfte ausgeübt, die ihn zu drehen suchen. Der Einfluß der Temperatur (Ohmscher Widerstand der Wirbelströme), der Frequenz und der Kurvenform kann nicht ganz unterdrückt werden; deshalb haben diese Instrumente als Strom-, Spannungs- und Leistungsmesser kaum noch Bedeutung, dagegen sind sie wegen ihrer einfachen Bauart als Wechselstromzähler stark verbreitet. Vorteil: Großes Moment, keine empfindlichen, feindrähtigen Wicklungen, bei Zählern kein Kollektor und Bürstchen.

5. Hitzdrahtinstrumente[1]. Bei den Hitzdrahtinstrumenten im engeren Sinn mißt man nicht die Verlängerung eines stromdurchflossenen Leiters selbst, sondern seine Durchbiegung, die viel größer ist als diese Längenänderung. Die Hauptschwierigkeit besteht darin, die Angaben von der Raumtemperatur (Nullpunktverschiebung bei Temperaturänderungen) und von der Einschaltdauer unabhängig zu machen. Zum Kompensieren der hierdurch bedingten Fehler sind verschiedene Mittel angewandt worden, u. a. Wahl der Grundplatte von gleichem Ausdehnungskoeffizienten wie der Hitzdraht; die Schwierigkeit liegt besonders darin, daß die Wärmekapazität des letzteren viel geringer ist als die der Platte, besser ist die Anbringung eines zweiten, nicht stromführenden Kompensationsdrahtes; vollständig läßt sich die Unsicherheit infolge von Schwankungen der Raumtemperatur nicht beseitigen. Aus demselben Grund ist an jedem Instrument eine Nullpunktschraube angebracht. Der Draht selbst soll einen hohen Ausdehnungskoeffizienten, große mechanische Festigkeit, hohen Schmelzpunkt und keine thermisch-elastischen Nachwirkungen zeigen. Da der Draht wegen der sehr geringen Wärmekapazität sehr empfindlich auf Überlastung und Kurzschlüsse ist (er schmilzt je nach der Schmelz- und der Betriebstemperatur, etwa beim 2- bis 3fachen Betrag des Nennstromes), so wird er gesichert, indem man entweder einen Sicherungsdraht in den Stromkreis einbaut, der früher durchbrennen muß als der Hitzdraht (diese Sicherung ist nur bei Spannungsmessern möglich; bei Strommessern mit Nebenwiderstand würde der Widerstand des Hitzdrahtkreises durch das Hinzukommen des Sicherungsdrahtes nicht mehr genau definiert sein), oder es wird bei Überlast der Hitzdraht kurzgeschlossen.

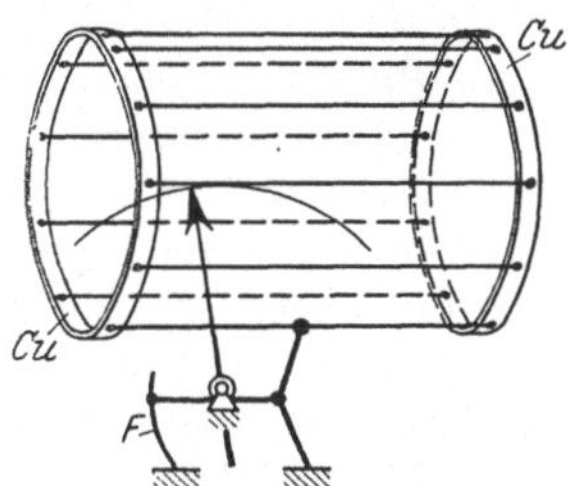

Abb. 18. Hitzdrahtstrommesser für starke Ströme. *Cu* sind 2 Kupferringe, *F* eine Spannfeder.

Der Skalencharakter kann durch verschiedene Anordnung des Anfangsdurchhangs, des Querdrahtes, der Zeigerrolle, der Spannung der Feder, die den Draht gespannt hält, geändert werden; stets ist die Skala am Anfang gedrängt, von etwa $^1/_5$ des Endwertes ab ist sie meist ziemlich gleichmäßig.

Die Frequenzabhängigkeit ist bei richtiger Ausführung sehr gering; bei höherer Frequenz muß bei Benutzung von Nebenwiderständen das Verhältnis L/R für den Nebenwiderstand und den eigentlichen Meßkreis gleich sein. Eine sehr elegante Lösung, stärkere Ströme bis über 100 A bei Hochfrequenz zu messen, wird von Hartmann und Braun ausgeführt: Nach Abb. 18 sind auf dem Umfang eines Zylinders in regelmäßigen Abständen eine Anzahl Leiter (Bänder) angeordnet; die Stirnflächen bestehen aus Kupferklötzen *Cu* zur Wärmeabgabe und Stromzuführung; da die Leiter gleich dimensioniert und gleichmäßig verteilt sind, werden sie auch bei Hochfrequenz vom gleichen Strom durchflossen; man mißt die Durchbiegung des einen dieser Bänder genau so wie bei den gewöhnlichen Hitzdrahtinstrumenten.

[1] Keinath: Elektrische Temperaturmeßgeräte. München: Oldenbourg. Fischer: Theorie der thermischen Meßgeräte. Stuttgart: Enke 1931.

Bei Hochfrequenzmessungen kann ferner aus dem optisch gemessenen Glühzustand eines stromdurchflossenen Drahtes der Effektivwert des Stromes gemessen werden. Die Empfindlichkeit dieser Methode ist sehr groß, da die Strahlungsintensität mit zunehmender Stromstärke sehr stark zunimmt.

Bei den Bimetallinstrumenten, die neuerdings von Siemens gebaut werden, benutzt man als Meßprinzip den Unterschied der Ausdehnung von zwei zusammengeschweißten, stromdurchflossenen, zu einer ebenen Spirale gerollten Metallstreifen von verschiedenem Ausdehnungskoeffizienten. Je nach der Temperatur wickelt sich der Streifen auf oder ab. Zum Ausgleich der Schwankungen der Außentemperatur dient ein zweiter, nicht stromdurchflossener Streifen. Diese Instrumente zeichnen sich durch große Richtkraft und große thermische Trägheit, also auch durch viel größere momentane Überlastungsfähigkeit aus als gewöhnliche Hitzdrahtinstrumente.

Wichtigste Eigenschaften der Hitzdrahtinstrumente: Fast völlige Unabhängigkeit der Angaben von der Frequenz, der Kurvenform und äußeren Magnetfeldern; es wird der Effektivwert gemessen, die Eichung kann ohne weiteres mit Gleichstrom erfolgen. Große thermische Empfindlichkeit, großer Leistungsverbrauch (siehe S. 17), hoher Preis, hohe Reparaturkosten, im allgemeinen kein Präzisionsinstrument.

6. Thermoelemente. Bei den Thermoelementen wirkt ein vom zu messenden Strom durchflossener und erwärmter Draht auf die eine (heiße) Lötstelle eines Thermoelementes, dessen freie Enden zu einem Gleichstrommilliamperemeter führen. Vorteile dieser Instrumente: Unabhängigkeit der Angaben von der Raumtemperatur, große Empfindlichkeit (man kann Wechselströme von wenigen Milliampere bequem mit einem Zeigergalvanometer messen). Nachteil: Empfindlichkeit auf Überlastung, Abhängigkeit der Angaben von der Höhe des Vakuums, in dem sich das Element befindet, daher öfteres Nacheichen mit kommutiertem Gleichstrom notwendig (Vorsicht wegen Peltier-Effekt!)

Schließlich werden noch zur thermischen Strommessung, namentlich bei Hochfrequenz, die Widerstandsänderungen von stromdurchflossenen und erwärmten Drähten, sog. Bolometer benutzt. Da man meist schwache Ströme nach dieser Methode mißt, sind sie unter Abschnitt II D S. 50 behandelt.

7. Elektrometer. Grundprinzip dieser Meßgeräte ist stets die Anziehung ungleichnamig geladener bzw. die Abstoßung gleichnamig geladener Flächen. In der Sprache der Feldlinien und Niveauflächen geht man von dem Bild aus, daß sich die Feldröhren in der eigenen Richtung zu verkürzen (Anziehung), in der Querrichtung seitlich auszubreiten (Abstoßung) suchen. Bei einiger Übung gelingt es schnell, ein angenähert richtiges Bild des Feldes gefühlsmäßig zu zeichnen, besonders wenn man noch Niveaulinien zu Hilfe nimmt, da die Oberfläche von Metallteilen eine Niveaufläche bildet und die Feldlinien aus den Metallteilen senkrecht heraustreten.

Man kann auch die Elektrometer wie einen Kondensator von veränderlicher Kapazität C auffassen; da bei gegebener Elektrometerspannung U die aufgespeicherte elektrische Feldenergie des Kondensators $\frac{1}{2} C U^2$ ist und diese Energie bei gegebener Spannung U einem Maximum zustrebt, so sucht sich der bewegliche Teil stets so zu bewegen, daß C zunimmt; dieser Fall tritt ein, wenn der Abstand der geladenen Flächen verringert wird oder ein zwischen den geladenen Flächen beweglich angeordneter Körper von größerer Dielektrizitätskonstante als die Umgebung sich im Felde so bewegt, daß der elektrische Fluß größer wird; wir haben dann ähnliche Verhältnisse wie bei einem beweglichen Eisenkörper in einem magnetischen Feld, z. B. bei Dreheiseninstrumenten; das elektrische Feld der geladenen Flächen tritt an die Stelle des magnetischen

Feldes der Spule, die Dielektrizitätskonstante des beweglichen Körpers an Stelle der Permeabilität; für Metalle ist für die Dielektrizitätskonstante der Wert ∞ einzusetzen.

Elektrometer messen also Spannungen; Ströme können nur indirekt gemessen werden durch Verbindung der Enden eines stromdurchflossenen rein Ohmschen Widerstandes mit den Elektrometerklemmen.

Als Richtkraft wirkt die Torsions- oder Biegungselastizität von Drähten und Fäden, sowie die Schwerkraft. Da die ablenkenden Kräfte besonders bei niedrigen Spannungen sehr gering sind, sind auch die Richtkräfte klein, daher die Schwingungsdauer groß; zur Messung kleiner Spannungen müssen sehr empfindliche Anordnungen und Übertragungsmechanismen, am besten mit Spiegel und Lichtstrahl gewählt, die Achsenreibung durch Band- oder Drahtaufhängung möglichst vermieden werden. Bei Gleichstrom kann die Empfindlichkeit durch Hinzunahme hoher Hilfsspannungen weiter gesteigert werden.

Als Dielektrikum nimmt man fast stets Luft von normalem Druck und Temperatur. Öl hat den Vorteil größerer Dielektrizitätskonstante, also größerer Kräfte, größerer elektrischer Festigkeit und natürlicher starker Dämpfung; sehr nachteilig ist dagegen die Abhängigkeit der Angaben von Stromart und Frequenz, daher selten benutzt. Zur Messung sehr hoher Spannungen wird auch Preßluft bis zu 10 at benutzt, da die elektrische Festigkeit fast proportional mit dem Druck zunimmt und die Skala gegenüber Normaldruck sich nicht merklich ändert; sehr nachteilig bei dieser Anordnung ist die Schwierigkeit, das Meßgerät und die Durchführung druckfest zu bauen und besonders den Ausschlag nach außen sichtbar zu machen.

Die Strom- und erst recht die Leistungsaufnahme sind, von sehr hohen Frequenzen abgesehen, fast stets zu vernachlässigen, da die Kapazität der meisten Elektrometer selten größer als 10 cm ($\sim$ 11 $\mu\mu$F) ist; man braucht daher fast nie Korrektionen anzubringen, da durch das Einschalten des Elektrometers keine Störung der Verhältnisse eintritt.

Beeinflussung der Angaben: Stromart und Frequenz haben keinen Einfluß auf die Angaben, so lange ohne Vorschaltkondensatoren oder sehr hohe Schutzwiderstände mit Luft als Dielektrikum gearbeitet wird. Bei Wechselstrom wird der Effektivwert gemessen. Sehr wichtig ist der nicht immer genügend berücksichtigte Einfluß fremder elektrischer Felder; man kann ihn u. a. dadurch eliminieren, daß das metallische Gehäuse die beweglichen Teile vollständig umgibt und mit dem einen Pol verbunden ist. Will man vom Erdpotential unabhängig sein, so muß das Gehäuse isoliert sein; für Skala und Zeiger bzw. Spiegel ist im Mantel ein Glasausschnitt vorgesehen.

Schutz der Elektrometer. Die Elektrometer für höhere Spannungen müssen vor Kurzschlüssen im Instrument infolge Überspannungen usw. geschützt sein. Man benutzt entweder Vorschaltwiderstände oder Vorschaltkondensatoren; die Widerstände müssen so groß sein und eine so große Wärmekapazität besitzen, daß bei einem Kurzschluß im Elektrometer die Stromaufnahme und die Temperaturerhöhung im Schutzwiderstand niedrig bleiben, bis die selbsttätige Unterbrechung des Stromkreises erfolgt. Sehr gut eignen sich hierzu Flüssigkeitswiderstände in engen Glasröhren[1]. Metallische Widerstände sind meist zu teuer, besonders wenn sie genügende Wärmekapazität besitzen sollen, Widerstände aus Halbleitern, z. B. Silit, brechen bei höheren Spannungen zusammen, zweckmäßig sind dagegen die Carbowid- oder Hochkonstantwiderstände von Siemens, die aus einem Kohleniederschlag aus Kohlenwasserstoffen bestehen[2]. Die

[1] S. darüber u. a. Gyemant: Elektrotech. Z. 1928 S. 534.
[2] Hartmann u. Dossmann: Z. techn. Physik 1928 S. 434.

Größe des Schutzwiderstandes spielt bei den Messungen so lange keine Rolle, als der Ohmsche Spannungsabfall gegenüber der Spannung am Elektrometer (Kondensator) gering bleibt.

Die Schutzkondensatoren sind so zu bemessen, daß ihre Kapazität sehr groß ist gegenüber der des Elektrometers und daß sie die Gesamtspannung aushalten, wenn das Elektrometer durchgeschlagen ist. Im Normalbetrieb beträgt die Spannung am Schutzkondensator 1% der Gesamtspannung, wenn die Kapazität des Vorkondensators zu der des Elektrometers sich wie 100 : 1 verhält.

Ausführungsformen. Die genaue Messung von geringen Gleichspannungen erfolgt meist mit Apparaturen, die in irgendeiner Form an das Quadrantelektrometer von W. Thomson anknüpfen. Bei dessen ursprünglichen Form ist ein an einem Faden befestigtes horizontales metallisches Blättchen (Nadel) drehbar angeordnet zwischen 4 quadrantförmig geteilten metallischen Schachteln, von denen die gegenüberliegenden jeweilig miteinander elektrisch verbunden sind. Die Nadel wird nach Abb. 19 auf ein hohes Hilfspotential gegen Erde aufgeladen, die zu messende niedrige Spannung liegt zwischen den Quadranten (heterostatische oder Quadranten-Schaltung nach Thomson) und liegt einseitig an Erde. Beim Anlegen der Spannung an Quadranten dreht sich die Nadel nach dem Quadrantenpaar zu, das ihr gegenüber die größere Potentialdifferenz besitzt, da bei dieser Drehung die elektrische Feldenergie zunimmt. Das ablenkende Moment ist durch die Formel gegeben:

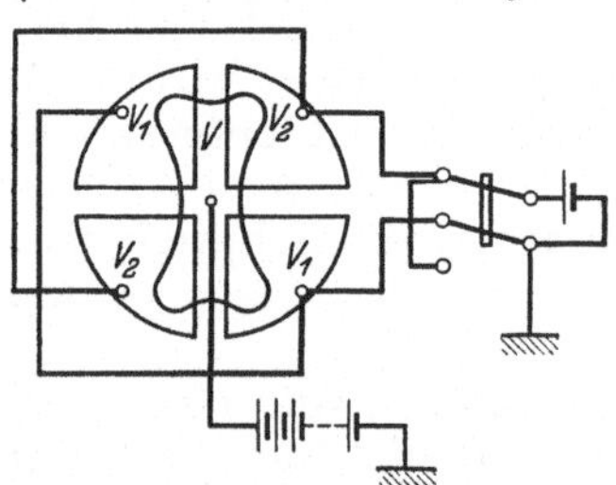

Abb. 19. Quadrantelektrometer nach W. Thomson in Quadranten- (heterostatischer) Schaltung.

$$M = c(V_1 - V_2)(2V - (V_1 + V_2)),$$

wobei V, V_1 und V_2 das Potential der Nadel und der 2 Quadranten bedeuten. Bei geringen Ausschlägen (Spiegel und Skala) und bei Beseitigung von Unsymmetrien durch Kommutieren der Spannung in den Quadranten ist der Ausschlag der zu messenden Potentialdifferenz direkt proportional. Die symmetrische Lage der Nadel zu den Quadranten wird dadurch bestimmt, daß die 4 Quadranten auf gleiches Potential (Erde) eingestellt werden; der Torsionsknopf der Nadel wird so eingestellt, daß kein Ausschlag erfolgt, gleichgültig ob die Nadel geladen ist oder nicht. Die Quadrantelektrometer und ihre Abarten (Duanten- und Binanten-Elektrometer) gestatten sehr genaue Messungen, die Einstellung und Handhabung ist allerdings langwierig und umständlich.

Die technischen, direkt zeigenden Elektrometer für Spannungen von etwa 10 bis 1000 V sind nach dem gleichen Prinzip gebaut; nur wird von einer Hilfsspannung abgesehen, die zu messende Spannung liegt zwischen der Nadel und einem Quadrantenpaar (sog. idiostatische Schaltung), das zweite Quadrantenpaar fehlt oder es wird mit der Nadel verbunden; oft ist überhaupt nur ein Quadrant vorhanden. Zur Erhöhung der Empfindlichkeit ist nach dem Multizellularprinzip von Thomson ein System von metallischen Blättchen, die horizontal auf derselben vertikalen Achse übereinander liegen, von einer großen Zahl von übereinandergeschichteten Kammern umgeben. Beim Anlegen der Spannung zwischen Kammern und Blättchen werden letztere in die Kammern hineingedreht. Durch passende Anordnung der Kammern und Blättchen (Stäbchen) ist es Hartmann und Braun (Palm) gelungen, bereits von etwa 5 V an einen ablesbaren Ausschlag und eine fast lineare Skala von 5% des Maximalwertes ab zu erhalten. Mit Hilfe von Spannungswandlern können mit diesen Elektrometern Wechselspannungen bis herunter auf $^1/_{100}$ V gemessen werden (Stromaufnahme des Wandlers bei Nennspannung etwa 0,1 A; geeignet für Frequenzen zwischen etwa 20 und 100 Hertz). Über weitere Elektrometer zur Messung höherer Spannung und von möglichst geringer Kapazität siehe Abschnitt V, S. 214.

2. Strom- und Spannungsmessungen.

8. Direkte Strommessung. Das Meßwerk liegt im Kreis der zu messenden Stromstärke, das Verfahren wird in der Regel nur bis zu Strömen von 1 A angewandt; zur Führung stärkerer Ströme sind die Federn, die gleichzeitig die Richtkraft geben und die dünnen Hitzdrähte nicht geeignet. Man kann zwar bei Dreheisenmeßgeräten und ausnahmsweise bei Spezialausführungen von Hitzdrahtinstrumenten (siehe S. 23) einen Strom von mehreren hundert A direkt messen, aber auch bei den ersteren Typen geht man meist schon bei Strömen über 50 A, vielfach sogar schon über 5 A zur indirekten Strommessung über. Im letzteren Fall fließt durch das Meßwerk selbst nach den Gesetzen der Stromverzweigung nur ein kleiner bestimmter Bruchteil des Gesamtstroms. Eigentlich mißt man die Spannung am Nebenschluß, deshalb der Ausdruck: „Millivoltmeter". Vorteile dieser Anordnung: Die Messung kann an passender Stelle vorgenommen werden, weit weg von den Starkstromleitungen, so daß man von deren oft schwer zu vermeidenden magnetischen Beeinflussungen frei bleibt, die Genauigkeit der Messung wird besonders bei starken Strömen größer, das Instrument ist wegen der dünnen Zuleitungsdrähte viel beweglicher, was besonders bei Abnahme- und Laboratoriums-Versuchen wichtig ist. Bei Wechselstrommessungen mittels Wandlern kommen noch weitere Vorteile hinzu: Die Messung ist auch bei Hochspannung ganz ungefährlich, wenn nach Vorschrift der Eisenkern und ein Punkt des Meßkreises geerdet werden, der Leistungsverbrauch in Nebenwiderständen fällt weg und das Meßwerk wird bei übernormalen Strömen (Kurzschlüssen) viel weniger angestrengt als man erwarten sollte (siehe S. 17).

9. Indirekte Strommessung. Von den Nebenwiderständen (Shunt oder Nebenschluß) wird folgendes verlangt: 1. die Angaben des Meßgerätes müssen von der Temperatur- und Einschaltdauer so gut wie unabhängig sein, 2. die Thermo-EMK des Materials gegen Kupfer und Messing muß gering sein, schließlich müssen 3. die Abkühlungsflächen und Anordnung so bemessen sein, daß im Dauerbetrieb und auch bei übernormalen Strömen kurzer Dauer keine unzulässige Erwärmung eintritt.

1. Temperatureinfluß: Für das eigentliche Meßwerk muß wegen einer möglichst geringen Wärmeentwicklung Kupfer genommen werden, dessen Temperaturkoeffizient rund 0,4% je Grad beträgt. Das Verhältnis der Widerstände im Meßwerk und im Nebenkreis bleibt nur dann von der Temperatur unabhängig, wenn der Nebenwiderstand ebenfalls aus Kupfer besteht und sowohl Meßwerk wie Widerstand die gleiche Temperatur besitzen. Da diese Forderung fast nie erfüllt werden kann, schaltet man bei den gebräuchlichsten und einfachsten Anordnungen in dem Meßkreis einen Vorwiderstand ohne Temperaturkoeffizienten ein, der mindesten 5 bis 10 mal so groß ist wie der Spulenwiderstand, und nimmt für den Nebenwiderstand ebenfalls ein Material ohne Temperaturkoeffizienten. Nachteil dieser Anordnung: Der Spannungsverlust (30 mV bis gegen 2 V bei vollem Ausschlag je nach der Instrumentengattung) und Leistungsverbrauch im Strommesser sind unnötig groß; bei sehr starken Strömen von etwa 10000 A werden die Nebenwiderstände sehr teuer und sperrig; man geht dann öfters zu anderen Methoden über, die aber auch nicht restlos befriedigen. Dynamometer müssen sowohl im festen wie im beweglichen Teil einen solchen Widerstand ohne Temperaturkoeffizienten erhalten, denn die Drehspule muß eine bestimmte Durchflutung besitzen, damit das benötigte Drehmoment erzeugt wird; anderer-

seits ist der Vorwiderstand im Abzweigkreis wegen des Temperatureinflusses notwendig; man benötigt daher an den Klemmen des Abzweigkreises bei Nennstrom etwa 2 V, was teuer und viel Energie verschluckende Vorwiderstände im Starkstromkreis bedingt. Aus diesem Grund empfiehlt es sich beinahe ausnahmslos, starke Wechselströme nur in Verbindung mit Wandlern zu messen.

2. Als Material für die Nebenwiderstände nimmt man fast allgemein Manganin wegen seiner geringen Thermo-EMK gegen Kupfer und Messing.

3. Da die Hauptleistung im Nebenwiderstand verbraucht wird, muß er so dimensioniert, seine Abkühlung so angeordnet werden, daß bei Dauerbetrieb mit dem Nennstrom und bei Kurzschlüssen eine unzulässige Erwärmung nicht eintritt, da Manganin bei Temperaturen über 100° seinen Widerstand dauernd ändert. Wasserdurchflossene Röhren als Nebenwiderstände ändern allmählich wegen des Abschabens des Materials ihren Widerstand, daher öftere Nachkontrolle notwendig. Auch Ölkühlung wird gelegentlich benutzt.

Für den Anschluß der Nebenwiderstände an das eigentliche Meßwerk dürfen nicht die Starkstromklemmen benutzt werden, wie in Abb. 20 (*b*) angegeben, da sonst zum Nebenwiderstand noch der unkontrollierbare Widerstand an den Anschlußklemmen, also auch zu der zu messenden Spannung am Nebenwiderstand der unbekannte Spannungsabfall in den Anschlußklemmen hinzukommt. Bei Benutzung von besonderen Abzweigklemmen nach der richtigen Schaltung Abb. 20 (*a*) tritt zwar ein unbekannter Zusatzwiderstand auch auf; da er aber im Meßkreis liegt und dieser Meßkreis einen viel größeren Widerstand besitzt als der Nebenkreis, so spielt dieser Zusatzwiderstand prozentual eine viel geringere Rolle; er wird vernachlässigbar, falls die Kontaktstellen gut sind. Selbstverständlich muß die Eichung des Instrumentes mit ganz bestimmten Verbindungsdrähten von dessen Klemmen nach den Abzweigklemmen erfolgen.

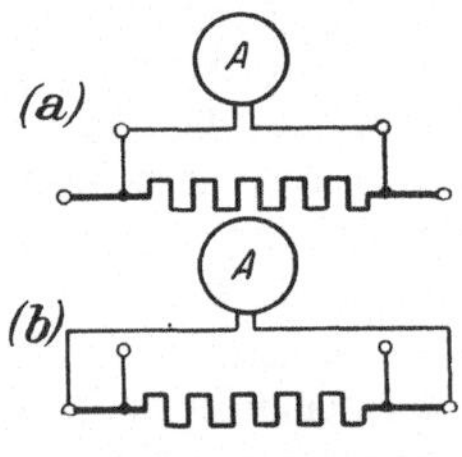

Abb. 20. Anschluß des Meßwerkes an den Nebenwiderstand.
(*a*) richtige Schaltung, (*b*) falsche Schaltung.

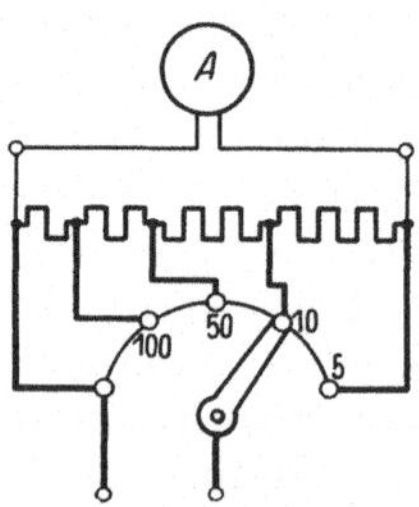

Abb. 21. Strommesser mit Kurbelumschalter für verschiedene Meßbereiche.

Für Laboratoriumszwecke werden vielfach kombinierte Nebenschlüsse benutzt, um bei verschiedenen Stromstärken den maximalen Ausschlag einstellen und damit mit einem Instrument einen sehr großen Meßbereich bestreichen zu können. Sehr bequem ist die in Abb. 21 skizzierte Anordnung (Feußner), bei der mittels Umschalters ohne Unterbrechung des Stromes die Empfindlichkeit geändert werden kann, ohne daß der Übergangswiderstand an der Kurbel das Resultat beeinflußt. Diees Instrumente besitzen meist eine 100- oder 150-teilige Skala; die Nebenwiderstände sind so gestaffelt, daß der zu messende Strom durch Multiplikation des Ausschlags mit einer ganzen Zahl erhalten wird.

10. Messung mit Stromwandlern[1]. Bei den Stromwandlern (Klemmenbezeichnung $L_1 L_2$ für den Netz-, $l_1 l_2$ für den Apparat-Anschluß) wird die Sekundärwicklung über einen Strommesser, unter Umständen auch über die Stromspule eines Leistungsmessers oder in sich kurzgeschlossen. Über Prüfung und Fehler der Stromwandler (Fehlwinkel, Übersetzungsfehler siehe S. 183).

Die zugelassenen Grenzwerte für die Stromfehler und Fehlwinkel richten sich nach der vom VDE angegebenen Klassenziffer.

[1] S. Regeln für Bewertung und Prüfung von Meßwandlern von VDE. Elektrotechn. Z. 1931 S. 1284.

Bei Kurzschlüssen im Hauptkreis ist der Strom im Meßkreis kleiner als nach dem Übersetzungsverhältnis, da der Trafo in diesem Fall stark streut. Die Kurzschlüsse werden daher von den Wandlern scheinbar aufgefangen. Überall wo Kurzschlüsse zu erwarten und Meßgeräte zu schonen sind, auch da, wo die Wärmekapazität der Instrumente gering ist — was ja die Regel —, sollten Stromwandler eingebaut werden. Sollen Ströme bei hoher Spannung bei Versuchen direkt gemessen werden, so benutzt man — falls man die hohen Kosten für einen Wandler für hohe Spannungen vermeiden will — einen Wandler mit dem Übersetzungsverhältnis z. B. 1 : 1, verbindet dessen 2 Wicklungen einseitig miteinander und dem Gestell und isoliert den Wandler und das Meßgerät für die hohe Spannung.

Bei hohen Spannungen von etwa 50 kV aufwärts bürgern sich die Kaskadenstromwandler immer mehr ein (siehe u. a. Druckschrift T 16 von Koch und Sterzel), da das Gewicht eines gewöhnlichen Wandlers mit Verdoppelung der Spannung auf etwa das achtfache steigt.

Zum Schutz der Wandler gegen Sprungwellen werden vielfach Schutzwiderstände (z. B. Silit) parallel zu den Netzklemmen $L_1 L_2$ gelegt, wodurch allerdings das Übersetzungsverhältnis sich um 0,5 . . . 1% ändert; daher erfolgt die Eichung gemeinsam mit dem Silitwiderstand. Silit hat für diese Anwendung den großen Vorteil, daß der Widerstand bei hohen Spannungen zusammenbricht.

Für Laboratoriumszwecke werden umschaltbare Meßwandler in Analogie mit den kombinierten Nebenwiderständen gebaut, z. B. mit den Meßbereichen 1 : 2 : 4. Sehr praktisch sind die Stromwandler, bei denen für die Primärwicklung lediglich eine Öffnung im Fenster des Trafo offen gelassen ist; je nachdem man die Primärleitung nur einmal durchzieht oder einige Male um den Eisenkern herumwickelt, kann man das Übersetzungsverhältnis in weiten Grenzen ändern und mit einem Meßgerät einen sehr großen Meßbereich bestreichen.

11. Direkte Spannungsmessung. Spannungen können direkt mit Elektrometern gemessen werden; beim Anlegen der Spannung an die Elektrometerklemmen fließt im ersten Moment ein Ladestrom, der bei Gleichstrom nach sehr kurzer Zeit verschwindet; bei Wechselstrom fließt er dauernd, allerdings ist sein Betrag wegen der sehr geringen Kapazität der meisten Elektrometer (etwa 2 bis 50 $\mu\mu$F), von Hochfrequenz abgesehen, in der Regel vernachlässigbar. Die Quadrantenschaltung ist empfindlicher als die Doppel- oder idiostatische Schaltung, benötigt aber eine hohe Hilfsspannung (siehe S. 26).

Die Aufstellung und Justierung der Spiegelelektrometer ist meist umständlich, die Schwingungsdauer bei der Messung niedriger Spannungen wegen der geringen Kräfte groß, die Apparate selbst kostspielig. Andererseits wird die Messung durch das Einschalten des Meßgerätes — von Hochfrequenz abgesehen — kaum gestört. Als Spiegelinstrument ist es auf das Laboratorium beschränkt, als Zeigerinstrument dagegen zur Messung höherer Spannungen unentbehrlich.

12. Indirekte Spannungsmessung. Die Spannungsmessungen werden auf Strommessungen zurückgeführt durch Anlegen eines Strommessers mit Vorwiderstand an die zu messende Spannung; man mißt eigentlich den durch das Meßgerät fließenden Strom, die Skala ist aber in Volt geeicht. Je nach der Instrumentengattung beträgt der Strom bei der Nennspannung etwa 0,01 A (100 Ω je V-Instrument, z. B. bei vielen Drehspulinstrumenten) bis etwa 0,2 A (bei Hitzdrahtinstrumenten). Bei allen auf magnetischen Wirkungen beruhenden Spannungsmessern besteht die wirksame Spule aus vielen Windungen dünnen Kupferdrahtes, der Vorwiderstand aus einem Material ohne merklichen Temperaturkoeffizienten, die Wicklung dieses Widerstandes ist möglichst induktions- und kapazitätsfrei. Bei Laboratoriumsinstrumenten werden die Vorwiderstände für verschiedene Meßbereiche passend zusammengefaßt, um mit einem Meßgerät einen möglichst großen Bereich zu bestreichen.

13. Messung mit Spannungswandlern[1]. Klemmenbezeichnung: *UVW* für die Ober-, *uvw* für die Unterspannungsseite. Über Fehlwinkel und Änderung des Übersetzungsverhältnisses mit Belastung und Stromart siehe S. 180. Eine Klemme des Gehäuses wird mit der Erde verbunden. Als Normalspannung für die Unterspannungsseite ist früher vielfach 110 V, jetzt 100 V der bequemen Umrechnung halber gewählt worden. Die Grenzen der maximalen Belastbarkeit sind einmal gegeben durch die Spannungsänderung, die für die betreffende Klasse noch zulässig sind und durch die Erwärmung (Grenzbürde). Für Laboratorien werden oft umschaltbare Wandler gebaut mit Steckern zur Parallel- oder Reihenschaltung. Für sehr hohe Spannungen werden vielfach Kaskadenwandler benutzt[2].

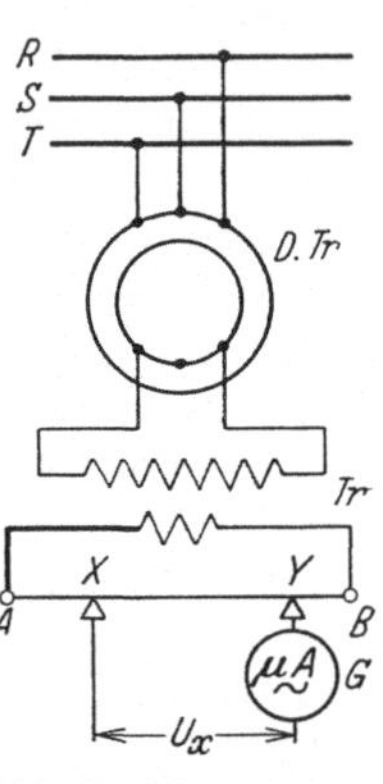

Abb. 23. Messung von Wechselspannungen nach der Kompensationsmethode.

D. Tr Drehbarer Drehstromtrafo, *Tr* Trafo zum Heruntertransformieren, *AB* Geeichter Widerstand, *G* Wechselstromnullinstrument.

14. Messung nach der Kompensationsmethode. Über das Prinzip der Kompensationsmethode und Kompensationsapparate siehe S. 173. Bei Gleichstrom kann die unbekannte Spannung U_x bei Gleichstrom nach Abb. 22 ohne weiteres verglichen werden mit einer bekannten Spannung, z. B. eines Normalelementes. Es ist $\frac{e_n}{U_x} = \frac{R_{AB}}{R_{XY}}$, wenn e_n die EMK des Normalelementes, R_{AB} und R_{XY} die Widerstände bedeuten, von denen das Normalelement bzw. die unbekannte Spannung U_x abgezweigt werden, so daß der Abzweigkreis stromlos bleibt. Bei Wechselstrom muß man nach Abb. 23 nicht nur die Größe der zu kompensierenden Spannung, sondern auch deren Phase, z. B. bei Drehstrom mittels eines Dreh-Trafos *Tr* regulieren. Als Nullinstrument dient in diesem Fall bei Niederfrequenz ein Vibrationsgalvanometer *G*, bei Tonfrequenz ein Telefon.

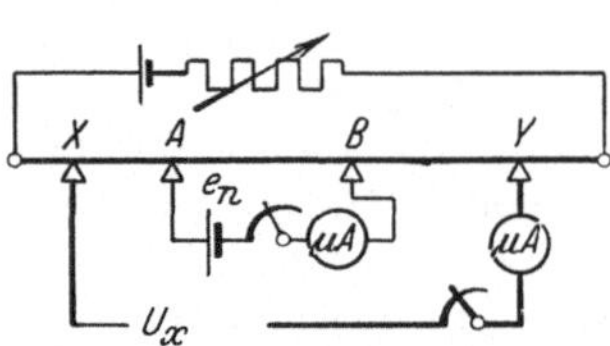

Abb. 22. Messung niedriger Spannungen mit dem Kompensationsapparat bei Gleichstrom.

15. Eichung von Strom- und Spannungsmessern. Die Eichung mit dem Kompensationsapparat (siehe S. 173) ist umständlich; in den meisten Fällen genügt ein Vergleich mit Laboratoriumsinstrumenten. Falls man nicht über eine eigene Kompensationsmeßeinrichtung verfügt, so empfiehlt es sich, die Laboratoriumsinstrumente, ebenso wie die Normalelemente, Präzisionsinstrumente, Etalons der Induktivität und Kapazität von Zeit zu Zeit der Physikalisch Technischen Reichsanstalt zuzusenden, die gegen eine geringe Gebühr die Prüfung vornimmt und die Abweichung vom Sollwert auf einem besonderen Prüfschein angibt.

---

[1] S. Regeln für die Bewertung und Prüfung von Meßwandlern vom VDE 1931. Goldstein: Die Meßwandler. Berlin: Julius Springer 1928.

[2] Siehe u. a. Koch und Sterzel, Druckschrift T 16 1929.

Allgemeine Literatur s. S. 19.

C. Zeitlicher Verlauf von Wechselströmen.

Von **R. Jaeger**, Berlin.

1. Definition des Wechselstroms. Unter Wechselstrom sei ein Strom veränderlicher Größe und Richtung verstanden, dessen Kurvenform sich periodisch in gleicher Weise wiederholt. Diese Definition schließt auch die Wechselströme mit ein, die sich aus Wellen verschiedener Frequenz zusammensetzen (mehrwellige Ströme). Dabei kann auch ein Gleichstrom überlagert sein, und schließlich kommen dabei auch, insbesondere im hochfrequenten Gebiet, gedämpfte periodische Wechselströme in Betracht.

Der reine Wechselstrom[1] ist dadurch definiert, daß die Kurvenstücke oberhalb und unterhalb der Abszissenachse gleichen Flächeninhalt haben müssen. Bei der Stromkurve z. B. muß das Stromintegral über die ganze Periode T genommen gleich Null sein.

Die einfachste und der Berechnung am besten zugängliche Form des reinen Wechselstroms ist der einwellige Sinusstrom. Bei diesem ändert sich der Momentanwert nach einer Sinusfunktion

$$i = i_m \sin(\omega t + \varphi)$$

i_m ist der Maximalwert oder Scheitelwert des Wechselstroms, ω die Kreisfrequenz $2\pi f$ und φ der Phasenwinkel, der von der willkürlichen Wahl der Zeitzählung abhängt. Der Effektivwert J steht zum Scheitelwert in der Beziehung

$$J = i_m / \sqrt{2}.$$

Mehrwellige Ströme. Alle anderen Strom- oder Spannungskurven können dann als Überlagerung zweier oder mehrerer Sinusströme betrachtet werden. Darauf beruht die Analyse von Wechselströmen beliebiger Form (s. u.). Die mehrwelligen Ströme lassen sich mittels der Fourierschen Reihe als zusammengesetzt denken aus einer Reihe einzelner Sinusströme, vgl. S. 35. Die Frequenzen dieser Wellen sind ganzzahlige Vielfache der Grundschwingung.

Bei den mehrwelligen Strömen ist der Effektivwert J mit den Amplituden i_m der Einzelwellen durch die Beziehung verknüpft $J^2 = \sum \frac{1}{2} i_m^2$.

2. Mittelwerte des Wechselstroms. Bei Wechselstromkurven hat man verschiedene Mittelwerte zu unterscheiden.

Arithmetischer Mittelwert. Ist $T = 1/f$ die Zeitdauer einer Periode der Grundschwingung des Wechselstroms, so ist der arithmetische Mittelwert definiert durch

$$M(|i|) = \frac{1}{T}\int_t^{t+T} |i|\, dt.$$

Das Zeichen $|\;|$ bedeutet, daß bei der Summenbildung nur der absolute Wert von i unabhängig vom Vorzeichen einzusetzen ist.

Elektrolytischer Mittelwert. Bei allen Gleichrichterfragen, bei dem kommutierten Wechselstrom und dem Halbwellenstrom spielt der elektrolytische Mittelwert

$$M(i) = \frac{1}{T}\int_t^{t+T} i\, dt$$

eine große Rolle. Dieser Wert ist derjenige, den man oftmals als „Gleichstromkomponente" des Wechselstroms bezeichnet.

[1] Vgl. allgemeine Literatur: z. B. E. Orlich: a. a. O. u. A. Fraenckel: a. a. O.

Effektivwert. Wechselstrommeßinstrumente geben meist den sog. Effektivwert oder effektiven bzw. quadratischen Mittelwert an, der einem bestimmten Gleichstrom in bezug auf seine Wärmewirkung gleich kommt. Der Effektivwert ist durch folgenden Ausdruck gegeben:

$$\sqrt{M(i)^2} = \left[\frac{1}{T}\int_t^{t+T}(i^2)\,dt\right]^{1/2}.$$

Zur weiteren Erläuterung diene folgendes:

Ein Gleichstrominstrument (Drehspulgalvanometer) mißt den elektrolytischen Mittelwert oder die „Gleichstromkomponente", während Instrumente, die auf das Quadrat der Spannung oder Stromstärke reagieren, den effektiven Mittelwert messen. Darunter fallen z. B. das Hitzdrahtinstrument, das elektrodynamische Dynamometer, das Elektrometer in idiostatischer Schaltung und angenähert das Weicheisen- oder Dreheiseninstrument.

3. Form- und Scheitelfaktor. Für viele meßtechnische Fragen ist die Kenntnis des Formfaktors oder des Scheitelfaktors notwendig. Diese Größen stehen in folgender Beziehung zum Effektivwert

Formfaktor = Effektivwert/arithmet. Mittelwert
Scheitelfaktor = Scheitelwert/Effektivwert.

Kurvenform	Sinuskurve	Dreieck	Rechteck
Formfaktor. . .	1,111	1,15	1,0
Scheitelfaktor. .	1,414	1,73	1,0

Für die Sinus-, Dreieck- und Rechteckkurve sind die Faktoren in nebenstehender Zahlentafel zusammengestellt.

Für eine Reihe anderer häufig vorkommender Kurvenformen sind diese Faktoren z. B. in dem Taschenbuch der drahtlosen Telegraphie und Telephonie[1] zu finden.

4. Messung der Scheitelspannung. Auf den Höchstwert einer Wechselspannung spricht die Funkenstrecke an (s. Seite 214).

Einen Scheitelspannungsmesser nach dem Prinzip des Oszillographen baut z. B. die Simplex Wire and Cable Co.-Boston[2]. Bei diesem Instrument schwingt zwischen den Polen eines großen Elektromagneten ein Oszillographensystem, das den von einer Lampe projizierten Lichtstrahl reflektiert und als Lichtband auf eine Mattglasskala wirft. Die Breite dieses Lichtbandes gibt symmetrisch zur Ruhelage den Scheitelwert an. Sind die Amplituden für die zwei Stromrichtungen verschieden, so ist auch die Breite des Lichtbandes von der Nullage aus gemessen verschieden. Die Eichung kann mit Gleichspannung geschehen.

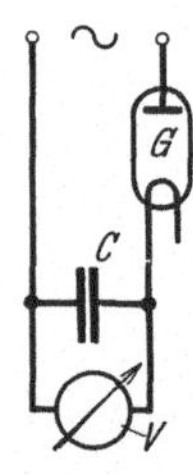

Abb. 24. Scheitelspannungsmesser nach Craighead. G Glühventil, C Kondensator, V Spannungsmesser.

Ein anderes Scheitelspannungsmeßprinzip stammt von Craighead[3]. Das der Meßmethode zugrunde liegende Schaltbild zeigt Abb. 24. In Reihe mit der zu messenden Wechsel-EMK ist über ein Glühkathodenventil G ein Kondensator C mit geringen Isolierverlusten geschaltet. Durch das Glühventil G laufen je nach der Schaltung nur alle positiven oder negativen Halbwellen, während die entgegengesetzten gesperrt sind. Dadurch lädt sich der Kondensator C auf die Scheitelspannung auf, die an dem zu C parallel liegenden

[1] Banneitz, F.: S. 100. Berlin: Julius Springer 1927.
[2] Electrician Bd. 72 (1914) S. 690. [3] Gen. electr. Rev. 1919 S. 104—109.

statischen Voltmeter V abgelesen werden kann. Die Angaben einer solchen Apparatur sind bis zu hohen Frequenzen völlig unabhängig von der Frequenz.

Für die Praxis ist es erwünscht, daß der Kondensator nicht absolut hochisoliert, sondern einen schwachen Verlust hat. Würde sich nämlich der Scheitelwert erniedrigen, so bliebe der Kondensator auf der höheren Spannung aufgeladen und das Voltmeter V würde einen zu hohen Wert anzeigen. Der Verlust soll zweckmäßig so hoch sein, daß die Ladung in der Sekunde um ca. 1% abnimmt. Ist der Verlust sehr viel größer oder liegt ein Verbraucher parallel zum Kondensator, so sinkt die Spannung von Scheitelwert zu Scheitelwert stark ab, wie es in der Abb. 25 angegeben ist. In diesem Fall zeigt das Voltmeter nicht den Scheitelwert, sondern den Effektivwert der stark ausgezogenen Spannungskurve an.

Bei genügend hoher Kapazität von C und kleinen Spannungen kann man statt eines statischen Voltmeters auch einen Drehspulspannungsmesser mit geringem Stromverbrauch verwenden; dessen Eigenwiderstand entspricht dem Verlustwiderstand des Kondensators.

Die Scheitelspannung kann auch mittels geeichter Glimmlampen gemessen werden[1].

Abb. 25. Spannungsmesser nach Craighead. – – – zu messende Spannung, —— Spannung am Kondensator bei schwacher Stromentnahme.

5. Messung des Formfaktors eines symmetrischen Wechselstroms. Unter einem symmetrischen Wechselstrom ist ein solcher Wechselstrom zu verstehen, bei dem nach einer halben Periode der Grundschwingung der Momentanwert derselbe ist, jedoch mit umgekehrtem Vorzeichen. Da der Formfaktor gegeben ist durch das Verhältnis: Effektivwert zu arithmet. Mittelwert, kann er durch experimentelle Messung dieser beiden Mittelwerte bestimmt werden.

Effektivwerte werden mittels dynamometrischer oder thermischer Meßgeräte gemessen. Auch die meisten Dreheiseninstrumente zeigen bei Niederfrequenz ziemlich genau den Effektivwert an, bei Mittelfrequenz wird allerdings der Ausschlag geringer. Die Messung des Effektivwertes kleiner Ströme geschieht am besten mit dem Elektrometer in idiostatischer Schaltung, das an den Enden eines kapazitäts- und induktivitätsfreien Widerstandes R, über den der zu messende Strom fließt, die effektive Spannung V mißt, so daß sich der Strom $J = \frac{V}{R}$ ergibt. Zur experimentellen Bestimmung des arithmetischen Mittelwertes verwenden Rose und Kühns[2] einen Kontaktmacher, der nur eine Halbperiode abnimmt, so daß man den Strom mit einem Gleichstrominstrument messen kann. Die Messung geht so vor sich, daß am Rande einer Hartgummischeibe, die einen über mehr als 180^0 umfassenden Metallsektor trägt, zwei Bürsten einzeln oder zusammen so lange verschoben werden, bis der durch den Metallsektor fließende Strom ein Maximum ist. Die an den Bürsten gemessene Spannung ist dann gleich dem halben arithmetischen Mittelwerte der Wechselspannung.

Die Mittelwerte können ferner aus dem Kurvenverlauf planimetrisch ermittelt werden. Bei der Bestimmung des Effektivwertes wird die in Polarkoordinaten gezeichnete Kurve planimetriert; der Radius des Halbkreises von gleichem Flächeninhalt ist gleich dem Effektivwert. Oder es werden die Quadrate der Momentanwerte einer vollen Periode in einem rechtwinkligen Koordinatensystem als Funktion der Zeit aufgetragen, die Fläche durch T dividiert und die Quadratwurzel gezogen. Über ein Spezialplanimeter zur Bestimmung des Effektivwertes durch Umfahren der Kurve nebst Grundlinie s. Adler[3].

Der arithmetische Mittelwert ergibt sich durch Division des Flächeninhalts der in rechtwinkligen Koordinaten aufgetragenen Kurve durch die Länge der Abszisse.

---

[1] S. u. a. S. Franck: Elektrotechn. Z. Bd. 52 (1931) S. 901.
[2] Rose, P., u. A. Kühns: Elektrotechn. Z. Bd. 24 (1903) S. 992.
[3] s. Adler, H.: Elektrotechn. Z. Bd. 52 (1931) S. 1387.

6. Messung der Gleichstromkomponente von Wechselströmen. Die „Gleichstromkomponente“ oder der elektrolytische Mittelwert eines Wechselstroms wird durch ein Gleichstrom- (Drehspul-) Instrument gemessen, nachdem man dafür gesorgt hat, daß durch das Meßgerät kein unzulässig starker Wechselstrom fließt; bei Spannungsmessungen wird zu diesem Zweck in den Abzweigkreis der zu messenden Spannung eine möglichst eisenfreie Drossel von kleinem Ohmschen und großem induktiven Widerstande vor den Spannungsmesser geschaltet. Bei Strommessungen zweigt man in gleicher Weise von einem rein Ohmschen Widerstande ebenfalls über eine eisenlose Drossel oder über einen Gleichrichter zum Millivoltmeter ab. Bei Anwendung von Gleichrichtern ist allerdings Vorsicht am Platze[1].

7. Mechanischer Kontaktmacher (Joubertsche Scheibe). Die Joubertsche Methode der punktweisen Aufnahme einer Wechselstromkurve beruht darauf, daß mit Hilfe einer rotierenden Scheibe in jeder Periode nur einmal ein sehr kurzer Kontakt zwischen zwei Leitern hergestellt wird. Der Kontakt erfolgt stets in derselben Phase, d. h. immer in dem Augenblick, in dem der Wechselstrom wieder durch denselben Momentanwert hindurchgeht.

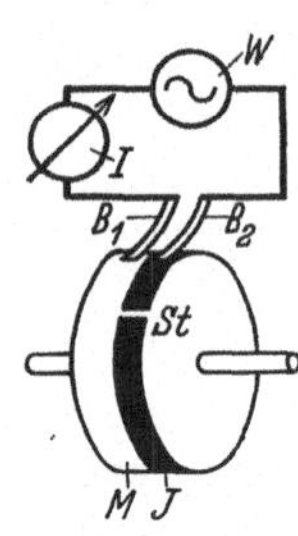

Abb. 26. Joubertsche Scheibe. *W* Wechselspannung, *I* Strommesser, $B_1 B_2$ Schleifbürsten, *M* Metallscheibe, *J* Isolatorscheibe, *St* mit *M* in Verbindung stehender Kontakt.

Die Kontaktscheibe ist auf die Welle des Generators aufgesetzt, dessen Kurvenform untersucht werden soll, und läuft daher synchron. Eine einfache Form des Kontaktgebers zeigt Abb. 26.

Der Kontaktgeber ist zusammengesetzt aus einer Messingscheibe *M* und einer Isolatorscheibe *J*, in deren Rand an einer Stelle ein kleiner Messingstreifen *St* eingelassen ist. Dieser steht mit *M* in leitender Verbindung, so daß in dem Augenblick, in dem die Kontaktstelle *St* die Bürste B_2 passiert, zwischen B_1 und B_2 der Stromkreis geschlossen wird. Bei einer zweipoligen Maschine würde also der Kontakt jedesmal in derselben Phase des Stroms oder der Spannung getätigt werden, da während einer Umdrehung der Maschine eine volle Periode des Wechselstroms verstreicht.

Dadurch, daß man die Bürsten $B_1 B_2$ an einem gemeinsamen Teilkreis befestigt, kann man durch Drehen des Teilkreises jeden beliebigen Augenblickswert aus der ganzen Kurve herausgreifen und Punkt für Punkt messen.

Als Meßinstrument verwendet man meist Elektrometer oder Galvanometer. In diesem Fall wird in der Regel durch den Momentankontakt ein Kondensator geladen und sodann über einen hohen Widerstand (z. B. 100000 Ω) durch das Galvanometer langsam entladen. Um sich von der Unsicherheit des Kontaktmachers frei zu machen, benutzt man auch die Kompensationsmethode.

Eine Reihe von Apparaten wurde z. T. unter Vermeidung des leicht Störungen verursachenden Kontaktmachers konstruiert, um die Aufnahme von Kurven teilweise oder ganz selbsttätig aufnehmen zu lassen. Da diese Apparate durch den modernen Oszillographen an Bedeutung verloren haben, genügt es, einige Apparate bzw. Methoden kurz zu erwähnen.

8. Verschiedene Kontaktapparate. Bei dem Apparat von R. Franke[2] (Land- und Seekabelwerke) muß die Kurve nachgezeichnet werden.

Ganz automatisch arbeitet der Ondograph von E. Hospitalier[3] (Danubia, Straßburg i. E.). Magnetische Kontakte wurden angegeben von Goldschmidt und Ryan[4].

[1] Vgl. u. a. Barkhausen: Elektronenröhren Bd. 3 S. 89ff. Leipzig: Hirzel 1929. Das geometr. Problem des Gleichrichters.

[2] Z. Instrumentenk. Bd. 21 (1901) S. 16; EuM. 1906 S. 617; Elektrotechn. Z. 1902 S. 496.

[3] Z. Instrumentenk. Bd. 22 (1902) S. 166 (Ref.).

[4] s. Orlich, E.: Aufnahme und Analyse von Wechselstromkurven, S. 29 u. 30. Braunschweig: Friedrich Vieweg & Sohn 1906.

Die elektrochemische Methode der Kurvenaufzeichnung (Janet und Blondel) wird praktisch kaum verwendet.

9. Fouriersche Reihen. Bei mehrwelligen Strömen oder Spannungen muß man zur Darstellung die Fourierschen Reihen zu Hilfe nehmen[1]. Durch die Fouriersche Reihe kann jede periodische Funktion $f(t)$ als eine Reihe harmonischer Sinus- und Kosinuswellen mit abnehmender Schwingungsdauer dargestellt werden, so daß man also die Überlagerung einer Grundschwingung mit einer Anzahl harmonischer Oberschwingungen erhält, die die 2-3-4-fache Frequenz der Grundschwingung haben. Allgemein gilt für die Funktion zwischen $-T/2$ und $+T/2$:

$$f(t) = b_0 + b_1 \cos \omega t + b_2 \cos 2\omega t + b_3 \cos 3\omega t + \cdots + a_1 \sin \omega t + a_2 \sin 2\omega t + a_3 \sin 3\omega t \cdots$$

$$= b_0 + \sum_{k=1}^{\infty} b_k \cos k\omega t + \sum_{k=1}^{\infty} a_k \sin k\omega t = \sum_{k=0}^{\infty} c_k \sin(k\omega t + \varphi_k).$$

Dabei ist k eine ganze Zahl und $\omega = 2\pi f = \frac{2\pi}{T}$ die Kreisfrequenz, ferner ist

$$\operatorname{tang} \varphi_k = \frac{b_k}{a_k} \quad \text{und} \quad c_k^2 = a_k^2 + b_k^2.$$

Bei den meisten technischen Wechselströmen ist die negative Kurvenhälfte der positiven spiegelbildlich gleich, d. h. zu zwei beliebigen Abszissenwerten, die um eine halbe Periode verschieden sind, gehören Ordinaten von entgegengesetzt gleichem Vorzeichen. Dann werden die Glieder c_k mit geradzahligem Index gleich Null. Ist außerdem jede der beiden Kurvenhälften symmetrisch zu einer durch deren Mitte gelegten Vertikalen, so ist $b_k = 0$.

Falls die Zerlegung nach Fourier zu schlecht konvergierenden Reihen führt, muß man auch zu anderen Hilfsmitteln, z. B. Besselschen Funktionen greifen.

10. Ermittlung der Konstanten von Wechselstromkurven. Meist wird es sich darum handeln, aus einer experimentell ermittelten Kurve die Amplituden der einzelnen Schwingungen zu erhalten, also zu ermitteln, wie sich die Amplituden der Grundschwingung und der Oberschwingungen zueinander verhalten. Dafür sind eine Reihe von Methoden ausgearbeitet worden, deren wichtigste im folgenden behandelt werden.

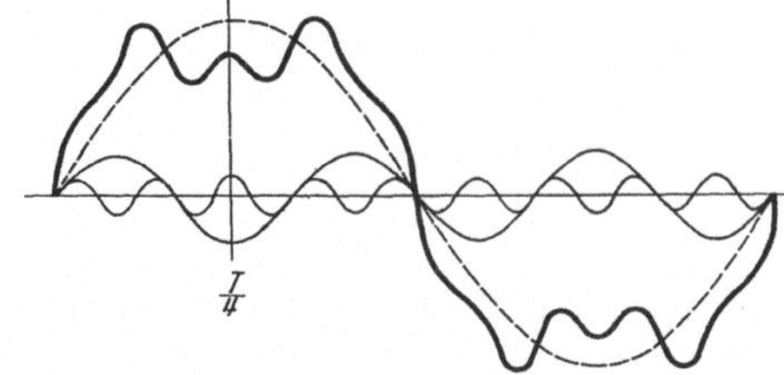

Abb. 27. Zusammensetzung einer Schwingung aus Grundschwingung – – –, 3. und 9. Oberschwingung ($k = 3$ und 9).

a) Methode von Fischer-Hinnen[2]. Diese Methode beruht darauf, daß die Periode, ausgehend von $t = 0$ oder $t = \frac{T}{4}$ in eine Anzahl Teile ($n = 3, 5, 7$ usw.) eingeteilt wird. Die Ordinaten werden an den entsprechenden Stellen addiert. Diese Zahlen werden in eine Reihe von Gleichungen für die Koeffizienten eingesetzt, so daß sich diese daraus berechnen lassen. Da diese Methode für die Praxis aber recht umständlich ist, so wird ihre nähere Ausführung zugunsten der anderen Methoden hier nicht auseinandergesetzt. Als Beispiel für die Bedeutung der Koeffizienten k einer

[1] Siehe auch Riemann-Weber: Partielle Differentialgleichungen Bd. 1 S. 69. Braunschweig: Friedrich Vieweg & Sohn 1910. Spez. Anwendung auf elektrotechn. Zwecke, siehe G. Koehler und A. Walther: Fouriersche Analyse von Funktionen mit Sprüngen, Ecken und ähnlichen Besonderheiten. Arch. Elektrotechn. Bd. 25 (1931) S. 747. S. auch J. Krönert: ATM Lief. 10 (1932) T. 49.

[2] Fischer-Hinnen: Elektrotechn. Z. Bd. 22 (1901) S. 396.

solchen Kurve ist lediglich in Abb. 27 ein Beispiel gezeichnet, dessen Erklärung aus der Unterschrift selbst hervorgeht.

Bedeutend wichtiger ist die

b) Methode von Runge[1]. Auch hier wird die volle Periode in eine bestimmte Anzahl Teile geteilt ($2n$). Die in den Teilpunkten liegenden Ordinaten $y_1 y_2 y_3$ werden ausgemessen. Irgendeine Ordinate y_x gehört dann zu dem Zeitpunkt $t_x = \frac{xT}{2n}$. Die Werte t_x und $f(t_x) = y_x$ müssen dann die oben angegebene Gleichung erfüllen. Der erste Summand ist bis $k = n$, der zweite bis $k = n - 1$ zu nehmen. Die für reinen Wechselstrom sich ergebenden Vereinfachungen führen schließlich zu 2 Gleichungen für die Konstanten, die folgendermaßen lauten:

$$n a_k = 2\, y_{\frac{n}{2}} \sin\frac{k\pi}{2} + 2 \sum_{x=1}^{\frac{n}{2}-1} (y_x + y_{(n-x)}) \sin\frac{k x \pi}{n},$$

$$n b_k = -2\, y_n + 2 \sum_{x=1}^{\frac{n}{2}-1} (y_x - y_{(n-x)}) \cos\frac{k x \pi}{n}.$$

Dabei werden für k nur ungerade Zahlen genommen, so daß man die Teilwellen bis zur $n - 1^{\text{ten}}$ Oberwelle erhält.

Beispiel: $n = 12$, dann ist $\frac{\pi}{n} = 15^0$.

Zur Berechnung der Koeffizienten schreibt man die Ordinaten in der angegebenen Weise untereinander und bildet die Summen und Differenzen

	y_1	y_2	y_3	y_4	y_5	y_6
y_{12}	y_{11}	y_{10}	y_9	y_8	y_7	
Summen	u_1	u_2	u_3	u_4	u_5	u_6
Differenzen v_6	v_5	v_4	v_3	v_2	v_1	

Dabei ist also $u_1 = y_1 + y_{11}$, $v_6 = -y_{12}$, $v_5 = y_1 - y_{11}$.

Aus den oben aufgestellten allgemeinen Gleichungen ergibt sich

$$6\, a_k = u_1 \sin 15\, k + u_2 \sin 30\, k + \cdots + u_5 \sin 75\, k + u_6 \sin 90\, k,$$

$$6\, b_k = v_5 \cos 15\, k + v_4 \cos 30\, k + \cdots + v_1 \cos 75\, k + v_6.$$

Nach diesen Gleichungen macht man sich eine Zahlentafel, indem man alle vorkommenden trigonometrischen Funktionen in Sinus von Winkeln umwandelt, die zwischen 0 und 90° liegen. Dabei sind die in den Vertikalreihen stehenden u-Werte jeweils mit den in der ersten Rubrik stehenden Sinuswerten zu multiplizieren. Die Konstanten a_k erhält man durch Addition der Vertikalreihen.

sin 15°	u_1	—	u_5	u_5	—	u_1
sin 30°	u_2	—	u_2	$-u_2$	—	$-u_2$
sin 45°	u_3	$u_1 + u_3 - u_5$	$-u_3$	$-u_3$	$u_1 + u_3 - u_5$	u_3
sin 60°	u_4	—	$-u_4$	u_4	—	$-u_4$
sin 75°	u_5	—	u_1	u_1	—	u_5
sin 90°	u_6	$u_2 - u_6$	u_6	$-u_6$	$-u_2 + u_6$	$-u_6$
Summen . . .	$6\,a_1$	$6\,a_3$	$6\,a_5$	$6\,a_7$	$6\,a_9$	$6\,a_{11}$

Man setzt dann in gleicher Weise statt der Summen u die Differenzen v. Dann ergeben sich der Reihe nach folgende Werte für die Faktoren

$$6\,b_1 \quad -6\,b_3 \quad 6\,b_5 \quad -6\,b_7 \quad 6\,b_9 \quad -6\,b_{11}.$$

[1] Runge, C.: Elektrotechn. Z. Bd. 26 (1905) S. 247.

Eine gleich für praktische Berechnungen brauchbare Zahlentafel erhält man, wenn man statt der sinus die Zahlenwerte einsetzt. Nimmt man die durch 6 geteilten Zahlen, so erhält man direkt die Werte für a_k und b_k. Die Werte sind

0,04314, 0,08333, 0,11785,

0,14434, 0,16099, 0,16667.

Für den Praktiker hat Paul Terebesi Schablonen herausgegeben[1], die den Zweck haben, die von C. Runge angegebene Rechnungsweise bei der harmonischen Analyse möglichst zu vereinfachen. Die Gebrauchsanweisung, die die Rechnungsvorschriften enthält und von den wissenschaftlichen Erläuterungen getrennt ist, ist auch für mathematisch Ungeschulte verständlich geschrieben, so daß sowohl die harmonische Analyse wie Synthese ganz mechanisch ausgeführt werden kann. S. auch die Arbeit von v. Sanden über „Graphische Synthese und Analyse von Wechselstromkurven"[2].

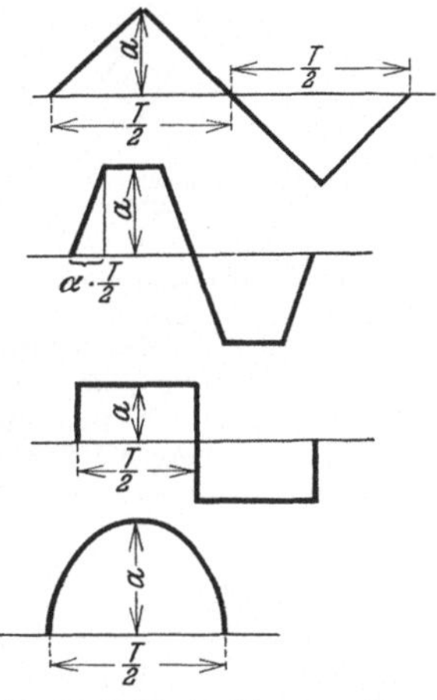

Abb. 28. Einfache Kurven. (Zur Darstellung durch Fouriersche Reihen.)

c) Bei der Methode von Clifford-Finsterwalder[3] muß eine Reihe von aus der Originalkurve abgeleiteten Teilkurven planimetriert werden.

d) Fouriersche Reihen für einfache Kurven. Vgl. Abb. 28.

1. Dreieck:

$$i = \frac{8a}{\pi^2}\left[\sin\omega t - \frac{\sin 3\omega t}{9} + \frac{\sin 5\omega t}{25}\right],$$

$$J = \frac{a}{\sqrt{3}} \qquad (J = \text{Effektivwert}).$$

2. Trapez:

$$i = \frac{4a}{\alpha\pi^2}\left[\sin\alpha\pi\sin\omega t + \frac{1}{9}\sin 3\alpha\pi\sin 3\omega t + \frac{1}{25}\sin 5\alpha\pi\sin 5\omega t\cdots\right],$$

$$J = a\sqrt{1 - \frac{4}{3}\alpha}.$$

3. Rechteck:

$$i = \frac{4a}{\pi}\left[\sin\omega t + \frac{1}{3}\sin 3\omega t + \frac{1}{5}\sin 5\omega t + \cdots\right],$$

$$J = a.$$

4. Parabel:

$$i = \frac{32a}{\pi^3}\left[\sin\omega t + \frac{1}{27}\cdot\sin 3\omega t + \frac{1}{125}\cdot\sin 5\omega t + \cdots\right],$$

$$J = a\sqrt{\frac{8}{15}}.$$

11. Harmonische Analysatoren. Die harmonischen Analysatoren gestatten die Ermittlung der Oberwellen auf rein mechanischem Wege. Diese Apparate beruhen hauptsächlich auf der mechanischen Projektion der Kurve auf eine Kugel- oder Zylinderfläche und einer Anwendung des Planimeters, also der

[1] Terebesi, P.: Rechenschablonen für harmonische Analyse und Synthese nach C. Runge. Berlin: Julius Springer 1930.

[2] v. Sanden: Arch. Elektrotechn. Bd. 1 (1913) S. 42.

[3] Clifford: Proc. London. math. Soc. Bd. 5. Finsterwalder, S.: Z. Math. Physik Bd. 43 (1898) S. 85; Z. Instrumentenk. Bd. 19 (1899) S. 283 (Ref.).

graphischen Integration. Derartige Analysatoren wurden ausgebildet von J. und W. Thomson (Lord Kelvin), Henrici und G. Coradi-Zürich (Mechan. Werkstätten Coradi), Sharp, Wiechert und Sommerfeld, Terada u. a. Von großer Vollkommenheit ist der Apparat von Michelson und Stratton, der sowohl die Analyse mit einer großen Reihe von Koeffizienten als auch die Synthese einer Kurve nach einer vorgegebenen Reihe auszuführen gestattet.

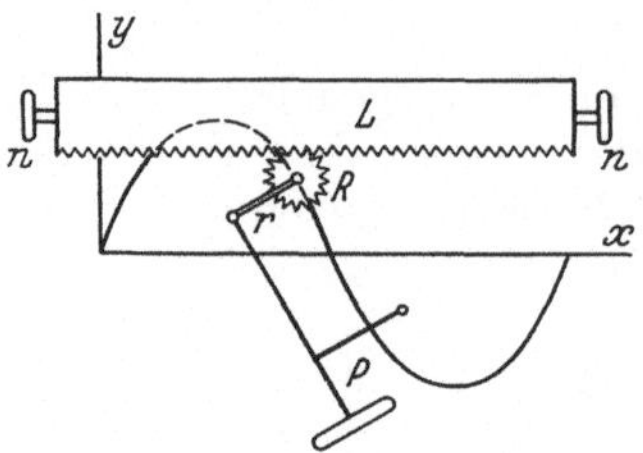

Abb. 29. Analysator von Yule und Le Conte.

Um ein Beispiel der Wirkungsweise eines mechanischen Analysators zu geben, sei das Grundprinzip des Apparates von Yule und Le Conte erläutert.

Wie auf Abb. 29 angedeutet ist, wird das zur Achse x parallele Lineal L mit Hilfe der Knöpfe n in der Weise verschoben, daß der Mittelpunkt des mit L verbundenen kleinen Zahnrädchens R auf der zu analysierenden Kurve entlang gleitet. Dabei beschreibt der Endpunkt des mit R verbundenen Hebels r eine Kurve, die mittels des Planimeters integriert wird. Für jede Konstante ist ein besonderes Rädchen vorgesehen, deren Radien im Verhältnis $1 : {}^1/_3 : {}^1/_5$ usw. stehen. Bei der neuen Ausführung steht das Lineal L fest und das Kurvenpapier mit dem Planimeter ist beweglich.

Ein auf diesem Prinzip gebauter Analysator ist von Mader angegeben worden (Stärzl, München, Amalienstraße 28).

Allgemeine Literatur.

Arnold, E., u. J. L. La Cour: Die Transformatoren. Berlin: Julius Springer 1910. Blondel, A.: L'Eclairage Electr. Bd. 33 (1902) S. 115. La Cour, J. L., u. O. S. Bragstad: Theorie der Wechselströme. Berlin: Julius Springer 1910. Fraenkel, A.: Die Theorie der Wechselströme, 3. Aufl. Berlin: Julius Springer 1930. Jaeger, W.: Elektr. Meßtechnik, 3. Aufl. Leipzig: Barth 1928. Orlich, E.: Theorie der Wechselströme. Leipzig: Teubner 1912. Runge-König: Numerisches Rechnen. Berlin: Julius Springer 1924. Zöllich, H.: Wiss. Veröffentl. a. d. Siemens-K. Bd. 1 (1920) S. 24; Bd. 2 (1922) S. 378.

D. Messung kleiner Ströme und Spannungen.

Von **R. Jaeger**, Berlin.

1. Allgemeines.

1. Erschütterungen und ihre Beseitigung. Die Empfindlichkeitsgrenze ist durch zwei grundlegende Einflüsse begrenzt, durch die Erschütterungen und allgemeine physikalische Grenzen. Die mechanischen Störungen machen in vielen Fällen die Verwendung eines besonders empfindlichen Instrumentes illusorisch, so daß neben der Frage nach der Empfindlichkeit vor allen Dingen die Frage der Erschütterungsfreiheit geprüft werden muß. So ist es z. B. nicht möglich, in Berlin in der ruhigsten Zeit zwischen 3 und 5 Uhr nachts Messungen auszuführen, die man in einer ruhigen Kleinstadt selbst am Tage vornehmen kann.

Schutzvorrichtungen gegen mechanische Störungen sind:

1. Juliussche Aufhängung[1]. Das Galvanometer ruht auf einer schweren Grundplatte, die an dünnen Stahldrähten hängt; Schwingungen werden durch Öl, Watte usw. beseitigt. Bestelmeyer (Hartmann & Braun) und R. Müller (Leybold) haben nach diesem Prinzip der Apparatur die Form eines transportablen Gestells gegeben.

---

[1] Wied. Ann. Bd. 56 (1895) S. 151—161; Ann. Physik Bd. 18 (1905) S. 206.

2. Schwimmgestell auf Quecksilber. Mit einem Schwimmgestell, das im Prinzip die Methode des Massenausgleichs benutzt, arbeitete Quincke. Eine darauf beruhende Anordnung ist von Einthoven beschrieben[1].

3. Luftpolster nach E. Gehrcke und B. Voigt. Eine erschütterungsfreie Aufstellung, durch die sich sowohl die horizontalen wie die vertikalen Störungen beseitigen lassen, läßt sich durch Kombination von Luftpolstern (Tennisbälle, Autoreifen) und Schlingertanks ausführen[2].

2. Physikalische Grenzen der Empfindlichkeit. Nach Ising[3] und nach de Haas-Lorentz[4] besteht eine untere Grenze der Ruhelage und damit der Ablesegenauigkeit. Diese Grenze ist durch die Schwankungen des Systems infolge der Brownschen Bewegung der Moleküle des umgebenden Gases bedingt. Zernike[5] konnte nachweisen, daß die von Ising angegebene Grenze identisch ist mit derjenigen, die durch die dauernden spontanen Stromänderungen in einem Stromkreis ganz unabhängig von der Art der Messung bedingt ist. Für die Größe dieser Schwankung u, die bereits praktisch erreicht werden kann, gibt Zernike den Wert an

$$\sqrt{\overline{u^2}} = \frac{1{,}12 \cdot 10^{-10}}{\sqrt{r \cdot \tau}} \text{ A},$$

wo r den Widerstand und τ die Schwingungsdauer bedeutet.

Auch bei Verstärkeranordnungen haben sich Grenzen gezeigt, die vor allem in den Schwankungen des Heizstroms zu suchen sind. Diese werden bei den hohen Verstärkungsgraden so erheblich mit verstärkt, daß kein Vorteil mehr erzielt wird[6].

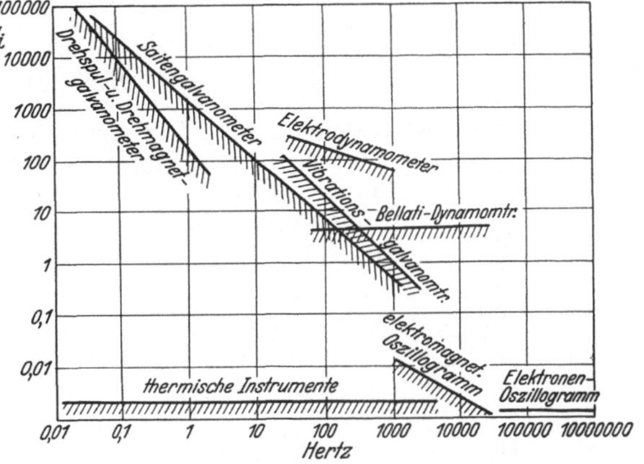

Abb. 30. Stromempfindlichkeit und Frequenzbereich der verschiedenen Meßinstrumenttypen. (Bzgl. S_i vgl. 3.a).

Verwendungsbereich von Instrumenten. Zur Orientierung über Frequenzbereich und Empfindlichkeit der verschiedenen Instrumenttypen hat O. Werner[7] ein Übersichtsbild konstruiert, das in Abb. 30 wiedergegeben ist.

3. Empfindlichkeit der Galvanometer. Eine allgemeine Einteilung in Strom- oder Spannungsinstrumente läßt sich nicht durchführen, denn abgesehen von den elektrometrischen Instrumenten läßt sich jedes Galvanometer sowohl als Strommeßgerät wie als Spannungsmeßgerät verwenden. Die allgemeine Frage nach den Eigenschaften der Spannungsmesser einerseits und der Strommesser andererseits ist erst nach Festlegen der betreffenden Aufgabe zu beantworten.

Man unterscheidet: a) die Stromempfindlichkeit, b) die Spannungsempfindlichkeit, c) die ballistische Empfindlichkeit. Vgl. auch S. 13 u. 14.

a) Unter der Stromempfindlichkeit S_i wird der Ausschlag in mm bei 1 m Skalenabstand verstanden, der durch 1 Mikroampere (μA) hervorgerufen wird.

---

[1] Wied. Ann. Bd. 56 (1895) S. 161—166. [2] Z. techn. Physik Bd. 12 (1931) S. 684.
[3] Philos. Mag. Bd. 1 (1926) S. 827.
[4] De Haas-Lorentz: Die Brownsche Bewegung und einige verwandte Erscheinungen. Braunschweig: Friedr. Vieweg & Sohn 1913.
[5] Z. Physik Bd. 40 (1926) S. 628.
[6] Vgl. hierzu R. Jaeger u. A. Kußmann: Physik. Z. Bd. 28 (1927) S. 645—651.
[7] Werner, O.: Empfindliche Galvanometer für Gleich- u. Wechselstrom, S. 195. Berlin u. Leipzig: W. de Gruyter & Co. 1928.

Zur Vergrößerung der Empfindlichkeit gibt es drei Wege: a) Vergrößerung der Feldstärke, b) Vergrößerung der Spulenfläche, c) Verkleinerung der Richtkraft.

b) Unter der Spannungsempfindlichkeit S_u versteht man den Ausschlag in mm bei 1 m Skalenabstand, der durch 1 Mikrovolt (μV) an den Klemmen des Galvanometers hervorgerufen wird. Ist R gleich dem aperiodischen Grenzwiderstand (Systemwiderstand + äußerer Grenzwiderstand), vgl. S. 41 oben, so ist $S_u = \frac{S_i}{R}$.

c) Unter ballistischer oder Coulombempfindlichkeit S_q versteht man bei 1 m Skalenabstand den Ausschlag in mm, der durch eine Elektrizitätsmenge von 1 Mikrocoulomb (μC) hervorgerufen wird, wobei sich das Galvanometer im aperiodischen Grenzzustand befindet. Hierbei ist vorausgesetzt, daß die Zeitdauer des Stromdurchgangs klein ist im Verhältnis zur Schwingungsdauer des ballistischen (Stoß-)Galvanometers.

2. Meßgeräte[1].

4. Drehspulgalvanometer. Die grundsätzliche Anordnung eines Drehspulgalvanometers zeigt Abb. 31 (s. auch S. 19). Für die Benutzung des Galvanometers ist die bei der Bewegung der Spule im Magnetfeld entstehende EMK von Wichtigkeit, die die elektromagnetische Dämpfung verursacht. Aus der Wechselwirkung der Ablenkung und der Dämpfung leiten sich folgende Grundgesetze für das Drehspulgalvanometer ab:

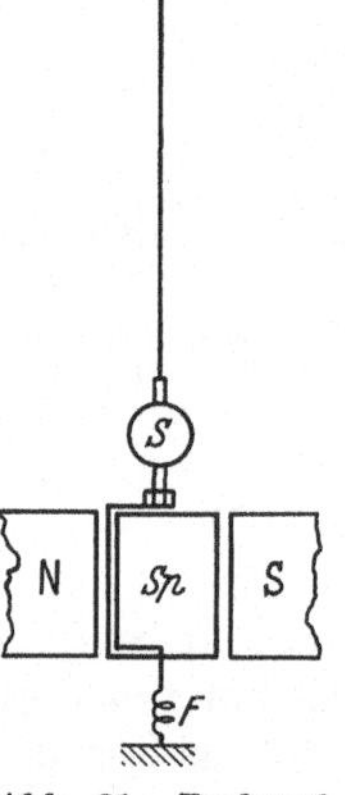

Abb. 31. Drehspulgalvanometer. NS Magnetpole, Sp Spule, S Spiegel, F Feder.

1. Ablenkung. Der Strom i (CGS) bewirkt einen Ablenkungswinkel

$$\varphi = q \cdot \frac{i}{D}.$$

Dabei ist D das Richtvermögen (Direktionskraft) und q die dynamische Galvanometerkonstante, die das vom Strom 1 CGS = 10 A hervorgerufene Drehmoment bedeutet.

Der Steigerung der Empfindlichkeit wird durch die elektromagnetische Dämpfung, die die anderen Dämpfungsfaktoren überwiegt, eine Grenze gesetzt.

2. Dämpfung. Das Dämpfungsmoment M_d setzt sich zusammen aus

$$M_d = M_{(Luft)} + M_{(Wirbelstrom)} + M_{(elektromagn.)}.$$

Die elektromagnetische Dämpfung, die in der Drehspule bei der Bewegung im Feld erzeugt wird, ist durch die Formel gegeben:

$$M_{elektromagn.} = \frac{q^2}{R}, \quad (R = \text{Kreiswiderstand})$$

$M_{Wirbelstrom}$ ist eine Folge der im Metallrähmchen der Spule induzierten Ströme. Also kann die Dämpfung nur durch Verändern des Kreiswiderstandes R geändert werden, wenn man die Stromempfindlichkeit nicht beeinflussen will. Die elektromagnetische Dämpfung ist unabhängig vom Spulenstrom.

[1] Zusammenfassung in Anlehnung an O. Werner: a. a. O.

Zur Charakterisierung der Einstellung der Drehspule ist die Einführung einer Konstanten α nötig. Es ist

$$2\alpha = \frac{M_d}{\omega_0 I} = \frac{M_d}{\sqrt{I \cdot D}},$$

wo ω_0 die Kreisfrequenz des ungedämpften Systems und I das Trägheitsmoment ist. α wird als „Dämpfungsgrad" bezeichnet.

3. Die Einstellung der Drehspule ist

$$\text{periodisch, wenn } \alpha < 1 \text{ oder } \frac{M_d}{2I} < \omega_0 \text{ bzw. } M_d < 2\sqrt{ID},$$

$$\text{aperiodisch, wenn } \alpha > 1 \text{ oder } \frac{M_d}{2I} > \omega_0 \text{ bzw. } M_d > 2\sqrt{ID}$$

ist.

Für den aperiodischen Grenzzustand gilt $\alpha = 1$ oder $M_d = 2 I\omega_0 = 2\sqrt{ID}$. Sieht man von der Luft- und Wirbelstromdämpfung ab, so ist der Kreiswiderstand für den aperiodischen Grenzfall oder der äußere Grenzwiderstand gegeben durch

$$R = \frac{q^2}{(2\sqrt{I \cdot D})}.$$

4. Die Schwingungsdauer (volle Periode) des ungedämpft schwingenden Systems ist $T_0 = 2\pi\sqrt{\frac{I}{D}}$. Bei einer Dämpfung M_d bzw. einem Dämpfungsgrad α ist die Schwingungsdauer

$$T = T_0\sqrt{1 + \left(\frac{\lambda}{2\pi}\right)^2} = \frac{2\pi}{\sqrt{1-\alpha^2}},$$

wobei $\lambda = \ln\frac{\alpha_1}{\alpha_2}$ und α_1, α_2 zwei aufeinander folgende Ausschläge sind. Innerhalb gewisser Grenzen ist die Schwingungsdauer von der Größe des Ausschlags unabhängig.

Die Einstellzeit ist diejenige Zeit, die verstreicht vom Moment des Einschaltens, bis die jeweils durch den Genauigkeitsgrad bestimmte Zone erreicht ist (im günstigsten Falle 0,1%). Sie ist von Dämpfungsgrad, Schwingungsdauer und Genauigkeit abhängig.

Die Empfindlichkeit der Drehspulgalvanometer ist zusammen mit dem äußeren Grenzwiderstand R_k (aperiodische Einstellung), dem Systemwiderstand R_i und der Schwingungsdauer T_0 für eine Reihe von gebräuchlichen Galvanometertypen nach einer Zahlentafel von O. Werner zusammengestellt.

Zahlentafel 1. Drehspulspiegelgalvanometer.

Nr.	Hersteller	Type bzw. Listennummer	S_i	R_k Ω	R_i Ω	T_0
1	Leeds & Northrup	2290	100000	100000	800	40
2	Hartmann & Braun	159	20000	200000	2200	30
3	Siemens & Halske	2415ä	10000	120000	2300	20
4	Kipp & Zonen	Zc	2500—820	230—10	20	7
5	Hartmann & Braun	176	59	5,4	2,4	15
6	Siemens & Halske (W. Jaeger)	2421	82	25	10	15

Zur Charakterisierung eines Drehspulgalvanometers ist mindestens die Angabe von Stromempfindlichkeit, Grenzwiderstand und Schwingungsdauer erforderlich, die des Systemwiderstandes und der Spiegelgröße empfiehlt sich.

Von großem praktischem Nutzen sind die Drehspulzeigergalvanometer. Zur Abschätzung der Empfindlichkeit gegenüber den Spiegelgalvanometern diene der Hinweis, daß man bei einer Zeigerlänge von ca. 10 cm etwa den zwanzigsten Teil der Empfindlichkeit des gleichen Instruments mit Spiegel bei 1 m Skalenabstand erhält.

In der Zahlentafel 2 sind die empfindlichsten Drehspulzeigergalvanometer zusammengestellt.

Zahlentafel 2. Die empfindlichsten Drehspulzeigergalvanometer (nach O. Werner).

Nr.	Hersteller	Listen-nummer	S_i	S_u	R_i Ω	R_k Ω	
1	Siemens & Halske. .	2397	4	0,004	700	1000	Die Schwingungsdauer beträgt bei allen Instrumenten 8 bis 12 Sek.
2	Leeds & Northrup .	2310c	4	0,002	250	1800	
3	Leeds & Northrup .	2310d	8	0,0007	1000	11000	
4	Hartmann & Braun .	198	25	0,005	500	3000	
5	Hartmann & Braun .	192	1,2	0,25	5	0	

Die Grenzen der Empfindlichkeit der Drehspulinstrumente. Für die maximal erreichbare Stromempfindlichkeit läßt sich im günstigsten Falle der Wert $S_i = 120000$ angeben. Wie man aus der Zahlentafel 1 sieht, kommen die handelsüblichen Galvanometer schon nahe an diese Grenze heran.

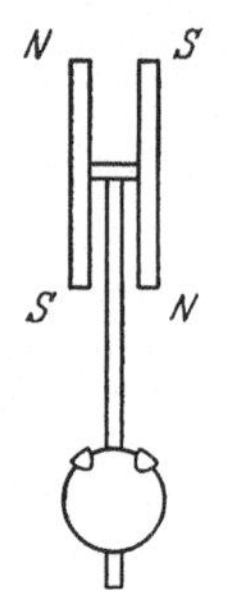

Abb. 32. Magnetsystem nach P. Weiß.

5. Nadelgalvanometer. Die Nadelgalvanometer (Drehmagnetgalvanometer) haben nicht die technische Bedeutung wie die Drehspulgalvanometer. Das liegt vor allem an den mehr und mehr zunehmenden magnetischen Störfeldern, die es nicht gestatten, die an sich große Empfindlichkeit dieser Instrumente auszunutzen. Wo es gelingt, von magnetischen Störungen frei zu werden, ist die Empfindlichkeit der Nadelgalvanometer nicht zu übertreffen. (Siehe unter Astasierung weiter unten.) Die Wirkungsweise des Nadelgalvanometers hängt von der Astasierung ab, die magnetische Richtkraft muß bei hoher Empfindlichkeit möglichst klein gemacht werden.

Die magnetische Störbefreiung geschieht entweder durch Astasierungsverfahren oder durch magnetische Schirmung.

Astasie. Astasie ist dann erreicht, wenn das Magnetsystem eines Instrumentes durch ein äußeres Feld nicht beeinflußt wird. Abb. 32 zeigt das Magnetsystem nach P. Weiß, bei dem sich die Wirkung der beiden fest miteinander verbundenen Magnete in bezug auf ein homogenes äußeres Magnetfeld wenigstens annähernd aufhebt. Thomson verwendet zwei Stromspulen, die auf beide entgegengesetzt gerichtete Magnete in gleichem Drehsinn wirken. Die beiden Spulen sind übereinander angebracht. Vollkommene Astasie ist niemals zu erreichen, da die beiden Systeme nie völlig gleich sind und auch nie völlig parallel zueinander eingestellt werden können. Dieser sog. Winkelfehler wird bei dem System von W. Nernst und W. Jaeger[1] durch zwei Hilfsmagnete kompensiert.

Die zweite Methode der magnetischen Störbefreiung ist magnetische Schirmung (Panzergalvanometer nach Du Bois-Rubens)[2]. Das Paschensche Galvanometer benutzt magnetischen Schutz durch Astasie und Eisen-

---

[1] Z. Instrumentenkde. Bd. 44 (1924) S. 80; Bd. 45 (1925) S. 139.
[2] Ann. Physik Bd. 2 (1900) S. 84; Z. Instrumentenkde. Bd. 20 (1900) S. 65.

panzer[1]. Für den Panzer ist Eisen hoher Anfangspermeabilität erforderlich, so daß hier das Permalloy (Eisen-Nickellegierung mit Anfangspermeabilität = 12000) und Mumetal (Eisen-Kupferlegierung) eine wichtige Rolle spielen. Die konstante Richtkraft wird durch ein nach verschiedenen Prinzipien wirkendes Magnetsystem ausgeübt (Thomson, Nobili).

Die Beurteilung der Empfindlichkeit geschieht am besten durch Einführung der Normalempfindlichkeit (S_N).

Darunter ist derjenige Ausschlag (mm) zu verstehen, der durch ein Mikroampere in 1 m Skalenabstand hervorgerufen wird, wenn der Spulenwiderstand (R) 1 Ohm und die volle Schwingungsdauer (T_0) 10 Sek. beträgt. Dann gilt für die Stromempfindlichkeit:

$$S_i = S_N \sqrt{R}\, T_0^2 .$$

Die folgende Zahlentafel 3 enthält die Daten für die gebräuchlichen Drehmagnet-Galvanometer (nach O. Werner).

Zahlentafel 3. Drehmagnetgalvanometer.

Nr.	Type	Hersteller	Magnetischer Schutz	Normalempfindlichkeit S_N
1	Paschen	Cambridge	astatisch, mit Eisenpanzer	4000
2	Coblentz	Leeds & Northrup	astatisch, mit Eisenpanzer	3000
3	Downing	Cambridge	Panzer aus Permalloy	35000
4	du Bois-Rubens	Siemens & Halske	nicht astatisch, mit Eisenpanzer	800
5	Broca	Cambridge	astatisch	150
6	Nernst-W. Jaeger	Siemens & Halske	astatisch	100
7	du Bois-Rubens	Siemens & Halske	nicht astatisch, mit Eisenpanzer	80

6. Saitengalvanometer (Einthoven). Die Saitengalvanometer, die auf der Ausbiegung einer stromdurchflossenen Saite im Magnetfeld beruhen, zeichnen sich besonders durch ihre kurze Einstellzeit und gute Dämpfung aus. Für technische Zwecke sind sie wegen der guten Ruhelage und der Unempfindlichkeit gegen Erschütterungen besonders geeignet. Die Stromempfindlichkeit, die für eine Reihe wichtiger Instrumente auf Zahlentafel 4 (nach O. Werner) zusammengestellt ist, wird durch folgende Gleichung bestimmt:

$$S_i = \frac{\mathfrak{H} \cdot v \cdot T_0^2}{32\, m} .$$

$\mathfrak{H}$ = magnetische Feldstärke,
v = Vergrößerung,
T_0 = volle Schwingungsdauer,
m = Masse der Längeneinheit der Saite.

Eine geringe Masse des Fadens bedingt sehr dünnes Material. Dadurch ergibt sich zwangsläufig hoher Eigenwiderstand des Meßsystems und geringe Spannungsempfindlichkeit.

Das Schleifengalvanometer von Zeiß beruht trotz seiner anderen Ausführungsform auf dem Prinzip des Saitengalvanometers. Die Schleife hat den Zweck, die Polschuhe zur Beobachtung der Ausbiegung nicht durchbohren zu müssen. Außerdem ergibt sich, allerdings auf Kosten der Stromempfindlichkeit, eine größere Spannungsempfindlichkeit.

Ein neues niederohmiges Schleifengalvanometer mit kurzer Einstelldauer nach Alexander Deubner[2] stellt die Firma E. Leybolds Nachfolger in Köln

[1] Physik. Z. Bd. 24 (1913) S. 521; Ann. Physik Bd. 33 (1910) S. 738.
[2] Z. techn. Physik Bd. 11 (1930) Nr. 50 S. 163.

her. Bei diesem ist die Schleife besonders leicht auswechselbar. Folgende Eigenschaften sind für das Instrument vorläufig angegeben worden:

Schleifenwiderstand 5 bis 10 Ω. Stromempfindlichkeit $5 \cdot 10^{-8}$ A/mm bei 80-facher Vergrößerung.

Einstellzeit: 0,2 (bei offenem) bis 0,4 Sek. (bei kurzgeschlossenem Stromkreis).

Als Hauptvorzug wird die große ballistische Empfindlichkeit angegeben.

Zahlentafel 4. Saitengalvanometer[1].

Nr.	Zeichen	Hersteller	Widerstand Ω	Stromempfindlichkeit S_i und Einstellzeit bei 1% Genauigkeit						
				S_i	Einstellzeit	S_i	Einstellzeit	S_i	Einstellzeit	Vergrößerung
1	1500	Edelmann	10000					100000		1000
2	53113	Cambridge	4000	5	0,0035	40	0,01	60000	4	600
			12	2	0,0085	—	—	—		600
3	1530	Edelmann	10000	2	0,003	6	0,02	6600	3,6	500
4	41431	Cambridge	11	0,001	0,001	—	—	—	—	40
5	1520	Edelmann	140	0,11	0,005	13	0,08	33	0,32	80
6	Schleifengalvanometer d. Fa. Carl Zeiss[2]		6—10	hängend 3		stehend 17				80
				hängend 27		stehend 134				640

7. Elektrodynamometer (W. Weber). Die Dynamometer beruhen auf der ablenkenden Wirkung einer festen stromdurchflossenen Spule auf eine bewegliche (s. Seite 21). Wichtig ist bei Wechselstrommessungen die Beachtung der Induktionswirkungen der Spulen und die Vermeidung von Wirbelströmen. Daher ist die Mehrzahl der im Gebrauch befindlichen Dynamometer eisenlos gebaut.

Fließt durch die beiden hintereinander geschalteten Spulen derselbe Strom, so ist die Kraft dem Quadrat der Stromstärke proportional. Daher haben Dynamometer eine quadratische Skale. Um eine Störung durch äußere Felder zu vermeiden, werden die empfindlichen Typen (Spiegeldynamometer) nach G. Keinath nur astatisch gebaut, um ihre große Empfindlichkeit wirksam ausnützen zu können.

Eine Reihe der gebräuchlichen Typen sind in der folgenden Zahlentafel zusammengestellt (zum Teil nach O. Werner).

Zahlentafel 5. Elektrodynamometer.

Nr.	Hersteller Listennummer	Stromempfindlichkeit		Widerstand der Spule	
		bei Hintereinanderschaltung der festen und bewegl. Spule	bei maximaler Fremderregung	festen	beweglichen
1	Hartmann & Braun 378a	0,12	500	1000	500
2	Siemens & Halske 2467	0,03	50	300	1000
3	Bellati-Gilthay —	6	—	1000	—

[1] Die verschiedenen Stromempfindlichkeiten S_i entsprechen verschiedenen Saitenspannungen. Statt dieser sind die daraus sich ergebenden Einstellzeiten angegeben.

[2] Normalerweise mit hängender Schleife verwendet, da der Nullpunkt dann stabiler ist.

Weitere Typen bauen Trüb, Täubner & Co.-Zürich sowie die Cambridge-Co. London. Dieses letztgenannte Instrument hat ein Einspitzen- (Unipivot-) Lagerungssystem.

Das Unipivotprinzip stammt von der Firma R. W. Paul in London. Bei dieser Anordnung ruht das Meßsystem auf einer einzigen Spitze, die sich in dem tiefsten Teil eines federnd eingesetzten Saphirs bewegt. Um die Spitze von dem Druck des Meßsystems noch weiter zu entlasten, wird die obere Stromzuführungsfeder mitunter so gewickelt, daß sie das System nach oben zieht. Die Reibung ist aber größer als bei der Bändchenaufhängung.

8. Vibrationsgalvanometer. Vibrationsgalvanometer sind Galvanometer von besonders kleiner Schwingungsdauer nach dem Nadel- oder Drehspulprinzip. Sie werden als empfindliche Nullinstrumente in der Wechselstrombrücke in steigendem Maße auch bei technischen Messungen verwendet.

Wichtig ist die sog. Resonanzbreite b des Instrumentes, die durch folgende Gleichung definiert ist:

$$b = \frac{f - f_x}{f_x},$$

wo f_x die Eigenfrequenz und f diejenige Frequenz des benutzten Wechselstromes ist, bei der die Verbreiterung b nur die Hälfte der maximalen Verbreiterung beträgt. Die Bedingung großer Resonanzbreite, d. h. geringer Beeinflussung der Empfindlichkeit durch eine kleine Verstimmung, kann man nur durch starke Dämpfung erreichen. Dies widerspricht der Forderung nach großer Selektivität, so daß man auf Kompromisse angewiesen ist.

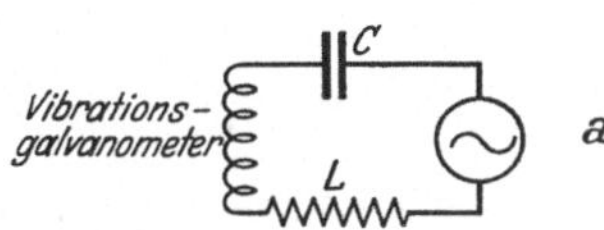

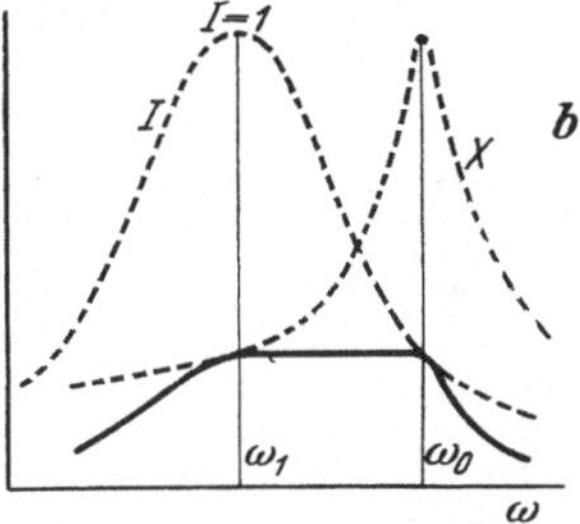

Abb. 33a und b. Vibrationsgalvanometer nach Meißner und Adelsberger. *a* Schaltung des Galvanometers, *b* Qualitative Darstellung des Prinzips, *X* Resonanzkurve des Galvanometers ohne Kondensator, *I* Stromkurve bei festgehaltenem Galvanometer und eingeschaltetem Kondensator. Die resultierende (ausgezogene) Kurve ist zwischen ω_1 und ω_0 (ca. 10 Hertz) konstant.

Zahlentafel 6. Vibrationsgalvanometer (z. T. nach O. Werner).

Nr.	Bezeichnung u. Type	Angegeben von (in Klammern Firma)	Frequenzbereich	Wechselstromempfindlichkeit Σ_i mm/μA	bei Frequenz
1	Bifilare Spulentype .	Campbell	40—1000	60	40
		(Cambridge)		0,2	4000
2	Nadeltype.	Tinsley	25— 80	0,5 bei 1 Ω	50
		(Tinsley)		25 bei 5000 Ω	
3	Schleifentype	Schering-Schmidt	10— 70	20	25
		(Hartmann-Braun und Selinger)	26— 160	3,5	125
4	Spulentype	Zöllich	25— 500	250	25
		(Siemens-Halske)		10	500
5	Nadeltype.	Schering-Schmidt	25— 120	20	25
		(Hartmann-Braun und Selinger)		5	120
6	Saitentype	Moll	(50—1000)	75	100
		(Kipp-Zonen)		12,5	1000

Darin ist Σ_i die Wechselstromempfindlichkeit, ausgedrückt durch die Gleichstromempfindlichkeit S_i in der vereinfachten Formel $\Sigma = 4{,}44 \cdot \frac{S_i}{\lambda}$, wo λ das Dämpfungsdekrement bedeutet. Diese Formel gilt für den Resonanzfall bei schwacher Dämpfung.

Nach einem neuerdings von W. Meißner und U. Adelsberger angegebenen Prinzip[1] kann man Vibrationsgalvanometer mit weitgehender Frequenzunabhängigkeit bauen. Diese Möglichkeit wird dadurch gegeben, daß vor das Galvanometer ein Kondensator C geschaltet wird, der mit der Selbstinduktion L des Galvanometers (Abb. 33a) einen Schwingungskreis bildet. Die Unabhängigkeit wird rein qualitativ durch die Überlagerung der beiden gegeneinander verschobenen Resonanzkurven des Vibrationsgalvanometers allein und des Schwingungskreises erreicht (vgl. Abb. 33b).

Die Vibrationsgalvanometer sind in ihrer Bauart identisch mit den entsprechenden Oszillographen. Man unterscheidet technisch einen Nadeltyp und einen Spulentyp (s. Zahlentafel 6, S. 45).

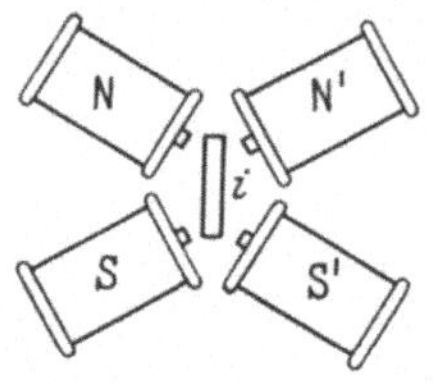

Abb. 34. Stromspulen und System des Vibrationsgalvanometers nach Rubens.

9. Nadelvibrationsgalvanometer. Mechanisch abstimmbares Galvanometer von Rubens[2].

Bei diesem Instrument wird der Eigenton der schwingenden Saite durch ihre Spannung und Veränderung der Trägheit eingestellt. Die grundsätzliche Anordnung zeigt Abb. 34.

Das zwischen den Magnetpolen $NN'SS'$ schwingende Magnetsystem i besteht aus 20 weichen Eisendrähten von 8 mm Länge und 0,35 mm Durchmesser. Sie sind an einem schmalen Messingstreifen befestigt, der einen leichten Spiegel trägt. Der durch die Spulen fließende Wechselstrom schwächt den einen Pol und stärkt den anderen, wodurch die Saite in Schwingungen versetzt wird. Die Stromempfindlichkeit geht günstigstenfalls bis $3 \cdot 10^{-9}$ A.

Unterhalb einer Frequenz von 200 muß man das elektromagnetisch abstimmbare Galvanometer von Schering und Schmidt[3] verwenden. Die Wirkungsweise ist ganz ähnlich der des Rubensschen Instrumentes. Es hat für

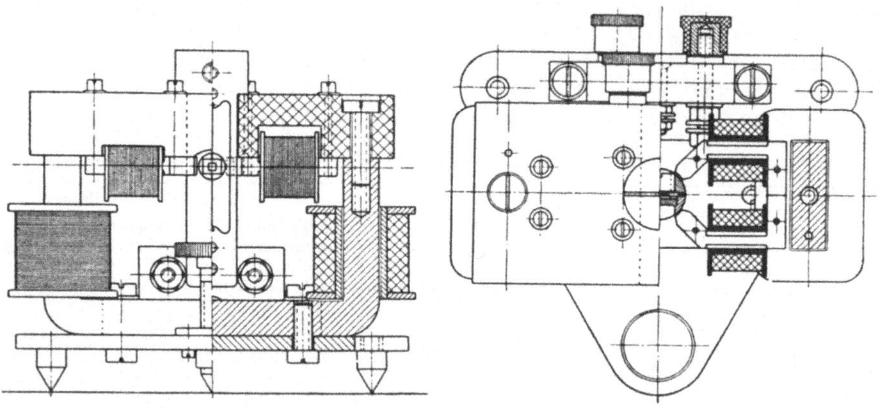
Abb. 35. Elektromagnetisch abstimmbares Galvanometer nach Schering und Schmidt.

Frequenzen von 8 bis 76 eine Nadel von 6 mm Länge und 0,18 mm Dicke, für das Bereich 30 bis 160 eine Nadel von 4 mm Länge und 0,06 mm Dicke. Den Aufbau zeigt Abb. 35.

[1] Z. techn. Physik Bd. 11 (1930) S. 102 u. Bd. 13 (1932) S. 475.
(Die in der letzten Arbeit enthaltenen Ergebnisse konnten, da sie erst während der Korrektur bekannt wurden, nicht mehr mit aufgenommen werden. Das Instrument ist zu beziehen durch E. Leybolds Nachf., Köln.)

[2] Wied. Ann. Bd. 56 (1895) S. 27. Wien, M.: Ann. Physik Bd. 4 (1901) S. 442. Tinsley, H.: Electrician Bd. 69 (1912) S. 939.

[3] Vgl. Z. Instrumentenkde. Bd. 38 (1918) S. 1; Bd. 39 (1919) S. 140.

Die aufrechtstehenden Magnete sind die für die Abstimmung dienenden Gleichstrommagnete. Die waagerecht liegenden Spulen sind die Stromspulen. Mit Hilfe der Gleichstromerregung wird auf maximale Verbreiterung des Fadenbildes eingestellt. Das Instrument in der Ausführung von Hartmann & Braun hat eine Gleichstromwicklung von 52 Ω (0 bis 0,25 A) und eine Wechselstromwicklung von 4 · 1000 Windungen, bei Gleichstrom 72 Ω, bei 50 Hz 89 Ω. Die Empfindlichkeit in mm/μA bei 1 m Skalenabstand, die Erregungsstromstärke in Ampere und die Resonanzbreite in % als Funktion der Eigenfrequenz zeigt Abb. 36.

Das neue Vibrationsgalvanometer nach Schering und Schmidt[1] umfaßt bei Verwendung zweier Systemsätze einen Frequenzbereich von 40 bis 2000. Die Empfindlichkeit für 1 mm Bildverbreitung ist

bei Frequenz	50	ca.	0,05 μA
„ „	500	„	0,07 „
„ „	2000	„	0,60 „

Ein anderer Typ des Vibrationsgalvanometers hat folgende Stromempfindlichkeiten

5 mm/μA bei 500 Hz,
1,5 mm/μA bei 1000 Hz.

Das Galvanometer von Agnew[2] (Abb. 37) zeichnet sich durch besondere Einfachheit der Herstellung aus. Ein dünner, durch ein Glasrohr G

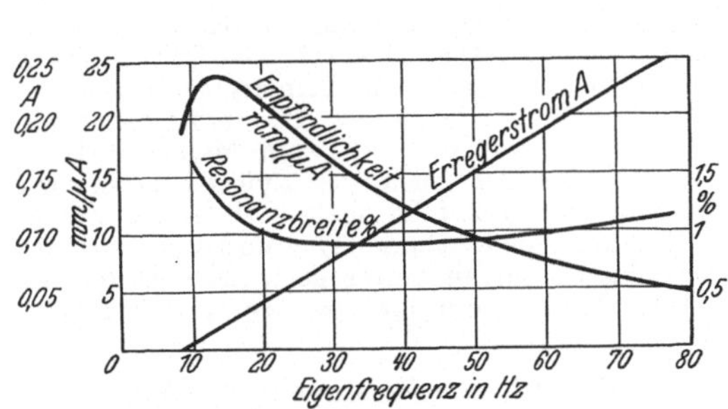

Abb. 36. Abhängigkeit der Empfindlichkeit, der Resonanzbreite und des Erregerstroms von der Eigenfrequenz.

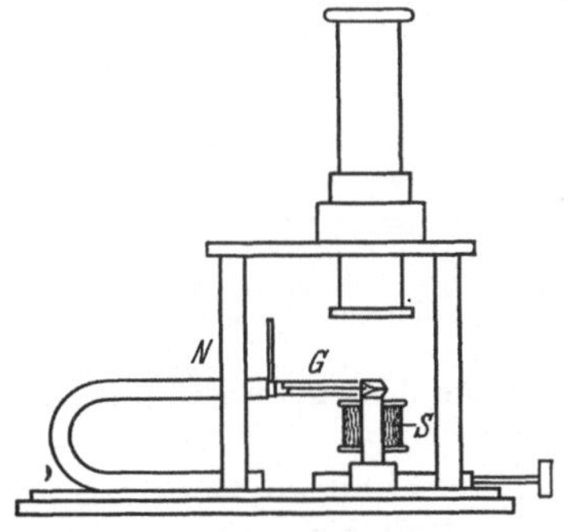

Abb. 37. Vibrationsgalvanometer nach Agnew.

geschützter Stahldraht, der an einem Ende an dem Pol eines permanenten Magneten N befestigt ist, schwingt mit dem freien Ende zwischen den Polen des Elektromagnets S, der von dem zu messenden Wechselstrom durchflossen wird. Die Verbreiterung wird mit einem Mikroskop (1 : 50 oder 1 : 100) beobachtet. Bei 270 Ω Wicklungswiderstand werden noch 0,05 μA beobachtet. Bei der 1-Ohmwicklung sind 3 μV noch feststellbar.

10. Spulenvibrationsgalvanometer. Die Spulenvibrationsgalvanometer sind analog den Schleifen beim Blondelschen Oszillographen gebaut. Man nimmt entweder eine bifilare Schleife oder eine Spule als schwingendes System.

Bifilare Instrumente. Diese Instrumente sind für hohe Frequenzen sehr lang (Langspulvibrationsgalvanometer). Dann befindet sich nur ein kleiner Teil der Schleife im Feld, so daß auf den übrigen auch äußere Kräfte einwirken können.

Kurzspulengalvanometer sind angegeben von Campbell, Hausrath und Zöllich (Siemens & Halske). Für das letztgenannte Instrument gelten folgende Empfindlichkeiten bei einem Drehspulwiderstand von 25 Ω und 1 m Abstand:

Bei 50 Hz 125 mm Bildbreite pro μA und 0,25 mm/μV
„ 500 „ 10 „ „ „ μA „ 0,20 „

[1] Tätigkeitsbericht der Phys. Techn. Reichsanstalt 1929. Z. Instrumentenkde. Bd. 50 (1930) S. 300.

[2] Agnew, P. S.: Sc. Pap. Bur. Stand. Bd. 16 (1920) Nr. 370 S. 37.

Es gibt 2 Ausführungen: a) Abstimmbar auf ± 2% für 15, 25, 50, 60, 100, 500 Hz; b) in weiteren Grenzen abstimmbar für die Frequenzen 15 bis 30, 25 bis 60 und 50 bis 500 Hz.

11. Zusatzeinrichtungen für Galvanometer. Am gebräuchlichsten ist die Spiegelablesung mit Fernrohr und Skala, die subjektiv oder objektiv vorgenommen wird. In vieler Beziehung ergeben sich Vorteile durch Benutzung eines Autokollimationsfernrohres, das von der Firma C. P. Goerz hergestellt wird.

Bei der Verwendung des Autokollimationsablesefernrohrs ist der Abstand zwischen Fernrohr und Spiegel ohne Einfluß, dagegen ist die Anzahl der Skalenteile außer von der Drehung des Spiegels von der Brennweite des Fernrohrobjektivs abhängig. Dadurch, daß man Fernrohr und Galvanometer auf einen Pfeiler montieren kann, erzielt man außer einer Raumersparnis auch eine Unabhängigkeit von gemeinsamen Erschütterungen[1].

Zur Erhöhung der Empfindlichkeit der Spiegelablesung dienen eine Reihe von Methoden, von denen folgende genannt seien:

In neuerer Zeit hat das Thermorelais von Moll und Burger, das von Kipp & Zonen hergestellt wird[2], Eingang gefunden.

Die Anordnung zeigt Abb. 38. In einem evakuierten Glasgefäß ist ein Thermostreifen von etwa ½ mm Breite und 0,001 mm Stärke aus Konstantan-Manganin-Konstantan ausgespannt. Die eine Seite ist mit kolloidalem Kohlenstoff geschwärzt. Die Wirkungsweise beruht darauf, daß ein vom Primärgalvanometer reflektiertes Lichtbündel keine Thermokraft erzeugt, wenn es genau auf den mittleren Manganinstreifen $B-C$ trifft, bei der geringsten Spiegeldrehung wird jedoch die eine Lötstelle mehr erhitzt als die andere. Der dann entstehende Thermostrom wird mit einem Sekundärgalvanometer gemessen. Durch ausreichende Lichtintensität läßt sich eine tausendfache Vergrößerung der Empfindlichkeit erreichen.

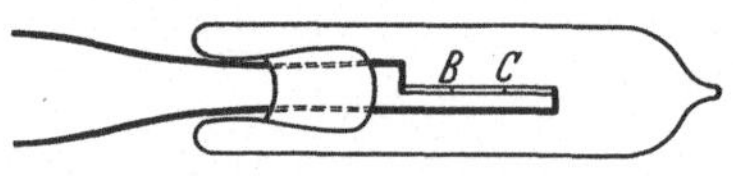

Abb. 38. Thermorelais von Moll und Burger. (B und C Lötstellen.)

Eine ähnliche Wirkung läßt sich mit der Photozelle erzielen[3]. Auch mehrfache Reflexion des Lichtstrahls zwischen Galvanometerspiegel und einem festen Planspiegel oder die Verwendung eines Fresnelschen Doppelspiegels und Beobachtung der Wanderung der Interferenzstreifen kann zur Erhöhung der Empfindlichkeit dienen.

12. Thermische Meßinstrumente. Über thermische Strommesser s. auch S. 23. Zur Messung schwacher Wechselströme werden folgende Methoden benutzt:

1. Thermokreuz. Der Hitzdraht besteht aus einem Thermoelement mit 2 kreuzweise verschlungenen Drähten, dessen Thermo-EMK mit einem Galvanometer gemessen wird. Sie werden meist in ein ausgepumptes Glasgefäß eingebaut. Die sog. Thermoumformer nach Voege von Siemens & Halske haben nachstehende Meßbereiche:

Heizdraht-widerstand	Thermoelement-widerstand	Erzeugte Gleichstrom-EMK
55 Ω	10 Ω	bei 10 mA 8 mV max 15 mA 18 mV
35 „	10 „	„ 10 „ 5 „ „ 15 „ 11,2 „
10 „	10 „	„ 10 „ 2 „ „ 25 „ 15,6 „
1 „	10 „	„ 50 „ 2,5 „ „ 125 „ 15,6 „

Der Eigenverbrauch für jedes mV ist im Mittel 0,7 Watt.

[1] Vgl. G. Gehlhoff: Z. techn. Physik Bd. 3 (1922) Nr. 6 S. 225—228.
[2] Philos. Mag. 1. Sept. 1925; Proc. Roy. Soc. B. Bd. 100 (1926) S. 232.
[3] Null, F. E.: J. opt. Soc. Amer. Bd. 12 (1926) S. 521/522; Physic. Rev. (2) Bd. 27 (1926) S. 114.

2. Thermokreuzbrücke. Um höhere Empfindlichkeit zu erzielen, als bei Benutzung eines einzelnen Thermoelementes, werden z. B. zwei Thermoelemente in Brückenschaltung verwendet. Das prinzipielle Schaltbild einer Scheringschen Brücke zeigt Abb. 39. Die Thermoelemente bestehen aus den zwischen den Metallbacken *1 2 3* befestigten Metallen *a*—*b*.

Eine Schaltung mit 4 Thermoelementen stammt von Salomonson. In der Ausführung der Firma S. Guggenheimer, deren Anordnung Abb. 40 zeigt, betrug die Thermokraft 45 μV/Grad. *G* ist ein 1 Ohm-Instrument mit 3,75 mV Endausschlag. Der Stromverbrauch des ganzen Instrumentes ist 1 A.

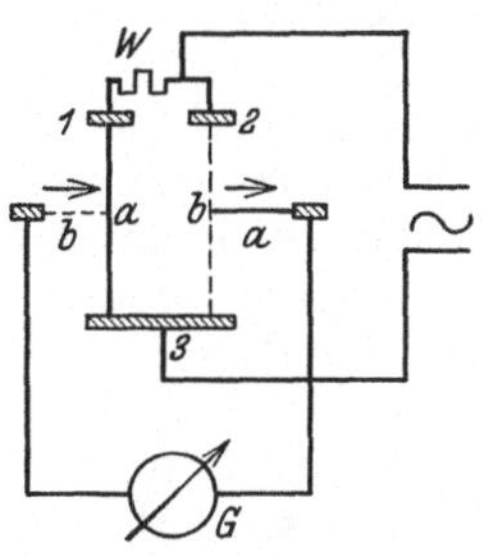

Abb. 39. Thermokreuzbrücke von Schering.
1 2 3 Messingkontakte, *a* (ausgezogen) Konstantan, *b* (gestrichelt) Manganin, *W* Abgleichwiderstand.

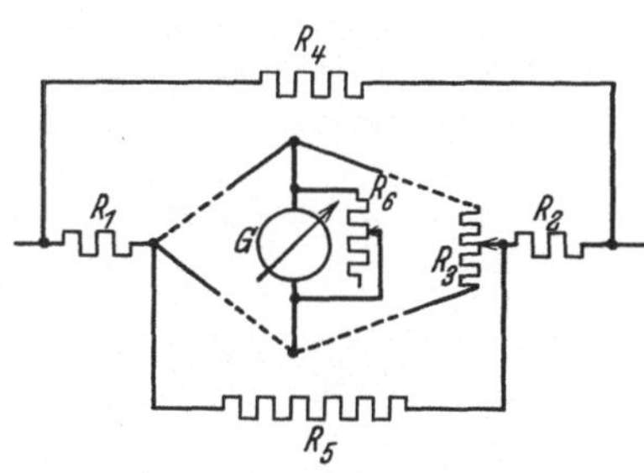

Abb. 40. Thermokreuzbrücke von Salomonson.
——— - - - - Thermoelemente.

	Widerstand *R*	Strom für eine Ablenkung von	
Duddell-Spiegel-Thermogalvanometer	1000 Ω	1 mm 4,5 μA	150 mm 0,08 mA
	100 „	7,8 „	0,23 „
	10 „	14 „	0,80 „
	4 „	17 „	1,15 „
	1 „	25 „	2,30 „
Duddell-Zeigergalvanometer	105 „	150 Ω	max. 10 mA
	1,5 „	1500 „	„ 100 „
Westonzeigergalvanometer	750 „	25 „	„ 25 „

Es bedeuten:

R_3 Abgleichwiderstand für Stromverteilung,
R_4 „ „ Einstellung auf 1 A,
R_5 Nebenschlußwiderstand zur Brücke,
R_6 „ zum Galvanometer.

3. Thermogalvanometer. Bei dem Thermogalvanometer von Duddell (Cambridge Scient. Instrument-Co. Vertr. D. Bercovitz, Bln.-Schöneberg) ist das Thermoelement direkt mit der Drehspule verbunden (vgl. Abb. 41).

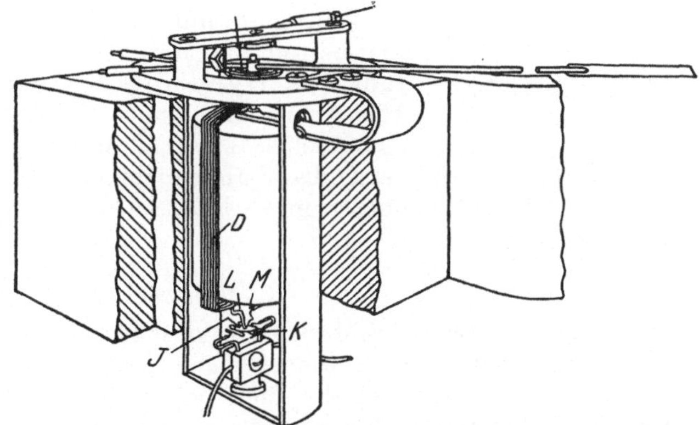

Abb. 41. Thermogalvanometer von Duddell.

Der Strom fließt über einen kleinen Heizwiderstand *K* (Platin), der direkt neben dem Wismut-Antimon-Thermoelement *LM* sitzt. Das Thermoelement ist mit den Enden der Drehspulwicklung *D* verbunden. *J* ist eine Justiervorrichtung zur Veränderung des Abstandes zwischen Heizdraht und Thermoelement. Die Skalenteilung ist rein quadratisch.

Die Empfindlichkeiten sind nach einer Zusammenstellung von Keinath (l. c.) folgende (s. Tabelle S. 49).

Die Westonstrommesser benutzen das in Abb. 42 wiedergegebene Prinzip. Der zu messende Strom fließt durch das dünne Heizband aus einer Platinlegierung, in dessen Mitte *1* das Thermoelement *2-3* angelötet ist. Die kalten Enden liegen an zwei Kompensationsbändern *C* und *D*, die, durch Glimmerplättchen *EF* von den Anschlüssen *BB'* isoliert, diese überbrücken.

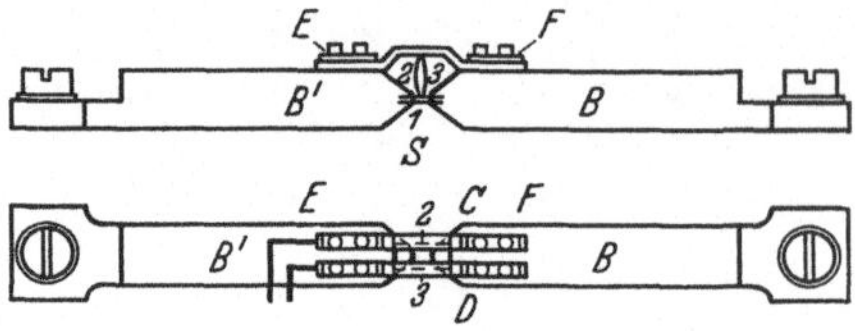

Abb. 42. Weston-Thermo-Strommesser.

4. Bolometer (Barretter). Das Bolometer wird gebildet durch dünne Platindrähte, die in dem Zweig einer Wheatestoneschen Brücke liegen. Wird nach Abgleichung der Brücke dem Gleichstrom des Bolometerdrahtes ein Wechselstrom überlagert, so vergrößert sich dessen Widerstand und das Brückengleichgewicht wird gestört. Der Abgleichungsgleichstrom ist abhängig von der Bolometerdrahtdicke.

Drahtdicke in mm	Widerstand in Ω	günstigste Gleichstromstärke in A
0,003	137	0,0016
0,001	76,5	0,0026

Ein Maß für diese Verhältnisse geben die nebenstehenden Werte.

Das Bolometer wird hauptsächlich zur Messung höherfrequenter Ströme verwendet. Für diesen Fall müssen Drosseln im Bolometerzweig das Eindringen des Wechselstroms in die Brückenanordnung verhindern, ebenso muß durch Blockkondensatoren der Gleichstromweg zur Hochfrequenzanordnung hin gesperrt sein.

Fertige Bolometer liefert die Firma Dr. R. Haase-Hannover. Das Instrument besteht aus 3 Manganinwiderständen; der Bolometerfaden, der in ein auswechselbares Vakuumgefäß eingeschmolzen ist, hat einen Widerstand von 350 Ω, bei Maximalbelastung (1 mA) steigt dieser auf 650 Ω. Die Abgleichung der Brücke geschieht an einem Potentiometer (2 V).

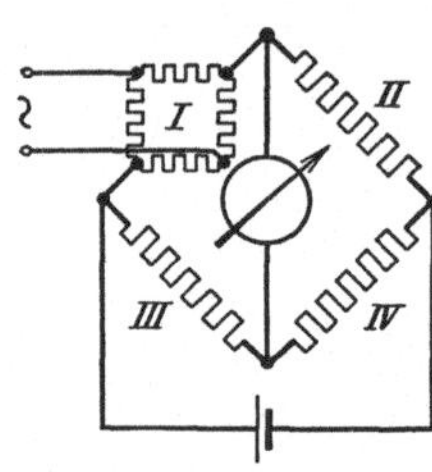

Abb. 43. Dynamobolometer nach Paalzow-Rubens.

Will man mit Gleichstrom arbeiten, so wendet man am besten die Methode der Doppelbrücke an. Darauf beruht das Dynamobolometer von Paalzow-Rubens. Die Anordnung zeigt Abb. 43. Der Brückenzweig *I* besteht selbst in einer Brückenanordnung. Die Meßbrücke wird durch den zu messenden Strom nicht beeinflußt. Ströme von 10^{-1} A kann man mit einem Bolometer in Verbindung mit einem Spiegelgalvanometer noch gut messen.

3. Meßverfahren.

13. Elektrometrische Messung sehr schwacher Ströme. Die in dem folgenden Abschnitt behandelten Methoden eignen sich nur für solche Fälle, bei denen der hohe innere Widerstand der Meßanordnung nicht ins Gewicht fällt, also für Ionen-, Elektronen-, Photoströme u. dgl.

Zu der Messung schwacher Ströme kann im Prinzip jedes Elektrometer verwendet werden, z. B. Blatt- und Fadenelektrometer, von denen die geeignetsten zur Messung schwacher Ströme das Saitenelektrometer (Edelmann-München,

Günther & Tegetmeier) und das Perrucca-Elektrometer (Dr. Carl Leiß, Berlin-Steglitz) sind. Über Elektrometer im allgemeinen s. S. 24.

Unter den Nadelelektrometern ist das wichtigste das Quadrantelektrometer (W. Thomson, Dolezalek, Lindemann, Compton).

Die elektrometrische Meßmethode von Strömen bedient sich entweder der Entlade- bzw. der Auflademethode, s. Abb. 44, oder der „Methode des konstanten Ausschlages", Abb. 44.

In dem ersten Falle wird durch den zu messenden Strom, der bei *a-b* zugeführt wird, das Elektrometer *E* (in Abb. 44 ein Saitenelektrometer mit Hilfsladung *H-H*) entladen. Die Empfindlichkeit ist um so größer, je kleiner die Kapazität des Elektrometers ist. Zur Verringerung der Empfindlichkeit kann eine Kapazität *C* zugeschaltet werden. Zur Strommessung selbst muß gemäß der Gleichung

$$I = \frac{C\,U}{9 \cdot 10^{11}\, t}\,\mathrm{A}$$

die Kapazität des (ganzen) Systems *C* und die in der Ablaufzeit *t* durchlaufene Spannung *U* bekannt sein. Die untere Grenze liegt bei ca. 10^{-15} A.

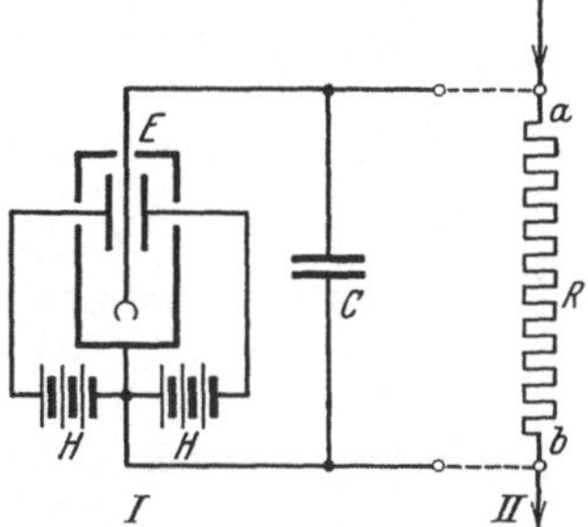

Abb. 44. Elektrometrische Meßmethode.
E Elektrometer mit Hilfsladungen *HH*, *I* Ent- bzw. Auflademethode, *II* Methode des konstanten Ausschlags.

Bei der Methode des konstanten Ausschlages liegt zwischen den Punkten *a-b* ein hochohmiger Widerstand *R*, über den der zu messende Strom fließt. Aus der Spannungsempfindlichkeit des Elektrometers und dem Widerstande *R* läßt sich *I* einfach ermitteln.

14. Elektrometrische Kompensationsmethoden. 1. Kompensation des Ablaufes des Elektrometers durch entsprechende Änderung der Aufladung eines Kondensators über einen stromdurchflossenen Widerstand. Dadurch wird kontinuierlich elektrische Ladung entgegengesetzten Vorzeichens auf das Elektrometersystem induziert. Ist *C* die Kapazität, und *V* der während der Kompensationszeit *t* erfolgte Potentialanstieg, so ist $I = \frac{V \cdot C}{t}$. (Methode nach Townsend)[1].

2. Kompensation durch Zuführung einer bestimmten Elektrizitätsmenge mittels stetiger Änderung der Belastung eines Curieschen Piezoquarzes[2].

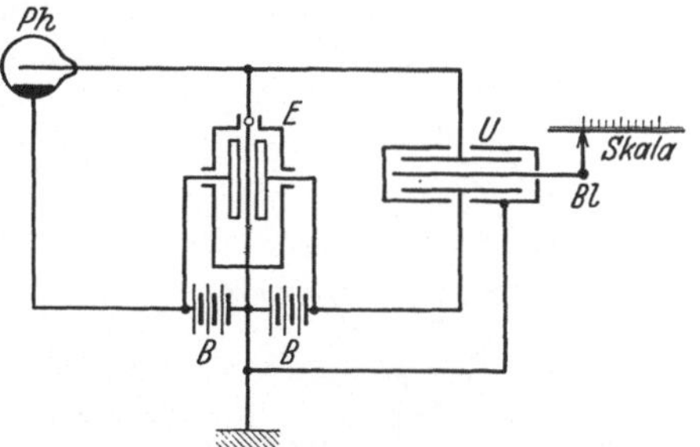

Abb. 45. Elektrometrische Messung mit dem Urankompensator.
Ph Photozelle, *E* Elektrometer mit Hilfsladung *BB*, *U* Urankompensator mit Blende *Bl*.

3. Kompensation mit dem Urankompensator[3]. Der durch Blenden regelbare Strom eines mit Uranoxyd belegten Kondensators wird dem zu messenden Strom entgegengeschaltet. Bei dieser Methode entfallen alle Apparatekonstanten und Umrechnungen. Die Schaltung bei der Messung eines Photostromes zeigt Abb. 45. (Ausführung von S. Strauß, Wien XVII, Pointengasse 5.)

---

[1] Phil. Mag. Bd. 6 (1903) S. 598.

[2] Curie: Radioactivité Bd. 1 (1910) S. 95 u. 106; Ann. Chim. Phys. Bd. 17 (1889) S. 392; Oeuvres de P. Curie S. 554; Röntgen: Ann. Physik Bd. 41 (1913) S. 449.

[3] Vgl. R. Jaeger: Z. Physik Bd. 52 (1928) S. 627.

15. Röhrengalvanometer und Röhrenelektrometer[1]. Die Verwendung der Elektronenröhre als Galvanometer und als Elektrometer wird zweckmäßig zusammen behandelt, da beide Methoden viele Berührungspunkte haben.

Es ist vielfach die Ansicht vertreten, daß man jeden noch so beliebig kleinen Strom (bzw. Spannung) durch Anwendung einer Verstärkerapparatur bequem meßbar machen könne. Allgemein ist das durchaus nicht der Fall, wie sich aus folgenden Überlegungen ergibt[2]:

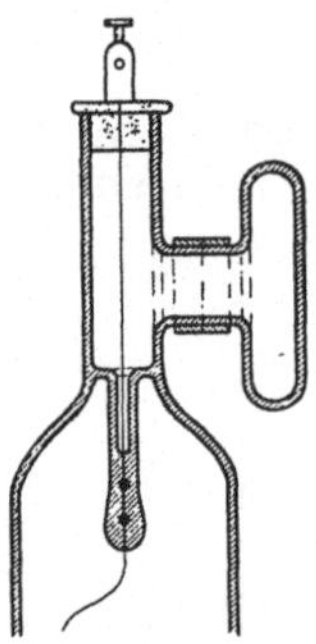

Bei Messungen mit einem Röhreninstrument soll eine möglichst kleine Potentialänderung am Steuergitter der Röhre eine möglichst große Änderung des Anodenstroms bzw. Raumladestroms zur Folge haben. Damit nun dem zu messenden Strom bzw. der zu messenden statischen Spannung kein nennenswerter Ableitwiderstand parallel liegt, der durch die Strecke Gitter—Kathode gegeben ist, müssen 3 Bedingungen erfüllt sein:

1. Hohe Isolation des Gitters, 2. Vermeidung von Ionenströmen, 3. Vermeidung von Elektronenströmen.

Abb. 46. Hochisolierte Gitterzuführung (Hausser, Jaeger u. Vahle).

Diese Bedingungen werden durch folgende Maßnahmen erfüllt:

1. Bernsteinisolation des Gitters, das gesondert nach oben herausgeführt ist. Die Ausführung zeigt Abb. 46[3].

Mitunter genügt es auch, ein handelsübliches Rohr für Hochfrequenzverstärkung zu nehmen, das ein besonders isoliertes Gitter hat, oder das Rohr zu entsockeln und den Glasfuß sorgfältig zu reinigen. (Prüfung der Isolation s. u.).

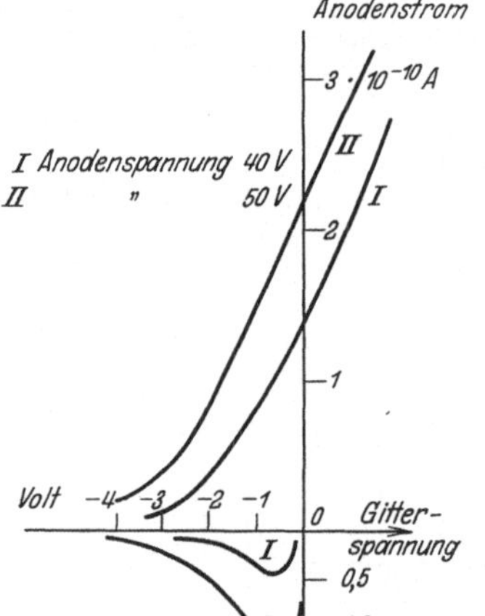

Abb. 47. Anodenstrom- und Gitterstromcharakteristik einer Verstärkerröhre.

2. Zur Vermeidung von Ionenströmen wird eine niedrige Anodenspannung angewandt, die unterhalb der Ionisierungsspannung der Restgase liegt, also etwa 7 V[3].

3. Die Gittervorspannung muß so gewählt werden, daß man im negativen Gitterspannungsgebiet arbeitet, wie es in Abb. 47 angedeutet ist.

Die einfachste Schaltung des Röhrengalvanometers zeigt Abb. 48.

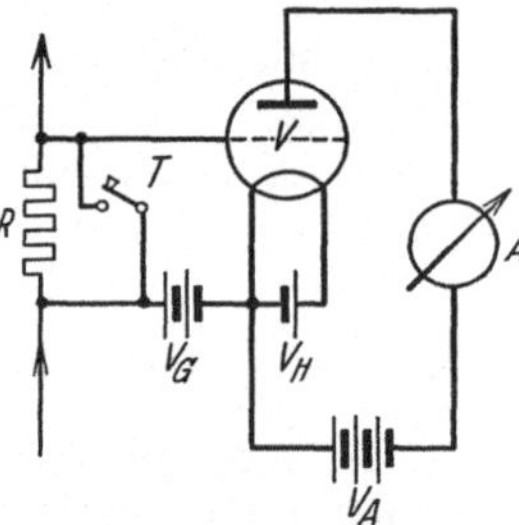

Abb. 48. Röhrengalvanometer. R Meßwiderstand, T Kurzschlußtaste, V Verstärkerröhre, V_G Gittervorspannung, V_H Heizbatterie, V_A Anodenspannung, A Anodenstrominstrument.

Der zu messende Strom fließt über einen hochohmigen Widerstand R und verändert dadurch die zwischen dem Gitter und der Kathode liegende Spannung. Im vorliegenden Falle würde sich der Anodenstrom verkleinern. Man arbeitet nach dem Vorschlag von Hausser, Jaeger und Vahle in dieser Weise, um sich bei kleinen Strömen im empfindlichsten Teil der Charakteristik zu bewegen. Die Notwendigkeit eines hochohmigen Widerstandes im Gitterkreis beschränkt das Anwendungsgebiet des Röhrengalvanometers auf die Messung von Ionenströmen, Elektronenströmen (Photoströmen), Isolationsströmen u. ä.

---

[1] Jaeger, R.: Zusammenfassung Helios Bd. 37 (1931) S. 1—5 u. 17—20.

[2] Vgl. Brentano: Z. Physik Bd. 54 (1929) Heft 7/8. E. Rasmussen: Ann. Physik Bd. 2 (1929) S. 357.

[3] Hausser, Jaeger u. Vahle: Wiss. Veröff. Siemens-Konz. Bd. 2 (1922) S. 325.

Als Meßwiderstand, der zweckmäßig nicht höher zu nehmen ist als ca. $2{,}10^{10}$ Ohm, um kriechende Einstellung zu vermeiden, nimmt man kathodenzerstäubte Widerstände nach F. Krüger oder Siliziumwiderstände von Siemens & Halske (Wernerwerk M. Med. Abt.). Silitwiderstände sind zu großen Schwankungen unterworfen und zu stark spannungsabhängig. Auf alle Fälle ist eine Kontrolle dieser hochohmigen Widerstände durch sog. Uranstromnormale (geeichte, nach einem besonderen Verfahren hergestellte Bronsonwiderstände)[1] sehr zu empfehlen. Dadurch, daß derartige Stromnormale bei Sättigungsspannung einen zeitlich unveränderlichen Strom geben, können die Messungen unter Umgehung der Größe des Widerstandes direkt auf Strom bezogen werden.

Prüfung des Röhrengalvanometers. Zur Prüfung des Galvanometers vor der Messung dient eine zum Gitterwiderstand parallele Kurzschlußtaste. Fließen im Gitterkreis keine Ionen-, Elektronen- oder Isolationsströme, so wird sich beim Drücken der Taste T (Abb. 48) keine Änderung am Anodeninstrument bemerkbar machen. Gleichzeitig kann man bei Kenntnis des Gitterwiderstandes die Größe der Gitterströme ermitteln[2].

Um die Kenntnis des Widerstandes, der Röhrencharakteristik usw. zu vermeiden, kann man eine Kompensationsmethode mit variablem Stromstandard anwenden (Urankompensator nach R. Jaeger, s. d.).

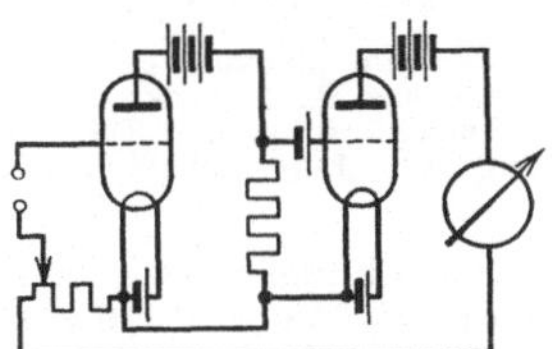

Abb. 49. „Kallirotron“ (Turner). Der verstärkte Anodenstrom der zweiten Röhre wird dem Gitter der ersten Röhre wieder zugeführt.

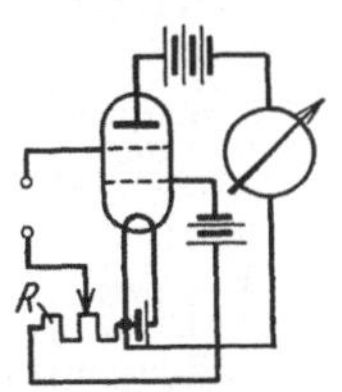

Abb. 50. Gleichstromrückkopplung am Raumladenetzrohr (Jaeger u. Scheffers).

Röhrengalvanometer mit galvanischer Rückkopplung. Der Gedanke, den verstärkten Strom wieder dem Gitter zuzuführen und durch solche Rückkopplung eine vielfache Verstärkung zu erzielen, wurde auch für das Röhrengalvanometer benutzt. Es bestehen 2 Schaltungen:

1. Das Kallirotron von Turner (Zweiröhrenschaltung), s. Abb. 49[3].

2. Die Gleichstromrückkopplung mit Raumladenetzrohr nach R. Jaeger und Scheffers, s. Abb. 50[4].

Dadurch, daß der Anodenstrom und der Raumladestrom in umgekehrtem Sinne fließen, kann man auch bei einem Rohr die richtige Phase erhalten dadurch, daß man den Raumladestrom rückkoppelt. Leider ist diesem Verfahren, das an sich zu einem beliebig hohen Verstärkungsgrade führen müßte, dadurch eine Grenze gesetzt, daß eine starke Abhängigkeit von Heizstromschwankungen und Emissionsschwankungen eingeht. Über die Frage, wie weit diese Erscheinung durch Kompensationsschaltung zu umgehen ist, siehe Jaeger und Kußmann[5]. Vorschläge für solche Schaltungen stammen von Turner.

Ein Röhrengalvanometer wird als Instrument zur Messung von Röntgenionisierungsströmen von Siemens & Halske, Wernerwerk M, ausgeführt.

Eine Anwendung des Röhrenelektrometers ist das Mekapion von S. Strauß, Wien (Wien XVII, Pointengasse 5).

Dieses Instrument gestattet in einfachster Weise schwache Ströme dadurch zu messen, daß das Gitter einer Röhre durch den Strom entladen wird bis zu einem Punkt, bei dem der entstehende Anodenstrom ein Relais (Uhr) betätigt und durch Induktion bzw. Relaiskontakt das Gitter von neuem negativ auflädt. Die auf der Uhr ablesbare Folge von Licht- und Glockensignalen ist ein Maß für Strom, Isolation usw.

---

[1] Behnken, H.: Z. techn. Physik 1924 S. 3—16 (speziell S. 9).
[2] Hausser, Jaeger u. Vahle: l. c. Manfred v. Ardenne: Z. Hochfrequenztechn. Bd. 29 (1927) S. 88.
[3] Radio Rev. Bd. 1 (1920) S. 471.
[4] Wiss. Veröff. Siemens-Konz. Bd. 4. Schierl: Arch. Elektrotechn. Bd. 20 (1928) S. 346.
[5] Jaeger u. Kußmann: a. a. O. S. 37.

Gleichfalls als Elektrometer dient die Anordnung von Kluge und Linckh[1]. Bei dieser werden die Aufladungen eines Quarzkristalls, die sich diesem durch Druck mitteilen, durch eine Elektrometerröhre verstärkt und können dann einem Oszillographen zugeleitet werden. Die Schaltung des von Dr. S. Loewe, Bln-Steglitz, Wiesenweg 10, ausgeführten Instrumentes zeigt Abb. 51.

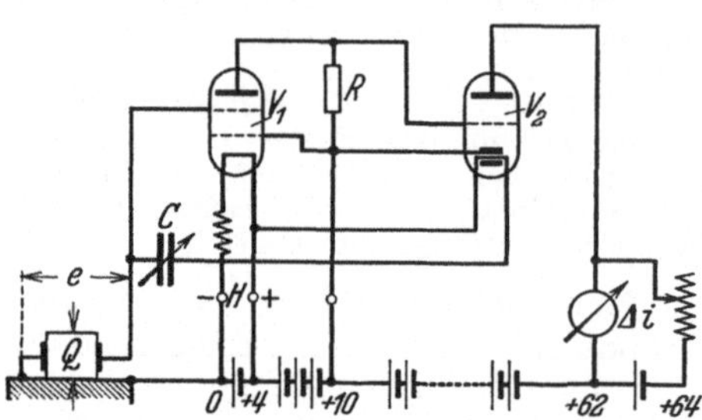

Abb. 51. Röhrenelektrometer für piezoelektrische Messungen nach J. Kluge und H. E. Linckh. Q Piezoquarz, V_1 und V_2 Verstärkerröhren, C Kondensator zur Veränderung der Empfindlichkeit.

16. Wechselstromröhrenvoltmeter. Zur Messung schwacher Wechselströme wird die Verstärkerröhre in gleicher Weise benutzt wie allgemein in der drahtlosen Telegraphie. Man verwendet entweder Gitter- oder Anodenstromgleichrichtung. (Über die Einzelheiten s. u. a. Lehrbücher von Zenneck-Rukop, Barkhausen, H. G. Möller.)

Die Röhrenvoltmesser von S. & H. dienen zur Messung kleiner Wechselspannungen.

Von den beiden Typen ist die eine als einstufiges Röhrenvoltmeter ausgebildet zur Messung von Wechselspannungen zwischen 0,01 und 40 V. Das Prinzipschaltbild zeigt Abb. 52. Die dem Gerät (Rel.Verst. 1036a) beigegebenen Eichkurven beziehen sich alle auf etwa 800 Hz, gelten aber auch angenähert für sämtliche Frequenzen von 300 bis 3000 Hz. Das Instrument kann mit optischer Anzeige oder Hörverstärker geliefert werden.

Der dreistufige Röhrenspannungsmesser (Rel.Verst. 32a/b) ist geeignet zur Messung von Wechselspannungen zwischen 0,02 und 10 V innerhalb der Frequenzen 300 bis 3000 Hz. Der mit der Meßfrequenz pulsierende Gleichstrom der letzten Röhre kann sowohl am Drehspulinstrument abgelesen als auch im Fernhörer abgehört werden.

Das Instrument dient zum Vergleich eine Spannung mit einer bekannten, die man z. B. mit Hilfe einer Spannungsteilerschaltung herstellt.

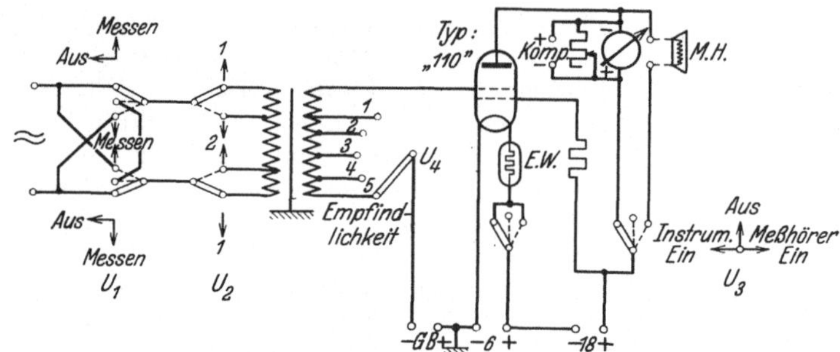

Abb. 52. Röhrenelektrometer von Siemens & Halske.

17. Kristalldetektor. Zur Messung von Strömen (höherfrequenter Wechselströme) mit dem Kristalldetektor ist jedesmal vorher die Aufnahme einer Eichkurve erforderlich. Ein allgemeingültiges Gesetz über die Gleichrichterwirkung, d. h. über das Verhältnis von Wechselstrom zu Gleichstrom, gibt es nicht. Für kleine Stromstärken ist der gleichgerichtete Strom nahezu proportional dem Quadrat des zu messenden Wechselstromes. Von einer bestimmten Stromstärke an gilt diese Beziehung häufig nicht mehr.

Wegen seines hohen Widerstandes wird der Detektor meist nicht direkt in den Stromkreis gelegt, sondern galvanisch, induktiv oder kapazitiv in einen angekoppelten aperiodischen Stromkreis geschaltet. Die grundsätzliche Schaltung zeigt Abb. 53. Kopplungsspule,

[1] Kluge u. Linckh: Z. VDI Bd. 73 (1929) Nr. 37 S. 1311; Bd. 74 (1930) Nr. 25 S. 887.

Detektor und Gleichstrominstrument liegen in Reihe, parallel zum Instrument I liegt ein Blockkondensator C.

Um möglichst konstante Verhältnisse zu haben, ist es empfehlenswert, einen Karborunddetektor mit Hilfsspannung zu wählen, deren Größe sich nach der Charakteristik richtet. Die Schaltung ist in Abb. 54 angegeben.

18. Trockengleichrichter mit Gleichstrominstrument. Bei angenähert quadratischer Kennlinie des Gleichrichters mißt das Drehspulinstrument bei sinusförmigem Wechselstrom praktisch den Effektivwert dieses Stromes[1]. Den Aufbau eines Elementes eines Protos-Gleichrichters zeigt

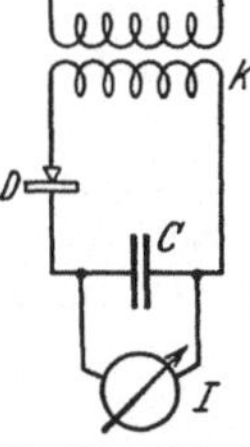

Abb. 53. Strommessung mit dem Kristalldetektor. K Kopplungsspule des aperiodischen Kreises, D Detektor, C Kondensator, I Strommesser.

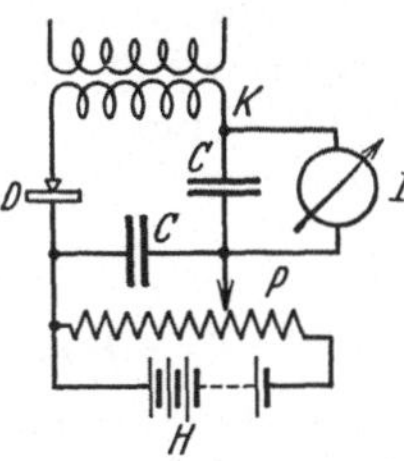

Abb. 54. Kristalldetektor mit Hilfsspannung. P Potentiometer, H Hilfsspannung.

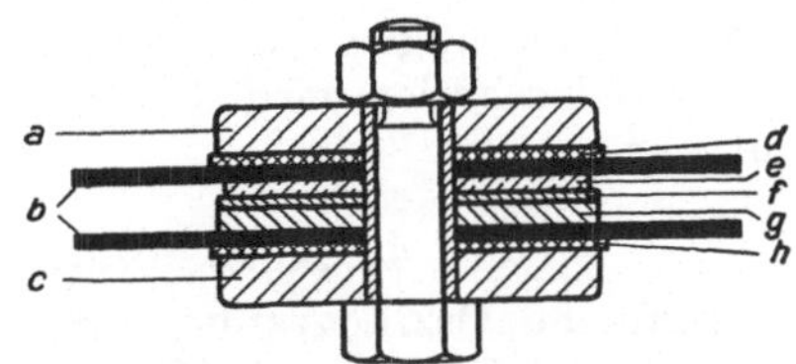

Abb. 55. Schema eines Kupfer-Kupferoxydul-Trockengleichrichters. a, c Druckplatten, b Kühlplatten, d, h Isolation, e Gegenelektrode, f Cu_2O-Schicht, g Cu-Platte.

Abb. 55. Anordnungen zur Messung schwacher Wechselströme auf die erwähnte Art werden gebaut von Gossen, Hartmann & Braun sowie Siemens & Halske.

Die Meßinstrumente der Siemens & Halske A.G. sind brauchbar für ein Frequenzbereich von 20 bis 5000 Hz. Die Instrumente haben mit eingebautem Gleichrichter die gleiche Genauigkeit von $\pm 1\%$ vom Skalenendwert wie die übrigen Instrumente der sog. Z-Type. Bis zu 40° C überschreitet der Temperaturfehler nicht $\pm 1{,}5\%$ für 10° C Temperaturänderung.

Für die hochempfindlichen Instrumente (Type WZ 3) werden von Siemens & Halske folgende Ausführungen geliefert:

Strommesser . .	Spannungsabfall bei Endausschlag	Meßbereich
	ca. 0,65 V	3 mA
	ca. 1 „	10 „
Spannungsmesser	Stromverbrauch bei Endausschlag	Meßbereiche
	3 mA	3 u. 10 V

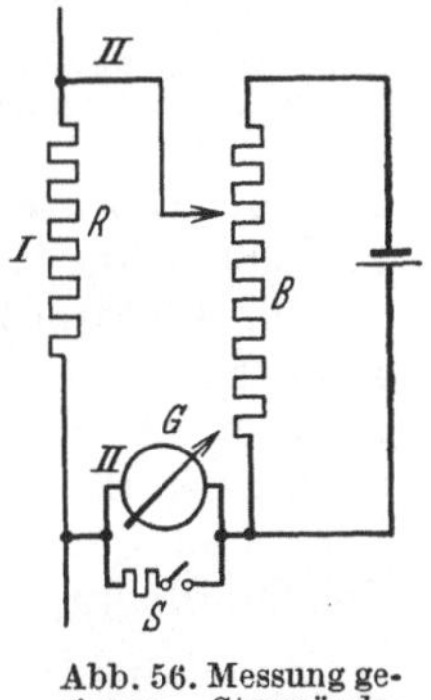

Abb. 56. Messung geringer Stromänderungen starker Ströme (Etzrodt).

Hartmann & Braun liefert sämtliche Drehspulvoltmeter (mit Ausnahme seiner Typen Hukk und WZ) mit eingebautem Gleichrichter für Wechselstrommessungen[1]. Bei den Voltmetern wird mit einem Stromverbrauch von 2 mA für den Endausschlag gerechnet. Dabei ist der kleinste Meßbereich 3 V.

Die höchste Stromempfindlichkeit ist bei senkrechter Achse 0,5 μA für den vollen Skalenausschlag. Die Einstelldauer beträgt dann etwa 2 Sekunden; während hierbei die Einstellung nicht mehr vollständig aperiodisch ist, ist bei einer Empfindlichkeit von 10 μA bereits in einer Sekunde eine vollkommen aperiodische Einstellung erreicht.

Als kleinste Empfindlichkeit wird etwa 10 mA angegeben.

[1] Vgl. z. B. Barkhausen: Elektronenröhren Bd. 3 S. 89ff. Leipzig: Hirzel 1929.

19. Geringe Stromänderungen starker Ströme. Ist die Aufgabe gestellt, kleine Änderungen eines an sich großen Stromes zu messen, so arbeitet man mit einer Kompensationsmethode[1].

Die Schaltung für eine solche Messung zeigt Abb. 56 nach Etzrodt: l. c. Die Messung geht in der Weise vor sich, daß die Leitung *II* zunächst offen ist, so daß der zu messende Strom *I* durch den Zweig *I* fließt und an *R* den Spannungsabfall $J \cdot R$ hervorruft. Sodann wird bei geschlossenem Schalter *S* die Leitung *II* angelegt. In der Zuleitung des Schalters *S* liegt ein kleiner passender Widerstand, der den Nebenschluß zu dem Galvanometer *G* bildet, so daß man den Strom in *II* mit dem Spannungsteiler *B* grob auf Null einregulieren kann. Nach Öffnen des Schalters *S* wird die Feinregulierung vorgenommen. Etzrodt konnte Änderungen eines Stromes von $3 \cdot 10^{-3}$ A um $5 \cdot 10^{-10}$ A messen.

In vielen Fällen wird sich für derartige Messungen der Kompensationsapparat gut eignen.

4. Aufzeichnung elektrischer Vorgänge.

Einfache Oszillographen, die zwar wegen ihrer Eigenschwingungen (s. u.) für quantitativ exaktere Messungen nicht geeignet sind, sich aber zum Studium und vor allem zur Demonstration einfacher Schwingungsvorgänge eignen, bestehen in der Hauptsache aus einem Telephonsystem, auf dessen Membran ein Schwingspiegel aufgesetzt ist. Der an diesem reflektierte Lichtstrahl wird über einen rotierenden Polygonspiegel an eine Wand projiziert. Das System eines derartigen Oszillographen nach Schürholz-Sprenger, wie er von Sprenger & Co., Bad Godesberg (früher Recklinghausen) hergestellt wird, zeigt Abb. 57. Das Frequenzbereich liegt zwischen 0 und 3000 Hertz, das Magnetsystem hat 3000 Ohm Widerstand.

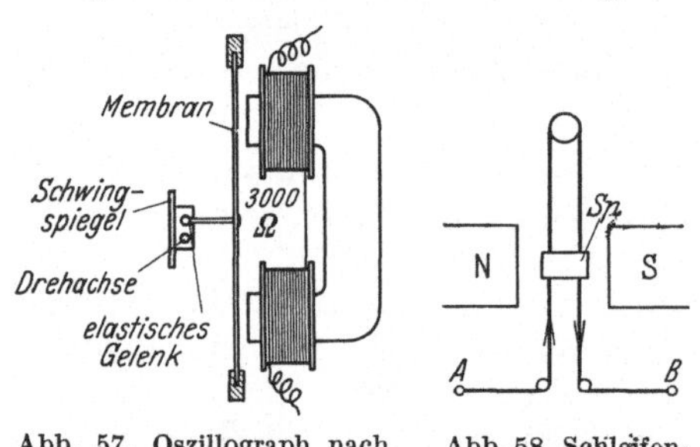

Abb. 57. Oszillograph nach Schürholz-Sprenger.

Abb. 58. Schleifenoszillograph.

20. Elektrodynamischer Oszillograph[2]. Der zur Aufzeichnung nieder- und mittelfrequenter Schwingungsvorgänge meist benutzte elektrodynamische Oszillograph besteht aus einem Nadel-Drehspul- oder Saitengalvanometer von besonders kurzer Schwingungsdauer und einer Vorrichtung zur Sichtbarmachung oder photographischen Fixierung der Strom- oder Spannungskurve. Das Prinzip der Oszillographenschleife zeigt Abb. 58.

Zwischen zwei Punkten *A*—*B* ist ein dünner Draht über kleine Rollen ausgespannt. Der mittlere Teil der Schleife liegt zwischen den Polen eines kräftigen Elektromagneten *N*—*S*. Je nach der Stromrichtung sucht sich die Schleifenachse in der Richtung der Achse des Magnetfeldes einzustellen. Bei der auf dem Bilde angegebenen Stromrichtung würde sich ein Drehmoment der Schleife ergeben, das von oben gesehen im Sinne des Uhrzeigers läge. Eine Stromumkehr bewirkt auch Umkehr der Drehung der Meßschleife, deren Ausschlag als proportional dem jeweiligen Momentanwert des durchfließenden Stromes angesehen werden kann. Das kleine Spiegelchen *Sp* macht die Drehungen der Schleife mit und reflektiert den auf ihn geworfenen Lichtstrahl auf die Beobachtungstrommel oder den photographischen Film, dessen Haltetrommel ebenso wie der Beobachtungsapparat durch einen Synchronmotor

---

[1] Rosenberg: Naturwiss. 1921 S. 59. Bäumler-Anders: Quantitative Empfangsmessungen in der Funkentelegraphie. Elektr. Nachr.-Techn. II S. 406. Krutzsch: Arch. Elektrotechn. Bd. 17 (1926) S. 465. Etzrodt, K.: Arch. Elektrotechn. Bd. 18 (1927) S. 693.

[2] Blondel, A. E.: J. Physique Bd. 1 (1902) S. 173. Orlich, E.: Aufnahme und Analyse von Wechselstromkurven. Braunschweig 1906. Zöllich, H.: Wiss. Veröff. Siemens-Konzern. Bd. 1 (1920) S. 24.

angetrieben wird. Die Gesamtanordnung des Oszillographen von Siemens & Halske zeigt Abb. 59.

Das Licht einer Bogenlampe fällt durch Linse *1* und die Schlitze *SS'* auf den Spiegel *2 2'*. Die an den Spiegeln *3 3'* der Meßschleifen *4 4'* reflektierten Strahlen können über Spiegel *7 7'* eines Kippspiegels und den Spiegel *8* durch Zylinderlinse *9* auf die spiralige Beobachtungstrommel geworfen werden. Ist der Beobachtungsspiegel aber heruntergeklappt, so fallen die Strahlen von *3 3'* direkt durch Zylinderlinse *6* auf die photographische Trommel.

Um keine störenden Verzerrungen durch die Eigenschwingung der Schleife zu erhalten, muß die Dämpfung möglichst nahe dem aperiodischen Zustand sein und die Eigenfrequenz der Spule etwa $^1/_{50}$ derjenigen der Grundschwingung der zu untersuchenden Schwingungskurve betragen.

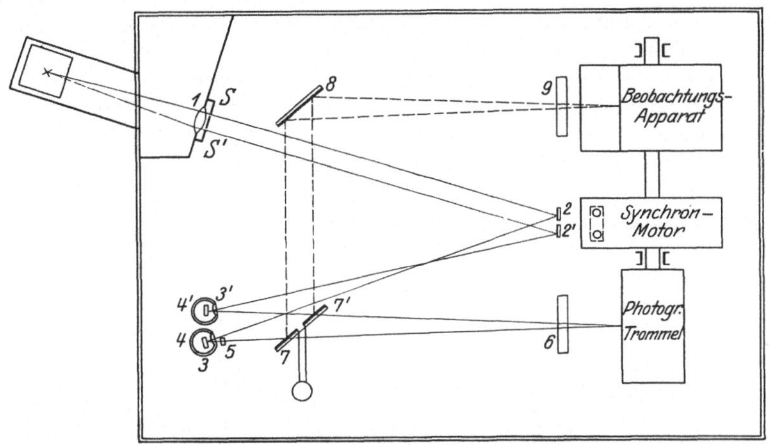

Abb. 59. Anordnung des Schleifenoszillographen von Siemens & Halske.

Die Empfindlichkeiten einiger von Siemens & Halske gelieferten Schleifen gibt die folgende Zahlentafel an:

Type	Ungefährer Widerstand in Ω	Ungefähre Empfindlichkeit für 1 mm Ausschlag in A	Eigenschwingungszahl bei Dämpfung mit Paraffinöl
1 normal . . .	1	$3 \cdot 10^{-3}$	6000
2	2,5	$4 \cdot 10^{-4}$	3000
3	7	$1{,}5 \cdot 10^{-5}$	50

Von Wichtigkeit ist die Auswahl des Öles. Es wirkt auf die Eigenfrequenz, die Empfindlichkeit und die Phasenabweichung. Im allgemeinen ist es am günstigsten, das Öl so zu wählen, daß man eine möglichst frequenzunabhängige Empfindlichkeit erlangt.

Saitenoszillographen, bei denen kein Spiegel verwendet wird, sondern das Bild des stromdurchflossenen Fadens selbst auf eine Trommel bzw. einen photographischen Film geworfen wird, baut die Firma Edelmann-München.

21. Kathodenstrahloszillograph (Braunsche Röhre)[1]. 1. Gasentladungsröhren. Die fast trägheitslose Wirkung elektrischer und magnetischer Felder auf einen Kathodenstrahl macht einen solchen zum Aufbau eines Oszillographen verwendbar. Bei der einfachsten Form eines solchen verwendet man nach Braun

[1] Alberti, E.: Braunsche Kathodenstrahlenröhren und ihre Anwendung. Berlin: Julius Springer 1932.

die selbständige Entladung in einem Rohr mit verdünnter Luft. Den schematischen Aufbau eines solchen Rohres zeigt Abb. 60. Die von einer Aluminiumkathode a ausgehenden Kathodenstrahlen werden durch die an die Anode b angelegte hohe Gleichspannung beschleunigt, werden durch eine Aluminiumblende B begrenzt und treffen auf einen Phosphoreszenzschirm D auf. Das Bild wird durch die Glaswand beobachtet oder photographisch festgehalten. Durch die Spule S wird das Kathodenstrahlbündel konzentriert. Die Spulen $C_1 C_2$ dienen zur Ablenkung durch den zu untersuchenden Strom, die Kondensatorplatten $d_1 d_2$ zum Anlegen eines elektrostatischen Feldes. Beide Ablenkungsarten können einzeln oder kombiniert verwendet werden.

Um das Bild des Kathodenstrahls zeitlich auseinander zu ziehen, verwendet man entweder eine synchrone Hilfsschwingung, einen Polygonspiegel, einen rotierenden Film oder Fallkassette oder die Entladung eines Kondensators (Rogowski, Gábor)[1]. Da die Kathodenoszillographen häufig zur Aufnahme einmalig verlaufender Vorgänge, wie Wanderwellen usw. verwendet werden, ist ein trägheitsloses Ein- und Ausleiten des Kathodenstrahls auf die photographische Platte notwendig (Strahlsperrung). Dies wurde in der Konstruktion von Gábor erreicht, der mit Hilfe des Elektronenkipprelais[1] auch in der Lage ist, automatisch, z. B. durch eine atmosphärische Entladung, eine Aufnahme auszulösen.

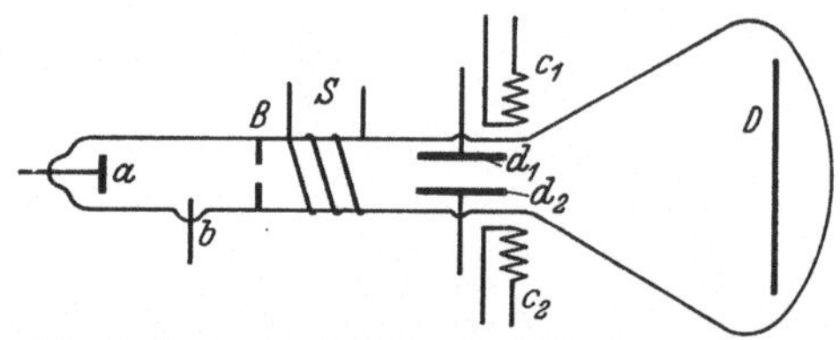

Abb. 60. Braunsche Kathodenstrahlröhre (Ionenröhre).

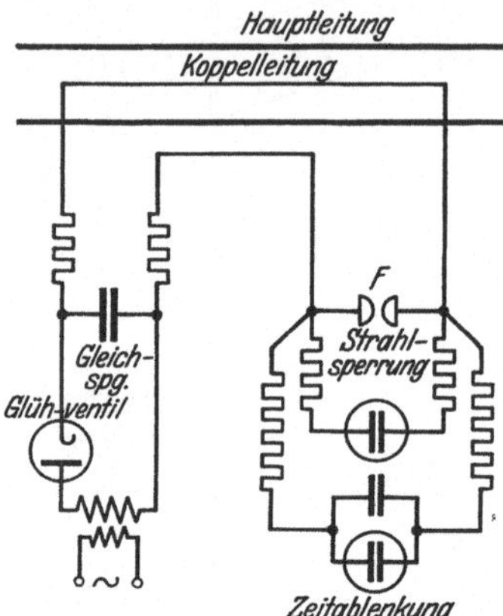

Abb. 61. Kipprelais von Rogowski und Wolff.

Eine andere Form des Kipprelais wurde von Rogowski und Wolff[2] angegeben. Dieses Relais, das vor dem Gáborschen Vorzüge aufweist, ist schalttechnisch in Abb. 61 wiedergegeben. Eine Funkenstrecke F wird durch eine mit Ventil und Kondensator hergestellte Gleichspannung bis kurz vor die Entladung aufgeladen. Es genügt dann eine von der Hauptleitung auf die Koppelleitung induzierte kleine Zusatzspannung, um das Relais zum Ansprechen zu bringen. Die Auslösezeit beträgt 10^{-4} Sek.

Einen modernen Kathodenstrahloszillographen nach Klemperer zeigt Abb. 62[3].

2. Glühkathodenoszillographen. Nach den Pionierarbeiten von Dufour, Samson u. a. hat der Vakuumoszillograph und speziell der Glühkathodenoszillograph durch W. Rogowski und seine Schüler eine weitgehende Durchbildung erfahren[4]. Dabei sind zu unterscheiden Apparaturen für Außenaufnahmen und Innenaufnahmen.

---

[1] Forschungshefte der Studiengesellschaft für Höchstspannungsanlagen Heft 1 S. 38 u. S. 47. Berlin: Verlag der Vereinigung der Elektrizitätswerke 1927.

[2] Siehe Arch. Elektrotechn. Bd. 21 (1929) S. 645.

[3] Siehe Amer. Soc. Test. Mater. Bull. Bd. 76 (Nov. 1931) J. 834.2.

[4] Literaturzusammenstellung s. S. 58, Fußnote 1 und S. 59, Fußnote 2.

Eine wesentliche Bedingung für gutes Arbeiten des Glühkathodenoszillographen ist ein ausgezeichnetes Vakuum. Reproduzierbare Verhältnisse erhält man im allgemeinen erst bei einem Druck von 10^{-6} mm. Um das bei Innenaufnahmen in diesem Fall sehr lästige Auswechseln der Kassette zu erleichtern, haben Rogowski, Sommerfeld und Wolman einen dritten Raum, die sog. Einlaßkammer, eingeführt, die die photographische Platte enthält und auf Vorvakuum gebracht wird.

Elektronenstrahl-Oszillographen für Netzanschluß liefern Hauff & Bunt, Berlin N 4, Chausseestr. 117. Eine besonders bequeme Ausführung zum Anschluß an das Wechselstromnetz baut nach Angaben von Manfred v. Ardenne E. Leybolds Nachfolger, Berlin NO 6. An die Röhre lassen sich anlegen 1500 V für Beobachtung stehender Figuren, 3000 V für Aufnahme veränderlicher Kurven. Die Bilder sind von ausgezeichneter Schärfe.

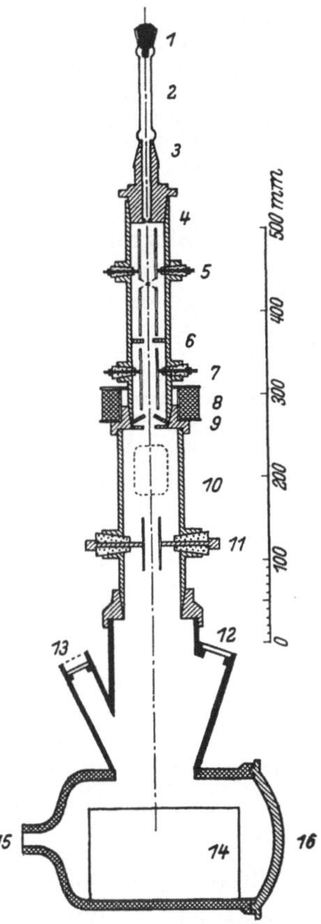

Abb. 62. Schema eines modernen Kathodenstrahl-Oszillographen in Ganzmetallausführung (nach Klemperer)[2].

1 Kathode, *2* Entladungsrohr aus Glas, *3* Schliffverbindung, *4* Anodenblende, *5* System von Strahlsperrungsplatten, *6* erste Strahlsperrungsblende, *7* zweites Strahlsperrungsplattenpaar, *8* Konzentrierungsspule, *9* zweite Strahlsperrungsblende, *10* erstes, *11* zweites Meßplattenpaar (beide evtl. mit veränderbarem gegenseitigen Abstand), *12* Beobachtungsfenster des Leuchtschirmbildes, *13* Kameraansatz für Photographie des Leuchtschirmbildes, *14* Filmkassette bzw. Leuchtschirm, von außen elektromagnetisch betätigt, *15* Pumpstutzen (ein Lufteinlaß befindet sich irgendwo oberhalb *4*), *16* Deckel zum Auswechseln von *14* (Gummidichtung). In Höhe von *2* kann eine *8* analoge Vorkonzentrierung angebracht sein. Bei *10* und *11* können sich Magnetspulen zur Strahljustierung befinden. Die Schliffverbindung *3* kann ebenfalls zur Strahljustierung über einen Federkörper führen.

Ein charakteristisches Verwendungsgebiet der Vakuumoszillographen ist die Verfolgung sehr rasch verlaufender einmaliger Vorgänge, wie sie z. B. die Wanderwelle darstellt[1], doch ist sie außerdem für eine Fülle anderer Aufgaben zu verwenden, von denen genannt seien: Frequenzüberwachung und Frequenzvergleich, Aufnahmen von Magnetisierungskurven und Kennlinien, Phasenwinkeln und Leistungsfaktoren, Fehlerortsbestimmung an Freileitungen und Kabeln, Bildübertragung, Fernsehen u. a.

Die Entwicklung der Oszillographen ist zu trennen in die der Röhre selbst, Aufnahmetechnik und Aufnahmeschaltung. Zahlreiche allgemeine Verbesserungen aus der neuen Zeit in der Hauptsache durch Berger, Binder und Mitarbeiter, Matthias, Knoll und Mitarbeiter, Rogowski und Mitarbeiter, dienen zur Erhöhung der Leistungsfähigkeit und der Betriebssicherheit (kapazitätsarme Ablenkplatten und Durchführungen, zerlegbare Metallausführungen mit Gummidichtungen, unter Vakuum verstellbare Ablenkplatten, Aufnahmen außerhalb der Entladungsröhre durch Lenardfenster usw.).

Die Entwicklung der Röhre selbst ist zu einem gewissen Abschluß gelangt. Die Weiterentwicklung des Schaltmechanismus führt zu dem Ziel, Vorgänge von einem Milliardstel Sekunde, einer Zeit, die gleichzeitig die natürliche untere Grenze darstellt, sowohl mit Glühkathode als mit kalter Kathode in Außenaufnahme in technisch einwandfreier Weise festzuhalten[2].

[1] Rogowski u. Flegler: Arch. Elektrotechn. Bd. 20 (1928) S. 635; Z. techn. Physik Bd. 11 (1930) S. 276—282.

[2] Literatur über Kathodenoszillograph (bis Mitte 1931) siehe M. Knoll: ATM Lieferung 5. Nov. 1931. T 75 und ATM Liefe-

Mit den Vorgängen im Braunschen Rohr stehen im engen Zusammenhang die Untersuchungen, die E. Brüche und seine Mitarbeiter sowie M. Knoll u. E. Ruska über die sog. „Elektronenoptik“ machten. Dabei handelt es sich um die Kenntnis der Bedingungen, unter denen ein Elektronenstrahl konzentriert wird, zum „Fadenstrahl“ oder zum „Knotenstrahl“ wird. Blendensysteme nach Art von Wehneltzylindern wirken als Richtungs- und Intensitätssteuerorgan und können als elektronenoptische Linsen aufgefaßt werden. Man kann auf diese Weise die Kathode vergrößert abbilden und spricht vom „Elektronenmikroskop“[1].

22. Verschiedene Oszillographen. 1. Glimmlichtoszillograph. Der Glimmlichtoszillograph besteht in der Hauptsache aus einem umlaufenden Spiegel, in dem ähnlich wie bei den Versuchen von Feddersen über oszillatorische Vorgänge ein Funken, hier das Bild einer Gehrkeschen Glimmlichtröhre betrachtet wird.

Die Glimmlichtröhre wirkt folgendermaßen: In ein Glasgefäß, das mit verdünntem Stickstoff von 8 bis 20 mm Druck gefüllt ist, sind zwei Elektroden aus hochglanzpoliertem Nickel eingeschmolzen. Zur Halterung sind diese auf Glimmerplatten befestigt. Auf der negativen Elektrode entsteht bei etwa 300 V eine stark leuchtende Glimmlichtschicht, die sich etwa proportional zum Wert der durchfließenden momentanen Stromstärke ausdehnt. Bei der Ausbildung von Boas wird das Bild in einem Nickelspiegel betrachtet. Für Spannungsmessungen wird ein Wasserwiderstand vorgeschaltet, der so bemessen wird, daß die Glimmschicht etwa 3 bis 4 cm lang ist. Die Umlaufszahl des Boasschen Doppelspiegels kann bis auf 17000 pro min gesteigert werden. Für eine Umdrehungszahl 12000, eine Entfernung von 50 cm zwischen Platte und Spiegel und einer Stromfrequenz von $n = 1{,}5 \cdot 10^5$ ($\lambda = 2000$ m) erhält man für eine halbe Periode eine Bildlänge von 2 mm.

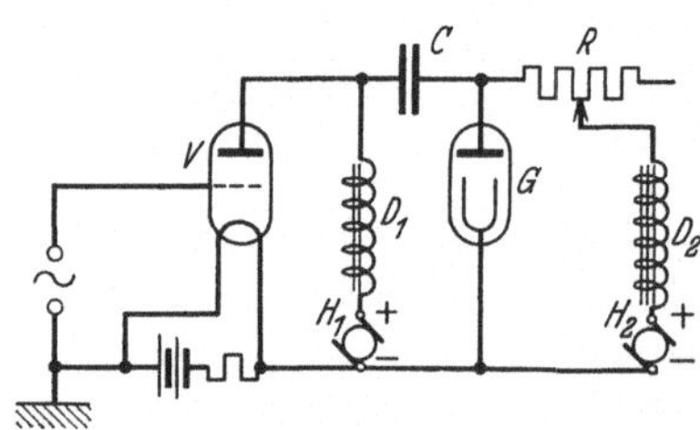

Abb. 63. Glimmlichtoszillograph mit Hochfrequenzverstärker nach Gehrcke und Engelhardt.

Das Hauptanwendungsgebiet des Glimmlichtoszillographen liegt in der Untersuchung von Schwebungsvorgängen und Wellengruppen.

Glimmlichtoszillograph mit Hochfrequenzverstärker[2]. Zur Aufnahme schwacher Ströme (Telephon- und Mikrophonströme) kombinierten E. Gehrcke und V. Engelhardt die Glimmlichtröhre mit einer Verstärkeranordnung. Siehe Abb. 63.

Die zu untersuchende Spannung liegt zwischen Gitter und Kathode der Röhre V. H_1 liefert den Anodenstrom, H_2 dient als Vorspannung für die Glimmröhre G. D_1 und D_2 sind Drosseln, die das Eindringen des Wechselstroms in die Spannungsquellen verhindern sollen. C ist ein Blockkondensator (ca. 100000 cm), R ein Silitwiderstand. Die im Anodenzweig auftretenden Ströme von etwa 25 mA reichten aus, um genügend große Schwankungen der Glimmlichtlänge hervorzurufen.

Setzt man die Glimmröhre als Radius auf eine synchron rotierende Scheibe (Janus und Voltz), so ergibt sich die Spannungskurve als wellenförmige Linie auf dem Kreis.

Nach dem Vorschlag von Geyger kann man die Röhre auch als Durchmesser auf die Scheibe setzen. In diesem Falle erscheint die untersuchte Wechselstromkurve dargestellt in Polarkoordinaten.

---

rung 10. April 1932. T 59. Eine Übersicht über die Entwicklung bis Mitte 1931 gab M. Steenbeck: ATM Bd. 1. Lieferung 5. Nov. 1931. T 76. Zusammenfassungen s. ferner bei A. B. Wood: J. Instn. electr. Engr. Bd. 71 (Juni 1932) Nr. 426 S. 41 und F. P. Burch u. R. V. Whelpton: J. Instn. electr. Engr. Bd. 71 (Aug. 1932) Nr. 428 S. 380.

[1] Brüche, E.: in Petersen: Forschung und Technik Bd. 23 (1930) (Berlin: Julius Springer). Knoll, M., u. E. Ruska: Ann. Physik Bd. 12 (1932) S. 607; Brüche, E., u. H. Johannson: Naturwiss. Bd. 20 (1932) S. 49, 353; Brüche, E.: Z. Physik Bd. 78 (1932) S. 26.

[2] Z. techn. Physik Bd. 6 (1925) S. 153; Bd. 7 (1926) S. 146.

2. Der Kerroszillograph[1]. Der Kerroszillograph beruht auf der elektrooptischen Eigenschaft gewisser Dielektrika, im homogenen elektrischen Feld doppelbrechend zu werden (Nitrobenzol). Der Gangunterschied zwischen dem Phasenwinkel des ordentlichen und außerordentlichen Lichtstrahls ist von der Länge des Kerrkondensators und vom Quadrat der anliegenden Spannung abhängig. Die Methode ist in der Entwicklung.

3. Der piezoelektrische Oszillograph (W. v. Philippoff)[2] erreicht mit Hilfe des piezoelektrischen Prinzips eine Empfindlichkeit von 200 V/mm und einen Frequenzbereich bis 7500 Hertz. Er ist besonders für Hochspannungsaufnahmen geeignet.

4. Helmholtzsches Pendel[3]. Der Helmholtzpendelunterbrecher, zuerst gedacht zur Messung kurzer Zeitintervalle, dient in der Hauptsache zur Bestimmung von elektrischen Ladungen und wird in Verbindung mit einem Elektrometer oder ballischen Galvanometer verwendet zur punktweisen Ausmessung von Schwingungsvorgängen.

Ein schweres Pendel, um 90° aus seiner Ruhelage abgelenkt, wird z. B. elektromagnetisch ausgelöst und trifft im Fall zwei Kontakthebel, durch welche Stromkreise geöffnet bzw. geschlossen werden. Mit Hilfe einer Mikrometerschraube kann der Zeitunterschied zwischen der Betätigung beider Kontakte verändert werden. Der Apparat wird in verschiedener Weise ausgeführt. Bei dem Modell von Edelmann[4] macht eine Veränderung des Hebelabstandes um 1 mm einen Zeitunterschied von 0,00035 Sek. aus. Bei Schwingungsbeobachtungen liegt die obere Grenze für die Anwendbarkeit des Pendels bei 10000 bis 20000 Hz.

E. Leistungmesser und Leistungsmessung.

Von **K. Schmiedel**, Nürnberg.

1. Leistungsmesser.

1. Torsionsinstrumente. Der klassische Leistungsmesser ist der eisenlose elektrodynamische. Die feststehende Spule wird vom Hauptstrom J durchflossen, die bewegliche von einem der Spannung U proportionalen Strom i. Damit bei Wechselstrommessungen der Strom in der beweglichen Spule mit der Spannung möglichst genau in Phase und unabhängig von der Frequenz ist, werden der beweglichen Spule induktionsfreie Widerstände vorgeschaltet. Stehen die Windungsebenen beider Spulen senkrecht aufeinander, so hat das Drehmoment seinen Höchstwert.

Beim Torsionsleistungsmesser ist die bewegliche Spule mittels Faden an einer Torsionsfeder aufgehängt, die durch einen Torsionskopf mit Zeiger verdreht werden kann. Die bewegliche Spule wird durch Verdrehen des Torsionskopfes immer in die senkrechte Lage zur feststehenden Spule zurückgebracht. Bei dem Torsions-Leistungsmesser nach Duddell-Mather (Abb. 64) sind sowohl die feste Spule I als auch die bewegliche Spule II doppelt ausgeführt und astatisch geschaltet (vgl. S. 22, Abb. 16). An der durchsichtigen Dämpferkammer D ist eine Marke angebracht, an der man die Nullage des Dämpferflügels und damit der beweglichen Spule ablesen kann. Das elektrodynamische Drehmoment ist bei Gleichstrom $D = c_1 \cdot J \cdot i$; $i = c_2 \cdot U$, also $D = c_3 \cdot J \cdot U$. Das Torsionsmoment

[1] Trümper, E.: Arch. Elektrotechn. Bd. 26 (1932) S. 562.

[2] Philippoff, W. v.: Elektrotechn. Z. Bd. 53 (1932) Nr. 17 S. 405/408.

[3] Fucks: Untersuchung des Helmholtzschen Pendels mit dem Kathodenstrahloszillographen. Arch. Elektrotechn. Bd. 23 (1930) S. 589.

[4] Edelmann, M. Th.: Ann. Physik Bd. 3 (1900) S. 274. Borelius, G., u. A. E. Lindh: Ebenda Bd. 53 (1917) S. 97.

ist, wenn die Spule in die Nullage zurückgedreht ist, $D_g = c_4 \cdot \alpha$, wobei α der mit dem Zeiger an der Skala abgelesene Torsionswinkel ist. In dieser Lage ist $D = D_g$ oder $\alpha = c \cdot J \cdot U$, d. h. der Verdrehungswinkel ist der Leistung direkt proportional. Der Leistungsmesser zeigt auch dann die Leistung richtig an, wenn zwischen Strom und Spannung eine Phasenverschiebung φ besteht, da der Mittelwert aller Momentanwerte $\overline{J \cdot U} = J \cdot U \cdot \cos\varphi$ selbsttätig gebildet wird.

2. Zeigerinstrumente. Der Zeigerleistungsmesser nach Abb. 65 hat eine in Spitzen gelagerte Drehspule, an der der Zeiger befestigt ist. Die ebenen Spiralfedern, mit einem Ende an der Drehspule, mit dem anderen am Träger befestigt, dienen außer zur Bildung des Gegendrehmomentes (Richtkraft) auch zur Stromzuführung. Das elektrische Drehmoment ist $D = c_1 \cdot J \cdot U \cdot \cos\varphi \cdot \sin\alpha$, wobei α der Winkel ist, den beide Spulen miteinander bilden. Das Gegendrehmoment der Spiralfedern ist $D_g = c_2 \cdot \alpha$. Damit der Zeigerausschlag α proportional der Leistung wird, also die ganze Skala (meist 90^0) gleichmäßig geteilt ist, wurden früher die Spulen besonders geformt. Heute wird dies meist durch richtige Wahl des Größenverhältnisses zwischen feststehender und beweglicher Spule erreicht.

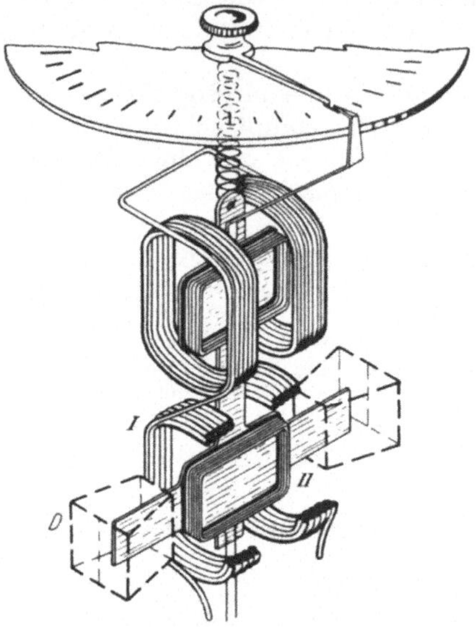

Abb. 64. Elektrodynamischer Torsionsleistungsmesser astatischer Anordnung.

Bei Gleich- und Wechselstrommessungen muß man den Einfluß der Temperatur bei kleinem Spannungsmeßbereich beachten. Für größere Spannungsmeßbereiche ist er durch die Verzweigungsschaltung nach Abb. 66 ausgeglichen. Der Widerstand R_2 und sein Temperaturkoeffizient α_2 sind so gewählt, daß bei Temperaturänderungen der Strom in der Drehspule D sich nur um den Betrag ändert, der notwendig ist, um den kleinen negativen elastischen Temperaturkoeffizienten der Spiralfedern auszugleichen.

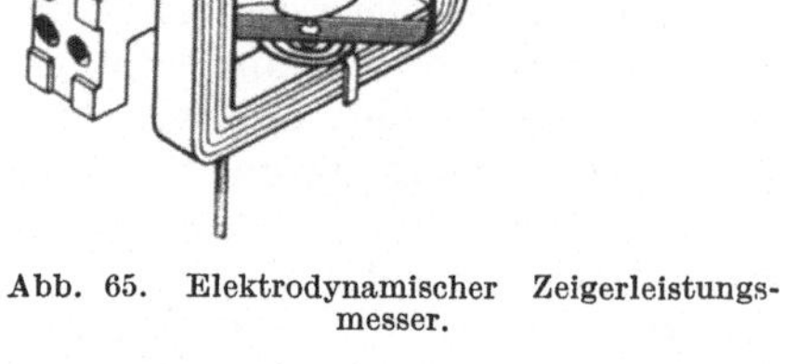

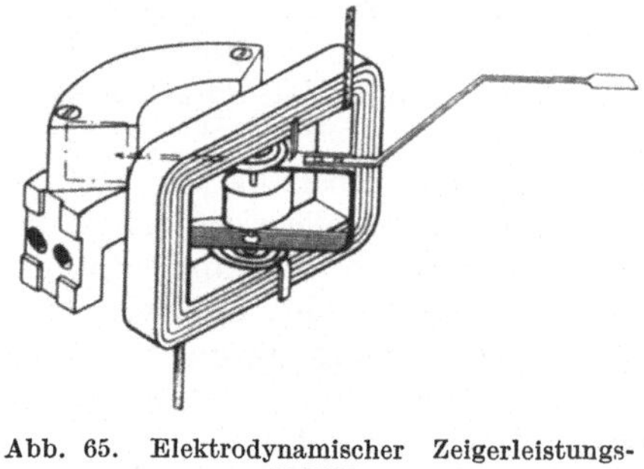

Abb. 65. Elektrodynamischer Zeigerleistungsmesser.

Bei Wechselstrommessungen mit technischen Frequenzen bis 100 Hz ist die Eigeninduktivität der Drehspule nicht ohne Einfluß auf die Angaben. Der Fehlwinkel zwischen Spannung und Strom in der Spannungsspule kann dadurch beseitigt werden, daß der Widerstand R_2 teilweise induktiv gewickelt wird. Infolge der Gegeninduktivität zwischen Strom- und Spannungskreis kann in dem durch R_2 geschlossenen Stromkreis der Drehspule je nach ihrer Lage zur Stromspule ein störender Strom induziert werden; er kann nur dadurch klein gehalten werden, daß R_2 im Verhältnis zu R_1 sehr groß gemacht wird. Schließlich kann der vom Hauptstrom erzeugte Fluß wegen der im Kupferleiter entstehenden Wirbelströme eine Verschiebung gegen den Hauptstrom erleiden. Man unterteilt deshalb den Kupferleiter soweit wie möglich und vermeidet die Anbringung von Konstruktionsteilen aus Metall in seiner Nähe. Wegen dieser Fehlerquelle sollte man Leistungsmesser für größere Ströme als 20 A bis höchstens 50 A in der Stromspule nicht verwenden, vielmehr für größere Stromstärken Präzisionswandler (s. S. 178) vorschalten.

Bei höheren als den technischen Frequenzen nehmen die angeführten Fehler erheblich zu, so daß man dann zu Spezialausführungen greifen muß.

Das kleinste Spannungsmeßbereich ist meist mit 1000 Ω Widerstand für 30 V bemessen. Man erweitert es durch Vorwiderstände, die in getrennten Gehäusen untergebracht und nach Abb. 67 unterteilt sind, so daß man die Abstufung der Meßbereiche von 30 zu 30 V oder 60 V bis 600 V vornehmen kann. Bei höheren Spannungen sind die Stufen größer. Beim Anschluß muß man darauf achten, daß die Spannungsspule (Drehspule) an einem Ende mit der Stromspule verbunden wird, damit zwischen Strom- und Spannungsspule kein Durchschlag auftreten kann. Über 1000 V verwendet man heute selten mehr Vorwiderstände zur Erweiterung des Meßbereiches, weil bei höheren Spannungen durch die Kapazität des Widerstandes gegen Erde eine unerwünschte Phasenverschiebung zwischen der Spannung und dem Strom in den Spannungsspulen auftreten kann. Präzisionsspannungswandler sind dann geeigneter.

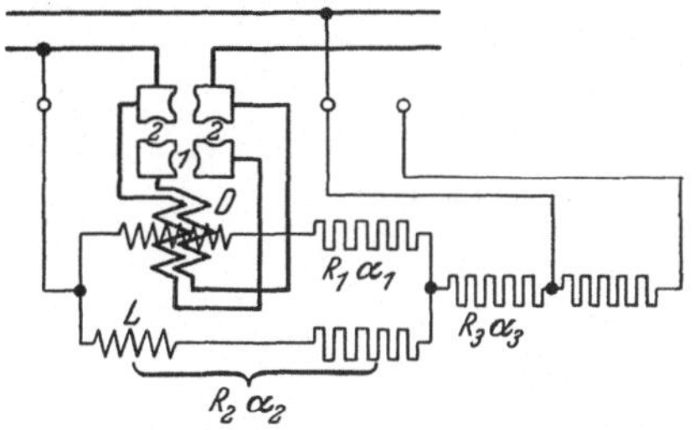

Abb. 66. Schaltung zur Temperaturkompensation.

Das Strommeßbereich des Leistungsmessers ändert man meist durch Serien- und Parallelschaltung der einzelnen gleichwertigen Teile, aus denen die Stromwicklung zusammengesetzt ist. Abb. 66 zeigt z. B. einen Leistungsmesser mit zwei Meßbereichen. Steckt man einen Stöpsel in *1*, so sind beide Stromspulen hintereinandergeschaltet, steckt man zwei Stöpsel in *2*, so sind sie parallelgeschaltet. Neuere Instrumente sind oft für eine Umschaltung 1 : 2 : 4 eingerichtet, also z. B. für 5 A, 10 A und 20 A. Für höhere Stromstärken benutzt man nur ein 5 A-Meßbereich zum Anschluß an Präzisionsstromwandler.

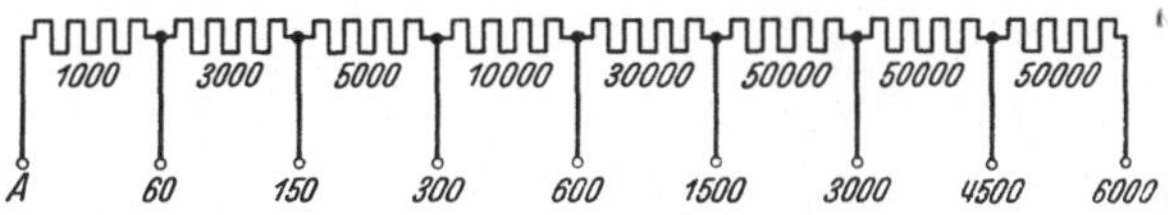

Abb. 67. Vorwiderstand.

3. Sonderausführungen. Für die Messung sehr kleiner Leistungen hat man eisenlose elektrodynamische Zeiger-Leistungsmesser gebaut, deren bewegliche Spule an einer kurzen Bandfeder aufgehängt ist (sog. Türmchen-Instrumente)[1]. Die Spule ist mit einer Arretierung versehen, die erst dann gelöst wird, wenn das Instrument nach einer Libelle ausgerichtet ist. Die Drehspule ist stark überlastbar, so daß auch bei kleinem Leistungsfaktor noch ein großer Ausschlag erreicht werden kann.

Solche Instrumente werden auch astatisch ausgeführt; entweder werden zwei Stromspulen und zwei Spannungsspulen mit entgegengesetztem Wicklungssinn übereinander angeordnet[2] oder nur eine Stromspule und zwei übereinanderliegende Spannungsspulen, deren Felder entgegengesetzt gerichtet sind[3]. Bei beiden Anordnungen übt bei Gleich- oder Wechselstrom ein homogenes äußeres Feld kein Drehmoment auf die drehbaren Spannungsspulen aus.

Astatische Torsions-Leistungsmesser[4] lassen bei kleinem Leistungsfaktor noch größere Ausschläge zu, als Zeiger-Leistungsmesser (500-teilige Skala).

Für Messungen in Dreiphasen-Dreileiternetzen sind Doppelleistungsmesser

---

[1] Ausführung von S. & H. und H. & B.
[2] Ausführung von S. & H. (Keinath: Bd. 1 3. Aufl. S. 265).
[3] Ausführung von H. &. B. (Keinath: Bd. 1 3. Aufl. S. 266).
[4] Ausführung nach Duddel-Mather von R. W. Paul, London, s. o.

gebaut worden[1]. Zwei vollständige eisenlose elektrodynamische Leistungsmesser sind übereinander in ein Gehäuse eingebaut, die Drehspulen sitzen auf einer gemeinsamen Achse, die den Zeiger trägt. Die beiden Teilleistungsmesser sind in der Zweileistungsmesserschaltung (vgl. S. 71) geschaltet. Es ist gelungen, die gegenseitige Beeinflussung der Systeme auf ein sehr kleines Maß herabzudrücken. Die Instrumente werden bei Drehstromleistungsmessungen dann gern verwendet, wenn die Belastung stark schwankt und man deshalb nur schwer zwei Leistungsmesser zu gleicher Zeit richtig ablesen kann.

Um die Blindleistung direkt messen zu können, sind neuerdings Blindleistungsmesser gebaut worden. Diese sind eisenlose Elektrodynamometer, bei denen der Strom in der Spannungsspule gegen die Spannung um 90° rückwärts verschoben ist. Abb. 68 zeigt eine Schaltung[2], mit der dies erreicht werden kann. Die Abgleichung stimmt nur für eine Frequenz, die Angaben ändern sich umgekehrt proportional mit der Frequenz. Besonders empfindlich gegen Änderung der Frequenz ist das Instrument bei größerem Leistungsfaktor, weil sich auch der Winkel zwischen Spannung und Strom in der Spannungsspule ändert. Der Einfluß der Temperatur kann durch ähnliche Maßnahmen wie beim Wirkleistungsmesser auf ein kleines Maß herabgedrückt werden. Dagegen muß man den Einfluß der Einschaltdauer auf die Angaben beachten, weil der Widerstand der mit Kupferdraht gewickelten Drosseln L_1 und L_2 bei steigender Temperatur sowohl den Strom verkleinert als auch den Fehlwinkel vergrößert.

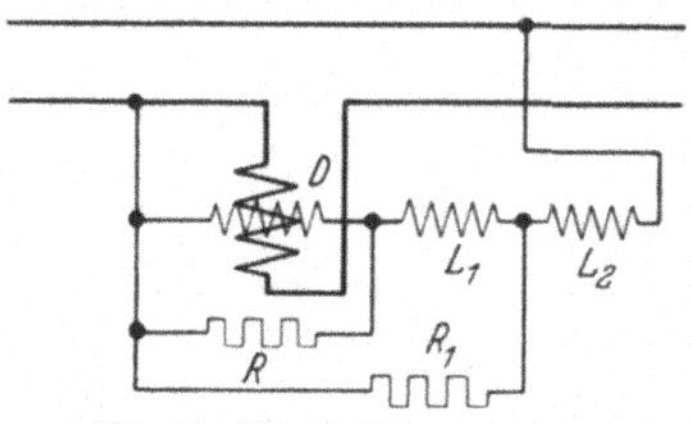

Abb. 68. Blindleistungsmesser.

Auch als Doppelleistungsmesser für Drehstrom-Blindleistungsmessung in Zweiwattmeterschaltung ist das Instrument ausgeführt worden.

Der eisengeschirmte elektrodynamische Leistungsmesser wird wenig gebraucht, weil er dem eisenlosen gegenüber nur dann im Vorteil ist, wenn man in Räumen messen muß, die von starken Wechselfeldern durchsetzt werden.

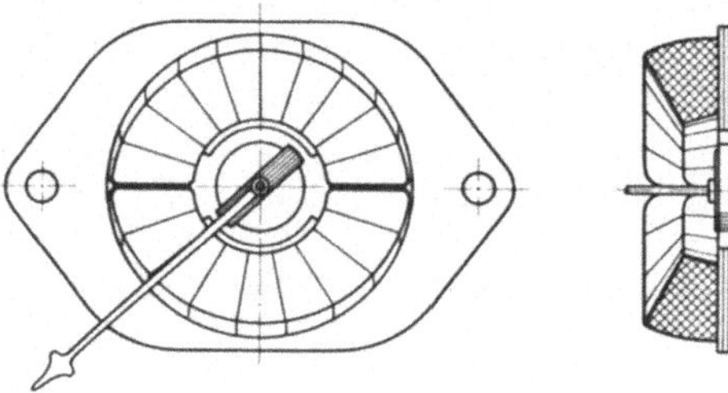
Abb. 69. Eisengeschlossener elektrodynamischer Leistungsmesser.

4. Eisengeschlossene elektrodynamische Instrumente[3]. Der eisengeschlossene elektrodynamische Leistungsmesser (Abb. 69) hat weite Verbreitung für technische Messungen erlangt. Er ist gegen Fremdfelder ganz unempfindlich und hat ein großes Drehmoment, ohne daß die Drehspule schwerer zu sein braucht als beim eisenlosen Instrument. Bei seiner Verwendung für Gleichstrommessungen treten infolge der Krümmung der Magnetisierungskurve Unterschiede in den Angaben bei kleinem Strom und großer Spannung gegenüber denen bei großem Strom und kleiner Spannung auf. Wegen der Hysterese sind die Angaben bei zu- und abnehmendem Strom verschieden; wegen der Remanenz zeigt das Instrument auch dann einen Ausschlag, wenn nur in der Spannungsspule Strom fließt. Die Fehler können mehrere Prozente der Skalenlänge betragen (vgl. S. 22, Abb. 17).

[1] Ausführung der Weston Co.
[2] Zwierina, O.: Elektrotechn. Z. Bd. 50 (1929) S. 1844.
[3] Dolivo-Dobrowolsky: Elektrotechn. Z. Bd. 34 (1913) S. 113.

Bei Wechselstrommessungen tritt der Krümmungsfehler wie bei Gleichstrommessungen auf. Wenn die Drehspule allein erregt ist, kann diese bei unsymmetrischer Lage zu den Polen infolge ihres Bestrebens, sich auf kleinsten magnetischen Widerstand einzustellen, ein Drehmoment erhalten, das die Nullage stört. Infolge der Hysterese- und Wirbelstromverluste im Eisen ist das von der Stromspule erzeugte Feld nicht phasengleich mit dem Strom; der entstehende Fehler kann nur dadurch verkleinert werden, daß die für den Luftweg des Feldes aufzubringenden Amperewindungen im Verhältnis zu denen des Eisenweges möglichst groß gemacht werden (s. S. 22).

Außer den genannten Fehlerquellen treten auch noch alle diejenigen auf, die beim eisenlosen Leistungsmesser besprochen wurden. Es kann also mit den eisengeschlossenen Instrumenten niemals die gleiche Genauigkeit erreicht werden wie mit den eisenlosen.

5. Induktionsinstrumente. Die Induktions-Leistungsmesser sind nur für Wechselstrommessungen geeignet. Sie haben eine feste Strom- und eine feste Spannungswicklung, die auf einem Eisenkern räumlich gegeneinander verschoben aufgebracht sind, Abb. 70a. In dem so entstehenden Drehfeld ist ein Kurzschlußanker — eine Metallscheibe oder meist eine Metalltrommel — drehbar gelagert. Der Anker sucht sich im Sinne des Drehfeldes zu drehen, sein Ausschlag wird durch das Gegendrehmoment von Federn wie bei den dynamometrischen Instrumenten begrenzt, die jedoch keinen Strom zu führen brauchen. Das vom Strom erzeugte Feld Φ_I eilt diesem infolge der Hysterese und Wirbelströme um den kleinen Winkel β nach, das von der Spannung erzeugte Feld Φ_E eilt ihr um den großen Winkel γ nach, Abb. 70b. Wenn das Instrument bei allen Phasenverschiebungen zwischen Strom und Spannung richtig zeigen soll, so müssen sich β und γ zu 90^0 ergänzen. Der Winkel γ muß also um β größer sein als 90^0; dies wird durch Kurzschlußwindungen, die auf das von der Spannung erzeugte Feld wirken, durch magnetische Nebenschlüsse oder durch Kunstschaltungen erreicht. Dann ist das Drehmoment immer gleich $c_1 \cdot U \cdot J \cdot \cos\varphi$. Das Gegendrehmoment der ebenen Spiralfeder ist $c_2 \cdot \alpha$, also hat das Instrument eine gleichmäßig geteilte Skala. Sie kann über etwa 300^0 ausgenutzt werden, weil das Drehmoment von der Ankerstellung unabhängig ist.

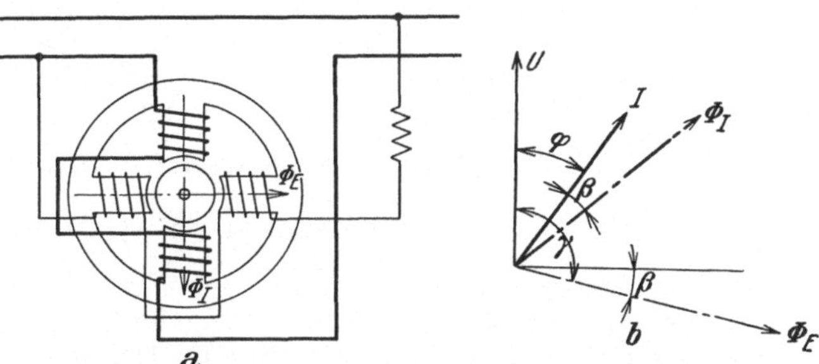

Abb. 70. Schema und Diagramm des Induktionsleistungsmessers.

Gegen Fremdfelder ist der Induktions-Leistungsmesser unempfindlich. Seine Angaben sind abhängig von der Einschaltdauer, weil der Widerstand der Spannungsspule sich nur langsam erwärmt. Diese Änderung wirkt besonders nachteilig auf den Winkel γ, also auf die Angaben bei großen Phasenverschiebungen. Mit der Umgebungstemperatur ändert sich der Widerstand des Kurzschlußankers proportional seinem Temperaturkoeffizienten und damit das Drehmoment; man kann den Fehler nur dadurch herabsetzen, daß man Material mit nicht zu großem Temperaturkoeffizienten für den Anker wählt. Am fühlbarsten ist der Einfluß der Frequenz auf die Angaben. Durch richtige Bemessung ist es gelungen, ihn bei Frequenzen nahe 50 Hz bei einer bestimmten Phasenverschiebung zwischen Strom und Spannung (z. B. $\cos\varphi = 0{,}7$) zu beseitigen; dann zeigt aber bei anderen Phasenverschiebungen das Instrument Fehler. Als Präzisionsgerät kann man also den Induktions-Leistungsmesser nur unter bestimmten Bedingungen ansprechen.

6. Thermische Instrumente. Ein thermischer Leistungsmesser ist von Field[1] und Bauch[2] angegeben. Diese Instrumente finden insbesondere zur Messung kleiner Ströme und hoher Spannung Verwendung und werden daher auf S. 119 ausführlich behandelt.

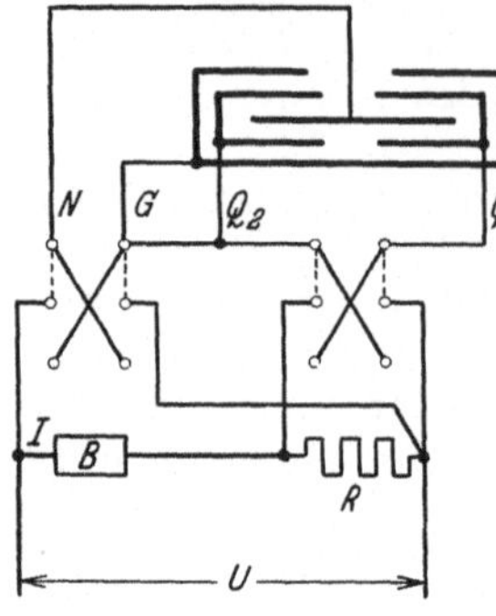

Abb. 71. Quadranten-Elektrometer in Leistungsschaltung.

7. Elektrostatische Instrumente. Elektrostatische Leistungsmesser in transportabler Ausführung für technische Messungen sind nicht ausgeführt worden. Im Laboratorium kann man mit dem Elektrometer[3] in Quadrantenschaltung und mit Fernrohrablesung Leistungen messen. Die Spannung liegt dabei an Nadel und Gehäuse, Abb. 71, der Strom wird durch einen Normalwiderstand geführt, dessen Enden an die Quadranten angeschlossen sind. Außerdem sind Umschalter nötig, um den Einfluß der Unsymmetrie des Aufbaues durch mehrere Messungen in bestimmter Reihenfolge zu beseitigen[4]. Allgemeine Angaben über Elektrometer siehe S. 24.

8. Regeln für Meßgeräte des VDE. Der VDE hat in den Regeln für Meßgeräte[5] die Meßinstrumente in folgende Klassen eingeteilt:

Klasse E:	Feinmeßgeräte	1. Klasse	± 0,3
„ F:	„	2 „	± 0,5
„ G:	Betriebsmeßgeräte	1. Klasse	± 1,5
„ H:	„	2. „	± 3

Die Zahlen sind die zulässigen Anzeigefehler in Teilstrichen bei elektrodynamischen und Induktions-Instrumenten bei Nennfrequenz und Nennspannung, bei 20° C, bei richtiger Lage und Orientierung zum Erdfeld. Für die verschiedenen störenden Einflüsse sind Zusatzfehler zugelassen. Die Klassenzeichen, ebenso die Zeichen = und ∼, die die Verwendbarkeit für Gleich- oder Wechselstrom oder beides andeuten, sollen auf dem Instrument angebracht sein. Die Prüfspannung wird durch verschiedenfarbige Sterne bezeichnet. Instrumente zum Anschluß an Meßwandler sollen mindestens 2000 V Prüfspannung aushalten.

2. Leistungsmessung.

9. Zweileiter-Gleichstrom. Bei Gleichstrom bestimmt man die Leistung meist aus den Angaben von Strom- und Spannungsmessern der Drehspultype. Bei Zweileiter-Gleichstrom genügt ein Strom- und ein Spannungsmesser; das Produkt ihrer Angaben ist gleich der Leistung. Bei direkter Schaltung kann man die Instrumente entweder nach Abb. 72a oder 72b anschließen. Die aus den Instrumentenausschlägen errechneten Leistungen $J \cdot U$ müssen dann, je nachdem ob man die Leistung N_G der Stromquelle oder die Leistung N_V des Verbrauchers bestimmen will, um die unter die Abbildungen geschriebenen Werte korrigiert werden.

---

[1] Elektrotechn. Z. Bd. 19 (1898) S. 878. [2] Elektrotechn. Z. Bd. 24 (1903) S. 530.
[3] Schultze, H.: Z. Instrumentenkde. Bd. 27 (1907) S. 65.
[4] Orlich: Elektrotechn. Z. Bd. 30 (1909) S. 435 u. 466.
[5] Elektrotechn. Z. Bd. 43 (1922) S. 290. Tabellarische Zusammenstellung in: Die Elektrizität 1922 S. 433.

Bei der Prüfung von Leistungsmessern oder Zählern kann man für die Speisung des Strom- und Spannungskreises getrennte Stromquellen verwenden. Man braucht dann für die Erregung des Stromkreises nur eine kleine Spannung und also nur eine kleine Stromquelle. Diese Sparschaltung (oder indirekte Schaltung oder Schaltung mit getrenntem Strom- und Spannungskreis) wird bei Laboratoriumsmessungen oft angewandt. Bei dieser Schaltung sind keine Korrekturen

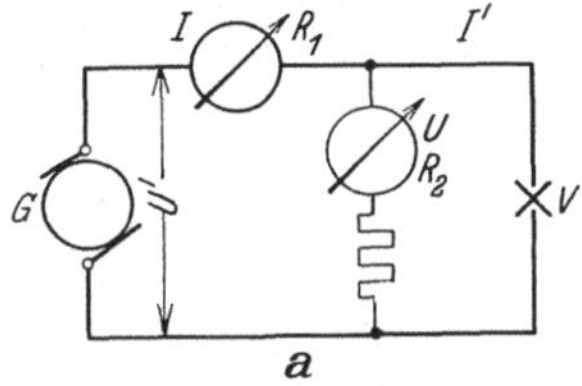

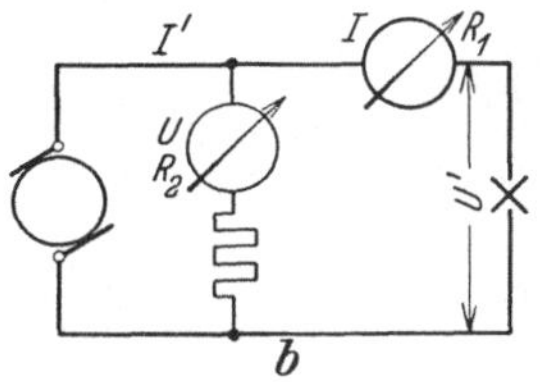

Abb. 72. Leistungsmessung bei Zweileiter-Gleichstrom.

$$N_G = J \cdot U' = J \cdot (U + J \cdot R_1) = J \cdot U + J^2 \cdot R_1$$
$$N_V = J' U = \left(J - \frac{U}{R_2}\right) \cdot U = J \cdot U - \frac{U^2}{R_2}$$

$$N_G = J' \cdot U = \left(J + \frac{U}{R_2}\right) \cdot U = J \cdot U + \frac{U^2}{R_2}$$
$$N_V = J \cdot U' = J(U - J \cdot R_1) = J \cdot U - J^2 \cdot R_1$$

erforderlich, wenn man die Meßinstrumente vor dem Prüfobjekt anschließt, Abb. 73. Bei Wechselstrom müssen die Stromquellen genau gleiche Frequenz haben (Doppelgenerator, S. 104).

Die Meßinstrumente dürfen nicht zu nahe beieinander stehen (etwa 0,5 m Abstand), auch dürfen sie nicht starken Gleichfeldern, die vor allem bei Starkstrommessungen in der Nähe der stromdurchflossenen Leiter entstehen, ausgesetzt sein. Die Zuleitungen zu dem Strommesser müssen möglichst nahe beieinander liegen, der Spannungsmesser muß weit genug von den Feldern entfernt sein. Ob eine Beeinflussung vorhanden ist, prüft man am besten dadurch, daß man eine zweite Ablesung mit um 180° gedrehtem Instrument macht.

Abb. 73. Sparschaltung zur Leistungsmessung.

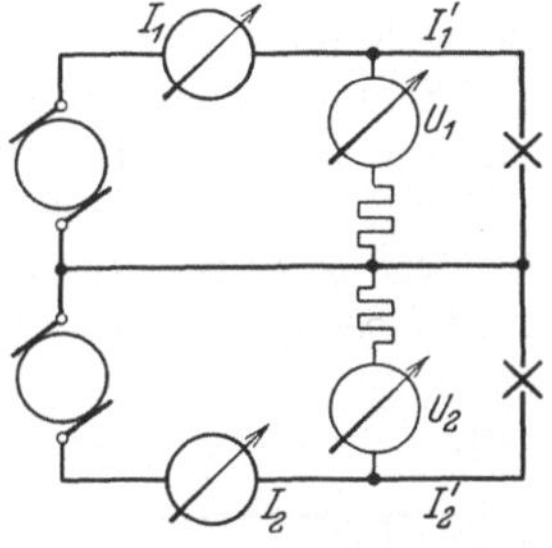

Abb. 74. Leistungsmessung bei Dreileiter-Gleichstrom.

$$N_V = J_1' \cdot U_1 + J_2' \cdot U_2$$
$$U_1 = U_2 = U : N_V = (J_1' + J_2') \cdot U$$
$$J_1' = J_2' = J : N_V = J \cdot (U_1 + U_2)$$

10. Dreileiter-Gleichstrom. Bei Messungen im Dreileiternetz benutzt man am besten zwei Strom- und zwei Spannungsmesser nach Abb. 74. Nur wenn beide Spannungen gleich sind, kann man die Außenleiterspannung messen und die Hälfte ihres Wertes mit der Summe der Ströme multiplizieren.

Mit Leistungsmessern mißt man die Gleichstromleistung nur dann, wenn man sehr schwankenden Betrieb hat. Eisenlose elektrodynamische Instrumente sind so stark von äußeren Feldern abhängig, daß schon das Erdfeld die Gleichstrommessung beeinflußt. Man kann seinen Einfluß praktisch nur dadurch beheben, daß man zwei Messungen macht, eine bei normalem Anschluß, die andere nach gleichzeitiger Kommutierung von Strom und Spannung, und den arithmetischen Mittelwert beider Messungen bildet. Bei schwankenden Betrieben geht dies natürlich nicht an. Also sind für solche Messungen nur eisengeschirmte oder eisengeschlossene elektrodynamische Leistungsmesser praktisch verwendbar. Für ihre Schaltung gilt das gleiche wie bei Messungen mit Einphasenwechselstrom.

11. Direkte Schaltung bei Einphasenwechselstrom. Die beiden Anschlußarten der Leistungsmesser nach Abb. 75a und 75b entsprechen den Schaltungen nach den Abb. 72a und 72b. Die Korrekturen sind deshalb auch die gleichen. An Stelle von $J \cdot U$ muß man in den Gleichungen nur die Leistung $U \cdot J \cdot \cos\varphi$ setzen. Den Leistungsfaktor berechnet man aus der Messung der korrigierten Leistung, des Stromes und der Spannung zu $\cos\varphi = \frac{N}{J \cdot U}$. Bei einer Reihe von Messungen mit gleichbleibender Spannung, aber mit veränderlichem Strom schaltet man meist so, daß die U^2/R_2-Korrekturen verwendet werden, weil ihr Betrag bei allen Messungen der gleiche ist. Bei hohen Spannungen müssen die Vorwiderstände so geschaltet werden, daß zwischen Stromspule und Spannungsspule keine hohe Potentialdifferenz auftritt, weil sonst die Isolation gefährdet werden kann.

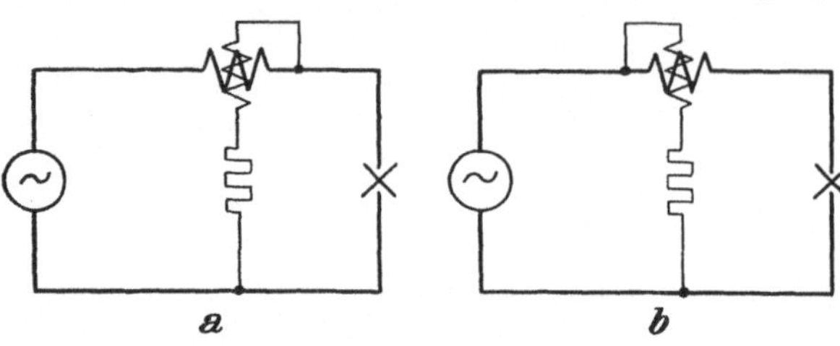

Abb. 75. Leistungsmessung bei Einphasen-Wechselstrom.

Eisenlose elektrodynamische Leistungsmesser muß man so aufstellen, daß starke Ströme führende Leiter nicht in ihrer Nähe liegen, daß sie auch sonst nicht von äußeren Wechselfeldern gleicher Frequenz beeinflußt werden, die z. B. durch nicht feldfrei gewickelte Regelwiderstände entstehen können. Felder von wenig von der Meßfrequenz verschiedener Frequenz rufen Schwebungen des Ausschlages hervor.

Fremdfeldeinflüsse kann man dadurch nachweisen, daß man den Leistungsmesser um 180° dreht und feststellt, ob der Ausschlag der gleiche geblieben ist wie in der ursprünglichen Lage.

12. Messung mit Strom- und Spannungswandlern. Bei Messungen mit Strom- und Spannungswandlern nach Abb. 76 muß man zunächst an den Angaben die Korrekturen anbringen, die durch die Übersetzungs- und Winkelfehler bedingt sind und dann an Stelle der Korrekturglieder der Abb. 72a und 72b den Eigenverbrauch des Spannungswandlers oder des Stromwandlers bei der betreffenden Belastung einsetzen. Wegen der Vorzeichen vgl. Skirl[1]. Ist der Spannungsfehler des Spannungswandlers Δ_U in %, der Fehlwinkel δ_U in Minuten, der Stromfehler des Stromwandlers Δ_J in %, sein Fehlwinkel δ_J in Minuten, dann ist die anzubringende Korrektur

$$\Delta = \Delta_U + \Delta_J + \frac{\pi}{108} \cdot (\delta_J - \delta_U)\,.$$

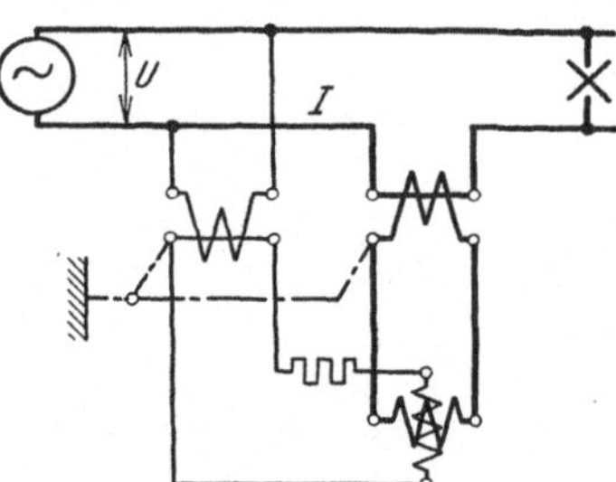

Abb. 76. Leistungsmessung mit Strom- und Spannungswandler.

Bei der Schaltung ist zu beachten, daß je eine Sekundärklemme des Spannungs- und Stromwandlers nach Abb. 76, ebenso die Gehäuse geerdet werden, damit der Beobachter und die Instrumente nicht gefährdet werden, wenn etwa ein Isolationsfehler vorhanden sein sollte. Auch wird dadurch verhindert, daß zwischen Strom- und Spannungsspule hohe Potentialdifferenzen auftreten.

13. Sparschaltung. Bei Sparschaltung nach Abb. 77 sind keine Korrekturen für den Eigenverbrauch der Apparate anzubringen, sondern nur die durch die

[1] Skirl, W.: Meßgeräte und Schaltung für Wechselstrom-Leistungsmessungen, 3. Aufl. S. 97. Berlin: Julius Springer 1930. Siehe auch Keinath: a.a.O. Bd. 2 S. 78 Nomogramm.

Übersetzungs- und Winkelfehler bedingten. Dagegen ist sowohl bei Messungen ohne als auch mit Strom- oder Spannungswandlern immer eine Äquipotentialverbindung zwischen Strom- und Spannungsspule vorzusehen, um statische Ladungen zwischen Strom- und Spannungsspule des Leistungsmessers zu vermeiden, die den Ausschlag infolge eines statischen Drehmomentes fälschen können. Diese Verbindung ist ebenso wie die Gehäuse der Strom- und Spannungswandler zu erden. Zweckmäßig ist es auch manchmal, einen Leiter der Hochspannung zu erden.

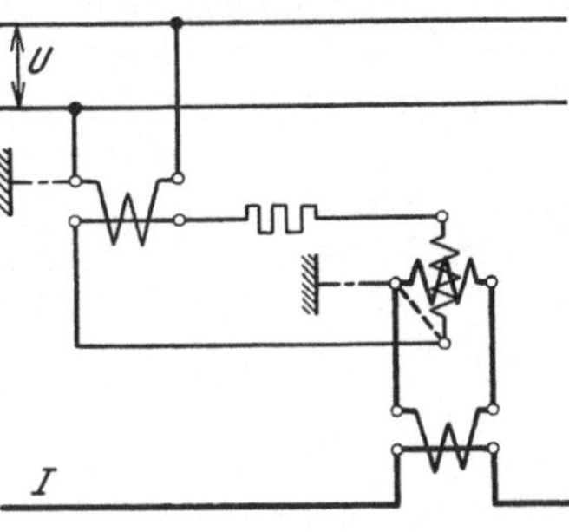

Abb. 77. Sparschaltung bei Einphasenwechselstrom.

14. Dreivoltmeter- und Dreiamperemeter-Methode. Selten angewendet wird die Dreivoltmeter- und die Dreiamperemeter-Methode. Abb. 78 zeigt die Schaltung für die Dreivoltmetermethode. R_1 ist der induktive oder induktionsfreie Widerstand, dessen Leistungsaufnahme gemessen werden soll, R_2 ein bekannter Normalwiderstand. U_1, U_2, U_3 sind die Spannungen an den Widerständen und die Summenspannung. Mißt man die Spannungen mit einem elektrostatischen Instrument oder mit dem Wechselstromkompensator (S. 175), so ist die Leistung in R_1

$$N = \frac{R_2}{2}(U_3^2 - U_1^2 - U_2^2).$$

Der Leistungsfaktor in R_1 ist

$$\cos\varphi = \frac{U_3^2 - U_1^2 - U_2^2}{2\,U_1 \cdot U_2}.$$

Benutzt man drei stromverbrauchende Spannungsmesser, so ist als Korrektur die Differenz der Leistungsaufnahme der Spannungsmesser U_1 und U_2 anzubringen. Deshalb soll man U_1 möglichst gleich U_2 machen.

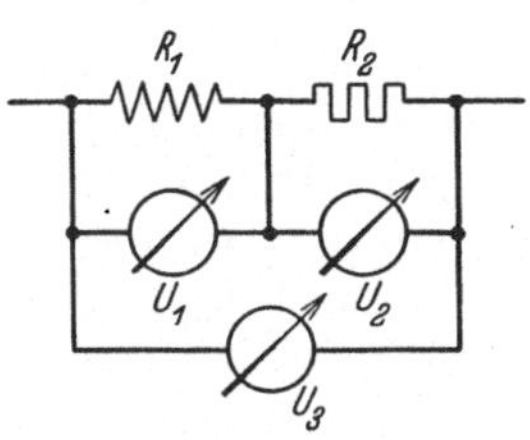

Abb. 78. Dreivoltmetermethode.

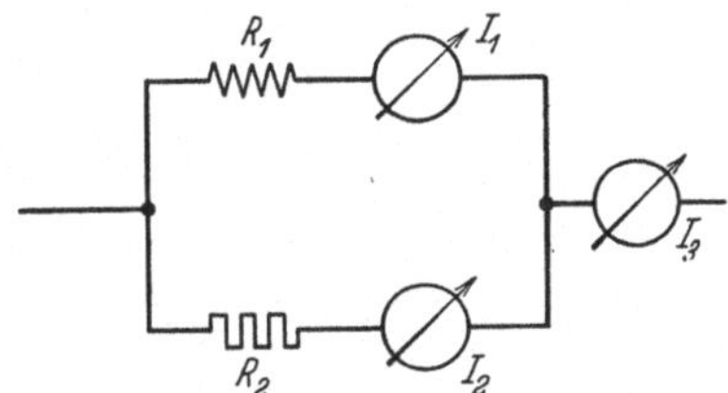

Abb. 79. Dreiamperemetermethode.

Mit drei Strommessern mißt man nach Abb. 79. Die Leistung im Widerstand R_1 ist:

$$N = \frac{R_2}{2}(J_3^2 - J_1^2 - J_2^2).$$

Die Meßgenauigkeit ist in beiden Fällen meist gering, weil die Leistung aus der Differenz der Meßwerte ermittelt wird (siehe S. 6).

15. Messung kleiner Leistungen. Kleine Leistungen, wie z. B. die von Zähler-Spannungsspulen, mißt man am besten mit einem eisenlosen elektrodynamischen Leistungsmesser mit Bandaufhängung in der Schaltung nach Abb. 75b. Die Leistung in den Zähler-Stromspulen kann man wegen des geringen

Spannungsabfalles nur mit sehr spannungsempfindlichen Instrumenten nach Schaltung Abb. 75a messen, meist genügt es, sie durch eine Gleichstrommessung festzustellen, weil die Induktivität sehr klein ist.

16. Brückenschaltungen. Für die Messung kleiner Leistungen sind auch Brückenschaltungen sehr geeignet[1]. Abb. 80 zeigt eine solche Schaltung für Leistungen großer Stromstärke und sehr kleiner Spannung, z. B. für eine Zähler-Stromspule. R_1 ist der induktive Widerstand, dessen Leistung bestimmt werden soll, R_2 ein für die Stromstärke passender, winkelfreier Normalwiderstand. R_3 und R_4 sind hohe winkelfreie Widerstände, von denen R_4 regelbar ist, C_4' eine zu R_4 parallel liegende regelbare Kapazität. G ist ein Vibrationsgalvanometer (S. 45), dessen Schwingungsdauer auf die Meßfrequenz abgestimmt ist. Bei Nullabgleichung ist die Leistung für den Strom J

$$N = J^2 \cdot R_2 \cdot \frac{R_3}{R_4}$$

und der Leistungsfaktor

$$\cos\varphi = \frac{1}{R_4 \cdot \omega \cdot C_4} \cdot k,$$

wobei $k = \frac{1}{\sqrt{1 + (R_4\, \omega\, C_4)^2}}$ ist.

Der Wirkwiderstand $R = \frac{R_2 \cdot R_3}{R_4}$, die Induktivität $L = R_2 \cdot R_3 \cdot C_4$.

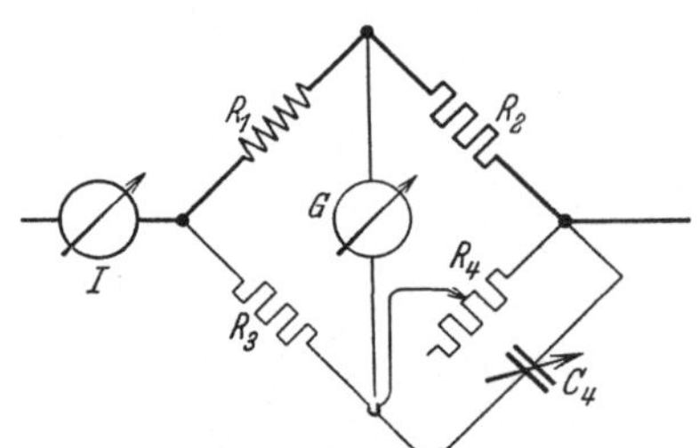

Abb. 80. Brückenschaltung für Leistungen großer Stromstärke und kleiner Spannung.

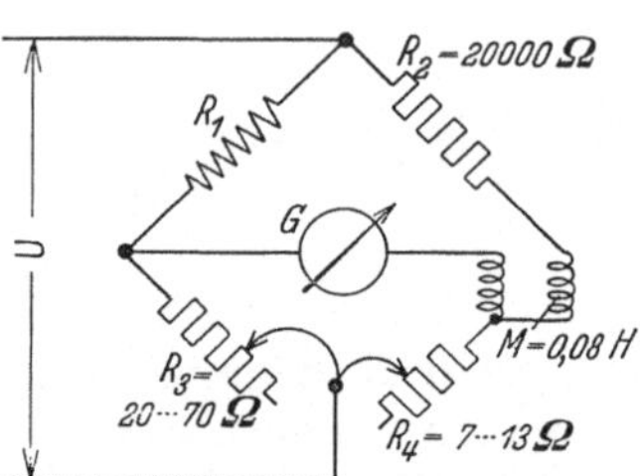

Abb. 81. Brückenschaltung für Leistungen kleiner Stromstärke und großer Spannung.

Für Leistungen kleiner Stromstärke, aber normaler Spannung, z. B. für eine Zähler-Spannungsspule, ist die Brückenschaltung nach Abb. 81 geeignet. R_1 ist der induktive Widerstand, dessen Leistung bestimmt werden soll, R_2, R_3 und R_4 sind winkelfreie Widerstände, von denen R_3 und R_4 regelbar sind. M ist eine feste Gegeninduktivität, G ein Vibrationsgalvanometer. Die Leistung in R_1 ist bei Nullabgleichung

$$N = \frac{U^2 \cdot R_4}{R_2 \cdot R_3}$$

und der Leistungsfaktor

$$\cos\varphi = \frac{R_4}{\omega \cdot M} \cdot k,$$

wobei $k = -\frac{1}{\sqrt{1 + \left(\frac{R_4}{\omega \cdot M}\right)^2}}$ ist.

Kleine Leistungen kann man auch mit dem Elektrometer oder mit dem Wechselstromkompensator (S. 175ff.) messen.

[1] Z. Instrumentenkde. Bd. 42 (1922) S. 107.

17. Vierleiter-Dreiphasenwechselstrom. Bei Vier- oder Dreileiter-Zweiphasenwechselstrom mißt man die Leistung immer mit zwei Leistungsmessern, von denen jeder für eines der beiden Einphasensysteme, aus denen der Zweiphasenstrom zusammengesetzt ist, geschaltet wird. Bei Vierleiter-Dreiphasenwechselstrom kann man, wenn alle Spannungen und Ströme untereinander gleich sind (gleichseitige Belastung), mit einem Leistungsmesser in der Schaltung nach Abb. 82 messen und die Angaben mit 3 multiplizieren, um die Gesamtleistung zu erhalten. Sind dagegen die Spannungen oder die Ströme nicht untereinander gleich, so muß man drei Einphasenmessungen machen; die Gesamtleistung ist die Summe der Einzelleistungen.

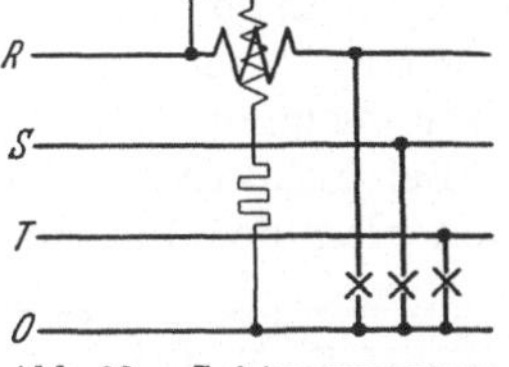

Abb. 82. Leistungsmessung für Vierleiter-Dreiphasenwechselstrom mit einem Leistungsmesser.

18. Dreileiter-Dreiphasenwechselstrom. Bei Dreileiter-Dreiphasenwechselstrom kann man bei Gleichheit aller Spannungen und Ströme mit einem Leistungsmesser messen. Wenn der Nullpunkt der Stromquelle zugänglich ist, schaltet man nach Abb. 83. Die am Leistungsmesser abgelesene Leistung ist mit 3 zu multiplizieren, um die Gesamtleistung zu erhalten.

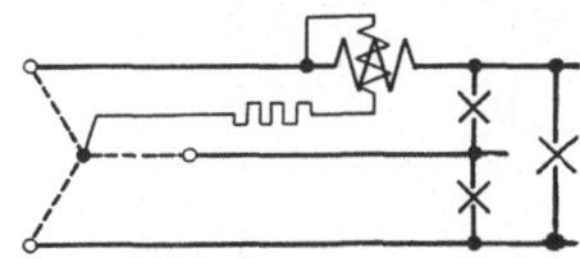
Abb. 83. Leistungsmessung für Dreileiter-Dreiphasenwechselstrom mit einem Leistungsmesser.

Ist der Nullpunkt nicht zugänglich, so kann man ihn künstlich nach Abb. 84 durch einen Nullpunktswiderstand herstellen, dessen einer im Spannungskreis des Leistungsmessers liegender Zweig um den Betrag des Widerstandes des Spannungskreises des Leistungsmessers kleiner ist, als die anderen Zweige.

Bei Ungleichheit der Spannungen und der Ströme schaltet man zwei Leistungsmesser nach Abb. 85a in der sog. Zweileistungsmesserschaltung nach Aron[1] und Behn-Eschenburg[2]. Die Gesamtleistung ist immer gleich der Summe

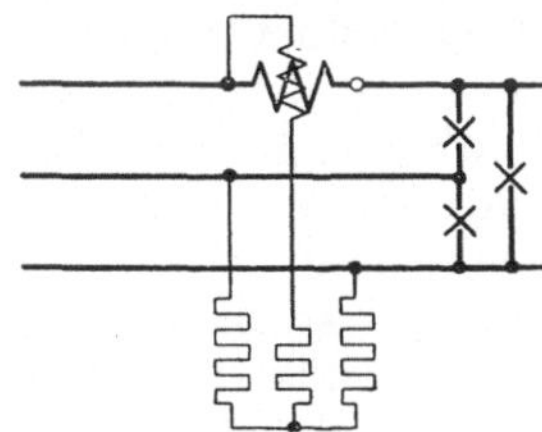
Abb. 84. Leistungsmessung für Dreileiter-Dreiphasenwechselstrom mit einem Leistungsmesser und künstlichem Nullpunkt.

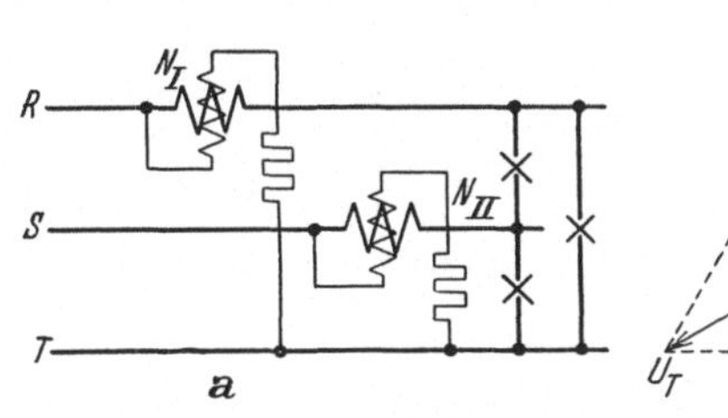

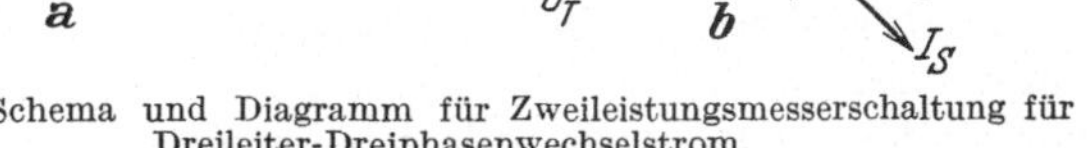
Abb. 85. Schema und Diagramm für Zweileistungsmesserschaltung für Dreileiter-Dreiphasenwechselstrom.

der mit den beiden Leistungsmessern gemessenen Leistungen; in Momentanwerten

$$n = \sum i \cdot u = i_R \cdot u_{TR} + i_S \cdot u_{TS}.$$

Für den Mittelwert N der Gesamtleistung ergibt sich:

$$N = \overline{J_R \cdot U_{TR}} + \overline{J_S \cdot U_{TS}}.$$

Bei gleichen Spannungen und Strömen wird nach dem Diagramm Abb. 85b

$$N = N_I + N_{II} = J_R \cdot U_{TR} \cdot \cos(30^0 \mp \varphi) + J_S \cdot U_{TS} \cdot \cos(30^0 \pm \varphi).$$

[1] Aron: Elektrotechn. Z. Bd. 13 (1892) S. 193.
[2] Behn-Eschenburg: Elektrotechn. Z. Bd. 13 (1892) S. 73.

Das obere Vorzeichen gilt für induktive, das untere für kapazitive Last. Der Leistungsfaktor kann aus

$$\operatorname{tg} \varphi = \frac{N_I - N_{II}}{N_I + N_{II}} \cdot \sqrt{3}$$

berechnet werden. Einfacher ist es, den Leistungsfaktor aus der Kurve Abb. 86 zu entnehmen, wo er in Abhängigkeit vom Verhältnis der beiden Leistungen aufgetragen ist. Auch Fluchtlinientafeln[1] oder trigonometrische Skalen[2] sind dafür geeignet.

Bei induktiver Phasenverschiebung von 60°, also bei $\cos \varphi = 0{,}5$, wird der Ausschlag des Leistungsmessers N_{II} Null, bei größeren Phasenverschiebungen negativ. Dies muß man für die Berechnung solcher Belastungen beachten, die einen kleinen Leistungsfaktor haben.

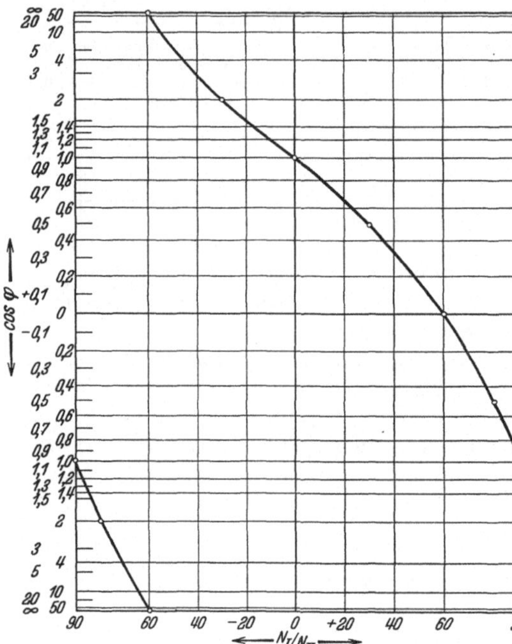

Abb. 86. Leistungsfaktor aus dem Verhältnis der Ausschläge der beiden Leistungsmesser bei Zweileistungsmesser-Schaltung.

Bei der Messung in Betrieben mit stark schwankender Last sind die Doppelleistungsmesser (vgl. S. 63) mit Vorteil anzuwenden, die nach Abb. 85a angeschlossen werden.

Bei Hochspanunng- und Hochstrommessungen verwendet man Spannungs- und Stromwandler in der gleichen Weise, wie bei Einphasenwechselstrommessungen[3]. Siehe S. 68 und S. 69.

19. Blindleistung bei Einphasenwechselstrom. Wenn man keinen Blindleistungsmesser (vgl. S. 64) zur Verfügung hat, berechnet man bei Einphasen- und Zweiphasenwechselstrom die Blindleistung aus der Wirkleistung, dem Strom und der Spannung, indem man den Leistungsfaktor $\cos \varphi$ ausrechnet und aus einer Tabelle $\sin \varphi$ entnimmt. Die Blindleistung ist dann $J \cdot U \cdot \sin \varphi$.

20. Blindleistung bei Dreiphasenwechselstrom. Bei Dreiphasenwechselstrom kann man Blindleistungsmesser in den beschriebenen Wirkleistungsschaltungen verwenden. Dies ist besonders bei sehr schiefem Spannungsdreieck zu empfehlen. Bei symmetrischem Spannungsdreieck kann man aber auch Wirkleistungsmesser in Kunstschaltungen verwenden.

Abb. 87 a zeigt eine solche Kunstschaltung für Vierleiter-Dreiphasenwechselstrom. An jedem Leistungsmesser liegt eine gegen die zu dem betreffenden Strom gehörende Sternspannung um 90° verschobene verkettete Spannung (Abb. 87b). Im Leistungsmesser N_I arbeitet nach Abb. 87c U_{ST} mit J_R zusammen; es ist demnach unter Berücksichtigung des Richtungssinnes

$$N_I = J_R \cdot U_{TS} \cdot \cos(90^0 \mp \varphi) = J_R \cdot U_{TS} \cdot (\pm \sin \varphi)\,.$$

---

[1] Langrehr, H.: Elektrotechn. Z. Bd. 44 (1923) S. 178.

[2] Schmitz, L.: Elektrotechn. Z. Bd. 44 (1923) S. 904.

[3] Die Fehlerberechnung ist von H. Nützelberger u. R. Resch im Arch. Elektrotechn. Bd. 24 (1930) S. 29 ausführlich behandelt.

Ebenso ist

$$N_{II} = J_S \cdot U_{RT} \cdot (\pm \sin\varphi), \qquad N_{III} = J_T \cdot U_{SR} \cdot (\pm \sin\varphi).$$

Das obere Vorzeichen für induktive, das untere für kapazitive Blindlast.

Die Gesamtblindleistung ist

$$N = \frac{1}{\sqrt{3}} (N_I + N_{II} + N_{III}).$$

Es sei noch bemerkt, daß die Schaltung nicht für sehr hohe Spannungen verwendet werden kann, weil keine Äquipotentialverbindungen zwischen Strom-

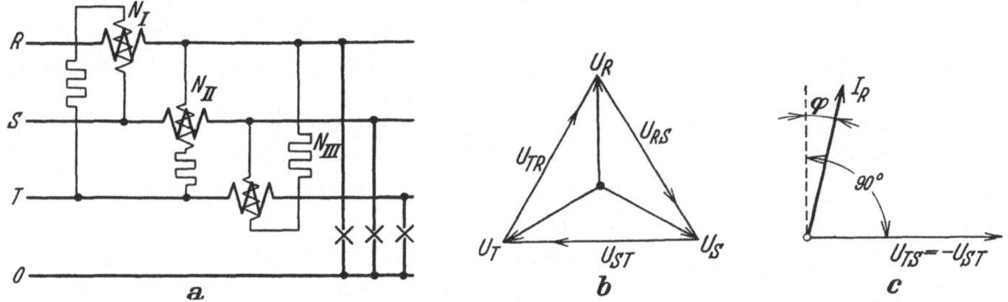

Abb. 87. Kunstschaltung zur Messung der Blindleistung bei Vierleiter-Dreiphasenwechselstrom.

und Spannungsspule zulässig sind. Man muß dann Strom- und Spannungswandler zwischenschalten.

Für Dreileiter-Dreiphasenwechselstrom schaltet man nach Abb. 88a die Spannungsspulen der drei Leistungsmesser in Stern oder man schafft sich bei Hochspannungsmessungen durch einen Transformator mit zugänglichem Nullpunkt (geerdet) einen künstlichen Nullpunkt. Die Leistungs-

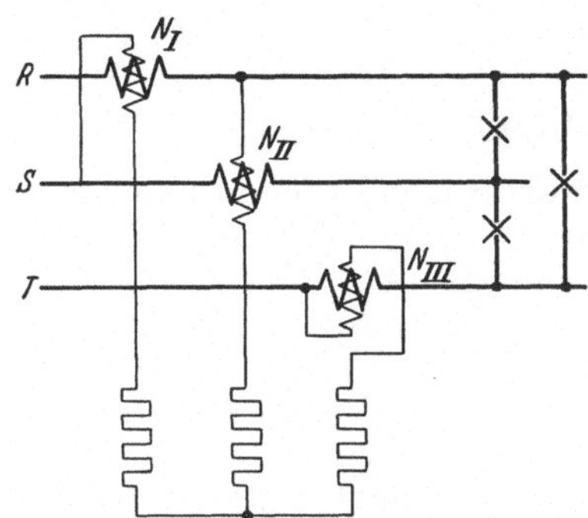

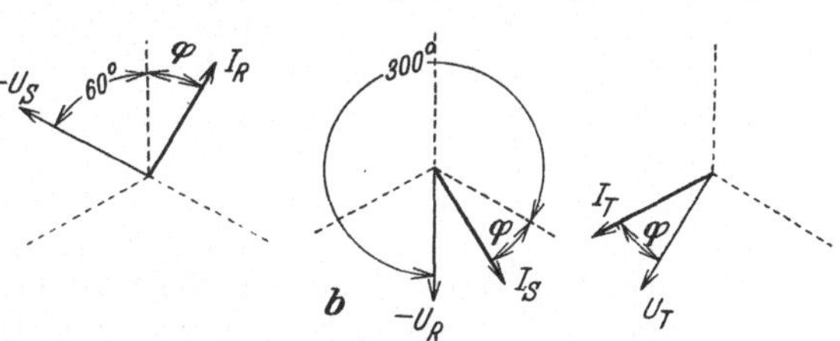

Abb. 88. Schema und Diagramm einer Kunstschaltung zur Messung der Blindleistung bei Dreileiter-Dreiphasenwechselstrom.

messer N_I und N_{II} werden analog der Zweileistungsmesserschaltung angeschlossen. Entsprechend den Diagrammen der Abb. 88b erhält man dann

$$N_I = J_R \cdot U_S \cdot \cos(60^0 \pm \varphi) = J_R \cdot U_S \cdot \sin(30^0 \mp \varphi),$$
$$N_{II} = J_S \cdot U_R \cdot \cos(300^0 \pm \varphi) = J_S \cdot U_R \cdot \sin(30^0 \pm \varphi).$$

Das obere Vorzeichen für induktive, das untere für kapazitive Blindlast.

Die beiden Gleichungen entsprechen genau den Gleichungen der Zweileistungsmesser-Schaltung für Wirklast. Die Gesamtblindleistung ist

$$N = N_I + N_{II}.$$

Der in die Leitung T eingeschaltete Leistungsmesser ist für die Bestimmung der Leistung nicht nötig, er gestattet nur, den Leistungsfaktor, der seinem Ausschlag proportional ist, sofort abzulesen.

21. Eichung der Leistungsmesser. Die dynamometrischen Leistungsmesser eicht man in Sparschaltung (Abb. 73) mit dem Gleichstromkompensator. Den Strom mißt man mit Hilfe eines in den Stromkreis eingeschalteten Normalwiderstandes, dessen Spannungsklemmen man über einen Umschalter an den Kompensator anschließt. Die Spannung schließt man gleichfalls über einen Umschalter an den Spannungsteiler des Kompensators an (S. 174, 175). Man stellt am besten auf einen bestimmten Teilstrich ein, macht dann nacheinander die Ablesungen von Strom und Spannung für eine Stellung der Umschalter; dann wiederholt man die Messung in der anderen Stellung der Umschalter. Durch Bildung des arithmetischen Mittelwertes aus beiden Messungen eliminiert man den Einfluß des Erdfeldes oder anderer kleiner äußerer Felder. Auf richtige Lage der Stromzuführungen (S. 67) muß geachtet werden.

Auch thermische Instrumente kann man mit dem Gleichstromkompensator eichen, wobei die Kommutierung wegfällt.

Für Elektrometer sind besondere Schaltungen zur Messung mit dem Gleichstromkompensator angegeben worden[1].

Induktionsinstrumente mißt man am besten mit einem geeichten dynamometrischen Instrument bei Wechselstrom, indem man die Stromspulen der Instrumente hintereinander, die Spannungsspulen parallel schaltet, meist in Sparschaltung.

F. Elektrizitätszähler.

Von **K. Schmiedel,** Nürnberg.

1. Gleichstromzähler.

1. Elektrolytzähler. Elektrolytzähler werden als Amperestundenzähler gebaut. Sie bestehen aus einer allseitig abgeschlossenen elektrolytischen Zelle, bei der der abgeschiedene Stoff, der der Elektrizitätsmenge (Ah) proportional ist, in einem Meßrohr gesammelt und an einer hinter dem Meßrohr angebrachten Skala abgelesen wird.

Beim Stia-Zähler von Schott & Gen., Abb. 89, ist der Elektrolyt eine Lösung aus Quecksilberjodid und Jodkalium, die Anode A ist Quecksilber, die Kathode K ein Kohlekegel. Bei Stromdurchgang scheidet sich an der Kathode Quecksilber aus, das in kleinen Tropfen in das Meßrohr M fällt.

Beim Wasserstoffzähler der SSW[2], Abb. 90, ist der Elektrolyt verdünnte Phosphorsäure. Die Anode A ist ein mit Rhodiummohr überzogenes Edelmetallblech, das sich teilweise im Elektrolyten, teilweise im Wasserstoffgas befindet; sie ist praktisch eine Wasserstoffelektrode. Die Kathode K ist gleichfalls eine Wasserstoffelektrode; sie besteht aus einer kleinen Kammer, die mit einem sehr feinmaschigen mit Rhodiummohr überzogenen Edelmetallnetz abgeschlossen ist. In ihr scheidet sich bei Stromdurchgang Wasserstoff ab, der in kleinen Blasen in das darübergelegene Meßrohr M aufsteigt und daraus die Phosphorsäure verdrängt.

Bei beiden Zählerarten ist die Zelle und ein Vorwiderstand R_v an einen Nebenwiderstand R angeschlossen, dessen Abmessungen der Nennstromstärke

[1] Orlich, E.: Elektrotechn. Z. Bd. 30 (1909) S. 435 u. S. 466.

[2] Keßler, K., u. W. v. Krukowski: Elektrotechn. Z. Bd. 46 (1925) S. 1299.

angepaßt sind. Beim Stia-Zähler herrscht bei Nennstrom an seinen Enden ein Spannungsabfall von etwa 0,8 V, der Zellenstrom ist etwa 20 mA. Beim Wasserstoffzähler ist der Spannungsabfall etwa 0,5 V, der Zellenstrom etwa 0,1 mA.

Die Meßgenauigkeit der Elektrolytzähler ist sehr groß, da auch schon beim kleinsten Stromdurchgang die Menge des abgeschiedenen Stoffes der Elektrizitätsmenge proportional ist. Wenn das Meßrohr genau kalibriert ist, erhält man eine den Amperestunden proportionale Skalenteilung. Die Zähler werden unter Annahme einer konstanten Netzspannung in der Regel in kWh geeicht. Der Einfluß der Temperatur wird dadurch unschädlich gemacht, daß der Vorwiderstand vor der Zelle im Verhältnis zum Zellenwiderstand sehr groß und aus temperaturunabhängigem Material gemacht wird.

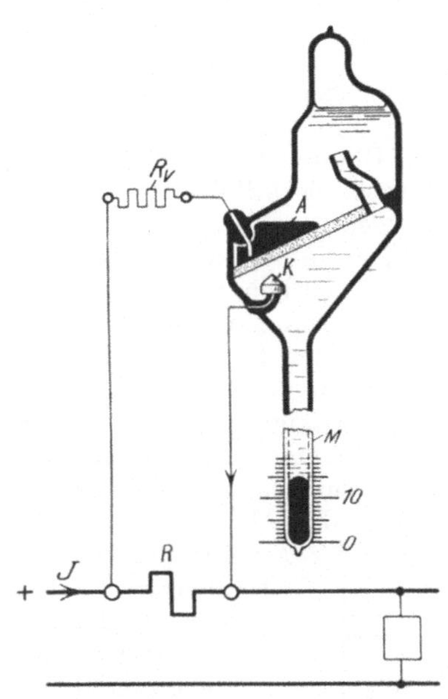

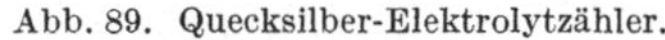

Abb. 89. Quecksilber-Elektrolytzähler.

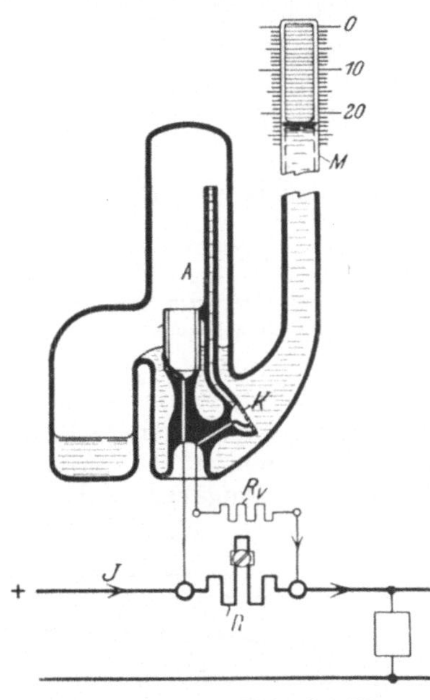

Abb. 90. Wasserstoff-Elektrolytzähler.

Die Konstruktionen sehen verschiedene Anordnungen vor, die für ein sicheres Arbeiten erforderlich sind. In gewissen Zeitabständen (z. B. alle Monate) werden die Zähler abgelesen, und wenn nötig die Meßrohre durch Kippen der Zelle neu mit dem Elektrolyten gefüllt, damit der Meßvorgang von neuem beginnen kann. Die Zellen sind deshalb drehbar in dem Gehäuse gelagert und haben bewegliche Stromzuführungen.

2. Amperestunden-Motorzähler. Die Amperestunden-Motorzähler sind kleine Magnetmotoren, deren Umdrehungen den zu messenden Ah proportional sind. Die Ankerwicklung ist an einem Nebenwiderstand angeschlossen, dessen Abmessungen der Nennstromstärke angepaßt sind. Der Ankerstrom ist verhältnismäßig klein.

Der Kollektor-Magnetmotorzähler mit Bremsung ist in Abb. 91 schematisch dargestellt. An dem vom Hauptstrom J durchflossenen Nebenwiderstand R aus Konstantan (0,6...1,5 V Spannungsabfall bei Nennstrom) liegt der dreispulige Anker mit dreiteiligem Kollektor. Die Spulen sind zwischen Scheiben aus Aluminium (oder auf einer Kupfertrommel) befestigt. Der Anker kann sich in den Luftspalten zweier (oder eines) permanenter Magnete drehen. Das Drehmoment D ist proportional dem Ankerstrom i und dem Fluß Φ der permanenten Magnete. Da i proportional J ist und Φ eine konstante Größe, so ist $D = c_1 \cdot J$ (etwa 10 cmg). Durch die Drehung der Aluminiumscheiben im Fluß Φ wird ein Bremsmoment $B = c_2 \cdot n \cdot \Phi^2$ erzeugt. n ist die Drehzahl (die Umdrehungen je Zeiteinheit). Da Φ konstant ist, wird $B = c_3 \cdot n$. Der Zähler läuft auf eine Drehzahl, für die der Gleichgewichtszustand $B = D$ gilt, oder $c_3 \cdot n = c_1 \cdot J$. Die Gegen-EMK spielt keine Rolle. Die Umdrehungen sind $n \cdot t = \frac{c_1}{c_3} \cdot J \cdot t$, also proportional den Amperestunden. Sie werden an einem Zählwerk gezählt, an dem man die Ah direkt ablesen kann. Die Zähler werden unter Annahme einer konstanten Netzspannung in der Regel in kWh geeicht.

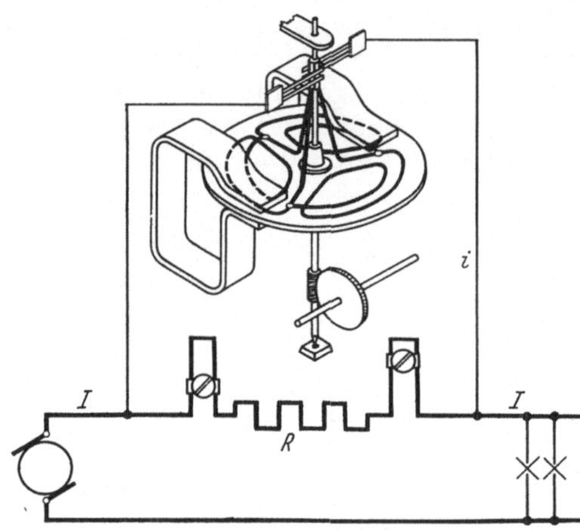

Abb. 91. Kollektor-Magnetmotorzähler mit Bremsung.

Die Reibung in den Lagern, zwischen Bürsten und Kollektor und im Zählwerk beeinflußt bei kleinen Belastungen die Angaben merklich, wie aus der Fehlerkurve (Abb. 92) für einen neuzeitlichen Zähler zu ersehen ist. Vorkehrungen zum Reibungsausgleich wurden früher öfters angewendet[1], man sieht jetzt meist davon ab. Der Einfluß der Temperatur auf die Angaben ist um so geringer, je kleiner der Nebenwiderstand R und je größer der Ankerwiderstand ist. Die Änderung des Drehmomentes mit der Temperatur beeinflußt die Angaben nicht, denn die Temperaturabhängigkeit des Bremsmomentes ist der des Drehmomentes gleich, weil das Aluminium der Bremsscheibe fast den gleichen Temperaturkoeffizienten hat wie das Kupfer der Ankerwicklung.

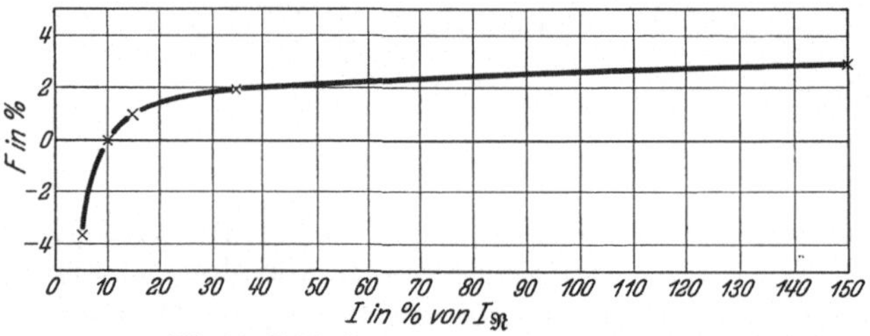

Abb. 92. Fehlerkurve des Zählers nach Abb. 91.

Von äußeren Feldern sind alle Magnetmotorzähler nahezu unabhängig, weil die Bremsmagnete sehr gut geschlossene magnetische Kreise darstellen.

Der Quecksilber-Magnetmotorzähler (Abb. 93) ist ein Unipolarmotor. Sein als Kupferscheibe oder -glocke ausgebildeter Anker ist in eine mit Quecksilber gefüllte Kammer aus Isoliermaterial eingeschlossen. Der Strom wird bis zu Stromstärken von 5 A bis 10 A durch das Quecksilber direkt dem Anker zugeführt. Der Anker dient zugleich als Bremsscheibe. Die Eigenschaften sind denen des beschriebenen Kollektor-Magnetmotorzählers ähnlich bis auf einen starken Abfall der Fehlerkurve bei steigender Stromstärke, hervorgerufen durch die Flüssigkeitsreibung des Ankers im Quecksilber.

Der Kollektor-Magnetmotorzähler ohne Bremsung (O'Keenan) ist fast genau so gebaut wie der mit Bremsung, nur hat er keine Bremsscheibe. Im Gegensatz zu dem mit Bremsung ist die beim Lauf im Anker induzierte

[1] Schmiedel, K.: Wirkungsweise und Entwurf der Motor-El.-Zähler S. 125. Stuttgart: F. Enke 1916.

Gegen-EMK ausschlaggebend. Die Drehzahl steigt so lange, bis die Gegen-EMK $U = c_1 \cdot \Phi \cdot n$ dem Spannungsabfall am Nebenwiderstand $J \cdot R$ das Gleichgewicht hält. Da der Fluß Φ der permanenten Magnete und der Widerstand R konstant sind, ist $n = c_2 \cdot J$ und die Umdrehungen $n \cdot t = c_2 \cdot J \cdot t$.

3. Wattstunden-Motorzähler. Der dynamometrische Wattstundenzähler ist schematisch in Abb. 94 dargestellt. Der Netzstrom J durchfließt die feststehenden Spulen F aus Draht großen Querschnitts. In ihrem Felde kann sich der Anker A drehen, dessen Wicklung von einem der Netzspannung U proportionalen Strom i durchflossen wird, der durch Bürsten und Kollektor K zugeführt wird. Das Drehmoment ist $D = c \cdot J \cdot i = c_1 \cdot J \cdot U$ (etwa 6 bis 8 cmg). Auf der Ankerachse sitzt eine Bremsscheibe S, die sich im Flusse Φ eines permanenten Magnets M drehen kann. Das Bremsmoment ist $B = c_2 \cdot n \cdot \Phi^2 = c_3 \cdot n$, weil Φ konstant ist. Im Gleichgewichtszustand $B = D$ ist die Drehzahl $n = \frac{c_1}{c_3} \cdot J \cdot U$, also der Leistung im Netz proportional. Die Angaben am Zählwerk sind proportional den Umdrehungen $n \cdot t = c_4 \cdot J \cdot U \cdot t$, also proportional der Arbeit, den Wattstunden im Netz. Die Reibung beeinflußt die Angaben bei kleiner Last; sie wird durch die verstellbare Hilfsspule H ausgeglichen, die mit dem Anker hintereinander an die Netzspannung angeschlossen ist und von einem annähernd konstanten Strom durchflossen wird. Wenn der Zähler nur an Spannung liegt und das Drehmoment der Hilfsspule etwas größer ist als das Reibungsmoment, dann läuft der Zähler leer. Um dies zu verhüten, ist an der Ankerachse ein kleines Eisenhäkchen E angebracht, das vom Bremsmagnet M festgehalten wird, wenn es in sein Feld kommt. Damit das Feld der Hauptstromspulen bei starken Stromstößen oder Netzkurzschlüssen den Bremsmagnet nicht schwächen kann, ist ein Schirmblech T aus Eisen über dem Bremsmagnet angebracht.

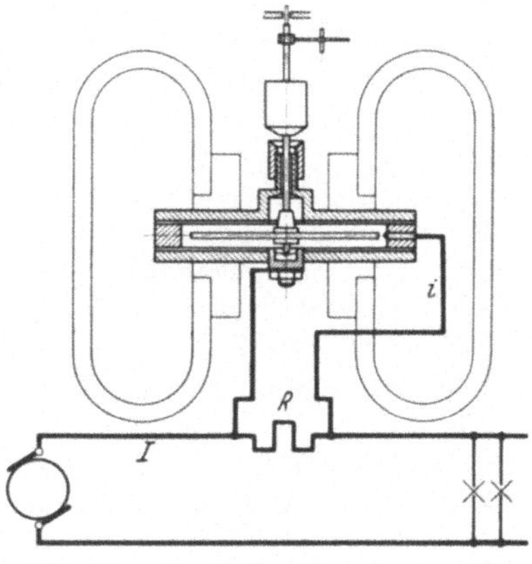

Abb. 93. Quecksilber-Magnetmotorzähler.

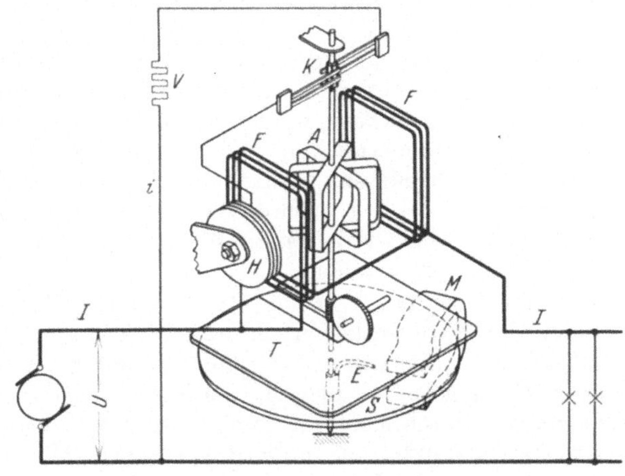

Abb. 94. Dynamometrischer Wattstundenzähler.

Die Fehlerkurve eines dynamometrischen Wattstundenzählers ist in Abb. 95 dargestellt.

Bei Änderung der Spannung um nicht allzugroße Beträge ($\pm 20\%$) ändern sich die Angaben sehr wenig (Drehmoment der Hilfsspule und Eigenerwärmung des Spannungskreises).

Die Abnahme des Bremsmoments infolge zunehmenden Widerstandes der

Bremsscheibe gleicht man dadurch aus, daß man den Vorwiderstand V aus Draht mit großem Temperaturkoeffizienten wickelt (Nickel). Äußere magnetische Felder, auch das Erdfeld, beeinflussen die Angaben recht erheblich, vor allem dann, wenn die feststehende Spule wenige, der Anker viele AW hat. Man muß dies bei der Aufhängung des Zählers beachten. Auch größere Eisenmassen (Blechtafeln, Eisenträger) sollten sich nicht in der Nähe befinden.

Zähler mit astatischem Doppelanker sind von homogenen äußeren Feldern fast unabhängig. Sie werden in der Hauptsache für hohe Stromstärken ausgeführt.

Eine Sonderausführung des dynamometrischen Wattstundenzählers ist der mit hin- und hergehendem (oszillierendem) Einspulenanker, der am Ende jeden Hubes umgeschaltet wird und dabei zugleich das Zählwerk elektromagnetisch fortgeschaltet.

Über 250 V Betriebsspannung müssen die Zähler nach besonderen Vorschriften aufgehängt werden; für höhere Spannungen müssen Zähler und Vorwiderstände auf Isolatoren aufgebaut und vor Berührung geschützt werden. Die Stromwicklung kann so ausgebildet werden, daß sie Ströme bis zu einigen 1000 A führt. Man verwendet aber oft schon für niedrigere Stromstärken Nebenwiderstände aus Konstantan, an die man mit kurzen, dicken Kupferleitungen die Hauptstromspulen (für 10 A bis 60 A) anschließt. Die Temperaturabhängigkeit des Bremsmoments wird bei diesen Zählern durch die Temperaturabhängigkeit der am temperaturunabhängigen Nebenwiderstand liegenden kupfernen Hauptstromwicklung ausgeglichen. Den Spannungskreis muß man hier durch Vorwiderstände aus Konstantan möglichst temperaturunabhängig machen.

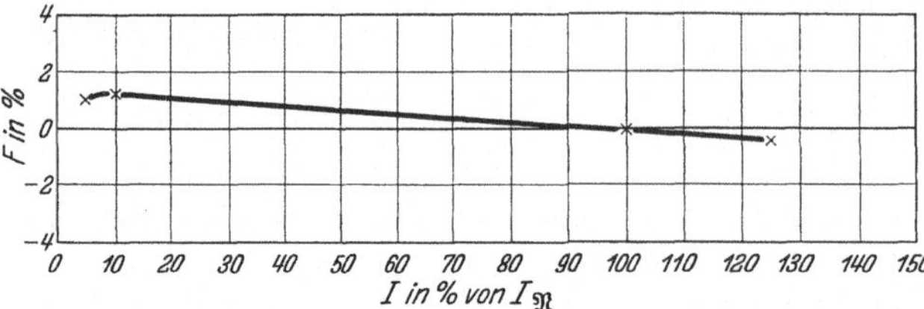

Abb. 95. Fehlerkurven des Zählers nach Abb. 94.

Die dynamometrischen Wattstundenzähler, soweit sie ohne Eisen sind, können auch zur Messung von Wechselstrom niederer Frequenz verwendet werden; man muß sie dann aber mit Wechselstrom eichen. Zur Erweiterung des Meßbereiches können wie bei allen Wechselstrommessungen Spannungs- und Stromwandler benutzt werden.

4. Pendelzähler. Von den Pendelzählern ist heute noch der Umschaltpendelzähler der Aronwerke in Gebrauch. Zwei von einer elektrisch aufgezogenen selbstanlaufenden Uhr in Gang gehaltene Pendel, die an Stelle der Pendelgewichte die Spannungsspulen tragen, werden durch die unter diesen angebrachten vom Netzstrom durchflossenen Spulen in ihrem Gang beeinflußt. Das eine Pendel wird beschleunigt, das andere verzögert. Die Gangdifferenz der Pendel wird mittels Differentialgetriebe auf das Zählwerk übertragen, dessen Angaben der verbrauchten Arbeit proportional sind. Um den Unterschied in den Schwingungszahlen der Pendel bei unbelastetem Zähler auszugleichen, wird alle 10 Minuten die Kupplung der Kreuzwelle mit dem Zählwerk in die umgekehrte Drehrichtung umgeschaltet. Die mechanischen Gangdifferenzen auf das Zählwerk heben sich demnach auf, das Zählwerk zeigt nichts an. Damit bei belastetem Zähler das Zählwerk auch nach dem Richtungswechsel der Kupplung vorwärts läuft, wird mit der mechanischen Umschaltung auch die elektrische der Spannungsspulen vorgenommen. Bei der Ausführung als Nebenschlußzähler liegen die Pendelspulen meist am Nebenwiderstand, die Spannungsspulen sind fest angeordnet.

Wenn die Zähler richtig behandelt werden, zeigen sie sehr genau. Sie können für Gleich- und Wechselstrom verwendet werden, auch als Drehstromzähler sind sie gebaut worden.

Für Gleichstrom-Dreileiteranlagen werden dynamometrische Zähler und Pendelzähler so geschaltet, daß die Stromspulen je in einem Außenleiter liegen (S. 67).

5. Erweiterung der Meßbereiche. Das Strommeßbereich kann man bei allen Gleichstromzählern durch Nebenwiderstände bis zu sehr hohen Stromstärken (10000 A und mehr) erweitern. Bei dynamometrischen Wattstundenzählern kann man das Spannungsmeßbereich durch Vorwiderstände erweitern, die den Anforderungen entsprechen müssen, die oben schon genannt sind.

2. Wechselstrom-Induktionszähler.

6. Wirkverbrauchzähler. Einphasenwechselstrom. Die Induktionszähler sind kleine Induktionsmotoren, die so stark gebremst sind, daß sie bei sehr kleinen Drehzahlen (große Schlüpfung) arbeiten (Abb. 96). Der Ständer besteht aus zwei Eisenkernen, von denen einer eine Spule mit hoher Windungszahl trägt, an die die Spannung U angeschlossen ist, der andere Spulen mit wenigen Windungen, die vom Strom J durchflossen werden. Im Luftspalt der Eisenkerne und in dem eines Bremsmagnets M kann sich ein scheibenförmiger Läufer S aus Aluminium bewegen. Der von der Spannungsspule erzeugte Fluß Φ_U würde trotz deren großen Eigeninduktivität der Spannung um nicht ganz 90^0 nacheilen. Bei allen neuzeitlichen Zählern ist zur Erhöhung der Eigeninduktivität ein magnetischer Nebenschluß N angeordnet. Dieser und die in dem Läufer induzierten Wirbelströme bewirken, daß der Fluß Φ_U der Spannung U um einen Winkel $\beta > 90^0$ nacheilt (Abb. 97a und 97b). Der Fluß Φ_J der Stromspule ist mit dem Strom J etwa phasengleich, er eilt nur um einen kleinen Winkel α nach. Meist wird noch durch besondere Abgleichmittel (regelbare Kurzschlußringe auf dem Spannungseisen, wenn β zu klein, auf dem Stromeisen, wenn β zu groß ist) dafür gesorgt, daß sich β und α genau zu 90^0 ergänzen; man sagt: Der Zähler muß 90^0-Verschiebung haben. Nun sind die Flüsse Φ_J und Φ_U aber nicht nur zeitlich, sondern auch räumlich gegeneinander verschoben; es entsteht ein Drehfeld, das in dem Läufer Ströme induziert und ihn in seiner Drehrichtung mitnimmt. Das entstehende Drehmoment ist

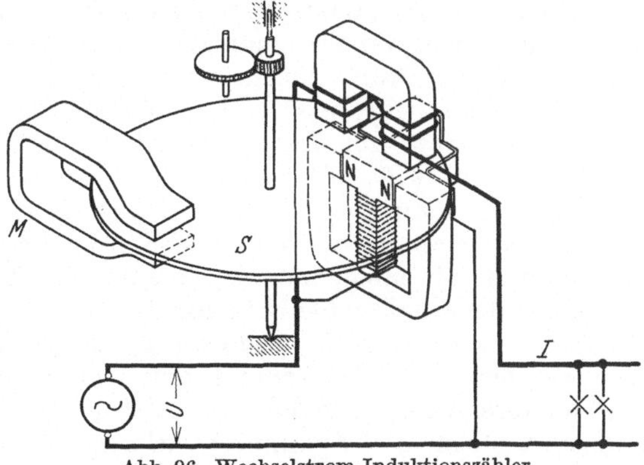

Abb. 96. Wechselstrom-Induktionszähler.

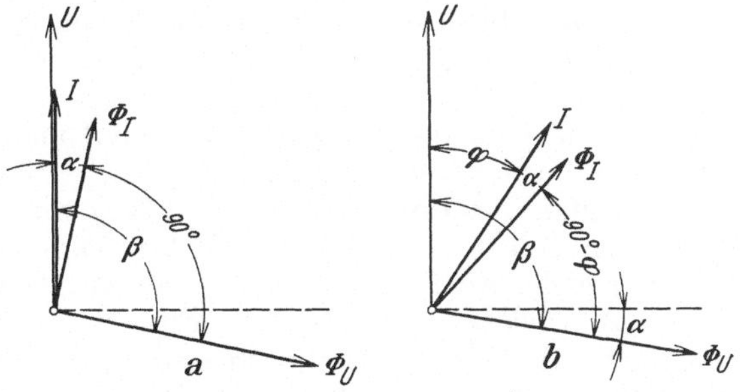

Abb. 97. Diagramm zum Wechselstrom-Induktionszähler.

$$D = c_1 \cdot f \cdot \Phi_J \cdot \Phi_U \cdot \sin(90^0 - \varphi) = c_2 \cdot J \cdot U \cdot \cos\varphi\,.$$

Das Bremsmoment, das durch Drehung des Läufers im Luftspalt des Bremsmagnets entsteht, ist

$$B = c_3 \cdot n \cdot \Phi^2,$$

wenn n die Drehzahl des Läufers ist. Da der Bremsfluß Φ unveränderlich ist, kann man schreiben:

$$B = c_4 \cdot n .$$

Für den Gleichgewichtszustand gilt $B = D$ oder

$$n = c_5 \cdot J \cdot U \cdot \cos \varphi .$$

Die am Zählwerk gezählten Umdrehungen sind daher der Arbeit proportional:

$$n \cdot t = c_5 \cdot J \cdot U \cdot \cos \varphi \cdot t .$$

Dieser Idealzustand wird nur annähernd innerhalb eines engen Meßbereiches erreicht. Bei kleinen Lasten beeinflussen wie bei allen Zählern die Reibungsmomente die Angaben. Man kann sie durch ein kleines, von der Spannung abhängiges Unsymmetriemoment ausgleichen (drehbarer Flügel oder einseitig sitzender Kurzschlußring am Spannungseisen). Der Einfluß von Temperaturänderungen ist gering, weil das Drehmoment und das Bremsmoment sich gleicherweise mit der Leitfähigkeit des Läufers ändern. Nur die Abnahme des Bremsflusses Φ mit steigender Temperatur muß man ausgleichen. Neuerdings bringt man zu dem Zweck entweder am Bremsmagneten einen Nebenschluß aus temperaturabhängiger Eisennickellegierung an, dessen magnetischer Widerstand mit steigender Temperatur zunimmt, so daß der Bremsfluß Φ in seiner Stärke erhalten bleibt; oder man bringt im Wege des Flusses Φ_J eine solche Eisennickellegierung an, wodurch Φ_J und damit das Drehmoment bei steigender Temperatur entsprechend der Abnahme des Bremsmomentes abnimmt. Die letztere Anordnung hat den Vorzug, daß sie auch bei Phasenverschiebung zwischen Strom und Spannung wirksam ist[1].

Bei kleinen Strömen ist die Permeabilität des Eisens kleiner als bei großen. Da der Fluß Φ_J teilweise im Eisen verläuft, wird sich dies dadurch bemerkbar machen, daß das Drehmoment bei kleinen Strömen verhältnismäßig kleiner ist als bei großen. Diese Fehlerquelle kann man nur zum Teil mit den gleichen Mitteln ausgleichen wie die Reibung. Bei großen Drehzahlen wird der Läufer dadurch gebremst, daß durch seine Bewegung in den Wechselflüssen zusätzliche Bremsmomente $B_J = c_6 \cdot J^2$ und $B_U = c_7 \cdot U^2$ auftreten. Um diese Bremsmomente auszugleichen, muß man dafür sorgen, daß die Flüsse Φ_J und Φ_U schneller wachsen, als proportional den Größen J und U. Im Stromkreis erreicht man dies durch einen als Abfang wirkenden magnetischen Nebenschluß, der einen Teil der Strompole überdeckt und einen Teil des Flusses Φ_J abfängt, wenn er nicht gesättigt ist. Er ist aber so bemessen, daß er sich sehr bald sättigt und dann relativ weniger vom Fluß Φ_J abfängt; so wächst Φ_J schneller als proportional J. Solange die Spannung konstant ist, vermehrt die Bremsung des Flusses Φ_U nur die des Bremsflusses Φ und hat deshalb keinen Einfluß auf die Drehzahl. Die kleinen Änderungen der Bremsung, die bei Änderung der Spannung U auftreten, werden durch den gesättigten Nebenschluß N (Abb. 96) ausgeglichen: Bei steigender Spannung wird dann durch den Nebenschluß weniger Fluß hindurchgehen, als der Spannung entspricht, durch den Läufer geht also ein verhältnismäßig höherer Fluß, das Drehmoment wächst schneller, als der Spannungssteigerung entspricht.

[1] Callsen, A.: Elektrotechn. Z. Bd. 51 (1930) S. 307.

Die Frequenz hat keinen Einfluß auf das Drehmoment D, wie aus der Drehmomentgleichung hervorgeht. Da aber $\Phi_U \approx \frac{U}{f}$ ist, ändert sich Φ_U und damit das Bremsmoment dieses Flusses: Es wird kleiner bei steigender Frequenz;

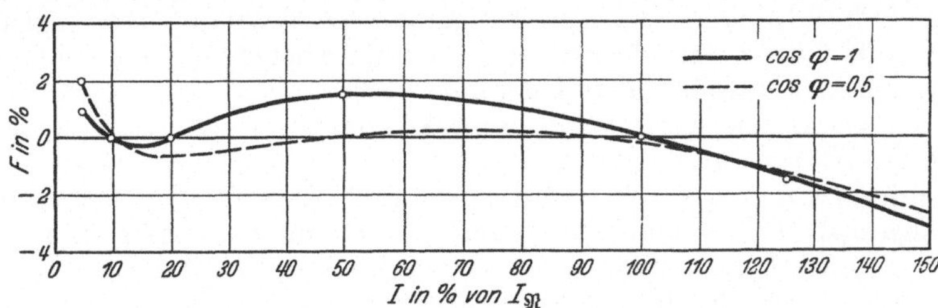

Zähler ohne Kompensation der Stromdämpfung.

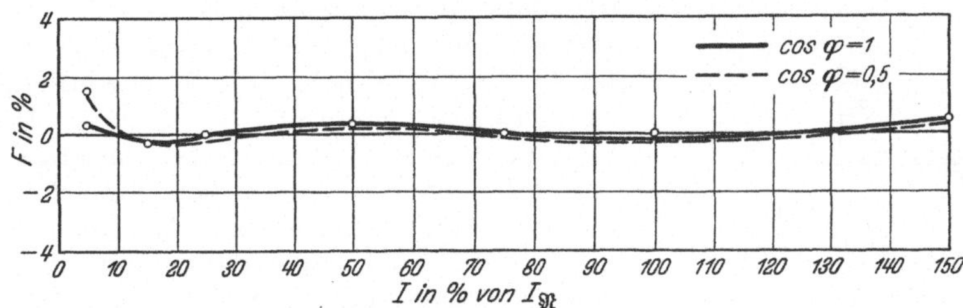

Zähler mit Kompensation der Stromdämpfung.

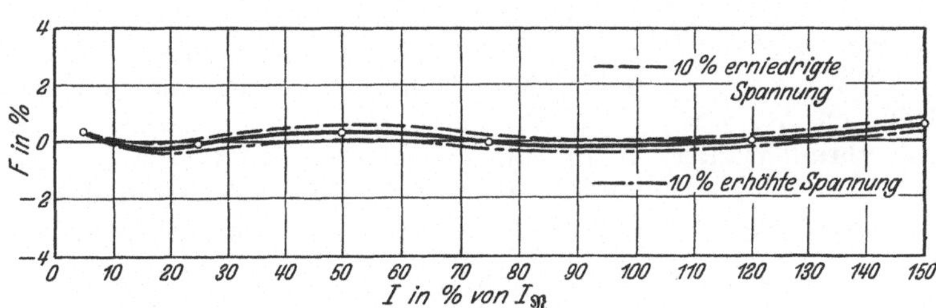

Einfluß der Spannung.

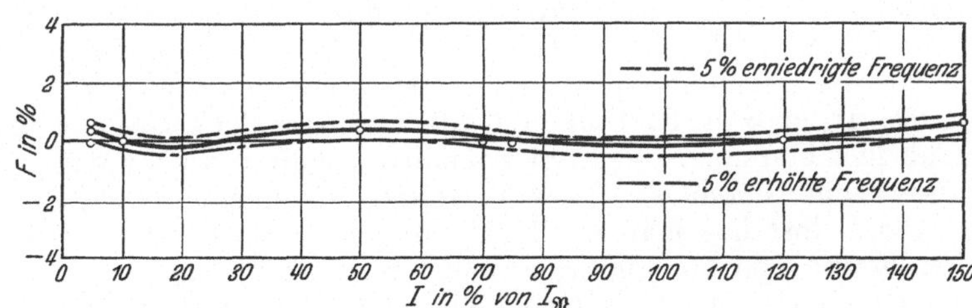

Einfluß der Frequenz.

Abb. 98. Fehlerkurven des Wechselstrom-Induktionszählers.

Eigenverbrauch der Spannungsspule	0,5 W; 1,7 VA.
Eigenverbrauch der Stromspule	0,85 W; 1,7 VA.
Drehmoment bei Nennstrom	5,1 cmg.
Anlaufstrom	0,3% des Nennstromes.

der Nebenschluß wirkt hier auch ein wenig verbessernd, wesentlich kann man jedoch die Frequenzabhängigkeit nur herabsetzen durch kleines Bremsmoment des Flusses Φ_U, also z. B. durch dünnen Läufer.

Der Winkel α ändert sich ein wenig mit dem Strom, weil die Hysteresisschleife ihre Gestalt ändert. Gemildert wird der Einfluß durch einen großen Luftwiderstand für Φ_J. Der Winkel β ändert sich bei Spannungsänderung, weil der Ohmsche Widerstand der Spannungsspule und die Reaktion der Scheibe sich als Folge der Eigenerwärmung ändert, er nimmt gewöhnlich zu mit wachsender Spannung. α und β ändern sich mit der Frequenz, β nimmt aber meist stärker zu als α, so daß $\beta - \alpha$ mit steigender Frequenz wächst. Mit steigender Außentemperatur verkleinern sich α und β unmerklich.

In Abb. 98 sind eine Anzahl von Fehlerkurven für einen neuzeitlichen Zähler gezeichnet.

Die Drehstromdreileiter- (Dreiphasenwechselstrom-) Zähler bestehen aus zwei Einphasen-Induktionszählern, deren Läufer auf einer gemeinsamen Achse befestigt sind, ihre Strom- und Spannungsspulen sind in Aronschaltung (S. 71) geschaltet. Sie zeigen also bei allen Belastungen die Drehstromarbeit richtig an. Ihre Angaben sind in ähnlicher Weise, wie beim Einphasen-Induktionszähler auseinandergesetzt ist, von verschiedenen Einflüssen abhängig. Die gegenseitige Beeinflussung der beiden Teilzähler ist bei neuzeitlichen Drehstromzählern beseitigt, so daß es gleichgültig ist, mit welcher Phasenfolge sie angeschlossen werden[1]. Auch der Unterschied in den Angaben bei einseitiger und gleichseitiger Belastung ist gering.

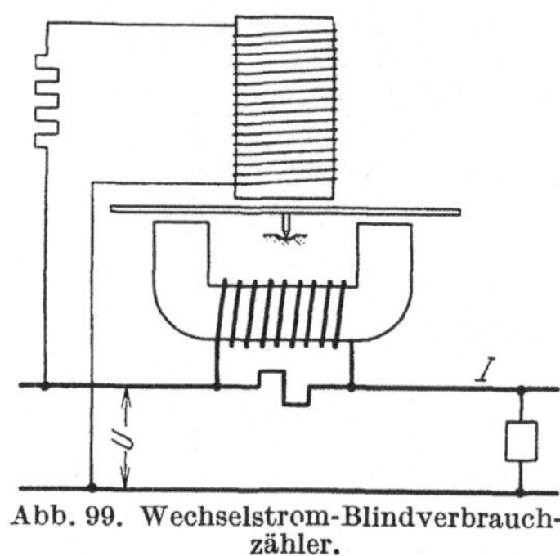

Abb. 99. Wechselstrom-Blindverbrauchzähler.

Vierleiter-Drehstromzähler bestehen aus drei Einphasen-Induktionszählern, deren drei Läufer auf einer gemeinsamen Achse sitzen. Oft sind auch für die drei messenden Systeme nur zwei Läufer auf gemeinsamer Achse vorgesehen. Auch bei diesen Zählern ist es in neuester Zeit gelungen, trotz gedrängten Aufbaues Unabhängigkeit von der Phasenfolge zu erreichen.

7. Blindverbrauchzähler. Wenn ein Zähler den Blindverbrauch zeigen soll, so muß sein Drehmoment der Blindlast $J \cdot U \cdot \sin\varphi$ proportional sein. In der Drehmomentgleichung (S. 79 unten) muß dann $\beta - \alpha$ nicht 90^0, sondern 180^0 sein.

$$D = c_1 \cdot f \cdot \Phi_J \cdot \Phi_U \cdot \sin(180^0 - \varphi) = c_2 \cdot J \cdot U \cdot \sin\varphi\,.$$

Diese Bedingung wird auf verschiedene Weise erfüllt. Man macht z. B. $\beta - \alpha = 0$ statt 180^0, indem man α groß macht durch Parallelschaltung eines induktionsfreien Widerstandes zur Stromspule und β klein durch Vorschalten von Widerstand vor die Spannungsspule (Abb. 99). Damit der Zähler bei induktiver Last vorwärtsläuft, muß die Richtung des Stromes oder der Spannung vertauscht werden. Im übrigen kann man den Zähler genau so schalten wie für Wirkverbrauch Bei Einphasenwechselstrom ist dieses Verfahren allgemein üblich, seltener bei Drehstrom. Denn dort hat man die Möglichkeit, $\beta - \alpha = 90^0$ zu lassen, dafür aber zur Erzeugung von Φ_U eine Spannung zu nehmen, die der entsprechenden bei Wirklastschaltung um 90^0 nacheilt; dann erhält man die gewünschte 180^0-Verschiebung. In dieser Weise verfährt man bei Vierleiter-Drehstromzählern mit drei Meßwerken. Bei Dreileiterzählern mit zwei Meßwerken in Aronschaltung macht man in der Regel $\beta - \alpha = 60^0$ und wählt zur Erzeugung von Φ_U eine Spannung, die der entsprechenden bei Wirklastschaltung um 120^0 nacheilt.

Die Eigenschaften der Blindverbrauchzähler sind denen der Wirkverbrauchzähler gleich. Voraussetzung für richtige Angaben ist der Anschluß mit richtiger Phasenfolge bei den Zählern mit 90^0- und 60^0-Verschiebung; die Zähler mit 0^0-Verschiebung sind unabhängig davon, aber dafür ziemlich stark frequenzabhängig.

[1] Beetz, W., u. H. Nützelberger: Elektrotechn. u. Maschinenb. Bd. 50 (1932) S. 377.

8. Scheinverbrauchzähler. Schaltet man einen Zähler so, daß

$$\beta - \alpha = 90^0 + 45^0 = 135^0$$

ist, dann wird nach der Drehmomentsgleichung (S. 79 unten)

$$D = c_1 \cdot f \cdot \Phi_J \cdot \Phi_U \cdot \sin(135^0 - \varphi) = c_2 \cdot \frac{\sqrt{2}}{2} \cdot J \cdot U \cdot (\cos\varphi + \sin\varphi).$$

Die Summe in der Klammer ist zwischen $\varphi = 25^0$ und 65^0 sehr wenig von 1 verschieden; ein solcher Zähler zeigt also zwischen $\cos\varphi = 0{,}9$ und 0,4 den Scheinverbrauch auf etwa $\pm$ 3% genau an.

Für alle Leistungsfaktoren den Scheinverbrauch genau zu zählen, ist bisher nur mit dem sog. „Kugelzähler" gelungen. Abb. 100 zeigt die grundsätzliche Anordnung[1]. Die Räder D_1 und D_2 gleichen Durchmessers werden vom Wirkverbrauchzähler und vom Blindverbrauchzähler angetrieben. Die Umfangsgeschwindigkeiten dieser Räder sind $v_1 \sim J \cdot U \cdot \cos\varphi$ und $v_2 \sim J \cdot U \cdot \sin\varphi$. Von ihnen wird eine Kugel vom Halbmesser c angetrieben; sie ist so gelagert, daß der Zentriwinkel mit den Berührungspunkten *1* und *2* 90° beträgt. Da sich die Kugel nur um eine Achse (z. B. $x\,y$) mit einer Drehzahl n drehen kann, ist am Punkt *5* ihre Umfangsgeschwindigkeit $v = 2\pi \cdot c \cdot n$, wenn n die Drehzahl bedeutet; die Umfangsgeschwindigkeit bei *1* ist $v_1 = 2\pi \cdot a \cdot n$, die bei *2* ist $v_2 = 2\pi \cdot b \cdot n$. Die beiden schraffierten Dreiecke sind gleich, also ist $c = \sqrt{a^2 + b^2}$ und demnach die Umfangsgeschwindigkeit

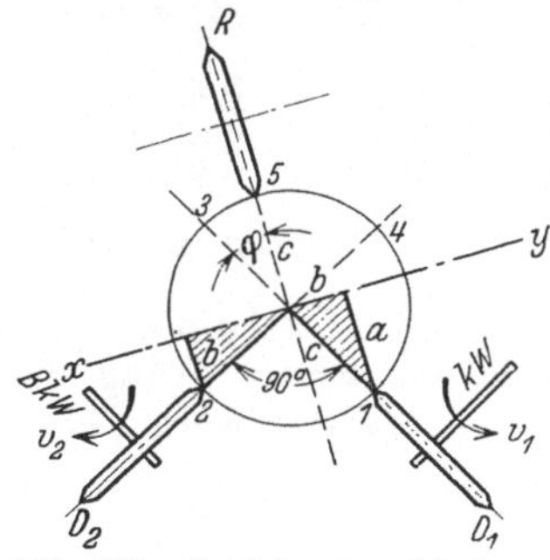

Abb. 100. Getriebe des Scheinverbrauchzählers.

$$v = \sqrt{v_1^2 + v_2^2} \approx \sqrt{(J \cdot U \cdot \cos\varphi)^2 + (J \cdot U \cdot \sin\varphi)^2} = J \cdot U\,.$$

Das um das Zentrum der Kugel drehbare Rädchen R wird sich immer auf den Umfang der Kugel einstellen, der mit der Geschwindigkeit v umläuft. Läßt man von ihm das Zählwerk antreiben, so zählt dieses $v \cdot t \sim J \cdot U \cdot t$, also den Scheinverbrauch. Bei $\cos\varphi = 1$ läuft nur D_1, dann steht R in *3*, bei $\cos\varphi = 0$ läuft nur D_2, dann steht R in *4*. Die Stellung des Rädchens ist ein Maß für den Leistungsfaktor, der an einer Skala angezeigt werden kann. Ausgeführte Zähler dieser Bauart zeigen sehr genau[2].

9. Erweiterung der Meßbereiche. Die Meßbereiche können durch Strom- und Spannungswandler erweitert werden. Die Korrekturen sind genau so anzubringen wie bei den Leistungsmessern (S. 68). Bei Zählern für Messung großer Arbeiten verwendet man am besten Wandler der Klasse 0,5.

3. Sonderausführungen.

10. Doppeltarifzähler. Das Zählwerk wird doppelt ausgebildet, die Läuferachse L kann abwechselnd mit dem einen oder anderen Zählwerk gekuppelt werden, Abb. 101. Durch eine Feder oder ein Gewicht wird der Eingriff mit dem einen Zählwerk *II* (Niedertarif) aufrechterhalten; ein elektromagnetisches Relais R, das zu gewissen einstellbaren Zeiten durch den Kontakt K einer gesondert aufgehängten Schaltuhr erregt wird, schaltet entgegen der Federkraft die Kupplung auf das andere Zählwerk *I* (Hochtarif) um. Die Schaltuhr kann mehrere Tarifzähler betätigen. Als Uhren verwendet man Pendeluhren, Uhren

[1] Elektrotechn. Z. Bd. 46 (1925) S. 970.
[2] Andere Lösungen siehe W. Beetz: Siemens-Z. 1928 S. 657.

mit Echappement, von Hand oder elektrisch aufgezogen. In Netzen mit konstant gehaltener Frequenz können auch von kleinen Synchronmotoren angetriebene Uhren verwendet werden.

Der Preis für die Angaben der beiden Zählwerke bei Nieder- und Hochtarif wird verschieden berechnet. Der Hochtarif wird zu den Zeiten der Belastungsspitzen eingeschaltet.

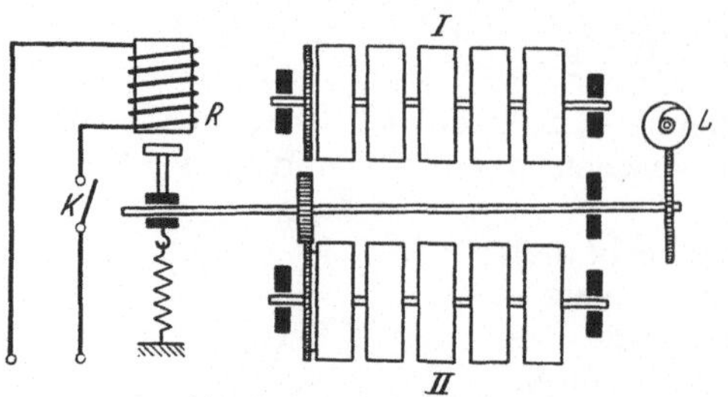

Abb. 101. Doppelzählwerk.

11. Dreitarifzähler. Will man noch eine dritte Preisstufe (z. B. für Nachtstrom zur Speicherheizung) haben, so werden drei getrennte Zählwerke *I*, *II*, *III* angeordnet, die wahlweise eingeschaltet werden können. Zur Betätigung braucht man zwei elektromagnetische Relais *R II* und *R III* nach Abb. 102. Ist keines der beiden Relais eingeschaltet, so ist Zählwerk *I* gekuppelt, bei Einschaltung des Relais *R II* Zählwerk *II*, bei Einschaltung des Relais *R III* Zählwerk *III*.

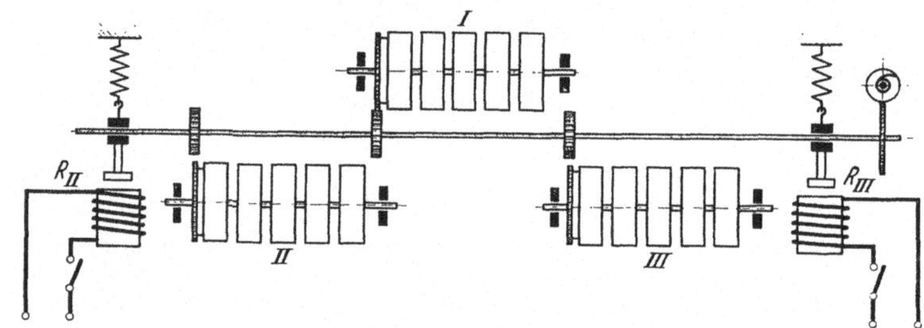

Abb. 102. Dreifachzählwerk.

12. Höchstverbrauchmesser (Maximumzähler). Der Läufer treibt nach Abb. 103 außer dem Zählwerk über das Zahnrad Z_1 das Mitnehmerrad Z_2 an. In gewissen Zeitabständen (z. B. alle ¼ oder ½ Stunden) wird das Mitnehmerrad Z_2 von dem Antriebsrad Z_1 durch Kurzschließen des Relais *R* entkuppelt und durch eine Feder *F* in seine Ausgangsstellung (Nullstellung) zurückgeführt. Ein durch Reibung gehaltener Zeiger (Schleppzeiger) *M* wird durch den Stift *S* mit vorgeschoben und bleibt auf dem höchsten Stand stehen. Dieser Zeiger gibt also die größte während der verschiedenen viertel- oder halbstündlichen Perioden geleistete Arbeit an. Da die Zeitdauer der Entkupplungsperiode bekannt ist, so kann man den Ausschlag des Zeigers auch der mittleren Leistung während der Periode proportional setzen. Man beziffert die Skala nicht in kWh, sondern in mittleren kW. Nach diesem „Maximum" wird die Anschlußleistung des Abnehmers bewertet und verrechnet. Der Schalter zum Kurzschließen des Relais *R* wird durch eine Uhr betätigt. Der Schleppzeiger wird durch eine von außen zugängliche, plombierbare Stelleinrichtung bei jeder Ablesung des Zählers (etwa jeden Monat) durch einen Beamten des Elektrizitätswerkes auf Null zurückgestellt, nachdem die Stellung des Schleppzeigers in die Rechnung eingetragen worden ist.

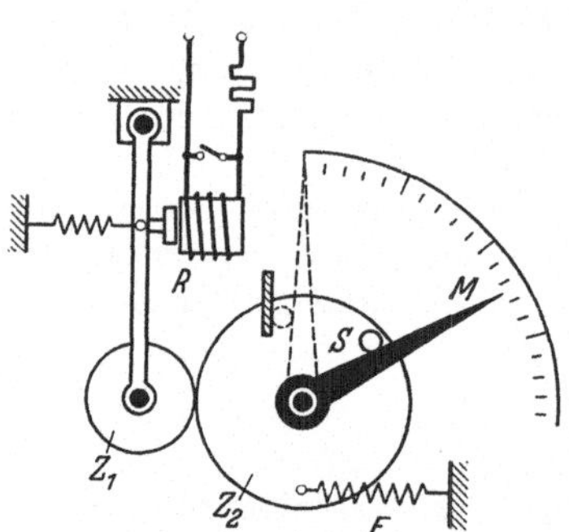

Abb. 103. Maximumzeiger.

Für sehr große Anlagen werden Höchstverbrauchmesser mit Schreibvorrichtung verwendet. Man kann dann auf dem von einer Uhr (meist derselben, die die Auslösung bewirkt) angetriebenen Papierstreifen die Belastung der Anlage überblicken.

Neuerdings werden auch druckende Höchstverbrauchmesser hergestellt. Diese haben zwei Druckwerke, die wechselweise eingeschaltet werden. Wenn die Registrierperiode (z. B. ¼ Stunde) abgelaufen ist, wird sowohl der Stand des angetriebenen Druckwerkes als auch der des in Bereitschaft stehenden gedruckt, so daß also zwei Angaben nebeneinander gedruckt werden. Der Druckstreifen sieht dann beispielsweise so aus:

365	000	1. Ableseperiode
000	293	2. „
272	000	3. „

usw.

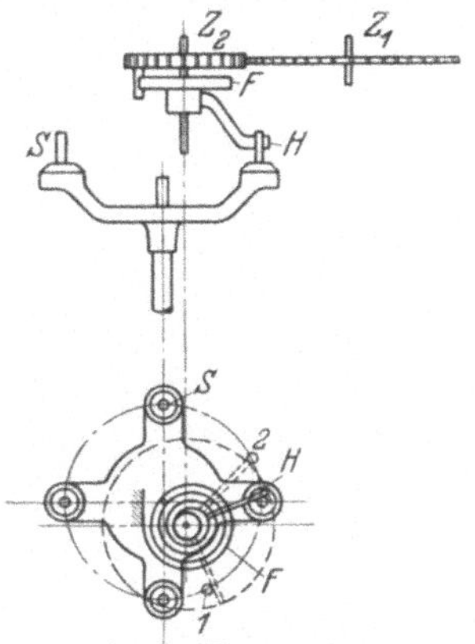

Abb. 104. Spannwerk des Spitzenzählers.

Dadurch hat man eine Kontrolle, ob der angezeigte Betrag immer von Null an gerechnet ist, was bei den schreibenden Höchstverbrauchmessern durch die Aufzeichnung auf dem Papierstreifen zu ersehen ist.

13. Spitzenzähler[1] (Subtraktions-, Überverbrauchzähler). Nach Abb. 104 ist an der Läuferachse eines normalen Zählers ein Stern befestigt, der 4 Stifte S trägt. Exzentrisch zur Läuferachse ist ein Hebel H gelagert, der durch eine in ihrer Spannung durch die Zahnräder Z_1 und Z_2 einstellbare Feder F gegen die Drehrichtung des Läufers ein Gegenmoment ausübt, solange er an einem der Stifte S anliegt. Ist er von einem Stift bis in die Stellung *2* mitgenommen, so schnappt er von diesem ab und fällt auf den in Stellung *1* befindlichen Stift, gegen den er nun wieder anliegt, bis dieser in Stellung *2* gekommen ist. Ist das Drehmoment des Zählers kleiner als das Gegenmoment, so wird die Läuferachse an der Bewegung gehindert; übersteigt das Drehmoment das Gegenmoment, so läuft der Zähler mit einer Drehzahl, die der Differenz beider proportional ist. Das Zählwerk zeigt dann den Verbrauch über einer durch das Gegenmoment festgelegten Grenze an, also die schraffierte Fläche des Belastungsdiagrammes Abb. 105.

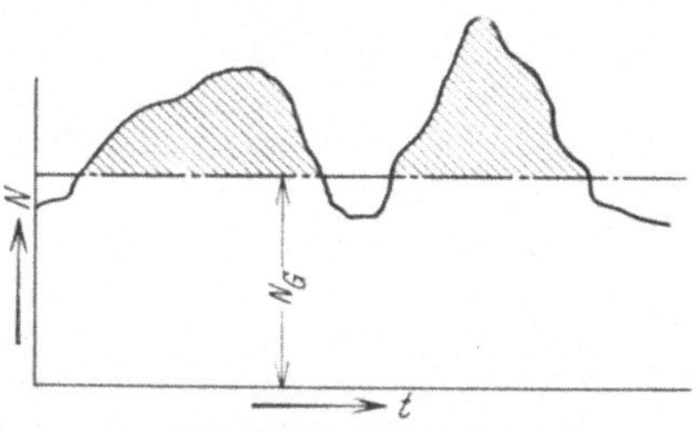

Abb. 105. Belastungskurve. N_G durch Federspannung einstellbare Grenzleistung.

S p i t z e n z ä h l e r f ü r g e n a u e r e F e s t l e g u n g d e r G r e n z l e i s t u n g haben außer dem Zähler noch einen Hilfsmotor, der mit konstanter Geschwindigkeit läuft, z. B. einen kleinen Induktions- oder Synchronmotor. Der Zähler arbeitet auf das eine Sonnenrad eines Planetengetriebes, der Hilfsmotor auf das andere. Die Drehzahl der Kreuzwelle ist proportional der Differenz der Drehzahlen des Zählers und des Hilfsmotors; sie ist mit dem Zählwerk durch ein Leergesperre verbunden, so daß dieses nur in einer Richtung laufen kann. Da der Zähler bei jeder Belastung läuft, erhält er in der Regel außer dem Spitzenzählwerk noch ein Zählwerk für die Gesamtarbeit.

[1] Singer, K., u. P. Paschen: Elektrotechn. Z. Bd. 43 (1922) S. 1377.

14. Münzzähler (Selbstverkäufer, Automaten). Abb. 106. Auf das eine Sonnenrad S_1 eines Planetengetriebes arbeitet der Zähler, das andere S_2 wird beim Einzahlen der Münzen durch die Drehbewegung, mit der der Abnehmer die Münze in den Sammelbehälter befördert, über die Zahnräder R_1, R_2, R_3 angetrieben. Auf der Kreuzwelle K sitzt ein Nocken N, der den Schalter A für den Stromkreis des Abnehmers beeinflußt. Wird eine Münze eingezahlt, so wird der Schalter A eingeschaltet, das Sonnenrad S_2 und mit ihm die Kreuzwelle K gedreht, weil das Sonnenrad S_1 sich gar nicht oder nur sehr langsam bewegt. Die Nocke N hält den Schalter in der Einschaltstellung fest. Nun können weitere Münzen eingezahlt werden. Wird Strom entnommen, so dreht der Zähler das Sonnenrad S_1 und damit die Kreuzwelle K, weil jetzt S_2 stillsteht. Die Nocke N auf der Kreuzwelle K wird so lange gedreht, bis die den eingezahlten Münzen entsprechende Arbeit verbraucht ist; dann gibt die Nocke N den Schalter A frei und dieser schaltet den Stromkreis aus. Ein Zeiger Z_1 an der Kreuzwelle zeigt an, für wieviel Münzen noch Strom bis zum Ausschalten verbraucht werden kann. Das Zählwerk Z_2 zeigt die Gesamtzahl der eingeworfenen Münzen an, das Zählwerk Z_3, wie bei jedem Zähler, die verbrauchten kWh.

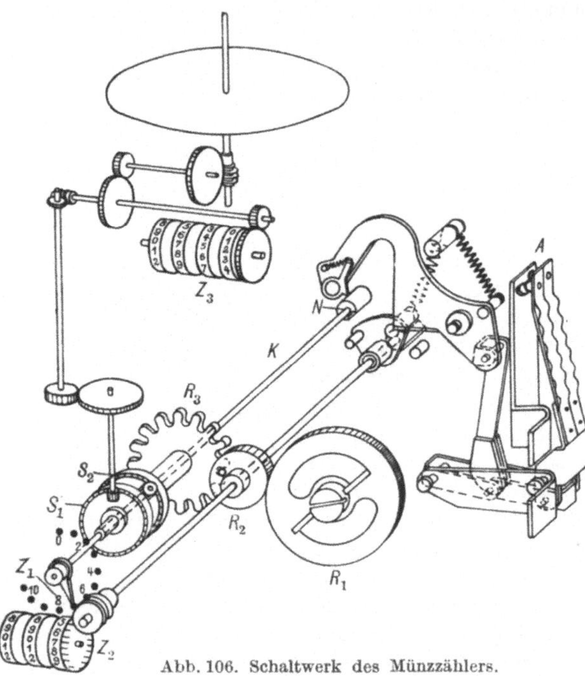

Abb. 106. Schaltwerk des Münzzählers.

Bei den Gebührenmünzzählern wird der Schalter erst dann geschlossen, wenn eine der Grundgebühr entsprechende Münzenzahl und eine weitere Münze eingeworfen worden ist. Der Schalter wird geöffnet, wenn die über die Grundgebühr hinausgehende Münzenzahl „verbraucht" ist. Der einkassierende Beamte zieht bei der Lehrung des Sammelbehälters automatisch oder mit einem Schlüssel die Grundgebühr von den eingezahlten Münzen ab. Sind mehr Münzen eingezahlt, als der Grundgebühr entsprechen, so kann noch Strom entnommen werden, sind es weniger, so muß der Differenzbetrag erst eingezahlt werden, bis wieder Strom entnommen werden kann.

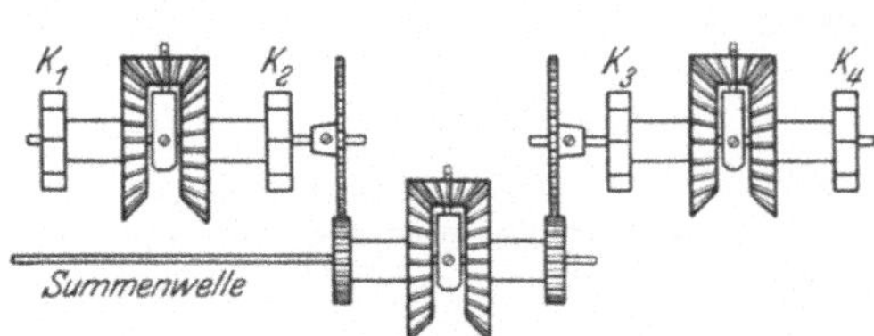

Abb. 107. Summierwerk.

15. Fernzählwerke. Der Zähler ist mit einem Kontakt versehen, der bei jeder Umdrehung oder nach je mehreren Umdrehungen geschlossen wird. Dieser Kontakt schließt eine Fernleitung, an deren Ende ein Relais angeschlossen ist, das mit einem Klinkenwerk das Zählwerk betätigt. Der Kontakt muß so eingerichtet sein, daß er nie geschlossen bleiben kann, auch wenn der Zähler beim Ausbleiben des Stromes stehen bleibt. Denn dann würde beim Wiedererscheinen des Stromes ein Kontakt zuviel gegeben werden[1].

Will man die Summe der Arbeiten verschiedener Speisepunkte oder dgl. an einer Stelle zusammenzählen, insbesondere den Summenhöchstverbrauch (das Summenmaximum) der einzelnen Speisepunkte erfassen, so wird an jedem Speisepunkt ein Geberzähler mit Kontakt eingebaut; die Fernleitungen von den Geberzählern führen zu je einem Relais, das ein Klinkenwerk betätigt. Je zwei Klinkenwerke K_1 K_2 oder K_3, K_4 arbeiten auf die Sonnenränder eines Planetengetriebes. Die Umdrehungen der Kreuzwelle sind dann proportional der Summe der beiden übertragenen Arbeiten. Die Umdrehungen der Kreuzwellen der einzelnen Getriebe kann man wieder durch Planetengetriebe summieren. Bei vier Summanden braucht man demnach nach Abb. 107 drei Planetengetriebe, allgemein bei n Summanden $n - 1$ Planetengetriebe. Solche Getriebe zeigen die Summe der Einzelgetriebe immer richtig an, auch wenn zwei oder mehr Relais gleichzeitig betätigt werden[2].

4. Prüfung und Eichung der Zähler[3].

16. Regeln des Verbandes Deutscher Elektrotechniker. Unter Prüfung versteht man die Feststellung der Fehler an einem Zähler, wie er angeliefert wird, unter Eichung die Einstellung eines Zählers auf möglichst geringe Fehler. Die Meßverfahren sind für Prüfung und Eichung die gleichen. Der Fehler ist definiert durch den Betrag, um den die Angaben A des Zählers vom wirklichen Verbrauch W des Netzes abweichen, $F = \frac{A - W}{W} \cdot 100\%$; er ist also positiv, wenn der Zähler zu viel zeigt, negativ, wenn er zu wenig zeigt. Die Meßergebnisse stellt man in Form von charakteristischen Fehlerkurven dar.

In den „Regeln für Elektrizitätszähler" (REZ 1932[4]) ist die Stromstufenreihe angegeben 5, 10, 15, 20, 30, 50, 75, 100, 150, 200 A usw. bis 10000 A, die meist eingehalten wird. Es werden aber auch für kleinere Stromstärken Zähler gebaut. Zum Anschluß an Meßwandler dienen durchweg Zähler für 5 A Nennstrom, ausnahmsweise 1 A, wenn lange Leitungen verlegt werden. Die Zähler bis 30 A müssen um 100% 2 Minuten lang und um 50% 2 Stunden lang überlastbar sein. Die neuzeitlichen Zähler halten 100% Überstrom dauernd aus, ohne sich zu stark zu erwärmen. Zähler über 50 A sollen um 50% 2 Min. und um 25% 2 Stunden lang überlastbar sein. Die Isolation der Wicklungen gegen Gehäuse soll bei Wechselstromzählern eine Prüfspannung von 1500 V, 50 Hz 1 Min. lang, bei Gleichstromzählern 1000 V, 50 Hz 1 Min. lang aushalten. Die meisten Zähler haben eine höhere Isolation.

Die amtlichen Beglaubigungsfehlergrenzen[5] werden in Deutschland durch die Physikalisch-Technische Reichsanstalt festgesetzt. Wie weit die internationalen Empfehlungen für Fehlergrenzen in den einzelnen Ländern Beachtung finden werden, muß abgewartet werden. Die Verkehrsfehlergrenzen[6] haben heute kaum mehr Bedeutung als für den Fall eines Prozesses.

[1] Bekanntmachung Nr. 289 der Physikalisch-Technischen Reichsanstalt. Elektrotechn. Z. Bd. 51 (1930) S. 1750.

[2] Paschen, P.: Siemens-Z. 1930 S. 110.

[3] Schmiedel, K.: Die Prüfung der Elektrizitätszähler, 2. Aufl. Berlin: Julius Springer 1924.

[4] Elektrotechn. Z. Bd. 51 (1930) S. 753; Bd. 52 (1931) S. 776. VDE 0516 (Sonderdruck).

[5] Bestimmungen für die Beglaubigung von Elektrizitätszählern. Elektrotechn. Z. Bd. 42 (1921) S. 134; Bd. 44 (1923) S. 814. Neue Festsetzungen sind beabsichtigt.

[6] Reichsgesetzblatt 1901 Nr. 16 Abschnitt II.

17. Bestimmung des Fehlers aus Strom oder Leistung, Zeitmessung und Umdrehungen. Den wirklichen Verbrauch bestimmt man bei Amperestundenzählern durch Strommessung nach Kap. IIB, bei Wattstundenzählern durch Leistungsmessung nach Kap. IIE und durch Zeitmessung mit der Stoppuhr; die Angaben des Zählers durch Ablesung am Zählwerk oder durch Zählung der Umdrehungen des Läufers. Bestimmt man die Angaben bei Motorzählern durch Zählen der Umdrehungen, so muß man die Übersetzung vom Läufer auf das Zählwerk berücksichtigen, die auf dem Zählerschild in der Form: 1 kWh $= a$ Ankerumdrehungen angegeben ist. Hat man die Leistung N in Watt am Leistungsmesser abgelesen, für n Umdrehungen die Zeit t Sekunden bestimmt, dann ist der Fehler

$$F = \frac{n \cdot 3600 \cdot 1000}{a \cdot N \cdot t} \cdot 100 - 100 \text{ in } \%.$$

Bei Elektrolytzählern und Pendelzählern ist man auf lange Beobachtungsdauer und Skalen- bzw. Zählwerksablesung angewiesen.

18. Eichzähler. Bei stark schwankender Belastung, z. B. bei Einzelprüfungen in der Installation verwendet man Eichzähler, d. h. besonders genau zeigende Zähler, die umschaltbare Meßbereiche haben und durch Druck auf einen Knopf in Gang gesetzt und angehalten werden können.

19. Selbsttätige Zähleinrichtungen. Für selbsttätige Umdrehungs- und Zeitzählung sind eine Anzahl Laboratoriumsmethoden angegeben worden, die alle einen Kontakt am Zähler oder die Anbringung eines Spiegels am Läufer (um einen Lichtstrahl auf eine lichtempfindliche Zelle zu werfen) erfordern.

20. Stroboskopische Methoden. Stroboskopische Methoden sind für Einzeleinstellung der Zähler geeignet, wenn der zu eichende Zähler Feineinstellvorrichtungen besitzt, denn die Methoden erfordern genauen Synchronismus zwischen den durch einen Normalzähler gesteuerten Schwankungen der Lichtquelle und der Drehzahl des Zählers. Bei nur kleinen Abweichungen vom Synchronismus ist die Größe des Fehlers schwer zu beurteilen.

21. Normalzähler. Für Masseneichung ist die sog. Synchroneichung üblich. Die zu eichenden Zähler werden mit einem Normalzähler gleichen Meßbereichs hintereinandergeschaltet. Alle an den Läufern angebrachten Marken werden bei stromlosem Zähler nach vorne gestellt. Beim Einschalten des Stromes setzen sich alle Zähler in Bewegung; nach einer vorher bestimmten Anzahl von Umdrehungen des Eichzählers werden sie durch Ausschalten des Stromes stillgesetzt, wenn die Marke des Normalzählers vorne steht. Die Marken der Zähler, die mit dem Eichzähler synchron laufen, stehen dann wieder ebenfalls vorne. Die Zähler, deren Marken nach rückwärts oder vorwärts verschoben sind, müssen nachgestellt werden. Die Prüfung wird so lange wiederholt, bis alle Zähler bis auf gewisse festgesetzte Toleranzen richtig zeigen.

G. Widerstände und Widerstandsmessung.

Von **G. Brion**, Freiberg.

1. Präzisionswiderstände.

1. Anforderungen an Präzisionswiderstände (Abweichungen vom Sollwert $< 0{,}1\%$). Unabhängigkeit des Widerstandes von Temperatur innerhalb der Arbeitsgrenzen, zeitliche Konstanz, keine merkliche Selbstinduktion oder Kapazität, keine Oxydation an Luft, keine merkliche Thermo-EMK gegen Kupfer und Messing. Das geeignetste und gebräuchlichste Material ist Manganin (Nickel-Kupfer-Mangan-Legierung). Der Widerstand zwischen 0 und 80^0 ändert sich nur um etwa

0,1...0,2%; bei höheren Temperaturen von etwa 100° aufwärts ist der Temperaturkoeffizient größer, meist negativ, deshalb bleibt man unter 100°, die zeitliche Konstanz wird durch eine künstliche Alterung erreicht (Erhitzung in heißer Luft, sodann Paraffinschicht zum Abschluß gegen Feuchtigkeit); die Thermo-EMK gegen Kupfer und Messing ist im Gegensatz zu Konstanten sehr gering (etwa 1,5 μV je Grad). Unangenehm ist bei Manganin die Empfindlichkeit bei Temperaturen über 100°.

2. Präzisionswiderstände für kleine Leistungen. Widerstandsrollen haben bei gewöhnlicher bifilarer Wicklung eine sehr geringe Selbstinduktion, aber eine merkliche Kapazität, wie Abb. 108 zeigt; die Spule wirkt so, wie wenn neben dem Ohmschen Widerstand ein Kondensator geschaltet wäre. Beim Anlegen höherer Spannung an die Spule liegt die ganze Spannung zwischen benachbarten Enden der Wicklung, bei schadhafter Isolation wird sie durchgeschlagen. Nach Chaperon wird die Spule in einzelne Abteilungen unterteilt, so daß innerhalb jeder Abteilung nur eine geringe Spannung auftritt, man wickelt unifilar und ändert nach jeder Lage den Wicklungssinn. Die Spule muß allerdings aus einer geraden Anzahl von Lagen bestehen, die Ausführung ist umständlich, aber sowohl die Induktivität wie die Kapazität sind zu vernachlässigen[1]. Zwecks besserer Abkühlung und bequemer Lagerung namentlich für Vorwiderstände von Spannungsmessern werden große Widerstände von großer Länge aus dünnem Draht auf eine dünne Platte u. a. aus Glimmer, Porzellan, Hartpapier unifilar gewickelt (s. Abb. 109). Die Kapazität ist gering, weil benachbarte Elemente nur geringe Spannung gegeneinander haben, die Selbstinduktivität $L = c \cdot F \cdot w^2$ gering, weil die Windungsfläche F und die Windungszahl w gering sind.

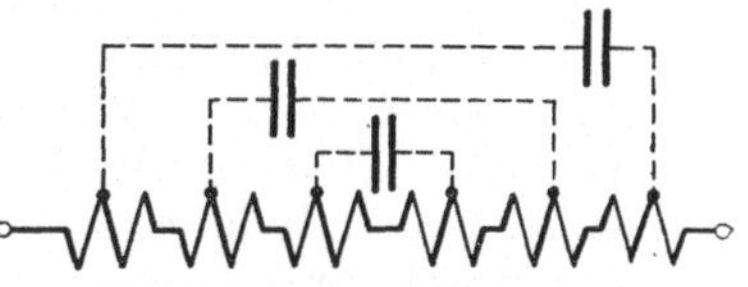

Abb. 108. Kondensatorwirkung eines bifilar gewickelten Widerstandes.

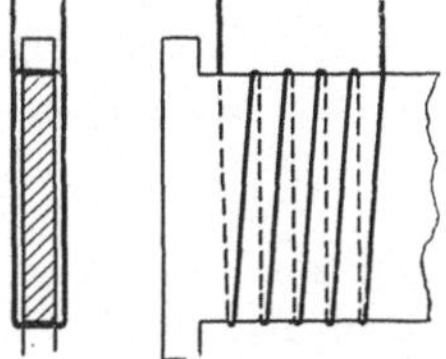

Abb. 109. Unifilare Wicklung auf dünner Platte aus Isoliermaterial.

Die Belastbarkeit hängt in erster Linie von der freien Oberfläche und der Wärmeabgabe ab (kein abgeschlossener Einbau, ungehinderter Luftzu- und -abfluß). In erster Annäherung rechnet man mit 10 bis 20 cm² freier Oberfläche je Watt.

3. Präzisionswiderstände für größere Leistungen. In manchen Fällen, z. B. bei Nebenwiderständen für Strommessungen, bei Messung von Strömen mit dem Kompensationsapparat oder von Widerständen nach der Abzweigmethode oder Thomsonbrücke müssen die Präzisionswiderstände größere Leistungen aufnehmen, ohne daß die Temperatur über etwa 50° ansteigt. Man dimensioniert dann die Widerstände entsprechend, die abkühlende Oberfläche wird größer, oder man geht zur künstlichen Kühlung über (gesteigerte Luftzirkulation mittels Ventilators, oder — was die Regel ist — Eintauchen in Ölbad oder Petroleum; eine wasserdurchflossene Kühlschlange führt die Wärme ab). Weit verbreitet ist die Ausführung der Physik.-Techn. Reichsanstalt, die Normalwiderstände nach dem dekadischen System von 10^{-4} bis $10^5\,\Omega$ ausgebildet hat (Genauigkeit: weit größer als 0,1%; je kleiner der Widerstandswert, um so schwieriger ist diese Genauigkeit zu erreichen). Die kleine Form ist in Luft für etwa 5 W, in gekühltem Petroleumbad für über 10 W dimensioniert. Früher waren diese Widerstände mit Bügeln zum Eintauchen in Hg versehen, um von Übergangswiderständen an den Klemmen möglichst frei zu sein; da man aber in der

[1] Über Fehlwinkel solcher Widerstände siehe Wagner-Wertheimer: Elektrotechn. Z. Bd. 34 (1913) S. 613; Bd. 36 (1915) S. 621.

Starkstromtechnik fast allgemein ohne Hg arbeitet, so sind jetzt meist an jeder Anschlußleiste je 2 Klemmen angebracht, die eine für die Stromzuführung, die andere für die Abzweigung, genau so wie bei Strommessern mit Nebenschluß.

4. Zusammenbau von Präzisionswiderständen. Bei den Stöpselwiderständen führen die Drahtenden zu konisch ausgebohrten Messingschienen, die durch konische Messingstöpsel kurzgeschlossen werden können. Widerstand von gut passenden, gereinigten und leicht eingefetteten (Vaselin) Stöpseln etwa $10^{-4}\,\Omega$. Bequemer, aber teurer sind die nach dekadischem System abgestuften Kurbelwiderstände; Ablesefehler kommen weniger vor, Stöpsel gehen nicht verloren; andererseits ist der Übergangswiderstand an der Kurbel größer und abhängig von der Beschaffenheit der Kontaktflächen und vom Druck; letzterer muß ziemlich groß sein, leichte Einfettung der Kontaktflächen schützt vor Anfressen und gewährleistet guten Kontakt. Bei den Doppelkurbelwiderständen ist jede Widerstandseinheit zweimal vorhanden. Bei einer Kombination nach Abb. 110 kann durch Anschluß an M und N (die Klemmen A und B bleiben frei) wie bei jedem anderen Widerstandssatz jeder Widerstand zwischen 0 und dem

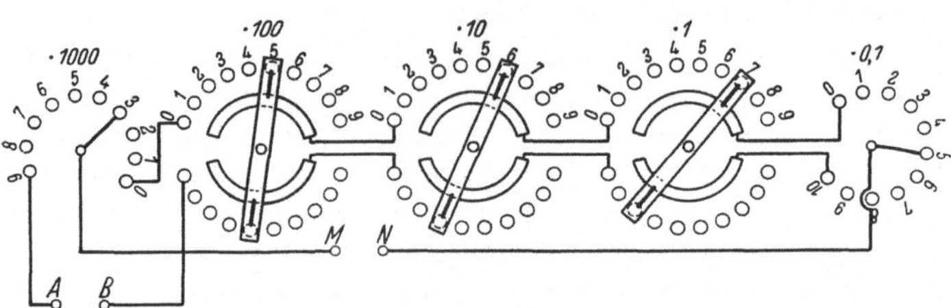

Abb. 110. Doppelkurbelwiderstand von 10000 Ω mit Abzweigklemmen MN. (Die Widerstände zwischen je 2 Kontaktknöpfen sind der Übersicht halber nicht eingezeichnet.)

größten Wert, also in diesem Fall zwischen 0,1 und 10000 Ω eingestellt werden; durch Anschluß an die Klemmen A und B und Abzweigung von den Klemmen M und N ist der Gesamtwiderstand zwischen A und B unabhängig von der Kurbelstellung gleich und zwar 10000 Ω, während der Widerstand zwischen den Abzweigklemmen M und N jeden Wert zwischen 0,1 und 10000 Ω je nach der Kurbelstellung annehmen kann. Eine gleiche Anordnung, verbunden mit einer Kompensationseinrichtung, zeigt Abb. 201, S. 174.

Diese Abzweigschaltung ist besonders geeignet, einen beliebigen, genau einstellbaren Teil der Gesamtspannung abzugreifen, wenn die Gesamtspannung an AB, die Abzweigung an MN gelegt wird (sog. Potentiometerschaltung). Die zulässige Höhe der Gesamtspannung hängt von der Isolation, der Dimensionierung und Wärmeabgabe der Widerstände ab; am meisten beansprucht werden die Widerstände großer Ohmzahl bei Stromentnahme im Abzweigkreis MN.

5. Hohe Widerstände zu technischen Meß- und Schutzzwecken. Einzel-Präzisionswiderstände über 100000 Ω aus Widerstandsdraht werden sehr teuer, die Klemmen und Enden müssen sehr gut isoliert sein. Silit (Legierung von Siliziumkarbid) hat einen negativen Temperaturkoeffizienten und ist stark spannungsempfindlich, eignet sich daher zu Meßzwecken nicht. Bei hohen elektrischen Feldstärken bricht der Widerstand von Silit zusammen, daher eignet sich das Material auch als Schutzwiderstand nur in Ausnahmefällen. Auch Graphitstriche, auf Glas aufgetragen, gegen Feuchtigkeit durch Abdeckung geschützt, sind sehr unzuverlässig. Dagegen scheinen sich die in den letzten Jahren von Siemens gebauten Karbowidwiderstände (Niederschlag von Kohlenwasserstoffen auf Porzellanzylinder) zu bewähren, sie werden für Einheiten von 100 Ω bis 10 MΩ gebaut und sind bei einer Länge von 7 cm und Durchmesser von 1 cm bei ungehinderter Wärmeabgabe mit ca. 5 W belastbar. Der Temperaturkoeffizient beträgt etwa $-3\cdot10^{-4}$; sie werden auf 10% des Sollwertes abgeglichen, müssen also besonders geeicht werden[1].

Mehr zu Schutz- als zu direkten Meßzwecken eignen sich Flüssigkeitswiderstände mit Platin- oder Nickelelektroden in engen Glasröhren oder Gummischläuchen. Die Höhe des gewünschten Widerstandes wird durch Zusatz einiger Tropfen Sodalösung, $CuSO_4$ oder ähnlicher Substanzen eingestellt. Diese Widerstände sind allerdings wenig konstant, da Glas von Wasser angegriffen wird, sie sind temperaturempfindlich, bei Gleichstrommessungen muß die EMK der Polarisation berücksichtigt werden, bei hoher Belastung kochen sie leicht, die Flüssigkeit verdunstet (Vorsicht wegen Knallgasbildung!); andererseits sind sie einfach herzustellen und besitzen eine hohe Wärmekapazität. Über Flüssigkeitswiderstände großer Ohmzahl und zeitlicher Konstanz s. a. Gyemant[2]. Pikrinsäure in Benzol und Alkohol hat je nach Alkoholgehalt spez. Widerstand von $10^4 \ldots 10^{12}\,\Omega$ cm. Das Ohmsche Gesetz bleibt bis zu Feldstärken von etwa 4 kV/cm erfüllt. Der Temperaturkoeffizient ist wie bei Metallen positiv. Fest verschlossene Lösungen haben zeitlich konstanten Widerstand.

2. Messungen der Widerstände.

6. Widerstandsmessung fester Körper. Allgemeines. Die Methoden sind sehr mannigfaltig; es sollen hier nur die gebräuchlichsten beschrieben werden. Folgende Punkte sind stets zu berücksichtigen:

Zuleitungsdrähte: Falls die Enden des Widerstandes nicht direkt an den Widerstandsapparat angeschlossen werden können, merke man sich, daß rund 50 m Cu-Draht von 1 mm² einen Widerstand von 1 Ω besitzen.

Anschlußklemmen: Die Stromfäden treten nur an einzelnen Punkten von einem Körper zum anderen über; diese Übergangsstellen sind je nach Anpressungsdruck, Größe und Beschaffenheit der Kontaktflächen äußerst verschieden; mitunter findet elektrolytische Leitung statt. Der Querschnitt der Stromfäden engt sich an der Übergangsstelle ein, um sich auf der anderen Seite wieder allmählich auszubreiten; man spricht von Übergangswiderständen. Der Widerstand ist viel größer als bei gleichmäßiger Verteilung über den ganzen Querschnitt. Hierzu kommt noch der Widerstand an den eigentlichen Berührungsstellen hinzu, der von deren Beschaffenheit (Oxydhaut) abhängig ist. Die Zahl der Berührungspunkte wird durch Unterteilung des Kontaktes, möglichst glatte Flächen und federnde Anordnung der einzelnen Kontaktteile, die Güte der Kontakte (Beseitigung der Oxydhaut) durch Abreiben mit trockenem Tuch und Petroleumhauch, evtl. durch Verzinnen verbessert.

Diese Übergangswiderstände spielen verschiedentlich eine große Rolle, z. B. bei Schienenstoßverbindungen elektrischer Bahnen, bei den Bürsten von Gleichstrommaschinen, bei allen Erdern.

Die Thermo-EMK an den Anschlußklemmen muß möglichst klein sein. (Wahl von passendem Material für Anschluß, geringe Temperaturdifferenzen an Klemmen!), sonst mißt man im Instrument die Spannung am Abzweigwiderstand $\pm$ der EMK an den Anschlüssen. Man eliminiert diese Fehlerquelle durch Stromumkehr im Hauptkreis, da sich dabei meist der Sinn der Thermo-EMK nicht ändert; man erhält also bei der einen Messung eine zu große, bei der anderen eine zu niedrige Spannung. Man muß allerdings dann auch meistens den An-

[1] Siehe Druckschrift v. Siemens über Hochkonstantwiderstand Karbowid; Hartmann u. Doßmann: Z. techn. Physik Bd. 9 (1928) S. 434; s. a. Krüger: Z. techn. Physik Bd. 10 (1929) S. 495.

[2] Wiss. Veröff. Siemens-Konz. Bd. 6 (1928) Heft 2 S. 58.

schluß an das Meßinstrument umkehren, wenn Drehspulinstrumente benutzt werden, und in jedem Fall überlegen, ob sich hierdurch nicht auch der Sinn der Thermo-EMK umkehrt.

Wegen der Selbstinduktivität der Spulen muß stets der stationäre Zustand abgewartet werden; besonders bei Nullmethoden darf man nicht so einstellen, daß im ersten Moment, sondern daß im Dauerzustand kein Ausschlag erfolgt.

Der Temperaturkoeffizient von Metallen beträgt roh 0,4% je Grad, bei Elektrolyten ist er meist stark negativ, etwa 1...3% je Grad, bei vielen Legierungen (Manganin, Konstantan) fast Null, und bei Metalloxyden und allen Isolationsmaterialien sehr stark negativ, besonders bei höheren Temperaturen (Nernsteffekt). Bei allen genauen Widerstandsmessungen ist daher die Temperatur anzugeben.

Die Höhe der Meßspannung spielt bei manchen Materialien, z. B. Silit, Isolationsmaterialien eine Rolle; je höher die Spannung, um so niedrigere Werte werden gefunden. Bei Silit z. B. bricht bei einer bestimmten elektrischen Feldstärke der Widerstand zusammen.

Oberflächenströme. Bei Isolationsmaterialien fließt vielfach ein stärkerer Strom der Oberfläche entlang als durch den Körper hindurch. Will man nur die Ströme messen, die durch ihn hindurchfließen, so fängt man nach einem Kunstgriff von W. Thomson die Oberflächenströme (Kriechströme) ab, indem man nach Abb. 253, S. 209 zwischen beide Elektroden auf der Oberfläche einen isolierten metallischen Ring R, einen sog. Schutzring legt, den man mit der einen Klemme des Meßinstruments verbindet, während die andere zu der einen Elektrode führt. Abb. 111 zeigt die Anwendung bei Kabeln. Desgleichen schützt man das Meßwerk eines Meßgerätes vor Kriechströmen infolge nicht genügender Klemmenisolation, indem man die eine Galvanometerklemme mit einem geerdeten und mit der anderen Klemme verbundenen Schutzring (Umhüllung) umgibt.

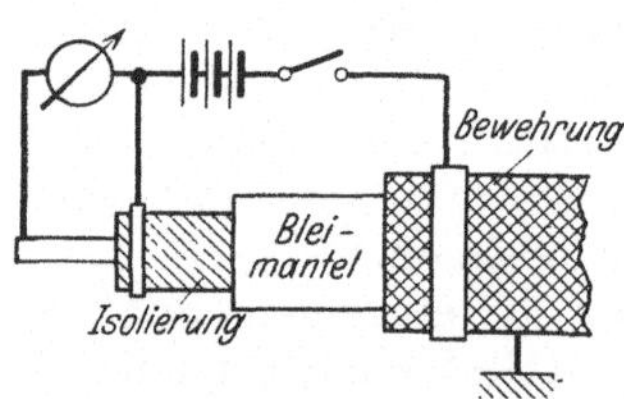

Abb. 111. Thomson-Schutzring bei Isolationsmessungen von Kabeln.

Zur Messung der Oberflächenisolation hat der VDE einen Prüfapparat angegeben (s. Vorschriften für die Prüfung elektrischer Isolierstoffe: II. Versuchsausführung, B. Elektr. Prüfung).

Kondensatorwirkungen. Bei vielen Isolationsmessungen, z. B. Kabeln, langen Freileitungen, Ober- gegen Unterspannungsseite eines Umspanners bildet das System: Metallbelegungen—Dielektrikum einen Kondensator von nicht zu vernachlässigender Kapazität. Legt man an das System Spannung, so fließt zunächst ein Ladestrom, der vielfach weit größer ist als der Dauerstrom infolge endlicher Leitfähigkeit des Materials oder der Oberflächenleitung. Damit beim Einschalten das Instrument keinen zu starken Strom führt, muß es überall da, wo größere Kondensatorwirkungen auftreten, so lange kurzgeschlossen werden, bis der in der Regel nur gar kurz dauernde Ladevorgang beendet ist.

7. Wheatstonesche Brücke. Vier Widerstände R_1 R_2 R_3 R_x bilden ein Viereck; 2 Diagonalpunkte sind durch die Stromquelle, 2 durch ein Galvanometer (Brücke) verbunden (Abb. 112). Ist die Brücke stromlos, so gilt $R_1 \cdot R_x = R_2 \cdot R_3$. Die Meßgenauigkeit ist am größten, wenn die 4 Widerstände ungefähr gleich sind. Statt für R_1 und R_2 bekannte Widerstände zu nehmen, ersetzt man sie vielfach durch einen ausgespannten, homogenen Meßdraht ohne Temperaturkoeffizienten. Das Verhältnis der Widerstände ist dann gleich dem der Teillängen. Die Güte des Schleif- oder Roll- oder Gleitkontakts wird dadurch festgestellt, daß man den Galvanometerausschlag bei einer geringen Verschiebung der Kontaktstelle oder einer geringen Änderung von R_3 mißt. Bei der Schaltung nach Abb. 113a wird der Meßdraht unabhängig von der Lage des Kontaktes gleichmäßig von Strom durchflossen, bei der Abb. 113b ist die Stromverteilung sehr ungleich, wenn bei der Messung sehr ungleicher Widerstände der Kontakt ganz gegen das eine Ende rückt; infolgedessen kann der Strom im Element und im kurzen Teil des Meßdrahtes leicht zu groß werden. Andererseits stört bei der Schaltung nach Abb. 113b eine Thermo-EMK am Kontakt sowie dessen Güte viel weniger. Die Teilung des Meßdrahtes ist entweder gleichförmig, oder sie gibt direkt das Verhältnis der Meßdrahtlängen. Zur Vergrößerung des Meßdrahtes u. a. um größere Spannungen anlegen und damit genauer messen zu können, hat man ihn u. a. kreisförmig auf

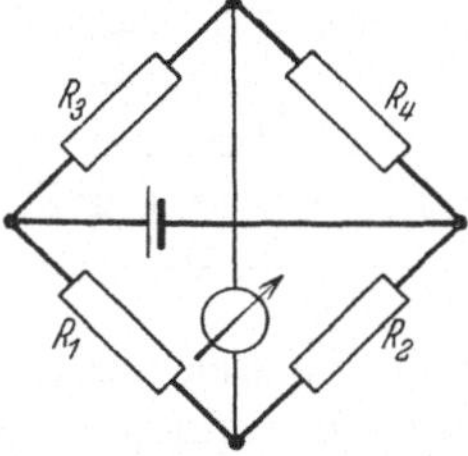

Abb. 112. Wheatstonesche Brücke.

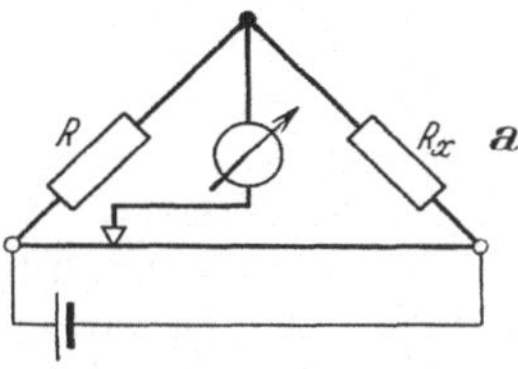

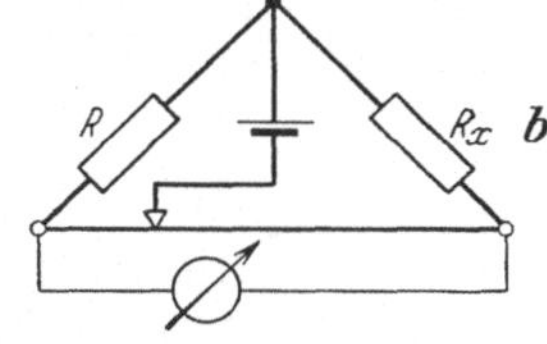

Abb. 113. Wheatstonesche Brücke mit Meßdraht.

der Mantelfläche einer Marmorscheibe oder auch spiralförmig auf einen Zylinder aus Isoliermaterial angeordnet.

Handelt es sich nicht um Präzisionsmessungen, so kann man eine große Meßdrahtlänge — also auch einen großen Widerstand — bei geringen Abmessungen durch sog. Raupenwiderstände erreichen, Abb. 114. (Im Rundfunk viel benutzt!) Der Draht wird meist auf einen isolierten, elastischen Streifen aus Leder, Fiber, Preßspan gleichmäßig eng bewickelt, dann wird der Streifen rund gebogen und in das Innere eines Hohlzylinders gebracht, so daß er sich mit Druck gegen die Innenwandung dieses Zylinders legt; oder aber man wickelt den Draht gleichmäßig eng auf einen kreiszylindrischen Ring aus Porzellan. Der Schleifkontakt wird durch einen um die Zylinderachse drehbaren radialen Arm gebildet, der auf die Widerstandsspule aufliegt. Bei sorgfältiger Ausführung kann man den durch die Ungleichmäßigkeit beim Wickeln erzeugten Fehler auf wenige Prozente herunterdrücken, was bei vielen technischen Messungen genügt.

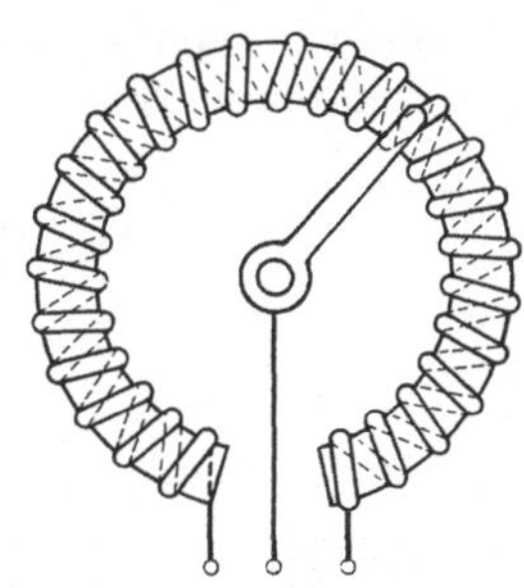
Abb. 114. Raupenwiderstand gleichmäßig auf Hohlzylinder gewickelt.

Statt des Meßdrahtes werden als Vergleichswiderstände auch dekadisch abgestufte feste Widerstände 2×100, 2×10, $2 \times 1\,\Omega$ genommen; man wählt das Widerstandsverhältnis 1 : 1, 1 : 10, 10 : 1 usw.; die Rechnung wird dann besonders einfach.

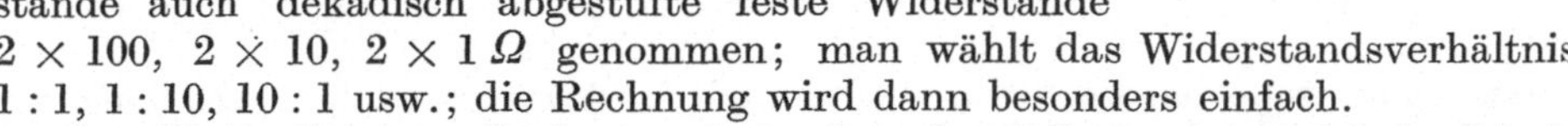

Sowohl im Stromquellenkreis wie in dem des Galvanometers ist ein Schalter eingebaut; die Taste ist so ausgebildet, daß zuerst die Stromquelle und dann der Galvanometerkreis geschlossen, beim Ausschalten umgekehrt zuerst die Brücke ausgeschaltet wird, sonst kann beim Unterbrechen induktiver Stromkreise das Galvanometer durch den Induktionsstoß beschädigt werden.

8. Thomsonbrücke. Wegen der Widerstände der Zuführungsdrähte und der Klemmenanschlüsse eignet sich die Wheatstonesche Brücke nicht zur exakten Messung kleiner Widerstände unter etwa $0{,}1\,\Omega$. In diesem Fall sind Abzweigmethoden zweckmäßiger. Eine sehr schöne Nullmethode hat W. Thomson angegeben. Nach Abb. 115 ist der Widerstand R_x, ein bekannter R, ein Element, Strommesser und Regler in einen Kreis geschaltet. Die Abzweigklemmen A und B sowie E und F von R und R_x sind über je 2 gleiche Widerstände m und n miteinander verbunden; andererseits sind die 2 Verbindungspunkte C und D der 2 Widerstände m und n über ein Galvanometer (die Brücke) verbunden. Im Fall der Stromlosigkeit in der Brücke gilt: $\frac{R}{R_x} = \frac{m}{n}$. Diese Beziehung ergibt sich ohne weiteres aus der graphischen Darstellung des Potentialabfalls.

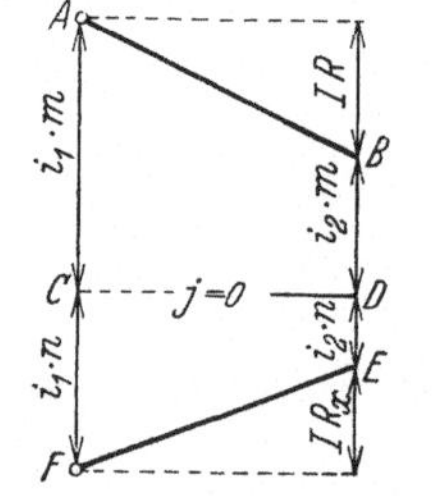

Abb. 115. Thomsonbrücke zur Messung kleiner Ströme.

Für R wurde früher ein Meßdraht für starke Ströme, für m und n dekadisch abgestufte variable Vergleichswiderstände gewählt. Bei den neueren Apparaten nimmt man für R einen Normalwiderstand, für die beiden Widerstände m einen in weiten Grenzen regelbaren Doppelkurbelwiderstand nach Abb. 116, für n einige wenige feste Widerstände.

9. Widerstandsmessung durch Strom und Spannung. Man mißt die Spannung U an den Klemmen des unbekannten, vom Strom J durchflossenen Widerstandes. Nach Abb. 117 sind 2 Schaltungen möglich: in der einen Stellung des Schalters wird der Strom richtig, die Spannung um den Spannungsabfall im Strommesser zu groß gemessen, in der anderen wird umgekehrt die Spannung richtig, der Strom um die Stromstärke im Spannungsmesser zu groß gemessen. Je nach den Widerständen der Meßgeräte und den gewählten Größenverhältnissen ist der Fehler und die anzubringende Korrektion in der ersten oder zweiten Schalterlage größer.

10. Abzweigmethode. Bei der Abzweigmethode sind der unbekannte R_x und ein bekannter Widerstand R der gleichen Größenordnung in Reihe geschaltet. Man vergleicht die Spannung an den 2 Widerständen; letztere verhalten sich wie die Ausschläge am Spannungsmesser (Galvanometer), falls der Spannungs-

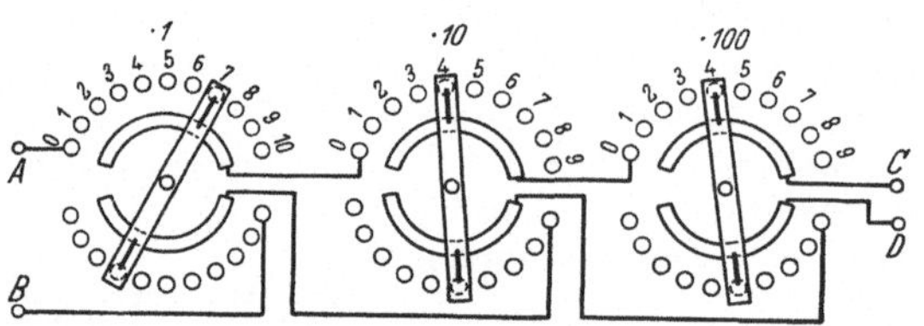

Abb. 116. Dreistufiger Doppelkurbelwiderstand. (2 gleiche regelbare Widerstände zwischen A u. C und zwischen B u. D.)

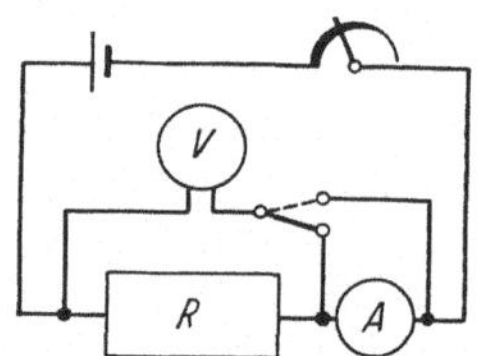

Abb. 117. Widerstandsmessung mit Strom- und Spannungsmesser.

messer eine proportionale Skala besitzt und der Widerstand im Galvanometerkreis sehr groß ist im Verhältnis zu R_x.

11. Differentialgalvanometer. Das Galvanometer wird bei technischen Messungen in Abzweigung z. B. bei der Messung des Widerstandes von Schienenstoßverbindungen elektrischer Bahnen benutzt (sog. Differentialgalvanometer in Nebenschluß). Abb. 118 zeigt schematisch die Anordnung. Als Galvanometer dient ein Drehspulgalvanometer mit 2 getrennten Spulen von gleicher Windungszahl und gleichem Widerstand, so daß das gleiche, entgegengesetzte Moment auf das Drehsystem ausgeübt wird, wenn sie in der aus der Abbildung ersichtlichen Weise vom gleichen Strom durchflossen werden. Man schickt einen starken Strom durch die Schienen und schiebt bei festem Abstand AB die Kontaktstange C so lange hin und her, bis der Galvanometerausschlag verschwindet; dann ist der Widerstand an dem Schienenstoß zwischen A und B einer Länge BC der ungeteilten Schiene gleichwertig. Um eine genügende Empfindlichkeit zu erhalten, muß man sehr starke Ströme durch die Schiene schicken, da sonst wegen des sehr geringen Widerstandes der Schienen die Spannungen zu klein bleiben.

12. Messung großer Widerstände durch Vertauschung. Bei der einfachsten Anordnung wird der unbekannte Widerstand R_x mit einer Stromquelle und einem empfindlichen Galvanometer in einen Stromkreis geschaltet, der Ausschlag abgelesen, R_x durch einen bekannten regelbaren Widerstand R ersetzt, der so lange geändert wird, bis der Galvanometerausschlag in beiden Fällen gleich ist; dann ist $R_x = R$.

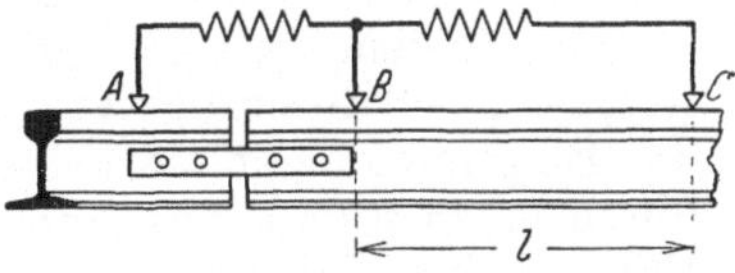

Abb. 118. Messung des Schienenübergangswiderstandes mittels Differentialschaltung.

Die Methode wird in folgender Modifikation zur Messung sehr hoher Widerstände benutzt: Der bekannte große Widerstand R wird über die Spannung U und das Galvanometer geschlossen; der Ausschlag sei α; dann wird ein Stromkreis mit R_x, der Spannung U_x und dem Galvanometer geschlossen, der Ausschlag sei α_x; es ist dann $R_x = \frac{\alpha}{\alpha_x} \cdot \frac{U_x}{U} R$. Die Methode setzt voraus, daß der Ausschlag der Stromstärke proportional ist und daß R und R_x sehr groß sind gegen die übrigen Widerstände des Stromkreises.

13. Messung sehr großer Widerstände mittels Kondensators. Die Belegungen des Kondensators C werden mittels gut isolierten Umschalters U auf die Spannung U geladen. Nach Abb. 119 wird der Kondensator bei Stellung *1* des Umschalters geladen, bei der Mittelstellung *2* ist er offen, bei der Stellung *3* über den unbekannten, sehr großen, zu messenden Widerstand R_x und ein gut gedämpftes Galvanometer G von kurzer Schwingungsdauer entladen. Nimmt man den Entladestrom in Abhängigkeit von der Zeit auf, so erhält man den Widerstand R_x aus der Gleichung

$$\frac{1}{2{,}30} \frac{t_2 - t_1}{R_x C} = \lg \frac{\alpha_1}{\alpha_2};$$

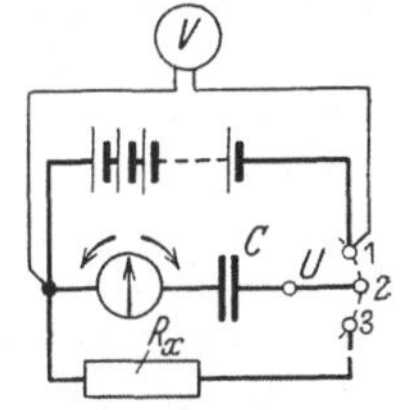

Abb. 119. Widerstandsmessung durch Entladung eines Kondensators.

α_1 und α_2 bedeuten die Galvanometerausschläge, d. h. die Ströme bzw. Kondensatorspannungen zur Zeit t_1 und t_2. Da sich der geladene Kondensator von bekannter Kapazität C infolge seines endlichen Widerstandes selbst entlädt, so erhält man ein zu schnelles Abklingen der Stromkurve, d. h. einen zu kleinen Wert für R_x. Man stellt die Größe dieses Fehlers fest, indem man den Kondensator nach der Ladung sich selbst überläßt (Stellung *2* des Schalters) und nach einer bestimmten Zeit t wieder lädt. Der Ausschlag von G ist ein Maß für die während der Zeit t infolge der Entladung durch den endlichen Widerstand des Kondensators verloren gegangene Ladung.

14. Technische Apparate (Ohmmeter). Nach dem Prinzip der Wheatstoneschen Brücke ist eine große Anzahl Apparate, vielfach Montagemeßbrücken genannt, gebaut werden. Sie enthalten meist Trockenelemente, 1 Drehspulgalvanometer, 2 dekadisch abgestufte Widerstandsabteilungen je 100, 10 und 1 Ω (seltener einen Meßdraht) und einen Widerstandssatz von 1 bis 1000 Ω, schließlich 2 Klemmen für den zu messenden Widerstand und einen Taster zum Schließen und Öffnen des Haupt- und Galvanometerkreises. In vielen

Fällen bevorzugt man jedoch bei diesen Apparaten Meßmethoden, die zwar nicht so genau sind wie die Nullmethoden, die aber in der Handhabung einfacher sind und den Widerstandswert ohne große Rechnungen direkt abzulesen gestatten: Die einfachsten Widerstandsmesser sind eigentlich Strommesser, deren Ausschlag bei bekannter Spannung eine Funktion des in den Stromkreis geschalteten unbekannten Widerstandes sind. Der Ausschlag gibt für eine bestimmte Spannung direkt den Ohmwert des zu messenden Widerstandes an; letzterer wird entweder in Reihe oder im Nebenkreis des Meßinstrumentes eingeschaltet. Nachteilig ist die Notwendigkeit der Prüfung der Meßspannung.

Von diesem Mangel sind die Kreuzspulinstrumente (s. S. 20) und Abarten frei; sie geben direkt das Verhältnis des gesuchten zu einem Vergleichswiderstand, die Empfindlichkeit ist jedoch leider gering. Der Hauptstrom fließt in Reihe durch einen festen, bekannten und den zu messenden Widerstand; von beiden Widerständen führt je ein Abzweigkreis zu den beiden Spulen des Instrumentes, auf die je ein Moment in entgegengesetztem Sinn ausgeübt wird. Das System ohne äußere Richtkraft stellt sich so ein, daß die beiden Momente gleich sind. Für einen bestimmten Vergleichswiderstand ist die Skala direkt in Ohm geeicht. Die Ausführungen sind sehr verschieden, je nachdem eine größere Empfindlichkeit auf engem Bereich gewünscht wird (z. B. Widerstandsänderungen bei verschiedenen Temperaturen gemessen werden sollen) oder das Instrument einen großen Meßbereich bestreichen soll. Über Ohmmeter mit Kurbelinduktor speziell für Isolationsmessungen in elektrischen Anlagen siehe S. 99.

15. Widerstandsmessung von Elektrolyten. Bei Stromdurchgang durch Flüssigkeiten treten an den Elektroden Konzentrationsänderungen und Gegen-EMKe der Polarisation auf, deren Größe je nach der Beschaffenheit des Elektrolyts, der Temperatur und der Elektroden zwischen kleinen Bruchteilen von 1 V und rund 2 V schwankt. Man würde daher durch eine Strom- und Spannungsmessung bei Gleichstrom einen zu hohen Wert erhalten. Man kann den hierdurch bedingten Fehler eliminieren, indem man ein Glasgefäß (Zylinder oder offene Rinne) von gleichbleibendem Querschnitt benutzt, wobei die parallelen Elektroden möglichst den ganzen Querschnitt ausfüllen; derselbe Strom J wird bei verschiedenen Abständen l_1 und l_2 der Elektroden durch die Flüssigkeit geführt, die zugehörigen Spannungen seien U_1 und U_2, die Flüssigkeitswiderstände R_1 und R_2; da in beiden Fällen die Gegen-EMKe gleich sind, so ergibt sich $R_1 - R_2 = \frac{U_1 - U_2}{J} = \varrho \cdot \frac{l_1 - l_2}{F}$, woraus sich bei gegebenem Flüssigkeitsquerschnitt F der spez. Widerstand ϱ ergibt. (Temperatur messen!) ϱ wird bei Flüssigkeiten meist in Ohmcm angegeben; werden l und F in cm bzw. cm^2 gemessen, so ist in diesem Fall ϱ der Widerstand eines Würfels von 1 cm Seitenlänge, dem der Strom an 2 gegenüberliegenden Seitenflächen zugeführt wird. Als Elektroden verwendet man meist solche aus Platin oder Nickel, oder aber bei Salzlösungen das im Salz enthaltene Metall, also Cu bei $CuSO_4$, Zn bei $ZnSO_4$, weil in diesem Fall die EMK der Polarisation ein Minimum ist.

Weit genauere Ergebnisse ergibt die Anwendung von Wechselstrom als Stromquelle; hierdurch werden die Gegen-EMKe der Polarisation auf ein Minimum reduziert. Als Nullinstrument benutzt man vorteilhaft Vibrationsgalvanometer bei Niederfrequenz, bei Tonfrequenz ein Telephon; bei Niederfrequenz ist die Empfindlichkeit des Telephons und unseres Gehörorgans sehr gering. Als Stromquelle dient ein Summer, ein Induktionsapparat oder auch ein technischer Wechselstrom mit einem Umspanner, wodurch die Gebrauchsspannung auf wenige Volt heruntergedrückt und jede Gefahr ausgeschaltet wird. Die Einstellschärfe wird bei Platinelektroden durch Überzug mit Platinmoor (schwammartige Vergrößerung der Elektrodenoberfläche) viel besser. Zum Vergleich von ϱ bei verschiedenen Flüssigkeiten hat man verschiedene Formen von Glasgefäßen entwickelt, geht meist von einer Flüssigkeit mit bekanntem ϱ aus und bestimmt dadurch die Gefäßkonstante, d. h. die Größe, die mit ϱ multipliziert den gemessenen Widerstand ergibt. (Beispiele von Flüssigkeiten mit bekanntem ϱ: für Kochsalzlösung bei 18°, gesättigt beträgt $\varkappa = \frac{1}{\varrho} = 0{,}214$, Temperaturkoeffizient im Mittel 2,3%; für H_2SO_4 10% ist bei 18° $\varkappa = 0{,}392$; der Temperaturkoeffizient = 1,28%).

16. Messung von Wechselstromwiderständen. Bei Wechselstrom ist der rein Ohmsche Widerstand $R_\sim$ stets größer als der aus einer Gleichstrommessung sich ergebende Wert $R_=$; die Widerstandszunahme ist eine Folge der magnetischen Wechselfelder des Stromes, sie bewirken, daß die Stromfäden nicht mehr gleichmäßig den Querschnitt durchfließen, sondern meist nach außen gedrängt werden (Hautwirkung, Skin-Effekt); es kommt auf dasselbe hinaus, wie wenn der Leitungsquerschnitt geringer wäre. Je größer die Dicke des Leitungsdrahtes, die Frequenz und das Leitvermögen, um so größer ist diese Widerstandszunahme. Für einen runden Querschnitt vom Durchmesser d erhält man bei nicht sehr hoher Frequenz angenähert:

$$\frac{R_\sim}{R_=} = 1 + \frac{\pi^4}{48} \frac{f^2 d^4}{\varrho^2} \frac{1}{10^{18}};$$

für d ist der Wert in cm, für ϱ bei Kupfer die Zahl $17 \cdot 10^{-7}$ einzusetzen.

Bei sehr hoher Frequenz steigt die Widerstandszunahme nur noch mit der 1. Potenz der Dicke und mit der Quadratwurzel aus dem Quotienten: Frequenz durch spez. Widerstand.

In besonders einfachen Fällen, z. B. bei Spulen ohne Eisen, kann diese Widerstandszunahme dadurch gemessen werden, daß man bei bekannter Stromstärke die in die Spule hineingeschickte Leistung mittels Leistungsmessers mißt; wenn von magnetischer und dielektrischer Hysterese sowie von Verlusten durch Wirbelströme in benachbarten Metallteilen abgesehen werden kann, wird die ganze Leistung in Joulesche Wärme umgesetzt.[1]

Man kann auch angenähert diesen Wechselstromwiderstand durch eine Strom- und Spannungsmessung an dessen Klemmen messen, unter der Voraussetzung, daß die von der Kurve: zu untersuchende Leitung und Zuleitungsdrähte zum Spannungsmesser umschlossene Fläche (in der Abb. 120a schraffiert gezeichnet) keinen merklichen magnetischen Fluß umschließt, derart, daß Flußänderungen in dieser Fläche nur winzige EMKe in der Schleife zur Folge haben; dann ist nach Kirchhoff für die geschlossene Randkurve $\sum JR = 0$, oder wenn der Spannungsabfall in den Zuführungsleitungen zum Spannungsmesser vernachlässigt werden kann: $JR_\sim \cong U$. Der zum Spannungsmesser führende Draht muß möglichst dicht an die Peripherie des stromführenden Leiters gelegt werden; eine Unsicherheit wird bei dieser Methode allerdings durch das Magnetfeld im Innern des Leiters nach Abb. 120b hineingebracht.

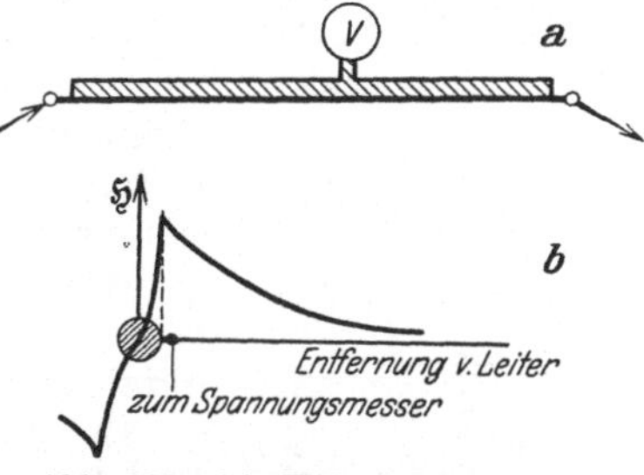

Abb. 120. (a) Widerstandsmessung mit Spannungsmesser bei Wechselstrom, (b) Magnetfeld des Leiters bei Wechselstrom.

Bei einer weiteren Methode, auf die hier nicht näher eingegangen werden soll und die sich besonders für höhere Frequenzen eignet, bestimmt man die durch das Zuschalten des zu messenden Widerstandes $R_\sim$ hervorgerufene Dämpfung eines Schwingungskreises[2].

[1] Siehe Fränkel: Theorie der Wechselströme, 3. Aufl. S. 131. Berlin: Julius Springer 1930.
[2] Siehe Rein-Wirtz: Radiotelegr. Praktikum, 3. Aufl. S. 219. Berlin: Julius Springer.

3. Widerstandsmessungen in elektrischen Anlagen[1].

17. Isolationsmessungen in Zweileiter-Gleichstromanlagen. (Methode von Frisch.) Der Widerstand des Spannungsmessers sei R_V, die Netzspannung U (Stellung *1* des Umschalters in Abb. 121), bei der Stellung *2* werde die Spannung U_2, bei der Stellung *3* die Spannung U_3 gemessen. Es ist dann der Widerstand des +- bzw. —-Leiters gegen Erde:

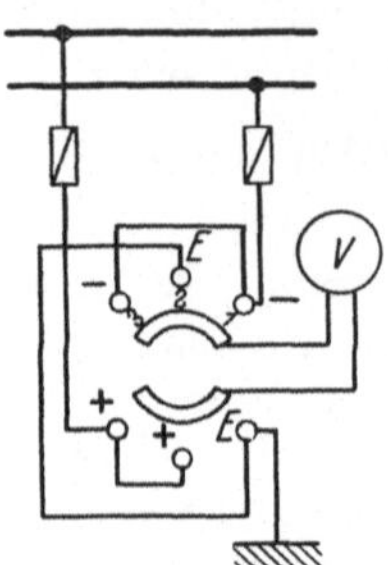
Abb. 121. Isolationsmessung in Gleichstrom-Zweileiteranlagen mit der Betriebsspannung.

$$R_{+,0} = R_V \cdot \left(\frac{U - U_2}{U_3} - 1\right); \qquad R_{-,0} = R_V \cdot \left(\frac{U - U_3}{U_2} - 1\right).$$

Der Isolierwiderstand der ganzen Anlage:

$$R = R_V \cdot \left(\frac{U_1}{U_2 + U_3} - 1\right).$$

18. Isolationsmessungen in Wechselstromanlagen. Bei Wechselstrom ist dieselbe Messung wegen der Ladeströme infolge der Kapazität der Leitungen nicht möglich. Man verzichtet deshalb auf die Messung des Isolationswiderstandes und begnügt sich mit der der Potentialdifferenz zwischen Leitern und Erde nach Abb. 122. Bei Erdschluß eines Leiters wird dessen Spannung gegen Erde Null. Die Abb. 122 gibt die Schaltskizze bei Drehstrom. Da die Kapazität der 3 Leitungen gegen Erde in der Regel fast gleich ist, so würde das Erdpotential im Schwerpunkt des Spannungsdreiecks liegen, d. h. die 3 Spannungsmesser zeigen bei gleicher Spannung in den 3 Phasen gleich an. Tritt ein Isolationsfehler F in der einen Phase R auf, so wird die Spannung $V_{R,0}$ zwischen der Phase R und dem Erdpotential niedriger, die Spannungen $V_{S,0}$ und $V_{T,0}$ entsprechend höher. Als Spannungsmesser benutzt man entweder elektrostatische Meßgeräte oder Instrumente in Verbindung mit Spannungswandlern, zum Teil kombiniert man die 3 Spannungsmesser zu einem Instrument. Die Firma Gossen-Erlangen hat ein Meßgerät (Asymmeter) entwickelt, mit dem Gleichgewichtszustände in Drehstromsystemen durch eine einzige Messung kontrolliert werden.

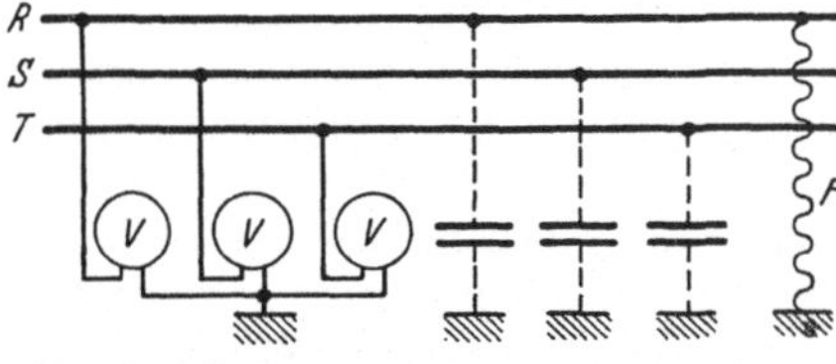
Abb. 122. Isolationsmessung einer Drehstromanlage.

Will man in Wechselstromanlagen, insbesondere bei Kabelprüfungen, mit hochgespanntem Gleichstrom arbeiten, so benutzt man hierzu neuerdings Glühkathodenventilröhren[2].

19. Messung bei Wechselstromanlagen mit überlagertem Gleichstrom. Die Spannung der Batterie (etwa 100 V) wird in Stellung *2* des Umschalters U der Abb. 123 gemessen. Dr ist eine Drossel, um den Wechselstrom in der Erdleitung möglichst zu verkleinern; um die Pulsationen des Gleichstromgalvanometers G noch weiter abzuschwächen, liegt im Nebenschluß zu G ein Kondensator C. Die Durchschlagsicherung DS hat den Zweck, das Meßgerät bei einem Durchschlag von Dr zu erden, R ist ein Schutzwiderstand für die Batterie. Statt der Batterie werden jetzt vielfach für

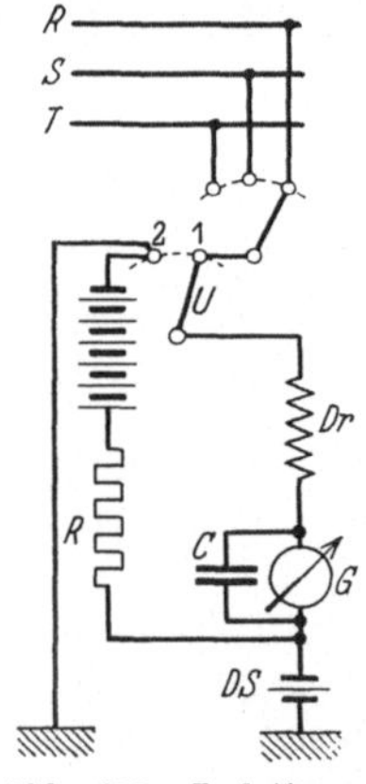
Abb. 123. Isolationsmessung bei Drehstrom mit überlagertem Gleichstrom.

[1] Siehe Stern-Kögler: Isolationsmessung u. Fehlerortsbestimmung 3. Aufl. Jänecke 1921. Siehe auch G. Schulz: Kritik der Methoden an Gleichstrom-Zweileiteranlagen. Elektrotechn. u. Maschinenb. Bd. 48 (1930) S. 991.

[2] Siehe darüber u. a. Mehlhorn: Siemens-Z. 1927 Heft 4.

kleine Netze und niedrige Spannungen Glimmlampengleichrichter, für höhere Spannungen und größere Netze Glühkathodengleichrichter genommen[1].

20. Messung mit fremder Stromquelle ohne Betriebsspannung. Zur Erzeugung der benötigten Spannung benutzt man fast allgemein Kurbelinduktoren von etwa 100 bis 2000 V, deren Scheitelfaktor durch passende Anordnungen (z. B. Abschrägung der Polschuhe) möglichst klein ist, etwa 1,5 beträgt, um die Spannungsspitze und die Kondensatorströme infolge der Netzkapazität klein zu halten[2]. Da der Isolationswiderstand von sehr viel Momenten abhängig ist (Temperatur, Feuchtigkeitszustand, Höhe der Prüfspannung), so ist eine genaue Messung ganz belanglos; Fehler von etwa 10% sind ohne weiteres zulässig, deshalb ist das genaue Einhalten einer bestimmten Geschwindigkeit der Drehkurbel des Induktors unwesentlich (etwa 1...2 sekundliche Umdrehungen, entsprechend 2000...3000 minutlichen Drehungen des Doppel-T-Ankers).

21. Fehlerortbestimmungen an Freileitungen und Kabeln[3]. Die Fehler bestehen in Leitungsunterbrechung, Erdschluß und Kurzschluß zwischen 2 Leitungen. Zum Aufsuchen des Fehlers muß man bei größeren Netzen durch Unterteilung den Fehler lokalisieren und den kranken Teil von dem gesunden trennen.

Leitungsunterbrechung: Man mißt die Kapazität des kranken Kabels, die der Länge des Kabels von der Meßstelle bis zur Unterbrechung proportional ist; zweckmäßig wird die Messung von beiden Enden aus ausgeführt. Entweder man mißt mit Wechselstrom den Ladestrom bei gegebener Spannung und Frequenz oder mit Gleichstrom den Ausschlag eines Stoßgalvanometers bei der Entladung des geladenen Leiters über das Instrument. Bei Freileitungen ist die Messung wegen der viel geringeren Kapazität und der Ableitung an den Isolatoren schwierig.

Erdschluß: Unter der Annahme, daß der Erdschlußwiderstand kleiner als etwa 1000 Ω ist, eignen sich im Prinzip Brückenmethoden, sonst sind sie meist zu unempfindlich. Es wird nach Abb. 124 $x : y = a : b$. Die Größe des Erdschlusses und evtl. EMKe an der kranken Stelle sind bei der angegebenen Schaltung ohne Einfluß. Die Ausführung ist schwierig, wenn — was die Regel ist — Anfang und Ende des Kabels nicht bequem zugänglich sind. In diesem Fall arbeitet man zweckmäßig mit Hilfskabeln oder Hilfsleitung nach Abb. 125 und 126. In Abb. 126 (Schleifenverfahren) ist angenommen, daß ein zweites gesundes Kabel die Verbindung zwischen dem Ende des kranken Kabels und der Meßstelle herstellen kann; der Drahtquerschnitt dieses Hilfskabels muß bekannt sein. Bei der Methode der Abb. 126 (Heinzelmann) muß neben der Rückleitung noch eine zweite gesunde Hilfsleitung zur Verfügung stehen. Bei der Stellung *1* des Umschalters sei der Galvanometerkreis stromlos, wenn der Kontakt am Meßdraht in *1* liegt, bei der Stellung *2* des Umschalters finde die Stromlosigkeit für die Stelle *2* des Meßdrahtes statt. Es ist dann: $x = \frac{a_1}{a_2} l$, wobei l die Gesamtlänge des kranken Kabels und a_1 und a_2 die Schleifdrahtlängen von A aus gerechnet im Fall der Stellung (*1*) und (*2*) des Umschalters sind. Die Verbindungen an den Kabelenden müssen möglichst widerstandsfrei sein. Bei der Spannungsabfallmethode (Abb. 127) wird von einer gut isolierten Batterie Strom in das Kabel geschickt und an den Enden die Spannung gegen Erde gemessen. Kommutierung des Stromes zur Beseitigung von Fehlern infolge von Polarisationserscheinungen. Die gemessenen Spannungen verhalten sich wie die Kabellängen x und y.

---

[1] Siehe darüber Mehlhorn: Kabelprüfeinrichtungen für hohe Gleichstromspannung. Siemens-Z. 1928 Heft 9 und 10.

[2] Siehe darüber u. a. Druckschrift von Siemens & Halske über Megohmmeter 1931.

[3] Siehe auch Simons: Elektrotechn. Z. Bd. 35 (1914) S. 708.

Kurzschluß: Um die Lage eines Kurzschlusses zwischen 2 Leitungen ohne gleichzeitigen Erdschluß festzulegen, benutzt man die gleichen Methoden wie

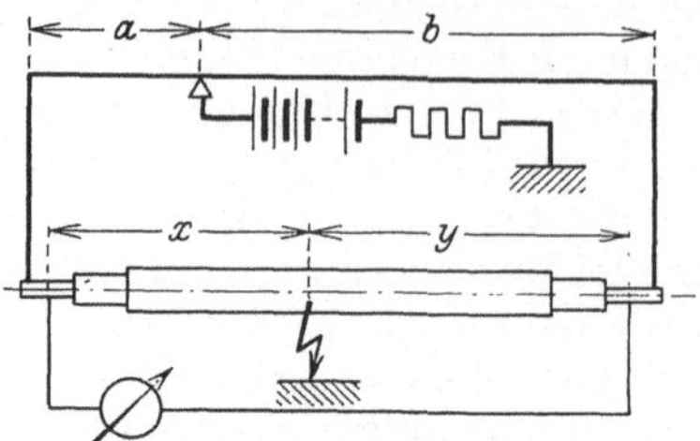

Abb. 124. Fehlerortsbestimmung mit der Wheatstoneschen Brücke.

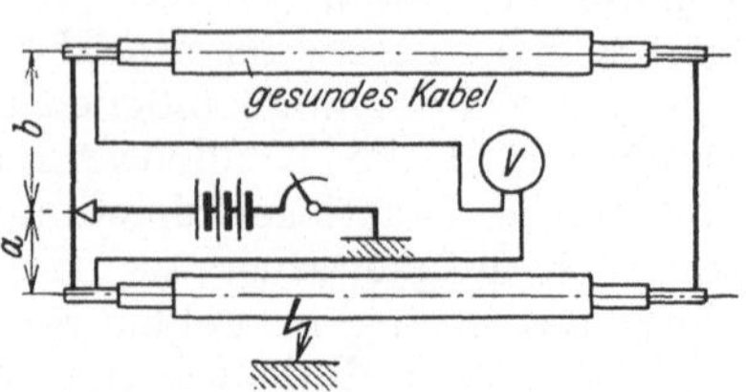

Abb. 125. Fehlerortsbestimmung mit Hilfskabel.

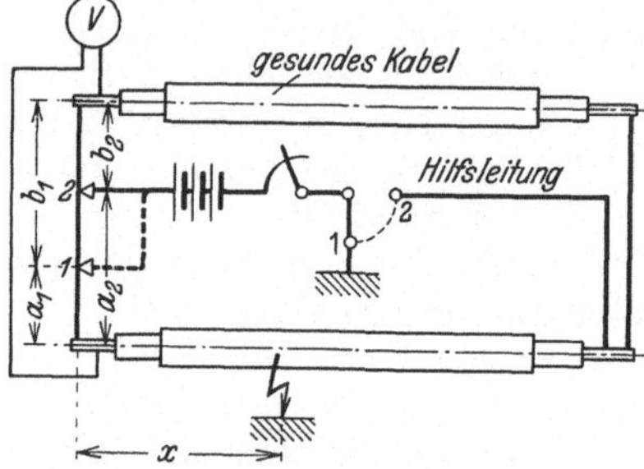

Abb. 126. Fehlerortsbestimmung mit Hilfskabel und Hilfsleitung.

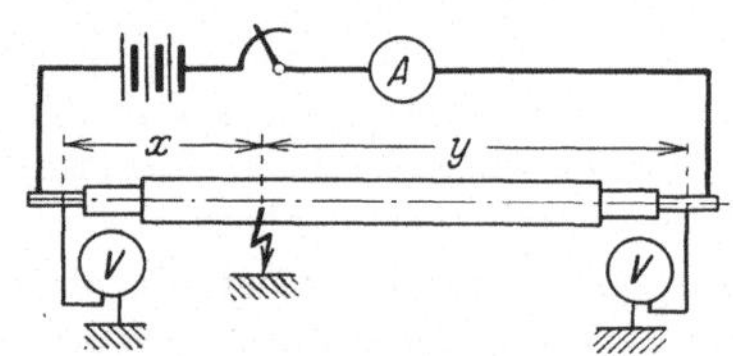

Abb. 127. Fehlerortsbestimmung mit 2 Spannungsmessungen.

bei der Auffindung eines Erdschlusses. Komplette Meßvorrichtungen — auch zur Messung der Kapazität von Kabeln — sind von vielen Firmen gebaut worden, die Ausführung ist sehr mannigfaltig, die Meßverfahren sind aber die gleichen wie die hier besprochenen.

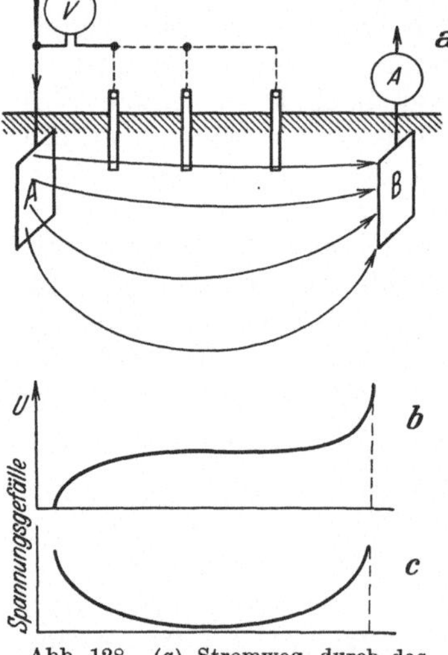

Abb. 128. (a) Stromweg durch das Erdreich, (b) Spannung zwischen einer Elektrode und einer Sonde, (c) Potentialgefälle längs der Verbindungsstrecke zwischen 2 gleichartigen Erdern.

22. Messungen an Erdungswiderständen[1]. Der Widerstand eines Leiters gegen das umgebende Erdreich liegt der Hauptsache nach an der Übergangsstelle von der Elektrode (Platte, Seil, Gitter, Rohr) ins feuchte Erdreich; der Widerstand des Erdreiches selbst ist — wenigstens bei Gleichstrom — gegen den Übergangswiderstand in der unmittelbaren Nähe der Elektrode fast stets zu vernachlässigen, weil der für die Stromlinien zur Verfügung stehende Querschnitt mit zunehmendem Abstand von der Elektrode immer größer wird. Schickt man daher über 2 gleichartige Leiter durch das homogene Erdreich einen Strom und mißt die Potentialdifferenz einer Prüfelektrode (Sonde) gegen den einen Leiter an verschiedenen Stellen längs der Verbindungslinie der 2 Leiter, so erhält man nach Abb. 128 in unmittelbarer Umgebung der Elektroden ein großes Spannungsgefälle, das in der Mitte fast auf Null zurückgeht, wenn der Abstand zwischen den 2 Leitern

[1] Siehe auch Leitsätze des VDE für Erdungen und Nullungen in Niederspannungsanlagen sowie Leitsätze für Schutzerdungen in Hochspannungsanlagen 1924. Löbl: Erdung, Nullung, Schutzschaltung. Berlin: Julius Springer 1933.

etwa 40 m übersteigt. Will man hiernach den Erdungswiderstand herunterdrücken, so kommt es vor allem darauf an, die Zahl der Übergangsstellen vom Erder zum Erdreich möglichst groß zu wählen (Großoberflächenerde) und das Erdreich selbst in dessen Umgebung gut leitend zu halten (Einbetten der Platten bis ins Grundwasser, Eintauchen der Elektroden in Brunnen, Begießen des Bodens um den Erder mit Salzwasser). Wegen Polarisationserscheinungen bei Gleichstrom mißt man den Erdungswiderstand mit Wechselstrom.

Die Schaltung der ältesten Brückenmethode (Wiechert) ist in Abb. 129 angegeben. Der Wechselstrom wird durch die zu messende Erde A in das Erdreich, mittels einer genügend weit entfernten Hilfserde B und eines festen Widerstandes R, geleitet. Im Nebenkreis liegt ein Meßdraht $A'D$ in Raupenform. Man legt auf diesem Meßdraht mittels Wechselstromnullinstrumentes einen Punkt C' fest, der mit einer Hilfserde C etwa in der Mitte zwischen A und B das gleiche Potential besitzt; desgleichen sucht man auf dem Widerstandsdraht einen Punkt B', der mit der Verbindung F von B und R das gleiche Potential hat; dann ist $R_A : AC' = R : B'D$, woraus der Widerstand R_A des Erders A zu entnehmen ist. Die Hilfserde C muß so weit von A entfernt sein, daß eine Lagenänderung das Resultat nicht merklich beeinflußt. Als Hilfserde wählt man u. a. einen Eisenstab, Gasrohr in etwa 1 m Länge in das Erdreich getrieben, und feuchtet

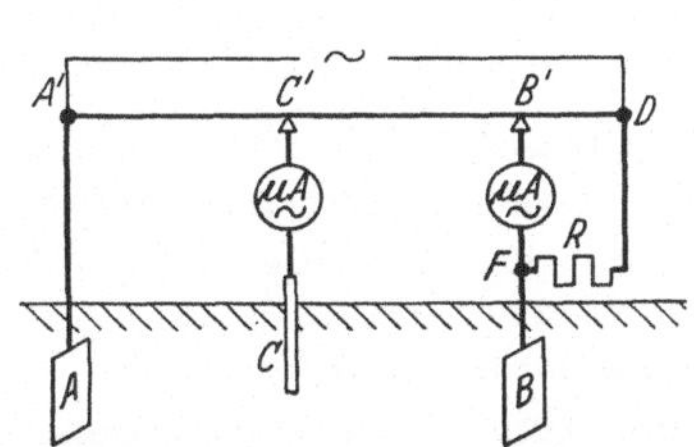

Abb. 129. Methode von Wiechert zur Messung von Erdungswiderständen.

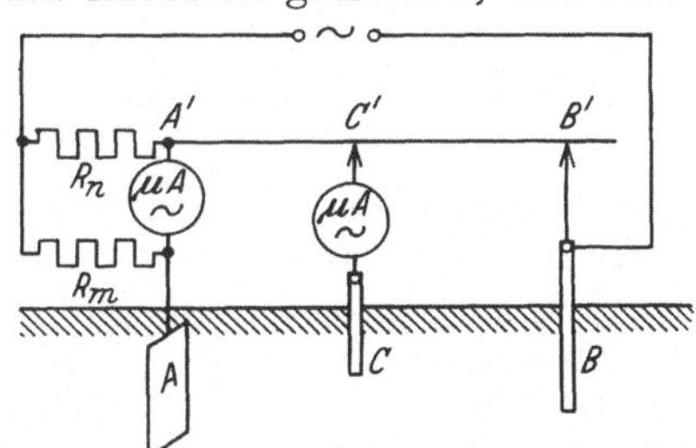

Abb. 130. Methode von Hartmann & Braun zur Messung von Erdungswiderständen.

das Erdreich in der Umgebung an. Der Widerstand von B und C beeinflußt nur die Meßgenauigkeit; je größer R_B und R_C, um so unempfindlicher ist die Messung.

Diese Methode ist wegen der 2 Messungen und der Rechnungen umständlich. Etwas einfacher und eleganter ist die Modifikation von Stössel (Ausführung von Hartmann & Braun). Die Schaltung ist in Abb. 130 wiedergegeben. Der Wechselstrom fließt durch einen festen Widerstand R_m, die Erde A und die Hilfserde B, parallel hierzu durch R_n und den Meßdraht. Man verschiebt zunächst den Punkt B' auf dem Meßdraht so lange, bis die Enden von R_m und R_n auf gleichem Potential sind, und hält diesen Punkt fest; dann sucht man einen Punkt C' auf dem Meßdraht, der mit dem zweiten Hilfserder C dasselbe Potential hat. Es ist dann $\frac{R_m}{R_n} = \frac{R_A}{R_{A'C'}}$; falls $R_m = R_n$ gewählt wird, so erhält man direkt auf dem Raupendraht die gesuchte Größe R_A; ist dagegen $\frac{R_m}{R_n} = 10$ oder $\frac{1}{10}$, so erhält man wieder R_A aus der Länge $A'C'$ durch Multiplikation mit 10 oder 0,1.

Bei der Ausführung von Siemens & Halske (Behrend) wird der gesuchte Erdungswiderstand R_A mit einer einzigen Messung abgelesen; benötigt werden allerdings auch 2 Hilfserden B und C. Nach Abb. 131 wird der Wechselstrom (Induktor) dem Erder A und der Hilfserde B über die Primärwicklung eines Stromwandlers W, dem Raupendraht $A'D$ über die sekundäre Wicklung dieses

Wandlers zugeführt. Das Übersetzungsverhältnis ist 1 : 1, d. h. bis auf die Komponente zur Magnetisierung und zur Deckung der Hysterese und Wirbelströme sind die Ströme J_1 und J_2 gleich.

Die 2 Wandlerwicklungen sind so geschaltet, daß der Strom im Erdreich von A nach B fließt, wenn er im Meßdraht von A' nach D gerichtet ist. Außerdem ist das eine Ende der beiden Spulen durch einen Verbindungsdraht zwangsweise auf gleichem Potential gehalten. Die Hilfserde C bildet mit einem Wechselstromnullinstrument und dem Schleifkontakt C' die Brücke. Es ist bei Stromlosigkeit $R_A = R_{A'C'}$. Die Ströme J_1 und J_2 sind nicht genau um 180° verschoben, man bekommt also keine Lage C', bei der der Strom ganz verschwindet.

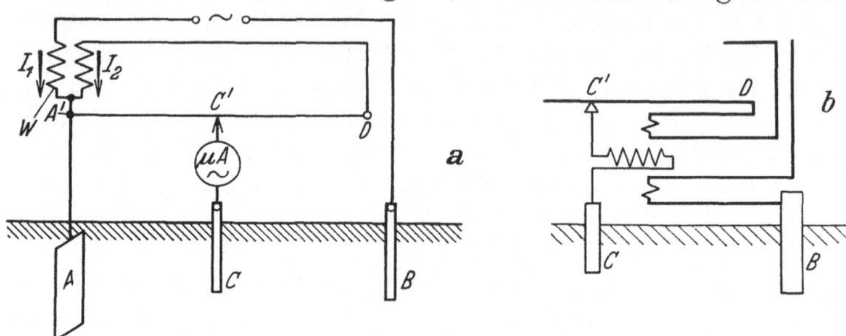

Abb. 131. (*a*) Methode von Siemens & Halske zur Messung von Erdungswiderständen, (*b*) Schaltung des eisengeschlossenen Stromdynamometers als Nullinstrument.

Diese Schwierigkeit wird nach Abb. 131 b dadurch behoben, daß statt Telephon oder Vibrationsgalvanometer ein eisengeschlossenes Leistungsdynamometer benutzt wird, dessen Spannungsspule im Brückenkreis liegt, während die Stromspulen nach Abb. 131 b von J_1 und J_2 durchflossen werden[1].

In roher Weise kann man auch den Erdungswiderstand durch eine Strom- und Spannungsmessung bestimmen; falls 2 gleichartige Erden vorhanden sind, mißt man den doppelten Wert eines einzigen Widerstandes. Falls nur die zu untersuchende Erde A vorhanden ist, sucht man eine praktisch widerstandsfreie Hilfserde (Erdplatte in Brunnen) zu benutzen, sonst werden die Messungen sehr ungenau. Bei großen Erdungswiderständen muß der Widerstand des Spannungsmessers berücksichtigt werden.

Allgemeine Literatur s. S. 19.

H. Phasenverschiebung.

Von **K. Schmiedel**, Nürnberg.

1. Herstellung von Phasenverschiebung.

1. Drosselspulen für Einphasenwechselstrom (Drosseln). Schaltet man nach Abb. 132 in einem Stromkreis eine Drossel D, so ist bei schwacher Belastung B der Strom J fast um 90° gegen die Spannung U_1 rückwärts verschoben. Ist die Belastung B induktiv, so bleibt auch bei großen Strömen eine große Phasenverschiebung erhalten, ist sie induktionsfrei, so darf ihr Widerstand nicht zu groß sein, wenn die vorgeschaltete Drossel noch wirksam sein soll. Durch Einschalten der Drossel ändert sich auch die Größe des Stromes J und der Spannung U_2: man muß dann die Spannung U_1 nachregeln, um die gewollte Stromstärke J und Spannung U_2 zu erhalten. Über regelbare Drosseln siehe S. 196.

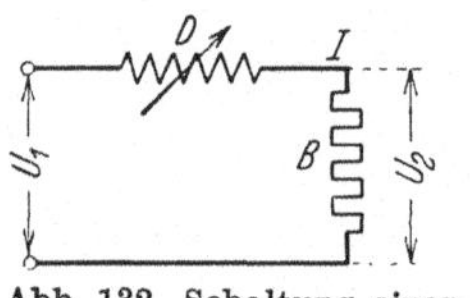

Abb. 132. Schaltung einer Vordrossel.

[1] Siehe Albrecht: Messung v. Erdungswiderständen. Siemens-Z. 1926 S. 248.

Eine Drossel mit Kraftflußregelung nach Abb. 133 vermeidet das Brummen und gestattet eine gleichmäßige Regelung der Selbstinduktion von nahe Null bis zu einem Höchstwert. Ihr Eisenkern ist unteilbar geschlossen, die Wicklung ist in zwei gleiche Hälften geteilt. Die eine Hälfte ist auf einer fest auf dem Eisenkern sitzenden Spule, die andere Hälfte auf drehbare Spulen so aufgewickelt, daß sie teilweise gegensinnig, teilweise gleichsinnig zur festen Wicklung auf den Eisenkern wirken kann. Der Strom wird dieser regelbaren Wicklung durch Schleifringe von großem Widerstand und Bürsten zugeführt. Ist die regelbare Hälfte der Wicklung voll gegensinnig zur festen aufgewickelt, so ist die Eigeninduktivität der Drossel nahezu Null, ist sie gleichsinnig aufgewickelt, so hat sie ihren Höchstwert.

Abb. 133. Drossel mit Kraftflußregelung.

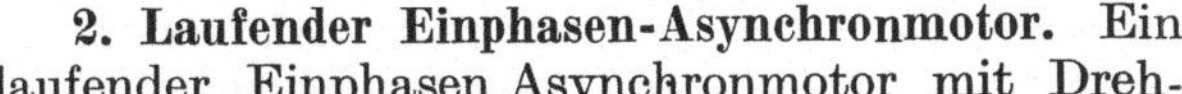

2. Laufender Einphasen-Asynchronmotor. Ein laufender Einphasen Asynchronmotor mit Drehstromwicklung auf dem Stator und nach Abb. 134a an die drei Klemmen angeschlossenen Regelwiderständen[1] gestattet eine weitgehende Regelung der Phase. Ist ein solcher Motor in bekannter Weise mit Hilfsphase angelaufen, so läuft er als Drehfeldmotor weiter und erzeugt in der in Stern geschalteten Statorwicklung ein fast symmetrisches Drehfeld.

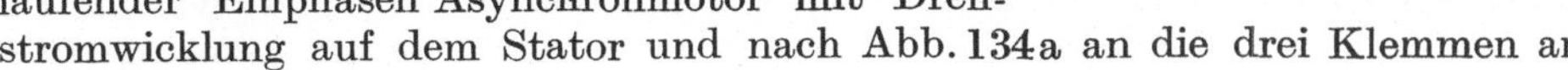

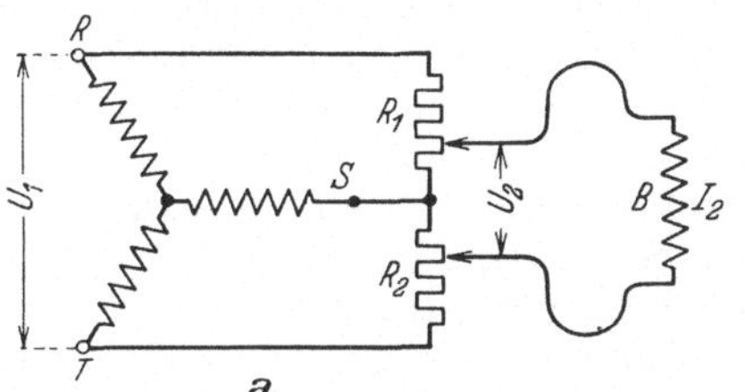

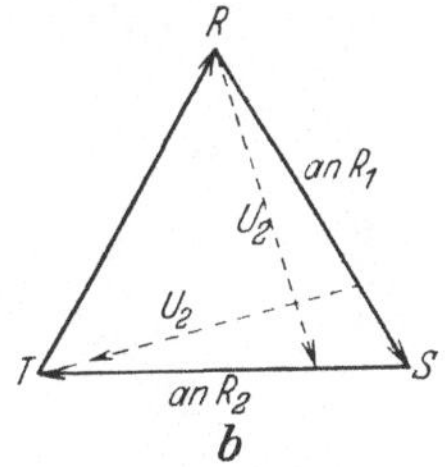

Abb. 134. Schaltung und Diagramm zum laufenden Einphasen-Asynchronmotor mit Widerständen.

Schließt man die Widerstände R_1 und R_2 an RS und ST an, so kann man Spannungen U_2 abgreifen, die um etwa 120° gegeneinander verschoben sind, vgl. Abb. 134b. Gegenüber U_1 kann man allerdings U_2 oder J_2 nur um etwa $\pm$ 60° verschieben.

3. Brückenschaltung[2]. Für kleine Belastungen bis etwa 20 VA ist die Schaltung nach Abb. 135a brauchbar. Bei sehr kleiner Belastung B ist die Spannung U_C am Kondensator C um 90° gegen die Spannung U_3 am Regelwiderstand R_3 nach vorwärts verschoben. Man erhält dann das Kreisdiagramm Abb. 135b, wonach man sieht, daß die Phasenlage von U_2 insgesamt um 180° geändert werden kann, gegen U_1 um $\pm 90°$. U_2 ändert dabei seine Größe nicht. Das Diagramm verzerrt sich, wenn B größer wird. Wählt man z. B. $R_1 = R_2 = 100\,\Omega$, $C = 10\,\mu\text{F}$, $R_3 = 0 \ldots 600\,\Omega$, so ändert sich bei konstanter Spannung U_1 und bei $B \sim 10$ VA Belastung U_2 um $\pm$ 10% in der Größe, wenn man die Phasenlage um 90° ändert.

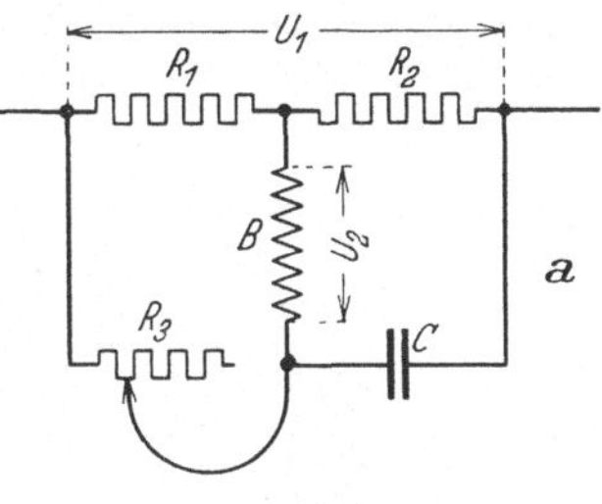

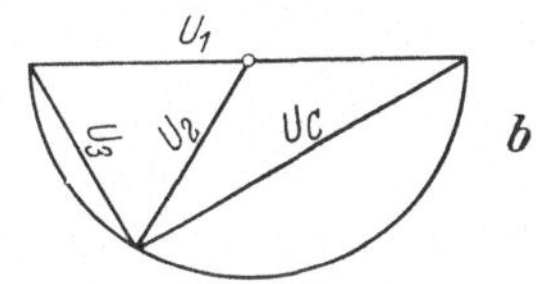

Abb. 135. Brückenschaltung und Diagramm zur Phasenregelung.

---

[1] Brückmann, H. W. L.: Elektrizitätszähler und Wandler S. 294. Leipzig: Oskar Leiner 1926.

[2] Déguisne: Arch. Elektrotechn. Bd. 5 (1917) S. 308. Geyger, W.: Helios 1923 S. 385.

4. Drosselspulen bei Drehstrom. Wie bei Einphasenstrom kann man Drosseln zur Phasenregelung verwenden. Da man aber mit Drehstrom immer ein Drehfeld erzeugen kann, hat man es in der Hand, viel größere Phasenverschiebungen ohne wesentliche Änderung der Spannung zu erzeugen.

5. Ringtransformator für Drehstrom. Eine sehr einfache Vorrichtung ist der altbekannte Phasenschieber von Wilkens[1], Abb. 136. Ein Eisenring ist auf seiner ganzen Länge bewickelt und wird an drei um 120^0 versetzten Stellen mit Drehstrom gespeist. Die auf der Außenfläche liegenden Drähte sind blank gemacht oder an eine kollektorähnliche Kontaktbahn herangeführt. Auf dieser kann man zwei oder drei Bürsten, die an einem um den Mittelpunkt des Ringes drehbaren Arm gelagert sind, verschieben. Verschiebt man die Bürsten von einer Stelle an die andere, so trifft das Maximum des Drehfelds zu einer anderen Zeit an der Berührungsstelle ein. Die Phasenlage der abgenommenen Spannung kann um 360^0 verändert werden, ohne daß sich ihre Größe ändert.

Abb. 136. Ringtransformator zur Phasenregelung.

Abb. 137. Ruhender Drehstrommotor mit verstellbarem Rotor.

6. Ruhender Drehstrommotor. Weit verbreitet ist der Drehstromphasenschieber nach Abb. 137. Dieser ist ein festgebremster Schleifringmotor. Dem Stator wird Drehstrom zugeführt, das Drehfeld erzeugt im Rotor Spannungen gleicher Frequenz, deren Phasenlage je nach der räumlichen Stellung des Rotors verschieden ist. Sie werden dem zu prüfenden Apparat durch Schleifringe und Bürsten oder durch an der Rotorwicklung befestigte Kabel, die sich mit ihr bewegen können, zugeführt. An der Achse des Rotors ist ein Handgriff angebracht, der durch eine Feder gegen einen feststehenden Ring gepreßt wird und den Rotor an der Drehung hindert. Löst man durch Anfassen des Griffes die Bremsung, so kann man den Rotor in eine beliebige Stellung bringen. Die Phasenlage der Rotorspannungen kann man um 360^0 gegen die der Statorspannungen ändern. Die Größe der Spannungen ändert sich je nach der Wicklungsverteilung etwas mit der Lage des Läufers[2].

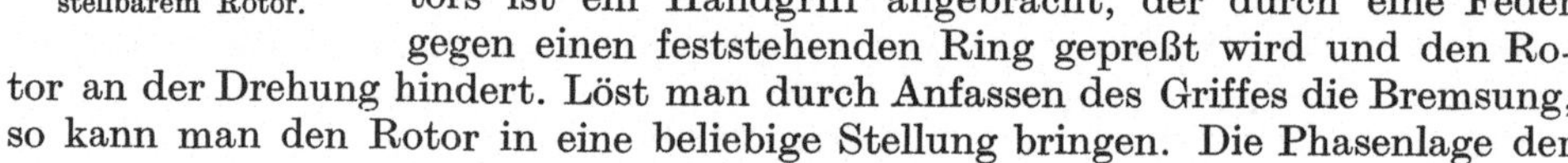

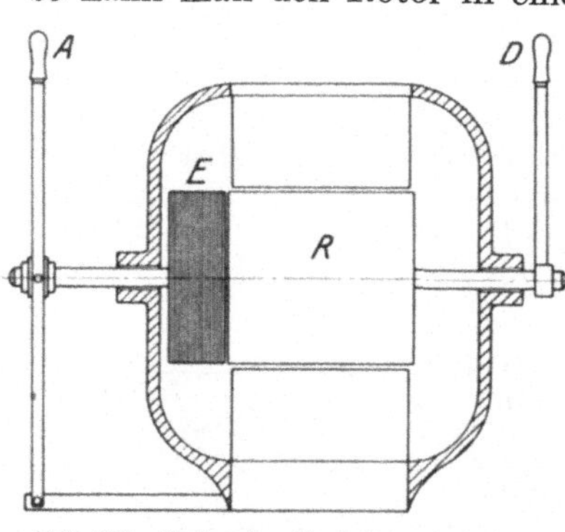

Abb. 138. Ruhender Drehstrommotor mit maxialer Verstellung zum Ausgleich von Spannungsänderungen.

Bei der Ausgestaltung des Phasenschiebers nach Abb. 138 kann man den Rotor nicht nur mit dem Griff *D* drehen, sondern auch noch axial mit dem Griff *A* verschieben. Ein unbewickeltes Eisenpaket *E* sorgt dafür, daß das Drehfeld des Stators bei axialer Verschiebung unverändert bleibt, die Größe der im Rotor induzierten Spannung ändert sich mit der axialen Stellung und kann genau eingestellt werden.

7. Doppelgenerator. In solchen Laboratorien und Eichräumen, in denen man viele genaue Leistungsmessungen in Sparschaltung auszuführen hat, lohnt sich die Aufstellung eines Doppelgenerators. Ein solcher Maschinensatz besteht aus einem Gleichstromnebenschlußmotor,

---

[1] Elektrotechn Z. Bd. 17 (1896) S. 501.

[2] Siehe S. 199 und Abb. 238, S. 200.

der von einer Akkumulatorenbatterie gespeist wird und daher mit sehr konstanter Drehzahl läuft; er treibt zwei Drehstromgeneratoren an, deren einer normal ausgeführt ist; beim zweiten ist der Stator in einer ringförmigen Führung drehbar gelagert und mit einem Zahnkranz versehen, in den eine von außen drehbare Schnecke eingreift. Ähnlich wie beim Drehstromphasenschieber nach Abb. 137 wird je nach seiner räumlichen Stellung die Phasenlage der entnommenen Spannungen geändert. Die Frequenz wird durch die Erregung des Gleichstrommotors, die Spannungen der beiden Drehstromgeneratoren werden durch deren Erregungen geregelt. Solche Doppelgeneratoren werden für Frequenzen von 25 . . . 60 Hz oder 40 . . . 100 Hz und für hohe Leistungen ausgeführt.

2. Messung des Leistungsfaktors.

8. Kreuzspulinstrument[1]. Die direkte Messung des Leistungsfaktors mit den gebräuchlichen Leistungsfaktormessern ist nur bei Einphasen- oder Dreiphasenwechselstrom mit gleichbelasteten Phasen möglich. Abb. 139a zeigt die Schaltung des einfachen Kreuzspulenleistungsfaktormessers. Er ist ein eisenloses Elektrodynamometer mit einer festen Spule, die vom Strom J durchflossen wird und zwei rechtwinklig zueinander auf gemeinsamer Achse befestigten beweglichen Spulen I und II, deren Ströme i_1 und i_2 um 90° in der Phase gegeneinander verschoben sind. Die Verschiebung wird durch eine Kunstschaltung erreicht, deren Wirkung im Diagramm Abb. 139b angegeben ist. Die Stromzuführungen zu den beweglichen Spulen sind als dünne Federn ohne Richtkraft ausgebildet, das Gegendrehmoment wird wie bei allen Kreuzspulinstrumenten durch die Spulen selbst erzeugt. Im stromlosen Zustande stellt sich der Zeiger auf eine beliebige Stellung ein. Fließen die Ströme J, i_1 und i_2 in den Spulen, so sind bei einem Phasenwinkel φ zwischen J und U und einem Skalenwinkel α die Drehmomente der Spulen I und II

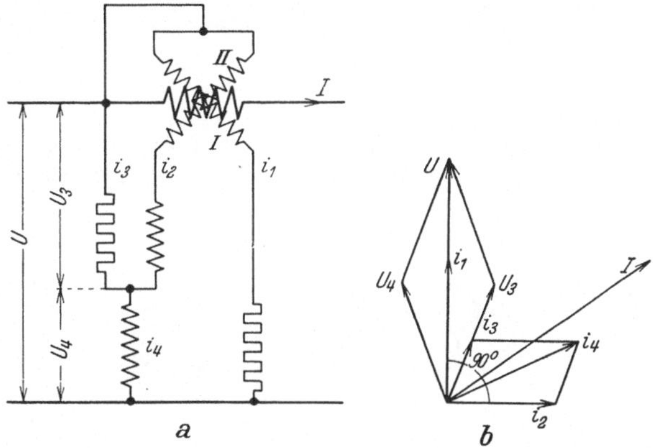

Abb. 139. Schaltung und Diagramm des Kreuzspul-Leistungsfaktormessers.

Abb. 140. Skala des Kreuzspul-Leistungsfaktormessers.

$$D_1 = c_1 \cdot J \cdot i_1 \cdot \cos\varphi \cdot \sin\alpha \quad \text{(wie beim Leistungsmesser)},$$

$$D_2 = c_2 \cdot J \cdot i_2 \cdot \cos(90^0 - \varphi) \ \sin(90^0 - \alpha)$$

$$= c_2 \cdot J \cdot i_2 \cdot \sin\varphi \cdot \cos\alpha \quad \text{(Gegendrehmoment)}.$$

Das Instrument stellt sich so ein, daß $D_1 = D_2$ ist. Macht man $c_1 = c_2$ und $i_1 = i_2\sqrt{3}$, dann wird $\operatorname{tg}\alpha = \frac{\operatorname{tg}\varphi}{\sqrt{3}}$ und man erhält für induktive Last die in Abb. 140 dargestellte Skala mit $\varphi = 60^0$, $\cos\varphi = 0{,}5$ in der Mitte. Die Angaben

[1] Bruger: Elektrotechn. Z. Bd. 19 (1898) S. 476.

sind von der Spannung wenig abhängig, weil sich i_1 und i_2 annähernd proportional der Spannung ändern; dagegen ändern sie sich sehr stark mit der Frequenz.

9. Frequenzunabhängiges Kreuzspulinstrument[1]. Die Schaltung nach Abb. 141a wird von Frequenzschwankungen fast gar nicht beeinflußt. Die Spule *I* ist wie in Abb. 139 geschaltet. Die Spule *II* ist in zwei gleiche Teile *IIa* und *IIb* aufgeteilt; der eine Teil ist mit einem Kondensator, der andere mit einer Drossel hintereinandergeschaltet. Die Ströme i_{2a} und i_{2b} sind also nahezu in Gegenphase; die Spulen sind aber so geschaltet, daß sich die Ströme addieren, Abb. 141b. Nimmt nun die Frequenz z. B. zu, so nimmt i_{2a} ab, i_{2b} aber um den gleichen Betrag zu, und das Drehmoment ändert sich nicht. Zwischen 40 und 70 Hz ist der Anzeigefehler geringer als 1° elektrisch.

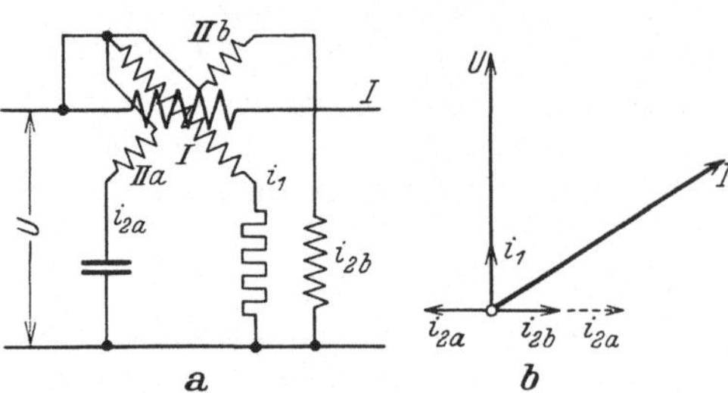

Abb. 141. Schaltung und Diagramm des frequenzunabhängigen Kreuzspul-Leistungsfaktormessers.

Im übrigen ist die Wirkungsweise die gleiche wie beim Leistungsfaktormesser nach Abb. 139a.

Kreuzspulinstrumente werden auch als eisengeschlossene, elektrodynamische[2] hergestellt, wodurch das Drehmoment erheblich vergrößert wird, so daß sie als Registrierinstrumente Verwendung finden.

Bei anderen Instrumenten sind die Spannungsspulen, z. B. auf Eisenkernen, feststehend angeordnet, die Stromspule beweglich; sie wird von einem Stromwandler gespeist[3].

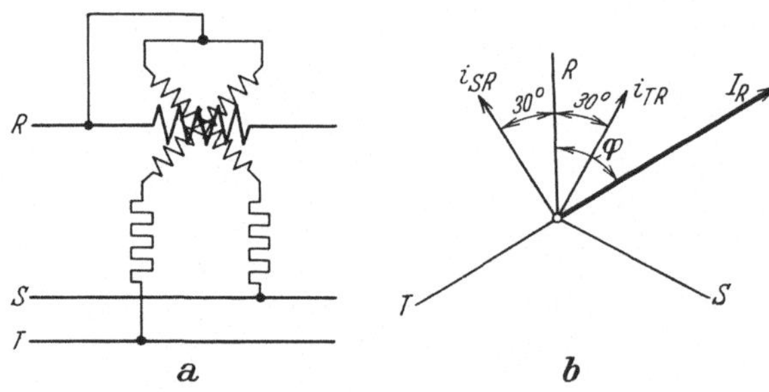

Abb. 142. Schaltung und Diagramm des Kreuzspul-Leistungsfaktormessers für Drehstromanschluß.

10. Kreuzspulinstrumente mit Drehstromanschluß. In Drehstromnetzen benutzt man die einfachere Schaltung nach Abb. 142a. Die feste Spule wird vom Strom der Phase *R* gespeist, die beweglichen Spulen sind unter Vorschaltung von winkelfreien Widerständen an die Spannungen *RS* und *TR* angeschlossen. Versetzt man hier den Zeiger um 45° räumlich gegenüber der Stellung, die er beim Instrument nach Abb. 139 gegenüber den beweglichen Spulen hat, so sind die Drehmomentgleichungen zu schreiben:

$$D_{SR} = c_1 \cdot J \cdot i_{SR} \cdot \cos(30^0 + \varphi) \cdot \sin(\alpha + 45^0),$$
$$D_{TR} = c_2 \cdot J \cdot i_{TR} \cdot \cos(30^0 - \varphi) \cdot \cos(\alpha + 45^0).$$

Im stabilen Gleichgewicht ist $D_{SR} = D_{TR}$; ferner macht man $c_1 = c_2$ und $i_{SR} = i_{TR}$. Dann ist $\operatorname{tg}(\alpha + 45^0) = \frac{\cos(30^0 - \varphi)}{\cos(30^0 + \varphi)}$, woraus man durch Umrechnung erhält $\operatorname{tg}\alpha = \frac{\operatorname{tg}\varphi}{\sqrt{3}}$. Vgl. Diagramm Abb. 142b. Das Instrument hat die Skala nach Abb. 140. Andere beliebige Skalen kann man durch andere Wahl der Spulenströme, der Spulenwinkel und der Phasenwinkel herstellen.

---

[1] Edgenuble, Everett: (L. Murphy) Electrician Bd. 72 (1913) S. 454.
[2] Ausführung von Siemens & Halske. [3] Ausführung von Hartmann & Braun.

Will man mit den genannten Instrumenten außer dem Leistungsfaktor bei induktiver Last auch den bei kapazitiver Last messen oder noch bei Hin- und Rücklieferung (vertauschte Richtung von J), so muß man Umschalter vorsehen, die entsprechende Vertauschungen zulassen. Dies ist aber umständlich.

11. Kreuzeiseninstrumente. In Abb. 143 ist ein Kreuzeisenleistungsfaktormesser[1] dargestellt, der die Messung aller Leistungsfaktoren bei induktiver und kapazitiver Last für Hin- und Rücklieferung auf einer 360°-Skala zu messen gestattet. Das Schaltbild zeigt Abb. 144. Die Stromspule ist in zwei Teile A und B geteilt und auf einem Eisenring E angeordnet. Sie ist in die Phase R eingeschaltet. Die Spannungsspulen I und II sitzen auf festen Trägern innerhalb der Stromspule und sind ohne Vorwiderstände an die Spannungen RS und RT angeschlossen. Auf der durch die Spannungsspulen gehenden Zeigerachse Z sitzen zwei senkrecht gekreuzte, magnetisch getrennte Doppelflügel aus Eisen, die die mit der Zeigerachse konaxialen Felder der Spannungsspulen gleichsam in eine Lage senkrecht zur Zeigerachse drehen. Die Wirkungsweise des Instruments entspricht also genau der des in Abb. 142 dargestellten Kreuzspulinstruments, wie sich aus dem Diagramm Abb. 145 ergibt, wo die Flüsse der Spulen oder der Flügel mit Φ bezeichnet sind. Ein Skalenbild zeigt Abb. 146.

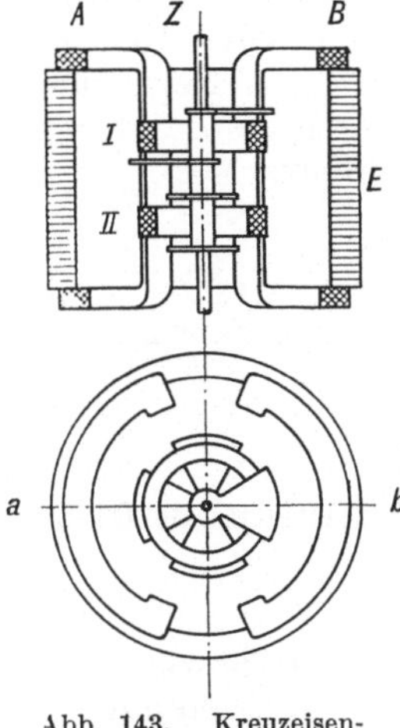

Abb. 143. Kreuzeisen-Leistungsfaktormesser.

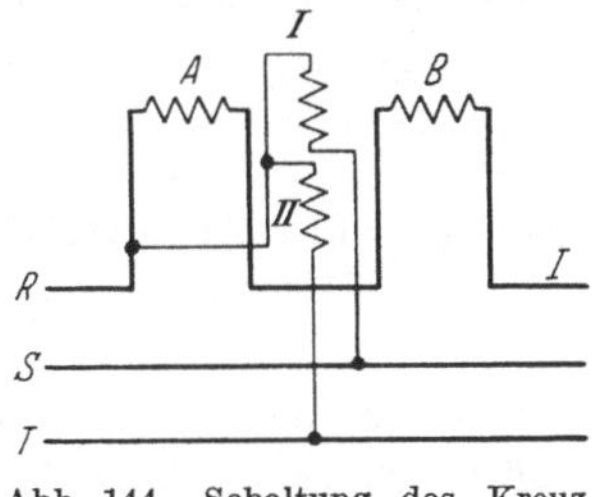

Abb. 144. Schaltung des Kreuzeisen-Leistungsfaktormessers.

Die Meßgenauigkeit aller beschriebenen Leistungsfaktormesser ist nicht sehr groß; abgesehen davon, daß sie fast sämtlich von Frequenzschwankungen abhängig sind, sind sie bei kleinem Strom J ungenau, weil dann die Drehmomente sehr klein sind und die Reibungsmomente eine verhältnismäßig große Rolle

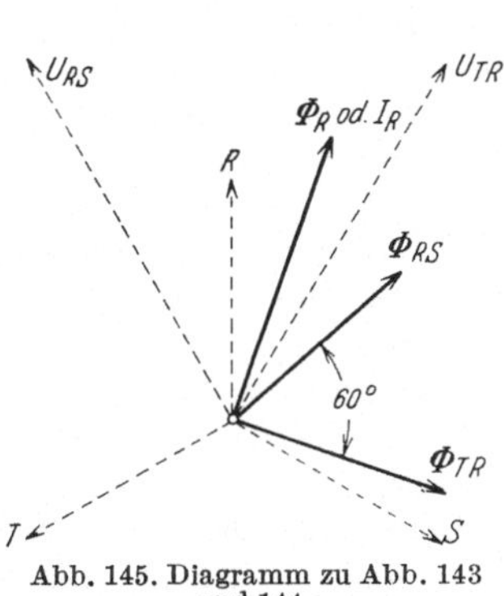

Abb. 145. Diagramm zu Abb. 143 und 144.

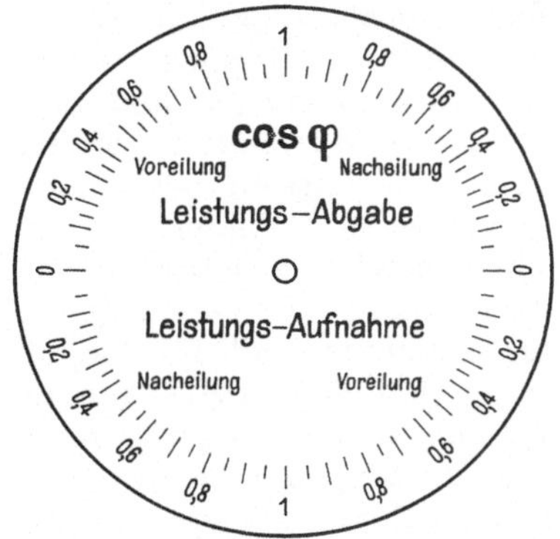

Abb. 146. Skala des Kreuzeisen-Leistungsfaktormessers.

spielen. Bei großem Strom J kann die Meßgenauigkeit mit etwa ½ Winkelgrad angenommen werden, gute Eichung vorausgesetzt.

12. Mittlerer Leistungsfaktor in Drehstromanlagen. Wie oben gesagt, sind die Angaben der genannten Instrumente für Drehstrom nur dann richtig, wenn alle

[1] Kühnel, E.: Elektrotechn. Z. Bd. 45 (1924) S. 1002.

Phasen gleich belastet sind und das Spannungsdreieck symmetrisch ist. H. Kafka[1] hat zwar einen Leistungsfaktormesser mit Aronschaltung der beiden Meßwerke angegeben, der bei ungleicher Belastung den mittleren Leistungsfaktor anzeigt, dieser wird jedoch nicht hergestellt.

In Anlagen, in denen man den mittleren Leistungsfaktor kennen will, hat sich die folgende Methode allgemein eingeführt: Man schaltet zwei schreibende Höchstverbrauchmesser (S. 85), den einen für Drehstromwirkverbrauch, den andern für Drehstromblindverbrauch, hintereinander und läßt ihre Höchstverbrauchschreiber durch die gleiche Uhr auslösen. An dem einen Registrierstreifen liest man den mittleren Wirkverbrauch, an dem anderen den mittleren Blindverbrauch für die gleiche Registrierperiode ab. Der Quotient

$$\frac{\text{Mittlerer Blindverbrauch}}{\text{Mittlerer Wirkverbrauch}}$$

ergibt den mittleren $\operatorname{tg}\varphi$, woraus man den mittleren Leistungsfaktor $\cos\varphi$ aus einer Tabelle entnehmen kann.

J. Kapazität von Kondensatoren; Dielektrizitätskonstante.

Von **R. Vieweg**, Berlin.

1. Allgemeines über Kondensatoren. Der Bereich der in der Starkstromtechnik in Betracht kommenden Kapazitäten erstreckt sich von wenigen $\mu\mu$F — die Kapazität der Ablenkplatten in einem Kathodenoszillographen hat z. B. solche Größe — bis zu mehreren Tausend μF, wie sie z. B. große Einheiten von Kondensatoren zur Phasenverbesserung aufweisen. Sehr groß sind auch die Unterschiede in den dielektrischen Verlustfaktoren. Für Meßzwecke braucht man verlustfreie Normal-Luftkondensatoren und verlustarme Präzisionsglimmerkondensatoren, bei denen $\operatorname{tg}\delta$ (s. S. 225) in der Größenordnung 10^{-4} liegt. Die schon genannten Kondensatoren zur Phasenverbesserung haben Verlustfaktoren zwischen 10^{-3} und 10^{-2}, bei manchen Isolierstoffen, die zu Installationen bei kleinen Spannungsbeanspruchungen dienen, hat $\operatorname{tg}\delta$ Werte bis zu 10^{-1}. Und nimmt man auch die Kondensatoren zu unserem Bereich, die beim Übergang zwischen Starkstromanlagen und Schwachstrominstallationen, insbesondere in Rundfunkanlagen Verwendung finden, so wären auch die Elektrolytkondensatoren zu berücksichtigen, bei denen Verlustfaktoren von $\operatorname{tg}\delta = 1$ vorkommen. Mit den umrissenen Gebieten der Kapazitäts- und Verlustwerte ist zugleich der Spannungsbereich angedeutet worden, der sich von einigen Volt bei Elektrolytkondensatoren bis zu einigen Hundert kV bei den Kondensatoren für Überspannungsschutz und für Kopplung von Starkstromnetzen mit Anlagen zur leitungsgerichteten Hochspannungstelephonie erstreckt. Weniger mannigfaltig sind die in der Starkstromtechnik wichtigen Frequenzen. Hier überwiegt die Bedeutung der 50 Hz; für Meßzwecke ist noch 800 Hz als oft gebrauchte Normalmeßfrequenz zu nennen. Auch die Zwischenwerte kommen natürlich vor, ebenso wie nach unten alle Frequenzen interessieren, die Gleichspannung eingeschlossen.

Es leuchtet ein, daß der Meßtechnik aus dieser Vielheit zu berücksichtigender Faktoren große Aufgaben erwachsen. Es ist kaum möglich, jedenfalls aber nicht zweckmäßig, mit einer Anordnung das ganze Gebiet oder auch nur den größten Teil erfassen zu wollen. So sind eine große Anzahl für die verschiedenen Ver-

[1] Elektrotechn. Z. Bd. 45 (1924) S. 1429.

wendungszwecke zugeschnittener Meßeinrichtungen in Gebrauch, deren hauptsächlichste hier erörtert werden sollen. Dabei ist besonders berücksichtigt, daß bei dem ständigen Fortschritt der Technik im Bau von Kondensatoren mit immer kleinerem und konstanterem Verlust Präzisionsmeßeinrichtungen Eingang in die Praxis der Prüffelder finden, während sie noch vor kurzem nur in wenigen Speziallaboratorien bekannt waren.

Die Messung der Kapazität, der dielektrischen Verluste und der Dielektrizitätskonstanten bei Hochspannung sind in dem Kapitel Hochspannungsmessungen (S. 209 u. 225) behandelt, auch über die Hochspannungs-Meßkondensatoren ist das Wichtigste dort gesagt (S. 210). Verwiesen sei ferner auf den Abschnitt über die Kapazitätsbestimmung an Kabeln (S. 234).

2. Berechnung von Kapazitäten. Die praktische Einheit (vgl. S. 3) der Kapazität ist das Farad. Ein Kondensator, der durch die Elektrizitätsmenge 1 Amperesekunde oder 1 Coulomb zur Spannung 1 Volt aufgeladen wird, hat die Kapazität 1 Farad (1 F). Für die Umrechnung in die noch viel benutzte elektrostatische Kapazitätseinheit cm gilt:

$$1 \text{ cm} = 1{,}11 \ \mu\mu\text{F}. \quad (1 \ \mu\mu\text{F} = 10^{-6} \ \mu\text{F} = 10^{-12} \text{ F}).$$

Die Ermittlung der Kapazität von Kondensatoren durch Ausmessung ihrer geometrischen Dimensionen spielt eine praktische Rolle u. a. bei der Messung der Dielektrizitätskonstanten von festen und flüssigen Isolierstoffen. In Frage kommen Dreiplattenkondensatoren[1] und besonders Schutzringkondensatoren, die sowohl als Platten- wie als Zylinderkondensatoren ausgeführt werden. Beispiele sind in dem Kapitel V, Ziffer 6 und den Abb. 285 u. 298 gegeben[2]. Die üblichen Meßkondensatoren (siehe z. B. Ziffer 3) haben keine berechenbaren Kapazitätswerte, man stellt diese vielmehr durch Messung fest.

Im allgemeinen ist die Kapazität eines Kondensators nicht genau definiert, weil nicht alle Feldlinien nur zwischen den beiden Belegungen verlaufen, sondern ein — meist kleiner — Teil von den Belegungen zur Erde geht. Die Unbestimmtheit in der Kapazität ist somit auch von der Aufstellung des Kondensators abhängig. Abhilfe schafft die Abschirmung (vgl. auch S. 209); man umgibt die Belegungen völlig mit einer leitenden Hülle. Zwischen den Belegungen (1,2) und der Hülle (0) bestehen die „Teilkapazitäten" k_{10} und k_{20}, während k_{12} die Teilkapazität zwischen den Belegungen bezeichnet. Bei praktischen Messungen wird oft die eine Belegung mit der Hülle verbunden. Je nach der Schaltung erhält man die „Betriebskapazitäten"

$$k_I = k_{12} + k_{10} \qquad \text{oder} \qquad k_{II} = k_{12} + k_{20}$$

und wenn die Hülle von beiden Belegungen isoliert bleibt, angenähert:

$$k_{III} = k_{12} + \frac{k_{10}\, k_{20}}{k_{10} + k_{20}}.$$

Für ungeschützte Kondensatoren tritt, sofern nicht noch die Teilkapazitäten gegen andere Leiter zu berücksichtigen sind, an Stelle der Hülle die Erde. Da oft $k_{12} \gg k_{10}$ und k_{20}, bezeichnet man k_{12} schlechthin als Kapazität des Kondensators[4]. Über die Messung der Teilkapazitäten in der Brücke siehe Ziff. 6, ferner Giebe a. a. O. und Kohlrausch a. a. O.

[1] Z. B. Grüneisen u. Giebe: Verh. dtsch. physik. Ges. Bd. 14 (1912) S. 921.

[2] Über einen Plattenschutzringkondensator höchster Präzision als absolutes Kapazitätsnormal für die Zwecke der Lichtgeschwindigkeitsbestimmung siehe Schering u. Giebe: Tätigkeitsbericht der Physikalisch-Technischen Reichsanstalt für 1926; Z. Instrumentenkde. Bd. 47 (1927) S. 282.

Die Kapazitätsberechnung bei einfachen geometrischen Formen des Kondensators ist auf S. 209 besprochen. Eine allgemeine Betrachtung des Verhaltens von Kapazitäten im Wechselstromkreis findet sich auf S. 225. Dort ist auch erörtert, wie man eine mit Verlust behaftete Kapazität durch zwei verschiedene Ersatzschemata als ideale Kapazität in Reihe oder parallel mit einem Widerstand darstellen kann.

Für die Berechnung einer Kombination von mehreren Kapazitäten gelten folgende Hauptbeziehungen, bei denen von zusätzlichen Kapazitäten der Verbindungsleitungen und von gegenseitiger Beeinflussung abgesehen ist. Sind die Kapazitäten parallel geschaltet, so ist die Gesamtkapazität gleich der Summe der einzelnen. Der resultierende Verlustfaktor $\operatorname{tg}\delta$ der Kombination ist

$$\operatorname{tg}\delta = \frac{c_1 \operatorname{tg}\delta_1 + c_2 \operatorname{tg}\delta_2 + c_3 \operatorname{tg}\delta_3 + \cdots}{c_1 + c_2 + c_3}.$$

Die Gesamtableitung g der Kombination ist

$$g = g_1 + g_2 + g_3 + \cdots.$$

Liegen mehrere Kondensatoren in Reihe, so ist die resultierende Kapazität c

$$\frac{1}{c} = \frac{1}{c_1} + \frac{1}{c_2} + \frac{1}{c_3} + \cdots.$$

Die Formeln für Verlustfaktor und Ableitung seien hier auf den Fall zweier Kondensatoren beschränkt. Es ist

$$\operatorname{tg}\delta = \frac{c_1 \operatorname{tg}\delta_2 + c_2 \operatorname{tg}\delta_1}{c_1 + c_2},$$

$$g = \frac{g_1 c_2^2 + g_2 c_1^2}{(c_1 + c_2)^2},$$

wobei angenommen ist, daß die Verlustfaktoren klein sind (etwa $< 0{,}1$), da sonst auf das Ersatzschema der Kapazitäten Rücksicht genommen werden muß. Meßtechnisch und für die praktische Verwendung von Kondensatoren in Reihenschaltung ist wichtig, daß die Spannungsverteilung bei Wechselspannung im allgemeinen umgekehrt wie die Kapazitäten erfolgt, während bei Gleichspannung die Ableitung, nicht die Kapazität für die am einzelnen Kondensator einer Reihe sich einstellende Spannung maßgebend ist.

3. Präzisionsmeßkondensatoren. Normalkondensatoren, die höchsten Ansprüchen in bezug auf Definition und zeitliche Konstanz des Kapazitätswertes bei völliger Verlustfreiheit genügen, haben als Dielektrikum Luft. In der Physikalisch-Technischen Reichsanstalt werden Luftkondensatoren, die je zwei Systeme von ineinandergreifenden kreisförmigen Metallplatten als Belegung haben, für Feinmeßzwecke verwandt. Die Kondensatoren, die von Schering und Schmidt[1] konstruiert, von Giebe[2] verbessert worden sind, werden in Einheiten von 10 bis 100000 $\mu\mu$F von den Firmen Spindler & Hoyer, Göttingen, und O. Selinger, Berlin, nach den Modellen der Reichsanstalt hergestellt. Jedes der beiden Plattensysteme ist vom anderen und von dem beide vollständig umschließenden Gehäuse durch wenige Quarzstücke isoliert. Die Konstruktion ist so gewählt, daß der Verlust der Kondensatoren trotz dieser unvermeidlichen Abstützung durch festes Dielektrikum unter jedem meßbaren Betrag bleibt. Durch einfaches Aufeinandersetzen können mehrere Kondensatoren parallel

[1] Z. Instrumentenkde. Bd. 32 (1912) S. 253.

[2] Giebe u. Alberti: Z. techn. Physik Bd. 6 (1925) S. 98. Giebe u. Zickner: Z. Instrumentenkde. Bd. 53 (1933) S. 1.

geschaltet werden, wobei die Verbindung der Systeme von Kondensator zu Kondensator in bequemster Weise durch Doppelbananenstecker erfolgt. Die Gesamtkapazität ist streng gleich der Summe der Kapazitäten der Einzelkondensatoren. Zum Anschluß der Kondensatoren dient ein besonderer Untersatz mit ebenfalls genau definierten Kapazitäten. Außer den Normalkondensatoren mit festen Kapazitätsbeträgen werden auch Normaldrehkondensatoren nach ähnlichem Konstruktionsprinzip hergestellt. Die kleinsten Einheiten umfassen hier 10...30 $\mu\mu$F, die größten gehen bis zu 5000 $\mu\mu$F.

Die beschriebenen Normalkondensatoren sind natürlich nicht die einzigen bekannten Ausführungsformen von Feinmeßkondensatoren, sie sind hier nur als Beispiele bewährter Konstruktion erwähnt. Auf die zahlreichen besonders mit der Entwicklung des Funkwesens herausgekommenen Kondensatoren, die z. T. auch für hohe Meßansprüche in Frage kommen, kann hier nicht eingegangen werden. Für Feineinstellzwecke und zur Messung kleiner Kapazitäten hat Zickner[1] einen Spezialdrehkondensator angegeben, der bei einer Anfangskapazität von 8 $\mu\mu$F eine Kapazitätsänderung von 0,01 $\mu\mu$F für eine Drehung der beweglichen Platte um 1^0 besitzt. Der Umgehung der für manche Meßzwecke unerwünschten Anfangskapazität dient ein gleichfalls von Zickner[2] angegebener Kondensator ohne Anfangskapazität, bei dem in der Nullstellung die beiden Belegungen vollständig gegeneinander abgeschirmt sind, also keine Kapazität gegeneinander besitzen.

Neben den Platten-Luftkondensatoren sind auch Ausführungen mit zylindrischen Belegungen bekannt, und zwar sowohl als feste Kondensatoren wie als veränderliche mit zwei axial gegeneinander verschiebbaren Röhrensystemen[3]. Zylinderdrehkondensatoren für Spannungen bis zu einigen 1000 V stellt die Firma H. Boas, Berlin her.

Für große Kapazitätsbeträge werden Luftkondensatoren bei der kleinen Dielektrizitätskonstanten und der geringen elektrischen Festigkeit der Luft (bei einem Plattenabstand von 2 mm beträgt die Überschlagspannung etwa 3000 V) ziemlich unhandlich, man verwendet daher vielfach zu Meßzwecken Glimmerkondensatoren, zumal deren Verluste bei guter Konstruktion sehr klein (tg δ in der Größenordnung 10^{-4}) gehalten werden können. Die beiden hauptsächlich gebräuchlichen Ausführungsformen sind Stöpsel- und Kurbelkondensatoren; die Einheit beträgt oft 1 μF und wird entweder durch Stöpseln aus 12 Abteilungen von 0,001 bis 0,5 μF oder durch Kurbeln in drei Dekaden von 0,001 bis 1 μF hergestellt, auch kleinere und größere Sätze (z. B. bis 10 μF) werden angefertigt. Die Konstruktion der Glimmerkondensatoren ist meist so, daß die eine Belegung jeder einzelnen Abteilung die andere Belegung völlig umschließt, also elektrisch abschirmt. Bei Erdung der inneren Belegung kommt zur Kapazität zwischen den Belegungen noch die Teilkapazität der äußeren Belegung gegen Erde hinzu, die von der Lage des Kondensators zur Umgebung abhängt. Wenn die Kontaktklötze nicht abgeschirmt sind, ist auch die Schaltkapazität etwas mit der Lage des Kondensators zur Umgebung veränderlich.

4. Allgemeines über Kapazitätsmessungen. Die Messungen an Kondensatoren erstrecken sich auf die Bestimmung verschiedener Kenngrößen[4], unter denen die Kapazität und der Verlustfaktor die wichtigsten sind. Aber auch Messungen über Rückstandsbildung, Ableitung, Isolationswiderstand, Durchschlagspannung, Ionisation u. a. m. spielen praktisch eine Rolle. Der Kapazitätswert ist nicht ohne weiteres definiert, es sei denn, daß ein vollständig abgeschützter, verlustfreier

---

[1] Jahrbuch der drahtlosen Telegraphie Bd. 25 (1925) S. 26.
[2] Z. Instrumentenkde. Bd. 49 (1929) S. 225.
[3] Z. B. Gerdien: Physik. Z. Bd. 5 (1904) S. 294.
[4] Vgl. Entw. z. VDE-Leitf. für Kondensatoren. Elektrotechn. Z. Bd. 54 (1933) S. 140.

Kondensator vorliegt. Auch das Ersatzschema gilt zunächst nur für eine bestimmte Frequenz. Insbesondere ist Vorsicht bei Messung mit Gleichspannung an Kondensatoren mit festen Dielektriken geboten, da diese die Erscheinung der „dielektrischen Nachwirkung“ oder „Rückstandbildung“ zeigen[1].

Man kann zwei Arten von Kapazitätsmeßmethoden unterscheiden, absolute und relative. Bei den absoluten Verfahren wird die Messung der Kapazität auf die Bestimmung anderer Einheiten, namentlich des Widerstandes und der Zeit zurückgeführt. Bei den relativen Methoden wird die zu untersuchende Kapazität mit einer Normalkapazität von bekannten Daten verglichen, meist in Brückenanordnung. In beiden Gruppen von Verfahren gibt es Präzisionsmethoden und praktisch-technische Anordnungen mit geringer Genauigkeit, dafür mit großer Einfachheit der Handhabung. Manche Methoden können auch absolut und relativ angewandt werden. Z. B. ist die Messung der Kapazität mit ballistischem Galvanometer, wenn die ballistischen Konstanten des Meßinstrumentes bekannt sind, absolut möglich. Praktisch, bei Kabelmessungen (vgl. S. 234), wird vielfach ballistisch durch Vergleich mit einem Paraffin-Papierkondensator (z. B. 0,1 μF) gemessen. Eine solche Anordnung ist in Abb. 276 (S. 235) dargestellt.

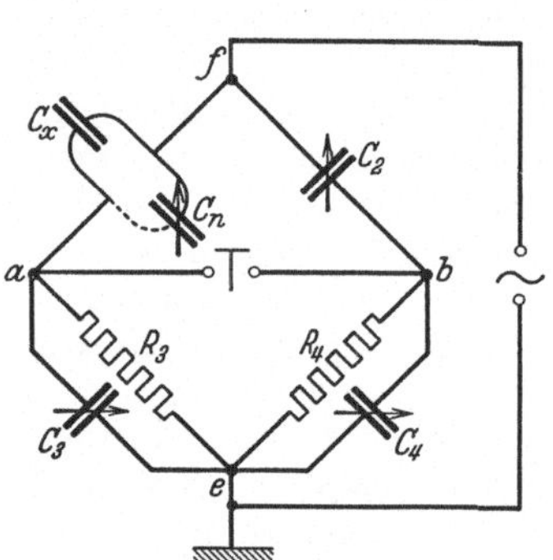

Abb. 147. Schema der Präzisionsbrücke nach Giebe und Zickner.

Im allgemeinen sind sowohl für Feinmessungen wie für Betriebsmessungen Brückenschaltungen zum Vergleich von Kondensatoren am gebräuchlichsten. Besonders für die Messung von Verlustfaktor und Kapazität kommen fast ausschließlich Meßbrücken in Frage. Auf S. 230 ist eine Übersicht der wichtigsten Brückenanordnungen gegeben, für die Vergleichung von Kapazität und Selbstinduktivität sei außerdem auf Abschnitt Induktivität verwiesen.

5. Präzisionsmeßbrücke nach Giebe und Zickner[2]. Die Brücke stellt eine Weiterentwicklung der von Schering für Hochspannungszwecke angegebenen Schaltung (vgl. S. 231) für Präzisionsmessungen bei Niederspannung dar. Das Schaltungsschema ist aus Abb. 147 ersichtlich. Die Abgleichung erfolgt nach dem Substitutionsverfahren in der Weise, daß zunächst im Zweige *1* der zu prüfende Kondensator C_x mit dem Verlustfaktor tg δ_x liegt. Durch Verändern von C_2 und C_4 wird das Nullinstrument (bei der hauptsächlich in Frage kommenden Messung bei 800 Hz ein Telephon) stromlos gemacht. Dann ist

$$C_x : C_2 = R_4 : R_3 ,$$

$$\operatorname{tg} \delta_x - \operatorname{tg} \delta_2 = \omega R_4 C_4 - \omega R_3 C_3 + \varphi_3 - \varphi_4 .$$

φ_3 und φ_4 sind die Phasenwinkel der Widerstände R_3 und R_4. Der Kondensator C_3 wäre an sich entbehrlich, ist aber z. B. bei der Messung sehr kleiner Verlustfaktoren zur Kompensation der Anfangskapazität von C_4 bequem. Nunmehr wird C_x durch einen regelbaren, verlustfreien Normalkondensator C_n (tg $\delta_n = 0$) ersetzt und die im übrigen unveränderte Brücke durch Regulieren von C_n und Verringern von C_4 um den Betrag ΔC_4 abgeglichen. Es ist

$$C_n : C_2 = R_4 : R_3 ,$$

$$-\operatorname{tg} \delta_2 = \omega R_4 (C_4 - \Delta C_4) - \omega R_3 C_3 + \varphi_3 - \varphi_4 .$$

[1] Lit. z. B. K. W. Wagner in Schering: Isolierstoffe der Elektrotechnik. Berlin: Julius Springer 1924.

[2] Arch. Elektrotechn. Bd. 11 (1922) S. 109.

Bildet man die Differenz der bei beiden Ablesungen erhaltenen Ergebnisse, so folgt

$$C_x = C_n,$$

$$\operatorname{tg} \delta_x = \omega R_4 \Delta C_4 .$$

Die Substitutionsmethode schaltet also den Einfluß der Phasenwinkel der Widerstände aus der Messung aus. Darüber hinaus werden auch alle, z. B. durch Erdkapazitäten verursachten Fehler der Meßanordnung eliminiert, sofern sie nur in beide Abgleichungen unverändert eingehen.

Um die Wechselstrombrücke für Messungen hoher Genauigkeit brauchbar zu machen, ist es erforderlich[1], die Induktivität und Kapazität aller Zweige der Brücke durch bifilare Leitungsführung sowie Abschirmung mittels leitender Hüllen und Erdung an geeigneten Stellen genau zu definieren. Der aus diesen Forderungen sich ergebende Aufbau ist in Abb. 148 skizziert. Die Anordnung ist vollkommen symmetrisch getroffen, im allgemeinen wird die Brücke gleicharmig benutzt, gegebenenfalls bis zu einem Widerstandsverhältnis 1 : 50 (z. B. 100 Ω : 5000 Ω). Die vier Eckpunkte *a*, *b*, *e*, *f* liegen nahe beieinander; senkrecht zur Zeichnungsebene führen nach oben und unten verdrillte, durch geerdete Metallrohre abgeschützte Leitungen zu Telephon und Spannungsquelle. Als solche dient ein Röhrengenerator, der eine konstante Frequenz und eine oberwellenfreie Sinuskurve liefert. In den Brückenzweigen sind verdrillte Leitungen wegen ihrer hohen Kapazität und ihrer Verluste vermieden; die Leitungen sind bifilar dicht zusammengeführt, eine Maßnahme, die sich insbesondere bei hohen Frequenzen zur Vermeidung gegenseitiger induktiver Beeinflussung der Brückenzweige bewährt. Die Widerstände, die nach K. W. Wagner[2] gewickelt sind, befinden sich in geerdetem Metallgehäuse. Die Brücke wird durch die Firma O. Selinger, Berlin, hergestellt.

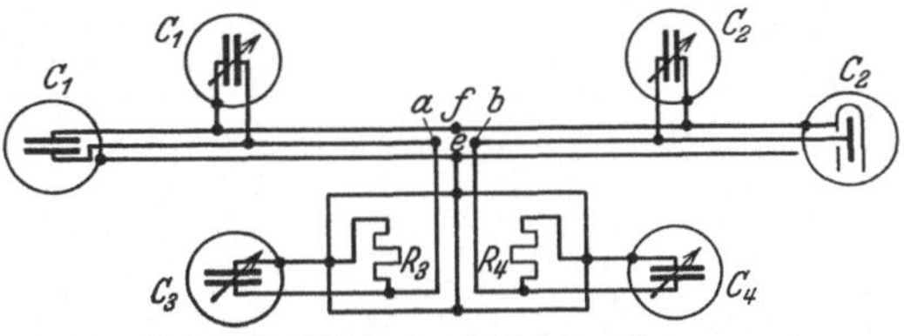

Abb. 148. Skizze des Brückenaufbaus.

Die Messung kleiner Verlustfaktoren erfordert sehr fein einstellbare Normalkondensatoren. Es ist bei Beachtung aller Vorsichtsmaßregeln möglich, mit der Brücke Verlustfaktoren von etwa $1 \cdot 10^{-5}$ genau zu messen und noch Kapazitätsunterschiede von 0,01 $\mu\mu$F festzustellen. Der Kapazitätsmeßbereich geht bis etwa 1 μF. Auch für höhere Frequenzen (bis etwa 100 kHz) ist die Brücke für Feinmessungen brauchbar, als Nullinstrument dient dann ein Galvanometer mit Detektor.

6. Präzisionsbrücke mit Hilfszweig nach K. W. Wagner. Die von M. Wien[3] angegebene Brückenschaltung, bei der die Phasenabgleichung für eine im Zweig *1* liegende, mit Verlust behaftete Kapazität dadurch erfolgt, daß mit der im Zweig *2* liegenden Kapazität C_2 ein Widerstand r_2 in Reihe geschaltet wird, ist von K. W. Wagner und A. Wertheimer[4] für Präzisionsmessungen durchgebildet worden. In Abb. 149 ist das Schaltungsschema enthalten. Die allgemeinen Gleichgewichtsbeziehungen lauten:

$$C_1 = C_2 \frac{R_4}{R_3},$$

$$\operatorname{tg} \delta_1 = \omega C_2 r_2 ,$$

[1] Vgl. Giebe: Ann. Physik Bd. 24 (1907) S. 941.
[2] Elektrotechn. Z. Bd. 36 (1915) S. 606.
[3] Ann. Physik Bd. 44 (1891) S. 689.
[4] Physik. Z. Bd. 13 (1912) S. 368.

wobei angenommen ist, daß C_2 verlustfrei ist. Wie bei der in Ziffer 5 beschriebenen Brücke wird auch hier bei praktischen Feinmessungen nach dem Substitutionsverfahren gearbeitet, indem der Prüfkondensator durch einen Normalkondensator ersetzt wird (C_n; $\operatorname{tg} \delta_n = 0$). Man beobachtet den Unterschied Δr_2 und erhält

$$\operatorname{tg} \delta_1 = \omega C_2 \Delta r_2 .$$

Um Fehler durch Erdkapazitäten zu vermeiden, muß man die Wechselstrombrücke erden. Als allgemeine Regel kann hierbei gelten, daß das Nullinstrument eine möglichst geringe Spannung gegen Erde erhalten soll, ist doch bei genauen Messungen sogar die kapazitive Einwirkung störend, die vom Kopf des Hörenden über das Telephon zur Brücke geht. Direkte Erdung der Eckpunkte *a* oder *b* ist jedoch im allgemeinen nicht zulässig (vgl. z. B. Abb. 278, S. 236). Um aber das Telephon auf Erdpotential zu bringen, wendet man nach K. W. Wagner[1] einen Hilfszweig (*g*, *h*, *i* in Abb. 149) an, der wie der Zweig *f*, *b*, *e* der eigentlichen Brücke aufgebaut ist. Das Nullinstrument wird abwechselnd zwischen *a* und *b* und zwischen *a* und *h* gelegt und die Brücke nach und nach abgeglichen.

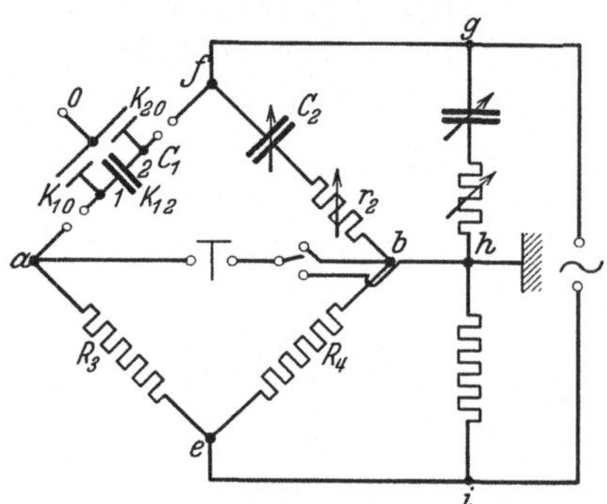

Abb. 149. Brücke mit Hilfszweig nach K. W. Wagner.

Der Wagnersche Hilfszweig, der nicht nur in Verbindung mit der in Abb. 149 dargestellten Brücke brauchbar ist, sondern sich auch für andere Brückenschaltungen als wertvoll erweist (siehe z. B. S. 234), ist von besonderer Bedeutung für die Messung von Teil- und Betriebskapazitäten von Kondensatoren. Solche Messungen spielen z. B. eine wichtige Rolle bei Kabeln, namentlich in der Fernmeldetechnik. In Abb. 149 ist im Zweige *1* ein Kondensator C_1 angenommen mit den Belegungen *1* und *2* und der Hülle *0*, etwa ein Kabel mit 2 Adern und Mantel. Die Zahlentafel 1 zeigt, wie man zu schalten hat, um die verschiedenen Teil- und Betriebskapazitäten und ihre Verlustfaktoren zu messen.

Zahlentafel 1. Schaltung zur Messung von Teil- und Betriebskapazitäten.

Nr.	Hülle *0* an	Belegung *1* an	Belegung *2* an	Kapazität im Zweig *af*
1	*f*	*a*	*f*	$k_{12} + k_{10}$
2	*f*	*f*	*a*	$k_{12} + k_{20}$
3	*f*	*a*	*a*	$k_{10} + k_{20}$
4	*f*	*a*	*h*	k_{10}
5	*f*	*h*	*a*	k_{20}
6	*h*	*a*	*f*	k_{12}

Für die Messungen 4...6 ist der Hilfszweig wichtig, weil sich eine der nicht im Zweige *af* liegenden Teilkapazitäten bei Erdung von *e* parallel zum Widerstand R_3 legen und so einen Verlust vortäuschen würde[2].

7. Messung der Kapazität durch periodische Ladung und Entladung. Wird eine Kapazität C in 1 Sek. νmal über eine Meßanordnung auf die Spannung U geladen und entladen, so ist die mittlere Stromstärke, die in dem Kreise fließt,

[1] Elektrotechn. Z. Bd. 38 (1911) S. 1001.

[2] Näheres über Schaltungen zu Kapazitätsmessungen an Kabeln siehe U. Meyer: Elektrotechn. Z. Bd. 44 (1923) S. 781, ferner Lit. bei Giebe: Handb. Physik a. a. O.

gleich $UC\nu$; die Kapazität verhält sich also wie ein Widerstand vom Betrag $1/C\nu$. Die Kapazitätsmessung läßt sich damit auf eine Widerstandsbestimmung zurückführen. Abb. 150 zeigt das Schema der von Maxwell herrührenden Brückenanordnung. Bei Stromlosigkeit der Brücke, d. h. wenn der Ladestrom des Kondensators den konstanten Strom kompensiert, gilt

$$\frac{1}{C\nu} = \frac{R_2 R_3}{R_4}.$$

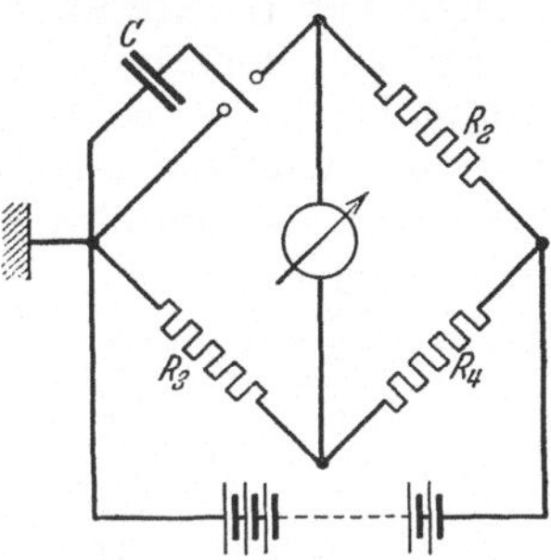

Abb. 150. Kapazitätsmessung mit Gleichspannung in der Brücke nach Maxwell.

Bei genauen Messungen ist zu berücksichtigen, daß zu dem Kondensator noch der Widerstand der Verzweigung durch R_2, R_3, R_4 sowie durch Galvanometer und Batterie parallel liegt. Dieser Widerstand wird jedoch im allgemeinen klein sein gegen $1/C\nu$, da C in Farad zu messen ist[1]. Genaue Werte der Kapazität gibt die Messung nur bei Normal-Luftkondensatoren; bei unvollkommenen Kondensatoren, auch bei Glimmer ist der Kapazitätswert von der Frequenz ν und der Lade- und Entladedauer, also vom Unterbrecher abhängig.

8. Messungen auf Grund der Ladungszeit. Wird eine Kapazität C auf die Spannung U_1 aufgeladen, und sinkt innerhalb der Zeit t Sek. die Spannung von U_1 auf den Betrag U_2, so gilt für den Widerstand R des Entladungsweges

$$RC = \frac{t}{\ln U_1 - \ln U_2}.$$

Sind zwei der drei Größen R, C, t bekannt, so läßt sich hiernach die dritte ermitteln. RC heißt die Zeitkonstante des Kondensators; in der Zeit $t = RC$ sinkt das Potential auf den e-ten Teil des Anfangswertes (e Basis der nat. Log. $= 2{,}718$).

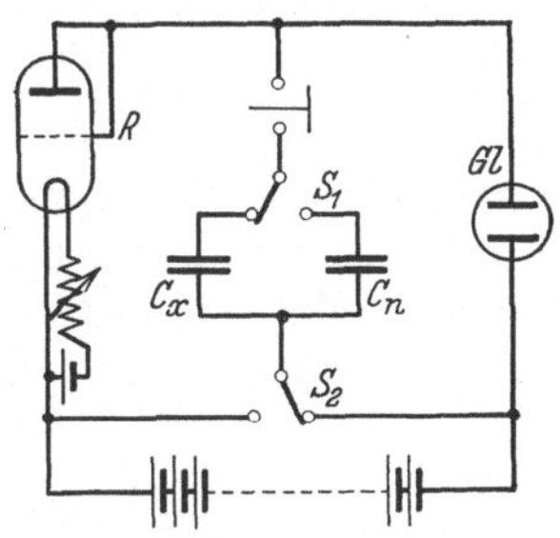

Abb. 151. Glimmbrücke.

Die Methode dient z. B. zur Messung des Isolationswiderstandes hoch isolierender Stoffe, wie Paraffin, Quarz, Bernstein (vgl. auch S. 244).

Zur Messung von Kapazitäten und Widerständen wird die Ladungszeit bei der sog. Glimmbrücke der Firma Huth, Berlin[2] herangezogen. Das Prinzip ist in Abb. 151 veranschaulicht. Mit Gleichspannung wird der Kondensator über einen hohen Widerstand R aufgeladen. Als solcher dient eine Elektronenröhre. Der Kondensator entlädt sich über eine ihm parallel liegende Glimmröhre Gl, sobald deren Zündspannung erreicht ist. Durch die Glimmentladung sinkt die Spannung bis zur Löschspannung, bei dieser hört das Glimmen und damit die Entladung auf und das Spiel beginnt von neuem. Durch geeignete Wahl der Daten des Kreises kann die Frequenz der Schwingung im Telephon hörbar gemacht werden. Mittels des Schalters S_1 substituiert man für C_x einen geeichten Kondensator C_n und stellt auf gleiche Tonhöhe ein, dann ist $C_x = C_n$. Durch den Schalter S_2 kann der Kondensator statt zur Glimmlampe zum Widerstand R parallel gelegt werden. Die sich ergebende Tonänderung gestattet einen qualitativen Schluß auf die Dämpfung des Kondensators. Anstatt zur Bestimmung einer Kapazität kann die Anordnung auch zur Ermittlung von R benutzt

[1] Über die Anwendung der Methode zur Bestimmung des internationalen Ohms siehe Grüneisen u. Giebe: Wiss. Abh. Physik.-Techn. Reichsanst. Bd. 5 (1921) S. 1.

[2] Geffcken u. Richter: Z. techn. Physik Bd. 5 (1924) S. 511.

werden. Als Meßbereich werden genannt für Widerstände $10^3 \ldots 10^8\,\Omega$, für Kapazitäten $10 \ldots 10^7\,\mu\mu$F; die Meßgenauigkeit beträgt etwa 1%.

Eine verwandte Anordnung zur Ermittlung der Entladekurve von Kondensatoren hat Rühlemann[1] beschrieben. Hier wird die Entladungszeit beobachtet. Die Meßschaltung ist in Abb. 152 dargestellt. Von der an einem Spannungsteiler liegenden Gleichspannung U dient der Teilbetrag U_{ab} dazu, um bei geschlossenem Schalter S den Kondensator C aufzuladen, während der Teilbetrag U_{bc} an der Glimmröhre Gl (Glimmlampe oder Luftleersicherung) liegt. Wird S geöffnet, so beginnt die Spannung am Kondensator wegen der Ableitung, die durch den Widerstand R angedeutet sei, zu sinken. Nach einer gewissen Zeit, t Sek., wird dadurch die Spannung an Gl so steigen, daß das Glimmrohr aufleuchtet (Zündspannung U_z). Die jetzt am Kondensator liegende Spannung ist $U_t = U_{ac} - U_z$ und es gilt:

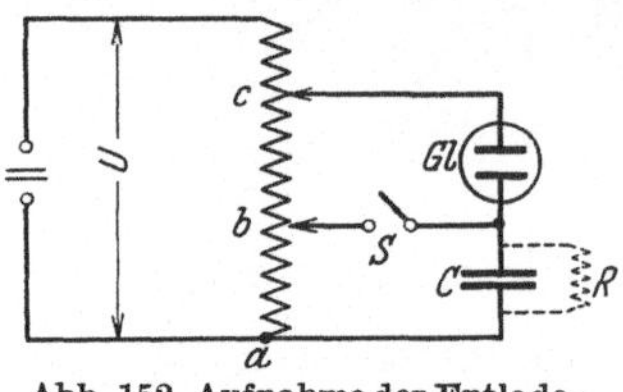

Abb. 152. Aufnahme der Entladekurve eines Kondensators mittels Glimmlampe.

$$U_t = U_{ab}\, e^{-\frac{t}{RC}}.$$

Hieraus ist R bestimmbar; hat man öfters solche Messungen auszuführen, so empfiehlt sich die Aufstellung eines Nomogrammes, wie es von Rühlemann angegeben worden ist. Durch Einstellung verschiedener Werte von U_{ac} kann leicht die Charakteristik des Entladevorganges, d. h. die Kurve $U_t = f(t)$ aufgenommen werden. Zu beachten ist, daß man für diese Messungen nur außerordentlich einfache Hilfsmittel benötigt.

9. Messung mit Hilfe von Strom und Spannung, Resonanzschaltung. Eine Absolutmethode ist die Bestimmung der Kapazität eines Kondensators durch Messung von Strom und Spannung. Aus dem Ladestrom J eines Kondensators bei der Spannung U ergibt sich die Kapazität C zu

$$C = \frac{J}{\omega U}\ \text{Farad}.$$

Von größter Wichtigkeit ist hierbei, daß die Spannung rein sinusförmig ist. Hat sie auch nur geringe Oberwellen, so erscheinen diese in der Stromkurve verstärkt. Man stimmt daher den Kreis mit Hilfe einer regelbaren Selbstinduktion ab, wie Abb. 153 zeigt. Für die Spannungsmessung empfiehlt es sich, statische Instrumente zu nehmen, deren Eigenkapazität freilich zu berücksichtigen ist, wenn sie nicht gegen die des Meßkondensators vernachlässigt werden kann. Ein Verlust des Kondensators beeinflußt ebenfalls das Meßergebnis. Für technische Messungen, besonders an großen Kapazitäten, gibt das Verfahren ausreichende Genauigkeit ($\approx 1\%$), wenn man für die Befreiung von Oberwellen eine Siebkette vorschaltet, wie sie neuerdings auch für 50 Hz für Relais gebaut werden. Auch ein Schutzwiderstand, der für einen Kondensator von $C\,\mu$F nicht kleiner als $\left|\frac{10^6}{\omega C}\right|\,\Omega$ sein sollte, reicht schon aus. Für Hochspannungszwecke wird die Methode als Spannungsmeßverfahren benutzt (vgl. S. 216).

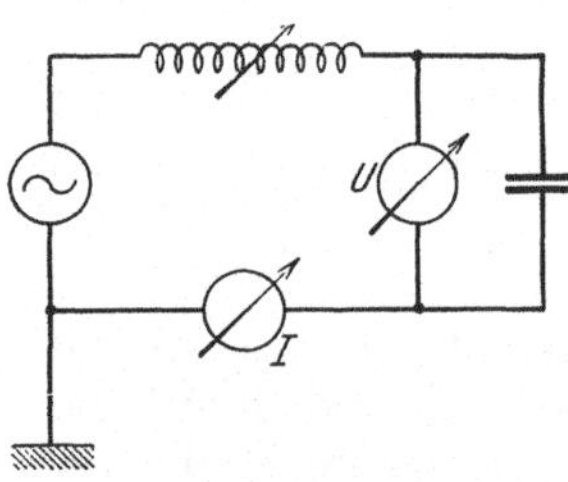

Abb. 153. Strom- und Spannungsmessung an einem Kondensator.

10. Technische Kapazitätsmeßbrücken. Zur schnellen Bestimmung von Kapazitäten gibt es Brückenkonstruktionen, deren Einzelteile zu einem handlichen Apparat vereinigt sind. Die Erregung erfolgt mittels eingebauten Summers; oft ist auch die Batterie mit in dem Kasten untergebracht. Als Nullinstrument

[1] Elektrotechn. Z. Bd. 50 (1929) S. 230.

dient ein Telephon. Die Einstellung geschieht in verschiedener Weise, bei der Brücke von Telefunken z. B. durch einen Drehkondensator als Vergleichskapazität und durch stöpselbare feste Kapazitätsverhältnisse. Diese Brücke ist also eine 4-Kapazitätenbrücke. Eine Brücke der Firma Lorenz hat einen festen Vergleichskondensator und veränderliche Widerstandsverhältnisse.

Abb. 154 zeigt das Schema einer von M. Wien angegebenen Brücke. Diese Anordnung wird in der technischen Meßbrücke nach Zickner[1], die zur Bestimmung von Induktivitäten und Kapazitäten geeignet ist, als Schaltung zur Kapazitätsmessung benutzt (vgl. auch S. 131 und Abb. 162). Für die unbekannte Kapazität C_4 gilt

$$C_4 = C_2 \frac{R_1}{R_3}.$$

Um auch bei Kapazitäten mit Verlust völliges Schweigen des Telephons zu erzielen, ist mit dem Vergleichskondensator C_2 ein fester hochohmiger Wider-

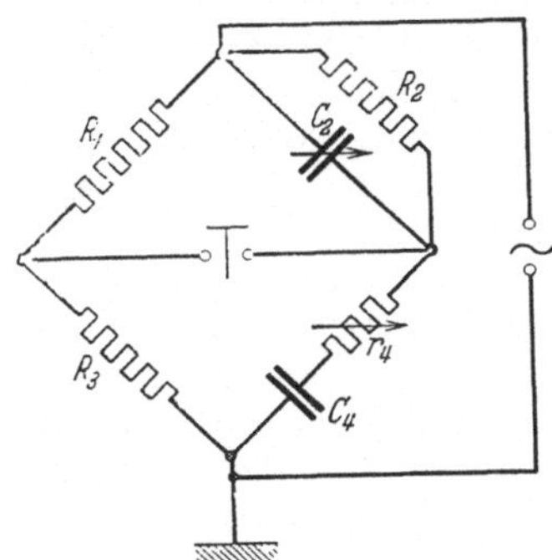

Abb. 154. Brücke nach M. Wien.

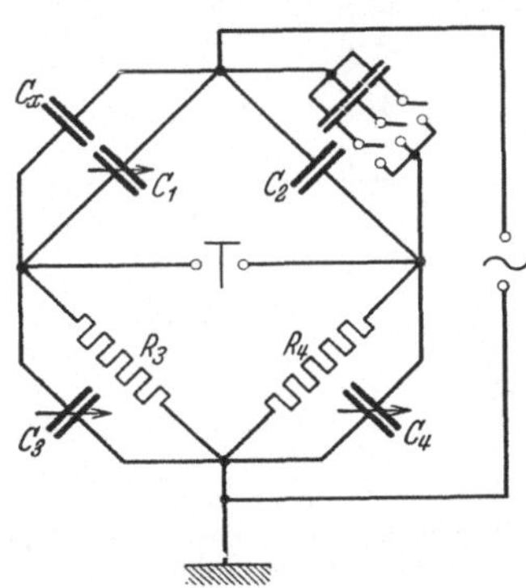

Abb. 155. Kleinkapazitätsmesser von Siemens & Halske.

stand R_2 parallel, mit der Kapazität C_4 ein kleiner einstellbarer Widerstand r_4 in Reihe geschaltet. Diese Widerstände sind aber nur zur Verbesserung des Tonminimums, nicht zur Verlustmessung bestimmt. R_1 ist fest, für R_3 können vier verschiedene Widerstände gestöpselt werden, wodurch 4 Meßbereiche erzielt werden. Die Brücke, die von der Firma Seibt, Berlin, hergestellt wird, gestattet, Kapazitäten zwischen 100 $\mu\mu$F und 1 μF mit etwa 1% Genauigkeit zu ermitteln, mit geringerer Genauigkeit auch noch Werte von 50 $\mu\mu$F an.

Als weiteres Beispiel einer technischen Kapazitäts-Meßbrücke ist in Abb. 155 die Schaltung des Kleinkapazitätsmessers von Siemens & Halske skizziert[2]. Die Brücke ist im Gleichgewicht, wenn der Kondensator C_1 auf seinen Höchstwert gestellt ist. Wird nun der zu messende kleine Kondensator C_x parallel zur Kapazität C_1 geschaltet, so hat man diese um den parallel geschalteten Betrag zu verkleinern, damit wieder Gleichgewicht herrscht. Man kann so Kapazitäten von einigen $\mu\mu$F bis 100 $\mu\mu$F auf etwa 0,5 $\mu\mu$F genau messen. Zur Erweiterung des Meßbereiches können zu C_2 noch 10 gleiche Kondensatoren parallel geschaltet werden, von denen in der Abbildung 3 angedeutet sind. Dem Widerstand R_4 liegt zur Verbesserung der Einstellschärfe bei verlustbehaftetem C_x ein Drehkondensator C_4 parallel. Damit C_4 bei verlustfreiem C_x nicht stört, ist noch der Kondensator C_3 parallel zu R_3 vorgesehen.

[1] Arch. Elektrotechn. Bd. 19 (1927) S. 49.

[2] Keinath: Die Technik elektrischer Meßgeräte, 2. Bd. 3. Aufl. Berlin: Oldenbourg 1928.

Eine technische Meßbrücke zur Bestimmung kleiner Kapazitäten mit großer Genauigkeit hat Zickner[1] beschrieben. Die Anordnung, bei der als Vergleichskapazität ein Kondensator ohne Anfangskapazität (vgl. Ziffer 3) dient, gestattet Kapazitäten auf 0,01 $\mu\mu$F genau zu ermitteln. Der Betrieb dieser Brücke, die von der Firma O. Selinger, Berlin, hergestellt wird, erfolgt nicht mit Summer, sondern mit Mittelfrequenzmaschine oder Röhrengenerator.

11. Direkt zeigende Kapazitätsmesser. Für Fälle, in denen viele Kapazitätsmessungen von gleicher Größenordnung zu machen sind, besteht das Bedürfnis, die Kapazitätsmessung noch einfacher als mit der Brücke zu gestalten und den gesuchten Wert an einem direkt zeigenden Instrument abzulesen. Hartmann & Braun stellen mit einem eisengeschlossenen Spezial-Elektrodynamometer der Kreuzspultype (vgl. S. 20) einen Kapazitätsmesser für Betrieb mit Wechselspannung von 50 Hz her[2]. Abb. 156 zeigt das Prinzip dieses Instrumentes, das die äußeren Klemmen UV, XX, E besitzt. Im Felde eines als Transformator ausgebildeten Elektromagneten mit den Wicklungen F_1, F_2 bewegt sich ein System, das aus den drei koaxial gewickelten Drehspulen S_1, S_2, S_3 besteht. S_1 und S_2 sind gegeneinandergeschaltet und liegen über den Schutzwiderstand R_S an der Feldwicklung F_2. Die Richtkraft des beweglichen Systems wird durch einen Induktionsstrom, der in der Drehspule S_3 und dem angeschlossenen Kreis mit der Induktivität L_3 und dem ohmschen Widerstand R_3 fließt, elektrisch gewonnen. Der Ausschlag des Instrumentes ist der Differenz zwischen der zu messenden Kapazität C_x und der eingebauten Vergleichskapazität C_v proportional, also auch dem Werte von C_x selbst. Die Meßbereiche für die der Kapazitätsmesser hergestellt wird, erstrecken sich von 0...1000 $\mu\mu$F bis zu 0...10 μF. Meßspannungen an den Klemmen UV können 110 oder 220 V sein; die Spannung am Kondensator beträgt beim kleinsten Meßbereich 440 V, beim größten 10 V. Die Angaben des Gerätes sind von üblichen Spannungs- und Frequenzschwankungen unabhängig und im allgemeinen auf 0,5%, bei den kleinsten Meßbereichen auf 1% der Skalenendwerte genau.

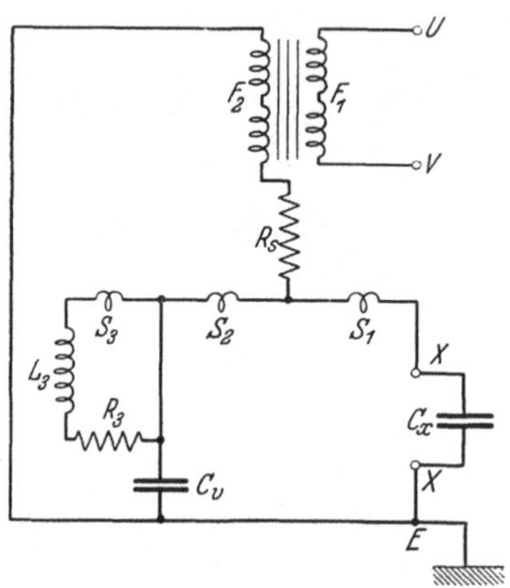

Abb. 156. Direkt zeigender Kapazitätsmesser von Hartmann & Braun.

Die Weston Co., Newark USA, baut Mikrofaradmeter, in denen ein Kreuzspulinstrument mit zwei Drehspulen verwandt wird. Bei 50 Hz ist der kleinste listenmäßige Meßbereich 50000 $\mu\mu$F, der größte 10 μF; für 500 Hz werden Instrumente bis zum Bereich 0...1000 $\mu\mu$F hergestellt, für 1000 Hz noch Geräte für direkte Kapazitätsmessung von 0...500 $\mu\mu$F.

12. Messungen an großen Kondensatoren. Die neuere Entwicklung des Kondensatorenbaues hat die Aufgabe mit sich gebracht, auch große Kondensatoren exakt zu untersuchen. Es handelt sich hierbei hauptsächlich um Kondensatoren zur Phasenverbesserung von Wechselstromnetzen sowie zur Störbefreiung in Rundfunkanlagen. In Betracht kommen Kapazitätswerte bis zur Größenordnung von 10000 μF mit Verlustfaktoren, die bei Papier- und sog. Massekondensatoren einige Tausendstel, bei Elektrolytkondensatoren bis zu $\operatorname{tg}\delta = 1$ betragen. Im Gebrauch sind drei Meßmethoden: die Scheringbrücke mit Nebenschluß, eine Maxwellbrücke und das Thermowattmeter.

[1] Elektr. Nachr.-Techn. Bd. 7 (1930) S. 443.
[2] Vgl. Blamberg: Arch. Elektrotechn. Bd. 17 (1926) S. 1.

Die Brückenanordnung nach Schering mit Nebenschluß, wie sie in der Kabeltechnik verwandt wird, ist auf S. 233, Abb. 275 eingehend behandelt. Dort sind auch die besonderen Gesichtspunkte erörtert, die bei der Untersuchung extrem großer Kapazitäten zu beachten sind.

Die von Zickner[1] für den speziellen Zweck modifizierte Maxwellbrücke ist in ihrer Schaltung aus Abb. 157 ersichtlich. Diese Methode hat gegenüber der Scheringbrücke mit Nebenschluß den Vorzug, daß in den Brückenzweigen keine sehr kleinen Widerstandswerte vorkommen. Die aus deren Induktivität und aus den Zuleitungswiderständen sich ergebenden Schwierigkeiten fallen dadurch weg. Während aber die Scheringbrücke ohne weiteres für hohe Spannungen brauchbar ist, eignet sich die Maxwellbrücke im allgemeinen nur für Spannungen bis etwa 10 V. In der Abb. 157 bedeutet L ein Drehspulvariometer vom Widerstand R_3; C ist die zu untersuchende Kapazität, der ein winkelfreier Meßwiderstand R_2 parallel geschaltet wird. R_1 und R_4 sind feste winkelfreie Widerstände. Die Gleichgewichtsbedingungen der Brücke lauten:

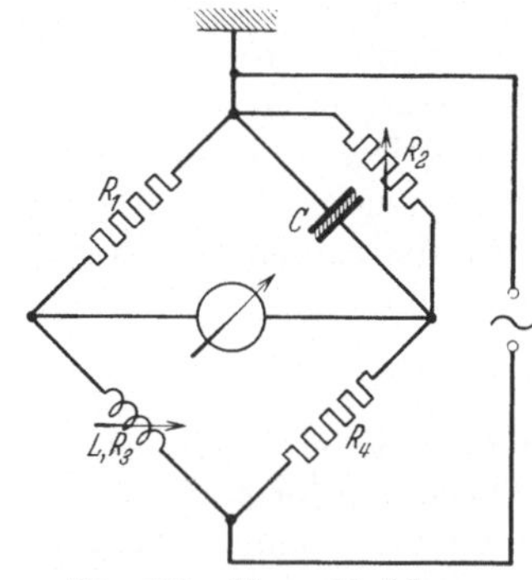

Abb. 157. Maxwellbrücke zur Messung großer Kapazitäten.

$$C = \frac{L\,(1 + \mathrm{tg}^2\,\delta)}{R_1 R_4},$$

$$\mathrm{tg}\,\delta = \frac{1}{\omega L}\left(R_3 - \frac{R_1 R_4}{R_{2\sim}}\right).$$

Hierbei bedeutet $R_{2\sim}$ die Wechselstromeinstellung des Widerstandes R_2 bei 50 Hz. Schaltet man nach Abgleichung der Brücke den Kondensator ab und ersetzt den Wechselstrom durch Gleichstrom, das Vibrationsgalvanometer durch ein Gleichstrom-Nullinstrument, während das Variometer unverändert bleibt, so gilt jetzt für das Gleichgewicht

$$R_3 = \frac{R_1 R_4}{R_{2=}},$$

wobei $R_{2=}$ die Gleichstromeinstellung des Widerstandes R_2 ist. Es ergibt sich

$$\mathrm{tg}\,\delta = \frac{R_1 R_4}{\omega L}\left(\frac{1}{R_{2=}} - \frac{1}{R_{2\sim}}\right).$$

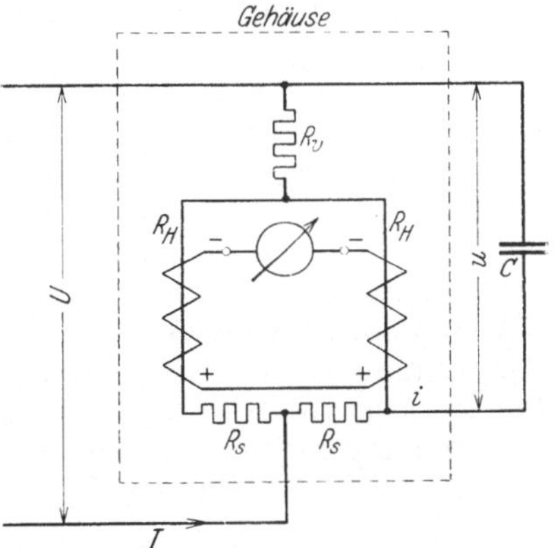

Abb. 158. Thermowattmeter nach Brückman.

Das von Brückman angegebene Thermowattmeter, das von der Firma Kipp & Zonen, Delft, hergestellt wird, ist in seinem Prinzip in Abb. 158 veranschaulicht. Es beruht darauf, daß durch den einen von zwei Heizdrähten (R_H) ein der Summe von Strom und Spannung proportionaler Strom fließt, während durch den anderen Heizdraht ein der Differenz der beiden Größen proportionaler Strom fließt. Die in jedem Heizdraht entwickelte Leistung wird durch eine Thermoelementenreihe meßbar gemacht. Beide Reihen sind über ein Instrument gegeneinander geschaltet. Der Ausschlag dieses Voltmeters oder auch

[1] Tätigkeitsbericht der Physikalisch-Technischen Reichsanstalt für 1929, Z. Instrumentenkde. Bd. 50 (1930) S. 298.

Spiegelgalvanometers ist daher der Differenz der in den Heizdrähten erzeugten Leistungen und somit bis auf Korrekturgrößen dem Produkt aus Strom und Spannung proportional. Zickner und Pfestorf haben Theorie und Gebrauch des Instrumentes eingehend behandelt[1]. In der Abb. 158 bedeuten U die Spannung der speisenden Stromquelle, z. B. eines Wechselstromgenerators oder eines Transformators, J den Strom in dieser Stromquelle, u und i sind Spannung und Strom auf der Verbraucherseite, so daß z. B. $N = ui \cos\varphi$ die Verlustleistung in der angeschlossenen Kapazität C ist. R_v ist ein veränderbarer Vorwiderstand für verschiedene Spannungsmeßbereiche, R_s sind veränderbare Nebenwiderstände für verschiedene Strommeßbereiche. Für die Angabe α (Skt) des Instrumentes gilt:

$$N = \frac{\alpha}{K} - i^2 \frac{R_H \cdot R_s}{2(R_H + R_s)},$$

wobei K eine Konstante ist, die von R_v, R_H, R_s und den Konstanten des Thermoumformers abhängt. Man hat also eine quadratische Stromkorrektur zu berücksichtigen (vgl. auch S. 229).

Bei einem Instrument üblicher Ausführung sind Spannungsmeßbereiche 3, 30, 150 und 300 V; für höhere Spannungen gibt es getrennte Vorwiderstände. Als Strommeßbereiche sind für Ströme über 0,3 A getrennte Nebenwiderstände für 6, 15 und 30 A vorgesehen.

Über eine Verbesserung des Brückmanschen Instruments durch Steigerung der Empfindlichkeit und Erzielung bedingter Korrekturfreiheit s. Fischer[2].

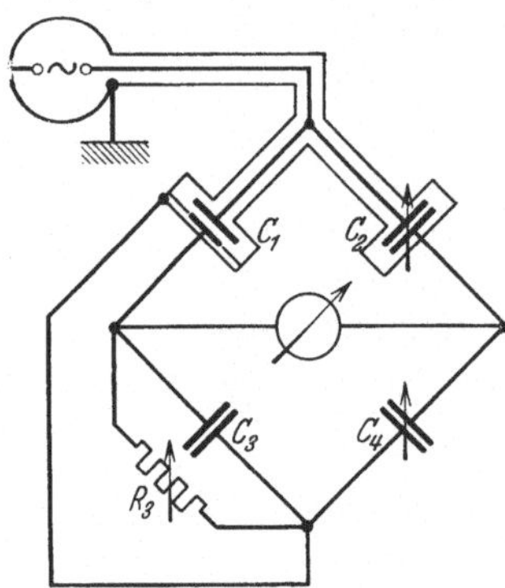

Abb. 159. Vierkapazitätenbrücke nach Schering.

13. Messung kleiner Kapazitäten. Mit den in Ziffer 5 und 6 beschriebenen Präzisionsbrücken sind wohl auch Kapazitäts- und Verlustbestimmungen an kleinen Kapazitäten auszuführen, jedoch verlangt dabei die beim Substitutionsverfahren unvermeidliche Änderung der Kapazität der Zuleitung beim Abtrennen von der zu messenden Kapazität besondere Berücksichtigung. Für eine etwas bequemere und doch sehr genaue Messung des Verlustfaktors und der Dielektrizitätskonstanten an kleinen Proben von Isolierstoffen hat Schering[3] eine Anordnung angegeben, bei der die Scheinwiderstände der Zweige *3* und *4* denen der Zweige *1* und *2* durch Verwendung von Kondensatoren an Stelle von Widerständen angepaßt werden. Das Schema dieser Vierkapazitätenbrücke mit Abschirmungen zeigt Abb. 159. C_1 ist ein vollständig abgeschützter Schutzringkondensator von berechenbarer Leerkapazität (vgl. z. B. Abb. 253, S. 209). Die Phasenkompensation erfolgt durch einen Widerstand R_3 parallel zu C_3. Als Gleichgewichtsbeziehung erhält man

$$C_1 = C_2 \frac{C_3}{C_4},$$

$$\operatorname{tg} \delta_1 = \frac{1}{R_3 \omega C_3}.$$

Natürlich ist statt des Parallelwiderstandes auch ein Widerstand in Reihe mit C_3

[1] Elektrotechn. Z. Bd. 51 (1930) S. 1681.

[2] Fischer: Theorie der therm. Meßgeräte der Elektrotechnik. Stuttgart: Enke 1931.

[3] Z. Instrumentenkde. Bd. 46 (1926) S. 114.

verwendbar. Als Kondensatoren C_3 und C_4 dienen Glimmerkondensatoren von 0,1...1 μF. Beim Aufbau der Brücke hat man unnötige Widerstände in den Zuleitungen zu diesen Brückenzweigen zu vermeiden.

Über die technische Messung kleiner Kapazitäten s. Ziffer 10. Ein Verfahren zur Registrierung von Kapazitätsänderungen haben A. Schulze und G. Zickner[1] angegeben. Die zu beobachtende Kapazität liegt im Zweige *1* einer im wesentlichen wie in Abb. 147 (aber ohne Substitution) geschalteten Brücke. Als Indikator dient jedoch eine Elektronenröhre in besonderer Gittergleichrichtungsschaltung, in deren Anodenzweig als Registrierinstrument ein kompensiertes Gleichstromgalvanometer liegt. Für langsame Änderungen wird ein Zeigergalvanometer, für schnellere ein Schleifengalvanometer (Eigenschwingungsdauer 0,1 Sek.) benutzt.

Die Messung von Kapazitäten und Kapazitätsänderungen wird auch als Hilfsverfahren für nichtelektrische Zwecke oft angewandt. Ein Beispiel ist die Messung der Ölfilmdicke in Lagern durch Bestimmung der Kapazität des Kondensators, den Zapfen und Lagerschale mit dem Schmiermittel als Dielektrikum bilden[2].

14. Zeitkonstante von Widerständen. Für viele Meßzwecke benötigt man Widerstände, die induktions- und kapazitätsfrei sind. Streng ist diese Bedingung jedoch nie erfüllt. Es besteht daher die Aufgabe, den Phasenwinkel φ eines Widerstandes R mit der Kapazität C und der Selbstinduktion L zu messen. Für die sog. Zeitkonstante T gilt

$$\omega T = \omega\left(\frac{L}{R} - RC\right) = \operatorname{tg}\varphi\,.$$

Im allgemeinen überwiegt bei großen Werten von R (etwa $R > 1000\,\Omega$) die Wirkung der Kapazität, bei kleinen die der Selbstinduktion[3]. Zur Veranschaulichung der in Frage kommenden Größenordnungen sei erwähnt, daß die Zeitkonstante eines nach Chaperon gewickelten Widerstandes von 10000 Ω bei 50 Hz etwa 10^{-6} Sek. beträgt.

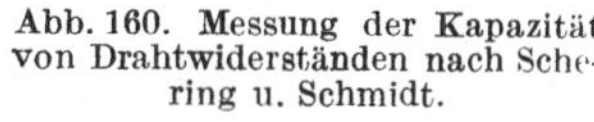

Abb. 160. Messung der Kapazität von Drahtwiderständen nach Schering u. Schmidt.

Für die Messung der Zeitkonstante großer Drahtwiderstände (über 1000 Ω) haben Schering und Schmidt[4] eine Anordnung beschrieben, deren Schaltung aus Abb. 160 ersichtlich ist. Als kapazitäts- und induktionsfreier Vergleichswiderstand (R_1) dient ein Flüssigkeitswiderstand aus Borsäure-Mannit-Lösung, die den besonderen Vorzug bietet, in bestimmter Konzentration einen sehr kleinen Temperaturkoeffizienten der Leitfähigkeit zu besitzen. Der Aufbau der Brücke erfolgt genau symmetrisch, weil dann alle Störungen am kleinsten sind. C_1 und C_2 sind abgeschützte Drehkondensatoren; R_3 und R_4 Bifilarwiderstände von je 50...100 Ω, R_2 ist der Prüfwiderstand. Die Bestimmung geschieht in der Weise, daß zunächst die Zuführungen zu den Widerständen an einer Seite unterbrochen werden und die Brücke an beiden Kondensatoren abgeglichen wird. Nach Wiederanlegen der Widerstände wird das Telephon durch Einstellen des Flüssigkeitswiderstandes und durch Verändern des Kondensators C_1 zum Schweigen gebracht. Die Verschiebung an C_1 ergibt direkt die Kapazität und damit die Zeitkonstante des Widerstandes.

---

[1] Arch. Elektrotechn. Bd. 24 (1930) S. 111.
[2] Schering, H., u. R. Vieweg: Z. angew. Chem. Bd. 39 (1926) S. 1119 u. 1601.
[3] Vgl. hierzu z. B. Orlich: Verh. dtsch. physik. Ges. Bd. 12 (1910) S. 949.
[4] Arch. Elektrotechn. Bd. 1 (1913) S. 423.

15. Dielektrizitätskonstante. Die für die Messung der Dielektrizitätskonstanten in Frage kommenden physikalischen Methoden lassen sich in folgende Hauptgruppen einteilen:

1. Kapazitätsmessungen. Bei diesen wird die Kapazität C eines aus dem Dielektrikum gebildeten Kondensators ermittelt und die Kapazität C_0 eines Kondensators gleicher Abmessungen, aber mit Vakuum als Dielektrikum, entweder errechnet oder gemessen. Es gilt:

$$\varepsilon = \frac{C}{C_0}.$$

Wird der Leerkondensator gemessen, so genügt praktisch die Bestimmung bei Füllung mit Luft, deren Dielektrizitätskonstante mit $\varepsilon = 1{,}0006$ dem Wert $\varepsilon = 1$ des Vakuums sehr nahe kommt. — 2. Messung der Kraftwirkungen. Die gegenseitige Kraftwirkung zweier auf festem Potential gehaltener Leiter ist der *DK* des beide umgebenden Dielektrikums proportional. — 3. Messung elektrischer Wellen. Hier ist besonders die Anordnung von Drude bekannt, bei der man längs einer Doppeldrahtleitung stehende Hertzsche Wellen erzeugt. Ihre Länge wird in Luft und im Dielektrikum gemessen. Die Ausbreitungsgeschwindigkeit der elektromagnetischen Wellen in der Substanz ist proportional $\frac{1}{\sqrt{\varepsilon}}$.

Für die Zwecke der Starkstromtechnik werden fast nur die Messungen nach 1 benutzt. Zu den erforderlichen Kapazitätsbestimmungen können fast alle in den vorhergehenden Abschnitten beschriebenen Methoden verwendet werden. Am gebräuchlichsten sind Brückenanordnungen, da ja bei allen festen und flüssigen Stoffen auch dielektrische Verluste (einschließlich der durch Leitvermögen verursachten Phasenverschiebung) auftreten, die in den Brückenschaltungen in einfacher Weise kompensiert werden können. Hierbei ist ebenso wie die Kapazität auch die Dielektrizitätskonstante von der Wahl eines Ersatzschemas abhängig; s. S. 226. Bei festen Körpern, die in einfache Form (Platten, Rohre) gebracht werden können, wird vielfach durch Anbringen festhaftender Elektroden aus dem Prüfling selbst ein Schutzringkondensator gebildet, dessen Leerkapazität berechnet wird. Näheres hierüber s. S. 209. Platten kann man auch in einen fertigen Schutzringkondensator einlegen (vgl. Ziff. 13, S. 120). Auch wenn die Isolierstoffprobe (Fläche f) den Schutzringkondensator (Meßfläche F) (ähnlich Abb. 253 und 254) nur teilweise erfüllt, kann man bei bekannter Leerkapazität c_0 des Schutzringkondensators mit einer Kapazitätsmessung (gemessener Wert c) die *DK* ε des Isolierstoffes ermitteln. Es ist

$$\varepsilon = \frac{F}{f}\left(\frac{c}{c_0} - 1\right) + 1.$$

Eine weitere Anordnung zur Messung der *DK* fester Stoffe ist der Dreiplattenkondensator[1]. Zwei planparallele Isolierstoffscheiben werden mit je einer großen und einer kleineren kreisförmigen Metallbelegung versehen und so aufeinandergelegt, daß die kleineren Belegungen sich decken. Die äußeren großen Belegungen werden abgeleitet, während die inneren mit einem dünnen Draht an Spannung gelegt werden. C_0 ist leicht rechenbar[2].

Für Flüssigkeiten ist die Ermittlung der *DK* durch Füllung eines Schutzringkondensators in Abb. 298, S. 261 behandelt. Als Meßverfahren für Flüssig-

---

[1] Grüneisen u. Giebe: Verh. dtsch. physik. Ges. Bd. 14 (1912) S. 921.

[2] Über Randkorrekturen für sehr genaue Messungen siehe Kohlrausch, 16. Aufl.

keiten mit merklichem Leitvermögen wird vielfach die Brückenschaltung nach Nernst angewandt, deren Schema Abb. 161 zeigt. Die Kompensation des Leitvermögens erfolgt durch Flüssigkeitswiderstände (Borsäure-Mannit-Lösung). Der Kondensator C mit der Meßlösung wird zunächst parallel zu C_1 geschaltet. Man gleicht durch C_2 und die Widerstände R_1 und R_2 ab. Dann wird C parallel zu C_2 gelegt und wieder an C_2 und R_1 und R_2 abgeglichen. Man erhält $2\,C = \Delta C_2$. Ist C_0 die Kapazität des Meßkondensators bei Füllung mit Luft, C_n bei Füllung mit einer Eichflüssigkeit der bekannten DK ε_n, so gilt für die DK ε der zu untersuchenden Flüssigkeit

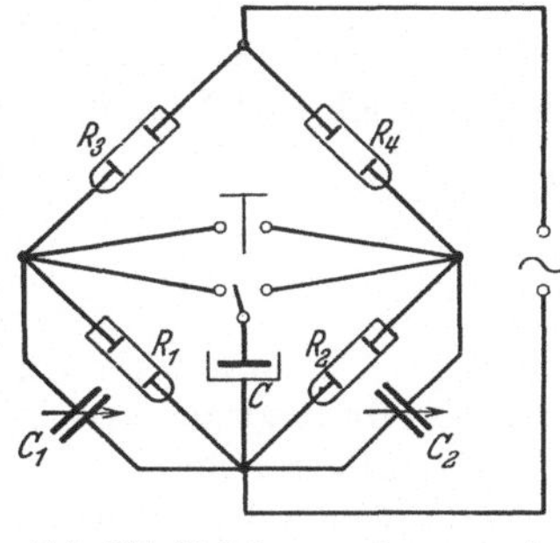

Abb. 161. Brückenanordnung nach Nernst.

$$\varepsilon = (\varepsilon_n - 1)\frac{C - C_0}{C_n - C_0} + 1 .$$

Bei Flüssigkeiten mit erheblichem Leitvermögen muß man, um den Einfluß der Leitfähigkeit auszuschalten, nach Nernst mit schnellen Schwingungen arbeiten.

Für die Bestimmung der DK an Gasen besteht zwar der Vorteil, daß diese keine Verluste haben, jedoch erfordert die Kapazitätsmessung große Genauigkeit, da die Unterschiede in der DK zwischen verschiedenen Gasen und gegen das Vakuum sehr klein sind.

Allgemeine Literatur.

Orlich: Kapazität und Induktivität. Braunschweig: Vieweg 1909. Giebe: Kondensatoren und Induktivitätsspulen; Messung von Kapazitäten und Induktivitäten in Geiger-Scheel: Handb. Physik Bd. 16. Berlin: Julius Springer 1927. Zickner: Über Kondensatoren und ihre Eichung. Leipzig: Hachmeister & Thal 1928. Zickner: Kapazitäts- und Induktivitätsmessungen in Banneitz, Taschenbuch der drahtlosen Telegraphie und Telephonie. Berlin: Julius Springer 1927. Güntherschulze: Messung der Dielektrizitätskonstanten und des Dipolmomentes in Geiger-Scheel, Handb. Physik Bd. 16. Berlin: Julius Springer 1927. Coursey, Ph. R.: Electrical Condensors (mit ausführlichen Literaturangaben). London: Pitman & Sons Ltd. 1927. Hague: Alternating Current Bridge Methods 2. Aufl. London 1930. Kohlrausch: Lehrbuch der praktischen Physik 16. Aufl. Leipzig: B. G. Teubner 1930. Linker: Elektrotechnische Meßkunde 4. Aufl. Berlin: Julius Springer 1932. Jaeger: Elektrische Meßkunde 2. Aufl. Leipzig: Johann Ambrosius Barth 1928.

K. Induktivität von Spulen.

Von **R. Vieweg**, Berlin.

1. Allgemeines über Induktivität (Selbst- und Gegeninduktivität). Für die in einer stromdurchflossenen eisenlosen Spule bei Änderung des Stromstärke i entstehende EMK e gilt die Beziehung

$$e = -L\frac{di}{dt} .$$

Der Faktor L heißt der Koeffizient der Selbstinduktion und wird auch kurz als Selbstinduktion oder Selbstinduktivität der Spule bezeichnet. Ist L eine Funktion von i (z. B. bei der Spule mit Eisenkern), so ist für e der Wert einzusetzen:

$$e = -\frac{d(L\,i)}{dt} .$$

Werden zwei beliebige, getrennte Spulen von Strömen durchflossen, so verketten sich teilweise ihre magnetischen Felder. Ändert sich die Stromstärke in der Spule *1*, so entsteht in Spule *2* eine EMK

$$e_2 = L_{12} \frac{d i_1}{dt}:$$

ändert sich der Strom in der Spule *2*, so entsteht in Spule *1* die EMK

$$e_1 = L_{21} \frac{d i_2}{dt}.$$

Der Faktor $L_{12} = L_{21}$ heißt der Koeffizient der gegenseitigen Induktion oder kurz die Gegeninduktivität der beiden Spulen. (Vielfach ist zur Bezeichnung der Gegeninduktivität statt des Buchstaben L der Buchstabe M gebräuchlich.)

Zur allgemeinen Definition der Induktivität geht man von dem einen einfach geschlossenen Stromkreis durchsetzenden Induktionsfluß Φ aus. Das Verhältnis von Φ zu dem ihn erzeugenden Strom i ist gleich der Selbstinduktion des Kreises. Das Verhältnis der zwei getrennte Stromkreise durchsetzenden Teilflüsse (Φ_{12} bzw. Φ_{21}) zu dem jeden Kreis erzeugenden Strom ist gleich der Gegeninduktion der beiden Kreise $\left(L_{12} = \frac{\Phi_{12}}{i_1} = \frac{\Phi_{21}}{i_2}\right)$. Die Selbstinduktion eines einzelnen Leiters in einem Kreise erhält man auf Grund der Beziehung, daß die algebraische Summe der Selbst- und Gegeninduktionen aller Leiter des Kreises gleich der Selbstinduktion des Kreises ist.

Im elektromagnetischen Maßsystem hat die Induktivität die Dimension einer Länge $[l]$, die Einheit ist 1 cm. Um die in cm erhaltenen Induktivitäten in praktische Einheiten (Henry) umzurechnen, hat man mit 10^{-9} zu multiplizieren. Es ist

$$1\,\mathrm{H} = 10^9\,\mathrm{cm}.$$

Technisch gebräuchliche Größen sind noch Millihenry ($1\,\mathrm{mH} = 10^6\,\mathrm{cm}$) und Mikrohenry ($1\,\mu\mathrm{H} = 10^3\,\mathrm{cm}$). Zu beachten ist, daß in Kreisen mit Induktivität und Kapazität, wenn man die praktischen Einheiten des Ohm-Ampere-Volt-Systemes gebraucht, die Induktivität in Henry ($1\,\mathrm{H} = 10^9\,\mathrm{cm}$), die Kapazität in Farad ($1\,\mathrm{F} = 10^{12}\,\mu\mu\mathrm{F}$) (also nicht in cm) anzugeben ist.

2. Berechenbare Induktivitäten. Von den drei Arten Widerstandsgrößen, die für Wechselstrommessungen von Bedeutung sind, dem ohmschen, dem kapazitiven und dem induktiven Widerstand ist nur der kapazitive Widerstand durch Normalkondensatoren rein darstellbar, d. h. ohne daß eine der beiden anderen Arten oder beide mit auftreten. Auch der ohmsche Widerstand ist im allgemeinen mit Kapazität und Selbstinduktion behaftet, die durch besondere Wicklungsarten klein gehalten werden, so daß man praktisch rein ohmsche Widerstände erhält. Induktivitäten jedoch haben immer den ohmschen Widerstand des Drahtes, außerdem auch Eigenkapazität (vgl. S. 130). Aber nicht nur hinsichtlich der Reindarstellung liegen die Verhältnisse bei den Induktivitäten am wenigsten günstig, auch die Berechnung, die wohl am einfachsten beim ohmschen Widerstand, jedoch für viele Fälle auch bei Kapazitäten recht bequem ist, gestaltet sich bei Selbstinduktivitäten und noch mehr bei Gegeninduktivitäten am verwickeltsten.

Für einige ebene geometrische Gebilde erhält man, wenn $2r$ die Dicke des Drahtes von kreisförmigem Querschnitt und w die Windungszahl bedeuten, unter vereinfachenden Annahmen bei Niederfrequenz folgende Selbstinduktionen L in cm, wenn die Abmessungen ebenfalls in cm eingesetzt werden.

1. Gerader Draht von der Länge l, wobei $l \gg r$:

$$L = 2l\left(\log\operatorname{nat}\frac{2l}{r} - \frac{3}{4}\right).$$

2. Bifilardraht (lange Doppelleitung), Achsenabstand der Drähte a, wobei $r \ll a \ll l$

$$L = l\left(4 \log \text{nat} \frac{a}{r} + 1\right),$$

z. B. ist die Selbstinduktion L für 1 m Länge der Doppelleitung bei $\frac{a}{r} = 9{,}5$

$$L = 1000 \text{ cm}.$$

3. Einfacher Kreis vom Halbmesser R, wobei $R \gg r$

$$L = 4\pi R\left(\log \text{nat} \frac{R}{r} + \frac{1}{3}\right).$$

Für Spulen sind eine große Reihe praktischer Formeln entwickelt worden[1]. Für die einlagige Zylinderspule vom Radius R (Abstand von der Achse bis zur Drahtmitte) und der Länge l gilt z. B. die Formel von Lorenz:

$$L = w^2 R f\left(\frac{2R}{l}\right),$$

wobei die Funktion $f\left(\frac{2R}{l}\right)$ z. B. für $R = l$ den Wert 21 besitzt; man erhält also für eine einlagige Zylinderspule, deren Länge gleich dem halben mittleren Durchmesser ist

$$L = 21\, w^2 R.$$

Eine lange, enge Spule, sog. einlagiges Solenoid, hat die Selbstinduktion

$$L = \frac{4\pi^2 R^2 w^2}{l},$$

wobei $l \gg R$ vorausgesetzt ist. Bedeutet Λ die Länge des auf die Längeneinheit gewickelten Drahtes, also

$$\Lambda = \frac{4\pi R w}{l},$$

so folgt

$$L = \Lambda^2 l.$$

Einen Überblick über das Verhalten von Spulen mögen noch folgende Regeln geben (Zickner a. a. O.):

Vergrößert man alle Abmessungen einer Spule von der Selbstinduktion L auf das z-fache, so wächst auch die Selbstinduktion auf das z-fache, während der Gleichstromwiderstand R auf das $\frac{1}{z}$-fache abnimmt. Die Zeitkonstante L/R nimmt also mit z^2 zu. Vergrößert man die Spulenabmessungen auf das z-fache, läßt aber die Drahtstärke ungeändert, so wächst die Selbstinduktion auf das z^5-fache.

3. Meßspulen. Die Form von festen Normalspulen wird im allgemeinen so gewählt, daß man bei gegebenem Widerstand des Drahtes einen Größtwert der Selbstinduktion erhält. Hieraus ergeben sich mehrlagige, kurze, flache Spulen, bei denen der Innenhalbmesser ungefähr gleich der Spulenlänge, der Außenhalbmesser gleich dem Doppelten der Länge ist. Als Wickelkörper verwendet man mit Paraffin getränkten Marmor oder Porzellan, jedenfalls Stoffe, die keine Eiseneinschlüsse besitzen. Handelsüblich sind Normalspulen in verschiedenen Abstufungen zwischen 0,1 mH und 1 H. Die Selbstinduktion dieser

---

[1] Näheres z. B. Kohlrausch, ferner Orlich, Jaeger, Giebe, Zickner a. a. O.; auch Korndörfer: Elektrotechn. Z. Bd. 38 (1917) S. 521. A. W. Ewan: Gen. electr. Rev. Bd. 33 (1930) S. 249.

mit Litzendraht gewickelten Spulen wird durch elektrische Vergleichsmessungen (wie sie später beschrieben werden) ermittelt.

Als absolute Induktivitätsnormale benutzt man einlagige Spulen von einfachem Aufbau, deren Induktivität aus den beobachteten Abmessungen errechnet wird. Die Präzisionsnormale der Physikalisch-Technischen Reichsanstalt wurden von Grüneisen und Giebe[1] geometrisch und elektrisch ausgemessen. Die geometrische Ausmessung stellt eine Bestimmung in absolutem Maß dar; die elektrische eine in internationalem Maß. Der gefundene Unterschied der praktischen Einheit der Induktivität von der absoluten ist zugleich auch der Unterschied des internationalen Ohms vom absoluten. Es ergab sich, daß die internationale Widerstandseinheit um rd. 0,5 ‰ kleiner ist als die absolute.

Von etwas geringerer Genauigkeit und Zuverlässigkeit als die festen Normalspulen sind die regelbaren Meßinduktivitäten, Variometer genannt. Gleichwohl sind Normalvariometer für viele Zwecke sehr brauchbar. Die Konstruktion ist im allgemeinen so, daß in einer festen Normalspule eine zweite verschiebbar oder drehbar angebracht ist. Je nach der Schaltung erhält man so eine veränderbare Selbst- oder Gegeninduktion. Der Gesamtbereich eines solchen Apparates geht leicht von $10^{-4} \ldots 10^{-1}$ H.

Um feste Gebrauchsnormale der Gegeninduktivität zu erhalten, wickelt man zwei gleiche Spulen koaxial und bifilar auf einen Zylinder. Handelsüblich ist die Größe $L_1 = L_2 = L_{12} = 0{,}01$ H.

4. Verluste in Spulen. Im allgemeinen sind Wirkwiderstand und Blindwiderstand einer Spule (vgl. S. 127) nicht unabhängig von Stromstärke und Frequenz der angelegten Wechselspannung. Nur wenn die Spule so gebaut ist, daß 1. in der Spule und ihrer Umgebung keine magnetisierbaren Substanzen vorhanden sind, 2. in den Leitungen oder umgebenden Metallteilen keine Wirbelströme entstehen, 3. die Spule praktisch keine Eigenkapazität besitzt, ist der ohmsche Widerstand gleich dem Wirkwiderstand der Spule und der Blindwiderstand gleich dem Produkt aus der Kreisfrequenz und dem konstanten Selbstinduktionskoeffizienten. Die erste Bedingung ist für eisenlose Spulen verhältnismäßig leicht zu erfüllen, von ihr kann daher abgesehen werden. Die zweite Bedingung betrifft die sog. Hautwirkung (Skin-Effekt s. S. 97). Bei Wechselspannung ist die Stromverteilung über den Leiterquerschnitt nicht dieselbe wie bei Gleichspannung; es findet bei Wechselstrom eine Stromverdrängung nach der Spulenachse zu statt. Dies bewirkt eine bei niedriger Frequenz mit dem Quadrat der Frequenz wachsende Widerstandserhöhung der Spule. Gleichzeitig hat die Stromverdrängung eine, wenn auch geringe Abnahme des Selbstinduktionskoeffizienten der Spule zur Folge, da sich der wirksame mittlere Wicklungsradius verkleinert. Als Mittel gegen die Hautwirkung wird weitgehende Aufteilung des Drahtes in isolierte Einzeldrähte, die verdrillt werden, angewandt. Gebrauchsnormale werden ausschließlich aus Litzendraht hergestellt. Einzelheiten und Literatur z. B. bei Giebe a. a. O.

Der dritte Gesichtspunkt für Konstruktion und Wirkungsweise von Spulen betrifft ihre Eigenkapazität (vgl. S. 130). Da sich bei höheren Frequenzen die Verteilung des Stromes auf die reine Induktivität und die ihr parallel liegend gedachte Spulenkapazität ändert, so wird durch diese eine scheinbare Vergrößerung sowohl des Selbstinduktionskoeffizienten wie des Wirkwiderstandes hervorgerufen. Da ferner die Spulenkapazität nicht als praktisch verlustfrei angesehen werden kann, weil ja die Drahtisolation und der Werkstoff des Spulenkörpers nicht frei von dielektrischen Verlusten sind, so ergibt sich eine weitere Beein-

[1] Wiss. Abh. Physik.-Techn. Reichsanst. Bd. 5 (1921) S. 1.

flussung des Spulenverlustes, die sich in einer Vergrößerung des Wirkwiderstandes äußert, während der Selbstinduktionskoeffizient nicht verändert wird.

Im allgemeinen ist die Wirkung der Spulenkapazität bei Niederfrequenz gering; für Hochfrequenzzwecke sucht man die Eigenkapazität durch besondere Wicklungsarten herabzusetzen. In jedem Fall ist es für feine Messungen erforderlich, sie zu definieren. Induktivitätsnormale finden daher nach Giebe[1] in einem Holzkasten Aufstellung, der mit Stanniol ausgeschlagen ist, das zur Vermeidung von Wirbelströmen isoliert unterteilt wird.

Die Größenanordnung der Einflüsse von Hautwirkung und Eigenkapazität sei durch Zusammenstellung einiger Daten einer Normalspule von 0,1 H veranschaulicht:

Anzahl der Litzendrähte	25	Spulenkapazität	42 $\mu\mu$F
Durchmesser des Einzeldrahtes	0,1 mm	Zeitkonstante	3 ms
Windungszahl	1088	tg γ bei 1000 Hz	0,06
Halbmesser innen	3,3 cm	Widerstandszunahme bei 37 kHz	
Halbmesser außen	6,6 cm	durch Hautwirkung	89 Ohm
Gleichstromwiderstand	36 Ohm	durch Spulenkapazität	47 Ohm

5. Selbstinduktionsmessung mit Strom und Spannung. Man schickt durch die Spule von der Selbstinduktion L einen sinusförmigen Wechselstrom J der Kreisfrequenz ω und mißt unter möglichster Vermeidung von Spannungsabfall im Meßinstrument, also z. B. elektrometrisch, die Spannung U an der Spule. Ist R der aus einer Messung mit Gleichstrom bekannte Widerstand (ohmsche Widerstand), so kann man aus der Beziehung

$$J = \frac{U}{\sqrt{R^2 + (\omega L)^2}}$$

die Größe L errechnen.

$$R' = \frac{R}{\cos\varphi} = \sqrt{R^2 + \omega^2 L^2}$$

heißt der Scheinwiderstand der Spule. Für die Phasenverschiebung gilt:

$$\operatorname{tg}\varphi = \frac{\omega L}{R}.$$

(ωL) heißt der Blindwiderstand oder auch der induktive Widerstand. Statt des Winkels φ wird vielfach sein Komplement $\gamma = \frac{\pi}{2} - \varphi$ als „Verlustwinkel" einer Spule in die Rechnung eingeführt. Es ist

$$\operatorname{tg}\gamma = \frac{R}{\omega L}.$$

Genauere Messungen durch Bestimmung des Scheinwiderstandes werden in der Weise vorgenommen, daß man einen bekannten Widerstand in Reihe mit der Spule legt und die Spannungen an beiden vergleicht. Ist die Hautwirkung nicht zu vernachlässigen, also z. B. bei höheren Frequenzen, so muß der Wirkwiderstand, der dann nicht mehr gleich dem Gleichstromwiderstand ist, durch Leistungsmessung ermittelt werden (vgl. auch die Messung an Drosselspulen, S. 197).

6. Die Maxwellsche Brücke zur Vergleichung von Selbstinduktion und Kapazität. Von Maxwell sind zahlreiche Brückenschaltungen angegeben worden. Auch von den Anordnungen zur Messung der Selbstinduktion gehen manche auf ihn zurück (vgl. S. 132). Als Maxwellbrücke schlechthin wird jedoch im all-

[1] Z. Instrumentenkde. Bd. 31 (1911) S. 19.

gemeinen die in Abb. 162 schematisch wiedergegebene Brücke bezeichnet. Sie ist sowohl zur Bestimmung von Selbstinduktionen aus Kapazitäten wie zu Messungen im umgekehrten Sinne geeignet. Die Gleichgewichtsbedingungen lauten

$$\frac{L_3}{C_2} = R_1 R_4 \quad (1) \qquad \text{und} \qquad R_1 R_4 = (r_3 + R_3) R_2 . \quad (2)$$

Für die praktische Ausführung der Brücke ist es im allgemeinen erwünscht, daß R_2 groß gegen $\frac{1}{\omega C_2}$, $(r_3 + R_3)$ klein gegen ωL_3 ist. Der Zusatzwiderstand r_3 ist also nur klein (etwa ein Bifilardraht mit Gleitkontakt). Für Selbstinduktionen ist von Grüneisen und Giebe[1] die Methode zu Präzisionsmessungen verwandt worden. Der übliche Anwendungsbereich ist etwa 10^{-4} bis 1 H bei einer Meßfrequenz von 800 Hz. Für genaue Messungen wird meist mit Substitution gearbeitet.

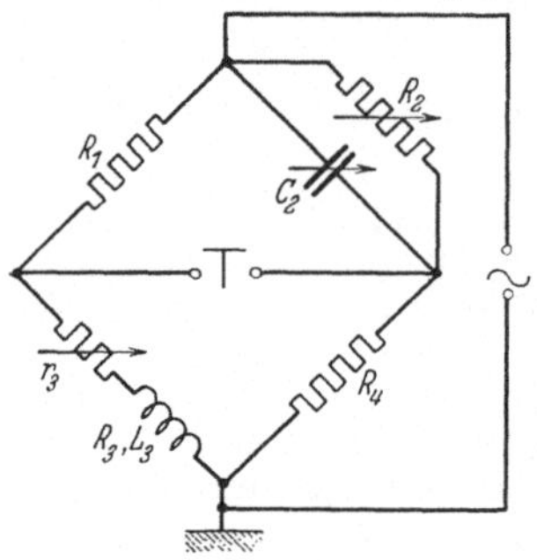

Abb. 162. Brücke nach Maxwell.

Die Methode wird auch zu Kapazitätsmessungen benutzt. Z. B. hat U. Meyer[2] (vgl. auch S. 230) dielektrische Verlustfaktoren von Kondensatoren mit der Maxwellbrücke in der Weise bestimmt, daß in Zweig *2* im Substitutionsverfahren erst der zu prüfende, dann ein verlustfreier Kondensator eingeschaltet wird. Der Unterschied in r_3 gibt ein Maß für den Verlustfaktor tg δ des Prüflings.

7. Die Bifilarbrücke nach Giebe. Eine einfache Methode der Selbstinduktionsmessung beruht auf der Vergleichung der zu messenden Spule mit einem Normal in der Wechselstrombrücke. Das Schema der auf Maxwell zurückgehenden Anordnung zeigt Abb. 163. Die Nullbedingungen lauten

$$\frac{L_1}{L_2} = \frac{R_3}{R_4} \quad \text{und} \quad \frac{R_1}{R_2 + r_2} = \frac{R_3}{R_4} .$$

Um abgleichen zu können, ist in Reihe mit einer der Spulen, etwa dem Normal L_2, ein winkelfreier Widerstand r_2 gelegt. Zur Vermeidung von Fehlern, die

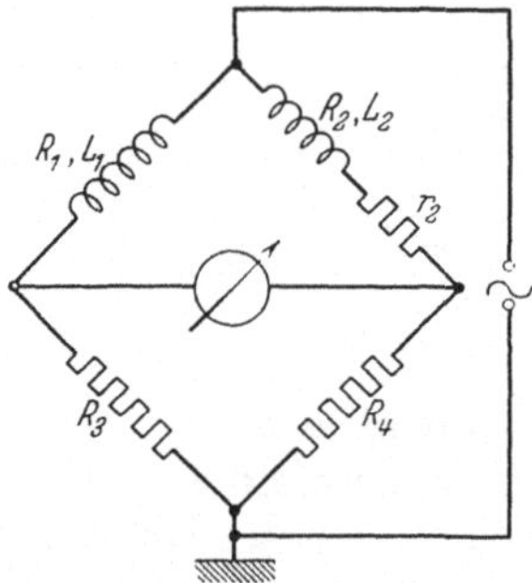

Abb. 163. Brücke zum Vergleich zweier Selbstinduktionen.

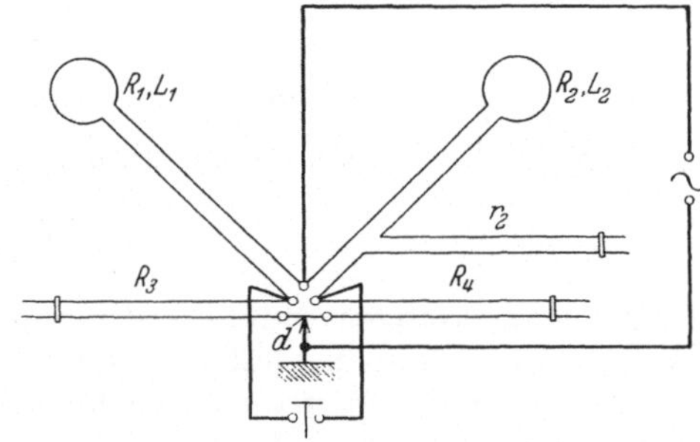

Abb. 164. Schema der Bifilarbrücke nach Giebe.

namentlich durch Induktivität in den Zweigen *3* und *4* verursacht und bei höheren Frequenzen (etwa oberhalb 1000 Hz) erheblich werden können, hat Giebe[3] eine Anordnung getroffen, die unter dem Namen Bifilarbrücke bekannt geworden ist. Das Prinzip ist aus Abb. 164 ersichtlich. Wie bei der auf S. 113

[1] Ann. Physik. Bd. 63 (1920) S. 179. [2] Elektrotechn. Z. Bd. 44 (1923) S. 779.
[3] Ann. Physik Bd. 24 (1907) S. 941.

beschriebenen Kapazitätsmeßbrücke sind die 4 Brückeneckpunkte nahe zusammengelegt, um die gegenseitige Einwirkung der Zweige zu beherrschen. Als Widerstände R_3 und R_4 dienen Schleifdrähte, bei denen die Schleifkontakte auf bifilar geführten Drähten gleiten. Da die auf beiden Seiten gleich gebaute Widerstandsdoppelleitung für jede Länge den gleichen Phasenwinkel hat, so wird $\varphi_3 = \varphi_4$, womit die wichtigste Fehlerquelle beseitigt ist. Einflüsse kapazitiver Art können durch Abschützungen überblickbar gemacht werden; auch das Telefon, das meist als Nullinstrument dient, wird durch geerdete Hüllen abgeschirmt.

Die in der Physikalisch-Technischen Reichsanstalt beantragten Eichungen von Spulen werden gewöhnlich mit der Bifilarbrücke ausgeführt, soweit es sich um Induktivitäten von 1 mH und darunter handelt.

Die Giebesche Bifilarbrücke ist auch geeignet zur Messung der Zeitkonstante von kleinen Drahtwiderständen (etwa $< 1000\,\Omega$), bei denen der induktive Einfluß den kapazitiven überwiegt (vgl. auch S. 121). Für die Bestimmung der Phasenfehler sehr kleiner Widerstände, wie sie z. B. bei Wandlereichungen als Nebenwiderstände benötigt werden, hat Schering[1] eine der Thomsonschen Gleichstrombrücke analog gebaute Wechselstrom-Doppelbrücke angegeben.

Für grobe Messungen an größeren Spulen ist eine Modifikation der Maxwellschen Anordnung brauchbar. Der Brückeneckpunkt, an dem in Abb. 163 die beiden Induktivitäten zusammenliegen, wird durch Kastenwiderstände und Schleifdrähte abgeändert. Die Widerstände R_3 und R_4 werden durch einen Schleifdraht ersetzt, Stromquelle und Nullinstrument werden vertauscht. Man gleicht ab durch Verbesserung des Tonminimums bis zum Schweigen des Telefons, indem abwechselnd die Schleifkontakte verstellt werden.

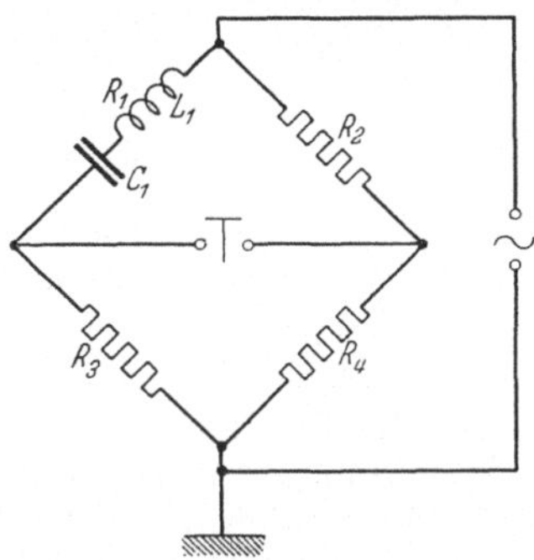

Abb. 165. Resonanzbrücke nach Grüneisen und Giebe.

8. Resonanzbrücke zur Ermittlung von *LC*. Ein absolutes Meßverfahren für die Induktivität, das ebensogut für die Bestimmung einer Kapazität dienen kann, haben Grüneisen und Giebe[2] angegeben. Es ist die in Abb. 165 skizzierte Resonanzbrücke, bei der eine Kapazität C_1 in Reihe mit einer Spule von der Induktivität L_1 und dem Widerstand R_1 liegt. Die Nullbedingungen lauten

$$R_1 R_4 = R_2 R_3\,,$$

$$\omega^2 L_1 C_1 = 1\,.$$

Für 50 Hz wird im allgemeinen Resonanz nur für große Induktivitäten erzielbar sein, das Verfahren ist daher besonders bei höheren Frequenzen, etwa oberhalb von 1000 Hz geeignet und ist bis zu höchsten Frequenzen anwendbar[3]. Hat der Kondensator Verluste, so kann man tg δ_1 erhalten, indem man zweimal abgleicht, einmal mit dem Kondensator, sodann nach Substitution eines gleichgroßen verlustfreien Normalkondensators. Zur Eichung größerer Selbstinduktionen wird das Verfahren viel benutzt (z. B. auch in der Physikalisch-Technischen Reichsanstalt).

[1] Elektrotechn. Z. Bd. 38 (1917) S. 421.
[2] Z. Instrumentenkde. Bd. 31 (1911) S. 152.
[3] Giebe u. Alberti: Z. techn. Physik Bd. 6 (1925) S. 92.

9. Brücke nach Anderson. Eine der Maxwellbrücke (Abb. 162) verwandte Anordnung von Anderson gestattet ebenfalls das Verhältnis L/C zu messen; ihr Vorteil besteht darin, daß die Widerstandskombination hier erlaubt, auch bei festem C abzugleichen, ohne daß die beiden Nullbedingungen von einander abhängig werden. Abb. 166 zeigt die Schaltung. Wegen der Besonderheit ihres Aufbaues spricht man auch von einer „Sechs-Zweige-Brücke". Es gilt bei Stromlosigkeit

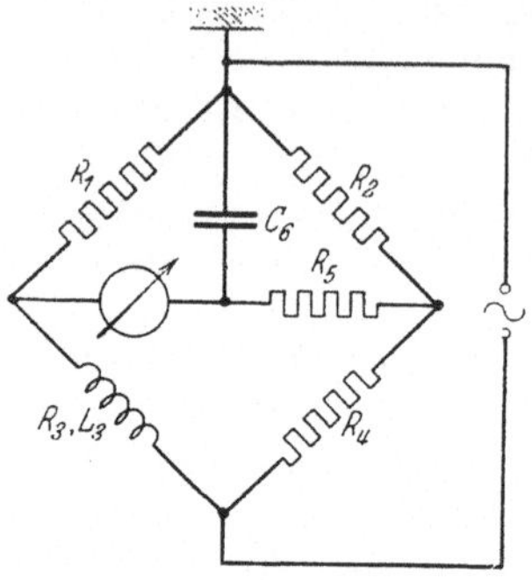

$$\frac{L_3}{C_6} = R_1 R_4 + R_5 (R_1 + R_3)\,.$$

Abb. 166. Brücke nach Anderson.

Die Brückenanordnung, die auch zur Kapazitätsbestimmung und für Feinmessungen brauchbar ist, wird meist so abgeglichen, daß zuerst bei Gleichstrom die allgemeine Bedingung

$$R_1 R_4 = R_2 R_3$$

erfüllt ist. Nach Umschalten auf Wechselstrom wird dann nur noch R_5 geregelt, bis wieder abgeglichen ist.

10. Bestimmung der Kapazität von Spulen. Wenn auch diese Messungen ihre Hauptbedeutung in der Hochfrequenztechnik haben, so gibt es doch auch in der Starkstromtechnik Fragen (z. B. beim Studium von Wanderwellenvorgängen), bei denen die Kapazität von Spulen eine wichtige Rolle spielt; ebenso ist die Induktivität von Kondensatoren bei der neuesten Entwicklung des Kondensatorenbaus nicht ohne Interesse. Es seien daher die wichtigsten Gesichtspunkte für die Messung erörtert.

Für Spulen mit Eigenkapazität kann man sich als Ersatzschema eine kapazitätsfreie Spule denken, der ein Kondensator parallel geschaltet ist. Im allgemeinen ist diese Parallelkapazität als unverändert bis zur Eigenschwingung der Spule anzusehen. Auf diesem Verhalten beruht ein einfaches Extrapolationsverfahren zur Ermittlung der Eigenkapazität. Man schaltet der Spule einen Drehkondensator parallel und erregt den Kreis bei zwei Werten dieses Kondensators zur Eigenschwingung. Graphisch oder analytisch kann dann leicht durch lineare Extrapolation der Kapazität in Abhängigkeit vom Quadrat der Wellenlänge auf die Kapazität geschlossen werden, die der Spule parallel liegt, ohne daß außen noch ein Kondensator zugeschaltet ist. Streng genommen hat auch die Eigenkapazität jeder Spule drei Teilkapazitäten (vgl. S. 109), so daß zur genauen Messung elektrisch abgeschirmt werden muß, um die Betriebskapazität zu definieren.

Die grundlegende Beziehung für die Untersuchung im Schwingungskreis lautet

$$\lambda^2 = 4\pi^2 v^2 C L\,,$$

wobei λ die Wellenlänge bedeutet, die mit der Frequenz f und der Lichtgeschwindigkeit v durch die Relation $v = f\lambda$ zusammenhängt. Wird λ in cm gemessen, so ist L in Henry, C in Farad, $v = 3\cdot 10^{10}\,\frac{\text{cm}}{\text{sec}}$ einzusetzen.

Die Erregung der Spule mit oder ohne Kondensator zu Eigenschwingungen erfolgt nach dem aus Abb. 167 ersichtlichen Schema. Der zu prüfende Kreis (mittlerer Schwingungskreis) wird mit einem Generatorkreis (links) gekoppelt. Die Bestimmung der Eigenschwingung erfolgt mittels Indikatorkreises (rechts). Als Generator wird oft, für sehr hohe Frequenzen fast ausschließlich, ein Röhrensender benutzt. Als Indikator dient z. B. ein Wellenmesser mit Kristalldetektor und Gleichstrominstrument[1]. Bei der Aufstellung der skizzierten drei Kreise muß

[1] Vgl. z. B. Scheibe: Indikatoren. Leipzig: Hachmeister & Thal 1926.

sorgfältig vermieden werden, daß Sender und Detektorkreis sich magnetisch oder elektrisch beeinflussen. Man bringt die koppelnden Spulen des linken und des rechten Kreises zueinander senkrecht, zum Mittelkreis in einem Winkel von 45° an. Hat man keinen Wellenmesser, aber einen meßbar zu regulierenden Hochfrequenzgenerator, so dient in einfachster Weise ein Heliumröhrchen, das zwischen die Spulenklemmen gelegt wird, durch sein Aufleuchten zur Anzeige der Resonanz.

Bei dem erwähnten Extrapolationsverfahren braucht man die Selbstinduktion der Spule nicht zu kennen. Ist sie bekannt, so läßt sich aus der Messung der Eigenwellenlänge der Spule allein nach der angegebenen Formel die Eigenkapazität berechnen[1].

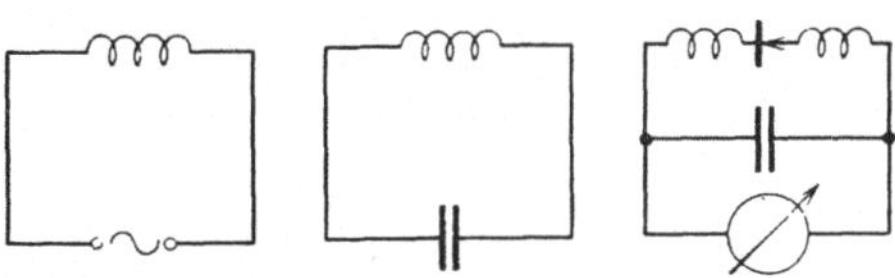

Abb. 167. Schwingungskreis zur Erzeugung der Eigenschwingung von Spulen und Kondensatoren.

Für die Ermittlung der Selbstinduktion von Kondensatoren wird analog verfahren. Man schaltet dem Kondensator verschiedene bekannte kleine Selbstinduktionen, z. B. solche, die aus den geometrischen Abmessungen berechenbar sind (vgl. S. 124), parallel und schließt durch Extrapolation auf die Eigeninduktivität des Kondensators.

11. Technische Induktivitätsmeßbrücken. Ebenso wie zu raschen Bestimmungen von Kapazitäten (siehe S. 116) gibt es auch zur bequemen technischen Messung von Induktivitäten handliche Apparaturen, in denen alle erforderlichen Meßteile fertig zusammengestellt sind. Die Selbstinduktionsbrücke von Siemens & Halske beruht auf der Vergleichung der zu messenden Selbstinduktion, die im Brückenzweig *1* liegt, mit einem Normal im Brückenzweig *2*. Die anderen Brückenzweige *3* und *4* sind veränderliche, hinreichend winkelfreie Widerstände. Nullinstrument ist ein Telephon, Stromquelle eine Hochfrequenzmaschine. Im allgemeinen sind mit dieser Brücke Induktivitäten von 1 mH bis 1 H meßbar mit einer Genauigkeit von weniger als 1 %, mit geringerer Genauigkeit auch noch Induktivitäten bis 10 H. Für kleinere Selbstinduktivitäten stellt Siemens & Halske eine Brücke her, bei der als veränderliches Normal ein Variometer mit verschiebbarem Kern dient. Dieser besteht aus Paraffin, in das Eisenfeilicht eingebettet ist.

Das Schaltungsschema der von Zickner[2] angegebenen Brücke für Kapazitäts- und Induktivitätsmessungen in der Schaltung als Selbstinduktionsbrücke ist das der Maxwellbrücke in Abb. 162. Die Schaltung als Kapazitätsbrücke ist in Abb. 154 (S. 117) wiedergegeben. Vertauscht man hier die Brückenzweige *3* und *4*, so ergibt sich das Schema der Abb. 162. Die Gleichgewichtsbedingungen (siehe S. 128) gelten unter der Annahme, daß alle Teile außer der zu messenden Selbstinduktion praktisch winkelfrei sind. Durch Stöpselung von R_4 können 4 Meßbereiche erzielt werden. Die Brückenbedingung (*2*) wird unabhängig von (*1*) erfüllt; zur Grobeinstellung wird der Hochohmwiderstand R_2, zur Feineinstellung wird der in Reihe mit der Spule liegende Widerstand r_3 verändert. Zur Herstellung des Gleichgewichtes (*1*) wird der Drehkondensator C_2 eingeregelt. Der Gesamtbereich der Brücke geht von etwa 10^{-4} H bis 10^{-1} H.

Direkt zeigende Induktivitätsmesser sind in technischer Durchbildung kaum bekannt geworden[3]. Der Grund hierfür liegt wohl in der erheblichen Größe des Verlustwinkels von Spulen.

[1] Literatur über Eigenkapazität von Spulen z. B. bei J. Wallot: Arch. Elektrotechn. Bd. 10 (1921) S. 233.

[2] Arch. Elektrotechn. Bd. 19 (1927) S. 49.

[3] Vgl. Keinath: Die elektrischen Meßgeräte, 2. Bd. 3. Aufl. Berlin: R. Oldenbourg 1928.

12. Vergleichung von Selbst- und Gegeninduktivitäten. Ebenso wie für die Messung von Selbstinduktivitäten sind auch für die der Gegeninduktivitäten zahlreiche Verfahren, besonders Brückenanordnungen, bekannt.

Abb. 168 zeigt eine Anordnung nach Maxwell zur Vergleichung einer Selbst- und einer Gegeninduktivität (L_2 und M). Die Selbstinduktivität werde durch die Primärspule eines zu eichenden Variometers gebildet; in den übrigen Brückenzweigen liegen Ohmsche Widerstände. Für das Gleichgewicht erhält man die beiden voneinander nicht unabhängigen Bedingungen:

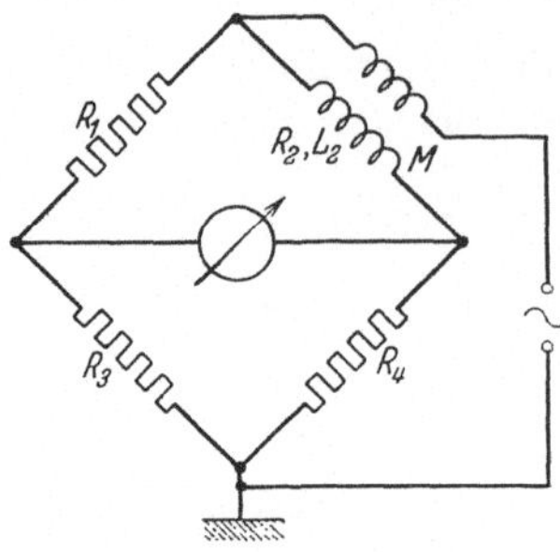

Abb. 168. Maxwellsche Schaltung zum Vergleich von M und L.

$$\frac{M}{L_2} = \frac{R_3}{R_3 + R_4},$$

$$\frac{R_1}{R_2} = \frac{R_3}{R_4}.$$

Man hat M und L_2 einander entgegengesetzt zu schalten, außerdem muß $L_2 > M$ sein. Die Abgleichung erfolgt durch Regeln der Widerstände.

Eine von Campbell[1] angegebene Methode der Vergleichung von Selbst- und Gegeninduktivitäten geht aus der vorigen Schaltung dadurch hervor, daß man in Zweig *1* in Reihe mit dem Widerstand R_1 noch eine Selbstinduktion (L_1, r_1) einschaltet. Für die Abgleichung ist

$$L_2 - \frac{L_1 R_4}{R_3} = M\left(\frac{R_3 + R_4}{R_3}\right),$$

$$\frac{R_1 + r_1}{R_2} = \frac{R_3}{R_4}.$$

Durch Differenzmessungen unter Benutzung der vorigen Maxwellschen Methode lassen sich mit diesem Verfahren kleine Selbstinduktivitäten gut messen[2].

Eine einfache Art der Zurückführung einer Gegeninduktivität auf eine Selbstinduktivität besteht darin, daß man die beiden Spulen einmal so schaltet, daß die Gegeninduktivität (M) des Systems und die Selbstinduktivitäten der beiden Wicklungen (L_1, L_2) gleichsinnig wirken, das andere Mal so, daß sie einander entgegenwirken. Man erhält als resultierende Selbstinduktivitäten in den beiden Schaltungen

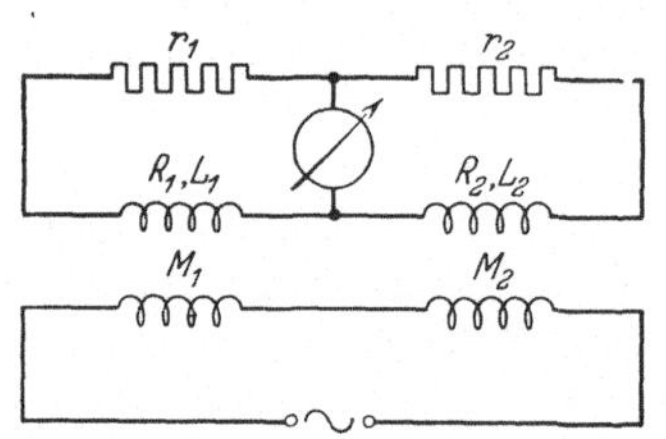

Abb. 169. Vergleich zweier Gegeninduktivitäten.

$$L_I = L_1 + L_2 + 2M \quad \text{und} \quad L_{II} = L_1 + L_2 - 2M.$$

Für diese Messungen kann eines der für die Bestimmung von Selbstinduktionen geeigneten Verfahren benutzt werden. Man erhält schließlich

$$M = \frac{L_I - L_{II}}{4}.$$

13. Vergleichung von Gegeninduktivitäten. Abb. 169 zeigt eine von Maxwell herrührende Schaltung, in der zwei Gegeninduktivitäten, etwa ein bekannter Variator M_2 und eine unbekannte Gegeninduktivität M_1 miteinander verglichen werden. Die Primärspulen werden in Reihe gelegt und bilden mit der Wechselstromquelle einen Kreis. Die Sekundärspulen (L_1, L_2) sind so, daß ihre Spannungen

---

[1] Philos. Mag. Bd. 19 (1910) S. 497.

[2] Einzelheiten bei Campbell oder z. B. bei Giebe: a. a. O.

gleichsinnig liegen, mit zwei Ohmschen Widerständen (r_1, r_2) zu einer Brücke geschaltet. Im Gleichgewichtsfalle besteht die Beziehung

$$\frac{M_1}{M_2} = \frac{R_1 + r_1}{R_2 + r_2}.$$

In einer ähnlichen Schaltung kann auch mit dem ballistischen Galvanometer gemessen werden. An Stelle der Wechselstromquelle wird eine Batterie verwandt. Wenn bei Kommutieren im Primärkreis der Galvanometerausschlag verschwindet, gilt wieder die obige Beziehung.

14. Bestimmung der Gegeninduktivität nach Carey Foster. Diese Methode der Vergleichung einer Gegeninduktivität mit einer Kapazität ist keine eigentliche Brückenschaltung wie die in früheren Abschnitten beschriebenen, es wird hier vielmehr eine Stromverzweigung angewandt, bei der zwei oppophase Spannungen gegeneinander kompensiert werden (Näheres vgl. S. 134). Das Schema — der Übersichtlichkeit wegen in Brückenform gezeichnet — ist in Abb. 170 dargestellt. Bei Stromlosigkeit des Nullinstrumentes (Vibrationsgalvanometer oder Telephon) gelten die Beziehungen

$$L_{12} = C_4 R_3 (R_1 + R_2),$$

$$\frac{L_1}{C_4} = (R_1 + R_2)(R_3 + r_4).$$

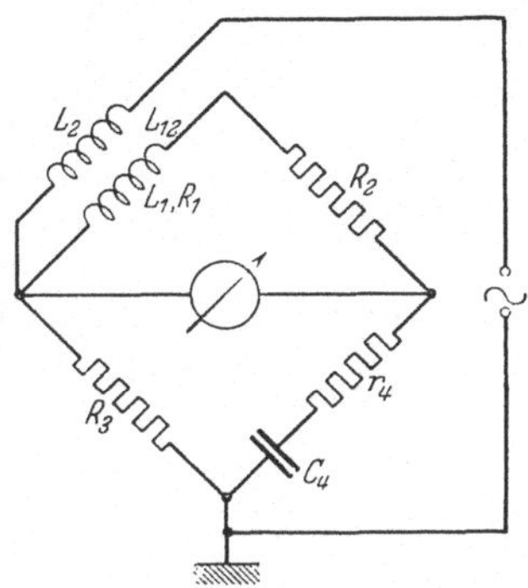

Abb. 170. Anordnung nach Carey Foster zur Messung von Gegeninduktivitäten.

Wählt man R_3 klein, R_2 groß und ist $R_1 \ll R_2$, so ist praktisch

$$\frac{L_{12}}{C_4} = R_2 R_3.$$

Auch dieses Verfahren kann zu Kapazitätsmessungen benutzt werden. Als L_{12} ist dann ein Variometer zu benutzen[1].

15. Messung der Gegeninduktivität nach Schering. Für die technische Bestimmung von Gegeninduktivitäten bei 50 Hz hat Schering Schaltungen angegeben. Abb. 171 zeigt die Anordnung für kleinere Gegeninduktivitäten (Größenordnung 10^{-4} H, aber auch kleiner). Der Wechselstrom durchfließt die Spule L_1 (von kleinerer Windungszahl) der Gegeninduktivität L_{12} und den festen Widerstand r. Im Nebenschluß zu diesem liegen die feste Kapazität C und der veränderliche Widerstand R. Die Spannung an R, die hinter der Spannung an r um $\pi/2$ zurückbleibt, wenn R gegen $1/\omega C$ vernachlässigt werden kann, wird über ein Vibrationsgalvanometer gegen die in der Spule L_2 induzierte Spannung geschaltet. Bei Stromlosigkeit des Nullinstrumentes ist

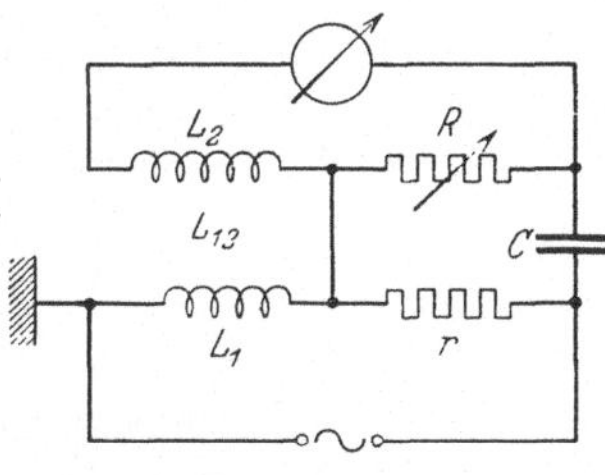

Abb. 171. Schaltung nach Schering zur Messung kleiner Gegeninduktivitäten.

$$L_{12} = C r R.$$

Man hat also hier eine Anordnung, bei der nur die eine Größe R verändert zu werden braucht, während bei den meisten Brückenschaltungen zwei Abgleichungen erforderlich sind. Wenn allerdings R und C nicht passend gewählt sind, bekommt man keine Nulleinstellung, sondern nur ein Minimum des Galvano-

[1] Vgl. Hague: a. a. O.

meterausschlages. Als praktisch erwies sich z. B. bei einer L_{12} der Größenordnung 10^{-4} H die Wahl von $r = 20\ \Omega$, $C = 0{,}1\ \mu F$ [1].

Die beschriebene Methode ist für die Bestimmung von Gegeninduktivitäten der Größenordnung 10^{-2} H und darüber nicht geeignet. In diesem Bereich ist die in Abb. 172 wiedergegebene Schaltung brauchbar, die der Methode von Carey Foster (siehe S. 133) verwandt ist. Der eine Teil der Stromverzweigung besteht aus der Primärspule L_1 der zu messenden Gegeninduktivität L_{12} in Reihe mit dem festen Widerstand r. Parallel zu diesem ist über das Vibrationsgalvanometer die sekundäre Spule L_2 geschaltet. Wenn $1/\omega r$ gegen C und ωL gegen R vernachlässigt werden kann, sind die Ströme in beiden Zweigen praktisch um $\pi/2$ gegeneinander verschoben, so daß die Spannung an r gegen die sekundäre Spannung von L_{12} zu kompensieren ist. Es ist wie bei der vorhergehenden Anordnung $L_{12} = C\,r\,R$. Hierbei ist in R der Widerstand der Primärspule eingerechnet. Bei einer praktisch ausgeführten Messung einer Gegeninduktivität $L_{12} = 0{,}136$ H wurde $r = 2\ \Omega$, $R = 68000\ \Omega$ und $C = 1\ \mu F$ gewählt. Die erreichbare Genauigkeit betrug bei einer Meßspannung von 80 V 0,1 % [2].

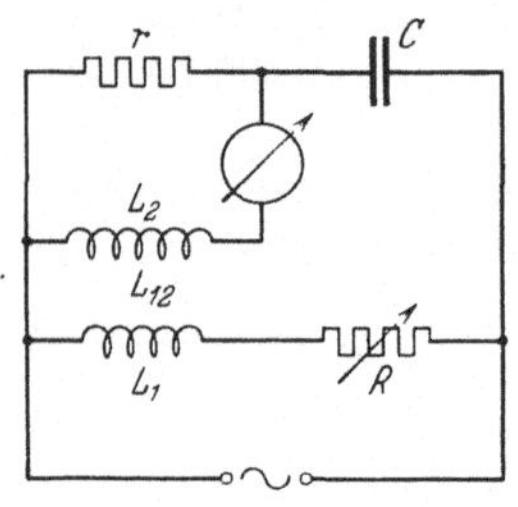

Abb. 172. Schaltung nach Schering zur Messung größerer Gegeninduktivitäten.

16. Resonanzmethode zur Ermittlung von *MC*. Bei diesem von Campbell[3] angegebenen Verfahren durchfließt ein Wechselstrom von der Kreisfrequenz ω einen Kondensator C (Abb. 173) in Reihe mit der Primärspule einer Gegeninduktivität M, deren Sekundärspule über ein Nullinstrument (Telephon) gegen C geschaltet ist. Durch Einregeln von M oder C kann Stromlosigkeit des Indikators erzielt werden. Es ist dann Resonanz im Kreise vorhanden, für diese gilt:

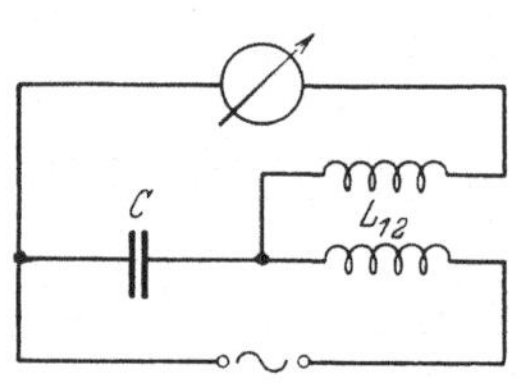

Abb. 173. Resonanzmethode nach Campbell.

$$\omega^2 C M = 1\,,$$

Schering[1] verwandte eine solche Anordnung zur Messung der Frequenz von Röhrensendern zwischen 300 bis 3000 Hz. Er wählte z. B. $M = \frac{1}{4\pi^2} = 0{,}0253$ H und erhielt so $f = \frac{1000}{\sqrt{C}}$, wobei C in μF abgelesen wurde.

Allgemeine Literatur s. Abschn. J, S. 123.

L. Frequenzmesser und Frequenzmessung.

Von **K. Schmiedel**, Nürnberg.

1. Zungenfrequenzmesser nach Frahm. Indirekte Frequenzmessungen durch Messung der Drehzahl des Wechselstromerzeugers können sehr genau ausgeführt werden. Für die direkte Frequenzmessung haben die auf mechanischer Resonanz mit dem Erregerstrom beruhenden Zungenfrequenzmesser die weiteste Verbreitung gefunden.

---

[1] Schering u. Engelhardt: Tät.-Ber. der Physik.-Techn. Reichsanst. f. 1919 in Z. Instrumentenkde. Bd. 40 (1920) S. 122.

[2] Tät.-Ber. der Physik.-Techn. Reichsanst. f. 1924 in Z. Instrumentenkde. Bd. 45 (1925) S. 193.

[3] Philos. Mag. Bd. 15 (1908) S. 166.

Der Zungenfrequenzmesser nach Frahm[1] ist in Abb. 174 schematisch im Querschnitt gezeichnet. Eine Leiste L von bestimmter Masse ist elastisch mit zwei Blattfedern F auf der Grundplatte befestigt. Sie trägt auf ihrer ganzen Länge eine Reihe von Zungen Z, d. h. Stahlfedern, deren jede auf eine bestimmte Schwingungszahl sehr genau abgestimmt ist. An einer Stelle der Leiste L ist ein Eisenanker A befestigt, dessen Erregermagnet M an die Spannung der Stromquelle angeschlossen ist. Die Leiste L schwingt dann mit der Frequenz des Erregerstroms und mit ihr sämtliche Zungen. Es schlägt aber nur die Zunge aus, deren Eigenschwingung der Frequenz des Erregerstroms entspricht; die Schwingungsdauer ist $T = \frac{1}{2f}$. Magnetisiert

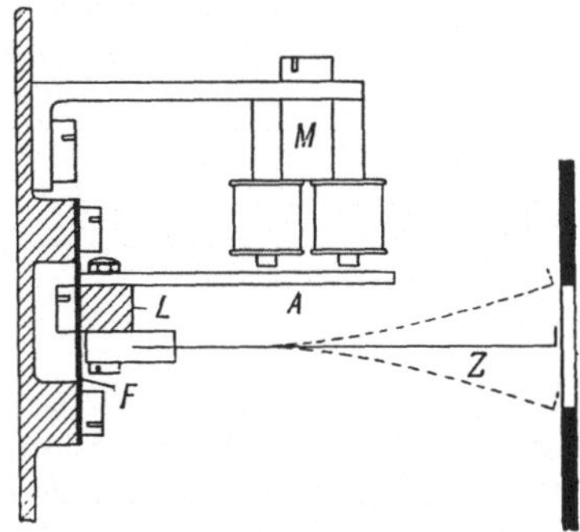

Abb. 174. Zungenfrequenzmesser nach Frahm.

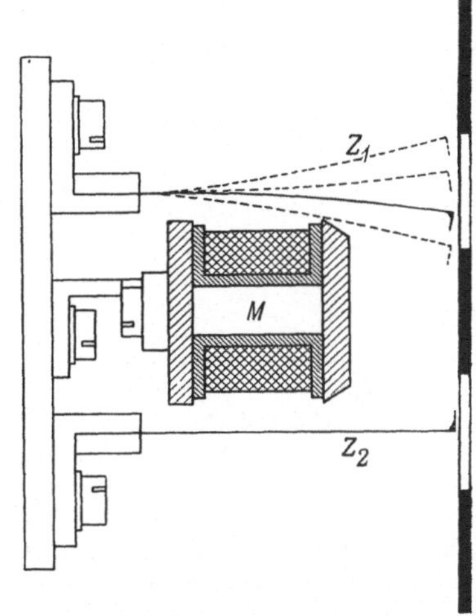

Abb. 175. Zungenfrequenzmesser nach Hartmann-Kempf.

man den Erregermagneten M etwa durch einen Dauermagneten vor, so wird die Schwingungsdauer der Zungen $T = \frac{1}{f}$. Dann spricht die gleiche Zunge erst bei der doppelten Frequenz an.

2. Zungenfrequenzmesser nach Hartmann-Kempf[2]. Beim Zungenfrequenzmesser nach Abb. 175 werden die Zungenreihen Z_1 und Z_2 direkt von einem langgestreckten Elektromagneten M erregt, der auf der gleichen Grundplatte befestigt ist und alle Zungen magnetisiert. Es spricht aber nur die Zunge an, deren Eigenschwingung in Resonanz mit dem erregenden Fluß ist. Sollen die Zungen niederer und höherer Frequenz bei gleicher Erregung die gleiche Amplitude haben, so muß für (kürzere) Zungen höherer Frequenz der Fluß zunehmen; deshalb steht der Pol des Erregermagnets näher an den Zungen höherer als an denen niederer Frequenz. Die Vormagnetisierung durch Dauermagnete, die den Zungen genähert werden, ruft die gleiche Wirkung wie beim Frequenzmesser nach Frahm hervor. Durch Regelwiderstände kann man die Amplituden für verschiedene Spannungen auf den gleichen Betrag einregeln.

Muß man bei den Zungenfrequenzmessern eine Frequenz messen, die nicht mit der Eigenschwingung einer Zunge zusammenfällt, so kann man aus dem Schwingungsbild der Zungen die Frequenz schätzen. Je feiner die Unterteilung der Eigenschwingungszahlen, also je größer die Anzahl der Zungen ist, eine desto genauere Abschätzung ist möglich. Die gebräuchlichen Frequenzmesser haben für das Intervall einer Frequenz zwei Zungen. Schwingen zwei neben-

[1] Ausgeführt von Siemens & Halske.
[2] Physik. Z. Bd. 2 (1910) S. 1183. Ausgeführt von Hartmann & Braun.

einander liegende Zungen mit gleicher Amplitude, so kann man das Intervall von ¼ Hz schätzen. Kleinere Intervalle sollte man nur dann schätzen, wenn man einen sehr genau geeichten Frequenzmesser hat. Die Meßgenauigkeit hängt von dem Alter und dem Gebrauch der Geräte ab.

3. Zeigerfrequenzmesser nach Martienssen[1]. Abb. 176 ist die Schaltung des Zeigerfrequenzmessers nach Martienssen. Eine gesättigte Drossel L und ein Kondensator C sind in Reihe an die Spannung gelegt. Ein Spannungsmesser U

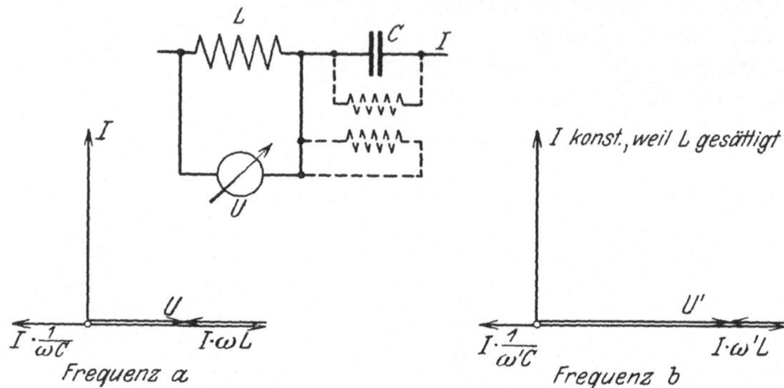

Abb. 176. Zeigerfrequenzmesser nach Martienssen.

(Induktionsinstrument) mit unterdrücktem Nullpunkt ist an die Drossel angeschlossen; seine Skala ist in Frequenzen geeicht. In einem gewissen Spannungsbereich ist die Frequenz wenig abhängig von der Spannung. Man kann die Spannungsabhängigkeit noch verringern, wenn man nach Vorschlag von Keinath[2] parallel zu dem Kondensator die Primärwicklung eines kleinen Transformators legt, dessen Sekundärwicklung in den Kreis des Spannungsmessers eingeschaltet ist und eine kleine Gegenspannung darin erzeugt (in Abb. 176 gestrichelt gezeichnet). Die Skala umfaßt etwa

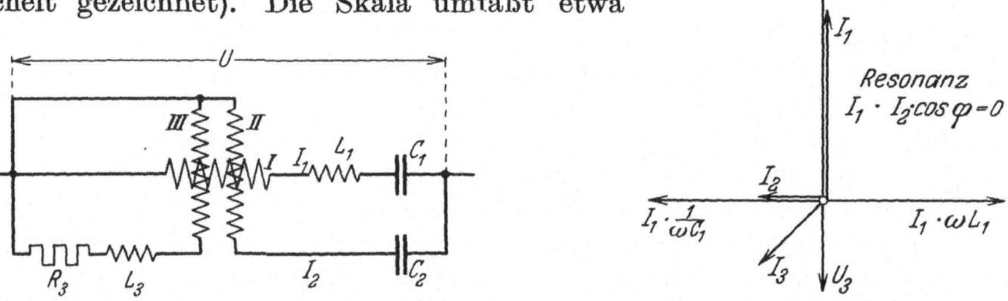

Abb. 177. Schaltung und Diagramm zum Phasensprung-Frequenzmesser nach Keinath.

40...60 Hz oder ein gleiches Intervall für andere mittlere Frequenzen. Die Ablesegenauigkeit ist etwa ½ Hz.

4. Phasensprungfrequenzmesser nach Keinath[3]. Nach Abb. 177 liegt in Reihe mit der festen Spule I eine eisengeschlossene Drossel L_1 und ein Kondensator C_1. L_1 und C_1 sind so abgestimmt, daß für die mittlere Frequenz (z. B. 50 Hz) Resonanz herrscht. Die bewegliche Spule II ist mit einem Kondensator C_2 in Reihe geschaltet, so daß ihr Strom J_2 innerhalb des Frequenzbereichs der Spannung U um 90° voreilt. Die bewegliche Spule III ist mit II konaxial gewickelt; sie ist

[1] Elektrotechn. Z. Bd. 31 (1910) S. 204; Physik. Z. 1910 S. 448. Görges, H.: Elektrotechn. Z. Bd. 39 (1918) S. 101.

[2] Keinath, G.: Die Technik der elektrischen Meßgeräte, 2. Aufl. Bd. 2 (1928) S. 137.

[3] Elektrotechn. Z. Bd. 37 (1916) S. 271.

über einen kleinen winkelfreien Widerstand R_3 und eine Drossel L_3 kurzgeschlossen und dient nur dazu, dem Instrument eine kleine Richtkraft zu geben. Infolge der Resonanzschaltung hat das Instrument verschiedene Vorteile: Es ist unabhängig von Spannungsschwankungen, fast unabhängig von Temperaturschwankungen und von der Kurvenform des Wechselstroms. Es wird vorzugsweise für ein sehr kleines Frequenzbereich gebaut, z. B. $\pm$ 2 Hz bei 50 Hz mittlerer Frequenz, und zeigt daher kleine Frequenzschwankungen sehr genau an.

5. Induktionsinstrumente. Ein Zeigerfrequenzmesser nach dem Induktionsprinzip wird von der Westinghouse Co. ausgeführt. Auf eine unrunde Scheibe wirken zwei von der Spannung erregte Triebsysteme, deren einem ein Widerstand, deren anderem eine Drossel vorgeschaltet ist. Von Spannungs- und Temperaturschwankungen ist dieses Instrument unabhängig.

6. Verschiedene Instrumente. Es sei noch erwähnt, daß verschiedene Leistungsfaktormesser durch sinngemäße Änderungen der Schaltung als Frequenzmesser Verwendung finden, so z. B. das Kreuzspulinstrument von Hartmann & Braun mit feststehenden Spannungsspulen (S. 106, Anm. 3) und das Kreuzeiseninstrument nach Kühnel (S. 107).

III. Magnetische Messungen.

Von **W. Steinhaus**, Berlin.

A. Allgemeines.

1. Magnetische Größen. Unter den magnetischen Feldgrößen ist für den Elektrotechniker der magnetische Fluß Φ, d. h. anschaulich gesprochen, die Gesamtzahl der magnetischen Linien, die einen gegebenen Querschnitt q durchsetzt, die wichtigste Größe. Vom Fluß aus kommt er zu dem Begriff der Flußdichte oder Induktion $\mathfrak{B}$ (Fluß in einem Querschnitt von 1 cm²): $\mathfrak{B} = \frac{\Phi}{q}$. Nun zeigt die Erfahrung, daß verschiedene Körper dem Fluß einen ganz verschiedenen „Widerstand" bieten oder eine ganz verschiedene Durchgangsfähigkeit oder Permeabilität μ besitzen. Aus Induktion und Permeabilität wird mit Hilfe der Vorstellung, daß eine Kraft vorhanden ist, die den Fluß über den magnetischen Widerstand treibt, eine weitere Größe hergeleitet: die Feldstärke $\mathfrak{H}$, die mit $\mathfrak{B}$ und μ verbunden ist durch die Gleichung $\mathfrak{H} = \frac{\mathfrak{B}}{\mu}$. Bei dieser Betrachtungsweise stellen sich also Induktion und Permeabilität als selbständige, die Feldstärke dagegen als eine hergeleitete Größe dar.

Für den Magnetiker verhält sich die Sache anders. Er betrachtet die Feldstärke als primäre Größe. Die Erfahrung zeigt, daß immer dort, wo ein magnetisches Feld vorhanden ist, auch bestimmte Erscheinungen auftreten; beispielsweise ändert sich der elektrische Widerstand eines Wismuthdrahtes, oder es ändert sich die Richtung der Ebene des polarisierten Lichts in bestimmten Körpern u. a. m. Diese Erscheinungen werden daher zur Feldstärke in ein kausales Verhältnis gebracht; d. h. die Feldstärke ist hier die Ursache, die Erscheinungen sind die Wirkungen. Die für uns wichtigste Wirkung ist nun die, daß die meisten Körper in einen Zustand magnetischer Polarisation geraten, und zwar die sog. ferromagnetischen Körper in einen solchen besonders starker Polarisation, d. h. sie verhalten sich im magnetischen Felde ebenso, wie sich Dauermagnete ohne ein erregendes Feld verhalten: sie besitzen ein magnetisches Moment $\mathfrak{M}$. Die Magnetisierungsintensität $\mathfrak{J}$ (auch kurz „Magnetisierung" genannt) ist das Moment der Volumeneinheit: $\mathfrak{J} = \frac{\mathfrak{M}}{V}$. Man kann also auch sagen: Die Feldstärke ist die Ursache, die Magnetisierung die Wirkung. Aus beiden Größen wird eine dritte abgeleitet, die sog. Aufnahmefähigkeit oder Suszeptibilität $\varkappa = \frac{\mathfrak{J}}{\mathfrak{H}}$.

Bedienen wir uns wieder des Bildes der magnetischen Linien, so können wir weiter sagen: die 4π-fache Magnetisierungsintensität ist gleich der Anzahl der Magnetisierungslinien, welche die Flächeneinheit des Körperquerschnitts durchsetzt. Da durch diese außerdem noch $\mathfrak{H}$ Feldlinien hindurchgehen, so ist die Zahl aller Linien, die durch 1 cm² hindurchtritt, oder die Induktion $\mathfrak{B} = 4\pi\mathfrak{J} + \mathfrak{H}$. Die Gesamtlinienzahl, die durch den Querschnitt q tritt, heißt Induktionsfluß $\Phi = q \cdot \mathfrak{B}$. Bei dieser Betrachtungsweise ist also die Feldstärke die primäre, die Induktion die hergeleitete Größe.

Keine dieser beiden Auffassungen ist gegenüber der anderen die richtigere; beide haben ihre Vorzüge, und es erschien angebracht, hier auch die zweite, die ja dem Elektrotechniker im allgemeinen weniger geläufig ist, kurz darzustellen, da sie für manche magnetischen Probleme die einfachere ist.

2. Magnetische Kurven. Der einfachste Fall des Feldgesetzes, d. h. der Abhängigkeit der Induktion von der Feldstärke, ist die sog. Kommutierungskurve (Abb. 178a). Sie entsteht durch Auftragen zugeordneter Feldstärken- und Induktionswerte, die man erhält, wenn man, mit kleinen Feldstärken beginnend, deren Richtung plötzlich umkehrt (Sprung von $-\mathfrak{H}$ nach $+\mathfrak{H}$) und ihren Betrag dann von mal zu mal größer wählt. Man trägt auch häufig die aus diesen Werten von $\mathfrak{H}$ und $\mathfrak{B}$ berechnete Permeabilität auf, und zwar je nach Bedürfnis entweder in Abhängigkeit von $\mathfrak{H}$ oder von $\mathfrak{B}$, und erhält so die Permeabilitätskurve (Abb. 178b und c). Mit der Kommutierungskurve ist nahezu identisch die Nullkurve, auch jungfräuliche oder Neukurve genannt; um sie zu erhalten, steigert man die Feldstärke von $\mathfrak{H} = 0$ in mehr oder weniger großen Schritten bis zu hohen Werten.

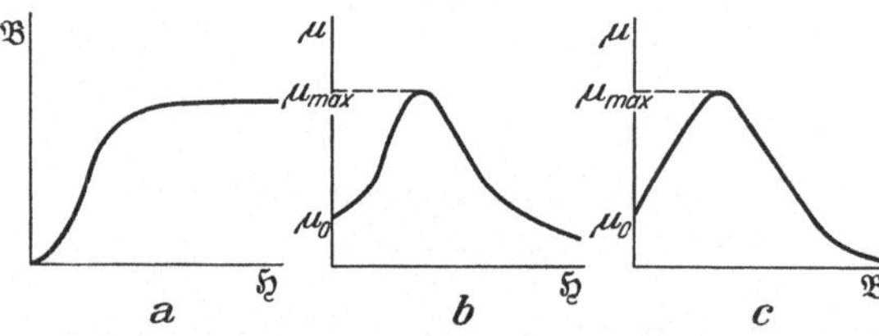

Abb. 178. Kommutierungs- und Permeabilitätskurve.

Läßt man dann die Feldstärke wieder abnehmen, so durchläuft man nicht wieder die Nullkurve in umgekehrter Richtung, sondern man erhält eine höher liegende Kurve, und zwar für $\mathfrak{H} = 0$ die Induktion $\mathfrak{B}_r$, die Remanenz. Erst wenn man die Feldstärke negativ werden läßt, erreicht die Kurve bei der Feldstärke $\mathfrak{H} = -\mathfrak{H}_c$, bei der sog. Koerzitivkraft, wieder die Nullinie der Induktion (Abb. 179). Diese zwischen $\mathfrak{B} = \mathfrak{B}_{max}$ und $\mathfrak{B} = 0$ liegende Kurve nennt man den absteigenden Ast. Der aufsteigende Ast schließt sich an, wenn man die Feldstärke in gleicher Richtung weiter bis zu ihrem Höchstwert steigert.

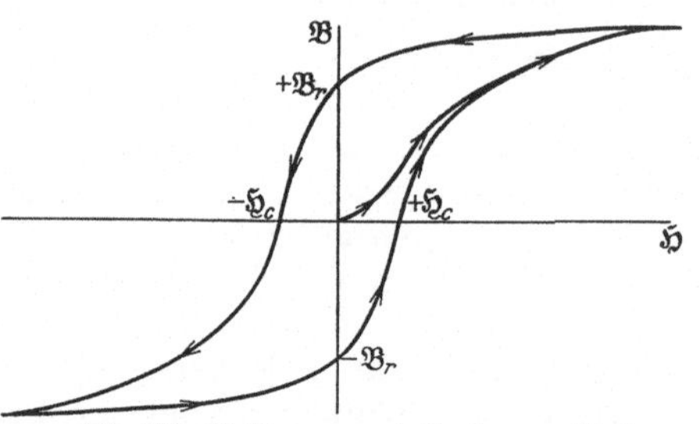

Abb. 179. Nullkurve uud Hystereseschleife.

Nimmt die Feldstärke dann bis Null ab und in der ursprünglichen Richtung wieder zu, so erhält man wieder einen absteigenden und einen aufsteigenden Ast; der letztere fällt, wie Abb. 179 zeigt, von mittleren Feldstärken an mit der Nullkurve zusammen, so daß der Zyklus geschlossen ist. Der untere Teil dieser Schleife läßt sich durch Drehung um den Nullpunkt mit dem oberen Teil zu Deckung bringen. Es ist daher gebräuchlich, nur den oberen Teil darzustellen.

Neben den schon erwähnten Einzelwerten der Remanenz und Koerzitivkraft sind noch drei weitere Größen von Wichtigkeit, nämlich 1. die Anfangspermeabilität μ_0, d. h. die Permeabilität $\mathfrak{B}/\mathfrak{H}$ für $\mathfrak{H} = 0$ und $\mathfrak{B} = 0$ oder die Neigung der Induktionskurve (Abb. 178a) im Nullpunkt; 2. der Permeabilitätsanstieg b oder die Neigung der Permeabilitätskurve (Abb. 178b) für $\mathfrak{H} = 0$; 3. der Sättigungswert $4\pi\,\mathfrak{J}_\infty$, d. h. der Wert von $\mathfrak{B} - \mathfrak{H}$ für $\mathfrak{H} \to \infty$.

Schließlich ist auch noch ein weiterer Fall des Feldgesetzes meßtechnisch von Bedeutung, der in der idealen oder hysteresefreien Kurve seinen Ausdruck findet. Man nimmt diese Kurve Punkt für Punkt in der Weise auf, daß man jeder wirkenden Feldstärke ein Wechselfeld von anfangs großer, stetig bis auf Null abnehmender Amplitude überlagert. Bei sehr vielen ferromagnetischen Körpern, wie weichem Eisen, weichem Stahl, den reversiblen Nickel-Eisen-Legierungen u. a. steigt diese Kurve aus dem Nullpunkt senkrecht auf, wie Abb. 180 veranschaulicht, in die auch die Nullkurve eingezeichnet ist.

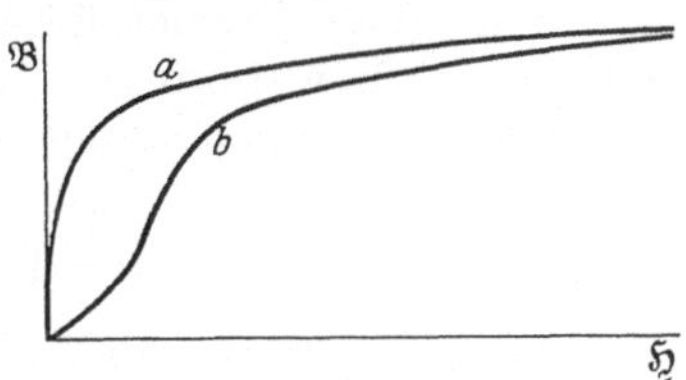

Abb. 180. Nullkurve und ideale Kurve.

3. Magnetischer Kreis; Entmagnetisierungsfaktor. In gleicher Weise, wie in elektrischen Stromkreisen Stromstärke, Spannung und Widerstand nach dem Ohmschen Gesetz zusammenhängen, verbindet bei magnetischen Kreisen das Hopkinsonsche Gesetz magnetischen Fluß Φ, magnetomotorische Kraft M und magnetischen Widerstand R mit einander: $\Phi = \frac{M}{R}$. Die magnetomotorische Kraft ist gewöhnlich gegeben im CGS-System als das $0{,}4\,\pi$-fache der Gesamtzahl der Amperewindungen $w\,i$; der Widerstand ist der Länge l direkt, dem Querschnitt q und der Permeabilität μ umgekehrt proportional. Besitzt der magnetische Kreis überall gleichen Querschnitt und gleiche Permeabilität, so spricht man von einem völlig geschlossenen Kreis; ist die magnetomotorische Kraft gleichmäßig über ihn verteilt, so ist er auch streuungslos. Es gilt dann $\Phi = \frac{0{,}4\,\pi\,w\,i}{l/q\,\mu}$.

Besteht er aber aus mehreren Teilen, welche die Längen $l_1, l_2, \ldots$, die Querschnitte $q_1, q_2, \ldots$ und die Permeabilitäten $\mu_1, \mu_2, \ldots$ besitzen, so ist er auch bei gleichmäßiger Verteilung der Amperewindungen nicht mehr streuungslos. Der Fluß ist dann $\Phi \sim \frac{0{,}4\,\pi\,w\,i}{l_1/q_1\,\mu_1 + l_2/q_2\,\mu_2 + \cdots}$. Ein Sonderfall ist der geschlitzte Ring, der über die Länge l_1 aus Material von gleichem Querschnitt besteht, aber eine Unterbrechung von der Länge l_2 hat, für welche $\mu = 1$ ist. Dann ist $\Phi \sim \frac{0{,}4\,\pi\,w\,i}{l_1/q\,\mu + l_2/q}$. Im Grenzfall bleibt nur ein geradliniges Stück l_1 (Stab) übrig; wir sprechen dann von einem völlig offenen Kreis.

In allen Fällen, in denen Streuung vorhanden ist, beteiligt sich der umgebende Raum an der Leitung der magnetischen Linien und bildet so einen magnetischen Nebenschluß. Daher gelten die Formeln zur Berechnung von Φ nur mit mehr oder weniger großer Annäherung und versagen bei offenen Kreisen völlig.

Nach der Auffassung des Magnetikers ist überall dort, wo eine magnetische Linie eine Brechung erfährt, z. B. beim Übergang aus dem Ferrikum in den umgebenden Raum und umgekehrt, die Trennungsfläche mit einer magnetischen

Menge belegt. Die Belegung erzeugt ein magnetisches Feld, das nach der Richtung des kleineren magnetischen Widerstandes eine Schwächung, nach der Richtung des größeren Widerstandes eine Verstärkung des Hauptfeldes bewirkt. Die Größe dieser zusätzlichen Feldstärke ist natürlich der Größe der magnetischen Belegungen und damit der vorhandenen Magnetisierungsintensität proportional, so daß beispielsweise für die wahre Feldstärke $\mathfrak{H}$, die in einem ferromagnetischen Körper vorhanden ist, wenn man ihn in ein vorher homogenes Feld von der Stärke $\mathfrak{H}'$ bringt, die Beziehung gilt: $\mathfrak{H} = \mathfrak{H}' - N\mathfrak{J}$. Der Proportionalitätsfaktor N (Entmagnetisierungsfaktor) ist im allgemeinen nicht berechenbar; er ist im wesentlichen von der Form des Körpers abhängig, weniger auch von seiner Permeabilität, so daß er bei ein und demselben Körper nicht einmal eine Konstante ist. Nur bei einem Ellipsoid ist er konstant und berechenbar. Bei einem langgestreckten Rotationsellipsoid ist

$$N = \frac{4\pi}{p^2 - 1}\left[\frac{p}{\sqrt{p^2 - 1}} \ln\left(p + \sqrt{p^2 - 1}\right) - 1\right],$$

wo p das Dimensionsverhältnis (Länge : Durchmesser) bedeutet. Für sehr große p läßt diese Formel sich vereinfachen in

$$N = \frac{4\pi}{p^2}\left[\ln 2p - 1\right].$$

Für $p \to \infty$ (sehr langer Stab) ist $N = 0$, für $p = 1$ (Kugel) gilt $N = \frac{4\pi}{3}$ und $p \to 0$ (Platte senkrecht zum Feld) $N \to 4\pi$.

Der weitaus wichtigste Fall eines zylindrischen Stabes ist nicht zu berechnen, und N kann hier auch nur in erster Näherung als konstant angesehen werden.

4. Energieverluste. Der Flächeninhalt der ganzen Hystereseschleife ist nach dem Warburgschen Gesetz dem Energiebetrag proportional, der beim Durchlaufen des Magnetisierungszyklus in Wärme umgesetzt wird und damit dem elektromagnetischen System verloren geht. Für diese Energiemenge gilt also die Gleichung:

$$W_H = \frac{1}{4\pi}\int \mathfrak{H}\, d\mathfrak{B}.$$

Dieser sog. Hystereseverlust wird absolut in Erg pro cm^3 gemessen. Er ist natürlich von der jeweils erreichten Maximalinduktion abhängig, und zwar soll nach Steinmetz gelten: $W_H = \eta\,\mathfrak{B}^{1,6}$ (für 1 Zyklus), wo η eine charakteristische Materialkonstante, die sog. Steinmetzsche Konstante ist. Es hat sich aber gezeigt, daß diese Gleichung nur für verhältnismäßig rohe Rechnungen (auch Korrektionsrechnungen) genügt und daß sehr oft eine größere Potenz als 1,6 richtiger ist. Die Richtersche Formel $W_H = a\mathfrak{B} + b\,\mathfrak{B}^2$ gilt zwar wesentlich genauer, benötigt aber zwei Materialkonstanten.

Die bei der Wechselmagnetisierung auftretenden Wirbelströme bedingen noch einen weiteren Verlust. Dieser sog. Wirbelstromverlust ist dem Quadrat der Frequenz und dem Quadrat der maximalen Induktion proportional. Der Proportionalitätsfaktor, der sog. Wirbelstromkoeffizient, wird mit ξ bezeichnet. Es ist klar, daß ξ außer von der elektrischen Leitfähigkeit des Materials auch noch von seiner Form (z. B. Blechdicke) abhängt.

Der sekundliche Gesamtverlust eines Werkstoffes läßt sich also darstellen durch die Gleichung: $W_E = \eta f \mathfrak{B}^{1,6} + \xi f^2 \mathfrak{B}^2$, wo f die Frequenz bedeutet. Es ist zwar noch vielfach üblich, einen Werkstoff durch η und ξ zu charakterisieren; nach den Verbandsnormalien aber dient der sekundliche Verlust in Watt pro kg bei 50 Hz und $\mathfrak{B}_{max} = 10000$ bzw. 15000 Gauß als Kennzeichen eines Werkstoffs und wird kurz als Verlustziffer V_{10} bzw. V_{15} bezeichnet.

B. Hilfsgeräte.

5. Einfaches Magnetometer. Ein Magnetometer besteht im einfachsten Falle aus einem Magneten m, der möglichst torsionsfrei im Indifferenzpunkt so aufgehängt ist, daß sein Moment genau horizontal liegt. Die Form des Magneten ist sehr verschieden: ein horizontaler Stab, eine vertikale Kreisscheibe, ein vertikaler Kreisring u. a. m. Ein solches Magnetometer dient (abgesehen von erdmagnetischen Messungen) dazu, die Feldstärke zu messen, die ein unbekanntes Moment $\mathfrak{M}$ in einer bekannten Entfernung a am Magnetometerort hervorbringt; aus ihr wird dann mit Hilfe des Coulombschen Gesetzes die Größe des gesuchten Momentes berechnet. Dieses liegt im allgemeinen ebenfalls horizontal, kann aber sonst mit der Richtung zum Magnetometer jeden beliebigen Winkel bilden. Doch gibt es zwei ausgezeichnete Fälle, die beiden „Gaußschen Hauptlagen" (siehe Abb. 181), bei denen die Berechnung besonders einfach wird. Als Direktionskraft dient lediglich die Horizontalkomponente des erdmagnetischen Feldes. Diese unterliegt aber in der Nähe von Starkstromanlagen nach Richtung und Größe derartigen Störungen, daß dort mit einem einfachen Magnetometer nur in den seltensten Fällen gemessen werden kann. Es soll daher hier bezüglich seiner Benutzung nur auf E. Gumlich[1] verwiesen werden.

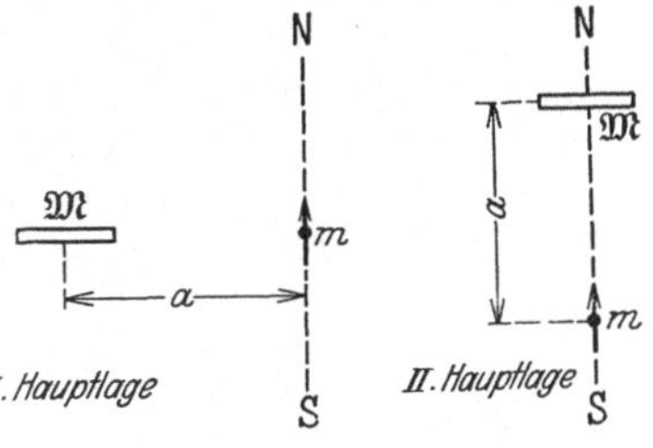

Abb. 181. Die Gaußschen Hauptlagen.

6. Astatisches Magnetometer. Der Einfluß magnetischer Störungen wird bei diesen Apparaten dadurch beseitigt, daß ein System von 2 Magneten verwendet wird, deren Momente möglichst genau gleich sind, die aber in einem größeren Abstand h voneinander so an einer vertikalen starren Verbindung befestigt sind, daß sie genau entgegengesetzte Richtung haben. Dieses System ist entweder an einem dünnen Draht (Torsionsmagnetometer) oder bifilar aufgehängt. Störungen aus einiger Entfernung wirken dann auf die beiden Magnete in entgegengesetzt gleicher Weise ein, so daß das System als solches in Ruhe bleibt. Der zu untersuchende Körper befindet sich in der Höhe des einen Magneten (Hauptmagneten), seine Wirkung auf den anderen ist dann gering und wird in der weiter unten besprochenen Weise in Rechnung gesetzt. Um eine noch größere Störfreiheit zu gewährleisten, kann das System auch aus 3 Magneten so hergestellt werden, daß z. B. das Moment des Hauptmagneten umgekehrt gleich ist der Summe der beiden anderen.

Die bekannteste Anordnung dieser Art ist das astatische Torsionsmagnetometer nach Kohlrausch und Holborn[2]. Hier wirkt das gesuchte Moment aus erster Hauptlage, und zwar ist die Anordnung so getroffen, daß es zur Horizontalkomponente des Erdfeldes senkrecht steht, so daß es von diesem nicht beeinflußt wird. Der eine Systemmagnet liegt dann in der Erdfeldrichtung, der andere entgegengesetzt. Für genauere Messungen empfiehlt es sich, die dadurch bedingte Unsymmetrie durch die Wahl des verwendeten Dauermagnetstahls so klein wie möglich zu halten. Der Ausschlag α des Instruments wird in üblicher Weise mittels Fernrohr, Systemspiegel S und Skala gemessen.

---

[1] Leitfaden der magnetischen Messungen. Braunschweig 1918 S. 15ff.

[2] Kohlrausch u. Holborn: Ann. Physik (4) Bd. 10 (1903) S. 287; Bd. 13 (1904) S. 1054. Henning: Ann. Physik (4) Bd. 15 (1904) S. 815. Dieterle: Ann. Physik (4) Bd. 59 (1919) S. 343. v. Auwers: Ann. Physik (4) Bd. 63 (1920) S. 867. Haupt: Elektrotechn. Z. Bd. 28 (1907) S. 1096.

Unmittelbar unterhalb des Systems (Abb. 182) ist eine genau geteilte, etwa 4 m lange Magnetometerbank BB' angebracht, welche senkrecht zum erdmagnetischen Meridian verläuft. Sie ruht auf drei Pfeilern und ist durch Justierschrauben in eine genau horizontale Lage zu bringen. Das System ist an der Decke des Beobachtungsraumes befestigt. Die obere Öse des Aufhängedrahtes ist drehbar und der Winkel, um den man dreht, leicht am Teilkreis T_2 abzulesen. Der Aufhängefaden F besteht aus einem etwa 1 m langen, ausgeglühten Platiniridiumdraht (70% Pt, 30% Ir), dessen elastische Nachwirkung verschwindend klein ist. Den Querschnitt des Drahtes verringert man schrittweise solange, bis das Magnetometer die gewünschte Empfindlichkeit besitzt. Die beiden Systemmagnete m_1 und m_2 sind zylindrische Stäbe von etwa 0,7 cm Durchmesser und 6 cm Länge. Sie sollen aus einem Dauermagnetstahl von möglichst hoher Koerzitivkraft und kleinem Temperaturkoeffizienten (z. B. Koerzit E — Krupp) bestehen, müssen sehr gut gealtert sein und nach der Alterung gleiches Moment besitzen[1]. Der Hauptmagnet m_1 ist drehbar angebracht, der Drehungswinkel am Teilkreis T_1 abzulesen. Die starre Verbindung der beiden Magnete, die einen Abstand von 1 bis 2 m voneinander haben, besteht aus einem (Messing- oder) Aluminiumdraht. Dieser muß außerordentlich gerade sein, wenn das System durch kleine, unvermeidbare Erschütterungen nicht in dauernder Unruhe sein soll. Man erreicht das in folgender Weise: Eine Reihe von Aluminiumdrähten passender Länge wird aufgehängt und mit Gewichten stark beschwert, dann ein langsam zunehmender elektrischer Strom durch jeden einzelnen Draht geschickt, der in dem Augenblick unterbrochen wird, in dem das Gewicht deutlich abzusinken beginnt; aus den so behandelten Drähten sucht man sich den geradesten aus. Der Hauptmagnet m_1 schwingt zur Dämpfung des Systems in einem starken, auf der Magnetometerbank feststehenden Kupferrahmen (in der Abbildung nicht gezeichnet).

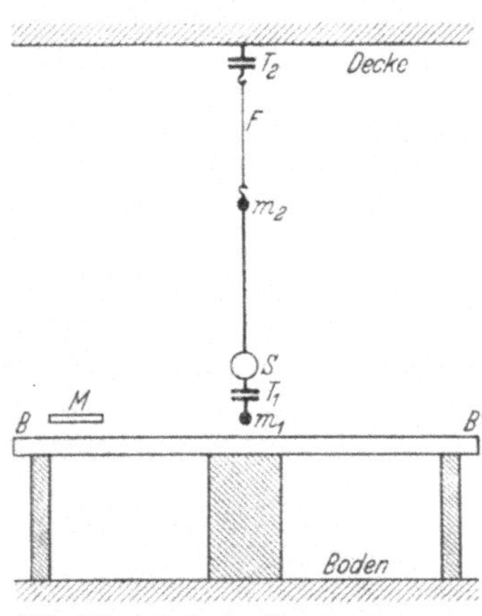

Abb. 182. Astatisches Torsionsmagnetometer.

Das Moment $\mathfrak{M}$ eines Magnetstabs M, der in erster Hauptlage zum Systemmagneten m_1 und im mittleren Abstand a von ihm liegt, berechnet sich aus dem mit dem Fernrohr abgelesenen Skalenausschlag s nach der Formel:

$$\mathfrak{M} = \frac{C\,a^3}{2\left[1 + \frac{\frac{1}{2}L^2 - \frac{3}{4}l^2}{a^2} + \psi\left(\frac{a}{h}\right)\right]} \frac{s}{2A}\left[1 - \frac{5}{6}\left(\frac{s}{2A}\right)^2\right].$$

Hierin bedeutet L den Polabstand des Magnetstabes M, l den des Hauptmagneten m_1, h den Abstand m_1 von m_2 und A den der Skala vom Spiegel.

Die Konstante C bestimmt man aus der Ablenkung, die durch ein bekanntes Moment in bekanntem Abstand hervorgebracht wird. Als solches dient eine kurze, weite Spule von der Windungsfläche f, die von einem Strom von i A durchflossen wird; das bekannte Moment ist dann $\mathfrak{M}_0 = \frac{1}{10}\,i f$. Statt einer Spule läßt sich auch eine einzelne Kreiswindung verwenden, die auf einer Scheibe aus unveränderlichem Material (Schiefer, Marmor) befestigt und leicht genau

[1] Über Alterung s. Gumlich: Leitfaden S. 206f.; ferner bei Schramkow u. Janowsky: Z. techn. Physik Bd. 11 (1930) S. 429.

auszumessen ist. Die Spule bzw. Kreiswindung ist so zu justieren, daß ihre Achse durch die Mitte von m_1 geht. Da die Empfindlichkeit des Magnetometers von der Temperatur abhängig ist, muß sie häufig nachgemessen werden, bei genaueren Messungen vor und nach längeren Beobachtungsreihen. Zu diesem Zweck verwendet man eine engere, leichter zu handhabende Spule mit passender Windungsfläche, die man immer von der gleichen Stelle aus wirken läßt und die man durch genaue Messungen an jene Normalwindungsfläche angeschlossen hat.

Durch die Korrektion $\psi(a/h)$ [1] wird die Einwirkung des zu messenden Moments auf den Hilfsmagneten m_2 berücksichtigt. Es ist

$$\psi\left(\frac{a}{h}\right) = \frac{\frac{1}{2}(a/h)^3 - (a/h)^5}{[1 + (a/h)^2]^{5/2}}.$$

Zur Korrektur des Skalenausschlags s stellt man sich zweckmäßig für einen bestimmten, immer gleichen Skalenabstand A eine Kurve auf, welche diese Korrektur $\frac{5s^3}{24A^2}$ in der Abhängigkeit von s darstellt. Für den Polabstand l des Hauptmagneten genügt es, $^5/_6$ seiner ganzen Länge einzusetzen; über den Polabstand L siehe bei den Ellipsoid- und Stabmessungen.

An Stelle von M kann eine Magnetisierungsspule (auf Schlitten) auf die Bank aufgesetzt werden; ihre Länge beträgt etwa ½ m, der mittlere Windungsdurchmesser etwa 3 cm, die lichte Weite mindestens 10 mm; die Spulenkonstante C_s, mit der die Feldstärke in der Mitte $\mathfrak{H}' = C_s \cdot i$ berechnet wird, sei mindestens 50. Die Wirkung dieser Spule auf das Magnetometer muß bei Magnetisierungsmessungen durch die entgegengesetzte Wirkung einer ebensolchen Spule auf der B'-Seite der Bank kompensiert werden; beide Spulen sind in Serie geschaltet. Ihre Lage auf den Schlitten ist so zu justieren, daß ihre Achse die Mitte von m_1 durchsetzt und auf dessen Moment genau senkrecht steht.

Für Störungen, die aus größerer Entfernung kommen, ist dieses Magnetometer unempfindlich; je kleiner der Abstand h ist, um so näher dürfen die Störquellen liegen, allerdings wird auch die ψ-Korrektion im allgemeinen um so größer. Das Instrument hat sich als außerordentlich brauchbar erwiesen und erfüllt seinen Zweck auch durchaus in Industrielaboratorien, falls die mechanische Ruhelage nicht allzu schlecht ist. Nahstörungen (z. B. magnetische Felder der Regulierwiderstände oder der Stromschleifen von Batterieleitungen) sind leicht zu vermeiden.

7. Ballistisches Galvanometer. Als ballistisches Galvanometer[2] kann jedes Nadel- oder Drehspulgalvanometer benutzt werden, dessen Schwingungsdauer genügend groß ist. Die Dauer des ersten Ausschlags sollte 5 Sek. nicht unterschreiten; andernfalls sind größere Ausschläge nur bei langer Übung genügend sicher abzulesen.

Nadelgalvanometer haben den Vorzug größerer Empfindlichkeit, lassen sich aber wegen der magnetischen Störungen in Starkstromlaboratorien kaum noch benutzen. Selbst bei Panzergalvanometern mit dem mittleren Gehänge ist es oft sehr schwer, einen genügend störungsfreien Ort zu finden. Weitgehend störungsfrei ist nur das Nernstsche Galvanometer[3]. Unter Umständen wird es nötig sein, den Stromablauf im Galvanometer so zu regeln, daß die Momentanstromstärke nicht zu groß wird, um eine Änderung des Nadelmagnetismus oder die Ausbildung störender magnetischer Belegungen im Panzer und damit eine

---

[1] Tabelle für diese Werte siehe z. B. in der Arbeit von Kohlrausch und Holborn (Fußnote 2, S. 141).
[2] Kohlrausch: Lehrb. d. prakt. Phys. 16. Aufl. S. 578ff. 1930.
[3] Nernst u. Jaeger: Z. Instrumentenkde. Bd. 44 (1924) S. 80; Bd. 45 (1925) S. 139.

dauernde Verlegung des Nullpunktes zu vermeiden. Man kann zu diesem Zweck geeignete Selbstinduktionen in den Induktionsmeß- oder besser Magnetisierungsstromkreis (s. bei den Meßmethoden) einschalten. In jedem Fall aber ist es angebracht, die Ausschläge des Instrumentes immer nach derselben Seite gehen zu lassen.

Praktisch störungsfrei arbeiten die Drehspulgalvanometer[1], wenn man sie nicht sehr starken Störfeldern aussetzt. Doch ist ihre Empfindlichkeit nur etwa $^1/_{10}$ bis $^1/_{100}$ der der Nadelgalvanometer, was aber nur in wenigen Sonderfällen von Nachteil ist.

Bei magnetischen Messungen dient ein ballistisches Galvanometer zur Bestimmung der Elektrizitätsmenge, die in einem Stromkreise vom Gesamtwiderstand r in Bewegung gesetzt wird, wenn innerhalb einer Spule von w Windungen, die in diesen Kreis eingeschaltet ist, eine Änderung des Flusses $\Delta\Phi = q\,\Delta\mathfrak{B}$ eintritt. Bezeichnet α den Skalenausschlag des Galvanometers und C seine Konstante, die gleich der Elektrizitätsmenge ist, welche einen Ausschlag von einem Skalenteil hervorbringt, so ist $\frac{q\cdot\Delta\mathfrak{B}\cdot w}{r} = C\cdot\alpha$. Nach dieser Gleichung berechnet sich aus dem beobachteten α das gesuchte $\Delta\mathfrak{B}$; w ist von der Herstellung her bekannt, q und r leicht meßbar. Nur die ballistische Galvanometerkonstante C ist noch zu ermitteln. Diese läßt sich zwar aus der statischen berechnen; ihre direkte Bestimmung ist aber auf die Dauer einfacher. Zu diesem Zweck mißt man den Ausschlag, den eine bekannte Elektrizitätsmenge hervorbringt. Man benutzt dazu entweder den Stromstoß eines Normalkondensators, der auf eine meßbare Spannung aufgeladen ist, bei seiner Entladung durch den Galvanometerkreis oder besser den in einer kurzen Sekundärspule von w_n Windungen hervorgerufenen Stromstoß, der beim Kommutieren eines genau gemessenen Stromes einer langen Normalspule entsteht, die in der Mitte von der Sekundärspule umschlossen wird. Eine solche Normalspule besitzt eine auf einer Zylinderfläche völlig gleichmäßig verteilte Wicklung von W Windungen; die Wicklungslänge ist L, der mittlere Halbmesser der einzelnen Windungen R. Beim Kommutieren des Stromes von der Stärke i ist dann die Flußänderung in der Mitte der Spule

$$\Delta\Phi = q\cdot\Delta\mathfrak{B} = \frac{2\cdot 0{,}4\,\pi\, i\cdot\pi R^2\cdot W/L}{\sqrt{1+(2R/L)^2}}$$

Dabei entsteht dann in der Sekundärspule ein Stromstoß, der im Galvanometer den Ausschlag β hervorbringt. Der Widerstand des Galvanometerkreises sei wieder r. Wir erhalten so die Galvanometerkonstante

$$C = \frac{0{,}8\,\pi^2\, i\, w_n\, R^2\, W/L}{\beta\cdot r\sqrt{1+(2R/L)^2}}.$$

Eine solche Normalspule hat eine Wicklungslänge von etwa 80 cm und einen Windungsdurchmesser von etwa 4 cm. Der Spulenkörper muß aus völlig eisenfreiem, unveränderlichem Material (z. B. Marmor) bestehen. Es ist für die Messung von Windungsflächen und Spulenkonstanten bequem, ihn als Rohr auszugestalten (z. B. Glasrohr mit Hartgummi oder Cellon überfangen). In die Zylinderfläche ist eine fortlaufende Nut zur Aufnahme der Wicklung eingeschnitten. W ist abzuzählen, L und R so genau wie möglich zu messen und die Gleichmäßigkeit der Wicklung sorgfältig zu kontrollieren, da ja hierauf die Genauigkeit aller ballistischen Messungen beruht. Die etwa 5 cm lange Sekundär-

[1] Diesselhorst: Ann. Physik (4) Bd. 9 (1902) S. 458 u. 712.

spule soll die Primärspule in ihrer Mitte eng umschließen, aber sehr gut gegen sie isoliert sein.

Da sich die Galvanometerkonstante C auch in verhältnismäßig kurzen Zeiten schon infolge unvermeidlicher Temperaturschwankungen ständig in geringem Maße ändert, so muß sie bei einigermaßen genauen Messungen vor und nach jeder längeren Meßreihe neu bestimmt werden. Man benutzt dazu nicht die Normalspule, bei deren Gebrauch ja immer eine genaue Strommessung erforderlich ist, sondern einen sog. Magnetetalon. Ein solcher besteht aus zwei gealterten Magnetstäben *NS*, die in kleinem Abstand hintereinander liegen, gleichnamige Pole einander zugekehrt (s. Abb. 183). Eine Sekundärspule *Sp* ist verschiebbar auf ihnen angeordnet, und durch die beiden Anschläge A und B ist dafür gesorgt, daß die Spulenmitte sich nur vom Indifferenzpunkt des einen Magneten bis zu dem des anderen bewegen kann. Bei jeder Bewegung von A nach B entsteht, gleichen Widerstand vorausgesetzt, die gleiche Elektrizitätsmenge, die am Galvanometer den Ausschlag γ hervorbringt. γ ändert sich also mit der Empfindlichkeit des Galvanometers. Man nimmt nun abwechselnd Beobachtungsreihen für β und γ auf, deren Mittelwerte β_0 und γ_0 sein mögen. Zur Messung der Galvanometerkonstante genügt dann jederzeit die einfache Bestimmung von γ, und es ist

$$C = \frac{0{,}8\,\pi^2\, i\, w_n\, R^2\, W/L}{r\sqrt{1+(2R/L)^2}} \cdot \frac{\gamma_0}{\beta_0} \cdot \frac{1}{\gamma}.$$

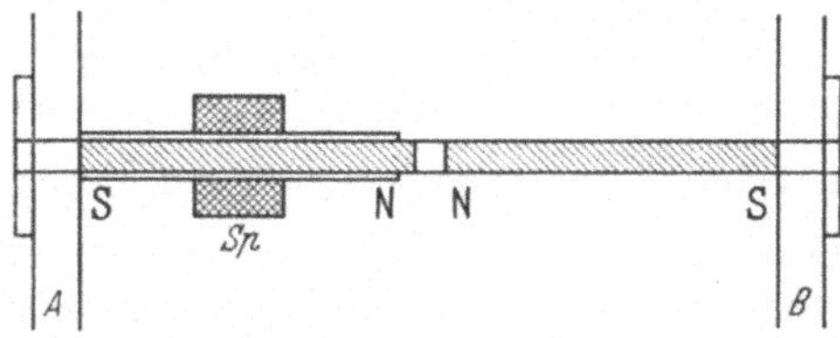

Abb. 183. Magnetetalon.

Dabei ist vorausgesetzt, daß sich die Magnetisierung des Etalons nicht ändert. Durch die Wahl eines geeigneten Dauermagnetstahls (guter Wolfram-, besser noch Kobaltstahl) und sorgfältige Alterung läßt sich das immer erreichen; die Etalons der Physikalisch-Technischen Reichsanstalt haben sich in 30 Jahren noch nicht um 1‰ geändert. Die Alterung nimmt man am besten so vor, daß man die beiden Magnete in ihrer endgültigen Lage zu einander einem auf Null abklingenden Wechselfeld aussetzt, dessen Anfangsamplitude etwa 20 Oe beträgt. Die Änderung, welche γ durch die verschiedenen Raumtemperaturen erfährt, wird jeweils in Rechnung gesetzt; man bestimmt den Temperaturkoeffizienten von γ, indem man den oben beschriebenen Anschluß des Etalons an die Normalspule bei mehreren Beobachtungstemperaturen durchführt.

Wir haben bisher vorausgesetzt, daß der Widerstand r des Galvanometerkreises immer der gleiche ist. Er setzt sich im allgemeinen zusammen aus dem Galvanometerwiderstand r_g, dem der Leitungen r_l, dem Spulenwiderstand r_{sp} und einem Vorschaltwiderstand r_v, der schon deshalb zweckmäßig ist, weil er den Einfluß der oft unvermeidlichen Temperaturerhöhung der Spule auf den Gesamtwiderstand herabdrückt. In Wirklichkeit aber wird man häufig gezwungen sein, r_v recht groß zu wählen, um einen zu großen Skalenausschlag zu vermeiden; man wird also praktisch auch mit sehr verschieden großem Gesamtwiderstand arbeiten müssen. Man kann dazu C für mehrere verschiedene Widerstände r bestimmen, in Abhängigkeit von r auftragen und eine Kurve durchlegen, aus der dann für jedes vorkommende r die zugehörige Galvanometerkonstante zu entnehmen ist.

Noch besser benutzt man eine Nebenschlußschaltung. Das ballistische Galvanometer nimmt seine Ruhelage am schnellsten wieder ein, wenn es sich im aperiodischen Grenzzustand befindet, d. h. wenn es so gedämpft ist, daß es bei der Rückkehr von einem Ausschlag weder „schwingt“ noch „kriecht“. Nun ist aber sowohl bei Nadel- wie bei Drehspulgalvanometern außer der Luftdämpfung eine elektromagnetische Dämpfung vorhanden, die vom Widerstand des ganzen Kreises abhängt; nur bei einem ganz bestimmten äußeren Widerstande r' (Widerstand des Kreises außerhalb des Galvanometers) ist das der Fall. Man wählt also r_v so, daß $r_v + r_{sp} + r_l$ gerade gleich dem Grenzwiderstand r' ist. Muß man $r_v + r_{sp} + r_l > r'$ machen, so legt man (Abb. 184) noch einen Nebenschluß r_n parallel zum Galvanometer, der so bemessen ist, daß der Kombinationswiderstand aus r_n und $r_v + r_{sp} + r_l$ gleich r' ist, d. h. es muß sein:

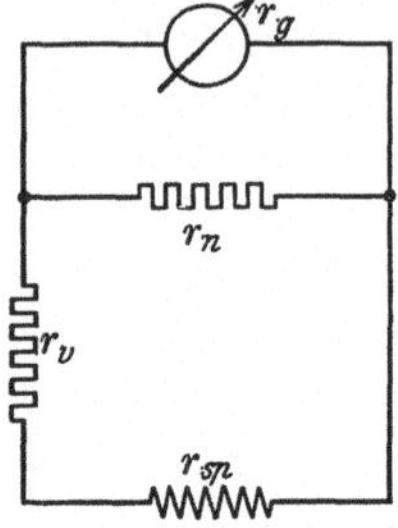

Abb. 184. Nebenschlußschaltung des ballistischen Galvanometers.

$$r_n = \frac{(r_v + r_{sp} + r_l)\cdot r'}{(r_v + r_{sp} + r_l) - r'}.$$

Man berechnet sich diesen Widerstand für viele verschiedene $(r_v + r_{sp} + r_l)$ und legt eine Kurve durch die aufgetragenen Werte, aus der man dann für jeden vorkommenden Fall r_n entnehmen kann. In den obigen Gleichungen für C ist natürlich an Stelle von r einzusetzen:

$$r = (r_v + r_{sp} + r_l)\left(1 + \frac{r_g}{r'}\right).$$

Schließlich sei noch erwähnt, daß die Skalenausschläge α, β und γ die auf den Winkel korrigierten Ablesungen sind. Von jeder Skalenablesung γ' z. B. ist $\frac{\gamma'^3}{3A^2}$ abzuziehen, um den korrigierten Ausschlag γ zu erhalten, der in die Gleichung für C einzusetzen ist. A bedeutet darin wieder den senkrechten Abstand der Skala vom Spiegel, gemessen im gleichen Maße wie α', β' und γ', im allgemeinen also in mm. Wie bei allen Beobachtungen mit Spiegel und Skala, ist auch hier sorgfältig darauf zu sehen, daß das auf der Skala in ihrem Nullpunkt errichtete Lot den Spiegel trifft. Vgl. S. 48.

Sonstige ballistische Methoden. Bezüglich der Jochmethoden von Burrows[1] und Illiovici[2] wird auf die Literatur verwiesen.

C. Die Bestimmung der Feldstärke außerhalb eines Ferrikums.

8. Berechnung der Feldstärke. Gelegentlich ist es möglich, die Feldstärke an bestimmten Punkten in der Nähe stromführender Leiter und magnetischer Momente, wenn die Stromstärke i in A oder das magnetische Moment $\mathfrak{M}$ in CGS bekannt sind, zu berechnen. Die wichtigsten Fälle sollen hier kurz erwähnt werden.

Für einen Punkt im Abstand a cm von der Mitte eines geraden, stromdurchflossenen Leiters ist $\mathfrak{H} = \frac{0{,}2\,i}{a}$.

Im Mittelpunkt eines Kreises vom Radius R, der von einem Strom umflossen wird, ist $\mathfrak{H} = \frac{0{,}2\,\pi\,i}{R}$; auf der in diesem Punkt auf der Kreisfläche errichteten Senkrechten im Abstand a von ihr gilt $\mathfrak{H} = \frac{0{,}2\,\pi\,i\,R^2}{a^3}$, wenn a groß gegenüber R ist. Stehen zwei gleiche kreisförmige Leiter auf gleicher Achse im Abstand ihres Radius einander gegenüber und werden sie vom gleichen Strom

[1] Burrows: Bull. Bur. Stand. Bd. 6 (1909) Nr. 117 S. 31. Circ. Bur. Stand. 1916 Nr. 17.
[2] Illiovici: Bull. Soc. Intern. Electr. 1913 S. 581.

durchflossen, so ist für den Mittelpunkt dieser Anordnung $\mathfrak{H} = \frac{0{,}286\,\pi i}{R}$. Dieser Fall ist dadurch ausgezeichnet (v. Helmholtz), daß die Feldstärke in der Mitte zwischen den Kreisen in größerem Bereich praktisch homogen ist. Man kann auch mehrere solcher Doppelkreise hintereinander anordnen, so daß der Radius nach außen immer größer wird, d. h. man kann zwei konisch gewickelte Spulen (Tangente des Winkels zwischen Mantellinie und Achse gleich 2) mit den engeren Enden gegeneinanderrichten, so daß sie sich im Abstand des Radius der innersten Windung befinden.

In einer gleichmäßig bewickelten, zylindrischen Spule (Länge $= l$, Wicklungsradius $= R$, Windungszahl je cm $= n$) gilt für einen Punkt der Achse im Abstand a von einem Spulenende:

$$\mathfrak{H} = 0{,}2\,\pi n i \left[\frac{a}{\sqrt{R^2 + a^2}} + \frac{(l - a)}{\sqrt{R^2 + (l - a)^2}}\right],$$

für die Mitte $\left(a = \frac{l}{2}\right)$: $\mathfrak{H} = 0{,}4\,\pi n i \frac{l}{\sqrt{4R^2 + l^2}}$ und für das Ende der Wicklung ($a = 0$ bzw. $a = l$): $\mathfrak{H} = 0{,}2\,\pi n i \frac{l}{\sqrt{R^2 + l^2}}$. Ist die Spule sehr lang im Vergleich zu ihrem Durchmesser $\left(\frac{4R^2}{l^2}\right.$ gegen 1 zu vernachlässigen$\left.\right)$, so wird in der Mitte:

$$\mathfrak{H} = 0{,}4\,\pi n i,$$

und am Ende der Wicklung:

$$\mathfrak{H} = 0{,}2\,\pi n i.$$

Je kleiner R/l ist, um so homogener ist das Feld in radialer Richtung.

Das Feld eines magnetischen Moments $\mathfrak{M}$ hat auf der Achse des Moments in der Entfernung a die Stärke $\mathfrak{H} = \frac{2\mathfrak{M}}{a^3}$; in einem Punkt einer Senkrechten auf der Mitte des Moments im Abstand a ist $\mathfrak{H} = \frac{\mathfrak{M}}{a^3}$. Bei diesen beiden Fällen ist vorausgesetzt, daß a groß ist gegenüber dem Polabstand des Moments.

9. Messung mit dem ballistischen Galvanometer. Die magnetischen Felder, deren Stärke man zu kennen wünscht, sind zwar häufig in größeren Bereichen praktisch homogen, es sind aber auch solche Fälle nicht selten, in denen man die Feldstärke in inhomogenen Feldern bestimmen muß. Man muß sich dann darüber im klaren sein, welche Größe man sucht, ob die Feldstärke in einem bestimmten Punkte oder ihren arithmetischen Mittelwert in größeren Bereichen: auf einer Linie, einer Fläche oder in einem Raum, weil das für die Wahl der Methode und der technischen Hilfsmittel unter Umständen ausschlaggebend ist.

Die wichtigste und fast ausschließlich benutzte Methode zur Messung der Feldstärke ist die mit dem ballistischen Galvanometer und einer Prüfspule mit bekannter Windungsfläche nq, wo n die Anzahl und q die mittlere Fläche der einzelnen Windungen ist. Man bringt die Spule so in das zu messende Feld, daß ihre Achse mit der Feldrichtung übereinstimmt. Wird sie nun plötzlich aus dem Feld entfernt, so macht das Galvanometer einen Ausschlag α', der nach dem Anbringen der Skalenkorrektion der Feldstärke proportional ist. Aus Abschn. B 7 folgt:

$$\mathfrak{H} = \Delta\mathfrak{B} = \frac{C \cdot r}{n q}\,\alpha.$$

Man kann gelegentlich die Spule, wenn sie sich nicht ganz aus dem Felde herausschnellen läßt, an ihrem Ort um 180° drehen, erhält dann natürlich einen

Ausschlag, der 2 $\mathfrak{H}$ entspricht. Es ist auch häufig möglich, bei ruhender Prüfspule die Richtung des zu messenden Feldes umzukehren, wie beim Felde stromdurchflossener Leiter durch Kommutieren. Die Zuleitungen zur Spule sind eng verdrillt, damit nur die Windungsfläche der Spule selbst zur Wirkung kommt. Sind die Enden der Wicklung, was nach Möglichkeit geschehen soll, an besondere Klemmen oder Kontaktstifte geführt, so müssen diese unmittelbar nebeneinanderliegen.

Die Form der Spule richtet sich danach, über welchen kleineren oder größeren Raum man das Mittel der Feldstärke sucht; alle Formen von sehr schlanken bis zu gedrungenen Spulen, Flachspulen, solche mit rundem, quadratischem und beliebig rechteckigem Querschnitt werden verwendet. Die Windungszahl richtet sich nach der Größe der zu messenden Feldstärke, der Empfindlichkeit des Galvanometers und seinem Grenzwiderstand. Es ist zu beachten, daß eine beliebige Vergrößerung der Windungszahl wegen des stark anwachsenden Widerstandes zwecklos ist.

Eine besondere Form der Spule, die sog. „Tauchspule", ist sehr flach und eignet sich daher zur Messung mittlerer und größerer Feldstärken in Luftschlitzen von Elektro- und Dauermagneten, zwischen Ständer und Läufer von Maschinen usw. und wird vorwiegend mit einem „Kriechgalvanometer"[1] benutzt, d. h. mit einem Galvanometer, dessen aperiodischer Grenzwiderstand groß ist gegen den Widerstand von Spule und Zuleitung. Das Galvanometer ist dann elektromagnetisch so stark gedämpft, daß der Ausschlag scheinbar stehen bleibt und erst in sehr langer Zeit wieder verschwindet. Man „taucht" die Spule zur Messung in das Feld ein und schließt erst dann den Galvanometerkreis. Nach dem Herausziehen der Spule zeigt das Meßinstrument einen der Feldstärke proportionalen Ausschlag und kehrt erst nach dem Öffnen des Kreises in die Nullage zurück. Seine Skala kann gleich in Feldstärkeeinheiten geteilt sein.

Die Bestimmung der Windungsfläche von Meßspulen geschieht möglichst nicht durch Berechnung aus den Dimensionen der Spule, die nur eine geringe Genauigkeit gibt; besser schon ist die Berechnung aus der Windungszahl und der Länge des aufgewickelten Drahtes. Am besten ist die Messung mit dem ballistischen Galvanometer in einem Felde von bekannter Stärke: $wq = \frac{C \cdot r}{\Delta \mathfrak{H}} \alpha_1$. Wenn möglich, mißt man innerhalb einer hohlen Normalspule; andernfalls schließt man an die Normalspule eine andere genügend gleichmäßige Spule von geeigneter Dimension an und mißt dann in dieser. Die Bestimmung wird bei mehreren Feldstärken durchgeführt, und zwar je in einer längeren Meßreihe. Die Stromstärke in der Normalspule soll während einer Meßreihe konstant bleiben; man legt eine nicht zu kleine Spannung an und benutzt größeren Vorschaltwiderstand. Auf gute Isolierung des Meßkreises vom Primärstromkreis ist dabei zu achten. Es läßt sich so eine Meßgenauigkeit von etwa ½ ‰ erreichen.

10. Messung mit der Wismutspirale. Die Methode beruht darauf, daß die elektrische Leitfähigkeit von Wismut im magnetischen Felde senkrecht zur Feldrichtung mit der Feldstärke abnimmt. Man benutzt einen gepreßten Wismutdraht, der zu einer sehr dünnen Flachspule aufgewickelt ist. Zur Vermeidung von Induktionswirkungen bei Feldänderungen ist die Wicklung bifilar ausgeführt. Die Widerstandsmessung geschieht in einer Meßbrücke; dabei muß der Brückenstrom so klein gehalten werden, daß keinerlei Erwärmung der Spirale

---

[1] Busch: Z. techn. Physik Bd. 7 (1926) S. 361.

eintritt, weil der Temperaturkoeffizient des Widerstandes sehr groß ist[1]. Für rohe Messungen der Feldstärke genügt die folgende Zahlentafel, die für 18° C gilt. Für genauere Messungen muß die Spirale empirisch geeicht werden; die herstellende Firma (Hartmann & Braun, Frankfurt a. M.) gibt den Apparaten Eichkurven bei.

Zahlentafel 1.

Feldstärke in Kilooersted	Widerstandsverhältnis
0	1,00
2	1,046
4	1,14
6	1,24
8	1,36
10	1,48
12	1,59
15	1,80
20	2,09
25	2,39
30	2,70
35	3,03
40	3,37

Die Messung nach dieser Methode ist recht bequem. Es ist zu beachten, daß die Spule senkrecht zur Richtung des Feldes stehen muß. Man erhält den arithmetischen Mittelwert der Feldstärke über die Fläche der Spirale. Die Genauigkeit ist durch die große Temperaturabhängigkeit stark beeinträchtigt. Bei Eichungen oder anderen genaueren Messungen bläst man die Spule zweckmäßig mit einem temperierten Luftstrom an.

11. Messung aus der mechanischen Wirkung auf stromdurchflossene Leiter. Die mechanische Kraft P, die auf einen stromdurchflossenen Leiter von der Länge l durch ein senkrecht zu ihm verlaufendes Magnetfeld ausgeübt wird, ist der Feldstärke $\mathfrak{H}$ und der Stromstärke i porportional. Durch Messung von P und i kann man also auch $\mathfrak{H}$ erhalten (Cottonsche Waage)[2].

Man kann auch so verfahren, daß man durch Änderung der Stromstärke immer die gleiche Kraft zustande kommen läßt (Prinzip von Schröter)[3]; die gesuchte Feldstärke ist dann i umgekehrt proportional.

12. Messung aus der Drehung der Polarisationsebene. Bestimmte Körper, wie Schwefelkohlenstoff, Jenenser Gläser u. a. haben, wenn sie sich in einem magnetischen Felde befinden, die Eigenschaft, eine besonders große Drehung der Polarisationsebene einfarbigen Lichtes hervorzubringen. Die Drehung α ist der Weglänge d des Lichtes im drehenden Medium und der Feldstärke proportional. Den Proportionalitätsfaktor ω bezeichnet man als Verdetsche Konstante. Es ist also $\mathfrak{H} = \frac{\alpha}{\omega d}$ [4].

13. Messung des Linienintegrals $\int \mathfrak{H}_s\, ds$. Zur Messung der magnetischen Potentialdifferenz (magnetomotorische Kraft, magnetische Spannung, Linienintegral der magnetischen Feldstärke) dient der magnetische Spannungsmesser, der in Gleichfeldern mit einem ballistischen Galvanometer, in Wechselfeldern mit einem Vibrationsgalvanometer in Kompensationsschaltung verwendet wird[5]. Er besteht aus einer Spule von sehr gleichmäßiger Bewicklung und überall gleichem Windungsquerschnitt. Für gewöhnlich benutzt man als Spulenkörper ein biegsames Band aus Leder oder Cellon. Die Bewicklung muß genau bis an beide Enden geführt sein, so daß also die letzte Windung freiliegt; sie wird auf der Stirnfläche durch ein aufgekittetes Glimmerblättchen oder einen dünnen Lacküberzug isoliert. Ferner sind die Enden der Spule noch besonders geschützt durch Aufkitten dünner Streifen von Holz oder Zellon. Die beiden Drahtenden müssen an zwei unmittelbar nebeneinanderliegende Klemmen geführt sein, die etwa in der Mitte der Spule auf einem besonderen kleinen Isolier-

---

[1] Vgl. auch Joh. Krutzsch: Helios 1927 Nr. 50.

[2] Genaueres siehe z. B. Geiger und Scheel: Handbuch der Physik Bd. 16 S. 760.

[3] Schröter: Z. Instrumentenkde. Bd. 44 (1924) S. 477.

[4] Du Bois: Wied. Ann. Bd. 51 (1894) S. 549.

[5] Rogowski u. Steinhaus: Arch. Elektrotechn. Bd. 1 (1912) S. 141. Rogowski: Arch. Elektrotechn. Bd. 1 (1912) S. 511.

stück befestigt sind. Die Bewicklung ist fast immer mehrlagig. Die Zuleitungen zum Spannungsmesser müssen gut verdrillt sein. Ist er mit einem ballistischen Galvanometer verbunden und liegt er so in einem magnetischen Felde, daß seine Enden sich in den Punkten A und B befinden, so entsteht beim Herausschnellen aus dem Felde ein Galvanometerausschlag, der der magnetischen Potentialdifferenz der beiden Punkte A und B proportional ist; beim Kommutieren des Feldes entsteht natürlich der doppelte Ausschlag.

Die Eichung geschieht empirisch durch Beobachtung des Ausschlages bei einer bekannten magnetischen Spannung. Dazu sind zwei Fälle besonders geeignet: erstens im Felde eines oder mehrerer stromdurchflossener Leiter, zweitens im homogenen Felde innerhalb einer langen Spule. Im ersten Falle benutzt man einen einzelnen geraden Leiter oder auch eine sehr kurze, weite Spule; man schlingt den Spannungsmesser um die Leiter herum und biegt ihn zum Kreise zusammen, so daß die Stirnflächen hart aufeinanderliegen. Kommutiert man den Strom i, der durch die W Leiter fließt, so erhält man am Galvanometer den Ausschlag $2\,\alpha$. Die Größe der hier verschwindenden und wieder entstehenden magnetischen Spannung (Umlaufspannung) ist $W i$ Amperewindungen (in absoluten Einheiten also $0{,}4\,\pi\,W i$; doch gibt man die Konstante des Spannungsmessers gewöhnlich nicht in absolutem Maß, sondern in Amperewindungen pro Skalenteil an). Es ist also $2\,W i = C \cdot 2\,\alpha$ oder $C = \frac{W i}{\alpha}$. Da man den Integrationsweg (Achse des Spannungsmessers) beliebig deformieren kann, ohne den Wert des Integrals zu ändern, wenn man bei der Deformation nur keine Stromfäden schneidet, so kommt es bei dieser Art der Eichung nicht darauf an, an welcher Stelle die Stromfäden die Fläche des Spannungsmesserkreises durchsetzen, es braucht also durchaus nicht im Zentrum des Kreises zu sein. Im zweiten Falle bringt man den Spannungsmesser in das homogene Feld innerhalb einer genügend langen Spule, deren Konstante C' bekannt ist ($\mathfrak{H}$ in Oersted $= C' i$ oder $\mathfrak{H}$ in AW/cm $= \frac{C' i}{0{,}4\,\pi}$). Ist die Länge des Spannungsmessers l, gemessen als gerade Verbindung von dem Schnittpunkt seiner Achse mit der einen Stirnfläche bis zu dem Schnittpunkt mit der anderen Stirnfläche und liegt der Spannungsmesser so, daß diese Verbindungslinie genau in die Feldrichtung fällt, so ist die magnetische Spannung zwischen den beiden Schnittpunkten $\frac{C' i\, l}{0{,}4\,\pi}$; als Konstante des Spannungsmessers ergibt sich dann: $C = \frac{C' i\, l}{0{,}4\,\pi\,\alpha}$. Diese zweite Methode eignet sich auch zur Eichung nicht biegsamer Spannungsmesser von beliebiger Form.

D. Magnetisierungsintensität und magnetische Induktion.

14. Magnetisierungsintensität (Magnetometer). Aus der oben wiedergegebenen Formel für die Einwirkung eines magnetischen Moments auf ein astatisches Torsionsmagnetometer ergibt sich für die Magnetisierungsintensität:

$$\mathfrak{J} = \frac{C\,a^3}{4\,V A\left[1 + \frac{\frac{1}{2} L^2 - \frac{3}{4} l^2}{a^2} + \varphi\left(\frac{a}{h}\right)\right]} \cdot s_{korr.}\,.$$

Bei der Messung muß der Stab oder das Ellipsoid genau horizontal liegen, und zwar so, daß seine Achse durch die Mitte des Hauptmagneten geht. Über die Bestimmung und dauernde Kontrolle von C ist oben das Wichtigste gesagt. Die Messung von a geschieht durch Ablesung auf der Bankteilung, deren

Fehler bekannt sein und berücksichtigt werden müssen. Den Nullpunkt (Schnittpunkt der Achse des Systems mit der Teilung), von dem aus a gerechnet wird, findet man so, daß man eine stromdurchflossene Spule auf der einen Seite der Bank vom Skalenteil p aus wirken läßt und den Ausschlag beobachtet, dann die gleiche Spule mit dem gleichen Strom auf der anderen Seite so aufstellt, daß der gleiche Ausschlag entsteht; ist das beim Skalenteil q der Fall, so ist der Nullpunkt auf dem Teilstrich $\frac{p+q}{2}$. Auf die Bestimmung von a ist besondere Sorgfalt zu verwenden, da diese Größe mit der dritten Potenz in die Rechnung eingeht.

Das Volumen V eines Stabes wird mit dem Mikrometer gemessen, das eines Ellipsoids aus den Achsenlängen berechnet. In jedem Falle aber ist es angezeigt, durch eine Wägung des Körpers in Luft und in Wasser die Volumbestimmung zu kontrollieren.

Bei Ellipsoiden ist der Polabstand L gleich dem 0,775-fachen der ganzen Länge zu setzen. Bei zylindrischen Stäben im Gebiet kleiner und mittlerer Feldstärken bis etwas oberhalb des Permeabilitätsmaximums ist dieser Faktor etwa gleich 0,83; bei höherer Magnetisierung nimmt er dann allmählich zu, um im Sättigungsgebiet gleich 1 zu werden. Diese Unsicherheit läßt es zweckmäßig erscheinen, bei Stabuntersuchungen a möglichst groß zu wählen.

15. Magnetische Induktion. (Ballistisches Galvanometer). Zur Messung der magnetischen Induktion eines Stabes, Blechbündels, Drahtbündels usw. wird eine den Körper eng umschließende Spule mit w_s Windungen benutzt, die mit dem ballistischen Galvanometer verbunden ist. Ändert sich die Induktion in der Spule um $\Delta\mathfrak{B}$, so zeigt das Galvanometer den Ausschlag α. Dann ist $\Delta\mathfrak{B} = \frac{C\,r}{w_s\,q}\,\alpha$. Hierin haben C und r die im Abschn. B 7 gegebene Bedeutung; q ist der Querschnitt des untersuchten Körpers.

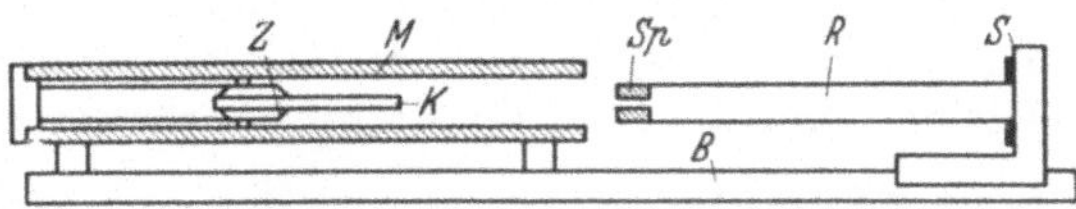

Abb. 185. Abziehvorrichtung für Induktionsspulen.

Man kann dieses $\Delta\mathfrak{B}$ in der Spule in verschiedener Weise erzeugen. Die einfachste Art ist die, daß man den Körper, dessen Induktion gemessen werden soll, rasch in die Spule hineinsteckt oder aus ihr herauszieht. Dann ist $\Delta\mathfrak{B}$ gleich dem gesuchten $\mathfrak{B}$. Das ist aber nur in den seltensten Fällen durchführbar, da die Induktion des Körpers bei diesen Bewegungen und den unvermeidbaren Erschütterungen sich im allgemeinen ändert. Man geht dann so vor, daß man den Körper K in einer Zangenvorrichtung Z am einen Ende festhält (Abb. 185) und vom anderen Ende her die Spule aufschiebt bzw. abzieht. Die Spule Sp ist im Innern eines genügend langen Rohres R an seinem Ende befestigt; das andere Ende des Rohres ist mit einem Schlitten S verbunden, der auf einer langen Bank B leicht und sicher gleitet. Die ganze Vorrichtung muß aus unmagnetischem Material bestehen. Die Spule soll gerade so weit und die Schlittenverschiebung so stabil sein, daß keine Berührung zwischen Spule und Probekörper eintritt. Die verdrillten Enden der Spulenwicklung sind durch das Rohr an ein Klemmenpaar auf dem Schlitten geführt. Für gewöhnlich wird die Anordnung in Verbindung mit einer Magnetisierungsspule M benutzt. Beim Abziehen der Spule Sp ist diese so weit von K zu entfernen, daß sie von magnetischen Linien nicht mehr merkbar durchsetzt wird.

Diese Vorrichtung eignet sich für alle Fälle, in denen man $\mathfrak{B}$ in der ruhenden Meßspule aus irgendwelchen Gründen nicht genügend rasch oder überhaupt nicht entstehen bzw. verschwinden lassen kann (z. B. bei der Messung eines auf der idealen Kurve liegenden Induktionswertes oder der wahren Remanenz). Man kann allerdings auch häufig ohne sie auf einem Umwege zum Ziel kommen. Will man, ohne Probe oder Spule zu bewegen, die augenblicklich vorhandene Induktion $\mathfrak{B}$ bestimmen, so vergrößert man plötzlich die erregende Feldstärke auf einen so hohen Betrag, daß man ins Sättigungsgebiet gelangt, und mißt die dabei auftretende Induktiosnänderung $\mathfrak{B}_{max} - \mathfrak{B}$ durch den Galvanometerausschlag β_1; kommutiert man jetzt den Magnetisierungsstrom, so erhält man einen dem Betrag $2\,\mathfrak{B}_{max}$ entsprechenden Ausschlag β_2. Dann ist die Differenz $(\frac{1}{2}\beta_2 - \beta_1)$ der dem gesuchten Wert $\mathfrak{B}$ entsprechende Ausschlag.

Der Querschnitt q soll über die ganze Länge gleichmäßig sein, mit einziger Ausnahme der Ellipsoide und Kegelstäbe, von denen unten noch besonders die Rede ist. Er wird bei zylindrischen und vierkantigen Stäben und Drähten an vielen Stellen durch mikrometrische Bestimmung des Durchmessers ermittelt, bei Blechen aus Länge, Gesamtgewicht und spezifischem Gewicht, das mittels Doppelwägung in Luft und Wasser bestimmt wird, wenn es nicht, wie bei den Dynamoblechen, normiert ist.

Der nach dieser Methode gemessene Wert von $\Delta\mathfrak{B}$ bzw. $\mathfrak{B}$ bedarf nun noch einer Korrektur. Die Meßspule hat einen mittleren Querschnitt q', der größer ist als der Probenquerschnitt q; die in dem Zwischengebiet $(q' - q)$ verlaufenden Feldlinien werden von der Spule miterfaßt und lassen den Ausschlag größer werden, als es der Induktionsänderung entspricht; von dem errechneten Wert $\Delta\mathfrak{B}$ ist also ein Abzug von $\left[\frac{q'}{q} - 1\right] \cdot \mathfrak{H}$ zu machen (sog. Luftlinienkorrektion).

In besonderen Fällen läßt sich die Induktion auch nach einer Differentialmethode messen, bei der das ballistische Galvanometer als Nullinstrument dient. Von einer der beiden gleichdimensionierten Proben, deren Induktionsänderung verglichen werden soll, muß diese bekannt sein. Die beiden Meßspulen bilden zwei Zweige einer Brückenanordnung, die beiden anderen Zweige enthalten regelbare Meßwiderstände. Das Nullinstrument liegt in der Brücke. Sind die Widerstände so abgeglichen, daß bei der Induktionsänderung in den Spulen kein Ausschlag am Galvanometer erfolgt, so ist das Verhältnis der $\Delta\mathfrak{B}$ gleich dem der Widerstände. Allerdings führt diese Methode nur dann zum Ziele, wenn die Zeitkonstanten beiderseits der Brücke angenähert gleich sind; andernfalls ist der Ausschlag Null nicht zu erreichen. Diese Methode wird bei der Bestimmung der Magnetisierbarkeit von Epsteinproben vielfach angewandt (s. unten den Differentialapparat von Siemens & Halske).

E. Induktions- bzw. Permeabilitätskurven. Hystereseschleifen.

16. Messung der wahren Feldstärke. Allgemeines. Bei den im folgenden beschriebenen Methoden liegt die Hauptschwierigkeit weniger in der Messung der Magnetisierungsintensität oder der Induktion, als in der Bestimmung der zugehörigen wahren Feldstärke im Ferromagnetikum. Diese ist definiert als diejenige Feldstärke, die in einem in der Längsrichtung der Probe gebohrten fadenförmigen Kanal herrscht. Natürlich zeigt diese Definition keine praktisch durchführbare Möglichkeit der Messung. Es gibt nun zwei Wege, auf denen man vorgehen kann. Der erste ergibt sich aus dem Satz, daß die Tangentialkomponente der Feldstärke außerhalb des Eisens kontinuierlich in die im Eisen übergeht. Es genügt also, die Feldstärke in der Eisenoberfläche selbst zu kennen. Diese erhält man entweder unmittelbar durch Messung des Linienintegrals zwischen denjenigen beiden Punkten der Eisenoberfläche, zwischen denen auch die Windungen der Induktionsmeßspule liegen, oder indem man an der gleichen Stelle außerhalb, aber in der Nähe der Oberfläche in mehreren Entfernungen von ihr die Feldstärke mißt und dann auf die Eisenoberfläche extrapoliert. Diese Extrapolation ist im allgemeinen unerläßlich und erübrigt sich nur in den seltenen Fällen, in denen das Feld an den betreffenden Stellen vollkommen homogen ist; ohne sie bleibt das Linienintegral zwischen der Eisenoberfläche und der Achse der Feldmeßspule an ihren beiden Enden unberücksichtigt. Der zweite Weg ist der, daß man von der äußeren Feldstärke ausgeht, d. h. derjenigen, die ohne Eisen vorhanden wäre und die man aus der Stromstärke und der Konstante der Magnetisierungsspule errechnet. Dann muß man die sog. entmagnetisierende Feldstärke davon in Abzug bringen, die von der Rückwirkung der an den Streuungsstellen entstehenden magnetischen Belegungen herrührt. Diese entmagnetisierende Feldstärke wird entweder bestimmt, z. B. durch Berechnung oder Messung mit dem magnetischen Spannungsmesser, oder man hält sie durch möglichste Vermeidung von Streuung klein und setzt dann dafür Erfahrungswerte in Rechnung.

17. Streuungsloser magnetischer Kreis: Ringmethode. Für die Herstellung von Ringproben ist folgendes zu empfehlen: Aus kompaktem Werkstoff geeigneter Form werden Ringe von kreisrundem oder auch rechteckigem Querschnitt (Radialschnitt) herausgedreht. Dieser muß über den ganzen Ring sehr gleichmäßig sein; seine Bestimmung erfolgt am einfachsten durch mikrometrische Ausmessung an vielen Stellen. — Drähte und Bänder werden zu einem genauen Kreis aufgewickelt. Der Durchmesser dieses Kreises muß groß sein gegen die Dicke des Materials; man muß bedenken, daß auch dann noch durch eine solche teils plastische, teils elastische Deformation Änderungen der Eigenschaften auftreten können. Will man also die Eigenschaften des nicht deformierten Werkstoffs bestimmen, so kann man unter Umständen von dieser Methode keinen Gebrauch machen. Ist man aber ohnehin genötigt, eine Glühbehandlung des Werkstoffes vorzunehmen, so stellt man den Ring vor ihr her; im allgemeinen ist dann die Verwendung einer solchen Probe ohne Bedenken. Die Querschnittsbestimmung geschieht durch Ausmessung des Drahtes bzw. Bandes. — Aus Blechen werden Ringe ausgestanzt und zusammengepackt. Die Stanzen müssen scharf sein, da sonst eine Härtung der Ränder eintritt, die die Meßergebnisse fälscht. Man bestimmt den Querschnitt leicht aus dem Innen- und Außendurchmesser, dem absoluten und dem spezifischen Gewicht, das eventuell durch Wägung in Luft und Wasser an einigen Proben besonders gemessen wird, falls es nicht normiert ist.

Unter guter Isolierung sowohl gegen die Probe wie auch gegeneinander wird zunächst die Induktionsspule, dann die Magnetisierungsspule aufgebracht. Bei magnetisch weichem Werkstoff (nur solcher kommt für diese Methode in Betracht,) müssen mindestens 100 A/cm untergebracht werden, bei hochpermeablen genügen weniger, unter Umständen nur 10 A/cm. Dabei ist zu berücksichtigen, daß zwar die höchste Strombelastung niemals längere Zeit anzudauern braucht, daß aber andererseits jede Erwärmung der Meßgenauigkeit abträglich ist. Diese Wicklung ist möglichst gleichmäßig zu verteilen.

Zur Entmagnetisierung durch Belastung mit Wechselstrom, der kontinuierlich bis auf Null abnimmt, wird der Ring so orientiert, daß die Kreisfläche senkrecht zur Richtung der Totalintensität des Erdfeldes steht; besonders bei hochpermeablem Material ist das wichtig. Man nimmt nun zunächst die Nullkurve oder die Kommutierungskurve auf, die erstere, indem man den Magnetisierungsstrom von Null beginnend in 10 bis 20 Sprüngen bis zum Höchstwert (entsprechend etwa 120 bis 150 Oersted für weiches Eisen, für hochpermeablen Werkstoff entsprechend weniger) steigert und bei jedem Sprung den Induktionsausschlag mißt, die letztere, indem man zunächst einen ganz schwachen, dann einen immer stärkeren Strom mehrfach (10- bis 20mal) kommutiert und bei je den beiden letzten Umkehrungen den ballistischen Ausschlag bestimmt.

Bei der Aufnahme der Hystereseschleife beginnt man mit dem Höchstwert der Feldstärke, geht in etwa 10 Sprüngen bis zu Null herunter und nach dem Kommutieren in 15 bis 20 Sprüngen wieder herauf; man gewinnt so einen ab- und aufsteigenden Ast. Sowohl diese beiden, wie auch die Nullkurve, nimmt man zur Erhöhung der Sicherheit zweimal in den gleichen Sprüngen, aber bei umgekehrter Feldrichtung auf. Man bildet die Mittel je beider sich entsprechender Ausschläge und bringt daran die Skalenkorrektion an. Die Summe dieser korrigierten Ausschläge auf dem auf- und absteigenden Ast muß genau doppelt so groß sein wie die Summe auf der Nullkurve; ist das nicht der Fall, so war entweder die Probe nicht genügend entmagnetisiert oder es sind bei der Aufnahme Beobachtungsfehler unterlaufen.

Die Berechnung der $\Delta \mathfrak{B}$ bietet keine Schwierigkeiten; auf der Kommutierungskurve erhält man die einzelnen Induktionswerte unmittelbar, auf der Nullkurve sind die $\Delta \mathfrak{B}$ zu summieren und auf der Schleife ist diese Summe vom Höchstwert $\mathfrak{B}_{\max}$, den man sich aus der halben Summe der korrigierten Ausschläge berechnet, in Abzug zu bringen. Die beiden $\mathfrak{B}_{\max}$ aus der Schleife und aus der Kommutierung des Maximalfeldes müssen übereinstimmen; es ist das ein Zeichen, daß Nachwirkungserscheinungen die Aufnahme nicht beeinträchtigt haben. Die wahre Feldstärke in Oersted wird zu $0{,}4\,\pi\, w\, i$ berechnet; n erhält man, wenn man die Gesamtzahl aller Magnetisierungswindungen durch $\pi(R_i + R_a)$ dividiert; R_i und R_a bedeuten den Innen- und Außenradius des Probekörpers.

Die Ringmethode gilt als die zuverlässigste zur Aufnahme von Induktionskurven. Diese Ansicht ist aber nur bedingt richtig. Sowohl Feldstärke wie Induktion sind nämlich nicht an allen Stellen eines Querschnitts gleich groß, sondern in den der Ringmitte näherliegenden Punkten größer als in den nach außen gelegenen. Man berechnet bzw. mißt bei beiden Größen den arithmetischen Mittelwert über den Querschnitt. An starkgekrümmten Stellen der Kurven werden sich aber diese Mittelwerte nicht entsprechen, so daß Fehler in der aufgenommenen Kurve entstehen. Will man also die Vorzüge dieser Methode wirklich ausnutzen, so muß der Ring in radialer Richtung schmal sein gegen seinen Durchmesser, und zwar sei möglichst $R_a - R_i < \frac{R_a}{5}$, bei sehr genauen Messungen $< \frac{R_a}{10}$.

Die Ringmethode eignet sich auch zur Aufnahme der Magnetisierungskurve mit Wechselstrom. Die effektive Feldstärke wird aus der effektiven Stromstärke berechnet, die maximale Induktion aus der sekundär gemessenen Spannung (Formel s. bei den Verlustmessungen). Man erhält so die Kurve $\mathfrak{B}_{\max} = f(\mathfrak{H}_{eff})$, die in der Technik ziemlich gebräuchlich ist; mit der ballistisch gemessenen Kommutierungskurve ist sie nicht identisch. Dieser entsprechen besser die Darstellungen $\mathfrak{B}_{\max} = f(\mathfrak{H}_{\max})$ und $\mathfrak{B}_{eff} = f(\mathfrak{H}_{eff})$, ohne jedoch ganz damit übereinzustimmen.

18. Magnetischer Kreis mit geringer Streuung: Jochmethode. Auf die Messung an geradlinigen Proben kann man wegen ihrer einfachen Herstellung nicht verzichten; man sucht deshalb die Rückwirkung der Probenenden auf das Feld dadurch zu beseitigen, daß man den von dort ausgehenden Streulinien einen bequemen Weg bietet, auf dem sie sich schließen können, ohne das Feld zu stören. Das geschieht in einer sog. Jochanordnung. Abb. 186 zeigt ein Doppeljoch, in das ein Stab eingeklemmt ist; in der Mitte des Stabes ist eine enge kurze Induktionsspule aufgewickelt und der ganze übrige Raum zwischen den beiden Jochbacken durch die Magnetisierungsspule ausgefüllt. Der Werkstoff, aus dem das Joch besteht, soll keine merkliche Nachwirkung, einen großen spezifischen elektrischen Widerstand und eine hohe Anfangspermeabilität haben; es eignet sich daher gutes Weicheisen mit 4 bis 5% Silizium, besser noch eine etwa 50%ige Nickeleisenlegierung. Die Vorrichtung zum Einklemmen der Proben, die in verschiedener Weise ausgeführt wird, muß eine innige Verbindung zwischen Joch und Probe auf möglichst großer Fläche gewährleisten. Die Aufnahmen der Induktionskurven und die Berechnung erfolgt genau wie bei der Ringmethode.

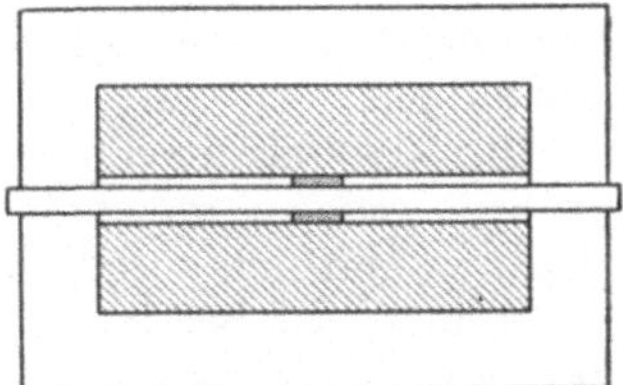

Abb. 186. Doppelschlußjoch.

Es hat sich nun gezeigt, daß auf diese Weise — besonders wegen der Störung des Flusses in den Luftschlitzen zwischen Probe, Klemmvorrichtung und Joch — doch keine genügende Genauigkeit erreicht wird. Man hat daher für alle typischen Werkstoffe Korrektionskurven aufgestellt, nach denen man die erhaltenen Induktionskurven „schert“. Solche Scherungskurven gewinnt man durch Vergleich von Induktionskurven, die an einem Stabe nach der Jochmethode aufgenommen wurden, mit solchen, die man nach der Ellipsoidmethode (siehe unten) erhält, nachdem man die gleiche Probe zum Ellipsoid abgedreht oder abgeschliffen hat. Abb. 187 zeigt solche Scherungskurven, und zwar liegt die für die Null- oder Kommutierungskurve in der Mitte, die für den aufsteigenden Ast links und die für den absteigenden Ast rechts. Es ist nun noch nötig, diese Kurve dem einzelnen Sonderfall anzupassen. Das geschieht durch Vergleich einiger Punkte der ungescherten Kurvenaufnahme mit den entsprechenden, nach einer unten angegebenen Methode genau gemessenen Einzelwerten: der Koerzitivkraft $\mathfrak{H}_c$, der Maximalpermeabilität $\mu_{\max}$ und der wahren Remanenz $\mathfrak{B}_r$. Diese Scherungswerte legt man zuerst fest und zeichnet dann durch diese Punkte die Scherungskurve, so daß sie der für das betreffende Material typischen Kurve möglichst ähnlich bleibt. Den Punkt für die Maximalpermeabilität erhält man nach der Gumlichschen Regel $\left(\mu_{\max} = \frac{\mathfrak{B}_r}{2\,\mathfrak{H}_c}\right)$, aus welcher folgt: $\mathfrak{H} = \frac{2\,\mathfrak{H}_c \cdot \mathfrak{B}}{\mathfrak{B}_r}$. Diese Art des Vorgehens hat sich als nicht zu kompliziert und als sehr zuverlässig erwiesen. — Für Blechbündel wird ein gleicher Verlauf der Scherungskurven angenommen.

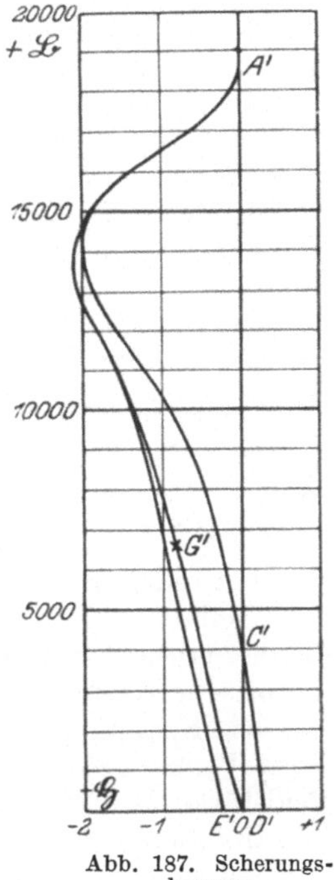

Abb. 187. Scherungskurven.

Kompaktes Material kommt in Form von zylindrischen, rechteckigen oder quadratischen Stäben zur Untersuchung. Blechproben sollen mit scharfem Werkzeug (Stanze oder Parallelschere) geschnitten werden, damit die Schnitthärtung möglichst vermieden wird; auch sollen die einzelnen Streifen mindestens 1,5 bis 2 cm breit sein; anderenfalls ist der Einfluß der Schnitthärtung auf die

Koerzitivkraft besonders zu bestimmen. Das geschieht so, daß man zunächst an 3 cm breiten Streifen $[\mathfrak{H}_c]_{3\,\mathrm{cm}}$ bestimmt (siehe Koerzitivkraftmessung), dann aus diesen Streifen 1 cm breite schneidet und $[\mathfrak{H}_c]_{1\,\mathrm{cm}}$ mißt. Die Zunahme der Koerzitivkraft durch eine Schnittkante ist dann $\frac{1}{4}([\mathfrak{H}_c]_{1\,\mathrm{cm}} - [\mathfrak{H}_c]_{3\,\mathrm{cm}})$ und die Koerzitivkraft des ungeschnittenen Materials $\mathfrak{H}_c = \frac{3}{2}[\mathfrak{H}_c]_{3\,\mathrm{cm}} - \frac{1}{2}[\mathfrak{H}_c])_{1\,\mathrm{cm}}$. Benutzt man bei der Aufstellung der Scherungskurve diesen als den normalen Einzelwert, so ist damit die Korrektur wegen der Schnitthärtung in die Scherung einbezogen.

19. Messung an Epsteinproben. Man hat versucht, an den gleichen Blechproben und im gleichen Apparat, die zur Messung der Eisenverluste dienen (Epstein-Methode; vgl. DIN VDE 6400) auch die Kommutierungskurve aufzunehmen; es ist klar, daß man an derartig großen Proben (10 kg) einen besseren Durchschnittswert der Magnetisierbarkeit erhalten könnte, wenn nicht die Störungen infolge der Stoßfugen, der Abweichung von der Kreisform und der ungleichförmig verteilten Wicklung die Meßgenauigkeit wieder wesentlich beeinträchtigen würden. Man kann den Einfluß dieser Störungen dadurch verringern, daß man entweder bei Berechnung der Feldstärke als Länge den ganzen Eisenweg (200 cm) einsetzt und den zur Messung der Induktion dienenden Spulen die gleiche Länge, wie den Magnetisierungsspulen gibt, so daß ein Mittelwert der Induktion über diese Länge gemessen wird, oder daß man kurze Induktionsspulen in der Mitte der Bündel verwendet und die Feldstärke nur mit der Länge der Magnetisierungsspulen berechnet. Für genaue Messungen aber sind beide Wege, so bequem sie auch sein mögen, nicht gangbar; in beiden Fällen wäre noch eine Scherung erforderlich, die man aber nicht genügend sicher angeben kann.

20. Messungen mit dem magnetischen Spannungsmesser. Bei magnetischen Kreisen mit geringer Streuung kann man mit großem Vorteil vom magnetischen Spannungsmesser Gebrauch machen, und zwar kann das in doppelter Weise geschehen. Wenn sich ein ferromagnetischer Körper K in einer stromdurchflossenen Spule S befindet (Abb. 188), so ist die magnetische Spannung V zwischen den beiden Punkten P_1 und P_2 der Körperoberfläche nicht eindeutig; die beiden Werte V, die man durch Integration entweder über den Weg $P_1 A P_2$ oder $P_1 B P_2$ erhält, unterscheiden sich um das Umlaufintegral über $P_1 A P_2 B P_1$, d. h. um Wi Amperewindungen. Von diesem entfällt der Teil $V_{P_1 A P_2}$ auf den Körper; dieser Anteil, die magnetomotorische Kraft, treibt den Fluß durch das Ferromagnetikum. Messen wir also mit dem Spannungsmesser über den Weg $P_1 A P_2$ und dividieren den erhaltenen Wert V durch den Abstand der Punkte P_1 und P_2, so erhalten wir die wahre Feldstärke in AW/cm. Messen wir aber V über den Weg $P_1 B P_2$, bilden $Wi - V$ und dividieren durch l, so erhalten wir ebenfalls die wahre Feldstärke. Daraus ergeben sich die beiden, in den Abb. 189 und 190 skizzierten Methoden.

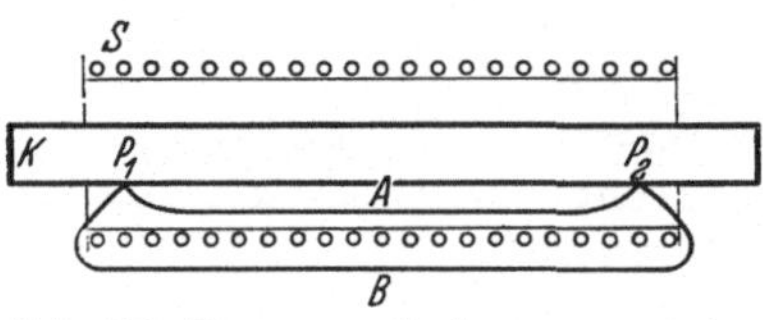

Abb. 188. Messung mit dem magnetischen Spannungsmesser.

Abb. 189 zeigt einen Probestab P, die aus den drei Teilen M_1, M_2 und M_3 bestehende Magnetisierungsspule, die Induktionsspule von der gleichen Länge wie M_2 und zwei symmetrisch angeordnete Spannungsmesser, welche die magnetische Spannung zwischen den Punkten A und B messen. Der Stab ist in ein Doppeljoch (nicht gezeichnet) eingeklemmt, das senkrecht zur Bildebene zu denken ist. Die Aufnahme der Induktionskurven erfolgt genau wie bei der Ring- und Jochmethode, nur daß hier ein zweiter Beobachter an einem zweiten ballistischen Galvanometer gleichzeitig die von den Spannungsmessern hervorgebrachten Ausschläge beobachtet, d. h. die Scherung mißt. Es ist auch möglich, aber viel zeitraubender, erst nach der Aufnahme der Induktionskurven bei den gleichen Sprüngen die Scherung zu messen. Die scheinbare Feldstärke $\mathfrak{H}'$ ist hier gleich Wi/l AW/cm, wo W die Windungszahl von M_2 und l der Abstand der beiden Punkte A und B ist. Diese Methode wird an Vierkantstäben und Blechproben häufig benutzt und ist sehr genau[1].

In Abb. 190 sieht man den Probestab P in ein Doppeljoch eingespannt, die Induktionsspule S und die beiden symmetrisch liegenden Spannungsmesser. Diese sind um 90° gedreht zu denken, so daß sie auf der Bildebene senkrecht stehen. Hier wird der Fluß nicht in der Probe erzeugt, sondern mittelst der Spule M in den Jochbacken. Mit den Spannungsmessern wird die Feldstärke unmittelbar gemessen[2]. Die Induktionsspule soll möglichst die ganze Länge zwischen A und B einnehmen. Bei dieser, wie bei der obigen Methode ist es vorteilhaft, ein Doppeljoch und nicht ein einfaches zu verwenden, da durch die Symmetrie der Anordnung die Sicherheit der Messung bedeutend erhöht wird.

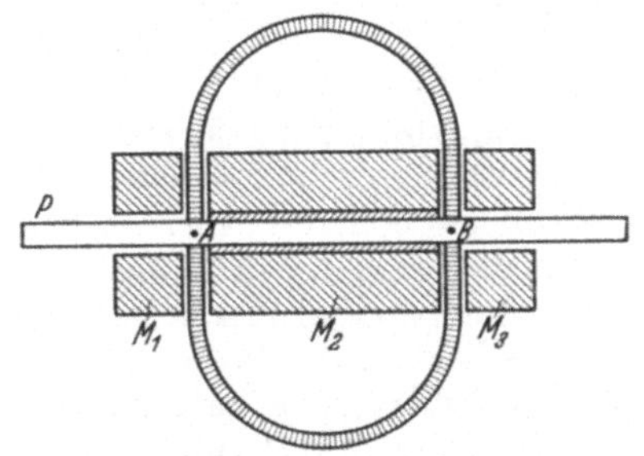

Abb. 189. Messung der Scherung mit dem magnetischen Spannungsmesser.

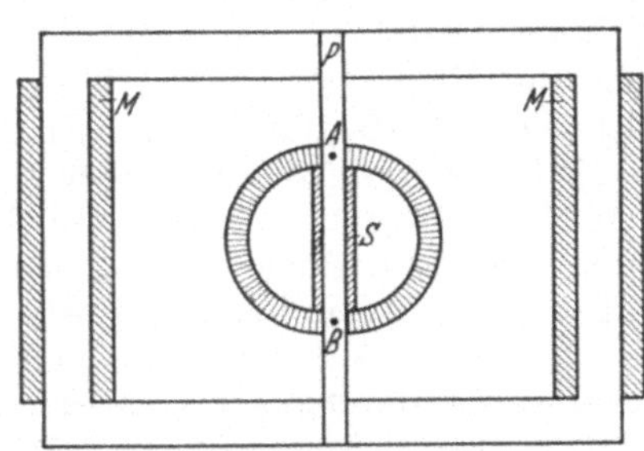

Abb. 190. Messung der Feldstärke mit dem magnetischen Spannungsmesser.

Zur Messung der Scherung beim Epsteinapparat benutzt man vier Spannungsmesser, die man am besten so verwendet, daß man je einen von oben her auf jede Probe aufdrückt, und zwar hart an den beiden Enden jeder Spule. Die Induktionsspulen sollen die gleiche Länge haben, wie die Magnetisierungsspulen; die ungescherte Feldstärke wird mit dem Abstand der beiden Spannungsmesserenden als Länge berechnet. Auch diese Methode ist einwandfrei. Grundsätzlich ist es natürlich auch möglich, die Spannungsmesser zwar an denselben Punkten aufzusetzen, aber so, daß man über die Stoßfuge und nicht über die Spule hinweg mißt; die Spannungsmesser müssen dann allerdings gekröpft werden, was unter Umständen unbequem ist.

21. Messung der wahren Feldstärke. Bei nahezu streuungslosen Kreisen kann man zur Messung auch den bereits erwähnten Satz vom sprunglosen Übergang der Tangentialkomponente des Feldes aus der Luft ins Eisen benutzen. Ist aber über die ganze Meßlänge der Fluß nicht völlig konstant, die Feldstärke nicht absolut homogen, so ist für genaue Messungen eine Korrektur des gemessenen Wertes der Feldstärke unbedingt erforderlich, und zwar um so mehr, je magnetisch weicher der Werkstoff ist. Man kann nämlich alle Feldmeßspulen, sofern sie gleichmäßig bewickelt sind, auch als Spannungsmesser auffassen, die das Linienintegral der Feldstärke zwischen den Endpunkten ihrer Achsen zu messen gestatten. Einwandfrei ist aber nur die Messung zwischen zwei Punkten der Eisenoberfläche; die beiden

[1] Steinhaus: Tät.-Ber. Physik.-Techn. Reichsanst. 1927. Z. Instrumentenkde. Bd. 48 (1928) S. 216.
[2] Wolman: Arch. Elektrotechn. Bd. 19 (1928) S. 385.

Integrale von der Mitte der Spulenenden bis auf die Eisenoberfläche sind also noch als Korrektur anzubringen; nur im völlig homogenen Felde sind sie Null.

Bei der Jochmethode kann man auf die Induktionsspule, die dann sehr viele Windungen haben muß, eine zweite Spule mit der gleichen Windungszahl aufwickeln; sind beide Spulen gegeneinander geschaltet, so mißt man damit die Feldstärke im Ringgebiet zwischen ihnen. Sind nun diese Spulen nicht sehr kurz, so ist eine Scherung notwendig, die zwar gering, aber nicht zu vernachlässigen ist. Ein solches Verfahren hat daher gegenüber der gewöhnlichen Jochmethode nur ganz unwesentliche Vorzüge.

Ist die Jochanordnung so getroffen, daß der Fluß nicht in der Probe, sondern in den Jochbacken erzeugt wird, so kann man unmittelbar neben der Probe zwischen den Jochbacken eine Feldmeßspule anbringen, die dann diejenige magnetische Spannung zwischen zwei gegenüberliegenden Stellen des Joches mißt, welcher auch die Probe unterworfen ist. In dieser Weise ist das Simplexpermeameter von Fahy eingerichtet; es ist zweifellos eine der besten Jochanordnungen, die mit Feldmeßspulen arbeiten; ganz ohne Bedenken ist sie allerdings auch nicht.

Bei der Epsteinanordnung kann man nach Gumlich und Rogowski die Feldstärke mit 16 sehr flachen Spulen bestimmen, von denen je eine auf der Mitte jeder Seitenfläche aller vier Blechbündel untergebracht ist. Diese Spulen haben eine Länge von 6 bis 8 cm, liegen also an Stellen, die verhältnismäßig streuungsfrei sind. Doch ist auch hier eine Korrektur erforderlich. Man findet sie ein für allemal, indem man die Entfernung der Feldmeßspulen vom Eisen variiert und dann auf die Eisenoberfläche selbst extrapoliert. Für die verschiedenen Blecharten ist sie etwas verschieden: bei höheren Feldstärken beträgt sie etwa ½ bis 1%, bei kleineren ist sie größer. Für Feldstärken unterhalb 5 AW/cm ist sie so beträchtlich, daß dort diese Methode versagt[1].

Schramkow und Janowsky haben sie deshalb in der Weise verbessert, daß sie auf die beiden Enden jeder Magnetisierungsspule je eine weitere kurze Spule aufsetzen. Diese sind hintereinander in einen besonderen Stromkreis geschaltet, dessen Strom i' so reguliert wird, daß der Fluß in jedem Bündel über eine Länge von etwa 30 cm konstant ist. Man erkennt das in folgender Weise: Außer der Induktionsspule in der Mitte der Probe sind noch zwei weitere Wicklungen im Abstand von je etwa 15 cm von ihr aufgebracht; diese beiden Spulen sind hintereinandergeschaltet und haben zusammen ebenso viele Windungen wie die Induktionsspule. Man schaltet diese nun den beiden Hilfsspulen entgegen und reguliert den Strom i' (bei konstant gehaltenem Magnetisierungsstrom i) so lange, bis das Galvanometer bei gleichzeitigem Kommutieren von i und i' keinen Ausschlag mehr gibt. Dann läßt sich die Feldstärke in der gleichen Weise messen, wie im Gumlich-Rogowski-Apparat, ohne daß noch eine Korrektur notwendig ist[2].

22. Messung bei freien Probenenden. Ist der magnetische Kreis völlig offen, so ist die entmagnetisierende Feldstärke in einem Falle streng berechenbar, wenn nämlich die Probe die Form eines Ellipsoids hat. Praktisch kommen nur langgestreckte Rotationsellipsoide, die sog. Ovoide, in Betracht. Die erreichbare Meßgenauigkeit ist um so größer, je größer das Dimensionsverhältnis p $\left(\frac{\text{Länge}}{\text{Durchmesser}}\right.$ bzw. $\left.\frac{\text{große oder Rotationsachse}}{\text{kleine Achse}}\right)$ ist; für sehr genaue Messungen, besonders bei hochpermeablem Werkstoff, sollte p mindestens 50 sein. Die wahre Feldstärke $\mathfrak{H}$ ist hier gleich $\mathfrak{H}' - N\mathfrak{J}$, wo $\mathfrak{H}'$ die aus Stromstärke und Spulenkonstante

[1] Gumlich u. Rogowski: Elektrotechn. Z. Bd. 33 (1912) S. 262.

[2] Schramkow u. Janowsky: Z. techn. Physik Bd. 11 (1930) S. 213.

berechnete „äußere Feldstärke“, $\mathfrak{J}$ die im Ovoid erreichte Magnetisierungsintensität und N der nur von p abhängige Entmagnetisierungsfaktor ist. Dieser berechnet sich nach der Formel:

$$N = \frac{4\pi}{p^2-1}\left[\frac{p}{\sqrt{p^2-1}}\ln\left(p+\sqrt{p^2-1}\right)-1\right],$$

oder bei großem p:

$$N = \frac{4\pi}{p^2}(\ln 2p - 1).$$

Siehe auch Zahlentafel 2. Ferner gilt:

$$\mathfrak{J} = \frac{\mathfrak{B}-\mathfrak{H}'}{4\pi - N} \text{ oder angenähert } = \frac{\mathfrak{B}}{4\pi}.$$

$\mathfrak{B}$ wird mit Hilfe einer Induktionsspule bestimmt, die in der Mitte das Ellipsoid eng umschließt und die so kurz ist, daß der Durchmesser der Probe in ihr praktisch noch als konstant angesehen werden kann. Bezüglich der Luftlinienkorrektion siehe Abschn. E.

Zahlentafel 2.

p	N
5	0,7015
10	0,2549
15	0,1350
20	0,0848
25	0,0587
30	0,0432
40	0,0266
50	0,0181
60	0,0132
70	0,0101
80	0,0080
90	0,0065
100	0,0054
150	0,0026
200	0,0016
300	0,0008

Die Ellipsoidmessung gilt mit Recht als die genaueste und zuverlässigste magnetische Meßmethode. Sie findet ihre Grenze nur in der Ungleichmäßigkeit der Magnetisierungswicklung und des Probematerials sowie in der Schwierigkeit, eine genaue Ellipsoidform herzustellen. Für technische Messungen genügt auch eine vereinfachte Form nach Maurer und Meißner, der sog. Kegelstab, von dem zwei Typen (Abb. 191) genau untersucht worden sind. Die in der Abbildung angegebenen Maße lassen sich natürlich proportional vergrößern oder verkleinern. Die Durchmesser sind im 10fachen Maßstab aufgetragen. Der Entmagnetisierungsfaktor ist fast genau der gleiche, wie bei Ellipsoiden von gleichem Dimensionsverhältnis[1].

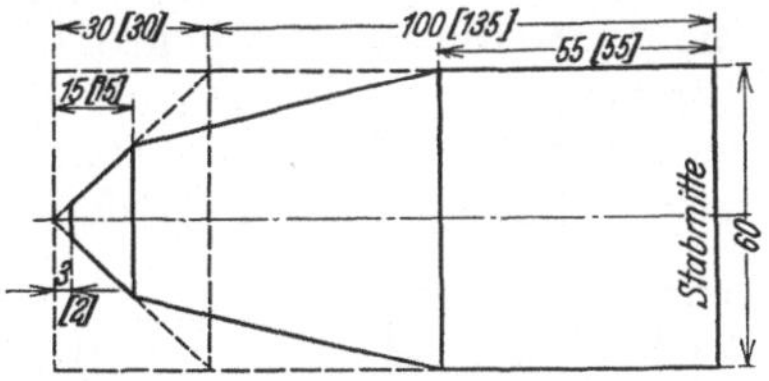

Abb. 191. Kegelstab.

Bei Zylinderstäben ist die Magnetisierung im Gegensatz zu den Ellipsoiden nicht im ganzen Körper konstant, sondern sie fällt nach den Enden zu ab; $\mathfrak{B}$ bzw. $\mathfrak{J}$ in der Mitte des Stabes lassen sich natürlich leicht mit einer kurzen Induktionsspule messen; die zugehörige Feldstärke in der Mitte hingegen ist nur roh zu bestimmen, weil N dann nicht mehr konstant, sondern von der Permeabilität abhängig ist. Genauere Messungen sind also in dieser Weise allgemein nicht ausführbar, sondern nur bei kleinen Feldstärken möglich (siehe Messung der Anfangspermeabilität). Zahlentafel 3 enthält die von Shuddemagen angegebenen Werte für N, mit denen man bis $\mathfrak{B} \sim 10000$ Gauß bei mittleren Eisensorten noch ungefähr richtige Werte für die Feldstärke erhält[2].

Zahlentafel 3.

p	N
10	0,204
15	0,106
20	0,0672
25	0,0467
30	0,0344
40	0,0211
50	0,0144
60	0,0104
70	0,00795
80	0,00625
90	0,00507
100	0,00420
150	0,00204
200	0,00120

Eine Methode zur Messung von N für Zylinder- und Prismenstäbe, Blech- und Drahtbündel, Rohre und ähnliche Körper, die bis

[1] Lange: Mitt. Kais.-Wilh.-Inst. Eisenforschg. Bd. 11 Lfg. 23 (1929) S. 387.

[2] Shuddemagen: Proc. Amer. Acad. Bd. 43 (1907) S. 185; Physic Rev. Bd. 31 (1910) S. 165; Contr. Jeff. Lab. Bd. 8 (1911) Nr. 2.

$\mathfrak{B} \sim 5000$ Gauß verhältnismäßig gute Werte liefert, ist die folgende: Auf der Mitte der in der Magnetisierungsspule steckenden Probe befindet sich eine kurze, abziehbare Induktionsmeßspule. Die Magnetisierungsspule trägt eine zweite Wicklung, durch welche ein kontinuierlich bis auf Null abnehmender Wechselstrom geschickt wird, nachdem in der Hauptwicklung eine sehr kleine Feldstärke $\mathfrak{H}'$ eingestellt worden ist. Durch Abziehen der Induktionsspule wird dann die zugehörige „ideale" Induktion $\mathfrak{B}$ bestimmt und aus dieser die „ideale" Intensität $\mathfrak{J}$ berechnet als $\mathfrak{B}/4\pi$. Wenn die Probe aus weichem Eisen oder weichem Stahl besteht und $\mathfrak{B} < 5000$ Gauß ist, bleibt die wahre Feldstärke $\mathfrak{H}$ sicher gleich Null; es ist also $\mathfrak{H}' = N\mathfrak{J}$ oder $N = \frac{\mathfrak{H}'}{\mathfrak{J}}$, woraus sich N leicht berechnet. Handelt es sich um ein Material, bei dem nicht mit Sicherheit das ideale $\mu_0 = \infty$ ist (z. B. Siliziumeisen), so kann man ein „Phantom" aus weichem Eisen herstellen, das die gleichen Abmessungen hat, wie die Probe, und evtl. in der gleichen Weise zusammengesetzt ist; man mißt dann das gesuchte N am „Phantom"[1].

Es bleibt immer zu berücksichtigen, daß alle Messungen bei freien Probenenden, soweit es sich nicht um Ellipsoide oder Kegelstäbe handelt, nur bedingt als zuverlässig angesehen werden können; sie sind um so genauer, je kleiner die Permeabilität und je größer das Dimensionsverhältnis ist; bei hochpermeablen Werkstoffen wählt man als solches unter Umständen 500. Die Unsicherheiten wirken sich im Wert der Maximalpermeabilität und der Remanenz am stärksten aus. Schließlich sei noch daran erinnert, daß die Magnetisierungsspule wesentlich länger sein muß, als die Probe, damit diese ihrer ganzen Länge nach im homogenen Teil des Spulenfeldes liegt.

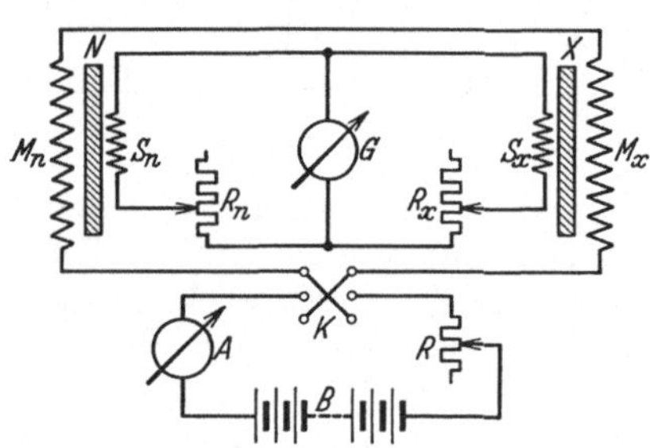

Abb. 192. Differentialmethode.

23. Differentialmethode. Sehr bequem und bei einiger Vorsicht recht genau sind die Differentialmethoden, bei denen ein Vergleich der Probe mit einem Normal mit gut bekannter Induktionskurve durchgeführt wird. Das Grundsätzliche solcher Anordnungen zeigt Abb. 192. Der Strom der Batterie B durchfließt den Regulierwiderstand R, das Amperemeter A, den Kommutator K und hintereinander die beiden Magnetisierungsspulen M_n und M_x, von denen die erstere das Normal N, die letztere die Probe X umschließt. Die beiden Induktionsspulen S_n und S_x, die sich darauf befinden, bilden zwei Zweige einer Brückenanordnung, deren beiden andern Zweige die Meßwiderstände R_n und R_x sind; in der Brücke befindet sich ein ballistisches Galvanometer G. Haben N und X genau gleiche Abmessungen, insbesondere gleiche Querschnitte, ferner S_n und S_x gleiche Windungszahlen, so gibt das Galvanometer beim Kommutieren des Magnetisierungsstromes keinen Ausschlag, wenn R_n und R_x so eingestellt sind, daß $\mathfrak{B}_n : \mathfrak{B}_x = R_n : R_x$ ist. Wählt man noch R_n zahlenmäßig gleich $\mathfrak{B}_n$, so ist auch $\mathfrak{B}_x = R_x$.

Die Methode beruht auf der Annahme, daß $\mathfrak{H}_x = \mathfrak{H}_n$ ist; das gilt nun, gleiche Dimensionierung von M_n und M_x vorausgesetzt, nur bei Ringproben streng. Ist aber Streuung vorhanden, so gilt es nur dann, wenn die Magnetisierungskurven von N und X nahezu identisch sind. Benutzt man also Epsteinproben in Epsteinapparaten (Anordnung von Siemens & Halske), so ist es klar, daß

[1] Steinhaus: Handb. d. Physik von Scheel u. Geiger Bd. 15 (1927) S. 180/81. Würschmidt: Z. Physik Bd. 12 (1922) S. 128.

man schon eine größere Anzahl von Normalen benötigt, wenn man einigermaßen richtig messen will. Bei Proben mit freien Enden ist das erst recht der Fall; diese müssen außerdem ein großes Dimensionsverhältnis haben, wenn die Messung mehr geben soll, als eine oberflächliche Orientierung.

Noch aus einem anderen Grunde ist es zweckmäßig, N und X möglichst ähnlich hinsichtlich ihrer magnetischen Eigenschaften zu wählen. Bei größeren Unterschieden in der Permeabilität werden die Zeitkonstanten der beiden Sekundärkreise so verschieden, daß auch bei richtiger Abgleichung der Brückenanordnung das Galvanometer nicht in Ruhe bleibt, sondern „zuckt", wodurch die richtige Einstellung leicht verfehlt wird.

Besondere Bedeutung hat diese Methode bei Betriebsmessungen an Blechproben gewonnen (Doppelepsteinapparat von Siemens und Halske). Ihre Genauigkeit ist für technische Zwecke völlig ausreichend; man kann sie bei einiger Sorgfalt auf etwa ± 200 Gauß schätzen. Vom VDE ist sie ausdrücklich zugelassen (DIN VDE 6400).

Normale aller Art können in der Physikalisch-Technischen Reichsanstalt geeicht werden.

24. Messung an beliebig gestalteten Körpern. Es kann gelegentlich der Fall eintreten, daß eine Probeentnahme beispielsweise an größeren Blöcken, Maschinenteilen usw. unerwünscht oder unmöglich ist. Man kann sich dann häufig des Verfahrens von Drysdale bedienen. Mit einem Hohlfräser wird in das Werkstück ein zylindrisches Loch gefräst, in dessen Mitte ein Zapfen stehen bleibt. Auf diesem wird eine Induktionsspule aufgeschoben und das Loch im übrigen mit einer Magnetisierungsspule ausgefüllt. Dann wird eine gut passende Eisenplatte zur Vervollständigung des magnetischen Schlusses daraufgepreßt und in der gleichen Weise wie nach der Jochmethode gemessen[1].

Ist auch dieses Verfahren nicht anwendbar, so bleibt nichts anderes übrig, als eine Spule um das ganze Werkstück herumzulegen und mit ihr die Induktion zu messen. Die Feldstärke bestimmt man dann nach dem Vorschlag von Denso, indem man Feldmeßspulen von sehr flacher Bauart und bekannter Windungsfläche an eine streuungsfreie Stelle der Oberfläche des Körpers anlegt; es ist grundsätzlich das von Gumlich und Rogowski angegebene Verfahren (siehe oben). Wenn man in verschiedener Entfernung von der Oberfläche mißt und dann auf diese selbst extrapoliert, sind derartige Messungen verhältnismäßig sicher[2].

25. Magnetometermethode. So bequem die ballistischen Methoden zur Aufnahme von Induktionskurven im allgemeinen sind, so können doch gelegentlich Fälle eintreten, die ihre Anwendung nicht geraten erscheinen lassen. Das trifft besonders dann zu, wenn der zu untersuchende Werkstoff eine große Nachwirkung zeigt. Es bleibt dann wegen der geringen Dauer des Galvanometerausschlags jedesmal ein nicht zu vernachlässigender Teil der in Bewegung gesetzten Elektrizitätsmenge ohne sichtbare Wirkung auf das Galvanometer, und diese Fehler können leicht so groß werden, daß auch der oben erwähnte Kunstgriff, auf den Kommutierungsausschlag bei maximaler Feldstärke zu reduzieren, versagt. In solchen und ähnlichen Fällen ist die Anwendung der Magnetometermethode angezeigt, falls genaue Kurvenaufnahmen erforderlich sind.

Als Proben kommen in erster Linie Ellipsoide und Kegelstäbe in Betracht, für weniger genaue Messungen auch Zylinderstäbe, Rohre, Draht- und Blechbündel. Diese werden zur Messung so orientiert, daß sie genau in der Achse der Magnetisierungsspule liegen. Die Magnetisierungsspule wird auf einem

[1] Drysdale: Bull. Soc. Intern. Electr. 1902 S. 729.
[2] Denso: Dissertation. Rostock 1900.

Schlitten, der sich auf der Magnetometerbank leicht verschieben läßt, so montiert, daß die Verlängerung der genau horizontalliegenden Achse durch die Mitte von m_1 geht. Die Spule liegt etwa an der Stelle von M in Abb. 182. Auf dem anderen Ende der Bank ist eine zweite, ebenso gebaute Spule angebracht, die sog. Kompensationsspule, die ebenfalls vom Magnetisierungsstrom durchflossen wird. Vor dem Einlegen der Probe wird bei der höchsten Stromstärke, bei der noch eine Messung vorgenommen werden soll, durch Vor- und Zurückschieben der zweiten Spule diejenige Lage aufgesucht, bei der die Wirkungen beider Spulen auf das Magnetometersystem sich gegenseitig aufheben.

Für die Messung und Berechnung der Magnetisierungsintensität wird auf Abschn. D verwiesen.

Bei der Berechnung der wahren Feldstärke gelten für Ellipsoide (und Kegelstäbe) streng die gleichen Entmagnetisierungsfaktoren N, wie bei der ballistischen Messung; für Zylinderstäbe usw. aber dürfen die „ballistischen“ N nicht eingesetzt werden, sondern man verwendet hier die gleichen N wie bei Ellipsoiden von gleichem Dimensionsverhältnis, die — soweit bekannt — zu annähernd richtigen Werten von $\mathfrak{H}$ führen[1].

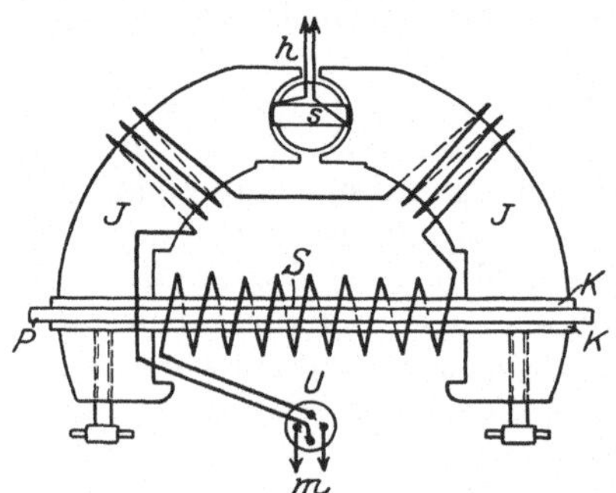

Abb. 193. Magnetisierungsapparat nach Köpsel-Kath.

26. Magnetisierungsapparat nach Köpsel-Kath (Siemens & Halske). Für manche technischen Zwecke, bei denen es darauf ankommt, das Ergebnis der magnetischen Messung möglichst schnell zu erhalten, selbst unter Verzicht auf größere Genauigkeit, ist ein Apparat erwünscht, der die unmittelbare Ablesung der Induktion gestattet. Das ist beim Magnetisierungsapparat nach Köpsel-Kath möglich, einer Jochanordnung, bei der die Induktion nicht wie bei der Jochmethode in der Probe selbst, sondern im Schlußjoch, also an einer anderen Stelle des gleichen magnetischen Kreises, bestimmt wird. Dazu ist das Joch (Abb. 193) durch einen zylindrischen Schlitz unterbrochen, in dem eine Drehspule s spielt, ähnlich wie beim Drehspulgalvanometer. Schickt man einen kleinen konstanten Hilfsstrom h durch die Spule s, so wird diese einen der im Joch herrschenden Induktion proportionalen Ausschlag zeigen, der auf einer in Einheiten der Induktion geteilten Skala abgelesen wird. Die Stromstärke h muß so einreguliert werden, daß sie dem Probenquerschnitt q umgekehrt proportional ist; die Proportionalitätskonstante wird jedem Apparat beigegeben. Die Bewicklung der Magnetisierungsspule S ist so bemessen, daß die ungescherte Feldstärke gleich dem 100fachen des Magnetisierungsstromes ist. Dieser durchfließt außer der Hauptspule S noch zwei weitere Spulen mit wenigen Windungen, die auf den Jochschenkeln J sitzen und zur Verminderung der Scherung dienen. Die Scherung wird für verschiedenartige Werkstoffe mit Hilfe genau bekannter Normale ermittelt. Die Proben sollen eine Länge von 27 cm haben; es können Stäbe und auch Blechbündel untersucht werden; die Stäbe haben normal einen Durchmesser von 6 mm, die Blechbündel einen Querschnitt von 5×5 mm*.

27. Magnetstahlprüfer von Hartmann & Braun. Auf dem gleichen Prinzip beruht der Magnetstahlprüfer von Hartmann & Braun. Er dient dazu, die sog. Entmagnetisierungskurve, d. h. den absteigenden Ast zwischen Remanenz

---

[1] Mann: Dissertation. Berlin 1895.

* Köpsel: Elektrotechn. Z. Bd. 15 (1894) S. 214; Z. Instrumentenkde. Bd. 14 (1894) S. 391. Kath: Elektrotechn. Z. Bd. 19 (1898) S. 411; Z. Instrumentenkde. Bd. 18 (1898) S. 33.

und Koerzitivkraft, an Dauermagnetstahl aufzunehmen; und zwar gestattet die Anordnung, an dem für die Verarbeitung zu Dauermagneten bestimmten Ausgangswerkstoff Messungen vorzunehmen. Die Probe P wird in einer Länge von 100 mm aus dem Walzgut, dessen Querschnitt in weiten Grenzen variieren kann, herausgeschnitten und gehärtet. Die Enden werden abgeschliffen und die Probe dann zwischen die Jochbacken J eingesetzt (Abb. 194). Zur Magnetisierung dienen die Spulen A, B und C, zur Messung wird nur die Spule A benutzt. Den Punkt der wahren Remanenz bestimmt man mit Hilfe einer kleinen Magnetnadel m, die unmittelbar über der Mitte der Probe leicht drehbar aufgehängt ist. Ist bei der Messung die Remanenz noch nicht erreicht, die wahre Feldstärke also noch positiv, so ist die Nadel m der Längsrichtung der Probe parallel; ist der Punkt der Remanenz überschritten, so nimmt sie die entgegengesetzte Lage ein. Bei der Remanenz selbst steht sie senkrecht zur Probe; die Größe der Remanenz kann dann bei richtig eingestelltem Hilfsstrom in der Drehspule unmittelbar auf der Skala abgelesen werden. Die dabei in der Spule A vorhandene scheinbare Feldstärke dient zur Aufstellung der Scherungskurve[1].

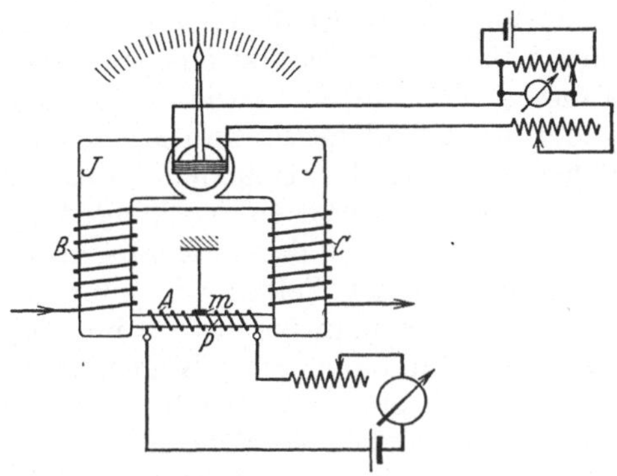

Abb. 194. Magnetstahlprüfer von Hartmann & Braun.

28. Zugkraftmethode (Magnetische Waage von Du Bois). Die Induktion im Joch kann auch aus der Zugkraft ermittelt werden. Du Bois legte durch das Joch zwei enge Schlitze und lagerte den abgeschnittenen Jochteil so, daß dieser eine ungleicharmige Waage bildet, die durch ein Gegengewicht gerade ins Gleichgewicht gebracht wird, wenn die Probe nicht magnetisiert ist, das Joch also nicht von einem Induktionsfluß durchsetzt wird. Bei Vorhandensein einer Magnetisierung in der Probe bzw. eines Flusses im Joch wird die Waage durch Verschieben eines Laufgewichtes auf einer in Induktionseinheiten geteilten Skala wieder ins Gleichgewicht gebracht. Die aus der Stromstärke berechneten Werte der Feldstärke bedürfen auch hier wie beim gewöhnlichen Schlußjoch einer empirisch zu ermittelnden Scherung. Der Apparat kann nur in Laboratorien, die mechanisch und magnetisch genügend störungsfrei sind, mit Vorteil Anwendung finden[2].

F. Messung einzelner magnetischer Eigenschaften.

29. Anfangspermeabilität und Permeabilitätsanstieg. Bestimmt man mit empfindlichen Methoden die Permeabilität bei Feldstärken, die klein sind gegen die Koerzitivkraft des Werkstoffs, und trägt die gefundenen Werte in Abhängigkeit von der Feldstärke auf, so wird man im allgemeinen finden, daß die erhaltene Kurve eine gerade Linie darstellt. Der Punkt, in dem diese Gerade die μ-Achse schneidet, ist die sog. Anfangspermeabilität μ_0 und die Neigung der Geraden $\left[\frac{d\mu}{d\mathfrak{H}}\right]_0$ der sog. Permeabilitätsanstieg oder Anstiegfaktor. Die Bestimmung von μ_0 geschieht also

[1] Die Meßtechnik Bd. 6 (1930) S. 286.

[2] Du Bois: Z. Instrumentenkde. Bd. 20 (1900) S. 113. v. Horvath: Dissertation. Berlin 1919.

durch Aufnahme einzelner Punkte der Permeabilitätskurve bei sehr kleinen Feldstärken und geradlinige Extrapolation auf $\mathfrak{H} = 0$. Zur Messung eignet sich die Ringmethode, dagegen sind alle Jochanordnungen ungeeignet. Im folgenden sollen nur die besonderen Methoden kurz beschrieben werden, die an Stäben, Drähten und Blechproben mit freien Enden Messungen gestatten und in der Starkstromtechnik gelegentlich Verwendung finden, während die Methoden der Schwachstromtechnik hier übergangen werden können.

a) Messung an Stabproben. Nach Gumlich und Rogowski geht man in folgender Weise vor[1]: Man legt sich auf eine bestimmte Stabform etwa mit dem Dimensionsverhältnis 55 (33 cm Länge, 0,6 cm Durchmesser) fest, benutzt immer die gleiche Induktionsspule von möglichst geringer Länge und mehreren Tausend Windungen, sowie ein besonders empfindliches ballistisches Galvanometer. Etwa 5 solcher Stäbe, die eine möglichst verschiedene Anfangspermeabilität haben sollen, werden nacheinander mit der Induktionsspule, deren Widerstand vorher gemessen wurde, in eine geeignete Magnetisierungsspule gebracht, sehr sorgfältig entmagnetisiert und dann einem sehr kleinen Felde ausgesetzt. Nach mehrfachem Kommutieren des Feldes wird der zugehörige Induktionsausschlag gemessen. Das wiederholt man bei etwa 6 immer größeren Feldstärken. Die Stäbe werden dann zu Ellipsoiden oder Kegelstäben abgedreht und bei den gleichen Feldstärken noch einmal beobachtet. Die Ausschläge sind dann kleiner als die an den Zylinderstäben erhaltenen; sie betragen je nach der Feldstärke und dem Werkstoff das 0,85- bis 0,94fache. Diese Faktoren trägt man in Abhängigkeit von der Größe des bei der kleinsten Feldstärke erhaltenen Ausschlages in ein Kurvenblatt auf und erhält so für jede Feldstärke eine Kurve. Zur Bestimmung der Anfangspermeabilität eines beliebigen Probestabes von gleichen Abmessungen entnimmt man, nachdem man den Ausschlag bei der niedrigsten Feldstärke beobachtet hat, aus der Kurvenschar die entsprechenden Faktoren für die Ausschläge bei den verschiedenen Feldstärken. Nachdem man damit die an dem Probestab erhaltenen Ausschläge reduziert hat auf solche, die man an einem gleichdimensionierten Ellipsoid aus dem gleichen Werkstoff erhalten hätte, rechnet man ebenso weiter, als ob man unmittelbar an einem solchen Ellipsoid gemessen hätte.

Bei dieser Methode, die bei einiger Sorgfalt selbst bei hochpermeablen Stoffen ziemlich genaue Ergebnisse liefert, ist besonders auf die Ausschließung von Störfeldern zu achten, und zwar auch von Wechselfeldern, die die Permeabilität scheinbar vergrößern. Auch die Luftlinienkorrektion ist wichtig, zumal bei Induktionsspulen mit größerer Windungsfläche.

b) Messung an Drähten. Bei der Methode von Steinhaus dienen 50 cm lange Drähte von 1 mm Durchmesser als Proben[2]. Mit einer Induktionsspule von etwa 8 cm Länge und 2000 Windungen befinden sie sich in einer Magnetisierungsspule, die auf ein Glas- oder Porzellanrohr von 1 m Länge mit Metallband so gewickelt ist, daß zur Herstellung einer scheinbaren Feldstärke von 1 Oe eine Stromstärke von 1 A gehört. Diese Spule wird mit Wechselstrom von 20 Hz beschickt. Die Spannung an den Enden der Induktionsspule wird durch diejenige an den Enden der Sekundärspule einer gegenseitigen Induktivität kompensiert, deren Primärspule über einem induktionsfreien Regelwiderstand an die Primärspannung angeschlossen ist. Als Nullinstrument dient ein Vibrationsgalvanometer nach Schering und Schmidt, dem, wenn nötig, eine Verstärkeranordnung für 20 Hz vorgeschaltet werden kann. Aus der Größe der gegenseitigen Induktivität und

[1] Gumlich u. Rogowski: Elektrotechn. Z. Bd. 32 (1911) S. 180.
[2] Steinhaus: Z. techn. Physik Bd. 7 (1926) S. 492.

der Vorwiderstände errechnet sich leicht die scheinbare Permeabilität $\mu' = \frac{\mathfrak{B}_{max}}{\mathfrak{H}'_{max}}$ und aus dieser wieder die wahre Permeabilität μ nach der Formel:

$$\mu = \frac{\mu'}{1 - \frac{N}{4\pi}\mu'}.$$

c) Messung an Blechproben. Die Probe besteht aus genau 1 kg Blechstreifen von 500 × 30 mm, die gebündelt sind. Sie wird in einer Differentialanordnung bei freien Probeenden mit einem Normal verglichen (Abb. 195). Ein Wechselstrom von 25 Hz durchfließt den Vorwiderstand r_V und die beiden etwa 80 cm langen Magnetisierungsspulen M_n und M_x. r_V dient zur Einstellung der kleinen Feldstärken, bei denen die Permeabilität gemessen wird. M_n und M_x sind aus Metallband gewickelt, so daß ihre Feldkonstanten möglichst einander gleich sind (= etwa 1). Die kurzen Induktionsspulen J_n und J_x haben gleiche Windungszahl (je 2000) und sind mit zwei induktionsfreien Widerständen r_n und r_x in eine Brückenanordnung zusammengeschaltet. Als Nullinstrument dient ein Vibrationsgalvanometer V. Bei der Messung wird r_n numerisch gleich μ'_n (scheinbare Permeabilität $\mathfrak{B}/\mathfrak{H}'$) des Bündels N gemacht; nach dem Abgleichen der Brücke durch Einregulieren von r_x ist dann zahlenmäßig das gesuchte $\mu'_x = r_x$. Sind die Verluste der Bündel N und X nicht gleich, so besteht zwischen den beiden Seiten der Brückenanordnung eine kleine Phasenverschiebung, so daß sich das Galvanometer nicht ganz auf Null bringen läßt; zum Ausgleich wird eine kleine Spannung von einem Schleifdraht S, der zwischen den beiden Magnetisierungsspulen liegt, in die Brücke hereingenommen. Aus den bei verschiedenen kleinen Feldstärken $\mathfrak{H}'$ gewonnenen μ'_x wird zunächst μ'_0 extrapoliert und daraus nach der Gleichung $\mu_0 = \frac{\mu'_0}{1 - \frac{N}{4\pi}\mu'_0}$ die Anfangspermeabilität selbst berechnet. Da für alle Proben Länge und Breite der Blechstreifen sowie das Gesamtgewicht gleich ist, unterscheiden sich die Entmagnetisierungsfaktoren N je nach dem spezifischen Gewicht des Werkstoffs um ein wenig. Man kann sich leicht für alle gebräuchlichen Blecharten Kurven aufstellen, aus denen man für jedes praktisch vorkommende μ' das zugehörige μ entnehmen kann.

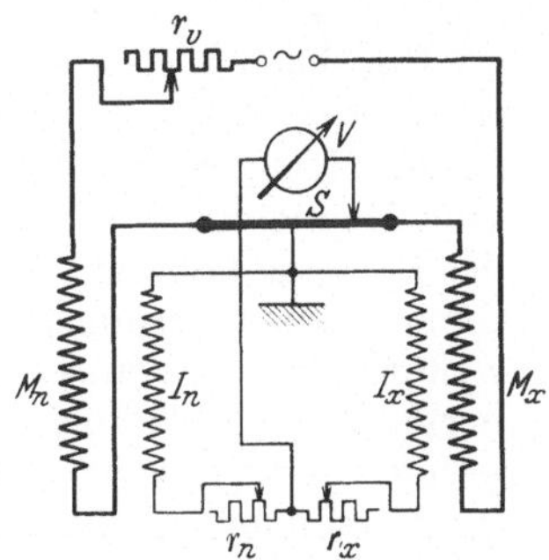

Abb. 195. Messung der Anfangspermeabilität von Blechproben.

Fremdfelder sind sorgfältig auszuschließen; auch die Leitungen der Versuchsanordnung selbst müssen so verlegt sein, daß ihr magnetisches Feld die Bündel nicht beeinflussen kann. Die Magnetisierungsspulen liegen genau senkrecht zur Erdfeldrichtung. Die Bündel sind vor Beginn der Messung in der Anordnung zu entmagnetisieren; wenn nötig, müssen sie in einer Spule mit größerer Feldkonstante vorentmagnetisiert werden. Werkstoffe, deren zeitliche Desakkommodation merkbar ist, sind nicht zur Herstellung von Normalen geeignet. Normale können von der Physikalisch-Technischen Reichsanstalt geeicht werden[1].

30. Koerzitivkraft. Die Koerzitivkraft $\mathfrak{H}_c$ ist definiert als diejenige entmagnetisierende Feldstärke, welche die größtmögliche remanente Magnetisierung gerade zum Verschwinden bringt. Es ist also bei der Messung zunächst bis möglichst zur Sättigung zu magnetisieren und dann das Feld fortzunehmen. Das letztere muß

[1] Steinhaus u. E. Schoen: Tät.-Ber. Physik.-Techn. Reichsanst. 1929, Z. Instrumentenkde. Bd. 50 (1930) S. 306.

durchaus kontinuierlich oder in sehr kleinen Sprüngen geschehen, wenn man wirkich die größtmögliche Remanenz erreichen will. Man arbeitet zweckmäßig mit völlig freien Probenenden, so daß sich die Probe nach dem Aufhören des Feldes in der scheinbaren Remanenz befindet. Die Probenform ist im allgemeinen ohne Bedeutung; es ist nur darauf zu achten, daß die Probe wirklich bis zur Sättigung magnetisiert wird. Dazu kann besonders bei Proben von kleinem Dimensionsverhältnis sowie bei Dauermagnetstahl die Anwendung des Verfahrens von Schramkow und Janowsky erforderlich werden. Dieses besteht darin, daß dem höchsten magnetisierenden Felde ein Wechselfeld von anfangs großer, dann kontinuierlich bis auf Null abnehmender Amplitude überlagert wird; man bedient sich dazu einer besonderen Wicklung.

Nach dem Erreichen der scheinbaren Remanenz wird der Strom in umgekehrter Richtung durch die Magnetisierungsspule geschickt und kontinuierlich so lange verstärkt, bis die Magnetisierung der Probe gerade Null geworden ist. Die in der Spule herrschende Feldstärke ist dann die Koerzitivkraft der Probe: $\mathfrak{H}_c = \mathfrak{H}' = C i$.

Um das Verschwinden der Magnetisierung festzustellen, kann man sich verschiedener Methoden bedienen. Die gebräuchlichste benutzt dazu ein Magnetometer. Nachdem die beiden Spulen des Magnetometers in eine solche Entfernung vom Magnetometersystem gebracht sind, daß ihre Wirkungen sich an der Stelle des Systems kompensieren, wird die Probe in die eine Spule eingelegt und mehreren Magnetisierungszyklen bis zur Sättigung unterworfen. Nach dem letzten Zyklus wird die Feldstärke kontinuierlich bis auf Null (mindestens bis auf 0,01 $\mathfrak{H}_c$) herunterreguliert; auch die weiteren Änderungen erfolgen kontinuierlich. Als Nullpunkt des Magnetometers, bei welchem sich die Probe im Zustand der Koerzitivkraft befindet, gilt hier die Mitte zwischen denjenigen beiden Magnetometerausschlägen, die der positiven und negativen scheinbaren Remanenz entsprechen. Für genaue Messungen stellt man den Punkt der Koerzitivkraft nicht direkt ein, sondern interpoliert ihn aus kleinen positiven und negativen Magnetometerausschlägen.

Eine andere Methode bedient sich des ballistischen Galvanometers[1]. Am einfachsten bestimmt man das Verschwinden der Magnetisierung durch Abziehen einer Induktionsspule, wobei dann am Galvanometer kein Ausschlag entstehen darf. Man kann auch so arbeiten, daß man eine auf der Probe festliegende Spule benutzt; zunächst wird der Induktionsausschlag α' beim Kommutieren des Höchstfeldes bestimmt und die Skalenkorrektion angebracht, so daß der korrigierte Anschlag α ist. Man reguliert dann die Feldstärke kontinuierlich herunter über Null hinaus bis zu einem Wert, der etwas kleiner ist, als die Koerzitivkraft, und springt von dort in die negative Höchstfeldstärke; der hierbei gemessene korrigierte Induktionsausschlag ist dann etwas größer als $\alpha/2$. Man wiederholt das gleiche Verfahren für eine Feldstärke, die etwas größer ist als $\mathfrak{H}_c$; der entsprechende Induktionsausschlag ist dann etwas kleiner als $\alpha/2$. Der richtige Wert der Koerzitivkraft wird dann leicht interpoliert. — In der Literatur werden gelegentlich Schaltvorrichtungen beschrieben, die in einfachster Weise sprungweise Änderungen der Feldstärke von $+\mathfrak{H}_{max}$ zu $-\mathfrak{H}_c$ und von dort zu $-\mathfrak{H}_{max}$ gestatten. Vor ihrer Benutzung muß gewarnt werden; $\mathfrak{H}_c$ wird damit immer falsch gemessen, weil die erste der beiden Feldänderungen nicht kontinuierlich (oder in vielen kleinen Sprüngen) erfolgt.

Schließlich sei die Koerzimetermethode nach Steinhaus und Kußmann erwähnt, welche an den verschiedensten Probenformen eine sehr rasche Messung der Koerzitivkraft gestattet. In der Magnetisierungs-(Haupt-)Spule (Abb. 196)

[1] Steinhaus: Z. techn. Physik Bd. 7 (1926) S. 499.

befindet sich unmittelbar vor dem Probenende eine vom gleichen Strom durchflossene Hilfsspule mit gleicher oder doppelter Feldkonstante, deren Achse aber senkrecht zu der der Hauptspule liegt, so daß beim Verschwinden der Magnetisierung das Feld in der Hilfsspule unter 45° bzw. 60° zur Achse der Hauptspule liegt, was mit Hilfe einer kleinen Magnetnadel festgestellt wird. Der Stromzeiger im Magnetisierungsstromkreis ist zweckmäßig in Einheiten der Feldstärke geteilt, so daß die Koerzitivkraft unmittelbar abgelesen werden kann.

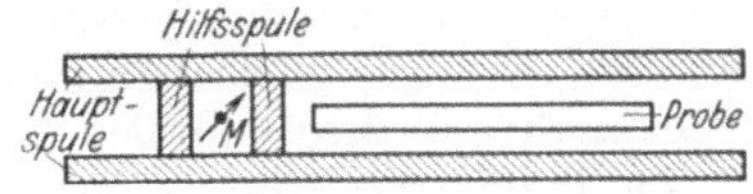

Abb. 196. Koerzimetermethode.

31. Wahre Remanenz. Die wahre Remanenz $\mathfrak{B}_r$ ist diejenige Induktion, welche nach einer Magnetisierung bis zur Sättigung zurückbleibt, wenn die wahre Feldstärke kontinuierlich bis auf Null herunterreguliert wurde. Bei ihrer Messung ist man, wie bei der der Induktion überhaupt, an bestimmte Probenformen gebunden, die sowohl bei freien Enden, wie auch im mehr oder weniger geschlossenen Kreis untersucht werden können. Die Bestimmung des Wertes $\mathfrak{B}_r$ geschieht entweder mit dem Magnetometer oder dem ballistischen Galvanometer. Bei der ersteren Methode erhält man $\mathfrak{B}_r$ unmittelbar, bei der letzteren in der Weise, daß man durch einen Sprung von $\mathfrak{B}_r$ nach $-\mathfrak{B}_{\max}$ zunächst den Wert $(\mathfrak{B}_{\max} + \mathfrak{B}_r)$ und dann durch Kommutieren des Höchstfeldes den Wert $\mathfrak{B}_{\max}$ bestimmt, den man von $(\mathfrak{B}_{\max} + \mathfrak{B}_r)$ subtrahiert.

Das Verschwinden der wahren Feldstärke wird festgestellt mittels einer sehr kleinen Magnetnadel, die möglichst dicht über der Mitte der Probe leicht drehbar schwebt. Befindet sich die Probe innerhalb einer Magnetisierungsspule, so muß natürlich die Bewegung der Nadel nach außen sichtbar gemacht werden. Bei Verwendung eines Joches bringt man die magnetisierenden Windungen am besten auf den Jochbacken an, damit die Probe selbst leicht zugänglich bleibt. Die Magnetnadel wird im allgemeinen die gleiche Richtung wie die Probe einnehmen, nur wenn die wahre Feldstärke Null ist, wird sie sich senkrecht dazu orientieren.

Auch mit dem ballistischen Galvanometer läßt sich das Verschwinden der wahren Feldstärke erkennen. Man kann vor der Einstellung der Remanenz einen halbkreisförmig gebogenen magnetischen Spannungsmesser mit seinen beiden Enden auf die Mitte der Probe aufdrücken; beim Fortziehen darf das Galvanometer keinen Ausschlag zeigen. Auch eine Feldmeßspule, welche zwei konzentrische Wicklungen gleicher Windungszahl in Gegenschaltung trägt, kann von der Probe abgezogen werden; diese Spule soll die Probe so eng wie möglich umschließen, doch darf zwischen beiden keine Berührung stattfinden, damit keine Erschütterung auf die Probe übertragen wird.

Aus diesem Grunde wird die Spule besser so verwendet, daß sie in Ruhe bleibt. Man reguliert vom Maximum kommend das Feld kontinuierlich bis zu einem Punkt vor der Remanenz, springt von dort nach $-\mathfrak{H}_{\max}$ und bestimmt den zugehörigen Ausschlag α_{korr} des ballistischen Galvanometers; das gleiche Verfahren wiederholt man in einem Punkte kurz hinter der Remanenz und erhält so β_{korr}. Zwischen beiden Punkten wird dann der der wahren Remanenz so interpoliert, daß der korrigierte Galvanometerausschlag genau gleich der Hälfte desjenigen ist, den man bei einem Sprung von $+\mathfrak{H}_{\max}$ nach $-\mathfrak{H}_{\max}$ erhält. Von dem so gefundenen Punkt aus wird dann in der eingangs erwähnten Weise der Wert $\mathfrak{B}_r$ selbst bestimmt.

Auch bei der Messung der Remanenz ist es erforderlich, die Feldänderung vom Maximum bis zum Verschwinden des wahren Feldes kontinuierlich oder mindestens in vielen kleinen Sprüngen vorzunehmen; anderenfalls wird der

Wert der Remanenz leicht zu klein gemessen, besonders in unvollkommenen Kreisen.

32. Sättigungswert. Mit immer weiter wachsender Feldstärke nähert sich der Wert $\mathfrak{B} - \mathfrak{H} = 4\pi\mathfrak{J}$ einem bestimmten Wert $4\pi\mathfrak{J}_\infty$, dem sog. Sättigungswert. Man erhält ihn allgemein, indem man bei hohen Feldstärken $\frac{4\pi\mathfrak{J}}{\mathfrak{H}} = 4\pi\varkappa$ bestimmt, in der Abhängigkeit von $4\pi\mathfrak{J}$ aufträgt und die Kurve bis zu $4\pi\varkappa = 0$ extrapoliert; die Kurve trifft die $4\pi\mathfrak{J}$-Achse im Punkte $4\pi\mathfrak{J}_\infty$. Für viele Werkstoffe, besonders für die hochpermeabeln, ändert sich der Wert $4\pi\mathfrak{J}$ bei höheren Feldstärken nicht mehr; in diesen Fällen kann die Extrapolation unterbleiben.

Je höher die Anfangspermeabilität eines Werkstoffes ist, um so leichter sättigt er sich bei höheren Feldstärken. Es ist daher verhältnismäßig leicht, bei hochpermeablen Proben in Magnetisierungsspulen den Sättigungswert zu bestimmen. Aber schon bei gutem Weicheisen versagt diese Methode, es sei denn, daß man besonders konstruierte Magnetisierungsspulen mit Wasserkühlung benutzt.

Man hat daher schon seit langem von sog. Isthmusanordnungen Gebrauch gemacht, bei denen sehr hohe Felder verhältnismäßig kleiner Ausdehnung durch Einengung eines magnetischen Flusses von größerem Querschnitt auf einen kleineren Querschnitt (Isthmus) erreicht werden. Man mißt die Induktion mit einer Spule, die sich unmittelbar auf dem Isthmus befindet. Darauf sind eine Reihe weitere Spulen aufgewickelt, die alle die gleiche Windungszahl wie die Induktionsspule haben. Durch Gegenschaltung je zweier Spulen läßt sich die Feldstärke in dem Ringgebiet zwischen diesen Spulen bestimmen. Man erhält so eine Reihe von Feldstärken in verschiedenen Abständen von der Eisenoberfläche und kann leicht auf die Feldstärke im Eisen extrapolieren.

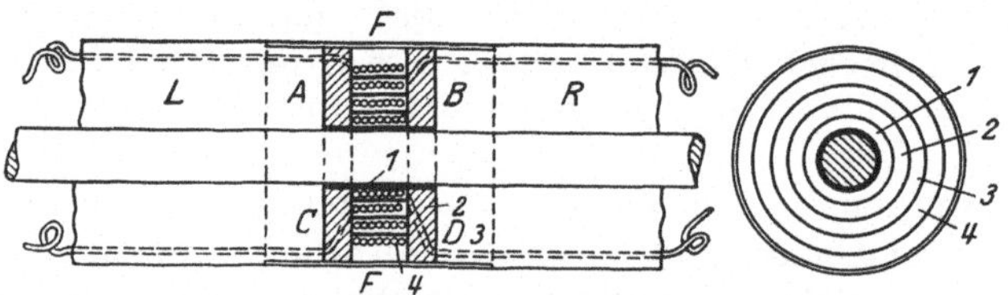

Abb. 197. Jochisthmusmethode.

Die ursprüngliche Ewingsche Methode (auch in ihrer von Gumlich verbesserten Form[1]) wird heute kaum noch angewandt. An ihre Stelle ist die Jochisthmusmethode von Gumlich[2] getreten, welche den entscheidenden Vorzug besitzt, daß man den Sättigungswert an den gleichen Stab- oder Blechproben bestimmen kann, die auch im Köpselapparat oder nach einer anderen Jochmethode untersucht wurden. Abb. 197 zeigt die Anordnung für 6 mm starke Stabproben. In der Magnetisierungsspule eines Schlußjoches, das aus legiertem Eisen besteht, befindet sich ein etwa 2½ cm dicker zylindrischer Einsatz aus weichem Eisen LR, der eine axiale Bohrung von 6 mm Durchmesser besitzt und in der Mitte der Magnetisierungsspule auf eine Länge von etwa 12 mm unterbrochen ist (zwischen A, B, C und D); in dieser Unterbrechung sind die konzentrischen Meßspulen *1*, *2*, *3* und *4* untergebracht. Ein in die Bohrung hereingesteckter 6 mm dicker Stab bildet dann an dieser Stelle den Isthmus, in welchem man eine Induktion bis zu etwa 30000 Gauß (bei weichem Eisen einer Feldstärke von über 8000 Oersted entsprechend) erreichen kann. Die beiden Teile des zylindrischen Einsatzes werden durch ein Messingrohr FF zusammengehalten. Es ist zweckmäßig, zwischen Magnetisierungsspule und Einsatz einen wasser-

[1] Gumlich: Leitfaden 1918 S. 123ff.
[2] Gumlich: Leitfaden 1918 S. 134ff., ferner Arch. Elektrotechn. Bd. 2 (1914) S. 465.

durchflossenen Kühler anzubringen, um die Stromwärme von der Probe fernzuhalten.

Mißt man den Sättigungswert in einer geeigneten Magnetisierungsspule bei freien Probenenden, so zieht man (ohne den Strom zu kommutieren) die kurze Induktionsmeßspule von der Mitte der Probe ab, jedoch so, daß sie noch im Feld der Spule bleibt (Steinhaus und Kußmann). Der entsprechende Ausschlag am ballistischen Galvanometer ist dann $4\pi\mathfrak{J}\left(1-\frac{N'}{4\pi}\right)$ proportional; zieht man $\left(1-\frac{N'}{4\pi}\right)$ mit in die Galvanometerkonstante, so ergibt sich das gesuchte $4\pi\mathfrak{J}$ unmittelbar aus dem Galvanometerausschlag. Man braucht also hier die Feldstärke $\mathfrak{H}$ nicht zu kennen; die Extrapolation auf $4\pi\mathfrak{J}_\infty$ läßt sich mit $4\pi\varkappa' = \frac{4\pi\mathfrak{J}}{\mathfrak{H}'}$ vornehmen. Der Entmagnetisierungsfaktor N' ist hier nicht gleich dem obenerwähnten ballistischen Entmagnetisierungsfaktor, da die rückwirkenden magnetischen Belegungen bei Sättigung in den Endflächen des Probestabes liegen. Der Korrektionsfaktor $\left(1-\frac{N'}{4\pi}\right) = 1 - \frac{1}{2p^2}$, wo p wieder das Dimensionsverhältnis bedeutet, ist schon bei $p = 50$ ohne praktische Bedeutung. An Stelle einer einzelnen Induktionsspule lassen sich auch zwei in einigem Abstand starr miteinander verbundene Spulen benutzen; sie gleiten so auf einem dünnen Rohr, welches die Probe umschließt, daß in der einen Endlage die eine Spule, in der anderen die andere Spule sich über der Mitte der Probe befindet. Die ganze Anordnung ist auch hier von einem Kühler umgeben.

G. Verlustmessungen.

33. Absolute Messung der Eisenverluste im Epsteinapparat. Die Probe[1] besteht aus 4 Bündeln von je 2500 g Blechstreifen, die eine Länge von 500 mm und eine Breite von 30 mm haben. Bezüglich der Probenahme siehe DIN VDE 6400. Die einzelnen Blechstreifen sind durch Papierzwischenlagen gegeneinander isoliert. Die Bündel sind fest gepackt und werden im Quadrat so angeordnet, daß immer eine Stirnfläche an die Seitenfläche des nächsten Bündels stößt. Auf jedem von ihnen befindet sich eine Induktions- und eine Magnetisierungswicklung von je 150 Windungen, die eine Länge von etwa 42 cm haben. In die Stoßfugen der Bündel werden dünne (0,5 mm) Preßspanstücke gesteckt; mittelst Schrauben werden die Bündel von den Ecken aus zunächst stark zusammengepreßt und die Schrauben darauf wieder gelockert. Legt man nun eine Wechselspannung von etwa 135 V an die Magnetisierungswicklung, so drücken sich die Bündel selbsttätig aneinander; in dieser Lage werden sie von oben her fixiert, ohne daß ein seitlicher Druck Anwendung finden darf.

Zur Temperaturmessung benutzt man ein Kupfer-Konstanten-Thermoelement, das man zwischen zwei Blechstreifen einer Probe steckt; im allgemeinen genügt aber auch die Verwendung eines flachen Alkoholthermometers, das zwischen Probe und Spulenkörper liegt, so daß die Skale sich außerhalb der Spule befindet. Wenn irgend möglich, soll die Raumtemperatur niedrig sein, damit erst während der Messung die Temperatur der Probe 20° C überschreitet.

Die Verlustziffern V_{10} und V_{15} sind definiert als gesamter Energieverlust in Watt je kg bei einer Frequenz von 50 Hz, einer Maximalinduktion von 10000 bzw. 15000 Gauß und einer Temperatur von 20° C.

[1] Siehe auch Gumlich: Leitfaden 1918 § 61ff.

Die Versuchsanordnung zeigt Abb. 198. Der Strom einer Wechselstrommaschine fließt über die Stromspule eines Wattmeters W und ein Amperemeter A zur Primärwicklung M des Epsteinapparates, dessen Sekundärwicklung I an ein Voltmeter V und die Spannungsspule des Wattmeters angeschlossen ist. Die Einstellung der Maximalinduktion $\mathfrak{B}_{\max}$ geschieht mit Hilfe des Voltmeters V nach der Gleichung $\mathfrak{B}_{\max} = \frac{E \cdot 10^8}{4 F w_s q f}$; darin bedeutet E die sog. Eisenspannung, F den Formfaktor der Spannungskurve, w_s die gesamte sekundäre Windungszahl, q den Eisenquerschnitt und f die Frequenz. Da der Verlust nahezu quadratisch mit $\mathfrak{B}_{\max}$ wächst, muß auf die Bestimmung dieser einzelnen Größen besondere Sorgfalt verwendet werden.

Die reine Eisenspannung E berechnet sich aus der vom Voltmeter angezeigten Klemmenspannung E_k nach der Gleichung $E = E_k\left(1 + \frac{R_s}{R_c}\right)$; hierin ist R_s der Widerstand der Sekundärspulen und R_c der Kombinationswiderstand des Voltmeter- und Wattmeterwiderstandes (R_V und R_W), also $\frac{1}{R_c} = \frac{1}{R_V} + \frac{1}{R_W}$.

Der Formfaktor F, d. h. das Verhältnis des Effektivwertes zum arithmetischen Mittelwert der Spannung, läßt sich entweder aus einer genauen Kurvenaufnahme der Spannung oder besser nach der Methode von Rose und Kühns ermitteln. Diese letztere mißt den Effektivwert mit einem dynamometrischen Voltmeter, den arithmetischen Mittelwert mittels eines Gleichstromvoltmeters, wobei durch eine der Wechselstrommaschine synchron laufende Kontaktscheibe dafür gesorgt ist, daß genau die negativen Halbperioden unterdrückt werden. Neuerdings hat man auch versucht, an Stelle der Kontaktscheibe eine Ventilröhre zu benutzen; doch ist deren Anwendung bisher noch nicht genügend erprobt, als daß sie bedingungslos empfohlen werden könnte. Im allgemeinen genügt es, F einer Kurve zu entnehmen, die man dadurch erhält, daß man F für alle möglichen Fälle bestimmt und die gefundenen Werte dann in Abhängigkeit von der Magnetisierungsstromstärke aufträgt (vgl. auch S. 33).

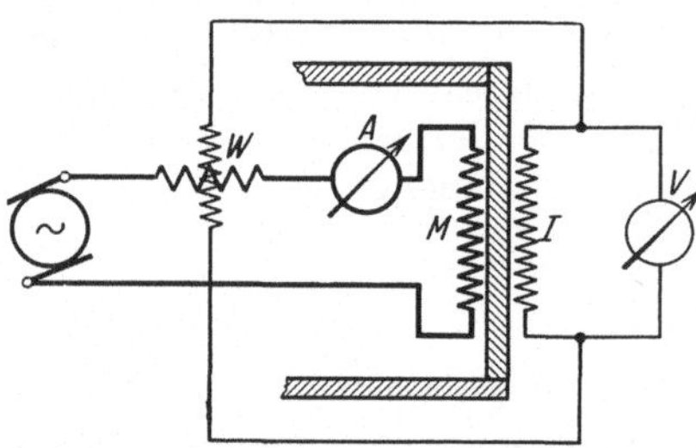

Abb. 198. Verlustmessung nach Epstein.

Der Eisenquerschnitt q wird aus dem absoluten Eisengewicht ohne Papier (normal 10000 g), der Gesamtlänge der Probe (2000 mm) und dem spezifischen Gewicht berechnet. Dieses ist in DIN VDE 6400 für jede Blechart normiert.

Die Frequenz f schließlich mißt man entweder durch Bestimmung der Spannung einer auf die Achse der Wechselstrommaschine aufgesetzten Unipolarmaschine mittels eines Millivoltmeters (Eichung empirisch mit Stoppuhr und Umdrehungszähler) oder nach einer modernen stroboskopischen Methode. Zungenfrequenzmesser sind für diesen Zweck nicht immer genau genug.

An dem berechneten Wert von $\mathfrak{B}_{\max}$ ist noch die Luftlinienkorrektion anzubringen; es hat sich gezeigt, daß man von $\mathfrak{B}_{\max}$ einen Wert $k \cdot i_p$ abzuziehen hat, wobei i_p die primäre Stromstärke und k eine Konstante bedeutet, die je nach der Blechart (I, II, III oder IV) 6, 7, 8 bzw. 9 ist. Diese Zahlen beziehen sich auf einen Epsteinapparat, bei dem das Verhältnis des Querschnitts der sekundären Wicklung zum Eisenquerschnitt ungefähr gleich 2 ist.

Zur Messung des Verlustes selbst benutzt man am einfachsten ein empfindliches Zeigerwattmeter, von dem bekannt ist, daß sein Phasenfehler verschwindend klein ist; anderenfalls würden bei derartig großen Phasenverschiebungen (häufig $\cos\varphi < 0{,}05$) erhebliche Fehler entstehen. Für genauere Messungen bedient man sich besser eines Elektrodynamometers mit Kugelwicklung (Siemens & Halske), das mit Fernrohr und Skala beobachtet wird. Zur Stromspule zweigt man von einem induktionsfreien Normalwiderstand mit bekanntem Phasenfehler (etwa 0,1 Ohm) ab und macht dann durch passende Wahl der Vorschaltwiderstände im Strom- und Spannungszweig die Phasenfehler einander genau gleich, so daß sie bei der Leistungsmessung herausfallen. Es ist erforderlich, das Meßinstrument gegen Fremdfelder zu schützen, unter Umständen durch einen Panzer aus etwa zehn Lagen legierten Eisenblechs. In jedem Falle empfiehlt es sich, bei jeder Messung sowohl den Strom- wie den Spannungszweig zu kommutieren, also jede Leistung viermal zu messen. Die Eichung geschieht durch Vergleich mit einem genauen Zeigerwattmeter bei großem $\cos\varphi$.

Aus dem gemessenen Verlust W_g wird nun der gesuchte Verlust W_e im Eisen ermittelt nach der Gleichung $W_e = \left(W_g - \frac{E_k^2}{R_e}\right)\left(1 + \frac{R_s}{R_e}\right)$, worin das Korrektionsglied $\frac{E_k^2}{R_e}$ den mitgemessenen Verbrauch im Voltmeter und der Spannungsspule des Wattmeters darstellt.

Da im allgemeinen bei der Messung weder $\mathfrak{B}_{\max}$, noch die Temperatur, noch der Formfaktor genau ihren Normalwert haben, der Einfluß der Abweichung aber in verschiedener Weise in den Hysterese- und den Wirbelstromanteil des Verlustes eingehen, so muß zunächst eine rohe Trennung in diese beiden Anteile vorgenommen werden. Man mißt dazu den Verlust nicht nur bei 50 Hz, sondern auch bei mindestens einer anderen Frequenz (für genaue Trennung der Verluste bei etwa 5 Frequenzen), bildet jeweils den Verlust pro Periode W_e/f und trägt diesen in der Abhängigkeit von der Frequenz auf; die darstellenden Punkte müssen dann annähernd auf einer Geraden liegen, welche, bis zur Ordinatenachse verlängert, auf dieser den Verlust pro Periode bei der Frequenz Null, d. h. den Hystereseanteil W_h/f abschneidet. $\frac{W_e}{f} - \frac{W_h}{f}$ stellt schließlich den Wirbelstromanteil W_W/f dar.

Die Korrektion von W_e/f auf genauen Wert der Maximalinduktion erfolgt für den Hystereseanteil mit $\pm 1{,}6 \cdot \frac{\delta}{\mathfrak{B}_{\max}} \cdot \frac{W_h}{f}$, für den Wirbelstromanteil mit $\pm 2 \cdot \frac{\delta}{\mathfrak{B}_{\max}} \cdot \frac{W_W}{f}$, wo δ die Abweichung der Maximalinduktion von 10000 bzw. 15000 Gauß bedeutet; auf die Normaltemperatur von 20° C wird mit $+(t-20)\cdot\alpha\cdot\frac{W_W}{f}$ korrigiert. Dabei ist t die Temperatur der Probe bei der Messung und α für die Blecharten I bis IV: 0,45, 0,3; 0,15 bzw. 0,08. Schließlich wird $\left[1 - \left(\frac{1{,}11}{f}\right)^2\right]\frac{W_W}{f}$ zur Umrechnung auf den Verlust bei rein sinusförmiger Spannung zugeschlagen und der berichtigte Wert von W_e/f durch Multiplikation mit $f/10$ in die Verlustziffer V_{10} bzw. V_{15} umgerechnet.

Bei einer genauen Trennung der Verluste trägt man die berichtigten Werte von W_e/f wiederum auf; sie müssen dann streng auf einer Geraden liegen.

Weitere Methoden zur Messung der Eisenverluste im Epsteinapparat wurden kürzlich von W. Hohle[1] angegeben. Es handelt sich um Brückenschaltungen, die ein Vibrationsgalvanometer als Nullinstrument benutzen. Der Vorzug dieser Verfahren liegt in der bequemen Auswertung der Meßergebnisse, insbesondere bei der Trennung der Verluste.

[1] Hohle, W.: Messung der Eisenverluste im Epsteinapparat mit der Wechselstrombrücke. Arch. Elektrotechn. Bd. 25 (1931) S. 813.

34. Differentialmethode von Siemens & Halske. Sehr viel einfacher und bei einiger Vorsicht mindestens ebenso genau[1] ist die Differentialmethode von Siemens & Halske, bei der mit einem Differentialwattmeter in zwei Epsteinapparaten der Verlust der Probe X mit dem eines Normals N verglichen wird. In den Spannungskreisen liegen regelbare Widerstände R_n und R_x; macht man $R_n = 10000\ V_n$ und reguliert R_x so, daß das Wattmeter Null zeigt, so ist $R_x/10000$ gleich der gesuchten Verlustziffer. Die Magnetisierungsspulen der beiden Epsteinrahmen liegen parallel an der Wechselspannung, die in gleicher Höhe eingestellt wird, wie bei der absoluten Messung. Es ist ohne weiteres ersichtlich, daß die Fehlerquellen bei der Differentialmessung von wesentlich geringerem Einfluß sind, als bei der absoluten Methode.

Auf einige Umstände ist trotzdem genau zu achten, wenn man eine Genauigkeit von etwa 2% erreichen will. Grundsätzlich sollten nur Proben der gleichen Blechart miteinander verglichen werden. Jede Verlustzifferbestimmung ist nach Vertauschung der Proben zu wiederholen; die beiden Ergebnisse sind zu mitteln. Die Aufstellung des Wattmeters soll in solchem Abstand vom Doppelepsteinapparat erfolgen, daß keine Streulinien das Differentialwattmeter treffen; auch vor anderen Wechselfeldern ist dieses zu schützen. Bei besonders genauen Messungen wird nach dem Abgleichen des Widerstandes R_x die angelegte Spannung um etwa 5 V geändert; ändert sich dadurch die Einstellung des Differentialwattmeters, so ist das ein Zeichen dafür, daß die Kurve der Verluste in der Abhängigkeit von der Maximalinduktion bei Normal und Probe unähnlich sind. In diesen Fällen ist die richtige Spannung besonders sorgfältig einzuregulieren, und zwar unter Umständen nach einer besonderen Bestimmung des Formfaktors und Neuberechnung der Spannung.

35. Andere Methoden: Möllinger, Richter, Lloyd. Gegenüber der Messung im Epsteinapparat hat die Möllingersche Methode den Vorzug, daß sie von ringförmigen Proben Gebrauch macht, also gänzlich ohne Streuung arbeitet. Aus den zu untersuchenden Blechtafeln werden 10 kg Ringe herausgestanzt und mit Papierzwischenlagen zu einer Probe zusammengepackt. Eine Sekundärwicklung von 100 gleichmäßig verteilten Windungen wird gut isoliert daraufgewickelt. Die 100 Primärwindungen des Möllingerapparates sind aufgeschnitten und die Drahtenden mit Stöpseln bzw. Buchsen versehen. Die letzteren sind gleichmäßig um den Umfang des Ringes verteilt und festgelegt, während die ersteren in wenigen Gruppen so zusammengefaßt sind, daß sie mit einigen Handgriffen in die entsprechenden Buchsen gesteckt werden können. Die Messung und Berechnung geschieht genau in der gleichen Weise wie bei der Epsteinschen Methode. Die Nachteile liegen einmal in dem noch größeren Verschnitt und besonders in dem unsicheren Kontakt der Stöpselverbindungen[2].

Der Richterapparat vermeidet den großen Materialverbrauch dadurch, daß ganze Blechtafeln als Proben Verwendung finden, die in eine Wicklung von 120 Windungen eingeschoben und mit dieser zusammen zu einem Zylinder zusammengebogen werden. Im allgemeinen erhält man nach dieser Methode brauchbare Werte; jedoch bedingt die notwendige Biegung der Bleche unter Umständen eine Verschlechterung ihrer magnetischen Eigenschaften. Die Luftlinienkorrektur ist unsicher und die ganze Handhabung ziemlich unbequem[3].

Schließlich sei noch der Apparat von Lloyd erwähnt, der in Amerika und

---

[1] van Loukhuyzen: Elektrotechn. Z. Bd. 32 (1911) S. 1131 und Bd. 33 (1912) S. 531. Wever u. Lange: Mitt. Kais.-Wilh.-Inst. Eisenforschg. Abh. 115 (1928).

[2] Möllinger: Elektrotechn. Z. Bd. 22 (1901) S. 379.

[3] Richter: Elektrotechn. Z. Bd. 23 (1902) S. 491 und Bd. 24 (1903) S. 341. Campbell u. Booth: Proc. Phys. Soc. London Bd. 25 (1913) S. 192.

England vielfach verwendet wird. Vom Epsteinapparat unterscheidet er sich im wesentlichen dadurch, daß die Probebündel eine Länge von nur 25 cm haben. Sie befinden sich so in den vier quadratisch angeordneten Spulen, daß die Bleche vertikal liegen. Die Bündel stoßen nicht unmittelbar aneinander, sondern es sind rechtwinklich gebogene Blechstücke zwischen die Enden der Bleche gesteckt, um den magnetischen Schluß zu verbessern. Der Einfluß der Eckstücke auf das Meßergebnis ist zu berücksichtigen. Die Übereinstimmung mit den nach der Epsteinmethode erhaltenen Werten ist befriedigend[1].

Allgemeine Literatur.

Gumlich: Leitfaden der magnetischen Messungen. Braunschweig 1918. Ewing: Magnetische Induktion in Eisen und verwandten Metallen. (Deutsch von Holborn und Lindeck.) Berlin 1892. Du Bois: Magnetische Kreise, deren Theorie und Anwendung. Berlin 1894. Jaeger: Elektrische Meßtechnik. Leipzig 1922. Kohlrausch: Lehrbuch der praktischen Physik. Leipzig-Berlin 1930. Schreiber: Materialprüfungsmethode im Elektromaschinen- und Apparatebau. Stuttgart 1915. Spooner: Properties and Testings of Magnetic Materials. New York 1927.

IV. Elektrische Hilfsapparate.

A. Kompensationsapparate.

Von **K. Schmiedel**, Nürnberg.

1. Gleichstromkompensatoren. Allgemeines. Mit Kompensationsapparaten kann man direkt nur Spannungen, Ströme nur indirekt messen. Alle Kompensationsmethoden beruhen darauf, daß man die unbekannte Spannung einer gleich großen bekannten gegenschaltet; sie haben den großen Vorzug, daß die Spannungsquellen keinen Strom abzugeben brauchen, so daß also an dem gemessenen Werte keine Korrektur angebracht zu werden braucht. Abb. 199 ist die grundsätzliche Schaltung für Gleichstrom[2]. An der Batterie B ist der Meßwiderstand R angeschlossen; der Strom in R wird durch den Regelwiderstand R_1 so lange geregelt, bis die Spannung an R_x der zu messenden Spannung U_x gleich groß und ihr entgegengesetzt gerichtet ist. Dann fließt durch das empfindliche Galvanometer G kein Strom. Beim gebräuchlichen Kompensator sieht man einen Umschalter vor, mit dem man von der Spannung U_N, die von einem Normalelement geliefert wird, auf eine unbekannte Spannung U_x umschalten kann. Der Strom in R dient dann nur als Hilfsstrom zum Vergleich von U_x mit U_N. Das handelsübliche Westonnormalelement (Kadmiumelement) mit verdünnter Lösung hat bei allen in Laboratoriumsräumen in Betracht kommenden Temperaturen eine EMK $U_N = 1{,}0187$ V[3]. Man stellt bei Einschaltung von U_N den Widerstand $R_N = 10187{,}0\ \Omega$ ein und reguliert R_1 solange, bis das Galvanometer G keinen Ausschlag mehr zeigt. Der Strom in R ist dann $I = \frac{U_N}{R_N} = 0{,}1$ mA. Nun schal-

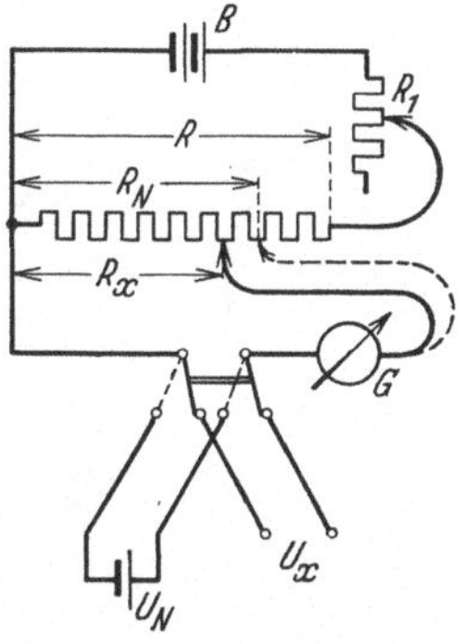

Abb. 199. Grundsätzliche Schaltung eines Kompensators.

[1] Lloyd: Circ. Bur. Stand. 1916 Nr. 17 S. 23.
[2] Schon 1841 von Poggendorf angegeben: Poggendorfs Ann. Bd. 54 S. 161.
[3] Jäger, W.: Elektr. Meßtechnik S. 158. Leipzig: Joh. Ambr. Barth 1922.

tet man den Umschalter auf U_x um und bringt durch Verstellen des Schleifkontaktes auf R das Galvanometer wieder auf Null. Dann ist $U_x : U_N = R_x : R_N$ oder $U_x = R_x \cdot 0{,}1$ mV. Der Widerstand R ist 14999,9 Ω[1], so daß man also Spannungen bis fast 1,5 V messen kann. Macht man bei der Einstellung mit dem Normalelement $R_N = 1018{,}7\ \Omega$, so wird der Hilfsstrom $I = 0{,}001$ A und man kann Spannungen bis fast 15 V messen. Will man höhere Spannungen U_x messen, so legt man U_x an einen Spannungsteiler R_2 von 100000 Ω, Abb. 200, der also sehr wenig Strom verbraucht. Anzapfungen an den Stellen 100, 1000, 10000 Ω nach dem Kompensator zu erlauben also eine Herabsetzung der Spannung U_x auf $^1/_{1000}$, $^1/_{100}$ und $^1/_{10}$ ihres Wertes. In Abb. 200 ist z. B. bei 1000 Ω abgezapft, dem Kompensator wird $U_x/100$ zugeführt, bei $U_x = 120$ V also 1,2 V.

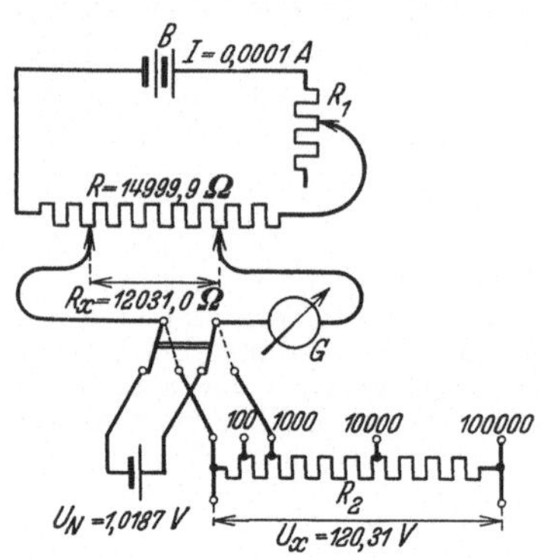

Abb. 200. Kompensator mit Spannungsteiler.

2. Gleichstromkompensator nach Feußner[2]. Die Anordnung der Widerstände im Kompensator nach Feußner zeigt Abb. 201. Die Tausender- und Hunderterwiderstände sind einfach ausgebildet. Die auf ihren Kontaktbahnen schleifenden Kurbelstromabnehmer sind über das Galvanometer G an den Umschalter NX angeschlossen, der wahlweise auf die Klemmen N für das Normalelement oder auf die Klemmen X für die Spannung U_x geschaltet werden kann. Die dazwischen liegenden

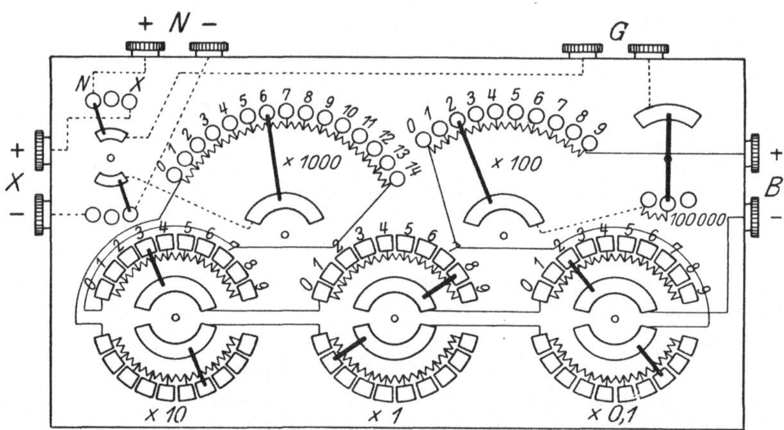

Abb. 201. Kompensator nach Feußner.

Widerstände für die Zehner, Einer und Zehntel sind doppelt ausgebildet und werden von Doppel-Kurbelstromabnehmern derart abgetastet, daß nur die untenliegenden Widerstände für die Einstellung von R_x benutzt werden, während die obenliegenden Widerstände dazu dienen, den Gesamtwiderstand R für den Hilfsstrom I konstant zu halten. Der Gesamtwiderstand R ist an die Klemmen B angeschlossen, die über den Regelwiderstand R_1 (Abb. 199 und 200) zur Batterie B führen. Am rechts liegenden Einschalter für das Galvano-

[1] Die Wahl dieser Größe rührt daher, daß früher an Stelle des Westonelements das Clarkelement benutzt wurde, das eine EMK von 1,4328 V bei 15° C hat.

[2] Feußner, K.: Z. Instrumentenkde. Bd. 10 (1890) S. 113; auch Elektrotechn. Z. (1911) Bd. 32 S. 187, 215.

meter sind Schutzwiderstände vorgesehen. Zur Beruhigung des Galvanometers ist diesem meist noch ein Kurzschlußtaster parallel geschaltet.

Die Widerstände müssen sehr genau abgeglichen sein (es ist dies bis auf 0,01‰ möglich) und ihre Werte unverändert beibehalten. Eine Stromkonstante des Drehspul-Galvanometers von 10^{-6} A für 1 mm Ausschlag des Lichtzeigers in 1 m Skalenabstand ist für normale Messungen genügend. Es soll nahezu aperiodisch gedämpft sein. Spannungen in der Größenordnung von etwa 1 V kann man bis auf 0,1‰ genau messen entsprechend der Genauigkeit des Normalelements. Um Kriechströme durch das Galvanometer zu vermeiden, müssen alle Teile der Anordnung, auch die Batterie *B*, sehr gut isoliert sein. Aber auch diese Isolation genügt bei Messung höherer Spannungen nicht. Man bringt deshalb eine Schutzleitung nach Abb. 202 an, die an die Füße aller Isolatoren angeschlossen ist und an einen solchen Punkt der Anordnung führt, an dem gegen das Galvanometer nur die kleine zu messende Potentialdifferenz herrscht. Tritt nun z. B. in der Leitung zum Spannungsteiler bei *E* ein Erdschluß ein, so kann kein Kriechstrom ins Galvanometer gelangen.

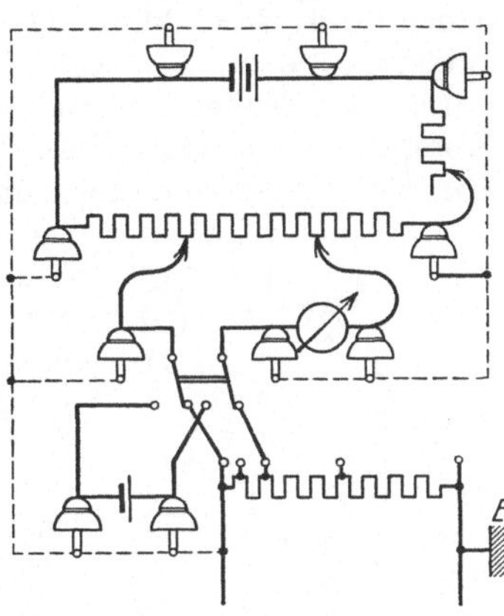

Abb. 202. Schutzleitung am Kompensator.

3. Andere Kompensator-Ausführungen. Die Kompensatoren nach Raps (Siemens & Halske) und Hartmann & Braun erreichen die Konstanthaltung des Gesamtwiderstandes *R* bei veränderlichen Kurbelstellungen auf andere Weise als Feußner, haben aber sonst keine grundsätzlichen Unterschiede aufzuweisen.

Alle die genannten Apparate lassen die Messung sehr kleiner Spannungen nicht mehr mit genügender Genauigkeit zu. Auch können Thermokräfte im Kompensationskreis auftreten, die bei sehr kleinen Spannungen Fehlmessungen verursachen. Der thermokraftfreie Kompensator nach Diesselhorst[1] ist grundsätzlich anders geschaltet als die anderen Kompensatoren. In den Kompensationskreis sind keine Gleitkontakte eingeschaltet, so daß keine Thermokräfte auftreten können. Die Verteilung des Meßstromes ist durch besonders geartete Verteilung der Widerstände so geregelt, daß die Kurbelstellungen dekadische Ablesungen ergeben[2].

4. Strom- und Leistungsmessung mit Gleichstromkompensator. Will man mit dem Kompensator einen Strom I_x messen, so schaltet man in den Stromkreis einen Normalwiderstand R_N, der so bemessen ist, daß er einen Spannungsabfall U_x von etwa 1 V ergibt. Seine Spannungsklemmen schließt man an die Klemmen *X* des Kompensators an. Man mißt dann U_x und erhält $I_x = \frac{Ux}{R_N}$.

Die Leistung kann man nur aus nacheinander folgenden Messungen der Spannung und des Stromes bestimmen. Hat man sehr viele Leistungsmessungen zu machen, z. B. Leistungsmesser zu eichen, so stellt man sich einen zweiten, etwas vereinfachten Kompensator auf, mit dem man nur die Spannung einstellt und konstant hält.

5. Wechselstromkompensator nach v. Krukowski. Der Kompensationsapparat für Wechselstrom hat grundsätzlich die gleiche Anordnung wie der für Gleich-

[1] Z. Instrumentenkde. Bd. 26 (1906) S. 297; Bd. 28 (1908) S. 1.

[2] Näheres bei W. Jäger: Elektr. Meßtechnik. Leipzig: Joh. Ambr. Barth 1922; Handb. d. Physik. Berlin: Julius Springer 1927.

strom. Seine Widerstände müssen selbstinduktions- und kapazitätsfrei sein. Die Hilfspannung muß in Phase mit der zu messenden gebracht werden. Die Größe des Hilfstromes muß mit einem mit Gleichstrom geeichten, elektrodynamischen oder Hitzdrahtstrommesser eingestellt werden. Da die Meßgenauigkeit eines solchen Instruments nur beschränkt ist, ist die Genauigkeit der Messung mit dem Kompensator nur auf etwa 1‰ genau. Abb. 203 ist die Anordnung nach v. Krukowski[1]. Zu dem Meßwiderstand $R_1 = 1500{,}1\ \Omega$ ist ein Präzisionswiderstand $R_2 = 30{,}614\ \Omega$ parallel geschaltet. Wird der Summenstrom beider Widerstände zu $I_2 = 0{,}5$ A mit dem Regelwiderstand R_3 eingestellt, so fließt durch den Meßwiderstand ein Strom von $I_1 = 10$ mA. Die weit entfernt vom Kompensator aufgestellte Luftdrossel D_2 soll den Strom von Oberwellen reinigen. Um Isolationsströme fernzuhalten, ist der Isoliertransformator T vorgeschaltet.

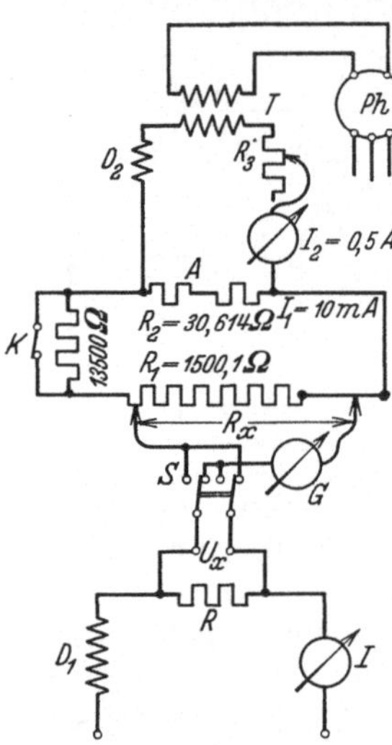

Abb. 203. Wechselstromkompensator nach v. Krukowski.

Die Regelung der Phase des Hilfstroms und damit der Hilfspannung ist dem Phasenschieber *Ph* übertragen, der mit einer geeichten, fein geteilten Skala versehen ist. Die zu messende Spannung U_x, in Abb. 203 die Spannung an einem winkelfreien Widerstand R, wird über das Vibrationsgalvanometer G den Kurbeln des Meßwiderstandes zugeführt. Der Umschalter S dient dazu, die Phase der Meßspannung um 180° zu drehen, wenn dies bei der Messung erwünscht ist. Eine in großer Entfernung aufgestellte Luftdrossel D_1 soll den zu messenden Strom von Oberwellen reinigen. Um die Apparatur vor Isolationsströmen zu schützen, wird eine Schutzleitung wie beim Gleichstromkompensator angebracht. Den Phasenschieber *Ph* und den zu messenden Apparat muß man mit Wechselstrom gleicher Frequenz speisen; da der Hilfstrom sehr konstant sein soll, benutzt man als Stromquelle am besten eine Doppelmaschine, deren Gleichstromantriebsmotor von einer Batterie gespeist wird (S. 104). Vgl. auch S. 30, Abb. 23.

Der Meßwiderstand R_1 setzt sich zusammen aus 14 Dekaden zu 100 Ω, 9 Dekaden zu 10 Ω, 9 Dekaden zu 1 Ω und einem Gleitwiderstand zu 1,1 Ω, zusammen also 1500,1 Ω. Die Dekaden zu 10 und 1 Ω sind doppelt ausgeführt und wie beim Feußnerkompensator geschaltet. Der Kurbelstromabnehmer der einfach ausgeführten Hunderterdekaden und der des Gleitwiderstandes sind über das Vibrationsgalvanometer G an die Klemmen für die Spannung U_x angeschlossen. Da der Hilfstrom 10 mA ist, kann man Spannungen bis 15 V messen. Will man kleinere Spannungen bis 1,5 V messen, so löst man den Kurzschließer K und hat dann einen Meßwiderstand $R = 15000{,}1\ \Omega$. Damit jetzt bei Einstellung von $I_2 = 0{,}5$ A der Hilfstrom $I_1 = 1$ mA wird, muß man den Strom I_2 der Klemme A des Widerstands R_2 zuführen, der dann den Wert 30,060 Ω hat. Für die Messung höherer Spannungen verwendet man einen Spannungsteiler, der dem beim Gleichstromkompensator entspricht.

Bei der Messung geht man folgendermaßen vor: Man legt U_x an die dafür vorgesehenen Klemmen und regelt I_2 auf genau 0,5 A ein. Nun verstellt man wechselweise den Kompensationswiderstand R_x durch Drehen der Kurbeln und den Phasenwinkel durch Drehen des Phasenschiebers *Ph*, bis das Vibrations-

[1] v. Krukowski, W.: Vorgänge in der Scheibe eines Wechselstromzählers usw. Berlin: Julius Springer 1920. Der Beschreibung ist eine neuere Ausführung im Zählerlaboratorium der Siemens-Schuckert-Werke zugrunde gelegt.

galvanometer Null zeigt. Dann ist $U_x = R_x : 100$, wenn $R_1 = 1500{,}1$ oder $U_x = R_x : 1000$, wenn $R_1 = 15000{,}1$ gewählt wurde. Will man eine zweite Spannung U_{x1} nach Größe und Phase in bezug auf die zuerst gemessene Spannung U_x messen, so muß man außer R_x und R_{x1} auch noch die beiden Winkelstellungen an der Skala des Phasenschiebers *Ph* ablesen. Die Differenz der beiden Winkelablesungen gibt dann die Phasenverschiebung φ zwischen U_x und U_{x1}. Leistungsmessungen kann man in dieser Weise ausführen, wenn U_x die Spannung an dem zu messenden Apparat ist und U_{x1} die Spannung an einem vom Strom durchflossenen winkelfreien Normalwiderstand R; sie ist dann $N = U_x \cdot \frac{U_{x1}}{R} \cdot \cos\varphi$. Kleine Wechselstromleistungen mißt man aber genauer mit Brückenschaltungen (S. 70).

Weicht die Kurvenform der zu messenden Spannung von der Sinusform ab, so mißt man mit dem Kompensator nur die Grundwelle. Wenn man keine Reinigungsdrosseln benutzt, spricht das Vibrationsgalvanometer auf höhere Harmonische größerer Amplitude an, und man erhält eine unscharfe Einstellung des Lichtzeigers. Mit der beschriebenen Apparatur kann man Wechselspannungen bis 100 Hz messen.

6. Wechselstromkompensator nach W. Geyger. Für höhere Frequenzen bis 1500 Hz hat W. Geyger[1] einen Kompensator angegeben, der auf der Erzeugung zweier um 90^0 gegeneinander verschobener Hilfspannungen beruht, die in ihrer Größe geändert werden können. Abb. 204 zeigt die Schaltung. Der Isoliertransformator T wird durch die Spannung U gespeist, an die auch der Apparat angeschlossen ist, dessen Spannung U_x gemessen werden soll. Der Sekundärstrom J dieses Transformators, der durch einen Regelwiderstand R auf einen bestimmten Wert eingestellt wird, durchfließt die Primärwicklung S_1 eines Lufttransformators T_L und den 40 cm langen Schleifdraht D_1 von 5 Ω Widerstand. Parallel zu D_1 ist ein kleiner Widerstand R_1 geschaltet, um den Gesamtstrom J für den Lufttransformator nicht zu klein halten zu müssen. Sekundär ist an den Lufttransformator der Schleifdraht D_2 von gleichen Abmessungen wie D_1 und ein von 0...55,5 Ω einstellbarer Präzisionswiderstand R_2 angeschlossen. Die Spannung U_1 am Schleifdraht D_1 ist in Phase mit dem Primärstrom J im Lufttransformator T_L. Die Sekundärspannung U_2 des unbelasteten Lufttransformators eilt dem Primärstrom um genau 90^0 nach. Belastet man ihn durch D_2 und R_2, so wird die Phasenverschiebung kleiner. Um die Phasenverschiebung möglichst nahe 90^0 zu halten, macht man den Blindwiderstand des Sekundärkreises des Lufttransformators klein im Verhältnis zum Widerstand R_2, indem man hohe Primär- und niedrige Sekundärwindungszahl wählt. Der Widerstand R_2 wird für jede Frequenz nach einer Tabelle oder Kurve eingestellt; die Frequenz muß also genau bekannt sein. Ebenso muß das Vibrationsgalvanometer für die Frequenz eingestellt werden. Bei höheren Frequenzen (150...1500 Hz) schaltet

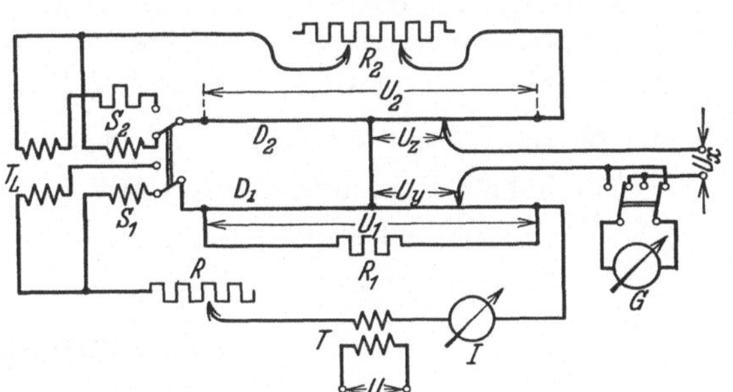

Abb. 204. Wechselstromkompensator nach W. Geyger.

[1] Arch. Elektrotechn. Bd. 15 (1925) S. 187; Bd. 17 (1926) S. 213; Elektrotechn. Z. Bd. 45 (1924) S. 1348. Der Apparat wird von Hartmann & Braun hergestellt.

man durch Umlegen des Umschalters am Lufttransformator T_L einen anderen Lufttransformator mit geringeren Windungszahlen ein.

Damit die Streufelder der Lufttransformatoren die Messung nicht stören, sind die Spulen astatisch gewickelt. Durch diese Maßnahme heben sich auch äußere Wechselfelder in ihrer Wirkung auf den Lufttransformator auf. Für das Galvanometer ist ferner ein Umschalter vorgesehen, damit man feststellen kann, ob doch noch äußere Felder stören. Eine Erdung soll am Prüfgegenstand so angebracht sein, daß das Nullinstrument keine hohe Spannung gegen Erde bekommt und daß die infolge der Erdung fließenden Erdkapazitätsströme unschädlich sind. Je nach Art der Messung muß man die Erdung verschieden wählen.

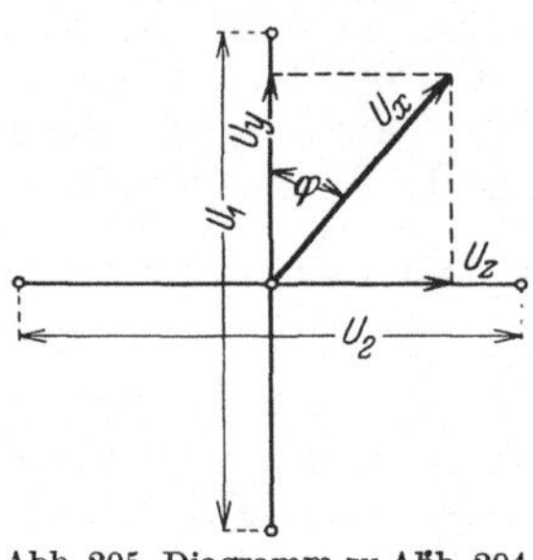

Abb. 205. Diagramm zu Abb. 204.

Die Mitten der beiden Schleifdrähte D_1 und D_2 sind miteinander verbunden. Man hat daher vier vom Nullpunkt ausgehende gleiche Spannungen $\frac{U_1}{2} = \frac{U_2}{2}$ entsprechend Abb. 205 und kann Spannungen U_x in allen Phasenlagen messen. Der Strom J wird zu 500 mA eingestellt. Die Übersetzung des Lufttransformators und die Widerstände sind so gewählt, daß an den Meßdrähten eine Spannung $U_1 = U_2 = 40$ mV herrscht. Dann ist 1 cm Schleifdrahtlänge = 1 mV.

Man mißt folgendermaßen: Die Schleifkontakte auf den Meßdrähten werden wechselweise solange verstellt, bis das Vibrationsgalvanometer G Null zeigt. Dann ist die zu messende Spannung $U_x = \sqrt{U_y^2 + U_z^2}$, ihre Phasenlage gegen den Strom I ist durch $\operatorname{tg} \varphi = \frac{U_z}{U_y}$ bestimmt.

Für höhere Spannungen bis 100 V hat Geyger neuerdings[1] eine Änderung des Verfahrens angegeben.

B. Meßwandler.

Von **K. Schmiedel**, Nürnberg.

1. Spannungswandler.

1. Allgemeines über Meßwandler. Meßwandler sind Spezialtransformatoren, die dazu dienen, zu messende Spannungen und Ströme in einem bestimmten Verhältnis auf eine für die anzuschließenden Meßgeräte geeignete Größe umzuformen, die Meßbereiche der Meßgeräte also zu erweitern. Bei Hochspannungsmessungen erfüllen sie außerdem noch den Zweck, die gefährliche Hochspannung vom Beobachter und vom Meßinstrument fernzuhalten.

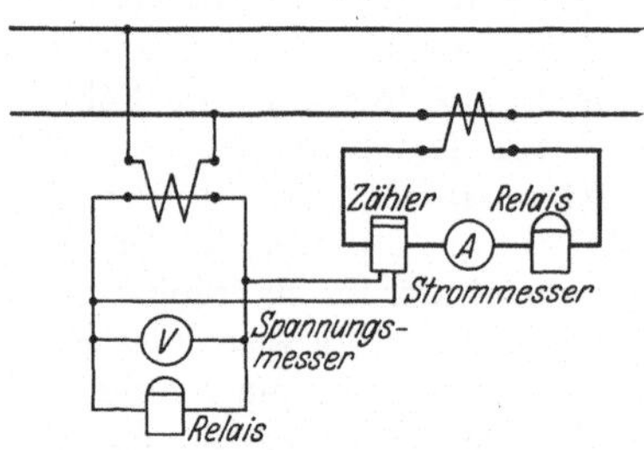

Abb. 206. Anschluß der Meßwandler.

Die Spannungswandler werden nach Abb. 206 mit ihrer Primärwicklung an die zu messende Spannung angeschlossen, die Spannungskreise der Meßgeräte sind parallel an die Sekundärwicklung gelegt. Die Stromwandler liegen nach Abb. 206 mit der Primärwicklung im Leitungszuge, die Stromwicklungen der Meßgeräte sind hintereinander an die Sekundärwicklung angeschlossen.

---

[1] Arch. Elektrotechn. Bd. 23 (1930) S. 447.

Für die Messung hoher Spannungen und hoher Ströme ist keine Anordnung bekannt, mit der man genauer messen könnte, als mit Präzisions-Spannungs- und Stromwandlern. Die infolge der Spannungs- und Stromfehler, sowie der Fehlwinkel an den Angaben der angeschlossenen Meßgeräte vorzunehmenden Korrekturen sind sehr klein und können, wenn sie überhaupt angebracht werden müssen, auf einfache Weise berücksichtigt werden[1] (vgl. S. 68).

2. Eigenschaften. Der Spannungswandler ist im Prinzip ein sehr schwach belasteter (fast offener) Leistungstransformator. Er arbeitet bei annähernd konstanter Spannung. Obgleich sein Eisen hoch gesättigt ist und er infolgedessen einen ziemlich hohen Leerlaufstrom aufnimmt, ist sein Übersetzungsverhältnis

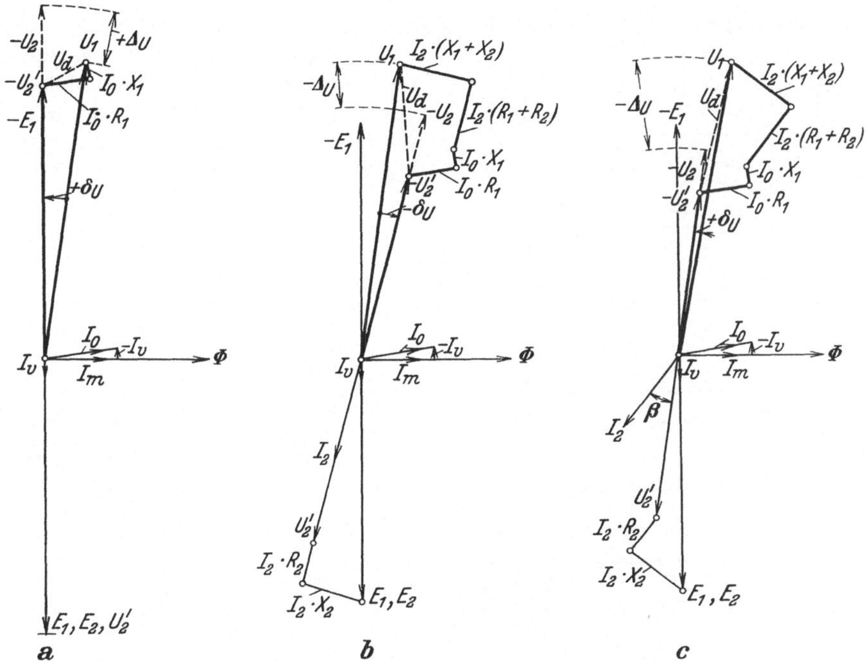

Abb. 207. Diagramm des Spannungswandlers. (*a*) Leerlauf, (*b*) induktionsfreie Belastung, (*c*) induktive Belastung.

bei unbelasteter Niederspannungswicklung fast genau dem Verhältnis der Windungszahlen gleich, $\frac{U_1}{U_2} \approx \frac{w_1}{w_2}$; denn die induktiven und Ohmschen Widerstände der Wicklungen sind verhältnismäßig sehr klein. Die an die Sekundärwicklung angeschlossene Last darf mit Rücksicht auf die im Wandler auftretende Kupfer- und Eisenerwärmung ein höchstzulässiges Maß, die sog. Grenzleistung, nicht überschreiten. Von der Grenzleistung zu unterscheiden ist die Nennleistung, bei der bestimmte Fehlergrenzen eingehalten werden. Die Belastung der Wandler wird in Voltampere (VA) bei Nennspannung und Nennfrequenz angegeben. In den Abb. 207a, b, c sind die Vektordiagramme eines Spannungswandlers bei Leerlauf, induktionsfreier und induktiver Belastung gezeichnet. Alle Werte sind, wie üblich, auf das Nennübersetzungsverhältnis 1 bezogen (oder in Prozenten ihres Nennwertes gemessen). Die Spannungsabfälle sind übertrieben groß gezeichnet, um das Verhalten des Spannungswandlers deutlich zeigen

[1] Skirl, W.: Wechselstromleistungsmessungen, 3. Aufl. Berlin: Julius Springer 1930.

zu können. U_1 ist die Primärspannung, U_d der gesamte Spannungsabfall, der von U_1 abgezogen werden muß, um die Sekundärspannung U_2' zu erhalten, die sich ergeben würde, wenn die Windungszahlen den Nennspannungen proportional gewählt wären. Um für eine bestimmte Belastung die Größe der Sekundärspannung gleich ihrem Nennwert zu machen, erniedrigt man entweder die primäre oder erhöht die sekundäre Windungszahl. Es ergibt sich dann die Sekundärspannung U_2, die bei Leerlauf größer ist als U_1 und erst bei Belastung unter U_1 sinkt. Der Spannungsfehler

$$\Delta_U = \frac{U_2 - U_1}{U_1}$$

ist daher bei Leerlauf positiv (Abb. 207a), bei Belastung Null oder negativ (Abb. 207b und 207c). Bei Leerlauf sind nur die durch den Leerlaufstrom I_0 verursachte Ohmsche und induktive Komponente $I_0 R_1$ und $I_0 X_1$ wirksam, U_2 liegt in der gezeichneten Lage, Abb. 207a. Der Fehlwinkel δ_U ist positiv, wenn er nicht durch starke Eigeninduktivität X_1 (Streuung) kompensiert wird. Bei induktionsfreier Belastung kommen noch infolge des Belastungsstromes I_2 die Vektoren $I_2(R_1 + R_2)$ und $I_2(X_1 + X_2)$ hinzu, so daß δ_U negativ werden kann wie in Abb. 207b. Bei induktiver Belastung tritt nach Abb. 207c zwischen dem Belastungsstrom I_2 und der Sekundärspannung U_2 eine Phasenverschiebung β auf, so daß $I_2(R_1 + R_2)$ und $I_2(X_1 + X_2)$ ihre Lage ändern, wodurch δ_U positiv werden kann[1]. Je nach der Bemessung des Eisens und Kupfers kann der Unterschied in den Fehlern zwischen Leerlauf und Belastung kleiner oder größer ausfallen.

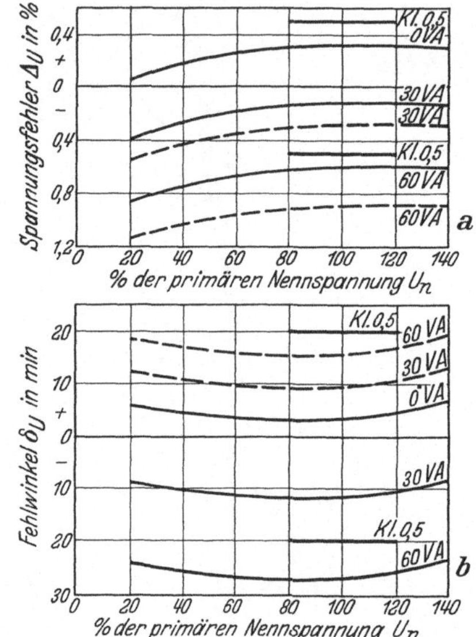

Abb. 208. Fehlerkurven eines Spannungswandlers.

——— $\cos\beta = 1$ } 50 Hz
– – – $\cos\beta = 0,5$ }

$\cos\beta$ = Leistungsfaktor der Belastung.

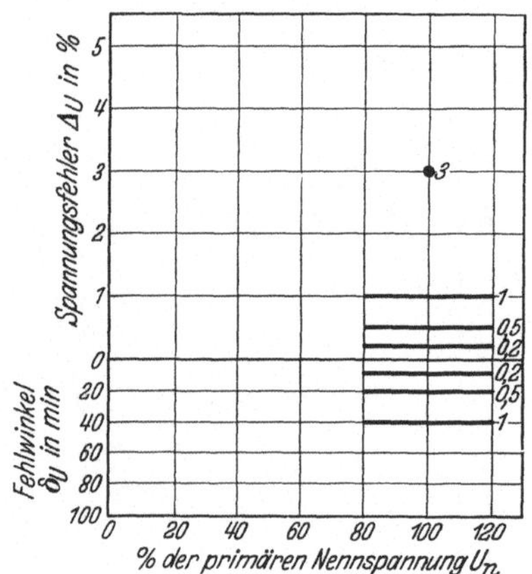

Abb. 209. Klassengrenzen für Spannungswandler. Gilt für alle Klassen zwischen 1/4 und 1/1 der Nennleistung und $\cos\beta = 0,8$.

In den Abb. 208a und 208b sind in Abhängigkeit von der primären Nennspannung für verschiedene induktionsfreie und induktive Lasten die Spannungsfehler und Fehlwinkel eines handelsüblichen Präzisionswandlers gezeichnet. Die

[1] Genaue Diagramme bei J. A. Möllinger: Wirkungsweise der Motorzähler und Meßwandler, 2. Aufl. Berlin: Julius Springer 1925.

in den Diagrammen übertrieben veranschaulichten Eigenschaften zeigen sich hier in ihrer wahren Größenordnung.

3. Regeln des VDE. Die „Regeln für Wandler"[1] setzen vier Klassen 0,2, 0,5, 1 und 3 fest, deren höchstzulässige Fehlergrenzen in Abb. 209 eingezeichnet sind; für Klasse 3 ist kein Fehlwinkel festgesetzt.

Die Sekundär- (Niederspannungs-) Wicklung soll gegen die Eisenkerne für eine Prüfspannung von 2000 V isoliert sein. Die Primär- (Hochspannungs-)-wicklung soll gegen die Sekundärwicklung und Erde folgende Prüfspannungen aushalten:

1 bis 2,5 kV Betriebsspannung: $10 \cdot U$,

über 2,5 kV Betriebsspannung: $2{,}2 \cdot U + 20$ kV.

U ist im allgemeinen die Reihenspannung, d. i. jene Spannung, für die die Isolation bemessen ist. Die sekundäre Nennspannung ist normal 100 V. Da man für viele jetzt noch bestehende Primärspannungen, die ein Vielfaches von 110 sind, ein rundes Übersetzungsverhältnis wünscht, ist meist noch ein zweiter Anschluß für 110 V vorgesehen.

Abb. 210. Formen der Eisenkerne von Spannungswandlern.

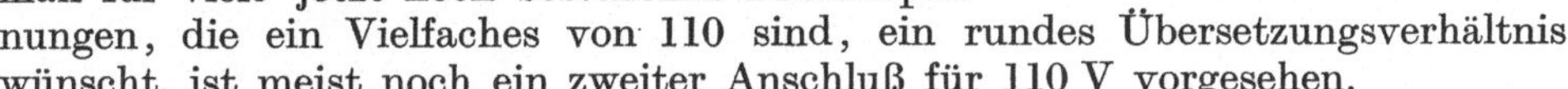

4. Ausführungsformen. Die Spannungswandler werden als Kern- (Abb. 210a) oder Mantelwandler (Abb. 210b) ausgeführt. Günstiger ist der Mantelwandler wegen kleineren magnetischen Widerstandes. Die Niederspannungswicklung sitzt fast immer innen am Eisenkern, die Hochspannungswicklung liegt außen über der Niederspannungswicklung. Als Wanderwellenschutz erhält die Hochspannungswicklung Endspulen mit verstärktem Kupferquerschnitt und verstärkter Isolation.

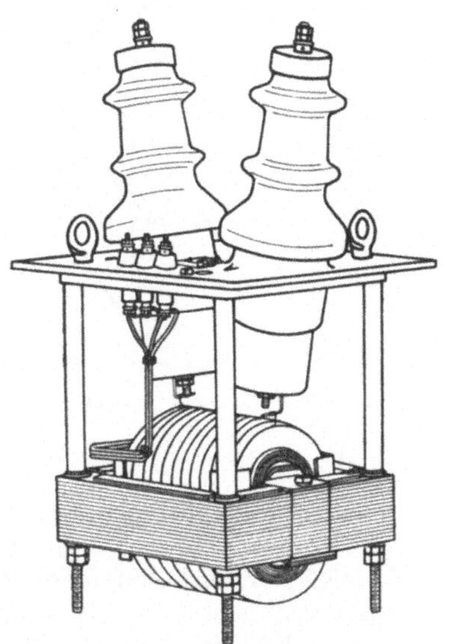

Abb. 211. Beispiel eines Topfwandlers.

Die Einbauform der Wandler ist durchweg die Topfform. Der Eisenkern mit Wicklungen und die Durchführungsisolatoren sind am Deckel angebracht (Abb. 211), der auf den Topf aufgesetzt wird. Bei niederen Spannungen (Prüfspannung bis etwa 10 kV) genügen imprägnierte Wicklungen mit Luft als Isolation, bei höheren Spannungen gießt man den Topf mit Kabelmasse aus, bei höheren und höchsten Spannungen füllt man ihn mit Transformatorenöl nach besonderer Vorschrift. Neuerdings sind auch für höhere Spannungen Trockenwandler mit lagenweiser Hochspannungswicklung gebaut worden, deren äußeres Ende geerdet werden muß.

5. Sonderausführungen. Umschaltbare Wandler mit einer großen Anzahl von Meßbereichen (bis zu 10) sind für Laboratoriumszwecke ausgeführt worden. Bei Umschaltung auf der Primärseite durch Serien-Parallelschaltung einzelner Wicklungen oder Wicklungsgruppen bleibt die Belastbarkeit und Meßgenauigkeit bei allen Meßbereichen die gleiche. Anzapfungen auf der Primärseite oder Sekundärseite können dagegen nur für geringe Unterschiede in den Spannungsstufen (etwa 10%) ausgeführt werden, weil sonst die Eigenschaften sich zu sehr ändern.

Für sehr hohe Primärspannungen (über 70 kV) sind Kaskadenwandler gebaut worden. Die Einzelglieder werden durch Kopplungswicklungen mitein-

[1] R.E.W. 1932; Elektrotechn. Z. 1931 S. 1284, 1425. Sonderdruck VDE 0512.

ander verbunden. Ein Wicklungsende muß geerdet werden. Der an Erde liegende Teilwandler trägt die Sekundärwicklung.

In Drehstromanlagen kann man an Stelle von drei oder zwei Spannungswandlern Drehstrom-Spannungswandler verwenden. Sie werden oft als Fünfschenkelwandler ausgeführt. Bei nicht geerdetem Nullpunkt ist jede Wicklung für die verkettete Spannung zu isolieren, auch muß der Nullpunkt für die ganze Spannung isoliert herausgeführt sein, damit man den Wandler prüfen kann. Die Wandler werden vorzugsweise zur Erdschlußüberwachung verwendet.

2. Stromwandler.

6. Eigenschaften. Der Stromwandler ist im Prinzip ein fast kurzgeschlossener Transformator. Die primären und sekundären Amperewindungen heben sich daher beinahe auf, der Eisenkern ist sehr schwach magnetisiert. Je kleiner der

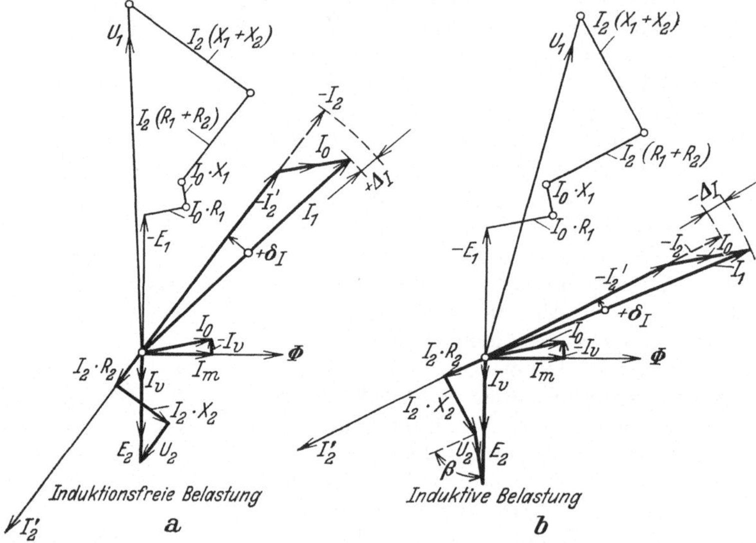

Abb. 212. Diagramm des Stromwandlers.

Magnetisierungsstrom ist, um so genauer ist der Stromwandler. Die Ströme verhalten sich etwa umgekehrt proportional den Windungszahlen: $I_1 \cdot w_1 \approx I_2 \cdot w_2$. Infolge der geringen Magnetisierung ist die primäre und sekundäre Klemmenspannung sehr klein. Spannung, Fluß und Leerlaufstrom ändern sich in einem weiten Bereich annähernd proportional mit den Strömen, der Stromfehler und der Fehlwinkel ändern sich daher wenig bei Änderung des Primärstromes, wenn die sekundäre Bürde die gleiche bleibt. Nur bei sehr kleinen Strömen werden die Fehler wegen der kleinen Anfangspermeabilität normaler Eisensorten größer (Abb. 213).

Abb. 212a zeigt das Diagramm der Ströme und Spannungen bei induktionsfreier Bürde und Nennstrom, auf das Nennübersetzungsverhältnis 1 bezogen (Amperewindungsdiagramm). Der Magnetisierungs- und Verluststrom, ebenso die Spannungsabfälle sind nicht maßstäblich, sondern viel zu groß im Verhältnis zu I_1 gezeichnet. Die Bürde ist der Scheinwiderstand Z aller an den Wandler angeschlossenen Meßgeräte (die sekundär dem Wandler entnommene Scheinleistung ist $N_2 = I_2^2 \cdot Z$). Im Diagramm ist I_1 der Primärstrom, I_m der Magnetisierungsstrom, I_v der Verluststrom, E_1 und E_2 sind die induzierten EMKe. I_2' wird um

I_0 kleiner als I_1. Man gleicht diesen Unterschied für eine bestimmte Belastung dadurch aus, daß man die Windungszahl der Primärwicklung erhöht oder die der Sekundärwicklung verringert, so daß man I_2 erhält. Der Stromfehler

$$\Delta_I = \frac{I_2 - I_1}{I_1}$$

ist demnach bei kleiner Bürde positiv, bei größerer Bürde kann er negativ werden. Bei induktiver Bürde, entsprechend Abb. 212b, eilt die Klemmenspannung U_2 und damit die EMK E_2 dem Sekundärstrom um einen größeren Winkel vor als bei induktionsfreier Bürde, der Magnetisierungsstrom ist nicht mehr so stark gegen den Sekundär- (und Primär-) Strom verschoben, der Stromfehler nimmt nach der negativen Seite zu, Abb. 213a, gestrichelte Kurven. Der Fehlwinkel δ_I ist bei induktionsfreier Bürde positiv (Abb. 213b), nur bei Wandlern mit sehr kleinem Magnetisierungsstrom und größerem Verluststrom, sowie bei großer sekundärer Streuung X_2 und kleinem sekundären Ohmschen Spannungsabfall $I_2 \cdot R_2$ kann er negativ werden. Bei induktiver Bürde wird aus den gleichen Gründen, aus denen Δ_I größer wird, der Fehlwinkel δ_I kleiner und kann sogar negativ werden.

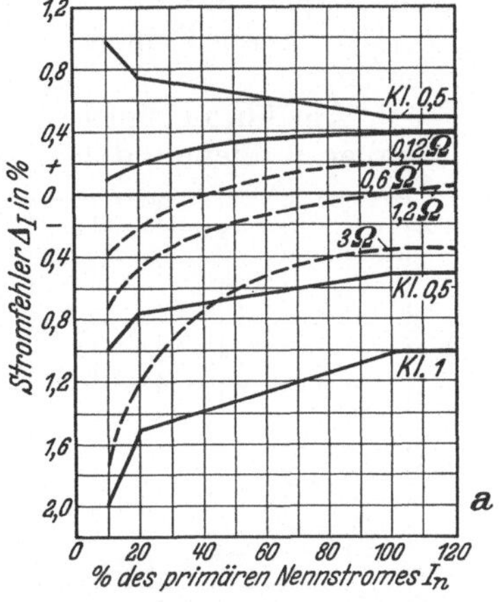

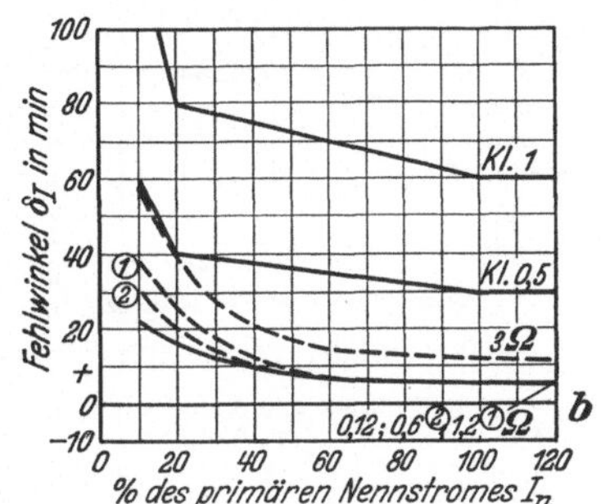

Abb. 213. Fehlerkurven eines Stromwandlers.
——— $\cos\beta = 1$ } 50 Hz
– – – $\cos\beta = 0{,}8$
$\cos\beta$ = Leistungsfaktor der Belastung.

Das bekannteste Mittel zur Herabsetzung der Fehler ist die Vergrößerung der Amperewindungszahl. Vermehrt man nämlich unter Beibehaltung der Stromstärke I_1 und der sekundären Spannung U_2 die Windungszahl, so bleiben die für die Aufrechterhaltung des gleichbleibenden magnetischen Flusses (weil U_2 und damit E_2 konstant) aufzuwendenden Magnetisierungs-Amperewindungen $I_m \cdot w_1$ annähernd konstant. Dagegen wachsen die primären und sekundären Amperewindungen $I_1 \cdot w_1$ und $I_2 \cdot w_2$ proportional der Windungszahl. Im Diagramm Abb. 212 wird also I_m kleiner im Verhältnis zu I_1 und I_2, es nimmt also sowohl der Stromfehler als auch der Fehlwinkel ab.

Sehr wirksam ist auch die Herabsetzung des Magnetisierungs- und Verluststromes durch Verwendung geeigneter Eisensorten. Allgemein üblich ist die Verwendung hochlegierten Bleches mit großer Permeabilität und kleiner Verlustziffer. In den letzten Jahren werden für Spezialzwecke Eisen-Nickellegierungen mit großer Anfangspermeabilität verwendet.

Schließlich kann durch die Konstruktion selbst zur Verminderung des Magnetisierungsstromes beigetragen werden, wenn die Eisenpakete keine oder von Blech zu Blech versetzte Stoßfugen aufweisen.

7. Regeln des VDE. Für handelsübliche Stromwandler sind in den Regeln für Wandler[1] fünf Klassen 0,2, 0,5, 1, 3 und 10 festgesetzt worden, deren Bezeichnungen und Fehlergrenzen in Abb. 214 eingetragen sind; für Klasse 3 und 10 ist kein Fehlwinkel festgesetzt.

[1] R.E.W. 1932.

Die Niederspannungswicklung soll für 2000 V Prüfspannung gegen den Eisenkern isoliert sein. Für die Isolation zwischen Hochspannungs- und Niederspannungswicklung und gegen Erde werden folgende Prüfspannungen verlangt:

Betriebsspannung $U = 1$ bis 2,5 kV Prüfspannung $10 \cdot U$,

Betriebsspannung über 2,5 kV Prüfspannung $2{,}2 \cdot U + 20$ kV

Die Betriebsspannung ist im allgemeinen die Reihenspannung. Die sekundäre Nennstromstärke ist normalerweise 5 A, seltener 10 A. Ausnahmsweise wird für größere Leitungslängen nach entfernt aufgestellten Meßinstrumenten die Sekundärwicklung für 1 A Nennstrom bemessen.

Als primäre Nennstromstärken sollen möglichst die genormten Werte gewählt werden.

8. Ausführungsformen. Für kleine Primärspannungen werden die Stromwandler in offener oder in Topfform mit Luftisolation ausgeführt, teils als Kern-, teils als Mantelwandler. Bei etwas höheren Betriebsspannungen isoliert man die Primärwicklung durch eine Porzellanspule oder durch einen besonders gestalteten Porzellankörper. Bei noch höheren Betriebsspannungen geht man auf Topfwandler mit Masse- oder Ölfüllung über. Die Isolatoren werden teilweise gleichzeitig als Ölausdehnungsgefäße oder als Körper ausgebildet, die Kern und Wicklungen einhüllen. Auch Trockenwandler mit Porzellankörpern und Sandfüllung (Querlochtype) werden viel verwendet.

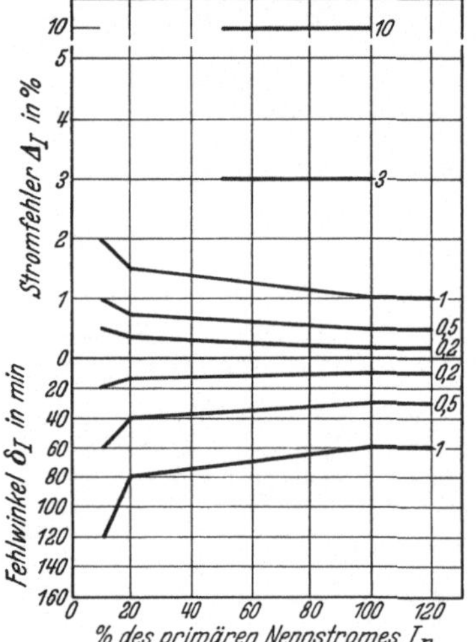

Abb. 214. Klassengrenzen für Stromwandler. Gilt für Klasse *0,2*, *0,5* und *1* zwischen $^1/_4$ und $^1/_1$ der Nennbürde, für Klasse *3* und *10* zwischen $^1/_2$ und $^1/_1$ der Nennbürde, für alle Klassen bei $\cos\beta = 0{,}8$ (Mindestbürde bei 5 A nicht $< 0{,}15\ \Omega$).

Für große Primärstromstärken (über 600 A) werden die Wandler als Stabwandler ausgeführt; ein Kern- oder ringförmiges Eisenpaket, das die Sekundärwicklung trägt, umgibt den isolierten Stab geeigneter Querschnittsform.

9. Thermische und dynamische Festigkeit. Stromwandler, die in elektrischen Anlagen betriebsmäßig eingebaut sind, müssen so bemessen sein, daß sie die auftretenden Kurzschlußströme aushalten können. Die thermische Festigkeit kann man bei allen Bauarten durch reichliche Bemessung des primären Kupferquerschnittes sehr groß machen. Die gebräuchlichen Wandler haben beim primären Nennstrom eine Stromdichte von 2 bis 3 A/mm² und halten 1 Sek. lang den 90- bis 60-fachen Nennstrom aus (Sekundenstrom), ohne sich höher als auf 200°, von 20° ausgehend, zu erwärmen. Bei 1 A/mm² Stromdichte kann man den 180-fachen Sekundenstrom gewährleisten. Diese Wandler werden groß und teuer.

Stabwandler sind als dynamisch fest zu bezeichnen bei allen auftretenden Kurzschlüssen; Durchführungswandler nur insofern, als die Ausführungen im Leitungszuge liegen. Die Primärwicklung hat das Bestreben, bei Kurzschlüssen die Kreisform anzunehmen, also gibt man ihr diese am besten von vornherein. Unsymmetrische Lage der Primärspule auf dem Eisenkern kann beim Kurzschluß einseitige Kräfte hervorrufen. Alle Wandler mit nebeneinander liegenden primären Ausführungen nach einer Seite müssen gegen die abstoßenden Kräfte, die bei Kurzschlüssen zwischen den beiden parallelen Leitern auftreten, durch mechanische Verbindung gesichert sein. Der Stoß-Kurzschlußstrom, den ein Wandler bei geschlossener Sekundärwicklung aushält, ist ein Maß für seine dynamische Festigkeit.

10. Sonderausführungen. Für sehr hohe Spannungen sind Kaskadenwandler gebaut worden. Die Sekundärwicklung des ersten Wandlers speist die Primärwicklung des zweiten usw. Die Isolation der Wicklung der Einzelwandler ist für den n-ten Teil der Prüfspannung des ganzen Wandlers zu bemessen, wenn n Glieder vorgesehen sind. Die Spannungsverteilung ist ähnlich wie beim Kettenisolator. An die Sekundärwicklung des letzten Gliedes ist das Meßinstrument angeschlossen. Die vorhergehenden Glieder haben außer der Nutzleistung des letzten Gliedes noch den Eigenverbrauch der folgenden Glieder aufzubringen; sie müssen also reichlicher bemessen sein.

Stromwandler mit zwei Kernen, einem für Meßzwecke und einem für Relaiszwecke, werden in verschiedenen Formen ausgeführt.

Umschaltbare Stromwandler werden für wenige Meßbereiche primär oder sekundär umschaltbar mit Reihen- oder Parallelschaltung der Wicklungen durch Laschen oder Schalter gebaut.

Für Laboratoriumszwecke sind tragbare Stromwandler in Gebrauch, bei denen durch Reihen-, Reihenparallel- und Parallelschaltung von vier primären Einzelwicklungen das Meßbereich im Verhältnis 1 : 2 : 4 geändert werden kann. Diese Wandler haben keine sehr hohe Isolation (bis 30 kV Prüfspannung) und können nicht unter Strom umgeschaltet werden. Wenn Primär- und Sekundärwicklung elektrisch nicht getrennt sein müssen, kann man die Wandler in Sparschaltung (Autotransformatoren) ausbilden.

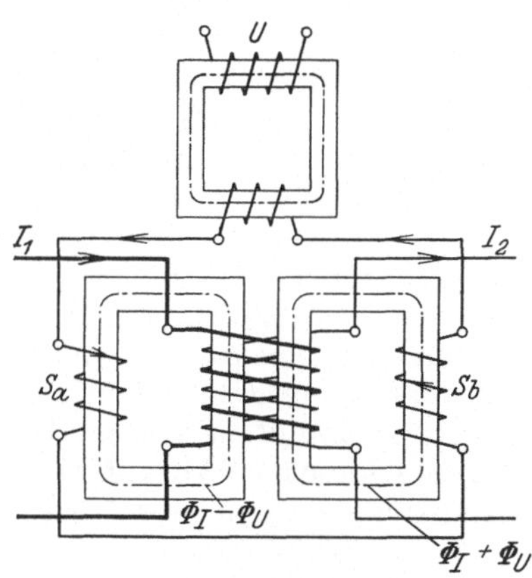

Abb. 215. Kompensierter Stromwandler nach Iliovici.

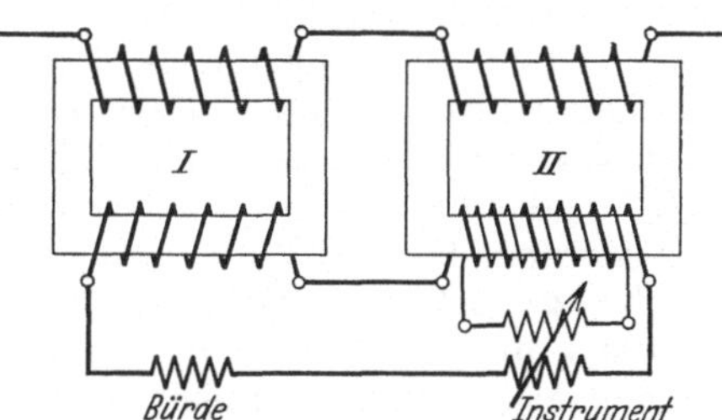

Abb. 216. Zweistufen-Stromwandler nach Brooks und Holtz.

Für sehr genaue Laboratoriumsmessungen sind Stromwandler mit Doppelkernen und Spezialwicklungen hergestellt worden. Die Anordnung von Iliovici[1] zeigt Abb. 215. Die Primär- und Sekundärwicklung sitzen auf dem Mittelschenkel eines mantelförmigen Eisenkernes, der in zwei Hälften geteilt ist. Die beiden Hälften tragen Spannungswicklungen S_a und S_b, die von der Netzspannung U, z. B. über einen kleinen Transformator, gespeist werden. Die Spannungswicklungen sind so geschaltet, daß ihre Flüsse in den beiden Hälften des Mittelschenkels entgegengerichtet sind und sich daher in ihrer Wirkung auf die Stromwicklungen aufheben. Sie magnetisieren aber den Eisenkern so weit vor, daß der Wandler vom Gebiet der Anfangspermeabilität weg in einem Gebiet annähernd konstanter Permeabilität arbeitet.

Der Zweistufen-Stromwandler von Brooks und Holtz[2] ist in Abb. 216 schematisch dargestellt. Wandler I ist ein normaler Wandler, beim Wandler II sind Primär- und Sekundärwicklung gegeneinander geschaltet, so daß in seiner

[1] Bull. Soc. franc. Électr. Bd. 3 (1923) Nr. 22. Elektrotechn. u. Maschinenb. S. 725. Wien 1923.

[2] Amer. Inst. El. Eng. Bd. 41 (1922) S. 389.

Tertiärwicklung ein dem Magnetisierungsstrom proportionaler Strom fließt. Dieser wird in einem Spezialinstrument, das 2 Wicklungen hat, mit dem Sekundärstrom des Wandlers I zusammengesetzt. Der sekundäre Summenstrom ist dann bei allen Strombelastungen und Bürden dem Primärstrom nach Größe fast genau proportional und mit ihm in Phase. Die Stromfehler sind über den ganzen Meßbereich von der Größenordnung einiger Promille, die Winkelfehler 2 bis 3 Minuten. Dieser Wandler eignet sich z. B. als Ersatz für Normalwiderstände hoher Stromstärken in der Prüfeinrichtung für Stromwandler nach S. 191, dagegen weniger für Meßgeräte und Zähler, weil diese mit doppelten Stromwicklungen ausgeführt werden müssen.

3. Schaltung und Prüfung der Meßwandler.

11. Wandler in Betriebsschaltung. Für den Einbau von Meßwandlern in Betriebsanlagen sind folgende Schutzmaßnahmen bekannt: Bei Spannungswandlern Hochspannungssicherungen und Vorwiderstände als Wanderwellenschutz, bei Stromwandlern Parallelwiderstände.

Die Hochspannungssicherungen für Spannungswandler läßt man heute meist weg, weil sie einerseits keinen genügenden Schutz gewähren, andererseits durch Zerstäuben bisweilen im normalen Betrieb abbrennen. Dabei können hohe Kippspannungen auftreten, die die Anlage gefährden. Vorwiderstände sind nur dann einigermaßen als Wanderwellenschutz wirksam, wenn sie mindestens 1000 Ω/kV haben[1]; dann beeinflussen sie aber die Meßgenauigkeit erheblich. Hohe Prüfspannung und verstärkte Endwicklungen sind der beste Schutz gegen Durchschlag durch Wanderwellen oder andere Überspannungen. Man sollte Spannungswandler nach Möglichkeit sekundär sichern, damit sie durch einen Kurzschluß nicht zerstört werden. Bei der Verlegung der Erdverbindungen ist darauf zu achten, daß kein Kurzschluß entstehen kann. Bei Wandlern mit zwei sekundären Anzapfungen für 100 V und 110 V muß man beim Anschluß der Instrumente an beide Spannungen falsche Verbindungen vermeiden.

Stromwandler schützt man gegen Wanderwellen häufig durch richtig bemessene Parallelwiderstände (Silitstäbe oder -scheiben) von hohem Widerstand. Auf die Meßgenauigkeit wirken sie so, als ob der Verluststrom I_v (Abb. 212) ein wenig vergrößert würde. Der Stromfehler nimmt zu, der Fehlwinkel ab. Frei von diesem Nachteil sind Schutzfunkenstrecken mit vorgeschalteten Silitwiderständen.

Bei Stromwandlern darf der Sekundärkreis nicht geöffnet werden, weil sich sonst ein hohes Feld und damit eine hohe Sekundärspannung ausbildet. Wenn auch neuzeitliche Wandler oft so bemessen sind, daß dabei die Sekundärwicklung nicht durchschlägt, so bleibt leicht eine Remanenz zurück, die bei betriebsmäßig angeschlossener Wicklung wegen des dann nur kleinen Wechselflusses nicht aufgehoben wird. Versehentlich offen gebliebene Wandler soll man daher mit einer Entmagnetisierungsvorrichtung sorgfältig entmagnetisieren, ehe man sie wieder in Betrieb nimmt.

12. Prüfschaltungen für richtigen Anschluß der Wicklungen. Die Richtigkeit der auf den Spannungswandlern angegebenen Bezeichnungen UV und uv prüft man nach den Schaltungen Abb. 217 und 218. Für Abb. 217 schaltet man einen gleichen Wandler II, von dem man weiß, daß er richtig geschaltet ist, gegen den zu prüfenden Wandler I. Ist die Klemmenbezeichnung richtig, dann muß die Spannung U_0 der Differenz der Spannungen U_I und U_{II} gleich, also bei genau gleichem Übersetzungsverhältnis beider Wandler Null sein.

---

[1] Reimann, E.: Wiss. Veröff. Siemens-Konz. Bd. 7/2 (1928) S. 31.

Hat man keinen Vergleichswandler zur Verfügung, so schaltet man nach Abb. 218. Die Stromspulen der beiden gleichen Leistungsmesser N_I und N_{II} sind hintereinander geschaltet, die Spannungsspulen sind für richtige Klemmen-

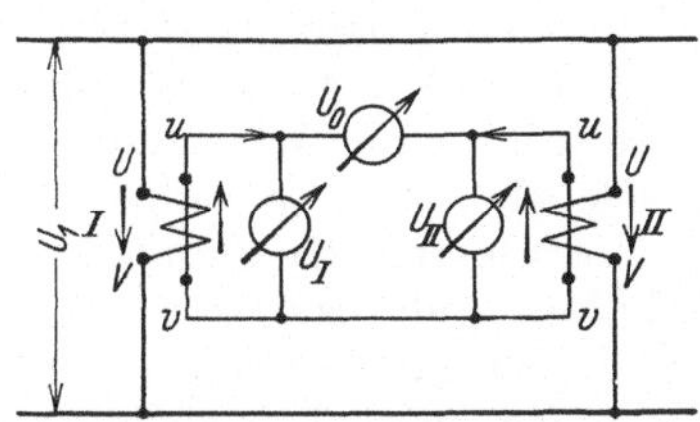

Abb. 217. Prüfschaltung mit Vergleichswandler für den richtigen Anschluß der Wicklungen bei Spannungswandlern.

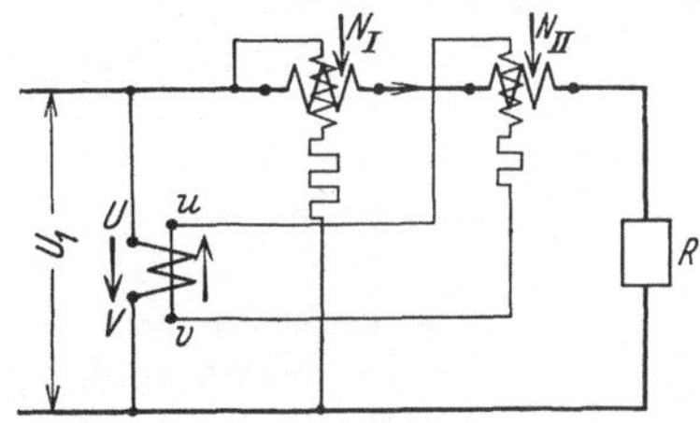

Abb. 218. Prüfschaltung ohne Vergleichswandler für den richtigen Anschluß der Wicklungen bei Spannungswandlern.

bezeichnung gleichsinnig angeschlossen. Beide Leistungsmesser müssen positive Werte zeigen. Das Verfahren ist nur für kleine Primärspannungen anwendbar.

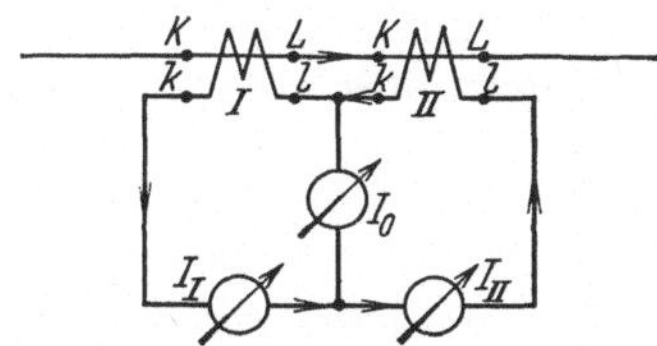

Abb. 219. Prüfschaltung mit Vergleichswandler für den richtigen Anschluß der Wicklungen bei Stromwandlern.

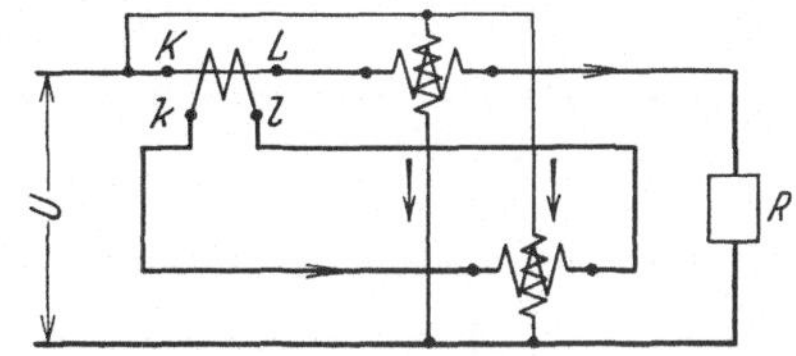

Abb. 220. Prüfschaltung ohne Vergleichswandler für den richtigen Anschluß der Wicklungen bei Stromwandlern.

Bei Stromwandlern wendet man die analogen Schaltungen nach Abb. 219 mit Vergleichswandler und 220 ohne Vergleichswandler an.

Mit einer kleinen Gleichstrombatterie, deren Pluspol man an *u* oder *k* der Niederspannungswicklung des Spannungs- oder Stromwandlers anlegt, kann man einen sehr kleinen Stromstoß in diese senden; ein polarisiertes (Drehspul-) Instrument, dessen Plusklemme man an *U* oder *K* der Hochspannungswicklung legt, muß beim Einschalten einen positiven Ausschlag geben. Ein handliches Instrument mit dieser Wirkungsweise ist von H. Schering angegeben worden[1].

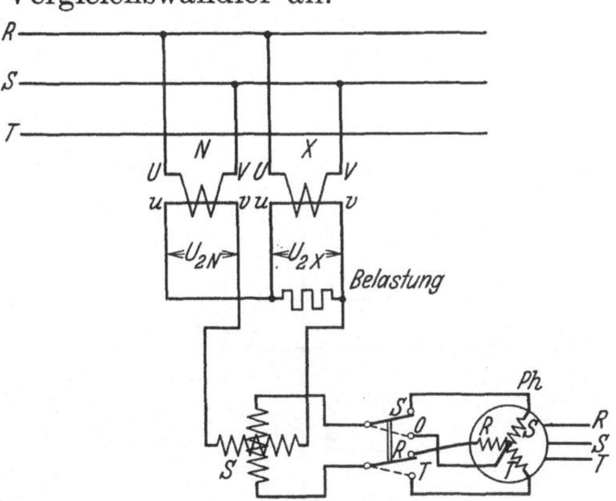

Abb. 221. Differenzverfahren zur Prüfung von Spannungswandlern.

13. Prüfverfahren für Spannungswandler. Zur rohen Bestimmung des Übersetzungsverhältnisses von Spannungs- und Stromwandlern kann man die primären und sekundären Spannungen oder Ströme mit Präzisionsinstrumenten messen. Für genauere Messungen kommt dieses Verfahren schon deshalb nicht in Frage, weil man mit ihm den Fehlwinkel nicht bestimmen kann.

Für genauere Messungen von Spannungswandlern in Betrieben ist die Anordnung nach Abb. 221[2] geeignet. Die bewegliche Spule eines elektrodynamischen

[1] Elektrotechn. u. Maschinenb. Bd. 46 S. 218. Wien 1928.

[2] Bercovitz, D.: Elektrotechn. Z. Bd. 49 (1928) S. 95.

Zeigerinstruments S ist an die Differenzspannung des Normalwandlers N und des zu prüfenden Wandlers X angeschlossen. Die feste Spule kann durch einen Umschalter wahlweise an eine Spannung gleicher Phase und Frequenz oder an eine senkrecht dazu liegende angeschlossen werden. In der ersten Stellung des Schalters zeigt das Instrument eine dem Spannungsfehler Δ_U, in der zweiten Stellung eine dem Fehlwinkel δ_U proportionale Größe, Abb. 222. Das Instrument ist mit in der Mitte der Skala liegendem Nullpunkt für verschiedene Meßbereiche eingerichtet, damit es bei falscher Polung des zu prüfenden Spannungswandlers auch die Summenspannung aushalten und anzeigen kann. Der an die Niederspannung angeschlossene Phasenschieber Ph muß so eingestellt sein, daß seine Spannung RS möglichst gleichphasig mit der Sekundärspannung des Normalwandlers ist, die Abweichung sollte nicht mehr als 10° betragen, ebenso sollte OT möglichst genau senkrecht auf RS stehen. Die Größe der Hilfsspannungen geht direkt in die Messung der Fehlergrößen ein, sie sollten also nur um einige Prozent von ihrem Sollwert abweichen. Als Normalwandler benutzt man Präzisionswandler in solcher Zahl, als Betriebsspannungen verwendet werden. Auch umschaltbare Wandler können zweckmäßig sein.

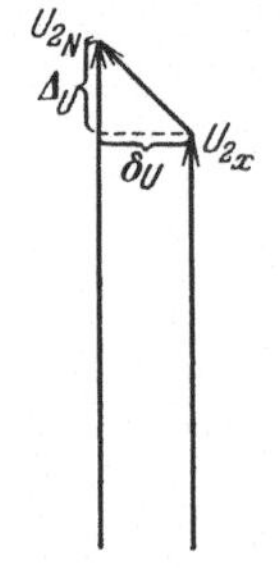

Abb. 222. Diagramm zur Differenzschaltung nach Abb. 221.

Die Ablesung an der Spannungsfehlerskala des Instrumentes muß dem Spannungsfehler des Normalwandlers zugezählt oder von ihm abgezogen werden, je nachdem, ob der Zeiger nach rechts oder links ausschlägt. Die Ablesung an der Fehlwinkelskala muß dem Fehlwinkel des Normalwandlers zugezählt werden, wenn bei Vergrößerung der sekundären Last des zu prüfenden Wandlers der Ausschlag kleiner wird, sie muß von ihm abgezogen werden, wenn er größer wird.

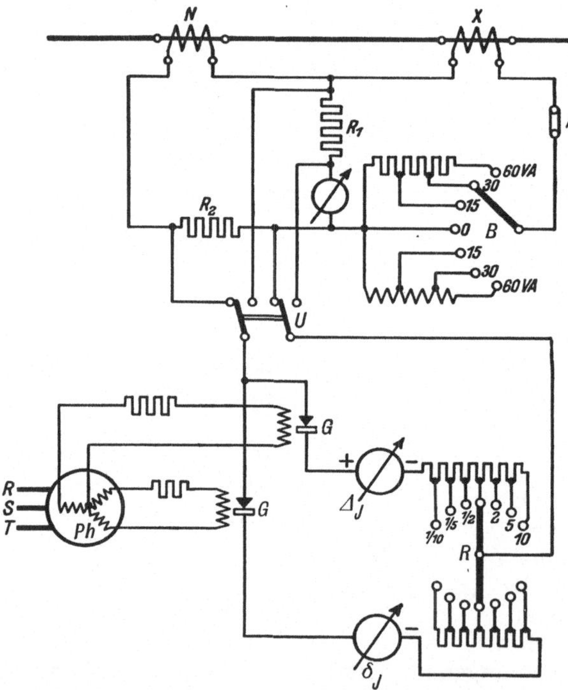

Abb. 223. Differenzverfahren zur Prüfung von Stromwandlern.

14. Prüfverfahren für Stromwandler. Für betriebsmäßige Prüfung von Stromwandlern ist eine Apparatur entwickelt worden, deren Schaltung in Abb. 223 gezeichnet ist[1]. Normalwandler N und zu prüfender Wandler X sind sekundär hintereinander geschaltet. Der Widerstand R_1 wird vom Differenzstrom beider Wandler durchflossen, der Spannungsabfall an ihm ist proportional dem Differenzstrom zwischen I_{2N} und I_{2X}, Abb. 224. Der Spannungsabfall an R_2 ist proportional dem Sekundärstrom I_{2N} des Normalwandlers und mit ihm phasengleich. Als Meßinstrumente werden zwei Drehspulinstrumente Δ_I und δ_I benutzt, denen fremd-

[1] Sieber, O.: Siemens-Z. 1929 S. 845; Elektrotechn. Z. Bd. 51 (1930) S. 1657.

erregte Membrangleichrichter G vorgeschaltet sind. Die mit dem Prüfstrom frequenzgleichen Erregerströme der beiden Gleichrichter sind um 90° gegeneinander verschoben; sie werden einem an das Niederspannungsnetz angeschlossenen Phasenschieber *Ph* entnommen. Je nachdem, wie die Schaltzeiten der Gleichrichter zu den Wechselstromkurven der an R_1 und R_2 abgegriffenen Spannungen liegen, ergeben sich verschiedene Ausschläge der Instrumente, Abb. 225. Die Instrumente mit Phasenschieber und Gleichrichtern sind gleichsam komplexe Voltmeter.

Man mißt in folgender Weise: Der Umschalter U wird an R_2 gelegt und der Phasenschieber *Ph* so gedreht, daß das „Minuteninstrument" δ_I Null zeigt. Der Erregerstrom des Gleichrichters für dieses Instrument liegt dann senkrecht zu I_{2N}, der Erregerstrom des „Prozentinstrumentes" Δ_I in Phase mit I_{2N}. Bei dieser Stellung des Umschalters zeigt das Prozentinstrument also einen Ausschlag, der dem Sekundärstrom I_{2N} proportional ist, kann also zur Einstellung des Wandlerstromes dienen. Nun legt man U auf R_1 um. Dann mißt nach Abb. 224 das „Prozentinstrument" die Projektion Δ_I des Differenzstromes auf I_{2N}, das „Minuteninstrument" die senkrecht dazu stehende Komponente, die der Phasenverschiebung δ_I zwischen I_{2N} und I_{2X} proportional ist, Abb. 224. Zu dem Stromfehler und dem Fehlwinkel muß man noch die des Normalwandlers sinngemäß zuzählen. Am besten verwendet man als Normalwandler einen sehr genauen sog. „Promillewandler" mit umschaltbarem Meßbereich, damit man Wandler verschiedener Übersetzungen prüfen kann. Die Instrumente haben Skalen mit in der Mitte liegendem Nullpunkt. Man kann Stromfehler bis $\pm$ 3,5% und Fehlwinkel bis $\pm$ 120 Min. messen. Die Instrumente sind mit Empfindlichkeitsreglern R versehen, die entsprechend den Meßpunkten 100, 50, 20 und 10% des Nennstromes gestaffelt sind. Für Wandler mit sehr großen Fehlern sind noch weitere Regelstufen vorgesehen. Mit R_1 in Serie liegt noch ein Strommesser, der den Summenstrom zeigt, wenn der zu prüfende Wandler falsch gepolt ist. Um bei verschiedenen Bürden prüfen zu können, ist ein Bürdenschalter B für den zu prüfenden Wandler vorgesehen. Zusatzbürden kann man an den Klemmen A zwischenschalten, die normalerweise kurzgeschlossen sind.

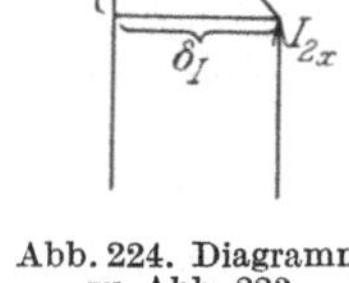

Abb. 224. Diagramm zu Abb. 223.

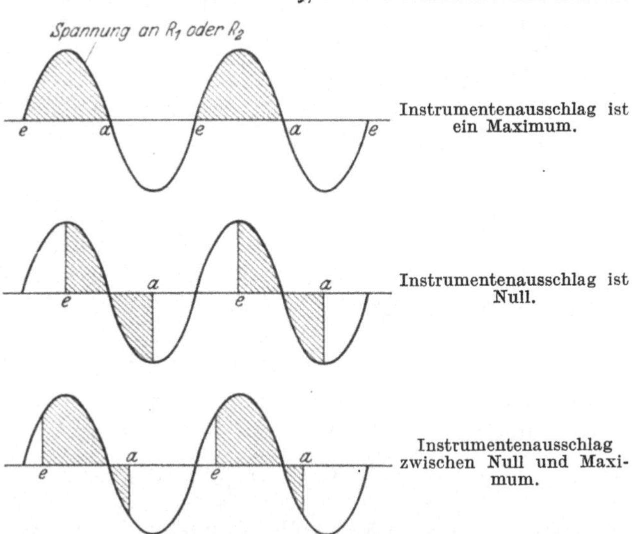

Abb. 225. Angaben der an den Gleichrichtern angeschlossenen Instrumente. *e* Gleichrichter ein, *a* Gleichrichter aus.

15. Laboratoriumsanordnungen. Für Laboratoriumsmessungen sind eine große Anzahl von absoluten und Vergleichsverfahren mit Normalwandlern angegeben worden[1]. Es sollen hier nur die genauesten beschrieben werden.

[1] Keinath, G.: Die Technik elektrischer Meßgeräte Bd. 1 3. Aufl. S. 590ff. Berlin: Oldenbourg 1928. Slavik, J.: Elektrotechn. Z. Bd. 50 (1929) S. 1360.

a) Kompensationsmethode für Spannungswandler[1]. Das Schaltschema für die Prüfung von Spannungswandlern mit Normalwandler N zeigt Abb. 226. (Statt des Normalwandlers wird bei den absoluten Meßeinrichtungen der Physikalisch-Technischen Reichsanstalt ein Spannungsteiler aus induktionsfreien Widerständen verwendet.) Die mit r_x eingestellte Teilspannung von U_{x2} wird gegen eine mit r_1 der Größe und mit dem Drehkondensator C der Phase nach eingestellte Teilspannung von U_{N2} verglichen. Im einzelnen sei folgendes bemerkt: An den Niederspannungsklemmen des zu prüfenden Wandlers X liegt der Niederspannungsteiler $R_x = 100 \cdot U'_{x2}$, wobei U'_{x2} die sekundäre Nennspannung bedeutet (also z. B. 11000 Ω an 110 V). Der Normalwandler N ist mit seinen Niederspannungsklemmen über einen Widerstand $R_V = 500\ \Omega$ an den Meßwiderstand $R = 500\ \Omega$ angeschlossen, der mehrfach unterteilt ist: Eine Anzapfung in der Mitte teilt ihn in $r_3 = 103{,}4\ \Omega$ und $r_4 = 396{,}6\ \Omega$; von r_4 ist wieder $r_2 = 304{,}4\ \Omega$, zu dem der Drehkondensator C parallel liegt, von r_3 ist 98 Ω und ein Schleifdraht von 4 Ω abgeteilt, so daß $r_1 = 100 \pm 2\ \Omega$ eingestellt werden kann. Das Vibrationsgalvanometer VG ist an den Schleifkontakt von r_1 und an den von r_x angeschlossen.

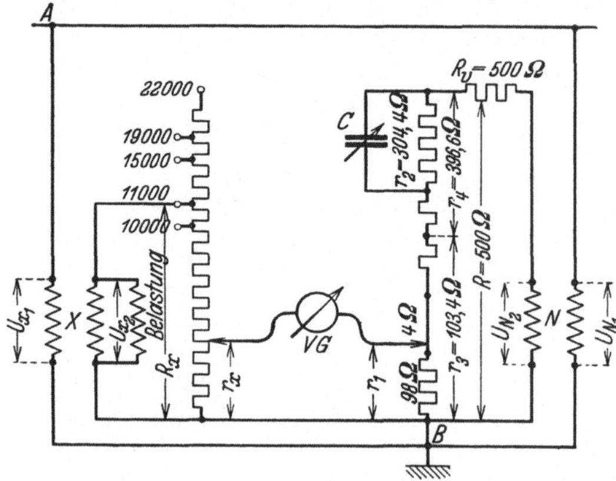

Abb. 226. Kompensationsschaltung zur Prüfung von Spannungswandlern.

Man mißt folgendermaßen: Nach Einstellung des Vibrationsgalvanometers auf Resonanz mit der Meßfrequenz stellt man $r_x = 10 \cdot U_{N2}$* ein, wobei U_{N2} die Sekundärspannung des Normalwandlers ist. Man bringt nun durch wechselweises Verstellen des Schleifkontaktes auf dem Schleifdraht 4 Ω und des Drehkondensators C den Ausschlag des Vibrationsgalvanometers auf Null. Dann sind die Spannungen an den Enden von r_x und r_1 entgegengesetzt gleich:

$$U_{x2} \cdot \frac{r_x}{R_x} = U_{N2} \cdot \frac{r_1}{R_V + R}.$$

Unter Einsetzen der obengenannten Werte der Widerstände wird der prozentuale Spannungsfehler gegenüber dem Normalwandler

$$\Delta_U = \frac{U_{x2} - U'_{x2}}{U'_{x2}} \cdot 100 = r_1 - 100.$$

U'_{x2} ist die sekundäre Sollspannung des zu prüfenden Wandlers. Hat der Normalwandler die gleiche Nennübersetzung wie der zu prüfende Wandler, so kann man für U'_{x2} auch U_{N2} setzen. Die an dem Schleifkontakt des Schleifdrahtes (4 Ω) angebrachte Skala ist in Prozenten beziffert, so daß man Δ_U direkt ablesen kann. Hat der Normalspannungswandler einen Spannungsfehler Δ_{UN}, so muß man ihn zu Δ_U zuzählen, um den Spannungsfehler des zu prüfenden Wandlers zu erhalten:

$$\Delta_{UX} = \Delta_U \pm \Delta_{UN}.$$

Δ_{UN} ist mit dem richtigen Vorzeichen einzusetzen.

[1] Schering u. Alberti: Arch. Elektrotechn. Bd. 2 (1914) S. 263 und Gebrauchsanweisungen der herstellenden Firmen.

* Ist die Hochspannung U_1 für die Einstellung maßgebend, so setzt man $U_{N2} = \frac{U_1}{\ddot{U}_N}$, wobei $\ddot{U}_N$ die Nennübersetzung des Normalwandlers ist.

Den Fehlwinkel gegenüber dem Normalwandler erhält man aus der Einstellung des Kondensators C mit

$$\delta_U = \frac{r_2^2 \cdot \omega \cdot C}{2R} \cdot \frac{180}{\pi} \cdot 60 \text{ Minuten.}$$

ω ist darin die Kreisfrequenz, C die Kapazität in μF. Bei 50 Hz wird $\delta_U = 100 \cdot C$. Für andere Frequenzen f muß man schreiben: $\delta_U = 100 \cdot \frac{f}{50} \cdot C$. Zu diesem Wert muß man den Fehlwinkel des Normalwandlers zuzählen, um den Fehlwinkel des zu prüfenden Wandlers zu erhalten:

$$\delta_{Ux} = \delta_U \pm \delta_{UN}.$$

Ist der Fehlwinkel negativ, so muß man den Kondensator C an den Widerstand r_3 anlegen und erhält dann

$$-\delta_U = r_2 \cdot \omega \cdot C \left(1 - \frac{r_3}{2R}\right) \cdot \frac{180}{\pi} \cdot 60 \text{ Minuten.}$$

Unter Einsetzung der Werte wird wieder für 50 Hz $-\delta_U = 100 \cdot C$ und $\delta_{Ux} = -\delta_U \pm \delta_{UN}$. Für andere Frequenzen f gilt wieder $-\delta_U = 100 \cdot \frac{f}{50} \cdot C$. Die Meßbereiche der beschriebenen Einrichtung sind: Für den Spannungsfehler $\pm 2\%$, für den Fehlwinkel $\pm 0{,}1$ bis 99,9 Min. bei 50 Hz.

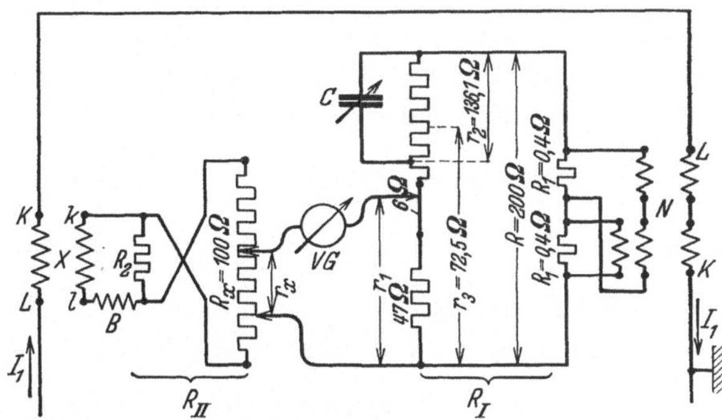

Abb. 227. Kompensationsschaltung zur Prüfung von Stromwandlern.

Die Meßgenauigkeit ist: Für den Spannungsfehler $\pm 0{,}01\%$, für den Fehlwinkel $\pm 0{,}1$ Min.; dabei hat die letzte Dezimalstelle nur relativen Wert.

b) Kompensationsmethode für Stromwandler. Die Anordnung für die Prüfung von Stromwandlern ist in Abb. 227 schematisch dargestellt. Das Kompensationsprinzip ist ganz ähnlich dem für Spannungswandler. Der zu prüfende Wandler X ist mit seinen Sekundärklemmen über den Belastungswiderstand B an den Normalwiderstand R_2 angeschlossen. Dieser hat für 5 A sekundären Nennstrom den Wert 0,1001 Ω, für 1 A 0,5025 Ω. Parallel zu ihm liegt der Teiler $R_x = 100\ \Omega$. Der Kombinationswiderstand $R_{II} = \frac{R_2 \cdot R_x}{R_2 + R_x}$ ist dann im einen Falle genau 0,1000 Ω, im anderen Falle 0,5000 Ω, allgemein $R_{II} = \frac{0{,}5}{I'_{x2}}$, wobei I'_{x2} der sekundäre Nennstrom ist.

Als Normalwandler N dient ein Zweistufenwandler nach Brooks und Holtz höchster Präzision (vgl. S. 185). Sein Sekundär- und Tertiärstrom sind in den beiden gleichen Normalwiderständen $R_1 = 0{,}4008\ \Omega$ kombiniert. Für kleine Stromstärken benutzt man an Stelle des Normalwandlers winkelfreie Normalwiderstände, wobei die übrige Anordnung die gleiche bleibt. Der Meßzweig vom Widerstand $R = 200\ \Omega$ ist ähnlich wie bei der Spannungswandlerprüfung in mehrere Teile unterteilt. Zu dem einen Teil $r_2 = 136{,}1\ \Omega$ liegt der Drehkondensator C parallel, der andere Teil besteht aus einem festen Widerstand von 47 Ω und einem Schleifdraht von 6 Ω, so daß mit dem Schleifkontakt ein Wert

$r_1 = 50 \pm 3\ \Omega$ abgegriffen werden kann. Der Kombinationswiderstand

$$R_I = \frac{R_1 \cdot R}{R_1 + R} = 0{,}400\ \Omega.$$

Man mißt folgendermaßen: Nach Einstellung des Vibrationsgalvanometers auf Resonanz mit der Meßfrequenz stellt man $r_x = \frac{20}{\ddot{U}_N} \cdot I_1$ ein, wobei $\ddot{U}_N$ die Nennübersetzung des Normalwandlers ist. Durch wechselweises Verstellen von r_1 und C bringt man nun den Ausschlag des Vibrationsgalvanometers auf Null. Dann sind die Spannungen an r_x und r_1 entgegengesetzt gleich:

$$I_{x2} \cdot R_{II} \cdot \frac{r_x}{R_x} = I_{N2} \cdot R_I \cdot \frac{r_1}{R}.$$

Der prozentuale Stromfehler ist:

$$\Delta_I = \frac{I_{x2} - I'_{x2}}{I'_{x2}},$$

wobei I'_{x2} der sekundäre Sollstrom ist. Setzt man die obengenannten Werte ein, so wird $\Delta_I = 2\,r_1 - 100$. Haben Normalwandler und zu prüfender Wandler gleiche Nennübersetzung, so kann man an allen Stellen I'_{x2} durch I_{N2} ersetzen. Den Stromfehler des Normalwandlers oder den Fehler des Normalwiderstandes muß man zum Fehler Δ_I hinzuzählen. Meist kann diese Korrektur aber vernachlässigt werden.

Der Fehlwinkel gegenüber dem Normalwandler ist

$$\delta_I = \frac{r_2^2 \cdot \omega \cdot C}{R} \cdot \frac{180}{\pi} \cdot 60 \text{ Minuten}.$$

ω ist die Kreisfrequenz, C die Kapazität in μF. Bei 50 Hz wird unter Einsetzung der Widerstände $\delta_I = 100 \cdot C$, allgemein für eine Frequenz f $\delta_I = 100 \cdot \frac{f}{50} \cdot C$. Zu diesem Winkel muß man den Fehlwinkel des Normalwandlers oder -widerstandes hinzuzählen, wenn dies erforderlich ist. Für negativen Fehlwinkel legt man C an $r_3 = 72{,}5\ \Omega$ und erhält $-\delta_I = 50 \cdot \frac{f}{50} \cdot C$, also für 50 Hz $-\delta = 50 \cdot C$.

Die Meßbereiche der Einrichtung sind: Für den Stromfehler $\pm 6\%$, für den Fehlwinkel $+\delta_I$ 0,1 bis 99,9 Min., für $-\delta_I$ 0,05 bis 49,9 Min.

Die Meßgenauigkeit ist ebenso wie bei der Kompensationsmethode für Spannungswandler $\pm 0{,}01\%$ für den Stromfehler und $\pm 0{,}1$ Min. für den Fehlwinkel; die letzte Dezimalstelle hat wieder nur relativen Wert.

C. Regulier- und Belastungsvorrichtungen.

Von **G. Brion**, Freiberg.

1. Allgemeines. Widerstandsmaterial. Zur Spannungsregelung, zum Anlassen von Motoren, zur Änderung der Stromstärke in Erregerkreisen, zur Belastung von Maschinen und zu Heizzwecken, zur Beruhigung des Lichtbogens in Bogenlampenkreisen benötigt man Widerstände, die größere elektrische Energiemengen in Wärme umzusetzen vermögen, ohne so warm zu werden, daß eine Brand- oder Explosionsgefahr entsteht, die Kontakte unsicher werden, die Widerstandsdrähte durchoxydieren oder sogar durchschmelzen, wodurch der Strom unterbrochen und ein Lichtbogen gebildet würde.

Je nach der Art der Belastung, kurzzeitigem oder Dauerbetrieb, benutzt man Widerstände von großer Wärmekapazität (Einbettung in Öl oder in Sand;

spez. Wärme von Sand etwa die Hälfte von der des Öls), oder aber große Abkühlungsflächen; fast stets kommt es darauf an, eine gewisse, von der Art der Belastung und des benutzten Widerstandsmaterials abhängige Höchsttemperatur nicht zu überschreiten. Die Erwärmung, d. h. Temperaturerhöhung, soll bei Anlassern und Reglern nach § 13 der REA (Regeln für die Bewertung und Prüfung von Anlassern und Steuergeräten, herausgegeben vom VDE) an der Austrittsstelle der Luft nicht mehr als 175°, bei Ölkühlung an keiner Stelle über 80°, bei Sandkühlung nicht mehr als 150°, bei Wasserwiderständen mit Zusätzen von Soda usw. nicht mehr als 60° betragen; anderseits darf diese zulässige Höchsttemperatur bei richtig konstruierten Widerständen zu Belastungs- und Heizzwecken je nach dem Widerstandsmaterial viel höher sein.

Für die Maximaltemperatur spielt bei kurzzeitigem Betrieb (Anlasser usw.) die Wärmekapazität, für den Dauerbetrieb die freien Abkühlungsflächen die Hauptrolle; deshalb ist in letzterem Fall die Einbettung der Widerstände in Öl oder Sand meist falsch und eine möglichst gute Wärmeabgabe an die umgebende Luft sowie ein möglichst ungehindertes Zu- und Abströmen dieser Luft, verbunden mit einer Schornsteinwirkung, die Hauptsache.

In folgender Zahlentafel sind die wichtigsten Baustoffe für die Widerstände zusammengestellt:

Widerstands-material	Zusammen-setzung	Widerstand in Ω je m und mm²	Widerstands-zunahme je Grad	Max. zulässige Temperatur
Manganin	Mn, Ni Cu	0,43	∼ 0%	∼ 100°
Konstantan u. Rheotan	Cu, Ni	0,40 . . . 0,50	∼ 0	∼ 500°
Neusilber	Cu, Ni, Zn	0,30	0,025	∼ 500°
Kruppsches Widerstandsmaterial	Ni, Cr, Fe	1,0	0,018 (im Mittel)	∼ 1100°
Chromnickel	Ni, Cr	1,08	0,015 . . . 0,025	∼ 1000°
Gußeisen	—	0,8	0,4	> 1000°
Eisendraht	—	0,10 . . . 0,14	0,4	> 1000°
Kohlegries	—	sehr veränderlich	negativ	über 1500°
Silitstäbe	Cy, Si	∼ 500	negativ	700° . . . 1400° je nach Herstellung

Eisen ändert unterhalb der beginnenden Rotglut seinen Widerstand plötzlich sehr stark, und zwar steigt der letztere bei ganz geringer Temperaturerhöhung auf den 2- bis 3-fachen Wert, weshalb Eisendrahtwiderstände vielfach zum Ausgleich der Spannungsschwankungen benutzt werden (sog. Variatoren; zu beziehen durch die Osram G. m. b. H.). Sie werden in Reihe mit dem Widerstand (z. B. Glühlampe) geschaltet, der unabhängig von Spannungsschwankungen vom gleichen Strom durchflossen werden soll; sie müssen so bemessen sein, daß sie bei der mittleren Spannung gerade in dem kritischen Temperaturgebiet liegen; steigt die Spannung, so nimmt ihr Widerstand stark zu; sinkt sie, so nimmt er in gleicher Weise ab; sie sind daher nur für die Einregulierung auf eine ganz bestimmte Stromstärke verwendbar[1].

Gußeiserne Widerstände werden besonders für Anlasser in rohen Betrieben für starke Ströme in Zickzackform in vertikaler Lage benutzt. Da sie leicht brechen, müssen sie vor Erschütterungen geschützt sein. Auf guten Kontakt an den Anschlußstellen ist besonders zu achten.

[1] Kohlrausch: Ann. Physik Bd. 33 (1888) S. 42. Kallmann: Elektrotechn. Z. Bd. 38 (1907) S. 495, 518, 945; Elektrotechn. Z. Bd. 37 (1906) S. 45.

Der Widerstand von Kohlegries nimmt infolge Fritterwirkung allmählich ab; das Material muß daher öfters neu aufgeschüttet und durch frisches ersetzt werden.

Silit (Siemens-Plania-Werke, Berlin-Lichtenberg) ist spannungsempfindlich; an Silitstäbe darf daher keine übernormale Spannung angelegt werden, sonst bricht der Widerstand in sich zusammen. Außerdem dürfen diese Stäbe keiner nennenswerten mechanischen Beanspruchung ausgesetzt werden, sonst brechen sie leicht; gegen Druck und Biegung sind sie besonders empfindlich; sie müssen daher in der Längsrichtung freie Ausdehnungsmöglichkeit haben. Die Stäbe sind meist an den Enden verstärkt, des Anschlusses wegen an diesen Stellen metallisiert und mit Anschlußdrähten versehen, die außerhalb des Ofens endigen und gut gekühlt sind. Die Durchführungskanäle für diese Drähte werden mit loser Asbestwolle verstopft. Im Gebrauch wird der Widerstand allmählich bis zu 30% größer, die Lebensdauer beträgt im Mittel 1000...2000 Stunden. Silitstäbe werden u. a. in metallurgischen Laboratoriumsofen viel verwandt.

Als Baustoff für Belastungswiderstände werden auch Kohlefadenglühlampen verwendet; die Heizelemente sind billig, die Strahlungswärme meist weniger lästig als die Konvektionswärme; man sieht, wo die Energie bleibt; andererseits ist eine Feinregelung schwierig, die Glühlampen vertragen keine übernormale Spannung, wegen der Bruchgefahr sind sie nur für ortsfeste Aufstellung zu empfehlen.

Wasser hat den Vorteil großer Wärmekapazität. Soda und sonstige Zusätze erhöhen die sonst sehr geringe Leitfähigkeit. Nachteile von Wasser: Verdunstung der Flüssigkeit bei Wärme, Einfrieren bei Kälte; elektrolytische Wirkungen bei Gleichstrom; Knallgasbildung (auch bei Wechselstrom, daher Vorsicht!).

Widerstand in Ohm je cm^3 *	Temperatur	
	20°	100°
Gewöhnl. Leitungswasser	2000	750
Gewöhnl. Leitungswasser mit 1 Gewichts-% Soda	120	40
Gewöhnl. Leitungswasser mit 10 Gewichts-% Soda	20	10

Diese Zahlen geben nur ganz rohe Mittelwerte (starke Schwankungen!). Vorteil des reinen Wassers gegenüber Sodalösungen: Es kann dauernd ohne Schaumbildung kochen, führt dabei viel Energie in Dampfform ab und hat konstanten Widerstand.

2. Aufbau von Widerständen. Wird ein blanker Draht frei in der Luft bei ungehindertem Luftzu- und -abfluß waagerecht ausgespannt, so ist die zulässige Belastung je nach Stärke, spez. Widerstand und zulässiger Erwärmung sehr verschieden. Für Kruppschen Widerstandsdraht gilt z. B. nebenstehende Zahlentafel.

Durchmesser	Erwärmung	
	500°	900°
0,1 mm	0,5 A	0,9 A
0,5 mm	3,4	6,5
1 mm	8,5	17
2 mm	22	45

In der Regel wählt man jedoch eine gedrängte Bauart, die Luftbewegung ist beschränkt, die Drähte erwärmen sich gegenseitig; die angegebene Erwärmung tritt dann bereits bei der halben Stromstärke, unter Umständen bei noch geringerer Belastung ein, falls nicht künstlich gekühlt wird, z. B. durch Anblasen mit Ventilator. Sehr dünne Drähte etwa unterhalb 0,05 mm verwendet man nicht gern wegen der sehr geringen mechanischen Festigkeit, des leichten Bruches beim Wickeln besonders an scharfen Kanten, z. B. auf dünne Mikanitplatten, wegen des hohen Preises je Gewichtseinheit und — außer bei Lackdrähten — wegen des unverhältnismäßig großen für die Isolation beanspruchten Raumes.

* Wird die Länge in m, der Querschnitt der Flüssigkeit in mm^2 gemessen, so sind die Zahlenwerte mit 10000 zu multiplizieren.

Früher war bei nicht ganz dünnen Drähten der Aufbau in Form von frei in der Luft liegenden Spiralen von etwa 1 bis 2 cm Durchmesser üblich; die Längsachse war der besseren Durchlüftung halber meist nicht ganz senkrecht, sondern etwas geneigt, besonders bei längeren Spiralen, sonst werden obere Teile durch Kaminwirkung der durchstreichenden Luft von den unteren zu stark erwärmt. Nachteile dieser Anordnung besonders bei dünneren Drähten: bei übernormalen Strömen verlieren sie ihre Elastizität, sie sacken durch und bilden dann leicht Schluß von Windung zu Windung oder zwischen benachbarten Spulen.

Bei größerer mechanischer Beanspruchung werden die Drähte vielfach auf meist gerillte Hohlzylinder aus Porzellan, Steatit, Schiefer oder aus emailliertem Eisenblech gewickelt. Bei den Schiebewiderständen wird die Ohmzahl durch einen längs einer Führungsstange oder mittels Spindel und Mutter verschiebbaren Schleif- oder Rollkontakt geändert; Hauptsache ist bei diesen Schiebewiderständen eine leichte Verschiebung der Kontaktfeder und ein dauernd sicherer Kontakt, eine Forderung, die besonders bei stärkerer Wärmeentwicklung leider nicht immer erfüllt ist, zumal viele Firmen eine viel zu hohe maximal zulässige Stromstärke angeben.

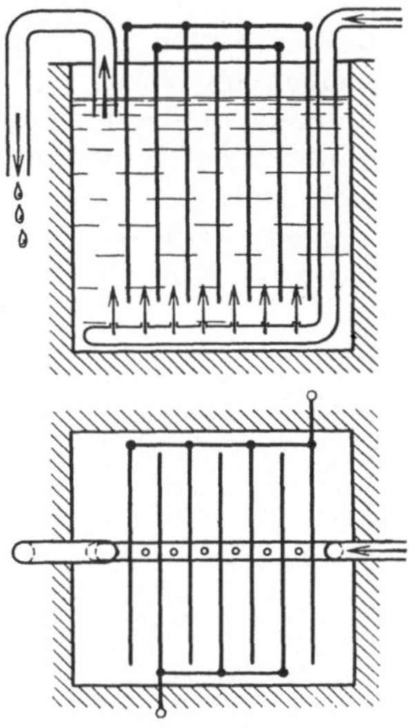
Abb. 228. Wasserwiderstand.

Sehr verbreitet sind die Widerstandsbänder von Schniewindt (Neuenrade, Westfalen). Sie bestehen aus einem Gewebe, dessen Kettenfaden aus einer Asbestfaser, der Querschuß aus Widerstandsmaterial zickzackförmig verläuft. Diese Bänder werden meist in Form von Bändern, Tafeln oder Zylindern hergestellt, die Leistungsaufnahme beträgt etwa 100 W je 100 cm² Bandfläche. Die Vorteile dieser Anordnung sind: Mechanisch solider, einfacher Aufbau, so daß die Luft frei durchstreichen kann, geringe Induktivität und Kapazität.

Zur Herstellung hoher Drahtwiderstände aus sehr dünnem Draht auf relativ engem Raum wird der Draht auch auf eine Asbestschnur in engen Windungen aufgewickelt und diese Schnur (Kordel) auf einen gerillten Porzellanzylinder gewickelt. Bei etwas stärkeren Drähten kann man die Asbestschnur weglassen und wickelt den in engen Windungen gespulten Draht auf den Porzellanzylinder auf.

3. Flüssigkeitswiderstände. Bei Flüssigkeitswiderständen befinden sich entweder die Elektroden und die Widerstandsflüssigkeit in einem besonderen, leitenden oder nicht leitenden Gefäß (im ersteren Fall kann das Gefäß die eine Elektrode bilden), oder die Elektroden tauchen in fließendes Wasser. Die Gefäße müssen isoliert sein, wenn kein Punkt geerdet werden darf. Bei starken Strömen nimmt man meist nach Abb. 228 als Elektroden rechteckige Platten, die wie bei Akkumulatoren parallelgeschaltet werden. Je cm Elektrodenabstand rechnet man ganz grob bei fließendem Wasser mit einer Spannung < 150 V, die Stromdichte ist < 1 A/cm², die Leistungsaufnahme < 1 W/cm³ bezogen auf den wirksamen Raum des Widerstandsgefäßes. Bei einem wirksamen Raum von 1 m³ kann hiernach eine Leitung von knapp 1000 kW in Wärme umgesetzt werden, wenn die Menge verfügbaren Wassers groß genug ist. Die Höhe der Belastung wird durch die Eintauchtiefe der Elektroden bzw. durch das Wasserniveau (Verstellung des Abflußhebers) geregelt; die Feinregelung erfolgt am besten durch einen größeren verstellbaren Nebenwiderstand. Bei höheren Spannungen müssen die Schläuche für den

Wasser-Zu- und -Ablauf isoliert sein. Bei Flüssigkeitsanlassern darf der Stromstoß nicht zu groß sein, wenn die Elektroden ganz in die Flüssigkeit eintauchen und metallisch kurzgeschlossen werden.

4. Regelung der Widerstände. Einfachste Regelung mittels Kurbel und Kontaktscheibe und einzelner Widerstandsstufen. Will man den Widerstand verkleinern, so wird meist ein Teil des Vorwiderstandes ausgeschaltet; Widerstandsmaterial wird dann schlecht ausgenützt, besonders wenn der Strom mit kleiner werdendem Widerstand größer wird. Besser ist in dieser Hinsicht die Parallelschaltung von Widerstandsabteilungen, wie sie von Richter[1] vorgeschlagen worden ist; allerdings ist dann Schaltanordnung komplizierter und teurer.

Zur Feinregelung innerhalb eines engen Bereiches ist folgende Anordnung zweckmäßig: Man stellt den Grundwiderstand auf einen etwas zu großen Wert ein und schaltet im Nebenkreis einen viel größeren, regelbaren Widerstand ein, dessen Stufen gar nicht fein zu sein brauchen; allerdings muß er stets groß bleiben im Verhältnis zur Grundgröße, falls der Zweck erfüllt sein soll[2]. Zur Feinregelung auf einen größeren Bereich schaltet man meist einen grob- und feinstufigen Widerstand in Reihe (Abb. 229). Diese Kurbelschalter können gleichzeitig als Spannungsteiler (Potentiometer) in Abzweigschaltung benutzt werden, wenn die freien Enden des Grob- und Feinreglers zur Netzspannung, die zwei Kurbeln zur Regulierspannung führen. Zum ganz feinen Regulieren

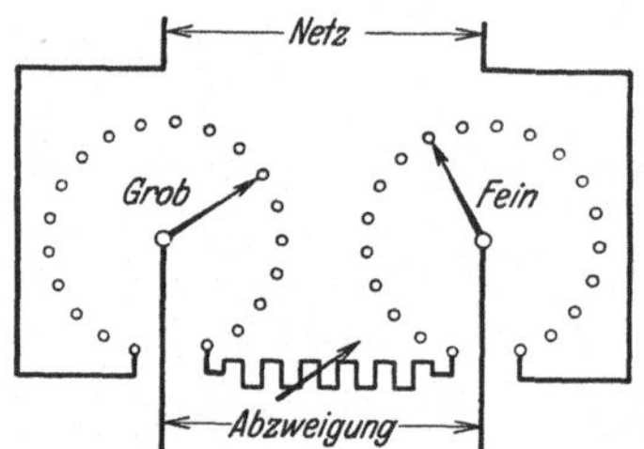

Abb. 229. Widerstand mit Grob- und Feinregler und mit Abzweigklemmen.

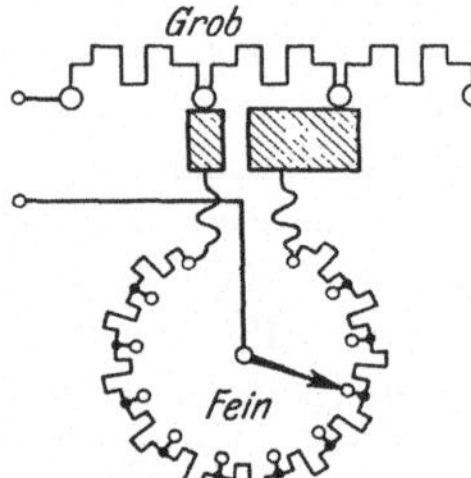

Abb. 230. Anordnung von Siemens zur Grob- und Feinregelung.

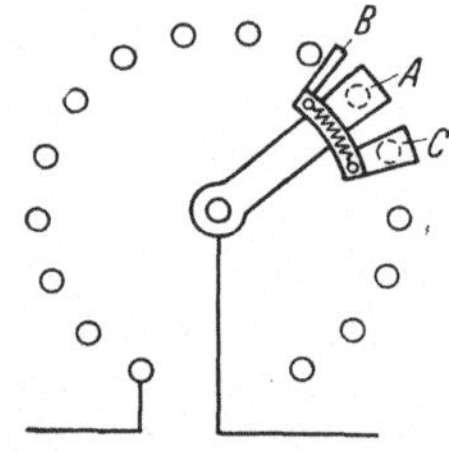

Abb. 231. Anordnung der AEG zur feineren Unterteilung eines gleichstufigen Widerstandes.

ist nach Abb. 229 mitunter zwischen dem Grob- und Feinregler ein Schiebewiderstand angeordnet, dessen Größe der Feinabstufung angepaßt ist. Wie aus Abb. 229 ersichtlich, werden die am Netz liegenden Stufen des Reglers vom stärksten Strom durchflossen. Diese Regelung eignet sich wegen des Leitungsverlustes in den Widerständen nur für kleine Leistungen.

Nach einer Anordnung der SSW wird der Feinregler im Nebenkreis zu einer Grobstufe geschaltet, s. Abb. 230. Nach einer vollen Umdrehung des Feinschalters rückt der Grobschalter zwangsweise um einen Kontakt weiter.

Die AEG. benutzt zur feineren Regelung ihrer Widerstände folgenden Kunstgriff: Nach Abb. 231 besteht der Kontakt aus 3 Federn; die mittlere A ist mit der Kurbel verbunden, die beiden anderen B und C sind miteinander verbunden, aber von der Hauptfeder isoliert. Die voreilende Feder B ist schmal. Bei der Drehung der Kurbel nach links berührt zunächst B den nächsten Kontaktknopf, hierdurch werden die beiden Widerstandsstufen zwischen B und A und zwischen C und A nebeneinander geschaltet. Man erhält hierdurch mit n Kontaktknöpfen $2n$ Stufen.

5. Drosselspulen. Drosselspulen werden bei Wechselstrom zur Herstellung verschiedener Phasenverschiebungen bei induktiver Last und zum Herunterdrücken

[1] Elektrotechn. Z. Bd. 42 (1921) S. 217.
[2] Siehe hierüber u. a. Hauffe: Elektrotechn. Z. 1931 S. 340.

der Spannung am Verbraucher ohne merklichen Leistungsverbrauch verwendet. Die einfachste Ausführung ist der Typus eines Kerntrafos mit 2 bzw. 3 Schenkeln und einem stumpf auf den Kern gepreßten Jochstück, unter Zwischenlage eines Hartpapierstreifens. Zur Vermeidung von mechanischen Erschütterungen infolge Ummagnetisierung und wechselnder Anziehung des Joches an die Kerne wird das Joch mittels Schrauben fest angezogen. Damit bei Nebenschaltung von einzelnen Wicklungsabteilungen die verschiedenen Spulen vom gleichen Strom durchflossen werden, also magnetisch gleichwertig sind, kann man bei Einphasenstrom die verschiedenen Lagen auf den beiden Schenkeln passend kombinieren, also die äußerste Lage auf dem einen Schenkel in Reihe zu der innersten auf dem anderen schalten, die zweitäußerste mit der zweiten von innen usw., bei Drehstrom kann man z. B. bei 4 Lagen je Phase und Schenkel und bei stärkeren Strömen die äußerste und innerste, dgl. die beiden mittleren Lagen in Reihe und sodann beide Abteilungen parallel schalten.

Die Regelung der Drosselwirkung erfolgt meist grob durch Änderung der Windungszahl oder fein durch Änderung des magnetischen Widerstandes (Luftspaltes). Um das lästige Abnehmen des Joches bei Änderung des Luftabstandes zu vermeiden, haben Koch & Sterzel nach Abb. 232 den Eisenkern aus zwei gegeneinander mittels Spindel, Mutter und Handrades verschiebbaren, aus ⊔-Eisenblechen bestehenden Teilen ausgebildet. Zur Vermeidung des Brummens werden die 2 beweglichen Eisenblechpakete gegen die 2 Führungsstangen festgeklemmt. Solange der Luftspalt δ klein bleibt (nur einige mm beträgt), so steigt der Blindstrom bei gegebener Spannung und nicht zu hoher Induktion fast linear mit δ, während der Wirkstrom so gut wie konstant bleibt. Bei weiterer Vergrößerung von δ nimmt der Blindstrom jedoch weniger zu, da sich in diesem Fall die Kraftlinien in der Luft immer mehr verbreiten (der Luftquerschnitt wird größer); dieser Fall tritt besonders dann ein, wenn nicht — wie bei der in Abb. 232 skizzierten Anordnung — der Luftspalt in der Mitte der Wicklung liegt, sondern am Ende der Schenkel, zwischen ihnen und dem Jochstück.

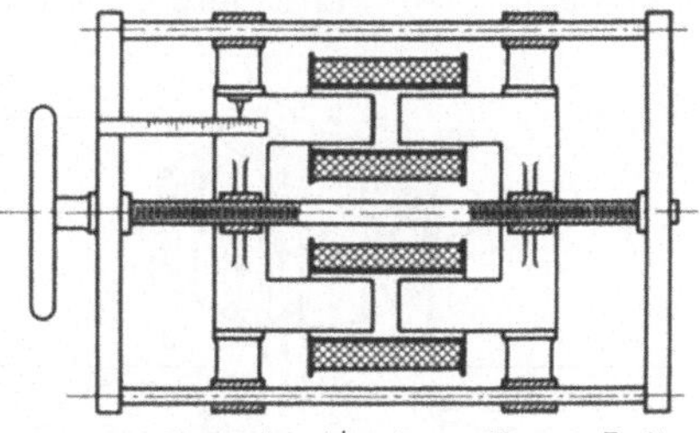

Abb. 232. Drosselspule mit regelbarem Luftspalt.

6. Regeltransformatoren. Ohmsche Vorwiderstände kommen, von sehr geringen Leistungen abgesehen, wegen des Leistungsverbrauchs und auch wegen der Verzerrung der Spannungskurve, wenn die Stromkurve nicht sinusförmig ist, zur Spannungsregelung kaum in Betracht. Die einfachste Anordnung eines Regeltrafos besteht aus einer in Reihe geschalteten Wicklung mit grober und feiner Unterteilung. Von den einzelnen Unterabteilungen führen Drähte zu den Kontaktknöpfen je eines Kurbelschalters (Windungsschalters) für grobe und feine Regulierung; die Kurbeln sind wie bei einem Abzweigwiderstand nach Abb. 229 mit dem Verbraucher verbunden. Bezeichnet man die Gesamtwindungszahl mit w_1, die zwischen den 2 Kurbeln befindliche mit w_2, so ist $U_2 = U_1 \frac{w_2}{w_1}$, wobei U_1 die Netz-, U_2 die Verbrauchsspannung bedeutet. Die Kurbelschalter sind meist wie Akkumulatoren-Zellenschalter ausgebildet; an der Kurbel ist ein Haupt- und Hilfskontakt angebracht, die durch einen Hilfswiderstand überbrückt sind, der beim Vorwärtsrücken der Kurbel eine Stromunterbrechung und einen Kurzschluß in einer Wicklungsabteilung verhindert; das Stehenbleiben der Kurbel in einer Zwischenstellung, in der der Strom im

Dauerbetrieb über den Hilfskontakt und den Überbrückungswiderstand fließen würde, wird durch eine Rastenscheibe vermieden.

Um eine Regelung in einem Linienzug von niedrigen auf höhere Spannungen und umgekehrt mittels Fein- und Grobregler des Regeltrafos zu ermöglichen, haben Siemens[1] und Koch & Sterzel[2] besondere Schaltungen anzugeben. Die Schaltung der letzteren Firma mag hier angegeben werden.

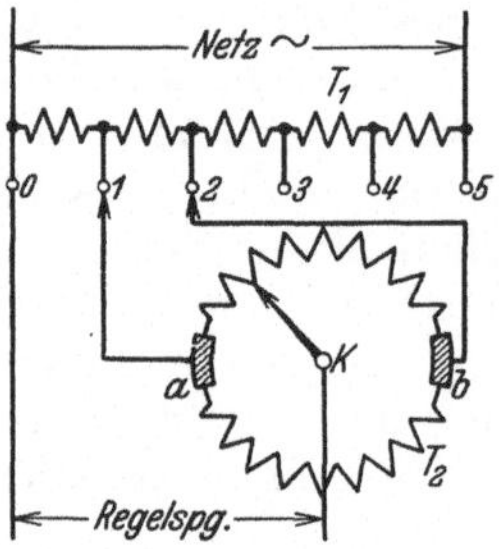

Abb. 233. Grob- und feinstufige Spannungsregelung bei Wechselstrom in einem Linienzug.

Nach Abb. 233 liegt der Einspulentrafo T_1 mit grober Unterteilung *0, 1, 2...5* am Netz; eine Stufe ist jeweils durch einen zweiten, feinstufigen, kleinen Trafo T_2 überbrückt, die Stromabnahme erfolgt von der einen Netzklemme und der Kurbel K von T_2. Steht die Kurbel bei a am Anfang der ersten Windung von T_2, so ist bei der in der Abbildung angegebenen Lage die abgenommene Spannung U_2 gleich derjenigen von *0* bis *1*; T_2 liegt parallel zur Stufe *1* bis *2* und läuft leer mit. Bei Drehung von K nach rechts steigt U_2; ist K in b angekommen, so ist U_2 gleich der Spannung *0* bis *2* und T_2 läuft wieder leer mit, er kann daher bei a einpolig abgeschaltet und der Punkt a von *1* auf *3* umgelegt werden; bei Weiterdrehung der Kurbel steigt jetzt die Spannung von b nach a bis zum Wert *0...3*; ist K in a angelangt, so kann jetzt b von *2* auf *4* umgelegt werden, usw. Bei der technischen Ausführung erfolgt das Umlegen von a oder b, wenn die Kurbel auf b oder a liegt, zwangsläufig durch eine Art Malthesergetriebe; Abb. 234 zeigt die prinzipielle Anordnung. Ohne Umkehrung der Drehrichtung von K wird U_2 zwischen dem Wert 0 und der Netzspannung reguliert, bei Änderung der Drehrichtung tritt eine Erniedrigung statt Erhöhung der Spannung ein. T_2 ist als Ringtrafo ausgebildet, die Wicklung von T_2 besteht aus 2 parallelgeschalteten Spulen, die Kurbel K schleift auf der Wicklung, die an dieser Stelle blank ist. Die Windungsspannung von T_2 beträgt nur einen Bruchteil von 1 V, weshalb ein dauerndes Kurzschließen einer Windung durch die Bürste ohne weiteres zulässig ist. Dieser Regeltrafo kann natürlich für jeden beliebigen Regelbereich ausgeführt werden.

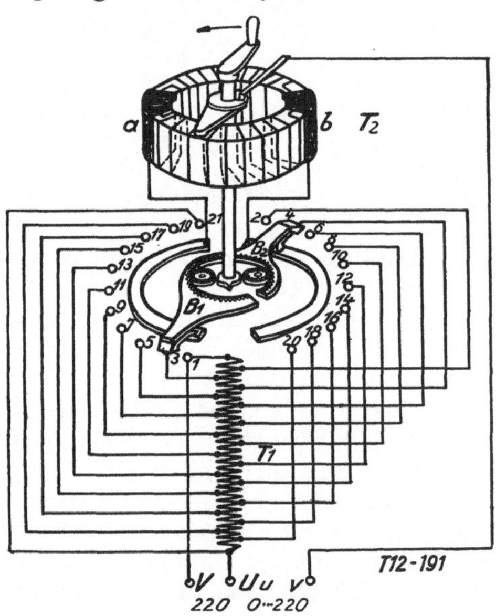

Abb. 234. Grob- und feinstufiger Spannungsregler bei Wechselstrom.

Neuerdings haben Koch & Sterzel einen Regeltrafo gebaut, bei dem auf einen ringförmigen Kern eine vom Netz gespeiste gleichmäßig verteilte Primärwicklung P und darauf wie bei der früheren Anordnung eine Sekundärwicklung S aus wenig Windungen dicken Drahtes aufliegt, gegen die an einer von Isolation befreiten und glatt geschliffenen Fläche A ein Feder- oder Rollkontakt schleift. Die Spannung je Windung be-

[1] Skirl: Siemens-Z. 1922 S. 645.

[2] Regeltrafo Modell R 25, Druckschrift VIII, 1930 S. 256. Reiche: Helios 1933 S. 57.

trägt nur etwa 0,5 V; sie ist so bemessen, daß der Strom in der über den Schleifkontakt kurzgeschlossenen Windung keine unzulässige Erwärmung in ihr hervorruft. Als Netzregler wird dieser Trafo nach Abb. 235 geschaltet, wobei die schwache Wicklung links die Primär-, die starke Wicklung rechts die Sekundärwicklung bedeutet. Ist der Umschalter oben geschlossen, so liegt der Verbraucher direkt am Netz, liegt er unten, so wird die Spannung durch den Trafo geregelt.

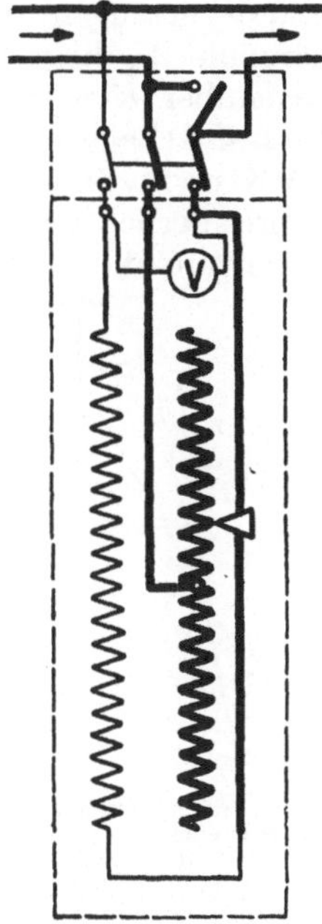

Abb. 235. Regeltrafo zur Regelung der Netzspannung.

Zum vollständig stufenlosen Regeln der Spannung dienen die Dreh- und Schubtransformatoren: Der feststehende Teil des Einphasen-Drehtrafos ist ganz ähnlich gebaut wie der Ständer eines Einphaseninduktionsmotors. Abb. 236 zeigt schematisch eine zweipolige Anordnung: Auf der Innenseite des Hohlzylinders liegt die das Wechselfeld erzeugende Primärwicklung; im Hohlraum liegt als Läufer der zylindrische Eisenkörper mit der meist aus wenig Windungen dicken Drahtes (Stabwicklung) bestehenden Sekundärwicklung, deren EMK je nach ihrer Lage zum Wechselfeld zwischen 0 und einem positiven oder negativen Maximum liegt. Um die magnetische Wirkung der Rotorströme und damit ihre Selbstinduktion möglichst herunterzudrücken, liegt ähnlich wie die Hilfsphase beim Einphaseninduktionsmotor senkrecht zur Primärwicklung auf dem Ständer eine Hilfswicklung K (Kompensationswicklung), die in sich kurzgeschlossen ist.

Der Drehstrom-Drehtrafo ist ganz ähnlich wie ein Drehstrominduktionsmotor gebaut. Abb. 237 gibt das Schaltbild bei Δ-Schaltung des Ständers; die Ständerwicklung liegt am Netz, die Läuferwicklung wird als Zusatzspannung zum Netz geschaltet. Die Größe dieser Zusatzspannung ist bei gegebenem Drehfeld von der Lage des Rotors unabhängig, bei der Drehung ändert sich nur die Phase. Abb. 238 gibt eine vektorielle Darstellung der Netz-, Zusatz- und Regelspannung (U_n, U_z, U_n') für eine bestimmte Rotorstellung bei $\triangle$-Schaltung. Nachteile der Drehtransformatoren sind ihr großer Magnetisierungsstrom, ihre große Streuung und ihre geringe Kurzschlußfestigkeit.

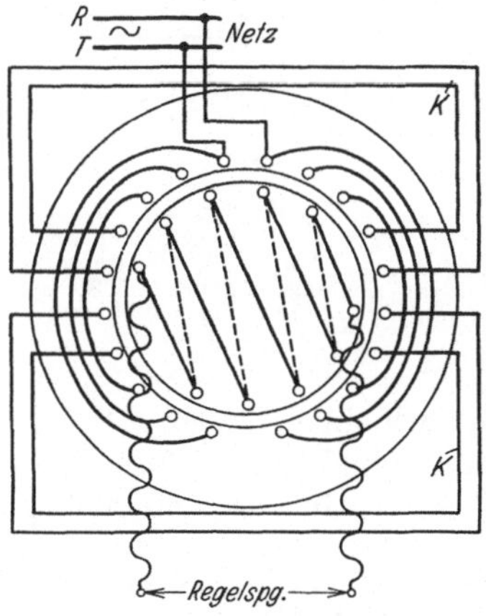

Abb. 236. Einphasen-Drehtrafo mit Kompensationswicklung.

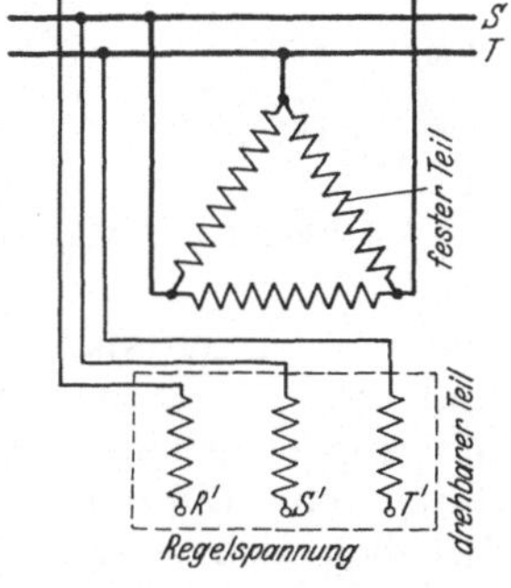

Abb. 237. Drehstrom-Drehtrafo zur Spannungsregelung.

Diese Nachteile vermeidet zum größten Teil der Schubtrafo von Koch & Sterzel[1]. Er besteht bei Einphasenstrom nach Abb. 239 aus einem feststehenden Eisenblechkörper K von quadratischem Querschnitt und zwei ihn an gegenüberliegenden gehobelten Flächen umgebenden, gemeinsam verschiebbaren, ebenfalls gehobelten Eisenblechpake-

[1] Reiche: Elektrotechn. Z. Bd. 48 (1927) S. 651 und Druckschrift VIII, 206, von K. u. St.

ten J_1 und J_2, die mittels Federn gegen die Flächen von K gepreßt werden. Die Primärwicklung besteht aus zwei in Aussparungen von J_1 und J_2 liegenden parallelen Abteilungen W_1 und W_2, die zwei getrennte magnetische Flüsse Φ_1 und Φ_2 erzeugen, deren Richtung in K entgegengesetzt gerichtet ist. Die Sekundärspule W_S liegt in einer Aussparung von K. Je nach der Lage von J_1 und J_2 gegenüber K wird W_S vom Fluß Φ_1 (Lage a) oder im umgekehrten Sinn vom Fluß Φ_2 (Lage c) oder teils von Φ_1 und teils von Φ_2 (Lage b) durchsetzt. Die EMK in W_2 ändert sich daher beim Übergang von Lage (a) durch (b) nach (c) kontinuierlich der Größe und Richtung nach. Bei Drehstrom liegen wie beim Kerntrafo die 3 Systeme nebeneinander, die 6 verschiebbaren Eisenkörper J gleiten gemeinsam längs den gehobelten Flächen von K. Bei der technischen Ausführung besteht die Aussparung von K für die Wicklung W_2 aus einzelnen Nuten, desgleichen sind auf J_1 und J_2 Nuten für eine in sich geschlossene Wicklung zur Unterdrückung des Streuflusses des Sekundärstroms angebracht.

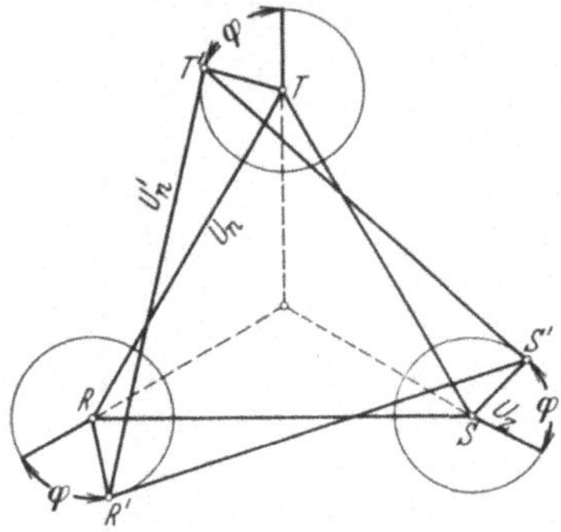

Abb. 238. Potentialdiagramm des Drehstrom-Drehtrafos für die Netz-, Zusatz- und Regelspannung.

Schubdrossel: Eine ähnliche einfache Methode der stufenlosen Regelung, die mittels zweier möglichst gleicher Regulierdrosseln leicht verwirklicht werden kann, besteht darin, daß man die 2 Drosseln in Reihe an die Wechselspannung schaltet und den Verbraucher parallel zur einen Drossel anschließt. Ist der magnetische Widerstand (Luftspalt) in der Drossel I klein, in der Drossel II groß, so liegt bei gleicher Stromstärke in I und II der Hauptteil der Spannung an I; will man die Spannungsverhältnisse verschieben, so braucht

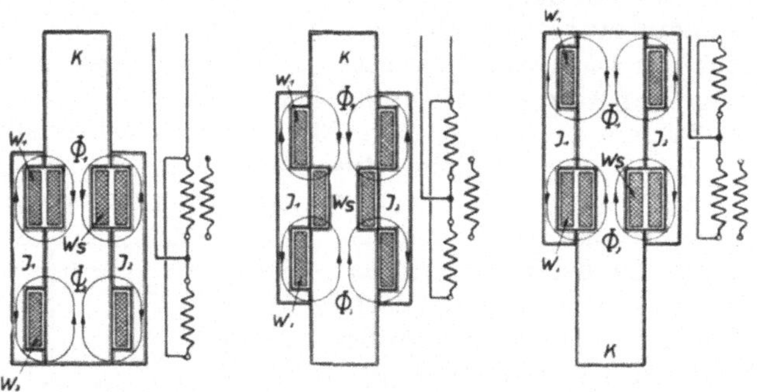

Abb. 239a, b u. c. Magnetische Verkettungen beim Schubtrafo.

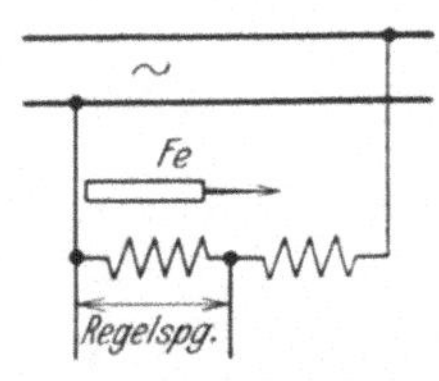

Abb. 240. Spannungsregelung mittels 2 Spulen und verschiebbarem Eisenkern.

man nur den Luftspalt von I zu vergrößern, von II zu verkleinern. Koch & Sterzel und neuerdings auch die AEG[1] haben nach diesem Prinzip stufenlose Spannungsregler gebaut. Die 2 gleichen Drosseln sind nach Abb. 240 magnetisch durch ein Eisenblechpaket gekuppelt, das durch Längsverschiebung nach Belieben den magnetischen Widerstand der ersten oder der zweiten Spule und damit die Spannung von der einen auf die andere Seite schieben kann. Diese 2 Spulen können naturgemäß entweder am Netz oder wie bei den früher besprochenen Apparaten als Feinregler zwischen 2 Kontakte eines Grobreglers geschaltet werden.

[1] Elektrotechn. Z. 1927 S. 662.

7. Anlasser. Die Untersuchung der Anlasser erfolgt nach den Regeln für die Bewertung und Prüfung von Anlassern und Steuergeräten R.E.A./1928[1] und nach den Regeln für die Bewertung und Prüfung von Steuergeräten, Widerstandsgeräten und Bremslüftern für aussetzenden Betrieb R.E.B./1927[1]. Außerdem sind die Errichtungsvorschriften für Starkstromanlagen mit Betriebsspannungen unter 1000 V zu beachten. Über Bau und Wirkungsweise der Anlasser s. Literatur[2].

Nach den R.E.A. werden die Anlasser auf Grund folgender Angaben bewertet:

1. Nennleistung des Motors und die ihr entsprechende Leistungsaufnahme.

2. Mittlere Anlaßaufnahme. Hierfür ist maßgebend die Schwere des Anlaufs, die durch das Verhältnis: mittlere Anlaßaufnahme zu Leistungsaufnahme des Motors bei Vollast gekennzeichnet ist. Man unterscheidet Halblast-, Vollast- und Schweranlauf.

3. Anlaßzeit, d. h. die Zeit während der nur Anlaßstufen Strom führen. Die Anlaßzeit hängt von der Schwere des Anlaufs, der Motorcharakteristik und der Arbeitscharakteristik ab. Die Arbeitscharakteristik ist die Drehmoment-Drehzahllinie. Man unterscheidet gleichbleibendes Drehmoment, gleichbleibende Leistung und quadratisch mit der Drehzahl ansteigendes Drehmoment.

4. Anlaßzahl. Die Anlaßzahl ist die Zahl der hintereinander — mit einer Pause gleich zweimal Anlaßzeit — bis zum Erreichen der Endtemperatur zulässigen Anlaßvorgänge.

5. Anlaßhäufigkeit. Die Anlaßhäufigkeit ist die Zahl der stündlich in gleichmäßigen Abständen dauernd zulässigen Anlaßvorgänge.

In den R.E.A. sind Reihen von normalen Flachbahnanlassern für Gleich- und Drehstrom entwickelt. Die Tafeln sind für Vollastanlauf aufgestellt, bei Halblastanlauf sind die Anlasser für die doppelte Motorleistung verwendbar, sofern das Endkontaktstück ausreichend bemessen ist.

Die Erwärmung der Anlasser wird am Gehäuse und im Kühlmittel (Luft, Öl, Sand usw.) gemessen. Die R.E.A. enthalten die zulässigen Grenzerwärmungen.

Durch die Spannungsprobe wird die Isolationsfestigkeit aller voneinander isolierten Teile des Anlassers geprüft. Die Prüfspannung beträgt z. B. 2000 V für Nennspannungen bis 440 V.

Aus den Angaben des Leistungsschildes muß die Wirkungsweise und die Verwendungsart des Anlassers eindeutig hervorgehen.

V. Hochspannungsmessungen.

Von **R. Vieweg**, Berlin.

A. Prüfanlagen.

1. Prüftransformatoren. Das Kernstück der Hochspannungsprüfanlagen und -meßeinrichtungen bilden die Prüftransformatoren für technischen Wechselstrom. Bis zum Bereich mittlerer Spannungen (etwa 100 kV) bietet die Erzeugung der Wechselspannung nichts Besonderes, anders bei höheren und höchsten Span-

[1] Dettmar, G.: Erläuterungen zu den Regeln für Maschinen und Transformatoren, 7. Aufl. Berlin: Julius Springer 1930.

[2] Jasse, E.: Anlaß- und Regelwiderstände, 2. Aufl. Berlin: Julius Springer 1924. Natalis, Fr.: Regler und Anlasser. Abschnitt VIII in E. v. Rziha u. J. Seidener: Starkstromtechnik, 7. Aufl. Berlin: Ernst & Sohn 1930.

nungen bis zu einer und sogar mehreren Millionen Volt gegen Erde. Hier bedingt die Beherrschung der Isolationsschwierigkeiten besondere Anordnungen. Das allgemeine Prinzip solcher Einrichtungen geht dahin, Spannung und Isolation zu zu unterteilen. Damit gewinnt man zugleich die Möglichkeit verschiedener Schaltungen (in Reihe für hohe Spannungen, parallel für größere Leistungen, in Stern für Drehstromuntersuchungen) und obendrein den Vorteil, daß bei Ausfall eines Transformators nicht die ganze Anlage stilliegt. Abb. 241 zeigt das Schema einer Staffelschaltung, bei der die hohe Spannung auf drei gleiche, in Reihe geschaltete Einheiten verteilt ist. Die Durchführungsisolatoren übernehmen nun je ein Drittel der Gesamtspannung, dafür werden die Kerne und Gehäuse ebenfalls für ein bzw. zwei Drittel der Gesamtspannung isoliert. Die Speisung der isoliert aufgestellten Stufen erfolgt über Isoliertransformatoren 1 : 1, die auch wieder entsprechend isoliert aufzustellen sind. Anlagen nach dem Prinzip der Abb. 241 sind für Starkstrom-Prüffelder nur selten ausgeführt worden (öfter für Röntgenzwecke); viel mehr hat sich die als Dessauerschaltung bekannte Staffelschaltung eingebürgert, bei der die Hochspannungswicklungen der einzelnen Transformatoren in Sparschaltung hintereinander angeordnet sind. Eine Staffelschaltung, wie sie u. a. Koch & Sterzel vierstufig für 1000 kV[1] für die Hescho-Porzellanfabrik in Freiberg ausgeführt haben, zeigt Abb. 242. Statt von einem Isoliertransformator wird jeder nachfolgende Transformator vom vorhergehenden gespeist und entsprechend der Oberspannung des vorhergehenden isoliert aufgestellt. Die Kurzschlußspannung, die wegen des zur Isolation erforderlichen Abstandes der Wicklungen vom Kern und wegen der Besonderheiten, die sich aus der Übertragungswicklung ergeben, ziemlich hoch ist, kann durch Einbau sog. Schubwicklungen niedrig gehalten werden.

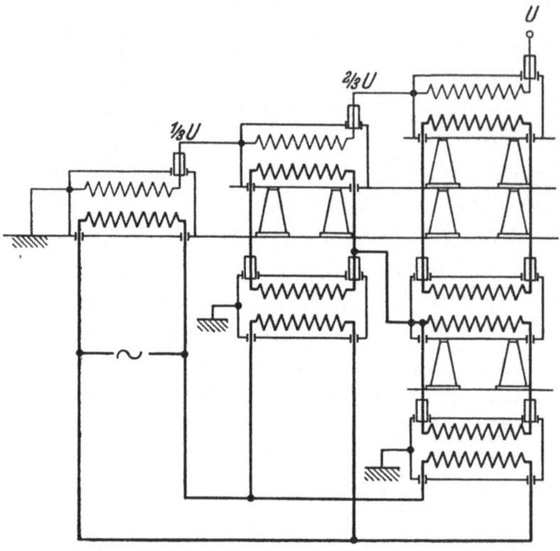

Abb. 241. Reihenschaltung mit Isoliertransformatoren.

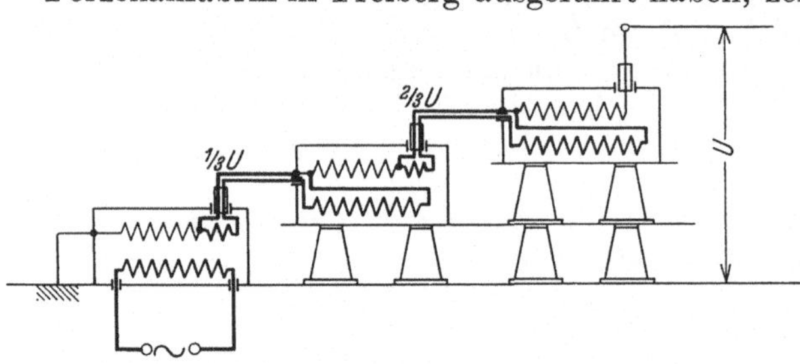

Abb. 242. Staffelschaltung (ein Pol gegen Gehäuse isoliert).

Eine etwas andere Anordnung der Staffelschaltung, wie sie von Haefely & Co. z. B. für das Laboratoire Ampère der Compagnie Electrocéramique in Paris ausgeführt worden ist, zeigt Abb. 243. Hier sind die Mitten der Gesamtwicklungen jedes der drei Transformatoren mit dem Kern verbunden. Der Eingangstransformator ist daher bereits für seine halbe Spannung isoliert aufzustellen. Die Transformatoren sind als Trockentransformatoren mit Luftisolation gebaut, ein Verfahren, das neuerdings für Prüftransformatoren viel Beachtung findet, besonders wohl deshalb, weil die bequeme Zugänglichkeit aller Teile bei der Behebung von

[1] Elektrotechn. Z. Bd. 45 (1924) S. 477.

Schäden wichtig ist. Und Schäden treten erfahrungsgemäß in Prüfanlagen hin und wieder auf, da diese bei dauernder Benutzung zu Überschlägen hohen Beanspruchungen unterliegen. Eine spezielle, für Hochspannungs-Prüftransformatoren geeignete Wicklungsanordnung, bei der die Hochspannung in einlagigen, abgestuften Zylinderwicklungen abwechselnd auf zwei Kerne verteilt wird, hat K. Fischer[1] angegeben. Die Hochspannungsgesellschaft mbH. hat mit solchen Wicklungen unter Luftisolation zahlreiche Prüfanlagen in üblicher Staffelschaltung hergestellt, so 3 × 330 kV für die Technische Hochschule Berlin[2].

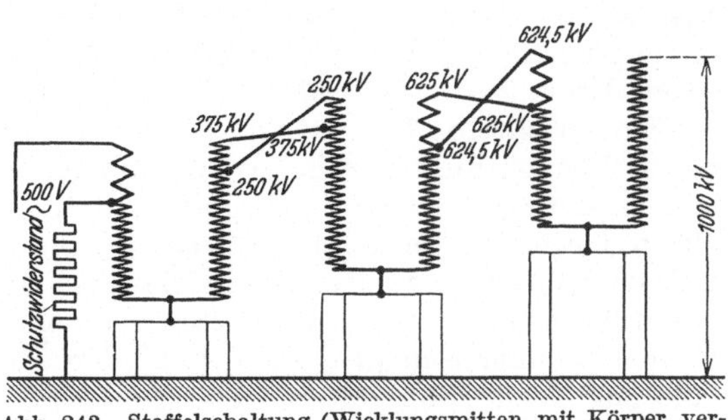

Abb. 243. Staffelschaltung (Wicklungsmitten mit Körper verbunden).

Bisher wohl einzig in ihrer Art ist die Anordnung, die Austin[3] für das 2,25 MV-Laboratorium der Ohio Insulator Co in Barberton USA. getroffen hat. Abb. 244 zeigt den Aufbau der drei Öltransformatoren, deren jeder durch einen mit ihm isoliert aufgestellten Generator gespeist wird. Die Antriebsmotoren wirken über Isolierwellen. Der Vorteil dieser Anordnung besteht (wie bei Isoliertransformatoren) darin, daß nicht die ganze Leistung bereits durch den Eingangstransformator zugeführt wird. Die Spannungsabfälle sind daher in der Isolieranordnung kleiner. Bei der üblichen Staffelschaltung ist die Gesamtleistung nicht größer als die des Eingangstransformators, bei der Isolierschaltung ist sie gleich der Summe der drei Einzelleistungen. Die Transformatorenwicklungen sind in der Mitte mit dem Kern verbunden, so daß jede der beiden Durchführungen eines Transformators 375 kV zu isolieren hat. Da die ganze Anlage als Freiluftstation ausgebildet ist, ergeben sich riesige Aufbauten, die Klemmenhöhe des Spitzenisolators beträgt etwa 15 m über Erdboden. Ein Freiluftprüffeld bis 1000 kV in üblicher dreifacher Staffelschaltung bauten die Bergmann Elektrizitätswerke[4]. Erwähnt sei, daß auch in einer Einheit Transformatoren für sehr hohe Spannungen gebaut werden, z. B. 500 kV-Öltransformatoren von Siemens-Schuckert[5]; 1 MV liefert der von der AEG hergestellte Öltransformator im Prüffeld der Porzellanfabrik Rosenthal[6].

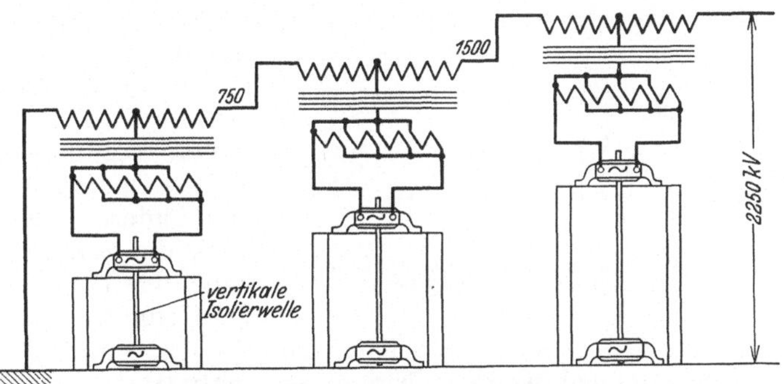

Abb. 244. Reihenschaltung mit Isoliergeneratoren.

An interessanten neuen Prüffeldern und sonstigen Hochspannungslaboratorien ist eine große Anzahl beschrieben worden. Ohne Anspruch auf Vollständigkeit

[1] Elektrotechn. Z. Bd. 46 (1925) S. 186.
[2] Matthias: Elektrotechn. Z. Bd. 50 (1929) S. 373.
[3] A Laboratory for Making Lightning, presented at Internat. High Tension Congress, Paris 1929.
[4] Elektrotechn. Z. Bd. 49 (1928) S. 1161. [5] z. B. Elektrotechn. Z. Bd. 48 (1927) S. 512.
[6] Draeger, K.: Elektrotechn. Z. Bd. 51 (1930) S. 933.

seien außer den bereits oben genannten noch einige angeführt. Die Technischen Hochschulen in Braunschweig[1] (Transformatoren von der AEG), Aachen[2] (Transformatoren von der Hochspannungsgesellschaft) und Dresden (Transformatoren von Koch & Sterzel) besitzen moderne Hochspannungsanlagen. Eine dreigliedrige Staffel hat das Prüffeld der Rheinischen Draht- und Kabelwerke in Köln mit 1200 kV Gesamtspannung, gebaut von der Hochspannungsgesellschaft[3]. Die Anlage ist primär mit regelbaren Luftdrosseln zur Kompensation von Ladeströmen ausgestattet. Bemerkenswert ist das Ryan-Laboratorium der Stanford-Universität in Palo Alto, Cal., das über zwei Sätze von Transformatoren zu je 3 $\times$ 350 kV gegen Erde, zusammen also 2,1 MV zwischen den Klemmen verfügt[4].

Eine wichtige Rolle spielt bei der Einrichtung von Prüfanlagen die Frage der Leistung. Für sehr hohe Spannungen kann heute als eine übliche Größe ein Sekundärstrom von 1 A gelten, d. h. die Anzahl der kVA ist numerisch gleich der Anzahl der Kilovolt Gesamtspannung. Diese beträchtliche Leistung hat sich als wünschenswert erwiesen, da die Prüfungsergebnisse oft von der verfügbaren Transformatorleistung abhängen. Als Beispiel sei nur erwähnt, daß eine Hochspannungsbeanspruchung, z. B. der Überschlag eines Isolators, gegebenenfalls zur Zerstörung führt, wenn genügend Strom nachfließen kann, während die scheinbar gleiche Beanspruchung, durch einen schwachen Transformator erzeugt, ohne merkliche Wirkung bleibt. Dasselbe gilt auch für mittlere und geringe Hochspannungen. Es ist daher in einigen VDE-Vorschriften eine Mindestleistung des Prüftransformators vorgeschrieben, z. B. für die Prüfung von Isolatoren 10 kVA, für die Prüfung von Transformatoren- und Schalterölen 250 VA[5].

2. Kurvenform bei Hochspannung. Die Kurvenform auf der Oberspannungsseite von Hochspannungstransformatoren kann nicht immer mit genügender Zuverlässigkeit aus Messungen auf der Unterspannungsseite erschlossen werden. Es kommt z. B. bei Prüftransformatoren mit relativ großer Streuung vor, daß bei einer gewissen Belastung die Kurvenform auf der Unterspannungsseite praktisch sinusförmig, auf der Oberspannungsseite stark verzerrt ist; bei anderen Belastungsverhältnissen kann auch der umgekehrte Fall vorliegen. Wenn daher für eine meßtechnische Untersuchung die Kenntnis von Effektiv- und Scheitelwert (siehe S. 212) nicht ausreicht, muß die Kurvenform auf der Hochspannungsseite aufgenommen werden. Ein gutes qualitatives Verfahren hat Schering[6] angegeben (Abb. 245). Eine Blechtafel von etwa 1 m² Größe oder ein Gasrohr, die in der Nähe der Hochspannungsleitung isoliert angebracht werden, bilden mit der Hochspannungsleitung zusammen einen Hochspannungs-Luftkondensator C_1, der eine Kapazität von einigen $\mu\mu$F besitzt. Die Tafel oder das Rohr wird über einen Glimmerkondensator C_2 von etwa 0,5 μF geerdet. Durch diese kapazitive Unterteilung liegt an C_2 eine kleine Wechselspannung von der Kurvenform

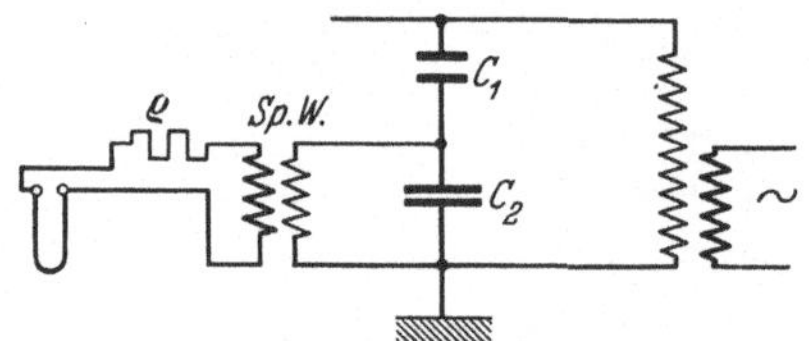

Abb. 245. Schaltung zum Oszillographieren von Hochspannung nach Schering.

[1] Marx: Elektrotechn. Z. Bd. 50 (1929) S. 217.
[2] Rogowsky: Elektrotechn. Z. Bd. 50 (1929) S. 993.
[3] Kramer, G.: BBC Nachr. Bd. 18 (1931) S. 151.
[4] Lusignan: J. Electricity 1926 Heft 12; Elektrotechn. Z. Bd. 48 (1927) S. 1273.
[5] Lit. über Prüftransformatoren z. B. Ganster: Elektrotechn. u. Maschinenbau Bd. 49 (1931) S. 809. Norris u. Taylor: J. Instn. electr. Engr. Bd. 69 (1931) S. 673. Einen Entwurf zu VDE-Leitsätzen über die Ausführung von Hochspannungsprüfungen s. Elektrotechn. Z. Bd. 53 (1932) S. 828.
[6] Schering u. Burmester: Z. Instrumentenkde. Bd. 44 (1924) S. 97.

der Hochspannung. Diese kleine Wechselspannung wird den Oberspannungsklemmen eines Spannungswandlers von großem Übersetzungsverhältnis, z. B. 25000/125 V, zugeführt, während an die Unterspannungsklemmen dieses Wandlers die empfindliche Meßschleife des Oszillographen z. B. 4,5 Ω für max. 3 mA angeschlossen wird. Mit der Schleife liegt ein Widerstand ϱ von einigen Ohm in Reihe. Nach einem Vorschlag von Keinath[1] kann als Hochspannungskondensator auch eine Kondensatordurchführung benutzt werden.

Ein Verfahren zum Oszillographieren von Hochspannung, bei dem ein an einem Widerstand abgegriffener Teil der zu untersuchenden Spannung über eine Verstärkerröhre der Meßschleife eines normalen Oszillographen zugeführt wird, ist im Versuchsfeld der Hermsdorf-Schomburg Isolatoren G. m. b. H. entwickelt worden[2]. Über Oszillographieren bei Corona-Untersuchungen siehe Waldorf[3]. Einen empfindlichen statischen Hochspannungsoszillographen unter Anwendung des piezoelektrischen Prinzips hat v. Philippoff[4] angegeben. Ein Teil — einige 1000 V — der zu untersuchenden Hochspannung wird einem Quarzsystem zugeführt und übt piezoelektrische Verstellkräfte auf einen Spiegel aus. Es gelang, eine Empfindlichkeit von 200 V/mm und einen Frequenzbereich bis zu 15000 Hz zu erreichen. Über Oszillographieren von Hochspannung mittels Braunschem Rohr siehe R. Vieweg u. G. Pfestorf[5]. Eine Schaltung zum Oszillographieren von Hochfrequenzspannungen mittels Kathodenoszillographen ist von Obenaus[6] beschrieben worden.

3. Übersetzungsverhältnis bei Hochspannungstransformatoren. Hochspannungsprüftransformatoren, die meist kapazitiv belastet werden, zeigen vermöge ihrer verhältnismäßig großen Streuinduktivität eine erhebliche Änderung des Übersetzungsverhältnisses mit der Belastung. Die Erhöhung des Übersetzungs-verhältnisses kann (besonders für Transformatoren kleiner Leistung) bei hoher, praktisch rein kapazitiver Last bis über 100% betragen. Es ist daher wichtig, das Übersetzungsverhältnis bei verschiedenen Lasten zu kennen. Für die Messung kommt neben den Spannungszeigern oder Wandlern (s. Ziff. 8) folgende von Schering[7] angegebene Brückenschaltung in Betracht (Abb. 246). Die Spannung wird auf beiden Seiten des Transformators unterteilt. Für die Hochspannung stehen Meßwiderstände zur Teilung technisch nur bis etwa 100 kV (s. Ziff. 12) zur Verfügung. Man wählt daher auf der Oberspannungsseite zwei Kapazitäten C_1 und C_2, auf der Unterspannungsseite zwei Widerstände R_1 und R_2. Durch Regeln von R_1 und durch Einschalten eines Widerstandes ϱ vor C_2 wird der Ausschlag des als Brücken-Nullinstrument dienenden Vibrationsgalvanometers zum Verschwinden gebracht. Die Phasenverschiebung α zwischen Primär- und Sekundärwicklung ist im allgemeinen klein, wenigstens solange keine erhebliche Wirklast am Transformator liegt.

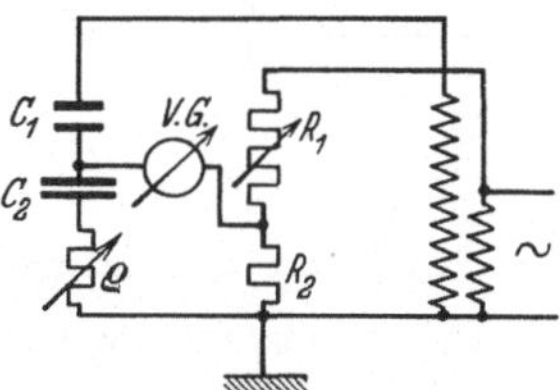

Abb. 246. Messung der Übersetzung von Hochspannungstransformatoren nach Schering.

Es gilt:

$$\ddot{u} = \frac{U_2}{U_1} = \frac{C_2}{C_1} \cdot \frac{R_2}{(R_1 + R_2)} \cdot \cos\alpha; \qquad \operatorname{tg}\alpha = \varrho\,\omega\,C_2\,.$$

C_1 ist ein Hochspannungskondensator definierter Kapazität, vgl. Ziff. 7, C_2 ein

[1] Die Technik elektrischer Meßgeräte II, S. 17ff. Berlin: R. Oldenbourg 1928.
[2] Halbach: Arch. Elektrotechn. Bd. 21 (1929) S. 541.
[3] J. Amer. Inst. electr. Engr. Bd. 49 (1930) S. 272.
[4] Elektrotechn. Z. Bd. 53 (1932) S. 405.
[5] Elektrotechn. Z. Bd. 53 (1932) S. 913. [6] Hescho-Mitteilung 1930 Heft 51.
[7] Schering u. Burmester: Z. Instrumentenkde. Bd. 44 (1924) S. 97.

Glimmerkondensator von 1 μF, R_2 etwa 100 Ω. Die Meßgenauigkeit, die bei Vorliegen starker Verzerrung der Kurvenform auf einer Seite beeinträchtigt wird, ist im allgemeinen groß, so daß das Verfahren auch für Spannungsmesser-Eichung in Betracht kommt.

Wenn das Übersetzungsverhältnis einer Transformatorenanlage geeicht wird und bei gegebener Last aus dem Übersetzungsverhältnis und der gemessenen Unterspannung die Hochspannung errechnet werden soll, sind als Last nicht nur der Prüfling, sondern auch die verteilten Kapazitäten, z. B. der Sammelschienen zu berücksichtigen. Nimmt man Wandler zur Eichung des Übersetzungsverhältnisses, so ist zu beachten, daß bei Prüftransformatoren kleiner Leistung der Einfluß des Spannungswandlers selbst oft nicht vernachlässigt werden kann, d. h. ein gemessenes Übersetzungsverhältnis gilt nur, wenn der Wandler mit angeschlossen ist. Schaltet man ihn ab, so ändert man damit die Belastung (induktiv und kapazitiv).

Ein dem vorigen ähnliches Verfahren zur Messung des Übersetzungsverhältnisses von Hochspannungstransformatoren unter Verwendung der Scheringschen Brückenanordnung hat Yoganandam[1] beschrieben; ferner siehe Jenss[2].

4. Stoßschaltungen. Zur prüftechnischen Nachahmung von Wanderwellen (siehe Ziff. 17) dienen Stoßschaltungen[3]. Eine Stoßprüfanlage muß die schlag-

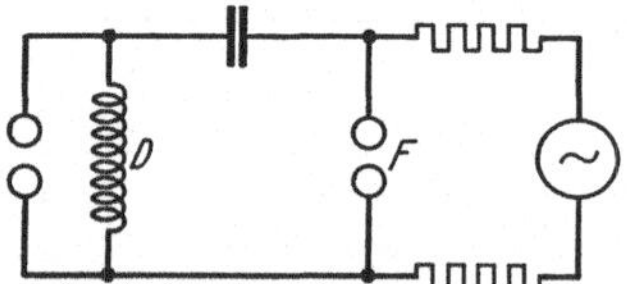

Abb. 247. Schaltung zur Stoßprüfung.

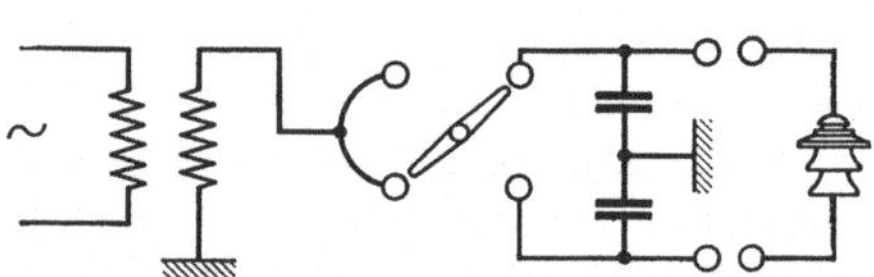
Abb. 248. Stoßanlage mit Spannungsverdoppelung nach Delon.

artige Entladung einer für den Prüfgegenstand erheblichen Energiemenge gestatten. Zur Aufnahme der Prüfenergie dienen Kondensatoren. Abb. 247 zeigt eine Stoßschaltung, wie sie z. B. für die Prüfung von Schutzdrosseln (*D*) in Frage kommt. Zum Schutz der Stromquelle sind Dämpfungswiderstände vorgesehen. Die Einleitung des Stoßvorganges erfolgt durch die Funkenstrecke *F*. Auf die ähnlichen Anordnungen, die für die Sprungwellenprobe an Maschinen und Transformatoren (siehe S. 378) vorgesehen sind, sei hier nur hingewiesen. Messungen über den Einfluß von Sprungwellen auf die Spannungsverteilung an Transformatorwicklungen hat Reiche[4] beschrieben.

Während in der Abb. 247 eine Stoßschaltung skizziert ist, die direkt an Wechselspannungsquellen angeschlossen wird, ist in Abb. 248 eine einfache Schaltung zur Prüfung mittels Gleichspannungsstößen angegeben. Die Aufladung des Kondensators mit Gleichspannung hat den Vorteil, daß man von der Polwechselzahl des Wechselstromes unabhängig wird und die Funkenfolge nach Belieben einstellen kann. Auch die Steilheit der Spannungswellen läßt sich im allgemeinen bei Gleichstrom einfacher beherrschen. Als Prüfgegenstand ist in Abb. 248 ein Isolator angedeutet, es sei daher auf die VDE-Leitsätze für die Prüfung von Hochspannungsisolatoren mit Spannungsstößen hingewiesen. In diesen Leitsätzen ist zwar keine Festsetzung über die Stoßanordnung getroffen, es werden aber einige Richtlinien über die Ausführung der Prüfung gegeben.

---

[1] J. Instn. electr. Engr. Bd. 68 (1930) S. 192; ferner Schering u. Brülle: Elektrotechn. Z. Bd. 54 (1933) S. 51.

[2] Elektrotechn. Z. Bd. 52 (1931) S. 7.

[3] Z. B. Bucksath: Elektrotechn. Z. Bd. 44 (1923) S. 943.

[4] Arch. Elektrotechn. Bd. 15 (1926) S. 216.

Die in Abb. 248 skizzierte Anordnung zur Aufladung der Kondensatoren ist die von Delon[1] angegebene Spannungsverdoppelungsschaltung, bei der zwei Kondensatoren durch Gleichrichter (Nadelgleichrichter oder Glühventile) so aufgeladen werden, daß jeder Kondensator die volle Spannung des Transformators erhält. Die beiden in Reihe liegenden Kondensatoren liefern daher die doppelte Spannung. Solche Vervielfachungsschaltungen haben nicht nur für Stoßanlagen, sondern auch für andere Zwecke, insbesondere für die Röntgentechnik, Bedeutung erlangt (z. B. auch Geinacherschaltung, Graetzschaltung, Villardschaltung u. a. m.[2]).

Für die Zwecke der Stoßprüfung ist die Spannungsvervielfachung unerläßlich, da zur Erzielung eines Überschlages mit Stoßspannung an den Isolierkörpern für Höchstspannungsanlagen bereits Stoßspannungen bis 1,5 MV benötigt werden, während z. B. Glühventile (vgl. Abb. 250) in einer Einheit nur bis 400 kV technisch verfügbar sind. Eine Anordnung zur Gleichrichtung sehr hoher Wechselspannungen mittels Funkenstrecken Spitze—Platte hat Marx[3] angegeben. Das wesentliche der Schaltung zeigt Abb. 249. Es werden zwei Funkenstrecken Spitze—Platte hintereinander verwendet und das verbindende Leitungsstück über einen hohen Widerstand R geerdet. R wird so bemessen, daß das Leitungsstück zwischen zwei aufeinanderfolgenden Überschlägen, d. i. in einer halben Periode, entladen wird. Damit ist die bei anderen Gleichrichtern vorhandene Gefahr der Rückzündung vermieden. In der Abbildung bedeutet W einen Schutzwiderstand, L und C_{Tr} dienen zur Verbesserung der Spannungskurve und des Übersetzungsverhältnisses. Als Verbraucher für die ganze Anordnung ist der Kondensator C angenommen.

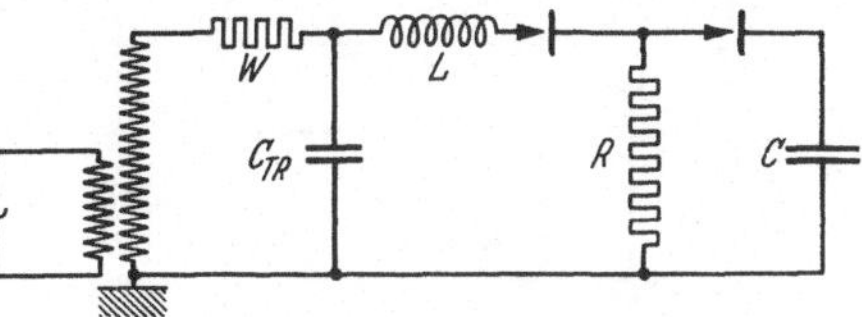

Abb. 249. Gleichrichtung mit Funkenstrecken Spitze—Platte nach Marx.

Die Spannungsvervielfachung gestaltet sich insofern für Stoßzwecke einfach, als es hierbei nicht auf die stetige Erzeugung sehr hoher Gleichspannung ankommt, sondern eben nur eine stoßweise gefordert wird. Als sehr fruchtbar hat sich das von Marx[4] angegebene Prinzip erwiesen, nach dem verschiedene Kondensatoren in Parallelschaltung aufgeladen werden und sich nach Erreichung ihrer vollen Ladespannung über zwischengeschaltete Funkenstrecken selbsttätig in Reihe schalten und in dieser Anordnung über das Prüfobjekt entladen. Abb. 250 zeigt eine Stoßschaltung nach Marx zur Spannungsverdreifachung. Die Aufladung der einzelnen Kondensatoren erfolgt über hohe Widerstände. Über eine Vervielfachungsschaltung (12-fach) zur Erzeugung von 2 MV gegen Erde siehe Weber[5]. Mit einer ähnlichen Anlage für 2,4 MV haben Brasch und Lange Versuche zur Erzeugung extrem schneller Kathodenstrahlen ausgeführt. Diese Forscher haben auch die Verwendung natürlicher Gewitterelektrizität studiert (am Monte Generoso, bis 8 MV)[6].

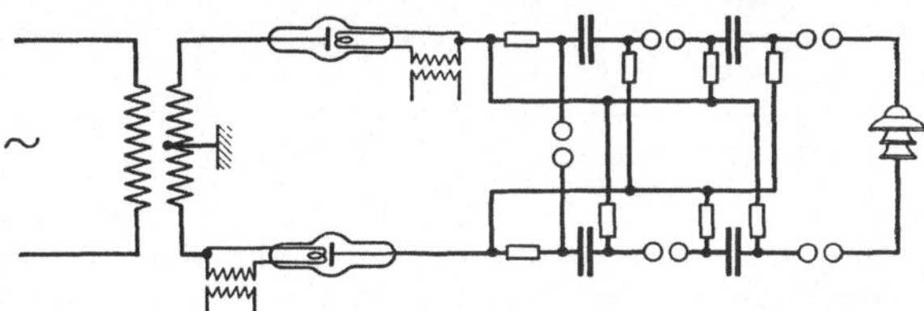
Abb. 250. Stoßschaltung nach Marx (Spannungsverdreifachung).

[1] Elektrotechn. Z. Bd. 33 (1912) S. 1179.

[2] Vgl. z. B. H. Behnken: Die Hochspannungsapparaturen in „Ergebnisse der technischen Röntgenkunde“ Bd. 1. Leipzig: Akad. Verlagsges. 1930.

[3] Elektrotechn. Z. Bd. 51 (1930) S. 1089; ferner „Lichtbogen-Stromrichter“. Berlin: Julius Springer 1932.

[4] Elektrotechn. Z. Bd. 46 (1925) S. 1298.

[5] Hescho-Mitteilungen 1930 Heft 51.

[6] Z. Physik Bd. 70 (1931) S. 10.

Das Marxsche Prinzip ist auch für die Erzeugung hoher Stoßspannungen unmittelbar mit einer Wechselstromquelle anwendbar. Als Beispiel hierfür zeigt Abb. 251 das Schema der Stoßanlage für 5 MV, die F. W. Peek jr. bei der General Electrical Comp. errichtete[1]. Die Kondensatoren, die aus Glasplatten mit Folienbelegungen hergestellt sind, werden über Widerstände R_a bis R_d parallel aufgeladen und schalten sich nach Zündung der ersten Funkenstrecke durch Überschlag der jedem Kondensatorsatz parallel liegenden Funkenstrecke in Reihe, ehe noch über die auf der geerdeten Seite der Kondensatoren vorgeschalteten Widerstände R_1 bis R_4 merkliche Ladung abfließen kann. Austin[2] vermeidet Vervielfachungsschaltungen und erzeugt Stoßspannungen durch direktes Aufladen großer Luft- (oder Porzellan-) Kondensatoren mittels Transformatoren. Der Kondensator wird schlagartig über eine Stoßfunkenstrecke auf das Prüfobjekt entladen.

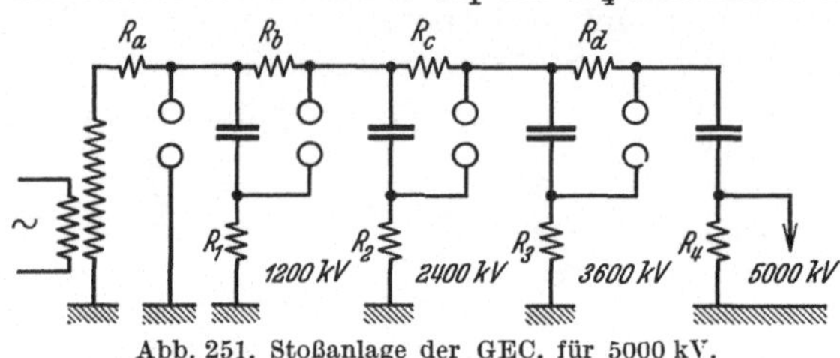

Abb. 251. Stoßanlage der GEC. für 5000 kV.

5. Hochfrequenzanlagen. Nachstehend sei eine Anlage kurz beschrieben, die bei der Hescho zur Erzeugung hochfrequenter Hochspannung entwickelt worden ist[3]. Abb. 252 zeigt das Schaltungsschema. Über Widerstände werden Kondensatoren soweit aufgeladen, bis die einstellbare Zündfunkenstrecke anspricht. Die damit einsetzende oszillatorische Entladung speist die Primärspule des Tesla-Transformators, an dessen Sekundärklemmen das Prüfobjekt (in der Abbildung ein Isolator) angeschlossen ist. Die Bestimmung der Sekundärspannung erfolgt mittels Meßfunkenstrecke. Der zur Sekundärspule parallel liegende Kondensator ist erforderlich, um genügend Energie zur Verfügung zu haben. Die Ladung der Kondensatoren im Primärkreise erfolgt am besten mit Gleichspannung, d. h. über Gleichrichter. Für die praktische Verwendung spielt die Kopplung der Spulen des Tesla-Transformators eine besondere Rolle, da von ihr der Spannungsverlauf der hochfrequenten Schwingungen wesentlich abhängt. Bei loser Kopplung und möglichst geringer Dämpfung im Sekundärkreis kann man mit der Stoßfunkenschaltung Schwingungen erzeugen, deren Amplitude allmählich auf den Höchstwert ansteigt und allmählich wieder kleiner wird. Solche Schwingungen kommen in ihrer Wirkung ungedämpften Schwingungen nahe. Man erhält mit ihnen Werte der Überschlagspannung am Prüfobjekt, die je nach der Oberflächengestaltung zum Teil erheblich von den bei 50 Hz gemessenen Werten abweichen. Die Einstellung der Sekundärspannung erfolgt durch Einstellung auf Resonanz zwischen Primärkreis und Sekundärkreis. Man erzielt die Resonanz durch Veränderung der Windungszahlen oder der Kapazität. Eine Hochfrequenzanlage mit Stoßfunkenerregung und aperiodischer Dämpfung beschreibt Harald Müller[4], weitere Untersuchungen siehe bei Hochhäusler[5]. Übliche Frequenzen für Hochfrequenzanlagen sind 30 bis 50 kHz. Eine Hochfrequenzanlage für extrem hohe Spannungen (bis 5000 kV) ist im Carnegie Inst. in Washington er-

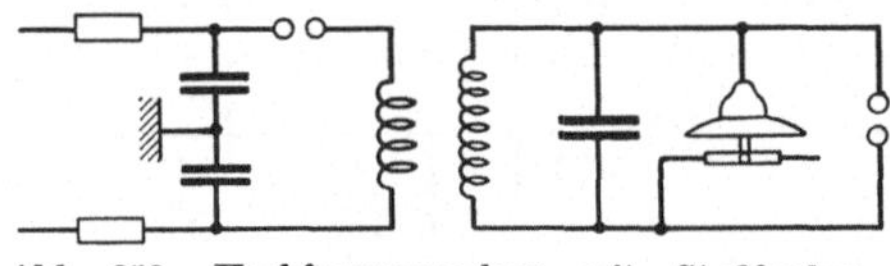
Abb. 252. Hochfrequenzanlage mit Stoßfunkenerregung.

[1] Peek jr., F. W.: J. Amer. Inst. electr. Engr. Bd. 48 (1929) S. 762.
[2] Vgl. a. a. O. S. 203.
[3] Marx: Elektrotechn. Z. Bd. 46 (1925) S. 1298; Weber: Hescho-Mitt. 1930 Heft 51.
[4] Z. techn. Physik Bd. 11 (1930) S. 405. [5] Arch. Elektrotechn. Bd. 26 (1932) S. 518.

richtet worden[1]. Der ganze Tesla-Transformator befindet sich hier unter Öl, das unter Druck bis 35 atü gesetzt werden kann. Unter Verwendung eines Röhrengenerators statt der Stoßfunkenerregung baute Kampschulte eine Hochfrequenzanlage[2].

B. Messung von Spannung und Strom bei Hochspannung.

6. Abschirmung. Für viele genauere Messungen ist es erforderlich, in einem elektrischen Felde definierte Bedingungen zu schaffen. Man bedient sich hierzu mit Vorteil der Schutzringanordnung nach W. Thomson. Abb. 253 zeigt als Beispiel einen Schutzringkondensator, wie man ihn für Verlustmessungen und Bestimmungen des Durchgangswiderstandes bei festen Isolierstoffen benutzt. Die zu untersuchende Platte wird auf beiden Seiten mit Metallbelegungen versehen, von denen die eine, die „Schutzringelektrode", unter Belassung eines schmalen, unbelegten Streifens, des „Schutzspaltes", mit einer weiteren ringförmigen Belegung umgeben ist. Der „Schutzring" (vgl. S. 243) dient dazu, etwaige Oberflächenströme abzufangen und ermöglicht es, daß die Meßelektrode einen berechenbaren Ausschnitt aus dem praktisch homogenen Feld abgrenzt. Kann man die Größe der Belegungen beliebig wählen, so ist es zweckmäßig, auf eine einfache Berechenbarkeit des Kondensators Rücksicht zu nehmen. Ist z. B. C die Kapazität des Schutzringkondensators, so ist $C = \frac{\varepsilon F}{4\pi a}$ (cm), wobei F (cm^2) die Elektrodenmeßfläche und a (cm) den Abstand der Belegungen, d. h. die Plattendicke bedeutet. Somit wird die Dielektrizitätskonstante

Abb. 253. Plattenkondensator mit Schutzring.

$$\varepsilon = C a \cdot \frac{16}{d^2},$$

wenn d der Durchmesser des Meßbelages, gemessen von Mitte Schutzspalt bis Mitte Schutzspalt ist. Für $d = 126{,}5$ mm ergibt sich

$$\varepsilon = 0{,}1\, C a\,.$$

Der Durchmesser des Meßbelages ist also bei üblicher Schutzspaltbreite von 1 mm zu 125,5 mm zu wählen.

Abb. 254 zeigt ein weiteres Beispiel einer Schutzringanordnung, einen röhrenförmigen Versuchskörper, bei dem an beiden Enden Schutzringe angebracht sind. Solche Anordnungen kommen nicht nur für Kapazitätsmessungen in Frage. sondern ebenso für Widerstands- bzw. Leitfähigkeitsbestimmungen. In Abb. 254 ist angenommen, daß der Gleichspannungs-Isolationswiderstand ohne Erdung der Gleichstromquelle gemessen werden soll. Durch geeignete Schaltung der Schutzringe gelangt nur der zur geschützten Elektrode gehörige Anteil des Widerstandes zur Messung. Die Isolation zwischen Meßbelegung und Schutzring soll möglichst gut sein. Zur Prüfung eignet sich die Glimmlampe. Siehe Ziff. 37. Beispiele von Schutzringanordnungen sind u. a. auch in Abb. 256, 285 und 298 gegeben.

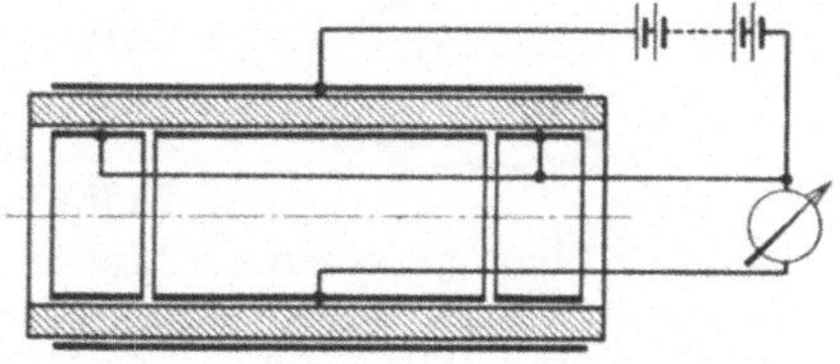

Abb. 254. Zylindrischer Isolierkörper mit zwei Schutzringen.

[1] Breit, G., M. A. Tuve u. O. Dahl: Physic. Rev. (2) Bd. 35 (1930) S. 51.
[2] Arch. Elektrotechn. Bd. 24 (1930) S. 24.

Für Hochspannungsmessungen ist es im allgemeinen nicht ausreichend, nur die Oberflächenströme abzufangen, sondern es muß verhindert werden, daß Störfeldlinien die Meßelektrode außen um den Prüfkörper herum erreichen. Man versieht daher den Schutzring mit einem geerdeten Gehäuse (vgl. z. B. Abb. 159), durch das hindurch isoliert die Verbindung zur Brückenanordnung geführt wird[1]. Die Abschützung der Verbindungsleitungen zur Meßanordnung, z. B. zur Brücke, erfolgt durch geerdete Schläuche. Als solche haben sich biegsame Metallschläuche von 8 ... 10 mm Außendurchmesser bewährt, wobei die Führung des Drahtes im Schlauch durch paraffinierte Holzperlen bewirkt wird. Auch handelsübliche Antennenschutzkabel sind brauchbar.

Die Abschirmung von Meßanordnungen spielt in der gesamten Hochspannungstechnik eine große Rolle. Oft lassen sich auf einfachste Weise definierte Verhältnisse schaffen. Soll z. B. der Isolationswiderstand einer isolierten Leitung geprüft werden, so legt man diese meist in Wasser und mißt zwischen Bad und Kupferleiter. Da der Widerstand eines Ringes Gummiaderleitung sehr hoch liegt, muß man schon störende Ableitungen vermeiden. Man legt deshalb möglichst das Bad an Spannung und geht von der Leitung direkt zum Galvanometer und dann zur Erde. Bei umgekehrter Anordnung hätte man das ganze Bad sorgfältig zu isolieren (vgl. auch Abb. 285, S. 244).

Als allgemeine Literatur sei noch das „Symposium on Shielding in Electrical Measurements"[2] genannt.

7. Hochspannungs-Meßkondensatoren. Meßkondensatoren für Hochspannung werden außer als Vergleichskondensatoren in der Wechselstrombrücke auch häufig zur Unterteilung von Hochspannung verwendet. Die wichtigsten elektrischen Anforderungen, die man an solche Kondensatoren stellt, sind definierte Kapazität und konstanter Verlustfaktor. Die Erzielung einer definierten Kapazität trifft hauptsächlich konstruktive Fragen und ist nach dem bekannten Schutzringprinzip (siehe Ziff. 6) in verschiedener Weise lösbar. Der Verlustfaktor ist von der Wahl des Dielektrikums abhängig, und hier sind die praktischen Möglichkeiten beschränkt, zumal außer Konstanz von tg δ meist auch absolute Kleinheit, am liebsten Vernachlässigbarkeit gefordert wird. Für die praktisch verlustfreien Kondensatoren gibt es hauptsächlich zwei Typen: die Luftkondensatoren nach Petersen und die Preßgaskondensatoren.

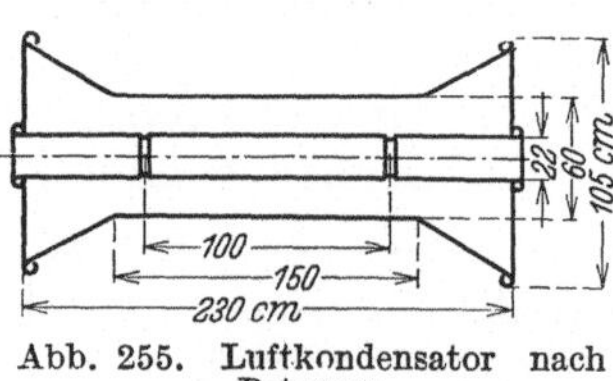

Abb. 255. Luftkondensator nach Petersen.

Ein Zylinderkondensator nach der von Petersen[3] angegebenen Bauart mit Luft als Dielektrikum ist in Abb. 255 unter Eintragung einiger wichtiger Maße in cm skizziert. Der äußere Zylinder, der an Hochspannung gelegt wird, hat trompetenartig erweiterte Enden, die zur Vermeidung von Sprühverlusten durch Wulste (z. B. aus Metallschlauch) abgerundet sind. Der innere Zylinder hängt koaxial im äußeren und trägt an seinen Enden isoliert je einen geerdeten Schutzzylinder, der zur Erzielung eines gleichförmigen Feldes um den Meßbelag herum dient. Die Kapazität eines solchen Kondensators läßt sich einfach berechnen. Sie ist in cm, wenn das Verhältnis der Durchmesser von Außen- und Innenzylinder e (Basis der natürlichen Logarithmen) ist, gleich der halben Länge des inneren Meßzylinders, im Falle der Abb. 255 also $C = 50$ cm $= 55{,}6\ \mu\mu$F. Ein Kondensator der skizzierten Abmessung[4] kann bis zu etwa 130 kV gebraucht werden, ohne daß ein Über-

---

[1] Z. B. Pfestorf: Elektrotechn. Z. Bd. 51 (1930) S. 275.
[2] J. Amer. Inst. electr. Engr. Bd. 48 (1929).
[3] Hochspannungstechnik. Stuttgart: Enke 1911.
[4] Semm: Arch. Elektrotechn. Bd. 9 (1920) S. 30.

schlag eintritt. Bei Spannungen bis 100 kV ist kein Glimmen oder Sprühen bemerkbar.

Der Luftkondensator besitzt den großen Vorzug der einfachen Bauart und leicht zugänglichen Anordnung. Wegen der verhältnismäßig geringen dielektrischen Festigkeit der Luft werden die Abmessungen jedoch, wie auch Abb. 255 zeigt, schon von 100 kV an recht erheblich, da man die Kapazität mit Rücksicht auf die Empfindlichkeit bei kleineren Spannungen nicht zu niedrig wählen kann. Es macht sich daher bei sehr hohen Spannungen wegen der Größe des Kondensators meist ortsfeste Montage, gewöhnlich Aufhängung nötig, die der wünschenswerten Beweglichkeit aller Meßgeräte im Laboratorium hinderlich ist. Luftkondensatoren werden auch mit liegendem Hochspannungszylinder oder auch mit plattenförmigen Elektroden ausgeführt, in dieser Bauart gelegentlich mit veränderlichem Abstand der Platten[1].

Eine Freiluft-Kondensatorenanordnung für höchste Spannungen (ca. 1 MV) beschreibt A. O. Austin (Ohio Insulator Co)[2], der die Kapazität einer großen, heb- und senkbar angebrachten Drahtreuse gegen Erde als Meß- und Belastungskondensator verwendet. K. Draeger[3] braucht einen großen Plattenkondensator von 4 m² Elektrodenfläche als regelbare Kapazität im Oberspannungskreis einer Tesla-Anordnung. Die Plattenränder sind sprühfrei (vgl. Ziff. 46) verrundet.

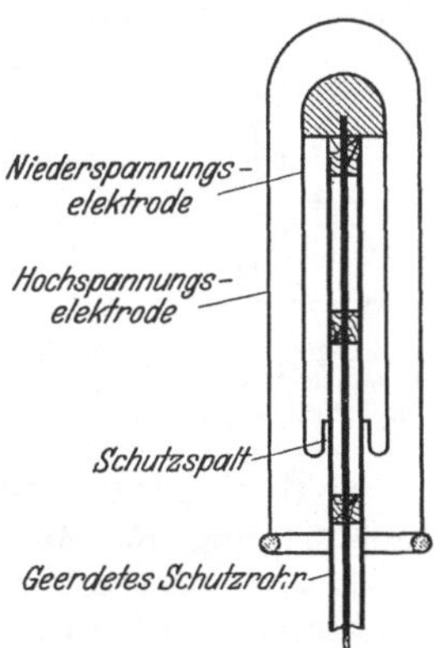

Abb. 256. Elektrodenanordnung im Preßgaskondensator nach H. Schering und R. Vieweg.

Einen Preßgaskondensator, der prinzipiell dem Petersenkondensator entspricht, hat Palm (Hartmann & Braun)[4] konstruiert. Die Belegungen sind in einem mit Preßgas von etwa 12 at gefülltem Gehäuse untergebracht, das geerdet wird. Die Kapazität der üblichen Ausführung beträgt 100 $\mu\mu$F, die Prüfspannung des Gerätes 180 kV. Als Preßgas dient zweckmäßig Stickstoff, aber auch Kohlensäure und Preßluft sind gut verwendbar. Der Vorteil eines Preßgaskondensators besteht insbesondere darin, daß er nur einen Bruchteil des Raumes einnimmt, den ein Luftkondensator für die gleiche Spannung benötigt. Bei der Palmschen Konstruktion wird die Hochspannung mittels Durchführungsisolator in das Gehäuse eingeführt und an den Innenzylinder gelegt. Für noch höhere Spannungen ist diese Bauweise kaum weiter ausführbar, da die Durchführung und damit das ganze Gerät unhandlich wird.

Die Schwierigkeit der isolierenden Durchführung wurde von H. Schering und R. Vieweg[5] umgangen, indem sie den ganzen Kondensator in ein dem Gasdruck standhaltendes Isoliergehäuse einbauten, z. B. ein Hartpapierrohr, das an den Enden durch Flansche und Deckel gasdicht geschlossen wird. Von den beiden Enden her sind die Elektroden eingeführt, die sich abgesehen von den Einführungsstellen frei im Innern des Isolierrohres befinden. Die Elektrodenanordnung ist schematisch in Abb. 256 wiedergegeben. Sie ist dadurch besonders bemerkenswert, daß nur ein Schutzspalt benötigt wird. Er entsteht durch wulstförmiges Einziehen der die innere (Niederspannungs-) Elektrode unten abschließenden Kappe zwischen der Kappe und dem geerdeten Schutzrohr. Die Elektrode bleibt so als vollkommen glatte Fläche erhalten. Im Schutzspalt, der sich überdies an einer Stelle schwachen Feldes befindet, ist nur das verlustfreie

[1] Churcher u. Dannatt: J. Instn. electr. Engr. Bd. 69 (1931) S. 1019.
[2] Vgl. a. a. O. S. 203.
[3] Rosenthal-Mitt. 1930 Heft 17.
[4] Elektrotechn. Z. Bd. 47 (1926) S. 905.
[5] Z. techn. Physik Bd. 9 (1928) S. 442.

Preßgas vorhanden. Die übliche Ausführung dieses transportablen Kondensators, wie sie Hartmann & Braun herstellt, hat etwa 40 $\mu\mu$F Kapazität und ist bis 300 kV brauchbar, doch ist der Kondensator auch schon für 400 kV gebaut worden.

Hochspannungskondensatoren mit konstantem Verlustfaktor sind die sog. Minosflaschen[1]. Sie bestehen aus einem innen und außen mit Kupfer belegten Spezialglas der Firma Schott und Genossen; tg δ ist ungefähr gleich 0,001 und ist bis zur höchsten, für die übliche Ausführung der Flasche zulässigen Spannung von 20 kV_{eff} praktisch spannungsunabhängig. In dem für Laboratorien in Frage kommenden Temperaturmeßbereich von 10 bis 30° ist auch keine Temperaturabhängigkeit des Verlustfaktors vorhanden. Abb. 257 zeigt eine Minosflasche, die in einem Schutzgehäuse aus Blech steckt. Durch Anbringung eines Schutzspaltes ist die Kapazität völlig definiert. Die Flaschen, die für die meisten Zwecke ohne Schutzring frei an der Leitung hängend benutzt werden, haben Kapazitäten zwischen hundert und einigen tausend $\mu\mu$F. Durch Ineinanderstecken von 5 Flaschen läßt sich ein Meßsatz bis zu 100 kV herstellen. Durch Parallelschalten können große Vergleichskapazitäten gewonnen werden, die noch bequem transportabel sind und sich daher zu Betriebsmessungen, z. B. an Kabeln, eignen. Für einwandfreies Arbeiten der Minosflaschen ist es erforderlich, sie mit sauberem, trockenem Transformatoren- oder Paraffinöl zu füllen oder (wie in Abb. 257) mit Vergußmasse abzuschließen.

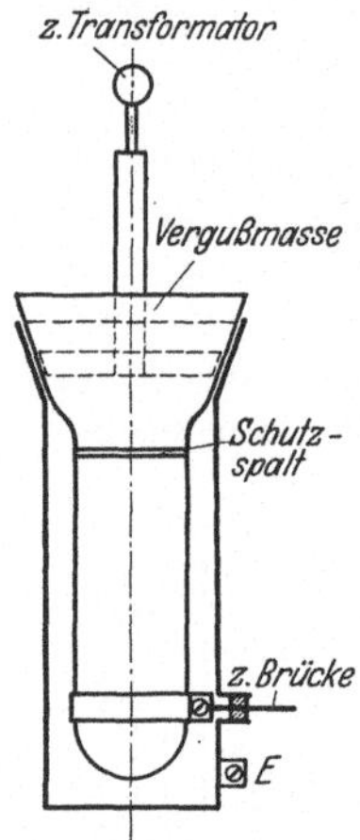

Abb. 257. Minosflasche nach Schering in Schutzgehäuse.

8. Hochspannungsvoltmeter. Zur Messung hoher Spannungen kommen hauptsächlich folgende Methoden in Betracht:

1. Funkenstrecken, 2. Anordnungen, bei denen vom elektrischen Felde ausgeübte Kräfte benutzt werden, 3. Anordnungen, bei denen der Ladestrom eines Kondensators gemessen wird, 4. Spannungsteiler, 5. Wandler, 6. verschiedene besondere Einrichtungen. Von diesen Verfahren können im allgemeinen für die Messung hoher Gleich- und Wechselspannungen die unter 1, 2 und 4 genannten Verwendung finden, 3 und 5 gelten nur für Wechselspannungen.

9. Meßfunkenstrecken[2]. Das gebräuchlichste Meßgerät zur Bestimmung hoher und höchster Spannungen ist die Kugelfunkenstrecke. Ihr Aufbau und ihre Handhabung sind in den „Regeln für Spannungsmessungen mit der Kugelfunkenstrecke in Luft" des VDE (Druckschrift VDE 365) eingehend beschrieben. Es kann daher hier von einem näheren Eingehen abgesehen werden. Zur Übersicht ist auf S. 213 die Zahlentafel 1 der Überschlagsspannungen für die normalen Kugeldurchmesser von 5, 10, 15, 25, 50, 75 und 100 cm abgedruckt[3]. Erwähnt sei, daß die VDE-Spannungswerte neuerdings mehrfach einer Kritik unterworfen worden sind, z. B. fand Bechdoldt[4] durch Vergleich der mit verschiedenen Kugeln erhaltenen Werte unter Zuhilfenahme eines Spannungsteiler-Voltmeters, daß die Kurven der genormten Werte nicht gut untereinander

---

[1] Schering: Z. Instrumentenkde. Bd. 45 (1925) S. 192.

[2] Peek, F.W.: Dielectric-Phenomena in High Voltage Engineering, 3. Aufl. New York 1930. Schumann, W. O.: Elektrische Durchbruchfeldstärke von Gasen. Berlin: Julius Springer 1923. Franck, S.: Meßentladungsstrecken (Ionenstrecken). Berlin: Julius Springer 1931; ferner die Arbeiten von W. Weicker in Hescho-Mitt., M. Toepler im Arch. Elektrotechn.

[3] Über Leitsätze zu Funkenstrecken-Messungen für Röntgenzwecke s. Elektrotechn. Z. Bd. 53 (1932) S. 1211.

[4] Elektrotechn. Z. B. 50 (1929) S. 1394.

Zahlentafel 1. Überschlagspannungen von Kugelfunkenstrecken bei 20° und 760 mm Hg Luftdruck.

Kugel-Durchm. cm	5		10		15		25		50		75		100		Kugel-Durchm. cm
Schlag-weite cm	Eine *K* geerdet kV	Beide *K* isol.* kV	Eine *K* geerdet kV	Beide *K* isol.* kV	Eine *K* geerdet kV	Beide *K* isol.* kV	Eine K geerdet kV	Beide *K* isol.* kV	Eine *K* geerdet kV	Beide *K* isol.* kV	Eine *K* geerdet kV	Beide *K* isol.* kV	Eine *K* geerdet kV	Beide *K* isol.* kV	Schlag-weite cm
0,5	12,28	12,30	11,75	11,76											0,5
1,0	23,02	23,10	22,74	22,77	—	—	—	—	—	—	—	—	—	—	1,0
1,5	32,25	32,60	33,00	33,10	32,90	32,95									1,5
2,0	(40,00)	40,95	42,60	42,80	42,95	43,00									2,0
2,5	—	48,30	51,5	51,8	52,5	52,7	52,8	52,9	—	—	—	—	—	—	2,5
3,0		(54,9)	59,5	60,4	61,7	61,9	62,6	62,7							3,0
4,0			74,0	75,8	78,7	79,2	81,3	81,5							4,0
5,0	—	—	(86,5)	89,5	94,0	95,2	99,0	99,4	101,5	101,7	—	—	—	—	5,0
6,0				(101,7)	107,0	109,7	115.7	116,3	120,3	120,5					6,0
7,0					(119,0)	123,1	131,5	132,5	138,5	138,9	140,2	140,4			7,0
8,0	—	—	—	—	—	136,1	146,0	147,8	156,3	156,8	158,9	159,2	—	—	8,0
9,0						147,1	159,5	162,4	173,6	174,1	177,2	177,6			9,0
10,0						(157,6)	172,0	176,1	190,3	191,1	195,2	195,6	197,3	197,7	10,0
12,0	—	—	—	—	—	—	195,0	201,8	222,5	223,6	230,3	230,9	233,8	234,2	12,0
14,0							(215)	225,2	253	255,0	264,0	265,0	269,0	270,0	14,0
16,0								246,5	281	284,5	296,5	298,0	303,5	304,5	16,0
18,0	—	—	—	—	—	—	—	(266,0)	307	312,0	328	329,5	337	338,5	18,0
20,0									331	338,5	358	360,5	370	371,5	20,0
25,0									(385)	399,5	426	432,5	447	450,0	25,0
30,0	—	—	—	—	—	—	—	—	—	454,0	487	499,0	518	524	30,0
35,0										(502)	540	560	583	593	35,0
40,0											(590)	617	645	658	40,0
50,0	—	—	—	—	—	—	—	—	—	—		717	750	777	50,0
60,0												(803)	(835)	883	60,0
70,0														975	70,0
80,0	—	—	—	—	—	—	—	—	—	—	—	—	—	(1059)	80,0

* D. h. symmetrische Spannungverteilung gegen Erde durch Erdung der Mitte der Oberspannungswicklung des Transformators.

übereinstimmen. Die Bechdoldtschen Messungen wurden bei isolierten Kugeln vorgenommen. Vorschläge zur Verbesserung machte insbesondere M. Toepler, der u. a. die Anwendung von Käfigen um den Schlagraum empfahl. Zusammenfassende Kritik mit Angabe neuer Werte bei Estorff, Toepler, Franck[1].

Für die Praxis der Messung mit Kugelfunkenstrecken sei noch darauf hingewiesen, daß diese auf Scheitelwerte der Spannung ansprechen. Gleichwohl wird meistens auf Effektiv-Werte umgerechnet und nur mit diesen gearbeitet. Auch die Zahlentafel auf S. 213 enthält nur Effektiv-Werte.

Als Kugelfunkenstrecken mit Kugeldurchmessern, die nicht den genormten Werten entsprechen, kommen für kleine Spannungen insbesondere 2 cm-Kugeln in Betracht, die z. B. zur Messung von Windungsspannungen an Spulen verwendet werden. Kugeln mit sehr großen Durchmessern (240 cm) für Spannungsmessungen bis 2000 kV hat K. Draeger[2] beschrieben. Als Funkenstrecken, die nicht mit Kugelelektroden arbeiten, seien erwähnt die Nadelfunkenstrecken, die für Spannungen bis 50 kV in Betracht kommen. Eine Nadelfunkenstrecke kann z. B. gebildet werden aus neuen Nähnadeln, die axial in die Enden linearer Leiter eingesetzt sind, welche mindestens doppelt so lang als die Funkenstrecke sind[3]. Bei Nadelfunkenstrecken ist das Funkenpotential bei gegebener Schlagweite erheblich vom Feuchtigkeitsgehalt der Luft abhängig. Einen Vergleich zwischen Nadel- und Kugelfunkenstrecken siehe z. B. bei Carroll und Cozzens[4].

Nach Schwaiger sind zu Hochspannungsmessungen sehr gut gekreuzte Zylinder als Funkenstrecke geeignet. Versuche liegen bis 500 $\mathrm{kV}_{eff.}$ vor. Die Vorzüge dieser Funkenstrecke bestehen in größerer Störungsfreiheit, der Zulässigkeit größerer Schlagweiten und damit größerer Verwendungsbereiche bei ein und demselben Zylinderdurchmesser. Beachtlich ist auch der Vorteil, daß die Elektroden auch bei größter Präzision billig hergestellt werden können[5]. Parallele Zylinder und verschiedene andere Funkenstrecken sind von Löber[6] behandelt worden. Über die Funkenstrecke „Kugel-Platte geerdet" nach Vorschlägen von Schering siehe Kastenbein u. Kellermeyer[7]. Über „Staffelfunkenstrecken" siehe Heyne[8].

10. Spannungsmesser, die auf Feldkräften beruhen. Das Grundprinzip aller dieser Meßgeräte ähnelt dem der Coulombschen Drehwaage (s. S. 21) oder der Thomsonschen absoluten Spannungswaage. Bei den Voltmetern ist meist in einem von zwei gegenüberstehenden Leitern (Platten oder Kugeln) ein kleiner Teil zentral beweglich angeordnet. Die dem Quadrat der Feldstärke folgende Bewegung dieses Elementes dient als Maß der Spannung[9].

Das Hochspannungsvoltmeter nach Starke und Schröder ist ein direkt zeigendes Spiegelinstrument, das bis zu den höchsten Spannungen ausgeführt werden kann[10]. Abb. 258 zeigt das Schema dieses Spannungsmessers. In der einen der beiden plattenförmigen Elektroden befindet sich ein Schlitz, in den der bewegliche Flügel des mit Luftdämpfung ausgestatteten Meßsystems hinein-

---

[1] Elektrotechn. Z. Bd. 51 (1930) S. 777; ferner Whitehead u. Castellain: J. Instn. electr. Engr. Bd. 69 (1931) S. 898.

[2] Elektrotechn. Z. Bd. 51 (1930) S. 933.

[3] Güntherschulze: Die Dielektrische Festigkeit. München: Kösel & Pustet 1924.

[4] J. Amer. Inst. electr. Engr. Bd. 47 (1928) S. 892.

[5] Werner: Arch. Elektrotechn. Bd. 22 (1929) S. 1.

[6] Arch. Elektrotechn. Bd. 14 (1925) S. 511.

[7] Elektrotechn. Z. Bd. 52 (1931) S. 969. [8] Arch. Elektrotechn. Bd. 24 (1930) S. 469.

[9] Z. B. Abraham-Villards: Compl. rend. Bd. 152 (1911) S. 1134. Klemm: Arch. Elektrotechn. Bd. 12 (1923) S. 553.

[10] Arch. Elektrotechn. Bd. 26 (1932) S. 279; vgl. hierzu auch A. Imhof: Arch. Elektrotechn. Bd. 23 (1929) S. 258.

ragt. Auf der Rückseite trägt der Flügel einen Spiegel, dessen Drehung mit einem Lichtzeiger sichtbar gemacht wird. Das Instrument bedarf nur der Eichung mit mäßiger Spannung bei kleinem Plattenabstand. Durch Abstandsvergrößerung lassen sich im Anschluß an einen niedrigen Meßbereich höhere herstellen. Das Gerät zeigt Effektivwerte an, bei Verwendung eines Ventils kann es auch zur Bestimmung von Scheitelspannung dienen[1]. Ein ähnlicher Apparat mit Kugelelektroden ist von Sterzel angegeben worden[2].

Bei dem Hochspannungsvoltmeter nach Dember[3] wird ein Teil der Oberfläche einer Kugel durch eine feine leitende und elastische Membran (Folien nach C. Müller) ersetzt. Wird die Kugel geladen, so gibt die Membran wie die Haut einer Seifenblase den elektrischen Kräften nach. Die Ausbiegung, zu deren Beobachtung eine Spiegelchen auf der Membran befestigt ist, dient als Maß für das Potential der Kugel.

Wulf[4] hat sein Universalelektroskop als Hochspannungselektrometer für Gleichstrom brauchbar gemacht. Ein elastisch gespannter Faden wird durch Influenz aufgeladen und dabei ausgebogen. Während bei niedrigen Spannungen in üblicher Weise eine Platte zur Influenzierung benutzt wird, dient hierzu bei Hochspannung eine verschiebbare Kugel. Die Ablesung erfolgt wie beim Einfadenelektrometer mit Mikroskop oder durch Projektion. Das Instrument wird von E. Leyboldt Nachf. A.G. zunächst bis 50 kV hergestellt. Die Eichung kann mit kleiner Spannung bei geringem Abstand zwischen Kugel und Faden erfolgen.

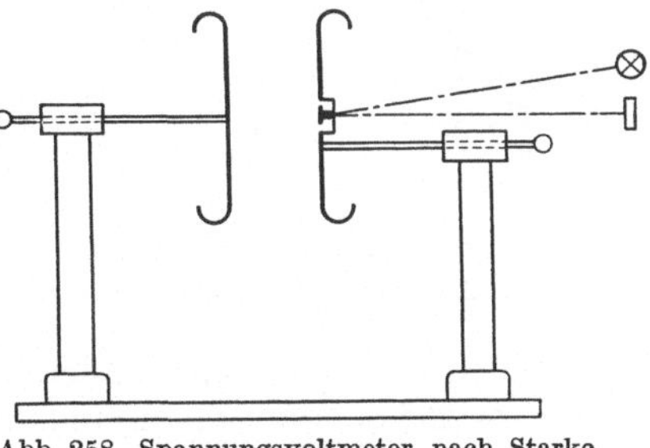

Abb. 258. Spannungsvoltmeter nach Starke und Schröder.

Die Spannungswaage benutzt die Anziehungskräfte zwischen geladenen Leitern zur Messung der zwischen diesen auftretenden Spannungen. Ein Elektrometer für hohe Spannungen auf diesem Prinzip hat A. Palm (Hartmann & Braun) beschrieben[5]. Die Anziehung zwischen zwei Kugeln dient bei dem Voltmeter nach Klemperer als Spannungsmaß[6].

Zdralek[7] verwendet die Abstoßung von zwei gleichnamig geladenen Kugelpaaren, während der zylindrische Mantel das andere Potential besitzt, und erhält in weitem Bereich eine fast lineare Skala.

Auf einem Feldeffekt, der bei Elektroden unter Hochspannung in flüssigen Dielektriken auftritt, beruht die von A. Gyemant[8] beschriebene Spannungsmeßmethode. Es wird manometrisch der Druck gemessen, mit dem Öl in einen Feldraum gezogen wird. Über eine verwandte Anordnung zur Untersuchung der Raumladung, die in flüssigen Isolierstoffen unter Spannung auftreten kann, s. Böning[9].

Das Pendelelektrometer nach Rogowski[10] arbeitet nach dem Prinzip des Blättchenelektrometers, das durch Sprühschutz bis zu höchsten Spannungen brauchbar gemacht wird.

---

[1] Starke: VDE-Fachberichte 1929 S. 117.
[2] Elektrotechn. Z. Bd. 45 (1924) S. 117.
[3] Physik. Z. Bd. 29 (1928) S. 347.
[4] Physik. Z. Bd. 31 (1930) S. 315.
[5] Elektrotechn. Z. Bd. 47 (1926) S. 873.
[6] Physik. Z. Bd. 28 (1927) S. 673.
[7] Arch. Elektrotechn. Bd. 25 (1931) S. 458.
[8] Wiss. Veröff. Siemens-Konz. Bd. 5 (1926) S. 55.
[9] Z. techn. Physik Bd. 11 (1930) S. 373.
[10] Arch. Elektrotechn. Bd. 25 (1931) S. 521. Wingen: Elektrotechn. Z. Bd. 53 (1932) S. 1034.

11. Spannungsmesser, bei denen Ladeströme benutzt werden. Zur Bestimmung hoher Wechselspannungen kann man den Ladestrom messen, den eine an der Spannung liegende, definierte Kapazität bekannter Größe aufnimmt. Wegen der Kleinheit der Ladeströme bei technischen Frequenzen kommt praktisch nur eine Messung mit Gleichstromgalvanometer in Frage, so daß eine Gleichrichtung erforderlich ist. Während früher hierzu rotierende Umformer benutzt wurden[1], arbeitet die von der Firma E. Haefely & Co., Basel, ausgebildete Scheitelwert-Meßeinrichtung mit 2 Glühkathodenmeßröhren. Abb. 259 zeigt das Schema der Anordnung. Als Kondensator werden zwei einander gegenüberstehende Kugeln benutzt. Aus der einen Kugel ist eine Kalotte ausgeschnitten und durch einen Schutzspalt als Meßfläche isoliert, der übrige Teil der Kugel dient als Schutzring und wird geerdet. Der Meßstrom wird abwechselnd durch die beiden entgegengesetzt geschalteten Röhren über das Galvanometer und über eine Kompensationsbatterie zur Erde geleitet. Durch die Batterie wird die vor dem Meßgerät liegende Röhre während der Sperrzeit abgeriegelt. Proportionalität zwischen der Anzeige des Galvanometers und dem Scheitelwert der angelegten Spannung besteht, solange die Spannungskurve in einer Halbperiode nicht mehr als ein Maximum und ein Minimum aufweist, während bei Kurven mit Einsattelung die Anzeige des Gerätes zu hoch wird[2]. In Zweifelsfällen kann daher eine Untersuchung der Kurvenform der zu messenden Spannung nötig werden. Wichtig ist weiter, daß die Kapazität des Meßkondensators nicht durch Sprühen oder andere Störungen, z. B. bei sehr hohen Spannungen und also großem Kugelabstand durch benachbarte Anlageteile gegenüber dem Eichwert verändert wird[3]. Für die Ladestrommessung, die oben mit Elektronenröhren beschrieben ist, kommen neuerdings auch die Milliamperemeter der Gleichrichtertype in Betracht (vgl. S. 55).

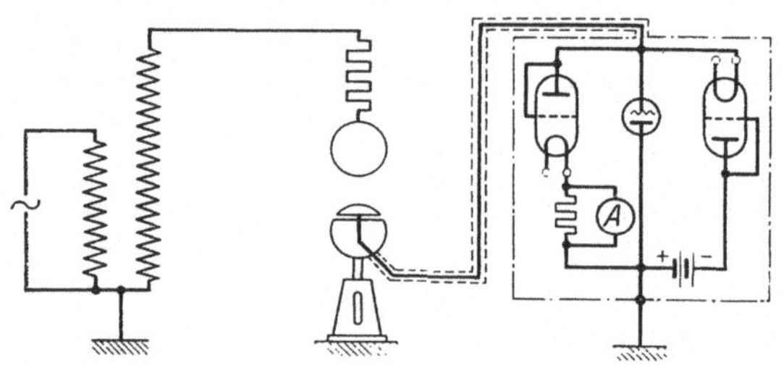

Abb. 259. Scheitelwert-Meßeinrichtung nach Haefely.

12. Spannungsteiler. Die Messung hoher Wechselspannung durch Unterteilung kann mit Hilfe von Kondensatoren oder Widerständen erfolgen. Das Schaltungsschema eines Spannungsteilers mit Kondensatoren[4] zeigt Abb. 260. Das Gerät besteht aus einer Säule hintereinandergeschalteter Porzellankondensatoren. Zur Verbesserung der Spannungsverteilung längs dieser Kondensatoren trägt das oberste Glied einen breiten Schutzschirm. Auf der Erdseite liegt mit den Porzellankondensatoren ein Glimmerkondensator in Reihe, an dem die unterteilte Spannung abgegriffen wird. Das Gerät ist durchgebildet bis rd. 600 $kV_{eff.}$ und rd. 900 kV_{max}. Als Effektivspannungsmesser wird ein elektrostatisches Multizellular-Voltmeter verwendet. Der Scheitelspannungsmesser besteht im wesentlichen aus zwei in Reihe geschalteten Kondensatoren, von denen einer von außen verstellbar ist. Zu diesem ist eine Glimmröhre parallel geschaltet. Bei konstanter Gesamtspannung wird die Kapazität des Kondensators solange verändert, bis die Glimmröhre anspricht.

Bei der Hochspannungsmessung mittels Widerständen, die auch für Gleich-

[1] Chubb u. Fortescue: Trans. Amer. Inst. electr. Engr. Bd. 32 (1913) S. 629.
[2] König, H.: Helv. phys. Acta Bd. 2 (1929) S. 357.
[3] Stoerk, C.: Elektrotechn. Z. Bd. 50 (1929) S. 95. Stoerk u. Holzer: Z. techn. Physik Bd. 10 (1929) S. 317.
[4] Palm, A.: Hartmann & Braun, Elektrotechn. Z. Bd. 47 (1926) S. 873.

spannungsmessung in Frage kommt, ist zwischen eigentlicher Spannungsteilermessung und einer Spannungsmessung aus Strom und Widerstand zu unterscheiden. Die Spannungsteilermessung wird so vorgenommen, daß von einem hochohmigen Widerstand an der Seite, die geerdet ist, ein Teilbetrag durch eine Anzapfungsklemme zugänglich gemacht und zwischen Erde und dieser Klemme ein Meßinstrument angeschlossen wird. In dieser Weise wird die Spannungsteilung bei Wandleruntersuchungen benutzt (vgl. S. 178). Der Spannungsteiler besteht dabei aus einem kapazitäts- und induktionsarmen großen Drahtwiderstand. Solche Drahtwiderstände werden bis etwa 100000 V gebaut. Ein Hochspannungsteiler aus Dralowid-Polywatt-Widerständen für Spannungen bis 100 kV ist in Heft 6/7 der Stemag-Nachrichten 1930 beschrieben. Über die Hochspannungsteilung bei Untersuchungen mit dem Kathodenoszillographen siehe Rogowski, Wolf und Klemperer[1].

Eine Hochspannungsmessung aus Strom und Widerstand haben Carroll und Cozzens[2] beschrieben. Der Widerstand von 20 Megohm bestand aus einem mit destilliertem Wasser gefüllten Glasrohr. Der durch diesen Widerstand hindurchfließende Strom wurde oszillographisch gemessen. Bei auch nur kurzer Einschaltung erwärmte sich die Flüssigkeit, und damit änderte sich der Widerstand. Um die hierdurch bedingten Fehler auszuschalten, wurde nach jeder Wechselstrommessung durch rasche Umschaltung der Widerstandswert bei 1000 V Gleichspannung mittels Galvanometer festgelegt. Als hochohmige Flüssigkeitswiderstände kommen außer den erwähnten Wasserwiderständen solche mit flüssigen Dielektriken, wie Benzol und Alkohol, in Betracht, deren Widerstand durch Elektrolytzusatz abgestimmt werden kann[3].

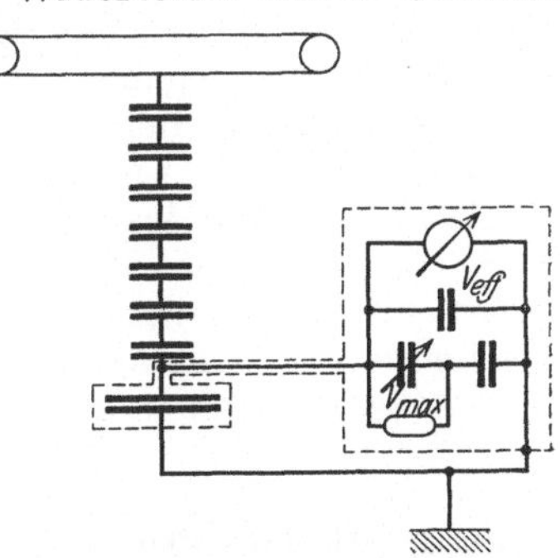

Abb. 260. Spannungsmessung durch kapazitive Unterteilung nach Palm.

13. Spannungsmessung durch Wandler. Hier wird bezüglich der Einzelheiten auf den Abschnitt „Wandler“ (S. 178) verwiesen. Erwähnt sei an dieser Stelle nur, daß Wandler für Spannungen bis 220 kV gebaut werden. In Laboratorien, in denen ein Kaskadensatz von Prüftransformatoren zur Verfügung steht, wird es gelegentlich möglich sein, einen dieser Arbeitstransformatoren als Wandler zu benutzen, wenn nicht alle Glieder der Kaskade zur Spannungserzeugung benötigt werden. Nicht selten wird auch ein Prüftransformator außer zur Spannungserzeugung gleichzeitig zur Spannungsmessung benutzt, wenn er eine dritte, für den Anschluß eines Voltmeters bestimmte Wicklung trägt.

14. Besondere Einrichtungen zur Messung hoher Spannungen. Außer den in Ziff. 9 bis 13 beschriebenen gebräuchlichsten Methoden zur Messung hoher Spannungen gibt es noch eine große Anzahl besonderer Anordnungen, mit denen sich gleichfalls hohe Spannungen messen lassen, die jedoch in der Starkstromtechnik nur seltener für die Anwendung in Frage kommen. Einige dieser Verfahren seien nachstehend kurz erwähnt.

Bei dem Korona-Voltmeter nach J. B. Whitehead[4] wird das Einsetzen des Sprühens an einem Draht, der von einem Zylinder umgeben ist, akustisch

[1] Arch. Elektrotechn. Bd. 23 (1930) S. 579.
[2] J. Amer. electr. Engr. Bd. 47 (1928) S. 892.
[3] Gyemant: Wiss. Veröff. Siemens-Konz. Bd. 6, (1928) S. 58; über Widerstände aus Borsäure-Mannit-Lösung siehe Schering u. Schmidt: Arch. Elektrotechn. Bd. 1 (1913) S. 423.
[4] Elektrotechn. Z. (Ref.) Bd. 41 (1920) S. 613.

mittels Telephon, elektrisch durch Galvanometer oder schließlich optisch beobachtet und zur Messung der Scheitelspannung verwendet.

Ein von A. Linker angegebenes Verfahren, das magnetische Feld des Verschiebungsstromes zur Messung von Wechselspannungen zu benutzen, hat Laub[1] untersucht. Bei Verwendung von Eisen hoher Anfangspermeabilität lassen sich die Abstände so wählen, daß auch für hohe Spannungen keine Isolationsschwierigkeiten bestehen.

Eine Absolutmessung hoher Gleichspannungen mit dem Glühkathodenoszillographen haben Größer und Eckstein durchgeführt[2], indem sie das Magnetfeld bestimmten, das zur Konzentrierung eines von der Spannung beschleunigten Elektronenbündels erforderlich ist.

Thornton[3] beschreibt ein Thermo-Ionen-Voltmeter, bei dem sich in der Nähe eines Hochspannungsleiters ein Hitzdraht in einer Brückenschaltung befindet. Bei hoher Spannung geht von dem Leiter ein Ionenwind aus, der den Hitzdraht kühlt. Die Abkühlung dient als Spannungsmaß. Als erzielbare Genauigkeit wird 1% angegeben.

Die Messung hoher Gleichspannungen durch Ladung kleiner Kondensatoren hat Van den Akker[4] vorgeschlagen.

Aus Messungen des Röntgenspektrums kann die Spannung an einer Röntgenröhre auf Grund des Duane-Huntschen Gesetzes bestimmt werden[5]. Die Röhre liefert ein kontinuierliches Spektrum, das am kurzwelligen Ende bei einer bestimmten Wellenlänge plötzlich aufhört. Ist die Wellenlänge an dieser Grenze $\lambda_{\min}$ Angströmeinheiten und V die Spannung am Rohr in kV, so gilt

$$V \cdot \lambda_{\min} = 12{,}35.$$

Unter günstigen Umständen kann so die Spannung auf etwa 1% genau bestimmt werden.

15. Messung der Spannungsverteilung. Für die Herstellung und Verwendung von Hochspannungsisolatoren aller Art ist die Kenntnis der Spannungsverteilung auf der Isolatoroberfläche von großer Bedeutung. Vielfach spielen außer der Gesamtdimensionierung eines Isolators örtliche Höchstbeanspruchungen eine Rolle. Recht verwickelt gestaltet sich das Problem, wenn Gebilde vorliegen, die keine Symmetrieachsen besitzen. Für die theoretische Seite der Feldbilder um Isolatoren sei auf die Arbeit von Kuhlmann verwiesen[6].

Die experimentelle Messung der Spannungs- bzw. Feldverteilung kann auf recht verschiedene Weise vorgenommen werden. Bei der Wannen- oder Elektrolytmethode nach Estorff wird der Isolator formgetreu aus einem schlecht leitenden Stoff nachgbildet, dessen Leitfähigkeit zu der des Elektrolyten im gleichen Verhältnis steht wie die Dielektrizitätskonstante des Isolators zu der des umgebenden Mediums. Die sich im Elektrolyten einstellende Spannungsverteilung wird mittels Sonde und Brückenanordnung abgetastet und gibt ein Bild des Spannungsverlaufes um den Isolator. Das Verfahren ist natürlich nicht einfach; auch kann nur bei großer Wanne getreue Abbildung erwartet werden[7]

[1] Arch. Elektrotechn. Bd. 23 (1930). [2] Elektrotechn. Z. Bd. 50 (1929) S. 886.

[3] J. Inst. electr. Engr. Bd. 69 (1931) Bd. 1273; Ref. Elektrotechn. Z. Bd. 53 (1932) S. 824.

[4] Rev. Scient. Instr. Bd. 2 (1931) S. 290.

[5] Z. B. Behnken: Röntgentechnik in Geiger-Scheel: Handb. d. Physik Bd. 17. Berlin: Julius Springer 1927.

[6] Arch. Elektrotechn. Bd. 3 (1915) Heft 8.

[7] Elektrotechn. Z. Bd. 39 (1918) S. 53. Über eine Benutzung der Elektrolytmethode zur Feldmessung in Kabeln siehe Atkinson: Elektrotechn. Z. (Ref.) Bd. 43 (1922) S. 205; über Feldmessungen durch Nachbildung in Agar-Agar siehe Williams: Electrician Bd. 107 (1931) S. 729.

Die Strohhalmmethode nach M. Toepler[1] beruht darauf, daß mittels eines als elektrische Nadel dienenden Strohhalms die Feldrichtung um einen Isolator herum bestimmt wird. Ein trockenes Strohhalmstück von einigen cm Länge wird quer zu seiner Längsachse um einen durch den Schwerpunkt gehenden Drahtstift drehbar gemacht. Zur Feldrichtungsmessung z. B. in der Meridianebene eines Isolators wird der Stift mittels langer dünner Seidenfäden senkrecht zur Meridianebene gehalten. Sobald Spannung an den Isolator gelegt wird, stellt sich der Strohhalm in die Feldrichtung an seinem Orte ein. In dieser Weise kann die Feldrichtung im Raume bis dicht an den Isolator heran ohne beträchtliche Störung des Feldes sichtbar gemacht werden. Um auch die Feldstärke an verschiedenen Stellen des Raumes zu bestimmen, kann man elektrodenlose Glimmröhren benutzen, deren Ansprech- und Löschspannung bekannt ist.

Feldmessungen nach Größe und Richtung sind mit der Doppelnadel nach Matthias möglich[2], die aus zwei feinen Bronzedrähten mit leitend gemachten Holundermarkkügelchen an den Enden bestehen. In der Mitte sind die Drähte leicht zusammengehalten und an einem Seidenfaden aufhängbar. Die ganze Nadel stellt sich wie der Strohhalm in die Feldrichtung, außerdem aber spreizen sich die Nadeln und geben so auch ein Maß der Feldstärke.

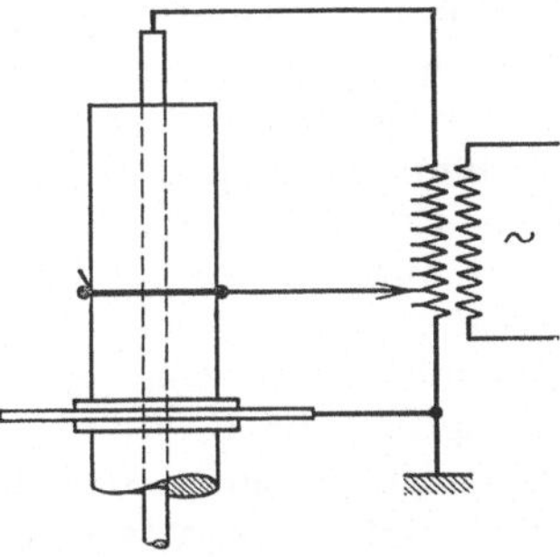

Abb. 261. Elektroskopmethode nach Schwaiger zur Spannungsverteilungsmessung.

Um photographisch auf einmal die Feldverteilung um einen Raum im Isolator festzuhalten, haben George, Oplinger und Harding[3] diesen in Tetrachlorkohlenstoff (CCl_4) getaucht. In der hochisolierenden Flüssigkeit waren bewegliche, auf der Platte Schatten gebende Indikatoren, z. B. Seidenfädchen, suspendiert. Um die Verteilung in einer Ebene zu untersuchen, wurden zwei sich nicht mischende Flüssigkeiten benutzt, z. B. Tetrachlorkohlenstoff und Eosin, und bei geeigneter Beleuchtung nur die Trennebene beobachtet.

Bei den Verfahren mittels Spannungsteilung greift man durch Auflegen eines Drahtringes auf den Isolator eine Äquipotentialfläche ab und stellt durch ein Nullinstrument fest, welcher Teil der Gesamtspannung am Drahtring liegt. A. Schwaiger verwendet als Nullinstrument einen kleinen Lamettastreifen oder ein Fädchen. Abb. 261 zeigt das Schema dieser Elektroskopmethode. Wird an den Isolator Spannung gelegt, so bewegt sich das Elektroskop, das mittels Fernrohr beobachtet wird. Verbindet man nun den Meßdraht mit einer Spule des hier als Spannungsteiler dienenden Anzapftransformators, so wird das Elektroskop nur dann den gleichen Ausschlag zeigen, wenn am Anzapftransformator dieselbe Spannung wie die der Meßstelle abgegriffen ist[4]. An Stelle des Anzapftransformators sind auch Widerstands- oder Kapazitätspannungsteiler zur Messung brauchbar. Als Anzeigemittel für die Potentialgleichheit läßt sich auch der elektrische Funke verwenden. Man erkennt das Fehlen einer Differenzspannung am Nichtauftreten des Funkens zwischen Drahtring und einer nahen am entsprechenden Teilpotential liegenden Spitze. Diese Methode

[1] Regerbis: Elektrotechn. Z. Bd. 46 (1925) S. 298; Hescho-Mitt. 1925 Heft 19.
[2] Elektr.-Wirtsch. 1927 Nr. 446/7.
[3] Bull. Purdue Univ., Lafayette, Indiana Bd. 11 (1927) Nr. 4.
[4] Schwaiger, A.: Elektrische Festigkeitslehre 2. Aufl. Berlin: Julius Springer 1925. Über eine praktische Anwendung der Elektroskopmethode zur Messung der Spannungsverteilung an Durchführungen in Luft und Öl siehe E. Schwaiger: Stemag-Nachr. 1930 Heft 6/7.

ist von Pulides und Müller[1] durch Einschalten eines Verstärkers in die Leitung zum Anzapftransformator so verfeinert worden, daß bereits mit einem Stanniolplättchen von 5 mm Durchmesser, dem die Spitze genähert wird, die Ermittlung der Spannungsverteilung auf beliebig gestalteten Oberflächen möglich ist.

Mit Funkenstrecken kann nach Nagel[2] die Spannungsverteilung näherungsweise auch in der Art bestimmt werden, daß zwischen eine, durch einen Drahtring festgelegte Äquipotentialfläche und Erde eine kleine Meßfunkenstrecke zur Ermittlung der Teilspannung eingeschaltet wird. Für einige weitere physikalische Methoden zur Ausmessung statischer Felder siehe z. B. Semenoff und Walther[3]. Eine Untersuchung über die Spannungsverteilung an Isolatorenketten bei verschiedenen Spannungsarten, insbesondere bei Spannungsstoß, stellte Draeger[4] an.

16. Spannungsanzeiger. In der praktischen Hochspannungstechnik besteht vielfach die Aufgabe festzustellen, ob eine Leitung unter Spannung steht. Bei Isolatorenketten hat man qualitativ zu untersuchen, ob die richtige Spannungsverteilung vorhanden ist oder grobe Schäden vorliegen. Beim Parallelschalten von Mehrleitersystemen muß man sich darüber orientieren, daß keine falschen Phasen zusammengeschaltet werden. In Fällen der angedeuteten Art bedient man sich qualitativer Hochspannungs-Anzeigegeräte.

Beim Hochspannungszeiger nach Zipp[5] dient als Indikator der Spannung eine Edelgas-Glimmlichtröhre (insbesondere Neonröhre), die bei Berührung einer unter Spannung stehenden Leitung aufleuchtet. Die Röhre ist mit einem Kondensator in Reihe geschaltet, alle Teile sind handlich in einer Stange untergebracht. Auch wenn nur ein kleiner Bruchteil der Nennspannung auf der Leitung ist, spricht die Röhre an. Wird die Einrichtung mit einer Spezialröhre für hohe Ansprechspannung ausgeführt und der Leuchtröhre eine Funkenstrecke vorgeschaltet, so wird das Gerät als Phasenprüfer brauchbar. Es läßt sich dann mit ihm feststellen, ob zwischen den beiden parallel zu schaltenden Punkten der Anlage die volle Phasenspannung oder kein Spannungsunterschied herrscht.

An Isolatorenketten werden die einzelnen Glieder mit einer kleinen Funkenstrecke abgetastet, die an einer Isolierstange befestigt ist. Ist die Funkenstrecke durch Schnurzug verstellbar (Siemens & Halske), so kann die Spannungsverteilung längs der Kette qualitativ überprüft werden. Auch bei diesen Geräten liegt mit dem Indikator ein Kondensator in Reihe, damit die Funkenstrecke niemals einen vollständigen Kurzschluß bewirkt.

Bei der Hescho-Meßstange[6] wird der Ladestrom, der beim Berühren eines Kettengliedes durch einen kleinen in der Stange untergebrachten Kondensator fließt, mittels Elektronenröhren verstärkt und an einem Ausschlaginstrument ablesbar gemacht.

Für die qualitative Prüfung und Überwachung von Hochspannungsapparaten kann oft ein Horchrohr wertvolle Dienst leisten. Sind etwa in dem Apparat Luftblasen enthalten, so treten unter Spannung Entladungserscheinungen auf, die von Geräuschen begleitet sind. Mit dem Horchrohr, das aus Hartpapier bestehen kann, lassen sich solche Geräusche abhören.

17. Wanderwellen[7]. Eine plötzlich an eine Leitung gelegte Spannung erzeugt

[1] Elektrotechn. Z. Bd. 49 (1928) S. 1648. [2] Elektrotechn. Z. Bd. 49 (1928) S. 1648.
[3] Physikal. Grundlagen d. elektr. Festigkeitslehre. Berlin: Julius Springer 1928.
[4] VDE-Fachber. 1926 S. 63. [5] Helios 1926 Nr. 33.
[6] Elektrotechn. Z. Bd. 48 (1927) S. 283.
[7] Rüdenberg: Elektrische Schaltvorgänge, 2. Aufl. Berlin: Julius Springer 1926. Biermanns: Überströme in Hochspannungsanlagen. Berlin: Julius Springer 1926. Wagner: Elektromagnetische Ausgleichsvorgänge in Kabeln und Leitungen. Leipzig: B. G. Teubner 1908. Binder: Die Wanderwellenvorgänge auf experimenteller Grundlage. Berlin: Julius Springer 1928.

eine mit Lichtgeschwindigkeit längs der Leitung wandernde Ladewelle, eine sog. Wanderwelle. In vielen praktischen Fällen der Starkstromtechnik rufen die Wanderwellen Überspannungen[1] hervor, die den Bestand oder Betrieb einer elektrischen Anlage gefährden. Die Gefährdung kann durch den hohen Betrag der Spannung, das ist die Amplitude der Wanderwelle, oder durch ihr örtliches Spannungsgefälle, das ist die Steilheit ihrer Stirn, bedingt sein. Als Ursachen solcher Wanderwellen kommen hauptsächlich atmosphärische Störungen, besonders Gewitterentladungen in Frage, aber auch willkürliche Schaltvorgänge, wie das Einlegen eines Schalters und unbeabsichtigte Schaltvorgänge wie ein Leitungsbruch oder aussetzender Lichtbogen-Erdschluß können Überspannungen erzeugen.

Zur einfachen Untersuchung von Wanderwellen wird die Leitung als ein Gebilde betrachtet, bei dem Selbstinduktion und Kapazität gleichmäßig über die Länge verteilt sind. Die Ohmschen Widerstände werden als verschwindend klein angesehen, was für die Wanderwellenleitung im Laboratorium praktisch der Fall ist. Es werde z. B. durch Einlegen eines Doppelschalters eine hinreichend große Stromquelle, etwa eine Batterie oder ein Kondensator auf zwei vorher spannungsfreie Leitungsstränge geschaltet, so daß diese plötzlich am Anfang unter Spannung gesetzt werden. Die entstehende Wanderwelle kann unter vereinfachter Annahme in Form eines Rechtecks dargestellt werden, das in der Leitungsrichtung mit konstanter Geschwindigkeit fortschreitet. Die Geschwindigkeit ist im Vakuum und praktisch auch in Luft von der Leiteranordnung unabhängig gleich der Lichtgeschwindigkeit. Sind L und C die Induktivität und Kapazität der Doppelleitung je Längeneinheit, U und J die Spannung und Stromstärke zweier gegenüberliegender Punkte der Leitung, so gilt

$$J = U\sqrt{\frac{C}{L}} = \frac{U}{Z}.$$

Wegen der Analogie dieser Gleichung mit dem Ohmschen Gesetz bezeichnet man Z als den Wellenwiderstand, es ist also

$$Z = \sqrt{\frac{L}{C}}.$$

Für zwei Parallelleitungen von kreisförmigem Querschnitt mit dem Durchmesser $2\,r$ und dem Abstand a ist

$$L = \ln\frac{a}{r}\,10^{-7}\,\mathrm{H/m}\,,$$

$$C = \frac{1}{36\ln\frac{a}{r}}\,10^{-9}\,\mathrm{F/m}\,.$$

Bei praktischen Hochspannungsfreileitungen liegt Z zwischen 500 und 1000 Ω, bei Kabeln in der Größenordnung von 50 Ω. Um bei Versuchen an offenen Leitungen die Reflexion der Wanderwelle am Ende zu vermeiden, kann man die Stränge durch einen Ohmschen Widerstand überbrücken, der gleich dem Wellenwiderstand Z ist. Der Ladevorgang ist dann aperiodisch, die Leitung verhält sich so, als wäre sie unendlich lang.

Das Schema einer Wanderwelle zeigt Abb. 262, in der auch die wichtigsten Bestimmungsstücke Steilheit, Stirndauer, Halbwertsdauer, Höchst- oder Scheitelwert zu erkennen sind. Im Laboratorium verwendet man „Normal-

[1] Siehe z. B. VDE-Leitsätze für den Schutz elektrischer Anlagen gegen Überspannungen.

wanderwellen", z. B. mit einer Stirndauer von 1 μs und einer Halbwertsdauer von 50 μs[1].

Die meßtechnische Untersuchung von Wanderwellenvorgängen ist nicht nur für die Untersuchung von Überspannungen und Überspannungsschutzgeräten von Bedeutung, sondern hat sich auch z. B. für das Studium der Durchschlagsvorgänge und vieler anderer Probleme als wichtig erwiesen. Für Messungen an Wanderwellen kommen neben den Hochspannungsmessern, insbesondere den **Kugelfunkenstrecken**, die **Schleifenmethode**, der **Klydonograph** und der **Kathodenoszillograph** in Betracht.

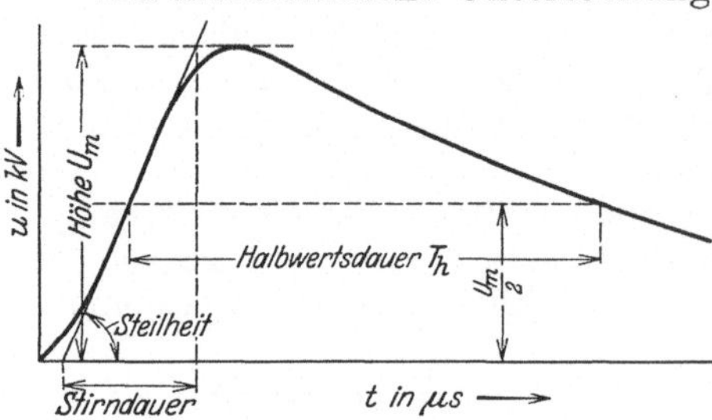

Abb. 262. Schema einer Wanderwelle.

18. Schleifenmethode (Binder). Läuft eine Wanderwelle entlang einer Leitung, so werden der Reihe nach alle Punkte jedes Stranges unter Spannung gesetzt. Die zwischen zwei Punkten a und b der Leitung auftretende Spannung hängt von dem Abstand s dieser Punkte voneinander und von der augenblicklichen Lage gegenüber der herannahenden Wellenstirn ab. Um die Längsausdehnung

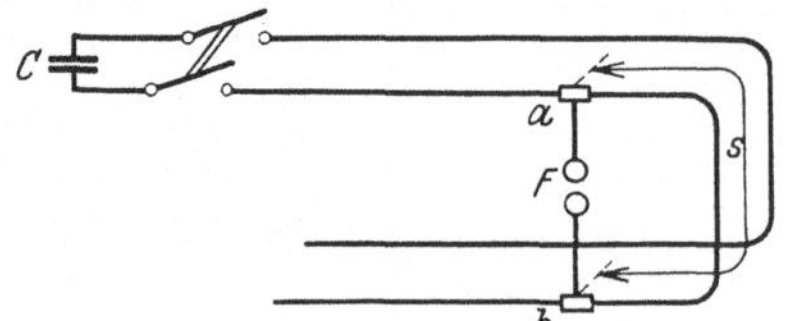

Abb. 263. Verstellbare Schleifenleitung nach Binder.

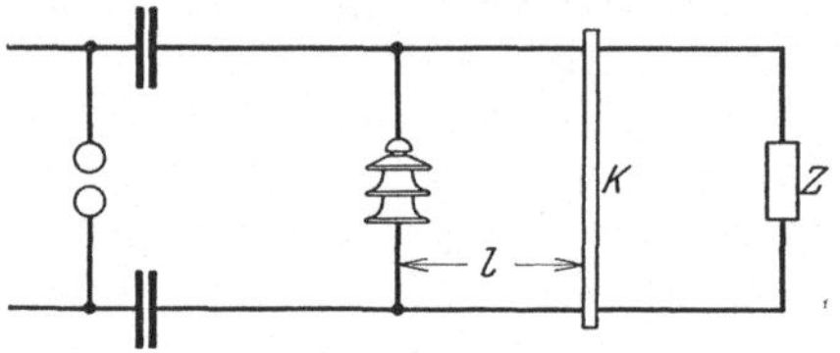

Abb. 264. Messung des Überschlagverzugs bei Spannungsstoß.

des Wellenkopfes zu bestimmen, hat man festzustellen, bei welchem kleinsten Abstand s der zwei Punkte noch die volle Spannung U auftritt. Bei gegebenem kleinem Abstand der Punkte a und b ergibt die Messung der zugehörigen Spannung ein Maß für den Spannungsanstieg. Nach Binder werden nun nicht von den Punkten a und b des geraden Stranges Verbindungsleitungen nach einem Meßgerät gezogen, da dies die zu untersuchende Wanderwelle beeinflussen und die Messung stören würde, sondern die Hauptleitung wird zu einer Schleife gebogen, so daß die Meßpunkte dicht beieinander liegen. Abb. 263 zeigt eine solche Schleifenleitung, bei der das Meßgerät, eine Kugelfunkenstrecke F, leicht verschoben werden kann. Der Kondensator C wird mit Gleichspannung aufgeladen und über den Doppelschalter auf die Schleifenleitung entladen[2].

Als Beispiel einer praktischen Anwendung des Schleifenprinzips sei die von E. M. K. Sommer[3] angegebene Meßmethode zur Bestimmung des Über- oder Durchschlagverzuges bei Spannungsstößen beschrieben. Die Anordnung ist in Abb. 264 skizziert. Mit Hilfe einer der bekannten Stoßschaltungen wirft man

[1] Über die Herstellung solcher Wellen siehe z. B. F. W. Peek jr.: Trans. Amer. Inst. electr. Engr. Bd. 48 (1931) S. 436 [Ref. Elektrotechn. Z. Bd. 53 (1932) S. 488], ferner Entw. z. Leits. für d. Prüfung von Übersp.-Schutzgeräten, Elektrotechn. Z. Bd. 54 (1933) S. 114. Über die Erzeugung von Rechteckwellen siehe z. B. Schilling: Elektrotechn. Z. Bd. 52 (1931) S. 1591.

[2] Anwendungen der Schleifenmethode z. B. bei: Müller, Harald: Z. techn. Physik Bd. 8 (1927) S. 49. Sommer: Arch. Elektrotechn. Bd. 18 (1927) S. 283. Mayr: Arch. Elektrotechn. Bd. 19 (1927) S. 100. Töpler: Arch. Elektrotechn. Bd. 14 (1925) S. 305. Krutzsch: Arch. Elektrotechn. Bd. 21 (1928) S. 140.

[3] Elektr.-Wirtsch. 1927 Nr. 445.

Wanderwellen auf eine Doppelleitung, deren Enden durch einen dem Wellenwiderstand der Leitung gleichen Widerstand Z verbunden sind. Bringt man nun im Abstand l von dem Prüfling, z. B. einem Isolator, eine Kurzschlußbrücke K zwischen den Leitern an, so findet hier eine Reflexion der ankommenden Welle derart statt, daß die zurücklaufende die ankommende aufhebt. An dem Isolator liegt also die Spannung nur so lange, als die Welle braucht, um die Strecke l zweimal zu durchlaufen. Durch Verschieben der Brücke K findet man die Stellung, bei der der Isolator überzuschlagen beginnt. Die Zeitdauer t der Beanspruchung des Isolators und damit des Überschlagverzuges ist unter der Annahme reiner Rechteckwellen[1]

$$t = \frac{2\,l}{v} = 0{,}667 \cdot l \cdot 10^{-10}\ \text{s}.$$

Von weiteren Arbeiten über die Durchschlagverzögerung seien die statistischen Untersuchungen von Strigel genannt[2]. Steenbeck und Strigel[3] entwickelten einen „Zeittransformator", mit dem sehr kurze Zeiten (bis 10^{-7} s) chronographisch registriert werden können. Die „Transformation" beruht darauf, daß ein Kondensator während der kurzen Zeit aufgeladen und in einer langen Zeit entladen wird.

19. Messungen mit dem Klydonographen. Die Spannungsmessung mit dem Klydonographen beruht auf der Erzeugung und Auswertung von Bildern, die durch elektrische Entladungen auf photographischen Schichten hervorgerufen werden. Eine Metallspitze berührt als Elektrode die Schichtseite einer Platte oder eines Films, deren andere Seite auf einer Metallplatte, der Gegenelektrode, aufliegt. Wird zwischen die beiden Elektroden eine Spannung im Bereich von etwa 2...20 kV gelegt, so zeigt die entwickelte Schicht eine „Lichtenbergsche Figur". Bei positiver Spitze erhält man ein Bild mit sich verästelnden Strahlen, deren Enden scharf begrenzt sind, während bei negativer Spitze die Figur aus breitflächigen, verwaschenen Sektoren mit verschwommen auslaufenden Enden besteht. Unter sonst gleichen Bedingungen ist die positive Figur größer als die negative. An Hand von Eichkurven wird aus dem Durchmesser der Bilder auf die Höhe der Spannung geschlossen. Die Zeit, während der die Spannung einwirken muß, damit man eine ausmeßbare Lichtenbergsche Figur erhält, ist außerordentlich klein. Es sind mit Hilfe des Klydonographen Spannungen gemessen worden, die im ganzen nur etwa $3 \cdot 10^{-8}$ s lang bestanden und deren Anstieg sich in etwa $1 \cdot 10^{-8}$ s vollzogen hatte. Bei einer Ausführungsform des Klydonographen der Siemens-Schuckertwerke dient ein Filmstreifen von 2,5 m Länge mit einer Ablaufdauer von einer Woche zur Registrierung von Überspannungen, wobei die drei Phasen eines Drehstromnetzes auf dem gleichen Streifen überwacht werden können. Die Meßgenauigkeit beträgt etwa ± 20%.

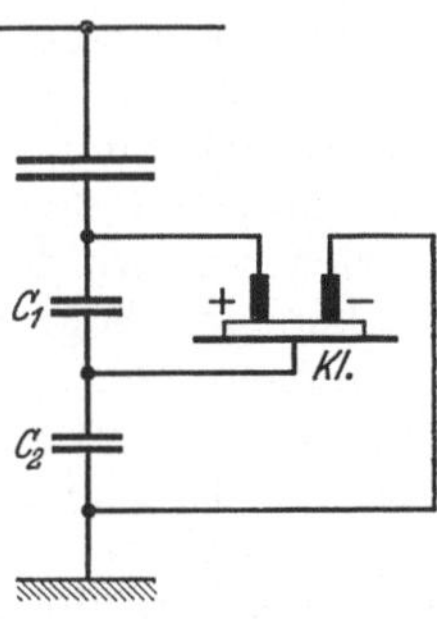

Abb. 265. Klydonograph in ±-Schaltung.

Als Beispiel einer Anordnung zur Untersuchung von Wanderwellen mit dem Klydonographen sei die sog. Plus-Minus-Schaltung erwähnt (Abb. 265). Durch Verwendung von Abgleichkondensatoren C_1, C_2 wird sowohl die positive wie die negative Figur auf der gleichen Platte aufgezeichnet. Als kapazitiver Spannungsteiler, durch den die Spannung am Klydonographen Kl auf den praktisch höchsten

[1] Über die schalttechnische Beherrschung der bei Messungen an Wanderwellen auftretenden sehr kurzen Zeiten siehe Binder: Elektrotechn. Z. Bd. 52 (1931) S. 899.

[2] Wiss. Veröff. Siemens-Konz. Bd. 11 (1932) Heft 2.

[3] Arch. Elektrotechn. Bd. 26 (1932) S. 831.

zulässigen Wert von etwa 20 kV herabgesetzt wird, können z. B. Kondensatordurchführungen dienen[1].

Abb. 266 gibt die Anordnung von Pedersen[2] wieder, bei der man aus der zeitlichen Differenz des Auftreffens zweier Lichtenbergschen Figuren auf die Stirn einer Wanderwelle schließen kann. Zieht eine Wanderwelle in die Leitung mit den ungleich langen Zweigen L_1 und L_2 ein, so trifft der Teil der Welle zuerst auf den Klydonographen *Kl*, der die kürzere Leitung zu durchlaufen hat. Aus den Unterschieden der beiden Figuren und dem Unterschied der Zeit für das Durchlaufen der beiden Stränge läßt sich ein Schluß auf die Steilheit der Wellenstirn ziehen.

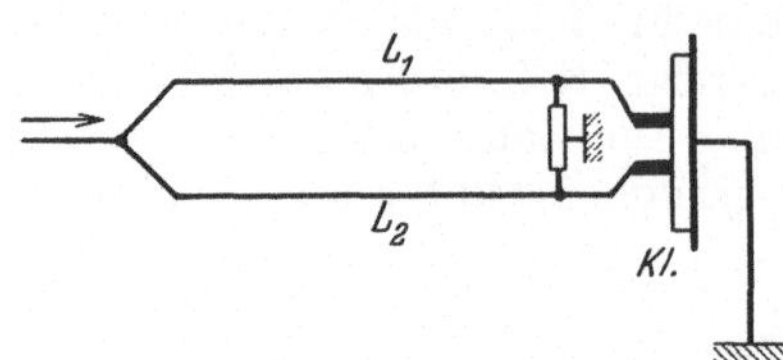

Abb. 266. Klydonographenschaltung nach Pedersen.

20. Messungen mit dem Kathodenoszillographen. Besonders wichtig als Meßgerät für Untersuchung von Wanderwellenvorgängen aller Art, wie überhaupt für elektrische Vorgänge, die in extrem kurzen Zeiten verlaufen, ist der Kathodenoszillograph. Seine Arbeitsweise und die wichtigsten Konstruktionen sind auf S. 59 beschrieben. Eine zusammenfassende Darstellung hat Alberti gegeben[3]. Für die Meßpraxis sei auf die zahlreichen Arbeiten von Rogowski und seinen Schülern im Archiv f. Elektrotechnik verwiesen.

Eingehende Mitteilungen über Messungen mit dem Kathodenoszillographen finden sich auch bei Gábor[4]. Ein fahrbares „Blitzlaboratorium" mit Stoßgenerator für 1000 kV und Kathodenoszillographen ist von Conwell & Fortescue beschrieben worden[5]. Als weiteres Beispiel einer neueren Arbeit mit einem Kathodenoszillographen der von Norinder angegebenen Type seien noch Untersuchungen von Ackermann[6] genannt. Messungen extrem rasch verlaufender Vorgänge ($< 10^{-9}$ s) mit einem Kathodenoszillographen Binderscher Bauart führte z. B. Krug[7] aus.

Für weitere Forschungen über Blitzschutz- und allgemeine Überspannungsfragen sei auf die Literatur verwiesen[8].

21. Strommessung bei Hochspannung. Beim Einbau von Strommessern in Hochspannungsanlagen ist zu beachten, daß die Meßgeräte leicht einen besonders schwachen Punkt der Leitung bilden. Mit aus isolationstechnischen Gründen erfolgt daher die Messung von Strömen im Zuge von Hochspannungsleitungen fast ausschließlich durch Vermittlung von Stromwandlern (siehe S. 182), die kurzschlußfest gebaut werden können[9]. Zur Messung kleinerer Ströme auf hohem Potential, wie sie in Prüfanlagen, etwa in Kabelwerken, aber auch z. B.

[1] Müller-Hillebrand: Siemens-Z. Bd. 7 (1927) S. 547. Müller, Harald: a. a. O. Hartje: Elektrotechn. Z. Bd. 53 (1932) S. 939.

[2] Ann. Physik Bd. 71 (1923) S. 317.

[3] Braunsche Kathodenstrahlröhren. Berlin: Julius Springer 1932.

[4] Forschungshefte d. Stud.-Ges. f. Höchstspannungsanlagen Heft 1. Berlin: Verein. d. Elektr.-Werke 1927.

[5] J. Amer. Inst. electr. Engr. Bd. 49 (1930) S. 674.

[6] J. Amer. Inst. electr. Engr. Bd. 69 (1930) S. 285.

[7] Z. techn. Physik Bd. 11 (1930) S. 153.

[8] Matthias: Elektrotechn. Z. Bd. 50 (1929) S. 1469. Flegler: Arch. Elektrotechn. Bd. 19 (1928) S. 527; Elektrotechn. Z. Bd. 51 (1930) S. 73. Biermanns in Petersen: Forschung und Technik. Berlin: Julius Springer 1930. Matthias: Ber. zur 2. Weltkraftkonferenz, Gruppe 21 Nr. 423. Berlin 1930. Müller-Hillebrand: Diss. T. H. Berlin 1931. Über Messungen der Konstanten von Freileitungen siehe Forrest: J. Inst. electr. Engr. Bd. 70 (1931) S. 85.

[9] Z. B. Keinath: Die Technik der elektrischen Meßgeräte 3. Aufl. Leipzig: Oldenbourg 1928.

in elektromedizinischen Anlagen auftreten, werden Schalttafelgeräte verwendet, die sich von der normalen Bauart nur durch Schutzvorrichtungen wie Kantenverrundung und Ausgleichswiderstände unterscheiden. Im Laboratorium werden auch feinste Galvanometer mitunter in Hochspannungsanordnungen eingebaut werden müssen. Man sollte dabei nie unterlassen, durch Strombegrenzungswiderstände für die ganze Apparatur und durch Glimmsicherungen für die Meßgeräte im besonderen wenigstens grobe Zerstörung hintanzuhalten[1].

C. Messung der dielektrischen Verluste.

22. Leistungsmessung bei Hochspannung. Die Messung der Leistung bei Hochspannung kommt bis jetzt praktisch nur für Wechselspannung in Frage und erfolgt fast immer mit Hilfe von Wandlern. Der Spannungswandler liegt im Spannungspfad des Leistungszeigers, dessen Strompfad an einen Stromwandler angeschlossen wird. Über die Korrekturen, die zur Berücksichtigung des Spannungs- und Stromfehlers und der Fehlwinkel anzubringen sind, siehe S. 68. Außer der Messung von Leistungen, die mit Wattmeter und Wandler erfolgt, gibt es bei Hochspannung noch ein ganzes Gebiet von Leistungen, die nur mit besonderen Einrichtungen gemessen werden können, die Verlustleistungen in Dielektriken. Die hierbei auftretenden Phasenverschiebungen sind sehr klein, im allgemeinen ist der Leistungsfaktor $< 0{,}1$, außerdem handelt es sich meist auch um sehr kleine Ströme, so daß die üblichen Wattmeter nicht brauchbar sind. Die Verlustmessungen sind in den Abschnitten über dielektrische Verluste eingehend behandelt.

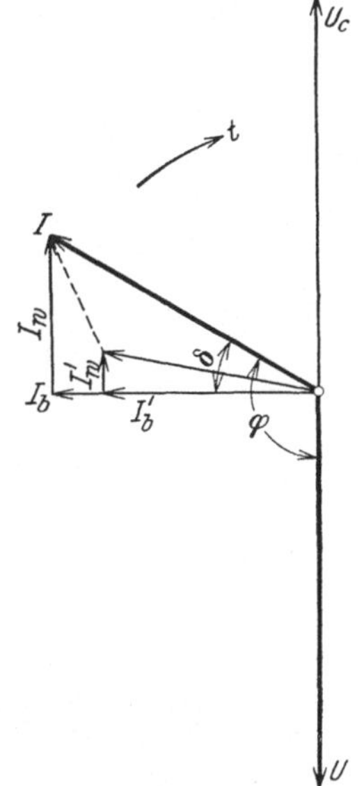

Abb. 267. Diagramm des Kondensators mit Verlust.

23. Dielektrische Verluste, Allgemeines[2]. Legt man an einen Kondensator eine Wechselspannung, so beträgt die Phasenverschiebung zwischen Ladestrom und Spannung 90^0, der Energieverbrauch ist Null. Dies gilt jedoch streng nur für ideale Kondensatoren. Als solche kommen praktisch Normal-Luftkondensatoren in Frage, allgemein Kondensatoren mit gasförmigen Dielektriken, soweit sie unterhalb der Ionisierungsgrenze benutzt werden. Bei allen Kondensatoren mit flüssigen oder festen Dielektriken (Kondensatoren im engeren Sinne, Durchführungen, Kabel u. a. m.) ist ein meßbarer Energieverlust vorhanden, der z. B. durch die Erwärmung des Dielektrikums erkennbar ist. Der Energieverlust wird nicht nur durch das Leitvermögen bedingt, den Hauptteil bilden — wenigstens bei festen Isolierstoffen — im allgemeinen die dielektrischen Verluste. Die Strom- und Spannungsverhältnisse sind in Abb. 267 in einem Diagramm veranschaulicht. Der Spannung U_c am Kondensator eilt der Blindstrom J_b (der Ladestrom des Kondensators) um 90^0 vor. Mit der Spannung U_c ist der Wirkstrom J_w (Verluststrom) in Phase. Zwischen dem resultierenden Gesamtstrom J und dem Ladestrom J_b besteht die Phasenverschiebung δ (Verlustwinkel), und es gilt $\operatorname{tg} \delta = \frac{J_w}{J_b}$. Man nennt $\operatorname{tg} \delta$ den dielektrischen Verlustfaktor. Zu

[1] Z. B. Moerder: Arch. Elektrotechn. Bd. 24 (1930) S. 199.

[2] Schering, H.: Isolierstoffe in Gehlhoff: Lehrb. d. techn. Physik. Leipzig: Ambrosius Barth 1929. Wagner, K. W.: Theoretische Grundlagen in Schering: Die Isolierstoffe der Elektrotechnik. Berlin: Julius Springer 1924. Orlich, E: Kapazität und Induktivität. Braunschweig: Vieweg 1909. Hartshorn, L.: J. electr. Engr. Bd. 64 (1926) Nr. 359.

der angelegten Klemmenspannung U ist die Spannung U_c am Kondensator oppophas, zwischen U und J besteht die Phasenverschiebung φ. Bei der hier gewählten diagrammatischen Darstellung ist $|90^0 - \varphi| = \delta$. Würden keine „dielektrischen Verluste" vorhanden sein, so wäre J'_b der Ladestrom des Kondensators und J'_w der vom Leitvermögen herrührende Wirkstrom. Die Vergrößerung des Ladestromes J'_b auf J_b durch die dielektrischen Verluste wird nach K. W. Wagner durch das Eindringen von Ladungen in das Innere des Dielektrikums erklärt. Das Diagramm zeigt nur qualitativ das Verhalten des Isolierstoffes, die praktisch in Frage kommenden Phasenverschiebungen sind klein, in den meisten Fällen liegt δ unter 1^0. Der vom Leitvermögen herrührende Anteil des Energieverlustes ist oft verschwindend klein. Man spricht daher im allgemeinen von den Gesamtverlusten einschließlich der geringen Verluste durch Leitvermögen als von dielektrischen Verlusten. Dieser Sprachgebrauch ist auch üblich für den Fall, daß die Verluste durch Leitvermögen, wie z. B. bei einigen Flüssigkeiten, den Hauptteil der Verluste bedingen und die dielektrischen Verluste im engeren Sinne verschwindend klein sind. Man kann die durch Leitvermögen bedingte Phasenverschiebung berechnen (z. B. vgl. auch Ziff. 50 über dielektrische Verluste in Flüssigkeiten). Bezeichnet $\varkappa$ die Leitfähigkeit, ε die Dielektrizitätskonstante, so gilt

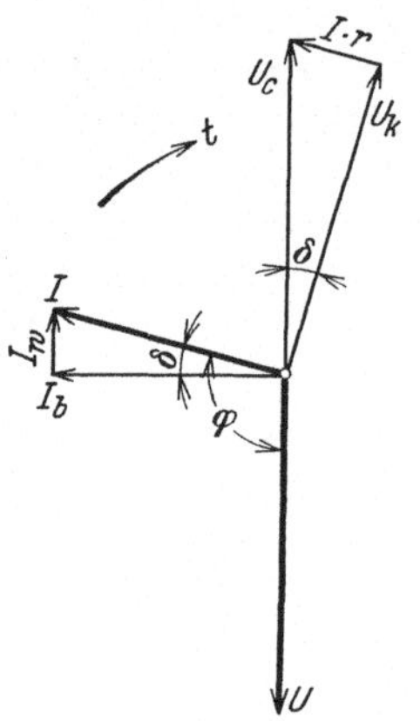

$$\operatorname{tg}\delta = \frac{\gamma \cdot \varkappa}{\omega \cdot \varepsilon},$$

wobei der Faktor $\gamma = 4\pi \cdot 9 \cdot 10^{11} = 1{,}13 \cdot 10^{13}$ ist. Der Energieverlust in Watt im Dielektrikum ist

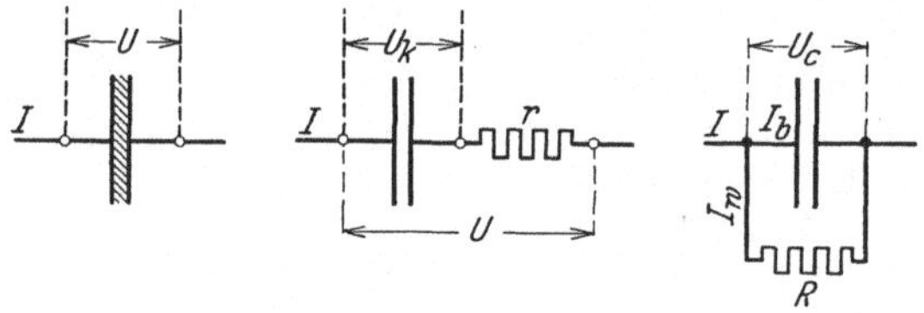

$$N = U^2 \omega C \cos\varphi \approx U^2 \omega C \operatorname{tg}\delta ,$$

wenn U in Volt, C in Farad gemessen wird. Der Verlust von Materialien wird vielfach auch in Watt/cm³ angegeben, indem man den Verlust eines gegebenen Volumens, z. B. einer Platte (vgl. Ziff. 49) mißt und hieraus den Verlust je cm³ errechnet. Kennt man außer N und U auch den Strom J in Amp, so ergibt sich $\operatorname{tg}\delta = \frac{N}{\sqrt{U^2 J^2 - N^2}} \approx \frac{N}{UJ} = \cos\varphi$. Gebräuchlich ist es auch, den Verlust eines Kondensators in Bruchteilen der Scheinleistung auszudrücken und als praktische Einheit W/kVA anzugeben; numerisch ist der Wert gleich Tausendstel $\cos\varphi$.

Abb. 268. Ersatzschaltungen des Kondensators mit Diagramm.

Man kann sich den Kondensator, dessen Dielektrikum bei Wechselstrom Energieverluste besitzt, bei gegebener Frequenz ersetzt denken entweder durch einen verlustlosen Kondensator C, dem ein Widerstand R parallel geschaltet ist, oder durch einen verlustlosen Kondensator K in Reihe mit einem Widerstand r. Der Wert der verlustfreien Kapazität ist in beiden Darstellungsweisen nicht genau der gleiche, es ist

$$K = C\,(1 + \operatorname{tg}^2\delta)\,.$$

Für die meisten technischen Zwecke ist aber wegen der Kleinheit von $\operatorname{tg}\delta$ der Kapazitätswert nach beiden Formeln praktisch der gleiche.

Die Beziehung für tg δ im Ersatzschema[1] lautet für Widerstand parallel zum Kondensator

$$\operatorname{tg}\delta = \frac{1}{R\,\omega\,C}$$

und für Widerstand in Reihe mit dem Kondensator

$$\operatorname{tg}\delta = r\,\omega\,K\,.$$

In Abb. 268 ist das Diagramm für die Ersatzschaltungen wiedergegeben. Welchem Ersatzschema man den Vorzug geben will, ist vielfach eine Zweckmäßigkeitsfrage, eine physikalische Erklärung des Energieverbrauches wird durch das Ersatzschema nicht gegeben. Durch Untersuchung der Frequenzabhängigkeit von tg δ kann man, wie die Formeln zeigen, ein gewisses Urteil erhalten, welches Schema angemessener ist.

Außer der vorstehend benutzten diagrammatischen Veranschaulichung der Verhältnisse im Kondensator bedient man sich vielfach auch der sog. symbolischen Methode[2]. Das Hauptmerkmal dieser Rechnungsweise ist die Verwendung komplexer Größen. Das Symbol j (z.B. $j\mathfrak{U}$) dient als Zeichen für eine Operation, die darin besteht, daß man einen Vektor ($\mathfrak{U}$) um 90^0 nach vorwärts dreht. Die bei einem idealen Kondensator von der Kapazität K zwischen der angelegten Spannung $\mathfrak{U}$ und dem Ladestrom $\mathfrak{J}$ bestehende allgemeine Beziehung

$$\mathfrak{J} = K\,\frac{d\,\mathfrak{U}}{d\,t}$$

ergibt in der symbolischen Darstellung die Gleichung

$$\mathfrak{J} = j\,\omega\,K\,\mathfrak{U}\,.$$

Die Gleichung hat die Form des Ohmschen Gesetzes, $\frac{1}{j\,\omega\,K}$ wird „Widerstandsoperator“ genannt. Beim praktischen, mit Verlust behafteten Kondensator erhält man folgende Beziehungen für die beiden Ersatzschaltungen: Der Kondensator stellt bei der Kreisfrequenz ω einen Scheinwiderstand — Operator $\mathfrak{S}$ — dar. Es gilt

$$C\,||\,R \qquad\qquad K \rightarrow r\,,$$

$$\mathfrak{S} = \frac{1}{\frac{1}{R} + j\,\omega\,C}\,, \qquad\qquad \mathfrak{S} = r + \frac{1}{j\,\omega\,K}\,,$$

$$\operatorname{tg}\delta = |\operatorname{ctg}\varphi| = \frac{1}{R\,\omega\,C}\,, \qquad \operatorname{tg}\delta = |\operatorname{ctg}\varphi| = r\,\omega K\,.$$

Den reziproken Wert $1/R$ des Parallelwiderstandes bezeichnet man vielfach als Ableitung G; das Produkt $C \cdot R$ heißt Zeitkonstante.

Zugleich mit den dielektrischen Verlusten wird oft auch die Kapazität des Prüfgegenstandes bestimmt. Aus ihr kann die Dielektrizitätskonstante ε ermittelt werden. Sie ergibt sich als Quotient der gemessenen Kapazität und der in gleichen Einheiten errechneten Kapazität eines Kondensators von den Abmessungen des Prüfkörpers, jedoch mit Luft als Dielektrikum. (Vgl. auch Ziff. 6 und S. 122.)

Von einem bestimmten Kapazitätswert des Gegenstandes und somit von einer bestimmten Dielektrizitätskonstanten kann man nur sprechen, solange

[1] Schering, H.: Arch. Elektrotechn. Bd. 16 (1926) S. 174.

[2] Orlich, E.: a. a. O. Hauffe, G.: Die symbolische Behandlung der Wechselströme. Sammlung Göschen 1928.

$tg^2 \delta$ gegen 1 vernachlässigbar ist, also etwa bei $tg\,\delta < 0{,}1$. Bei Kondensatoren mit größeren Verlusten spielt für die Angabe der Kapazität und der Dielektrizitätskonstanten die Wahl des Ersatzschemas eine Rolle[1].

Für die Messung der dielektrischen Verluste bei Hochspannung kommen hauptsächlich die nachstehenden drei Gruppen von Verfahren in Betracht.

24. Kalorimetrische Methode. Sie besteht darin, daß man die Erwärmung mißt, die ein Dielektrikum unter der Einwirkung einer Spannung während bestimmter Zeit erfahren hat. Die Methode ist im allgemeinen nur bei Verwendung von Spezialapparaturen genügend genau. Für orientierende Messung ist sie jedoch vielfach bequem und kommt dann in Frage, wenn im Prüfobjekt eine beträchtliche Leistung verbraucht wird, also bei Hochfrequenz, sowie bei Niederfrequenz und hohen Feldstärken bei großer Kapazität. (Vgl. auch Ziff. 35 und 39 „Spannungserwärmungsprobe".) Eine Anwendung der kalorimetrischen Methode auf Verlustmessungen an Kabeln und anderen Kondensatoren haben Scott, Bousman und Benedict[2] beschrieben.

25. Wattmetrische Methoden. Sie sind die ältesten zur exakten Bestimmung dielektrischer Verluste angewendeten Verfahren[3]. Das Elektrometer als Hochspannungswattmeter ist heute nur noch wenig gebräuchlich. Über die Anwendung und Abschirmung siehe Rayner, Standring u.a.[4].

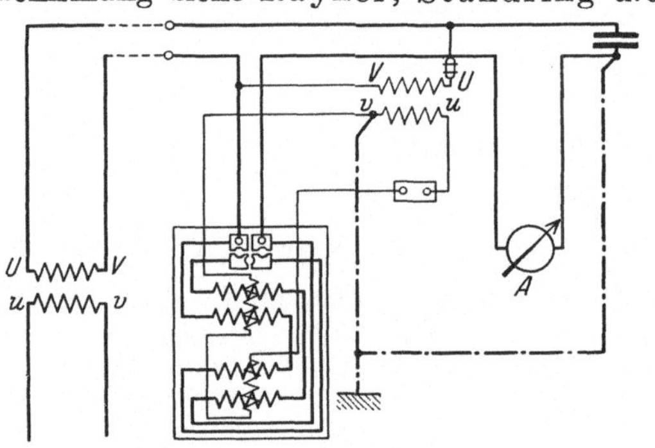

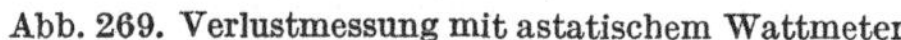
Abb. 269. Verlustmessung mit astatischem Wattmeter.

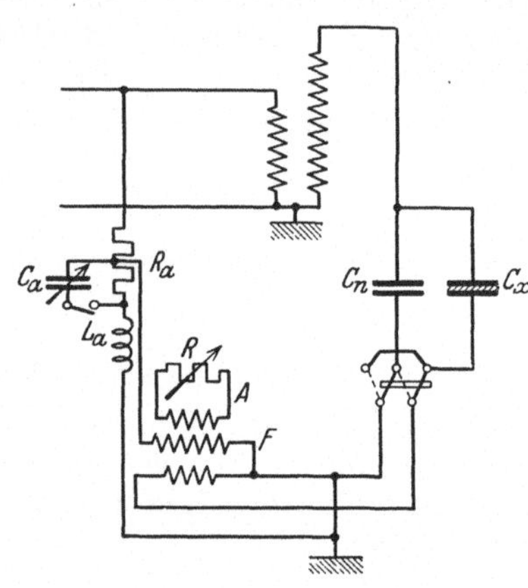

Abb. 270. Wattmeteranordnung zur Verlustmessung nach Trüb, Täuber & Co.

Über einige grundsätzliche Fragen zur Messung kleiner Wechselstromleistungen mit dynamometrischen Instrumenten siehe z. B. Spielhagen[5]. Von den neueren Spezialwattmetern zur Messung von in technischen Dielektriken auftretenden kleinen Verlustfaktoren seien nachstehend einige kurz beschrieben. Die Messung der dielektrischen Verluste in einem Kondensator, etwa einem Kabel, mit astatischem Spezialwattmeter von Siemens & Halske[6] veranschaulicht Abb. 269. Es gibt Instrumente, die bereits bei $\cos\varphi = 0{,}02$ den vollen Skalenausschlag zeigen; der Phasenfehler des Instrumentes selbst beträgt etwa 0,0006. Vgl. auch S. 63.

Abb. 270 zeigt das Schaltungsschema der Apparatur zur Messung dielektrischer Verluste nach Trüb, Täuber & Co., Zürich. Benutzt wird ein empfindliches

[1] S. z. B. VDE-Leitsätze für die Bestimmung elektrischer Eigenschaften von festen Isolierstoffen.

[2] Elektrotechn. Z. (Ref.) Bd. 50 (1929) S. 199. Untersuchung an Isolierstoffen bei Vogler: Elektr. Nachr.-Techn. Bd. 8 (1931) S. 1971.

[3] Höchstädter: Elektrotechn. Z. Bd. 31 (1910) S. 467. Petersen: Hochspannungstechnik. Stuttgart: Enke 1911.

[4] J. Inst. electr. Engr. Bd. 68 (1930) S. 1132.

[5] Arch. Elektrotechn. Bd. 23 (1930) S. 609.

[6] Skirl: Wechselstromleistungsmessungen 3. Aufl. Berlin: Julius Springer 1930.

elektrodynamisches Wattmeter mit zwei festen Wicklungen A und F und einer Drehspule, die wahlweise mit dem Vergleichskondensator C_n oder dem Prüfgegenstand C_x in Reihe geschaltet werden kann. F liegt über die vorgeschalteten Größen L_a, R_a, C_a an der Unterspannungswicklung des Prüftransformators, während A über den Widerstand R geschlossen ist. Mit den Vorschaltgrößen zu F kann zunächst die Phasenverschiebung des Feldspulenstromes aufgehoben werden. Für die praktische Messung von Verlustgrößen ist R direkt in Winkelminuten geeicht. Man bestimmt R, wenn C_n und wenn C_x eingeschaltet ist. Die Differenz der beiden Ablesungen ergibt den gesuchten Verlustwinkel von C_x. Mit zwei Meßbereichen kann von 10′ bis etwa 8° gemessen werden, die Empfindlichkeit im Verlustwinkel ist etwa 2 Minuten.

Ein von A. Roth bei Brown Boveri entwickeltes, direkt zeigendes Hochspannungswattmeter[1] ist in Abb. 271 schematisch dargestellt. Das Instrument besitzt zwei Systeme, von denen das eine den Zeiger trägt. Durch Verstellung des anderen wird von Hand die gegenseitige Induktion der festen und beweglichen Spule kompensiert. Auch bei dieser Anordnung wird nach dem Substitutionsprinzip vorgegangen. Zunächst liegt der Umschalter auf dem Normalkondensator C, und durch Änderung der Induktivität L wird der Wattmeterausschlag zu Null gemacht. Nach Umschalten auf den Prüfgegenstand ergibt sich ein Ausschlag, aus dem unter Berücksichtigung des Vorwiderstandes R die Leistung in üblicher Weise berechnet wird.

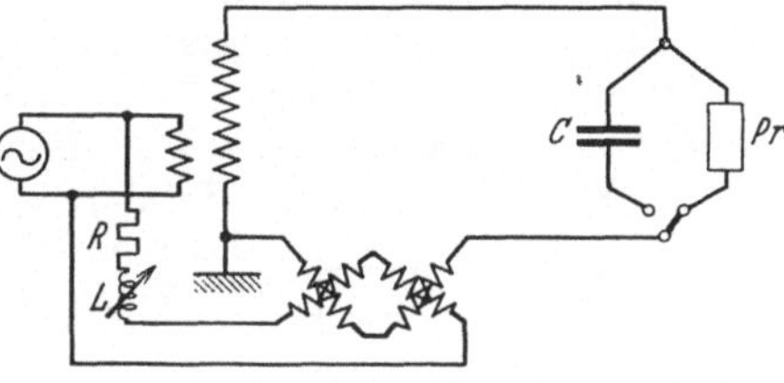

Abb. 271. Hochspannungswattmeter nach Roth.

Eine andere Hochspannungswattmeterschaltung, bei der mit einer Widerstandsbrücke und Abgleichung auf Null durch eine Induktivität L gearbeitet wird, haben Emanueli und Barbagelata[2] angegeben. Das Schema ist in Abb. 272 dargestellt. Als Hochspannungswiderstand R_2 kann ein Wasserwiderstand verwendet werden, bei dem das Wasser durch Isolierrohre oder Schläuche beständig fließt, so daß keine Erwärmung auftritt. Für den Verlustfaktor tg δ gilt:

$$\operatorname{tg}\delta = \frac{\omega L}{R_4 + R_3\left[\frac{1}{1+\frac{R_3}{R_2}}\right]}.$$

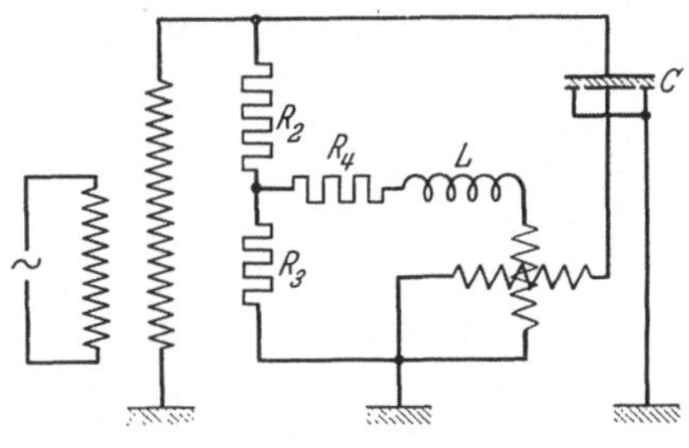

Abb. 272. Hochspannungswattmeter nach Emanueli und Barbagelata.

Die Konstanz von R_2 spielt, wie die Formel zeigt, keine große Rolle.

Herczeg[3] hat eine für Hochspannung verwendbare Anordnung eines thermischen Wattmeters beschrieben. Das von Brückman angegebene Instrument ist auf S. 119 erläutert, vgl. Abb. 158. Bei Hochspannung wird die Spannung mittels Wandler an das Instrument gelegt. Vielfach wird der Fehlwinkel des Wandlers von der gleichen Größenordnung sein wie der zu bestimmende Verlustfaktor, doch werden Relativmessungen hierdurch kaum beeinträchtigt werden (vgl. S. 192). Bemerkenswert ist die Möglichkeit, das Instrument zur Registrierung von Verlusten zu verwenden. Eine eingehende Untersuchung über

[1] Roth: Hochspannungstechnik S. 362. Berlin: Julius Springer 1927.
[2] Elettrotecnica Bd. 26 (1922) S. 477.
[3] Herczeg, A.: Elektrotechn. Z. Bd. 51 (1930) S. 421.

die Benutzung des thermischen Leistungsmessers, namentlich bei großen Kapazitäten haben Zickner und Pfestorf[1] angestellt.

26. Brückenmethoden[2]. Die gebräuchlichsten Verfahren zur Messung der dielektrischen Verluste sind Brückenmethoden. Sie lassen sich den großen meßtechnisch in Frage kommenden Bereichen der Kapazitäten, Spannungen, Frequenzen und Verlustfaktoren verhältnismäßig leicht anpassen. Das allgemeine Schema der Brückenanordnung zur Bestimmung des dielektrischen Verlustfaktors ist in Abb. 273 dargestellt. Die zu untersuchende mit Verlust behaftete Kapazität im Zweige *1* wird mit einer Normalkapazität (vgl. Abschnitt 7) im Zweige *2* verglichen. In den Brückenzweigen *3* und *4* liegen induktionsfreie Widerstände, an ihrer Stelle können auch zwei Kapazitäten verwendet werden (Schering). Als Nullinstrument kommen in Frage Telephon (Frequenzbereich 500 bis 5000 Hz), Vibrationsgalvanometer (25 bis 1000 Hz), Detektor mit Galvanometer (500 Hz und höhere Frequenzen). Für die allgemeinen Beziehungen in der Brücke gilt, wenn S_1, S_2, S_3, S_4 die Scheinwiderstände der 4 Zweige und $\varphi_1 \ldots \varphi_4$ die zugehörigen Phasenverschiebungen und δ_1 den Verlustwinkel in Zweig *1* bedeutet,

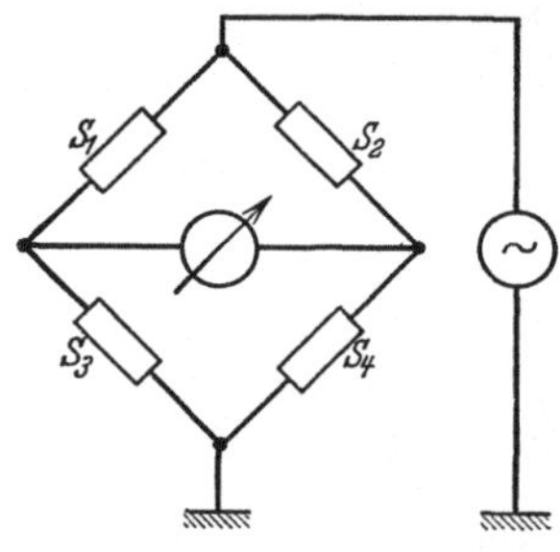

Abb. 273. Allgemeines Brückenschema.

$$S_1 S_4 = S_2 S_3\,,$$

$$\varphi_1 + \varphi_4 = \varphi_2 + \varphi_3\,,$$

$$\varphi_1 - 90^0 = \delta_1\,.$$

Durch Ändern der Größen in den Zweigen *2* oder *3* kann der Strom im Nullinstrument auf ein Minimum gebracht werden; um ihn völlig zum Verschwinden zu bringen, hat man noch die Phasenverschiebung δ durch Phasenabgleichung in einem der Zweige *2*, *3* oder *4* zu kompensieren. Wenn in den Zweigen *3* und *4* Widerstände liegen, so sind die wichtigsten Anordnungen folgende:

1. Durch einen regelbaren Widerstand R_2 parallel zur Kapazität C_2 (Nernstsche Anordnung zur Kompensation des Leitvermögens bei der Bestimmung der Dielektrizitätskonstanten von Elektrolyten; vgl. S. 123). Es wird unter der Annahme $\delta_2 = 0$

$$\operatorname{tg} \delta_1 = \frac{1}{R_2 \omega C_2}\,.$$

2. Durch einen regelbaren Widerstand r_2 in Reihe mit C_2 (Max Wien). Hier ist

$$\operatorname{tg} \delta_1 = r_2 \omega C_2\,.$$

3. Durch einen regelbaren Kondensator C_4 parallel zu R_4 (Schering, vgl. Ziff. 27), wobei

$$\operatorname{tg} \delta_1 = R_4 \omega C_4$$

wird.

4. Durch eine regelbare Induktivität L_3 in Reihe zu R_3 (U. Meyer). Es ist

$$\operatorname{tg} \delta_1 = \frac{\omega L_3}{R_3}\,.$$

Über die Verwendung einer Anordnung mit Induktivitäten zu Hochspannungsmessungen siehe auch Dawes, Hoover, Reichard[3] und Kautzmann[4],

---

[1] Elektrotechn. Z. Bd. 51 (1930) S. 1681.

[2] Hague: Alternating current bridge methods 2. Aufl. London: Pitman & Sons 1930.

[3] Amer. Inst. electr. Engr. Bd. 48 (1929) 450.

[4] Elektrotechn. Z. Bd. 50 (1929) S. 1402.

ferner Kalkner[1]. Eine der Dawes-Brücke verwandte Kompensationsschaltung siehe bei Geyger[2]. Eine Hochspannungs-Brückenanordnung mit Induktivitäten hat auch Pugno-Vanoni[3] behandelt.

Arbeitet man mit einer Vierkapazitätenbrücke (s. S. 120), so kann die Abgleichung der Verluste erfolgen[4]:

5. Durch einen regelbaren Widerstand r_3 in Reihe zu C_3, wobei gilt

$$\operatorname{tg}\delta_1 = r_3 \omega C_3 .$$

6. Durch einen regelbaren Widerstand R_3 parallel zu C_3. Es ist dann

$$\operatorname{tg}\delta_1 = \frac{1}{R_3 \omega C_3} .$$

Diese Brückenanordnungen gestatten, Messungen an Isolierstoffen von tiefen bis zu hohen Frequenzen bei im wesentlichen unveränderlicher Anordnung vorzunehmen. Eine Anwendung der Brücke 5. bei Hochspannung ist z. B. von Gantert[5] beschrieben worden.

27. Hochspannungsbrücke nach Schering. Für die Bestimmung der dielektrischen Verluste und der Kapazität bei Hochspannung ist die von Schering angegebene Brückenanordnung sehr gebräuchlich. Ihr Vorteil besteht unter anderem darin, daß alle Brückenteile, die Hochspannung führen, während der Messung unverändert bleiben. Eingeregelt werden nur solche Teile, die an Erde liegen oder nur eine geringe Spannung gegen Erde führen. In einem Meßgang — dem zu Nullmachen eines Ausschlages des Vibrationsgalvanometers — werden die beiden interessierenden Größen, Verlustfaktor und Kapazität, bestimmt, wobei durch geschickte Wahl der Größe eines Brückenwiderstandes der Verlustfaktor direkt numerisch ablesbar gemacht werden kann, während man die Kapazität durch eine einfache Rechnung erhält.

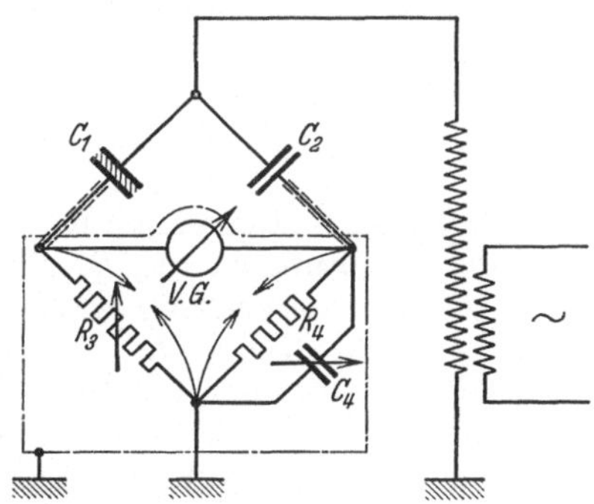

Abb. 274. Hochspannungsbrücke nach Schering.

Abb. 274 zeigt das grundlegende Schaltungsschema der Hochspannungsmeßbrücke. C_1 ist der zu untersuchende mit Verlust behaftete Hochspannungskondensator, der z. B. aus einer Isolierstoffprobe, einem Kabelstück oder ähnlichem besteht. C_2 ist der Hochspannungs-Normalkondensator. Die Niederspannungselemente R_3 und R_4 sind kapazitäts- und induktionsfreie Widerstände, R_3 regelbar, R_4 fest. R_3 besteht meist aus einem Kurbelwiderstand von 0,1 bis 10000 Ohm, der in Reihe liegt mit einem Schleifdrahtwiderstand zum Einstellen der Hundertstel Ohm. C_4 ist ein Präzisionskondensator, meist ein Kurbelglimmerkondensator. Als Nullinstrument dient gewöhnlich ein Vibrationsgalvanometer mit elektromagnetischer Abstimmung nach Schering und Schmidt, siehe S. 46. Bei Gleichgewicht in der Brücke gilt für die unbekannte Kapazität C_1

$$C_1 = C_2 \frac{R_4}{R_3} .$$

[1] Diss. T. H. Darmstadt 1930. [2] Arch. Elektrotechn. Bd. 21 (1929) S. 529.
[3] Elettrotecnica Bd. 17 (1930) S. 2.
[4] Schering: Z. Instrumentenkde. Bd. 45 (1925) S. 114.
[5] Diss. Berlin 1929. Forschungshefte der Studienges. für Höchstspannungsanlagen Heft 2 Berlin 1930.

Ferner für den dielektrischen Verlustfaktor $\operatorname{tg}\delta_1$ des Prüflings

$$\operatorname{tg}\delta_1 = R_4\,\omega\,C_4\,.$$

Denkt man sich als Ersatzschema für den unvollkommenen Kondensator C_1 eine verlustlose Kapazität in Reihe geschaltet mit einem Ohmschen Widerstand R_1, so gilt für dessen Berechnung

$$R_1 = \frac{R_3 \cdot C_4}{C_2}\,.$$

Der feste Brückenwiderstand R_4 wird nach Schering zu $R_4 = \frac{1000}{\pi} = 318{,}4$ Ohm gewählt. Damit wird für die übliche Kreisfrequenz $\omega = 2\,\pi\,f = 100\,\pi$

$$\operatorname{tg}\delta_1 = 0{,}1\,C_4\,,$$

d. h. der zu messende Verlustfaktor kann unmittelbar numerisch am Kurbelkondensator C_4 abgelesen werden[1].

Bei der praktischen Ausführung von Brückenmessungen spielt die Abschützung eine wichtige Rolle. Für die Abschützung von C_1 und C_2 sei auf die Abschnitte 6 und 7 verwiesen. Die Zuleitungen von den Hochspannungskondensatoren zur Niederspannungsanordnung werden zweckmäßig in geerdeten Schutzschläuchen geführt, die in Abb. 274 gestrichelt angedeutet sind. Für Feinmessungen ist die Kapazität der Zuleitung gegen die Schutzschläuche unter Umständen zu berücksichtigen. Vergleicht man z. B. zwei Kapazitäten mit sehr kleinem Verlust miteinander, eine Aufgabe, wie sie bei der Eichung von Hochspannungs-Meßkondensatoren vorliegt, und zwingen die räumlichen Verhältnisse dazu, die Zuleitung zu dem einen Kondensator sehr lang zu wählen, so kann die Kapazität der Zuleitungen, die R_3 parallel liegen, einen Verlust des Kondensators C_2 vortäuschen, namentlich wenn R_3 bei schiefem Brückverhältnis einige tausend Ohm erreicht. In solchen Fällen schützt außer einer Messung der Schlauchkapazitäten, die mehrere 100 $\mu\mu$F betragen können, Vertauschen von C_1 und C_2 vor Irrtümern. Zu überprüfen ist auch die Isolation der Schutzschläuche. Falls niedrige Isolationswiderstände vorhanden sind, kann, da diese zu den Brückenwiderständen R_3 bzw. R_4 parallel liegen, die Kapazitätsmessung gefälscht werden.

Gegen die allgemeine Einwirkung elektrostatischer Felder empfiehlt es sich, die gesamte Niederspannungsanordnung durch ein geerdetes Gitter abzuschützen, das in Abb. 274 strichpunktiert angedeutet ist. Zu den Niederspannungsarmen der Brücke legt man Glimmsicherungen (in der Abbildung durch Pfeilspitzen angedeutet) parallel, die bei einigen 100 V ansprechen und im Falle eines Durch- oder Überschlages auf der Hochspannungsseite ein Durchbrennen der Widerstände verhindern und zugleich die bedienende Person vor gefährlichen Überspannungen schützen.

Mit der Anordnung nach Abb. 274 werden zweckmäßigerweise nur Kapazitäten untersucht, die bis höchstens 100mal größer sind als der Vergleichskondensator C_2. Bei größeren Kapazitäten wird der Widerstand R_3 kleiner als 3 Ohm, dann wird die relative Widerstandsabgleichung mit dem Schleifdraht schwierig, und es entsteht ein merklicher Winkelfehler dadurch, daß der Blindwiderstand der Induktivität der Leitung nicht mehr verschwindend klein gegenüber dem eingeschalteten Ohmschen Widerstand ist. Nun besteht z. B. in der Kabeltechnik die Aufgabe, ganze Kabellängen, d. h. erhebliche Kapazitäten bei Hochspannung auf dielektrische Verluste zu untersuchen. Dabei treten Lade-

[1] Semm: Arch. Elektrotechn. Bd. 9 (1920) S. 30. Schering: Arch. Elektrotechn. Bd. 17 (1926) S. 426 u. Elektrotechn. Z. Bd. 52 (1931) S. 1133. Tschiaßny: Arch. Elektrotechn. Bd. 18 (1927) S. 249.

ströme von einigen Ampere auf; der von dem Ladestrom durchflossene Widerstand R_3 muß also sehr klein gehalten werden, um eine unerwünschte Stromwärme zu vermeiden. Nach Schering wird daher die Brücke mit einer Nebenschlußanordnung ausgeführt, die in Abb. 275 wiedergegeben ist. Für die Abgleichung gilt:

$$C_1 = C_2 \frac{R_4}{R_n} \cdot \frac{R_n + r + R_3}{R_3},$$

$$\operatorname{tg} \delta_1 = R_4 \omega C_4 - \left[\frac{r}{R_3} \cdot R_2 C_2\right].$$

Das in der eckigen Klammer stehende Glied wird im allgemeinen vernachlässigbar klein.

In der praktischen Ausführung der Brücke, wie sie von der Firma Hartmann & Braun in den Handel gebracht wird, arbeitet man bis zu einem höchsten Ladestrom von 75 mA ohne Nebenwiderstand R_n, dann mit verschiedenen eingebauten Nebenwiderständen bis zu 5 A. Für noch größere Ströme bis 30 A werden getrennte Nebenschlüsse verwendet.

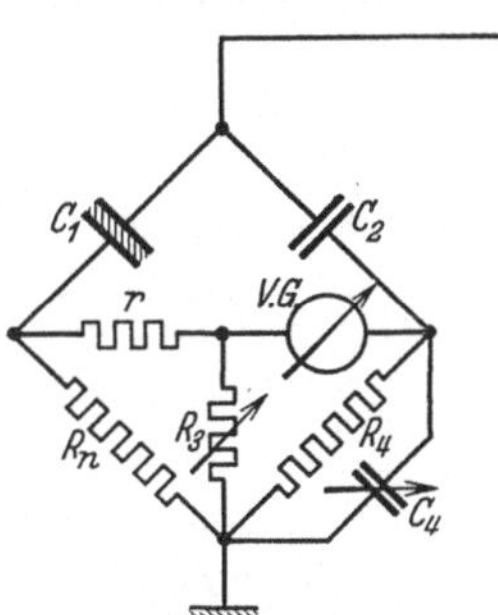

Abb. 275. Hochspannungsbrücke nach Schering mit Nebenschluß.

Zur Messung sehr großer Kapazitäten, wie sie z. B. für die Phasenverbesserung von Wechselstromnetzen[1] dienen, hat man naturgemäß mit stark ungleicharmiger Brücke zu arbeiten, der Nebenschluß R_n wird sehr klein. Dann ist besonders darauf zu achten, daß R_n einschließlich seiner Zuleitungen eine möglichst geringe Selbstinduktion besitzt, da man sonst einen völlig falschen Verlustfaktor erhalten kann. Ferner müssen die Verbindungsleitungen zwischen R_n und den benachbarten Brückeneckpunkten möglichst widerstandsfrei sein, da der Wert für die Kapazität C_1 schon durch einen kleinen Zuleitungswiderstand zu R_n merklich beeinflußt wird[2].

Über die Genauigkeit, die bei Messungen mit der Scheringschen Brücke zu erzielen ist, sei hier nur angeführt, daß die relative Bestimmung der Kapazität sehr genau auf drei geltende Ziffern erfolgen kann. Die absolute Genauigkeit hängt insbesondere davon ab, wie genau die Brückendaten selbst, z. B. die Kapazität C_2 absolut bekannt sind. Der Verlustfaktor bei Hochspannung dürfte sich absolut nicht ohne weiteres auf mehr als $\pm$ 0,0003 bestimmen lassen. Relativ ist für kleine Kapazitäten bei hohen Spannungen, für größere Kapazitäten auch schon bei niedrigeren Spannungen schon $\pm$ 0,0001 abgleichbar. Für sehr viele Zwecke kommt es nur auf relative Messungen an, z. B. bei Feststellung des Temperaturkoeffizienten beim Verlustfaktor. Eine Anordnung zur Erhöhung der Empfindlichkeit der Brücke hat Gantert[3] durch Einschaltung eines Transformators vor das Vibrationsgalvanometer getroffen[4].

Eine besondere Art der Scheringschen Hochspannungsmeßbrücke, die gestattet, die Vorgänge im untersuchten Dielektrikum oszillographisch zu verfolgen, hat A. Gemant[5] angegeben. Die Brücke wird nur auf die Kapazität des Prüfgegenstandes abgeglichen, während die verbleibende, den dielektrischen Verlusten

---

[1] Für die Prüfung von Kondensatoren siehe auch VDE-Leitsätze für Kondensatoren in Starkstromanlagen; eine Verlustmessung ist in den Leitsätzen nicht vorgesehen, nur Spannungsprüfungen werden verlangt.

[2] Zickner u. Pfestorf: Z. techn. Physik Bd. 12 (1931) S. 210.

[3] Forschungshefte der Studienges. f. Höchstspannungsanlagen Heft 2. Berlin 1930.

[4] Über den Einfluß von Oberwellen siehe Dettmar: Arch. Elektrotechn. Bd. 25 (1931) S. 537.

[5] Arch. Elektrotechn. Bd. 23 (1930) S. 683.

entsprechende Spannung über einen Widerstandsverstärker zum Oszillographen geführt wird.

Für die Verwendung der Scheringschen Brücke mit Wagnerschem Hilfszweig[1] (s. auch S. 114) sei auf die Arbeit von Beldi[2] verwiesen.

Die Scheringsche Brücke kann auch mit Vorteil für technische Messungen bei Tonfrequenz (800 Hz, $\omega = 5000$) und Niederspannung benutzt werden. Schering hat eine Anordnung beschrieben[3], die namentlich für die Untersuchung von Platten, aber auch z. B. von Leitungen und Isolierteilen für Fernmeldezwecke geeignet ist. Der Meßbereich des handlichen Geräts, das von der Firma Selinger, Berlin, hergestellt wird, ist auf die Forderung zugeschnitten, daß $\operatorname{tg} \delta < 0{,}1$ ist[4].

D. Messungen an Kabeln und Leitungen.

28. Allgemeines. Für das Gebiet der isolierten Leitungen bestehen in Deutschland eingehende Vorschriften des Verbandes Deutscher Elektrotechniker. In Betracht kommen:

1. die Kupfernormen,
2. die Vorschriften für isolierte Leitungen in Starkstromanlagen (VIL),
3. Vorschriften für Bleikabel in Starkstromanlagen (VSK),
4. Vorschriften für isolierte Leitungen in Fernmeldeanlagen,
5. Vorschriften für Bewertung und Prüfung von Vergußmaßen für Kabelzubehörteile,
6. Normen für umhüllte Leitungen[5].

Als elektrisch wichtige Größen an Starkstromkabeln sind zu nennen: a) Leitungswiderstand, b) Isolationswiderstand, c) Kapazität, d) dielektrische Verluste, e) Verluste in Mantel und Bewehrung, f) elektrische Festigkeit.

29. Leitungswiderstand. Die Bestimmung des Kupferwiderstandes erfolgt mit den bekannten Widerstandsbrückenanordnungen, z. B. der Wheatstoneschen Brücke und noch häufiger wegen der vorkommenden kleinen Widerstandswerte mit der Thomsonschen Doppelbrücke (vgl. S. 94). Für die Beurteilung sind maßgebend die Kupfernormen, denen zufolge Leitungskupfer für 1 km Länge und 1 mm² Querschnitt bei 20° keinen höheren Widerstand haben darf als 17,84 Ohm. Die Thermometer an den Kabelenden werden unter Beilegung von Stanniol fest auf die Adern gebunden und außen mit einem Wärmeschutz umgeben. Der wirksame Querschnitt von Kupferleitungen ist nach den Kupfernormen aus Widerstandsmessungen zu ermitteln. Wenn also, wie es vielfach geschieht, der Aufbau einer Kupferader mechanisch (mittels Mikrometer) nachgeprüft wird, so hat diese Messung nur für die Beurteilung des Aufbaues, z. B. der Abstufung der Einzeldrähte Bedeutung, während unter dem wirksamen

---

[1] Elektrotechn. Z. Bd. 32 (1911) S. 1001.

[2] Bull. schweiz. elektrotechn. Ver. Bd. 21 (1930) S. 197.

[3] Tätigkeitsber. d. Physik.-Techn. Reichsanst. für 1926; Ref. Elektrotechn. Z. Bd. 48 (1927) S. 1086.

[4] Siehe auch VDE-Leitsätze für Hartpapierplatten, ferner die Typisierung der gummifreien Isolierstoffe in Elektrotechn. Z. Bd. 53 (1932) S. 708.

[5] Zu den genannten Bestimmungen sind Erläuterungen herausgegeben worden von R. Apt (3. Aufl. Berlin: Julius Springer 1928). Weitere Literatur über Kabel z. B. H. W. Droste: Das Neumeyer-Hilfsbuch für Kabel und Leitungen Nürnberg 1929. Klein, M.: Kabeltechnik, Berlin: Julius Springer 1929. Heinzelmann: Die elektrischen Kabel, Samml. Göschen, Berlin 1930; ferner Berichte zur 2. Weltkraftkonferenz: Kraftübertragung durch Kabel Sektion 20 Ber. Nr. 37, Berlin 1930. Als allg. Literatur sei auch die „Session on Cables“ im J. Amer. Inst. electr. Engr. Bd. 48 (1929) genannt.

Querschnitt der aus dem Widerstand errechnete Wert zu verstehen ist. Bezüglich der Widerstandsmessung für Fehlerortsbestimmung sei auf S. 99 verwiesen.

30. Isolationswiderstand und Kapazität. Die Bestimmung des Isolationswiderstandes und der Kapazität bei Kabeln und isolierten Leitungen in Starkstromanlagen (anders in Fernmeldeanlagen) ist zwar in den deutschen Vorschriften nicht vorgesehen, wird aber trotzdem zur Überwachung der Fabrikation als interne Werkskontrolle vielfach ausgeführt und auch in außerdeutschen Abnahmebedingungen mitunter verlangt. Aus der Änderung des auf die gleiche Kabeltemperatur bezogenen Isolationswiderstandes vor und nach einer Hochspannungsbeanspruchung kann auf Veränderungen im Dielektrikum geschlossen werden. Die Größenordnung üblicher Isolationswiderstände ist einige Hundert Megohm/km für kleine und mittlere Querschnitte von Niederspannungskabeln. Die Messung des Isolationswiderstandes wird meist so vorgenommen, daß man den Galvanometerausschlag, der eine Minute nach Anlegen der Gleichspannung (100 bis 500 V) vorhanden ist, mit dem Ausschlag vergleicht, den man erhält, wenn an Stelle des Kabels ein Normalwiderstand im Kreise liegt. Durch Nebenwiderstände zum Galvanometer kann erreicht werden, daß beide Ausschläge nahezu gleich groß sind. Mitunter ist der Isolationswiderstand der langen Zuleitung vom Meßzimmer zum Prüffeld zu berücksichtigen. Bei der Isolationswiderstandsmessung spielt die Kabeltemperatur eine wichtige Rolle, weil der Widerstand der Tränkmasse mit steigender Temperatur rasch abnimmt, z. B. beim Übergang von 15° auf 20° auf etwa die Hälfte. Für die Anordnung von Leitungen bei der Messung vgl. auch Ziff. 6 und Abb. 125, S. 100.

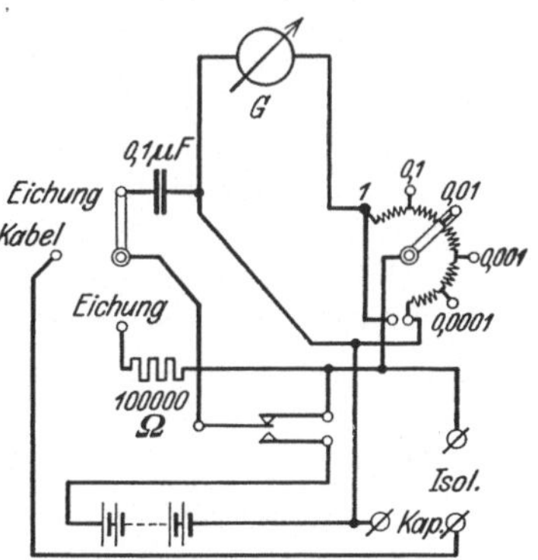

Abb. 276. Kabelmeßschaltung.

Die Kapazitätsmessung wird durch Vergleich der Ladung des Kabels mit der eines bekannten Kondensators bei gleicher Spannung (100 bis 500 V) vorgenommen. Man mißt den ersten ballistischen Ausschlag des Galvanometers, der für beide Fälle durch Nebenwiderstände nahezu gleich gemacht werden muß. Auch bei der Kapazitätsbestimmung sind die Zuleitungen gegebenenfalls zu berücksichtigen, sofern sie nicht besonders abgeschirmt sind. Der Temperatureinfluß auf die Kapazität ist im allgemeinen vernachlässigbar. Die Größenordnung der Kapazität von Kabeln beträgt einige μF/km.

Die Anordnungen zur Bestimmung des Isolationswiderstandes und der Kapazität sind vielfach in einem gemeinsamen Meßtisch vereinigt. Durch einfache Umschaltung kann von der einen zur anderen Meßgröße übergegangen werden. Abb. 276 zeigt das Schema einer solchen Kabelmeßanordnung. Die Messung erfolgt hier in der Weise, daß das Kabel oder eines der Vergleichsnormale, die durch Niederdrücken des Tasters T aufgeladen sind, bei Freigeben des Tasters über das Galvanometer entladen werden. Da die Schaltzeiten nicht ohne Einfluß sind, verwendet man mitunter Spezialtaster. In Abb. 276 wird gerade die Vergleichskapazität von 0,1 μF über das Galvanometer entladen.

31. Dielektrische Verluste von Kabeln. Die Prüfung von Kabeln auf dielektrische Verluste hat sich als außerordentlich wertvoll erwiesen, da aus der Verlustkurve mit guter Sicherheit Schlüsse auf die Zuverlässigkeit und Lebensdauer eines Kabels gezogen werden können. Dies gilt insbesondere für Hochspannungskabel, für deren Beurteilung die dielektrischen Verluste heute eins der wichtigsten Kriterien sind[1]. Nach den VDE-Vorschriften für Bleikabel in Starkstromanlagen sollen für Betriebsspannungen von 15 kV an aufwärts die dielektrischen Verluste bei der 1,5fachen Betriebsspannung und einer Temperatur von 20° nicht mehr als 2% der vom Kabel aufgenommenen Scheinleistung betragen, es soll also $\operatorname{tg}\delta < 0{,}02$ sein. Bei dem heutigen Stand der Kabeltechnik dürfte ein Drittel dieses Wertes leicht einhaltbar sein. Holländische Vorschriften[2] sehen für die Bewertung von Hochspannungskabeln einen Meßzyklus an Stichproben mit der Betriebsspannung vor. Die dielektrischen Verluste werden 1. bei der Umgebungstemperatur, 2. bei einer Temperatur des Kabels von 40° und 3. nach Abkühlung des Kabels auf 10 bis 15° bestimmt. Die Kurve *1* darf keine deutliche Ionisierung unter der 1,4fachen Betriebsspannung, die Kurve *3* nicht unter der 1,25fachen zeigen. Die Kurve *2* darf bis zur 1,4fachen Betriebsspannung höchstens doppelt so hoch liegen wie Kurve *1* im gleichen Bereich[3]. Als Ionisationspunkt wird der Punkt bezeichnet, von dem an die Verluste stärker als mit dem Quadrat der Spannung zunehmen. Abb. 277 zeigt das Ergebnis einer Verlustfaktormessung eines normalen 10-kV-Dreileiterkabels $3 \cdot 50\,\text{mm}^2$ bei 50 Hz[4], gemessen eine Ader gegen die übrigen und Mantel.

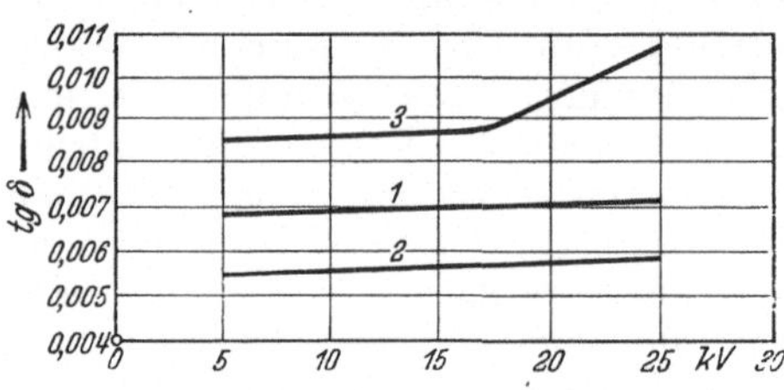

Abb. 277. Verlustfaktor eines 10 kV-Kabels. *1* bei 17°, *2* bei 40°, *3* nach Abkühlung auf 13°.

Die in Deutschland zur Messung der dielektrischen Verluste in Kabeln gebräuchlichste Anordnung ist die Scheringsche Hochspannungsbrücke (siehe Ziff. 27). Die Messung kann an Probestücken und bei der Brücke mit Nebenschluß auch an ganzen Fabrikationslängen erfolgen. Um die Störung an den Enden auszuschalten, wird besonders bei kurzen Proben an den Enden ein Schutzring angebracht[5] (vgl. auch Abb. 125). Über die für Kabel von mehr als 15 kV Betriebsspannung vorgesehene Messung bei der 1,5fachen Spannung hinaus werden für Hochspannungskabel vielfach eingehende spannungs- und zeitabhängige Verlustmessungen vorgenommen, besonders als Typenprobe für Fabrikationsneuerungen[6].

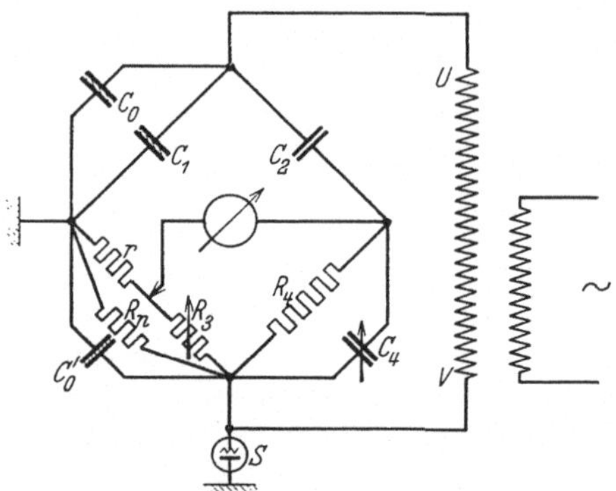

Abb. 278. Verlustmessung an verlegtem Kabel.

Die Messung an verlegten Kabeln[7] erfordert besondere Vorkehrungen, da hier der Bleimantel betriebsmäßig geerdet ist, während er bei Messungen im Prüffeld ein kleines Potential gegen Erde hat. Abweichend von der üblichen Schaltung liegt hier ein anderer Brückenpunkt an Erde. Man mißt dann nicht mehr Kapazität und Verlustfaktor des Kabels allein,

[1] Z. B. Höchstädter: Elektrotechn. Z. Bd. 43 (1922) S. 205 u. 575.
[2] Z. B. van Staveren: Elektrotechn. Z. Bd. 45 (1924) S. 159.
[3] Wellmann: VDE-Fachberichte 1928 S. 35.
[4] Vogel: Z. techn. Physik Bd. 8 (1927) S. 476.
[5] Dieterle: Arch. Elektrotechn. Bd. 11 (1922) S. 182.
[6] Über die Anwendung der Verlustmessung bei der Überwachung der Kabelfabrikation siehe z. B. Riley u. Scott: Ref. Elektrotechn. Z. Bd. 50 (1929) S. 615. Gemant: Z. techn. Physik Bd. 13 (1932) S. 184.
[7] Bormann u. Seiler: Elektrotechn. Z. Bd. 46 (1925) S. 114.

sondern es gehen auch Erdkapazitäten C_0 (und Verlustfaktor) der einen Hochspannungsklemme U mit Transformatorwicklung und Leitung zum Kabel in die Messung ein. Die Erdkapazität der Transformatorklemme V dagegen, die über eine Durchschlagsicherung S geerdet werden kann, bildet nur einen vernachlässigbaren Nebenschluß C_0'' zur Widerstandskombination R_3. Abb. 278 zeigt das Schema der Brücke und der wirksamen Kapazitäten. Man mißt mit der Brücke das eine Mal die Gesamtkapazität $\overline{C}$ und tg $\overline{\delta}$, sodann nach Abnahme des Kabels die Größen C_0 und tg δ_0 und erhält hieraus für den Verlustfaktor und die Kapazität des Kabels

$$C_1 = \overline{C} - C_0,$$

$$\operatorname{tg}\delta_1 = \frac{\overline{C}\operatorname{tg}\overline{\delta} - C_0\operatorname{tg}\delta_0}{\overline{C} - C_0}.$$

Dettmar[1] führte Verlustmessungen an verlegten Kabeln in gewöhnlicher Schaltung aus, indem er das gegen den Bleimantel isolierte Höchstädter-Papier als Meßbelag benutzte. Außerdem gebrauchte er als Vergleichskapazität ein Niederspannungsnormal unter Zwischenschaltung eines Wandlers.

Bei Drehstromkabeln wird die Verlustmessung meist unter einphasiger Wechselspannung ausgeführt. Die betriebsmäßige Drehspannungsbeanspruchung wird dabei unvollkommen nachgeahmt. Um die Verluste in betriebsmäßiger Drehstromschaltung direkt zu messen, sind zur Bestimmung eines Verlustfaktors für eine Spannung drei Brückenmessungen oder drei wattmetrische Messungen erforderlich[2]. Hierbei wird die Meßapparatur samt Beobachter in einem Faradayschen Käfig auf Hochspannung gebracht, oder Meßapparatur und Beobachter liegen auf der Erdseite, aber der Kabelmantel und der Sternpunkt des Drehstromtransformators führen Hochspannung. Bei verlegten Drehstromkabeln kommt nur die erste Schaltung in Betracht, deren Schema Abb. 279 zeigt. Die Brückenanordnung ist die Scheringsche Hochspannungsmeßbrücke.

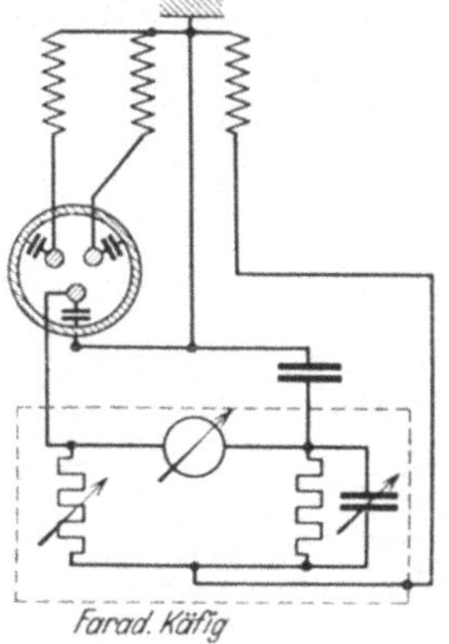

Abb. 279. Verlustmessung an Drehstromkabeln bei betriebsmäßiger Beanspruchung.

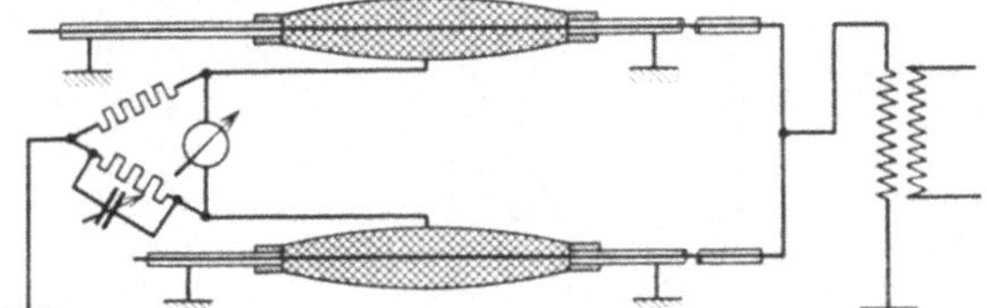

Abb. 280. Vergleichsmessung der Verluste zweier Kabelmuffen.

Auch zur Untersuchung von Muffen und Endverschlüssen bei Hochspannungskabeln wird die Verlustmessung herangezogen. Nach W. Vogel[6] kann man solche Prüfungen dadurch besonders zweckmäßig gestalten, daß statt der Bestimmung des Verlustfaktors am einzelnen Prüfling durch Vergleich mit einem Meßkondensator eine Relativmessung durch Vergleich zweier Prüflinge erfolgt. Abb. 280 zeigt die Schaltung mit zwei Kabelmuffen.

---

[1] Elektrotechn. Z. Bd. 53 (1932) S. 935.

[2] Bormann u. Seiler: Elektrotechn. Z. Bd. 49 (1928) S. 239. Kramer: BBC Nachr. Bd. 19 (1932) S. 37.

[3] Felten & Guilleaume: Rdsch. 1930 Heft 7.

Auch Wattmeter werden in den Prüf- und Versuchsfeldern der Kabelwerke zu Verlustmessungen benutzt. Vgl. Ziff. 25, insbesondere die Schaltung mit dem astatischen Doppelwattmeter.

Die Untersuchung von Kabeln auf Verluste und ebenso auf andere Eigenschaften ist, wie bereits erwähnt, auch bei erhöhter Temperatur von Interesse. Die für solche Messungen erforderliche Erwärmung wird vielfach so erzeugt, daß durch den Leiter hohe Ströme geschickt werden; sollen gleichzeitig Hochspannungsuntersuchungen erfolgen, so wird man die Heizung über Isoliertransformatoren oder durch Isoliergeneratoren vornehmen. Außer der Erwärmung vom Leiter her sind auch Bäder für die Erhitzung gebräuchlich, z. B. kann das Kabel in Röhren gebracht werden, die man mit heißem Wasser beschickt; zur Unterdrückung des Wasserdampfes an den Rohrenden dient eine Ölschicht, natürlich kann auch ein ganzes Ölbad benutzt werden.

32. Verluste in Mantel und Bewehrung. Zu den Verlusten in Kabeln, die durch Wirkströme im Dielektrikum bedingt sind, und zu den Verlusten durch Ohmschen Widerstand des Kupferleiters treten bei Einleiterkabeln Zusatzverluste, die ihre Ursache im Magnetfeld des das Kabel durchfließenden Wechselstromes haben. Die in Blei und Eisen induzierte Spannung ist bestimmt durch die Gegeninduktivität von Blei- und Eisenkreis auf den Kupferkreis. Man pflegt die Zusatzverluste in Prozenten der Kupferverluste auszudrücken. Bei nicht zu großen Kupferquerschnitten sind die Zusatzverluste in unbewehrten Kabeln klein. Bei großen Querschnitten können jedoch auch bei unarmierten Kabeln allein durch den Bleimantel 20% Zusatzverluste auftreten. Von etwa der gleichen Größe können die Verluste in der Bewehrung sein, wo als Ursache außer Wirbelströmen wie im Blei noch Hysterese in Frage kommt. Durch Verschiedenheit des Materials, der Konstruktion und der Verlegung des Kabels werden die Zusatzverluste stark beeinflußt.

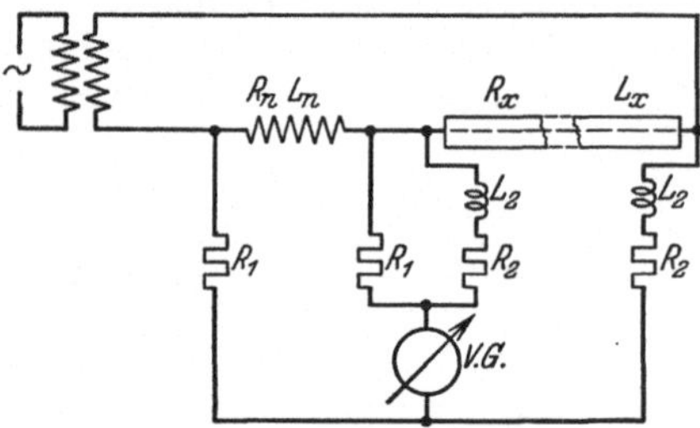

Abb. 281. Doppelbrücke zur Messung der Zusatzverluste in Kabeln nach Vogel.

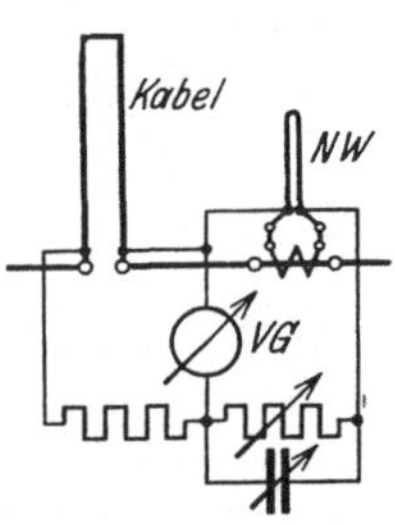

Abb. 282. Einfache Brücke zur Messung der Zusatzverluste in Kabeln nach Schering.

Die Messung der Zusatzverluste kann z. B. wattmetrisch erfolgen, geläufiger sind jedoch neuerdings Brückenmethoden. Abb. 281 zeigt eine Thomson-Doppelbrücke für Wechselstrom nach W. Vogel (Felten & Guilleaume). Für Widerstand und Induktivität gelten in der Brücke die Gleichgewichtsbedingungen[1]:

$$R_x = R_n \frac{R_2 - \frac{(\omega^2 L_n \cdot L_2)}{R_n}}{R_1},$$

$$L_x = \frac{L_2 \cdot R_n}{R_1} - L_n \frac{R_2}{R_1}.$$

Versuche mit einer anderen Brücke hat H. Schiller beschrieben[2]. Für den gleichen Meßzweck ist auch die von Schering angegebene Doppelbrücke zur Bestimmung des Phasenwinkels sehr kleiner Widerstände geeignet[3], bei der zur Abgleichung der Scheinwiderstände Kapazitäten verwendet werden.

[1] Vogel, W.: Elektrotechn. Z. Bd. 48 (1927) S. 1361.
[2] VDE-Fachberichte 1929 S. 57.
[3] Elektrotechn. Z. Bd. 38 (1917) S. 436.

Eine einfache von Schering angegebene Brücke, die aus der Maxwellschen Brücke (s. S. 119) weiter entwickelt ist, beschreibt Potthoff[1]. Das Schema ist in Abb. 282 dargestellt. Als Normal, das mit der Kabelschleife verglichen wird, dient ein Widerstand (NW) im Sekundärkreis eines Stromwandlers.

33. Elektrische Festigkeit von Kabeln. Die wichtigste praktische Prüfung von Kabeln ist die Spannungsprüfung. Nach VDE-Vorschrift sind alle Kabel und Leitungen in der Fabrik einer Spannungsbeanspruchung zu unterziehen, die bei isolierten Leitungen meist nach 24stündigem Liegen unter Wasser eine halbe Stunde dauern soll. Bei NGA-Leitungen ist z. B. eine Prüfwechselspannung von 2 kV oder eine Prüfgleichspannung von 2,8 kV vorgeschrieben. Für Bleikabel ist die Beanspruchung je nach Stromart, Leiterzahl und Betriebsspannung verschieden. Für die Fabrikprüfung an einem Drehstromkabel von der Betriebsspannung U Volt beträgt z. B. die Prüfdrehspannung $2\,U + 1000$ V, die Prüfdauer ist 15 Minuten[2]. Zur weiteren Beurteilung des elektrischen Sicherheitsgrades kann nach VDE-Vorschrift an einer Stichprobe von 5 m Länge eine Spannungsprüfung mit der 5-fachen Betriebsspannung während 5 Minuten ausgeführt werden. Ein weiterer Versuch ist die sog. Biegeprobe. Sie wird in der Weise ausgeführt, daß ein von der Bewehrung befreites Kabelstück über einen Kern vom 15-fachen (bei Mehrleiterkabeln) Kabeldurchmesser — über Blei gemessen — aufgewickelt, wieder abgewickelt und gerade gerichtet wird. Dann ist das Kabel in entgegengesetzter Richtung aufzuwickeln und wieder gerade zu richten. Nach 3 maliger Ausführung dieser Biegeprobe soll das Stück die normale Fabrikprüfung aushalten. Die Biegeprobe soll die bei der Kabelverlegung auftretenden Beanspruchungen nachahmen und gestattet ein Urteil über die mechanische Festigkeit der Isolierhülle. In Sonderabnahmebedingungen werden mitunter Biegungen über den 12 fachen Durchmesser verlangt.

Die Bestimmung der Durchschlagsspannung ist in den VDE-Vorschriften nicht vorgesehen, sie wird jedoch nicht selten als interne Werkprüfung ausgeführt. Eine gewisse Schwierigkeit besteht insofern, als nur bei sorgfältiger Zurichtung der Enden Überschläge oder Durchschläge an diesen verhindert werden können. Die Durchschlagsspannung moderner Kabel mit getränkter Papierisolation erreicht Werte bis zum 20fachen der Betriebsspannung und selbst bei Hochspannungskabeln z. B. für 30 kV wird man mit dem 10 fachen Wert als Durchschlagsspannung rechnen können. Bei den sich so ergebenden Durchschlagswerten genügt vielfach Eintauchen der Enden in Öl nicht zum Unterdrücken der Überschläge. Als weitere Hilfsmittel wird dann keulenförmiges Wickeln der Isolation an den Enden oder auch Anbringen eines halbleitenden Belages[3] zur Erzielung eines gleichmäßigen Spannungsabfalles benutzt.

Aufschlußreicher als der bei allmählicher Spannungssteigerung gefundene Durchschlagswert ist für die Beurteilung des elektrischen Sicherheitsgrades die Zeitdurchschlagkurve eines Kabels, aus deren Verlauf man erkennen kann, welche Spannung von dem Kabel dauernd ausgehalten werden könnte (vgl. Ziff. 40). Abb. 283 zeigt eine solche Kurve an einem Einleiterkabel für 50 kV, dessen normale Betriebsbeanspruchung $\frac{50}{\sqrt{3}} = 29$ kV beträgt[4].

Zur Prüfung von Kabeln nach der Verlegung und damit zugleich zur Prüfung der Kabelgarnituren, das sind Endverschlüsse und Muffen, ist eine

[1] Arch. Elektrotechn. Bd. 23 (1930) S. 441.

[2] Eine Zusammenstellung in- und ausländischer Vorschriften über die Spannungsprüfung z. B. bei Klein: Kabeltechnik S. 405.

[3] Beavis: Ref. Elektrotechn. Z. Bd. 51 (1930) S. 1045.

[4] Vogel: Z. techn. Physik Bd. 8 (1927) S. 476.

Wechselspannungsprüfung mit mäßiger Überspannung, z. B. für Dreileiterkabel mit dem 1,5 fachen der Betriebsspannung vorgesehen. Da jedoch die Wechselspannungsprüfung wegen der hohen Scheinleistung verlegter Strecken vielfach schwierig oder ganz unmöglich sein würde, ist es auch zulässig, mit hoher Gleichspannung zu prüfen, die in nicht zu umfangreichen fahrbaren Aggregaten[1] der bekannten Gleichrichtertypen (siehe S. 55) hergestellt werden. Hier wie auch in anderen Fällen erachtet man eine Gleichspannung vom doppelten Betrage der effektiven Wechselspannung dieser als prüftechnisch gleichwertig. Die Prüfzeit der verlegten Kabel ist das Doppelte der Zeit bei der Fabrikprüfung.

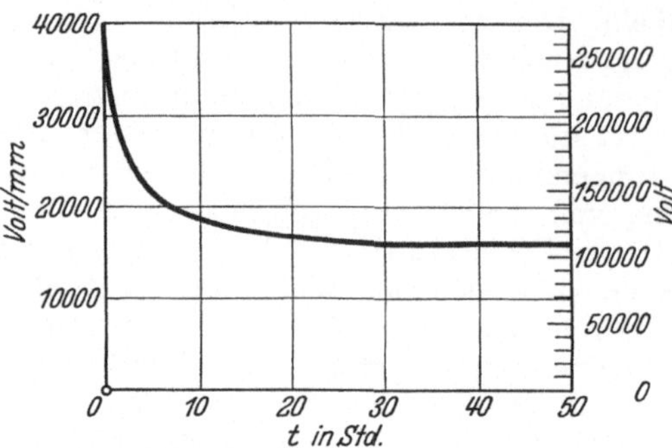

Abb. 283. Zeitdurchschlagkurve eines 50 kV-Kabels.

Eine Beanspruchung der Isolationshülle mit einer Art Spannungsstoß kann für verlegte Kabel dadurch ausgeführt werden, daß bei der Gleichspannungsprüfung die Spannung kurzzeitig erheblich erhöht wird, z. B. auf das 4,2fache der Betriebsspannung bei Mehrleiterkabeln. Bei solchen Prüfungen ist jedoch zu beachten, daß gegebenenfalls andere Teile der Anlage, z. B. Durchführungsisolatoren in den Endverschlüssen einen geringeren Sicherheitsgrad besitzen. Die Bestimmung über die Spannungshöhe ist deshalb dahin eingeschränkt, daß die stoßweise angelegte Spannung durch Einbau einer Funkenstrecke auf das 1,4 fache der effektiven Prüfspannung der Durchführungsisolatoren beschränkt bleibt.

E. Messungen an Isolierstoffen.

34. Allgemeines[2]. Für die praktische Untersuchung von Isolierstoffen finden sich in den Vorschriften des VDE vielfach Bestimmungen. Einzelheiten geben insbesondere die „Vorschriften für die Prüfung elektrischer Isolierstoffe“ (Druckschrift VDE 0302), deren Anwendungsgebiet hauptsächlich die Isolierpreßstoffe sind. Allgemeineres über die elektrische Isolierstoffprüfung ist in den „Leitsätzen für die Bestimmung elektrischer Eigenschaften von festen Isolierstoffen“ enthalten[3]. In den VDE-Leitsätzen sind auch Angaben über die Vorbehandlung der Stoffproben gemacht. In Frage kommen: mechanische Vorbehandlung, wozu außer der Bearbeitung mit Werkzeugen, z. B. Biegung, Druck, Zug, aber auch Kniffen, Falzen usw. gehören, ferner Vorbehandlung durch Einwirkung von Wärme. Hierzu gibt der VDE Richtwerte der Temperaturstufen. Weiter kann

[1] Z. B. Elektrotechn. Z. Bd. 51 (1930) S. 1530.

[2] Schering: Die Isolierstoffe der Elektrotechnik. Berlin: Julius Springer 1904. Demuth: Die Materialprüfung der Isolierstoffe der Elektrotechnik. Berlin: Julius Springer 1924. Bültemann: Dielektrisches Material. Berlin: Julius Springer 1926. Sommerfeld: Gummifreie Isolierstoffe. Berlin: Zentralverb. d. elektrotchn. Ind. 1927. Retzow: Die Eigenschaften der elektrotechnischen Isoliermaterialien in graphischen Darstellungen. Berlin: Julius Springer 1927. Semenoff u. Walther: Physikalische Grundlagen der elektrischen Festigkeitslehre. Berlin: Julius Springer 1928. Gemant: Elektrophysik der Isolierstoffe. Berlin: Julius Springer 1930. Spieser: Krankheiten elektrischer Masch., Transf. und App. Berlin: Julius Springer 1932.

[3] Zwei Zusammenstellungen ausländischer Prüfvorschriften für Isolierstoffe finden sich in Rev. gén. Électr. 1929 Heft 21 und in „Plastics“ 1930 Nr. 4 S. 205.

die Vorbehandlung durch Einwirkung von Feuchtigkeit[1] erfolgen. Normale Stufen sind 65% oder 80% relative Luftfeuchtigkeit (VDE-Leitsätze für die Erzeugung bestimmter Luftfeuchtigkeit zur Prüfung elektrischer Isolierstoffe). Die Vorbehandlung durch Einwirken von Chemikalien kann geschehen durch Lagerung in Säuren oder Alkalien oder in Luft, in der Salzlösungen zerstäubt sind. Endlich sei noch die Vorbehandlung durch Lagerung in Öl, besonders bei höherer Temperatur erwähnt, weiter die Einwirkung von Benzinen, Alkoholen, Lacken, Paraffinen u. a. m. Auch bei Einwirkung von Wasser, bewegter Luft, verändertem Luftdruck sind mitunter Isolierstoffe zu prüfen. Natürlich kommen nicht alle diese Vorbehandlungen für jede Art Isolierstoff in Frage, ebensowenig wie alle verschiedenen elektrischen Untersuchungsmethoden auf jeden Isolierstoff anzuwenden sind. Es ist vielmehr von Fall zu Fall eine beschränkte Auswahl von Prüfungen zu treffen. Sinn der VDE-Leitsätze ist in erster Linie, daß zur Vereinheitlichung und damit zur Vereinfachung des Prüfgeschäfts und zur Gewinnung vergleichbarer Werte die Ausführung der gewählten Methoden in der in den Leitsätzen geregelten Art erfolgt.

Die vorgesehenen elektrischen Untersuchungen betreffen Oberflächenwiderwiderstand, Widerstand im Innern, Durchgangswiderstand, spezifischen Widerstand, Stromdurchgangsprobe mittels Glimmlampe, Spitzentasterprobe, Spannungserwärmungsprobe, Durchschlagsspannung, Durchschlagfestigkeit, dielektrische Verluste, Dielektrizitätskonstante. In den Vorschriften für die Prüfung elektrischer Isolierstoffe sind auch Versuche mechanischer und thermischer Art vorgesehen. In Frage kommen Biegefestigkeit, Schlagbiegefestigkeit, Kugeldruckhärte, Wärmefestigkeit, Lichtbogenfestigkeit, Glutfestigkeit[2].

Außer den genannten Bestimmungen über Prüfmethoden bestehen eine Reihe Sonderleitsätze für die Prüfung einzelner Isolierstoffarten. Hier sind zu nennen: Leitsätze für die Prüfung von Glimmererzeugnissen, Fiber, Holz, Elektrolackpappe, natürlichen Gesteinen, Hartpapieren, Preßspan, Isolierbändern, Vergußmassen, Transformatoren- und Schalterölen, keramischen Isolierteilen; Bestimmungen über die Prüfung von Isolierungen finden sich außerdem in zahlreichen anderen Verbandsvorschriften, z. B. in denen für Maschinen und Transformatoren, ferner in den Vorschriften, Regeln und Normen für die Konstruktion und Prüfung von Installationsmaterial. Für einige Isolierstoffgruppen sind auch DIN-VDE-Normalblätter erschienen[3].

35. Oberflächenwiderstand und Widerstand im Innern. Der Oberflächenwiderstand wird zwischen schneidenförmigen Elektroden von 10 cm Länge und 1 cm Abstand bei 1000 V Gleichspannung gemessen. Die Ablesung des Galvanometers erfolgt 1 Minute nach Anlegen der Spannung. Das Schema der Anordnung zeigt Abb. 284. (Für alle Einzelheiten wird auf die „Vorschriften für Isolierstoffe verwiesen.) Als Probekörper werden namentlich bei Isolierpreßstoffen „Normalstäbe“ benutzt, mit den Abmessungen $10 \times 15 \times 120$ mm³. Diese Normalstäbe sind zugleich für die mechanischen und thermischen Versuche geeignet. Der Oberflächenwiderstand kann aber auch an Platten ermittelt werden, sowie an beliebigen Formkörpern, wenn sich die Schneiden gut anliegend aufsetzen lassen. Bei starker Krümmung des Bogens zwischen den Schneiden wird man auf 1 cm umrechnen. Das Ergebnis der Versuche wird in einer „Vergleichszahl“ angegeben. Die Vergleichszahlen sind, dem praktischen Schwan-

[1] Z. B. Moench, Elektrotechn. Z. Bd. 50 (1929) S. 929. Zebrowski: Elektrotechn. Z. Bd. 52 (1931) S. 153.

[2] Schramm u. Zebrowski: Elektrotechn. Z. Bd. 49 (1928) S. 601.

[3] Eine Übersicht über Isolierstoffe unter dem Gesichtspunkt ihres Verwendungszwecks gibt Dunton: Electrician Bd. 107 (1931) S. 483 und Bd. 110 (1933) S. 33.

ken der Einzelwerte Rechnung tragend, in Stufen von 2 Zehnerpotenzen wie folgt festgesetzt:

Oberflächenwiderstand	Vergleichszahl
unter 0,01 MΩ	0
1 ... 0,01 MΩ	1
100 ... 1 MΩ	2
10000 ... 100 MΩ	3
1 Mill. .. 10000 MΩ	4
über 1 Mill. MΩ	5

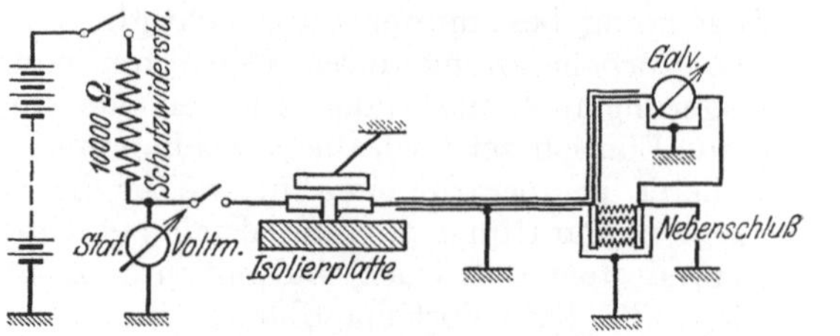

Abb. 284. Messung des Oberflächenwiderstandes nach VDE-Vorschrift.

Bei Isolierpreßstoffen wird vielfach ein abgekürzter Versuch ausgeführt, bei dem der Oberflächenwiderstand nach 24 stündigem Liegen in Wasser, anschließendem oberflächlichen Abtrocknen und 2 stündigem Stehen in ruhiger Luft gemessen wird. Ein Isolierstoff wird als nicht genügend angesehen, wenn er nicht mindestens die Vergleichszahl 3 ergibt[1].

Welcher Anteil von der als Oberflächenwiderstand ermittelten Größe auf reine Oberflächenleitung entfällt und welcher Anteil auf Leitung im Innern der Isolierstoffe zurückzuführen ist, hat Hartshorn[2] theoretisch und experimentell untersucht.

Neuerdings wird der Messung des sog. Oberflächenwiderstandes oft die Bestimmung einer anderen Kombination von Oberflächenwiderstand und Widerstand im Innern vorgezogen, die kurz als „Widerstand im Innern" bezeichnet wird. Zur Messung werden in die Normalstäbe (oder auch in andere Probekörper) zwei Meßbrückenstöpsel in Löcher von 15 mm Abstand eingesetzt. Statt dieser Stöpselmethode füllt man bei harten Stoffen, wo die Stöpsel vielleicht nicht gut anliegen würden, zwei Löcher mit Quecksilber. Der Lochdurchmesser ist im allgemeinen 5 mm, die Messung erfolgt wieder bei 1000 V Gleichspannung 1 Minute nach dem Anlegen. In der Fernmeldetechnik sind 110 V und 20 Sek. üblich.

Eine spezielle Gestaltung der Quecksilbermethode ist in den VDE-Leitsätzen für die Prüfung von natürlichen Gesteinen vorgesehen. Hier werden 6 Löcher in der Anordnung eines regelmäßigen Sechsecks mit einem Loch in der Mitte gebohrt. Der Isolationswiderstand wird zwischen der Mittelbohrung und jedem der äußeren Löcher gemessen, um festzustellen, ob in einer Richtung leitende Adern vorhanden sind. Die Beobachtung des Isolationswiderstandes erfolgt hierbei in der Weise, daß man den Spannungsabfall beobachtet, der an der Oberspannungsseite eines Wandlers auftritt. Man nimmt einen Wandler 100/15000 V und beobachtet bei 3000 V mittels statischen Spannungsmessers.

Bei Hochfrequenz (Größenanordnung 100 kHz) kann man nach der Stöpselmethode eine qualitative Vergleichung verschiedener Materialien vornehmen, indem man die hochfrequente Spannung während einiger Minuten anlegt und die Erwärmung des Isolierstoffes zwischen den Elektroden beobachtet. Bei 4000 V und 10 Minuten Einwirkungszeit können leicht Temperaturerhöhungen um 20° und mehr auftreten. Vgl. auch Ziff. 24.

36. Durchgangswiderstand und spezifischer Widerstand. Zur Messung des Durchgangswiderstandes wird der Isolierstoff zwischen gut anliegende Elektroden

[1] Sommerfeld: a. a. O.; Bekanntmachung des Staatlichen Materialprüfungsamts, z. B. Elektrotechn. Z. Bd. 53 (1932) S. 1259; neue Typisierung gummifreier Isolierpreßstoffe. Elektrotechn. Z. Bd. 53 (1932) S. 708.

[2] Proc. Phys. Soc., Lond. Bd. 42 (1930) S. 300.

gebracht, deren eine als Schutzringelektrode ausgebildet wird (vgl. Ziff. 6 und Abb. 253). Die Breite der Schutzbelegung soll doppelt so groß sein wie die Dicke der Platte, mindestens jedoch 5 mm. Im übrigen wählt man die Größe der Versuchskörper und Belegungen nach der Dicke des Stoffes und dem zu erwartenden Widerstandswert derart, daß mit dem für Isolationsmessungen üblichen Galvanometer von einer Empfindlichkeit von 1 Skalenteil $= 10^{-9}$ A bei 1 m Skalenabstand bei 1000 V Gleichspannung ein Ausschlag von 10 bis 100 mm erhalten wird.

Für die Herstellung der Belegungen, die in ähnlicher Weise auch für andere elektrische Messungen benötigt werden, kommen hauptsächlich folgende Verfahren in Betracht[1]. Erzeugung von Niederschlägen auf chemischem oder physikalisch-chemischem Wege. Am bekanntesten sind Platinierung, Vergoldung (z. B. bei Porzellan) und mehr noch Versilberung. Die Versilberung beschränkt sich nicht nur auf Glas, sondern ist bei allen entfettbaren Isolierstoffen, z. B. Glimmer, Paraffin und ähnlichen anwendbar. Genaue Angaben über sichere Verfahren zur Versilberung finden sich in der Literatur[2]. Weiter sind zu nennen galvanische Niederschläge und Kathodenzerstäubung im Vakuum. Diese beiden Methoden werden jedoch wegen ihrer begrenzten Verwendungsmöglichkeit (z. B. sind manche Glimmerplatten nicht bestäubbar, da sie im Vakuum durch Gaseinschlüsse aufgetrieben werden) immer auf spezielle Isolierstoffuntersuchungen beschränkt bleiben. Ein recht zweckmäßiges und universell anwendbares Verfahren zur Herstellung von Belegungen ist die Metallspritzmethode nach Schoop. Für die meisten Zwecke wird Zink geeignet sein, aber auch Kupfer und andere Metalle kommen in Betracht. Selbst Rohre bis zu etwa 40 mm innerem Durchmesser und 15 cm Länge können innen bespritzt werden. Durch Verwendung von Lehren kann gleich beim Bespritzen die endgültige Formgebung der Belegung erfolgen. Die bisher genannten Verfahren liefern festhaftende Belegungen praktisch ohne Luftzwischenschicht. Erwähnt sei als rohere Methode die Graphitierung (Wasserglas und Kohlenstoff), ferner das Überziehen mit leitendem Lack. Bei dieser Methode ist jedoch Vorsicht geboten, da der Lack bei ungeeigneter Trocknung leicht isolierend wirken kann.

Bei nur angepreßten Elektroden sind Lufteinschlüsse zwischen Metall und Isolierstoff nicht vermeidbar, jedoch können sie vielfach in Kauf genommen werden, bei Hochspannungsmessungen bleiben sie allerdings bedenklich. Stanniol läßt sich mit einem Hauch von Paraffinöl recht gut auf Isolierstoffe aufziehen. Soll jedes Klebemittel vermieden werden, so müssen die Stanniolfolien z. B. mit einem Gewicht unter Zwischenlage von Schaumgummi angepreßt werden. Der Metallbelag kann auch fest auf Gummi aufvulkanisiert werden, so daß die Elektroden leicht abnehmbar sind. Solche Anordnungen muß man wählen, wenn dielektrische Eigenschaften vor und nach einer bestimmten Behandlung, z. B. Liegen im Feuchtraum, gemessen werden sollen.

In Abb. 254 ist die qualitative Messung des Durchgangswiderstands an einem röhrenförmigen Versuchskörper veranschaulicht. In vielen Fällen wird man Prüflinge der in Abb. 253 skizzierten Art verwenden. Die Messung erfolgt mit Galvanometer, ähnlich wie in Abb. 284, nur werden anstatt der Schneiden des Oberflächen-Widerstandsapparats die beiden Meßelektroden angeschlossen, zwischen denen der Durchgangswiderstand zu bestimmen ist.

---

[1] Zusammenstellung bei Pfestorf: Elektrotechn. Z. Bd. 51 (1930) S. 275.

[2] Kohlrausch: Lehrbuch der praktischen Physik 16. Aufl. S. 25. Leipzig: B. G. Teubner 1930. von Angerer: Technische Kunstgriffe bei physikalischen Untersuchungen, Heft 71, Samml. Vieweg, Baunschweig.

Von praktischer Bedeutung ist die Kenntnis des Durchgangswiderstandes auch bei höheren Temperaturen. Für Koch- und Heizgeräte spielt z. B. die Wahl geeigneter Steckermaterialien eine wichtige Rolle. Hier handelt es sich um Temperaturen von 200 bis 300°. Erheblich höher sind die Temperaturen in solchen Geräten an den Platten, welche die Heizwicklung tragen. Oft handelt es sich hierbei um Materialien, die infolge ihrer Porosität bei gewöhnlicher Temperatur nicht feuchtigkeitsfest sind. Durch geeignete Konstruktion wird ein zweiter feuchtigkeitsfester Isolierstoff vorgeschaltet. Für die Messung des Durchgangswiderstandes bei hohen Temperaturen werden die Versuchskörper in einen Ofen gebracht. Als Elektrodenmaterial, das am besten aufgespritzt wird, eignet sich bis zu etwa 400° Kupfer, für höhere Temperaturen Eisen oder Nickel oder Kupfer unter Stickstoff. Zwischen 100 und 400° kann sich der Durchgangswiderstand um 4 Zehnerpotenzen und mehr ändern[1]. Die Messung kann mit 100 oder einigen hundert Volt Gleichspannung vorgenommen werden, doch ist auch das Wechselstromnetz benutzbar, da es sich praktisch um einen reinen Wirkstrom handelt. In den Instrumenten der Gleichrichtertype (vgl. S. 55) stehen auch für derartige Untersuchungen geeignete Wechselstrommesser zur Verfügung.

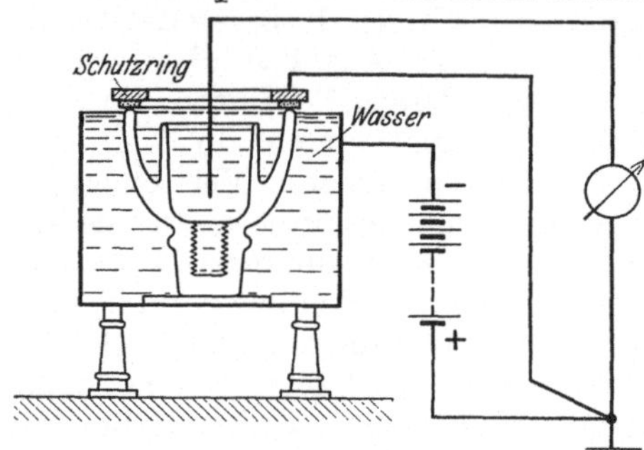

Abb. 285. Messung des Durchgangswiderstandes an einem Isolator.

Das Ergebnis der Messung des Durchgangswiderstandes wird vielfach auf einen Würfel von 1 cm Kantenlänge bezogen. Für die Berechnung dieses **spezifischen Widerstandes** ϱ gilt, wenn F in cm² die Meßfläche, a die Dicke des Probekörpers in cm, W der gemeinsame Durchgangswiderstand in Ω ist:

$$\varrho = \frac{W \cdot F}{a} \, \Omega \, \text{cm}.$$

Wird die **Leitfähigkeit** $\varkappa$ angegeben, so gilt:

$$\varkappa = \frac{1}{\varrho} = \frac{a}{W F} \, \Omega^{-1} \, \text{cm}^{-1}.$$

Zu beachten ist, daß der Durchgangswiderstand bei manchen Stoffen nicht als eine Materialkonstante angesehen werden kann, sondern daß er z. B. mit zunehmender Spannung abnimmt, und zwar um so stärker, je schlechter das Material isoliert. Zu einer vollständigen Angabe über den Durchgangswiderstand gehört daher außer Art, Temperatur und Anzahl der Versuchskörper auch die Meßspannung.

Ein Beispiel einer Messung des Durchgangswiderstandes, bei der nicht ohne weiteres der spezifische Widerstand angebbar ist, zeigt Abb. 285, wo ein Porzellanisolator als Prüfling dient. Oberflächenströme sind durch einen Schutzring vom Galvanometer ferngehalten.

In den Fällen, wo für die Messung des Durchgangs- und auch des Oberflächenwiderstandes ein Galvanometer nicht ausreicht, weil der Strom zu klein ist, der Versuchskörper also sehr hochwertig isoliert, sind elektrometrische Methoden anzuwenden[2]. Auch bei punktweiser Untersuchung gewöhnlicher Isolierstoffe kann eine Ladungsmessung mit Elektrometer in Frage kommen[3].

---

[1] Singer: Keram. Rundschau Bd. 37 (1929) Heft 14; Kohl: ebenda Bd. 41 (1933) Heft 3.
[2] Vgl. Kohlrausch, 16. Aufl. Abschn. 149.
[3] Z. B. Renz: Elektrotechn. Z. Bd. 48 (1927) S. 539; vgl. auch S. 52 (Röhrenvoltmeter).

37. Stromdurchgangsprüfung mittels Glimmlampe. Die Glimmlampe erweist sich für erstaunlich viele Zwecke der Meßtechnik als ein brauchbares Hilfsmittel (vgl. Ziff. 6 und 16)[1]. Außer zur Überprüfung der Schutzringisolierung kommt die Glimmlampe auch zur qualitativen Prüfung des Stromdurchgangs an beliebig geformten Prüfkörpern, z. B. keramischen Isolierteilen für Spannungen unter 1000 V in Betracht (vgl. Abb. 254). Geeignet sind alle Arten von üblichen Glimmlampen, auch die kleinen in der Fernmeldetechnik gebräuchlichen Formen. Der Widerstand, bei dem die Lampe noch eben aufleuchtet (gegebenenfalls ist störendes Licht fernzuhalten), kann bis zur Größenordnung $10^7\,\Omega$ gehen. Bei manchen qualitativen Ableitungsmessungen mit Wechselspannung tut auch ein Telephon zur Beobachtung von Störströmen gute Dienste.

38. Spitzentasterprüfung. Zur Untersuchung eng begrenzter Stellen auf die Güte der Isolation kann man die Oberfläche mit zwei spannungsführenden Elektroden abtasten und beobachten, ob Funkenbildung beim Aufsetzen der Spitzen auf den Prüfgegenstand eintritt. Als Meßspannung sind 1000 oder besser 3000 V Wechselspannung von 50 Hz üblich. Wird der Transformator geeicht, so kann aus dem Spannungsabfall ein Urteil auf die Isolationsgüte gezogen werden[2]. In Frage kommt das Verfahren z. B. bei Gesteinen, wie Marmor, Schiefer u. a. zum Auffinden leitender Einschlüsse und Adern; vorgesehen ist es in den VDE-Leitsätzen für Elektrolackpappe und keramische Isolierteile unter 1000 V.

39. Spannungserwärmungsprüfung. Zur qualitativen Untersuchung der Wärmewirkung, die bei längerem Einwirken von Spannung auf einen Prüfkörper entsteht, dient die Spannungserwärmungsprüfung. Man beobachtet durch Betasten mit der Hand, ob durch Einschalten der Spannung während 15 oder 30 Minuten eine fühlbare Erwärmung eingetreten ist. Vorgesehen sind solche Prüfungen z. B. bei Holz, Isolatoren aus keramischen Werkstoffen für Spannungen über 1000 V und Durchführungen (Regeln für elektrische Hochspannungsschaltgeräte, R.E.H.). Nach Möglichkeit sollte man immer einen unbeanspruchten Versuchskörper als Vergleich benutzen. Durch Verwendung einer massiven Elektrode, die ein flaches Thermometer an der auf dem Isolierstoff aufsitzenden Fläche enthält, kann man auch zu einem zahlenmäßigen Urteil über die Erwärmung kommen (z. B. für Gesteine geeignet).

Bei Verfeinerung der Wärmemeßmethode kann die Spannungserwärmungsprüfung zur Bestimmung der Verlustwärme im Isolierstoff benutzt werden. Solche Versuchsmethoden sind zum Teil für Kabel gebräuchlich (vgl. Ziff. 24 und 31), kommen aber auch für andere Gebiete in Frage, z. B. als rohere Methode für Kondensatoren namentlich bei höheren Frequenzen. Eine Anwendung zur Untersuchung kleiner Isolierstoffproben bei Hochfrequenz beschreibt Owen[3].

40. Durchschlagspannung. Eine der am weitesten verbreiteten Hochspannungsprüfungen ist die Bestimmung derjenigen Spannung, die zur Zerstörung des Werkstückes führt. Wie für fast alle Prüfungen, gilt auch für die Durchschlagsprüfung, daß aus ihr allein im allgemeinen kein sicherer Schluß auf die Eignung eines Stoffes gezogen werden kann. Wohl aber erweist sich die Durchschlagprüfung neben anderen Bewertungen als wichtig, da bei ihr gerade das Merkmal eintritt, das in der Praxis gefürchtet ist und unbedingt vermieden werden muß, eben die Zerstörung. Als wichtige Regel für die Vergleichbarkeit verschiedener Ergebnisse sei vorangestellt, daß eine vollständige Angabe über Durchschlagsmessungen außer dem Mittelwert noch die Stärke des Werkstoffes, sowie Art,

---

[1] Schröter: Die Glimmlampe und ihre Schaltungen, 3. Aufl. Leipzig: Hachmeister & Thal 1932.

[2] Meyer, G.: Elektrotechn. Z. Bd. 44 (1923) S. 880.

[3] Elektrotechn. Z. Bd. 51 (1930) S. 746.

Temperatur, Vorbehandlung und Zahl der Versuchskörper und den kleinsten gemessenen Wert enthalten soll.

Als Durchschlagspannung schlechthin bezeichnet man diejenige Spannung, bei welcher der Durchschlag eintritt. Obgleich für den Durchschlag meist der Scheitelwert der Spannung maßgebend ist, gibt man immer die Durchschlagspannung effektiv an. Gegebenenfalls ist auf reine Sinusform umzurechnen. Wird mit Kugelfunkenstrecke gemessen und die Umrechnung bei dieser berücksichtigt, so ist keine weitere erforderlich. Man ermittelt die Durchschlagspannung durch allmähliches Steigern der Spannung bis zum Durchschlag. Empfehlenswert ist stoßfreie Steigerung von Null an um 1 kV je Sek., doch kommen auch andere Steigerungen vor, z. B. werden Isolatoren durchgeschlagen, indem man die Spannung mit etwa 70% der Überschlagspannung in Luft beginnend, alle 5 Sek. um 5 kV oder um höchstens 5% bis zum Durchschlag steigert (VDE-Leitsätze für die Prüfung von Isolatoren, Preßspan u. a.). Neben diesem Begriffe der Durchschlagspannung ist vielfach noch ein anderer gebräuchlich, bei dem es sich streng genommen nicht um den Durchschlag handelt, sondern um den Spannungswert, der von dem Prüfgegenstand ausgehalten wird, ohne daß vor Ablauf einer gewissen Zeit der Durchschlag eintritt. Von besonderer Bedeutung ist hierbei die Kenntnis derjenigen Spannung, die von dem Material dauernd ausgehalten werden kann. Eine solche „Zeitdurchschlagskurve" ist für ein Kabel in Abb. 283 wiedergegeben. Der Verlauf für andere Isolierstoffe ist grundsätzlich derselbe wie bei dem getränkten Papier[1]. Die Aufnahme derartiger Kurven ist indessen naturgemäß langwierig und kommt deshalb für Isoliermaterial nur als eine Art Typenprüfung in Frage. Für laufende Prüfungen muß man sich mit abgekürzten Verfahren begnügen. Mehr und mehr wird es üblich, die Fünfminutenspannung zu wählen. Z. B. schreiben die Leitsätze des VDE für Hartpapierplatten die aus Abb. 286 ersichtlichen Werte der Fünfminutenspannung unter Öl bei 20° und bei 90° vor. Die Werte sind so zu verstehen, daß die Spannung von allen Proben 5 Min. lang ausgehalten werden soll, ohne daß ein Durchschlag eintritt. Die Spannung wird mit höchstens 50% des zu erwartenden Endwertes, beginnend, innerhalb etwa 10 Sek. auf den Endwert gesteigert und auf diesem während 5 Min. belassen.

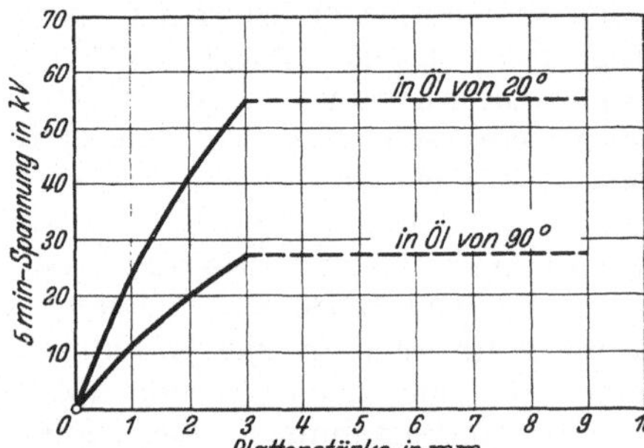

Abb. 286. „Fünfminutenspannungen" für Hartpapierplatten.

Außer der Fünfminutenspannung sind noch gebräuchliche Beanspruchungsarten die Einminutenspannung und die Dreißigminutenspannung, bei denen die Spannung 1 bzw. 30 Min. ausgehalten werden soll. Spannungssteigerung und Zählung der Zeit erfolgen wie bei der Fünfminutenprobe. Bei vielen Stoffen, z. B. Hartpapieren wird die Dreißigminutenspannung praktisch mit der Dauerspannung zusammenfallen.

Noch eine andere Beanspruchungsart ist die Momentanspannung. Sie kommt in Frage bei fortlaufender Prüfung von Stoffen, z. B. Bändern, zwischen Walzen. Diese dienen als Elektroden, an denen die volle Prüfspannung liegt, die damit momentan auf den durchlaufenden Prüfgegenstand einwirkt. Bei keramischen Isolierstoffen, bei denen der Einfluß der Beanspruchungszeit ziem-

[1] Z. B. Holm: VDE-Fachber. 1926 S. 74.

lich gering ist[1] wird man sich meist mit der Messung der Durchschlagspannung schlechthin, also bei allmählicher Steigerung begnügen. Ein Beispiel einer Durchschlaganordnung für einen Stützenisolator ist in Abb. 294 gegeben.

41. Probekörper und Elektroden für Durchschlagsmessungen an festen Isolierstoffen. Die einwandfreie Messung der Durchschlagspannung fester Körper ist technisch recht schwierig, einmal weil die Feldverteilung eine wichtige Rolle spielt und zweitens weil allerhand Störungen, namentlich Luftschichten zwischen Elektroden und Material, die Ergebnisse beeinflussen. Als Normalform des Prüfkörpers bei Materialstärke über 3 mm gilt die Platte mit beiderseitigen kugeligen Einsenkungen. Abb. 287 zeigt einen solchen Probekörper, als dessen Material Porzellan oder auch Hartpapier gedacht werden kann. Bei keramischen Massen wählt man im allgemeinen ebene Platten von etwa 80 mm Durchmesser. Die Wandstärke an der dünnsten Stelle zwischen den kugeligen Vertiefungen soll 2 bis 4 mm betragen, aber nicht größer sein als $^1/_5$ der Plattendicke. Wird die Wandstärke wesentlich größer gelassen, so tritt der Durchschlag nicht mit Sicherheit an oder nahe bei der dünnsten Stelle ein, er kann sogar außerhalb der Einsenkung erfolgen. Die Vertiefung wird mit gut anliegenden, Luftzwischenschichten möglichst ausschließenden, leitenden Belegungen versehen, für deren Herstellung wieder die in Ziff. 36 näher erörterten Verfahren in Betracht kommen, im einfachsten Falle sorgfältiges Ausstopfen mit Stanniol, das z. B. um eine passende Kugel herumgelegt werden kann.

Abb. 287. Probekörper für Durchschlagsmessung.

Bei Platten bis zu 3 mm Stärke werden als Elektroden im allgemeinen zwei gleiche ebene, an den Kanten abgerundete Metallplatten von 25 oder 50 mm größtem Durchmesser und mit 2,5 mm Halbmesser für die Kantenverrundung genommen. Der Anpressungsdruck soll etwa 100 g/cm² betragen. Zur Verbesserung des Anliegens empfiehlt es sich, um die Elektroden eine dünne Metallfolie (Stanniolblatt) herumzulegen. Unter der Einwirkung der Spannung saugt sich diese „Polsterung" der Elektrode fest an den Isolierstoff. Der Durchschlag zwischen Plattenelektroden wird bei hochwertigen Stoffen vielfach nur unter Öl zu erzwingen sein, auch da nur unter starken Gleitentladungen. Auch diese Schwierigkeiten sind ein Grund dafür, daß man mehr und mehr zur „Fünfminutenspannung" als normaler Bewertungsunterlage übergeht. Immerhin gibt es manche Gruppen von Isolierstoffen, bei denen zwischen Plattenelektroden hinreichend genaue Durchschlagswerte zu erzielen sind, z. B. Papiere[2], dünnere Preßspäne (VDE-Leitsätze f. Preßspan), Seide, Leinen u. a. m. Liegen keine einfachen Probekörper vor, so hat man die Elektroden je nach den besonderen Verhältnissen zu wählen. Die Zahl der verschiedenen Arten von Isolierstoffen, für die Durchschlagsmessungen in Betracht kommen, ist so groß, daß hier nur einige Fälle angedeutet werden können: Weite Rohre und gut zugängliche Formkörper können außen wie innen mit gut anliegenden Belegungen versehen werden, engere Rohre dornt man auf oder füllt sie mit leitenden Nadeln aus, z. B. werden Isolierschläuche meist auf einen stramm passenden Dorn gezogen, während man die Außenbelegung durch Umwickeln mit einigen eng aneinanderliegenden Windungen dünnen Drahtes herstellt. Glimmerhülsen für Maschinenisolierungen werden mit 3 ... 5 mm starken Drähten ausgefüllt und außen in der Mitte mit einem durch Draht festgehaltenen Stanniolband versehen. Isolierbänder wickelt man mit 70% Überlappung auf einen Dorn von 25 mm Durchmesser, Außenelektrode ist wieder ein Stanniolstreifen. Schmale Bänder wie Isolierleinen, Jako-

[1] Handrek: VDE-Fachber. 1928 S. 86..

[2] Vgl. hierzu A. Gemant: Die Durchschlagsfestigkeit von Kabelpapier. Wiss. Veröff. Siemens-Konz. Bd. 8 [3] (1930) S. 191.

nettband u. a. werden oft zwischen Kugeln von 10 mm Durchmesser durchschlagen. Ein Material, das für Durchschlagsmessungen besonderer Herrichtung bedarf, ist auch Gummi. Um einen klaren Durchschlag zu erzielen, muß die Plattendicke gering (< 1 mm) sein; in dickeres Weichgummimaterial arbeitet man einseitig eine Vertiefung mit 50 mm Kugeldurchmesser durch Schleifen ein und füllt sie mit Stanniol und Kugel aus, als andere Elektrode dient flach angepreßtes Stanniol. Bei Isolatoren aus keramischen Werkstoffen (VDE-Leitsätze für Isolatoren) werden vielfach die Spannungsprüfungen durch Eintauchen in Wasser bzw. Füllen mit Wasser die Elektroden gewonnen, im übrigen ist aber bei Verwendung von Wasser (vgl. z. B. Abb. 285) oder wässerigen Lösungen als Elektroden zu beachten, daß die Berührung mit den Flüssigkeiten leicht eine besondere Beanspruchung des Isolierstoffes bedeutet.

Bei vergießbaren Massen, zu denen außer den Vergußmassen auch Paraffine, Wachse u. a. gehören, bietet die Durchschlagsprüfung manchmal Schwierigkeiten. Während eine Fünfminutenprobe mit 10 kV zwischen Elektroden von 10 mm Durchmesser, die in die Masse eingebettet sind und voneinander 2 mm Abstand haben sollen (Leitsätze für die Prüfung von Vergußmassen für Geräte unter 1000 V Nennspannung), leicht anzustellen ist, erfordert die Ermittlung des Durchschlagswertes besondere Vorkehrung, weil diese Spannung oft außerordentlich hoch liegt (bei manchen Wachsen z. B. höher als 500 kV/cm) und der Probekörper daher leicht über- aber nicht durchgeschlagen wird. Dazu kommt, daß manche Massen, namentlich rohe Montanwachse spröde sind und daher beim Abkühlen nach der Füllung des Prüfgerätes Risse zeigen. Ein Verfahren zur Herstellung von Probekörpern, das sich für die wenig geschmeidigen Massen bewährt hat, besteht darin, daß man die Masse auf einem angewärmten Metallteller (ca. 250 mm Durchmesser), auf dem ein Stanniolblatt ausgebreitet ist, zu einem flachen Kuchen ausgießt. Nach dem Erkalten kann man den Versuchskörper im allgemeinen rissefrei von Metallteller und Folie abheben. Solche flachen Platten können außer zur Durchschlagsmessung auch zur Bestimmung des Durchgangswiderstandes und der dielektrischen Verluste benutzt werden. Eine andere Anordnung besteht nach Matthias[1] darin, daß eine Halbkugel mit anschließendem Zylinder gleichen Durchmessers als eine Elektrode in eine entsprechende Kugelschale als andere Elektrode taucht und zwischen beiden in einigen mm Schichtdicke sich die Ausgußmasse befindet. Mit dieser Einrichtung läßt sich die Durchschlagsspannung auch bei höheren Temperaturen ermitteln.

Für das wichtige Gebiet der Isolierlacke[2] wird die elektrische Bewertung durch Messung der Durchschlagspannung in verschiedener Weise vorgenommen. Man kann aus den Lacken einmal Filme herstellen und diese wie Papier und andere dünne Isolierstoffe zwischen Plattenelektroden durchschlagen, man kann aber auch — und das ist neuerdings üblicher — ein Blech durch Tauchen mit dem Lack überziehen und nun zwischen dem Blech und einer aufgesetzten Elektrode messen. Endlich sei noch das Verfahren erwähnt, trockne Papiere oder Textilien mit dem Lack zu tränken und diese Versuchskörper zu durchschlagen.

In vielen Fällen kann die Durchschlagsprüfung nicht in Luft vorgenommen werden, weil entweder zu heftiges Sprühen um die Elektroden den Durchschlagswert fraglich erscheinen läßt oder es überhaupt nicht gelingt, einen Durchschlag

---

[1] Golde u. Knoblauch: Forschungshefte der Studienges. f. Höchstspannungsanlagen 2. Heft. Berlin 1930.

[2] Z. B. Schob u. Reglin: Elektrotechn. Z. Bd. 47 (1926) S. 626.

zu erzwingen, sondern ein Überschlag erfolgt. Das Medium, in dem vorzugsweise bei höheren Spannungen gearbeitet wird, ist Öl. Dicke und hochwertige Stoffe können auch noch unter Öl Schwierigkeiten bieten, dann bedarf es besonderer Vorkehrungen (siehe nächsten Abschnitt). Ein Vorzug der Messung unter Öl liegt in der bequemen Einstellung höherer Temperaturen, die durch Heizen des Bades erzielt werden. Es erfolgen z. B. die Fünfminutenprüfungen bei 20° und 90° nach den Leitsätzen für Hartpapiere immer unter Öl.

Zur Frage der Leitfähigkeit und der Dielektrizitätskonstanten des umgebenden Mediums sei z. B. auf die Arbeit von Inge und Walther[1], ferner Literaturangaben bei Weicker[2] verwiesen.

42. Vorbehandlung bei Durchschlagsmessungen. Wie bei allen elektrischen Messungen ist auch für Durchschlagsuntersuchungen die Vorbehandlung der Prüfgegenstände von großer Bedeutung. Praktisch wichtig sind insbesondere Feuchtigkeit und Wärme, mit deren Steigerung im allgemeinen die elektrische Festigkeit der Isolierstoffe erheblich abnimmt. Um die mangelnde Kenntnis des genauen Zustandes auszuschalten, den Isolierstoffproben bei der Anlieferung vor der Prüfung besitzen, wird oft eine mehrstündige Trocknung bei 70° empfehlenswert sein. Bei der Einwirkung von Feuchtigkeit kommen für die Durchschlagprüfung nur angepreßte, jedenfalls rasch anzubringende Elektroden in Frage, da der Prüfling während der Lagerung im Hygrostaten für ungehemmten Zutritt der Luft frei von Elektroden sein muß. Die Wärmeprobe wird meist in erhitztem Öl ausgeführt. Zur Erprobung von Hochspannungsmaterial, das z. B. in Transformatoren Verwendung finden soll, ist die Fünfminutenprüfung bei 90° üblich. Auch der Einfluß von Kälte ist mitunter von Interesse, z. B. für die Bewertung von Isolierstoffen, die in Freiluftstationen in Betracht kommen. Einen Kryostaten für Hochspannungsmessungen, in dem Untersuchungen bis zu — 60° bei Spannungen bis 100 kV erfolgen können, haben R. Vieweg und G. Pfestorf[3] beschrieben.

43. Durchschlag im homogenen Felde. Wie schon erwähnt, bereitet bei Durchschlagversuchen die Gleitfunkenbildung oft Schwierigkeiten. Treten

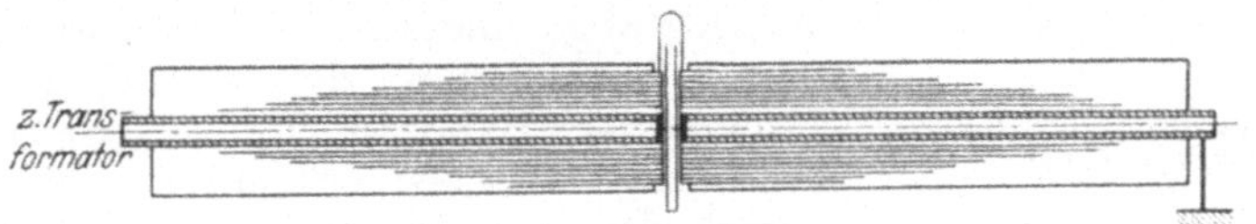

Abb. 288. Kondensatorelektroden nach Matthias.

Gleitfunken auf, so liegt die Durchschlagstelle vielfach nicht im mittleren elektrodenbedeckten Gebiet, sondern am Elektrodenrand oder sogar außerhalb. Die Durchschlagsspannung des Prüfkörpers wird zu klein gemessen. Wenn man sich auch für viele Zwecke mit Rücksicht auf Einfachheit und Schnelligkeit der Anordnung mit dieser Sachlage abfinden muß, so besteht doch die Aufgabe, wenigstens bei besonderen Untersuchungen den Durchschlag im homogenen Felde herbeizuführen. Zwei Verfahren hierzu seien nachstehend beschrieben:

Die Kondensatorelektrode nach Matthias[4] beruht auf der Steuerung der Potentialverteilung längs des Randes[5]. Die Elektroden werden von abgestuften

[1] Arch. Elektrotechn. Bd. 22 (1929) S. 410.
[2] Elektrotechn. Z. Bd. 53 (1932) S. 445. [3] Z. techn. Physik Bd. 10 (1929) S. 515.
[4] Forschungshefte der Studienges. f. Höchstspannungsanlagen 2. Heft. Berlin 1930.
[5] Sonnenschein: Arch. Elektrotechn. Bd. 17 (1926) S. 481.

Kondensatoren umgeben, wie es Abb. 288 schematisch erkennen läßt. Im Prinzip gleicht die Anordnung einer Nagelschen Kondensatordurchführung und kann auch durch Auftrennen einer solchen erhalten werden. Die beiden Hälften des Durchführungsrohres vermitteln die Verbindung von den auf den Versuchskörper aufgebrachten — z. B. aufgespritzten — Elektroden zur Hochspannung bzw. zur Erde. Die äußersten Belegungen beider Kondensatorelektroden werden durch einen Draht verbunden. Zur Vermeidung von Störungen, die ihre Ursache in den scharfen Rändern der Steuerbelegungen haben, kann man diese — zugleich zum mechanischen Schutz — mit einem Glimmerblättchen bedecken.

Bei der Durchschlagmessung unter Druck nach E. Marx[1] wird von folgender Betrachtung ausgegangen: Bringt man den Prüfkörper mit den aufgesetzten abgerundeten Plattenelektroden in eine isolierende Flüssigkeit, bei der das Produkt von Durchschlagfestigkeit und Dielektrizitätskonstante größer ist als das des Prüflings, so werden die zu einer scheinbaren Herabsetzung der Durchschlagspannung führenden Erscheinungen wie Gleitfunken und Kriechströme unterdrückt. Der Durchschlag wird nicht am Rande oder außerhalb erfolgen, sondern immer im ebenen Elektrodenteil. Da nun keine Flüssigkeit bekannt ist, die bei Atmosphärendruck die geforderten Bedingungen von Durchschlagfestigkeit, Dielektrizitätskonstante und kleiner Leitfähigkeit besitzt, verwendet Marx Isolierflüssigkeiten unter Druck von 10 bis 20 at. Empfehlenswert sind Xylol und besonders Terpentinöl, aber auch Paraffinöl ist gut brauchbar. Ein Schema des Prüfgerätes zeigt Abb. 289. Den Kern bildet ein dem Druck standhaltendes Isoliergehäuse aus Hartpapier, das mit Flanschen und Deckeln abgeschlossen ist. Die weiteren Teile, Zu- und Abführung der Flüssigkeit, Überlauf, Druckmesser, Handrad zur Elektrodeneinstellung sind ohne weiteres erkennbar. Der besondere Vorteil der Anordnung, um dessentwillen man die Mühe des jedesmaligen Öffnens und Schließens der Apparatur in Kauf nehmen wird, besteht darin, daß sie den vorläufig einzigen Weg darstellt, um dickere Versuchsstücke, die man sonst überhaupt nicht durchbekommt, einwandfrei durchzuschlagen. Außer Durchschlagsmessungen können natürlich auch andere Hochspannungsuntersuchungen, z. B. Verlustbestimmungen in dem Gerät erfolgen. Messungen an Papieren unter Druck bis 16 at hat Gemant[2] beschrieben.

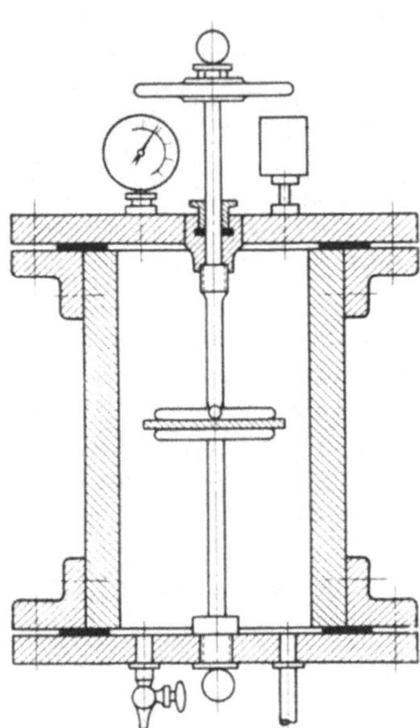

Abb. 289. Gefäß für Durchschlagversuche mit Flüssigkeiten unter Druck nach Marx.

44. Durchschlagfestigkeit. Obwohl bei vielen Isolierstoffen die Durchschlagspannung sich nicht der Dicke des Stoffes proportional ändert, ist es sehr gebräuchlich, einen spezifischen Wert als Kenngröße anzugeben. Man errechnet die „Durchschlagsfestigkeit" eines Versuchskörpers als Quotient aus der Durchschlagspannung und der Plattendicke an der Durchschlagsstelle und gibt den Wert in $kV_{eff.}/cm$ an. Bei eingearbeiteten kugelförmigen Elektroden ist die Feldverteilung zu berücksichtigen, indem der Mittelwert der Durchschlags-

[1] Elektrotechn. Z. Bd. 50 (1929) S. 41. [2] Arch. Elektrotechn. Bd. 25 (1931) S. 181.

spannung mit einem Faktor multipliziert wird, der in Abb. 290 für Kugeln von 1, 2 und 5 cm Durchmesser aufgezeichnet ist. Es leuchtet ein, daß bei der Durchschlagsfestigkeit ebenso wie bei der Durchschlagspannung die Umstände, unter denen gemessen wurde, genau angegeben werden müssen.

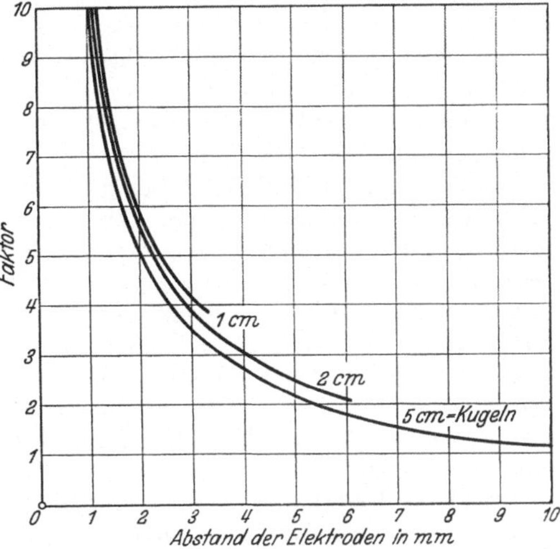

Abb. 290. Berücksichtigung der Feldverteilung zwischen Kugelelektroden.

45. Durchschlagmessungen an flüssigen Isolierstoffen. Dasjenige flüssige Dielektrikum, dem die größte praktische Bedeutung zukommt, ist das Öl. Für die Untersuchung bestehen die „Vorschriften für Transformatoren- und Schalteröle" des VDE, in denen außer zahlreichen chemischen Prüfungen, z. B. auf Reinheit, Säurezahl, Aschegehalt, Verteerungszahl, Schlammbildung usw. auch eine elektrische Bewertung vorgesehen ist. Eine ausführliche Betriebsanweisung für Prüfung, Überwachung und Pflege der Isolieröle (und auch der Dampfturbinenöle) ist in dem Buche „Die Ölbewirtschaftung"[1] gegeben. Aus der allgemeinen Literatur über Öl sei hier nur „das Mineralöl" von F. Frank[2] genannt.

Unter den nicht-elektrischen Prüfungen hat die sog. Spratzprobe, mit der qualitativ das Vorhandensein von Wasser festgestellt wird, insofern eine besondere Bedeutung, als sich bei positivem Ergebnis dieser Untersuchung die elektrische Prüfung erübrigt; das Öl muß dann erst getrocknet werden. Bei der Spratzprobe wird etwas Öl in einem trockenem Reagenzglase über der Flamme bis zum Kochen erhitzt. Hoher Wassergehalt macht sich durch knisternde und knakkende Geräusche (Spratzen) bemerkbar.

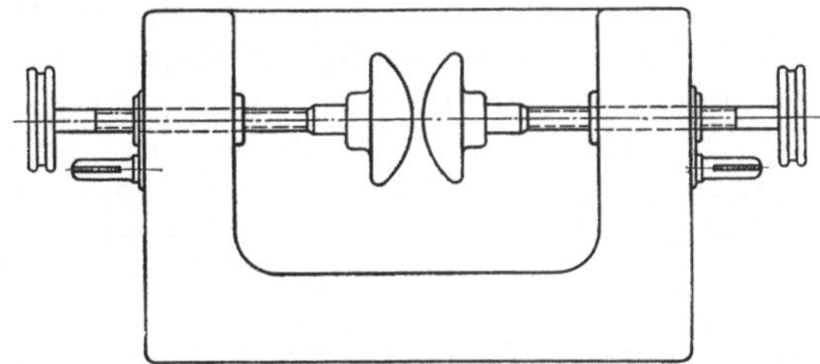

Abb. 291. Prüfgefäß für den Durchschlag von Öl.

Abb. 291 zeigt das Schema eines Prüfgefäßes für Durchschlagsmessungen an Ölen. Die vorschriftsmäßigen Elektroden bestehen aus Kupferkalotten von 25 mm Kugelhalbmesser. Für die Messung sind zwei Verfahren zulässig, entweder wird bei festem Elektrodenabstand von 3 mm der Durchschlag durch Steigern der Transformatorspannung herbeigeführt, oder es wird bei fester Spannung von mindestens 30 kV der Kalottenabstand verändert. Das Ergebnis wird immer in kV/cm errechnet, wobei die Feldverteilung nach Abb. 290 (Kurve für 5 cm-Kugeln) zu berücksichtigen ist. In anderen Ländern sind andere Normalfunkenstrecken für die Ölmessungen gebräuchlich, z. B. in Frankreich Kugeln von 12,5 mm Durchmesser bei 5 mm Schlagweite, in Amerika Plattenelektroden von 1″ Durchmesser und $^1/_{10}$″ Schlagweite[3], in England 13 mm-

[1] Berlin: Vereinigung der Elektrizitätswerke E.V. 1930.
[2] in Schering: Isolierstoffe. Berlin: Julius Springer 1924.
[3] Elektrotechn. Z. Bd. 51 (1930) S. 817.

Kugeln bei 4 mm Abstand[1]. Für die Messung von Isolieröl im Betrieb, d. h. also z. B. unmittelbar im Kessel eines Transformators ist nach Foerster[2] eine Funkenstrecke mit 12,5 mm-Kugeln zweckmäßig. Eine tragbare Prüfeinrichtung mit Gleichspannung, bei der eine Influenzmaschine mit Handbetrieb als Spannungsquelle (bis 85 kV) dient, hat Wommelsdorf[3] beschrieben.

Die elektrische Festigkeit von Öl, das eben dem Betrieb entstammt, d. h. z. B. einem Transformatorenkessel entnommen ist, soll nach deutscher Vorschrift mindestens 80 kV/cm betragen, von Öl, das neu zur Einfüllung vorbereitet ist, nicht unter 125 kV/cm. Bei gut getrocknetem Öl lassen sich mit sauberen Elektroden wesentlich höhere Werte (bis etwa 300 kV/cm) ohne Schwierigkeit erreichen. Ein einfaches Laboratoriumsverfahren zur Trocknung von Ölproben besteht darin, das Öl etwa zwei Stunden lang bei 110° — zur Verringerung der Oxydationsgefahr im geschlossenen Topf oder noch besser unter Stickstoff — zu kochen, es dann unter Zugabe von Chlorkalzium abkühlen zu lassen und schließlich unter Druck, den man bequem mit einer Fahrradpumpe erzeugen kann, durch gehärtete Papierfilter zu filtrieren. Aber selbst bei so vorbereiteten Ölen und trotz größter Sauberkeit von Prüfgefäß, Elektroden und Einfüllverfahren sind die Messungen mit erheblichen Streuungen behaftet. Bei Ölen im Einsendungszustand sind diese noch viel größer (leicht $\pm$ 15% des Mittelwertes). Man sollte sich daher für die praktische Ölprüfung nach Möglichkeit mit der Feststellung, ob ein Öl den VDE-Bestimmungen entspricht oder nicht, begnügen und die Bedeutung des numerischen Wertes der Durchschlagsfestigkeit nicht überschätzen[4]. Auch ist es zweckmäßig, die elektrische Untersuchung von Ölproben — mindestens wenn die Einhaltung einer Grenze zweifelhaft ist — im Laboratorium vorzunehmen, da nur hier die einwandfreie Behandlung des Öles und der Prüfgeräte gewährleistet werden kann.

Für die zahlreichen Untersuchungen über die elektrische Festigkeit flüssiger Isolierstoffe sei auf die zusammenfassende Darstellung von A. Gemant[5] verwiesen, wo auch über theoretische Fragen mit berichtet wird, ferner auf Inge und Walther[6]. In der Technik wird die Möglichkeit, die elektrische Festigkeit der isolierenden Flüssigkeiten durch Druck zu erhöhen, mehrfach benutzt. Zu Messungen in dieser Richtung kann das Druckgefäß nach Marx (siehe Ziff. 43, Abb. 289) dienen. Neuerdings hat man Flüssigkeiten auch im Bereich „negativer Drucke", d. h. unter Zugspannung auf Durchschlag untersucht[7]. Arbeiten über den Einfluß von Wasser und gelösten Gasen auf die elektrischen Eigenschaften dielektrischer Flüssigkeiten hat Edler[8] durchgeführt, ferner Inge und Walther[9]. Für weitere, insbesondere im Ausland übliche Behandlungen des Ölproblems seien die Berichte über die 5. Tagung der Conf. Internat. des Grand Réseaux à Haute Tension, Paris 1929[10] genannt.

46. Durchschlagmessungen an Gasen. Die dielektrische Festigkeit von Gasen wird bei Funkenstrecken zur Messung von hohen Spannungen benutzt. Umgekehrt kann bei bekannter Spannung auf die Durchschlagsfestigkeit des Gases geschlossen werden. Es sei hier auf Ziff. 9 über Meßfunkenstrecken verwiesen. Eine besondere Elektrodenform, die in Abb. 292 schematisch angedeutet ist,

[1] British Standard Specification for Insulating Oils for Electrical Purposes. London 1927.
[2] Elektrotechn. Z. Bd. 51 (1930) S. 452. [3] Elektrotechn. Z. Bd. 50 (1929) S. 305.
[4] Schmidt u. R. Vieweg: Tät.-Ber. d. Physik.-Techn. Reichsanst. 1928; Z. Instrumentenkde. Bd. 49 (1929) S. 231. Rebhan: Elektrotechn. Z. Bd. 53 (1932) S. 556.
[5] Physik. Z. Bd. 30 (1929) S. 33. [6] Arch. Elektrotechn. Bd. 23 (1930) S. 279.
[7] Z. B. W. Ferrant: Z. techn. Physik Bd. 11 (1930) S. 158.
[8] Arch. Elektrotechn. Bd. 25 (1931) S. 447. [9] Z. techn. Physik Bd. 11 (1930) S. 369.
[10] Konstantinowsky: Elektrotechn. u. Maschinenbau Bd. 48 (1930) S. 262.

führt nach Rogowski und Rengier[1] einen solchen Feldverlauf herbei, daß Randentladungen ausgeschaltet sind und so der Durchschlag im homogenen Feld erfolgt[2]. Für Luft beträgt der ideale Wert der Durchbruchspannung 30 kV_{max}/cm. In der praktischen Hochspannungstechnik hat man immer nur mit Bruchteilen dieser Beanspruchung als demjenigen Wert zu rechnen, den eine Luftstrecke mit Sicherheit aushält. Über die Abhängigkeit der dielektrischen Festigkeit der Luft von der Höhenlage (Meereshöhe) siehe z. B. Lubowski[3].

Während vom theoretischen Standpunkt der Durchschlag im homogenen Feld besonders wichtig ist, hat praktisch auch der Durchschlag im nichthomogenen Feld[4] Bedeutung. Die Durchschlagspannung hängt dann von der Polarität ab, so daß sich die Verhältnisse etwas komplizieren. Eine Schaltung zur Bestimmung der Polarität hat Buchwald[5] angegeben. Abb. 293 zeigt das Wesentliche der Anordnung; als Indikator dient ein Amperemeter A und ein Glühventil, das nur dann einen Strom durch A fließen läßt, wenn die beim Überschlag zwischen Platte und Spitze an dem Widerstand auftretende Spannung nicht gesperrt wird. Über den elektrischen Durchschlag von Luft zwischen konzentrischen Zylindern, siehe z. B. Uhlemann[6]. Über die Steuerung der Anfangsspannung zwischen zwei Elektroden durch eine dritte vgl. S. Franck[7].

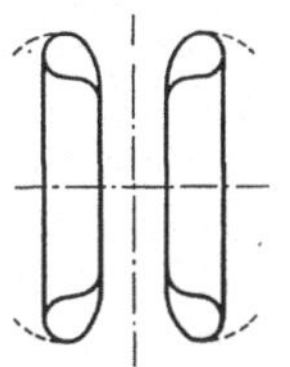

Abb. 292. Elektroden ohne Randentladung nach Rogowski.

Die Festigkeit der Gase nimmt unter Druck erheblich zu, bis etwa 15 at ungefähr proportional, dann schwächer. Diese Eigenschaft wird technisch oft ausgenutzt[8], auch für Meßzwecke, z. B. bei Preßgaskondensatoren (vgl. Abschnitt 7). Eine Anordnung zur Messung der Durchschlagsspannung von Gasen zwischen Plattenelektroden unter Druck hat Palm[9] beschrieben. Interessant ist auch das elektrische Verhalten bei vermindertem Druck bis schließlich zum Hochvakuum. Dieses verhält sich wie ein ausgezeichneter Isolator. Man kennt auch hiervon technische Anwendungen, z. B. Hochvakuumschalter[10]. Für Untersuchungen über die isolierenden Eigenschaften des Vakuums sei auf Semenoff und Walther[11] verwiesen, ferner sei als Beispiel die Arbeit von Güllner[12] genannt.

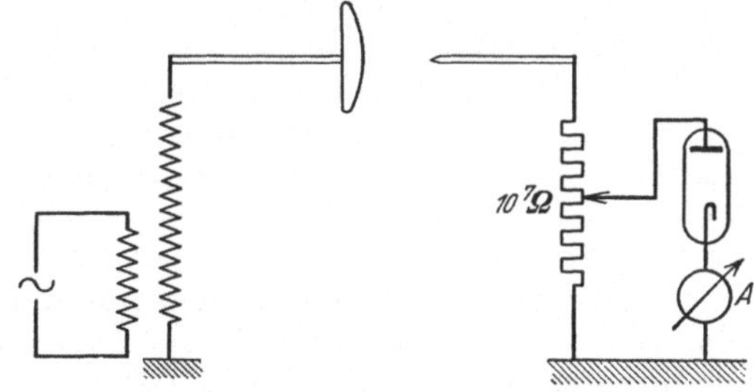

Abb. 293. Polaritätsmessung beim Überschlag.

47. Der Überschlag. Neben dem Problem des Durchschlags besteht in der Elektrotechnik noch ein verwandtes wichtiges Problem, das des Überschlags. Allgemein versteht man unter einem Überschlag einen elektrischen Durchbruch längs der Grenzschicht zweier Isolierstoffe. Spezieller wird nach den Leitsätzen für den elektrischen Sicherheitsgrad (LSG)[13] unter der Überschlagsspannung ($U_{ü}$)

[1] Arch. Elektrotechn. Bd. 16 (1926) S. 73.
[2] Weiteres zur Frage der Abrundung von Elektroden z. B. Störk: Elektrotechn. Z. Bd. 52 (1931) S. 43.
[3] Elektrotechn. Z. Bd. 46 (1925) S. 223 u. 707.
[4] Z. B. Marx: Elektrotechn. Z. Bd. 51 (1930) S. 1161. Mayr, O.: Arch. Elektrotechn. Bd. 24 (1930) S. 8. Roser: Elektrotechn. Z. Bd. 53 (1932) S. 411.
[5] Marx: a. a. O. [6] Arch. Elektrotechn. Bd. 23 (1930) S. 323.
[7] Z. techn. Physik Bd. 11 (1930) Bd. 349.
[8] Z. B. Bölsterli: Bull. Schweiz. Elektrotechn. Ver. Bd. 22 (1931) S. 245.
[9] Elektrotechn. Z. Bd. 47 (1926) S. 904.
[10] Sorensen: Ref. Elektrotechn. Z. Bd. 48 (1927) S. 436.
[11] a. a. O. S. 240. [12] Arch. Elektrotechn. Bd. 21 (1929) S. 267.
[13] Elektrotechn. Z. Bd. 53 (1932) S. 514.

der Spannungswert verstanden, der bei allmählicher Steigerung der Spannung zum Überschlag in Luft außerhalb der festen oder flüssigen Isolierstoffe führt — im Gegensatz zur Durchschlagspannung, die sich auf den Durchschlag innerhalb der festen oder flüssigen Isolierstoffe bezieht. An einschlägigen weiteren VDE-Bestimmungen seien insbesondere die „Leitsätze für die Prüfung von Isolatoren aus keramischen Werkstoffen für Spannungen von 1000 V an" und die „Regeln für Wechselstrom-Hochspannungsgeräte (REH)", ferner die Vorschriften für den Bau von Starkstrom-Freileitungen" (VSF)[1] genannt, jedoch sind natürlich Festsetzungen über die Überschlagspannung auch noch in sehr vielen anderen Vorschriften enthalten[2].

Für die Berechnung von elektrischen Anordnungen auf Überschlag wird vielfach mit einem spezifischen Wert der Überschlagspannung gearbeitet, den man Überschlagfestigkeit[3] nennt, das ist die Überschlagsspannung längs eines 1 cm hohen Isolierkörpers gemessen in kV/cm.

Führt man eine Überschlagsmessung aus, so wird die elektrische Festigkeit der Luft beim Steigern der Spannung im allgemeinen zuerst an scharfen Kanten oder Spitzen der isolierten oder der geerdeten Elektrode überschritten. Es setzt ein gleichmäßiges Glimmen der solche Stellen umgebenden Luft ein. Bei weiterer Spannungssteigerung schießen mitunter aus den Elektroden längere Büschel in die Luft oder es entstehen längs der Isolatoroberfläche Gleitfunken, die aber keinen Überschlag bilden, da sie den anderen Pol nicht erreichen. Bei längerer Dauer kann indessen der Prüfgegenstand beschädigt werden. Schließlich findet ein Funkenüberschlag zwischen den Elektroden statt, der bei hinreichend großer Leistung der Spannungsquelle einen Kurzschlußlichtbogen bildet. Nach LSG dürfen daher Gleitfunken unterhalb 80% der Prüfspannung nicht auftreten.

Der Überschlag ist abhängig von der Länge des Überschlagweges, der Form des Feldes, der Luftfeuchtigkeit und dem Luftdruck. Die Regenüberschlagspannung von Freiluftisolatoren wird nach VDE-Vorschrift in der Weise geprüft, daß die mittlere Stärke des unter etwa 45^0 einfallenden Regens einer Niederschlagshöhe von 3 mm/min entspricht. Man mißt diese, indem man den Regen in unmittelbarer Nähe des Prüflings mit einem Topf auffängt, in dem die Wasserhöhe leicht bestimmt werden kann. Eine fahrbare Nebel- und Regeneinrichtung mit direkter Anzeige der Leitfähigkeit ist von der Hescho Isolatoren GmbH.[4] beschrieben worden. Die Leitfähigkeit des zur Berechnung dienenden Wassers soll etwa $100\,\mu\mathrm{S\,cm}^{-1}$ sein. (Die nicht allgemein bekannte Einheit „Siemens" ist äquivalent $1/\Omega$; $1\,\mu$S (Mikrosiemens) also $10^{-6}\,\Omega^{-1}$).

Für alle Einzelheiten kann auf die erwähnten Leitsätze für Isolatoren verwiesen werden, in denen auch für den Fall, daß die Naßprüfung unter Wasser abweichender Leitfähigkeit vorgenommen wird, Bezugsfaktoren zur Umrechnung auf die normale Leitfähigkeit angegeben sind. Die Bezugsfaktoren sind für die verschiedenen Typen von Freileitungsisolatoren verschieden.

Zur Berücksichtigung des Feldeinflusses ist bei der Typenprüfung (Prüfung an Stichproben) von Innenraum- und Freileitungsisolatoren und -geräten vorgeschrieben, das im normalen Betrieb herrschende elektrische Feld, besonders gegen Erde möglichst getreu nachzuahmen. Bei Isolatoren ist z. B. die Bestimmung der Trockenüberschlagsspannung und der Regenüberschlagsspannung

---

[1] Zu vgl. W. Weicker: Hescho-Mitt. 1928 Heft 43 und 1929 Heft 49.

[2] Über die Überschlagspannung von genormten Stützern nach VDE- und nach JEC-Vorschriften, siehe z. B. Elektrotechn. Z. Bd. 49 (1928) S. 1860.

[3] Lit. z. B. Schwaiger: Elektrische Festigkeitslehre, 2. Aufl. Berlin: Julius Springer 1925.

[4] Elektrotechn. Z. Bd. 51 (1930) S. 89.

Typenprüfung (auch die Bestimmung der Durchschlagsspannung u. a. m.), während als Stückprüfung, d. h. an sämtlichen Stücken eine elektrische Prüfung mit technischem Wechselstrom während 15 Min. vorzunehmen ist, bei der die Prüfspannung im allgemeinen 95% der in der jeweiligen Prüfanordnung gegebenen Überschlagsspannung beträgt. In Abb. 294 ist ein Stützenisolator skizziert, a) bei der Stückprüfung, bei der der Isolator außen bis über die Halsrille in Wasser getaucht und innen bis zum Gewindeende des Stützenloches mit Wasser gefüllt wird; b) bei der Trockenüberschlagprobe, bei der in der Halsrille ein beiderseits um eine Länge gleich der doppelten Isolatorhöhe herausragender Leitungsdraht von mindestens 5 mm Durchmesser befestigt wird, während der Isolator sich auf einer betriebsmäßigen, geerdeten Stütze befindet. Diese Anordnung ist unverändert auch bei der Naßprüfung zu verwenden; c) bei der Durchschlagprüfung, bei der der Isolator zur Vermeidung des Überschlags in einem elektrisch festeren Isolierstoff als Luft (Öl) eingebettet ist. Der Stützenisolator ist dort, wo bei

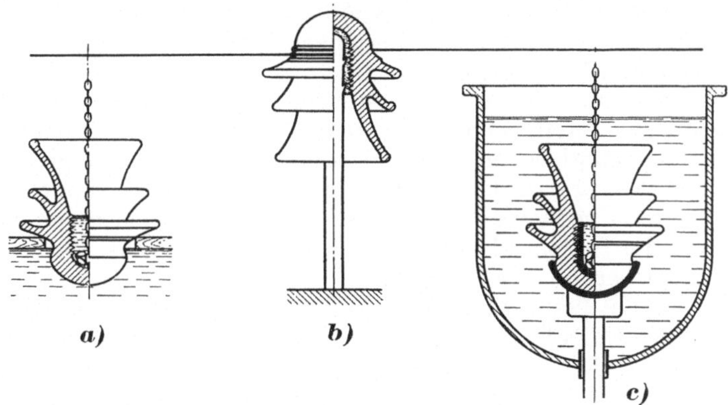

Abb. 294. Stützisolator bei verschiedenen Prüfungen. (*a*) Stückprüfung, (*b*) Trockenüberschlagsspannung, (*c*) Durchschlagsspannung.

a) Wasser ist, mit einem leitenden Überzug versehen, z. B. mit gut angedrücktem Stanniol, innen könnte man ihn auch mit Bund und Stütze ausrüsten.

Außer den genannten Prüfungen werden noch mechanische und gleichzeitig mechanische und elektrische Prüfungen ausgeführt. Von Bedeutung sind ferner verschiedene elektrische Beanspruchungsarten, außer dem technischen Wechselstrom kommen noch Gleichspannung, Stoßspannung und hochfrequente Wechselspannung in Frage und bei diesen wieder die Einwirkung verschiedenartiger Einflüsse, wie Tau, Regen, Salzablagerung u. a. m. Über die Abhängigkeit der Überschlagsspannung von einzelnen Spannungsarten siehe z. B. Normblattentwurf[1]. Zu erwähnen ist auch die sog. Temperatursturzprobe, bei der die Isolatoren dreimal je eine Viertelstunde abwechselnd in warmes (80...85°) und kaltes (10...15°) Wasser getaucht werden. Nach dieser Vorbehandlung haben sie der elektrischen Stückprüfung zu genügen. Als allgemeine Literatur zu Überschlagsversuchen seien namentlich die Veröffentlichungen der großen Fabriken für keramische Materialien (Hescho-Mitteilungen, Rosenthal-Mitteilungen, Stemag-Nachrichten) genannt.

Eine in neuester Zeit wichtig gewordene spezielle Gruppe von Überschlagsuntersuchungen ist durch den Lichtbogenschutz von Isolatoren in Höchstspannungsanlagen[2] veranlaßt worden. Erfahrungen bei — fast immer durch

[1] Elektrotechn. Z. Bd. 49 (1928) S. 1864.

[2] Z. B. K. Draeger: VDE-Fachberichte 1929. Müller, H.: VDE-Fachberichte 1929.

Überspannung ausgelösten — Überschlägen in Netzen haben gezeigt, daß die hier zur Verfügung stehende große Leistung aus dem Überschlagfunken einen Lichtbogen werden läßt und dann zu besonders schweren Beschädigungen der Isolatoren führt. Man hat daher Großversuche angestellt, um die Verhältnisse mit annähernd betriebsmäßiger Leistung und Anordnung erforschen zu können. Im Laboratorium muß der Lichtbogen meist künstlich eingeleitet werden, dadurch daß die Versuchsisolatorenkette durch einen Draht überbrückt wird. Man kann hierbei dem Lichtbogen die Stelle seines Entstehens vorschreiben und wählt die voraussichtlich ungünstigste Stelle. Bei Abspannketten überbrückt man die Isolatoren auf der Unterseite, bei Hängeketten so, daß der Lichtbogen durch die von den Zuleitungen gebildete Stromschleife gegen den Isolator getrieben wird.

Das Gebiet des Überschlags in der Grenzschicht zwischen festen und flüssigen Isolierstoffen ist noch wenig erforscht. Eine Untersuchung über das Verhalten der Oberfläche von Preßspan unter Öl stammt von Rebhan[1], der als Prüfanordnung Kugelelektroden wählte mit einem Schlitz, in den das zu prüfende Preßspanstück eingespannt wurde[2].

48. Allgemeines zum Durchschlagproblem. Es würde der Rahmen dieses Buches weit überschritten, wenn hier auf die zahlreichen theoretischen und praktischen Untersuchungen eingegangen werden sollte, die angestellt worden sind, um das Wesen des elektrischen Durchschlags zu ergründen. Eine umfassende Klärung ist noch nicht gelungen, wohl aber liegen wertvolle Arbeitshypothesen vor, die für einzelne Gebiete auch das wirkliche Verhalten richtig erfassen mögen. Über die elektrische Festigkeit der Gase gibt die Townsendsche[3] Theorie der Stoßionisation wichtige Aufschlüsse; durch neuere Arbeiten, namentlich von W. O. Schumann[4] sind diese Erkenntnisse wesentlich vertieft worden; es seien hier nur die Kennworte Ionenlawine, Elektronenlawine[5], Raumladung genannt[6]. Bei flüssigen Isolierstoffen seien die theoretischen Untersuchungen von Güntherschulze[7] angeführt. Besonders vielseitig ist das Gebiet der festen Isolierstoffe bearbeitet worden, auf dem wohl die größten Schwierigkeiten bestehen. Nach der experimentellen Seite ist es hier außerordentlich schwer, homogene Substanzen und saubere Versuchsbedingungen zu gewinnen. Es seien nur die drei wichtigsten theoretischen Anschauungen aufgezählt[8]. Beim „Wärmedurchschlag“ nach K. W. Wagner[9] tritt der Durchschlag durch Verluste ein, die in einer Wechselwirkung von Temperatursteigerung und Widerstandsverminderung zum Durchbrennen oder Schmelzen des Isolierstoffs führen. Ist außer der Temperatur die Stärke des angelegten elektrischen Feldes von großem Einfluß auf die Widerstandsverringerung im Isolator, so liegt der „wärmeelektrische Durchschlag“ vor, auf den Rogowski[10] zuerst hingewiesen hat.

[1] VDE-Fachberichte 1926.

[2] Über die Durchschlag- und Überschlagfeldstärke in Öl siehe z. B. Ritz: Elektrotechn. Z. Bd. 53 (1932) S. 36.

[3] Townsend: Ionisation der Gase; Handbuch der Radiologie Bd. 1. Leipzig: Akademische Verlagsgesellschaft 1920.

[4] Z. B. Z. techn. Physik Bd. 11 (1930) S. 194. Rogowski: Arch. Elektrotechn. Bd. 25 (1931) S. 551 und Bd. 26 (1932).

[5] Z. B. Frank u. v. Hippel: Z. Physik Bd. 57 (1929) S. 696.

[6] Über Zusammenhänge des Gasdurchschlags mit dem Nernstschen Wärmetheorem siehe Mayr: Arch. Elektrotechn. Bd. 26 (1932) S. 352 u. 640.

[7] Über die dielektrische Festigkeit. München: Kösel & Pustet 1924.

[8] Zusammenstellung bei Moon u. Norcross: J. Franklin Inst. Bd. 208 (1929) S. 705.

[9] J. Amer. Inst. electr. Engr. Bd. 41 (1922) S. 1034. Sitzungsber. der Berliner Akad. der Wiss.; Math.-Phys. Kl. Bd. 29 (1922) S. 438.

[10] Arch. Elektrotechn. Bd. 13 (1924) S. 153; ferner z. B. Arch. Elektrotechn. Bd. 23 (1930) S. 569.

Endlich kann aber auch ein „rein elektrischer Durchschlag“ in Frage kommen, wenn nicht thermische Vorgänge, sondern Störungen des molekularen Gleichgewichts durch das elektrische Feld als Ursache angenommen werden müssen[1]. Hier sind besonders bekannt die Versuche von Joffé[2] geworden, der an sehr dünnen Kristallschichten außerordentlich hohe Feldstärken (Größenordnung 100 MV/cm) legen konnte, ohne daß ein Durchschlag eintrat. Die auf diese Experimente gegründete Auffassung wird auch als Ionisationstheorie bezeichnet[3].

Einen experimentellen Weg zur Unterscheidung, wann in gewissen Fällen Wärmedurchschlag, wann rein elektrischer Durchschlag vorliegt, hat Halbach[4] gewiesen. Durch Messung der dielektrischen Verluste (vgl. Ziff. 49) und Beobachtung der Spannung und Temperatur, bei denen der Verlustfaktor instabil ansteigt, zeigt er, daß z. B. bei Porzellanproben der Wärmedurchschlag erst bei einer Temperatur des Versuchskörpers von mehr als 100°, bei einigen Hartpapiersorten bereits bei viel niedrigeren Temperaturen eintritt.

Die in den vorhergehenden Abschnitten behandelten Methoden zur Durchschlagmessung geben nur das praktisch Wichtigste auf diesem Gebiete wieder. Es sei aber erwähnt, daß noch sehr viele andere, nicht nur theoretisch, sondern auch technisch vielfach bedeutsame Anordnungen, Verfahren und Gesichtspunkte zur Durchschlagsprüfung bekannt geworden sind. Z. B. sei auf die Verwendung des Kathodenoszillographen (siehe S. 224) verwiesen; der Einfluß kurzer und langer Beanspruchungszeiten und der Spannungssteigerung ist oft untersucht worden[5], ebenso die Wirkung verschiedener Frequenzen, inhomogener Felder[6], der Raumladung[7], des magnetischen Feldes[8] und vieles andere. Zusammenfassende Darstellungen der physikalischen Erscheinungen insbesondere bei Semenoff und Walther[9].

49. Dielektrische Verluste von festen Isolierstoffen. Für die Messung dielektrischer Verluste an Probekörpern fester Isolierstoffe sind in den Leitsätzen für die Bestimmung elektrischer Eigenschaften fester Isolierstoffe (VDE 455) ausführliche Anweisungen gegeben, die sich auf Abmessungen und Belegungen der Versuchskörper, sowie auf die Spannungs- und Zeitstufen der Messung erstrecken. Für die Hochspannungsuntersuchungen ist die Scheringsche Brücke (siehe Ziff. 27) vorgesehen. Das Verhältnis zwischen der Kapazität des Prüflings und der des Vergleichskondensators soll möglichst 1 : 1, aber nicht ungünstiger als 1 : 10 sein. Für viele Prüffeldzwecke wird man indessen noch mit 1 : 100 arbeiten können.

Für die Versuchskörper und ihre Abschützung gilt im wesentlichen das, was für die Messung des Durchgangswiderstandes (Ziff. 36) und allgemein über Abschirmung (Ziff. 6) zu beachten ist. Auch die wichtige Frage der Herstellung von Belegungen ist in den genannten Abschnitten behandelt, für Verlustmessung sei besonders darauf aufmerksam gemacht, daß lückenloses, von Zwischenschichten freies Anliegen bei höheren Spannungen eine Vorbedingung für saubere Messung ist. Falls die Messungen unter Öl vorgenommen werden — und das wird zur Vermeidung von Sprühen und zur Einstellung höherer Temperaturen oft der Fall

---

[1] Güntherschulze: a. a. O. S. 256. Meyer: Arch. Elektrotechn. Bd. 24 (1930) S. 151.
[2] Physik. Z. Bd. 28 (1927) S. 911. [3] Semenoff u. Walther: a. a. O. S. 240.
[4] Arch. Elektrotechn. Bd. 21 (1929) S. 535; vgl. auch Inge u. Walther: Arch. Elektrotechn. Bd. 17 (1926) S. 433.
[5] Z. B. R. Naeher: Arch. Elektrotechn. Bd. 21 (1928) und Jost: Arch. Elektrotechn. Bd. 23 (1930) S. 305.
[6] Inge u. Walther: Arch. Elektrotechn. Bd. 19 (1928) S. 257.
[7] Schumann, W. O.: Z. techn. Physik Bd. 11 (1930) S. 131.
[8] Smurow: Elektrotechn. Z. Bd. 51 (1930) S. 1459.
[9] a. a. O.; ferner A. Gemant: a. a. O., siehe S. 240.

sein —, soll dieses die nach den Vorschriften für Transformator- und Schalteröle erforderliche Mindestfestigkeit von 125 kV/cm besitzen.

Am gebräuchlichsten ist die Bestimmung des Verlustfaktors in Abhängigkeit von der Spannung. In der Scheringschen Brücke kann ohne weiteres bis zum Durchschlag gemessen werden, wenn durch Sicherungen dafür gesorgt wird, daß sofort nach dem Durchschlag die Spannung abgeschaltet wird. Die Wahl der Spannungsstufen ist dem Absolutwert nach ganz verschieden, je nach dem wieviel Spannung das Prüfobjekt überhaupt aushalten wird. Hat man z. B. eine Hartpapierplatte zu untersuchen, so wird man bei 10% der „Fünfminutenspannung" höchstens aber bei 15 kV beginnen und in Stufen von 10 zu 10% der Fünfminutenspannung höchstens aber von 10 zu 10 kV messen. Wird die Prüfung nicht bis zum Durchschlag getrieben, so wiederholt man nach dem höchsten Spannungswert die Messung beim Anfangswert, um ein Urteil über den Einfluß der vorgenommenen Beanspruchung zu erhalten. In der Versuchsniederschrift sollte aus dem gleichen Grunde die ungefähre Dauer der Messung vermerkt werden. Bei einiger Übung wird man für einen Meßpunkt im Mittel 1 bis 2 Min. benötigen, der Anfangspunkt, bei dem die Lage von Kapazitäts- und Widerstandswert erst gefunden werden muß, wird länger dauern. Nach Gröschel kann durch Feststellung der höchsten Spannung, bei welcher der Verlustfaktor nicht ansteigt, auf die „Dauerspannung" (vgl. Ziff. 40) geschlossen werden, das ist die Spannung, die von dem Stoff dauernd ausgehalten wird, ohne daß ein Durchschlag eintritt. Zur Theorie des Verlustfaktors technischer Isolierstoffe siehe Böning[1].

Zeitabhängige Verlustmessungen, die nur als Typenprüfung in Frage kommen, führt man, während die Meßspannung dauernd am Prüfling liegt, anfangs von 5 zu 5 Min. aus, später viertelstündlich. Mehr als eine Stunde Meßzeit kommt nur bei Objekten in Frage, bei denen sich anfangs unerwartet steiler Anstieg oder ein absolut hoher Betrag gezeigt haben, oder für besondere Dauerprüfungen. Für die Schlüsse, die aus instabilem Anstieg der Verlustkurve gezogen werden können, sei auf die Arbeit von Halbach (vgl. Ziff. 48) verwiesen. Unter Umständen kommt es vor, daß der Verlustfaktor bei längerer Beanspruchungsdauer wieder abnimmt; eine Erklärung hierfür wird bei Kunstharzisolierstoff im „Nachbacken" zu finden sein.

Die Messung der dielektrischen Verluste hat sich für viele Gebiete der Hochspannungstechnik als außerordentlich förderlich erwiesen. Auf die Bedeutung für Kabel ist in Abschnitt 31 näher eingegangen. Besonders gebräuchlich ist die Verlustmessung auch für die als Hartpapier bezeichneten festen Hochspannungsisolierstoffe. Von den zahlreichen einschlägigen Arbeiten seien hier nur einige genannt. Bültemann[2] benutzt bei chemischen Untersuchungen an Hartpapieren und auch an Preßmaterialien den Verlustfaktor als Gradmesser für die Betriebssicherheit der Stoffe. Handrek führt eine vergleichende Untersuchung des Verlustverhaltens von Porzellan und Hartpapier durch[3], ebenso Halbach[4]. Eingehende Messungen an Porzellanisolatoren und Porzellanproben mit der Scheringbrücke sind von K. Draeger vorgenommen worden[5]. Im allgemeinen ist bei Porzellan die Verlustmessung von geringerer Bedeutung als bei Hartpapieren, es sei denn, daß es sich z. B. um Porzellankondensatoren handelt. Als neuere Untersuchung über Hartpapiere sei die Arbeit von Schaudinn[2] genannt. Auch für die Untersuchung der Tränkung von Isolierstoffen aller Art wird die

[1] Z. techn.Physik Bd. 11 (1930) S. 81.
[2] Forschungshefte der Studienges. f. Höchstspannungsanl. Heft 2. Berlin 1930.
[3] VDE-Fachber. 1928. [4] a. a. O. S. 257.
[5] Rosenthal-Mitt. 1925 Heft 7 und 1926 Heft 9.

Verlustmessung herangezogen[1]. In Höchstspannungsanlagen ist die Verlustmessung eines der Mittel, die einen Anhalt über den Zustand und die Güte der Papierisolationen besonders in Durchführungen gewähren[2]. Die Messung des Verlustfaktors einer Durchführung in der Scheringbrücke erfordert allerdings insofern ein wenig Vorsicht, als die Abfangung von Kriechströmen durch Schutzkappen zu einer Feldstörung führen kann, wenn die Abschützung sich nicht nur über die Außenbelegung (Flansch oder Bandage), sondern bis in den Bereich der Kondensatoreinlagen erstreckt[3]. Abb. 295 zeigt eine Durchführung mit Schirmgehäuse (gestrichelt) um den Flansch herum. Sobald die bei der Messung geerdete Hülle nicht ganz dicht an dem Flansch den Isolierkörper umgreift, sondern in größerem Abstand, ist die normale Abgleichung der Brücke nicht mehr möglich, man mißt „negative" Verlustfaktoren. Variiert man den

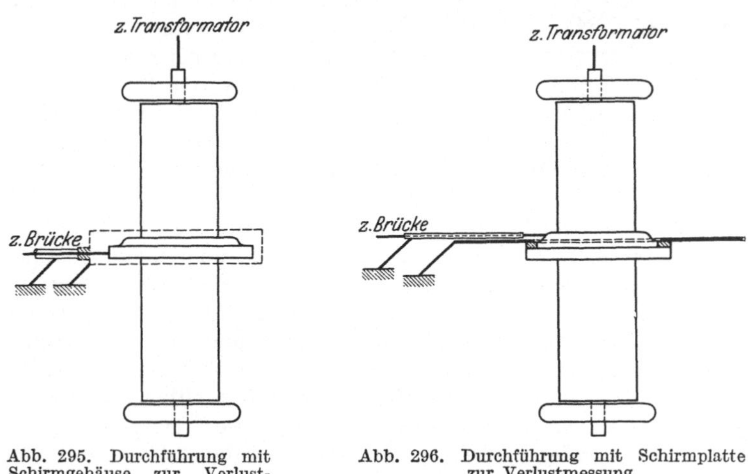

Abb. 295. Durchführung mit Schirmgehäuse zur Verlustmessung.

Abb. 296. Durchführung mit Schirmplatte zur Verlustmessung.

Abstand des Gehäuses vom Flansch, so kann man für die gleiche Durchführung alle möglichen Verluste messen. Dasselbe gilt, wenn man nicht ein ganzes Gehäuse, sondern nur Schutzringe neben dem Flansch anbringt. Versuche haben gezeigt, daß man im allgemeinen überhaupt auf die Ableitung der Oberflächenströme verzichten kann, namentlich wenn es sich um gut lackierte Flächen handelt. Eine einfache und eindeutige Meßanordnung erhält man, wenn die Durchführung isoliert in eine geerdete, zur Achse senkrechte Platte, z. B. aus Blech eingebaut und die Brückenzuleitung radial weggeführt wird, wie es in Abb. 296 veranschaulicht ist. Für die Bewertung von Durchführungen auf Grund von Verlustmessungen wird die Änderung von $\operatorname{tg}\delta$ bei steigender Spannung sowohl bis zur Betriebsspannung wie bei erhöhter Spannung herangezogen. Im normalen Spannungsbereich fordert man im wesentlichen konstanten Verlustfaktor, der außerdem unter einem Mindestwert (etwa $\operatorname{tg}\delta < 0{,}01$) bleiben soll. Der Ionisationsknick in der Verlustkurve wird erst oberhalb der Betriebsspannung zugelassen. Ein einfaches Verfahren, um mittels Glimmlampe bei Hochspannung einen Anhaltspunkt über das dielektrische Verhalten von Durchführungen zu

[1] Z. B. Michailov: Elektrotechn. Z. Bd. 51 (1930) S. 1058.
[2] Frensdorff: Elektr.-Wirtsch. Bd. 26 (1927) Nr. 442.
[3] Schaudinn: Elektr.-Wirtsch. Bd. 28 (1929) S. 248; Kautzmann: Elektrotechn. Z. Bd. 50 (1929) S. 1401; Rosenlöcher u. Rühlemann: Arch. Elektrotechn. Bd. 22 (1929) S. 21.

bekommen, hat Crämer[1] beschrieben. Über Verlustmessungen an Durchführungen bei Spannungen bis 380 kV siehe W. Hüter[2]. Über Verlustmessungen an Papieren siehe z. B. Kirch[3].

Für die Überwachung der Isolierung in Generatoren und Transformatoren hat sich die Verlustmessung ebenfalls als wertvoll erwiesen[4]. Abb. 297 zeigt das Schema einer Brückenmessung der Verluste in der gesamten Wicklungsisolierung einer Maschine. Da es im allgemeinen nicht möglich sein wird, die betriebsmäßig vorhandene Gehäuseerdung aufzuheben, muß man hier abweichend von der üblichen Schaltung einen anderen Brückeneckpunkt erden. Die Sachlage ist dieselbe wie bei der Verlustmessung an verlegten Kabeln; es wird daher auf Ziff. 31 verwiesen. Die bei Wicklungsisolierungen gemessenen Verlustfaktoren sind oft größer als 0,1. Man kann also auch mit wattmetrischer Messung gut auskommen[5].

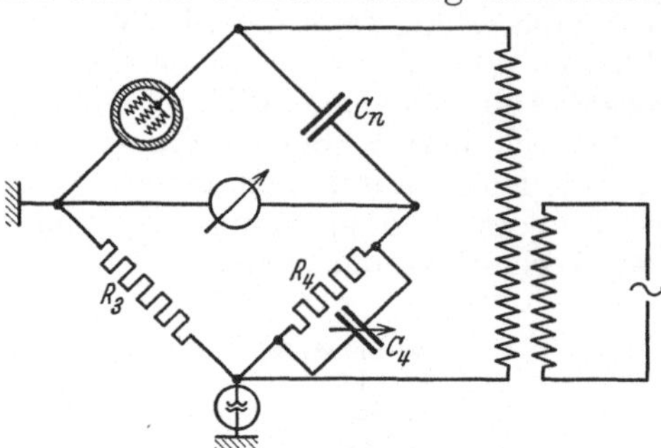

Abb. 297. Verlustmessung an einer Maschinenisolierung.

50. Dielektrische Verluste von Flüssigkeiten. Sehr gebräuchlich ist die Messung der dielektrischen Verluste für das Gebiet derjenigen flüssigen Isolierstoffe, die zur Kabelherstellung benötigt werden. Bei Kabelisolierölen, Petrolaten, Harzen, Vaselinen und den aus ihnen hergestellten Tränkmassen gibt die Verlustmessung zunächst ein gutes Urteil über die elektrischen Eigenschaften. Die Änderung der Verluste nach Reinigung und Trocknung, besonders aber nach thermischer Vorbehandlung gewährt weitere Aufschlüsse über das zu erwartende Verhalten im fertigen Kabel. Wichtig ist ferner die Überprüfung der Gleichmäßigkeit von verschiedenen Lieferungen eines Isolierstoffes durch die Verlustbestimmung. Trotz dieser Bedeutung und der Tatsache, daß die Verlustmessung allgemein bei der Bewertung herangezogen wird, muß wie bei anderen Stoffen und anderen elektrischen Eigenschaften betont werden, daß der Verlustfaktor nur ein Bestimmungsstück für die Gesamtbeurteilung, keineswegs aber das alleinige ist. Bei den Kabelflüssigkeiten spielen z. B. Viskositätskurve, Farbe, chemische Eigenschaften u. a. eine wichtige Rolle, auch rein wirtschaftliche Erwägungen werden oft mitsprechen.

Abb. 298 gibt eine Skizze eines in der Physikalisch-Technischen Reichsanstalt zur Untersuchung von Kabelisolierölen entwickelten Zylinder-Schutzringkondensators. Das Gerät ähnelt in seinem Aufbau einem Einleiterkabel und wird kurz als Kabelphantom bezeichnet. Die Herstellung erfolgt durch die Berliner Physikalische Werkstätten GmbH. Die zu messende Flüssigkeit befindet sich zwischen zwei konzentrisch angeordneten Metallzylindern (*4*) und (*7*), deren äußerer oben trichterförmig erweitert ist. Der äußere Zylinder, an den die Hochspannung (bis 60 kV) gelegt wird, hat eine lichte Weite von 45 mm und trägt außen eine Heizwicklung mit Wärmeschutz (*5*), so daß Messungen bis

[1] In Biermanns u. Mayr: Hochspannungsforschg. u. Hochspannungspraxis. Berlin: Julius Springer 1931.

[2] Elektrotechn. Z. Bd. 53 (1932) S. 549.

[3] In Petersen: Forschung und Technik. Berlin: Julius Springer 1930; ferner Gemant: Arch. Elektrotechn. Bd. 25 (1931) S. 181.

[4] Z. B. Palm: Elektrotechn. Z. Bd. 47 (1926) S. 903. Kautzmann: a. a. O.

[5] Z.B. Arnold: Wechselstromtechnik, Transformatoren, 2. Aufl. Berlin: Julius Springer 1910.

120° vorgenommen werden können. Der Innenzylinder von 16 mm Durchmesser ist durch zwei isolierende Schutzspalte, von denen der untere (*3*) in der Abbildung erkennbar ist, unterteilt. Das Stück zwischen den Schutzspalten, der Meßzylinder (rd. 400 mm lang), ist isoliert zu einer Steckvorrichtung (*11*) geführt, und kann von hier aus durch einen geerdeten Meßschlauch (*12*) mit der Brücke verbunden werden. Bei Füllung des Kondensators mit einem Öl mit einer Dielektrizitätskonstanten von etwa 2,3 ist die Kapazität ungefähr 50 $\mu\mu$F. Die beiden anderen Teile des Innenzylinders bilden die Schutzringe, der untere (*2*) ist in der Abbildung sichtbar; sie sind durch einen innen verlaufenden Draht miteinander verbunden und werden bei Anschluß eines Meßschlauches zwangläufig mit dessen Metallhülle verbunden und damit geerdet. An seinem unteren Ende ist der Innenzylinder durch ein Isolierstück (*1*) gegen den Außenzylinder abgestützt, während oben eine Isolierstoffleiste (*8*) die konzentrische Lage der Zylinder gewährleistet. Zur Temperaturüberwachung dient ein im Innern des Rohres (*4*) befindliches Widerstandsthermometer (*6*), das auch während der Hochspannungsmessung über Steckanschluß (*10*) und Schlauch (*9*) an einem Kreuzspulinstrument abgelesen werden kann.

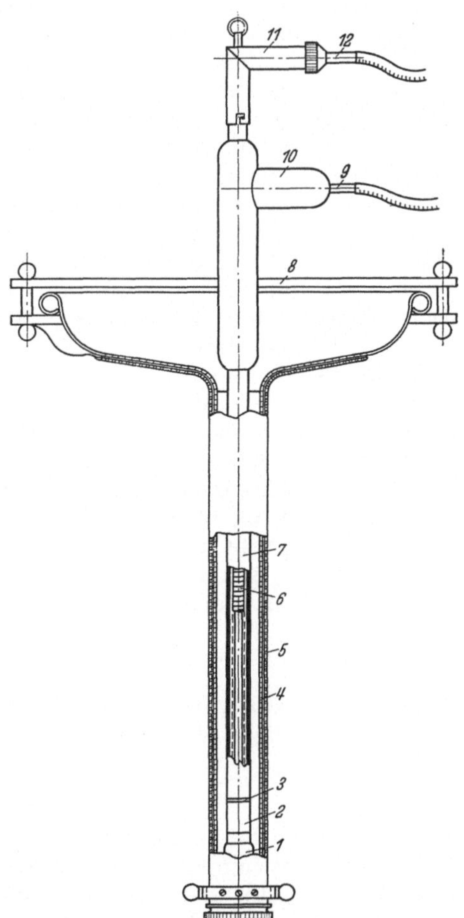

Abb. 298. Kabelphantom.

Es ist für die Verlustmessungen verschiedener Stoffe wichtig, die Messungen in stets gleicher Weise vorzunehmen. Man kocht ein Kabelisolieröl z. B. mehrere Stunden bei etwa 120°, filtriert dann durch ein Tuch in den Meßkondensator, heizt nochmals bei etwa 80° durch und mißt dann beim langsamen Abkühlen an den gewünschten Temperaturpunkten. Eine Prüfung bei 80°, 60°, 40° und 20° in Abhängigkeit von der Spannung wird im allgemeinen ausreichen; für viele Zwecke bereits die Messung bei 40° und 20°. Als Anhaltspunkt für die bei Kabelisolierölen zu erwartenden Werte sei erwähnt, daß bei 40° $\mathrm{tg}\,\delta < 5\cdot 10^{-3}$ und bei 20° $\mathrm{tg}\,\delta < 1{,}5\cdot 10^{-3}$ leicht einzuhalten ist und bei sehr guten Ölen erheblich unterschritten werden kann. Die Verluste von Tränkmassen zeigen meist zwischen 20° und 40° ein deutliches Minimum. Für wichtiger als der Absolutwert des Verlustfaktors wird vielfach seine Änderung angesehen, nachdem die Flüssigkeit längere Zeit (mehrere Stunden, auch mehrere Tage) hoch erhitzt (bis 130°) worden ist und dabei der Außenluft und somit der Oxydation zugänglich war. Die Anforderungen sind hier sehr verschieden; doch gibt es Öle, deren Verluste bei normalen Temperaturen durch starke thermische Vorbeanspruchung nur wenig geändert wird.

Einen Zylindermeßkondensator für Flüssigkeiten, bei dem die Prüfung unter Druck erfolgt, hat Wiegand[1] beschrieben.

Wenn auch die zylindrische Gestalt des Kondensators wegen der Ähnlichkeit mit dem Kabel naheliegend und überdies für viele Zwecke durch Handlichkeit ausgezeichnet ist, so sind doch auch andere Anordnungen brauchbar. Z. B. sind Plattenelektroden, die in eine Glasschale eingesetzt werden, außer für Flüssigkeitsuntersuchungen, auch für andere Zwecke, z. B. zum Messen von Kapazität und Verlust von getränkten und ungetränkten Papieren, geeignet. Wichtig ist, daß die geschützte mit der Brücke zu verbindende Elektrode in ihrer Oberfläche genau in der Ebene des sie umgebenden Schutzringes liegt. Eine auch nur kleine Verkantung führt zu Ungenauigkeiten in der Kapazitätsmessung und vor allem an den scharfen Schutzspalträndern zum Glimmen bei höheren Spannungen und damit zu Fehlmessungen. Eine bequeme Kontrolle, daß die Anordnung einwandfrei ist, gibt — wie auch beim Kabelphantom — die Nachmessung der berechenbaren Kapazität mit Luft als Dielektrikum (vgl. Ziff. 6)[2].

Bei Ölen und anderen flüssigen Isolierstoffen wird der Energieverlust, als dessen Maß man den Verlustfaktor bei Wechselspannung ermittelt, überwiegend durch die Leitfähigkeit der Substanz bedingt. Mißt man daher die Leitfähigkeit $\varkappa$ bei Gleichspannung, so kann man aus dieser annähernd $\operatorname{tg}\delta$ berechnen und umgekehrt[3]. Die Beziehung stimmt wenigstens gut für dünnflüssige Stoffe, z. B. also für Kabelöle bei höheren Temperaturen (80°). Die qualitative Untersuchung von Isolierölen gestaltet sich mit Gleichstrom natürlich apparativ recht einfach, da man z. B. mit 1000 V und einem Galvanometer von 10^{-9} A je Skalenteil Empfindlichkeit auskommen kann; man bestimmt dann gewöhnlich den Isolationswiderstand 1 min. nach Anlegen der Spannung. Für genaue Untersuchungen bleibt die Prüfung bei Hochspannung und Wechselstrom wohl unentbehrlich. Mißt man in einem Zylinderkondensator (Kabelphantom) mit Gleichspannung den Isolationswiderstand R, so erhält man die Leitfähigkeit $\varkappa$ (in $\Omega^{-1}\,\text{cm}^{-1}$) bzw. den spezifischen Widerstand ϱ (in Ω cm) zu

$$\varkappa = \frac{1}{\varrho} = \frac{W}{R},$$

wobei W die Widerstandskapazität des Kondensators ist, die sich aus den Abmessungen (Länge l, Durchmesser der Zylinder r_1 und $(r_1 + a)$) zu

$$W = \frac{1}{2\pi l}\ln\left(1 + \frac{a}{r_1}\right)$$

ergibt. Über die Beziehung zwischen $\operatorname{tg}\delta$ und $\varkappa$ siehe Ziff. 23.

Die Übereinstimmung zwischen dem aus der Gleichstromleitfähigkeit errechneten Verlustfaktor und dem mit Wechselspannung gemessenen, wird mit sinkender Temperatur schlechter. Bei Raumtemperatur bietet oft die genaue Messung des Isolationswiderstandes wegen seines hohen Werts überhaupt Schwierigkeiten. Der Isolationsstrom ist dann wegen der Nachladeerscheinung auch von der Einschaltdauer sehr abhängig. Will man den Isolationswiderstand und insbesondere den zeitlichen Verlauf des Stromes richtig erfassen, so bedarf man eines Galvanometers mit großer Empfindlichkeit und kleiner Trägheit. Diese Bedingungen erfüllen z. B. statische Röhrenvoltmeter (vgl. S. 52)[4]. Eine Arbeit

[1] Elektrotechn. Z. Bd. 49 (1928) S. 570.

[2] Über einen Plattenschutzring-Kondensator, der für die erwähnten Zwecke geeignet ist, siehe R. Vieweg u. G. Pfestorf: Z. Instrumentenkde. Bd. 51 (1931) S. 236.

[3] Z. B. Race: Physic. Rev. Bd. 37 (1931) S. 430.

[4] Linckh u. Pfestorf: Tät.-Ber. der Physik.-Techn. Reichsanst. für 1929. Z. Instrumentenkde. Bd. 50 (1930) S. 285.

über die Leitfähigkeit von Ölen und die in ihnen auftretende Raumladung veröffentlichten Whitehead und Marvin[1].

Als Beispiele von Untersuchungen über dielektrische Verluste in Kabelisolierölen seien auch die Arbeiten von Birnbaum[2] und von Riley und Scott[3] genannt.

Neue Transformatoren- und Schalteröle haben im allgemeinen sehr kleine Verluste; man zieht die Verlustmessung zur praktischen Bewertung kaum heran, sondern prüft elektrisch nur auf Durchschlag, im übrigen chemisch. Eine Studie über dielektrische Verluste in glimmenden und nicht glimmenden Transformatorenölen hat Möllinger[4] ausgeführt. Über die Verlustmessung in Transformatoren ist in Abschnitt 49 einiges gesagt.

Sehr interessant scheint die Verknüpfung zwischen dielektrischem Verlust und Viskosität, die Kitchin[5] auf der Grundlage der Debyeschen Dipoltheorie[6] aufgezeigt hat. Hiernach kann das Verhalten flüssiger Dielektriken, und zwar nicht nur homogener Substanzen, sondern z. B. auch das von Kabelisolierölen hinsichtlich der dielektrischen Verluste und der Dielektrizitätskonstanten bei verschiedenen Frequenzen und verschiedenen Temperaturen zusammen mit dem Verhalten der Viskosität einheitlich als wesentlich durch die Reibung der in der Flüssigkeit vorhandenen elektrischen Dipole bedingt betrachtet werden[7]. Die Fragen sind jedoch umstritten[8].

51. Dielektrische Verluste in Gasen. Die Gase bilden die einzigen unter gewissen Bedingungen verlustfreien Isolierstoffe, sie sind aber auch diejenigen Isolierstoffe, in denen am leichtesten Verluste entstehen und die in festen und flüssigen Dielektriken den Ausgangspunkt von Verlusten bilden. Für das große und wichtige Gebiet der Ionisationserscheinungen in festen und flüssigen Stoffen kann auf die in den Abschnitten über die betreffenden Stoffe gemachten Bemerkungen verwiesen werden. Aber auch als selbstständige Isoliermittel gehören die Gase, namentlich die Luft, wohl zu den hochspannungstechnisch bedeutsamsten Stoffen.

Die Gesamtheit der Entladungsformen bei Hochspannung in Luft spielt eine wichtige Rolle. Zur Unterscheidung und Benennung der verschiedenen Erscheinungen sei auf die Arbeiten von M. Toepler[9] verwiesen. Vielfach üblich ist für gewisse leuchtende Entladungen der Sammelname Korona. Spezieller spricht man von Korona als von den Glimmentladungen, die an Leitungen auftreten, wenn die Spannung einen kritischen Wert überschreitet. Zur Messung des Leistungsverlustes, sog. „Koronaverlustes", der mit dieser Erscheinung verbunden ist, können die Methoden zur dielektrischen Verlust-

---

[1] J. Amer. Inst. electr. Engr. Bd. 49 (1930) S. 182.

[2] Elektrotechn. Z. Bd. 45 (1924) S. 229.

[3] Electric. Rev. Bd. 102 (1928) S. 485; Ref. Elektrotechn. Z. Bd. 50 (1929) S. 615.

[4] Diss. Darmstadt, Arch. Elektrotechn. Bd. 18 (1926) S. 450. Weitere Messungen Smurow: Elektrotechn. Z. Bd. 51 (1930) S. 1515; eine kalorimetrische Untersuchung bei Ornstein, Willemie u. Mulders: Z. techn. Physik Bd. 9 (1928) S. 241.

[5] J. Amer. Inst. electr. Engr. Bd. 48 (1929) S. 281; Ref. Elektrotechn. Z. Bd. 51 (1930) S. 1177. Kirch: Elektrotechn. Z. Bd. 53 (1932) S. 931.

[6] Debeye: Polare Molekeln. Leipzig: Hirzel 1929.

[7] Über dielektrische Verluste und Zähigkeit bei Kabeltränkmassen siehe z. B. Kirch u. Riebel: Arch. Elektrotechn. Bd. 24 (1930) S. 353 u. 553. Nikuradse: Physik. Z. Bd. 29 (1928) S. 778.

[8] Gemant: Elektrophysik der Isolierstoffe. Berlin: Julius Springer 1930; ferner F. Hamburger: Physic. Rev. Bd. 35 (1930) S. 1119. Williams: J. Franklin Inst. Bd. 211 (1931) S. 581. Über dielektrische Verluste und elektrisches Dipolmoment in Transformatorenöl siehe z. B. Ornstein u. Willemse: Z. techn. Physik Bd. 11 (1930) S. 345.

[9] Z. techn. Physik Bd. 10 (1929) S. 73 u. 113.

messung verwendet werden. Der zur Untersuchung dienende Luftkondensator wird dabei meist nach Petersen[1] so hergestellt, daß man die Leitung mit einem reusenartigen Drahtnetz umgibt[2]. Zum Koronaproblem seien noch die Arbeiten von Ryan[3] und Ryan und Carrol[4], ferner die wattmetrisch durchgeführten Koronaverlustmessungen von Goerges[5] genannt; neuere Untersuchungen mit Brückenverfahren bei Potthoff[6]. Ein weiteres technisch wichtiges Gebiet, in dem die Untersuchung von Verlusten in Gasen eine Rolle spielt, ist die elektrische Gasreinigung[7].

VI. Mechanische und thermische Messungen an elektrischen Maschinen.

Von **H. E. Linckh** und **V. Vieweg**, Berlin.

A. Mechanische Messungen.

1. Zeitmessungen. Zur Messung der Versuchsdauer benötigt man eine zuverlässige Uhr. Hierfür sind besonders die elektrischen Pendeluhren, z. B.

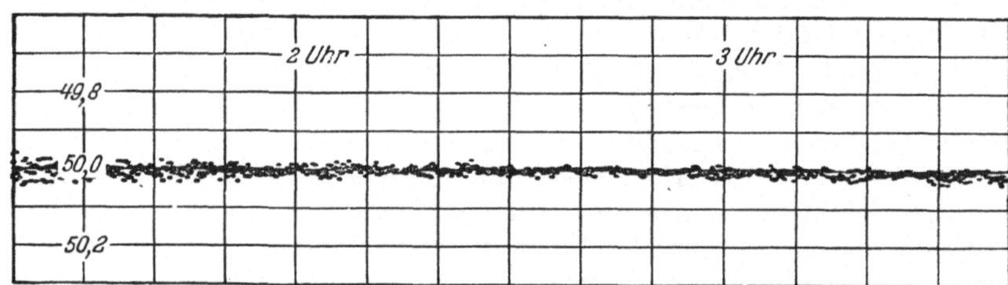

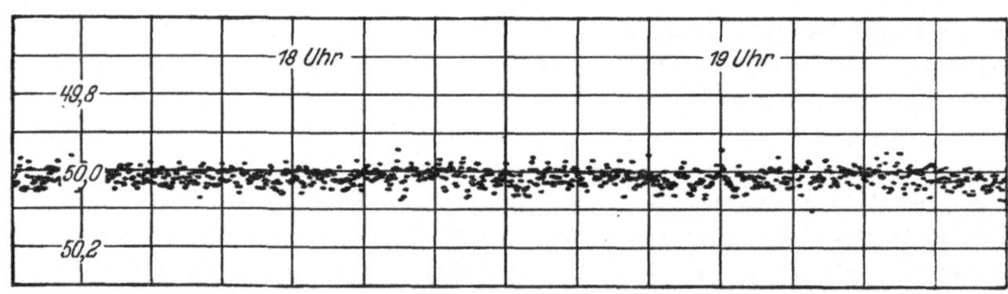

Abb. 299. Frequenz des städtischen Netzes am Tage und in der Nacht.

Ato-Uhr von Haller & Benzing, Schwenningen, geeignet, die als Haupt- und Nebenuhren ausgeführt werden. Obwohl diese Uhr nur ein Halb-Sekundenpendel

[1] Hochspannungstechn. Stuttgart: Enke 1911.
[2] Bull. Schweiz. Elektrotechn. Ver. Bd. 22 (1931) S. 210.
[3] Ref. Elektrotechn. Z. Bd. 32 (1911) S. 1104.
[4] Ref. Elektrotechn. Z. Bd. 48 (1927) S. 1491.
[5] Goerges, Weidig u. Jaensch: Elektrotechn. Z. Bd. 32 (1911) S. 1071.
[6] Elektrotechn. Z. Bd. 54 (1933) S. 169.
[7] Z. B. Heinrich: Elektrotechn. Z. Bd. 51 (1930) S. 971. Brion u. Krutzsch: Z. VDI Bd. 75 (1931) S. 1455.

Zusammenfassende Literatur. Peek, F. W.: Dielectric Phenomena, 3. Aufl. New York 1930. Whitehead: Dielectric Phenomena. London: Ernest Benn Ltd. 1927. Schumann, W. O.: Durchbruchfeldstärke der Gase. Berlin: Julius Springer 1923. Compton, K. T., u. J. Langmuir: Rev. mod. Phys. Bd. 2 (1930) S. 123.

hat, beträgt ihr täglicher Gang nicht mehr als 1 Sek. Die Uhren erfordern keinen Aufzug, da sie durch ein Trockenelement gespeist werden, das mehrere Jahre vorhält. Sie haben Sekundenzeiger und sind mit elektrischen Hilfskontakten versehen, die Zeitmarken geben.

Für viele technische Zeitmessungen genügen die einfacheren Synchronuhren, die an ein Wechselstromlichtnetz angeschlossen werden. Die Uhren werden auch mit Sekundenzeiger ausgeführt. Die Genauigkeit hängt von der Konstanz der Frequenz des Netzes ab. Diese beträgt z. B. für das Berliner Städtische Netz tagsüber 0,1%, in den Nachtstunden 0,01%, siehe Abb. 299. Die Frequenz wurde mit dem Normalfrequenzschreiber von Hartmann & Braun aufgenommen[1].

Zur Messung kürzerer Zeitintervalle, z. B. Schlüpfungsmessung, Zähleruntersuchung usw., dienen die Stoppuhren, die mit einem $^1/_5$ bzw. $^1/_{10}$ Sek. springenden Zeiger gebaut werden. Bei den Doppelstoppuhren ist ein Hilfszeiger vorhanden, der für sich abgestoppt werden kann und zur Messung von Zwischenzeiten dient. Bei diesen Uhren ist wegen der kleinen Meßzeit der Gangfehler zu vernachlässigen, dagegen besitzen sie meist einen durch die Teilungsfehler der Zahnräder bedingten Stoppfehler von $^1/_5$ bis $^2/_5$ Sek.[2]. Den subjektiven Fehler kann man weitgehend ausschalten durch Verwendung von Stoppuhren mit elektrischer Auslösung, Stoppuhr von Hartmann & Braun und Jaquet. Neuerdings verwendet man auch als Sekundenmesser Apparate nach dem Prinzip der oben beschriebenen Synchronuhren. Derartige Apparate werden von S. & H. und der AEG gebaut. Der Meßbereich beträgt 100 Sek., die Genauigkeit 0,03 Sek. In Abb. 300 ist die Ruhestromschaltung des Sekundenmessers der AEG wiedergegeben[3]. Die Uhr kann mit Arbeits- oder mit Ruhestrom betrieben werden. Sie besteht aus einem Synchronmotor und einem Uhrwerk, die durch einen Elektromagneten miteinander gekuppelt werden können. Der Motor liegt während der Messung dauernd an Spannung, die Anlaufverzögerung scheidet daher als Fehlerquelle aus.

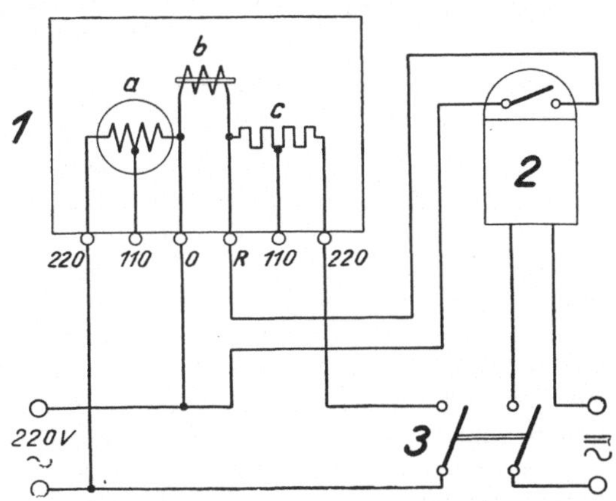

Abb. 300. Schaltung des Sekundenmessers der AEG zur Prüfung eines Relais.
1 Sekundenmesser, *2* Prüfrelais, *3* Hebelschalter.
a Antriebsmotor, *b* Kuppelmagnet, *c* Vorwiderstand.

Eine weitere Stoppuhr mit elektrischer Auslösung ist die Kartak-Uhr, die mittels einer Stimmgabel betrieben wird[4]. Für die Messung sehr kurzer Zeiten verwendet man das Hippsche Chronoskop. Der Zeiger wird mit einem rasch umlaufenden Uhrwerk durch das Unterbrechen eines elektrischen Stromes verbunden, durch Stromschluß ausgelöst und angehalten. Für die Registrierung von Zeitmarken verwendet man die Chronographen (Morseschreiber) und die Zeitregistrierapparate, bei denen ein Papierstreifen möglichst gleichmäßig bewegt wird. Die Zeitmarken werden durch einen Schreibstift erzeugt. Zur Regelung des Papierablaufes bei den Chronographen der Firma H. Wutzer, Pfronten, benutzt man als besonderen Regulator eine federnde Lamelle nach Hipp. Für

[1] Elektrotechn. Z. Bd. 52 (1931) S. 811.
[2] Z. Instrumentenkde. Bd. 47 (1927) S. 583.
[3] Elektrotechn. Z. Bd. 53 (1932) S. 216.
[4] Electr. Wld., Lond. Bd. 73 (1919) S. 672.

die Registrierung kurzer Vorgänge kann auch der Schleifenoszillograph von S. & H. und das Seitenelektrometer verwendet werden.

Als einfaches Zeitnormal für die Erzeugung von Zeitmarken und für stroboskopische Messungen dient ein Stimmgabelsummer mit Quecksilberunterbrecherkontakt oder besser eine selbstanlaufende Stimmgabel nach Kluge[1] in der Kippschwingungsschaltung einer Thyratronröhre, die gleichzeitig als stroboskopische Lichtquelle dient, siehe Abb. 301.

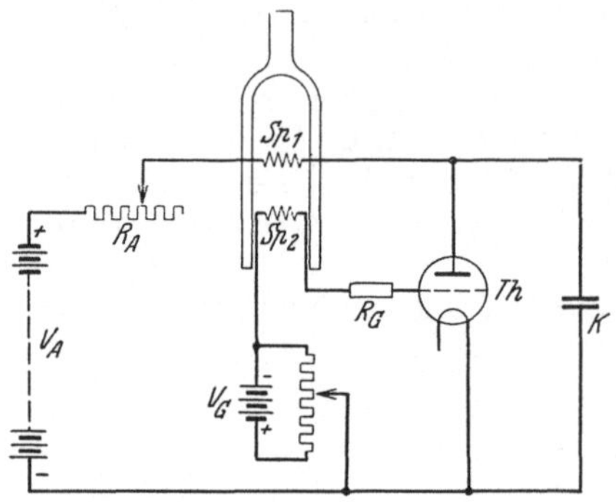

Abb. 301. Selbstanlaufende Stimmgabel nach Kluge.

Bei einer Gabel aus Chromnickelstahl beträgt der Fehler 10^{-4} und bei konstanter Temperatur 10^{-5} des Sollwertes.

2. Drehzahlmessungen. Zur einfachen Messung der Drehzahl von Wellen verwendet man Umlaufzähler oder Zählwerke der verschiedensten Konstruktionen. Man liest die in einer bestimmten Meßzeit erfolgten Umdrehungen ab oder man bestimmt die Zeit für eine Anzahl Umdrehungen, wobei einstellbare Glockenzeichen verwendet werden (Zählwerke von Irion & Voßler, Schwenningen). Während der Meßzeit muß die Drehzahl gleichförmig sein.

Die Drehzähler der Firmen Haßler und Jaquet vereinigen Umlaufzähler und Uhr in einem Gerät in der Weise, daß das Zählwerk nur während einer bestimmten Meßzeit von 1 bis 3 Sek. mitgenommen wird. Der Zeiger bleibt auf dem gemessenen Drehzahlwert stehen und muß für jede neue Messung zurückgestellt werden, dadurch wird gleichzeitig die Uhr wieder neu aufgezogen. Die sehr handlichen Apparate geben eine Genauigkeit von 1‰.

Im Gegensatz zu den Drehzählern geben die Tachometer die augenblickliche Geschwindigkeit der Maschine an. Sie beruhen auf dem Prinzip des Fliehpendels oder dem Wirbelstromprinzip. Die Wirbelstromtachometer haben linearen Ausschlag, sind aber temperaturabhängig. Bei den Wirbelstromtachometern der Deuta-Werke, Berlin, wird die Temperaturabhängigkeit kompensiert. Bei den Wirbelstromtachometern lassen die Magnete mitunter nach, so daß sie öfter nachgeprüft werden müssen. Die Tachometer werden als Handapparate und als ortsfeste Apparate gebaut. Die Genauigkeit der Handapparate ist geringer als die der Drehzähler und beträgt etwa 1%.

Für die Fernmessung und die Registrierung von Drehzahlen verwendet man elektrische Gebermaschinen verschiedener Konstruktion für Wechselstrom und Gleichstrom. Die genaueste Anordnung stellt die Unipolarmaschine von Lotz dar (Ausführung von Stepper & Co., Hamburg). Sie hat permanente Magnete, die durch magnetische Nebenschlüsse einstellbar sind und gibt für 1000 Umdrehungen 40 mV (vgl. S. 395). Höhere Spannungen (etwa 100 V) bekommt man mit modernen nahezu oberwellenfreien Gleichstrommaschinen. Sie ergeben aber wegen der Bürsten eine geringere Genauigkeit als die Unipolarmaschinen. Bei den Wechselstromgebermaschinen verwendet man zur Anzeige neuerdings Wechselstrom-Milliamperemeter mit eingebautem Trockengleichrichter[2].

3. Stroboskopische Messungen. Die stroboskopischen Verfahren beruhen darauf, daß bewegte Merkzeichen mit Hilfe von intermittierendem Licht zu scheinbar verlangsamter Bewegung oder zum scheinbaren Stillstand gebracht

[1] Elektrotechn. Z. Bd. 53 (1932) S. 1107.
[2] Horn: Z. Fernm.-Techn. Bd. 13 (1932) S. 55.

werden. Die Verwendung stroboskopischer Methoden ist besonders von Bedeutung für die Bestimmung der Schlüpfung an Asynchronmotoren, vgl. Abschn. XI, 11. Vorteile bieten stroboskopische Verfahren ferner infolge ihrer Verlustfreiheit bei der Untersuchung von Kleinmotoren und für Einzelverlustmessungen, wo die Belastung durch den Drehzahlmesser nicht vernachlässigt werden darf. Als Beispiel sind in Abb. 302 zwei Auslaufkurven dargestellt, die vergleichsweise stroboskopisch und mit der Unipolarmaschine gemessen wurden. Der zu untersuchende Motor trägt eine mit den Merkzeichen versehene sog. stroboskopische Scheibe, siehe Abb. 303. Handelt es sich etwa um einen Asynchronmotor, dessen Schlüpfung gemessen werden soll, so wird die Scheibe mit einer Lichtquelle, z. B. einer Glimmlampe, beleuchtet, die vom gleichen Wechselstrom wie der Motor gespeist wird. Wählt man die an der Lampe liegende Spannung so, daß sie nur wenig über der Zündspannung der Lampe liegt, so werden die Bilder zwar lichtschwach aber außerordentlich scharf.

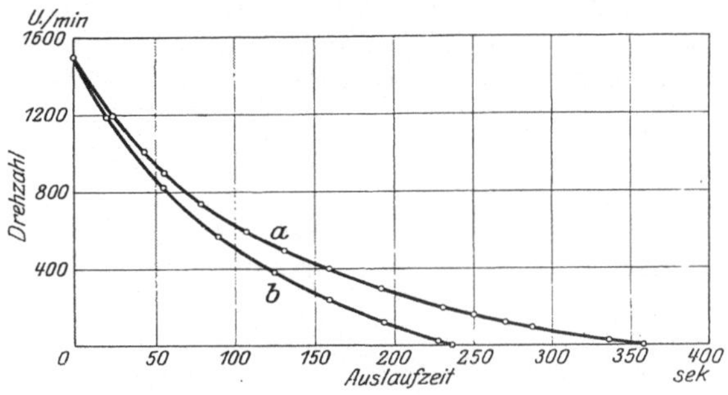

Abb. 302. Auslaufkurven.
a stroboskopisch, *b* mit Umdrehungszähler aufgenommen.

Bei den Glimmlampen mit nur einer Elektrode (Einkappenlampen) ist die sekundliche Anzahl des Aufleuchtens gleich der Frequenz f des Wechselstromes. Hat die stroboskopische Scheibe so viel schwarze Merkzeichen auf weißem Grund, wie der Motor Polpaare p hat oder nur ein einziges, und beobachtet man zur Messung der Schlüpfung die Anzahl z der Vorübergänge von schwarzen Merkzeichen an einer festen Marke während der Zeit t Sekunden, so ergibt sich für die Schlüpfung s in % der synchronen Drehzahl n

$$s\,\% = \frac{100 \cdot z}{f \cdot t},$$

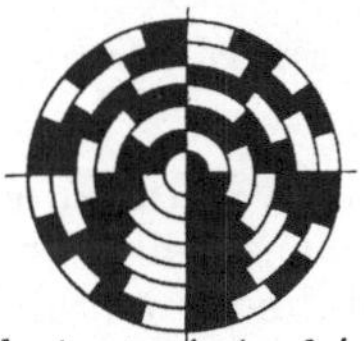

Stroboskopische Scheibe

Abb 303. Stroboskopische Scheibe.

wobei f die Frequenz des Wechselstromes ist, der Motor und Lampe speist. Für den technischen Wechselstrom von 50 Hz vereinfacht sich die Schlüpfungsformel zu

$$s\,\% = \frac{2\,z}{t}.$$

Bei 50periodigem Wechselstrom wird man ohne besondere Übung nicht über 5% Schlüpfung zählen können.

Für Drehzahlmessungen wird das stroboskopische Verfahren meist in der Weise benutzt, daß an einer mehrringigen stroboskopischen Scheibe nach Abb. 303 der Stillstand der Ringe beobachtet wird. Aus der bekannten Blinkzahl der Lampe und der Merkzeichenzahl der Ringe kann die Drehzahl der Scheibe leicht errechnet werden. Zu beachten ist, daß jeder Ring bei ganzen Vielfachen einer bestimmten Drehzahl stillsteht, doch können durch Beobachten des Verhaltens benachbarter Ringe Täuschungen leicht ausgeschlossen werden.

Für die Prüfung von Drehzählern bietet das Verfahren den besonderen Vorteil, daß der augenblickliche Wert der Drehzahl erfaßt wird und nicht nur ein Mittelwert über längere Zeit, wie bei den Prüfmethoden durch Auszählen von Umdrehungen mittels der Stoppuhr. Für sehr genaue Prüfungen wird die Glimmlampe von dem oben beschriebenen Stimmgabelsummer betrieben. Die Glimmlampe liegt parallel zum Quecksilberunterbrecher und dient gleichzeitig zum Funkenlöschen. Die kurzzeitige Unterbrechung liefert außerordentlich scharfe Bilder. Bei der Anordnung nach Abb. 301 dient die Thyratronröhre gleichzeitig als Lichtquelle.

Für die Benutzung der stroboskopischen Verfahren für Sonderaufgaben, wie z. B. für die Messung extrem kleiner oder großer Schlüpfung, die Verwendung anderer Lichtquellen usw. sei auf die Literatur verwiesen[1].

4. Messung des Ungleichförmigkeitsgrades. Außer den Drehzahlmessungen bei gleichförmiger Geschwindigkeit ist die Bestimmung des Ungleichförmigkeitsgrades, z. B. beim Parallelbetrieb, wichtig. Der Ungleichförmigkeitsgrad δ berechnet sich zu

$$\delta = \frac{n_{\max} - n_{\min}}{n}.$$

Handelt es sich um die Messungen größerer Ungleichförmigkeitsgrade bei langsamen Drehzahlen, so verwendet man dazu registrierende Fliehpendelinstrumente, die als Tachographen bezeichnet werden. Bei dem Hornschen Tachographen für $n = 500$ kann man durch Auswechseln der Federn verschiedene Meßbereiche von $\delta = 3\ldots12\%$ einstellen. Ein registrierender Handtachograph wird von der Firma Jaquet, Basel gebaut. Für kleine Ungleichförmigkeitsgrade und für kritische Drehzahlen eignet sich besonders der von Lehmann & Michels, Hamburg, gebaute Tachograph nach Geiger[2]. Im Innern einer von der zu untersuchenden Maschine angetriebenen Riemenscheibe ist eine ringförmige Schwungmasse angeordnet und durch eine Spiralfeder mit ihr elastisch verbunden, so daß sie infolge der Trägheit gleichförmig umläuft. Die Relativbewegung zwischen Riemenscheibe und Schwungmasse werden aufgezeichnet.

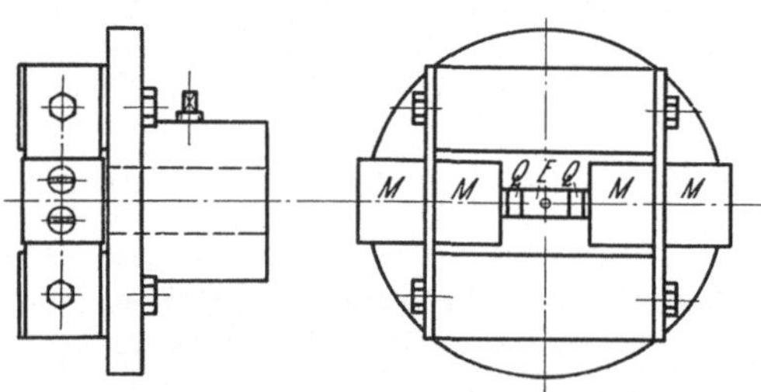

Abb. 304. Piezoelektrischer Geschwindigkeitsmesser nach Kluge u. Linckh.

Die Winkelabweichungen bei ungleichförmigen Drehbewegungen können auch stroboskopisch sichtbar gemacht werden[3]. Eine einfache Vergrößerung kleiner Winkelabweichungen kann durch das stroboskopische Noniusverfahren von Linckh und R. Vieweg erreicht werden, das auch für Voreilungsmessung (vgl. S. 269) Verwendung findet[4]. Bei dem Stimmgabelverfahren nach Göpel läßt man auf eine berußte Scheibe, die mit der zu untersuchenden Welle umläuft, eine Stimmgabel schreiben und bestimmt durch Ausmessen der Schwingungen den Ungleichförmigkeitsgrad[5]. Bei dem elektrischen Verfahren nach Franke[6] wird eine Gebermaschine verwendet, deren mittlere Spannung durch eine Batterie kompensiert wird. Die Schwingungen des Galvanometers entsprechen den Schwankungen der Drehzahl.

[1] Linckh u. R. Vieweg: Über Schlüpfung- und Drehzahlmessungen. Elektrotechn. Z. Bd. 46 (1925) S. 1107. — Über stroboskopische Beobachtungen. Arch. Elektrotechn. Bd. 15 (1926) S. 509. — Über Steuerung der Blinkschaltung. Z. Instrumentenkde. Bd. 48 (1928) S. 416. — Über das stroboskopische Noniusverfahren. Arch. Elektrotechn. Bd. 23 (1929) S. 77.

[2] Z. VDI Bd. 60 (1916) S. 811.

[3] Literatur siehe Steuding: a. a. O.

[4] Z. Instrumentenkde. Bd. 49 (1929) S. 234 und Arch. Elektrotechn. Bd. 23 (1929) S. 77.

[5] Forschungsheft des VDI 2 1901.

[6] Elektrotechn. Z. Bd. 22 (1901) S. 887.

Eine sehr genaue Messung des Ungleichförmigkeitsgrades ist mit dem in Abb. 304 dargestellten piezoelektrischen Geschwindigkeitsmesser nach Kluge und Linckh möglich. Je zwei Zentrifugalmassen M sind so angeordnet, daß sie bei Geschwindigkeitsänderung eine Belastung bzw. Entlastung auf den Meßquarzen Q hervorrufen. Die Ladungen werden von der Elektrode E durch eine Schleiffeder im Drehpunkt der Welle abgenommen und über ein elektro-

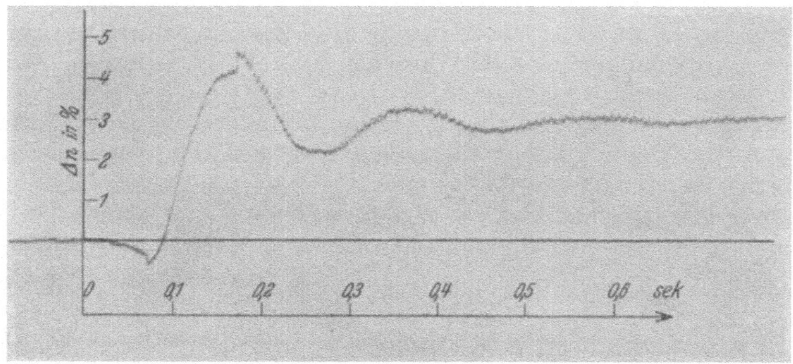

Abb. 305. Geschwindigkeitsänderung eines Asynchronmotors.

statisches Röhrenvoltmeter mit einem Oszillographen gemessen. Abb. 305 zeigt z. B. die Geschwindigkeitsänderung beim Belastungsstoß eines Motors[1].

5. Messung der Voreilung. Die Untersuchung des Ungleichförmigkeitsgrades und der Voreilung ist für parallel arbeitende Wechselstrommaschinen besonders wichtig. Der Netzvektor wird meist durch einen unbelasteten Hilfssynchronmotor festgehalten. Bei dem Verfahren von Görges und Weidig[2] werden an den parallel angeordneten Wellen beider Maschinen Spiegel befestigt, die sich gegeneinander drehen. Durch eine Linsenanordnung wird das Bild einer Lichtquelle auf einer ruhenden Skala erzeugt, das bei Änderung der Voreilung sich verschiebt. Beim Pendeln der Maschine ergibt sich ein Lichtstreifen, dessen Breite ein Maß für die Pendelamplitude ist. Ein ähnliches optisches Verfahren benutzt van Dyk[3] sowie V. Vieweg und A. Wetthauer[4].

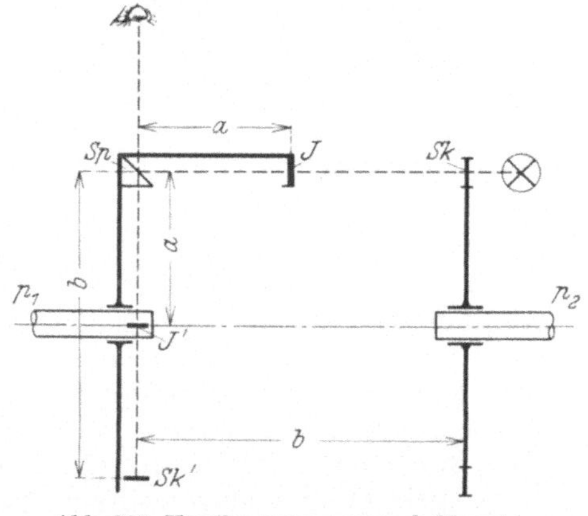

Abb. 306. Voreilungsmessung nach Menzel.

Bei diesen drei Verfahren liegt der Index und die Skala außerhalb der Maschine, während bei einer von Menzel[5] verwendeten Anordnung nach Abb. 306 der Index und die Skala mit dem optischen System rotieren, wodurch Nullpunktsstörungen vermieden werden. Durch einen in der Entfernung a von der Drehachse der Maschine 1 angeordneten Spiegel Sp wird von dem Index J, der ebenfalls vom Spiegel Sp die Entfernung a hat, das ruhende virtuelle Bild J'

[1] Z. Instrumentenkde. Bd. 52 (1932) S. 177.
[2] Elektrotechn. Z. Bd. 31 (1910) S. 332.
[3] Elektrotechn. Z. Bd. 32 (1911) S. 99.
[4] Z. VDI Bd. 58 (1914) S. 615.
[5] Menzel: Über die Winkelmessung und das Kippmoment bei synchronen Wechselstrommaschinen. Dissertation T. H. Berlin 1922.

in der Achse erzeugt. Ferner wird durch den Spiegel Sp von der in der Entfernung b auf der Maschine 2 angeordneten Skala Sk das virtuelle Bild Sk' entworfen, das wiederum die Entfernung b von Spiegel Sp hat. Sind p_1 und p_2 die Polpaarzahlen beider Maschinen, so ergibt sich für das ruhende Bild Sk' der Abstand b von Skala und Spiegel zu

$$b = \frac{p_1}{p_2} a .$$

Im Falle $p_1 = p_2$ lassen sich zur Messung der Voreilung ohne weiteres die optischen Torsionsdynamometer nach Vieweg, vgl. S. 277, benutzen, wenn man den Torsionsstab entfernt.

Das elektrische Verfahren von Liska und Szilas[1] verwendet einen Hilfsgenerator und mißt die Phasenverschiebung zwischen den Spannungen beider Maschinen mit einem Wattmeter.

6. Messung der Beschleunigung. Zur Feststellung der Beanspruchung von Maschinenteilen bei Geschwindigkeitsänderungen mißt man die Beschleunigung. Ist die Geschwindigkeitskurve bekannt, so kann man durch graphische Differentiation die Beschleunigung ermitteln. Dies geschieht durch Zeichnen der Tangenten an die Geschwindigkeitskurve, für das es in den mathematischen Lehrbüchern zahlreiche Hilfskonstruktionen gibt[2]. Ein einfaches Hilfsmittel für die graphische Differentiation ist das Spiegellineal, mit dem man die Richtung der Normalen der Geschwindigkeitskurve bestimmt. Man stellt das Lineal so ein, daß das in dem vertikalen Spiegel gesehene Bild die stetige, knickfreie Fortsetzung der Kurve selbst bildet. Das Spiegellineal benutzt nur eine Seite der Kurve. Der von den Askania-Werken Berlin gebaute Prismenderivator nach v. Harbou, siehe Abb. 307, benutzt beide Kurvenseiten und arbeitet dadurch genauer. Der einfache Apparat besteht aus einem Prisma mit Fadenkreuz, Abb. 307a, und einer Lupe. Er wird mit seiner Hypothenusenfläche auf die Kurve gelegt und so lange gedreht, bis der Kurvenknick, Abb. 307b, verschwindet. Man erhält dann die Abb. 307c. Das Prisma kann auch nach Abb. 307d auf die Kurve gelegt werden.

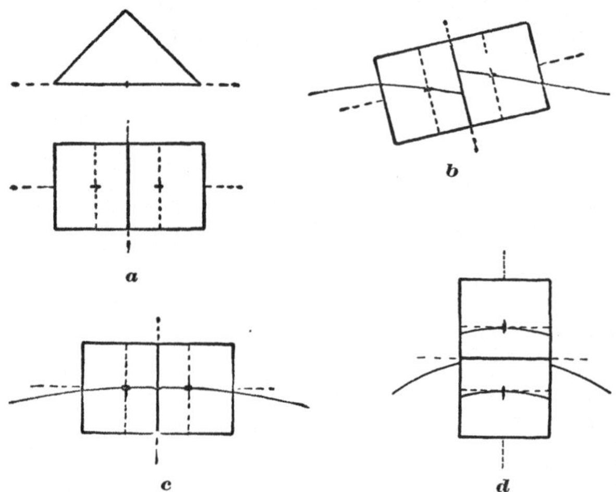

Abb. 307. Prismenderivator nach v. Harbou.

Zieht man die Geschwindigkeitskurve bei der Aufnahme weit auseinander, indem man die Registrierstreifen rasch ablaufen läßt und teilt man sie in eine genügend große Anzahl gleicher Abschnitte, so kann man den Verlauf der Kurve zwischen zwei Teilpunkten als geradlinig ansehen. Die Differenz der Geschwindigkeiten zweier benachbarter Punkte entspricht dann der Beschleunigung. Dieses Verfahren wird von Elsässer[3] zur Ermittlung des Drehmomentes von

[1] Elektrotechn. u. Maschinenb. Bd. 29 (1911) S. 329.
[2] Vgl. Brion a. a. O. Galle: Mathematische Instrumente. Leipzig: B. G. Teubner 1912.
[3] Siemens-Z. Bd. 10 (1930) Nr. 3.

Asynchronmotoren verwendet. Dabei muß durch eine zusätzliche Schwungmasse die Anlaufzeit künstlich vergrößert werden. Das Trägheitsmoment des Ankers und der Schwungmasse wird durch eine besondere Messung bestimmt (vgl. Ziffer 8). Außerdem ist eine Korrektion wegen der Lagerreibung erforderlich. Abb. 308 zeigt den Vergleich dieses Verfahrens mit der direkten Drehmomentmessung durch Torsionsdynamometer. Die Streuung der Meßpunkte ist bei dem graphischen Verfahren wesentlich größer (vgl. S. 406).

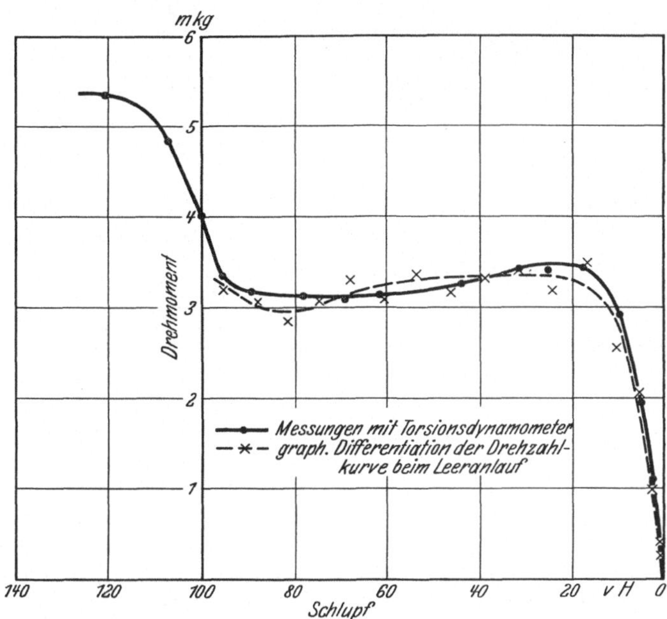

Abb. 308. Vergleichsmessung mit Torsionsdynamometer und graphischer Differentiation.

Eine elektrische Differentiation verwenden die folgenden Verfahren. Nach Ytterberg[1] ist der Anker einer für möglichst hohe Gleichspannung gebauten Gebermaschine über einen Kondensator und einen Strommesser geschlossen. Jeder Drehzahländerung entspricht eine Spannungs- und Ladungsänderung und damit einem Ladestrom. Der Ladestrom entspricht also der Beschleunigung. Nach Lomonosoff[2] wird an den Anker der Gebermaschine über einen Transformator mit großem Luftspalt (Drosselspule) ein Spannungsmesser angeschlossen. Jeder Drehzahländerung entspricht eine Flußänderung des Transformators, der Spannungsmesser gibt also direkt die Beschleunigung an. Bei beiden Verfahren stören die Oberwellen der Gebermaschine sowie die Verluste im Kondensator bzw. in der Drosselspule, so erheblich, daß ihre Anwendung meist unmöglich ist. Bei dem Gerät von Heiles[3] wird die Spannung der Gebermaschine einem besonders konstruierten Drehspulinstrument zugeführt, das neben der ablenkenden Spule noch eine zweite Wicklung auf derselben Achse trägt, die zu einem Oszillo-

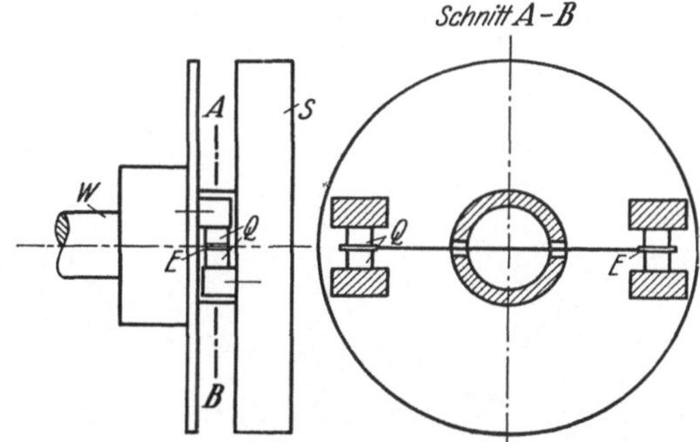

Abb. 309. Piezoelektrischer Beschleunigungsmesser nach Kluge u. Linckh.

[1] Elektrotechn. Z. Bd. 33 (1912) S. 1158.
[2] Keinath, G.: Die Technik elektrischer Meßgeräte Bd. 2 (1928) S. 323.
[3] Heiles, F.: Untersuchung eines neuen Drehstrom-Kurzschlußmotors und Ausbildung seines Verfahrens zur unmittelbaren Aufnahme des Drehmomentes als Funktion der Drehzahl. Dissertation T. H. Karlsruhe 1925.

graphen geführt ist; man kann z. B. auch ein Drehstromwattmeter verwenden. Bei jeder Bewegung der ablenkenden Spule wird in der zweiten Wicklung eine Spannung induziert, die der zu messenden Drehbeschleunigung proportional ist. Die Empfindlichkeit ist sehr gering, rasch verlaufende Beschleunigungen werden wegen der geringen Eigenfrequenz falsch wiedergegeben.

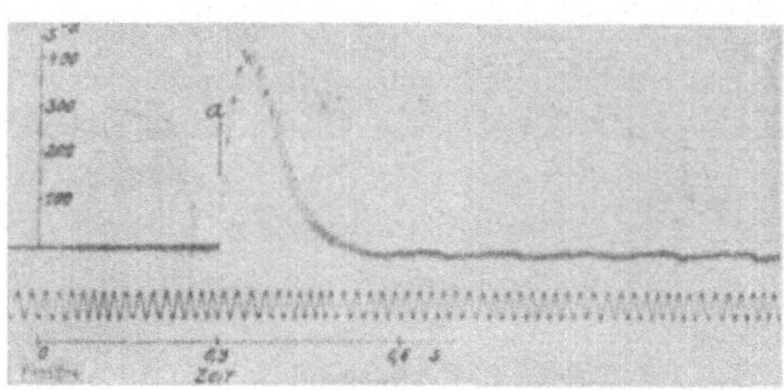

Abb. 310. Anlaufbeschleunigung eines unbelasteten Gleichstrommotors.

Eine zuverlässige direkte Messung der Beschleunigung ist nur mit dem piezoelektrischen Beschleunigungsmesser möglich. Abb. 309 stellt das Gerät von Kluge und Linckh dar[1]. Auf die Welle W des zu untersuchenden Motors wird eine Schwungscheibe S fliegend aufgesetzt. Die Beschleunigung der Welle wird durch die Trägheitskraft der Schwungscheibe gemessen. Hierzu sind, wie aus der Abb. 309 näher zu erkennen ist, zwei mitumlaufende Quarzpaare Q zwischen der Welle und der Schwungscheibe angeordnet. Durch geeignete Anordnung der Quarze ist die störende Wirkung der Zentrifugalbeschleunigung ausgeschaltet. Die Ladungen werden durch eine Schleiffeder im Drehpunkt abgenommen und über ein elektrostatisches Röhrenvoltmeter mit einem Oszillographen gemessen. Eine Aufnahme mit dem Gerät, und zwar die Anlaufbeschleunigung eines leer anlaufenden Gleichstrommotors zeigt Abb. 310.

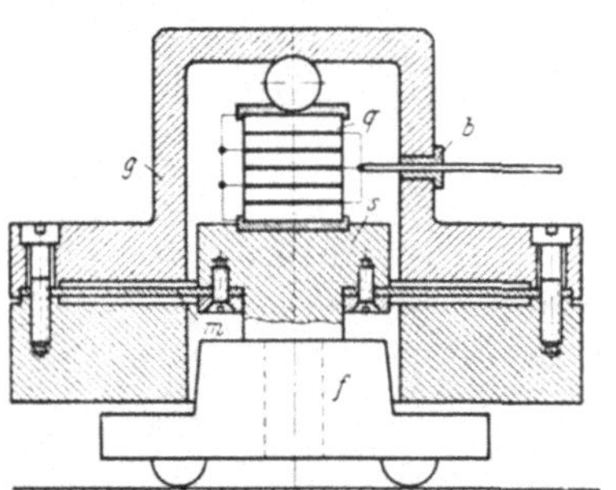

Abb. 311. Piezoelektrischer Erschütterungsmesser nach Kluge u. Linckh.

Lund[2] verwendet die grundsätzlich gleiche Anordnung der Quarze und der Masse und untersucht damit die durch die Nutung bedingten Oberschwingen des Drehmomentes von Drehstrommotoren.

7. Erschütterungsmesser. Zur Beurteilung des Laufes von Maschinen dienen Erschütterungsmesser[3]. Bei dem piezoelektrischen Erschütterungsmesser wird die der Erschütterungsbeschleunigung entsprechende Trägheitskraft einer schwingenden Masse gemessen. Die Masse muß möglichst steif abgefedert sein und die Eigenschwingungszahl des Gerätes weit über der Frequenz des zu messenden Vorganges liegen, damit die Beschleunigung getreu wiedergegeben wird. Bei dem in Abb. 311 dargestellten Gerät von Kluge und Linckh[1] ruht eine glockenförmige Masse g auf einer Säule q aus mehreren Quarzscheiben. Die Glocke ist so gelagert, daß horizontale Beschleunigungskräfte ausgeschaltet werden. Die Ladung wird wieder durch Röhrenvoltmeter und Oszillograph gemessen. Abb. 312 gibt die Fundamentschwingungen mit Resonanz beim Anlauf eines Maschinensatzes wieder.

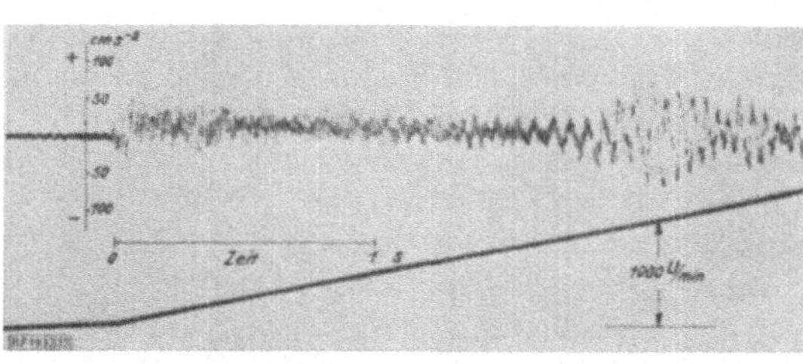

Abb. 312. Fundamentschwingungen.

Bei dem Kohledruck-Erschütterungsmesser von S. & H.[3] in Abb. 313

[1] Forschg. Ing.-Wes. Bd. 2 (1931) S. 153.
[2] AEG-Mitteilungen 1931 S. 694.
[3] Z. VDI Bd. 76 (1932) S. 1065.

wird der mit dem Druck veränderliche Widerstand von Kontaktsäulen, die aus eben geschliffenen Kohleplättchen *a* geschichtet und durch eine Spannvorrichtung *c* mit der schwingenden Masse *b* verbunden sind, in einer Brückenschaltung durch den Oszillographen *d* gemessen.

Für Maschinenmessungen werden auch Erschütterungsmesser nach dem seismometrischen Prinzip verwendet. Im Gegensatz zu den vorher beschriebenen Erschütterungsmessern wird die Erschütterungsbewegung gemessen. Die Masse muß groß sein und weich abgefedert werden, damit die Eigenschwingungszahl des Gerätes unterhalb der Frequenz der zu messenden Erschütterung bleibt. Durch die Relativbewegung zwischen der Masse und dem Fundament wird die Erschütterung gemessen. Nach diesem Prinzip arbeitet der von Lehmann & Michels gebaute Vibrograph nach Geiger. Ein handlicher Apparat zur gleichzeitigen direkten Beobachtung von horizontalen und vertikalen Erschütterungsschwingungen ist der Erschütterungsmesser von Schenk, Darmstadt. Die Breite eines Lichtbandes gibt die Erschütterungen mit einer 400fachen Vergrößerung wieder.

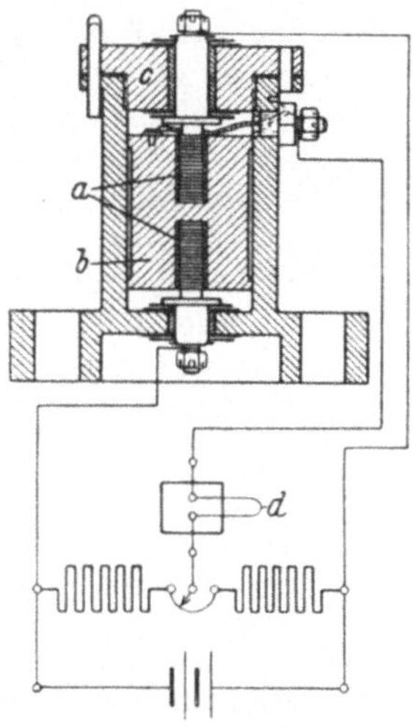

Abb. 313. Kohledruck-Erschütterungsmesser. S. & H.

8. Messung des Trägheitsmomentes. Für viele Beschleunigungsmessungen ist die Kenntnis des Trägheitsmomentes erforderlich. Auf rechnerischem Wege läßt sich das Trägheitsmoment von Ankern näherungsweise auf 10...20% genau bestimmen[1]. Falls man den Anker der Maschine ausbauen kann, läßt sich das Trägheitsmoment auf verschiedene Weise messen. Die bifilare Aufhängung und die Anordnung als das Torsionspendel eignen sich nur für kleine Anker. Größere Trägheitsmomente ermittelt man durch Pendelversuche auf der kreisförmigen Rollbank oder mit einer Zusatzmasse auf der ebenen Rollbank oder dem Rollbock. Für das einfache Rollpendel auf einer Kreisbahn von Radius ϱ ergibt sich das Trägheitsmoment

$$J = M r^2 \left[\frac{g}{\left(\frac{2\pi}{T}\right)^2 - (\varrho - r)} - 1 \right].$$

Hierin bedeutet M die Masse des Ankers in kg, T die Dauer einer vollen Schwingung und r den Wellenradius. Kann man den Anker nicht ausbauen, so bestimmt man das Trägheitsmoment durch den Auslaufversuch. Die Änderung der Bewegungsenergie $W = J \frac{\omega^2}{2}$ beim Auslauf ist

$$N_0 = \frac{dW}{dt} = J \cdot \omega \frac{d\omega}{dt},$$

wobei N_0 die Leerlaufleistung beim Auslauf ist. Kennt man aus einem besonderen Leerlaufversuch $N_0 = f(\omega)$, so kann man durch Bestimmung von $\left(\omega \frac{d\omega}{dt}\right)$ aus dem Auslaufversuch das Trägheitsmoment ermitteln. Durch graphische Differentiation bestimmt man $\left(\omega \frac{d\omega}{dt}\right)$ als Subnormale der Auslaufkurve, z. B. mit dem Prismenderivator, vgl. S. 270. Umgekehrt erhält man bei bekanntem Trägheitsmoment aus der Auslaufkurve die Leerlaufverlustkurve. Man kann auch N_0 und J gleichzeitig aus einem doppelten Auslaufversuch bestimmen. Man macht

[1] Vgl. Formeln in der Hütte.

zunächst einen normalen Auslaufversuch *1* und dann einen Auslaufversuch *2* mit einer bekannten Zusatzmasse J' oder mit einer zusätzlichen bekannten Bremsleistung N_0', z. B. durch Einschalten von Widerstand im Ankerkreis. Die beiden Auslaufversuche *1* und *2* ergeben bei

Zusatzmasse: $$J' \cdot \left(\omega \frac{d\omega}{dt}\right)_2 = J\left[\left(\omega \frac{d\omega}{dt}\right)_1 - \left(\omega \frac{d\omega}{dt}\right)_2\right],$$

Zusatzleistung: $$N_0' = J\left[\left(\omega \frac{d\omega}{dt}\right)_2 - \left(\omega \frac{d\omega}{dt}\right)_1\right].$$

Für beide Verfahren ergibt dann die erste Versuchsreihe N_0. Um das Trägheitsmoment bei kleinen Gleichstrommaschinen zu ermitteln, werden auch die Auslauf- und Anlaufkurven benutzt[1].

Für Gleichstrommaschinen kann man nach Albrecht[2] einen Schwingungsversuch ohne Ausbau des Ankers ausführen, indem man nach Abb. 314 den Anker der zu untersuchenden Maschine M auf den Anker eines Hauptstromgenerators G schaltet. Damit ungedämpfte Schwingungen der Ankerspannung des Generators auftreten, die den Versuchsanker zu Umkehrschwingungen bringen, muß die Antriebsdrehzahl des Generators einen bestimmten kritischen Wert überschreiten. Das Trägheitsmoment kann z. B. aus Strom und Spannung am Versuchsanker und der Schwingungsdauer ermittelt werden.

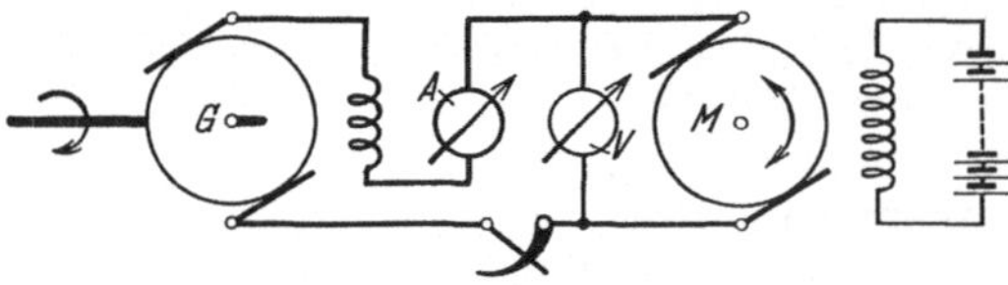

Abb. 314. Schwingungskreis nach Albrecht.

9. Messung des Drehmomentes. Bei der Wahl einer Bremse zur Bestimmung der abgegebenen mechanischen Leistung eines Motors ist zu beachten, in welcher Weise das Drehmoment von Bremse und Maschine sich bei Schwankungen der Drehzahl verhält. Die auf der Reibung fester Körper beruhenden Bremsen liefern ein von der Drehzahl unabhängiges Drehmoment, während z. B. bei der elektrischen Wirbelstrombremse das Drehmoment mit zunehmender Drehzahl zunächst zunimmt, um bei höheren Drehzahlen wieder abzunehmen. Je nach den Charakteristiken erhält man einen mehr oder weniger stabilen Bremszustand.

Da sämtliche Bremsen nur das Drehmoment messen, muß zur Bestimmung der Leistung noch die Drehzahl ermittelt werden. Bezeichnet man mit M das Drehmoment in mkg, mit n die Umlaufzahl in der Minute, so gilt für die Leistung der Maschine in kW

$$N = \frac{M}{102} \cdot \frac{2\pi}{60} \cdot n = \frac{1}{974} M \cdot n = 1{,}027\, M \cdot \frac{n}{1000}.$$

Die Leistung in PS errechnet sich zu

$$N = \frac{M}{75} \cdot \frac{2\pi}{60} \cdot n = \frac{1}{716} M \cdot n = 1{,}396\, M \cdot \frac{n}{1000}.$$

Die entwickelten Wärmemengen ergeben sich zu

$$1\ \text{kWh} = 860\ \text{kcal}$$

und

$$1\ \text{PSh} = 635\ \text{kcal}$$

[1] Elektrotechn. Z. Bd. 32 (1911) S. 141.

[2] Albrecht, K. S.: Über die Bestimmung des Trägheitsmomentes von Kollektormaschinenankern nach einem neuen rein elektrischen Verfahren. Dissertation T. H. Darmstadt 1929. Van der Pol: Z. Hochfrequenztechn. Bd. 29 (1927) S. 114.

10. Direkt wirkende Bremsen. Als einfachste Bremsen kommen in Frage, die Backenbremse (Pronyscher Zaum) und die Band- und Seilbremse. Da diese Apparate die Arbeit des Motors in Wärme umsetzen, ist ihre Anwendungsmöglichkeit begrenzt. Ein großer Nachteil aller Bremsen ist, daß die Erwärmung der Bremse die Erwärmung der zu untersuchenden Maschine beeinflußt. Eine analoge Beeinflussung tritt bei der Erwärmung von Lagern in Maschinen auf. Vgl. die Arbeiten über Lagerversuche von V. Vieweg und R. Vieweg[1]. Bei der gewöhnlichen Backenbremse wird auf dem Umfang der Bremsscheibe durch Anpressen hölzerner Backen oder durch ein Stahlband mit oder ohne Holzfutter Reibung erzeugt und dadurch die Maschine belastet. Das erzeugte Drehmoment wird durch angehängte Gewichte oder mittels einer Meßdose, einer Brücken- oder Federwaage bestimmt. Ein gutes Einspielen der Bremse wird durch die Elastizität der Spannvorrichtung und durch geeignete Wahl des Schwerpunktes erreicht. Wegen der Schwankung der Reibung wird die Bremse leicht geschmiert. Getrennt von der Schmierung ist für eine gute Kühlung zu sorgen. Man erreicht diese dadurch, daß man die hohlen Bremsscheiben mit Wasser füllt, welches entweder verdampft oder durch eine Schöpfröhre wieder abfließt. Bei guter Beschaffenheit der Backen arbeiten die Bremsen ruhig. Über die Abmessungen der Bremszäume findet sich bei Gramberg[2] eine Tabelle. Um das Festbremsen der Bremsbacken zu vermeiden, hat man verschiedene selbstregelnde Bremsen gebaut, siehe Literatur.

Die Band- und Seilbremsen dienen ebenfalls sowohl zur Belastung des Motors als auch zur Messung des erzeugten Drehmomentes. Ein Band oder ein Hanfseil ist einmal oder mehrfach um die mit Flanschen versehene Bremsscheibe herumgeführt, an dem einen Ende hängen die Gewichte, das andere führt zu einer Federwaage. Die Anordnung wird so getroffen, daß die Gewichte beim Drehen der Scheibe gehoben werden. Die wirksame Bremskraft ist gleich der Differenz der Spannung der beiden Seilenden und wird in der Mitte des Seiles gemessen. Außerdem ist noch das Gewicht des Seiles und des Hakens zu berücksichtigen. Es ist darauf zu achten, daß das Seil nicht an den Flanschen anläuft. Die Seilbremsen arbeiten besonders bei hoher Drehzahl ruhiger als der Zaum. Ein Nachteil ist es, daß man die Belastung nicht ohne weiteres konstant halten kann. Auch ergeben sich bei größeren Belastungen zusätzliche Lagerbeanspruchungen. Ein Verfahren mit der Seilbremse auch bei Änderung der Drehrichtung des Motors das Bremsmoment konstant zu halten, wurde von Brion angegeben[3].

Die Wirbelstrombremsen werden zum Abbremsen kleiner Maschinen (bis 5 kW) verwendet. Eine auf der Motorwelle befestigte Kupfer- oder Aluminiumscheibe bewegt sich zwischen den Polen eines Elektromagneten, welcher um die gleiche Achse in Schneiden drehbar angeordnet ist. Die bei der Rotation in der Scheibe entstehenden Wirbelströme suchen den Elektromagneten mitzunehmen. Das Drehmoment wird durch Hebel und Gewichte gemessen. Die Regulierung erfolgt durch Änderung der Erregung der Magnete. Die Luftreibung der Scheibe kann durch einen besonderen Leerlaufversuch berücksichtigt werden. Bei einer Ausführung nach Brion ist das Magnetgestell direkt auf der Motorwelle gelagert, wodurch eine einwandfreie Zentrierung erfolgt[4]. Die Lagerreibung geht nicht in die Messung ein, sondern wird als Bremsmoment jeweils mitgemessen.

Die Flüssigkeitsbremsen eignen sich für große Maschinen mit hohen Drehzahlen. Die Wasserwirbelbremse Bauart Junkers, Aachen, besteht aus einem Rotor und einem Stator, die beide am Umfang mit Aufsätzen versehen sind. Bei

---

[1] Z. Maschinenbau Bd. 5 (1926) S. 201.
[2] a. a. O. S. 294.
[3] Elektr. im Bergb. Bd. 1 (1926) S. 201.
[4] Helios 1928 S. 205.

der Drehung entsteht zwischen den wasserbespülten Aufsätzen ein Widerstand entsprechend dem Drehmoment des Antriebsmotors. Die Wasserbremse Bauart Froude (Krupp) besteht im wesentlichen aus einem im Innern mit festen Schaufeln versehenen Gehäuse, das sich mit dem Bremshebel auf eine Waage stützt, und aus einem auf der Motorwelle befestigten ebenfalls mit Schaufeln versehenen Laufrad. Die Regelung der Bremsen erfolgt durch die Änderung der Wasserzufuhr des Gehäuses.

11. Elektrische Pendelmaschine (Bremsdynamo). Die Pendelmaschine hat ein in einem Rahmen pendelnd gelagertes Gehäuse, so daß das rückwirkende Moment (Rückdruck) gemessen werden kann. Für die Lagerung verwendet man meist Kugellaufringe. Wenn die Bürsten und die Lager des Rotors vom Pendelgehäuse getragen werden und mit diesem pendeln, so ist das meßbare Drehmoment gleich dem Drehmoment der mechanischen Leistung, die an der Welle der Pendelmaschine abgegeben oder aufgenommen wird. Das nicht auf den Stator übertragene Luftreibungsmoment ergibt eine Korrektur, die aber meist sehr klein ist. Man vermeidet daher starke Eigenlüftung der Maschine. Derartige Pendelmaschinen werden als elektrodynamische Leistungswaagen von der Firma Dr. Max Levy, Berlin, gebaut. Die Pendelmaschinen ermöglichen sehr genaue Leistungsmessungen und haben den Vorteil der Rückgewinnung elektrischer Energie. Die Bremsdynamo ist meist eine in weiten Grenzen regelbare Gleichstrommaschine, es eignen sich hierfür aber auch andere elektrische Maschinen. Die Bedingungen, unter denen eine elektrische Maschine mit Pendelgehäuse für die Messung der von ihr abgegebenen oder aufgenommenen Leistung brauchbar ist, wurden von Langer u. Finzi untersucht[1].

12. Torsionsdynamometer. Während die elektrische Pendelmaschine eine doppelte Aufgabe erfüllt, nämlich die Maschine zu belasten und das erzeugte Drehmoment zu messen, dienen die Einschaltdynamometer nur zur Messung des hindurchgehenden Drehmomentes. Man kann den Energieverbrauch sowohl von Kraftmaschinen als auch von Arbeitsmaschinen bestimmen. Im folgenden sind nun einige Torsionsdynamometer beschrieben, die zur Messung des gleichförmigen Drehmomentes von elektrischen Maschinen geeignet sind und die in Prüffeldern Verwendung finden. Da über die Dynamometer eine reichhaltige Literatur[2] vorhanden ist, sollte man annehmen, daß die Meßgeräte eine große Bedeutung für die Messung der mechanischen Kraftübertragung erlangt hätten. Aber unter den älteren Geräten finden sich nur wenige brauchbare Konstruktionen und erst in neuerer Zeit sind Geräte durchgebildet worden, die den Anforderungen der Praxis genügen.

Die Torsionsdynamometer messen das Drehmoment aus der Verdrehung der kraftübertragenden Welle. Die relative Verdrehung zweier Querschnitte ist proportional dem übertragenen Drehmoment. Die Geräte unterscheiden sich nur durch die Art der Winkelmessung, die mechanisch, optisch oder elektrisch ausgeführt werden kann.

Der Torsionsindikator von Föttinger[3] vergrößert mechanisch durch Hebelanordnungen die Verdrehung der Welle. Hierbei dient die Welle direkt als Torsionsstab. Der Indikator wird mittels eines längsgeteilten Rohres an den Meßquerschnitten der Welle festgeklemmt. Die Verdrehung wird mechanisch entweder fortlaufend aufgezeichnet oder bei den Geräten für gleichförmiges Drehmoment an einer im Raume ruhenden Skala mit Zeiger abgelesen. Bei den neueren

---

[1] Z. VDI Bd. 58 (1914) S. 41, und Schüler: Z. VDI Bd. 70 (1926) S. 1137.

[2] Nettmann: Der Torsionsindikator. Berlin: M. Krayn 1912. V. Vieweg: Betrieb (1920/21) S. 378. Gramberg: a. a. O. Steuding: a. a. O.

[3] Mitt. über Forschungsarbeiten 1905 Heft 25.

Torsionsindikatoren von Föttinger für konstantes Drehmoment wird die Verdrehung mittels einer umlaufenden Meßuhr bestimmt, die in einer Radialebene der Welle angeordnet ist. Dadurch ergibt sich für den Beobachter ein ruhendes Bild der umlaufenden Skala der Meßuhr. Diese Geräte werden von Lehmann & Michels, Hamburg, gebaut. Das ebenfalls von dieser Firma gebaute mechanische Torsiometer von Geiger beruht auf einer Vergrößerung der Verdrehung der Welle mittels Zahnräder mit sehr feiner Teilung. Das registrierende mechanische Torsionsdynamometer der Deutschen Vakuum-Öl A.G., Hamburg, ist als Einschaltdynamometer gebaut und verwendet elastische Meßstäbe, die für verschiedene Drehmomente ausgewechselt werden können[1].

Wesentlich einfacher in ihrem Aufbau sind die optischen Torsionsdynamometer, bei denen die Vergrößerung der Verdrehung durch Einschalten elastischer Meßstäbe erreicht wird. Sie sind im wesentlichen nur für die Messung gleichförmigen Drehmomentes geeignet. Abb. 315 zeigt das von der Berlin-Anhaltischen Maschinenbau A.G., Dessau, gebaute Torsionsdynamometer nach Vieweg[2]. Die beiden durch Kugellager ineinander geführten Hälften *a* und *b* des Gerätes sind durch den auswechselbaren Meßstab *c* aus hochwertigem Federstahl verbunden, der durch eine Keilverbindung eingespannt wird, und dessen Verdrehung durch die Anschläge *e* begrenzt ist. Die Nuten *d* dienen zur Aufnahme von Balancesteinen. Die Ablesung der Verdrehung zwischen der Skalenscheibe *f* und dem Index an der Scheibe *g* erfolgt durch den mitumlaufenden Planspiegel *s*. Diese ist so angeordnet, daß von der Skala und dem Index für den Beobachter ein ruhendes Bild in der Radialebene der Welle entsteht, welche bequem mit dem bloßen Auge beobachtet werden kann[3]. Man kann aber auch ein Fernrohr und eine Projektionsvorrichtung dazu verwenden. Die Geräte sind mit einer besonderen Luftschutzkapsel versehen, durch die der Angriff des Luftwiderstandes auf die eine Dynamometerhälfte *a* verlegt wird, dadurch geht die Luftreibung nicht mehr in die Messung ein. Die Genauigkeit der Messung beträgt 1 ... 2‰. Für sehr hohe Umdrehungszahlen wird bei diesen Instrumenten der umlaufende Spiegel durch ein umlaufendes Linsensystem ersetzt[4]. In Abb. 316 ist schematisch die Verwendung dieser optischen Ablesevorrichtung für ein Torsionsdynamometer dargestellt. Die Teilung und der Index sind in der Brennebene des Linsensystems angeordnet und ein parallel der Welle blickendes Auge sieht während der Drehung des Dynamometers ein ruhendes Bild. Durch die Wahl einer kurzen Brennweite kann man eine starke Vergrößerung erreichen. Diese Instrumente werden ebenfalls mit Luftschutz versehen.

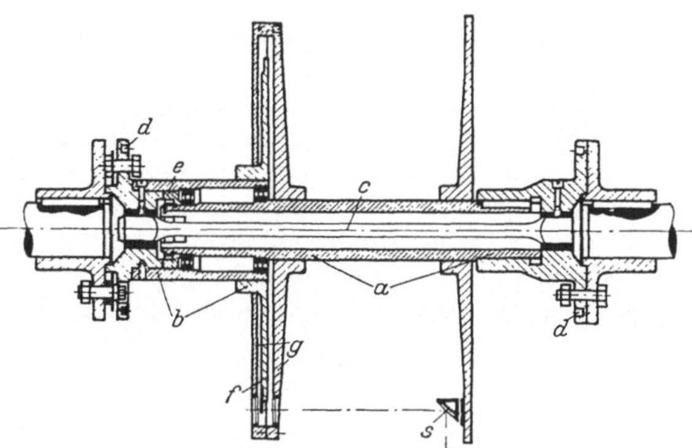

Abb. 315. Torsionsdynamometer mit Spiegelablesung nach Vieweg.

Der Torsionskraftmeter von Gebr. Amsler, Schaffhausen[5], ist in seinem mechanischen Aufbau ähnlich dem in Abb. 315 beschriebenen. Die auswechsel-

[1] Klein: Z. VDI Bd. 68 (1924) S. 830.
[2] Z. VDI Bd. 69 (1925) S. 353. Maschinenbau Bd. 3 (1924) S. 1028; Bd. 8 (1929) S. 48.
[3] Z. VDI Bd. 57 (1913) S. 1227. [4] Z. VDI Bd. 58 (1914) S. 1016.
[5] Z. VDI Bd. 56 (1912) S. 1327.

baren Meßstäbe sind jedoch nicht festgespannt, sondern nur eingepaßt. Die Ablesung der Verdrehung an einer Skala erfolgt stroboskopisch mittels besonderer in den Meßscheiben angeordneter Schlitze. Die Genauigkeit beträgt nur etwa 1%. Der Luftwiderstand der Scheiben, der nicht ausgeschaltet ist, ergibt eine Korrektur.

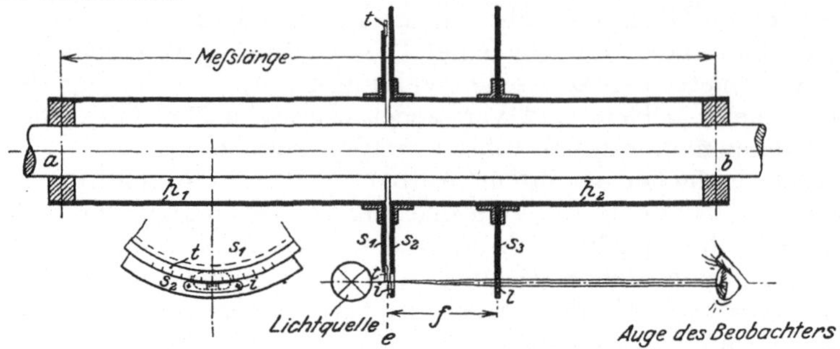

Abb. 316. Torsionsdynamometer mit Linsenablesung nach Vieweg.

13. Aufzeichnung von Drehmomenten. Zur Aufzeichnung von Drehmomenten und Drehschwingungen verwendet Elsässer[1] ein Torsionsdynamometer in einer Kirchhoff-Wheatstoneschen Brückenanordnung nach Abb. 317. Die Widerstandsdrähte $a-b$ und $c-d$ sind auf der Scheibe eines Dynamometers ausgespannt und über zwei Schleifringe an eine äußere Stromquelle angeschlossen. Die Kontaktfedern e und f schleifen bei einer Verdrehung auf den Drahtbogen und führen über zwei weitere Schleifringe zur Meßschleife eines Oszillographen oder zu einem

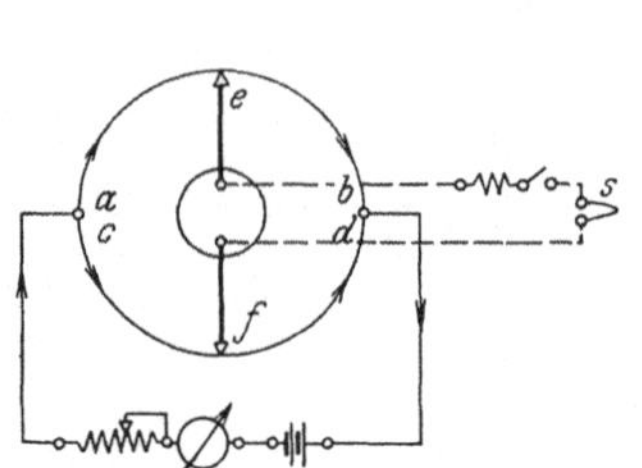

Abb. 317. Meßanordnung für Torsionsschwingungen nach Elsässer.

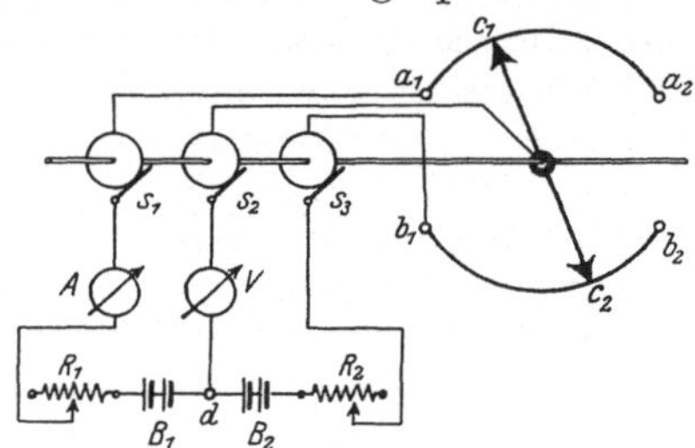

Abb. 318. Spannungsteileranordnung nach Vieweg.

Millivoltmeter. Bei konstantem Strom ist die Spannung an den Schleiffedern verhältnisgleich der Verdrehung. Die elektrische Meßanordnung ist auf einem Dynamometer nach Art der oben beschriebenen angebracht.

Ebenfalls zur Messung von ungleichförmigen Drehmomenten dient das von R. Vieweg und V. Vieweg[2] angegebene Torsionsdynamometer mit elektrischer Anzeigevorrichtung. Die Messung der Verdrehung erfolgt mit einer Spannungsteileranordnung nach Abb. 318. Mit dem einem Meßquerschnitt des Torsionsdynamometers sind zwei Meßdrahtbügel $a_1 - a_2$ und $b_1 - b_2$ verbunden, auf denen ein mit dem anderen Meßquerschnitt verbundener drehbarer Kurzschlußbügel $c_1 - c_2$ schleift. Die Enden a_1 und b_1 der Meßdrähte sind über Regelwiderstände R_1 und R_2 an die Batterien B_1 und B_2 angeschlossen, deren Mitte d mit dem Kurzschlußbügel $c_1 - c_2$ verbunden ist. Für den Übergang von den umlaufenden zu den ruhenden Teilen werden nur die drei Schleifringe s_1, s_2, s_3 benötigt. Am Registrierinstrument erhält man bei konstantem Strom einen der

[1] Z. VDI Bd. 68 (1924) S. 485.
[2] Z. Instrumentenkde. Bd. 49 (1929) S. 234.

Verdrehung verhältnisgleichen Ausschlag. Die von der Bamag, Dessau, gebauten optischen Torsionsdynamometer werden auch mit dieser elektrischen Ablesevorrichtung ausgeführt. Die Torsionsdynamometer werden statisch mittels zweier Hebel geeicht, die an den äußeren Flanschen angeschraubt und mit Gewichten belastet werden.

B. Thermische Messungen.

14. Messung der Erwärmung. Über die für die Untersuchung von elektrischen Maschinen und Transformatoren besonders wichtige Messung der Erwärmung sind in den RET und REM eingehende Vorschriften festgelegt. Diese Verbandsvorschriften unterscheiden grundsätzlich zwei Meßverfahren, nämlich 1. die Berechnung der mittleren Erwärmung aus der Widerstandszunahme der Wicklung unter Festsetzung des Temperaturkoeffizienten und 2. die direkte Messung der örtlichen Erwärmung mittels Thermometers, wobei unter Thermometer auch Widerstandsthermometer und Thermoelemente verstanden werden[1].

Die Messung des Wicklungswiderstandes wird meist bei stillstehender Maschine mit der Thomsonbrücke oder bei größeren Widerständen mit der Wheatstoneschen Brücke ausgeführt. Die verschiedenen Brücken sind in Kap. VII behandelt. Bei der Thomsonbrücke werden für Maschinenmessungen Doppeltaster nach Schering verwendet[2]. Bei der Messung von Wicklungen mit großer Induktivität, z. B. beim Transformator, kann durch Einschalten des Meßstromes eine Überspannung auftreten, die die Brücke gefährdet. Man vermeidet dies z. B. durch Kurzschluß der anderen Wicklung des Transformators. Steht keine Brücke zur Verfügung, so kann man den Widerstand mit geringerer Genauigkeit aus Strom und Spannung oder durch Vergleich des Spannungsabfalles am Prüfling und an einem Normalwiderstand bestimmen. Bei Gleichstrom-Feldwicklungen gestattet die Messung mit Strom und Spannung eine dauernde Überwachung der Erwärmung. Noch besser verwendet man hierzu einen Quotientenmesser, der die Erwärmung direkt anzeigt. Abb. 319 zeigt die Temperaturmessung der Induktorwicklung eines Generators mit einem Kreuzspulinstrument. Fehler können bei der Messung der Erwärmung aus der Widerstandszunahme dadurch entstehen, daß bei unreinem Leitungskupfer der Temperaturkoeffizient wesentlich kleiner ist, wodurch die Erwärmung zu niedrig bestimmt wird.

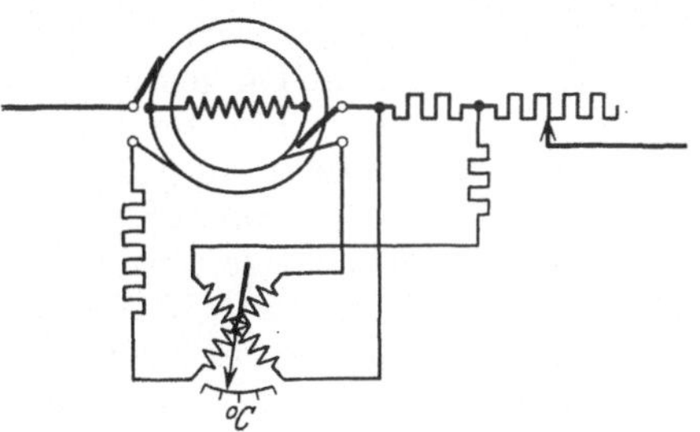

Abb. 319. Temperaturmessung einer Rotorwicklung.

Bei der direkten örtlichen Temperaturmessung durch Quecksilberthermometer ist darauf zu achten, daß der Wärmeausgleich zwischen Meßstelle und Quecksilber, z. B. durch Zwischenlegen von Stanniol begünstigt wird. Bei Wechselstrom können infolge von Streufeldern Wirbelströme im Quecksilber entstehen, die das Meßergebnis fälschen. In diesem Falle sind Alkoholthermometer zu verwenden. Allgemein müssen bei allen Oberflächenmessungen besondere Vor-

---

[1] Die Meßverfahren und Geräte sind eingehend an folgenden Stellen behandelt: Keinath: Elektrische Temperaturmeßgeräte. München und Berlin: Oldenbourg 1923; Die Technik elektrischer Meßgeräte. München und Berlin: Oldenbourg 1928; Elektrotechn. u. Maschinenb. 1922 Heft 9/10. Knoblauch u. Hencky: Anleitung zu genauen technischen Temperaturmessungen. München und Berlin: Oldenbourg 1926.

[2] Elektrotechn. Z. Bd. 44 (1923) S. 11.

sichtsmaßregeln angewandt werden. Genauere Messungen der örtlichen Erwärmung sind mit Thermoelementen und Widerstandsthermometern möglich, bei denen sich ein besserer Wärmeausgleich mit der Meßstelle erreichen läßt. Zur dauernden Überwachung werden insbesondere bei größeren Maschinen schon bei der Herstellung Widerstandsthermometer oder Thermoelemente eingebaut. Die Widerstandsthermometer werden in einer Wheatstoneschen Brückenschaltung oder mit einem Quotientenmesser mit Gleichstrom gemessen. Für die Messung an Hochspannungswicklungen wird zwischen Widerstandsthermometer und Anzeigegerät ein Schutzwandler eingeschaltet und die Messung mit Wechselstrom vorgenommen. Als Anzeigegerät dient ein besonderes elektrodynamisches Kreuzspulinstrument in Schaltung nach Abb. 320 oder eine Brückenschaltung mit Wechselstrom-Nullinstrument. Nur für Speisung mit Wechselstrom ist der Ringeisen-Quotientenmesser von Geiger[1] gebaut, der ebenfalls als Anzeigegerät für Widerstandsthermometer verwendet wird. Er besitzt feststehende Meßwerkspulen und hat gegenüber dem Kreuzspulinstrument den Vorteil, daß er keinerlei Stromzuführung zum beweglichen Organ aufweist. Eine Schaltung für elektrische Fernmessung mit dem Ringeisen-Quotientenmesser zeigt Abb. 321. Widerstandsthermometer haben den Nachteil, daß die Messung nicht punktförmig ausgeführt werden kann, sondern sich über eine mehr oder minder große Fläche erstreckt. Schwankungen der Meßspannung beeinträchtigen nur bei der Brückenschaltung die Messung. Bei Thermometern, die mit Wechselstrom gespeist werden, kann außerdem das Streufeld die Angaben fälschen. Im Gegensatz zu den Widerstandsthermometern ist mit den Thermoelementen eine punktförmige Messung möglich. Sie haben geringen Raumbedarf und bedürfen keiner besonderen Stromquelle, ihr wesentlicher Nachteil ist der, daß die Temperatur der kalten Enden überwacht werden muß, und daß die Anzeigeinstrumente sehr empfindlich sein müssen, da die erzeugte EMK gering ist. Auch das Auftreten von Thermokräften an Verbindungsstellen in den Zuleitungen ist störend. Um die kalten Enden auf konstante Temperatur zu bringen, werden sie in Eis gelegt oder in ein 2 bis 3 m tiefes Loch in den Erdboden eingeführt. Für eine weniger genaue Messung genügt es, die kalten Enden aus dem Bereich der Luftströmung herauszuführen und ihre Temperatur mit einem Quecksilberthermometer zu beobachten. Bei direkter Messung durch ein empfindliches Millivoltmeter muß der Widerstand des Thermoelementes und der Zuleitungen durch eine Korrektur berücksichtigt werden. Dieser Nachteil wird bei der Kompensationsmethode ausgeschaltet. Abb. 322 zeigt die für Thermoelemente verwendete Kompensationsschaltung nach Lindeck, bei der durch entsprechende Abgleichung der Widerstände der Strommesser J unmittelbar in °C geteilt werden kann. Bei Hochspannungsmaschinen müssen Thermoelemente stets außerhalb der Isolierrohre angebracht werden.

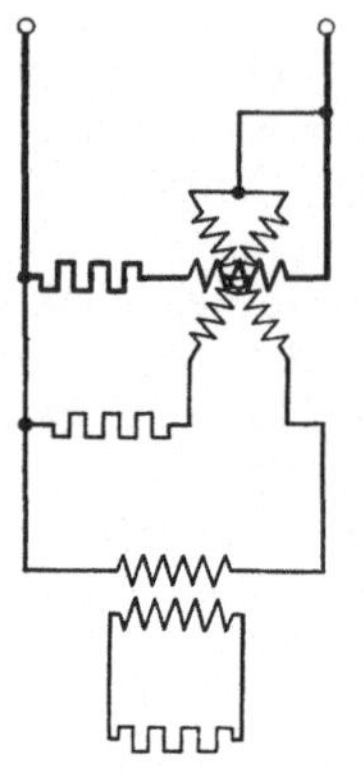
Abb. 320. Wechselstrom-Widerstandsmesser.

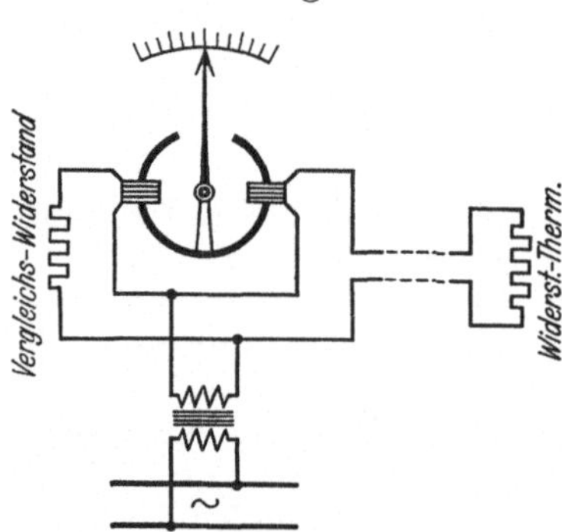

Abb. 321. Fernmessung mit Ringeisen-Quotientenmesser.

[1] Arch. für techn. Messen. J 733—3, 1932—F 7.

15. Überwachung der Erwärmung. Eine sehr einfache Methode zur Überwachung und Messung der örtlichen Erwärmung an kritischen Stellen der Maschine besteht darin, Schmelzperlen zu verwenden, die aus Legierungen mit bekannten niedrigen Schmelzpunkten bestehen und ähnlich wie die Seegerkegel abgestuft sind, so daß sich die Höchsttemperatur mit praktisch ausreichender Genauigkeit ermitteln läßt.

In ähnlicher Weise kann man die Bestimmung der Erwärmung an kleinen Spulen, z. B. von Klingeltransformatoren ausführen, indem man mit verschiedenen Anilinfarbstoffen gemischte organische Verbindungen verwendet. Der Schmelzpunkt derartiger Verbindungen liegt zwischen 80^0 und 160^0 [1].

Eine Überwachung der Erwärmung, insbesondere bei Transformatoren, besteht darin, daß in das Öl ein Bimetallstreifen mit Maximalkontakt getaucht wird, der beim Überschreiten einer bestimmten Temperaturgrenze den Stromkreis eines Signals schließt. Eine andere Schutzeinrichtung, die ebenfalls beim Überschreiten der zulässigen Erwärmung anspricht, ist der Buchholzschutz[2].

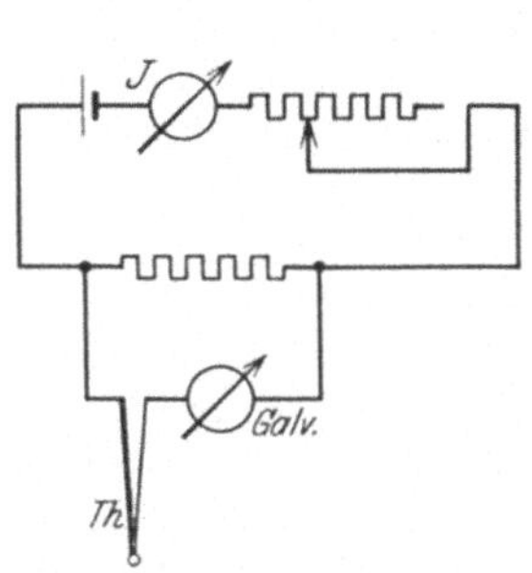

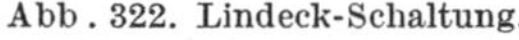
Abb. 322. Lindeck-Schaltung.

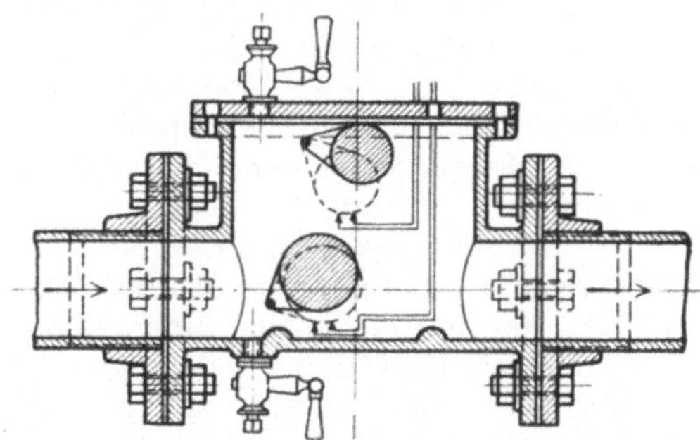
Abb. 323. Buchholzschutz für Transformatoren.

Der Grundgedanke desselben besteht darin, daß bei jedem nicht betriebsmäßigen Vorgang im Transformator, der zu einer Zerstörung Anlaß geben würde, sich an den der Zerstörungsstelle benachbarten Isoliermaterialien durch die lokale Erwärmung Gase bilden. Diese Gasblasen betätigen Schwimmer, die zur Feststellung der Fehler und zur Abschaltung des Transformators benutzt werden, vgl. Abb. 323. Der Buchholzschutz ist auch für Ölschalter und Maschinen verwendbar.

Einen Erwärmungsschutz bietet auch der für Transformatoren, Maschinen und Kabel angewendete Differentialschutz. Er beruht darauf, daß bei Fehlern innerhalb der geschützten Anordnungen durch besondere Wandler Differenzströme in einem Relais erzeugt werden, die eine Auslösung bewirken. Bei normalem Betrieb ist das Differentialrelais stromlos.

---

[1] Vgl. G. Reichardt: Elektrotechn. Z. Bd. 47 (1926) S. 1136.

[2] Elektrotechn. Z. Bd. 49 (1928) S. 1257. Elektrotechn. Z. Bd. 50 (1929) S. 1016.

Allgemeine Literatur.

Block, W.: Handbuch der technischen Meßgeräte. Berlin: AWF 1923. Brion, G.: Die elektrische Meßtechnik II, Sammlung Göschen 886. Berlin 1929. Gramberg, A.: Technische Messungen, 5. Aufl. Berlin: Julius Springer 1923. Keinath, G.: Die Technik elektrischer Meßgeräte. München u. Berlin: Oldenbourg 1928. Karapetoff: Experimental Electrical Engineering, 3. Aufl. New York 1927. Rüdenberg-R.: Relais und Schutzschaltungen in elektrischen Kraftwerken und Netzen. Berlin: Julius Springer 1929. Steuding, H.: Messung mechanischer Schwingungen. Berlin: VDI 1928.

VII. Allgemeine Messungen an elektrischen Maschinen.

Von **F. Hillebrand**, Berlin.

A. Allgemeines.

1. Zweck der Messungen und Prüfvorschriften. Den Messungen an elektrischen Maschinen liegt im allgemeinen entweder die Absicht zugrunde, den ordnungsmäßigen Zustand und die charakteristischen Betriebsgrößen der Maschinen festzustellen oder das Verhalten der Maschinen unter besonderen Bedingungen zu klären, um auf diese Weise die erforderlichen experimentellen Unterlagen für die fortschreitende Entwicklung, für die Berechnung und die Konstruktion zu schaffen. In beiden Fällen werden die Messungen im wesentlichen in gleicher Weise durchgeführt, wenn auch der Umfang und der Genauigkeitsgrad der Messungen dem jeweiligen Zweck der Untersuchung angepaßt werden.

Die wichtigsten Grundlagen für die Bewertung und Prüfung der elektrischen Maschinen bilden die in fast allen Kulturländern von den zuständigen Verbänden ausgearbeiteten Maschinenregeln oder Normen; neben den Definitionen der wichtigsten Maschinengrößen enthalten diese auch Angaben über die anzuwendenden Meßverfahren und verschiedene Vorschriften über den einzuhaltenden Sicherheitsgrad der Maschinen in elektrischer und mechanischer Hinsicht. So wünschenswert eine Einheitlichkeit der Vorschriften für alle Länder wäre, so schwierig ist eine solche Einheitlichkeit infolge der verschiedenen Entwicklung der Normen in den einzelnen Ländern zu erreichen. Immerhin haben die dahingehenden Bemühungen der Internationalen Elektrotechnischen Kommission — IEC — schon zu einer weitgehenden Annäherung für eine Reihe von Vorschriften geführt, so daß der Unterschied zwischen den „Nationalen Regeln" und „Internationalen Regeln" in den wesentlichen Punkten nicht mehr groß ist.

Unabhängig von der Art der einzelnen Maschinentypen wiederholen sich eine Reihe von Messungen in fast gleicher Weise bei allen Maschinengattungen; ihre Behandlung ist deshalb den Abschnitten über die Sonderuntersuchungen einzelner Maschinenarten im folgenden vorangestellt.

Jede Maschine trägt in ihrem stillstehenden oder umlaufenden Teil eine oder meist mehrere Wicklungen, die betriebsmäßig vom Strom durchflossen werden. Diese Wicklungen sind äußerlich charakterisiert durch ihren Widerstand, ihre Windungszahl, ihren Leiterquerschnitt, ihre räumliche Verteilung und ihre Wicklungsachse; alle diese Größen sind vom wesentlichen Einfluß auf das Verhalten der Maschinen und müssen deshalb während der Fabrikation und bei der Prüfung der fertigen Maschinen einer Kontrolle unterzogen werden.

2. Widerstandsmessungen an Wicklungen. Meßmethoden. Die Widerstandsmessung bildet nicht nur einen wichtigen Anhaltspunkt zur Beurteilung der richtigen Ausführung der Wicklung; sie ist gleichzeitig eine Grundlage für die Erwärmungsmessung und für die Verlustbestimmung. Die genaue Ermittlung der Wicklungswiderstände ist deshalb von besonderer Bedeutung. Welche der in Abschnitt II. G. 3. S. 92ff. beschriebenen Methoden im Einzelfalle anzuwenden ist, richtet sich nach der Größe des zu messenden Widerstandes, nach den vorhandenen Hilfsmitteln und nach der Anzahl der durchzuführenden Messungen. In der Regel wird man für Widerstände zwischen 0,000001 Ohm und 1 Ohm, also für Widerstände von Ankerwicklungen und Hauptstromwicklungen, die Doppelbrücke von Thomson, bei Widerständen von 1 Ohm bis etwa 10000 Ohm, also für den Bereich der Widerstände von Nebenschlußfeldwicklungen, die einfachere Wheatstone-Brücke benutzen. Ein Beispiel einer bequemen Kombination beider Brückenmethoden für Prüffeldzwecke zeigt Abb. 324, der eine Doppelkurbelmeßbrücke und ein Satz von drei Normalwidersränden zugrunde gelegt ist; die Wahl der verschiedenen Meßbereiche kann, ebenso wie der Übergang von einer Brückenschaltung zur anderen, durch Stöpsel erfolgen. Bei der Thomson-Schaltung bleiben die Stecker *I*, *II*, *III* offen und die Meßleinen *1*, *3* sind als Spannungszuführungen, die Meßleinen *2* und *4* als Stromzuführungen zu benutzen. Der gesuchte Widerstand r_x ergibt sich aus der Beziehung $r_x = r_N \cdot \frac{r_0}{r_P}$, wenn $r_P = r_M$ und $r_0 = r_L$ gehalten wird. Bei Berücksichtigung des Widerstandes einer Spannungsleine (r') erhält man genauer $r_x = r_N \frac{r_0 + r'}{r_P}$. Bei der Wheatstone-Schaltung bleiben die Stecker *I*, *II*, *III* geschlossen und die Meßleinen *1* und *2* sind zu benutzen. Es ergibt sich dann $r_x = r_0 \cdot \frac{r_M}{r_P}$ oder bei Berücksichtigung des Widerstandes der Zuführungsleitungen

$$r_x = r_0 \cdot \frac{r_M}{r_P} - 2\,r'.$$

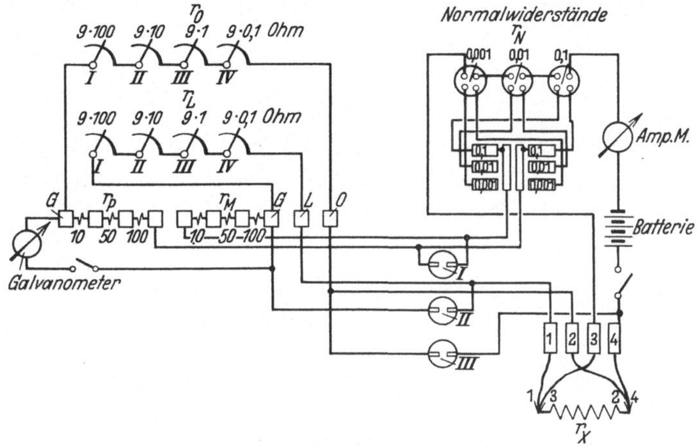

Abb. 324. Kombinierte Thomson-Wheatstone-Brücke für Prüffeldzwecke.

Spielt der für die Widerstandsmessung erforderliche Zeitaufwand eine Rolle, wie etwa bei der Massenprüfung kleiner und kleinster Maschinen und Apparate, so sind die direkt zeigenden Widerstandsmesser (Ohmmeter) von Vorteil, die auf einer Skala den Widerstandswert unmittelbar abzulesen gestatten und bei meist genügender Genauigkeit einen Meßbereich von Widerständen umfassen, die im Verhältnis von 1 : 1000 stehen. Neben den Brückenmethoden wird für kleine und mittlere Widerstandswerte die Strom- und Spannungsmessung zur Widerstandsmessung im größten Umfange im Prüffeldbetrieb benutzt. Einmal läßt sich bei gleichstromdurchflossenen Feldwicklungen der Wicklungswiderstand und damit die mittlere Erwärmung der Wicklungen durch Messung des Feldstromes (i_m) und der Feldklemmenspannung (e_m) während des Betriebes jederzeit bestimmen (Abb. 325), dann bietet auch die Möglichkeit, den Meßstrom in weitgehendem Maße dem Betriebsstrom anzupassen, nicht nur den Vorteil großer Meßgenauigkeit, sondern auch den Vorteil, im Zuge der Wicklung etwa vorhandene schlechte Kontaktstellen schon bei der Widerstandsmessung leichter aufzufinden. Bei der Widerstandsmessung von Wicklungen ist stets zu beachten, daß es sich um Widerstände mit erheblicher Selbstinduktion handelt; es sind deshalb Unterbrechungen im Stromkreis der Wicklung bei der Messung zu vermeiden. Der Schalter, zur Kontrolle des Nullausschlages des Galvanometers, ist also zweckmäßig, wie bei den Brückenschaltungen üblich, in den Galvanometerkreis zu legen (vgl. Abb. 324 und Abb. 115, S. 94); die den Meßstrom führenden Zuleitungen müssen sicher mit den Enden der Wicklung entweder durch Unterklemmen oder durch festes Andrücken sauberer

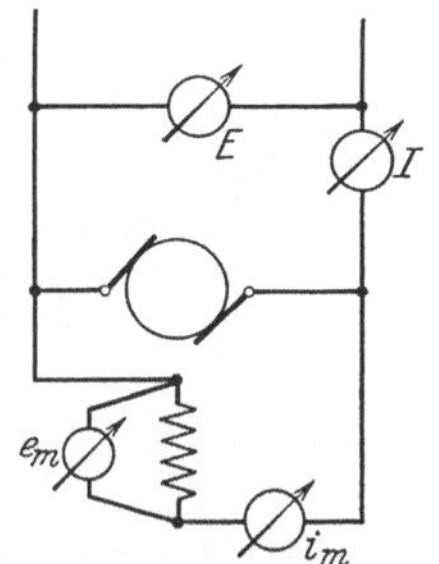

Abb. 325. Schaltung zur Messung des Feldwiderstandes während des Betriebes.

Kontaktspitzen verbunden sein. Die Messung selbst darf erst vorgenommen werden, wenn der Meßstrom seinen stationären Wert erreicht hat. Der Meßstrom ist natürlich so zu wählen, daß eine merkliche Erwärmung der Wicklung durch ihn nicht herbeigeführt wird. Bei rotierenden Feldwicklungen, die über Schleifringe an dem äußeren Stromkreis angeschlossen sind, muß bei der Spannungsmessung der Spannungsabfall zwischen Schleifringen und Bürsten berücksichtigt werden (vgl. auch Abschnitt II. G.).

Wechselstromwicklungen. Sind die Enden der einzelnen Wicklung nicht zugänglich, sondern nur die Anschlußklemmen einer Wicklungskombination, so kann der kombinierte Widerstand unmittelbar gemessen werden; die Einzelwiderstände ergeben sich aus der Kombination erst durch Rechnung. Als wichtigste Beispiele derartiger Anordnungen seien die Stern- und Dreieckschaltung von 3 Phasenwicklungen und die Gleichstromankerwicklungen genannt. Abb. 326 zeigt die Sternschaltung dreier Phasenwicklungen mit den Klemmen $U\,V\,W$. Zwischen diesen Klemmen ist der Widerstand von zwei in Serie geschalteten Phasen der Messung zugänglich. Aus den Summenwiderständen $r_I = r_1 + r_2$; $r_{II} = r_2 + r_3$; $r_{III} = r_1 + r_3$ ergeben sich die Einzelwiderstände zu

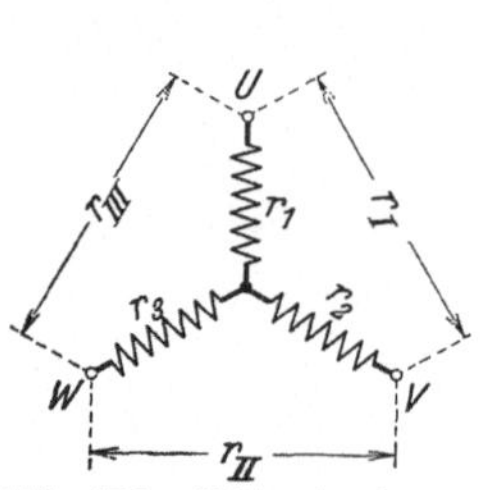

Abb. 326. Widerstandsmessung einer in ⅄ geschalteten Dreiphasenwicklung.

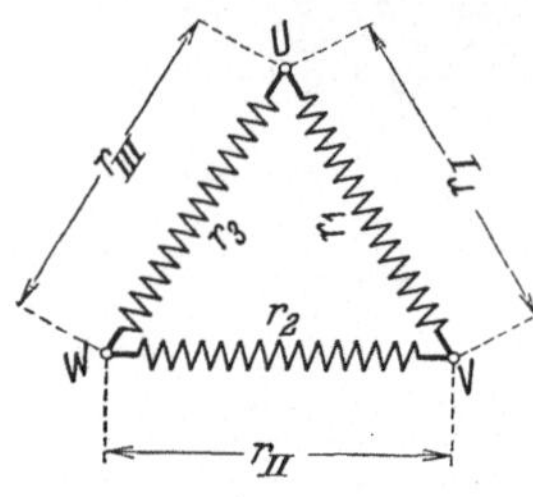

Abb. 327. Widerstandsmessung einer in △ geschalteten Dreiphasenwicklung.

$$r_1 = \tfrac{1}{2}(r_I + r_{III} - r_{II}), \quad r_2 = \tfrac{1}{2}(r_{II} + r_I - r_{III}), \quad r_3 = \tfrac{1}{2}(r_{III} + r_{II} - r_I). \quad (1)$$

Bei gleichen Phasenwiderständen wird $r_1 = r_2 = r_3 = \frac{1}{2} r_I = \frac{1}{2} r_{II} = \frac{1}{2} r_{III}$.

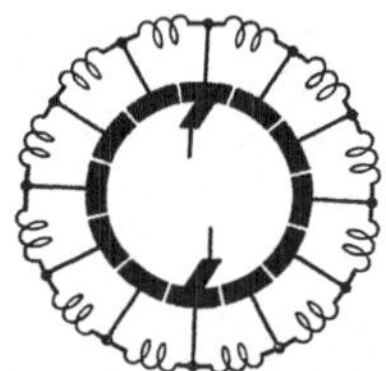
Abb. 328. Darstellung einer Ankerwicklung mit $2a = 2p = 2$.

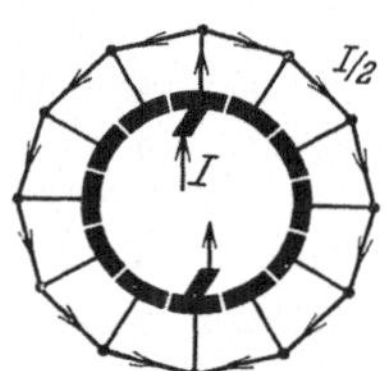

Abb. 329. Schematische Darstellung einer Ankerwicklung mit $2a = 2p$.

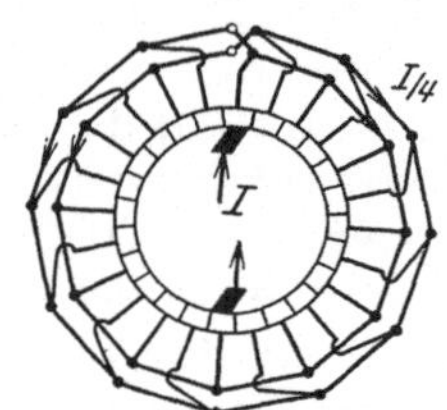

Abb. 330. Ankerwicklung mit $2a = 4$; $2p = 2$.

Bei Dreieckverkettung der Phasen (Abb. 327) werden zwischen den Klemmen $U\,V\,W$ die Widerstände

$$r_I = \frac{r_1 \cdot (r_2 + r_3)}{r_1 + r_2 + r_3}, \qquad r_{II} = \frac{r_2 \cdot (r_1 + r_3)}{r_1 + r_2 + r_3}, \qquad r_{III} = \frac{r_3 \cdot (r_2 + r_1)}{r_1 + r_2 + r_3} \qquad (2)$$

gemessen. Bei gleichen Phasenwiderständen wird $r_I = r_{II} = r_{III}$ und $r_1 = r_2 = r_3 = \frac{3}{2} r_I$; bei ungleichen Phasenwiderständen können die Einzelwiderstände aus vorstehenden Gleichungen bestimmt werden.

Gleichstromankerwicklungen. Bei diesen Ankerwicklungen handelt es sich, wenn man von den offenen Wicklungen, die keine Bedeutung gewonnen haben, absieht, stets um eine größere Anzahl gleichartiger Spulen, die so hintereinander geschaltet sind, daß in sich geschlossene Leiterbahnen entstehen (Abb. 328, 329 und 330). Die Verbindungsstellen je zweier aufeinanderfolgender Spulen sind immer zu einem Kollektorsegment geführt. Durch die auf dem Kollektor im Abstand einer

Polteilung schleifenden Bürsten erhält die geschlossene Leiterbahn bei zweipoligen Maschinen (Polzahl $2\,p = 2$) je eine Stromzuführung und Ableitung; die Leiterbahn selbst zerfällt so in zwei parallelgeschaltete Strombahnen, von denen jede den halben Bürstenstrom ($\frac{1}{2}\,I$) führt. Die Zahl der parallelen Ankerstromkreise ($2a$) beträgt also in diesem Falle $2a = 2 = 2\,p$. Bei mehrpoligen Maschinen kann die Wicklungs- und Bürstenteilung so gewählt werden, daß die Zahl der parallelen Ankerstromkreise stets $= 2$ bleibt; — es handelt sich dann um sogenannte Wellen- oder Reihenwicklungen (Abb. 331) — oder so, daß $2\,a = 2\,p$ ist; dann spricht man von Schleifenwicklungen (Abb. 332). Bei der Arnoldschen Reihen-Parallelwicklung ist schließlich $2\,a > 2$. Werden nun bei der Widerstandsmessung des Ankers die Bürsten in ihrer richtigen Lage als Stromzuführung und die unter den Bürsten liegenden Kollektorlamellen als Spannungszuführung benutzt, so erhält man in jedem Falle den wahren Ankerwiderstand, der für die Berechnung des Spannungsabfalles und der Kupferverluste in der Ankerwicklung maßgebend ist. Da jedoch, je nach der gegen-

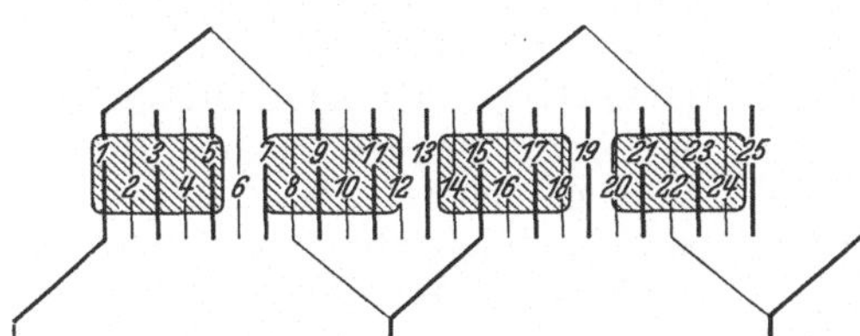

Abb. 331. Reihenwicklung mit $y_1 = y_2 = 7$.

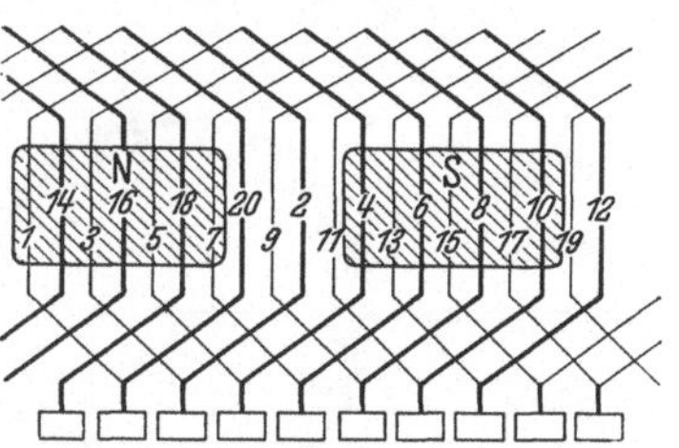

Abb. 332. Schleifenwicklung mit $2\,a = 2\,p = 2$; $s/c = 10$; $s = 20$.

seitigen Stellung von Kollektor und Bürsten, die Überdeckung benachbarter Kollektorsegmente durch die Bürsten in gewissen Grenzen schwankt, liefert die Messung, besonders bei kleinen Bürstenüberdeckungen, keine völlig eindeutigen Werte. Zur Bestimmung der Widerstandszunahme der Ankerwicklung bei der Erwärmungsprobe ist es deshalb mitunter ratsam, bei abgehobenen Bürsten den Widerstand zwischen zwei markierten Kollektorlamellen zu messen. Zweckmäßig werden Lamellen ausgewählt, die einen Abstand von einer Polteilung haben, die also gleichzeitig die richtige Bürstenteilung am Kollektorumfang angeben.

Zur Kontrolle der richtigen Ausführung der Ankerwicklung genügt es oft nicht, den wahren Ankerwiderstand oder den Widerstand zwischen zwei um eine Polteilung entfernten Lamellen zu messen; es ist vielmehr notwendig, den Widerstand jeder beliebigen Spule oder Spulengruppe festzustellen. Um einen leichten Überblick zu erhalten, welche Spulenkombination zwischen irgendwelchen herausgegriffenen Kollektorlamellen liegt, bedient man sich am besten eines der bekannten reduzierten Wicklungsschemen[1]. Eine derartige Darstellung der Ankerwicklung ist in Abb. 333 für folgende Verhältnisse einer Reihen-Parallelwicklung gegeben:

Anzahl der Kollektorlamellen = Zahl der Ankerspulen am Ankerumfang: $\frac{s}{2} = 31$.
Anzahl der Spulenseiten (jede Spule hat 2 Spulenseiten) $s = 62$.
Anzahl der parallelen Ankerkreise $2\,a = 4$.
Polzahl $2\,p = 6$.

[1] Fleischmann, L.: Eine neue graphische Darstellung des Wicklungsschemas. Elektrotechn. Z. Bd. 39 (1918) S. 67.

Kollektorschritt

$$y_K = \frac{s/2 \pm a}{p} = 11.$$

Wicklungsschritt

$$y = (y_1 + y_2) = \frac{s \pm 2a}{p} = 22.$$

Wicklungsschritt auf der Kollektorseite $y_1 = 11$.
Wicklungsschritt auf der Wickelkopfseite $y_2 = 11$.

Bei der Darstellung ist angenommen, daß die Kollektorlamellen von Lamelle *1* angefangen, am Kollektorumfang fortlaufend weiter numeriert seien, ebenso wie die Ankerspulenseiten am Ankerumfang eine fortlaufende Numerierung tragen sollen. Dabei sei die Ankerspulenseite *1* (Stab *1*) mit Lamelle *1* verbunden (Abb .333). Bei der schematischen Darstellung (Abb. 334) wird nun auf die räumliche Lage der Ankerstäbe und Kollektorlamellen keine Rücksicht genommen; die Ankerspulen werden vielmehr zu einem geschlossenen Linienzug in der Reihenfolge aneinandergereiht, in der sie miteinander verbunden sind; d. h. die Stäbe, die in der räumlichen Anordnung um den Wickelschritt voneinander entfernt sind, folgen in der schematischen Darstellung unmittelbar aufeinander. Die einzelnen Spulenseiten werden in dem Linienzug als Seiten eines regelmäßigen Vielecks dargestellt, dessen Seitenzahl durch die Anzahl der Spulenseiten je Ankerkreis, also durch das Verhältnis s/a gegeben ist; im vorliegenden Falle besteht der Linienzug aus zwei 31 Ecken.

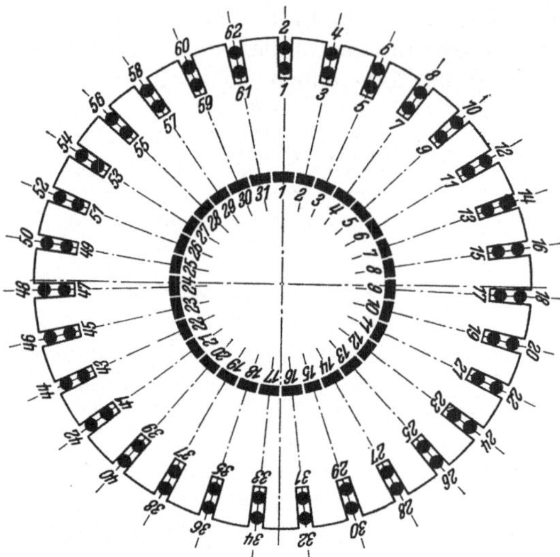

Abb. 333. Räumliche Anordnung einer Ankerwicklung mit $s/c = 31$; $2a = 4$; $2p = 6$.

Die in räumlicher Darstellung um den Kollektorschritt voneinander entfernten Lamellen folgen in der schematischen Darstellung unmittelbar aufeinander; jede Lamelle ist an den zugehörigen Verbindungspunkt zweier aufeinanderfolgenden Spulen angeschlossen.

Die schematische Darstellung zeigt nicht nur wie viele und welche Spulen zwischen irgendwelchen Lamellen liegen, sie kann auch als Potentialpolygon der Wicklung aufgefaßt werden. Die in den einzelnen Spulen induzierten EMKe e_s werden dann durch die Seiten des Vielecks dargestellt; äquipotentiale Punkte der Wicklung liegen auf gleichen Radien und können durch die sogenannte Äquipotential- oder Ausgleichsverbindungen zusammengeschlossen werden. Abb. 334 zeigt, daß bei dem gewählten Beispiel äquipotentiale Punkte auf verschiedenen Seiten der Ankerwicklung liegen, beispielsweise gehört zu Kollektorlamelle *12* (Anschluß von Stab *12* und *23*) der hintere Wickelkopf der Spulenseiten *43* und *54*. Anschlußpunkte für Schleifringanschlüsse zur Abnahme von ein- oder mehrphasigem Wechselstrom sind ebenfalls ohne weiteres aus der Figur abzugreifen; dabei ist zu bemerken, daß ein n-phasiges symmetrisches Mehrphasensystem nur abgenommen werden kann, wenn $\frac{s/2}{n \cdot a}$ eine ganze Zahl ergibt.

Die Ausgleichsverbindungen, die bei Schleifen- und Reihenparallelwicklungen stets in großer Zahl angeordnet werden, um eine möglichst gleichmäßige Stromverteilung in der Wicklung und über die Bürstenbolzen zu erreichen, müssen bei der Widerstandsmessung naturgemäß beachtet werden, da sie die Messung zwischen zwei um eine Polteilung entfernten Lamellen praktisch auf die Messung mit aufgelegten Bürsten, d. h. auf die Messung des wahren Ankerwiderstandes zurückführen. Das Herausfinden schlechter Verbindungsstellen oder von Unterbrechungen innerhalb einer Spule durch Widerstandsmessungen wird durch diese Ausgleichsverbindungen erschwert, aber nicht unmöglich gemacht; unter Umständen ist das Durchmessen jeder Ankerspule an Hand der schematischen Darstellung und unter Berücksichtigung der jeder Spule parallel geschalteten Spulengruppen erforderlich. Auch das Durchmessen der Wicklung zwischen je zwei räumlich benachbarten Lamellen führt zur Auffindung von Unregelmäßigkeiten in der Wicklung; an Hand der schematischen Darstellung kann dann die Fehlerstelle meist leicht lokalisiert werden.

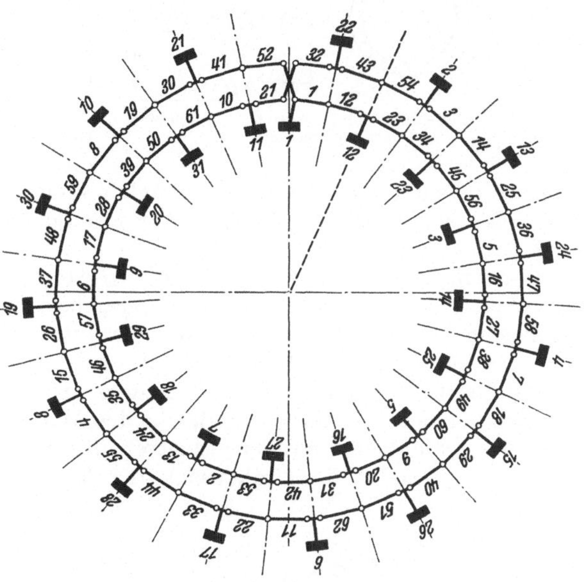

Abb. 334. Reduziertes Schema einer Ankerwicklung mit $s/c = 31$; $2a = 4$; $2p = 6$.

3. Magnetische Ausmessung von Wicklungen. Die Bestimmung der Wicklungs- bzw. Feldachse und des Wicklungssinnes der verschiedenen Wicklungen läßt sich bei allen Maschinentypen bei ausgebautem Anker mit Hilfe einer Magnetnadel leicht durchführen, wenn die Wicklungen mit Gleichstrom gespeist werden. Eine derartige Durchmessung ist bei den Gehäusen vielpoliger Gleichstrommaschinen und bei den Induktorrädern von Synchronmaschinen zur Bestimmung der richtigen Polfolge sehr zu empfehlen, da nach dem Zusammenbau die falsche Polarität eines Poles schwer eindeutig festzustellen ist. Tragen die Pole verschiedene Wicklungen — etwa eine Kompoundwicklung und 2 getrennte Nebenschlußerregerwicklungen — so muß nacheinander jede einzelne Wicklung geprüft werden; bei Beachtung der Polarität der Anschlußklemmen läßt sich auf diese Weise auch der relative Wicklungssinn der verschiedenen Feldwicklungen feststellen. Bei ausgebauten Gleichstromankern, bei denen sich bei Beschickung des Ankers mit Gleichstrom naturgemäß ebenfalls am Umfang ein Feld der vorgeschriebenen Polzahl ausbilden muß, ist eine derartige Kontrolle weniger wichtig, da Fehlschaltungen wegen der Symmetrie der Wicklungen kaum möglich sind. Bei zusammengebauter Maschine ist die Wicklungsausmessung mit Magnetnadel wegen der schlechten Zugänglichkeit der Meßstellen nicht immer anwendbar und auch nicht immer einwandfrei. Man kann sich dann der folgenden Methoden bedienen, die besonders bei Wechselstrommaschinen viel benutzt werden.

4. Ballistische Ausmessung. Wird der mit einer Wicklung verkettete magnetische Kraftfluß durch Ein- oder Ausschalten des Erregerstromes verstärkt bzw. geschwächt, so wird in der Erregerwicklung und in allen mit dem Kraftfluß verketteten sonstigen Wicklungen eine Spannung induziert, die der Flußänderung in der Zeiteinheit proportional ist. Wird zur Messung der induzierten Spannung ein Instrument benutzt, dessen Eigenschwingungsdauer groß ist im Verhältnis zur Abklingungszeit des Flusses, so ist der Ausschlag bekanntlich der Flußänderung proportional. Da es sich in vielen Fällen nur darum handelt, die relative Lage verschiedener Wicklungen und ihren relativen Wicklungssinn festzustellen, so genügt für vorliegende Zwecke meist ein Instrument mit verhältnismäßig kleiner Schwingungsdauer, beispielsweise ein gewöhnliches Drehspulen-Voltmeter oder Millivoltmeter. Einige Beispiele mögen die große Anwendungsmöglichkeit der Methoden zur Wicklungsausmessung zeigen:

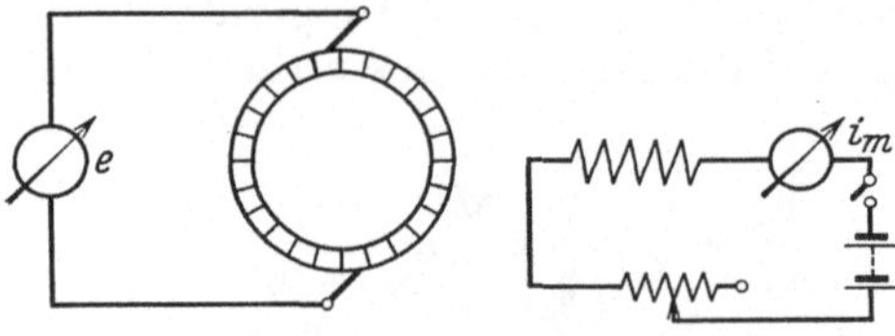

Abb. 335. Feststellung der neutralen Zone bei einer Gleichstrommaschine.

Bestimmung der Bürstenstellung bei Ankerwicklungen. Bei Gleichstrommaschinen soll die Ankerwicklungsachse, von geringen Verschiebungen mit Rücksicht auf Kommutierung und Stabilität abgesehen, genau senkrecht zur Erregerwicklungsachse stehen; die Bürsten müssen also so auf den Kollektor eingestellt werden, daß diese Bedingung erfüllt ist (neutrale Bürstenstellung). Bei genauer Quadraturstellung der beiden Wicklungsachsen sind die Wicklungen magnetisch nicht miteinander verkettet; durch eine Flußänderung in der Erregerachse wird also in der Ankerwicklung keine Spannung induziert. Legt man

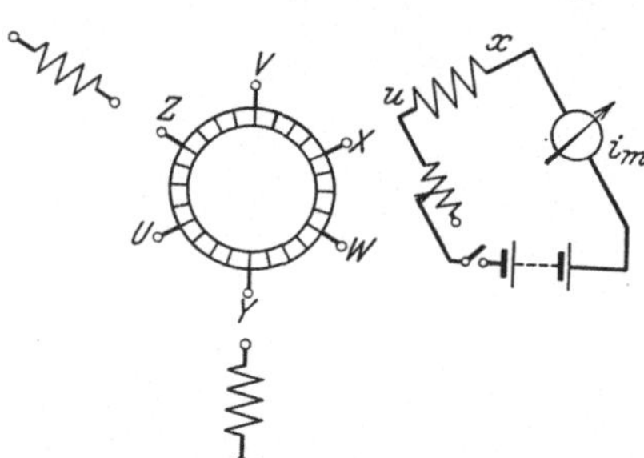

Abb. 336. Feststellung der neutralen Zone bei einer Drehstrom-Kollektormaschine mit 6 Bürsten Schaltung.

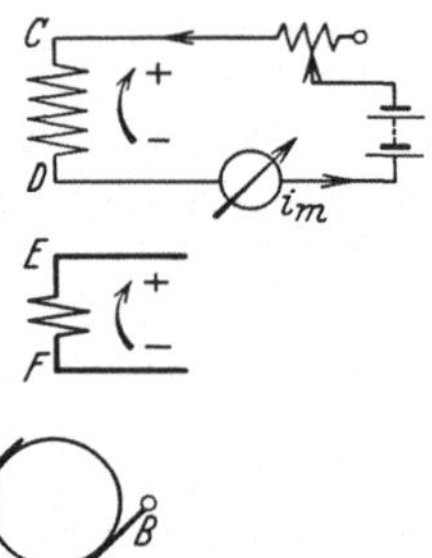

Abb. 337. Feststellung des Wicklungssinnes einer Kompoundwicklung.

mithin zwischen positive und negative Ankerbürste ein empfindliches Voltmeter und ändert man den Erregerstrom stoßweise, so braucht man die Bürstenbrücke auf dem Kollektorumfang nur solange zu verschieben, bis der Ausschlag des Voltmeters Null bleibt (Abb. 335). Bei Ankerwicklungen für Drehstromkollektormotoren läßt sich die Bürstenstellung sinngemäß feststellen; wird beispielsweise bei der Schaltung nach Abb. 336 der Ständerwicklungsteil $u\,x$ mit Gleichstrom stoßweise erregt, so muß sowohl zwischen den Bürsten $V\,W$ als auch zwischen $Z\,Y$ der Voltmeterausschlag zu Null werden, während zwischen $X\,U$ ein großer, der vollen mit dem Feld verketteten Ankerwindungszahl entsprechender Ausschlag eintritt. Zwischen $V\,Z$ und $W\,Y$ ist der halbe Ausschlag wie zwischen $X\,U$ zu erwarten.

Wichtig ist die Methode auch zur Kontrolle des Wirkungssinnes einer Kompoundwicklung. Verstärkt man beispielsweise das Nebenschlußfeld eines

Gleichstromkompoundmotors stoßweise, so wird sowohl in der Nebenschlußwicklung als auch in der Kompoundwicklung ein Spannungsstoß von der in der Abb. 337 durch einen Pfeil angedeuteten Richtung induziert. Soll die Kompoundwicklung feldverstärkend wirken, so muß sie im Betrieb in Richtung $E-F$, also entgegen der Pfeilrichtung, vom Strom durchflossen sein.

5. Spannungsausmessung von Wicklungen. Bei Wechselstromwicklungen läßt sich die relative Lage der Wicklungen am einfachsten und sichersten durch Spannungsausmessung bei Speisung eines Wicklungsteiles mit Wechselstrom feststellen. An Stelle des vorher genannten ballistischen Ausschlages treten dann stationäre Wechselspannungen. Bei Drehstrommaschinen wird man nach Möglichkeit ein dreiphasiges Wicklungssystem mit Drehstrom speisen und mit Hilfe des so erzeugten Drehfeldes alle Wicklungen gegeneinander orientieren; man wird dabei die Wicklungen zu einem Sternpunkt zusammenschließen, um die gegenseitige räumliche Lage der einzelnen Wicklungen direkt feststellen zu können. Ist für ein Wicklungssystem der Nullpunkt nicht zugänglich wie bei Ankerwicklungen, so läßt sich leicht durch 3 passende Meßwiderstände ein künstlicher Nullpunkt schaffen. In Abb. 338 ist beispielsweise die räumliche Wicklungsanordnung, bezogen auf ein zweipoliges System einer Drehstromkollektormaschine mit Dreibürstenschaltung, mit Kompensationswicklung und mit 2 Erregerwicklungen angedeutet. Zur Ausmessung würde man etwa die Erregerwicklung *1* mit Drehstrom speisen, parallel zur Ankerwicklung einen dreiphasigen Widerstand zur künstlichen Nullpunktsbildung legen, die Kompensationswicklung provisorisch mit der Ankerwicklung verbinden und ebenfalls provisorisch die zweite Erregerwicklung zu einem Sternpunkt vereinen, der wiederum mit dem künstlichen Ankernullpunkt verbunden wird. Die Spannungsmessung ergibt dann bei graphischer Darstellung der Spannungsvektoren ein genaues Bild der Wicklungslage (Abb. 339) und der relativen effektiven Windungszahlen (Übersetzungsverhältnis), da sämtliche Wicklungen von dem gleichen Drehfeld geschnitten werden. Eine absolute Bestimmung der effektiven Windungszahl einer Wicklung ist bei zusammengebauter Maschine kaum möglich, wenn nicht eine Bezugswicklung bekannter effektiver Windungszahl in der Maschine vorhanden ist.

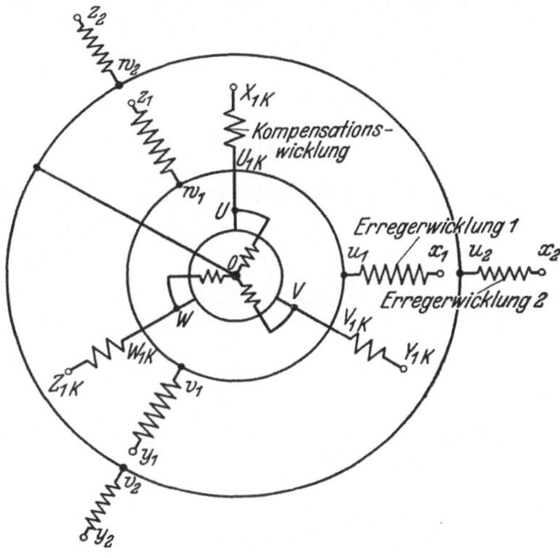

Abb. 338. Schaltung zur Ausmessung eines Drehstrom-Kollektormotors.

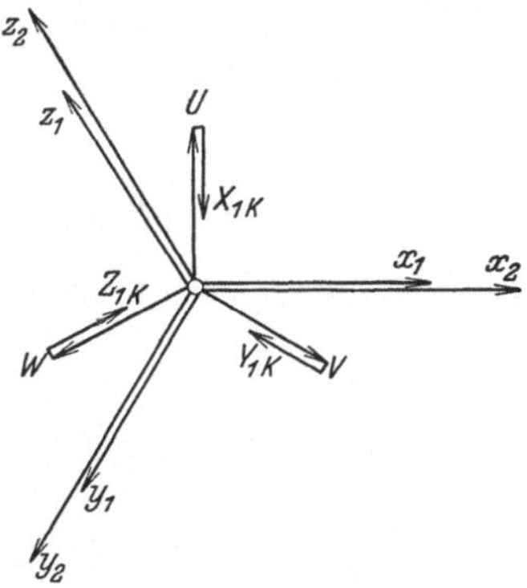
Abb. 339. Spannungsdiagramm zur Ausmessung eines Drehstrom-Kollektormotors.

6. Fehlerortbestimmung. Hat ein Teil einer Wicklung direkte Verbindung mit dem Gehäuse (Körper- oder Erdschluß), so läßt sich die Fehlerstelle durch Widerstands- oder Spannungsmessung feststellen. Bei der Widerstandsmessung sucht man zunächst den Wicklungsteil (Phase, Feldspule), der den Erdschluß hat, von den anderen Wicklungsteilen zu trennen; gelingt das nicht oder handelt es sich um festverbundene Wicklungsteile ohne Zwischenklemmen, wie in dem Beispiel der Abb. 340 einer verketteten Dreiphasenwicklung ohne Sternpunktsausführung, so wird der Widerstand zwischen den zugänglichen Außenklemmen und zwischen Außenklemmen und Erde bzw. Gehäuse gemessen. An Hand der einzelnen Widerstandswerte kann dann auf die Lage der Fehlerstelle geschlossen werden. Im Beispiel der Abb. 340 sei gemessen der Widerstand $r_{UV} = r_{VW} = r_{UW} = 2\,r$; ferner die Widerstände

$$r_{U\text{-}Erde} = \tfrac{1}{3}\,r; \quad r_{V\text{-}Erde} = \tfrac{5}{3}\,r \quad \text{und} \quad r_{W\text{-}Erde} = \tfrac{5}{3}\,r.$$

Daraus ergibt sich notwendig, daß der Erdschluß in der U-Phase in einem Abstand von etwa ⅓ der Phasenlänge vom Punkte U aus liegt. Wird an die Klemmen UVW eine Drehstromspannung E gelegt, so würde die Spannungsausmessung ergeben:

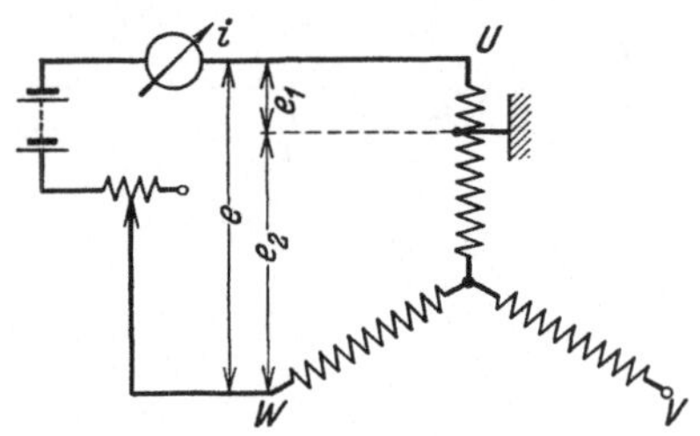

Abb. 340. Bestimmung eines Isolationsfehlers durch Widerstandsmessung.

$$E_{UW} = E_{WV} = E_{VW} = E;$$

ferner
$$E_{U\text{-}Erde} \cong \frac{E}{3\sqrt{3}},$$

$$E_{W\text{-}Erde} = E_{V\text{-}Erde} > \frac{E}{\sqrt{3}} < E.$$

Also würde auch die Spannungsausmessung, ebenso wie die Widerstandsmessung zu der Fehlstelle in der U-Phase führen.

Ein besonderer Fall von Körperschluß sei seiner Wichtigkeit wegen noch besonders erwähnt. Bei Polrädern von Synchronmaschinen wird mitunter ein Erdschluß der Induktorwicklung beobachtet, der im Stillstand nicht nachzuweisen ist, der also nur unter dem Einfluß der Zentrifugalkraft auftritt. Durch Widerstandsmessung (Spannungsabfall zwischen den Schleifringen und zwischen Schleifringen und Körper bzw. Welle) kann auch hier die Fehlstelle festgestellt werden.

B. Verluste und Wirkungsgradbestimmung.

7. Allgemeines. Bezeichnet man mit N_1 die von einer Maschine aufgenommene, mit N_2 die von ihr abgegebene Leistung und mit V die Verluste in der Maschine, so ist $N_2 = N_1 - V$ und der Wirkungsgrad

$$\eta = \frac{N_2}{N_1} = \frac{N_2}{N_2 + V} = \frac{N_1 - V}{N_1} = 1 - \frac{V}{N_1}. \tag{3}$$

Zur Bestimmung des Wirkungsgrades lassen sich zwei grundsätzlich verschiedene Verfahren anwenden: Entweder wird die aufgenommene und die abgegebene Leistung gesondert gemessen und der Quotient aus beiden Werten gebildet (direkte Wirkungsgradbestimmung), oder es werden die bei der auftretenden Belastung in der Maschine auftretenden Verluste (V) insgesamt oder einzeln ermittelt und der Wirkungsgrad mit ihrer Hilfe errechnet (indirekte Wirkungsgradbestimmung).

Bei der direkten Meßmethode wird die Maschine betriebsmäßig belastet; die dem tatsächlichen Betrieb entsprechenden Verluste treten mithin während der Messung in der Maschine wirklich auf und werden demgemäß bei der Messung der zugeführten Leistung voll erfaßt. Dieser Umstand gibt der direkten Meßmethode ein besonderes Gewicht und verschafft ihr eine Vorrangstellung, die berechtigt war, solange der Zusammenhang zwischen den Verlusten und den

Betriebsgrößen nicht genügend geklärt war und solange für die Ermittlung der Verluste keine einheitlichen Richtlinien bestanden. Nachdem jedoch durch viele Untersuchungen einwandfreie Verfahren zur Bestimmung der Verluste ausgearbeitet und in den Maschinen-Regeln (REM) ganz eindeutige Bestimmungen über die Meß- und Berechnungsverfahren angegeben sind, wird zweckmäßig die direkte Methode auf die Fälle beschränkt, in denen die schweren Nachteile dieser Methode nicht zur Wirkung kommen. Diese Nachteile bestehen vor allem in der Schwierigkeit und Umständlichkeit der Messung. Die Belastung der Maschine mit ihrer vollen Leistung erfordert bei größeren Maschinen erhebliche Energiemengen und ausgedehnte Vorbereitungen, sie erfordert vor allem eine sehr genaue Messung der zugeführten und abgegebenen Leistung; denn jeder Meßfehler geht voll als Fehler in den Wirkungsgrad ein. Berücksichtigt man, daß es außerordentlich schwierig ist, Beobachtungs- und Instrumentenfehler bei derartigen Messungen auf weniger als 1 bis 2% zu halten, so wird es klar, daß in der Regel der Fehler bei der direkten Wirkungsgradbestimmung viel größer ist als die Unsicherheit, die bei den indirekten Methoden mit der Ermittlung der zusätzlichen Verluste verbunden ist. Die REM tragen diesen Sachverhalt dadurch Rechnung, daß sie die Anwendung der direkten Methode auf die Fälle zu beschränken empfehlen, bei denen ein so beträchtlicher Unterschied zwischen aufgenommener und abgegebener Leistung besteht, daß die Meßfehler nicht ins Gewicht fallen. Das wird im allgemeinen bei größeren Generatoren und Motoren mit einem Wirkungsgrad von nicht mehr als 85% und bei Umformern mit einem Wirkungsgrad von nicht mehr als 90% der Fall sein; bei kleineren Maschinen, bei denen auch die Anwendung der direkten Methode weniger umständlich und kostspielig ist, liegt die Grenze etwas höher.

8. Direkte Wirkungsgradbestimmung. Je nach der Art, in der die der Maschine zugeführte Leistung N_1 und die von ihr abgegebene Leistung N_2 gemessen wird, spricht man von einem „Leistungsverfahren", einem „Bremsverfahren" oder einem „Belastungsverfahren".

Bei dem Leistungsverfahren wird die Aufnahme (N_1) und die Abgabe (N_2) mit elektrischen Meßinstrumenten festgestellt; dieses Verfahren ist also nur bei Einankerumformern oder Motorgeneratoren anwendbar. Die Meßschaltung richtet sich nach den zu untersuchenden Maschinentypen. Handelt es sich beispielsweise um einen aus einem Drehstrommotor und einem Gleichstromgenerator bestehenden Maschinensatz, so muß die dem Motor zugeführte Drehstromleistung wattmetrisch, etwa nach der Zweiwattmeter-Methode (Abschnitt II E 18), die von dem Gleichstromgenerator abgegebene Leistung mit Strom- und Spannungsmesser ermittelt werden (Abb. 341). Der so bestimmte Wirkungsgrad $\eta = \frac{N_2}{N_1}$ ist natürlich der Totalwirkungsgrad des ganzen Aggregates; auf die Einzelwirkungsgrade und auf die Verluste in den Einzelmaschinen läßt das Verfahren keinen Rückschluß zu, da nur die Totalverluste $V = N_1 - N_2$ ermittelt werden.

Bei dem Bremsverfahren wird die elektrische Leistung mit elektrischen Meßgeräten, die mechanische Leistung mit Bremse oder Dynamometer bestimmt. Das Verfahren ist bei mittleren, besonders aber bei kleineren und kleinsten Maschinen sehr gebräuchlich, und zwar sowohl bei Motoren wie Generatoren. Die Art der elektrischen Leistungsmessung richtet sich wieder nach dem untersuchten Maschinentyp; die Messung der mechanischen Leistung erfolgt nach dem in Abschnitt VI beschriebenen Verfahren. Bremsbänder, elektrische und mechanische Wirbelstrombremsen, Bremsdynamometer, Pendeldynamos und Torsionsdynamometer können in grundsätzlich gleicher Weise verwendet werden. Da alle diese

Geräte das von der Maschine beim Motorbetrieb erzeugte mechanische Moment $D = P \cdot r$ (mkg) zu messen gestatten, so ergibt sich die mechanische Leistung in Watt zu

$$N = 9{,}81 \cdot (P \cdot r) \cdot \frac{2\pi \cdot n}{60} = 9{,}81 \cdot D \cdot \frac{\pi \cdot n}{30} = 1{,}027 \cdot D \cdot n\,. \tag{4}$$

Bei Benutzung von Pendeldynamos und Torsionsdynamometern kann die mechanische Leistung sowohl beim Motor- als auch beim Generatorbetrieb der zu untersuchenden Maschine gemessen werden. Bei Benutzung der reinen Bremsgeräte kann naturgemäß nur der Motorbetrieb erfaßt werden. Soll also der Wirkungsgrad eines Generators mit einer Bremse ermittelt werden, so wird man die Maschine als Motor betreiben und so belasten, daß die Verluste im Motorbetrieb möglichst gleich den Verlusten im Generatorbetrieb sind; man wird also mit der Generatordrehzahl arbeiten und die Klemmenspannung so wählen, daß bei Berücksichtigung des inneren Spannungsabfalles die gleichen Einzelverluste auftreten. Bezeichnet E die Nennklemmenspannung, I den Nennstrom und E_r den inneren Spannungsabfall eines Gleichstromgenerators, so muß die Maschine demnach bei einer Klemmenspannung $E + 2\,E_r$ und einem Belastungsstrom I als Motor gebremst werden. Die bei dieser Bremsung auftretenden Verluste müssen zur Berechnung des Wirkungsgrades auf die Generatornennleistung $(E \cdot I)$ bezogen werden.

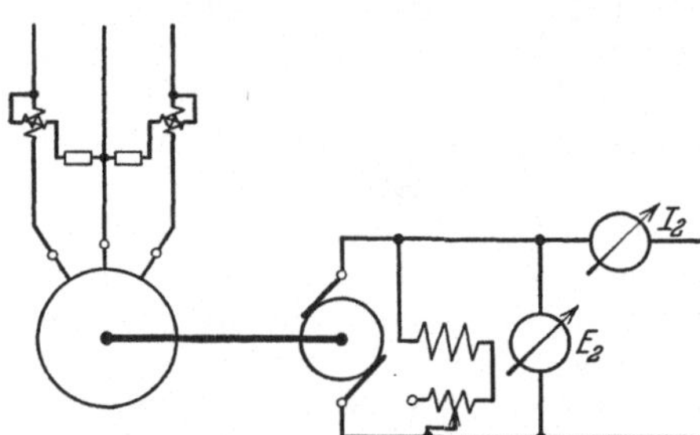

Abb. 341. Schaltung zur direkten Wirkungsgradbestimmung bei einem Motorgenerator.

Bei dem Belastungsverfahren erfolgt die Messung der elektrischen Leistung wie bei dem Bremsverfahren mit elektrischen Meßgeräten, die Messung der mechanischen Leistung wird jedoch mit einer geeichten Hilfsmaschine durchgeführt; die Eichung der Hilfsmaschine, d. h. die Bestimmung ihres Wirkungsgrades kann nach einem der angeführten Verfahren erfolgen.

9. Indirekte Wirkungsgradbestimmung. Wie vorher ausgeführt, werden bei der indirekten Wirkungsgradbestimmung die Verluste, die dem betrachteten Betriebszustand der Maschine entsprechen, gemessen, und es wird auf Grund der gemessenen Verluste der Wirkungsgrad errechnet. Je nach der Art, in der die Verluste ermittelt werden, unterscheidet man eine ganze Reihe von Verfahren. Der direkten Wirkungsgradbestimmung schließen sich am engsten diejenigen Methoden an, bei denen die Maschine betriebsmäßig oder angenähert betriebsmäßig arbeitet, und bei denen durch besondere Schaltungen oder besondere Anordnungen die direkte Messung der gesamten Verluste ermöglicht wird (Rückarbeitsverfahren — kalorimetrisches Verfahren). Eine zweite Gruppe umfaßt die Methoden, bei denen eine künstliche Belastung mit gleich großen Verlusten, wie bei der Betriebsbelastung, durchgeführt wird (Übererregungsverfahren). Da dieses Verfahren nur bei Synchronmaschinen angewendet wird, kann es an dieser Stelle übergangen werden. Bei der dritten Gruppe werden schließlich die Verluste analysiert und gemäß der Analyse einzeln ermittelt (Einzelverlustverfahren).

10. Rückarbeitsverfahren. Werden zwei gleiche Maschinen mechanisch gekuppelt und elektrisch zusammengeschaltet, so läßt sich bei richtiger Einstellung der Kupplung und der elektrischen Größen ein Ineinanderarbeiten beider Maschinen derart erreichen, daß die eine Maschine als Generator, die andere als Motor läuft. Die in beiden Maschinen auftretenden Verluste können entweder elektrisch oder mechanisch durch eine Hilfsmaschine gedeckt werden. Auf die Einzelheiten der Schaltung und auf die Aufteilung der Verluste auf beide Maschinen wird bei der Behandlung der einzelnen Maschinentypen noch einzugehen sein (vgl. Kap. VIII, Ziffer 13).

11. Kalorimetrisches Verfahren[1]. Das kalorimetrische Verfahren beruht auf der Tatsache, daß von einem Teil der Lüftungsverluste abgesehen, der in kinetische Energie der ausströmenden Luft umgesetzt wird, sämtliche in der Maschine auftretenden Verluste in Wärme umgesetzt werden. Gelingt es also, die von einer Maschine im Betrieb in der Zeiteinheit entwickelte Wärmemenge Q cal/s zu messen, so sind damit auch die Verluste V kW der Maschine festgestellt ($V = 4{,}184 \cdot Q$ kW). Die in der Maschine entwickelte Wärme wird, sobald das Temperaturgleichgewicht erreicht ist, sobald also alle Teile der Maschine die der Belastung entsprechende Endtemperatur angenommen haben, durch Konvektion und Strahlung abgeführt. Die Wärmeableitung erfolgt teils durch die Fundamente (Q_F), teils durch die natürliche Luftströmung an den Außenwänden des Gehäuses (Q_O) und teils durch die Kühlluft, die durch das Innere der Maschine strömt (Q_L). Je nach der Größe und Bauart der Maschine sind die Anteile der auf den verschiedenen Wegen abgeführten Wärmemenge sehr verschieden; bei kleinen geschlossenen Maschinen überwiegt die Wirkung der Strahlung (Q_{St}) und der außen vorbeistreichenden Luft, bei großen schnellaufenden Maschinen mit intensiver Luftkühlung überwiegt dagegen bei weitem die Wirkung der Kühlluft. Da nun die durch die Kühlluft abgeführte Wärmemenge mit einger Sicherheit gemessen werden kann, während die Anteile Q_F, Q_O und Q_{St} nur schwer genau zu erfassen sind, beschränkt sich die Anwendung der kalorimetrischen Meßmethode fast ausschließlich auf große Schnelläufer mit geordneter Kühlluftzuführung oder mit geschlossenem Kühlluftkreislauf. Die Messung selbst kann direkt durch Messung der Verlustwärme oder indirekt durch Vergleich der Verlustwärme bei verschiedenen Belastungen durchgeführt werden.

12. Indirektes kalorimetrisches Verfahren. Bezeichnet $\tau = \tau_2 - \tau_1$ die Erwärmung der Kühlluft von der mittleren Eintrittstemperatur τ_1, auf die mittlere Austrittstemperatur τ_2, v (m/sec) die mittlere Kühlluftgeschwindigkeit im Abluftstutzen, F (m²) den Querschnitt des Abluftstutzens, $A = v \cdot F$ die Kühlluftmenge in m³/s, $c = 0{,}241$ die spezifische Wärme der Luft bei konstantem Druck, in kcal/°C kg und s in kg/m³, das spezifische Gewicht der Luft bei der Temperatur τ_2 und dem mittleren Barometerstand von 760 mm Hg, so ist die durch die Kühlluft in der Zeiteinheit abgeführte Wärmemenge

$$Q_L = \tau \cdot A \cdot c \cdot s \text{ kcal/s}. \tag{5}$$

Dieser Wärmemenge entsprechen die Verluste

$$V = 4{,}184 \cdot Q_L \text{ kW},$$

oder für $s = 1{,}1$ kg/m³:

$$V = 1{,}1 \cdot \tau \cdot A \text{ kW}, \tag{6}$$

für andere Werte von τ_2 gelten folgende Werte von s:

$$\begin{array}{lllll} \tau_2 = & 20 & 40 & 60 & 80\ ^0\mathrm{C}, \\ s = & 1{,}205 & 1{,}1128 & 1{,}060 & 1{,}00\ \mathrm{kg/m^3}. \end{array}$$

Zur Bestimmung der mittleren Luftgeschwindigkeit v mit Anemometer oder ähnlichen Meßgeräten im Zuluft- oder Abluftstutzen bzw. im Zuluft- oder Ab-

[1] Roth, E.: Verlustbestimmung an Turbogeneratoren. Belfils Bull. Soc. Alsacienne 1915 Nr. 9 S. 20. Barclay, S. F.: The determination of the efficiency of the turbo alternator. J. Ing. electr. Engr. 1919 S. 293.

lauftkanal, sind eine große Anzahl Einzelmessungen erforderlich, da selbst bei künstlich angeordneten Luftkanälen mit einer sehr ungleichen Geschwindigkeitsverteilung zu rechnen ist. Ebenso ist zur Bestimmung von τ_1 und τ_2 die Messung der Lufttemperatur, an vielen Fällen des Luftein- und -austritts-Querschnittes notwendig, weil insbesondere im Abluftstutzen die Temperaturverteilung nicht immer gleichmäßig ist. Für die Temperaturmessung scheiden Thermometer wegen der schlechten Zugänglichkeit der Meßstellen bei exakten Messungen fast ganz aus; dagegen eignen sich Thermo- oder Widerstandselemente, die über den ganzen Ein- und Austrittsquerschnitt regelmäßig verteilt, fest angeordnet sind, sehr gut zur genauen Ermittlung von τ. Statt vieler einzelner Widerstandselemente kann mit Vorteil je ein Widerstandsgitter in den Zuluft- und Abluftkanal eingebaut werden. Diese aus Kupferdraht bestehenden Gitter werden so ausgebildet, daß sie maschenförmig den ganzen Querschnitt überziehen, ohne einen nennenswerten Widerstand für die durchströmende Luft zu bilden (Abb. 342). Geht man noch einen Schritt weiter und stimmt beide Gitter bei irgendeiner Temperatur t_k auf den genau gleichen Widerstand ab ($r_1 = r_2$) und legt die beiden Meßgitter, wie in Abb. 343 angegeben, an 2 Brückenzweige einer Wheatstone-Brücke, bei der die beiden anderen Brückenwiderstände r_M und r_P genau gleich sind, so ist bei $\tau_1 = \tau_2$ und bei $\varrho_1 = 0$ und $\varrho_2 = 0_1$ das Brückengleichgewicht hergestellt. Wird im Betrieb $\tau_2 > \tau_1$, so muß der Widerstand des Brückenzweiges r_1 um ϱ_1 vergrößert werden, um wiederum den Galvanometerausschlag auf Null zu halten; ϱ_1 gibt also ein direktes Maß für die Widerstandszunahme von r_2 bzw. für den Widerstandsunterschied von r_2 und r_1. Es ergibt sich mithin für τ die Beziehung

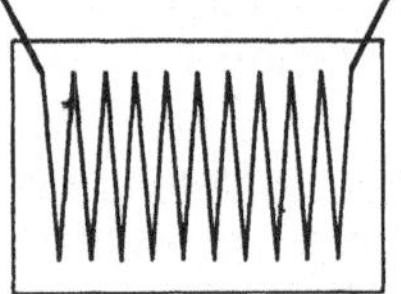

Abb. 342. Widerstandsgitter im Abluftstutzen.

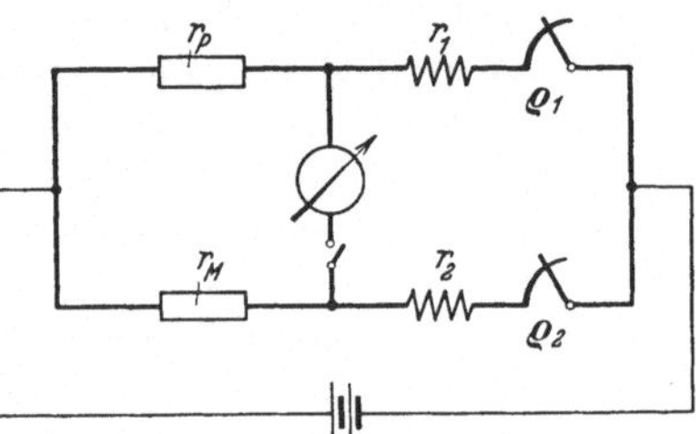

Abb. 343. Brückenschaltung der beiden Widerstandsgitter.

$$\tau = \frac{\varrho_1}{r_1}(235 + t_k), \tag{7}$$

wenn t_k die Temperatur bezeichnet, bei der die kalten Widerstände der Gitter aufeinander abgeglichen wurden. Die Beziehung gibt unabhängig von der Temperatur des Meßgitters *1* während der späteren Messung immer genau den Temperaturunterschied zwischen der Luftein- und -austrittstemperatur an.

13. Kalorimetrisches Vergleichsverfahren. Bei dem kalorimetrischen Vergleichsverfahren ist die genaue Ermittlung der Kühlluftmenge nicht erforderlich. Das Verfahren beruht auf dem Vergleich der Erwärmung der Kühlluft (τ_0) bei einem Lauf mit bekannten Verlusten (V_0) zu der Erwärmung der Kühlluft (τ_x) bei einem Betrieb, bei dem die Verluste (V_x) festgestellt werden sollen. Arbeitet die Maschine in beiden Fällen mit der gleichen Kühlluftmenge, so ist

$$V_x = V_0 \cdot \frac{\tau_x}{\tau_0} \quad \text{oder auch} \quad V_x = V_0 \cdot \frac{\varrho_x}{\varrho_0}, \tag{8}$$

wenn die Temperaturmessung in der vorher angegebenen Brückenschaltung erfolgt.

Als Vergleichslauf kann ein Lauf benutzt werden, bei dem die im Innern der Maschine auftretenden Verluste V_0 durch eine besondere Messung festgestellt werden konnten — etwa Leerlauf mit vollen Eisenverlusten — oder ein Lauf, bei dem durch in das Innere der Maschine eingebaute Heizwiderstände

Verluste bekannter Größe künstlich erzeugt werden. Voraussetzung ist bei dem letzten Verfahren allerdings, daß die dabei auftretende Temperaturverteilung in der Maschine nicht zu sehr von der betriebsmäßigen Temperaturverteilung abweicht. Ist bei dem Vergleichslauf die Trennung der Lager oder ähnlicher von der Belastung unabhängiger Verluste von den die Kühllufttemperatur beeinflussenden Verlusten nicht möglich, so können durch einen zweiten Vergleichslauf die konstanten Verluste eliminiert werden. Man führt also beispielsweise bei einer Synchronmaschine zwei Leerläufe mit Übererregung durch, einen mit hoher, den anderen mit niedriger Klemmenspannung oder einen mit starker, den anderen mit schwacher Übererregung und mißt bei diesen Läufen jedesmal die gesamte zugeführte elektrische Verlustleistung V_1 bzw. V_2 und die entsprechende Kühllufterwärmung τ_1 bzw. τ_2. Die Verluste V_x bei betriebsmäßiger Belastung ergeben sich alsdann zu

$$V_x = (V_1 - V_2)\,\frac{\tau_x}{\tau_1 - \tau_2}, \tag{9}$$

oder auch bei Benutzung der Brückenschaltung nach Abb. 343.

$$V_x = (V_1 - V_2)\,\frac{\varrho_x}{\varrho_1 - \varrho_2}, \tag{10}$$

wenn ϱ_x bzw. ϱ_1 und ϱ_2 abweichend von der Bezeichnung in der Abbildung die Werte des Zusatzwiderstandes in dem Brückenzweig r_1 bedeuten, die bei der Verlustleistung V_x bzw. V_1 und V_2 zur Herstellung des Brückengleichgewichtes erforderlich sind.

Bei Maschinen mit geschlossenem Kühlluftkreislauf und eingebautem Luftrückkühler tritt an die Stelle der Messung der Kühlluftmenge die Messung des Kühlmittels des Rückkühlers — in den meisten Fällen Wasser — und an die Stelle der Messung der Lufterwärmung die Messung der Kühlmittelerwärmung. Bei einer Erwärmung des Kühlwassers um $\tau\,^0$C und einer Kühlwassermenge von q l/s ergeben sich die Verluste in kW zu

$$V_x = 4{,}18 \cdot \tau \cdot q \text{ kW}. \tag{11}$$

Zur Kontrolle der abgestrahlten (Q_{St}) und der übrigen nicht durch das Kühlmittel abgeführten Wärmemengen ($Q_O + Q_F$) empfiehlt es sich, einen Lauf mit bekannten Verlusten durchzuführen, etwa mit Hilfe eines in dem Luftkreislauf eingebauten Belastungswiderstandes. Ergeben sich bei diesem mit den Verlusten V_1 durchgeführten Kontrollauf die durch das Kühlmittel abgeführten Verluste zu V_1', so ist die Differenz ($V_1 - V_1'$) den aus der Kühlmittelerwärmung errechneten Verlustwerten stets hinzuzuaddieren. Diese Korrektur stimmt genau nur unter der Voraussetzung, daß beim Kontrollauf das Gehäuse ungefähr die gleiche Temperatur wie beim Betrieb erreicht. Zur Vermeidung der Wärmeabstrahlung ist auch die völlige Wärmeeinkapselung der ganzen Maschine manchmal durchgeführt worden.

14. Einzelverlustverfahren. Das Einzelverlustverfahren wird insbesondere für mittlere und große Maschinen zur Wirkungsgradbestimmung im weitesten Umfange benutzt, nicht nur weil es in seiner Anwendung außerordentlich einfach ist, sondern vor allem, weil es eine sichere Kontrolle sowohl für die Berechnung als auch für die Qualität des in die Maschine eingebauten aktiven Materials und auch für den Fabrikationsprozeß selbst darstellt. Die Gesamtverluste werden meist in folgende Einzelposten aufgeteilt:

1. Leerverluste umfassend

a) die bei Leerlauf der Maschine auftretenden Verluste im Eisen und anderen der Ummagnetisierung ausgesetzten Metallteile (sog. Eisenverluste V_{Fe}) sowie die in der Isolation durch das elektrische Feld hervorgerufenen Verluste,

b) die Verluste durch Luft-, Lager- und Bürstenreibung (V_R).

2. Erregungsverluste umfassend

c) die Stromwärmeverluste in den Nebenschluß- und fremderregten Erregerkreisen,

d) die Übergangsverluste an den Erregerschleifringen.

3. Lastverluste umfassend

e) die Stromwärmeverluste in Anker- und Reihenschlußwicklungen,

f) die Übergangsverluste an Kommutatoren und Schleifringen, die Laststrom führen,

g) die Zusatzverluste V_Z unter die alle vorher nicht genannten Verluste zusammengefaßt werden.

Die unter 1. genannten Leerverluste sind mit den sog. Leerlaufverlusten nur bei Maschinen ohne besondere Erregerwicklung identisch. Bei den übrigen Maschinen treten auch bei Leerlauf noch Erregungsverluste hinzu. Die unter 2. genannten Erregungsverluste kommen natürlich nur für Maschinen mit besonderen Erregerwicklungen in Betracht, in erster Linie also für Gleichstrommaschinen, Synchronmaschinen und Mehrphasen-Kollektormotoren.

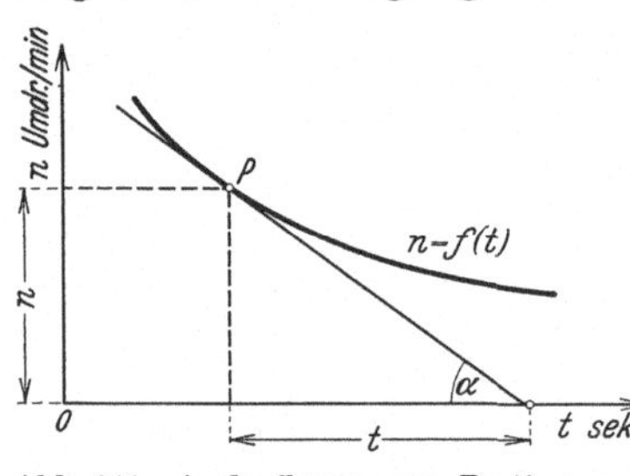

Abb. 344. Auslaufkurve zur Bestimmung der Leerverluste V_0.

15. Messung der Leerverluste. Die Messung der Leerverluste kann bei Leerlauf der Maschine als Motor (Motorverfahren) oder als Generator (Generatorverfahren) oder schließlich auch durch Auslaufversuche (Auslaufverfahren) erfolgen. Bei dem Motorverfahren wird die gesamte der Maschine elektrisch zugeführte Leistung V_0 mit elektrischen Meßgeräten gemessen; dabei ist zu berücksichtigen, daß in V_0 auch die dem Leerlaufstrom I_0 entsprechenden Stromwärmeverluste enthalten sind. Bei dem Generatorverfahren wird die mechanisch zugeführte Leistung mit einem geeichten Hilfsmotor oder mit einem Torsionsdynamometer oder einer Pendeldynamo bestimmt. Bei dem Auslaufverfahren wird die durch die Verluste des freirotierenden Ankers hervorgerufene Umdrehungszahlabnahme in der Zeiteinheit dn/dt benutzt, um die Verluste selbst zu messen. Bezeichnet

$$W = \frac{\omega^2}{2} \cdot \Theta = \frac{1}{2}\left(\frac{\pi n}{30}\right)^2 \cdot \Theta \tag{12}$$

die Bewegungsenergie (Arbeitsvermögen) des Ankers bei der Drehzahl n, so sind die Verluste V_0 gleich der Abnahme der Bewegungsenergie in der Zeiteinheit, also

$$V_0 = -\frac{dW}{dt} = -\Theta\left(\frac{\pi}{30}\right)^2 n \cdot \frac{dn}{dt} \quad \text{in mkg/s}$$

bzw.

$$V_0 = -9{,}81 \cdot \Theta\left(\frac{\pi}{30}\right)^2 \cdot n \cdot \frac{dn}{dt} \text{ in Watt}. \tag{13}$$

Führen wird statt des Trägheitsmomentes Θ das Schwungmoment $GD^2 = 4g \cdot \Theta$ ein, so wird

$$V_0 = \frac{GD^2}{365} \cdot \frac{n^2}{t} \text{ in Watt}, \tag{14}$$

wenn t die Auslaufzeit in Sekunden von der Drehzahl n bis zum Stillstand bei gradlinig verlaufender Auslaufkurve bedeutet. t ist also die Subtangente der Auslaufkurve für den Punkt der Drehzahl n (Abb. 344). Je nachdem ob die Auslaufkurve im unerregten Zustande der Maschine oder bei Nennspannung aufgenommen wird, ergeben sich aus der gemessenen Verzögerung die Verluste V_R

oder $V_R + V_{Fe}$. Auf Einzelheiten der Anwendung des Auslaufverfahrens zur Verlustbestimmung wird bei Behandlung der einzelnen Maschinentypen noch zurückzukommen sein[1].

16. Trennung der Leerverluste. Zur Trennung der Leerverluste, die sich beim Auslaufverfahren ohne weiteres ergibt, wird beim Motor- oder Generatorverfahren zunächst die Maschine bei gleichbleibender Drehzahl bei gut eingelaufenen Lagern mit verschiedener Spannung betrieben; es wird also der Verlustanteil durch Luft-, Lager- und Bürstenreibung (V_R) konstant gehalten und der sog. Eisenverlustanteil (V_{Fe}) in weiten Grenzen variiert. Werden die gemessenen Leerverluste als Funktion der Spannung E (Abb. 345) oder besser noch als Funktion des Quadrates der Spannung aufgetragen, so wird bei Extrapolation der Verlustkurve auf die Spannung Null der Wert V_R auf der Ordinatenachse abgeschnitten. Beim Generatorverfahren ist natürlich die Extrapolation nicht erforderlich, weil der Verlustwert für $E = 0$ gemessen werden kann. Für die Nennspannung E_N der Maschine ergeben sich die V_{Fe}-Verluste aus der Ordinatendifferenz von $E_{(E=E_N)}$ und V_R. Eine Trennung der V_{Fe}-Verluste in Verluste, die durch Ummagnetisierung (V'_{Fe}) und in Verluste, die durch die Wirkung des elektrischen Feldes bei Hochspannungsmaschinen in den Isolierteilen (dielektrische Verluste V''_{Fe}) hervorgerufen werden, läßt sich nur durch eine besondere Messung der dielektrischen Verluste bei Stillstand der Maschine durchführen. Die Scheringsche Brücke (vgl. Abschnitt V, Ziffer 27) oder eine besondere Wattmeterschaltung läßt sich hierzu verwenden. Die Verluste in der Isolation (V''_{Fe}) sind meist jedoch gegenüber dem Verlust V'_{Fe} zu vernachlässigen, so daß von dieser Trennung abgesehen werden kann, wenn nicht aus anderen Gründen die Messung von V''_{Fe} erwünscht ist.

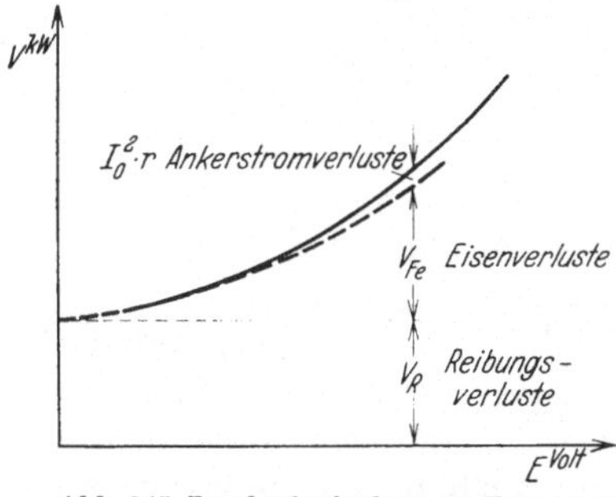

Abb. 345. Leerlaufaufnahme zur Trennung der Reibungs- und Eisenverluste.

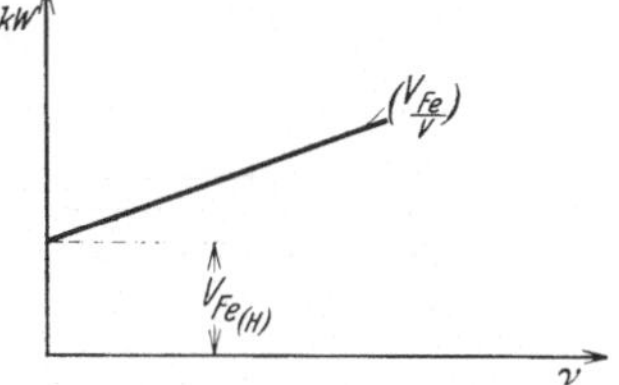

Abb. 346. Trennung der Eisenverluste in einen Hysterese- und Wirbelstromanteil.

Eine weitere Aufteilung der Eisenverluste in einem Anteil der der Periodenzahl der Ummagnetisierung $\nu = \frac{n/60}{p}$ (Hystereverluste) und einen Anteil der dem Quadrat der Periodenzahl ν^2 (Wirbelstromverluste) proportional ist, läßt sich erreichen, wenn die V_{Fe}-Verluste bei konstanter Ankerinduktion

$$\left(\frac{E}{n} = \text{konst}\right)$$

bei verschiedener Drehzahl aufgenommen werden und die so erhaltenen Verluste je Periode V_{Fe}/ν graphisch aufgetragen werden, vgl. Abb. **346** und Abschnitt II H.

17. Verlusttrennung durch Messung des Temperaturgradienten. In den sog. Eisenverlusten V_{Fe} sind, wie erwähnt, nicht nur die im aktiven Eisen, sondern auch alle in den der Ummagnetisierung ausgesetzten Metallteilen im Leerlauf auftretenden Verluste enthalten. Hierzu zählen die Verluste in den Preßdeckeln der Anker, die Leerlauf-Polschuhverluste, die Verluste in massiven Zahnpreßfingern und schließlich die Wirbelstromverluste in den Ankerleitern, soweit solche Verluste durch das Hauptfeld hervorgerufen werden. Eine Trennung

[1] Über die Messung des Trägheits- oder Schwungmomentes vgl. Abschnitt VI, Ziffer 8.

dieser zusätzlichen Leerlaufverluste von den Verlusten im aktiven Eisen ist mitunter zur Beurteilung der Zweckmäßigkeit eines Konstruktionsteiles außerordentlich wichtig. Eine derartige Trennung ist nach den bisher besprochenen Verfahren jedoch nicht möglich; in manchen Fällen ist jedoch mit Hilfe einer Messung des initialen Temperaturanstieges in dem fraglichen Konstruktionsteil die getrennte Ermittlung der Verluste in diesem Teil durchführbar[1]. Bezeichnet $d\tau/dt$ ^{0}C/s (Abb. 347) den Temperaturanstieg im Anfangspunkte der Erwärmungskurve eines Metallteiles, so ist dieser Anstieg der in den betreffenden Metallteil erzeugten Wärme proportional, weil im ersten Moment die in diesem Metallteil erzeugten Verluste restlos zur Erwärmung des Stückes benutzt werden. Eine Abfuhr der Wärme durch Strahlung oder Leitung setzt naturgemäß erst ein, wenn bereits eine Erwärmung des Teiles stattgefunden hat. Es besteht also die Beziehung

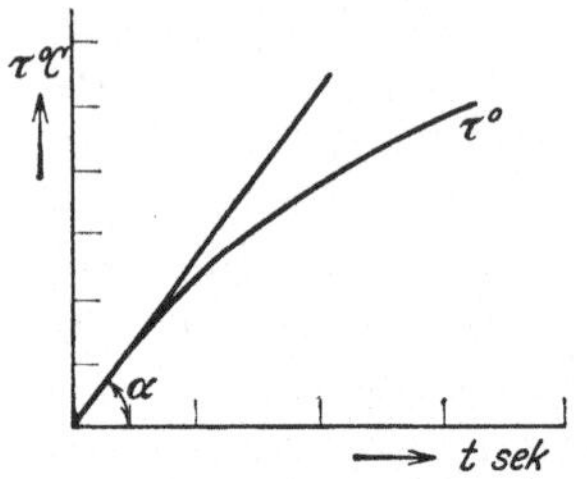

Abb. 347. Erwärmungskurve zur Bestimmung der Verluste in einem Maschinenteil.

$$V = c \cdot \frac{d\tau}{dt} \text{ kcal/s}$$

oder

$$V = 4{,}184 \cdot c \frac{d\tau}{dt} \text{ kW,} \qquad (15)$$

wobei c die spezifische Wärme in $\frac{\text{kcal}}{^0\text{C kg}}$ des Metalles in dem die Verluste entstehen, bezeichnet. Für die in erster Linie in Betracht kommenden Metalle ist c aus der folgenden Tabelle zu entnehmen.

Material . . .	Aluminium	Eisen	Stahl	Kupfer
c	0,214	0,105	0,114	0,091

Die Schwierigkeit einer derartigen Verlustbestimmung beruht einmal in der Messung des initialen Temperaturanstieges, dann auch in der ungleichmäßigen Verlustverteilung in den zu untersuchenden Konstruktionsteilen. Zur Temperaturmessung werden Thermoelemente von möglichst kleiner Wärmekapazität benutzt; der Aufbau des die Verluste bedingenden magnetischen Feldes muß so schnell wie möglich erfolgen (Verminderung der Zeitkonstante der Feldwicklung durch Vorschaltwiderstände), damit die Verluste bei Beginn des Erwärmungslaufes schlagartig einsetzen. Ist zu erwarten, daß die Verluste an verschiedenen Stellen des Konstruktionsteiles — etwa einer massiven Preßplatte — stark voneinander abweichen, so müssen die Verluste in den einzelnen Teilen der Preßplatte durch entsprechend eingebaute Thermoelemente einzeln bestimmt werden und der Integralwert der Verluste durch Summation der Einzelverluste gebildet werden.

18. Luft- und Lagerreibung. Die Abzweigung der Bürstenverluste von den Lager-, Reibungs- und Lüftungsverlusten kann durch zwei Leerlaufaufnahmen mit aufgelegten und abgehobenen Bürsten ohne weiteres erzielt werden. Die Trennung der Lagerreibung (V_{RR}) und Luftreibungsverluste (V_{RL}) ist jedoch schwieriger. Einige Methoden für diese Trennung seien hier erwähnt. Die erste besteht in der Möglichkeit der Änderung der Lagerverluste bei Benutzung verschiedener Schmierölsorten oder bei Veränderung der Ölsorten durch Zusätze (Petroleum). Bei jedem der benutzten Schmiermittel werden die Lager im stationären Zustande eine bestimmte, den Verlusten im Lager entsprechende Erwärmung erreichen. Werden also die V_R-Verluste für eine konstante Drehzahl bei verschiedenen Schmiermitteln als Funktion der Erwärmung τ der Lager aufgetragen, so ergibt die Extrapolation der Verlustkurve für $\tau = 0$ (Lagererwärmung und damit auch Lagerverluste $= 0$)

[1] Pohl: Zur Analyse der Zusatzverluste. Elektrotechn. Z. Bd. 46 (1925) S. 1182.

auf der Ordinatenachse den Wert der Luftreibungsverluste (Abb. 348). Da die Verluste in den Lagern mit hinreichender Genauigkeit proportional der Lagererwärmung angenommen werden können, so genügen zwei Läufe mit zwei verschiedenen Schmiermitteln, um die Verlustkurve zu zeichnen[1]. Wichtig ist, daß die Lagererwärmung erst nach Erreichung des stationären Erwärmungszustandes gemessen wird und daß die Lagertemperatur möglichst nahe der wirklichen Verlustquelle bestimmt wird. Die zweite Methode beruht auf der Beobachtung, daß die Lagerreibungsverluste V_{RR} unter sonst gleichen Umständen in dem Temperaturintervall von 15 bis 80° C der Temperatur des Lagers umgekehrt proportional sind, wenn die Lagertemperaturen nicht durch die Verluste, sondern durch äußere Umstände, also etwa künstliches Anheizen durch einen eingebauten Heizwiderstand, bedingt sind. Die Gesamtreibungsverluste lassen sich infolgedessen durch eine Beziehung von der Form

$$V_R = V_{RL} + \frac{V_{RR}}{t} \tag{16}$$

darstellen. Werden also die Lager künstlich erhitzt und die bei verschiedenen Lagertemperaturen gemessenen Werte von V_R als Funktion von $1/t$ graphisch aufgetragen, so schneidet die Verlustgrade auf der Ordinatenachse wiederum die Luftreibungsverluste ab. Schließlich führt auch eine Annahme über die Abhängigkeit der Werte V_{RR} und V_{RL} von der Drehzahl zu einer Trennung der Verluste, auf die jedoch hier nicht näher eingegangen werden soll.

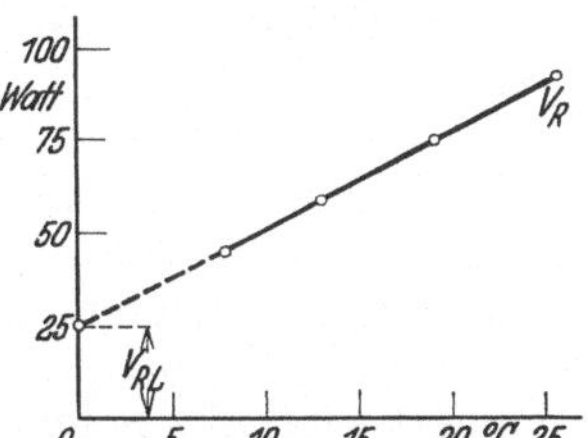

Abb. 348. Reibungsverlustaufnahme zur Trennung der Lager (V_{RR}) und Luft (V_{RL})-Reibungsverluste mit verschiedenen Schmiermitteln.

Sowie eine Variation der Lagerreibungsverluste eine Trennung der Luft- und Lagerreibungsverluste ermöglicht, so kann im Prinzip auch durch eine Variation der Luftreibungsverluste eine derartige Aufteilung durchgeführt werden; es könnten nämlich Kühlluftmenge und spezifisches Gewicht s des Kühlmediums geändert werden. Die Änderung der Kühlluftmenge durch mehr oder weniger starkes Abdecken der Zuluft- oder Abluftstutzen führt nicht immer zum Ziel, weil auch bei völlig abgedeckten Öffnungen infolge der inneren Luftwirbelungen noch sehr erhebliche Lüftungsverluste entstehen; dagegen ist die Änderung des Kühlmediums, also der Ersatz der Luft von atmosphärischem Druck, durch Luft von geringerem Druck oder durch leichtes Gas (Wasserstoff) denkbar. Wenn dieses Verfahren auch wegen der Schwierigkeit seiner Durchführung nicht benutzt wird, so ist doch die Abhängigkeit der Lüftungsverluste von der Dichte des Kühlmediums praktisch manchmal bei der Wirkungsgradbestimmung von Bedeutung, nämlich dann, wenn die V_R-Verluste der für große Höhen oder für Wasserstoffkühlung benutzten Maschine mit Luft von Atmosphärendruck gemessen werden. Da die Luftreibungsverluste dem spezifischen Gewicht s des Kühlmediums proportional angenommen werden können, so ist in solchen Fällen eine Reduktion der V_{RL}-Verluste vorzunehmen.

$$V_{RL_{(s_1)}} = V_{RL_{(s_2)}} \cdot \frac{s_1}{s_2}. \tag{17}$$

Das spezifische Gewicht der Luft ist als Funktion der Temperatur t und der

[1] Vieweg, V., u. R. Vieweg: Über die Trennung von Luft- und Lagerreibung. Arch. Elektrotechn. Bd. 12 (1923) S. 546. Roehle, F.: Trennung der Lager- und Luftreibungsverluste. Elektrotechn. Z. Bd. 26 (1905) S. 794.

Barometerhöhe H durch die Beziehung

$$s = \frac{0,001293}{1 + 0,00367\,t} \cdot \frac{H}{760} \tag{18}$$

gegeben. Es ergeben sich somit für verschiedene Meereshöhen und für die bei diesen Höhen normalen Barometerstände die folgende Werte von s:

Meereshöhe in m	0	200	500	1000	1500	2000	2500	3000
Barometerstand H	760	742	716	674	635	598	554	530
$s_{Luft\,(20^0\,C)}$ g/cm^3 ...	0,0012	0,001179	1135	1068	100	0950	0878	084

19. Erregerverluste. Über die Messung der Erregerverluste ist an dieser Stelle wenig zu sagen; die Bestimmung des Erregerstromes ist bei den einzelnen Maschinentypen zu behandeln. Inwieweit die Verluste der in den Erregerkreis eingebauten Hilfsapparate und die Verluste in der Erregermaschine in die Erregerverluste miteinzurechnen sind, wird durch die REM (§ 55) festgelegt. Die genaue Beachtung dieser Bestimmung ist sehr wichtig, weil der rechnungsmäßige Wert des Wirkungsgrades nicht unwesentlich von ihnen abhängt und weil sich ferner in den verschiedenen nationalen Regeln gerade in diesen Bestimmungen erhebliche Abweichungen finden, die einen unmittelbaren Vergleich des Wirkungsgrades erschweren.

20. Lastverluste. Auch die Messung der Lastverluste wird zweckmäßig bei den einzelnen Maschinentypen behandelt, für den am stärksten umstrittenen Anteil der Lastverluste, nämlich für die Zusatzverluste, wird in den REM nur für Synchronmaschinen ein Meßverfahren angegeben, für die anderen Maschinentypen wird in Ermanglung einwandfrei nachgeprüfter und allgemein anerkannter Meßmethoden ein Schützungswert festgelegt, der bei der Wirkungsgradberechnung zu berücksichtigen ist. Der Wert beträgt bei kompensierten Gleichstrommaschinen, Einankerformern und Asynchronmaschinen 0,5%, bei nichtkompensierten Gleichstrommaschinen, Kaskadenumformern und Wechselstrom-Kommutatormaschinen 1%. Die angegebenen Verlustwerte sind der Einfachheit wegen bei Generatoren auf die Abgabe — bei Motoren auf die Aufnahmeleistung und bei Einankerumformern stets auf die Gleichstromleistung bezogen. Es wird angenommen, daß er proportional dem Quadrat der Stromstärke ist. In den Vorschriften vieler anderer Länder sind ähnliche Werte angegeben.

C. Erwärmungsmessungen.

21. Allgemeines. Die Leistungsfähigkeit einer jeden Maschine wird in erster Linie durch ihre Erwärmung bestimmt; die Erwärmungsprobe gehört deshalb zu den wichtigsten Prüffeldversuchen. Für Lager, Kommutatoren, Schleifringe und vor allem für die verschiedenen Wicklungen sind je nach den verwendeten Isolationsmaterialien in den REM bestimmte Grenzerwärmungen vorgeschrieben, die sowohl nach der allgemeinen Erfahrung wie nach speziellen Versuchen noch als unbedingt betriebssicher auch für vieljährigen Dauerbetrieb anzusehen sind. Das erste Ziel der Erwärmungsprobe ist die Feststellung, ob diese Grenzerwärmungen bei gegebener Belastung eingehalten oder überschritten sind; das zweite Ziel ist der Nachweis der Temperaturverteilung über alle Teile der Maschine, um die Zweckmäßigkeit der Ventilationsanordnung beurteilen und Stellen besonderer Erwärmung, also den Sitz ungewöhnlich hoher Verluste, ausfindig machen zu können.

Über die Definition der Erwärmung, über die Durchführung des Erwärmungslaufes und über die zur Bestimmung der Erwärmung zu benutzenden Meßmethoden finden sich in den REM (§ 31 bis § 41) sehr ausführliche Bestimmungen, auf die hier besonders hingewiesen sei (vgl. auch Abschnitt V 6). Die Bemühungen, den Energieverbrauch und die Größe der erforderlichen Belastungsmaschinen bei der Durchführung der Erwärmungsprobe im Prüffelde möglichst klein zu halten, führten zu verschiedenen Methoden zur Abkürzung des Erwärmungslaufes und zu einer Reihe von Schaltungen, die eine künstliche Belastung der Maschine ermöglichen. Die Kunstschaltungen laufen entweder darauf hinaus, die vollen Verluste in der Maschine hervorzubringen, ohne daß in der Maschine die Energieumwandlung, für die sie bestimmt ist, stattfindet oder durch Kreisschaltung zweier Maschinen die Energiezufuhr von außen auf den Verlustwert in den beiden Maschinen zu beschränken. Auf die Einzelheiten der meist benutzten Kunstschaltungen wird bei Behandlung der einzelnen Maschinentypen eingegangen; hier sei nur erwähnt, daß in erster Annäherung bei allen Maschinenarten gemäß dem Superpositionsgesetz die resultierende Erwärmung beim Temperaturlauf mit voller Belastung (vollen Verlusten) gleich der Summe der Teilerwärmungen gesetzt werden kann, die sich bei verschiedenen Läufen mit Teilverlusten ergeben, sofern nur die Summe der Teilverluste gleich den Totalverlusten ist. Wird also beispielsweise bei einer Gleichstrommaschine beim Leerlauf mit der Nenndrehzahl und einer Klemmenspannung, die gleich der bei Belastung induzierten EMK ist, eine Ankererwärmung τ_0, und bei einem Kurzschlußlauf mit dem Nennstrom eine Ankererwärmung τ_R gemessen, so ist die wahre Ankererwärmung bei Belastung mit großer Annäherung $\tau = \tau_0 + \tau_R$.

22. Abgekürzter Temperaturlauf und Erwärmungsgleichung. Die Methoden der Abkürzung des Temperaturlaufes[1] beruhen alle auf der Voraussetzung der Kenntnis der Gesetzmäßigkeit der Erwärmungskurve. Die in der Zeiteinheit in der Maschine entwickelte Verlustwärme ($V \cdot dt$) wird teils zur Erwärmung der einzelnen Maschinenteile von dem Gewicht G und der spezifischen Wärme s ($\Sigma G \cdot s \cdot d\tau$) benutzt, teils nach außen abgeführt. Es besteht also die Beziehung

$$V dt = k \cdot O \tau\, dt + \Sigma G s \cdot d\tau, \tag{19}$$

wenn O die kühlende Oberfläche und k eine Konstante bezeichnet, die für die Wärmeabfuhr charakteristisch ist. Wird nach einer gewissen Zeit die Enderwärmung τ_E erreicht, so wird $d\tau = 0$ und damit $V dt = k\, O\, \tau_E \cdot dt$ oder $\tau_E = \frac{V}{k \cdot O}$. Nehmen wir an, daß die Wärmeabgabekonstante gleich Null ist, daß also die ganze entwickelte Verlustwärme zur Aufheizung der Maschine benutzt wird, so wird die gleiche Endtemperatur τ_E nach einer Zeit T erreicht, die sich aus der Beziehung

$$\int_0^T V \cdot dt = \Sigma G \cdot s \cdot \int_0^{\tau_E} d\tau \tag{20}$$

zu

$$T = \frac{\Sigma G \cdot s}{V} \cdot \tau_E = \frac{\Sigma G s}{k \cdot O} \tag{21}$$

ergibt.

Die Erwärmungsgleichung läßt sich bei Einführung der sog. Zeitkonstanten T auch schreiben

$$dt = T \cdot \frac{d\tau}{\tau_E - \tau}. \tag{22}$$

---

[1] Basta, I., u. F. Fabinger: Bestimmung der Erwärmung von Wicklungen aus abgekürzten Dauerproben. J. Amer. electr. Engr. Bd. 46 S. 1387 und Elektrotechn. Z. Bd. 50 (1929) S. 616. Osborne, H.: Bestimmung der Erwärmung aus Widerstandsmessung bei Kurzzeitbetrieben. Elektrotechn. Z. Bd. 42 (1921) S. 1511. Jehle, H.: Temperaturanstieg in elektr. Maschinen. Elektrotechn. Z. Bd. 51 (1930) S. 1166.

Die Lösung dieser Gleichung lautet:

$$t = -T \ln(\tau_E - \tau) + C \tag{23}$$

oder wenn wir für $t = 0$ auch $\tau = 0$ setzen

$$\tau = \tau_E\left(1 - e^{-\frac{t}{T}}\right). \tag{24}$$

Ist die Erwärmungskurve $\tau = f(t)$ experimentell ermittelt (Abb. 349), so ergibt sich aus der Beziehung $\operatorname{tg}\alpha = \frac{d\tau}{dt} = \frac{\tau_E - \tau}{T}$ die Zeitkonstante als Subtangente QR, der Tangente PR an einen Punkt P der Erwärmungskurve. Für $t = T$ wird $\tau = 0{,}63 \cdot \tau_E$. Die Endtemperatur τ_E wird bei konstantem T erst nach unendlich langer Zeit, 98% von τ werden dagegen schon nach einer Betriebsdauer $t = 3{,}91\,T$ erreicht; ist jedoch $k = 0$, so wird, wie wir schon vorher sahen, schon bei $t = T$ die Erwärmung τ gleich der Enderwärmung τ_E. Der Erwärmungslauf soll solange festgesetzt werden, bis die Erwärmung nicht mehr merklich steigt; dieser Zustand gilt als erreicht, wenn die Erwärmungszunahme je Stunde nicht mehr als 2^0 C beträgt. Wird er vorher abgebrochen, so läßt sich die Enderwär-

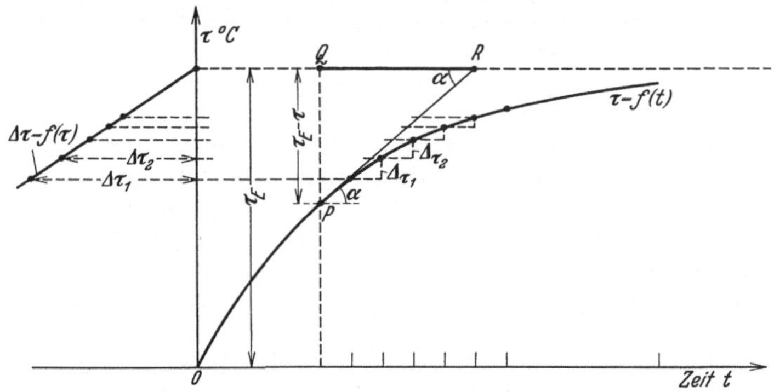

Abb. 349. Erwärmungskurve. Bestimmung der Enderwärmung.

mung aus einer Extrapolation der Erwärmungskurve oder besser aus der Extrapolation der Hilfskurve $\Delta\,\tau = f(\tau)$ für gleiche Zeitintervalle der Erwärmungskurve bestimmen. Diese Hilfskurve ergibt bei passender Wahl des Maßstabes für $\Delta\,\tau$ auf der Ordinatenachse einen scharfen Schnittpunkt für die Enderwärmung (Abb. 349). Da die Verlustentwicklung in den einzelnen Teilen der Maschine im allgemeinen nicht gleich ist, und auch der Wärmeaustausch nicht vollkommen ist, erreichen die einzelnen Teile verschiedene Enderwärmungen τ_E und haben verschiedene Zeitkonstanten T. Man wird deshalb beim Erwärmungslauf die Erwärmungskurve jeder Meßstelle (Eisen-, Feldwicklung) auftragen.

Die Verfahren zur Bestimmung der Enderwärmung bei abgekürzten Temperaturläufen lassen sich verfeinern, wenn man nicht nur die verschiedenen Wicklungen und übrigen Maschinenteile einzeln betrachtet, sondern auch die einzelnen Wicklungen in den Fällen, in denen sie aus Teilen verschiedenen Wärmeverhaltens bestehen, noch weiter auflöst. Bei einer Ständerwicklung wird man also den Wickelkopfteil und den im Eisen eingebetteten Teil gesondert behandeln. Da diese Verfahren für die Prüffeldmessungen weniger Bedeutung haben, sei hier nur auf die einschlägigen Originalarbeiten hingewiesen.

Ist die Erwärmungskurve einer Maschine für eine Belastung mit den Verlusten V experimentell ermittelt, so sind damit auch die Ordinaten der Erwärmungskurve für jede andere Belastung mit den Verlusten V_1 bekannt, da die Ordinaten zu jedem Zeitpunkte den Verlusten proportional sind (Abb. 350). Für einen Betrieb mit kurzzeitiger Belastung t_1 (t_1 beispielsweise 1 Stunde) läßt sich mithin die zulässige Belastung, d. h. die Belastung bei der nach 1 Stunde die zulässige Grenzerwärmung τ_{max} erreicht ist, aus der Beziehung $\frac{V_1}{V} = \frac{\tau_{max}}{\tau_1}$ bestimmen, wobei τ_1 die Ordinate der Erwärmungskurve mit den Verlusten V ist.

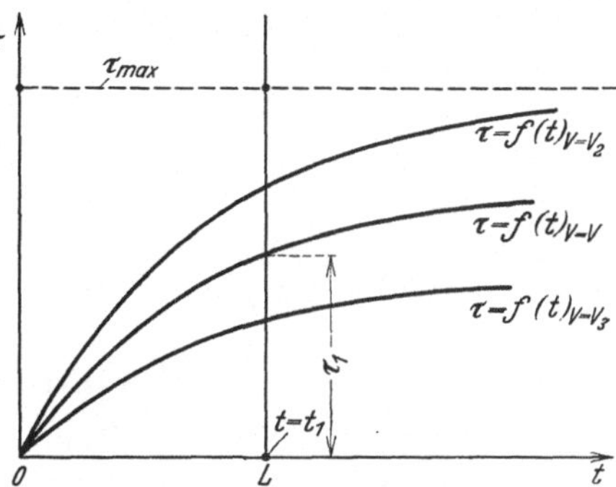

Abb. 350. Erwärmungskurven für verschiedene Verlustwerte.

23. Aussetzender Betrieb. Beim aussetzenden Betrieb, bei dem in jedem Arbeitsspiel auf eine Betriebszeit t_A eine spannungslose Pause t_R folgt, deren Dauer nicht genügt, um die Maschine wieder auf die Anlauftemperatur abzukühlen, wird bei jedem Spiel ein Teil der Erwärmungskurve und ein Teil der Abkühlungskurve durchlaufen. Für die Abkühlungskurve gilt die gleiche Differentialgleichung wie für die Erwärmungskurve; die Abkühlungszeitkonstante T_R wird gleich der Erwärmungszeitkonstanten T_A sein, wenn die Maschine auch in den Pausen mit der Betriebsdrehzahl rotiert; steht die Maschine in den Pausen, so muß die Abkühlungskurve gesondert aufgenommen werden. Ist die Abkühlungskurve und Erwärmungskurve für eine Belastung A mit den Verlusten V bekannt, so läßt sich für jede relative Einschaltdauer, d. h. für jedes Verhältnis von Arbeitszeit zu Spieldauer die zulässige Belastung X mit den Verlusten V_X bestimmen, bei der die zulässige Erwärmung τ_{max} bei jedem Spiel gerade erreicht wird. Hier sei nur ein graphisches Verfahren angegeben (Abb. 351). Da τ_{max} und t_R gegeben, ist auch die Erwärmung τ_1, auf die sich die

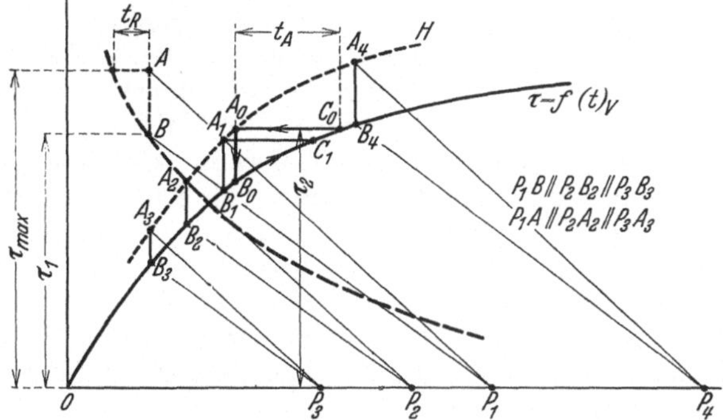

Abb. 351. Bestimmung der zulässigen Verluste V_X bei aussetzendem Betrieb bei gegebenen Zeiten t_R und t_A und gegebener Abkühlungskurve und Erwärmungskurve für die Verluste V.

Maschine nach jeder Pause abkühlt, auf der Abkühlungskurve abzugreifen. Man zeichnet nun eine Hilfskurve H, die dadurch charakterisiert ist, daß ihre waagerechten Abstände A_1C_1, A_2C_2 usw. von der Erwärmungskurve Zeiten bedeuten, in denen bei Belastung die Erwärmung im Verhältnis von τ_1/τ_{max} steigt. Sucht man weiter den Punkt A_0 auf der Hilfskurve, dessen Abstand A_0C_0 von der Erwärmungskurve gleich der gegebenen Belastungszeit t_A ist, so ergibt sich $V_x = V \cdot \frac{\tau_{max}}{\tau_2}$ und damit die gesuchte Belastung X. Da gerade die experimentelle Durchführung von Grenzleistungsbestimmungen im Aussetzerbetrieb sehr zeitraubend ist, wird das beschriebene Verfahren mit Vorteil angewandt; zu berücksichtigen ist jedoch, daß die unter Umständen auftretenden zusätzlichen Anfahrverluste bei Beginn einer jeden Arbeitsperiode (erhöhte Stromaufnahme zur Beschleunigung der Massen) in der Erwärmungskurve nicht berücksichtigt sind und daß sich infolgedessen bei kleiner relativer Einschaltdauer eine zu hohe Grenzleistung ergibt. Zur Korrektur wird am besten bei der kleinsten interessierenden relativen Einschaltdauer (meist 15% ED) ein Kontrollauf durchgeführt.

Zur Erleichterung numerischer Berechnungen sind im folgenden für verschiedene Werte von x die zugehörigen Werte des Ausdruckes $1 - e^{-x}$ angegeben.

$x =$	0,01	0,025	0,05	0,075	0,1	0,15	0,2	0,3	0,4
$1 - e^{-x} =$	0,00995	0,0247	0,04877	0,07225	0,0945	0,1393	0,1813	0,2592	0,3297
$x =$	0,5	0,6	0,7	0,8	0,9	1,0	1,2	1,4	1,6
$1 - e^{-x} =$	0,3935	0,4512	0,5034	0,5507	0,5934	0,6321	0,6988	0,7535	0,7981
$x =$	1,8	2,0	2,5	3,0	3,5	4,0	4,5	5,0	∞
$1 - e^{-x} =$	0,8347	0,8647	0,9179	0,9502	0,9697	0,9817	0,9889	0,9933	1,00

D. Mechanische Messungen.

24. Allgemeines. Hand in Hand mit der elektrischen Untersuchung der Maschine muß eine gewisse mechanische Kontrolle gehen. Diese erstreckt sich nicht nur auf einen Vergleich der ausgeführten mechanischen Abmessungen mit den konstruktiv festgelegten Dimensionen, insbesondere der Polabstände und des Luftspaltes, sondern auch auf Untersuchung des erschütterungsfreien ruhigen Laufes und auf die Geräuschbildung. Die Beobachtung der Lager, die Feststellung ihrer Erwärmung, die Messung der Lagerspannungen und der Schutz gegen Lagerströme gehört in gewissem Sinne auch zu der mechanischen Kontrolle.

Bei denjenigen mechanischen Abmessungen, die von der Genauigkeit des Zusammenbaues in erster Linie abhängen — und nur von diesen soll hier die Rede sein —, wird man gewisse Abweichungen von ihrem Sollwert zulassen, soweit diese Abweichungen keine nennenswerte Verschlechterung der elektrischen Eigenschaften zur Folge haben. Bei Unterschieden in den Polabständen und beim Luftspalt liegt die übliche Toleranz bei etwa ± 5 bis $\pm 10\%$; bei Kollektorbürstenteilungen ist die Toleranz mit Rücksicht auf die Kommutierung so niedrig wie möglich, jedenfalls auf einen Bruchteil einer Lamellenteilung zu halten. Bei einer Exzentrizität des Ankers oder Polrades wird die zulässige Größe der Exzentrizität in Prozenten des Luftspaltes anzugeben sein; sie muß auf alle Fälle so klein sein, daß der ruhige Lauf der Maschine nicht beeinträchtigt wird (etwa 5 bis 10% des Luftspaltes). Zur Erzielung eines erschütterungsfreien Laufes müssen die rotierenden Teile bei hochtourigen Maschinen möglichst bei ihrer Betriebsdrehzahl dynamisch ausgewuchtet werden. Zur Beurteilung des Grades der Erschütterungsfreiheit benutzt man am besten, um von der Willkür des individuellen Urteils frei zu sein, einen Vibrographen[1], der die Bewegung eines jeden Maschinenteiles für jede Bewegungsrichtung graphisch dem Absolutwerte nach zu registrieren gestattet. Da auf diese Weise nicht nur die Schwingungsamplitude, sondern auch die Schwingungszahl des Maschinengehäuses oder der Maschinenwelle meßbar ist, eignet sich die Methode auch gut zur Bestimmung der mechanischen Eigenschwingungszahl der einzelnen Maschinenteile. Es sei erwähnt, daß der Tastsinn gegenüber leichten Vibrationen außerordentlich empfindlich ist und leicht dazu führt, die Amplitude der Erschütterung stark zu überschätzen. Über die Größe der zulässigen Erschütterungen bestehen keine gültigen Festsetzungen; als Anhalt mag dienen, daß bei festaufgespannten schnellaufenden Maschinen in der Nähe der Lagerstellen eine Schwingungsamplitude von 0,02 bis 0,03 mm meist als normal angesehen wird. Bei ausladenden Maschinenteilen kann der Wert ohne jede Gefahr einen

[1] Geiger, J.: Zur Theorie des Vibrographen. Z. Schiffbau 1924 Heft 11.

mehrfach größeren Wert erreichen; bei Antrieb durch Kolbenmaschinen kommen mitunter Schwingungsamplituden ganz anderer Größenordnung in Betracht, wobei allerdings die Nachgiebigkeit der Fundamente zu berücksichtigen ist.

25. Geräuschmessung[1]. Die Maschinengeräusche sind teils auf rein mechanische Einflüsse, teils auf die Wirkung der Kühlluft und teils auf magnetische Ursachen zurückzuführen. Es ist meist leicht mit Hilfe eines Abhorchgerätes oder in primitiver Weise auch mit Hilfe eines Metallstabes, dessen Ende an das Ohr und dessen anderes Ende an die Maschine gehalten wird, das Geräusch so weit zu lokalisieren, daß erkannt wird, um welche Art von Geräusch es sich handelt, besonders wann die Maschine im Leerlauf mit und ohne Erregung und darauf auch bei verschiedener Belastung abgehorcht wird. Mit dieser Feststellung ist zwar in vielen Fällen schon viel erreicht, aber eine befriedigende Aussage über die Stärke des Geräusches und über seine tieferen Ursachen ist damit keineswegs möglich. Da ein Urteil über diese Fragen auf Grund der unmittelbaren Gehörempfindungen nur individuellen Wert hat, sind die Bemühungen seit langem darauf gerichtet, ein objektives Maß für die Geräuschbildung zu schaffen. Der erste Schritt auf diesem Wege war die Ausarbeitung von Vergleichsmethoden, die alle darauf hinauslaufen, das Geräusch auf irgendeine Weise mit einem zweiten fixierten Geräusch zum Vergleich zu stellen, der zweite entscheidende Schritt war jedoch die quantitativ genaue Analyse des Geräusches.

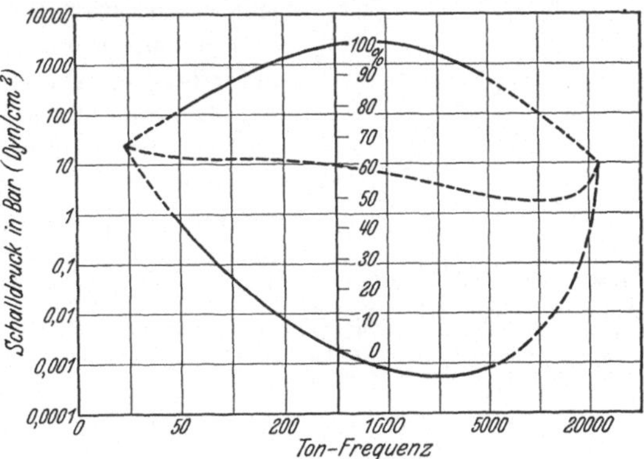

Abb. 352. Frequenzempfindlichkeit des Ohres.

Da die Empfindung des Geräusches durch das Ohr letzten Endes den maßgebenden Maßstab bilden muß, so müssen alle Geräuschmessungen die physiologischen Grundlagen der Tonempfindung berücksichtigen. Die Empfindlichkeit des Ohres gegenüber verschiedenen Tonfrequenzen ist in Abb. 352 nach den Untersuchungen von Wegel[2] aufgetragen; dabei ist als Maß für die Schallstärke die Druckamplitude in Bar (Dyn/cm²) benutzt. Der innerhalb der Kurve liegende Bereich grenzt den Hörbereich eines mittleren Ohres ab. Schallstärken unterhalb der unteren Kurve sind im allgemeinen nicht mehr wahrnehmbar, Schallstärken oberhalb der oberen Kurve übersteigen die Aufnahmefähigkeit des Ohres und werden als Lufterschütterungen körperlich empfunden. Teilt man den Abstand zwischen der oberen (Empfindungsstärke 100%) und unteren Kurve (Empfindungsstärke 0%) für jede Frequenz in gleich viele Teile, so ergeben die Verbindungen entsprechender Punkte Kurven gleicher Lautstärke-Empfindung für verschiedene Frequenzen. (In der Abb. 352 ist die Kurve für 60% Empfindungsstärke eingetragen.) Die Unterteilung selbst gibt einen angenäherten Maßstab für die Lautstärke-Empfindung; da nach dem Fechnerschen Gesetz die Empfindung dem Logarithmus der Schallstärke ungefähr proportional ist und für den Schalldruck

[1] Churcher, B. A. C., u. A. J. King: Analysis and Measurement of noise emitted by Machinery. J. Ing. electr. Engr. Bd. 68 (1930) S. 97. Grützmacher, M., u. E. Meyer: Eine Schallregistriervorrichtung zur Aufnahme von Frequenzkurven. Elektr. Nachr.-Techn, Bd. 4 S. 203.

[2] Fletscher, H., u. R. L. Wegel: Frequency sensitivity of normal ears. Physic. Rev. Bd. 19 S. 553.

in der Abb. 352 ein logarithmischer Maßstab gewählt wurde. Bei einer Änderung des Schalldruckes von 0,1 auf 10 wächst demnach, wie aus der Abb. 352 zu ersehen ist, die Schallempfindung bei einer Frequenz von 450 nur im Verhältnis von etwa 30 auf 60. Dieser Umstand ist bei der Beurteilung von Maßnahmen zur Verminderung von Maschinengeräuschen besonders wichtig, da er zeigt, in wie starkem Maße der Schalldruck herabgesetzt werden muß, um eine nennenswerte Verminderung der Schallempfindung zu erreichen. Der störende Eindruck von Maschinengeräuschen hängt im übrigen außer vom Schalldruck noch von einer ganzen Reihe von anderen Umständen ab, insbesondere vom Schallstärkehintergrund, von den Reflexionsverhältnissen im Aufnahmeraum, von der Art des Geräusches und schließlich von der individuellen Empfindsamkeit des Beobachters. Der Einfluß des Schallstärkehintergrundes, von dem sich das zu untersuchende Geräusch abheben soll, ist ohne weiteres verständlich, wenn man etwa an die Geräuschmessung einer Maschine inmitten eines größeren Prüffeldes oder einer lauten Betriebswerkstatt denkt; dieser Einfluß macht bei genaueren Messungen zur Aufnahme einen völlig ruhigen Raum erforderlich. Da außerdem die Druckamplitude in einem gegebenen Abstand von der Geräuschquelle von den Reflexionsverhältnissen des Beobachtungsraumes mit bedingt wird (vgl. Abb. 353), muß durch starke allseitige Auspolsterung des Raumes die Schallreflexion möglichst verhindert werden (evtl. Aufnahme im Freien). Die Art des Geräusches ist für den Störgrad c. p. mehr oder weniger ausschlaggebend; herrscht beispielsweise ein hoher schriller Ton vor, so wirkt das Geräusch für die meisten Ohren weit unangenehmer als ein Tongemisch gleicher Lautstärke. Für größere Maschinen lassen sich — von der unsicheren Grundlage der Geräuschbeurteilung ganz abgesehen — die angedeuteten Vorbedingungen für eine einwandfreie Geräuschmessung selten erfüllen; die Meßresultate müssen deshalb in solchen Fällen mit der nötigen Vorsicht verwertet werden. Als praktisches Maß für die Lautstärke wird weder der Schalldruck p in Bar noch die Schallintensität E in Watt/cm², sondern das Phon benutzt. (In Amerika, England und Frankreich als Décibel = $^1/_{10}$ Bel bezeichnet.) Die Lautstärke P in Phon bei 1000 Hz wird durch die Beziehung definiert:

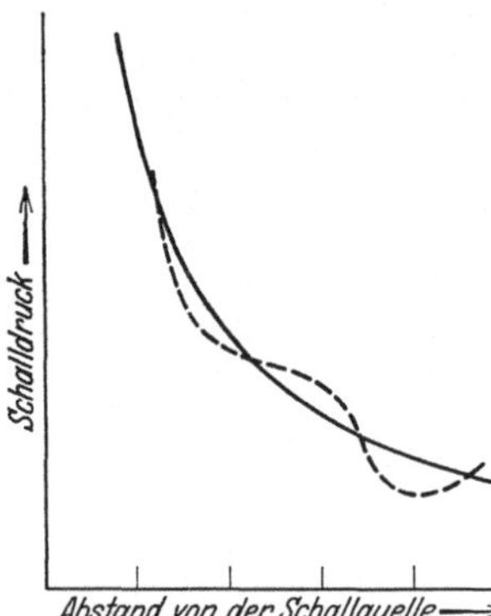

Abb. 353. Schalldruck, abhängig von dem Abstand von der Schallquelle — ohne und ... mit Wirkung des Schallreflexes an einer Wand.

$$P = 10 \log_{10} \frac{E}{E_0} = 10 \log_{10} \left(\frac{p}{p_0}\right)^2 = 20 (\log_{10} p - \log_{10} p_0)\,, \qquad (25)$$

wobei p und E den Schalldruck bzw. die Schallintensität bei der Lautstärke P und p_0, E_0 die gleichen Werte bei der unteren Hörgrenze (Reizschwellenwerte) bezeichnen. Ohne auf die Absolutwerte einzugehen sei nur bemerkt, daß dem Schalldruck *1* bei 1000 Hz einer Lautstärke von etwa 60 Phon, und ein Schalldruckunterschied von 1 : 10 nach obiger Beziehung einem Lautstärkeunterschied von 20 Phon entspricht. ($P \sim 40$ bei $p = 0{,}1$, $P \sim 20$ bei $p = 0{,}01$ und $P \sim 0$ bei $p = 0{,}001$). Als Bezugspunkt wird bei manchen Meßgeräten statt der Reizschwellenwerte die Lautstärke bei $p = 1$ und 1000 Hz verwendet und hierbei $P = 70$ Phon eingesetzt. Zur Charakterisierung der Phonwerte sei angeführt, daß Lautstärken unter 10 Phon nur in sehr ruhigen Zimmern, Lautstärken von 50 bis 60 bei Unterhaltungssprache und Lautstärken von 90 bis 100 in sehr geräuschvollen Betriebsräumen, wie Kesselschmieden, gemessen wurden. Hervorzuheben ist noch, daß ein Lautstärkenunterschied von 1 Phon bei einer gegebenen Frequenz gerade die noch wahrnahmbare Grenze für Lautstärkenunterschiede darstellt.

Auf die verschiedenen Einrichtungen zur Geräuschmessung kann hier nicht eingegangen werden, in der Literatur sind zahlreiche Methoden zur Durchführung von Vergleichsmessungen und zur genauen quantitativen Tonanalyse beschrieben; in letzter Zeit sind auch verschiedene vollständige Meßgeräte auf den Markt gekommen.

26. Lagerströme[1]. Bei der Beobachtung und Untersuchung der Lager elektrischer Maschinen ist auf die sichere Vermeidung von Lagerströmen besonderer Wert zu legen, da diese in verhältnismäßig kurzer Zeit zu einer Zerstörung der Lager führen zu können. Die Ursachen für das Auftreten von Lagerspannungen brauchen hier nur soweit gestreift zu werden, wie es für das Verständnis der Meßmethoden und Abwehrmaßnahmen erforderlich ist. Im wesentlichen lassen sich zwei Arten von Lagerspannungen unterscheiden; die eine beruht auf unipolarer Induktion in den beiden Lagerzapfen, die andere auf Wechselinduktion infolge periodischer Änderung des die Welle umschlingenden Kraftflusses. In Abb. 354 ist das Zustandekommen unipolarer Induktionsspannungen im Falle einer Gleichstromwendepolmaschine angedeutet. Es ist dabei angenommen, daß die Zuleitungen zu den Wendepolwicklungen so geführt wird, daß die Welle von einer Leiterschleife umschlossen ist, die Welle also in ihrer Achsrichtung magnetisiert wird. Der magnetische Kraftfluß schließt sich teilweise durch die Lager, Lagerböcke und die Grundplatte. An den zu beiden Seiten eines Lagers eingezeichneten Schleifbürsten muß sich infolgedessen eine Gleichspannung messen lassen. Die Spannung findet innerhalb des Lagers einen Schließungskreis über die Lagerschalen, wenn die Spannung ausreicht, die Ölschicht zwischen Zapfen und Lagerschale zweimal zu durchbrechen. Der Stromschließungskreis ist durch eine strichlierte Linie in der Abbildung angegeben. Der Nachweis der Lagerspannung ist, wie angegeben, leicht zu erbringen; wird nicht die Spannung zu beiden Seiten des Lagerzapfens, sondern zwischen Lagerzapfen und Lagerschale abgegriffen, so erhält man in dem so gemessenen Spannungsabfall zwischen Welle und Lager einen Nachweis für das Auftreten von Lagerströmen. Durch Isolierzwischenlagen zwischen Lagerbock und Grundplatte lassen sich in diesem Falle die Lagerströme nicht verhindern; durch andere Führung der Wendepolverbindungen oder durch Anbringung einer Gegenstromschleife läßt sich jedoch fast immer die Ursache derartiger Lagerspannungen leicht beheben; eine gewisse Abschwächung kann auch durch Einfügung eines unmagnetischen Zwischenstückes zwischen Lager und Grundplatte erreicht werden. Bei den auf Wechselinduktion beruhenden Wellenspannungen handelt es sich um den Einfluß der Teilfugen und Segmentstöße in dem Blechkranz mehrteiliger Maschinen oder um die Wirkung einseitiger Verlagerung des Läufers. Zerlegt man den magnetischen Kraftfluß einer mehrpoligen Maschine in einen die Welle rechtsläufig

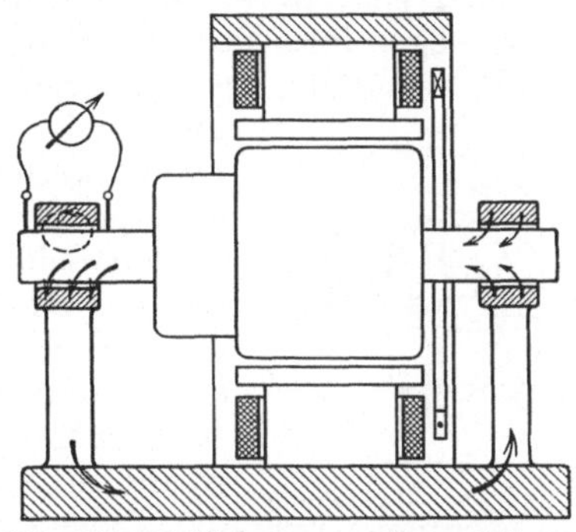

Abb. 354. Entstehung von Lagerströmen durch unipolare Induktion.

[1] Fleischmann, L.: Ströme in Lagern und Wellen. Elektrotechn. u. Maschinenb. Bd. 7 (1909) S. 352. Alger, P. L., u. H. W. Samson: Shaft currents in electric machines. J. Ing. electr. Engr. Bd. 42 (1923) S. 1325. Pohl, R.: Untersuchungen über Wellenspannungen, besonders bei zweipoligen Turbogeneratoren. Elektrotechn. Z. Bd. 50 (1929) S. 417.

und einen die Welle linksläufig umschließenden Teil (Abb. 355), so ist leicht zu ersehen, daß je nach dem Verhältnis von Teilfugenzahl n zu Polzahl $2p$ der die Welle umschlingende Fluß bei Rotation des Läufers konstant bleibt oder bei jeder Weiterdrehung um eine doppelte Polteilung ein Maximum und Minimum einmal oder mehrmals durchläuft. Eine Wellenspannung von einem ungeraden Vielfachen der Netzfrequenz tritt demnach auf, wenn das Verhältnis der Teilfugenzahl n zur Polpaarzahl p eine ungerade Zahl ist oder als Bruch geschrieben, einen ungeraden Zähler hat, also bei $n = 2$ und $p = 2$, 4 oder 6, nicht aber bie $n = 2$ und $p = 3$ oder $p = 5$. Der Zähler des Bruches gibt an, das Wievielfache der Netzfrequenz die Wellenspannungsfrequenz beträgt. Bei $n = 6$ und $p = 2$ wird $\frac{n}{p} = \frac{6}{2} = 3$; d. h. die Wellenspannung hat die dreifache Netzfrequenz. Den gleichen Einfluß wie die Teilfugen haben die Segmentstöße, nur ist ihre Wirkung wegen ihrer geringeren Breite geringer, so daß die durch sie hervorgerufene Flußschwankung meist als mehr oder weniger stark ausgeprägte höhere Harmonische in der Wellenspannung nachzuweisen ist. Zur Messung der Lagerspannung läßt man zu beiden Seiten des Läufers Metallbürsten oder Cu-Drähte schleifen, die zu einem Voltmeter geführt sind; die Aufnahme erfolgt am besten im Leerlauf bei verschiedenen Spannungen, wobei zweckmäßig die Lagerspannung auch oszillographisch aufgenommen wird, um den Einfluß der verschiedenen Stoßstellen einzeln verfolgen zu können. Durch Isolation der Lager auf einer Seite des Läufers kann das Auftreten von den auf Wechselinduktion beruhenden Lagerströmen auch bei hohen Wellenspannungen sicher verhindert werden (vgl. Abb. 356); die Lagerung etwa direkt gekuppelter anderer Maschinen muß dabei mit berücksichtigt werden. (Stopfbuchsen direkt gekuppelter Turbinen oder Pumpen müssen unter Umständen ebenfalls isoliert angeordnet werden.) Die Messung der Lagerspannung sollte nicht nur bei Synchronmaschinen, sondern bei jeder größeren Wechselstrommaschine durchgeführt werden, da die etwa vorhandenen Unsymmetrien im Läufer oder Ständer, die zu Lagerströmen führen können, oft schwer auf andere Weise bei zusammengebauter Maschine erkannt werden können.

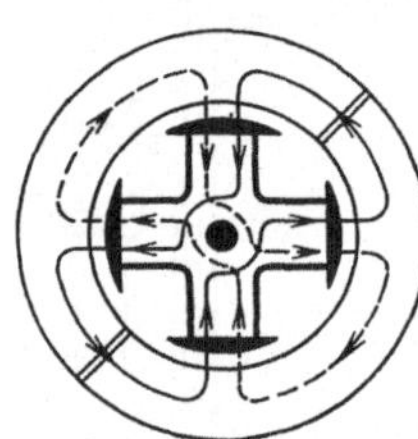

Abb. 355. Entstehung von Lagerströmen durch Gehäuseteilfugen. $n = 2$; $p = 2$; $\frac{n}{p} = 1$.

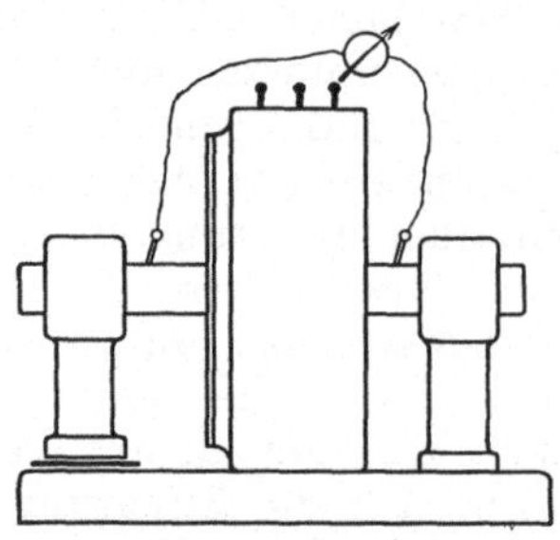

Abb. 356. Generator mit einseitig isoliertem Lager zur Verhinderung von Lagerströmen.

E. Isolation.

27. Isolationsfestigkeit. Die Betriebssicherheit elektrischer Maschinen, insbesondere aber der Hochspannungsmaschinen, hängt sehr wesentlich von der Güte der Windungs- und Körperisolation ihrer Wicklungen ab. Die wirkliche Nachprüfung dieser Isolationswerte ist bei der fertigen Maschine kaum durchführbar, denn für die Zuverlässigkeit der Isolation im Dauerbetriebe ist durchaus nicht der Durchschlagswert allein maßgebend; die Wärmebeständigkeit und die mechanischen Eigenschaften der verwandten Isolierstoffe, die sichere unbedingt unverrückbare Lagerung der Einzelleiter jeder Spule, die Oberflächeneigenschaften der Isoliermaterialien und ihr Verhalten bei Glimmentladungen und manche andere Faktoren spielen vielfach ebenfalls eine wichtige, oft ausschlaggebende Rolle. Bei dieser Sachlage hat sich allmählich die Übung herausgebildet, in Ermangelung einer einwandfreien Kontrollmöglichkeit aller dieser Wicklungseigenschaften die Durchschlagsprüfspannung immer höher zu treiben, um auf diese Weise mit einiger Wahrscheinlichkeit einen genügenden Sicherheitsfaktor der Wicklungsisolation zu erzwingen. Dabei wird oft nicht beachtet, daß bei extrem hohen Prüfspannungen die Gefahr eines Überschlags zwischen Körper und Wicklung oder zwischen den Zuleitungen zu diesen Teilen während der Durchschlagprobe immer größer wird, und daß bei derartigen Überschlägen Wanderwellen in die Wicklung einziehen, die unter Umständen eine Beanspruchung der Windungsisolation von der Größenordnung der vollen Betriebsspannung ergeben. (Vorausgesetzt, daß die Prüfspannung in der Größenordnung der doppelten Betriebsspannung liegt.) Um bei derartigen Prüfungen etwa aufgetretene Beschädigungen der Windungsisolation auszumerzen, ist zu empfehlen, die weiter unten genannte Windungsprobe als letzte Prüfung durchzuführen. Nebenher laufen auch Bestrebungen, auf andere Weise die „Güte“ der Isolation festzustellen. An die Stelle der kurzzeitigen hohen Prüfspannung werden mehrfach Dauerprüfungen (bis zu mehreren Stunden) mit mittelhohen Prüfspannungen empfohlen, auch die Verluste im Dielektrikum und die Abhängigkeit dieser Verluste von der Prüfspannung werden als Kriterium zur Beurteilung der Wicklungsisolation herangezogen. Alle diese Bemühungen haben bisher zu keiner einwandfreien Prüfmethode geführt, weil kein unmittelbarer Zusammenhang zwischen den so gefundenen Meßwerten und den oben angedeuteten erforderlichen Eigenschaften der Wicklungsisolation besteht. Sowohl die JEC-Regeln wie auch die REM und die meisten anderen nationalen Vorschriften beschränken sich deshalb auf die Durchschlagsprobe als Prüfmethode für die Feststellung der Isolierfestigkeit. In den REM wird die Durchschlagsfestigkeit zwischen verschiedenen Wicklungen und zwischen den Wicklungen und Körper als sog. Wicklungsprobe eingehend behandelt (§ 50). Die Höhe der Prüfspannung ist für die verschiedenen Wicklungen und Betriebsspannungen genau festgelegt; sie weicht in den verschiedenen nationalen Regeln nicht wesentlich voneinander ab. Die Windungsisolation wird durch eine Windungsprobe (§ 52 der REM), bei der die einzelnen Windungen einer erhöhten Windungsspannung vom 1,3- bis 1,5fachen Werte der betriebsmäßig auftretenden Windungsspannung ausgesetzt werden und bei Wechselstromwicklungen über 2,5 kV außerdem durch die Sprungwellenprobe (§ 51 der REM) auf ihre Isolierfestigkeit geprüft. Die Vorschriften über die Durchführung dieser Versuche sind in den REM so eingehend behandelt, daß sich ein weiteres Eingehen auf sie erübrigt. Erwähnt sei nur, daß die Sprungwellenprobe nach einzelnen Erfahrungen mitunter zu Beschädigungen der Windungsisolation (Punktierungen) führt, die bei der nachfolgenden Windungsprobe nicht immer sicher erkannt werden können. Es wird deshalb von einzelnen Konstruktionsfirmen einer scharfen Prüfung der Windungsisolation der einzelnen Spulen mit hochfrequenten Strömen vor ihrem Einbau der Vorzug gegeben[1]. Diese Prüfung ist natürlich nur möglich, wenn die Spulen vor ihrem Einbau völlig fertiggestellt werden, wie das bei den sog. Ganzformspulen der Fall ist. Zweckmäßig wird die Höhe der Prüfspannung der einzelnen Spulen gleich der vollen verketteten Maschinenspannung gewählt, da anzunehmen ist, daß bei Schaltbeanspruchungen durch Wanderwellen auf eine einzelne Maschinenspule keine höhere Spannung entfällt.

28. Isolationswiderstand. Der Isolationswiderstand einer Wicklung hängt in weitgehendem Maße von ihrem Trockenheitsgrade ab; in den REM ist deshalb

---

[1] Rylander, I. L.: J. Amer. Ing. electr. Engr. 1926 S. 217. Liebscher u. Ziegler: Siemens-Z. 1928 Heft 10.

keine Vorschrift über die Höhe des Isolationswiderstandes aufgenommen. Bei genügender Trocknung ist es meist leicht, einen Widerstand zu erreichen, der in Ohm ausgedrückt gleich dem 1000fachen Zahlenwert der Betriebsspannung in Volt ist, also für einen 500 V-Anker gleich 500000 Ohm, für eine 6000 V-Wicklung gleich 6000000 Ohm. Bei großen Maschinen mit großer Oberfläche und großer Berührungsfläche von Wicklung und Eisenkörper wird der Isolationswiderstand im allgemeinen etwas tiefer liegen wie bei kleinen Maschinen. Man hat oft versucht, diesen Umstand durch Entwicklung einer Faustformel für den Isolationswiderstand Rechnung zu tragen, in der in irgendeiner Weise die Wicklungsoberfläche berücksichtigt ist; da die genaue Höhe des Isolationswiderstandes jedoch ohne Bedeutung ist, sofern nur ungefähr der oben angegebene Wert im trockenen Zustand der Wicklung erreicht wird, kann hier von der An-

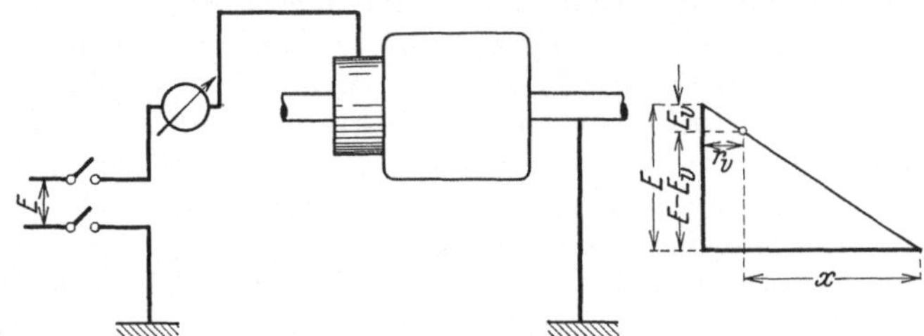

Abb. 357. Messung des Isolationswiderstandes eines Gleichstromankers.

gabe derartiger Formeln Abstand genommen werden. Wichtiger wie der Absolutwert des Isolationswiderstandes ist zur Beurteilung der Wicklungsisolation die Schnelligkeit der Änderung des Isolationswiderstandes, wenn die Maschine in ruhendem Zustand der Einwirkung feuchter Luft ausgesetzt wird; bei Verwendung nicht hygroskopischer Isoliermaterialien und guter, feuchtigkeitsbeständiger Lacktränkung der Wicklung, wird selbst nach wochenlanger Einwirkung der Luftfeuchtigkeit der Isolationswiderstand noch so hoch liegen, daß eine Wiederinbetriebnahme ohne vorherige Nachtrocknung möglich ist. Bei Wicklungen, die mit blanken unisolierten Teilen verbunden sind (Ankerwicklungen mit Kommutator), muß natürlich die Oberflächenleitung berücksichtigt werden. Die Messung des Isolationswiderstandes erfolgt entweder mit Kurbelinduktor oder, wenn eine Gleichspannungsquelle zur Verfügung steht, mit einem Voltmeter von hohem inneren Widerstand (etwa 100 Ohm pro Volt) in der in Abb. 357 angegebenen Schaltung. Der Meßbereich des Voltmeters soll mindestens so groß sein, daß er zur Messung der Spannung E der Gleichstromquelle ausreicht. Beträgt der Ausschlag des Voltmeters bei Serienschaltung mit dem Isolationswiderstand X E_V Volt, so ist

$$X = r_v \cdot \frac{E - E_V}{E_V}, \qquad (25)$$

wenn r_V den Voltmeterwiderstand bezeichnet, E ist möglichst nicht unter 100 bis 200 V zu wählen.

Allgemeine Literatur.

Richter: Ankerwicklungen für Gleich- und Wechselstrommaschinen. Berlin: Julius Springer 1922. Richter: Elektrische Maschinen Bd. 1 u. 2 Berlin: Julius Springer 1924, 1930. Ossanna: Dynamomaschinen in Starkstromtechnik von Rziha und Seidner. Berlin: Ernst & Sohn 1919. Jahn, G.: Messungen an elektrischen Maschinen. Berlin: Julius Springer 1925.

VIII. Gleichstromgeneratoren und Motoren.

Von **F. Hillebrand**, Berlin.

A. Allgemeines.

1. Umfang der Messungen. Die experimentelle Untersuchung von Gleichstrommaschinen umfaßt in der Regel die Aufnahme der Belastungscharakteristik, die Erwärmungsbestimmung, die Wirkungsgradermittlung, die Kommutierungseinstellung und schließlich die Isolationsprobe. Den eigentlichen Prüfungen muß die schon in Kap. VII behandelte allgemeine Kontrolle der Maschine, vor allem die Luftspaltmessung am Ankerumfang, die Feststellung der richtigen Polfolge, die Kontrolle der Bürstenteilung, die Einstellung der Bürsten in die neutrale Zone, die Widerstandsmessung der Anker- und Feldwicklung und die Feststellung eines genügenden Isolationswiderstandes der Wicklungen vorausgehen. Die Reihenfolge der Messungen ist an sich belanglos; wichtig ist nur, daß die Güte der Kommutierung sowohl die Erwärmung des Kollektors und der Ankerwicklung wie auch den Verlauf der Belastungscharakteristik wesentlich beeinflußt; es ist deshalb ratsam, zunächst die Kommutierung wenigstens oberflächlich im Kurzschluß oder bei Belastung zu untersuchen.

Zur Durchführung der Belastungsproben wird die zu untersuchende Maschine mit einer Belastungsmaschine passender Größe direkt gekuppelt oder durch Riemen verbunden. Handelt es sich um einen Generator, so wird die Belastungsmaschine als Antriebsmotor benutzt; die vom Generator abgegebene Leistung kann in Belastungswiderständen vernichtet werden oder direkt oder über zwischengeschaltete Umformeraggregate in das Netz zurückgeleitet werden. Handelt es sich um die Prüfung eines Gleichstrommotors, so muß die Belastungsmaschine als Generator arbeiten, wobei sie ihrerseits auf Widerstände oder auf ein Netz belastet werden kann. Bei kleinen und kleinsten Motoren benutzt man zur Belastung vorteilhaft Wirbelstrombremsen oder Seilbremsen, die einfach zu handhaben sind und die das Belastungsdrehmoment ohne weiteres abzulesen gestatten.

2. Belastungswiderstände. Als Belastungswiderstände werden bei mittleren Leistungen meist Metallwiderstände benutzt, die in Gruppen so unterteilt sind, daß durch passende Serien- und Parallelschaltung der Einzelgruppen der Spannungs- und Strombereich in weiten Grenzen geändert werden kann. Als Anhalt für die Bemessung derartiger Widerstände mögen folgende Zahlenwerte dienen, die für Drähte mit einem spezifischen Widerstand von 0,48 und für eine Erwärmung von etwa 200 bis 250° C bei freiem Zutritt der Luft gelten.

Drahtdurchmesser	0,5	1	1,5	2,0	2,5	3,0	3,5 mm
Widerstand je m	2,44	0,61	0,272	0,153	0,098	0,068	0,05 Ω
Belastung in A..	1,9	6,0	11,5	19	27	36,5	48

Für größere Leistungen kommen Wasserwiderstände in Betracht, die mit verstellbarem Elektrodenabstand, regelbarer Elektrodenfläche und Wasserzu- und -abfluß ausgerüstet sind. Einige Zahlenwerte mögen auch hier über die erforderlichen Größenordnungen orientieren. Der Elektrodenabstand ist so zu wählen, daß der Spannungsabfall zwischen 2 Elektroden nicht größer als 150 V/cm beträgt; außerdem soll die Stromdichte an den Elektrodenflächen kleiner als 1 A/cm² und die Energieaufnahme der stromdurchflossenen Flüssigkeit kleiner als 1 W/cm³ sein. Der Widerstand zwischen 2 Elektrodenplatten von je 1 m² beträgt bei reinem

Leitungswasser, einem Elektrodenabstand von 1 cm und einer Wassertemperatur von 20° C etwa 0,2 Ω, bei 40° C etwa 0,14 Ω, bei 80° C etwa 0,09 Ω und bei 100° C etwa 0,08 Ω. Bei 2,5 cm Abstand der Elektrodenplatten würde demnach ein Wasserwiderstand bei 110 V, 20° C Wassertemperatur und 1 m² Oberfläche jeder Platte einen Strom von $\frac{110}{0{,}2 \cdot 2{,}5} = 220$ A entsprechend einer Leistung von 24,4 kW aufnahmen. Die erforderliche Frischwassermenge q l/s ergibt sich bei einer Erwärmung von τ^0 C des Wassers und einer im Widerstand vernichteten Leistung von V kW zu $q = 0{,}24 \cdot \frac{V}{\tau}\cdot$ Soll das erwärmte Wasser nicht abgeführt, sondern im Widerstand verkocht werden, so ist ein Frischwasserzusatz von $q = \left(0{,}24 \frac{V}{537 + \tau}\right)$ l/s erforderlich; wegen der bei Gleichstrom auftretenden starken Schlammbildung ist jedoch bei Gleichstrom-Wasserwiderständen stets für eine starke Wassererneuerung zu sorgen (siehe auch S. 195).

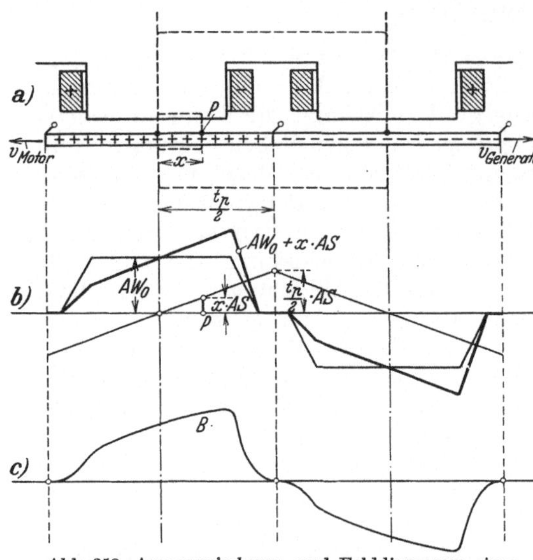

Abb. 358. Amperewindungs- und Felddiagramm einer Gleichstrommaschine ohne Wendepole bei Neutralstellung der Bürsten.

3. Ankerrückwirkung und Magnetfeld. Bevor wir auf die Aufnahme der Belastungscharakteristiken bei den verschiedenen Schaltungen der Gleichstrommaschine eingehen, wollen wir den Einfluß der Ankerrückwirkung auf das Magnetfeld betrachten, und zwar bei einer Maschine mitfreier Kommutierung ohne Wendepole und bei einer Maschine mit erzwungener Kommutierung mit Kompensations- und Wendepolwicklung. In Abb. 358 ist eine doppelte Polteilung einer Gleichstrommaschine ohne Wendepole schematisch in der Abwicklung dargestellt; die Bürsten sollen genau in der Neutralstellung stehen, so daß durch die Neutrale die Ankeroberfläche in eine Hälfte mit positivem (+) Strombelag und eine Hälfte mit negativem Strombelag (—) geteilt wird. Auf 1 cm des Ankerumfanges entfällt eine Ampereleiterzahl

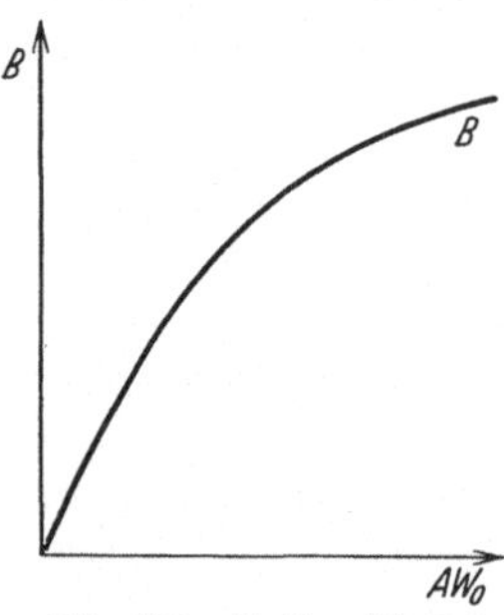

Abb. 359. Luftspaltinduktion als Funktion von AW_0.

$$AS = \frac{J}{2a} \cdot \frac{s \cdot w}{2\pi R}, \tag{1}$$

wenn J den Ankerstrom, $2a$ die Zahl der parallelen Ankerkreise, $s \cdot w$ die gesamte Ankerleiterzahl und R den Ankerradius in cm bezeichnet. Zur Ermittlung des Luftspaltfeldes an irgend einem Punkte $P_{(x)}$ des Ankerumfanges bestimmen wir für den in der Abb. 358 punktiert eingetragenen Integrationsweg das Linienintegral der magnetischen Feldstärke

$$\oint \mathfrak{H}\, dl = 2 \cdot AW_m + x \cdot AS. \tag{2}$$

Lösen wir die Magnetpol-Amperewindungszahl AW_m auf in einen Teil, der zur Überwindung des magnetischen Widerstandes im Luftspalt und in den Ankerzähnen (AW_0), und einen Teil, der zur Überwindung des magnetischen Widerstandes im Anker — Pol — und Joch (AW_A) dient, so erhalten wir

$$\oint \mathfrak{H}\, dl = 2\,(AW_0 + AW_A) + x\,AS\,.$$

Betrachten wir bei Vernachlässigung der Eisensättigung die Polschuhoberfläche und den Ankerumfang als Niveauflächen, so erhalten wir für die magnetische Spannung längs des Luftspaltes und der Ankerzähne im Punkt P den Wert

$$AW_{(x)} = AW_0 + x\,AS\,. \qquad (3)$$

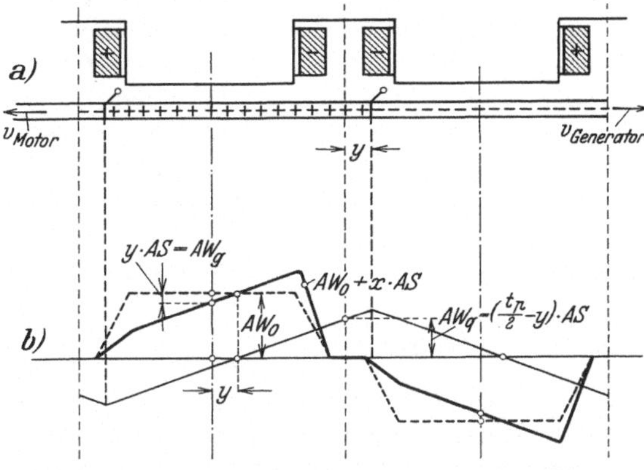

Abb. 360. Amperewindungs- und Felddiagramm einer Gleichstrommaschine ohne Wendepole mit Bürstenvorschub.

In Abb. 358 ist die trapezförmige Felderregerkurve (AW_0) der Magnetwicklung und die dreieckförmige Felderregerkurve der Ankerwicklung ($x \cdot AS$) eingetragen. Ist die Luftspaltinduktion ($\mathfrak{B}$) als Funktion von AW_0 bekannt (vgl. Abb. 359), so kann an Hand der Gl. (3) für jeden Punkt P unter der Polschuhoberfläche die Luftspaltinduktion ermittelt werden. In der Polmitte ($x = 0$) bleiben die Ankeramperewindungen ohne Einfluß auf das Luftspaltfeld, in dem Bereich des Ankerumfangs, in dem sich die Magnet- und Ankererregerwindungen addieren, nimmt die Luftspaltinduktion infolge der Zahnsättigung weniger als proportional AW_x zu, in dem Bereich, in dem sich dagegen die Magnet- und Ankererregerwindungen subtrahieren, fällt $\mathfrak{B}$ stärker als linear mit AW_x. Die Folge der Ankerrückwirkung ist also eine gewisse Schwächung des mittleren Luftspaltfeldes. Die Schwächung wird noch stärker, wenn die Bürsten um einen Betrag y aus der Neutralen verschoben werden (Abb. 360); in diesem Falle beträgt die mittlere magnetische Spannung unter dem Polschuh nicht mehr AW_0, sondern ($AW_0 - y \cdot AS$), der Ankeramperewindungsbeitrag:

$$AW_g = y \cdot AS \qquad (3\text{a})$$

wird als Anker-Gegenamperewindungen, während der Anteil

$$AW_q = \left(\frac{tp}{2} - y\right) AS \qquad (4)$$

als Anker-Queramperewindungen bezeichnet wird.

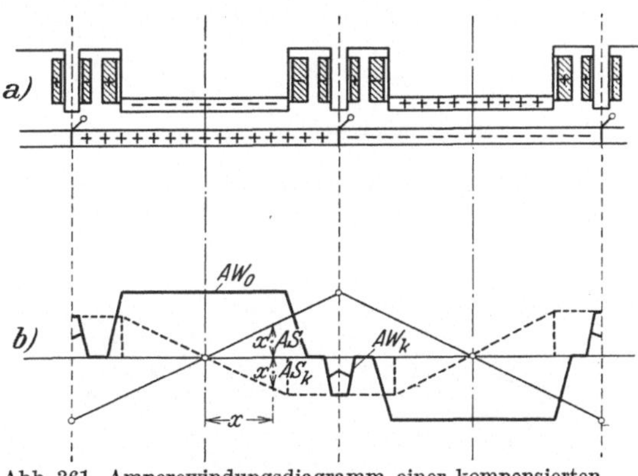

Abb. 361. Amperewindungsdiagramm einer kompensierten Gleichstrommaschine.

Wird in die Polschuhe eine sog. Kompensationswicklung eingebracht, die je cm Umfang den gleichen Strombelag (AS_k) wie die Ankerwicklung (AS) jedoch mit entgegengesetzter Stromrichtung aufweist, so wird offenbar der Einfluß der Ankerrückwirkung im Polbereich vollständig aufgehoben (Abb. 361). Im Polzwischenraum kann durch einen Wendepol mit passend gewählter Wendepolerregung (AW_k) ein für die Kommutierung günstiges Wendefeld erzwungen werden. Bei vollkommen kompensierten Maschinen kann mithin der Belastungsstrom keine Änderung der Feldverteilung im Luftspalt hervorrufen, die sog.

statische und dynamische Charakteristik müssen also zusammenfallen. In Abb. 362 ist für eine nicht kompensierte Maschine abhängig von der Felderregung für konstante Drehzahl die Anker EMK im Leerlauf (E_0) aufgetragen; neben dieser statischen Charakteristik ist für die gleiche Drehzahl auch die Anker EMK E_d für eine bestimmte Strombelastung eingezeichnet. Diese 2te „dynamische“ Charakteristik scheint um einen Betrag $A-B$ gegenüber der statischen Charakteristik nach rechts verschoben. Die Größe von AB ändert sich mit dem Sättigungsgrad der Maschine (Einfluß von AW_q) und ist im übrigen von der Größe der Bürstenverschiebung (Einfluß von AW_g) und der Höhe der Ankerbelastung abhängig. Die Kurve der Klemmspannung (Δ) des Generators liegt schließlich für eine gegebene Belastung um einen konstanten Betrag BC unterhalb der dynamischen Charakteristik. BC ist dabei durch den Ohmschen Spannungsabfall und den Bürstenspannungsabfall bestimmt. In erster Annäherung können die Seiten des „charakteristischen Dreiecks“ ABC als proportional dem Ankerstrom angesehen werden.

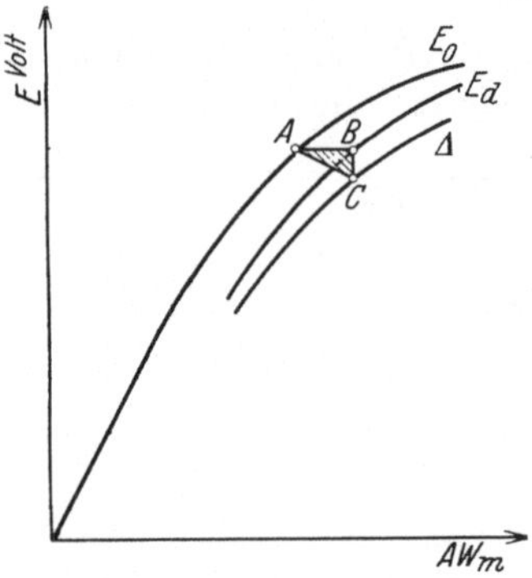

Abb. 362. Statische, dynamische und äußere Charakteristik.

B. Generatoren und Motoren in verschiedenen Schaltungen.

4. Fremderregter Generator. Der Generator wird mit konstanter Drehzahl n angetrieben und von einer fremden Stromquelle mit einem konstanten Erregerstrome i_m entsprechend einer konstanten Magnetfeld-Amperewindungszahl AW_m erregt (Abb. 363). Bei Leerlauf stellt sich die Ankerspannung E_0 ein; bei zunehmendem Belastungsstrom J wird ein Spannungsabfall auftreten, der mit Hilfe des charakteristischen Dreiecks bestimmt werden kann, wenn die Seiten des Dreiecks für einen Stromwert bekannt sind. Tragen wir zu der Leerlaufmagnetisierungskurve $E_0 = f(AW_m)$ im 4ten Quadranten als Funktion des Ankerstromes J die Klemmspannung Δ auf (Abb. 364), so ist der Zusammenhang leicht zu übersehen. Ebenso zeigt die Abb. 364, wie mit Hilfe der experimentell aufgenommenen Belastungscharakteristik $\Delta = f(J)$ und der Magnetisierungskurve das charakteristische Dreieck ermittelt werden kann, wenn der Spannungsabfall $BC = J \cdot r_a + e_{Bü}$ bekannt ist. Ist dieser Spannungsabfall nicht bekannt, so läßt sich das charakteristische Dreieck experimentell bestimmen, sobald die Belastungscharakteristik

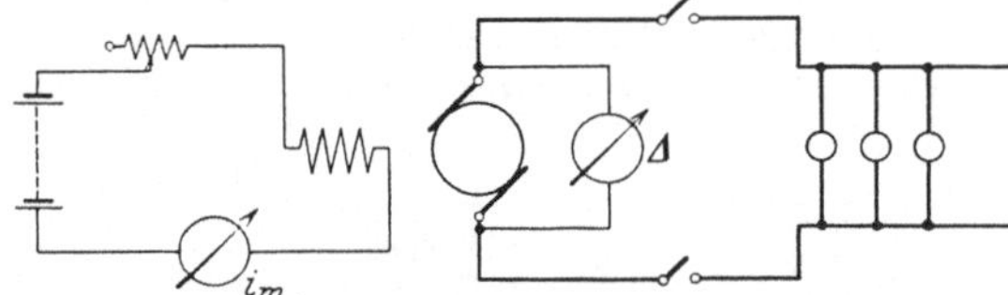

Abb. 363. Schaltung eines fremderregten Generators.

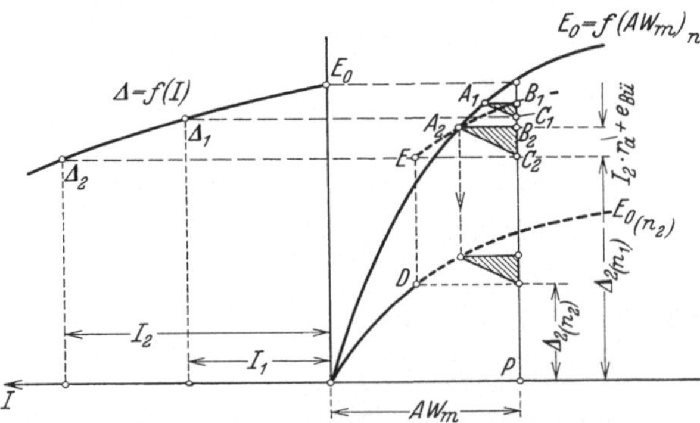

Abb. 364. Charakteristiken eines fremderregten Generators.

für 2 Drehzahlen n_1 und n_2 ermittelt ist; die dazu erforderliche Konstruktion ist in Abb. 364 eingetragen, die vom Punkt P aus nach E parallel zur Ordinatenachse verschobene Sättigungskurve für $n = n_2$ schneidet die Sättigungskurve für $n = n_1$ im Punkte A_2, dem Bestimmungspunkt für das charakteristische Dreieck $A_2 B_2 C_2$.

5. Fremderregter Motor und Nebenschlußmotor. Sowohl bei dem fremderregten Motor nach Abb. 363 wie bei dem nebenschlußerregten Motor nach Abb. 365 bleibt der Erregerstrom i_{m1} unabhängig von der Belastung konstant.

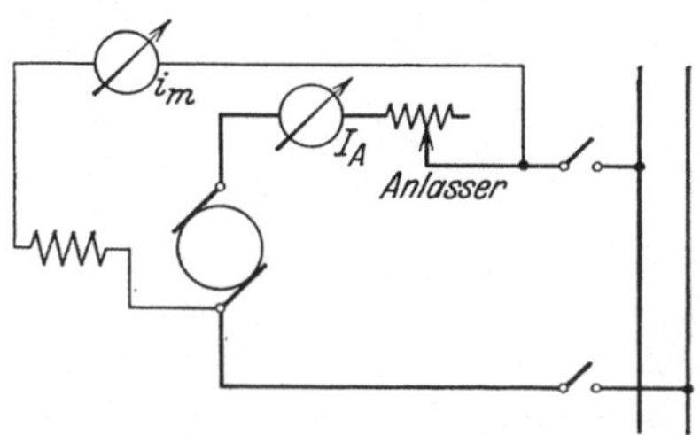

Abb. 365. Schaltung eines Nebenschlußmotors.

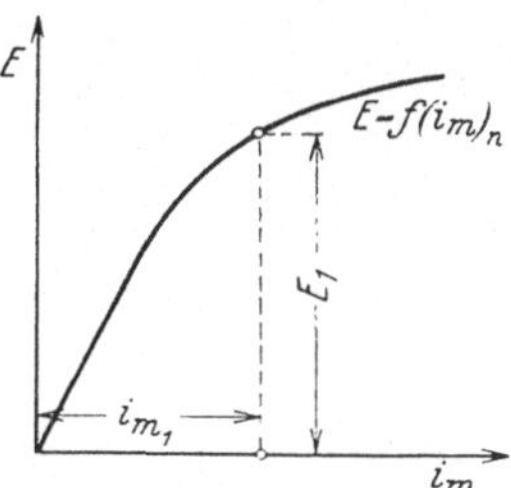

Abb. 366. Sättigungskurve.

Da im vollkommenen Leerlauf keine Ankerrückwirkung und kein Spannungsabfall auftritt, muß die angelegte Klemmspannung Δ der durch Rotation mit der Drehzahl n_0 im Anker induzierten Spannung E_0 das Gleichgewicht halten. ($\Delta = E_0$). Nun ist E_0 durch die Beziehung

$$E_0 = \frac{s \cdot w}{a} \cdot p \cdot \frac{n_0}{60} \cdot \Phi_0 \cdot 10^{-8} \tag{5}$$

mit dem Fluß Φ_0 und der Drehzahl n_0 verbunden; ist mithin der Zusammenhang zwischen Φ_0 und dem Erregerstrom i_m bzw. für eine bestimmte Drehzahl n der

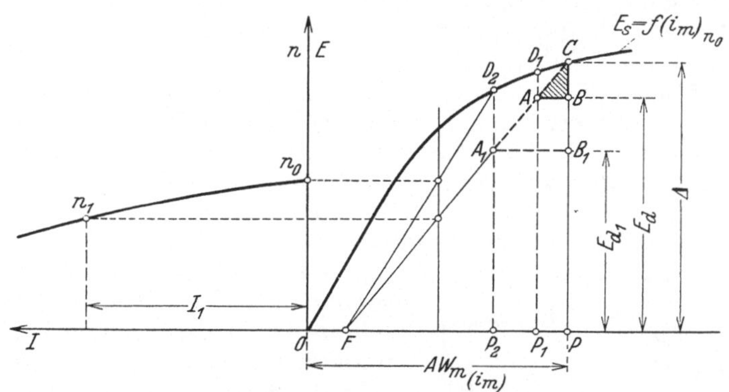

Abb. 367. Charakteristiken eines Nebenschlußmotors.

Zusammenhang zwischen E und i_m (Sättigungskurve Abb. 366) bekannt, so ergibt sich die Leerlaufdrehzahl n_0 des Motors ohne weiteres aus der Beziehung $\frac{n_0}{n} = \frac{\Delta}{E_1}$, wenn E_1 aus der Sättigungskurve für die Drehzahl n zu dem Erregerwert i_{m1} abgegriffen worden ist.

Bei Belastung des Motors mit dem Ankerstrome J ist nicht mehr die Klemmspannung Δ, sondern die dynamische EMK E_d

$$E_d = \Delta - (J_{ra} + e_{Bü}) \tag{6}$$

für die Motordrehzahl maßgebend. Da außerdem der Feldstrom i_m durch die

Ankerrückwirkung von einem Wert OP auf einen Wert OP_1 (Abb. 367) geschwächt erscheint, wobei $OP - OP_1 = AB$ wiederum die eine Seite des charakteristischen Dreiecks ABC darstellt, so ist die Belastungsdrehzahl n weiter durch das durch OP_1 gekennzeichnete Feld bestimmt. Es besteht also die Beziehung:

$$\frac{n}{n_0} = \frac{E_d}{P_1 D_1} = \frac{E_d}{E_{s1}}, \tag{7}$$

wobei $P_1 D_1$ die Leerlaufspannung E_{s1} für die Erregung OP_1 und die Drehzahl n_0 darstellt. Für einen Belastungsstrom J_1 ergibt sich auf die gleiche Weise

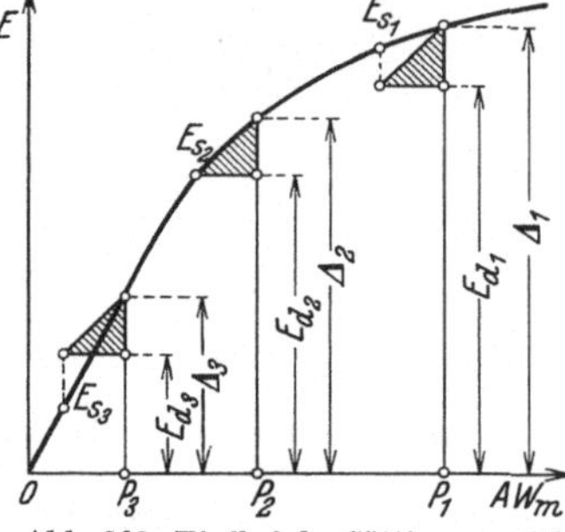

Abb. 368. Einfluß der Sättigung auf das Drehzahlverhalten eines Nebenschlußmotors.

$$\frac{n_1}{n_0} = \frac{E_{d1}}{P_2 D_2} = \frac{E_{d1}}{E_{s2}}. \tag{8}$$

In Abb. 367 ist im 4ten Quadranten die Motordrehzahl abhängig vom Belastungsstrom dargestellt; die Tourencharakteristik ist hier leicht fallend. Offenbar hängt jedoch die Größe des Tourenabfalles stark vom Verlauf der Magnetisierungscharakteristik und von der Größe der Ankerrückwirkung ab. In Abb. 368 sind für verschiedene Werte von Δ jedoch für den gleichen Belastungsstrom die charakteristischen Dreiecke in die Magnetisierungskurve eingetragen; während für Δ_1, der Wert von $E_{d1} < E_{s1}$ und mithin $n < n_0$ ist, wird für Δ_2 $E_{d2} = E_{s2}$ und $n_2 = n_0$ und schließlich liegt für eine Klemmspannung Δ_3 der Wert von E_{d3} über E_{s3}, so daß $n_3 > n_0$ wird. Bei Motoren mit Umdrehungszahlregelung durch Feldänderung verschiebt sich der Betriebsbereich des Motors bei hohen Drehzahlen, also bei starker Feldschwächung in das Gebiet schwacher Sättigung und damit in den Gefahrenbereich für unstabiles Verhalten. Zur Kontrolle der Stabilität ist es deshalb bei allen Nebenschlußmotoren üblich, den Drehzahlabfall bei Belastung nicht nur bei der Nenndrehzahl, sondern auch bei einer um 15% bis 25% höher liegenden Drehzahl festzustellen, und zwar nicht nur bei Nennlast, sondern auch bei einer gewissen Überlastung. Durch Rückschub der Bürsten (vgl. Abb. 360) wird der Einfluß der Ankerrückwirkung und damit die Neigung zur Drehzahlerhöhung bei Belastung vergrößert; bei Wendepolmaschinen mit schwacher Sättigung kann schon ein geringer Bürstenrückschub zu einem Durchgehen des Motors führen. Zu dem Schaltbild (Abb. 365) des Nebenschlußmotors sei in diesem Zusammenhang noch bemerkt, daß der Anschluß des Feldes vor dem Anlasser, also unmittelbar hinter dem Netzschalter, erfolgen soll, damit der Motor vor dem Anlauf schon vollerregt werden kann.

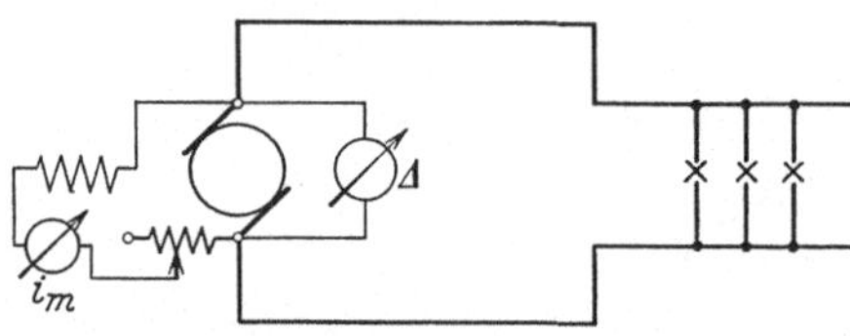

Abb. 369. Schaltung eines Nebenschlußgenerators.

6. Nebenschlußgenerator. Bei Nebenschlußgeneratoren liegt die Magnetwicklung nicht mehr wie in den vorher behandelten Fällen an einer konstanten Spannung, sondern an der von der Belastung abhängigen Ankerspannung (Abb. 369). Mit zunehmender Belastung fällt also die Maschinenklemmspannung einmal infolge der Ankerrückwirkung und des inneren Spannungsabfalles, dann auch wegen des mit sinkender Ankerspannung abnehmenden Erregerstromes. Bei Kurzschluß des Generators wird der Erregerstrom Null, und die Größe des Kurzschlußstromes hängt lediglich von der Höhe der Remanenzspannung und dem Widerstand des Schließungskreises ab.

Bei Leerlauf ist bei Vernachlässigung der Rückwirkung des Erregerstromes die Klemmspannung, auf die sich der Generator bei einer Drehzahl n erregt, durch den Schnittpunkt P der Sättigungskurve mit der Widerstandsgeraden OP bestimmt. Die Tangente des Neigungswinkels α dieser Widerstandsgeraden ist durch den Widerstand r des Feldkreises gegeben:

$$\operatorname{tg} \alpha = \frac{\Delta}{i_m} = r\,, \tag{9}$$

wenn die Sättigungskurve als Funktion des Erregerstromes aufgetragen ist, oder

$$\operatorname{tg} \alpha = \frac{\Delta}{AW_m} = \frac{\Delta}{i_m \cdot w_m} = \frac{i_m \cdot r}{i_m \cdot w_m} = \frac{r}{w_m}, \tag{10}$$

wenn als Abszisse die Erregerwindungszahl w_m benutzt ist. Bildet die Widerstandsgerade die Tangente an die Sättigungskurve ($r = r_k$ = kritischer Widerstand) oder ist $r > r_k$, so erregt sich der Generator nicht mehr (vgl. Abb. 370). Für verschiedene Drehzahlen und einen und denselben Wert von r gilt eine Widerstandsgerade und verschiedene Sättigungskurven (Abb. 371); die Schnittpunkte $P_1 \ldots P_2 \ldots P_3$ geben alsdann für die jeweilige Drehzahl die Leerlaufspannungen an. Für eine bestimmte Drehzahl (kritische Drehzahl n_k) wird wieder die Grenze erreicht, bei der keine Selbsterregung auftritt. Da die Sättigungskurve wegen der Remanenz nicht durch den Koordinatenanfangspunkt geht, ist allerdings streng genommen immer ein Schnittpunkt zwischen Widerstandsgeraden und Sättigungskurve vorhanden, dieser liegt jedoch im Falle der kritischen Dreh-

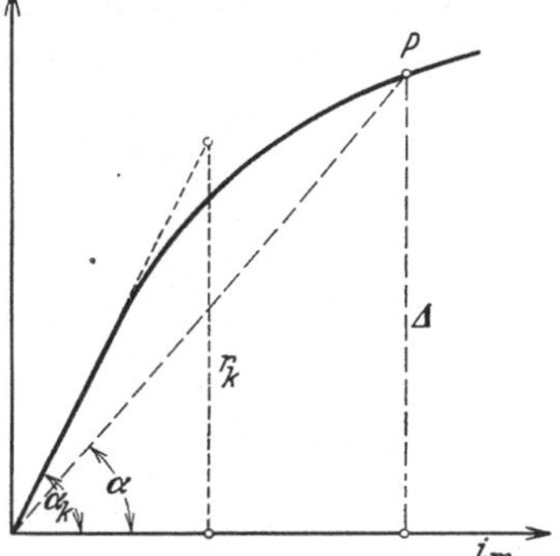

Abb. 370. Sättigungskurve und Widerstandsgerade.

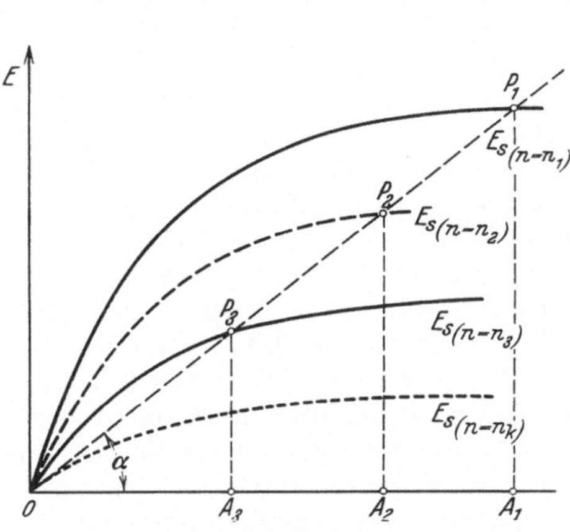

Abb. 371. Einfluß der Drehzahl auf die Lage der Sättigungskurve.

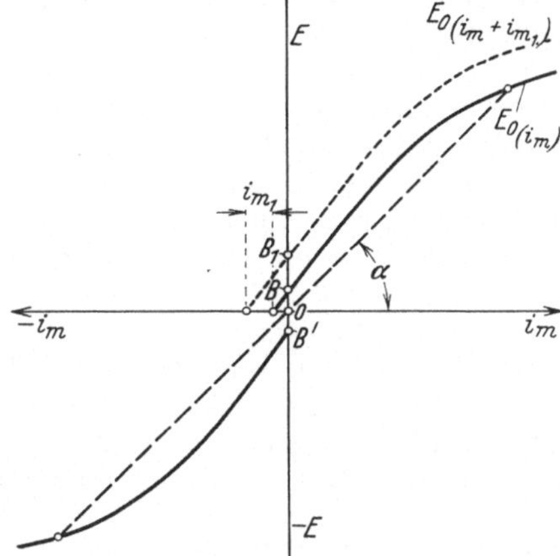

Abb. 372. Einfluß einer Vorerregung.

zahl bei so niedrigen Spannungswerten, daß praktisch nicht mehr von einer Selbsterregung gesprochen werden kann; es sei denn, daß durch besondere Mittel ein hoher Remanenzwert erzwungen wird (kleiner Luftspalt, Verwendung von Eisen mit hohen Remanenzwerten für die Pole und das Joch). In Abb. 372 ist in etwas verzerrtem Maßstab die Sättigungskurve in dem Bereich geringer Erregungen gezeichnet, um den Einfluß des Remanenzwertes deutlich hervortreten zu lassen. Die gleiche Wirkung wie eine Erhöhung des Remanenzwertes hat eine Vorerregung durch eine fremde Erregerquelle, etwa durch eine kleine Akkumulatorenbatterie; die Vorerregung braucht nur sehr schwach zu sein, da bereits ein kleiner Bruchteil der Leerlauferregung den natürlichen Remanenzwert OB beträchtlich steigert. Diese Steigerung — in Abb. 372 vom Wert OB auf den Wert OB_1 durch eine Vorerregung i_{m1} — ist natürlich nur eine scheinbare, da der wirkliche Remanenzwert bleibt. Bei der Zeichnung der Widerstandsgeraden haben wir den Spannungsabfall an den Bürsten gegenüber dem Spannungsabfall in der Erregerwicklung und dem Vorschaltwiderstand bisher vernachlässigt; im Beginn der Sättigungskurve ist diese

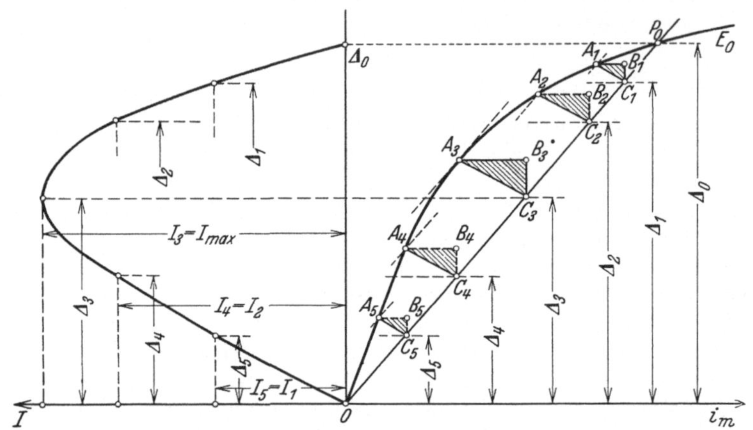

Abb. 373. Charakteristiken eines Nebenschlußgenerators.

Vernachlässigung nicht mehr zulässig, da der Bürstenspannungsabfall auch bei geringsten Erregerströmen schon in der Größenordnung der Remanenzspannung liegt und sich somit wie eine Verminderung der Remanenzspannung auswirkt. (Vorteil der Verwendung von Bronzebürsten mit geringem Spannungsabfall zur Abnahme des Erregerstromes.) Scharfe Schnittpunkte zwischen Widerstandsgeraden und Sättigungskurve lassen sich auch durch Anordnung von Sättigungsstrecken in den magnetischen Kreis erreichen, die derart bemessen sind, daß sie schon bei geringen Erregungen merkliche Sättigung aufweisen und auf diese Weise eine Krümmung der Sättigungskurve im unteren Bereich erzwingen. Aus Abb. 372 ist auch das Verhalten des Nebenschlußgenerators bei Umkehrung des Erregerstromes zu ersehen; der Remanenzwert springt dann vom Werte OB auf den Wert OB', die Polarität des Generators wechselt.

Die Belastungscharakteristik des Nebenschlußgenerators ist bei gegebener Sättigungskurve, gegebener Neigung der Widerstandsgeraden und bekannten Konstanten des charakteristischen Dreiecks dadurch bestimmt, daß einmal die Widerstandsgerade die Klemmspannung angibt und damit den Fußpunkt C des charakteristischen Dreiecks trägt und daß weiter der 2te Eckpunkt A des charakteristischen Dreiecks auf der Sättigungskurve liegt (vgl. Abb. 373).

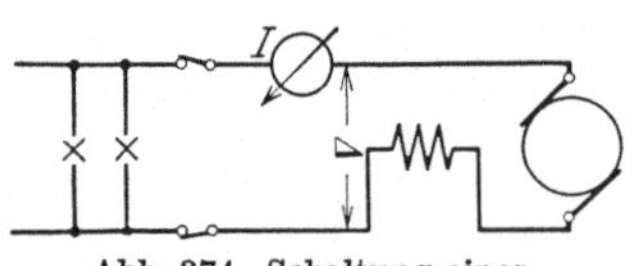

Abb. 374. Schaltung eines Seriengenerators.

7. Seriengenerator. Beim Seriengenerator wird die Feldwicklung vom Betriebsstrome durchflossen (Abb. 374), die Windungszahl ihrer Feldwicklung w_m ist deshalb nur ein Bruchteil derjenigen bei Nebenschlußmaschinen. Die Sättigungskurve läßt sich nur bei Fremderregung der Feldwicklung experimentell aufnehmen; die Belastungscharakteristik ergibt sich bei Kenntnis des charakteristischen Dreiecks ähnlich wie beim fremderregten Generator. Ist für einen Belastungsstrom J die Klemmspannung ermittelt, so können für andere Ströme an Hand der in Abb. 375 angegebenen Konstruktion leicht die zugehörigen Werte der Klemmspannung bestimmt werden. Mit zunehmendem Belastungsstrom nimmt die Klemmspannung erst rasch, dann langsamer zu, schließlich fällt die Spannung bei hohen Stromwerten und steigender Sättigung wieder ab.

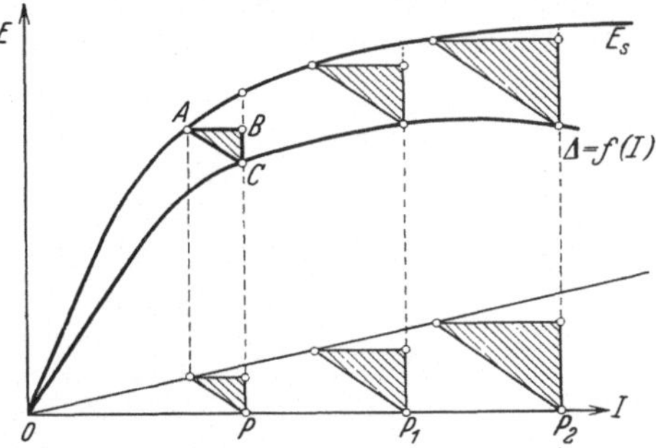

Abb. 375. Charakteristiken eines Seriengenerators.

Ein Betrieb der reinen Serienmaschine auf ein Netz mit konstanter Spannung ist als Generator nicht möglich; die Maschine läuft vielmehr unabhängig von der Antriebsdrehzahl immer als Motor. Nur durch besondere Schaltungen, auf die hier nicht eingegangen werden kann, läßt sich ein Zurückarbeiten des Seriengenerators auf ein festes Netz in gewissen Grenzen erreichen.

8. Serienmotor. Die Schaltung des Serienmotors mit dem zugehörigen Anlaßwiderstand ist in Abb. 376 schematisch dargestellt, die graphische Konstruktion der Drehzahlkurve als Funktion des Belastungsstromes für konstante Klemmspannung ist in Abb. 377 durchgeführt. Ähnlich wie beim Nebenschlußmotor wird auch hier mit Hilfe der als gegeben angesehenen Sättigungskurve und mit Hilfe des charakteristischen Dreiecks die für einen bestimmten Belastungsstrom (beispw. J_1) sich ergebende dynamische EMK E_{d1} in Beziehung gebracht zu der statischen EMK E_{s1} bei gleicher Felderregung. Ist die Sättigungskurve bei der Drehzahl n_0 aufgenommen, so ergibt sich die Belastungsdrehzahl n aus der Beziehung

$$\frac{n}{n_0} = \frac{E_d}{E_s} \quad \text{und} \quad \frac{n_1}{n_0} = \frac{E_{d1}}{E_{s1}}. \tag{11}$$

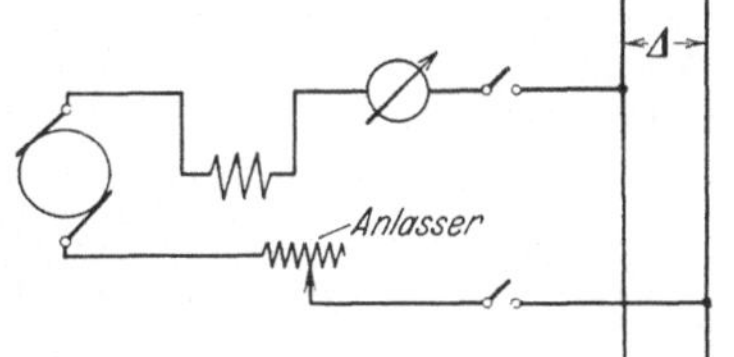

Abb. 376. Schaltung eines Serienmotors.

Mit zunehmender Belastung fällt die Drehzahl des Serienmotors erst schnell, dann langsamer ab; bei vollkommenem Leerlauf würde die Drehzahl unendlich hoch werden. Infolge der Leerlaufverluste, die bei steigender Drehzahl rasch zunehmen, bleibt die Leerlaufdrehzahl zwar in endlichen Grenzen, liegt jedoch meist so hoch, daß der Motor den dabei auftretenden mechanischen Beanspruchungen nicht gewachsen ist; es sind deshalb Vorkehrungen zu treffen, um ein Überschreiten der höchst zulässigen Drehzahl zu verhindern.

Das Moment M des Serienmotors ist dem Strom J und der dynamischen EMK E_d direkt, der Drehzahl umgekehrt proportional:

$$M = \frac{J \cdot E_d}{9{,}81 \cdot 2\pi \cdot \frac{n}{60}}, \tag{12}$$

infolge der anfangs stark fallenden Drehzahlcharakteristik ist deshalb das Motormoment bei kleinen Belastungsströmen dem Quadrat des Stromes angenähert proportional, bei höheren Stromwerten wächst es langsamer und steigt schließlich bei hoher Sättigung dem Strom proportional an.

Die Drehzahl des Serienmotors kann mit Hilfe von Vorschaltwiderständen oder durch Parallelwiderstände zur Feldwicklung geregelt werden. Die Vorschaltwiderstände erniedrigen mit zunehmender Belastung die dem Motor zugeführte Klemmspannung, der Motor verhält sich also bei der Reglung wie ein normaler Serienmotor, dessen Klemmspannung proportional dem Belastungsstrom sinkt. (Starker Drehzahlabfall, schlechter Wirkungsgrad.)

Durch Parallelwiderstände zur Feldwicklung läßt sich das Motorfeld und damit die Drehzahl des Serienmotors ähnlich regulieren wie beim Nebenschlußmotor durch einen Feldvorschaltwiderstand; der Seriencharakter bleibt natürlich erhalten, weil der Feldstrom stets dem Belastungsstrom proportional bleibt.

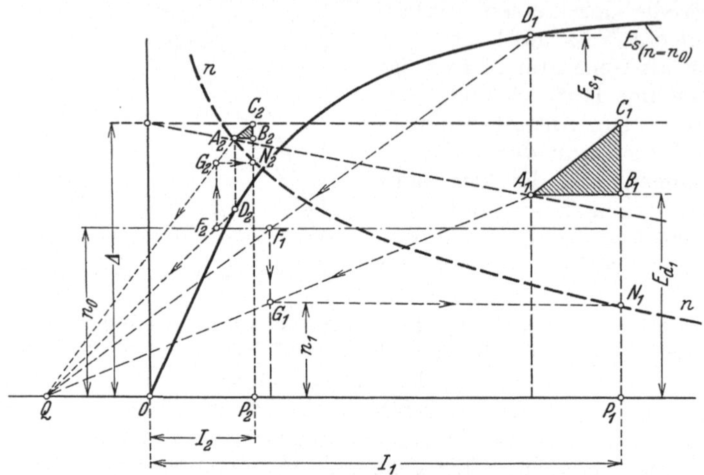

Abb. 377. Charakteristiken eines Serienmotors.

Bei betriebsmäßig vorkommenden sehr schnellen Änderungen des Belastungsstromes (plötzliches Einschalten) ist der Feldparallelwiderstand so induktiv auszubilden, daß das Verhältnis vom Feldstrom zum Nebenstrom auch bei Stromänderungen immer angenähert erhalten bleibt[1].

9. Verbundgenerator. Bei dem Verbundgenerator wird durch den Zusatz einer Serienfeldwicklung zur Nebenschlußerregerwicklung (Schaltung Abb. 378) eine

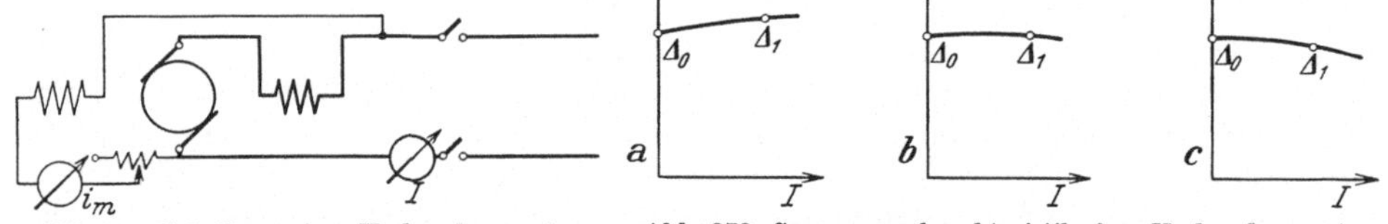

Abb. 378. Schaltung eines Verbundgenerators.

Abb. 379. Spannungscharakteristik eines Verbundgenerators bei verschieden starker Kompoundierung.

Belastungscharakteristik erzielt, die ein Mittelding zwischen der des reinen Seriengenerators und der des reinen Nebenschlußgenerators darstellt. Dabei kann die Serienwicklung im gleichen Sinne wie die Nebenschlußerregung wirken (feldverstärkend, aufkompoundierend) oder im entgegengesetzten Sinne (feldschwächend, gegenkompoundierend). Wird bei der Aufkompoundierung ein Anstieg der Klemmspannung mit zunehmender Belastung erzwungen, so spricht man von einer Überkompoundierung (Abb. 379a); wird die Serienwicklung so abgeglichen, daß die feldschwächende Wirkung der Ankerrückwirkung und der Ohmsche Spannungsabfall für den Vollaststrom aufgehoben wird, so ist eine flache

[1] Über kleine Reihenschlußmotoren für Gleich- und Wechselstrom s. K. Metzler: Helios, Lpz. 1923 Nr. 6 u. 7.

oder genaue Kompoundierung erzielt (Abb. 379b). Reicht schließlich die Serienwicklung nicht aus, um den Spannungsabfall bei voller Belastung ganz aufzuheben, so liegt eine Unterkompoundierung vor (Abb. 379c). Die Konstruktion der Belastungscharakteristik an Hand der Sättigungskurve und des charakteristischen Dreiecks soll hier übergangen werden; wichtiger ist für die Prüffelduntersuchung des Verbundgenerators die experimentelle Bestimmung der Belastungscharakteristik ohne Einschaltung der Serienfeldwicklung. Zu dem Zwecke muß das Nebenschlußfeld durch Änderung des Feldvorschaltwiderstandes in gleichem Maße verstärkt werden, wie es durch die Wirkung der Serienwicklung bei konstantem Feldvorschaltwiderstand betriebsmäßig geschieht. Dabei genügt wegen der Krümmung der Belastungscharakteristik meistens die Aufnahme zweier Belastungspunkte noch nicht, um ein sicheres Urteil über den Grad der Kompoundierung zu erhalten. Beim Parallelbetrieb zweier Verbundgeneratoren sind die Serienwicklungen so einzustellen, daß beide Maschinen möglichst gleiche Belastungscharakteristiken aufweisen, außerdem werden zweckmäßig die Verbindungsstellen zwischen Anker- und Serienwicklung durch eine Ausgleichleitung miteinander verbunden, um eine gleiche Stromverteilung auf beide Serienwicklungen zu erzwingen (Abb. 380). Sind die parallel arbeitenden Generatoren mechanisch direkt gekuppelt, so ist die Anbringung einer derartigen Ausgleichleitung erforderlich; ihr Widerstand muß natürlich im Verhältnis zum Widerstand der Serienwicklung klein sein, da anderenfalls ein genügender Stromausgleich nicht erzwungen wird.

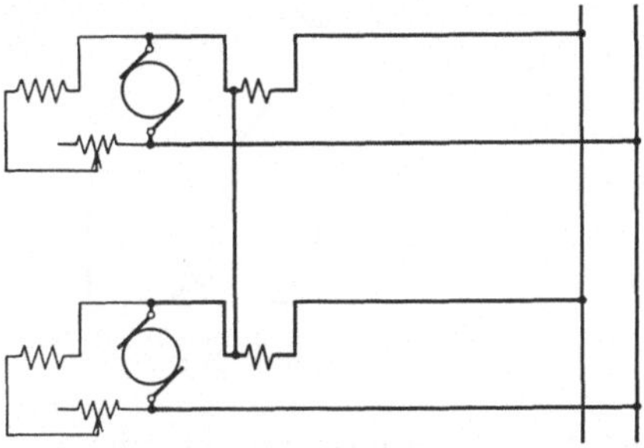

Abb. 380. Schaltung zweier parallel arbeitender Verbundgeneratoren mit Ausgleichleitung.

10. Verbundmotor. Die Schaltung des Verbundmotors ist die gleiche wie die des Verbundgenerators; praktisch kommt beim Motor nur eine feldverstärkende Kompoundwicklung in Betracht, die den Drehzahlabfall des Nebenschlußmotors bei Belastung verstärkt. Eine feldschwächende Kompoundwicklung würde mit zunehmender Belastung eine Drehzahlerhöhung und damit eine Unstabilität des Motors bewirken. Bei der Prüfung eines Verbundmotors ist auf die richtige Schaltung der Serienwicklung deshalb besonders zu achten (vgl. Methoden zur Prüfung des Wicklungssinnes Abschnitt VII S. 288). Stehen keine Hilfsmittel zur Feststellung des Wicklungssinnes zur Verfügung, so genügt ein Anlaufversuch bei unbelasteter Maschine, und zwar einmal mit reiner Serienerregung, dann mit reiner Nebenschlußerregung; in beiden Fällen muß die Drehrichtung die gleiche sein.

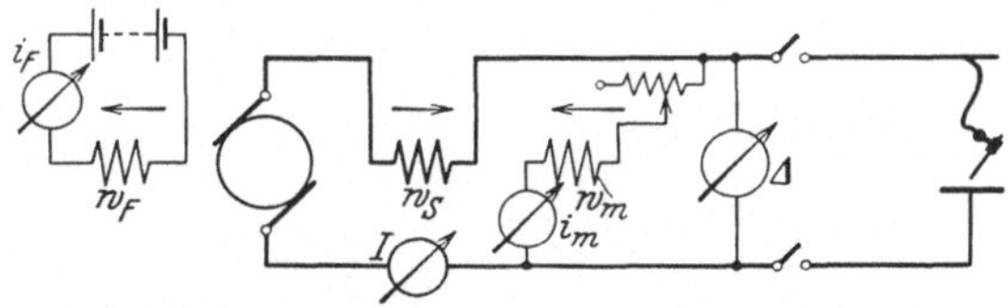

Abb. 381. Generator in Kraemer-Schaltung.

11. Generatoren mit gemischter Erregung. Von den Generatoren mit kombinierter Selbst-, Fremd- und Serienerregung sei hier nur die Kraemer-Maschine genannt, die insbesondere als Konstantstrom- und als Erregerdynamo ein weites Anwendungsgebiet gefunden hat. Die Schaltung zeigt Abb. 381; die Selbsterregung $(i_m \cdot w_m)$ wird durch eine einstellbare oder konstante Fremderregung $(i_F \cdot w_F)$ unterstützt, die Serienwicklung $(J \cdot w_s)$ wirkt dagegen feldschwächend. Durch Einstellung der Fremderregung läßt sich der Kurzschlußstrom der Maschine in weiten Grenzen einstellen, da im Kurzschluß die resultierende Erregerfeldwindungszahl durch den Wert $(i_F \cdot w_F - J \cdot w_s)$ gegeben ist. Der eingestellte Kurzschlußstrom bleibt auch bei Vergrößerung des äußeren Widerstandes nahezu erhalten, so daß also die äußere Spannungscharakteristik in einem beschränkten Bereich nahezu vertikal verläuft (vgl. Abb. 382). Bei Leerlauf oder kleiner Belastung verhält sich die Maschine in verstärktem Maße wie der früher besprochene Nebenschlußgenerator mit geringer Vorerregung (VIII B 6 S. 318); die Stärke der Fremderregung und die Einstellung des Feldvorschaltwiderstandes

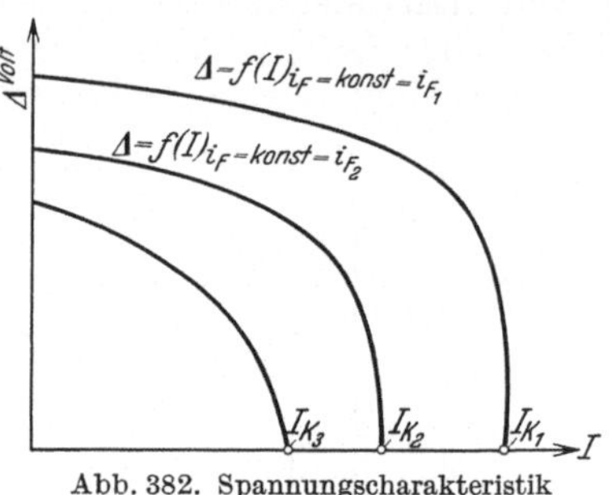

Abb. 382. Spannungscharakteristik einer Kraemer-Maschine.

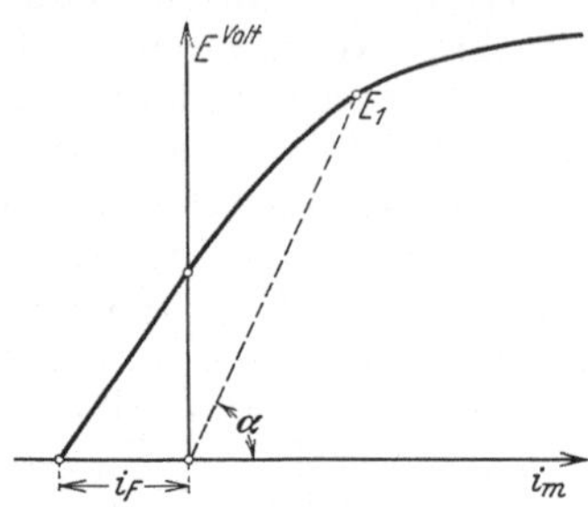

Abb. 383. Leerlaufverhalten einer Kraemer-Maschine.

im Selbsterregerkreise bestimmen die Spannung E, auf die sich die Maschine im Leerlauf erregt (Abb. 383). Ist die Kraemer-Maschine bei diesem Erregungsvorgang auf einen stark induktiven Widerstand etwa auf eine Erregerwicklung eines anderen Generators geschaltet, so wird also ihre Klemmspannung schnell auf E hochschnellen und erst allmählich bei steigendem Belastungsstrom auf seinen Belastungswert abfallen; diese Eigenschaft macht die Kraemer-Maschine als Erregermaschine für Stoßerregung besonders geeignet. Bei der experimentellen Untersuchung wird zweckmäßig die Sättigungskurve bei reiner Fremderregung aufgenommen; die äußere Belastungscharakteristik muß bei verschiedenen konstant gehaltenen Werten der Fremderregung bestimmt werden.

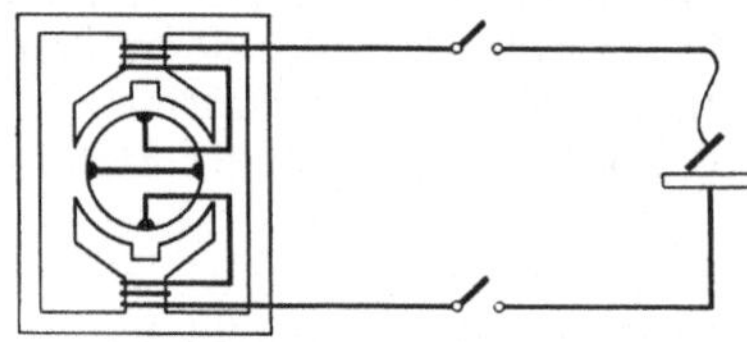
Abb. 384. Querfeldmaschine.

12. Spezialmaschinen. Für besondere Zwecke sind noch eine Reihe von Spezialmaschinen entwickelt worden, deren Verhalten sich auf Grund der bereits behandelten ableiten läßt, so daß ein Eingehen auf die verschiedenen Schaltungen hier nicht erforderlich ist. Erwähnt sei nur die Querfeldmaschine von Rosenberg, die als Konstantstrommaschine für Schweißzwecke eine große Verbreitung gefunden hat (Schaltung Abb. 384), und die verschiedenen Spaltpoltypen, deren Prinzip aus dem Schaltbild 385 erkennbar ist. Bei der Querfeldmaschine, die als Serien-, Fremderreger- oder Verbundgenerator ausgeführt werden kann, bildet das Ankerquerfeld das eigentliche Nutzfeld. Das Ankerquerfeld wird durch den Ankerstrom erregt, der sich über die in der Querfeldachse angeordneten Kurzschlußbürsten schließen kann.

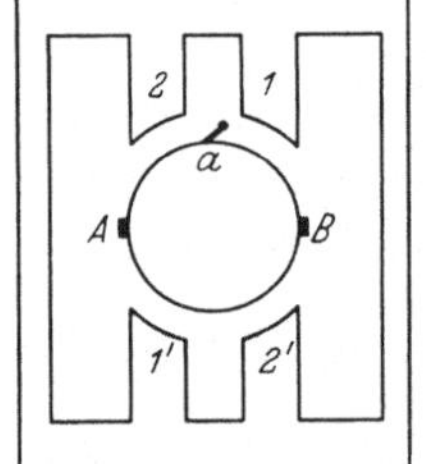

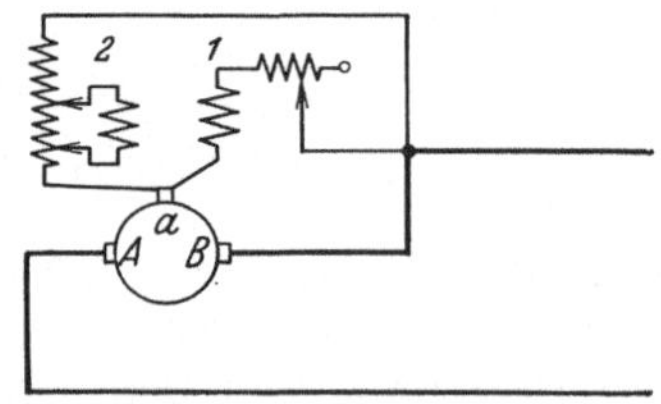

Abb. 385. Anordnung und Schaltung einer Spaltpoldynamo.

Bei dem skizzierten Spaltpoldynamo wird die Erregung für die beiden Polpaare von der Hauptbürste B und der Hilfsbürste a abgenommen. Bei Belastung der Maschine steigt die Spannung zwischen diesen Erregerbürsten infolge der Kompoundierung durch die Ankerrückwirkung schwach an — wie aus dem Felddiagramm Abb. 386 zu ersehen ist —, so daß bei unverändertem Widerstand im Feldkreis der Pole $1 - 1'$ zur Erregung des Polpaares $2 - 2'$ eine leicht steigende Spannung zur Verfügung steht. Durch Änderung des Widerstandes im Feldkreis der Pole $2 - 2'$ und Umschaltung dieser Wicklung kann die Spannung zwischen den Hauptbürsten $A - B$ stetig bis auf den Wert 0 herunterreguliert werden.

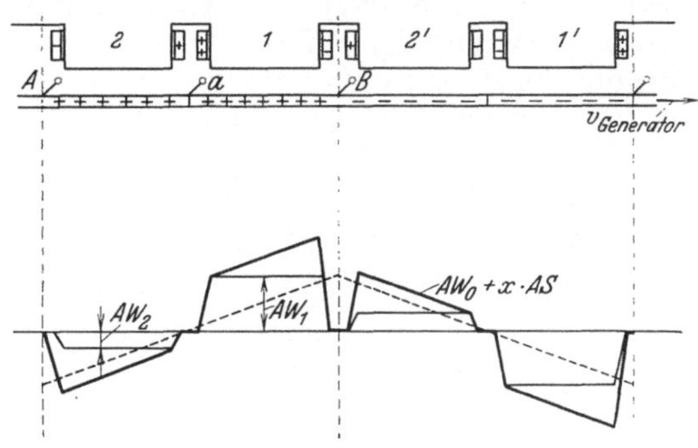

Abb. 386. Amperewindungs- und Felddiagramm einer Spaltpolmaschine.

C. Wirkungsgradbestimmung.

13. Rückarbeitsverfahren (REM § 58_1). Die direkte Wirkungsgradbestimmung wird bei Gleichstrommaschinen im allgemeinen nur bei Maschinen kleiner oder mittlerer Leistung durchgeführt, bei größeren Maschinen wird fast durchweg die indirekte Methode angewandt. Besondere Bedeutung hat hier das Rückarbeits- und das Einzelverlustverfahren. Das Rückarbeitsverfahren setzt immer 2 Maschinen gleicher Leistung und gleicher Ausführung voraus, bei denen bei gleicher Belastung auch gleiche Verluste und mithin gleiche Wirkungsgrade angenommen werden können. Beide Maschinen werden direkt miteinander gekuppelt (bei Kupplung durch Riemenübertragung müssen die Riemenverluste berücksichtigt werden) und so erregt, daß eine Maschine als Motor, die andere als Generator arbeitet. Dabei ist zu beachten, daß für eine gegebene Gleichstrommaschine die normalen Werte von Drehzahl und Klemmspannung beim Motor- und Generatorbetrieb etwas voneinander abweichen; beim Generator liegt die genormte Klemmspannung mit Rücksicht auf den Spannungsabfall in den Verteilungsleitungen 5 bis 10% höher als beim Motor (REM § 9), die Drehzahl wiederum liegt mit Rücksicht auf diese erhöhte Klemmspannung und mit Rücksicht auf den inneren Spannungsabfall je nach der Maschinengröße um 10 bis 25% höher als beim Motor. Je nach Wahl der Klemmspannung und der Drehzahl wird man sich also bei dem Versuch für eine Maschine den Betriebsbedingungen des Motors oder Generators beliebig nähern können, für die andere Maschine werden dann freilich die Abweichungen von ihren Betriebsbedingungen um so größer. Man wird deshalb zweckmäßig eine mittlere Drehzahl einstellen, um so bei einer mittleren Spannung für beide Maschinen Bedingungen zu schaffen, die verhältnismäßig wenig von ihren wirklichen Betriebsbedingungen verschieden sind.

Für das Rückarbeitsverfahren sind eine Reihe von Schaltungen entwickelt worden, die sich im wesentlichen durch die Art der Zuführung der Verlustleistung voneinander unterscheiden[1].

[1] Brion, G.: Elektrotechn. Z. Bd. 30 (1909) S. 865.

Elektrische Zuführung der Verluste. Bei rein elektrischer Zuführung der Verluste liegen beide Maschinen parallel an einem Netz mit der Klemmspannung E (Abb. 387). Der Generator ist mit dem Strom J_G belastet, gibt also die Leistung $L_G = E \cdot J_G$ ab, der Motor nimmt den Strom $J_m = J_G + J_Z$ auf; der Zusatzstrom J_Z wird dem Netz entnommen. Die vom Netz zur Deckung der Verluste beider Maschinen gelieferte Leistung beträgt also $L_Z = J_Z \cdot E$, und der totale Wirkungsgrad des Aggregates ergibt sich zu

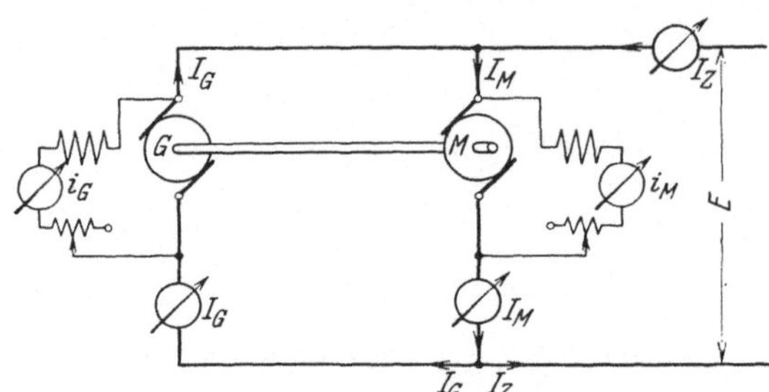

Abb. 387. Rückarbeitsverfahren bei zwei Nebenschlußmaschinen.

$$\eta_t = \frac{L_G}{L_M} = \frac{E \cdot J_G}{E \cdot J_M} = \frac{J_G}{J_G + J_Z}. \qquad (13)$$

Nimmt man an, daß $\eta_M = \eta_G$ ist, so folgt weiter

$$\eta_M = \eta_G = \sqrt{\eta_t} = \sqrt{\frac{J_G}{J_G + J_Z}}. \qquad (14)$$

Dabei ist vorausgesetzt, daß der Erregerstrom des Generators i_G in dem Strom J_G nicht enthalten ist, daß jedoch der Motorerregerstrom i_M in der Stromaufnahme J_M inbegriffen ist, eine Voraussetzung, die bei der Schaltung nach Abb. 387 immer erfüllt ist. Führen wir die Erregerströme i_G und i_M getrennt vom Netz zu, so geht Gl. (13) über in:

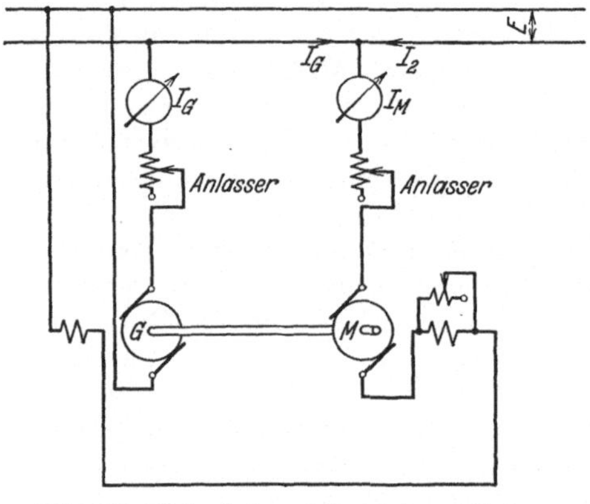

$$\eta_t = \frac{J_G}{J_G + J_Z + i_M + i_G}. \qquad (15)$$

Abb. 388. Rückarbeitsverfahren bei zwei Serienmaschinen.

Statt der Meßwerte i_M und i_G werden richtiger die Erregerströme eingesetzt, die sich aus einer Belastungsaufnahme für Motor- und Generatorbetrieb bei genauer Einstellung der Nennwerte ergeben. Wird bei dem Versuch, wie vorher ausgeführt, eine mittlere Drehzahl und eine mittlere Klemmspannung gewählt, so wird der Generator mit etwas zu hoher Sättigung und zu geringer Ummagnetisierungsperiodenzahl, der Motor umgekehrt mit zu geringe Sättigung und zu hoher Periodenzahl arbeiten, so daß beide Maschinen sehr angenähert mit richtigen Eisenverlusten laufen. Stellt man weiter den Motorstrom J_M und den Generatorstrom J_G so ein, daß

$$J_M = J + \frac{J_Z}{2},$$

$$J_G = J - \frac{J_Z}{2}$$

ist, wobei J den Nennvollaststrom der beiden Maschinen bedeutet, so wird die Abweichung der totalen Kupferverluste des Aggregates von dem Sollwert ein Minimum.

Handelt es sich um Reihenschlußmaschinen, so kann die gleiche Schaltung wie bei Nebenschlußmaschinen (Abb. 387) benutzt werden, wenn zur Speisung der Erregerwicklungen eine passende Stromquelle zur Verfügung steht; anderenfalls muß die Schaltung nach Abb. 388 gewählt werden. Hier liegt die Feldwicklung der als Generator arbeitenden Maschine in Serie mit dem Motor, während der Motorfeldstrom durch einen feinstufigen Nebenwiderstand regelbar ist. Beim Anlassen und bei der Einstellung des Regelshunts ist mit großer Vorsicht vorzugehen, um einerseits ein Durchgehen der Maschinen, andererseits eine kurzschlußähnliche Überlastung zu vermeiden; beim Anlassen ist also zunächst beim Motor zu beginnen, dann ist der Anlasser der Generatormaschine auf die ersten Stufen zu stellen, dann wird der Motoranlasser und schließlich der Generatoranlasser kurzgeschlossen. Mit Hilfe des Regelshunts wird die Belastung so einreguliert, daß der mittlere Belastungsstrom $\frac{J_M + J_G}{2}$ gleich dem Nennstrom der Maschinen ist.

Mechanische Zuführung der Verluste. Bei rein mechanischer Deckung der Verluste ergibt sich für das Rückarbeitsverfahren der Vorteil, daß die Spannung der zu prüfenden Maschinen unabhängig von der zur Verfügung stehenden Netzspannung gewählt werden kann und daß weiterhin beide Maschinen mit dem gleichen Belastungsstrom laufen. Die Schaltung zeigt Abb. 389. Die beiden zu prüfenden Maschinen M und G sind miteinander und mit einem Hilfsmotor HM gekuppelt, dessen Größe zweckmäßig so gewählt wird, daß er durch die bei Nennlast der Maschinen M und G auftretenden Verluste annähernd voll belastet wird. Sein Wirkungsgrad η_H bzw. seine Verluste müssen für alle in Betracht kommenden Belastungsfälle bestimmt sein, so daß sich aus der vom Hilfsmotor aufgenommenen Leistung $N_H = J_Z \cdot E_N$ die gesamten Verluste der Prüfmaschinen zu $N_H \cdot \eta_H$ ergeben und mithin der gesuchte Wirkungsgrad

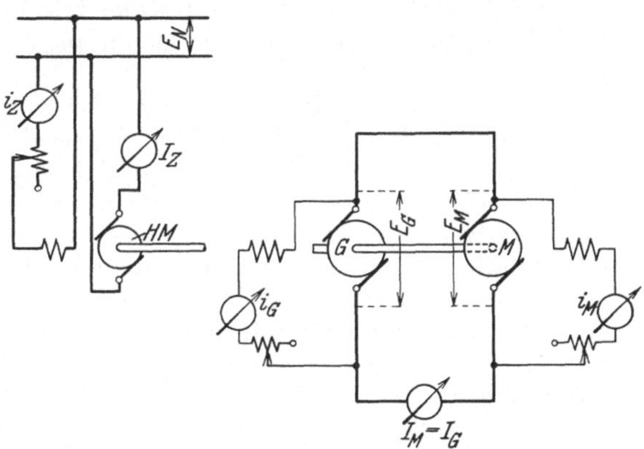

Abb. 389. Rückarbeitsverfahren mit mechanischer Deckung der Verluste.

$$\eta_M = \eta_G = \frac{J_M \cdot E_M}{J_M \cdot E_M + \frac{1}{2} N_H \cdot \eta_H} = \frac{J_G \cdot E_G}{J_G \cdot E_G + \frac{1}{2} N_H \cdot \eta_H} \tag{16}$$

wird. Tritt in den Verbindungsleitungen zwischen Motor und Generator ein Spannungsabfall e ein, so ist $E_G = E_M + e$ und

$$\eta_M = \eta_G = \frac{J_M \cdot \left(E_M + \frac{e}{2}\right)}{J_M \cdot \left(E_M + \frac{e}{2}\right) + \frac{1}{2} (N_H \cdot \eta_H - e \cdot J_M)}. \tag{17}$$

Wird statt der Eigenerregung (Abb. 389) Fremderregung benutzt, so muß zur Bestimmung des Wirkungsgrades die dem Netz entnommene Erregerleistung der Verlustleistung hinzugezählt werden.

14. Einzelverlustverfahren ist im vorigen Kapitel (VII B 14) wegen seiner überragenden Bedeutung für alle Maschinengattungen eingehend behandelt worden, insbesondere wurde die Art der Aufnahme der Leerlaufverluste und ihre Trennung in Eisen- und Reibungsverluste erörtert. Als Schema für die

Berechnung des Wirkungsgrades aus den gemessenen Einzelverlusten lassen sich für Gleichstrommaschinen die weiter unten folgenden Tabellen benutzen. Dabei ist vorausgesetzt, daß auch die Belastungscharakteristik bereits experimentell ermittelt ist. Der Widerstand r, der vom Ankerstrom durchflossenen Wicklungsteile, muß bei Berechnung der Laststromwärmeverluste entweder auf 75° C reduziert werden, oder es muß der nach dem Erwärmungslauf gemessene Widerstandswert eingesetzt werden. Der Widerstand r setzt sich im allgemeinen aus dem Widerstand r_A der Ankerwicklung, dem Widerstand r_W der Wendepolwicklung und dem Widerstand r_K der etwa vorhandenen Kompensations- und Kompoundwicklung zusammen. Die Zusatzverluste V_Z sind nach den Vorschriften der REM (§ 63) bei kompensierten Gleichstrommaschinen mit ½%, bei nichtkompensierten Gleichstrommaschinen mit oder ohne Wendepolen mit 1% einzusetzen; dabei beziehen sich die genannten Prozentsätze der einfacheren Rechnung wegen bei Generatoren auf die Abgabeleistung, bei Motoren auf die Aufnahmeleistung, und zwar bei Vollast. Es wird angenommen, daß sich die Zusatzverluste bei Teillasten proportional dem Quadrat der Stromstärke ändern.

Eine experimentelle Ermittlung der Zusatzverluste ist bei Gleichstrommaschinen[1] außerordentlich schwierig, weil beim Kurzschlußversuch nur ein Teil der Zusatzverluste auftritt, so daß die genaue Bestimmung nur bei Belastung erfolgen kann. Eine derartige Messung setzt jedoch eine direkte Wirkungsgradbestimmung voraus, so daß der Sinn der indirekten Wirkungsgradbestimmung illusorisch würde, wenn statt der obengenannten Schätzungswerte Meßwerte eingesetzt werden müßten. Als Ursache für die Zusatzverluste kommen hauptsächlich folgende Faktoren in Betracht: Erhöhung der Eisenverluste infolge der Feldverzerrung durch die Ankerrückwirkung und Wirbelstromverluste in den Ankerleitern und in den Kommutatorlamellen infolge der Stromverdrängung. Die beiden letzten Faktoren können in einem Kurzschlußlauf voll erfaßt werden, ihre Trennung von den übrigen bei Kurzschluß auftretenden Verlusten (Stromwärmeverlust, Reibungsverluste, Bürstenübergangsverluste) erfordert jedoch eine genaue Aufnahme mit geeichtem Hilfsmotor.

Tabellen zur Ermittlung des Wirkungsgrades nach dem Einzelverlustverfahren.

1. Generator.

Belastung in % der Nennleistung	%
Abgabe N in kW	kW
Zugehöriger Netzstrom J_N	A
Zugehöriger Erregerstrom i_m bei Δ = konst.	A
Zugehöriger Ankerstrom $J_A = J_N + i_m$	A
Spannungsabfall $e_R = J_A \cdot r$	V
Spannungsabfall an den Bürsten $e_{Bü} = 2$ V	V
Dynamische EMK $E_d = \Delta + e_R + e_{Bü}$	V
Eisenverluste V_{Fe} bei E_d und n	kW
Reibungsverluste V_R bei n	kW
Erregerverluste $i_m \Delta$	kW
Lastwärmeverluste $J_A^2 \cdot r$	kW
Bürstenübergangsverluste $J_A \cdot e_{Bü}$	kW
Zusatzverluste V_Z	kW
Gesamtverluste V	kW
Aufgenommene Leistung $(N + V)$	kW
Wirkungsgrad $\eta = \frac{N}{N + V}$	

2. Motor.

Umdrehungszahl n	U/M
Aufnahme N in kW	kW
Zugehöriger Netzstrom J_N	A
Zugehöriger Erregerstrom i_m	A
Zugehöriger Ankerstrom $J_A = J_N - i_m$	A
Spannungsabfall $e_R = J_A \cdot r$	V
Spannungsabfall an den Bürsten $e_{Bü} = 2$ V	V
Dynamische EMK $E_d = \Delta - (e_R + e_{Bü})$	V
Eisenverluste V_{Fe} bei E_d und n	kW
Reibungsverluste V_R bis n	kW
Erregerverluste $i_m \cdot \Delta$	kW
Lastwärmeverluste $J_A^2 \cdot r$	kW
Bürstenübergangsverluste $J_A \cdot e_{Bü}$	kW
Zusatzverluste V_Z	kW
Gesamtverluste V	kW
Abgabe $(N - V)$	kW
Wirkungsgrad $\frac{N - V}{N}$	

[1] Guggenheim, A.: Bull. schweiz. elektrotechn. Ver. Bd. 2 (1911) S. 129. Linke, W.: Elektrotechn. Z. Bd. 29 (1908) S. 1049.

D. Kommutierung.

15. Allgeneines. Für die Betriebssicherheit einer Gleichstrommaschine ist die Güte der Kommutierung von ausschlaggebender Bedeutung. Das ganze Gebiet der Stromwendung ist deshalb theoretisch vielfach sehr eingehend behandelt worden, so daß die verwickelten Kommutierungsvorgänge weitgehend als geklärt angesehen werden können. Die experimentelle Untersuchung der Kommutierung ist dagegen über ein gewisses Anfangsstadium bis vor kurzem wenig hinausgekommen. Das hat seinen Grund in der außerordentlichen Schwierigkeit der Materie, die vor allem dadurch bedingt ist, daß mechanische Ursachen die elektrischen Vorgänge in kaum festzustellendem Ausmaß beeinflussen und überdecken. Handelt es sich doch beim Stromübergang zwischen Bürsten und Kommutator um einen Kontaktvorgang, bei dem die eine Schleiffläche (Kommutator) mit großer Geschwindigkeit unter der anderen, elastisch gelagerten Schleiffläche (Bürste) vorbeigleitet, wobei gewisse Bewegungen der Bürste infolge der Nutung des Kommutators und infolge kleiner oder größerer Abweichungen seiner Oberfläche von der eines absolut zylindrischen Körpers unvermeidlich sind. Diese kleinen Bewegungen ändern aber grundlegend die Voraussetzungen, mit denen notgedrungen jede Theorie arbeiten muß, und bringen überdies eine Unsicherheit in die Beurteilung des Kommutierungsvorganges, über die nur eine größere Erfahrung einigermaßen hinweghelfen kann. Das ändert natürlich nichts an der Tatsache, daß für die richtige Auslegung einer Maschine die Kenntnis der Kommutierungsgesetze eine selbstverständliche Voraussetzung ist; denn die richtig dimensionierte Maschine wird auch bei ungünstigen mechanischen Bedingungen stets im Vorteil sein.

16. Theoretische Grundlagen. Bezüglich der Kommutierungstheorie muß auf die einschlägige Literatur[1] verwiesen werden; hier können nur die Grundlagen der Theorie so weit gestreift werden, wie es zum Verständnis der experimentellen Untersuchungen erforderlich ist. — Nach den REM § 44 müssen Gleichstrommaschinen bei jeder Belastung zwischen Leerlauf und Nennlast praktisch funkenfrei arbeiten und bei einer 2 Min. dauernden Überlast mit dem 1,5fachen Nennstrom, noch so kommutieren, daß die Betriebsfähigkeit von Kommutator und Bürsten nicht beeinträchtigt wird und daß vor allem kein Überschlag auftritt. Als „praktisch funkenfrei" gilt dabei ein Betrieb, bei dem Kommutator und Bürsten in betriebsfähigem Zustande bleiben. Schon diese Vorschrift läßt erkennen, wie schwierig mit Rücksicht auf die praktischen Fälle die eindeutige Definition einer guten Kommutierung ist; denn anderenfalls hätte es natürlich nahe gelegen, statt des praktisch funkenfreien Laufes einen völlig funkenfreien Lauf zu verlangen. Die Erfahrung hat eben gezeigt, daß ein gewisses Maß und eine gewisse Art von Funken ohne Beeinträchtigung der dauernden Betriebssicherheit und ohne merkliche Herabsetzung der Lebensdauer von Bürsten und Kommutator zulässig ist. Natürlich gilt es trotzdem als erstrebenswertes Ziel, einen vollkommen funkenfreien Lauf, d. h. eine sogenannte schwarze Kommutierung zu erreichen. Ob dieser Zustand wirklich vorliegt, kann nur durch genaue Beobachtung der auflaufenden und ablaufenden Bürstenkante im verdunkelten Raum festgestellt werden. Als Voraussetzung einer derartigen Funkenfreiheit gilt ein sehr gut rund laufender Kommutator und eine gleichmäßig niedrige Strom-

---

[1] Ossanna in Starkstromtechnik von Rziha u. Seidner. Berlin: Ernst & Sohn. Rüdenberg: Grundlagen des Kommutierungsproblems. Elektrotechn. Z. Bd. 29 (1908) S. 65. Arnold-la Cour: Die Gleichstrommaschine Bd. II, 2. Aufl. Berlin: Julius Springer 1927. Richter, R.: Elektrische Maschinen Bd. I. Die Gleichstrommaschinen. Berlin: Julius Springer 1924. Dreyfus: Die Stromwendung großer Gleichstrommaschinen. Berlin: Julius Springer 1929.

dichte unter den Bürsten. Es ist zwar experimentell öfter nachgewiesen worden, daß bei gut eingeschliffener Bürste und guter Lauffläche auf Schleifringen Stromdichten bis zu mehreren Hundert A/cm² erreicht werden können, ohne daß Bürstenfeuer auftritt; trotzdem wird eine stärkere lokale Überschreitung der üblichen bei 8 bis 10 A/cm² liegenden Stromdichten als schädlich angesehen. Der Grund hierfür liegt in dem Umstand, daß bei höheren Stromdichten jede mechanische Ungenauigkeit der Lauffläche leicht zu einer Lichtbogen- oder Funkenbildung führt. Die gleichmäßige Verteilung der Stromdichte über die Bürstenfläche, insbesondere die Vermeidung hoher Stromdichten an der Anlauf- und Ablaufkante, gilt bei der Kommutierungstheorie deshalb mit Recht als ein grundlegendes Kriterium für den funkenfreien Lauf; es soll daher im folgenden der Zusammenhang zwischen dem Ablauf des Kommutierungsvorganges und der Stromdichte zunächst für den besonders einfachen Fall behandelt werden, daß die Bürstenbreite b_B gleich der Kommutator-Lamellenteilung τ_λ ist (Abb. 390).

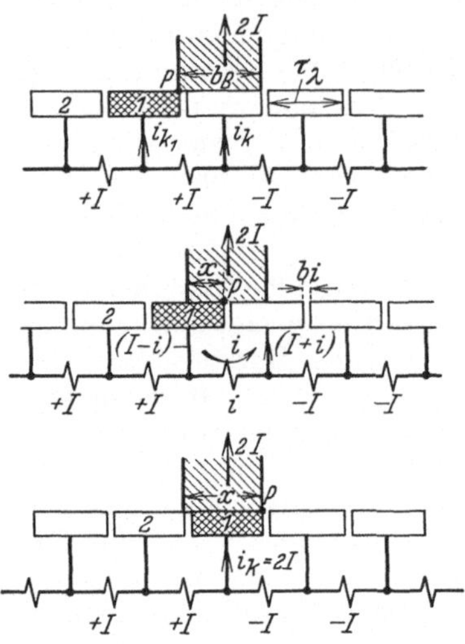
Abb. 390. Kommutierungsvorgang. Bürstenbreite gleich Lamellenbreite.

17. Gleichung für gradlinige Kommutierung, Bürstenbreite gleich Lamellenbreite. Beim Durchgang einer Ankerspule unter den Bürsten ändert sich der Spulenstrom von dem Werte $+J$ auf den Wert $-J$. Die mittlere Änderungsgeschwindigkeit des Spulenstromes i beträgt mithin während der Kommutierungsdauer T_k

$$\text{Mittelwert } \left(\frac{di}{dt}\right)_{T_k} = -\frac{2J}{T_k}. \tag{18}$$

Da die Bürste nur eine Lamelle überdeckt, muß der Lamellenstrom $i_k = (J + i)$ bzw. $(J - i)$ während der Kommutierungsdauer T_k vom Werte 0 (zur Zeit $t = 0$) auf den Wert $2\,J$ (zur Zeit $t = T_k$) anwachsen und dann wieder auf den Wert 0 (zur Zeit $t = 2\,T_k$) absinken (Abb. 391). Erfolgt dieses Auf- und Abschwellen des Lamellenstromes proportional der von der Bürste überdeckten Lamellenfläche, so bleibt die Stromdichte δ_B unter den Bürsten stets konstant, nämlich gleich

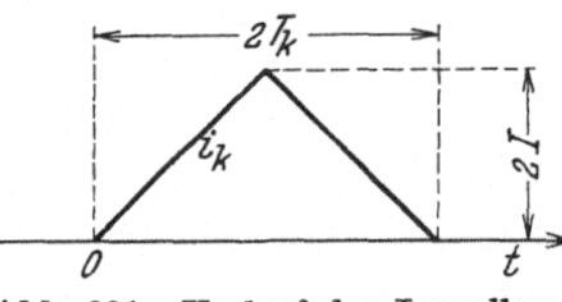
Abb. 391. Verlauf des Lamellenstromes.

$$\delta_B = \frac{2J}{b_B \cdot l_B}, \tag{19}$$

wobei l_b die axiale Bürstenlänge bzw. die totale Länge aller Bürsten eines Bolzens bezeichnet. Bezeichnet weiter:

e die durch Bewegung der kommutierenden Spule in einem äußeren Feld (Kommutierungsfeld) erzeugte EMK,
r_s den Widerstand der kommutierenden Bürste,
r_0 den Widerstand der Verbindungsleitungen zwischen der kommutierenden Spule und der auf- bzw. ablaufenden Lamelle,
R den Übergangswiderstand zwischen einer Lamelle und der Bürste,

so ergibt sich für die im Stromkreis der kommutierenden Spule wirksamen Spannungen die Gleichung

$$L\frac{di}{dt} + e + i \cdot r_s + (J + i) \cdot \left(r_0 + R\frac{T_k}{T_k - t}\right) - (J - i)\left(r_0 + R\frac{T_k}{t}\right) = 0 \tag{20}$$

oder bei Zusammenfassung entsprechender Glieder

$$L\frac{di}{dt} + e + i\,(r_s + 2r_0) + (J + i)\,R\,\frac{T_k}{T_k - t} - (J - i)\,R\,\frac{T_k}{t} = 0\,. \tag{21}$$

Bei konstanter Stromdichte unter der Bürste muß der Spannungsabfall zwischen Lamelle und Bürste an allen Teilen der Bürste gleich sein, die Summe der beiden letzten Glieder der Gleichung muß also zu Null werden.

$$(J + i)\,R\,\frac{T_k}{T_k - t} = (J - i)\,R\,\frac{T_k}{t}\,. \tag{22}$$

Mithin wird

$$i = J\left(1 - \frac{2t}{T_k}\right). \tag{23}$$

Das ist die Gleichung einer Geraden, so daß

$$\frac{di}{dt} = -\frac{2J}{T_k} \tag{24}$$

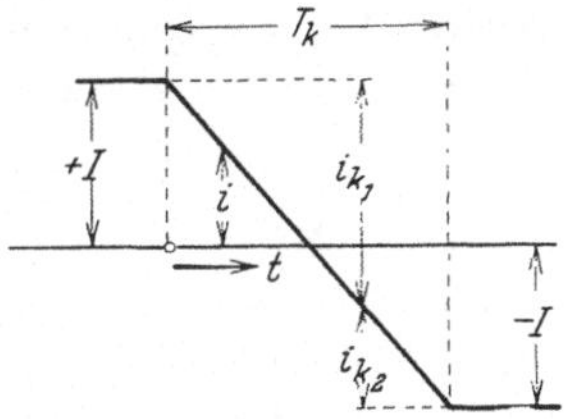

Abb. 392. Gradlinige Kommutierung.

wird. Das heißt bei konstanter Stromdichte unter den Bürsten ist die Änderungsgeschwindigkeit des Stromes in der kommutierten Spule während des ganzen Kommutierungsvorganges konstant. Man spricht in diesem Falle von gradliniger Kommutierung (Abb. 392).

Setzt man in Gleichung (21)

$$-L\frac{di}{dt} = J\frac{2L}{T_k} \quad \text{und} \quad i = J\left(1 - \frac{2t}{T_k}\right), \tag{25}$$

so erhält man

$$e = J\left(\frac{2L}{T_k} - (r_s + 2r_0) + 2\frac{t}{T_k}(r_s + 2r_0)\right), \tag{26}$$

für $t = 0$ wird also

$$e = J\left(\frac{2L}{T_k} - (r_s + 2r_0)\right) \tag{27}$$

und für $t = T_k$

$$e = J\left(\frac{2L}{T_k} + (r_s + 2r_0)\right). \tag{28}$$

Vernachlässigt man den Spannungsabfall in der kommutierenden Spule ($r_s = 0$) und in den Lamellenzuleitungen ($r_0 = 0$), so wird

$$e = J\frac{2L}{T_k} = -L\frac{di}{dt}, \tag{29}$$

d. h. die Selbstinduktionsspannung wird während des ganzen Kommutierungsvorganges durch die EMK e der Bewegung im Kommutationsfelde voll kompensiert. Das Kommutierungsfeld selbst ist über die ganze Kommutierungszone konstant (Abb. 393).

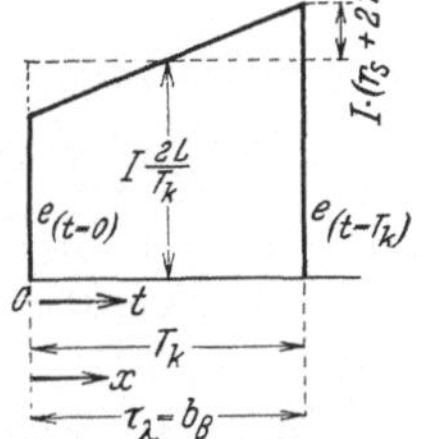

Abb. 393. Verlauf von e bei gradliniger Kommutierung.

Bezeichnen wir in Gl. (21) die Ausdrücke für den Spannungsabfall zwischen Lamelle und Bürste an der Auflaufkante bzw. der Ablaufkante der Bürste

$$(J + i)\,R\,\frac{T_k}{T_k - t} \quad \text{mit } U_1 \tag{30}$$

und

$$(J - i)\,R\,\frac{T_k}{t} \qquad \text{mit } U_2\,,$$

so läßt sich Gl. (21) bei Vernachlässigung von r_s und r_0 auch schreiben:

$$L\frac{di}{dt} + e = U_2 - U_1$$

oder

$$e - \frac{2J}{T_k}L = U_2 - U_1. \tag{31}$$

18. Gleichung für gradlinige Kommutierung. Bürstenbreite größer als Lamellenbreite. Ist die Bürstenbreite b_B größer als die Lamellenbreite τ_λ, so beträgt die durchschnittliche Anzahl β der von einer Bürste kurzgeschlossenen Spulen

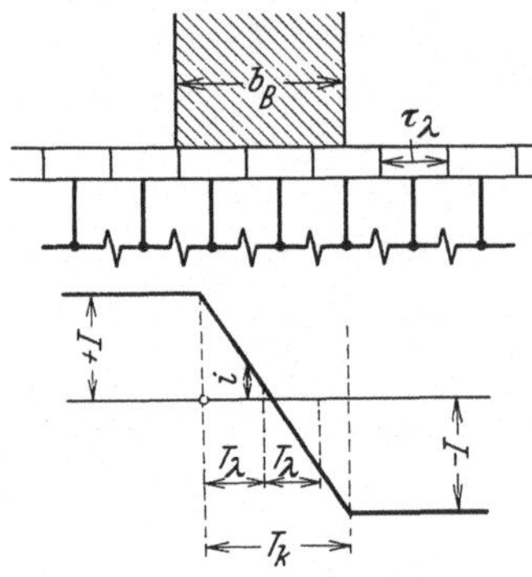

Abb. 394. Kommutierungsvorgang $b_B = 2{,}5\,\tau_\lambda$.

$$\beta = \frac{b_B - b_i}{\tau_\lambda}, \tag{32}$$

wenn b_i die Stärke der Glimmerzwischenlage zwischen zwei benachbarten Segmenten bedeutet. Ist β eine ganze Zahl, so ändert sich die Anzahl der von einer Bürste überbrückten Spulen nicht; ist dagegen β eine ungerade Zahl, so schwankt die Anzahl der von einer Bürste überbrückten Spulen zwischen β_1 und $(\beta_1 - 1)$ Spulen. Bei einer Bürstenüberdeckung von 2,5 Lamellen (Abb. 394) schwankt beispielsweise β periodisch zwischen 3 und 2. Die Dauer der Periode beträgt

$$T_\lambda = \frac{\tau_\lambda}{v_k}, \tag{33}$$

die Kommutierungsdauer einer Spule, d. h. die Dauer des Kurzschlusses einer Spule beim Durchgang unter einer Brücke beträgt dagegen

$$T_k = \frac{b_B - b_i}{v_k} = \frac{b_k}{v_k}. \tag{34}$$

Setzen wir

$$v_k = \left(\frac{s}{2}\tau_\lambda\right)\cdot\frac{n}{60},$$

wobei $s/2$ die Zahl der Kommutatorsegmente angibt, so ergibt sich für β aus Gl. (32) und (34) auch der Ausdruck

$$\beta = \frac{s}{2}\cdot\frac{n}{60}\cdot T_k. \tag{35}$$

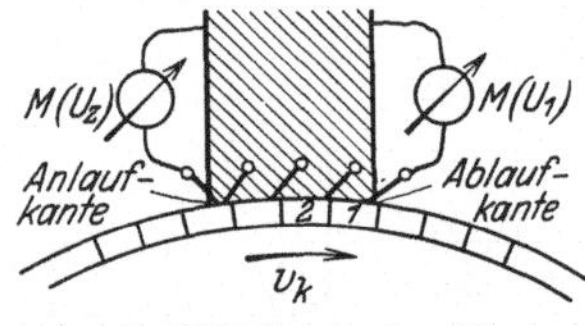

Abb. 395. Mittelwerte der Bürstenspannungen.

Soll für den vorliegenden Fall ein der Gl. (31) analoger Ausdruck für die Potentialdifferenzen $U_1 \ldots U_2 \ldots U_3$ zwischen Bürste und Kollektor aufgestellt werden, so ist zu beachten, daß wegen der gegenseitigen Wechselinduktion sämtlicher gleichzeitig im Kurzschluß befindlichen Spulen der Selbstinduktionskoeffizient L einer Spule durch einen ideellen Induktionskoeffizienten L_i zu ersetzen ist und daß ferner während der Zeit T_λ mit einem Mittelwert der in den einzelnen kurzgeschlossenen Spulen *1*, *2* ... *Z* durch Bewegung induzierter Spannungen $M(e_1)$, $M(e_2)$ ... $M(e_Z)$ zu rechnen ist. Die Mittelwerte der zwischen Bürste und der 1ten, $2^{\text{ten}} \ldots Z^{\text{ten}}$ Lamelle auftretenden Potentialdifferenzen sind dann $M(U_1)$, $M(U_2) \ldots M(U_Z)$. (Abb. 395.)

Bei Vernachlässigung der Widerstände der Spulen ($r_s = 0$) und der Lamellenzuleitungen ($r_0 = 0$) läßt sich dann ein der Gl. (31) entsprechendes Gleichungssystem in der folgenden Form aufstellen:

$$M(e_1) - \frac{2J}{T_\lambda} L_i = M(U_2) - M(U_1),$$

$$M(e_2) - \frac{2J}{T_\lambda} L_i = M(U_3) - M(U_2), \tag{36}$$

$$M(e_{Z-1}) - \frac{2J}{T_\lambda} L_i = M(U_Z) - M(U_{Z-1}). \tag{37}$$

Bei Addition der vorstehenden Gleichungen ergibt sich

$$\sum [M(e)] - \frac{2J}{T_\lambda} \cdot L_i (Z-1) = M(U_Z) - M(U_1). \tag{38}$$

Führt man für $(Z-1)$ den in Gl. (35) erhaltenen Wert für die Zahl der im Mittel kurzgeschlossenen Spulen ein, so wird

$$\sum [M(e)] - \frac{2J}{T_\lambda} L_i \frac{s}{2} \frac{n}{60} \cdot T_k = M(U_Z) - M(U_1). \tag{39}$$

Der Ausdruck

$$\frac{2J}{T_\lambda} L_i \cdot \frac{s}{2} \cdot \frac{n}{60} T_k = e_R = \frac{2J}{T_\lambda} L_i \cdot \beta \tag{40}$$

wird auch als mittlere Reaktanzspannung bezeichnet, so daß Gl. (39) auch in der Form geschrieben werden kann:

$$\frac{1}{\beta} \sum [M(e)] - \frac{1}{\beta} e_R = \frac{1}{\beta} M(U_z - U_1). \tag{41}$$

19. Experimentelle Untersuchung der Kommutierung. Bei mechanisch einwandfreiem Lauf des Kommutators und bei gut aufliegenden Bürsten bildet das Gleichungssystem (36) die Grundlage für die experimentelle Untersuchung der Kommutierung. Wie in Abb. 395 angedeutet, lassen sich die mittleren Potentialdifferenzen $M(U_1), M(U_2) \ldots M(U_z)$ zwischen der Kommutatoroberfläche und der Bürste mit Hilfe eines polarisierten Voltmeters für einen Meßbereich von etwa 3 V ohne weiteres messen. Zu dem Zwecke wird die eine Voltmeterklemme mit der Bürste — oder besser noch mit dem Bürstenbolzen, um jede äußere mechanische Beeinflussung der Bürste zu vermeiden —, die andere aber eine kupferne Kontaktspitze oder eine ganz schmale bewegliche Hilfsbürste mit dem Kommutator verbunden. Die Kontaktspitze läßt man nacheinander neben der Auflaufkante, dann auf äquidistanten Punkten neben der Bürste und schließlich neben der Ablaufkante auf dem Kommutator schleifen. Trägt man die Meßwerte als Funktion der Lage der Kontaktspitze auf, so ergibt sich die sog. Bürstenpotentialkurve (Abb. 396). Mit Hilfe der Bürstenpotentialkurve läßt sich auch der Verlauf der $M(e)$-Spannungskurve und damit der Verlauf des mittleren Kommutierungsfeldes ermitteln. Wir schreiben zu dem Zweck die Gl. (36) unter Einführung der mittleren Reaktanzspannung noch in der Form:

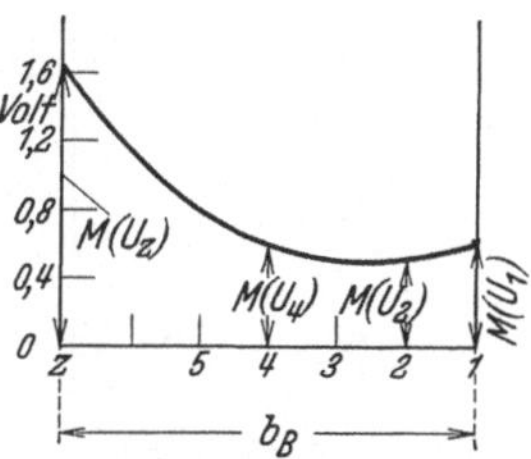

Abb. 396. Bürstenpotentialkurve bei Überkompensation.

$$\left.\begin{aligned} M(e_1) &= M(U_2) - M(U_1) \quad + \frac{1}{\beta} \cdot e_R, \\ M(e_2) &= M(U_3) - M(U_2) \quad + \frac{1}{\beta} \cdot e_R, \\ &\cdots\cdots\cdots\cdots \\ M(e_{z-1}) &= M(U_z) - M(U_{z-1}) + \frac{1}{\beta} \cdot e_R. \end{aligned}\right\} \tag{42}$$

Die aus der Bürstenpotentialkurve abgegriffenen Differenzwerte

$$M(U_2) - M(U_1)\ldots$$

geben also bei bekannter mittlerer Reaktanzspannung die Werte $M(e_1)$, $M(e_2)$ usw. an, bei unbekanntem Wert e_R bleibt die Lage der Abszissenachse zur $M(e)$-Kurve noch offen, der Kurvenverlauf von $M(e)$ und damit der Feldverlauf des kommutierenden Feldes liegt jedoch fest (Abb. 397).

Nach allgemeiner Erfahrung kommutiert eine Maschine am besten, wenn die Bürstenpotentialkurve von der Anlauf- zur Ablaufkante hin leicht abfällt, wie es etwa in Abb. 396 angegeben ist. Die mittleren elektromotorischen Kräfte $M(e)$ überwiegen dann während der Stromwendung die mittlere Reaktanzspannung; man spricht in diesem Falle von einer Überkompensation. Die Spannung an der Auflaufkante soll erfahrungsgemäß möglichst nicht über 1,2 bis 1,5 V, die Spannung an der Ablaufkante nicht über 0,6 bis 0,8 V liegen. Werden diese Werte bei funkenfreier Auflaufkante überschritten, so liegen meist irgendwelche mechanischen Ursachen vor, die den Stromübergang ungünstig beeinflussen.

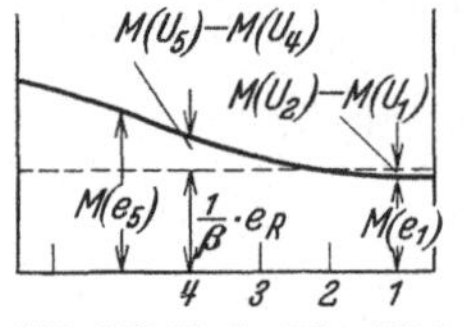

Abb. 397. Verlauf der $M(e)$-Spannungskurve.

Bei der theoretisch günstigsten Kommutierung verläuft die Bürstenpotentialkurve horizontal; unter der Bürste treten alsdann keine Potentialdifferenzen auf, so daß sich über die Bürste keine Ausgleichströme schließen können. Das bedeutet, daß in den kurzgeschlossenen Spulen nur Anteile des von der Bürste abgeführten Nutzstromes fließen und daß sich diesen Nutzströmen keine zusätzlichen Kurzschlußströme überlagern. Praktisch ist dieser Potentialverlauf nicht zu verifizieren, wohl aber ist zu erreichen, daß die Bürstenspannung an der Auflauf- und Ablaufkante annähernd gleich groß ist (Abb. 398); dieser Fall spielt jedoch keine besondere Rolle, da er, wie vorher gesagt, durchaus nicht die günstigsten Kommutierungsverhältnisse ergibt. Der Grund hierfür ist wahrscheinlich darin zu suchen, daß die geringsten mechanischen Ungenauigkeiten auf der Kollektorlauffläche das Spannungsgleichgewicht unter der Bürste erheblich stören können.

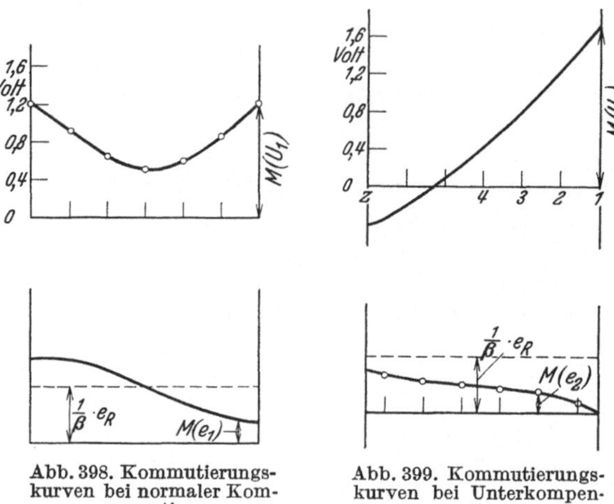

Abb. 398. Kommutierungskurven bei normaler Kompensation.

Abb. 399. Kommutierungskurven bei Unterkompensation.

Bei der sog. Unterkommutierung (Abb. 399) steigt die Bürstenpotentialkurve von der Auflauf- zu der Ablaufkante an, die mittlere Reaktanzspannung überwiegt die Kommutierungsfeldspannung. Starkes Bürstenfeuer an der Ablaufkante infolge der dort auftretenden hohen Stromdichte ist die sichere Begleiterscheinung einer derartigen Spannungskurve.

Die Bürstenpotentialkurve ist ein sehr wertvolles Hilfsmittel zur richtigen Einstellung des Wendefeldes. Starke Überkompensation, insbesondere wenn diese so stark ist, daß die Bürstenspannung nach der Ablaufkante hin ihr Vorzeichen wechselt, erfordert Schwächung des Wendefeldes durch Vergrößerung des Wendepolluftspaltes oder durch Shuntung der Wendepolwicklung; Unterkompensation erfordert Verkleinerung des Wendepolluftspaltes oder Vermehrung der Wendefeldwindungszahl. Durch einen zusätzlich über die Wendefeldwicklung geführten Strom wird zweckmäßig der Grad der notwendigen Verstärkung festgestellt. Um die Änderung des Wendepolluftspaltes durchführen zu können, werden meist passende eiserne Unterlegbleche vorgesehen, die zwischen Joch und Wendepolkern eingeschoben bzw. herausgenommen werden können.

Auf die Ableitung der Stromübergangskurve aus der Bürstenpotentialkurve soll hier nicht weiter eingegangen werden; der charakteristische Verlauf der Stromübergangskurve bei Über-, Unter- und richtiger Kompensation ist aus Abb. 400 zu ersehen. Eine unmittelbare experimentelle Aufnahme der Stromübergangskurve ist wegen der hohen Kommutierungsfrequenz meist nur mit einem Kathodenoszillographen möglich; es wird dabei der Spannungsabfall in einer Ankerspule oder in einem Teil der Ankerspule mit Hilfe bifilar geführter Meßdrähte über Schleifringe gemessen. Da es sich um sehr kleine Spannungsabfälle handelt, sind einwandfreie Aufnahmen außerordentlich schwierig durchzuführen (Abb. 401 u. 402).

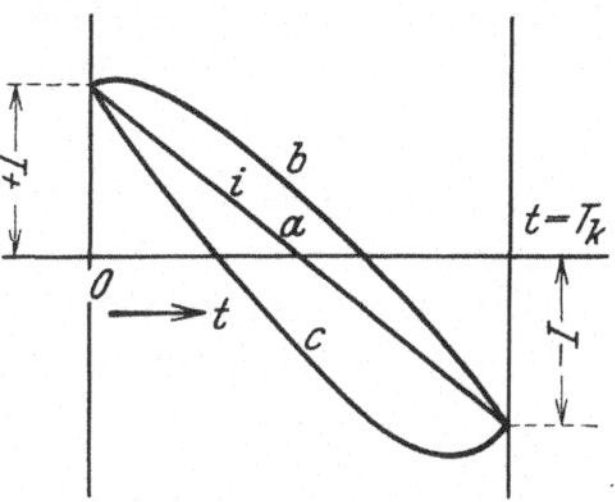

Abb. 400. Stromübergangskurven bei Über-, Unter- und richtiger Kompensation.

20. Praktische Beurteilung der Kommutierung. Für die Güte der Kommutierung ist letzten Endes der Grad der Funkenbildung bzw. der Funkenfreiheit maßgebend; es ist deshalb in Prüffeldern eine Art von Funkenskala in Gebrauch, die natürlich nicht starr ist, weil sie auf subjektiver Beurteilung basiert, die jedoch eine schnelle Verständigung ermöglicht. Auf die absolute Funkenfreiheit (schwarze Kommutierung, Funkengrad I) folgen über die Stufenleiter ganz kleiner, kaum sichtbarer Funkenpunkte an einzelnen Bürsten deutlich sichtbare weiße Funken an einer größeren Zahl von Bürsten (Grad II), die weiter in stark leuchtende perlenartige Funken übergehen (Grad III). Bei noch schlechterer Kommutierung vergrößern sich die Funken unter knallendem Geräusch und gehen schließlich in das sog. Spritzfeuer über, bei dem Funkengarben oft in beängstigender Weise von der Bürste weggeschleudert werden. Das Spritzfeuer kann endlich in vollkommenes Rundfeuer ausarten. Als „praktisch funkenfrei" im Sinne der REM kann selbstverständlich nur eine Funkenbildung nach I oder II gelten, wichtig ist

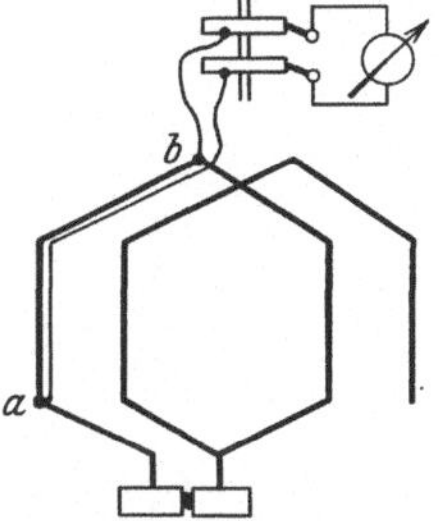

Abb. 401. Anordnung zur Messung der Stromübergangskurve.

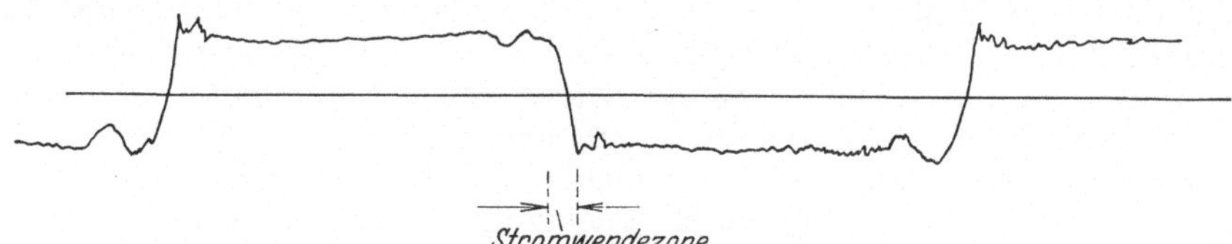

Abb. 402. Oszillographische Aufnahme der Stromübergangskurve.

jedoch auch die Kenntnis der übrigen Funkenbilder, weil sie die Beurteilung der Gründe für die schlechte Kommutierung erleichtert.

Die größte Schwierigkeit bei der praktischen Kommutierungsuntersuchung liegt in der richtigen Abschätzung der mechanischen und elektrischen Einflüsse. Unrunder Lauf des Kommutators, vorstehende oder zurückspringende Lamellen und vorstehende Glimmer-Zwischenisolation können beispielsweise den Stromübergang so stören, daß auch bei theoretisch günstigen Kommutierungsbedingungen starkes Bürstenfeuer auftritt. Genaue Untersuchung der Kommutatoroberfläche, Beobachtung und Abtasten der Bürsten bei voller und stark verminderter Drehzahl geben in manchen Fällen bereits den erforderlichen Aufschluß über die Ursachen des Funkens; als ein Anzeichen für unzulässige mechanische Beeinflussung der Kommutierung gilt es auch, wenn das Funken bei konstanter Strombelastung mit abnehmender Drehzahl gar nicht oder nur unwesentlich abnimmt. Markieren sich nach längerem Lauf einzelne Lamellen durch Schwärzung, so ist auch mit der Möglichkeit eines zu hohen Widerstandes in einer oder in mehreren Lamellenzuleitungen (schlechte Lötstellen, Fahnenbruch) zu rechnen; eine genaue Durchmessung des Widerstandes aller zwischen je 2 benachbarten Kommutatorlamellen liegenden Ankerspulen ergibt dann meist die Fehlerstelle. Grünliche oder weiße knallende Funken sind im übrigen fast immer Begleiterscheinungen von derartigen mehr oder weniger vollkommenen Unterbrechungen, die sich bei oszillographischer Aufnahme der Bürstenspannung an der Ablaufkante durch ein plötzliches kurzes Hochschnellen der gezackten Spannungskurve markieren.

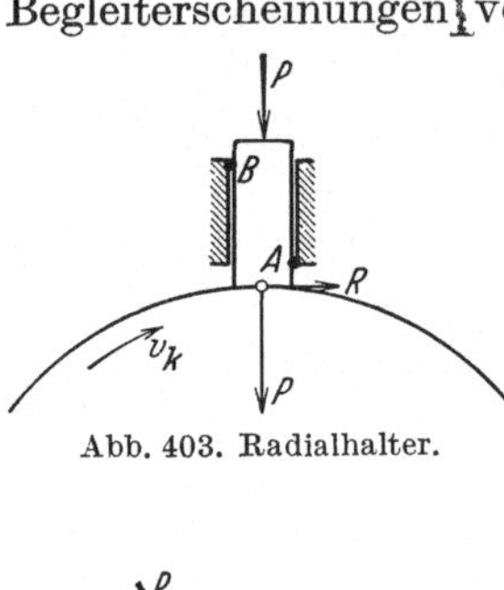

Abb. 403. Radialhalter.

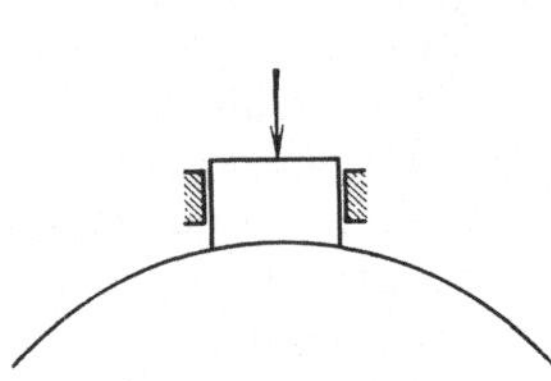
Abb. 404. Radialhalter für hohe Geschwindigkeiten.

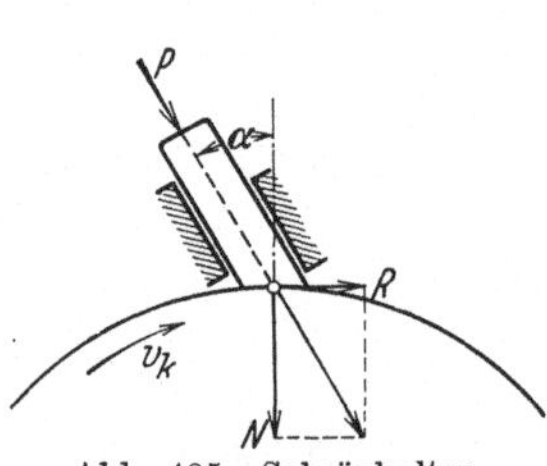

Abb. 405. Schräghalter.

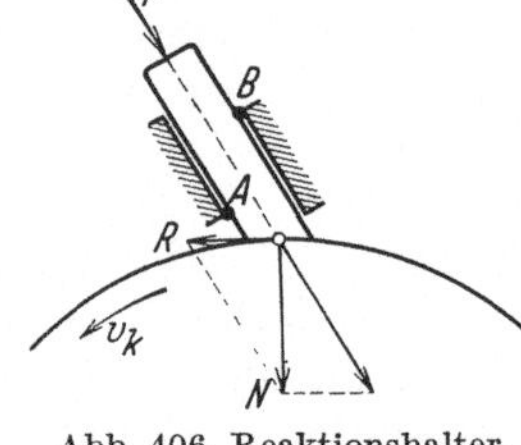

Abb. 406. Reaktionshalter.

21. Bürstenhalter und Bürsten. Diese wenigen Andeutungen über mechanische Fehlerquellen bei der Kommutierung mögen hier genügen, nur sei noch kurz auf die Rolle der Bürstenhalter hingewiesen, die diese bei der Stromabnahme zu erfüllen haben. Die Bürsten sollen so gehalten werden, daß sie mit möglichst konstantem Druck stets mit ihrer vollen Lauffläche am Kollektor anliegen; etwaigen Unebenheiten der Kollektoroberfläche soll die Bürste leicht folgen können. Um diesen Bedingungen zu genügen, sind eine sehr große Anzahl von Haltern konstruiert worden, die sich im wesentlichen durch den Anstellwinkel, durch die Art der Führung der Bürste und durch die Art der Druckübertragung unterscheiden. Die Meinungen über die besten Haltertypen sind noch außerordentlich geteilt, selbst die Frage, ob Radialhalter (Abb. 403) oder Schräghalter nach Abb. 405 oder nach Abb. 406 den Vorzug verdienen, ist noch viel umstritten. Beim Radialhalter kann die Reibungskraft nur durch die Halterwände aufgenommen werden, die Bürste hat die Neigung zu kippen und drückt sich bei weichem Bürstenmaterial an den Punkten A und B in die Kastenwand ein. Die Kippneigung ist um so geringer, je niedriger der Halter im Verhältnis zur tangentialen Bürstenbreite und je kleiner der Abstand zwischen Halterkasten und Kommutatoroberfläche ist; bei schnellaufenden Maschinen mit sehr hohen Kommutatorumfangsgeschwindigkeiten ($v_k = 40$ bis 60 m/Sek.) spielt deshalb der Halter nach Abb. 404 eine wichtige Rolle, zumal bei ihm die träge Masse der Bürste besonders klein gehalten werden kann. Beim Reaktionshalter (Abb. 406) kann der Anstellwinkel α so gewählt werden, daß die Halterwände bei konstantem Bürstenreibungskoeffizienten keinen Druck aufzunehmen brauchen, die Bürste wird dann immer leicht im Halter spielen können. Läuft der Kommutator gegen den spitzwinkeligen Teil der Bürste

(Abb. 405), so wird die Bürste gegen die Kastenwand A gedrückt. Dieser Druck beschränkt zwar das freie Spiel der Bürste im Halter, dämpft aber damit auch Vibrationen der Bürste, die durch die Lamellenteilung angeregt sein können. Wie wichtig eine derartige Dämpfung mitunter sein kann, zeigt ein von Schröter[1] aufgenommenes Oszillogramm der tangentialen Reibungskraft RK bzw. des Reibungskoeffizienten einer auf einem Kollektor schleifenden Bürste (Abb. 407), für den Fall, daß die Eigenschwingung der Bürste in Resonanz ist mit der von der Kommutatornutung angeregten Schwingung. Die Bürstenvibrationen können da-

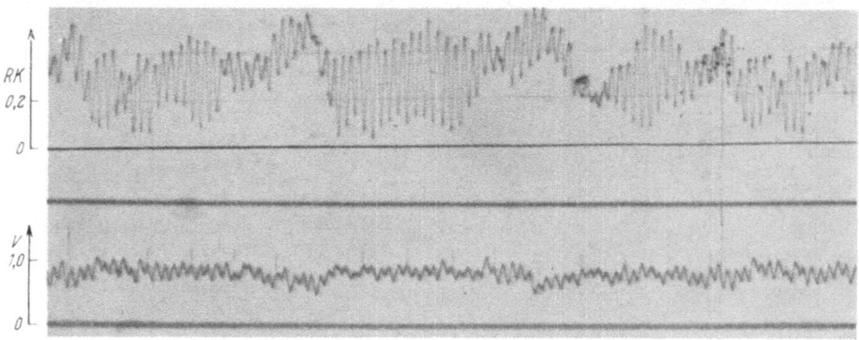

Abb. 407. Einfluß der Kollektornutung auf die Reibung.

bei so heftig werden, daß nicht nur die Bürste und ihre Armatur, sondern auch der Bürstenhalter nach kurzer Zeit in Stücke zerfällt.

Neben der Kommutatorbeschaffenheit und neben den Eigenschaften des Bürstenhalters spielt auch das Bürstenmaterial selbst eine wesentliche Rolle bei der Kommutierung. Wie groß der Einfluß der Bürsten ist, läßt sich allerdings zahlenmäßig nicht nachweisen, weil der Zusammenhang zwischen den chemischen und physikalischen Eigenschaften der Bürste und ihren Kommutierungseigenarten noch ungeklärt ist; sicher ist nur, daß durch Änderung der Bürstenqualität in vielen Fällen die Güte der Kommutierung grundlegend geändert werden kann. Als wichtigste charakteristische Eigenschaften der Bürste gelten ihre Stromspannungscharakteristiken (Abb. 408), ihre Härte, ihr spez. Widerstand in der Längs- und Querrichtung, ihr spez. Gewicht, ihr Reibungskoeffizient und schließlich ihre Herstellungsweise, nach der Hartkohlen, hochgraphitische (Naturgraphit) und elektrographitische Kohlen unterschieden werden. Der Höhe des Querwiderstandes und der Härte der Bürste wurde zeitweise eine übertriebene Bedeutung beigemessen; beide Größen können fast nur zur Beurteilung der physikalischen Gleichheit verschiedener Bürsten herangezogen werden. Ebenso ist bei den übrigen genannten Eigenschaften ein direkter Einfluß auf die Stromwendung nicht sicher festzustellen. Dagegen scheint die Porösität der Bürste, ihre Angriffsfähigkeit gegenüber der Kommutatoroberfläche und ihre Elastizität von großer Bedeutung für eine dauernde gute Kommutierung zu sein. Das hängt

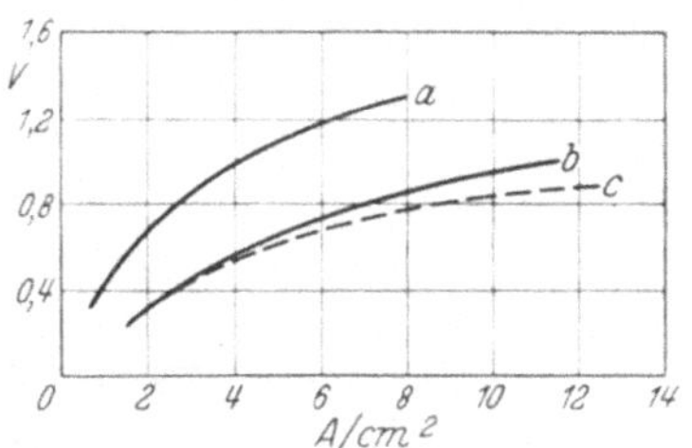

Abb. 408. Strom-Spannungscharakteristik verschiedener Bürstensorten.

[1] Schröter, F.: Zur Physik des Schleifkontaktes. Arch. Elektrotechn. Bd. 18 (1927) S. 111 und Bd. 25 (1931) S. 489. Neukirchen, J.: Die Kommutatorbürste als Wackelkontakt. Elektrotechn. Z. Bd. 50 (1929) S. 55.

wohl einerseits mit der Natur des Stromüberganges zwischen Schleifflächen zusammen, der nach neuerer Anschauung jeweils auf wenige sich ständig erneuernde Kontaktpunkte beschränkt ist, und andererseits mit der Wichtigkeit, die ein ruhiger Lauf und eine gute Auflage der Bürsten für einen ungehinderten Stromübergang besitzt.

22. Oszillographische Aufnahme von Feldkurven. Um Aufschluß über die Feldverteilung am Ankerumfang zu erhalten, um insbesondere den Einfluß der Belastung auf die Feldform zu untersuchen, lassen sich die im Anfang des vorliegenden Kapitels abgeleiteten Feldkurven (vgl. Abb. 358) auch experimentell aufnehmen. Einige der gebräuchlichen Methoden seien hier behandelt.

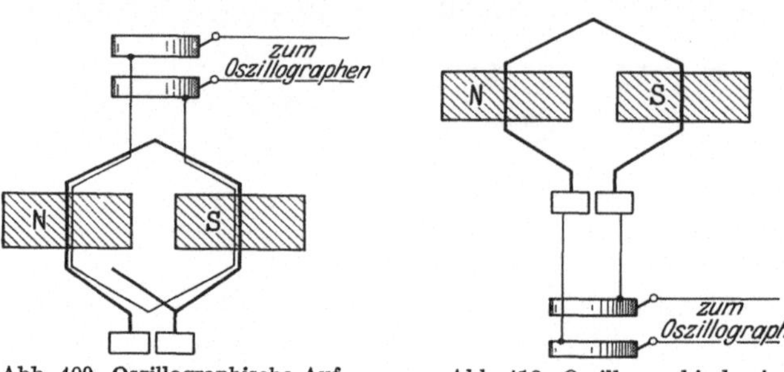

Abb. 409. Oszillographische Aufnahme von Feldkurven mit Hilfsspule.

Abb. 410. Oszillographische Aufnahme von Feldkurven mittels Ankerspule.

In den Anker wird eine dünndrähtige Hilfsspule mit einer oder 2 Windungen nach Art einer Schleifenspule so eingelegt, daß die beiden Spulenseiten möglichst genau um eine Polteilung auseinanderliegen (Durchmesserwicklung) (Abb. 409). Die Spulenenden werden über 2 Schleifringe zu der Oszillographenschleife geführt (Abb. 409 u. 410). Statt der besonderen Hilfswicklung läßt sich auch eine Ankerspule benutzen (Abb. 410); hat der Anker Schleifenwicklung, so werden dazu zwei benachbarte Kollektorlamellen mit den Schleifringen verbunden, handelt es sich um eine Reihenwicklung, so müssen zwei dem Kollektorschritt entsprechende Lamellen an die Schleifringe angeschlossen werden.

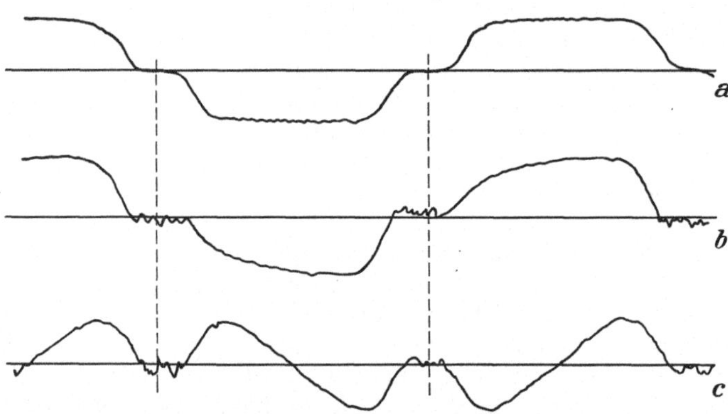

Abb. 411. Oszillographische Aufnahme der Feldkurve bei Leerlauf (*a*), Vollast (*b*) und Kurzschluß (*c*).

Bei reiner Durchmesserwicklung entspricht die an den Schleifringen bei Rotation des Ankers auftretende Spannung in jedem Moment der Feldstärke an der Stelle des Ankerumfanges, an der sich die Spulenseiten gerade befinden; bei verkürztem Schritt (Sehnenwicklung) erhält man also den Mittelwert der Feldstärken an den Stellen der beiden Ankerspulenseiten. Abb. 411 zeigt die oszillographische Aufnahme der Feldkurve bei Leerlauf, bei belastetem Anker und bei Kurzschluß des Ankers; beim Kurzschluß war der Anker mit dem Vollaststrom belastet.

23. Aufnahme der Feldkurve durch Hilfsbürsten. Läßt man auf dem Kommutator 2 schmale Bürsten auf zwei benachbarten Lamellen schleifen, so ist die Spannung zwischen diesen Bürsten proportional dem Feld an der Stelle des Ankerumfanges, an der die mit den Bürsten verbundenen Spulenseiten sich befinden.

Verschiebt man also die beiden Bürsten langsam um eine Polteilung am Kommutatorumfang ohne den gegenseitigen Abstand zu ändern (Abb. 412), und mißt man dabei jedesmal die Spannung zwischen den Bürsten, so ergibt diese Spannung als Funktion der auf den Ankerumfang reduzierten Bürstenstellung aufgetragen die Feldkurve. In ähnlicher Weise läßt sich die sog. Kommutatorspannungskurve mit einer Hilfsbürste ermitteln (Abb. 413). Ein Voltmeter wird mit einer Hauptbürste und einer schmalen Hilfsbürste verbunden, die an verschiedene Stellen des Kommutators angelegt wird. Trägt man die dabei gemessenen Spannungswerte wiederum als Funktion des Ankerumfanges bzw. als Funktion der Stellung der Hilfsbürste am Kollektorumfang auf, so ergibt sich die Kommutatorspannungskurve (Abb. 414). Bildet man für diese Kurve jeweils die Differenz zweier aufeinander folgender Ordinatenwerte, so ergibt sich, wenn der Abstand dieser Ordinaten gleich dem Abstand der beiden Hilfsbürsten bei Abb. 412 gewählt wird, wieder die gleiche Feldkurve wie bei der vorher beschriebenen Aufnahmemethode mit zwei Hilfsbürsten.

Abb. 412. Aufnahme der Feldkurve mit zwei Hilfsbürsten.

Abb. 413. Aufnahme der Kommutatorspannungskurve.

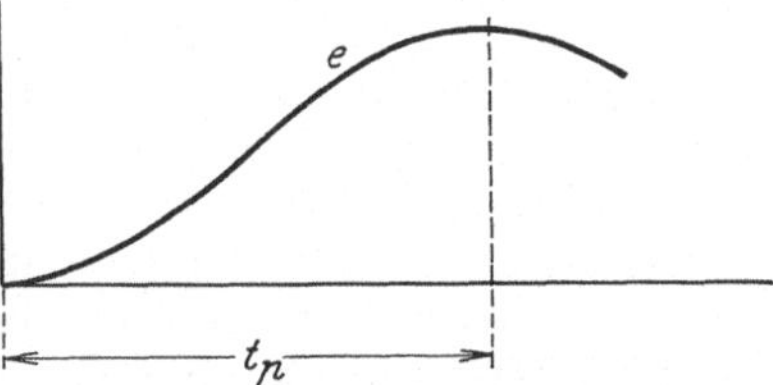

Abb. 414. Kommutatorspannungskurve.

Die gleichen Aufnahmen können in etwas abgeänderter Form auch bei ruhendem Anker mit Hilfe von ballistischen Messungen durchgeführt werden, wobei für jeden Meßwert der Erregerstrom ein- oder ausgeschaltet werden muß. Praktisch spielt diese Methode jedoch wegen der großen magnetischen Zeitkonstanten größerer Maschinen und wegen der verschiedenen Schwierigkeiten bei plötzlichen Feldstromunterbrechungen keine Rolle.

Dagegen ist noch eine andere Methode zu erwähnen, die ebenfalls bei stillstehendem Anker angewandt werden kann; bei ihr wird die Eigenschaft von Wismut ausgenutzt, seinen Widerstand unter dem Einfluß eines magnetischen Feldes zu ändern. Eine flache bifilar gewickelte Wismutspirale, deren Eichung $[\mathfrak{B} = f(r)]$ bekannt ist, wird an verschiedene Stellen des Luftspaltes eingeführt und jedesmal ihr Widerstand sorgfältig gemessen. Die Eichkurve gibt dann unmittelbar die zugehörigen Induktionswerte an.

Allgemeine Literatur.

Arnold-la Cour: Die Gleichstrommaschine Bd. 2, 3. Aufl. Berlin: Julius Springer 1927. Ossanna: Starkstromtechnik, herausgeg. von Rziha u. Seidner. Berlin: Ernst & Sohn 1909. Richter, R.: Elektrische Maschinen Bd. 1. Die Gleichstrommaschinen. Berlin: Julius Springer 1924. Jahn, G.: Messungen an elektrischen Maschinen, 5. Aufl. Berlin: Julius Springer 1925.

IX. Synchronmaschinen.

Von **F. Hillebrand,** Berlin.

A. Einführung.

1. Allgemeines. Die überragende Bedeutung, die die Synchronmaschine bei der elektrischen Energieversorgung sowohl als Stromerzeuger wie als Phasenschieber und Antriebsmotor spielt, hat eine sehr weitgehende theoretische und experimentelle Behandlung ihrer Betriebseigenschaften und ihrer Berechnungsgrundlagen zur Folge gehabt. Hier kann die Theorie nur so weit gestreift werden, wie es zum Verständnis der experimentellen Untersuchung erforderlich erscheint. Die Prüfung der Synchronmaschine erstreckt sich in der Regel auf die Feststellung der ordnungsmäßigen mechanischen Ausführung, auf die Kontrolle der Widerstände und der gegenseitigen Lage der Wicklungen, auf die Aufnahme der Leerlauf-Kurzschluß- und Belastungscharakteristiken, die Messung der Reibungs-Eisen- und Zusatzverluste zur Bestimmung des Wirkungsgrades, auf die Durchführung von Erwärmungsläufen, die Feststellung der Kurzschlußfestigkeit der Wicklungen bei Stoßkurzschlüssen, auf die oszillographische Bestimmung der Form der Spannungskurve und schließlich auf die Isolationsprobe. Hierzu kommen je nach dem Verwendungszweck der Synchronmaschine noch eine Reihe von Messungen, die für bestimmte Betriebsverhältnisse Klarheit schaffen sollen, sei es für den asynchronen Anlauf, den Parallelbetrieb mit anderen Maschinen oder für irgendwelche besondere Betriebsarten. Ehe wir auf die Art der Durchführung der einzelnen Versuche eingehen, wollen wir wenigstens in großen Zügen den Einfluß der Ankerrückwirkung und das Vektordiagramm der Synchronmaschine behandeln; wir beschränken uns dabei in der Hauptsache auf die 3phasige Ausführung, die, von Bahngeneratoren abgesehen, fast ausschließlich für die praktische Verwendung in Betracht kommt.

2. Ankerrückwirkung. Wird eine mehrphasige Synchronmaschine symmetrisch belastet, so bildet die von sinusförmigen Strömen durchflossene Ankerwicklung ein Feld aus, das relativ zu den Feldmagneten stillsteht. Sieht man von den meist zu vernachlässigenden geringen Pulsationen des Ankerfeldes ab und beschränkt man sich auf Mehrlochwicklungen, so läßt sich die Wirkung der Ankerströme durch am Ankerumfang sinusförmig verteilte Ströme ersetzen. Setzt man weiter den Luftspalt am Ankerumfang als konstant voraus und vernachlässigt die Eisensättigung, so würden diese Ströme ein am Ankerumfang sinusförmig verteiltes, mit synchroner Geschwindigkeit umlaufendes Drehfeld ausbilden, das gegenüber der Feldpolachse um den Winkel ϑ verschoben erscheint. Handelt es sich jedoch um Maschinen mit ausgeprägten Polen, so wird zweckmäßig der am Ankerumfang sinusförmig verteilte Strombelag von der Amplitude AS_m in 2 Komponenten zerlegt, von denen eine mit der Polachse zusammenfällt ($AS_m \cdot \sin\vartheta$) und deren zweite senkrecht zur Polachse steht ($AS_m \cdot \cos\vartheta$). Abb. 415 zeigt diese Zerlegung und die Wirkung der beiden Komponenten auf das Hauptfeld. Die Gegenampereleiter ($AS_m \cdot \sin\vartheta$) schwächen ($\sin\vartheta$ positiv) oder versärken ($\sin\vartheta$ negativ) das Magnetfeld, die Querampereleiter ($AS_m \cos\vartheta$) beeinflussen dagegen das Magnetfeld nur indirekt durch Erhöhung bzw. Verringerung der Eisensättigung in den beiden Polschuhhälften. Der Winkel ϑ bedeutet dabei den inneren Phasenverschiebungswinkel zwischen der vom Hauptfelde in einer Phase induzierten Spannung E_i und dem zugehörigen Phasenstrom J_φ. Beim Nacheilen des Stromes gegenüber E_i (Abb. 416) schwächt demnach die Ankerrückwirkung das Hauptfeld im Generatorbetrieb (sog. induktive Belastung des

Generators) verstärkt es jedoch im Motorbetrieb. Bei Voreilung des Ankerstromes gegenüber E_1 (Abb. 417) verstärkt dagegen die Ankerrückwirkung das Hauptfeld im Generatorbetrieb (kapazitive Belastung des Generators), schwächt es jedoch im Motorbetrieb. Dabei wird gewohnheitsmäßig der Motorstrom gegenüber $-E_i$ orientiert, weil auch der Phasenwinkel φ beim Motor als Winkel zwischen dem Vektor des aufgenommenen Stromes und dem Vektor der **aufgedrückten** Spannung definiert wird. In Abb. 415 ist unterhalb des Amperewindungsdiagrammes das daraus abgeleitete unverzerrte Hauptfeld, Gegenfeld und Querfelddiagramm und schließlich darunter das resultierende Felddiagramm eingezeichnet. Die Ableitung des Felddiagrammes aus dem AW-Diagramm erfolgt in ähnlicher Weise wie bei der Gleichstrommaschine, kann hier also übergangen werden; in der Abb. 415 ist das Gegen- und Querfeld im Verhältnis zum Hauptfeld übertrieben stark angenommen, woraus sich die übermäßige Feldverzerrung des resultierenden Feldes erklärt.

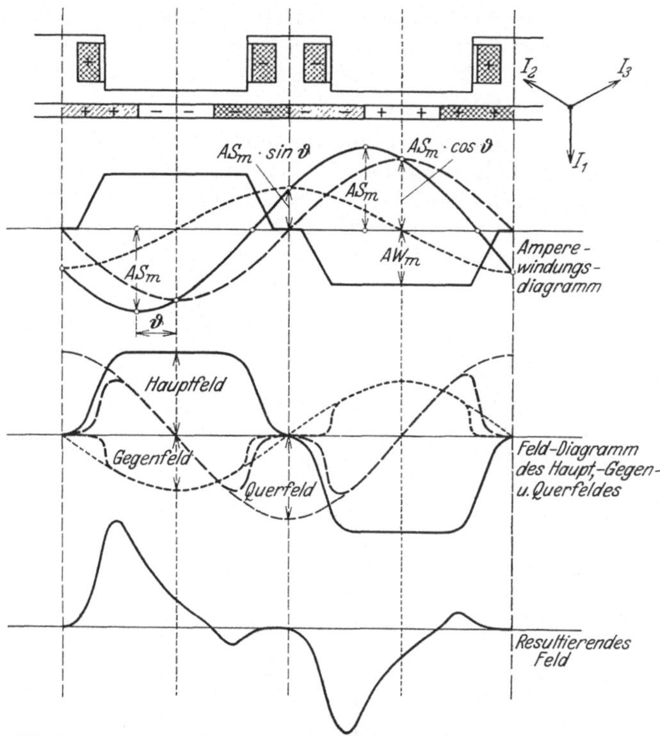

Abb. 415. Amperewindungsdiagramm und Felddiagramm einer 3phasigen Synchronmaschine.

3. Spannungsdiagramm. Zerlegt man das re-

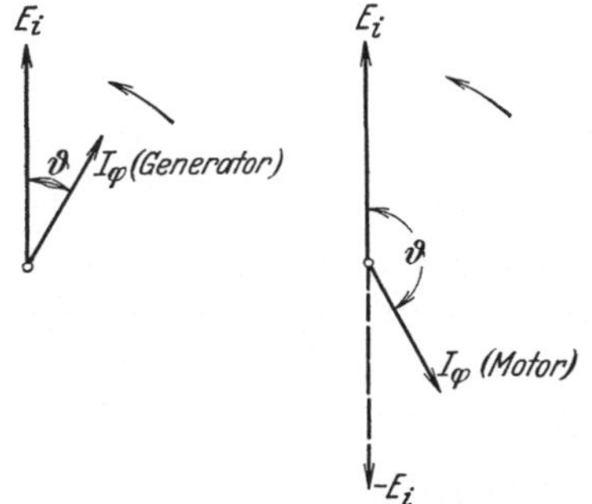

Abb. 416. Lage von E_i und J_φ bei feldschwächender Wirkung des Ankergegenfeldes.

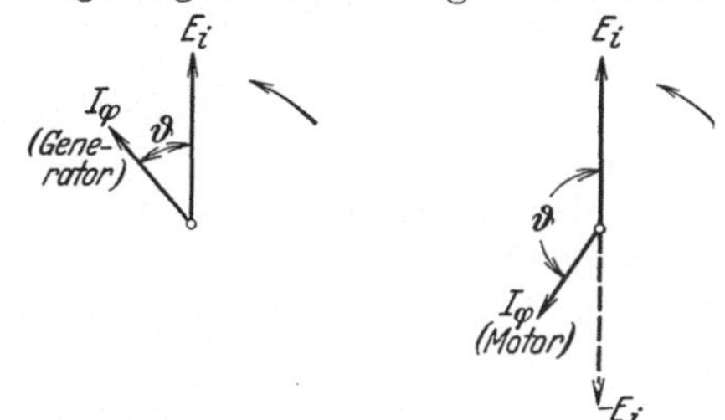

Abb. 417. Lage von E_i und J_φ bei feldverstärkender Wirkung des Ankergegenfeldes.

sultierende Feld in seine Harmonischen und berücksichtigt nur je das erste Sinus-(H_{1h})- und Cosinus-(H_{1q})-Glied, so ergibt sich

$$E_i = \frac{2\pi}{\sqrt{2}} \cdot \nu \cdot H_{1h} \cdot 4 \cdot R \cdot L w \cdot f_1 \cdot 10^{-8} \text{ Volt}, \tag{1}$$

$$E_q = \frac{2\pi}{\sqrt{2}} \cdot \nu \cdot H_{1q} \cdot 4 \cdot R \cdot L w \cdot f_1 \cdot 10^{-8} \text{ Volt}. \tag{2}$$

Dabei bedeutet

E_i die vom Hauptfelde in einer Phase induzierte EMK,
E_q die vom Querfelde in einer Phase induzierte EMK,
R und L den Ankerradius und die Ankerbreite in cm,
w die effektive Windungszahl einer Phase je Polteilung,
f_1 den Wicklungsfaktor.

In der Ankerwicklung der mehrphasigen Synchronmaschine tritt bei symmetrischer Belastung der Phasen außer den genannten beiden Spannungen E_i und E_q noch eine EMK der Streuung E_σ und infolge des Widerstandes der Ankerwicklung ein Spannungsabfall E_R auf, der dem Strome entgegengesetzt gerichtet ist, als Vektor also in der Form

$$\dot{E}_R = -r \cdot \dot{J}\varphi \qquad (3)$$

zu schreiben ist. (Ein Punkt über dem Buchstaben soll die betreffende Größe als Vektor kennzeichnen.) Die vom Nuten- und Stirnstreufeld herrührende Streuspannung E_σ ist ebenfalls dem Strome proportional, eilt dem Strome aber um 90⁰ nach, was

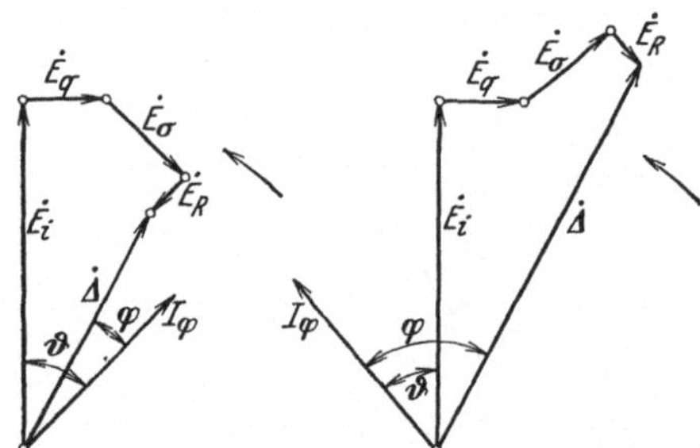

Abb. 418. Vektordiagramme im Generatorbetrieb bei induktiver und kapazitiver Belastung.

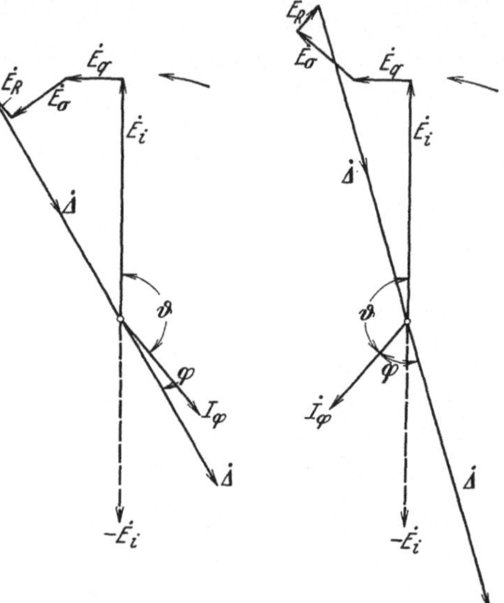

Abb. 419. Vektordiagramme im Motorbetrieb bei voreilendem und nacheilendem Motorstrom.

wir in der Vektorgleichung durch den Faktor $+\mathrm{j}$ kennzeichnen. Bezeichnen wir den Proportionalitätsfaktor, die sog. Statorstreureaktanz, mit k_σ, so wird

$$\dot{E}_\sigma = \mathrm{j}\, k_\sigma \cdot \dot{J}_\varphi = \mathrm{j}\, \omega \cdot L_\sigma \cdot \dot{J}_\varphi . \qquad (4)$$

Da beim Generator die Klemmenspannung $\varDelta$ (Phasenspannung) die resultierende aller in der Ankerwicklung wirksamen EMKe sein muß, schreibt sich die Vektorgleichung für den Generator:

$$\dot{\varDelta} = \dot{E}_i + \dot{E}_q + \dot{E}_\sigma + \dot{E}_R \qquad (5)$$
$$= \dot{E}_i + \dot{E}_q + \mathrm{j}\, k_\sigma \cdot \dot{J}_\varphi - r\, \dot{J}_\varphi ,$$

während beim Motor die angelegte Klemmenspannung im Gleichgewicht mit den inneren EMKen stehen muß.

$$\dot{\varDelta} + \dot{E}_i + \dot{E}_q + \dot{E}_\sigma + \dot{E}_R = 0 . \qquad (6)$$

Bei der Zeichnung des Vektordiagrammes (Abb. 418 und 419) ist noch zu beachten, daß $\dot{E}_q$ der Spannung $\dot{E}_i$ beim Generatorbetrieb um 90⁰ nacheilt, beim Motor jedoch nach dem früher Gesagten um 90⁰ voreilt.

Die Handhabung des Diagrammes zur Konstruktion der Klemmenspannung bei verschiedener Belastung im Generatorbetrieb oder zur Ermittlung der anderen charakteristischen Werte wird erheblich einfacher, wenn zur Bestimmung von E_i und E_q nicht von den Komponenten des resultierenden Feldes $\mathfrak{H}_{1h}$ und $\mathfrak{H}_{1q}$ ausgegangen wird, sondern einmal der Mittelwert der Gegenamperewindungen unter den Polen

$$A W_g \cdot \sin\vartheta = A S_m \cdot \frac{2}{\pi} \tag{7}$$

in das Amperewindungsdiagramm eingeführt wird, so daß die zur Erzeugung der Spannung E_i maßgebenden Amperewindungen $A W_i$ aus der Beziehung erhalten werden:

$$A W_i = A W_m - A W_g \cdot \sin\vartheta, \tag{8}$$

wobei $A W_m = i_m \cdot w_m$ die Feldamperewindungen je Pol angeben, und wenn weiter $\mathfrak{H}_{1q}$ unter Vernachlässigung der höheren Harmonischen des Querfeldes gleich $\mathfrak{H}_q$ und proportional $AS_m \cdot \cos\vartheta$ gesetzt wird. E_q läßt sich dann schreiben:

$$E_q = k_q \cdot J_\varphi \cdot \cos\vartheta. \tag{9}$$

Das in dieser Weise vereinfachte Spannungsdiagramm läßt sich in der in Abb. 420 angegebenen Weise mit der Sättigungskurve so kombinieren, daß der Einfluß des Belastungsstromes und des Leistungsfaktors gut zu erkennen ist. Wie man sieht, ist nicht nur der Teil $A-B-C-F$ des Spannungsdiagrammes dem Belastungsstrom J_φ proportional, sondern auch der ganze Linienzug $A-B-C-D-E$. Bei Kenntnis dieses Linienzuges und vorliegender Sättigungskurve kann mithin für jede Belastungsart die Klemmenspannung bzw. die für eine bestimmte Klemmenspannung erforderliche Felderregung konstruiert werden. In welcher Weise die einzelnen Teile des „charakteristischen Linienzuges" experimentell zu bestimmen sind, wird in den folgenden Abschnitten noch behandelt werden, das Spannungsdiagramm wird alsdann auch für einzelne besonders wichtige Fälle entwickelt werden.

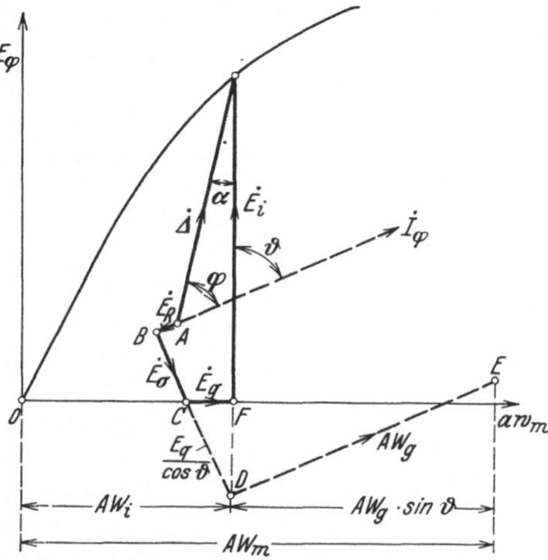

Abb. 420. Spannungs- und Amperewindungsdiagramm bei Generatorbetrieb und induktiver Belastung.

B. Charakteristische Kurven und Größen der Synchronmaschine.

4. Prüfschaltungen. Zur Aufnahme der verschiedenen Betriebskurven wird am besten die Synchronmaschine mit einem Gleichstrommotor gekuppelt, der so bemessen ist, daß er zur Deckung der gesamten Verluste ausreicht. Steht kein passender Antriebsmotor zur Verfügung, so können die Leerlaufaufnahmen auch in der Weise durchgeführt werden, daß die zu untersuchende Synchronmaschine als leerlaufender Motor an ein regelbares Drehstromnetz (Umformersatz) angeschlossen wird; die Erregung der Synchronmaschine muß dabei immer so eingestellt werden, daß die Stromaufnahme ein Minimum wird ($\cos\varphi = 1$). Der Spannungsabfall in der Ankerwicklung und die Ankerrückwirkung sind dann zu vernachlässigen, so daß die Klemmenspannung gleich der EMK E_i der Ankerwicklung gesetzt werden kann. Der Anlauf der Synchronmaschine erfolgt in Ermangelung eines Antriebsmotors in derartigen Fällen asynchron bei verminderter Klemmenspannung und unerregtem über einen Widerstand geschlossenen Feldkreis.

Die Art der Verkettung der einzelnen Phasen der zu prüfenden Maschine ist bei den Aufnahmen von untergeordneter Bedeutung; auf alle Fälle sind zur Kontrolle der richtigen Schaltung und der Symmetrie der Wicklungen alle verketteten und Phasenwerte der Spannungen bei einigen Leerlaufpunkten zu messen. Enthält die Phasenspannung eine stark ausgeprägte 3te Harmonische in ihrer Spannungskurve, so fließt bei $\varDelta$-Schaltung eine Ausgleichstrom innerhalb der Wicklungen, der durch einen in die Schaltung eingebauten Strommesser bei Leerlauf der Maschine gemessen werden kann.

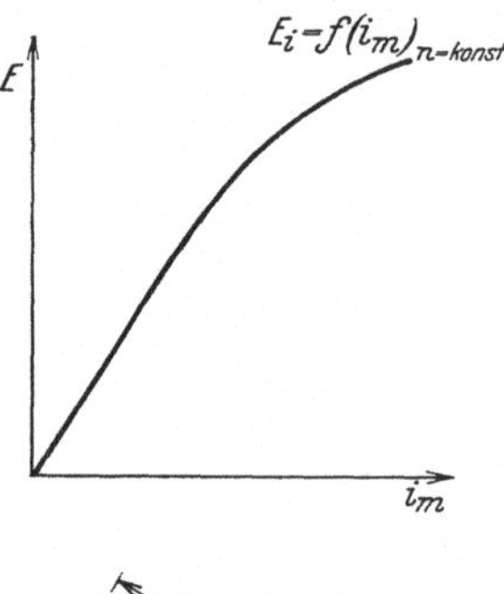

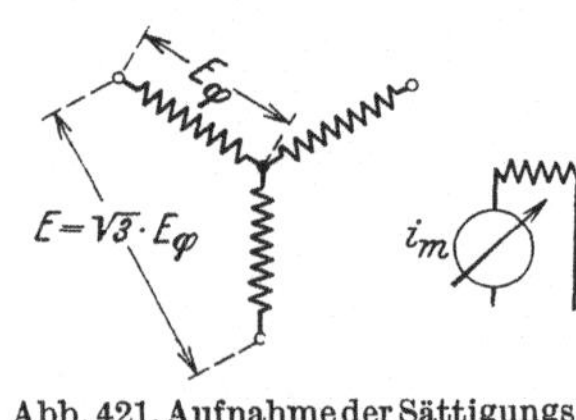

Abb. 421. Aufnahme der Sättigungskurve $E_i = f(i_m)$ bei konstanter Drehzahl.

5. Leerlaufaufnahme. Bei konstanter, der Betriebsdrehzahl entsprechender Umdrehungszahl wird die Klemmenspannung der Synchronmaschine $\varDelta = E_i$ bei verschiedenen Erregerströmen i_m gemessen; um Unstetigkeiten im Kurvenverlauf infolge der Wirkung der Eisenhysterese zu vermeiden, empfiehlt es sich, die Sättigungskurve ($E_i = f(i_m)$) Abb. 421 bei stetig zunehmender Erregerstromstärke bis zu hohen Sättigungswerten aufzunehmen. Der Remanenzwert der Spannung bei $i_m = 0$ ist meist zu vernachlässigen, erfordert aber bei Hochspannungsmaschinen wegen seiner absoluten Höhe doch einige Vorsicht.

Mit der Aufnahme der Sättigungskurve kann meist die Messung der Reibungs- (V_R) und Eisenverluste (V_{Fe}) verbunden werden (vgl. Kap. VII B 15), gleichgültig, ob ein geeichter Antriebsmotor zur Verfügung steht (Generatorverfahren) oder ob, wie vorher beschrieben, die Synchronmaschine als Motor mit $\cos\varphi = 1$ von einem Hilfsnetz aus betrieben wird. Die Leerlaufverluste werden dann aus der Leistungsaufnahme des Synchronmotors unter Berücksichtigung der Stromwärmeverluste in der Ankerwicklung bestimmt. Die Trennung der Reibungs- und Eisenverluste erfolgt nach dem in Kap. VII angegebenen Verfahren (vgl. auch Abb. 422 und 423).

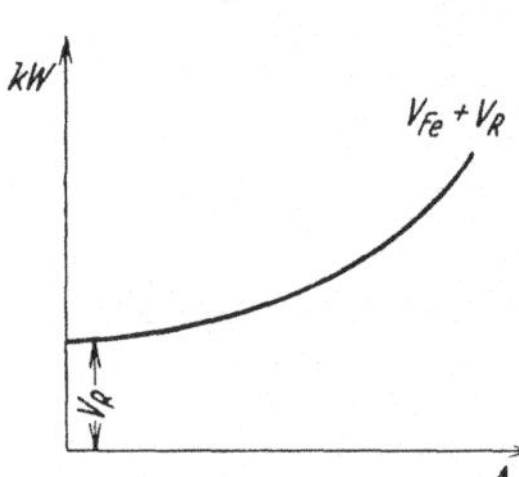

Abb. 422. Reibungs- und Eisenverluste als Funktion der Klemmspannung.

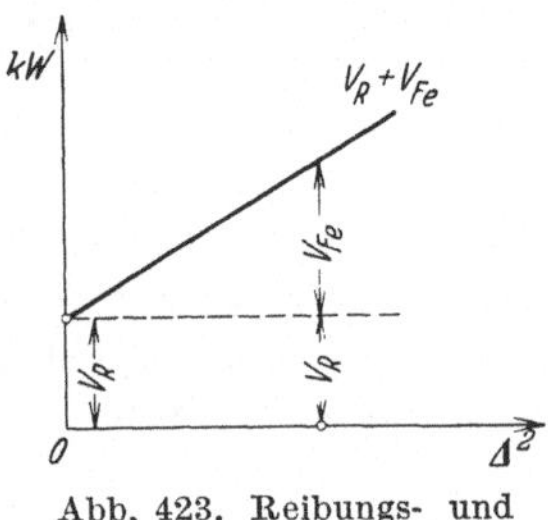

Abb. 423. Reibungs- und Eisenverluste als Funktion von $\varDelta^2$.

Da sowohl in den R.E.M. (§ 14) wie in den meisten ausländischen Maschinenregeln über die Form der Spannungskurve bestimmte Vorschriften angegeben sind, wird am besten bei den Leerlaufaufnahmen auch die Spannungskurve (Phasenspannung und verkettete Spannung) oszillographisch aufgenommen. In das Oszillogramm wird die Grundwelle eingetragen und die maximale Abweichung zwischen den zusammengehörigen Augenblickswerten abgemessen. (Wert $a - g$ in Abb. 424.) Das Verhältnis q dieser maximalen Differenz zu dem Scheitelwerte S der Grundwelle gilt nach den R.E.M. als Maß für die Güte der Spannungskurve (Abweichungsfaktor q)

$$q = \frac{a - g}{S}. \tag{10}$$

Abweichend von den R.E.M. wird in mehreren Vorschriften, unter anderen auch in den amerikanischen und französischen, an die Stelle der Grundwelle die äquivalente Sinuswelle als Vergleichskurve eingeführt, die den gleichen Effektivwert wie die wirkliche Spannungskurve besitzt.

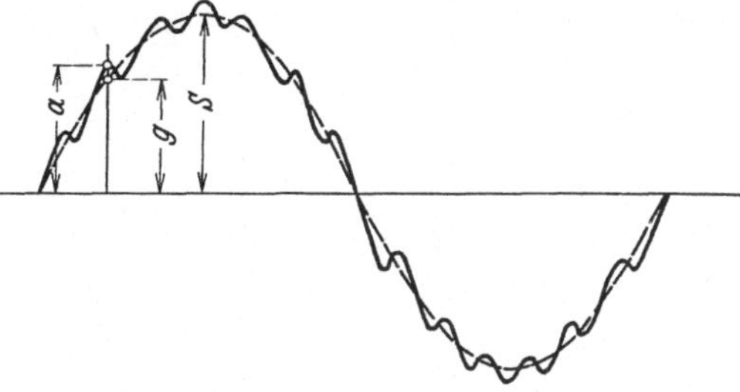

Abb. 424. Bestimmung der größten Abweichung der Spannungskurve von der Grundwelle.

Als Ergänzung zu der Charakterisierung der Spannungskurve durch derartig definierte Abweichungsfaktoren wird zur besseren Berücksichtigung der Störungen des Telephonbetriebes durch höhere Harmonische in der Spannungskurve (Nutenfrequenz) manchmal auch ein Maximalwert für einen Telephoninterferenzfaktor K vorgeschrieben. Um diesen zu bestimmen, muß die aufgenommene Spannungskurve analysiert werden; die ermittelten Effektivwerte $e_1, e_2 \ldots e_n$ der verschiedenen Harmonischen der Spannungskurve werden entsprechend ihrem Störungsgrad für Telephonbetrieb mit einem Störfaktor $\alpha_1, \alpha_2 \ldots \alpha_n$ multipliziert (vgl. Abb. 425), der für Frequenzen von ungefähr 1100 Hz ein Maximum erreicht. Als Telephoninterferenzfaktor gilt dann das Verhältnis aus der Wurzel der Summe der Quadrate dieser bewerteten Einzelharmonischen zu dem Effektivwert der Spannung

$$K = \frac{\sqrt{(e_1 \cdot \alpha_1)^2 + (e_2 \cdot \alpha_2)^2 + \cdots + (e_n \cdot \alpha_n)^2}}{E}. \qquad (11)$$

6. **Kurzschlußaufnahme**[1]. Zur Aufnahme der Kurzschlußcharakteristik $J_k = f(i_m)$ kann die Ankerwicklung in ⅄ oder △ geschaltet werden; die Amperemeter zur Messung des Kurzschlußstromes werden zweckmäßig immer in ⅄-Schaltung angeordnet (Abb. 426). Natürlich ist der Amperemeterstrom J nur bei ⅄-Schaltung der Ankerwicklung gleich dem Phasenstrom J_φ, bei △-Schaltung der Ankerwicklung ist $J_\varphi = \frac{J}{\sqrt{3}}$. Steht kein Antriebsmotor für die Aufnahme zur Verfügung, so kann die Kurzschlußcharakteristik auch während des Auslaufes der Synchronmaschine aufgenommen werden. Der Wirkwiderstand der Ankerwicklung ist nämlich gegen den Blindwiderstand zu vernachlässigen und der Blindwiderstand ist der Frequenz und damit der Drehzahl proportional; da auch die von dem Magnetfeld induzierte EMK der Drehzahl proportional ist, bleibt der Kurzschlußstrom in weiten Grenzen unabhängig von der Drehzahl. Die Aufnahme wird noch dadurch erleichtert, daß die Kurzschlußcharakteristik bis zu Stromwerten, die erheblich über dem Nennstrom liegen, gradlinig verläuft, so daß die Messung einiger Punkte genügt (Abb. 427). Wird

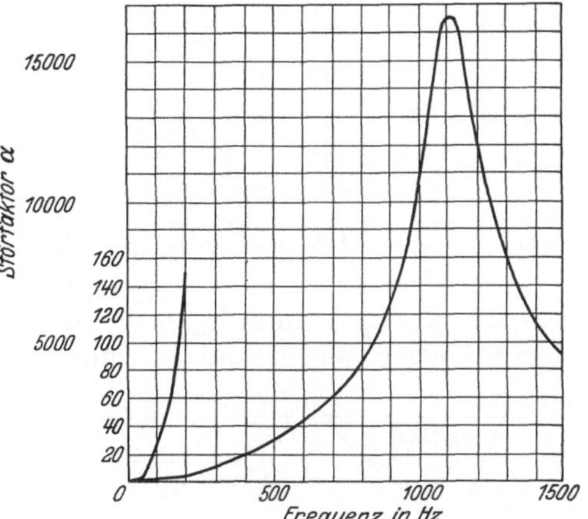

Abb. 425. Störfaktor zur Bestimmung des Telephon-Interferenzfaktors.

[1] Mandl, A.: Die charakteristischen Größen für den dreiphasigen Dauerkurzschluß. Elektrotechn. u. Maschinenb. Bd. 47 (1929) S. 569.

außer dem dreiphasigen Kurzschluß (Kurzschlußstrom J_k) auch der einphasige Kurzschluß zwischen Sternpunkt und einer Außenklemme (J_{1k}) oder zwischen zwei Außenklemmen (J_{2k}) durchgeführt, so ist zu bedenken, daß von den beiden gegenläufigen Drehfeldern, in die das von Ankeramperewindungen herrührende Wechselfeld zerlegt werden kann, das inverse Feld in der Magnetwicklung eine Wechsel-EMK von der doppelten Netzfrequenz induziert, die sich der Gleichspannung überlagert. In der Erregerwicklung fließt mithin ein Wellenstrom (Abb. 428), dessen Effektivwert von dem Mittelwert des Erregerstromes, der für die Kurzschlußcharakteristik in Frage kommt, im allgemeinen abweicht; der Erregerstrom muß deshalb mit einem polarisierten Instrument gemessen werden.

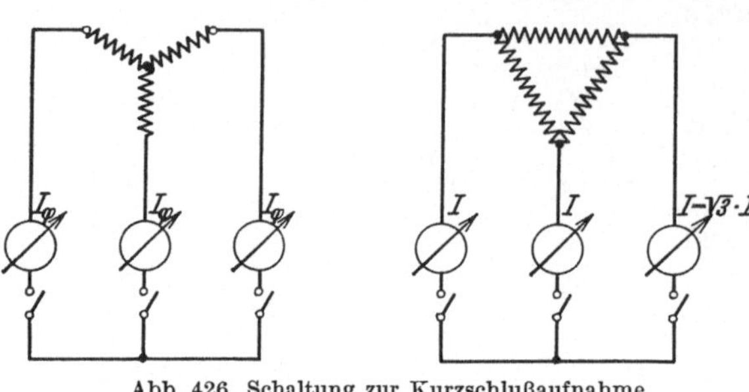

Abb. 426. Schaltung zur Kurzschlußaufnahme.

Das in Abb. 420 entwickelte Spannungsdiagramm schrumpft im Kurzschlußfall ($\Delta = 0$) zu dem einfachen Spannungspolygon der Abb. 429 zusammen; bei der zulässigen und stets üblichen Vernachlässigung des Spannungsabfalles E_R vereinfacht sich das Diagramm noch weiter (Abb. 430), der inneren EMK E_i wird durch die Streuspannung E_σ das Gleichgewicht gehalten. Wird der Kurzschlußstrom J_k bei der Erregung AW_{m_0} bestimmt, bei der bei Vernachlässigung der Sättigung im Leerlauf die Nennspannung E_n auftritt (Abb. 430), so wird das Verhältnis

$$\omega L = \frac{E_n}{J_{k_0}} \tag{12}$$

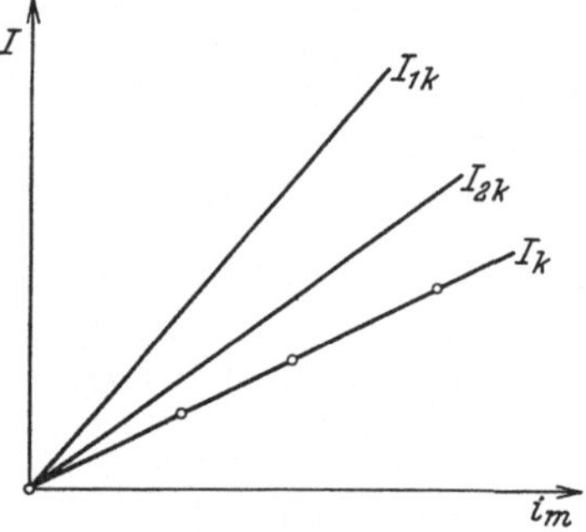

Abb. 427. Kurzschlußcharakteristik bei 3phasigem (I_k) und 1phasigem Kurzschluß (I_{1k} bzw. I_{2k}).

als synchrone Reaktanz der Maschine bezeichnet. Eine ungesättigte Maschine würde im unerregten Zustande als leerlaufender Synchronmotor bei der Netzspannung E_n den Strom J_{k_0} vom Netz aufnehmen, ihr scheinbarer innerer Widerstand in Ohm je Phase wäre also gleich der synchronen Reaktanz. Das Verhältnis des Nennstromes (J_N) der Maschine zum vorher definierten Kurzschlußstrom J_{k_0} wird die prozentuelle synchrone Reaktanz

$$P = \frac{J_N}{J_{k_0}} \tag{13}$$

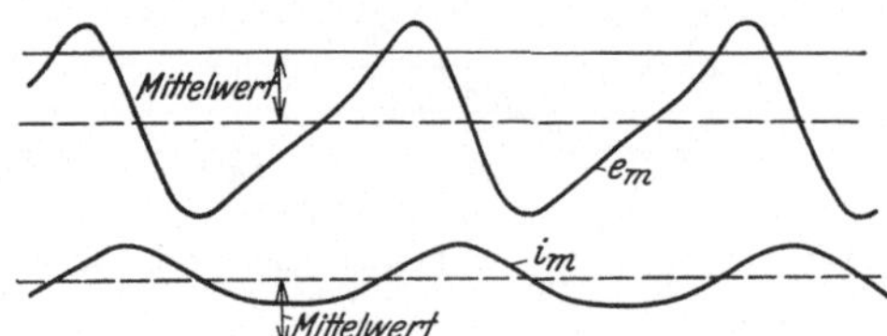

Abb. 428. Oszillogramm der Erregerspannung e_m und des Erregerstromes i_m bei 1phasigem Kurzschluß.

genannt. Da J_{k_0}, wie aus Abb. 431 zu erkennen ist, auch den größten rein kapazitiven Belastungsstrom (Ladestrom) darstellt, mit dem ein unerregter Generator bei der Netzspannung E_n belastet werden kann, ohne daß Selbsterregung eintritt, so wird das reziproke Verhältnis der prozentuellen synchronen Reaktanz als prozentuelle Ladeleistungsfähigkeit unterhalb der Selbsterregungsgrenze bezeichnet

$$\frac{1}{P} = \frac{J_{k_0}}{J_N}. \tag{14}$$

Wird die Sättigungskurve nicht als Funktion des Felderregerstromes (i_m) oder der Felderregeramperewindungen (AW), sondern als Funktion des dem Felderregerstrom gleichwertigen Ständerstromes aufgetragen (Abb. 431), wobei Gleichwertigkeit vorliegt, wenn im Luftspalt die gleiche Feldgrundwelle erzeugt wird, so stellt die Strecke CD den Kurzschlußstrom J_k bei der Erregung J_0 dar und die Strecke OC den dem Felderregerstrom i gleichwertigen Ständerstrom J_σ zur Erzeugung einer Spannung E_σ. Als Hauptfeldreaktanz gilt dann das Verhältnis:

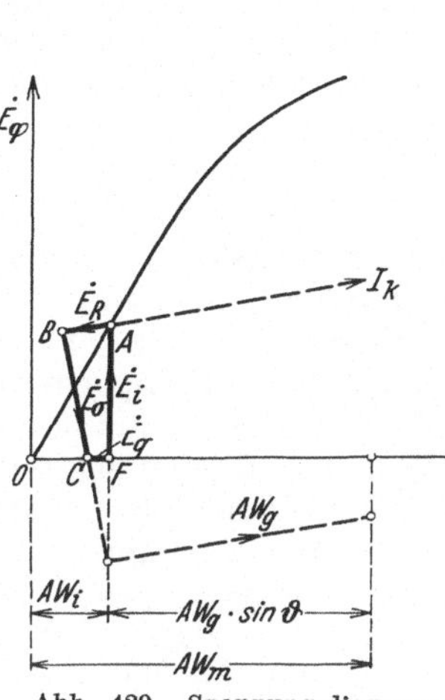

Abb. 429. Spannungsdiagramm bei 3phasigem Kurzschluß.

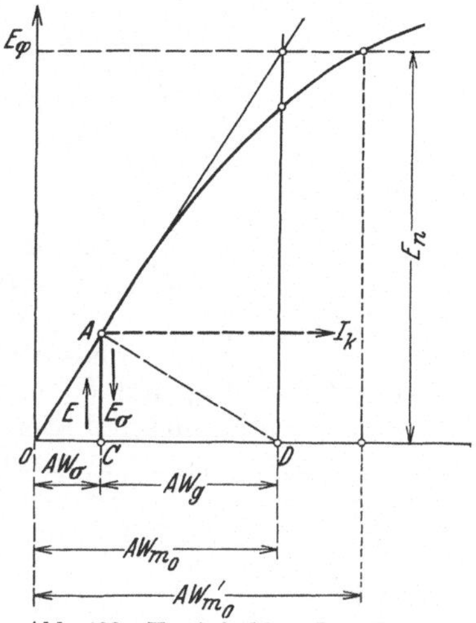

Abb. 430. Vereinfachtes Spannungsdiagramm bei 3phasigem Kurzschluß.

$$k_0 = \omega L_0 = \frac{E_n}{J_0} \text{ (Ohm je Phase).} \tag{15}$$

Als Ständerstreuung σ_1 wird weiter das Verhältnis der Streureaktanz k_σ zur Hauptfeldreaktanz k_0 bezeichnet:

$$\sigma_1 = \frac{k_\sigma}{k_0} = \frac{\omega \cdot L_\sigma}{\omega L_0} = \frac{J_0 \cdot \omega \cdot L_\sigma}{E_n}. \tag{16}$$

Die manchmal auf den Nennstrom bezogene Ständerstreuung ergibt sich zu

$$\sigma_{1n} = \frac{J_N \cdot \omega L_\sigma}{E_n} = \sigma_1 \cdot \frac{J_N}{J_0}. \tag{17}$$

Als Kurzschlußverhältnis (Short circuit ratio) wird endlich das Verhältnis des Leerlauferregerstromes i'_{m0} bei der Nennspannung E_n bei Berücksichtigung der Eisensättigung zum Kurzschlußerregerstrom i_{mk} bei dreiphasigem Dauerkurzschlußstrom $J_k = J_n$ bezeichnet.

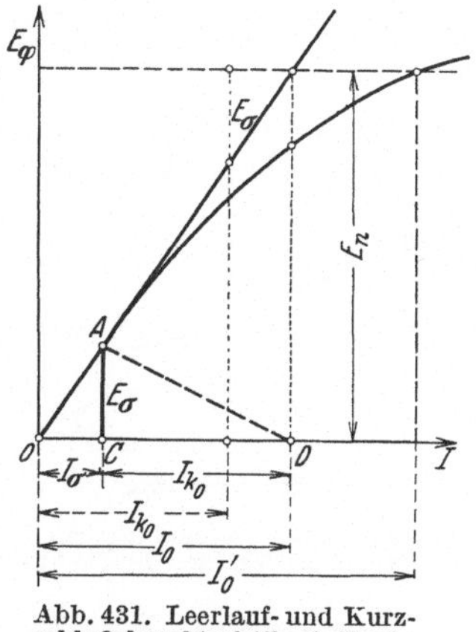

7. Kurzschlußverluste. Die für die Wirkungsgradberechnung maßgebenden Lastverluste sind nach den R.E.M. § 62 nach dem Kurzschlußverfahren oder nach dem später noch zu besprechenden Übererregungsverfahren zu bestimmen. Am einfachsten werden die Verluste mit Hilfe eines Antriebsmotors, dessen Verluste bekannt sind, ermittelt. Der dreiphasig kurzgeschlossene Generator wird mit seiner Nenndrehzahl angetrieben und die Leistungsaufnahme des Motors bei verschiedener Erregung, also verschiedenen Kurzschlußströmen gemessen. Wird unter Berücksichtigung der Verluste im Antriebsmotor die auf den Generator übertragene Leistung $L_k = V_k$ als

Abb. 431. Leerlauf- und Kurzschlußcharakteristik als Funktion des Ständerstromes J.

Funktion des Kurzschlußstromes J_k aufgetragen, so erhalten wir eine Kurve, die auf der Ordinatenachse die Reibungs- und Ventilationsverluste (V_R) der Synchronmaschine abschneidet (Abb. 432). Die Differenz zwischen V_k und V_R ergibt für jeden Stromwert die zugehörigen Lastverluste. Diese setzen sich zusammen aus den aus dem Widerstand der Ständerwicklung (r_φ Ohm je Phase) und den Ständerstrom (J_φ A je Phase) sich errechnenden Ständerkupferverlusten V_{Cu}

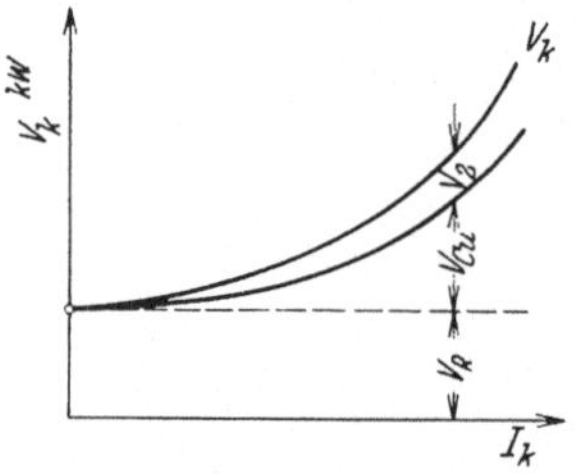

$$V_{Cu} = 3 \cdot r_\varphi \cdot J_\varphi^2 \qquad (18)$$

Abb. 432. Trennung der Kurzschlußverluste.

und den Zusatzverlusten V_Z, die teils in den Ankerleitern (Stromverdrängung), teils in den Ständerzähnen, teils in der Polschuhoberfläche und in verschiedenen massiven Konstruktionsteilen (Preßplatten) auftreten[1]. Bei der Trennung von V_{Cu} und V_Z muß der auf die Wicklungstemperatur während der Kurzschlußaufnahme reduzierte Widerstand eingesetzt werden. Steht zur Aufnahme der Kurzschlußverluste kein passender Antriebsmotor zur Verfügung, so müssen die Verluste im Auslauf bestimmt werden. (Über das Auslaufverfahren vgl. Kap. VII, S. 296.) Die Synchronmaschine wird, wie vorher bei der Aufnahme der Kurzschlußcharakteristik angegeben, asynchron angefahren, und zwar möglichst bis zu einer Drehzahl, die 10 bis 20% über der Nenndrehzahl liegt. Ist diese Drehzahl erreicht, so wird die Maschine vom Netz getrennt, schnell auf einen vorbereiteten Kurzschluß geschaltet (Abb. 433) und bis zur Erreichung eines gewünschten Kurzschlußstromes erregt. Die Auslaufkurve (Drehzahl n als Funktion der Zeit t) für diesen Kurzschlußstrom kann dann aufgenommen werden (Abb. 434); die gesamten Kurzschlußverluste V_k ergeben sich aus der Subtangente $t_{(n)}$ an die Auslaufkurve für die Nenndrehzahl n aus der Beziehung

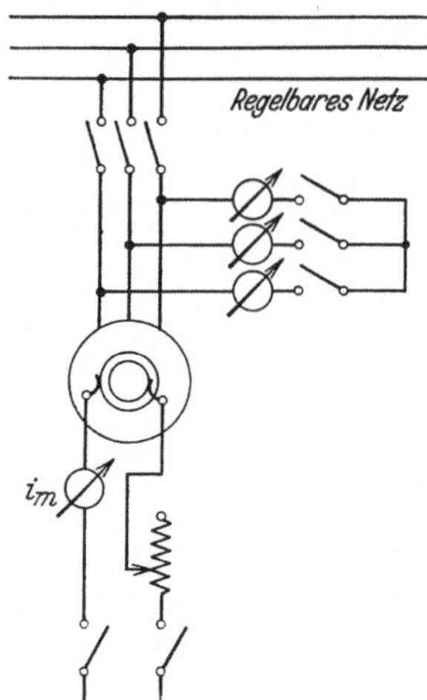

Abb. 433. Schaltung zur Aufnahme der Kurzschlußverluste im Auslauf.

$$V_k = \frac{G D^2}{365000} \cdot \frac{n^2}{t_{(n)}} \text{ kW}. \qquad (19)$$

An Stelle der Subtangente kann man auch die Subnormale der Auslaufkurve verwenden. Wird dieses Verfahren für mehrere Kurzschlußstromwerte durchgeführt, so kann wieder die Kurve $V_k = f(J_k)$ aufgetragen und die Trennung in V_R, V_{Cu} und V_Z vorgenommen werden.

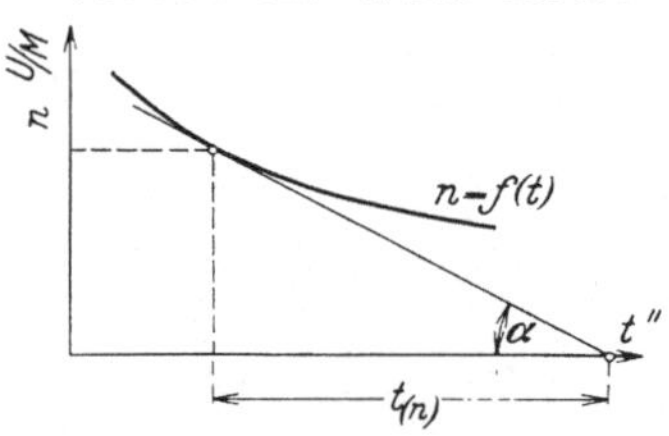

Abb. 434. Auslaufkurve zur Bestimmung der Kurzschlußverluste.

8. Stoßkurzschlußprüfung. Da bei plötzlichem Kurzschluß einer auf Nennspannung erregten Synchronmaschine erhebliche mechanische Beanspruchungen aller Wicklungsteile auftreten, ist nach § 47 der R.E.M. jede Synchronmaschine einer Festigkeitsprobe mit dem Stoßkurzschlußstrom zu unterziehen. Dabei gilt als Stoßkurzschlußstrom der höchste Augenblickswert des Stromes, der bei plötzlichem Klemmenkurzschluß der Maschine im ungünstigsten Schaltmoment auftreten kann. Dieser Stoßkurzschlußstrom soll das

[1] Pohl: Zur Analyse der Zusatzverluste, insbesondere von Turbogeneratoren. Elektrotechn. Z. Bd. 46 (1925) S. 1182.

15fache des Scheitelwertes (21fache des Effektivwertes) des Nennstromes nicht überschreiten. Die Probe wird in der Weise durchgeführt, daß die von einem Hilfsmotor angetriebene Synchronmaschine bei ihrer Nenndrehzahl auf den 1,05fachen Wert ihrer Nennspannung (zur Berücksichtigung der Erhöhung des Stoßkurzschlußstromes durch einen Belastungsstrom) erregt wird (Erregerstrom i_{m_0}) und dann durch einen kräftigen Schalter (am besten eignet sich ein fernbetätigter Fallschalter) unmittelbar an ihren Klemmen kurzgeschlossen wird; der Kurzschlußstrom in den 3 Phasen wird oszillographisch aufgenommen. Steht kein Antriebsmotor zur Verfügung, so wird in ähnlicher Weise wie bei der Aufnahme der Kurzschlußverluste beschrieben, der Kurzschluß während eines Auslaufs durchgeführt, sobald die richtig erregte Maschine nach Abtrennung vom Netz ihre Nenndrehzahl erreicht hat. Unmittelbar nach dem Kurzschluß setzt ein Ausgleichvorgang ein, der durch starke Ströme in der Ständer- und in der Feldwicklung charakterisiert ist und den Übergang zu einem neuen Gleichgewichtszustand, nämlich zum Dauerkurzschluß mit dem Dauerkurzschlußstrom J_{k_0} bildet (Abb. 435). Bezeichnet man den Streukoeffizienten der Induktorwicklung mit σ_2, den der Ständerwicklung mit σ_1 und den resultierenden Blondellschen Streukoeffizienten mit

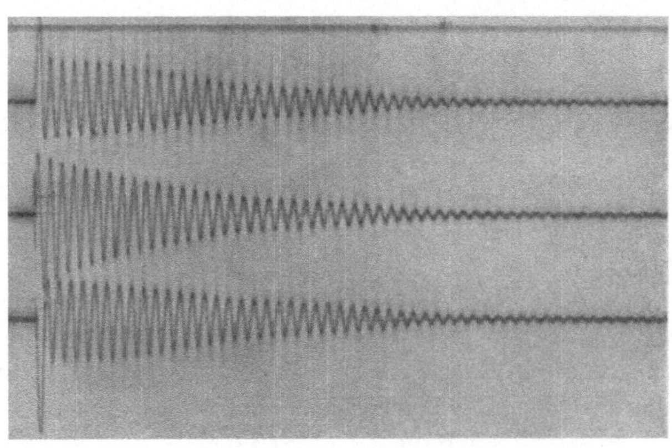

Abb. 435. Oszillogramm des Kurzschlußstromes in den 3 Phasen bei Stoßkurzschluß.

$$\sigma = 1 - \frac{1}{(1+\sigma_1)(1+\sigma_2)}, \tag{20}$$

so wird unter Vernachlässigung des Widerstandes der Wicklungen und der Eisensättigung der Maximalwert $J_{k\max}$ des Kurzschlußstromes

$$J_{k\max} = \frac{2\,J_{k_0}}{\sigma} \tag{21}$$

und der Maximalwert des Feldstromes

$$i_{\max} = i_{m_0} \cdot \left(\frac{2}{\sigma} - 1\right). \tag{22}$$

Der Ständerstrom setzt sich aus einem schon nach wenigen Perioden abklingenden Gleichstromglied und einem Wechselstromglied

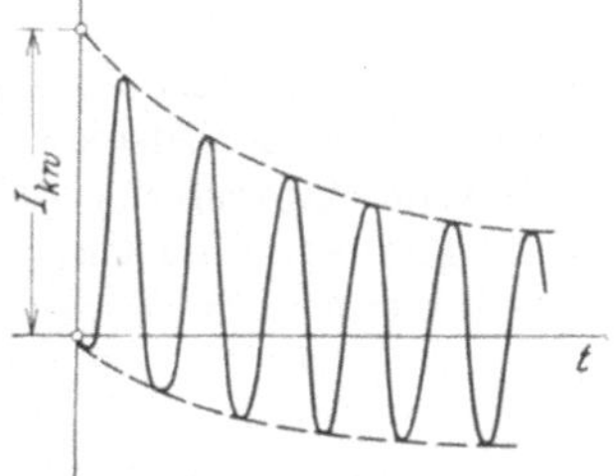

Abb. 436. Bestimmung von $J_{k\,w}$.

$$J_{k\,w} = \frac{J_{k_0}}{\sigma} \tag{23}$$

zusammen. Der Wert von $J_{k\,w}$ kann aus dem Kurzschlußoszillogramm durch Extrapolation der Umhüllenden der Kurzschlußstromkurven bis zum Schaltmoment ermittelt werden (Abb. 436). Aus Gl. (23) ergibt sich $J_{k\,w}$ als Effektiv- oder Scheitelwert, je nachdem der Dauerkurzschlußstrom J_{k_0} als

Effektiv- oder Scheitelwert eingesetzt wird. Erwähnt sei noch, daß das Produkt $\sigma \cdot \omega L$ als resultierende Streureaktanz (Transient Reactance) bezeichnet wird. Da nach Gl. (12)

$$\omega L = \frac{E_n}{J_{k_0}}$$

ist, so wird

$$\sigma \cdot \omega L = \frac{E_n}{J_{kw}}, \tag{24}$$

d. h. die resultierende Streureaktanz in Ohm je Phase ist gleich der Phasenspannung, dividiert durch den Anfangswert des symmetrischen Stoßkurzschluß-

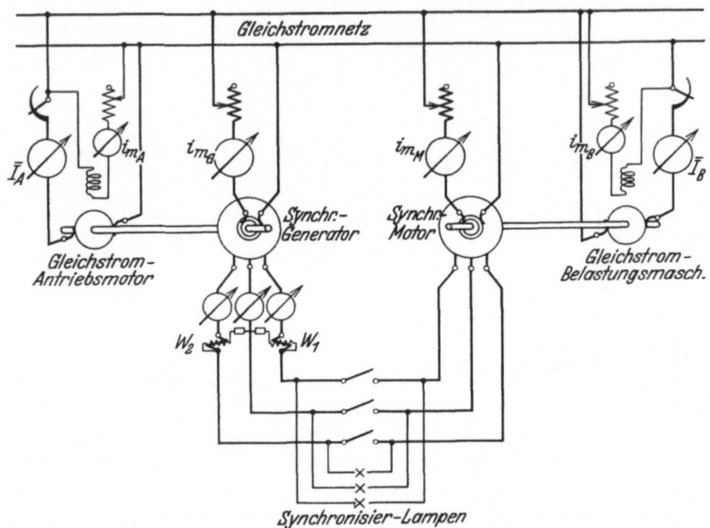

Abb. 437. Schaltung zur Aufnahme von Betriebskurven an Synchronmaschinen.

stromes. Als prozentuelle resultierende Streureaktanz gilt dann der Wert

$$\frac{J_n}{J_{kw}} = \frac{J_n \cdot \sigma \cdot \omega L}{E_n}. \tag{25}$$

9. Aufnahme von Betriebskurven. Der Betriebszustand einer Synchronmaschine ist charakterisiert durch ihre Klemmenspannung Δ, ihren Belastungsstrom J, ihre Drehzahl n bzw. Frequenz f und schließlich durch die zeitliche Phasenverschiebung zwischen Klemmenspannung und Belastungsstrom (Winkel φ).

Bei induktionsfreier Belastung sind Δ und J phasengleich ($\varphi = 0$; $\cos\varphi = 1$); die abgegebene Leistung eines Dreiphasengenerators bzw. die aufgenommene Leistung eines Dreiphasenmotors ist bei derartiger Belastung durch das Produkt

$$N = \sqrt{3} \cdot \Delta \cdot J \,\mathrm{kW} = 3 \cdot \Delta_\varphi \cdot J_\varphi \tag{26}$$

gegeben, wenn die Phasengrößen wieder durch den Index φ gekennzeichnet werden. Eine induktionsfreie Belastung läßt sich für einen Generator durch Wasser- oder Metallwiderstände oder schließlich durch eine 2te Synchronmaschine herstellen, wenn diese als Motor mit $\cos\varphi = 1$ betrieben werden kann. Das ist nur möglich, wenn der Synchronmotor seinerseits mit einer Belastungsmaschine gekuppelt ist, durch die er mechanisch belastet werden kann, und wenn weiter seine Erregung regelbar ist, so daß der Motor stets auf minimale Stromaufnahme, d. h. auf einen Leistungsfaktor $\cos\varphi = 1$ eingestellt werden kann (vgl. Schaltung Abb. 437).

Bei induktiver Belastung eilt der Strom J gegen $\varDelta$ um einen Winkel φ (φ positiv) nach; bei kapazitiver Belastung eilt dagegen J der Klemmenspannung um einen Winkel φ voraus (φ negativ). Die abgegebene bzw. aufgenommene Leistung einer dreiphasigen Synchronmaschine beträgt mithin bei einer derartigen Belastung:

$$N = \sqrt{3} \cdot \varDelta \cdot J \cdot \cos\varphi . \tag{26a}$$

Eine induktive Belastung eines Generators läßt sich durch Drosselspulen mit abschaltbaren Windungen oder durch einen Asynchronmotor mit in Serie geschalteter Ständer- und Läuferwicklung herstellen; die Übersetzung von Ständer auf Läufer wird zweckmäßig gleich 1 gewählt, um durch Verdrehen des Läufers gegenüber dem Ständer die Induktivität in weiten Grenzen regeln zu können; durch Parallelschaltung von Widerständen wird eine weitere Reguliermöglichkeit geschaffen. Eine kapazitive Belastung kann wenigstens in gewissen Grenzen

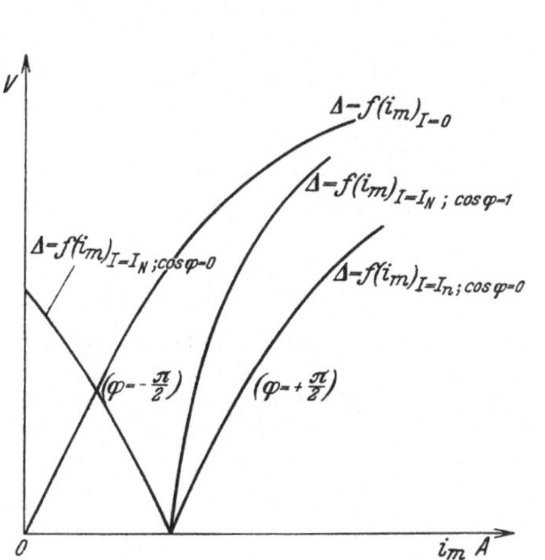

Abb. 438. Belastungscharakteristiken $\varDelta = f(i_m)$ für konstante Werte von J und $\cos\varphi$.

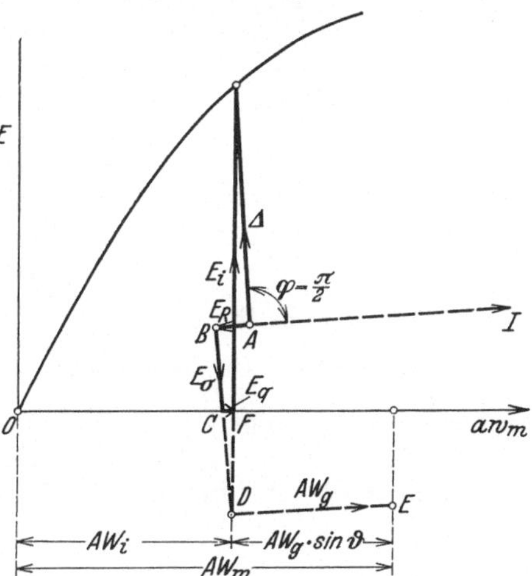

Abb. 439. Generator-Spannungsdiagramm für $J = J_N$; $\varphi = \frac{\pi}{2}$.

durch Kondensatoren erzielt werden. Am zweckmäßigsten wird aber sowohl für induktive als auch für kapazitive Belastung die in Abb. 437 angegebene Schaltung benutzt. Die Wirkbelastung kann dabei durch die Bremsleistung des Synchronmotors, also durch die Erregung ($i_{m\,B}$) der Belastungsmaschine, der Blindstrom durch die Erregung des Synchronmotors eingestellt werden. Der bei der Belastungsaufnahme gewünschte Leistungsfaktor wird durch die beiden Wattmeter (W_1 und W_2) mit ihren Ausschlägen α_1 und α_2 und ihrer Konstante C und durch die Strom- und Spannungsmessung kontrolliert

$$\cos\varphi = \frac{L}{\varDelta \cdot J \cdot \sqrt{3}} = \frac{C\,(\alpha_1 \pm \alpha_2)}{\varDelta \cdot J \cdot \sqrt{3}} .$$

Da bei symmetrischer Belastung die Beziehung

$$\operatorname{tg}\varphi = \sqrt{3}\,\frac{1 - \dfrac{\alpha_1}{\alpha_2}}{1 + \dfrac{\alpha_1}{\alpha_2}} \tag{27}$$

gilt, genügt es, zur Konstanthaltung des Leistungsfaktors das Verhältnis α_1/α_2 der Wattmeterausschläge konstant zu halten. Je nachdem, welche Größen bei der Aufnahme der Betriebskurven als konstant angesehen werden können, ergeben sich eine ganze Reihe von Belastungscharakteristiken; die wichtigsten sollen im folgenden kurz behandelt werden.

a) Belastungscharakteristik $\Delta = f(i_m)$ für $J = \text{const}$; $\cos\varphi = \text{const}$; $n = \text{const}$. In Abb. 438 sind derartige Belastungscharakteristiken für die ausgezeichneten Fälle:

$J = 0$ (identisch mit der Sättigungskurve)
$J = J_N$; $\cos\varphi = 1$,
$J = J_N$; $\cos\varphi = 0$ (rein iduktive Belastung),
$J = J_N$; $\cos\varphi = 0$ (rein kapazitive Belastung)

eingezeichnet. Die Charakteristiken für gleiche J-Werte gehen für $\Delta = 0$ durch denselben Punkt der Abszissenachse (Kurzschlußpunkt). Die Belastungskurve für rein induktive Belastung spielt, wie wir noch sehen werden, bei der experimentellen Bestimmung der Streuspannung eine besondere Rolle. Die Spannungsdiagramme für $J = J_N$; $\cos\varphi = 0$ sind in Abb. 439 und 440 gezeichnet.

Abb. 440. Generator-Spannungsdiagramm für $J = J_N$ und $\varphi = -\frac{\pi}{2}$.

b) Äußere Belastungscharakteristik und Regulierkurven.

$$\Delta = f(J) \text{ für } i_m = \text{const};\ \cos\varphi = \text{const};\ n = \text{const (Abb. 441)},$$
$$i_m = f(J) \text{ für } \Delta = \text{const};\ \cos\varphi = \text{const};\ n = \text{const (Abb. 442)}.$$

In beiden Abbildungen sind die Kurven für $\cos\varphi = 1$ und $\cos\varphi = 0$ eingetragen; in Abb. 441 sind Erregerwerte gewählt, für die Δ bei $J = J_N$ gleich der Nennspannung wird; in Abb. 442 ist $\Delta = \Delta_n$ gesetzt.

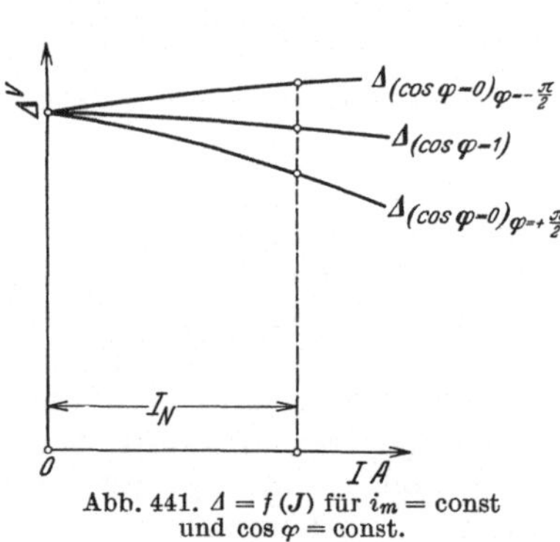

Abb. 441. $\Delta = f(J)$ für $i_m = \text{const}$ und $\cos\varphi = \text{const}$.

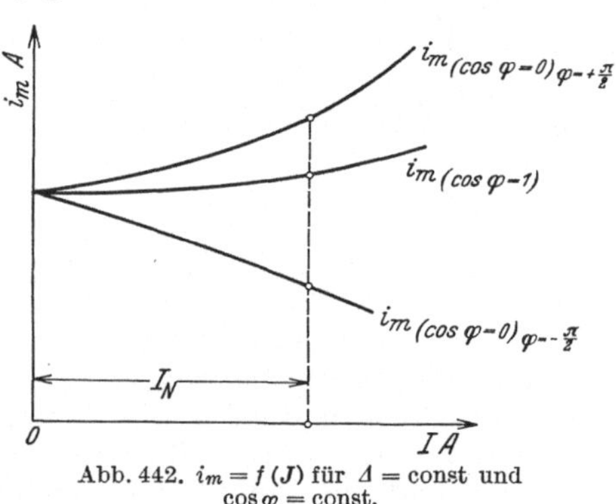

Abb. 442. $i_m = f(J)$ für $\Delta = \text{const}$ und $\cos\varphi = \text{const}$.

c) V-Kurven: $J = f(i_m)$ für $\Delta = \text{const}$, $L_a = \sqrt{3} \cdot \Delta \cdot J \cdot \cos\varphi = \text{const}$, $n = \text{const}$. Die für konstante Werte der Abgabe-(Generatorbetrieb-) bzw. Aufnahme-(Motorbetrieb-) Leistung L_a ermittelten Stromwerte ergeben als Funktion des Erregerstromes aufgetragen einen V-förmigen Verlauf. Hierauf ist die Bezeichnung dieser Charakteristiken als V-Kurven zurückzuführen. Bei der Aufnahme derartiger Kurven benutzt man am besten wieder die Schaltung nach Abb. 437; die Konstanz der Leistung und Drehzahl wird durch Feldregelung der Antriebs- und Belastungsmaschine erzwungen und durch die eingebauten Wattmeter und Frequenzmesser kontrolliert, die Konstanz der Klemmenspannung und die

Änderung des Stromes und damit des Leistungsfaktors wird durch Feldregelung des Synchrongenerators und Synchronmotors herbeigeführt. In Abb. 443 sind derartige V-Kurven für Generatorbetrieb bei $L_a = 0$ (Leerlauf) und bei $L_a = 0{,}5 L_N$ und $L_a = L_N$ (halbe und volle Nennleistung) gezeichnet. Das Stromminimum wird, wie man sieht, mit zunehmender Belastung flacher und verschiebt sich außerdem nach dem Bereich höherer Erregerströme; mit zunehmender Belastung muß also die Erregung etwas verstärkt werden, wenn bei konstantem Leistungsfaktor die Klemmenspannung im Generatorbetrieb konstant gehalten werden soll oder, wenn im Motorbetrieb bei konstanter Klemmenspannung der Leistungsfaktor unverändert (beispielsweise $\cos\varphi = 1$ bei der in Abb. 443 punktierten Kurve) bleiben soll.

10. Bestimmung der Konstanten des Spannungsdiagrammes. a) Ermittlung der Streuspannung E_σ und der Gegenamperewindungen AW_g aus der Leerlaufcharakteristik ($\varDelta = f(aw_m)$ für $J = 0$, Sättigungskurve) und der für rein

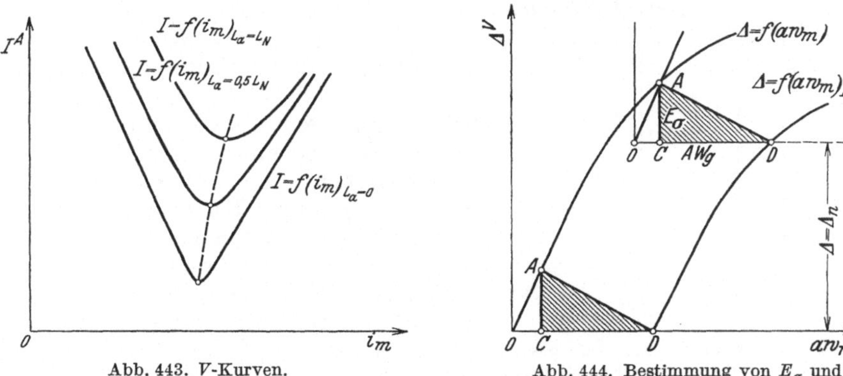

Abb. 443. V-Kurven.

Abb. 444. Bestimmung von E_σ und AW_g.

induktive Belastung ($\cos\varphi = 0$) aufgenommenen Belastungscharakteristik $\varDelta = f(aw_m)$ für $J = \text{const} = J_N$ (Abb. 438).

Wie ein Vergleich der Spannungsdiagramme für den Kurzschlußfall (Abb. 430) und für rein induktive Belastung (Abb. 439) zeigt, ist die Lage des charakteristischen Linienzuges zu der Sättigungskurve in beiden Belastungsfällen gleich, wenn die für diese Belastungsart fast immer zulässige Vernachlässigung des Ohmschen Spannungsabfalles ($E_R = 0$) und der Querspannung ($E_q = 0$) gemacht wird. Bewegt man mithin das Dreieck ACD (Potiersche Dreieck) parallel zu sich selbst so, daß der Punkt D auf der Belastungscharakteristik $\varDelta = f(aw_m)$ für $J = \text{const} = J_N$ und $\cos\varphi = 0$ wandert, so muß die Spitze A des Dreiecks stets auf der Sättigungskurve liegen. Verschiebt man mithin das Abszissenstück OD mit dem ersten Teil der Sättigungskurve auf der Belastungscharakteristik für rein induktive Belastung, so schneiden sich die beiden Sättigungskurvenäste im Punkte A (Abb. 444). Damit ist $E_\sigma = AC$ und $AW_g = CD$ für einen Strom $J = J_N$ bestimmt.

b) Ermittlung von E_σ und AW_g aus der Sättigungskurve und einem Belastungspunkt bei Nennspannung $\varDelta = \varDelta_n$ und Nennstrom $J = J_N$, und zwar bei

$$\varphi = +\frac{\pi}{2} \quad \text{und} \quad \varphi = -\frac{\pi}{2}.$$

Bei den gleichen Vernachlässigungen wie oben $\left(E_R = 0,\ E_q = 0 \text{ bei } \cos\varphi = \frac{\pi}{2}\right)$ ergibt sich aus den Spannungsdiagrammen für $\varphi = +\frac{\pi}{2}$ und $\varphi = -\frac{\pi}{2}$ (Abb. 439

und 440), daß bei gleichem Belastungsstrom

$$E_i = \Delta + E_\sigma \quad \text{bei} \quad \varphi = + \frac{\pi}{2}$$

und

$$E_i = \Delta - E_\sigma \quad \text{bei} \quad \varphi = - \frac{\pi}{2}$$

ist, und daß weiter die gleichen Gegenamperewindungen AW_g feldverstärkend bei $\varphi = -\frac{\pi}{2}$ und feldschwächend bei $\varphi = +\frac{\pi}{2}$ wirken. Bei Kenntnis der Sättigungskurve und der Erregung OP bzw. OQ für die beiden genannten Belastungspunkte (Abb. 445) müssen demnach die Punkte E und F auf der Sättigungskurve durch Probieren so bestimmt werden, daß einmal die horizontalen Abstände $P-F$ und $E-Q$ gleich werden, und daß weiter der vertikale Abstand $E-F$ durch den Punkt D auf der Sättigungskurve halbiert wird[1].

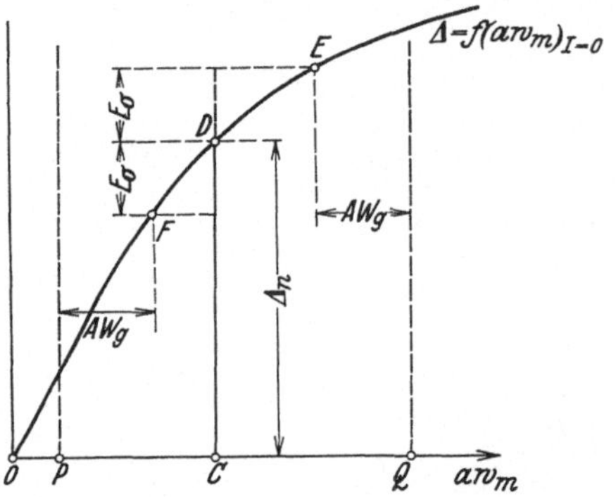

Abb. 445. Bestimmung von E_σ und AW_g aus der Sättigungskurve und der Erregung für 2 Belastungspunkte $J = J_N$, $\Delta = \Delta_n$, $\varphi = +\frac{\pi}{2}$, $\varphi + -\frac{\pi}{2}$.

c) Bestimmung von E_σ und AW_g aus der Sättigungskurve und den Kurzschlußcharakteristiken bei dreiphasigem (J_k) und bei einphasigem Kurzschluß zwischen Sternpunkt und einer Außenklemme (J_{1k}) und zwischen zwei Außenklemmen J_{2k} (auch zweiphasiger Kurzschluß genannt).

Die Amperewindungen des Ankers erzeugen bei ein- und zweiphasigem Kurzschluß ein Wechselfeld, das sich in 2 gegenläufige Drehfelder zerlegen läßt, von denen jedes die halbe Amplitude des Wechselfeldes besitzt. Beide Drehfelder, sowohl das synchron umlaufende wie das inverse, erzeugen, soweit sie nicht durch Feldamperewindungen kompensiert werden, Streuspannungen in der Ständerwicklung. Bezeichnen wir die Werte für den dreiphasigen Kurzschluß ohne Index, die für den ein- bzw. zweiphasigen Kurzschluß mit dem Index 1 bzw. 2, und weiter die dem rechtläufigen Drehfeld entsprechenden Amperewindungen ohne Index, die dem inversen Drehfeld entsprechenden AW mit dem Index v, so ergeben sich für die verschiedenen Kurzschlußfälle für ein und denselben Kurzschlußstrom die Beziehungen:

$$\begin{aligned} AW_m &= AW_\sigma + AW_g, \\ AW_{m1} &= AW_{\sigma 1} + AW_{g1} + AW_{gv1}, \\ AW_{m2} &= AW_{\sigma 2} + AW_{g2} + AW_{gv2}. \end{aligned} \tag{28}$$

Da ferner

$$\begin{aligned} AW_\sigma &= AW_{\sigma 1} = \frac{\sqrt{3}}{2} AW_{\sigma 2}, \\ AW_g &= 3 AW_{g1} = \sqrt{3} AW_{g2}, \\ AW_{gv1} &= \frac{1}{\sqrt{3}} \cdot AW_{gv2}, \end{aligned} \tag{29}$$

[1] Sequenz, H.: Zur Bestimmung des Blindwiderstandes der Streuung bei Synchronmaschinen. Elektrotechn u. Maschinenb. Bd. 49 (1931) S. 525.

so ergibt sich durch Kombination der Gleichungen (28) und (29)

$$AW_\sigma = 3\,AW_{m1} - \sqrt{3}\cdot AW_{m2}. \qquad (30)$$

E_σ kann damit aus der Sättigungskurve zu dem Wert AW_σ entnommen werden (vgl. auch Abb. 427 und 430). AW_g ergibt sich aus der Differenz von AW_m und AW_σ.

d) Bestimmung von E_σ mit Hilfe einer Probespule im Kurzschlußlauf. Wird in die Nutenschlitze des Ständers eine dünndrähtige Versuchsspule mit der Windungszahl w_v so eingelegt, daß ihre Wicklungsverteilung der Verteilung der Hauptwicklung (Windungszahl w_H) entspricht (gleiche Wicklungsfaktoren $f_v = f_H$), so wird in dieser Versuchsspule im Leerlauf eine EMK E_V erzeugt, die zu dem in der Hauptwicklung induzierten EMK E_0 im Verhältnis der Windungszahlen steht. Im Kurzschluß wird in der Probespule also eine EMK

$$E_{v\sigma} = E_\sigma \cdot \frac{w_v \cdot f_v}{w_H \cdot f_H} \qquad (31)$$

induziert, die die Streuspannung und mit Hilfe der Sättigungskurve und der Kurzschlußcharakteristik auch AW_g ergibt. Da die Verteilung der Probespulen über den ganzen Ständerumfang selbstverständlich zu umständlich wäre, begnügt man sich mit einigen wenigen Spulen und berücksichtigt dann die Verschiedenheit der Wicklungsfaktoren der Haupt- und Hilfswicklung. Wird eine einzige Spule mit dem Abstand einer Polteilung zwischen beiden Spulenschenkeln benutzt, so kann mit dieser Spule die Feldverteilung am Ständerumfang bei allen Belastungszuständen unmittelbar oszillographisch aufgenommen werden.

e) Bestimmung von E_σ bei ausgebautem Induktor. Wird die Ständerwicklung bei ausgebautem Magnetrad mit einer Spannung Δ von Nennfrequenz ν gespeist und nimmt sie dabei den Strom J und die durch Wattmeter gemessene Leistung $N = 3\cdot\Delta_\varphi\cdot J_\varphi\cdot\cos\varphi$ auf, so ist ihr Scheinwiderstand

$$Z = \frac{\Delta}{J} \qquad (32)$$

und ihr Blindwiderstand

$$K = \sqrt{Z^2 - R^2}, \qquad (33)$$

wobei sich der Wirkwiderstand aus der Aufnahmeleistung zu

$$R = \frac{L}{3\,J_\varphi^2} \qquad (34)$$

ergibt. Wird wie vorher (unter d) in die Nutenschlitze eine Versuchsspule mit der Windungszahl w_v und dem Wicklungsfaktor f_v eingewickelt, so ergibt sich der Blindwiderstand des sog. Bohrungsfeldes, der den Innenraum des Ständers durchsetzt zu

$$K_B = \frac{w_H \cdot f_H}{w_v \cdot f_v} \cdot \frac{\Delta_v}{J_\varphi},$$

wenn Δ_v die an den Klemmen der Versuchswicklung gemessene Spannung bedeutet. Die Streureaktanz k_σ ergibt sich dann aus der Differenz von K und K_B zu

$$k_\sigma = K - K_B. \qquad (35)$$

Der Blindwiderstand des Bohrungsfeldes kann auch rechnerisch ermittelt werden und so das Einlegen einer Versuchsspule erspart werden. Hier sei nur die Formel für den Bohrungsfluß Φ und für die durch diesen Bohrungsfluß induzierte Spannung E_B angegeben; dabei ist mit Bohrungsfluß der Fluß bezeichnet, der aus einem Pol der Ständerwicklung austritt und sich durch die Bohrung hindurch nach den beiden Nachbarpolen schließt. Unter der Voraussetzung, daß die Amperestäbe sinusförmig am Ständerumfang verteilt sind, wird

$$\Phi = 2\,\frac{4\pi}{10}\cdot(i_0\cdot Z_0)\,L$$
$$= 3{,}24\,q\cdot Z\cdot J\cdot L \text{ cgs Einheiten,} \qquad (36)$$

wenn L die Ständerbreite in cm angibt und die Summe der Amperestäbe $(i_0\,Z_0)$ innerhalb einer Polteilung durch die Leiterzahl Z in einer Nut, die Nutenzahl q je Pol und Phase und den Effektivwert des Stromes J je Leiter ausgedrückt wird. Da der Bohrungsfluß mit synchroner Drehzahl umläuft, induziert er in der Ständerwicklung eine Spannung

$$E_b = 4{,}24\cdot\nu\cdot p\cdot q\cdot Z\cdot\Phi\cdot 10^{-8}$$
$$= 13{,}75\cdot\nu\cdot p\cdot(q\cdot Z)^2\cdot L\cdot J\cdot 10^{-8} \text{ Volt je Phase,} \qquad (37)$$

wenn $2\,p$ Pole in Serie geschaltet sind. Zieht man diese Spannung von der gesamten Spannung ab, so ergibt die Differenzspannung

$$E_\sigma = \varDelta - E_B \qquad (38)$$

mit großer Annäherung die dem Strome J zugeordnete Streuspannung.

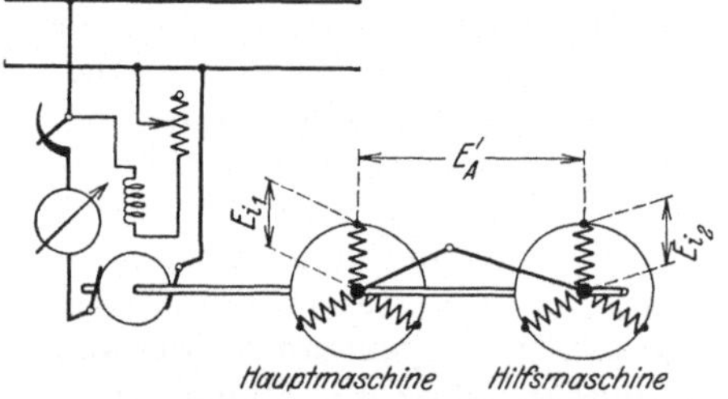

Abb. 446. Schaltung zur Bestimmung von E_q und ϑ oder α mit Hilfe einer gekuppelten gleichpoligen Synchronmaschine. Die Belastung für die Hauptmaschine ist nicht eingezeichnet.

f) Bestimmung von E_q und ϑ mit angekuppelter Hilfsmaschine. Wie das Spannungsdiagramm Abb. 420 zeigt, ist bei Kenntnis von $\varDelta$, J, φ, E_R und E_σ die Größe von E_q sofort graphisch oder rechnerisch zu ermitteln, wenn es gelingt, den $\sphericalangle\,\alpha$ oder den $\sphericalangle\,\vartheta$ experimentell zu bestimmen. Diese Messung ist aber mit Hilfe einer zweiten gleichpoligen Synchronmaschine möglich, wenn diese 2te Maschine mit der zu untersuchenden Maschine direkt gekuppelt werden kann (Abb. 446). Beide von einer Gleichstrommaschine angetriebenen Synchronmaschinen werden zunächst im Leerlauf auf gleiche Spannung erregt und ihre Sternpunkte werden miteinander verbunden. Ist das Gehäuse der Hilfsmaschine drehbar, so wird das Ghäuse so lange gedreht, bis die Phasenspannungen von Haupt-(E_{i1}) und Hilfsmaschine (E_{i2}) zur Deckung kommen; durch Messung der Spannungen E_{i1}, E_{i2} und der Ausgleichspannung E_A ist das leicht zu erreichen. Ist das Gehäuse der Hilfsmaschine nicht drehbar, so wird nur die gegenseitige Lage der Spannungsvektoren ausgemessen. Wird jetzt Maschine I belastet, so wird wiederum die gegenseitige Lage der Spannungsvektoren wie vorher bestimmt, dabei geht E_{i1} in $\varDelta_1$ über E_{i2} bleibt unverändert und E_A geht in E_A' über. Die eingetretene Verschiebung zwischen E_{i1} und $\varDelta_1$ ergibt den gesuchten Winkel α. Statt durch Spannungsmessungen läßt sich die gegenseitige Lage der Spannungsvektoren auch wattmetrisch oder oszillographisch ermitteln, auf die Einzelheiten derartiger Messungen braucht hier jedoch nicht eingegangen zu werden, da alle diese Meßmethoden auf das beschriebene Verfahren zurückgeführt werden können. Erwähnt sei nur noch, daß bei unzugänglichem Sternpunkt der Haupt- oder Hilfsmaschine durch 3 gleiche Widerstände in einfachster Weise ein künstlicher Nullpunkt geschaffen werden kann, von dem aus die Spannungsmessung erfolgt.

11. Bestimmung des Erregerstromes bei Belastung. Erregungsfähigkeit. Spannungsänderung. Nach § 69 der R.E.M. müssen Generatoren so reichlich bemessen sein, daß sie bei den Nennwerten von Drehzahl, Leistungsfaktor und Erregerspannung bei 25% Stromüberlastung im betriebswarmen Zustande die Nennspannung erzeugen können. Ferner soll nach § 72 der R.E.M. die Spannungserhöhung, die bei Entlastung eines Synchrongenerators von seiner Nennlast auf Leerlauf bei konstant gehaltener Drehzahl und konstant gehaltenem Erregerstrom auftritt 50% bei $\cos\varphi = 0{,}8$ nicht überschreiten. Im allgemeinen liegt die Spannungserhöhung $\varepsilon = \frac{\Delta_0 - \Delta}{\Delta}$ bei mittleren und großen Drehstromgeneratoren bei $\cos\varphi = 1$ zwischen 10 und 20%, bei $\cos\varphi = 0{,}8$ zwischen 15 und 35%.

Die Größe von i_m von der Erregungsfähigkeit und von ε kann, wenn Leerlauf und Belastungscharakteristik vorliegen, unmittelbar aus den Kurven abgegriffen werden; ist E_σ, AW_g, E_q nach einem der unter B 10. beschriebenen Verfahren ermittelt, so läßt sich das Spannungsdiagramm für jeden Belastungsfall konstruieren, und es können auf diese Weise ebenfalls die 3 Größen bestimmt werden. Da die experimentelle Aufnahme der Belastungscharakteristiken oder

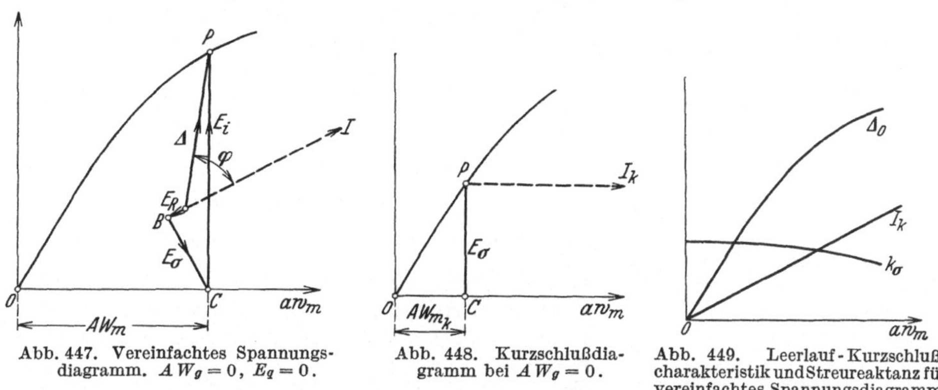

Abb. 447. Vereinfachtes Spannungsdiagramm. $AW_g = 0$, $E_q = 0$.

Abb. 448. Kurzschlußdiagramm bei $AW_g = 0$.

Abb. 449. Leerlauf-Kurzschlußcharakteristik und Streureaktanz für vereinfachtes Spannungsdiagramm.

die experimentelle Bestimmung aller charakteristischen Größen des Spannungsdiagrammes nicht immer durchführbar ist, sind eine große Anzahl von Verfahren ausgearbeitet worden, um mit mehr oder weniger Genauigkeit die Erregung für einen bestimmten Belastungsfall zu ermitteln. Diese Verfahren gehen durchweg auf einer Vereinfachung des Spannungsdiagrammes zurück. Es sollen hier nur einige besonders charakteristische angegeben werden[1].

Die sog. EMK-Methode berücksichtigt die Wirkung der Ankergegen- und Quer-Amperewindungen nur durch eine fiktive Streuspannung, so daß das Spannungsdiagramm die in Abb. 447 angegebene einfache Form annimmt. Die fiktive Streuspannung wird aus der Kurzschlußcharakteristik (E_R vernachlässigt) Abb. 448 entnommen. Die fiktive Streureaktanz k ändert sich unter diesen Voraussetzungen infolge der Eisensättigung mit dem Ankerstrome (Abb. 449). Die mit Hilfe der Sättigungskurve der Kurzschlußcharakteristik und des vereinfachten Spannungsdiagrammes ermittelten Erregerströme für die verschiedenen Belastungen ergeben meist etwas zu reichliche Werte.

Das Gegenstück zu der EMK-Methode bildet die Amperewindungsmethode, bei der die Wirkung der Streuspannung, der Querspannung und der Ankergegenamperewindungen als Wirkung fiktiver Gegenamperewindungen zusammengefaßt wird. E_σ und E_q werden also gleich Null gesetzt. Da diese Methode zu unzuverlässig ist, braucht hier nicht näher auf sie eingegangen zu werden.

[1] Collum, B. Mc.: Spannungsabfall von Wechselstromgeneratoren. Engin. Bull. Univ. Kausas Nr. 1 (1909) S. 11 (vgl. Referat Elektrotechn. Z. Bd. 32 (1911) S. 221).

Dagegen soll das in den „Schwedischen Maschinenregeln" vorgeschriebene Verfahren noch angegeben werden, das die experimentelle Aufnahme der Sättigungskurve, der Kurzschluß- und $\cos\varphi = 0$-Charakteristik voraussetzt. Die Handhabung dieses Verfahrens ist sehr einfach und die Resultate, wie die Erfahrung gezeigt hat, besonders bei induktiver Belastung, sehr zuverlässig. Es basiert ebenfalls auf einem etwas vereinfachten Spannungsdiagramm und einigen weiteren vereinfachenden Annahmen, die hier übergangen werden können. Abb. 450 zeigt das Diagramm; die Strecke $\overline{OA}$ wird gleich der Leerlauferregung i_0 für die Nennspannung gemacht, $\overline{AB}$ ist gleich der Kurzschlußerregung i_k für einen Kurzschlußstrom $J_k = J_N$; $\overline{OD}$ ist schließlich gleich der Erregung i_N für die induktive Belastung bei Δ_n, J_N, $\cos\varphi = 0$. Durch die Punkte B und D wird ein Kreis gelegt, dessen Mittelpunkt M auf der Abszissenachse liegt. Um nun den Erregerstrom i_m für eine gegebene Belastung (Δ, J, $\cos\varphi$) zu ermitteln, wird eine Gerade $\overline{AC}$ gezogen, die mit $\overline{AB}$ den Winkel φ bildet und den Kreisbogen um M im Punkt C schneidet. Auf dem Kreisbogen $\overline{CD}$ wird eine Strecke $\overline{CE}$ abgetragen, die gleich dem Erregerstromzuwachs $i_R = \overline{FG}$ ist, der erforderlich ist, um die Leerlaufspannung auf den Wert $\Delta + E_R$ zu steigern. Die Entfernung $\overline{OE}$ ergibt dann den gesuchten Erregerstrom i_m und das Verhältnis $\frac{LP-\Delta}{\Delta}$ die gesuchte Spannungserhöhung. Für Motorbetrieb ist statt des Erregungszuwachses i_R die Erregerstromabnahme i'_R für eine Verminderung der Leerlaufspannung von Δ auf den Wert $\Delta - E_R$ einzuführen; i'_R ist dann auf dem Kreisbogen CB von C aus nach B hin abzutragen. Meist wird E_R vernachlässigt werden können, so daß $\overline{OC}$ unmittelbar den Erregerstrom angibt. Wie die Diagrammkonstruktion Abb. 450 zeigt, wird für $\cos\varphi = 1$ der Erregerstrom $i_m = \sqrt{i_0^2 + i_k^2}$; das genauere Diagramm ergibt meist etwas höhere Werte; als roher Überschlagswert kann für den Erregerstrom bei $\cos\varphi = 0{,}8$ $i_m = i_0 + 1{,}25\, i_k$ gesetzt werden.

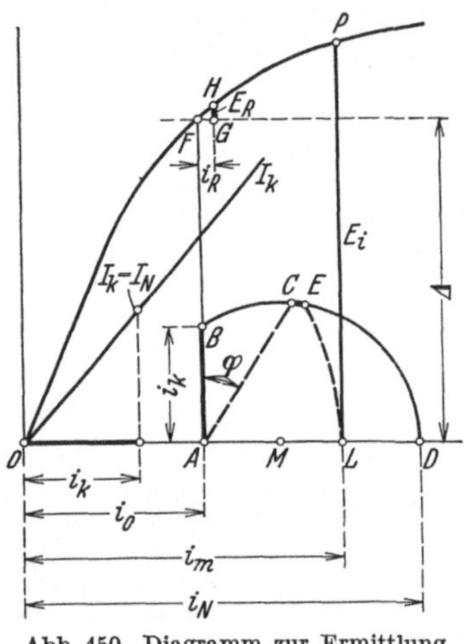

Abb. 450. Diagramm zur Ermittlung des Erregerstromes und der Spannungserhöhung.

C. Wirkungsgradbestimmung und Erwärmungsmessung.

12. Rückarbeitsverfahren (R.E.M. § 58$_1$). Die direkte Wirkungsgradbestimmung wird bei Synchronmaschinen noch seltener angewandt wie bei den anderen Maschinengattungen, weil die indirekten Methoden für Synchronmaschinen besonders einfach zu handhaben sind und weil die Ermittlung der Zusatzverluste bei ihnen einwandfrei möglich ist. Die Art der Durchführung der direkten Wirkungsgradbestimmung ist im Kapitel VII genügend behandelt worden; die dortigen Ausführungen über die indirekten Meßverfahren sollen jedoch mit Rücksicht auf die besonderen Betriebseigenschaften der Synchronmaschine noch ergänzt werden.

Das Rückarbeitsverfahren hat bei Synchronmaschinen eine untergeordnete Bedeutung; es setzt ebenso wie bei den Gleichstrommaschinen zwei Maschinen gleicher Leistung und gleicher Ausführung voraus.

Sollen die Verluste der beiden Maschinen mechanisch gedeckt werden, so sind beide miteinander zu kuppeln und gemeinsam durch einen geeichten Hilfsmotor anzutreiben (Abb. 451). Die Kupplungshälften beider Maschinen müssen gegeneinander verstellbar sein, da von der gegenseitigen Lage der Anker die Größe der mechanisch übertragenen Leistung abhängt. Die Klemmenspannung der beiden Maschinen und ihr Leistungsfaktor können dagegen durch die Erregungen in weiten Grenzen eingestellt werden, so daß beide Maschinen etwa mit $\cos\varphi = 1$, oder $\cos\varphi = 0$ (Generator beispielsweise übererregt, Motor untererregt) oder einem Zwischenwert arbeiten. Ist die Kupplung nicht während des Betriebes verstellbar, so ist zunächst die Kupplungsstellung festzustellen, bei der die Ankerwicklungen beider Maschinen räumlich die gleiche Stellung gegenüber den Polrädern haben. Zu dem Zwecke wird bei einer Maschine (*I*) das Polrad im Stillstand schwach erregt; durch einen Hebelschalter wird der Feldkreis dann abwechselnd geöffnet und unterbrochen, die Erregung also stoßweise geändert. Steht nun das Polrad genau in der Wicklungsachse der Phase $u - x$ (Abb. 452), so wird bei jeder Feldänderung eine Spannung an den Klemmen $u - x$ auftreten, die durch ein ballistisches Voltmeter oder auch durch ein gewöhnliches Gleich- oder Wechselspannungsvoltmeter nachgewiesen werden kann; zwischen den Klemmen $v - w$ wird jedoch bei dieser Polradlage keine Spannung induziert. Ist bei Maschine *I* das Polrad in die besprochene Lage gedreht worden, so wird in gleicher Weise bei Maschine *II* verfahren und so die gesuchte koaxiale Stellung beider Polräder eingestellt. Bei Verschiebung der beiden Kupplungshälften gegen diese Nullage ist zu bedenken, daß einer räumlichen Verdrehung um den Winkel β bei einer $2\,p$-poligen Maschine eine elektrische Verdrehung um den Winkel $p \cdot \beta$ entspricht.

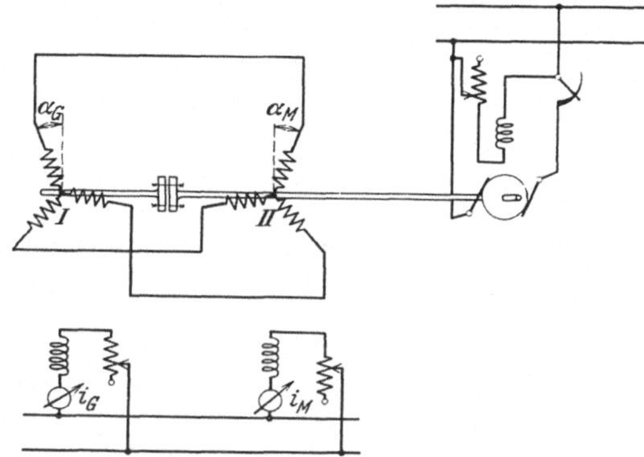

Abb. 451. Rückarbeitsverfahren bei mechanischer Zuführung der Verluste durch einen Gleichstrommotor.

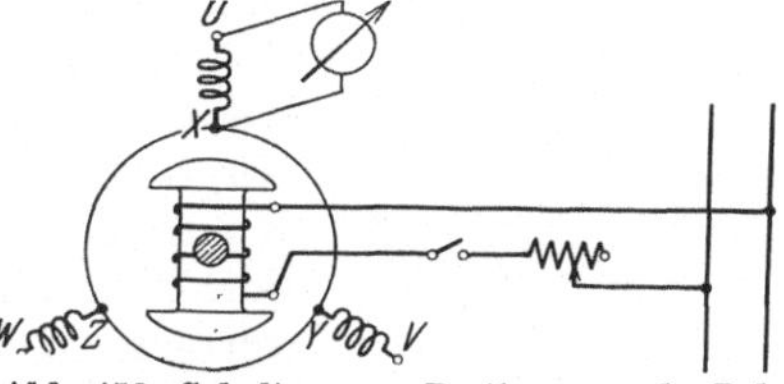

Abb. 452. Schaltung zur Bestimmung der Polradstellung gegenüber der Ständerwicklung.

Bei dem Rückarbeitsverfahren führen beide Maschinen den gleichen Strom und beide Maschinen haben die gleiche Klemmenspannung.

Das Spannungsdiagramm beider Maschinen läßt sich deshalb in der in Abb. 453 angegebenen Weise kombinieren (Index g bzw. m für Generator und Motor). Der innere Phasenverschiebungswinkel zwischen der Klemmenspannung $\dot{\Delta}_g$ und der EMK $\dot{E}_{ig}$ beträgt α_g, zwischen $\dot{\Delta}_m$ und der EMK $\dot{E}_{im} : \alpha_m$; die gesamte Verdrehung zwischen den beiden Polrädern muß also für die vorliegende Belastung $(\alpha_g + \alpha_m)$ sein. Obwohl $\dot{E}_{ig} > \dot{E}_{im}$ ist, wird doch bei dem Rückarbeitsverfahren angenommen, daß die Eisenverluste ebenso wie die Reibungs-, Kupfer- und Zusatzverluste in beiden Maschinen gleich sind, daß also die vom Hilfsmotor auf das Aggregat übertragene Leistung N_z gleichmäßig zur Deckung der Verluste in beiden Maschinen dient. Der vom Generator abgegebenen Leistung $N_g = \sqrt{3} \cdot \Delta \cdot J \cos\varphi$ steht also eine mechanisch aufgenommene Leistung von $(N_g + 0{,}5\,N_z + i_g \cdot e_g)$ gegenüber, wenn i_g und e_g den Feldstrom und die Feldspannung des Generators bei der Belastung N_g bedeuten.

Der Wirkungsgrad des Generators beträgt mithin

$$\eta_g = \frac{N_g}{N_g + 0{,}5\,N_z + i_g \cdot e_g} = \eta_M \,. \tag{37}$$

Werden die Verluste nicht mechanisch, sondern elektrisch gedeckt, so erübrigt sich eine Kupplung der beiden Maschinen; beide Maschinen laufen vielmehr als leerlaufende Motoren, und zwar eine über- die andere untererregt mit $\cos\varphi \sim 0$, so daß die eine den Blindstrom für die andere liefert und das Netz nur durch die Verlustleistung N_z mit einem Leistungsfaktor $\cos\varphi = 1$ belastet ist. Um die Eisenverluste möglichst gleich den Eisenverlusten bei Nennbetrieb zu halten, empfiehlt es sich, die Klemmenspannung bei dem Versuch so zu wählen, daß

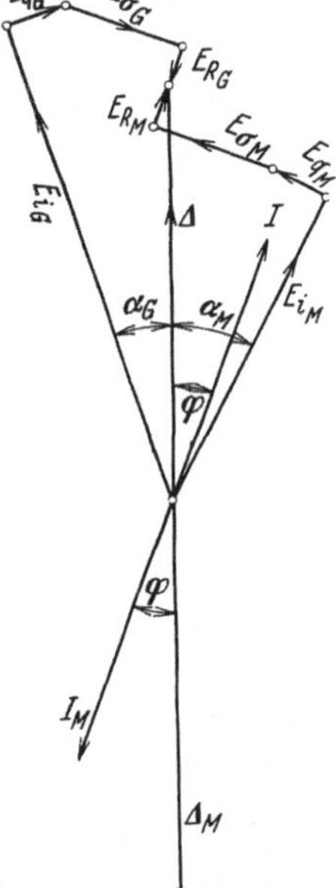

Abb. 453. Kombiniertes Spannungsdiagramm des Motors und Generators beim Rückarbeitsverfahren.

$$\Delta = \frac{E_{ig} + E_{im}}{2} \tag{38}$$

wird. Mit Hilfe der Erregungen ist bei beiden Maschinen der Ständerstrom gleich dem Nennstrom einzustellen; der Wirkungsgrad errechnet sich in gleicher Weise wie vorher.

Die Anordnung läßt sich noch dahin ändern, daß eine Synchronmaschine von einem Hilfsmotor angetrieben als untererregter Generator arbeitet, während die 2te Synchronmaschine ungekuppelt als übererregter Motor läuft. Auch in diesem Falle führen beide Maschinen den gleichen Strom bei gleicher Klemmenspannung. Die vom Hilfsmotor mechanisch abgegebene Leistung N_z kann wieder als Verlustleistung auf beide Maschinen gleichmäßig verteilt werden.

13. Einzelverlustverfahren. Das Einzelverlustverfahren wird bei Synchronmaschinen fast ausschließlich verwendet; die Art der Aufnahme der Leerverluste und Kurzschlußverluste und die Trennung dieser Verluste in Reibungs- und Eisenverluste bzw. in Stromwärme- und Zusatzverluste ist in Kapitel VII B und in den Abschnitten B 5 und B 7 dieses Kapitels bei Gelegenheit der Behandlung der Leerlauf- und Kurzschlußaufnahme ausführlich erörtert worden. Außer den dort genannten Meßmethoden ist zur Bestimmung der Lastverluste nach § 62 der R.E.M. bei Synchronmaschinen auch das sog. Übererregungsverfahren zugelassen. Hierbei wird die Maschine leerlaufend als übererregter Motor mit Nennstrom, Nennfrequenz und einer Klemmenspannung betrieben, bei der die Eisenverluste die gleichen sind wie bei Nennbetrieb. Die vom Netz zugeführten Verluste abzüglich der Leerlaufverluste gelten alsdann als Stromwärme- und Zusatzverluste (Lastverluste); da die Synchronmaschine bei dieser Aufnahme mit einem Leistungsfaktor $\cos\varphi \sim 0$ läuft, ist die Bestimmung der Leerverluste nach dem Übererregungsverfahren schwer genau durchzuführen.

Als Schema zur Berechnung des Wirkungsgrades aus den gemessenen Einzelverlusten läßt sich für Synchronmaschinen die folgende Tabelle benutzen:

Belastung in % der Nennleistung . .	%	Eisenverluste V_{Fe} bei Δ	kW
Abgabe in kVA	kVA	Reibungsverluste	kW
Abgabe N in kW	kW	Erregerverluste $i_m \cdot e_m$	kW
Zugehöriger Leistungsfaktor $\cos\varphi$		Zusatzverluste V_z	kW
Zugehöriger Netzstrom	A	Gesamtverluste V	kW
Zugehöriger Erregerstrom i_m bei $\Delta = \text{const.}$	A	Aufgenommene Leistung $N + V$ . . .	kW
Stromwärmeverluste $3 \cdot J_\varphi^2 \cdot r_\varphi$ . . .	kW	Wirkungsgrad $\eta = \frac{N}{N+V}$	

Die Eisenverluste sind nach den R.E.M.-Bestimmungen für die Nenn-Klemmenspannung einzusetzen; bei Berechnung der Stromwärmeverluste ist entweder der auf 75° C reduzierte Phasenwiderstand oder der nach dem Erwärmungslauf ermittelte Widerstandswert einzuführen. Als Erregerverluste gilt das Produkt aus dem Erregerstrom i_m und der Nennerregerspannung e_m, da auch die Verluste im Regelwiderstand mit zu berücksichtigen sind. Wird die Erregung einer angekuppelten Erregermaschine entnommen, die im Feldkreis reguliert wird, so ist als Erregerverlust der Wert $i_m^2 \cdot r_m \cdot \frac{1}{\eta_E}$ einzusetzen, wobei r_m der auf 75° C reduzierte Widerstand der Induktorwicklung und η_E den Wirkungsgrad der Erregermaschine bei der betreffenden Belastung bedeutet.

14. Erwärmungsmessungen. Den Ausführungen in Kapitel VII C über die Bedeutung und über die Durchführung der Erwärmungsmessungen sind hier nur einige Ergänzungen über die günstigste Belastungsart bei der Erwärmungsprobe der Synchronmaschinen hinzuzufügen. Eine Belastung mit der Nennleistung der Maschine ist meist nur bei kleineren und mittleren Maschinen möglich, bei großen Maschinen kommt eine derartige Belastung wegen der erforderlichen großen Belastungsmaschinen im Prüffelde nur in Ausnahmefällen in Betracht, während auf der Anlage derartige Messungen wohl durchführbar sind. Ein sehr guter Ersatz für den Nennbetrieb bildet jedoch ein Lauf als übererregter Motor. Die Synchronmaschine wird dabei mit Nennspannung, Nennstrom und Nennfrequenz aber $\cos\varphi \sim 0$ als übererregter Motor vom Netz aus oder von einem zur Verfügung stehenden Synchrongenerator aus gespeist. Die Verluste in der Prüfmaschine sind bei dem Übererregungsverfahren bis auf die Verluste in der Erregerwicklung die gleichen wie beim Nennbetrieb; eine gewisse Korrektur der Eisenverluste kann, wenn es sich um Maschinen mit hoher Streuspannung und mit einem Nennleistungsfaktor $\cos\varphi \sim 1$ handelt, durch eine Reduktion der Klemmenspannung (gleiche EMK E_i) vorgenommen werden. Die Erwärmung in der Erregerwicklung muß im Verhältnis der Verluste bei Nennbetrieb und bei $\cos\varphi = 0$ Betrieb umgerechnet werden. Ist aus irgendwelchen Gründen ein Erwärmungslauf weder bei Nennbetrieb noch als übererregter Motor durchzuführen, so bietet ein Doppellauf als leerlaufender Generator oder Motor mit Nennspannung, Nennfrequenz und $J \sim 0$ und als kurzgeschlossener Generator oder mit stark verminderter Spannung laufender Motor mit $\Delta \sim 0$, $J = J_N$, $f = f_n$ guten Ersatz. Die Erwärmung in der Ständerwicklung und im Ständereisen ergibt sich aus der Superposition der Erwärmungen bei beiden Läufen, die Erwärmung in der Erregerwicklung ist proportional den Erregerverlusten bei Nennbetrieb umzurechnen. Für die Erregerwicklung liefert das Verfahren meist sehr ungenaue Werte, weil die Erregerverluste im Nennbetrieb sehr stark von den Erregerverlusten bei Leerlauf oder Kurzschluß abweichen.

Auf die mehrfach entwickelten künstlichen Belastungsmethoden soll nicht eingegangen werden, weil sie in der Praxis keine größere Bedeutung erlangt haben.

D. Parallelbetrieb von Synchronmaschinen.

15. Parallelschalten (Synchronisieren). Um eine Ein- oder Mehrphasen-Synchronmaschine ohne Stromstoß mit einem unter Spannung stehenden Netz oder mit einer zweiten Maschine parallel schalten zu können, müssen folgende Bedingungen erfüllt sein:

1. Die Effektivwerte der Klemmenspannung des Netzes und der zuzuschaltenden Maschine müssen gleich sein; die Erregung der Maschine muß also so eingestellt werden, daß $\Delta_N = \Delta_G$ wird (Abb. 454).

2. Die Frequenz der zuzuschaltenden Maschine muß durch Regelung der Drehzahl des Antriebsmotors genau auf die Frequenz des Netzes gebracht werden. Zur Kontrolle der Frequenzgleichheit bedient man sich eines Doppelfrequenzmessers oder eines Synchronoskops.

3. Die Phasenlage der Spannungen des Netzes und der zuzuschaltenden Maschine müssen übereinstimmen, so daß die Ausgleichspannung zwischen zusammengehörigen Klemmen des Netzes und der Maschine zu Null wird. Überbrückt man also bei dem Schalter, der zur Parallelschaltung dient, die gegenüberliegenden Klemmen durch Glühlampen (sog. Phasenlampen), so verlöschen die Lampen, sobald die Phasengleichheit erreicht ist (Abb. 455). Zur genaueren Überwachung der Ausgleichspannung wird zweckmäßig in einer Phase der Lampe ein Voltmeter parallel geschaltet. Stimmt die Drehfeldrichtung der Spannungsvektoren des Netzes und der Maschine nicht überein, so ist eine Phasengleichheit nicht zu erreichen; zwei Klemmen der Maschine oder des Netzes müssen alsdann zur Erreichung gleicher Drehfeldrichtung vertauscht werden. Bei richtiger Phasenfolge beobachtet man, sobald die Frequenzen von Netz und Maschine annähernd gleich werden, ein langsames Aufleuchten und Verlöschen der Phasenlampen, ein Zeichen, daß das Spannungsvektorsystem der Maschine nicht genau so schnell umläuft, wie das Vektorsystem des Netzes; erfolgt jedoch das Aufleuchten in längeren Intervallen, so kann unbedenklich der Schalter in dem Moment geschlossen werden, in dem die Lampen verlöschen und das Phasenvoltmeter in seinen Nullpunkt einschwingt.

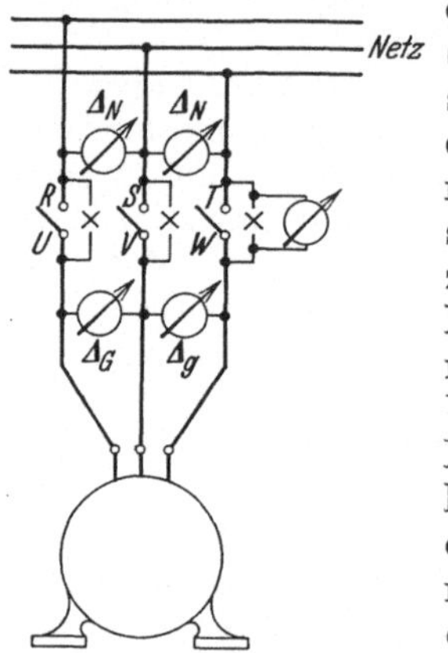

Abb. 454. Schaltung zur Synchronisierung einer Synchronmaschine.

16. Stabilität des Parallelbetriebes. a) Synchronisierendes Moment. Solange die Maschine nach dem Parallelschalten leer läuft, fällt der Vektor der Maschinen EMK $\dot{E}_i$ mit dem Klemmenspannungsvektor zusammen. Wird jedoch die angeschaltete Maschine belastet, so tritt eine Verschiebung um den $\sphericalangle\,\alpha$ zwischen $\dot{E}_i$ und $\dot{\varDelta}$ ein, wie es etwa das Spannungsdiagramm Abb. 420 erkennen läßt. Bei Belastung durch eine Arbeitsmaschine, also beim Motorbetrieb der Synchronmaschine, bleibt $\dot{E}_i$ hinter $\dot{\varDelta}$ zurück, der Winkel α wird also negativ, bei mechanischem Antrieb der Synchronmaschine, also beim Generatorbetrieb, wird dagegen das Polrad und damit $\dot{E}_i$ gegenüber $\dot{\varDelta}$ vorgeschoben, α wird somit positiv. Bei konstant gehaltener Klemmenspannung und konstanter Erregung ist α bis zu starken Überlastungen der abgegebenen Leistung proportional. Man kann somit auch das synchronisierende Moment S, daß das Polrad wieder in seine Null- bzw. Leerlauflage zurückzudrehen versucht, proportional α setzen.

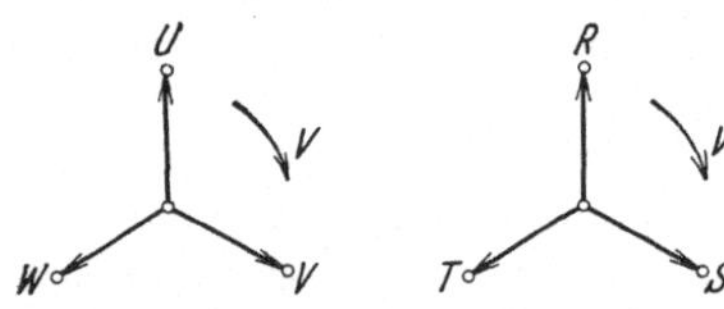

Abb. 455. Relative Lage der Spannungsvektoren des Netzes und der Maschine bei Spannungsgleichheit, synchronem Lauf und richtiger Phasenfolge.

$$S = \frac{\sqrt{3}\cdot\varDelta\cdot J\cdot\cos\varphi}{9{,}81\cdot 2\pi\cdot\frac{n}{60}} = \frac{c\cdot\alpha}{9{,}81\cdot 2\pi\cdot\frac{n}{60}}\ \text{(mkg)}. \tag{39}$$

Auf der Vergrößerung des $\sphericalangle\,\alpha$ mit zunehmender Belastung beruht die Möglichkeit eines stabilen Parallelbetriebes von Synchronmaschinen. Der Proportionalitätsfaktor c läßt sich experimentell mit Hilfe des unter B 10 (S. 354) angegebenen Verfahrens zur Messung des $\sphericalangle\,\alpha$ bestimmen; er kann auch aus dem Spannungs-

und Amperewindungsdiagramm abgeleitet werden. Für annähernde Rechnungen kann man setzen:

$$c = \frac{\sqrt{3} \cdot \Delta \cdot J \cdot \cos\varphi}{9{,}81 \cdot 2\pi \cdot \frac{n}{60}} \cdot \frac{J_k}{J \cdot \cos\varphi} = \frac{N}{9{,}81 \cdot 2\pi \cdot \frac{n}{60}} \cdot \frac{J_k}{J \cdot \cos\varphi} = M \cdot \frac{J_k}{J \cdot \cos\varphi}, \qquad (40)$$

wobei J_k der der Erregung AW_m entsprechende Kurzschlußstrom, und AW_m die der Belastung N bzw. dem Drehmoment M entsprechende Erregung bedeutet. Der obige Ausdruck für c kann auch angenähert als Kippmoment der Synchronmaschine bei der Erregung AW_m angesehen werden.

b) Eigenschwingungsdauer. Wird die Synchronmaschine nicht mit einem konstanten Moment, sondern stoßweise — etwa durch plötzliches Zu- und Abschalten einer angekuppelten Gleichstrommaschine auf einen Widerstand — belastet, so pendelt das Polrad mit einer Schwingungsdauer T um seine Gleichgewichtslage. Zwischen der Eigenschwingungsdauer T, dem Trägheitsmoment Θ bzw. dem Schwungmoment $GD^2 = 4\,g\,\Theta$ und dem Faktor c besteht die Beziehung

Abb. 456. Oszillogramm der Tourenschwankung bei Stoßbelastung.

$$T = 2\pi \sqrt{\frac{\Theta}{p \cdot c}}. \qquad (41)$$

Die Eigenschwingungsdauer kann aber auch direkt experimentell bestimmt werden. Entweder kuppelt man die Synchronmaschine mit einer weiteren kleineren fremderregten Gleichstrommaschine und nimmt die Spannung dieser Gleichstrommaschine während eines solchen Pendelvorganges oszillographisch auf oder man benutzt einen Torsiographen, der die Abweichung der Umfangsgeschwindigkeit von der mittleren direkt registriert. Natürlich muß durch Zeitmarken auf dem Registrierstreifen oder dem Oszillogramm für einen genauen Zeitmaßstab gesorgt werden. Da die Abweichung von der mittleren Geschwindigkeit bei dem Schwingungsvorgang sehr gering ist, muß die Gleichstromhilfsmaschine gegen eine konstante Gleichspannung geschaltet werden; oszillographisch wird dann die Differenzspannung aufgenommen (Abb. 456), die ähnlich wie ein Torsiogramm die Pendelung angibt.

Allgemeine Literatur.

Jahn: Messungen an elektrischen Maschinen, 5. Aufl. Berlin: Julius Springer 1925. Richter, R.: Elektrische Maschinen Bd. 2. Synchronmaschinen und Einankerumformer. Berlin: Julius Springer 1930. Ossanna: Starkstromtechnik, herausgeg. von Rziha u. Seidner. Berlin: Ernst & Sohn 1909. Petersen: Allgemeine Elektrotechnik Bd. 3. Wechselstrommaschinen. Stuttgart: F. Enke 1910.

X. Transformatoren.

Von **V. Vieweg**, Berlin.

1. Vorschriften des VDE. Für die Messungen an Transformatoren kommen folgende Vorschriften des VDE in Betracht: Regeln für die Bewertung und Prüfung von Transformatoren R.E.T./1930, — Regeln für die Bewertung und Prüfung von elektrischen Maschinen und Transformatoren auf Bahn- und anderen Fahrzeugen R.E.B./1930, — Normen für die Bezeichnung von Klemmen bei Maschinen, Anlassern, Reglern und Transformatoren, Vorschriften für die Ausführung schlagwettergeschützter Maschinen, Transformatoren und Geräte, Regeln für die Prüfung von Schutztransformatoren mit Kleinspannungen R.E.T.K./1929, Vorschriften für Transformatoren und Schalteröle. Zu den Vorschriften über Transformatoren sind Erläuterungen von G. Dettmar erschienen[1]. Außerdem bestehen eine Anzahl deutscher Normen bezüglich Maschinen und Transformatoren, unter denen hier besonders die Normen für Einheitstransformatoren hervorgehoben seien. Die Normen sind in den genannten Erläuterungen von Dettmar mit angegeben. An weiteren VDE-Bestimmungen, die die Untersuchung von Transformatoren, wenn auch loser betreffen, seien genannt: Regeln für die Bewertung und Prüfung von Meßwandlern. Vorschriften nebst Ausführungsregeln für die Errichtung von Starkstromanlagen V.E.S. 1 und 2/1930. Regeln für die Errichtung von Leuchtröhrenanlagen. Regeln für die Konstruktion, Prüfung und Verwendung von Wechselstrom-Hochspannungsgeräten für Schaltanlagen R.E.H. 1929; Vorschriften für den Anschluß von Fernmeldeanlagen an Niederspannungs-Starkstromnetze durch Transformatoren.

2. Definition der Übersetzung. Als Übersetzung (auch Übersetzungsverhältnis genannt) gilt nach den R.E.T./1930 unter Berücksichtigung der Schaltart das Verhältnis der Windungszahl der Oberspannungswicklung zu der Windungszahl der Unterspannungswicklung.

Praktisch ist die Übersetzung gleich dem Verhältnis von Oberspannung zu Unterspannung bei Leerlauf, wie sie nach den R.E.T./1923 definiert war, da der Ohmsche und induktive Spannungsabfall durch den Leerlaufstrom im allgemeinen vernachlässigt werden kann. Eine Ausnahme bilden z. B. die Transformatoren für Leuchtröhrenanlagen, bei denen der durch den Leerlaufstrom bedingte Spannungsabfall berücksichtigt werden muß (vgl. S. 368). Die Übersetzung der Transformatoren muß wegen des Parallelbetriebes[2] sehr genau bestimmt werden.

Schaltung. Die Schaltart spielt bei der Übersetzung von Dreiphasentransformatoren eine Rolle, bei denen man eine ungleichartige Schaltung von Ober- und Unterspannungsseite, z. B. Stern-Zickzack, an Hand des Vektorbildes durch einen Zahlenfaktor berücksichtigt. Vor Messung der Übersetzung prüft man zweckmäßig durch Spannungsmessung die richtige Schaltung der Schaltgruppen.

3. Messung der Übersetzung. Die Übersetzung $\ddot{u}$ kann direkt bestimmt werden, indem man die Spannungen U_1 und U_2 bei Leerlauf mit Präzisionsgeräten mißt. Es ist dann praktisch

$$\ddot{u} = \frac{U_1}{U_2} = \frac{w_1}{w_2},$$

wobei w_1 und w_2 unter Berücksichtigung der Schaltart die Zahl der Windungen auf der Ober- und Unterspannungsseite bedeutet. Die direkte Messung mit Spannungszeigern kommt nur für Mittelspannung in Frage (bis etwa 1500 V). Den Einfluß des Magnetisierungsstromes beseitigt man, wenn man die Übersetzung bei verringerter Klemmenspannung mißt, etwa bei ¾ der Nennspannung. Bei Transformatoren für höhere Spannungen kann man sich vielfach mit einer Messung bei verringerter Spannung etwa bis zu 5% begnügen. Im übrigen werden bei Hochspannung Spannungswandler angewandt, auch sei auf den Abschnitt Hochspannungsmeßgeräte verwiesen (vgl. S. 209).

[1] Erläuterungen zu den Regeln von Maschinen und Transformatoren, 7. Aufl. Berlin: Julius Springer 1930.

[2] Vidmar, M.: Elektrotechn. u. Maschinenb. Bd. 45 (1927) S. 457. Zelewski, A.: Elektrotechn. Z. Bd. 50 (1929) S. 1797.

Sind die Windungszahlen nicht zu sehr voneinander verschieden, so läßt sich mit nur einem Meßinstrument die Übersetzung nach Abb. 457 bestimmen. Man kann auch zuerst die Spannung einer Wicklung und dann die Differenzspannung ($U_2 - U_1$) an den beiden gegeneinandergeschalteten Wicklungen messen. In ähnlicher Weise mißt man auch die Abweichung der Übersetzung von Transformatoren, die für Parallelbetrieb bestimmt sind. Man schaltet die Transformatoren primär parallel und mißt sekundär die Differenzspannung der Sekundärspannungen.

Statt der direkten Messung sind besonders zur feineren Untersuchung auch Nullmethoden gebräuchlich. Abb. 458 zeigt eine Anordnung, bei der zur Oberspannungswicklung, die am Netz liegt, ein großer praktisch kapazitäts- und induktionsfreier Widerstand parallel geschaltet ist. Die Unterspannungswicklung liegt mit an dem einen Ende des Widerstandes, während ihre zweite Klemme über ein Nullinstrument, z. B. Vibrationsgalvanometer, an einen veränderlichen Abzweigkontakt angeschlossen ist. Sind R_1 und R_2 die Teilwiderstände, so gilt bei Stromlosigkeit des Galvanometers

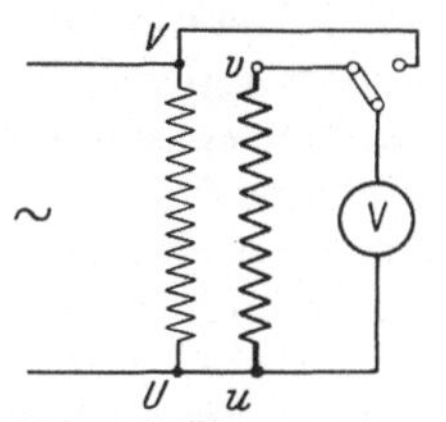

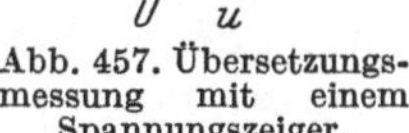
Abb. 457. Übersetzungsmessung mit einem Spannungszeiger.

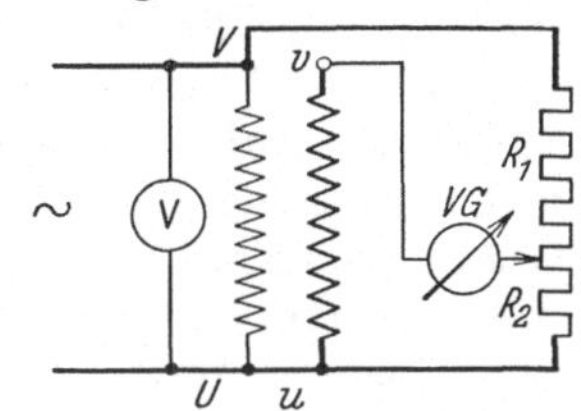

Abb. 458. Übersetzungsmessung nach der Nullmethode.

$$\ddot{u} = \frac{U_1}{U_2} = \frac{R_1 + R_2}{R_2}.$$

An Stelle des Widerstandes kann auch ein Anzapftransformator verwendet werden, den man dem zu prüfenden Transformator parallel schaltet. Man sucht diejenige Anzapfung auf, bei der das Nullinstrument stromlos bleibt. Als weitere für besondere Zwecke in Frage kommenden Nullmethoden sei auf die Schaltung zur Meßwandlerprüfung (Abschnitt IV, B, 3) verwiesen und auf die Anordnung von H. Schering zur Messung der Übersetzung von Hochspannungs-Prüftransformatoren (vgl. Abschnitt V, A).

Ein Verfahren, bei dem durch Schalten einer Gleichstromquelle auf Gleichheit der Amperewindungen geprüft wird, hat Goldschmidt beschrieben[1]. Abb. 459 zeigt die Anordnung für einen Dreiphasentransformator. Die Primär- und Sekundärwicklungen auf dem einen Schenkel mögen die Windungszahlen w_1 und w_2 und die Ohmschen Widerstände r_1 und r_2 haben. Man schließt die Batterie so an, daß die Durchflutungen sich aufheben, die Abgleichung erfolgt durch äußere Widerstände R_1 und R_2. Als Nullinstrument dient ein Millivoltmeter, das an eine beliebige Spule eines anderen Stranges angeschlossen wird. Es gilt

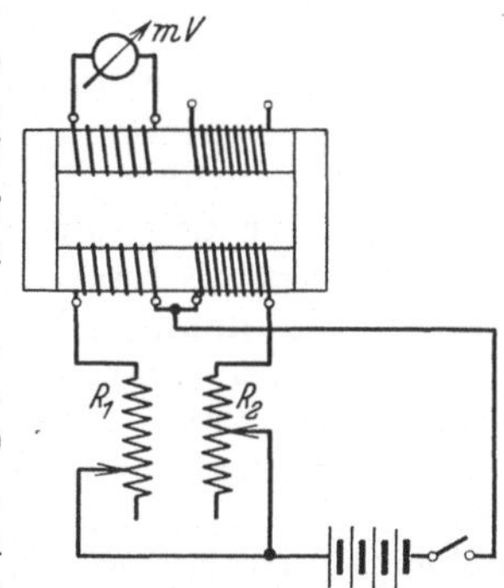

Abb. 459. Übersetzungsmessung nach Goldschmidt.

$$\ddot{u} = \frac{w_1}{w_2} = \frac{R_1 + r_1}{R_2 + r_2}.$$

Man kann die Übersetzung auch bestimmen, indem man das Übersetzungsverhältnis der Ströme im Kurzschlußversuch mißt (vgl. Ziffer 5). Die eine Wicklung wird dann über einen Stromzeiger kurzgeschlossen. Es ist somit

$$\ddot{u} = \frac{I_{k1}}{I_{k2}} = \frac{w_2}{w_1},$$

[1] Elektrotechn. Z. Bd. 23 (1902) S. 314.

da der magnetische Fluß und also auch die magnetisierenden Amperewindungen gering sind. Zur Vermeidung von Korrekturen sind der Spannungszeiger und die Spannungsspulen des Leistungszeigers auszuschalten.

Ein praktisches Verfahren um die Übersetzung mehrerer gleichartiger Transformatoren zu prüfen, ist die sog. Funkenmethode. Sie besteht darin, daß man die Transformatoren mit einem gleichen Transformator, dessen Übersetzung genau bekannt ist, oberspannungsseitig parallel schaltet. Auch unterspannungsseitig verbindet man einen Pol der zu prüfenden Stränge mit dem entsprechenden des Normaltransformators. Vom zweiten Pol des Normaltransformators geht man mit einer Prüfleitung nacheinander zum zweiten Pol jedes anderen Transformators. Steht die Anordnung von der Oberspannungsseite her unter Spannung, so zeigt das Auftreten von Funken zwischen Prüfleitung und zweitem Pol an, daß die Übersetzung nicht mit der des Normaltransformators übereinstimmt. Statt des Funkens kann zur feineren Anzeige ein Spannungszeiger verwendet werden.

4. Leerlaufversuch. Der Leerlaufversuch dient zur Bestimmung der Leerlaufverluste. Unter diesen versteht man die Aufnahme bei Nennprimärspannung, Nennfrequenz und offener Sekundärwicklung. Die Messung wird im allgemeinen von der Unterspannungsseite aus vorgenommen, Abb. 460. Bei Drehstromtransformatoren ist es zweckmäßig, die Ströme in allen drei Strängen und die Leistung nach der Zweiwattmeter-Methode oder mittels Drehstromwattmeter zu bestimmen. Bei unsymmetrisch gebautem Eisenkern sind die Ströme in den beiden Außensträngen um etwa 20% größer als im Mittelstrang[1].

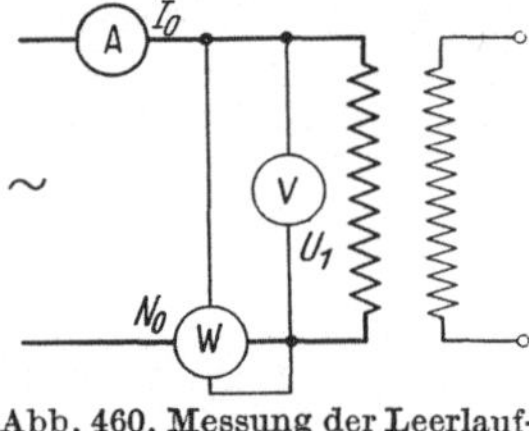

Abb. 460. Messung der Leerlaufverluste eines Einphasentransformators.

Meist wird durch Messung bei verschiedenen Spannungen eine Leerlaufcharakteristik aufgenommen, bei der man die Spannung über dem Leerlaufstrom aufträgt. Aus den gemessenen Leerlaufverlusten erhält man nach Abzug der geringen Stromwärmeverluste die Eisenverluste, in denen auch die zusätzlichen Verluste in den Konstruktionsteilen und die Verluste im Dielektrikum mit einbegriffen sind. Bei der Leistungsmessung werden die Stromwärmeverluste ausgeschaltet, wenn man die Stromspule des Leistungszeigers in den primären Stromkreis legt und die Spannung sekundär abnimmt.

Bei großen Transformatoren kann man die Messung oft nur im kalten Zustande vornehmen, obwohl für die Beurteilung des Transformators der betriebswarme Zustand maßgebend ist. Versuche haben jedoch gezeigt, daß man mit Einsetzung der im kalten Zustand gemessenen Leerlaufverluste keinen wesentlichen Fehler begeht. Die Abnahme der Eisenverluste bei höherer Temperatur ist nur klein, da der Temperaturkoeffizient der legierten Bleche gering ist, so daß die Wirbelströme nur wenig abnehmen. Die Differenz zwischen kaltem und warmem Zustand bleibt innerhalb von 2%. Abhängig sind die Eisenverluste von der Kurvenform der angelegten Spannung, die deshalb nach Möglichkeit nicht verzerrt werden darf, z. B. erhält man eine Verzerrung durch vorgeschaltete Widerstände[2].

Die Eisenverluste im Transformator können in Hysterese- und Wirbelstromverluste getrennt werden, indem man den Leerlaufversuch bei konstanter Induktion aber verschiedenen Frequenzen ausführt. Das Verfahren ist das gleiche wie bei der Untersuchung von Blechen (vgl. Abschn. III, G und VII, 16). Die Hystereseverluste sind nur einfach proportional der Frequenz, die übrigen Verluste wachsen aber proportional mit dem Quadrate der Frequenz.

[1] Vgl. auch Richter, a.a.O. S. 167.
[2] Fraenckel: Theorie der Wechselströme, 3. Aufl. Berlin: Julius Springer 1930.

5. Kurzschlußversuch. Der Kurzschlußversuch dient zur Bestimmung der Wicklungsverluste (Stromwärmeverluste) und der Spannungsabfälle für den belasteten Transformator.

Die Kenntnis der Kurzschlußspannung ist auch für den Parallelbetrieb von Transformatoren von Bedeutung, vgl. S. 362. Man schließt den Transformator auf der einen Seite kurz und legt auf der anderen Seite Spannung an. Man mißt die aufgenommene Leistung und Stromstärke in Abhängigkeit von der angelegten Spannung und belastet möglichst bis zum Nennstrom. Nach Definition der R.E.T. heißt die Spannung, die bei kurz geschlossener Sekundärwicklung an die Primärwicklung gelegt werden muß, damit in ihr der Nenn-Primärstrom fließt, die Kurzschlußspannung (U_k). Die Nenn-Kurzschlußspannung (u_k) wird aus der bei Schaltung auf Normalstufe gemessenen Kurzschlußspannung berechnet und in Prozenten der Nenn-Primärspannung ausgedrückt, vgl. S. 366. Die Spannung, die erforderlich ist, um den Nennstrom im Transformator hervorzurufen, beträgt nur wenige Prozente der Nennspannung. Ist der Transformator primär für Niederspannung gebaut, so werden also nur wenige Volt benötigt. Da die Spannungsspulen der Leistungszeiger nicht für so kleine Spannungen bemessen sind, so ist die Meßgenauigkeit sehr gering. Man kann sich behelfen, indem man durch Einschalten eines Spannungswandlers die Spannung am Wattmeter auf normale Höhe bringt. Auch die Messung der kleinen Spannung selbst bietet Schwierigkeiten, da die noch üblichen Wechselspannungsmesser für diese Bereiche zu ungenau sind. Neuerdings lassen sich mit Instrumenten der Gleichrichtertype die kleinen Wechselspannungen genau messen. Vgl. S. 55. Die Erzeugung der für den Kurzschlußversuch nötigen kleinen Wechselspannungen kann durch einen Drehtransformator, Schubtransformator oder Reguliertransformator erfolgen.

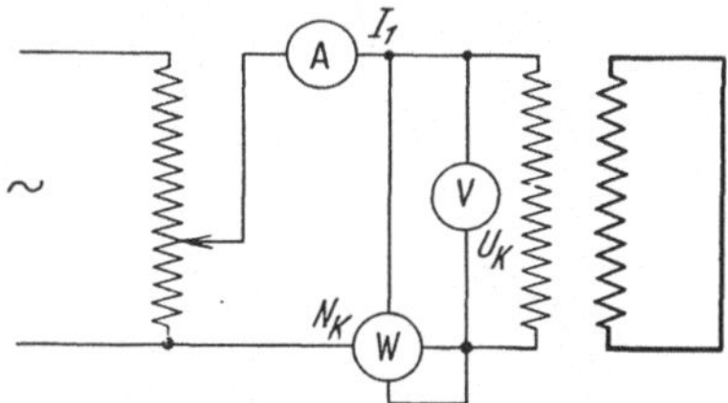

Abb. 461. Kurzschlußversuch.

Ein Weg um von den geringen Meßspannungen loszukommen besteht darin, daß man die ganze Messung oberspannungsseitig ausführt und die Unterspannungswicklung kurzschließt. Grundsätzlich ist es gleichgültig, auf welcher Seite der Kurzschlußversuch vorgenommen wird. Für die Rechnung mit den gefundenen Größen ist es empfehlenswert, die Spannung beim Kurzschlußversuch in Prozenten der zugehörigen Nennspannung auszudrücken. Die Schaltung beim Kurzschlußversuch zeigt Abb. 461. Auf der kurzgeschlossenen Seite des Transformators wird kein Stromzeiger eingeschaltet, da dieser die gemessenen Verluste vergrößert. Bei Transformatoren für sehr hohe Stromstärken muß sogar eine Korrektur für die Verluste im Kurzschlußbügel angebracht werden, um den wirklichen Wicklungsverlust zu ermitteln.

Die im Kurzschlußversuch gemessene Leistung umfaßt die Kupferverluste in beiden Wicklungen (Stromwärmeverluste) und die zusätzlichen Verluste, die zusammen als Wicklungsverluste bezeichnet werden. Der Wicklungsverlust ist meist um einige Prozente höher als die Stromwärmeverluste, die man aus der Stromstärke und dem bei gleicher Temperatur gemessenen Gleichstromwiderstand errechnet. Der Unterschied ist im wesentlichen durch Wirbelstromverluste bedingt. Für die Bewertung eines Transformators wird der Wicklungsverlust auf den betriebswarmen Zustand bezogen. Wird nicht betriebswarm gemessen, so ist der dem Gleichstromwiderstand entsprechende Teil der Verluste auf 75^0 umzurechnen. Hierzu ist der kaltgemessene Wert der Wirbelstromverluste hinzuzuzählen. Dagegen ist nach den R.E.T. für die Berechnung der

Nenn-Kurzschlußspannung bei Transformatoren für Dauerbetrieb unter 10 kVA sowie bei allen Transformatoren für landwirtschaftlichen Betrieb die Wicklungstemperatur des betriebswarmen Zustandes zugrunde zu legen.

Trägt man in einem rechtwinkligen Koordinatensystem die beim Kurzschlußversuch gemessene Spannung über die Stromstärke auf, so erhält man die Kurzschlußcharakteristik, die sehr angenähert eine Gerade ist, d. h. der Scheinwiderstand des Transformators bleibt konstant. Die Leistungsaufnahme steigt quadratisch mit der Stromstärke an. In Abb. 462 sind die Verhältnisse graphisch dargestellt. Aus den gemessenen Größen ergibt sich ferner die Phasenverschiebung φ_k — im Kurzschlußversuch Konstante — und damit die Möglichkeit die Kurzschlußspannung in einen induktiven oder Ohmschen Spannungsabfall zu zerlegen. Man zeichnet das sog. charakteristische Dreieck oder Kurzschlußdreieck Abb. 463. Die Spannung U_r heißt auch kurz Ohmsche Spannung, die Komponente U_s wird Streuspannung genannt. Für das Kurzschlußdreieck gelten folgende Beziehungen, wenn J_1 die Nenn-Primärstromstärke und N_k die Leistung beim Kurzschlußversuch unter Nennbedingungen bedeutet.

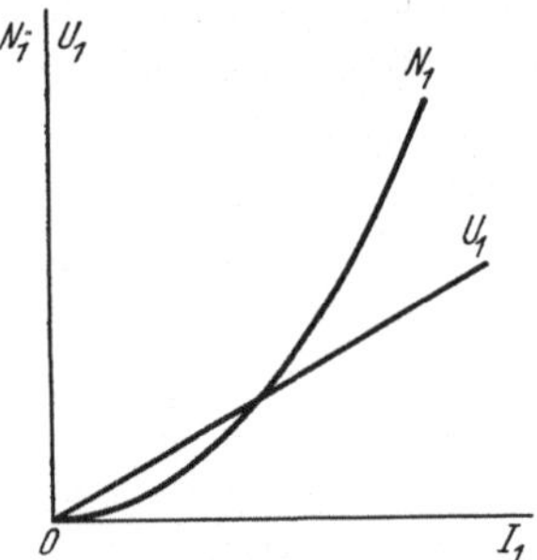

Abb. 462. Spannung und Leistung beim Kurzschlußversuch.

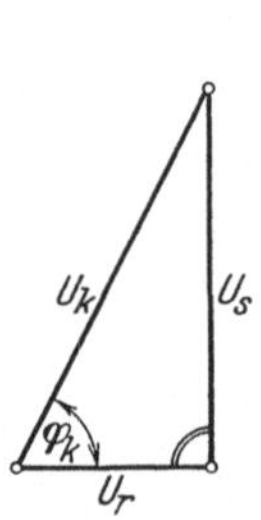

Abb. 463. Kurzschlußdreieck.

$$N_k = J_1 \cdot U_k \cdot \cos\varphi_k\,,$$
$$U_k \cdot \cos\varphi_k = U_r\,,$$
$$U_k \cdot \sin\varphi_k = U_s\,,$$
$$U_r^2 + U_s^2 = U_k^2\,.$$

Für die an den Kurzschlußversuch sich anschließenden Berechnungen arbeitet man mit der Nennkurzschlußspannung u_k, sie wird aus der bei Schaltung auf Normalstufe gemessenen Kurzschlußspannung U_k in Prozenten der Nenn-Primärspannung berechnet. Es ist also:

$$u_k = \frac{U_k}{U_1} \cdot 100\,.$$

Auch der Ohmsche und induktive Spannungsabfall wird in Prozenten der Nennprimärspannung ausgedrückt. Man nennt

$$u_r = \frac{U_r}{U_1} \cdot 100$$

die relative Ohmsche Spannung und

$$u_s = \sqrt{u_k^2 - u_r^2}$$

die relative Streuspannung, oft auch kurz nur Streuspannung.

Als Kurzschlußstrom bezeichnet man den Primärstrom, der aufgenommen würde, wenn bei kurzgeschlossener Sekundärwicklung die Nennspannung an die Primärwicklung gelegt würde. Er wird als Vielfaches des Nenn-Primärstromes ausgedrückt.

Das Verhältnis $\frac{\text{Kurzschlußstrom}}{\text{Nenn-Primärstrom}}$ ist gleich $\frac{1}{\text{Nenn-Kurzschlußspannung}}$. Hat also z. B. ein Transformator eine Nenn-Kurzschlußspannung von 4%, so beträgt der Kurzschlußstrom das 25fache des Nennstromes.

6. Messung der Streuung. Beim Kurzschlußversuch erhält man die geometrische Summe der primären und sekundären Streuspannung. Die Messung der einzelnen Streuspannungen ist durch den Kurzschlußversuch nicht möglich, man erhält nur die Gesamtstreuung. Für die Messung der Einzelstreuung gibt es zwei Verfahren, den Leerlaufversuch und die Gegenschaltung.

a) Leerlaufversuch. Zur Messung der primären Streuung wird die Primärwicklung des Transformators mit der Nennspannung gespeist und an den Klemmen der offenen Sekundärwicklung die EMK E_2 gemessen. Unter Berücksichtigung des Widerstandes R_1 erhält man die EMK E_1 und damit die primäre Streuspannung

$$E_1 - E_2 \frac{w_1}{w_2} = \omega \cdot J_0 \cdot S_1,$$

wobei S_1 die primäre Streuinduktivität ist. In gleicher Weise erhält man die sekundäre Streuinduktivität S_2 durch Speisung der Sekundärwicklung bei offener Primärwicklung. Die Bestimmung der Einzelstreuung aus dem Leerlaufversuch hat den Nachteil, daß sich die Streuspannungen als Differenzen zweier fast gleicher Spannungen ergeben und daß der Leerlaufstrom nicht sinusförmig ist. Um den Einfluß des Magnetisierungsstromes auszuschalten, kann man den Leerlaufversuch bei verringerter Klemmenspannung vornehmen.

b) Gegenschaltung. Man kann nach Rogowski[1] das Hauptfeld als dasjenige Feld definieren, das verschwindet, wenn

$$J_1 w_1 \mp J_2 w_2 = 0$$

ist. Es sind dann nur noch die primären und sekundären Streuflüsse vorhanden. Je nach der räumlichen Verteilung der beiden Wicklungen des Transformators ergeben sich Kraftlinien, die zwar mit allen Windungen der einen Wicklung, aber nur mit einem Teil der Windungen der anderen Wicklung verkettet sind. Man bezeichnet sie ebenfalls als Streuflüsse, und zwar als doppelt verkettete Streuung, im Gegensatz zu den mit je nur einer Wicklung verketteten Streuflüssen. Von den sich so ergebenden Streuinduktivitäten S_1 und S_2 kann daher auch die eine Null oder negativ werden.

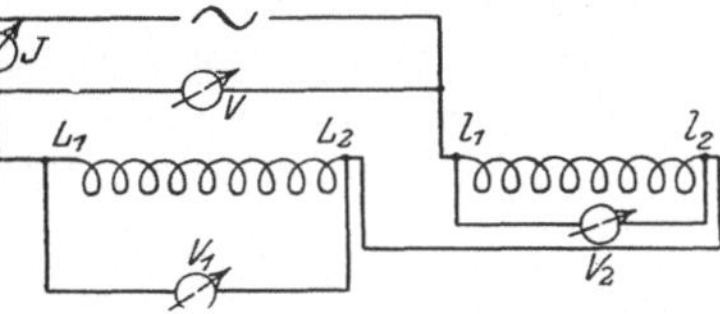

Abb. 464. Gegenschaltung nach Rogowski.

Die Streuinduktivitäten S_1 und S_2 lassen sich in einfacher Weise durch die Gegenschaltung nach Rogowski[1] messen. In Abb. 464 ist zunächst angenommen, daß das Übersetzungsverhältnis 1 : 1 ist. Die beiden Wicklungen, z. B. eines Wandlers, werden gegeneinander geschaltet und mit dem Nennstrom gespeist. Aus den Spannungen V_1 bzw. V_2 an den Wicklungen $L_1 L_2$ bzw. $l_1 l_2$ ergeben sich die Streuinduktivitäten S_1 und S_2 aus den beiden Beziehungen:

$$V_1 = J_1 \sqrt{(\omega S_1)^2 + R_1^2},$$

$$V_2 = J_2 \sqrt{(\omega S_2)^2 + R_2^2}.$$

Aus der angelegten Spannung V erhält man außerdem die Gesamtstreuung und somit $(S_1 + S_2)$. Bei beliebigem Übersetzungsverhältnis kann man die Gegenschaltung durch Aufbringen von Hilfswicklungen oder mit Hilfstransformatoren ausführen. Die Gegenschaltung wird z. B. zur Untersuchung der Streuung von Wandlern verwendet[2].

7. Spannungsänderung. Die Spannungsänderung eines Transformators bei einem anzugebenden Leistungsfaktor ist nach den R.E.T. definiert als Abfall der Sekundärspannung, der bei Übergang von Leerlauf auf Nennbetrieb auftritt, wenn Primärspannung und Frequenz ungeändert bleiben. Die Spannungs-

[1] Elektrotechn. Z. Bd. 29 (1908) S. 535.

[2] Goldstein, L.: Die Meßwandler. Berlin: Julius Springer 1928.

änderung u_φ wird daher in Prozenten der Nenn-Sekundärspannung ausgedrückt. Unter der Nenn-Sekundärspannung versteht man die aus der Nenn-Primärspannung und der Übersetzung errechnete Spannung und nicht die beim Nennbetrieb auftretende Sekundärspannung. Im allgemeinen ist die Nenn-Sekundärspannung gleich der Sekundärspannung U_{2_0} des leerlaufenden Transformators.

Zu beachten ist, daß durch diese Definition die Nennleistung verschieden ist von der bei Nennbetrieb abgegebenen Scheinleistung. Der Nennstrom errechnet sich ebenfalls aus der Nennleistung und der Nennspannung. Das nachstehende Beispiel eines Transformators für eine Leuchtröhrenanlage zeigt diese Unterschiede besonders deutlich. Der Transformator von 60 VA Nennleistung hatte eine Übersetzung von $ü = \frac{6000\text{ V}}{225\text{ V}}$. Im Leerlaufversuch ergab er eine Sekundärspannung von 5700 V. Der Nennstrom errechnet sich zu $\frac{60\text{ VA}}{6000\text{ V}} = 10$ mA. Bei dieser Belastung ist die Sekundärspannung nur noch 3200 V (Nennbetrieb). Die abgegebene Scheinleistung bei Nennbetrieb ist daher nur 32 VA, die Nennleistung beträgt jedoch 60 VA. Diese besonders große Abweichung der Abgabe von der Nennleistung ist durch die hohe Kurzschlußspannung $u_k = 75\%$ bedingt.

Die Spannungsänderung wird im allgemeinen aus den im Kurzschlußversuch gewonnenen Größen nach folgenden Formeln berechnet:

$$u_\varphi = u'_\varphi + 1 - \sqrt{1 - u''^2_\varphi} = u'_\varphi + 0{,}5\, u''^2_\varphi .$$

Hierin bedeutet:

$$u'_\varphi = u_r \cos\varphi + u_s \sin\varphi ,$$

$$u''_\varphi = u_r \sin\varphi - u_s \cos\varphi .$$

Die Streuspannung ist $u_s = \sqrt{u_k^2 - u_r^2}$.
Bei Streuspannungen bis etwa 4% kann man mit ausreichender Annäherung

$$u_\varphi = u'_\varphi$$

setzen. Für den Spezialfall $\cos\varphi = 1$ wird dann genähert:

$$u_\varphi = u_r .$$

8. Transformatordiagramm. Statt der rechnerischen Ermittlung der Spannungsänderung kann man auch graphische Verfahren mittels Diagrammen anwenden. Man rechnet alle Größen der Primärwicklung auf die Windungszahl der Sekundärwicklung um. Es sind daher im Primärkreis die Spannungen mit w_2/w_1 und die Stromstärke mit w_1/w_2 zu multiplizieren. Die umgerechneten Größen werden durch einen Stern gekennzeichnet. Der gesamte Spannungsabfall U_k^* im Transformator setzt sich aus der gesamten Ohmschen Spannung $U_r^* = U_{r_1}^* + U_{r_2}$ und aus der gesamten Streuspannung $U_s^* = U_{s_1}^* + U_{s_2}$ zusammen. Da J_1 und J_2 sehr nahe 180° Phasenverschiebung haben, ist U_r^* parallel mit J_2 zu zeichnen, während U_s^* senkrecht auf J_2 steht. Zeichnet man $U_1^* = U_1 \cdot \frac{w_2}{w_1} = U_{2_0} = 100$, so kann man als algebraische (nicht geometrische) Differenz von U_1^* und U_2 die Spannungsänderung in Prozenten der Nennsekundärspannung entnehmen. Da die prozentischen Spannungsgrößen dieselben sind gleichgültig ob sie auf der primären oder sekundären Seite gemessen werden, kann man für die Konstruktion des Diagrammes auch so verfahren, daß man wieder im Diagramm den Maßstab für U_1^* zu 100% wählt, dagegen das charakteristische Dreieck aus den prozentischen Größen u_k, u_r und u_s zeichnet. In

Abb. 465 ist das vereinfachte Transformatordiagramm für verschiedene Belastung wiedergegeben, die Darstellung ist nur qualitativ. Für kleine Kurzschlußspannungen bis etwa 5% kann man für die zeichnerische Ermittlung der Spannungsänderung U_1^* parallel zu U_2 annehmen.

Man erkennt aus Abb. 465 z. B., daß der Spannungsverlust durch Streuung einen um so größeren Spannungsabfall des Transformators verursacht, je größer die Phasenverschiebung φ_2 ist. Bei Voreilung der Stromstärke gegen die Spannung (kapazitive Belastung) ist die Spannungsänderung kleiner als bei induktiver Belastung und kann bei zunehmender Voreilung sogar negativ werden. Dann wird U_2 größer als der Übersetzung entspricht (Ferranti-Effekt). Beide Fälle der Phasenverschiebung kommen praktisch vor. Die induktive Belastung bildet den gewöhnlichen Fall; sie tritt meist auf, wenn andere Transformatoren und Motoren von dem gegebenen Transformator gespeist werden. Kapazitive Belastung kommt z. B. in Frage, wenn lange Kabel an die sekundäre Seite angeschlossen sind (vgl. Abschn. V), oder wenn übererregte Synchronmotoren gespeist werden.

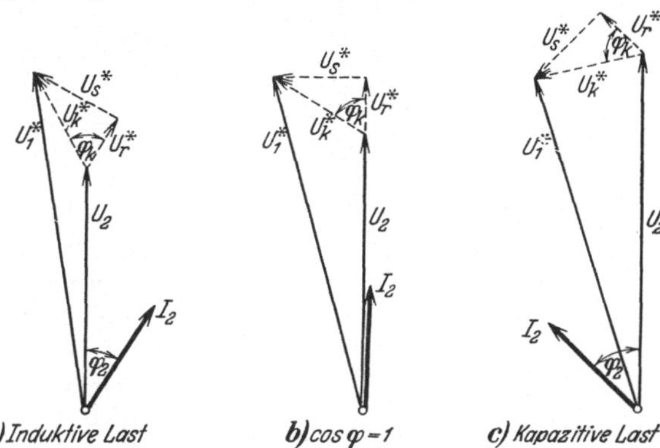

Abb. 465. Vereinfachtes Transformatordiagramm.

Aus der bereits oben erwähnten Beziehung, daß J_1 und J_2 praktisch gegenphasig sind, folgt, daß die Komponenten der Ohmschen Spannung algebraisch addiert werden können, es ist also:

$$U_r = J_1 R_1 + J_2 R_2 \cdot \frac{w_1}{w_2},$$

$$U_r = J_1 \left[R_1 + R_2 \left(\frac{w_1}{w_2} \right)^2 \right] = J_1 \cdot R.$$

Den Widerstand in der Klammer nennt man äquivalenten Kurzschlußwiderstand R. Das aus den gemessenen Widerständen errechnete U_r ist kleiner oder höchstens gleich dem aus dem Kurzschlußversuch ermittelten U_r. Die Differenz entfällt im wesentlichen auf die Wirbelströme. Zur weiteren Veranschaulichung ist in Abb. 466 ein allgemeines Vektordiagramm für den induktiv belasteten normalen Transformator mit einem eisengeschlossenen magnetischen Kreis gezeichnet. Die hier gegebene Darstellung des Vektordiagrammes schließt sich an die von Görges an[1]. Der verkettete Fluß Φ_2 erzeugt die EMK E_2; zur Erzeugung von Φ_2 ist die resultierende MMK H erforderlich. Zwischen H, der Durchflutung Δ und den Amperewindungen bei Leerlauf besteht die Beziehung

$$H = 0{,}4\,\pi\,\Delta_1 \,\hat{+}\, 0{,}4\,\pi\,\Delta_2 = 0{,}4\,\pi\,J_0\,w_1\,.$$

Addiert man zu Φ_2 die Streuung Φ_s, die wegen des nahezu 180° betragenden Phasenunterschiedes zwischen J_1 und J_2 gleichphasig mit J_1 angenommen werden kann, so erhält man Φ_1 und senkrecht dazu die EMK E_1. Die primäre und sekundäre Klemmenspannung U_1 und U_2 erhält man als Resultierende aus E_1, E_2 und den Ohmschen Spannungsabfällen $J_1 R_1$ und $J_2 R_2$. Zwischen U_1 und J_1 besteht die primäre Phasenverschiebung φ_1, die Vektoren U_1 und J_1 bilden einen

[1] Vgl. Strecker: Hilfsbuch für die Elektrotechnik, 10. Aufl., Nr. 301—593. Berlin: Julius Springer 1925; es sei ferner verwiesen auf M. Kloß: Vorzeichen- und Richtungsregeln für Wechselstrom-Vektordiagramm, Wiss. Veröff. Siemens-Konz. Bd. 2 (1922) S. 166.

stumpfen Winkel miteinander, während zwischen U_2 und J_2 der spitze Winkel φ_2 liegt. Die primäre Wicklung nimmt elektrische Leistung auf, die sekundäre Wicklung gibt elektrische Leistung ab.

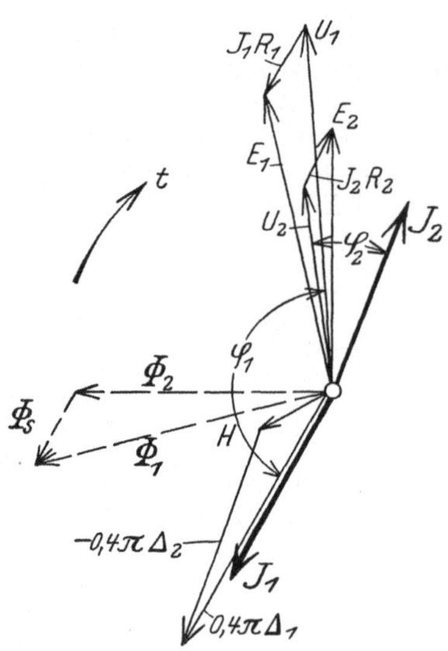

Abb. 466. Vektordiagramm des allgemeinen Transformators.

Kappsches Diagramm[1]. Aus dem Kappschen Kreisdiagramm läßt sich die Spannungsänderung bei konstantem Strom und veränderlicher Phasenverschiebung oder bei konstanter Phasenverschiebung und veränderlichem Strom bestimmen. Um das Kappsche Diagramm zu zeichnen, geht man vom charakteristischen Dreieck ABC im vereinfachten Transformatordiagramm aus, Abb. 467. Um den Punkt C wird mit $U_1^* = U_{2_0} = CO$ ein Kreis geschlagen. Schlägt man auch um A einen Kreis mit dem gleichen Halbmesser, so gibt der Abschnitt OQ zwischen beiden Kreisen auf dem von A gezogenen Vektor die Spannungsänderung bei der Phasenverschiebung φ_2. Der Schnittpunkt O_2 der beiden Kreise gibt die Phasenverschiebung, bei der kein Spannungsabfall auftritt. Der Abschnitt O_1Q_1 auf der Verlängerung der Geraden BA ist die Spannungsänderung bei Ohmscher Belastung.

Allgemein kann man also aus dem Kappschen Diagramm bei konstanter Stromstärke und veränderlicher Phasenverschiebung die Spannungsänderung entnehmen. Bei kapazitiver Last fällt der Strahl AO links von BA.

Man kann aber auch aus dem Kappschen Diagramm die Spannungsänderung bei beliebigem J_2 bestimmen. Für größere oder kleinere Ströme J_2 ist das Dreieck ABC, dessen Seiten den Strömen proportional sind, entsprechend zu vergrößern oder zu verkleinern. In Abb. 467 entspricht der Punkt C_1 der halben Belastung. Man schlägt um C_1 einen Kreis mit U_{2_0} und erhält so den geometrischen Ort für Halblast. Der Abschnitt zwischen dem Leerlaufkreis und dem Halblastkreis gibt die Spannungsänderung.

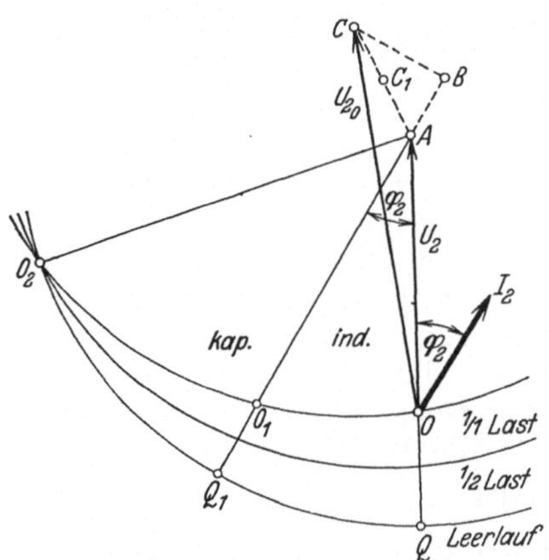

Abb. 467. Kappsches Diagramm.

9. Direkte Messung der Spannungsänderung. Die Bestimmung der Spannungsänderung durch Messung der Sekundärspannung bei Leerlauf U_{2_0} und bei Belastung U_2 ist als Differenzmessung ungenau.

Ein Verfahren zur genaueren Bestimmung der Spannungsänderung mittels Hilfstransformators ist aus Abb. 468 ersichtlich. Man schaltet den Hilfstransformator, der unbelastet bleibt und daher klein sein kann (Wandler), aber dieselbe Übersetzung wie der Haupttransformator besitzen muß, primär parallel an das Netz, während die Sekundärwicklungen beider Transformatoren über ein Voltmeter V_3 gegeneinander geschaltet sind. V_3 mißt

[1] Elektrotechn. Z. Bd. 16 (1895) S. 260.

die vektorielle Differenz von den Spannungen U_2 und U_{2_0} also direkt die Größe U_k. Die Belastung des zu untersuchenden Transformators ist in der Abb. 468 durch regelbare Widerstände und Drosselspulen angenommen, so daß Last und Phasenverschiebung beliebig eingestellt werden können. Aus den Angaben der drei Voltmeter kann das Dreieck OAC des Kappschen Diagrammes (Abb. 467) gezeichnet werden.

Hat der Transformator die Übersetzung eins, so ist der Hilfstransformator entbehrlich. Man kann die Wicklungen des zu prüfenden Transformators selbst über ein Voltmeter gegeneinander schalten, das dann wiederum U_k anzeigt.

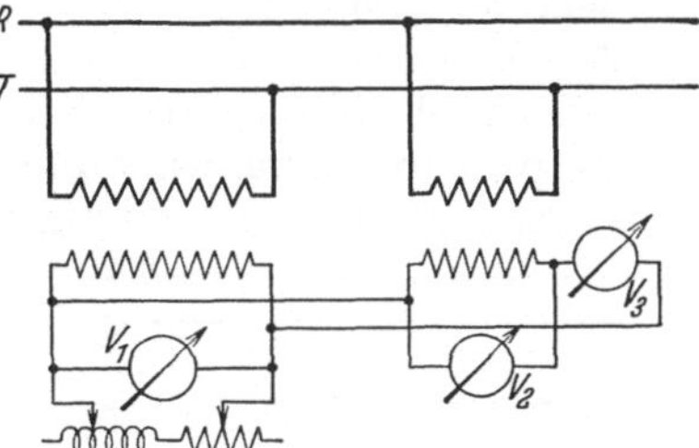

Abb. 468. Messung der Spannungsänderung mittels Hilfstransformators.

Die praktische Bedeutung der direkten Messung der Spannungsänderung ist gering, da für ihre Durchführung eine Belastung des Transformators erforderlich ist.

10. Wirkungsgrad. Durch Addition der im Leerlauf bestimmten Leerlaufverluste (Eisenverluste) und der im Kurzschlußversuch gemessenen Wicklungsverluste ergeben sich die Gesamtverluste wie sie im Betrieb auftreten, und damit auch der Wirkungsgrad des Transformators. Der Wirkungsgrad wird also stets indirekt ermittelt, indem man die gesamten Verluste als Unterschied von Aufnahme und Abgabe ansieht (R.E.T.). Es gilt

$$\text{Wirkungsgrad} = \frac{\text{Abgabe}}{\text{Abgabe} + \text{Verluste}}.$$

Die Verluste bestehen aus den Leerlaufverlusten und Wicklungsverlusten, die aus Leerlaufversuch und Kurzschlußversuch bestimmt werden. Beide Messungen werden im allgemeinen bei kaltem Transformator vorgenommen. Von den Wicklungsverlusten wird der dem Gleichstromwiderstand entsprechende Teil auf den betriebswarmen Zustand umgerechnet. Hierbei ist es zweckmäßig mit dem äquivalenten Widerstand

$$R = R_1 + R_2\left(\frac{w_1}{w_2}\right)^2$$

zu rechnen. Bei Öltransformatoren kann man den betriebswarmen Zustand einigermaßen genau erreichen, indem man den Transformator im Kurzschluß mit erhöhtem Strom belastet, derart, daß die gesamten Kurzschlußverluste gleich der Summe der Leerlaufverluste und der Kurzschlußverluste bei Nennstrom sind. Ist der Beharrungszustand erreicht, so mißt man die Kurzschlußverluste bei Nennstrom. Bei intermittierendem Betrieb kann man in ähnlicher Weise durch einen Erwärmungsversuch bei Leerlauf und anschließende Erwärmung bei Kurzschluß die tatsächliche Erwärmung nachahmen.

Eine Besonderheit bietet die Bestimmung des Wirkungsgrades beim Spartransformator, bei dem man nicht vom Transformator mit getrennten Wicklungen ausgehen darf. Es ist

$$\eta = \frac{J \cdot U_2}{J\,U_2 + J_1^2 R + V_{Fe}}.$$

wobei der äquivalente Kurzschlußwiderstand R den Wert hat

$$R = R_1 - R_2 + R_2\left(\frac{w_1 - w_2}{w_2}\right)^2.$$

Als Nennleistung beim Spartransformator hat nach den R.E.T. die zu gelten, welche sich in der Sekundärwicklung ergibt, wenn man sich die Wicklungen getrennt denkt. Vgl. Ziffer 11.

11. Spartransformatoren. Gewöhnlich sind bei den Transformatoren die Wicklungen voneinander getrennt. Bei dem Spartransformator dagegen sind beide Wicklungen in Reihe geschaltet. Sie sind also nicht nur magnetisch sondern auch elektrisch miteinander verkettet. Spartransformatoren werden angewendet, wenn eine Spannung erhöht oder erniedrigt werden soll und Primär- und Sekundärspannung nur geringe Unterschiede aufweisen. Da beide Kreise miteinander in leitender Verbindung stehen, wird diese Anordnung aus Gefahrengründen fast nur für Niederspannung verwendet. In Stromkreisen von mehr als 250 V gegen Erde soll in der Regel der Unterschied nicht mehr als 25% betragen.

In Abb. 469 ist das Schaltungsschema für den Fall $U_1 > U_2$ angegeben. Die primäre Klemmspannung sei U_1, die sekundäre U_2, die zugehörigen Wicklungen mögen die Windungszahlen w_1 und w_2 und die Widerstände R_1 und R_2 haben. Die Belastung erfolge induktionsfrei und bedinge den Strom J. Wird von den Verlusten abgesehen, so muß bei Abgabe von $J U_2$ eine ebenso große Leistung $J_1 U_1$ dem Netz entnommen werden. Also gilt für die Leistung des Systems:

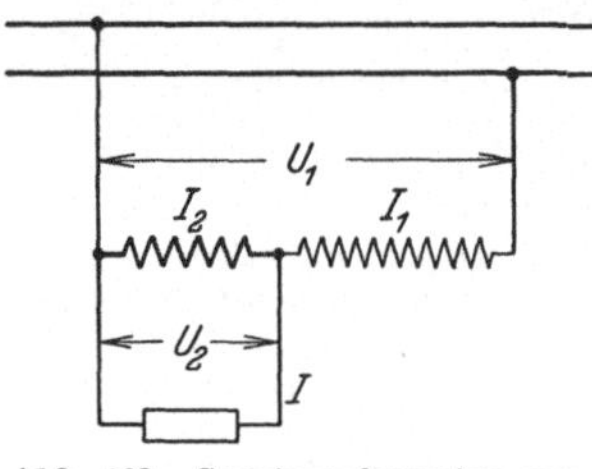

Abb. 469. Spartransformator zur Spannungserniedrigung.

$$J_1 U_1 + J U_2 = 0 .$$

Für die Spannungen besteht die Beziehung

$$\frac{U_1}{U_2} = \frac{w_1}{w_2} .$$

Ferner gilt für die Durchflutung unter Vernachlässigung des Magnetisierungsstromes die Gleichung

$$J_1 (w_1 - w_2) \hat{+} J_2 w_2 = 0 .$$

Aus diesen Gleichungen folgt

$$J = J_2 \hat{-} J_1 ,$$

$$J_1 = - J \frac{w_2}{w_1} ,$$

$$J_2 = J \left(1 - \frac{w_2}{w_1}\right) .$$

Dem Strom J_2 entspricht die „Eigenleistung" $J_2 U_2$ des Transformators, die auch transformierte Leistung oder Innenleistung genannt wird, wobei die Beziehung besteht

$$J U_2 = J_2 U_2 - J_1 U_2 .$$

Die Abgabe $J U_2$ setzt sich also zusammen aus der Eigenleistung $J_2 U_2$ und aus einem dem Netz direkt entnommenen Betrag $J_1 U_2$, die als durchgeleitete Leistung bezeichnet wird. Zwischen Eigenleistung und Abgabe besteht die Gleichung

$$J_2 U_2 = \left(1 - \frac{w_2}{w_1}\right) J \cdot U_2 = f J U_2 ,$$

wobei

$$f = 1 - \frac{w_2}{w_1} = 1 - \frac{\text{Unterspannung}}{\text{Oberspannung}}$$

der Reduktionsfaktor genannt wird.

Der Spartransformator gibt eine im Verhältnis $1/f$ größere Leistung als der Transformator mit getrennten Wicklungen. Zugleich ist ersichtlich, daß die Sparschaltung um so weniger erfüllt je mehr das Übersetzungsverhältnis von 1 verschieden ist.

Aus der Beziehung

$$\frac{U_1 - U_2}{U_2} = \frac{J_2}{J_1} = \frac{w_1 - w_2}{w_2}$$

ersieht man, daß sich der Spartransformator wie ein normaler Transformator mit zwei getrennten Wicklungen verhält, zu dessen Primärseite die Größen $U_1 - U_2$, J_1, $w_1 - w_2$ und dessen Sekundärseite die Größen U_2, J, w_2 gehören.

In gewissen Fällen kann man zweifelhaft sein, was bei Spartransformatoren als Nennleistung anzugeben ist. Nach den R.E.T. hat diejenige zu gelten, welche sich in der Sekundärwicklung ergibt, wenn man sich die Wicklungen getrennt denkt, die Eigenleistung wird dann zur Nennleistung .

Der Spartransformator kann nicht nur zur Herabsetzung sondern auch zur Erhöhung der Spannung dienen. In diesem Fall ist $U_2 > U_1$, die Innenleistung ist $J_2 U_1$ und der Reduktionsfaktor wird

$$f = 1 - \frac{w_1}{w_2}.$$

Es gilt somit für beide Fälle

$$\text{Eigenleistung} = \text{Sekundärleistung} \times \left[1 - \frac{\text{Unterspannung}}{\text{Oberspannung}}\right].$$

Beispiel: Für einen dreiphasigen Spartransformator von

$$U_1 = 220\,\text{V}; \qquad U_2 = 70\,\text{V} \quad \text{und} \quad J = 190\,\text{A}$$

ergibt sich die Abgabe zu

$$190 \cdot 70 \cdot \sqrt{3} = 23\,\text{kVA}; \qquad J_1 = 190\,\frac{70}{220} = 60\,\text{A};$$

$$J_2 = 190 - 60 = 130\,\text{A}; \qquad f = 1 - \frac{70}{220} = 0{,}68\,.$$

Mithin die Eigenleistung $0{,}68 \cdot 23 = 15{,}7$ kVA und die durchgeleitete Leistung $0{,}32 \cdot 23 = 7{,}3$ kVA.

Die experimentelle Untersuchung eines Spartransformators erfolgt wie bei gewöhnlichen Transformatoren. Der Leerlaufversuch, der die Eisenverluste ergibt, wird entweder an der Gesamtwicklung oder an einer Teilwicklung mit den entsprechenden Spannungen vorgenommen. Beim Kurzschlußversuch erhält man die normalen Kurzschlußwerte von der Primärseite aus, indem man die Windungen w_1 kurzschließt. Führt man den Kurzschlußversuch von der Sekundärseite aus, so werden die Windungen $(w_1 - w_2)$ kurzgeschlossen. (Vgl S. 372.)

12. Erwärmung. Über die Erwärmung der Transformatoren und ihre Messung sind in den R.E.T. eingehende Bestimmungen getroffen. Der Begriff der Erwärmung wird für die verschiedenen Betriebsarten festgelegt. Bei einem Transformator für Dauerbetrieb versteht man unter Erwärmung eines Transformatorenteiles den Unterschied zwischen seiner Temperatur und der des zutretenden Kühlmittels. Die Erwärmungsprobe soll (außer bei Transformatoren für landwirtschaftlichen Betrieb) im Nennbetrieb vorgenommen oder auf diesen bezogen werden. Die Dauer der Erwärmungsprobe ist je nach Betriebsart geregelt.

Zur Bestimmung der Enderwärmung benutzt man ein abgekürztes Verfahren. Die Erwärmung wird bei gleichbleibender Last in gleichen Zeitabständen gemessen und die Erwärmungszunahme in Abhängigkeit von der Erwärmung aufgetragen. Die Verlängerung der Geraden durch die so entstehende Punktschar schneidet auf der Erwärmungsachse die Enderwärmung ab. Die Genauigkeit dieses Verfahrens, das auch für elektrische Maschinen üblich ist (vgl. Abschn. VII und Abb. 349), ist mindestens so groß, wie die des fortgesetzten Erwärmungsversuches, weil gegen dessen Ende die Erwärmung infolge von Änderung der Kühlmitteltemperatur unregelmäßigen Schwankungen unterliegt.

Die Wicklungserwärmung wird bei Öltransformatoren grundsätzlich aus der Widerstandszunahme ermittelt. Bei Trockentransformatoren gilt der höhere der beiden folgende Werte: Mittlere Erwärmung aus der Widerstandzunahme errechnet oder örtliche Erwärmung mit Thermometer an der heißesten zugänglichen Stelle gemessen. Man berechnet die Erwärmung Θ von Kupferwicklungen aus der Zunahme des Widerstandes R im allgemeinen nach der Formel:

$$\Theta = \frac{R_{warm} - R_{kalt}}{R_{kalt}} (235 + \vartheta_{kalt}) - (\vartheta_{Kühlmittel} - \vartheta_{kalt}) .$$

Bei Transformatoren für kurzzeitigen Betrieb (KB) und für Dauerbetrieb mit kurzzeitiger Belastung (DKB) unter 1 Std. gilt dagegen nach den R.E.T. als Erwärmung nur der Unterschied der Temperaturen am Ende und bei Beginn der Prüfung. Mithin

$$\Theta = \frac{R_{warm} - R_{kalt}}{R_{kalt}} (235 + \vartheta_{kalt}) ,$$

wobei die Werte ϑ_{kalt} und R_{kalt} für den Beginn der Prüfung gelten. Über die Temperaturbestimmung des Kühlmittels (Selbstkühlung, Fremdlüftung, Wasserkühlung) sind in den R.E.T. besondere Bestimmungen getroffen.

Auch bei Spezial-Öltransformatoren für sehr hohe Ströme wird unter Umständen die Messung der Widerstandszunahme nicht maßgebend sein können, weil die Widerstände für eine genaue Messung zu klein sind. Man wird sich hier mit der Messung der Öltemperatur begnügen.

Man führt die Widerstandsmessung meist mit der Thomsonschen oder Wheatstoneschen Brücke aus. Es ist empfehlenswert, die Anordnung so zu treffen, daß nach Abschalten der Last und Abstellen von Kühlluft oder Kühlwasser das Anlegen der Brücke mit wenigen Schaltgriffen rasch erfolgen kann. Wenn für die Umlegung längere Zeit benötigt wird, kann man erheblich zu niedrig messen (bis zu 5^0 nach 2 min). Besonders bei großen Transformatoren nimmt die Wicklungstemperatur sehr schnell ab, wenn die Belastung ausgeschaltet ist. Es kann sogar eine Rolle spielen, wenn der Zeiger des Brückeninstrumentes sich wegen der hohen Selbstinduktion zu langsam einstellt. Ein einfaches Mittel hiergegen besteht darin, eine zweite Wicklung auf dem gleichen Kern kurz zu schließen. Siehe S. 279 und S. 283. Bei der Widerstandsmessung mit Gleichstrom aus Strom und Spannung muß der Spannungskreis vor Ausschalten der Wicklung geöffnet werden, da die Induktionsspannung das Instrument gefährdet.

Zur Erwärmungsmessung mit Thermometern sollen Ausdehnungsthermometer (Quecksilber oder Alkoholthermometer) benutzt werden. Elektrische Thermometer sind zur Messung von Ölen und Oberflächentemperaturen zulässig, im Zweifelsfalle gilt aber das Ausdehnungsthermometer. Gute Wärmeübertragung zwischen Meßstelle und Thermometer kann oft durch Bedeckung beider mit einem schlechtem Wärmeleiter gefördert werden. Die Raumtemperatur, die bei Transformatoren mit Selbstkühlung gleichzeitig die Kühlmitteltemperatur ist, wird mit Thermometern gemessen, die in ein bis zwei Meter Entfernung vom Transformator angebracht werden. Die Thermometer dürfen weder Luftströmung noch Wärmebestrahlung ausgesetzt sein. Für den Probelauf gilt als Temperatur der Umgebungsluft der Durchschnittswert der während des letzten Viertels der Versuchszeit in gleichen Zeitabschnitten vorgenommenen Thermometerablesung.

Die Erwärmung des Eisenkerns wird bei Transformatoren an der heißesten zugänglichen Stelle thermometrisch ermittelt. Die Ölerwärmung wird in der obersten Schicht des Kastens ebenfalls thermometrisch ermittelt.

Für die Zulässigkeit der Erwärmung von Transformatorenteilen sind die in Frage kommenden Isolierstoffe in Wärmebeständigkeitsklassen eingeteilt, die vom Stoff (Baumwolle, Seide, Papier, Lack, Glimmer, Asbest, Porzellan, Glas, Quarz usw.) und von der Behandlung (getränkt, ungetränkt, in Füllmasse, unter Öl) usw. abhängen.

Der für die Erwärmung zulässige Wert heißt die Grenzerwärmung, die zulässige Temperatur die Grenztemperatur, sie liegt 35° über der Grenzerwärmung. Die Grenztemperatur darf nie überschritten werden, bei der Grenzerwärmung kann eine Überschreitung zugelassen werden, wenn die Kühltemperatur im Betriebe stets so niedrig bleibt, daß die Grenztemperatur nicht überschritten wird. Bei Öltransformatoren ist es jedoch nicht ohne weiteres zulässig, die Belastung so weit zu steigern bis die Ölgrenztemperatur erreicht wird. Die Wicklungen weisen dem Öl gegenüber Temperaturunterschiede auf, die mit der Überlastung ungefähr quadratisch steigen, daher darf der Unterschied zwischen der Ölenderwärmung bei Nennbetrieb und der Ölgrenzerwärmung (60°) nicht als Maßstab für die Zulässigkeit von Überlastung angesehen werden.

Über die Messung der Erwärmung an Transformatoren im Betrieb und über den Einbau elektrischer Meßgeräte zur laufenden Überwachung von Transformatoren siehe Literatur[1] und S. 281.

Für spezielle Fälle hat auch die Kenntnis der Höchsttemperatur Bedeutung. Da man aber die Höchsttemperatur nur selten direkt messen kann, man kennt ja meist nicht einmal die Lage der wärmsten Stelle, so ist man nur auf die indirekte Messung angewiesen. Bestimmt man aus der Widerstandszunahme der Wicklung die mittlere Übertemperatur ϑ und mißt die Übertemperatur an der Oberfläche ϑ_f, so ergibt sich die höchste Erwärmung nach der Vidmarschen Formel[2] zu

$$\vartheta_{\max} = \vartheta + (\vartheta - \vartheta_f).$$

Bei der Bestimmung der Höchsttemperatur nach der Vidmarschen Formel ergeben sich durchaus brauchbare Werte[3].

13. Kunstschaltung zur Messung der Erwärmung. Will man die Temperatur des Transformators bei Nennbetrieb erreichen, so muß man die wirkliche Belastung nachahmen. Da nun die Belastung eines Transformators vielfach Schwierigkeiten bietet, auch dann wenn man die Wirkleistung möglichst beschränkt, also mit großer Phasenverschiebung durch stark induktive Last arbeitet, so wendet man zur Herbeiführung normaler Erwärmung Kunstschaltungen an.

Zunächst ist es möglich, aus Dauerversuchen in Leerlauf und Kurzschluß durch Addition der hierbei gewonnenen Temperaturerhöhungen diejenige bei normaler Belastung zu ermitteln. Der so gewonnene Wert ist im allgemeinen etwas zu hoch, so daß eine genauere Erwärmungsprüfung nur notwendig ist, wenn hierbei die zulässige Grenzerwärmung überschritten wird. Diese Methode gibt bei einer größeren Stückzahl gleicher Transformatoren, von denen man ein Muster genau kennt, einen guten Anhaltspunkt.

Die Kunstschaltung beruht ebenso wie dieses Verfahren darauf, daß man das Eisen normal erregt und die Stromwärme in den Wicklungen mit einem Strom vom Nennbetrag erzeugt ohne zusätzliche Energie im Außenkreis zu vernichten. Der Belastungsstrom wird hierzu einer fremden Wechselstrom- oder Gleichstromquelle entnommen.

---

[1] Keinath: Elektrische Temperaturmeßgeräte. Berlin: Oldenbourg 1923.

[2] Elektrotechn. u. Maschinenb. Bd. 36 (1918) S. 65.

[3] Rogowski, W., u. V. Vieweg: Die Höchsttemperatur stromdurchflossener Spulen. Arch. Elektrotechn. Bd. 8 (1919/20) S. 329.

Das Prinzip der Kunstschaltung für einen einzelnen Transformator sei an einem Drehstromtransformator erläutert, Abb. 470. Man schaltet die Phasen beiderseits in Dreieck und erregt oberspannungsseitig normal mit Drehstrom. Auf der Unterspannungsseite wird das Dreieck an einer Ecke geöffnet und z. B. über einen Regeltransformator an dieselbe Wechselstromquelle gelegt. Der Regeltransformator wird so eingestellt, daß der sekundäre Nennstrom durch die Wicklung fließt. Für die Wechselspannung im Sekundärkreis ist die Primärwicklung kurzgeschlossen, es entsteht daher in dieser der primäre Nennstrom. Damit ist die Belastung vom Erwärmungsstandpunkt vollkommen nachgeahmt. Da zwischen den offenen Punkten des Dreiecks keine Wechselspannung besteht, ist zugleich die wichtigste Bedingung erfüllt, daß die Hilfsstromquelle vor zusätzlichem Wechselstrom geschützt ist[1]. Zu beachten ist, daß das vom Hilfswechselstrom herrührende magnetische Wechselfeld eine anormale Streuung bewirkt.

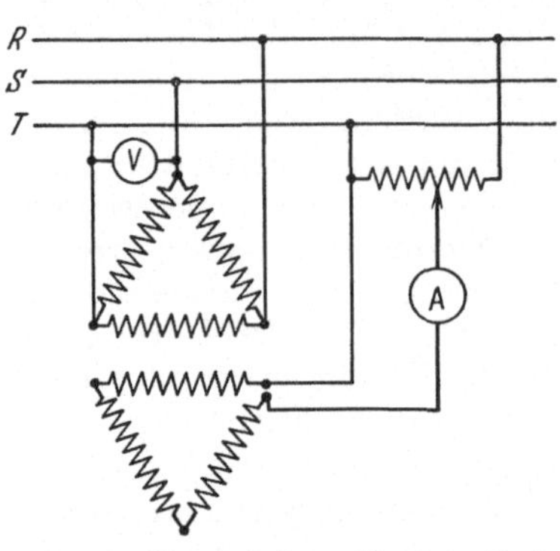

Abb. 470. Kunstschaltung für einen Drehstromtransformator im Dreieck mit Hilfswechselstrom.

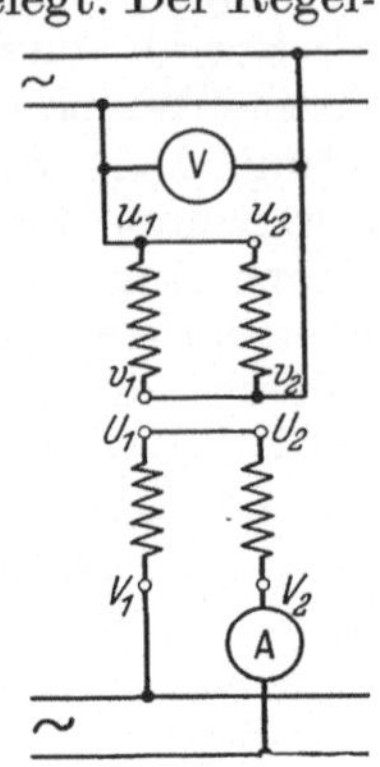

Abb. 471. Kunstschaltung für Einphasentransformator mit Hilfswechselstrom.

Für Einphasentransformatoren veranschaulicht Abb. 471 die entsprechende Schaltung, sie hat zur Voraussetzung, daß primär und sekundär eine gerade Anzahl von gleichwertigen Wicklungsabteilungen vorhanden ist. Durch Parallelschaltung erzielt man dieselben Verhältnisse wie beim Drehstromtransformator in der Schaltung der Abb. 470. In der Abb. 471 ist z. B. angenommen, daß die Hilfsspannung einem besonderen Netz entnommen wird. Bei dieser Anordnung der Wicklungen lassen sich auch die Lastverluste durch Gleichstrom erzeugen, indem man die Wicklungsabteilungen jeder Wicklung in Gegenschaltung mit Gleichstrom speist[2].

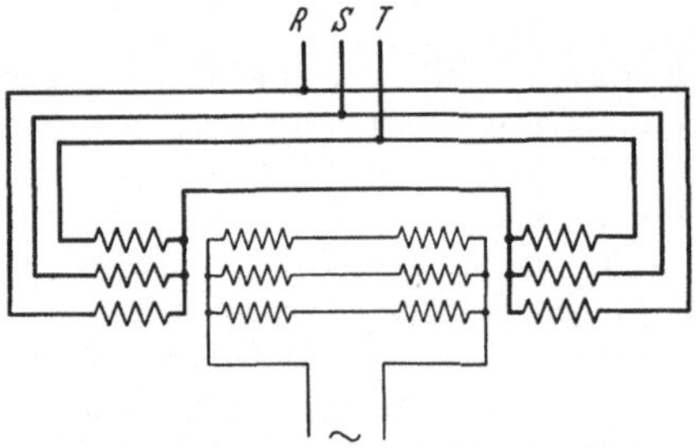

Abb. 472. Kunstschaltung für Drehstromtransformator in Stern mit Hilfswechselstrom.

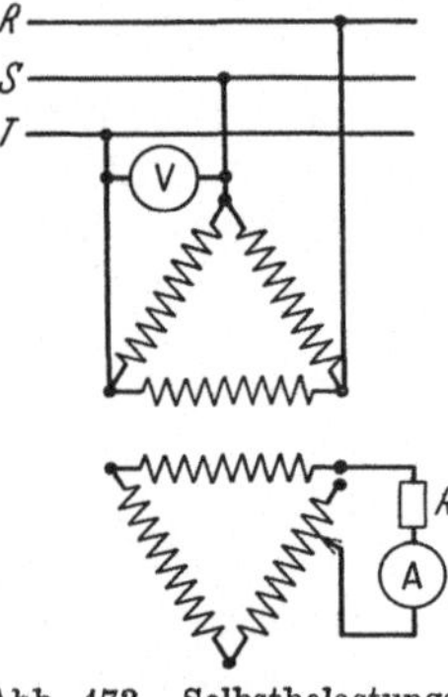

Abb. 473. Selbstbelastungsschaltung.

Für den Fall, daß zwei gleiche in Stern geschaltete Drehstromtransformatoren vorliegen, zeigt Abb. 472, wie man in einfacher Weise mit einer Hilfswechselspannung die Erwärmung bei Nennbetrieb erzeugen kann. Die Transformatoren sind primär und sekundär parallel geschaltet, die Hilfsstromquelle ist an die Nullpunkte der sekundären Wicklung gelegt, während die Nullpunkte der primären Wicklungen miteinander verbunden sind.

Die Hilfsstromquelle läßt sich vermeiden, wenn man nach Gustrin[3] eine

[1] Molnar: Elektrotechn. Z. Bd. 30 (1909) S. 450. [2] Richter a. a. O. S. 182.
[3] Elektrotechn. Z. Bd. 28 (1907) S. 574 u. 911.

Selbstbelastungsschaltung anwendet. Abb. 473 zeigt das Schema für einen Drehstromtransformator, der sekundär in Dreieck geschaltet ist. Durch Abschalten einiger Windungen z. B. einer Stufe der Anzapfungen — und eventuell durch Einschalten eines Widerstandes R zum Abgleichen werden Ausgleichströme hervorgerufen, welche die gewünschte Belastung erzeugen.

Das Prinzip der Verwendung einer Gleichstromhilfsquelle erläutert Abb. 474, in der ein Drehstromtransformator sekundär in Dreieck, primär in zwei Gruppen in Stern geschaltet ist[1]. Der Gleichstrom muß beiden Seiten zugeführt werden, da eine Übertragung durch Induktion nicht stattfindet. Die Gleichstrommethode hat den Nachteil, daß für die beiden Wicklungsseiten sehr verschiedene Ströme benötigt werden, auf der Niederspannungsseite sind große Ströme bei kleiner Spannung erforderlich. Wenn zwei gleiche Transformatoren vorliegen, läßt sich auch bei der Gleichstromschaltung eine ähnliche Anordnung wie bei der Verwendung von Hilfswechselspannung in Abb. 471 treffen.

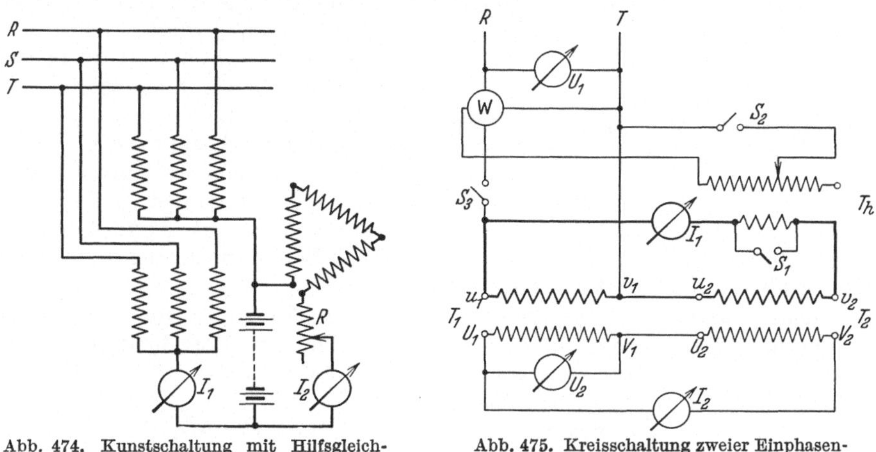

Abb. 474. Kunstschaltung mit Hilfsgleichspannung.

Abb. 475. Kreisschaltung zweier Einphasentransformatoren.

14. Kreisschaltungen. Zur Untersuchung des betriebsmäßigen Verhaltens verwendet man mit Vorteil Rückarbeitungsverfahren. Abb. 475 zeigt eine solche Kreisschaltung für zwei gleiche Einphasentransformatoren T_1 und T_2. Die Transformatoren werden unterspannungsseitig parallel an das Netz gelegt. In Reihe mit den Unterspannungswicklungen liegt durch den Schalter S_1 überbrückbar die sekundäre Wicklung eines kleinen regelbaren Hilfstransformators T_h, dessen Primärwicklung über einen Schalter S_2 an das Netz gelegt werden kann. Durch einen Schalter S_3 können die beiden Haupttransformatoren vom Netz getrennt werden. Die Oberspannungswicklungen der beiden Haupttransformatoren sind gegeneinander geschaltet. Sind S_1 und S_3 geschlossen, aber S_2 geöffnet, so mißt das Wattmeter W die Eisenverluste der beiden Haupttransformatoren. Wird S_1 und S_3 geöffnet, aber S_2 geschlossen, so kann durch Änderung der Übersetzung des Hilfstransformators erreicht werden, daß in den 4 Hauptwicklungen die Nennströme fließen. Das Wattmeter zeigt die Wicklungsverluste der Haupttransformatoren und den Verlust des Hilfstransformators an. Schließt man die Schalter S_2 und S_3, während Schalter S_1 geöffnet bleibt, so sind die Haupttransformatoren betriebsmäßig belastet. Ist die aufgedrückte Zusatzspannung gleich der gesamten Kurzschlußspannung beider Transformatoren, so fließt in beiden Stromkreisen der

[1] Goldschmidt: Elektrotechn. Z. Bd. 42 (1901) S. 682.

Nennstrom. Im Wattmeter werden die Gesamtverluste der Haupttransformatoren und der Verlust des Zusatztransformators gemessen. Die vom Hilfstransformator aufgedrückte Spannung addiert sich geometrisch zu der des einen Haupttransformators und subtrahiert sich von der des anderen. Um den Wirkungsgrad des Transformators zu bestimmen, muß der Verlust des Hilfstransformators bekannt sein oder man muß in der Schaltung ein zweites Wattmeter verwenden. Praktisch wird der Wirkungsgrad jedoch stets indirekt aus Leerlauf- und Kurzschlußversuch bestimmt.

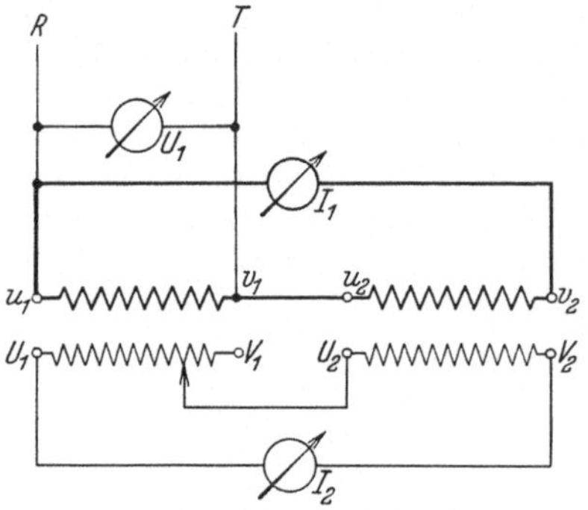

Abb. 476. Vereinfachte Kreisschaltung durch Anzapfung.

Eine einfache Kreisschaltung mit zwei Einphasentransformatoren zeigt Abb. 476. Statt eines besonderen Hilfstransformators sind einige Windungen der Oberspannung des einen Transformators angezapft. Die Differenz zwischen den Spannungen auf der Oberspannungsseite muß gleich der Summe der Kurzschlußspannung der beiden Transformatoren sein. Auf die Ähnlichkeit dieser Anordnung mit der Selbstbelastungsschaltung in Abb. 473 sei hingewiesen. Diese Schaltung wird häufig verwendet, da die meisten Transformatoren Anzapfungen besitzen. Bei annähernd gleichen Einheitstransformatoren langen die üblichen Anzapfungen, die die Übersetzung um $\pm$ 4% ändern, nicht aus, um sie mit dem Nennstrom zu belasten, wenn die Nenn-Kurzschlußspannung über 4% beträgt. Man muß daher als Belastungstransformator einen solchen größerer Nennleistung verwenden.

15. Isolierfestigkeit. Auch über die an einem Transformator vorzunehmenden Spannungsproben sind in den R.E.T. eingehende Vorschriften getroffen. Die Isolation wird nacheinander folgenden drei Prüfungen unterworfen:

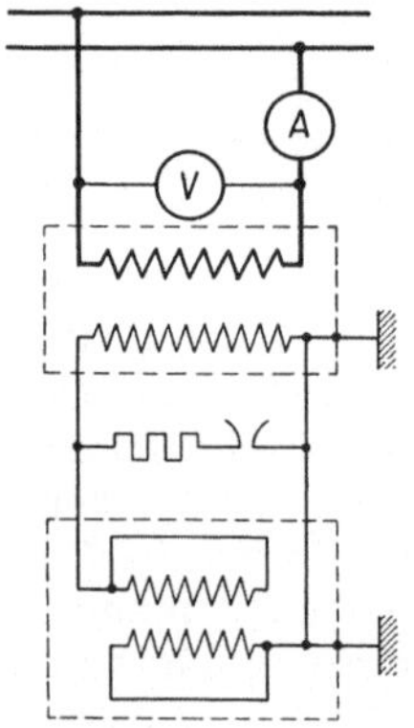

1. einer Wicklungsprobe zur Prüfung der Isolierung von Wicklungen gegeneinander und Wicklungen gegen Körper.

2. der Sprungwellenprobe an Wicklungen für Nennspannung zwischen 2,5 und 60 kV zur Prüfung der Sicherheit gegenüber den im Betriebe auftretenden Sprungwellen.

3. der Windungsprobe zur Prüfung der benachbarten Windungen und zum Auffinden von Wicklungsdurchschlägen, welche die Sprungwellenprobe eingeleitet hat.

Die Prüfungen gelten als bestanden, wenn an der Wicklung weder Durchschlag noch Überschlag erfolgt und keine Gleitfunken auftreten.

Abb. 477. Wicklungsprobe.

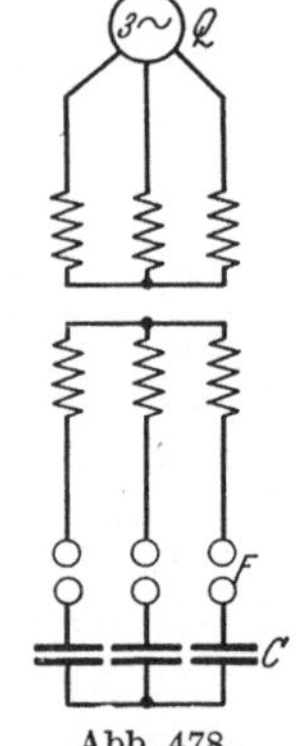

Abb. 478. Sprungwellenprobe.

Für die Wicklungsprobe zeigt Abb. 477 das Schema. Ein Pol des Prüftransformators ist an die zu prüfende Wicklung, der andere an die untereinander und mit dem Gehäuse verbundenen Wicklungen gelegt. Die zu prüfenden Wicklungen werden kurzgeschlossen, damit nicht durch Kapazitätserscheinungen an den Wicklungen Spannungenauftreten. Zur Spannungsmessung ist eine Funkenstrecke mit vorgeschaltetem Widerstand parallel gelegt, vgl. Abschn. V, B. Die Prüfspannungen sind nach Nennspannung und Art (Öl, trocken) abgestuft. Z. B. beträgt für Öltransformatoren bis $U = 10$ kV die Prüfspannung für die Oberspannungswicklungen 3,25 U, mindestens aber 2,5 kV. Höchstens 50% der

Prüfspannung dürfen direkt aufgeschaltet werden. Die Steigerung bis zum Endwert muß stetig oder in Stufen von höchstens 5% der Endspannung erfolgen. Die Zeit der Spannungssteigerung vom halben Wert bis zum Endwert soll mindestens 10 Sekunden betragen. Während einer Minute wird die volle Prüfspannung gehalten.

Die Sprungwellenprobe in Abb. 478 ist für den Fall eines Drehstromtransformators veranschaulicht. Die zu prüfende Wicklung wird über Funkenstrecken aus massiven Kupferkugeln von mindestens 50 mm Durchmesser auf Kondensatoren geschaltet, deren Kapazität z. B. bei einer Nennspannung der Wicklung zwischen 2,5 und 6 kV in jeder Leitung mindestens 0,05 μF betragen soll. Die Schlagweite der Funkenstrecken wird auf 1,1 U eingestellt und der zu prüfende Transformator durch die Stromquelle Q mit normaler oder höherer Frequenz auf etwa das 1,3fache der Nennspannung erregt. Man zündet die Funkenstrecken und erhält ein Funkenspiel von 10 Sekunden Dauer aufrecht. Bei jedem Funkenüberschlag zieht eine Springwelle in die zu prüfende Wicklung ein. Die Funkenstrecken sind dabei mit einem kräftigen Luftstrom anzublasen[1].

Als letzte der Spannungsproben wird die Windungsprobe ausgeführt. Die Prüfung erfolgt bei Leerlauf durch Erhöhung der angelegten Spannung. Es wird während 5 Minuten eine Prüfspannung in Höhe der doppelten Nennspannung aufrecht erhalten. Um den Magnetisierungsstrom klein zu halten, kann dabei die Frequenz erhöht werden.

Vor dem Zusammenbau kann man Spulen oder Wicklungen in folgender Weise darauf prüfen, ob nicht Kurzschluß oder Isolationsfehler zwischen den Windungen vorhanden sind. Man hat einen U-förmigen Kern, auf dem sich eine Erregerspule befindet. Um das abnehmbare Joch schiebt man die zu prüfende Wicklung, die so zur sekundären Spule eines Transformators wird. Ein Windungsschluß macht sich durch Anwachsen des Erregerstromes bemerkbar.

Ein Mittel, um Isolationsschäden aufzufinden, welche durch die Spannungsproben eingeleitet worden sind, besteht in der Nachprüfung der Wicklungswiderstände und es ist daher empfehlenswert diese vor und nach den drei Spannungsproben zu messen.

Für die Messung der dielektrischen Verluste und der Kapazität sei auf den Abschn. V, C verwiesen.

Eine Festigkeitsprobe, welche nicht die Prüfung der Wicklungsisolation, sondern nur die Prüfung der mechanischen Festigkeit des Wicklungsaufbaues betrifft, ist die Prüfung auf Stoßkurzschlußstrom. Die Transformatoren müssen nach den R.E.T. einen Stoßkurzschlußstrom aushalten, dessen Höchstwert das 75fache des effektiven Nennstromes beträgt. Da die Prüfung auf Stoßkurzschlußfestigkeit nur im speziellen Prüffeld oder im Betriebe durchgeführt werden kann, da nur dort die nötigen Maschinengrößen zur Verfügung stehen, sei hier nicht näher auf die Messungen eingegangen.

16. Messungen an Drosselspulen. In den R.E.T. sind auch die Bestimmungen über Drosselspulen und Kurzschlußdrosselspulen enthalten. Die Verluste in Drosselspulen werden, wenn kein für die in Frage kommenden sehr niedrigen Leistungsfaktoren (Größenordnung 0,03) geeigneter Spezialleistungsmesser zur Verfügung steht, kalorimetrisch gemessen. Handelt es sich z. B. um eine Öldrosselspule, so mißt man die bei Nennbetrieb auftretende Ölerwärmung, dann wird durch Speisen der Wicklung mit Gleichstrom dieselbe Ölerwärmung hervorgerufen. Die hierbei gemessenen Stromwärmeverluste sind dann gleich den Verlusten der Drosselspule bei Nennbetrieb.

[1] Zur Sprungwellenprobe Courvoisier: Elektrotechn. Z. Bd. 43 (1922) S. 437. Rump: Elektrotechn. Z. Bd. 46 (1925) 1003.

Die Erwärmung von Kurzschlußdrosselspulen bei Kurzschluß unmittelbar hinter der Spule darf nach den R.E.T. 180° über Umgebungstemperatur nicht überschreiten. Da die Messung dieser Erwärmung direkt nicht möglich ist, wird sie in folgender Weise berechnet.

$$\vartheta_G = \vartheta_D + 0{,}008 \cdot s^2 \cdot t,$$

wobei ϑ_G die Grenzerwärmung, ϑ_D die Erwärmung im Dauerbetriebe (aus Widerstandszunahme im Dauerbetrieb errechnet), s die Stromdichte in A/mm² bei Dauerkurzschlußstrom, t die Dauer des Kurzschlusses in s bedeutet.

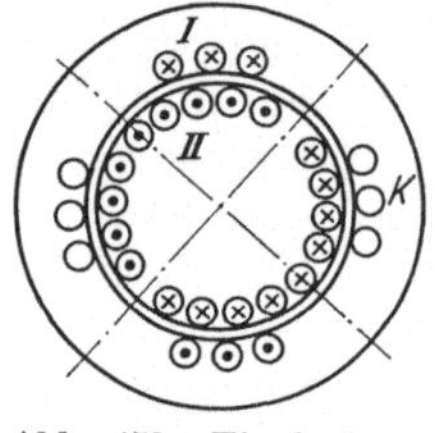

Abb. 479. Einphasiger Drehtransformator.

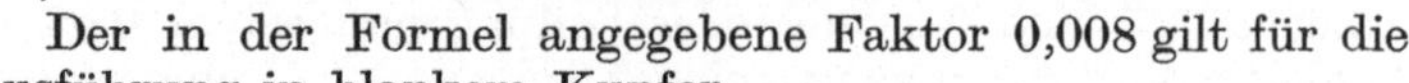

Der in der Formel angegebene Faktor 0,008 gilt für die Ausführung in blankem Kupfer.

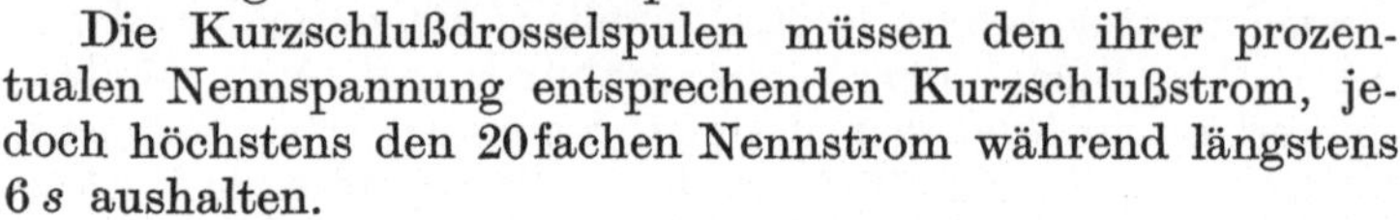

Die Kurzschlußdrosselspulen müssen den ihrer prozentualen Nennspannung entsprechenden Kurzschlußstrom, jedoch höchstens den 20fachen Nennstrom während längstens 6 s aushalten.

Die Sprungwellenprobe wird bei Kurzschlußdrosselspulen nach den R.E.T. mit einer Prüfspannung entsprechend der 2,2fachen Nennspannung des Netzes ausgeführt.

17. Zusatztransformatoren. Zur Regelung der Spannung von Netzen dienen stufenlose Regeltransformatoren in der Bauart als Schubtransformator und als Drehtransformator. Über den Schubtransformator von Koch & Sterzel siehe S. 200.

Der Drehtransformator ist nach Art der Asynchronmaschine gebaut. In Abb. 479 ist ein einphasiger Drehtransformator dargestellt. Die Primärspule *I* im Ständer wird erregt und erzeugt in der Läuferspule *II* eine Spannung, die am größten ist, wenn die Achsen der beiden Wicklungen zusammenfallen. Im Ständer ist noch zur Kompensation eine Kurzschlußwicklung *K* angebracht. Beim Drehtransformator für Mehrphasenspannung erzeugt der Ständer ein Drehfeld. Die Läuferspannung ist im Gegensatz zum Einphasendrehtransformator die gleiche und ändert lediglich ihre Phase gegenüber der Ständerspannung. Die Schaltung eines Drehstromzusatztransformators zur Netzregelung siehe S. 199.

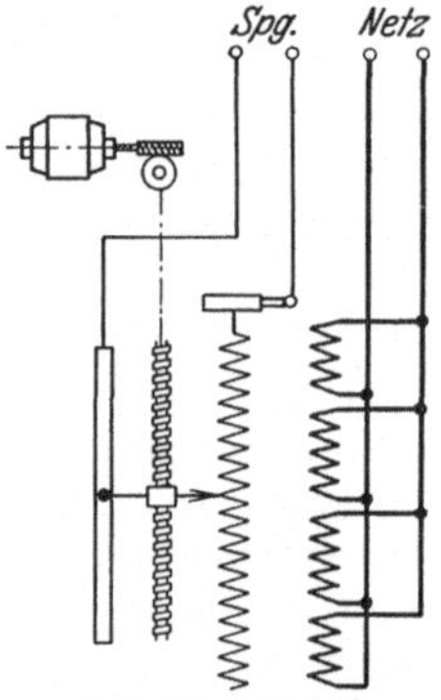

Abb. 480. Regeltransformator nach Thoma.

In den Fällen, bei denen die Spannung in vollkommen gleichmäßiger Weise gesteigert werden soll, verwendet man den stufenlosen Regeltransformator nach Thoma (Abb. 480), der einphasig und mehrphasig gebaut wird. Die Primärwicklung besteht im allgemeinen aus mehreren parallel geschalteten Abteilungen, die zugleich als Ausgleichswicklung dienen. Die Wicklung mit der zu regelnden Spannung besteht aus einer blanken Kupferspirale, welche auf einem Zylinder aus Isoliermaterial aufgebracht ist. Dieser Zylinder wird durch eine vertikale Welle gedreht, die als Spindel ausgebildet ist, und längs der sich zwangsläufig der Stromabnehmer auf der blanken Kupferspirale bewegt. Die Erregerwicklung wird so bemessen, daß die Streuspannung im ganzen Regelbereich ziemlich konstant bleibt.

Die Zusatztransformatoren, also sowohl der Schubtransformator als auch der Drehtransformator sind in ihrer Wirkungsweise Spartransformatoren, bei denen die Wicklungen getrennt betrachtet werden. Gegenüber dem gewöhnlichen Transformator ergeben sich für Übersetzung, Kurzschlußspannung und Spannungsänderung Abweichungen, die ausführlich in den Regeln für die Bewertung und Prüfung von Drehtransformatoren zusammengestellt sind. Nach den R.E.T. ist die Nennsekundärspannung als die höchste erreichbare Spannung in der Sekundärwicklung bei Leerlauf mit der Nennprimärspannung und nicht mehr aus der Übersetzung definiert. Der Grund hierfür ist der, daß Leerlaufstrom und Streuung wegen des Luftspaltes wesentlich größer sind als bei den gewöhnlichen Transformatoren, so daß schon bei Leerlauf das Verhältnis von Sekundär- und Primärspannung nicht mehr gleich der Übersetzung ist.

Die Kurzschlußspannung ist die bei der Verdrehung des Läufers auftretende geringste Spannung, die an die Primärwicklung gelegt werden muß, damit in der kurzgeschlossenen Sekundärwicklung der Nennsekundärstrom fließt.

Bei der Berechnung der Spannungsänderung vom Drehtransformator in Zusatzschaltung ist die Übersetzung zu berücksichtigen. Für die Nenngrößen eines Drehtransformators ist nicht die durchgeleitete Leistung, sondern die Eigenleistung des Transformators maßgebend. Diese bezieht sich auf den eigentlichen Transformator mit getrennt gedachten Wicklungen.

Allgemeine Literatur.

Brion: Die elektrische Meßtechnik II. Sammlung Göschen Nr. 886. Berlin u. Leipzig: Walter de Gruyter & Co. 1929. Arnold, la Cour: Die Transformatoren, 2. Aufl. (Arnold: Die Wechselstromtechnik Bd. 2). Berlin: Julius Springer 1910. Jahn: Messungen an elektrischen Maschinen, 5. Aufl. Berlin: Julius Springer 1925. Karapetoff: Experimental Electrical Engineering. New York 1922/27. Kittler-Petersen: Allgemeine Elektrotechnik Bd. 2 (1909); Bd. 3 (1910). Stuttgart: Ferdinand Enke. Linker: Elektrotechnische Meßkunde, 4. Aufl. Neudruck. Berlin: Julius Springer 1932. Orlich: Anleitung zum Arbeiten im elektrotechnischen Laboratorium. Berlin: Julius Springer 1927/31. Richter: Elektrische Maschinen Bd. 3 Transformatoren. Berlin: Julius Springer 1932. Rziha-Seidler: Starkstromtechnik, 7. Aufl. Berlin: Ernst & Sohn 1930. Sallinger: Transformatoren. Sammlung Göschen Nr. 952. Berlin u. Leipzig: Walter de Gruyter & Co. 1927. Skirl: Elektrische Messungen. Siemens-Handbücher VI. Berlin: Walter de Gruyter & Co. 1928. Skirl: Wechselstrom-Leistungsmessungen, 3. Aufl. Berlin: Julius Springer 1930. Vidmar: Die Transformatoren, 2. Aufl. Berlin: Julius Springer 1925. — Der Transformator im Betrieb. Berlin: Julius Springer 1927.

XI. Asynchronmaschinen.

Von **V. Vieweg**, Berlin.

A. Wirkungsweise.

1. Allgemeines. Man kann die Asynchronmaschine als Transformator betrachten, dessen Wicklungen nahe beieinander, aber auf getrennten Eisenkörpern liegen. Der eine Eisenkörper (Sekundäranker) kann in dem anderen (Primäranker) rotieren. Die Primärwicklung wird von einem Drehstromnetz gespeist. Das magnetische Drehfeld induziert dann im kurzgeschlossenen Sekundäranker EMKe und Ströme, die den Anker im Sinne des Drehfeldes mitnehmen. Hierbei ergibt sich eine Kraftwirkung, die sich zur Abgabe mechanischer Leistung ausnutzen läßt. Die Drehzahl des Läufers ist stets um so viel geringer als die des Drehfeldes (asynchron), daß der induzierte Läuferstrom zusammen mit dem Drehfeld das zur Drehung des Läufers erforderliche Drehmoment gibt. Würde der Rotor synchron umlaufen, so würden keine EMKe und Ströme und damit auch kein Drehmoment auftreten.

2. Schlüpfung und Periodenzahl im Sekundäranker. Schlüpfung. Das Zurückbleiben des Läufers hinter der Umlaufgeschwindigkeit des Drehfeldes heißt Schlüpfung. Diese ist eine charakteristische Eigenschaft der Induktionsmotoren. Ist

$$n_0 = \frac{60 f}{p}$$

die synchrone Drehzahl eines Asynchronmotors von der Polpaarzahl p und n die minutliche Drehzahl des Läufers, so bezeichnet man als Schlüpfung oder Schlupf den Quotienten.

$$s = \frac{n_0 - n}{n_0} = \frac{n_s}{n_0}.$$

$n_s = n_0 - n$ ist die Schlupfdrehzahl. Die Schlüpfung wird meist in Prozenten der synchronen Drehzahl ausgedrückt.

$$s\% = \frac{n_0 - n}{n_0} 100 .$$

Periodenzahl im Sekundäranker. Das Drehfeld läuft über die Statorstäbe mit der synchronen Drehzahl n_0, über die Rotorstäbe aber mit der Differenz der Drehzahlen $n_0 - n$. Im gleichen Verhältnis stehen auch die Periodenzahlen f und f' der Wechselströme im Stator und Rotor. Hiernach berechnet sich die Frequenz des Rotorstromes zu

$$f' = \frac{n_0 - n}{n_0} f = s f ,$$

d. h. die Frequenz des Rotorstromes ist gleich dem Produkt aus Netzfrequenz und Schlüpfung.

3. Luftspaltleistung und Rotorverlust. Sind E_2 und J_2 EMK und Stromstärke im Sekundäranker, R_2 dessen Widerstand und Φ_2 der sekundäre Induktionsfluß (vgl. Abb. 481), so ist

$$J_2 = \frac{E_2}{R_2} = c_1 \Phi_2 \frac{n_s}{R_2}.$$

Die Rotorstromstärke ist also praktisch der Schlüpfung proportional, da Φ_2 und R_2 sich mit der Temperatur und der Belastung nur wenig ändern. Für das Drehmoment M gilt somit

$$M = c_2 J_2 \Phi_2 = c_1 c_2 \Phi_2^2 \frac{n_s}{R_2}.$$

Das Drehmoment ist also der Schlüpfung und dem Quadrate des sekundären Induktionsflusses proportional, also auch angenähert dem Quadrate der Netzspannung. Ist N_{12} die vom Stator durch den Luftspalt auf den Sekundäranker übertragene Leistung (Luftspaltleistung), also gleich der Aufnahme vermindert um die Verluste im Primäranker und ist N_2 die Abgabe des Motors, so ergibt sich aus der allgemeinen Beziehung zwischen Leistung, Drehmoment und Drehzahl für die Luftspaltleistung[1] die Beziehung

$$N_{12} = \frac{c_1}{c_2} M n_0 = \frac{c_1}{c_2} M n_s + \frac{c_1}{c_2} M n$$

und da

$$\frac{c_1}{c_2} M n_s = c_1^2 \Phi_2^2 \frac{n_s^2}{R_2} = J_2^2 R_2$$

folgt

$$N_{12} = J_2^2 R_2 + N_2 .$$

Ferner ergibt sich

$$J_2^2 R_2 = \frac{n_s}{n_0} N_{12} = s N_{12} .$$

[1] Strecker: a. a. O. S. 337.

D. h. der Stromwärmeverlust im Sekundäranker ist gleich der auf den Rotor übertragenen Leistung (Luftspaltleistung) multipliziert mit der Schlüpfung.

Aus der Gleichung für das Drehmoment ersieht man ferner, daß bei gegebenem Drehmoment und konstanter Primärspannung die Schlüpfung dem Widerstand des Läufers proportional ist.

4. Streuung. a) Allgemeines. Ein Drehstrommotor, der festgebremst ist und durch Einschalten von Widerständen in den Rotorkreis auf die gleiche Stromstärke gebracht wird wie bei Belastung, zeigt in beiden Fällen die gleichen Verhältnisse hinsichtlich Magnetfeld und Stromstärke. Der festgebremste Motor ist nichts anderes als ein Transformator mit großer Streuung, der Stator als Primärwicklung ruft ein resultierendes Magnetfeld hervor, dieses durchsetzt den Rotor und veranlaßt in ihm sekundäre Ströme, die in der Phase annähernd um 180^0 gegen die primären Ströme verschoben sind. Bei genauerer Betrachtung ist jedoch zu berücksichtigen, daß das Magnetfeld nicht wie beim Transformator ruht, sondern daß ein Drehfeld vorliegt. Stellt man sich den festgebremsten Rotor als Phasenanker in symmetrischer Lage zum Stator vor, so kann jede Phase als Transformator für sich betrachtet werden, der sich von einem gewöhnlichen Transformator nur durch den Luftspalt im Eisenkern unterscheidet. Der Luftspalt gibt zu einer beträchtlichen Streuung Veranlassung, die für das Verhalten des Drehstrommotors charakteristisch ist. Beim Motor ohne Streuung würde das resultierende Feld, das die Bedeutung eines Leerlauffeldes hat, unabhängig von der Belastung sein. Bei Berücksichtigung der Streuung ergibt sich hingegen, daß, je stärker man den Motor belastet, je stärker also die Stator- und Rotorströme werden, desto stärkere Streufelder auftreten. Während beim Motor ohne Streuung nur das gemeinsame resultierende Feld vorhanden sein würde, das Rotor und Stator gleichmäßig durchsetzt, kann man bei Berücksichtigung der Streuung unter vereinfachten Annahmen von einem gemeinsamen resultierenden Feld Φ_2 und einer Gesamtstreuung sprechen, die sich auf ein Statorstreufeld Φ_{s_1} und ein Rotorstreufeld Φ_{s_2} verteilt. Die Induktionslinien des Statorstreufeldes schließen sich im wesentlichen im Stator durch die Zahnkronen, die Induktionslinien des Rotorstreufeldes hingegen durch den Luftspalt und die Zahnkronen des Sekundärkreises. Die Streuverhältnisse sind in Abb. 481 dargestellt.

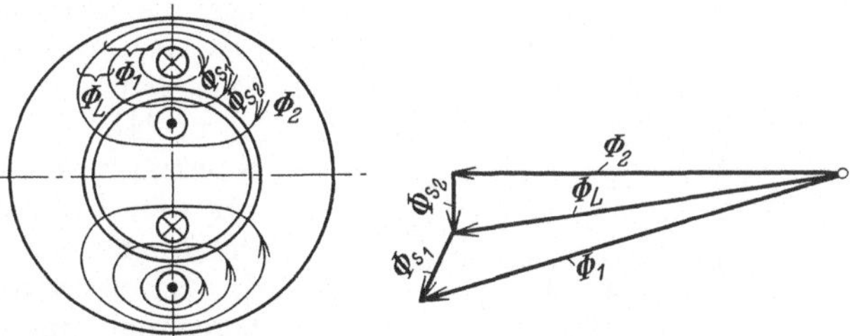

Abb. 481. Streuflüsse im Drehstrommotor.

Nach Heyland wird als Streuungkoeffizient der Quotient aus $(\Phi_1 - \Phi_2)$ und dem nützlichen Fluß (Φ_2) bezeichnet

$$\tau = \frac{\Phi_1 - \Phi_2}{\Phi_2}.$$

Zwischen den Koeffizienten τ_1 der Statorstreuung, τ_2 der Rotorstreuung und dem resultierenden Streuungskoeffizienten τ besteht die Beziehung:

$$1 + \tau = (1 + \tau_1)(1 + \tau_2)$$

oder

$$\tau = \tau_1 + \tau_2 + \tau_1 \cdot \tau_2 .$$

Diese Streufaktoren lassen sich in dem Diagramm nach Kloß in Abb. 482 veranschaulichen. Andere Streuungskoeffizienten sind von Hopkinson, Blondel, Ossanna u. a. eingeführt worden[1].

b) Messung der Einzelstreuung. Die Streuungskoeffizienten lassen sich bei Motoren mit Phasenanker durch Spannungsmessungen wie folgt ermitteln.

Bei stillstehendem offenen Läufer wird an den Ständer die Nennspannung U_1 gelegt, man mißt J_1, N_1 und die im Rotor induzierte EMK E_2. Die primäre EMK E_1 wird aus U_1, J_1, R_1 und $\cos\varphi_1$ gefunden. Sind w_1 und w_2 die Windungszahlen der Primär- und Sekundärwicklung, so gilt

$$1 + \tau_1 = \frac{E_1}{E_2} \cdot \frac{w_2}{w_1}.$$

In ähnlicher Weise erhält man den Streuungskoeffizienten τ_2 des Rotors. An den Rotor wird die Klemmenspannung U_2 angelegt. Man mißt J_2, N_2 und die im offenen Stator induzierte EMK E_1'. Aus J_2 und R_2 und N_2 und $\cos\varphi_2$ wird E_2' gefunden und es ergibt sich dann

$$1 + \tau_2 = \frac{E_2'}{E_1'} \cdot \frac{w_1}{w_2}.$$

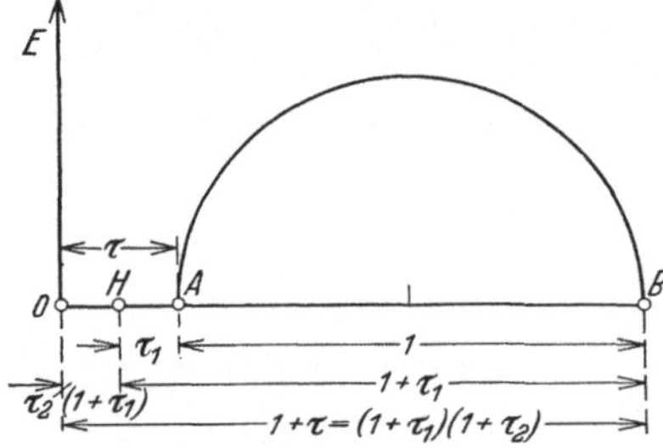

Abb. 482. Diagramm der Streufaktoren nach Kloß.

Die Leistungsaufnahme ist beträchtlich, da das Rotoreisen großer Induktion bei hoher Periodenzahl ausgesetzt ist.

c) Messung der Gesamtstreuung. Den Koeffizienten τ der Gesamtstreuung kann man aus den Teilkoeffizienten errechnen, man kann ihn aber auch direkt messen. Es wird wieder die Nennspannung U_1 an den Stator gelegt, E_1 berechnet und die induzierte EMK E_2 gemessen. Dann wird an den Rotor eine solche Klemmspannung U_2' angelegt, daß im Stator wieder die EMK E_1 induziert wird. Ist E_2' die zu U_2' gehörige EMK, so ergibt sich:

$$1 + \tau = \frac{E_2'}{E_2}.$$

Für die Durchführung dieser Messungen ist eine große Genauigkeit der Voltmeter erforderlich, da sich die zusammengehörigen Spannungen nur wenig voneinander unterscheiden.

In ähnlicher Weise kann bei dem Kurzschlußversuch aus den Strömen die Gesamtstreuung zu

$$1 + \tau = \frac{J_{k_2'}}{J_{k_2}}$$

bestimmt werden. Hierbei bedeuten J_{k_2} den Läuferstrom bei Ständerspeisung und $J_{k_2'}$ den Läuferstrom bei Läuferspeisung, wobei in beiden Fällen der Ständerstrom den gleichen Wert haben muß.

5. Kreisdiagramm nach Heyland. a) Einfaches Kreisdiagramm. Eine übersichtliche Darstellung der Wirkungsweise des Drehstrommotors gibt das von Heyland[2] angegebene Kreisdiagramm, das insbesondere den Zusammenhang zwischen der Streuung und den Eigenschaften des Motors erkennen läßt.

[1] Zusammenfassende Darstellung und Literatur z. B. in Linker: a. a. O.

[2] Heyland, Alexander: Eine Methode zur experimentellen Untersuchung an Induktionsmotoren, 2. Aufl. Voitsche Sammlung Bd. 2. Stuttgart: Enke 1904.

Abb. 483 zeigt eine einfache Form des Diagramms, zu dem man auf folgende Weise gelangt. Es werden bei konstanter Klemmspannung U und konstanter Frequenz der Strom J_0 bei Leerlauf, sowie der Strom J_k und die Leistung N_k bei Kurzschluß, d. h. bei festgebremsten Rotor bestimmt. Aus Strom, Spannung und Leistung beim Kurzschluß ergibt sich die zugehörige Phasenverschiebung φ_k. Zur Konstruktion zeichnet man horizontal eine Strecke $\overline{OA} = J_0$, errichtet in O eine Senkrechte für die Richtung vom U, trägt an diese unter dem Winkel φ_k die Strecke $\overline{OK} = J_k$ an und zeichnet den Kreis, dessen Mittelpunkt durch den Schnittpunkt P der Verlängerung von $\overline{OA}$ und der Mittelsenkrechten auf $\overline{AK}$ gebildet wird.

Es ist bei der Konstruktion üblich, spitze Winkel aufzutragen, das Diagramm also nicht als strenges Vektordiagramm durchzuführen.

Bei dieser vereinfachten Form des Heylandkreises sind die Eisenverluste und der Ohmsche Widerstand im Stator vernachlässigt. Es ist daher $U = E$. Die Strecke $\overline{OB}$ stellt den ideellen Kurzschlußstrom J'_{k_1} bei widerstandslosem Läuferkreis dar. Da unter diesen Annahmen der Motor bei Leerlauf und bei Kurzschluß nur induktiven Widerstand enthält, sind Leerlaufstrom und Kurzschlußstrom um 90° gegen die Spannung phasenverschoben. Bei ideellem Kurzschluß ist der Ständerfluß gleich der Summe der beiden Streuflüsse. Das Verhältnis

$$\frac{J'_{k_1}}{J_0} = k$$

wird als „Kurzschlußverhältnis“ bezeichnet. Für den Durchmesser $\overline{AB}$ des Diagrammkreises erhält man den Wert $AB = \frac{J_0}{\tau}$, wobei τ der resultierende Heylandsche Streuungskoeffizient ist, der die gesamte Streuung im Stator und Rotor berücksichtigt. Es gilt also, wenn man unter J'_{k_1} den ideellen Kurzschlußstrom bei widerstandslosem Läufer versteht

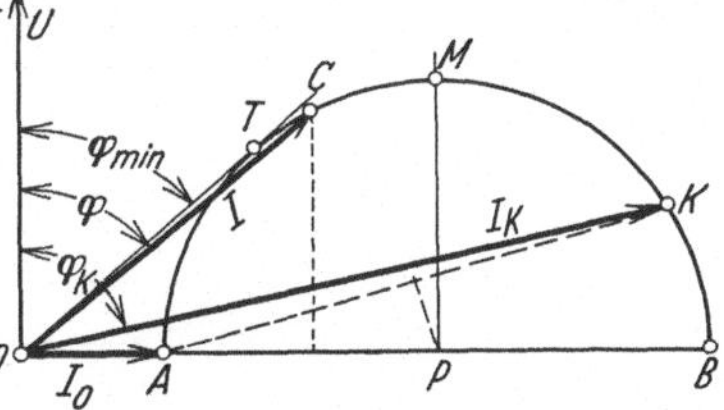

Abb. 483. Einfaches Kreisdiagramm nach Heyland.

$$\tau = \frac{J_0}{J'_{k_1} - J_0} = \frac{1}{k-1}$$

und

$$k = \frac{\tau}{1+\tau}.$$

Der sekundäre Kurzschlußstrom ist nicht gleich dem Kreisdurchmesser $\overline{AB}$, sondern größer, und zwar um etwa die halbe Leerlaufstromstärke unter Annahme gleicher Streuung im Ständer und Läufer (vgl. Abb. 483). Für den wirklichen Kurzschlußstrom J_k bei der Klemmspannung U gilt näherungsweise

$$\tau = \frac{J_0}{J_k}.$$

Praktische Werte liegen zwischen $\tau = 0{,}05\ldots0{,}10$. Der Heylandsche Kreis ist der geometrische Ort für den Endpunkt C, der der primären Stromstärke J_1 entsprechenden Strecke $\overline{OC}$. Ferner ist die von einem Punkte, z. B. C des Kreisumfanges auf den Durchmesser gefällte Senkrechte ein Maß für das Drehmoment, das der Motor bei der zum Umfangspunkte gehörigen Stromstärke, z. B. $J_1 = \overline{OC}$ entwickelt. Das Lot von K auf $\overline{AB}$ ist also ein Maß für das Drehmoment beim Kurzschluß (Anzugsmoment). Das Diagramm zeigt, daß das Drehmoment für den Scheitel M des Kreises sein Maximum erreicht (Kippmoment) und dann wieder abnimmt. Da der Kreisdurchmesser durch die Streuung bedingt ist, hängt also auch die Überlastungsfähigkeit des Asynchronmotors nur von der Streuung ab. Die zum Kippmoment gehörige Schlüpfung heißt Abfallschlüpfung oder Kippschlüpfung[1].

Ein weiterer ausgezeichneter Punkt des Diagrammes ist der Punkt T, in dem die von O an den Kreis gelegte Tangente diesen berührt. Der Winkel, den diese Tangente mit der Klemmenspannung einschließt, ist $\varphi_{\min}$, die kleinste mögliche Phasenverschiebung. Der Leistungsfaktor erreicht in diesem Punkt seinen Höchstwert. Bei Leerlauf ist $\cos\varphi = 0{,}1\ldots 0{,}2$. Der höchste Wert von $0{,}7\ldots 0{,}9$ wird etwa bei Nennstrom erreicht, während bei Überlast der Leistungsfaktor wieder abnimmt. Zwischen der Streuung und dem günstigsten Leistungsfaktor besteht der Zusammenhang:

$$\cos(\varphi_{\min}) = \frac{1}{1+2\tau}.$$

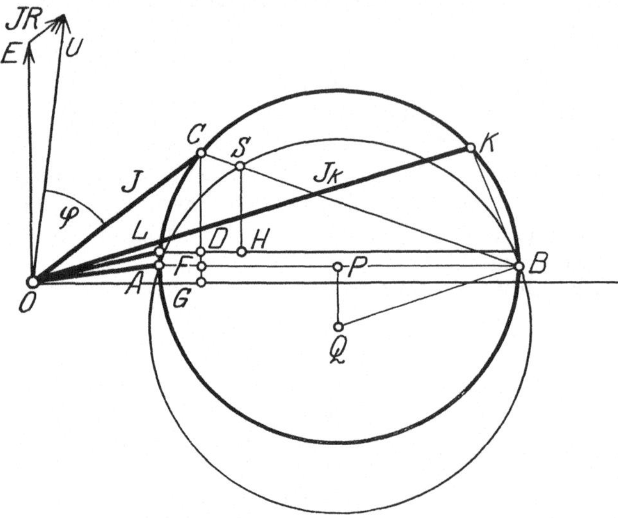

Abb. 484. Erweitertes Kreisdiagramm.

Drückt man die Überlastbarkeit des Motors als Verhältnis des Kippmomentes zum Drehmoment bei kleinster Phasenverschiebung aus, so ergibt sich für die Überlastbarkeit der Wert $\frac{1}{\sin(\varphi_{\min})}$. Es ist also für einen Motor mit etwa $\tau = 0{,}05$ der Wert für $\cos(\varphi_{\min}) = 0{,}91$ und für $\frac{1}{\sin(\varphi_{\min})} = 2{,}4$; d. h. das Kippmoment beträgt das 2,4fache des Drehmomentes beim günstigsten Leistungsfaktor.

b) Erweitertes Kreisdiagramm. Bei Erweiterung des Heylandschen Diagrammes durch Hinzufügen anderer geometrischer Örter lassen sich fast alle für die Wirkungsweise des Drehstrommotors wichtigen Größen graphisch veranschaulichen. Jedoch wird die Darstellung dann verwickelt. Einige einfachere Beziehungen sind in Abb. 484 angegeben[2]. Es sei $\overline{OL}$ nach Größe und Richtung gleich der Leerlaufstromstärke J_0, ferner $\overline{OA}$ gleich der Stromstärke im Leerlauf ohne Reibungsverlust (z. B. durch synchronen Antrieb bestimmbar, vgl. S. 399). Ist ferner wie in Abb. 483 $\overline{OK} = J_k$ die Kurzschlußstromstärke, so liegen A, L und K auf dem Heylandkreis, dessen Durchmesser senkrecht auf E steht. Zur Ermittlung der Schlüpfung zeichnet man den sog. Schlüpfungskreis, der ebenfalls durch die Punkte A und B geht. Sein Mittelpunkt Q liegt so, daß $\overline{KB}$ die Tangente in B ist. Der Schlüpfungskreis teilt die Strecke $\overline{CB}$ so, daß sich $\overline{CS} : \overline{CB}$ wie die Schlupfdrehzahl zur synchronen Drehzahl verhält. Die pro-

[1] Kloß: Arch. Elektrotechn. Bd. 5 (1919) S. 59.

[2] Strecker: a. a. O. S. 340. Görges: Grundzüge der Elektrotechnik, S. 155. Leipzig: Engelmann 1913.

zentische Schlüpfung ist also:

$$s\% = \frac{\overline{CS}}{\overline{CB}} \cdot 100 .$$

Das Lot $\overline{CF}$ von C auf $\overline{AB}$ ist ein Maß für das gesamte auf den Rotor übertragene Drehmoment. Durch Abzug des für die Reibung erforderlichen Drehmomentes DF ergibt sich in CD das Nutzdrehmoment. Aus diesem erhält man mittels des Schlüpfungskreises in $\overline{SH}$ ein Maß für die abgegebene Leistung. In gleichem Maßstab stellt CG die Leistungsaufnahme dar ohne Berücksichtigung der primären Stromwärme; FG sind die Eisenverluste. Für den Kurzschlußpunkt K ist die Stromwärme zu berücksichtigen.

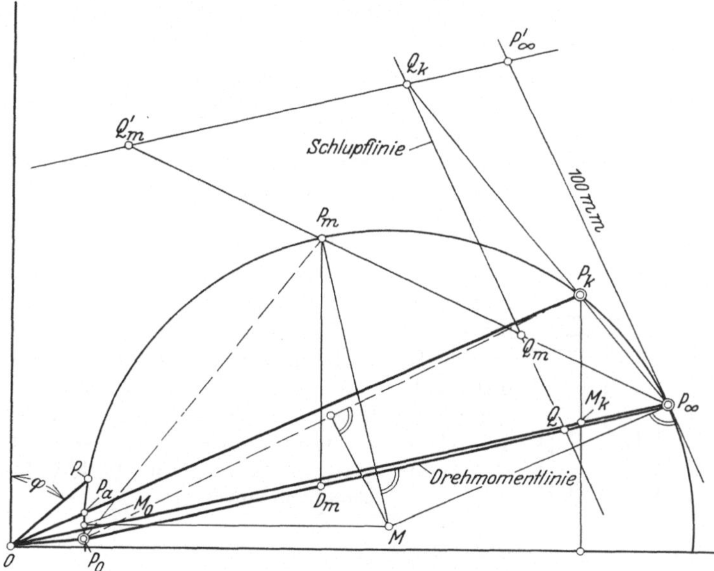

Abb. 485. Kreisdiagramm nach Ossanna.

6. Kreisdiagramm nach Ossanna. Das Heylanddiagramm ist wie erwähnt unter Annahme einer konstanten primären EMK entwickelt worden. Es gibt also nicht alle Verhältnisse des Motors richtig wieder. Es gibt andere Diagramme, welche dem wirklichen Verhalten genauer folgen. Z. B. ist das Diagramm von Ossanna[1] für konstante Klemmenspannung abgeleitet und bringt den Kreis auch mit Rücksicht auf alle durch den Ohmschen Widerstand der Statorwicklung verursachten Verluste richtig zur Darstellung. Näheres vgl. z. B. Linker, Heubach, Jahn und Thomälen. Nachstehend ist in Abb. 485 eine praktische Form des Ossannadiagramms wiedergegeben.

Der Ossannakreis ist durch folgende Punkte bestimmt:

1. den synchronen Punkt, der unter Vernachlässigung der Reibung praktisch mit dem Leerlaufpunkt P_0 zusammenfällt, dieser ist durch J_0 und $\cos\varphi_0$ bestimmt.

2. den Kurzschlußpunkt P_k, bestimmt durch J_k und $\cos\varphi_k$.

3. den Punkt P_∞ bei unendlicher Schlüpfung. (Antrieb mit unendlicher Drehzahl gegen das Drehfeld oder mit dem Drehfeld).

[1] Ossanna: Elektrotechn. Z. Bd. 21 (1900) S. 712.

Der Kreismittelpunkt M in Abb. 485 wird bestimmt durch das Mittellot von $\overline{P_0 P_k}$ und durch die Parallele zur Abszisse durch die Mitte M_0 von $\overline{P_0 P_a}$. (P_a ist der Schnittpunkt von $\overline{O P_k}$ mit der Ordinate durch P_0.)

Die Mitte M_k der Ordinate durch P_k wird mit O verbunden und ergibt im Schnittpunkt mit dem Kreis den Punkt P_∞. Hierbei ist angenommen, daß die Stator- und Kupferverluste für den Kurzschlußpunkt P_k einander gleich sind. Die Strecke $P_0 P_\infty$ ist dann die Drehmomentlinie. Zeichnet man in P_∞ die Tangente, verbindet P_∞ mit P_k und zieht $\overline{QQ_k}$ parallel zur Tangente so, daß z. B. $\overline{QQ_k} = 100$ mm ist, so kann man auf der Schlüpflinie $\overline{QQ_k}$ die Schlüpfung direkt in Prozenten ablesen. Zieht man ferner durch Q_k eine Parallele zu $\overline{P_0 P_\infty}$, so ist $\overline{Q_k P'_\infty}$ ein Maß für den Rotorwiderstand und $\overline{Q'_m Q_k}$ ein Maß für den dem Rotor vorzuschaltenden Widerstand. P_m ist der Kreispunkt mit dem größten Drehmoment $\overline{P_m D_m}$, wobei $\overline{Q_m Q}$ die zugehörige Schlüpfung ist.

Treibt man den Motor übersynchron an, so wird die Schlüpfung negativ, die Maschine arbeitet als Generator, sie liefert Energie an das Netz zurück, von dem sie gleichzeitig den Magnetisierungsstrom aufnimmt. Das Verhalten als Generator wird in den Kreisdiagrammen durch die untere Hälfte der Kreise veranschaulicht.

7. Anlassen des Drehstrommotors. a) Direktes Einschalten. Bei kleinen Motoren mit Kurzschlußläufer ist eine besondere Vorrichtung zum Anlassen nicht nötig, weil der Rotor ziemlich hohen Widerstand besitzt und bei günstigem Anzugsmoment keinen zu großen Strom aufnimmt. Diese Motoren werden daher unmittelbar an die Netzspannung gelegt. Nach den „Normalbedingungen für den Anschluß von Motoren an öffentliche Elektrizitätswerke" des VDE soll bei Kurzschlußmotoren von 1,5 bis 15 kW Leistung das Verhältnis $\frac{\text{Anlaßspitzenstrom}}{\text{Nennstrom}}$ folgende Werte nicht überschreiten:

2,4 bei $n = 3000$ und 1500 U/min
2,1 „ $n = 1000$ „ 750 „
1,7 „ $n = 600$ „ 500 „

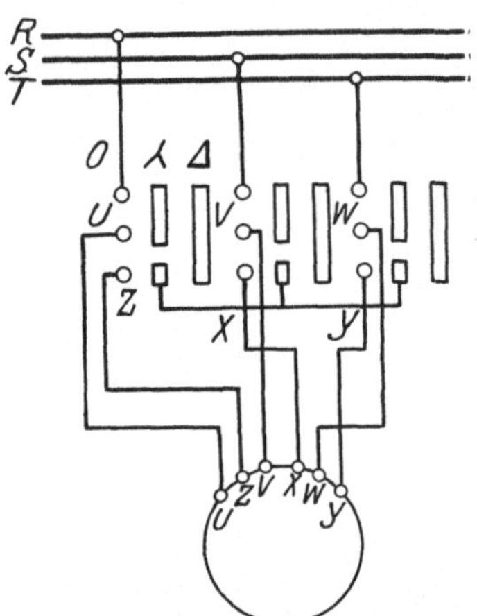

Abb. 486. Kurzschlußmotor mit Sterndreieckschalter.

b) Sterndreieckanlasser. Wird der Strom beim direkten Einschalten der Motoren mit Kurzschlußläufer zu groß, so verwendet man einen Sterndreieckumschalter, mittels dessen die Primärwicklung beim Anlaufen in Stern und beim Betrieb in Dreieck geschaltet wird, siehe Abbildung. Sonderkonstruktionen, z. B. mit einstellbarer Öldämpfung, führen die Weiterschaltung automatisch nach dem Hochlaufen des Motors aus. Es ist besonders wichtig, daß die Umschaltung von Stern auf Dreieck möglichst rasch erfolgt, damit der Motor nicht mit der Drehzahl abfällt, da sonst ein größerer Stromstoß beim Umschalten auf Dreieck auftritt. Man erreicht dies durch Verwendung sog. Sprungschalter. Abb. 486 zeigt einen einfachen Sterndreieckanlasser in einer für Schaltwalzen gebräuchlichen schematischen Darstellung. Die Verwendung eines Sterndreieckschalters bringt eine Herabsetzung des Anzugsmomentes auf etwa ⅓ mit sich, da das Drehmoment dem Quadrat der Primärspannung proportional ist. Hierbei wird der Anlaßspitzenstrom beim Umschalten mindestens gleich dem Nennstrom. Um mit höherem Lastmoment anfahren zu können, verwendet man außerdem Fliehkraftkupplungen, die den Motor zunächst unbelastet anlaufen lassen und die erst bei einer bestimmten

Drehzahl oberhalb des Kippmomentes die Last mitnehmen. Untersuchungen an verschiedenen Fliehkraftkupplungen sind von Kloß durchgeführt worden[1]. Über Fliehkraftriemenscheiben siehe außerdem Punga und Raydt a. a. O.

c) Primäranlasser. Vielfach werden Motoren mit Kurzschlußläufer so angelassen, daß man in den Ständerkreis abgestufte Anlaßwiderstände einschaltet. Die so erreichte Herabsetzung der Primärspannung verhindert das Auftreten zu starker Ströme, schwächt allerdings das bei kleinem Rotorwiderstand an sich schon geringe Anzugsmoment noch weiter. Die Herabsetzung der Primärspannung kann auch durch einen meist in Sparschaltung angeordneten Anlaßtransformator erzielt werden. Mitunter verwendet man eine Anordnung mit zwei in V geschalteten Anlaßtransformatoren.

Verbesserte Anlaufverhältnisse haben die Drehstrommotoren mit Umschaltung im Ständerstromkreis.

Der Dokamotor von Brunken benutzt zwei getrennte Ständerwicklungen und einen gemeinsamen Kurzschlußanker. Durch einen Ständeranlasser mit Schaltwalze werden die beiden Ständerwicklungen zunächst in Reihe und dann nach 6 Schalterstellungen parallel geschaltet. Es wird damit eine dem Motor mit Schleifringanker ähnliche Charakteristik erreicht.

Beim Motor nach Richter[2] trägt der Ständer außer der gewöhnlichen Dreiphasenwicklung noch eine mit ihr in Reihe geschaltete Anlaufwicklung kleinerer Polzahl, und der Läufer eine Kurzschlußwicklung, die für die Anlaufpolzahl großen, für die Betriebspolzahl kleinen Wirkwiderstand hat. Zum Anlauf wird der Motor mit ans Netz gelegt und nach erfolgtem Anlauf die Anlaufwicklung kurzgeschlossen. Gegenüber den gewöhnlichen Kurzschlußmotoren hat dieser Motor bei demselben Drehmoment einen kleineren Anlaufstrom.

d) Sekundäranlasser. Motoren mit Schleifringanker werden meist sekundär durch einen Anlasser im Rotorkreis angelassen. Die Anlaßwiderstände sind nach einer geometrischen Reihe ähnlich wie bei Gleichstromanlassern abgestuft. Im Gegensatz zu diesen hat der Drehstromanlasser keine Leerkontakte, der Motor läuft also auf der letzten Stufe bereits an (REA § 48). Bei dem Anlasser nach Kahlenberg[3] werden die Widerstandsstufen der drei Stränge nicht gleichzeitig, sondern nacheinander abgeschaltet. Man erhält so bei gleicher Anzahl der Widerstandselemente etwa die 3fache Zahl der Anlaßstufen.

Da der Verlust an den Schleifringen durch Bürstenreibung den Wirkungsgrad unnötig herabdrückt, besitzen die meisten Motoren eine Bürstenabhebevorrichtung, mit der bei vollem Lauf die Sekundärwicklungen in sich kurzgeschlossen und die Bürsten abgehoben werden können.

e) Gegenschaltung nach Görges. Eine weitere Möglichkeit des Anlassers bietet die Gegenschaltung nach Görges[4]. Sie besteht darin, daß der Läufer zwei ungleiche in Stern geschaltete Wicklungen besitzt, die beim Anlauf gegeneinander geschaltet sind, so daß nur die Differenz der EMK zur Wirkung kommt. Beim Betrieb werden beide Wicklungen durch einen selbsttätig wirkenden Fliehkraftschalter kurzgeschlossen. Eine regelbare Gegenschaltung ist von Schenfer angegeben[5].

f) Anlauf durch Stromverdrängung[6,7]. Bei der vollen Netzfrequenz im anlaufenden Rotor werden die Ströme im Kurzschlußläufer durch Hautwirkung radial nach außen gedrängt. Dadurch wächst der Wicklungswiderstand, der

---

[1] Elektrotechn. Z. Bd. 48 (1927) S. 721. [2] Elektrotechn. Z. Bd. 46 (1925) S. 6.
[3] Jasse, E.: Anlaß- und Regelwiderstände. Berlin: Julius Springer 1924.
[4] Elektrotechn. Z. Bd. 15 (1894) S. 644.
[5] Elektrotechn. u. Maschinenbau Bd. 44 (1926) S. 95.
[6] Über Stromverdrängungsmotoren siehe Punga u. Raydt: a. a. O.
[7] Schüler, L.: Elektrotechn. Z. Bd. 44 (1923) S. 4.

Anlaufstrom wird herabgesetzt und das Drehmoment erhöht. Man benutzt diese Eigenschaft zum Bau von „Stromverdrängungsmotoren", bei denen die Nuten schmal und tief ausgeführt werden (Wirbelstromläufer)[1]. In etwas anderer Anordnung baut man Zweistabmotoren, bei denen ein äußerer und ein innerer Stab durch gemeinsame Stirnringe verbunden sind. Hat jede Stablage ihre besonderen Stirnringe, so erhält man einen Doppelkäfiganker. Der äußere Käfig hat dünne Stäbe mit großem Widerstand (Anlaufkäfig), der innere dicke Stäbe mit geringem Widerstand (Arbeitskäfig). Man kann auch die radial übereinander liegenden Stäbe aus verschiedenem Widerstandsmaterial herstellen; der innere Käfig wird dabei mit dem kleineren Widerstand ausgeführt (Siebanker nach Boucherot). Um die Nutenstreuung zu verringern, werden die Stege zwischen den beiden Käfigen geschlitzt[2].

8. Regelung der Drehzahl. a) Synchronisierung. Erregt man die Induktionsmotoren mit Phasenanker über die Schleifringe mit Gleichstrom, so werden sie zu Synchronmotoren[3]. Der Anlauf erfolgt wie gewöhnlich synchron, nach Umschalten auf die Gleichstromerregung fällt der Motor von selbst in Tritt. Entsprechend den drei Schleifringen sind verschiedene Schaltungen der Erregung möglich. Die Erregerstromstärke ist wegen der bei geringer Windungszahl aufzubringenden Durchflutung erheblich. Bei kleinen Motoren erreicht man durch Bau des Läufers mit ausgeprägten Polen, daß sie nach dem Anlauf ohne Erregung in Tritt fallen und als Synchronmotoren arbeiten[4] (Reaktanzmaschine). Beim Synchronisieren spielt das für die Beschleunigung der Massen erforderliche Moment eine Rolle[5].

b) Umsteuerung. Da beim Drehstrominduktionsmotor der Sekundäranker gleichsinnig mit dem Drehfeld umläuft, so hat man zur Umsteuerung nur den Drehsinn umzukehren. Dies geschieht durch Vertauschen zweier beliebiger Statoranschlüsse, dabei ist es gleichgültig, ob es sich um Stern- oder Dreieckschaltung handelt. In seinem Drehzahlverhalten zeigt der Drehstrommotor im wesentlichen Nebenschlußcharakteristik, d. h. die Drehzahl ändert sich nur wenig mit der Belastung. Die Regelung der Drehzahl kann auf verschiedene Weise erfolgen.

c) Widerstände im Sekundärkreis. Das einfachste Mittel zur Drehzahlregelung bei einem Phasenläufer besteht darin, an die Schleifringe Regelwiderstände anzuschließen und durch diese die Schlüpfung im gewünschten Maße zu vergrößern. Da bei diesem Verfahren die Energie in den Widerständen als Stromwärmeverbrauch und so der Wirkungsgrad des Motors bedeutend verschlechtert wird, benutzt man es im allgemeinen nur zu vorübergehenden Änderungen der Umlaufgeschwindigkeit. Außerdem wird bei großen Schlüpfungen der $\cos\varphi$ sehr niedrig.

d) Sekundäranker mit einphasiger Wicklung. Hebt man bei einem Phasenanker die Bürste eines Schleifringes ab, so ist der Läufer einphasig. Der Motor zeigt dann die als Görgessches Phänomen bekannte Erscheinung, daß er außer in der Nähe des Synchronismus auch in der Nähe der halben synchronen Drehzahl stabil läuft[6]. Auch bei der halben Drehzahl kann er belastet werden. Wird diese (durch Antrieb von außen) überschritten, so arbeitet er zunächst als Generator, Phasenverschiebung und Wirkungsgrad sind bei der halben Drehzahl ungünstig. Beim Anlauf erreicht der Motor nur die halbe Drehzahl[7].

---

1 Rüdenberg, R.: Elektrotechn. Z. Bd. 39 (1918) S. 483.

2 Liwschitz, M.: Wiss. Veröff. Siemens-Konz. Bd. VIII, Heft 3.

3 Linke: Elektrotechn. Z. Bd. 36 (1915) S. 133.

4 Schüler, L.: Elektrotechn. Z. Bd. 44 (1923) S. 4.

5 Böhm, O.: Elektrotechn. Z. Bd. 43 (1922) S. 426.

6 Görges: Elektrotechn. Z. Bd. 17 (1896) S. 517.

7 Weidig: Die Wechselstrommaschine mit einphasiger Wicklung. Dissertation T. H. Dresden 1912.

e) Polumschaltung. Richtet man die Statorwicklung so ein, daß durch Umschaltung z. B. zwei p-Pole in p-Pole verwandelt werden können, so erreicht der Motor durch die Umschaltung die doppelte Drehzahl. Ist der Rotor ein Kurzschlußläufer, so braucht er nicht umgeschaltet zu werden, weil seine Ausführung an keine bestimmte Polzahl gebunden ist. Diese Art der Geschwindigkeitsregelung beeinträchtigt den Wirkungsgrad nicht.

f) Kaskadenschaltung. Ein weiterer Weg zur Regelung der Drehzahl besteht darin, daß man einem Motor (Vordermotor) zwar eine erhöhte Schlüpfung erteilt, jedoch die entnommene elektrische Energie nicht in Widerständen verbraucht, sondern sie dem Stator eines zweiten Drehstrommotors (Hintermotor) zuführt, die er seinerseits in mechanische Energie umsetzt. Der einfachste Fall liegt vor, wenn beide Motoren auf derselben Welle sitzen, so daß ihre Drehmomente ohne weiteres zusammen wirken. Die Drehzahl des Aggregates stellt sich so ein, als ob ein Motor mit der Summe der Polzahlen vorläge. Der Belastung entsprechend stellt sich eine bestimmte Schlüpfung ein. Der Wirkungsgrad der Kaskadenschaltung ist gut, aber der Leistungsfaktor der Motoren wird schlecht, da die Stromstärke infolge der Blindkomponente verhältnismäßig hoch ist[1].

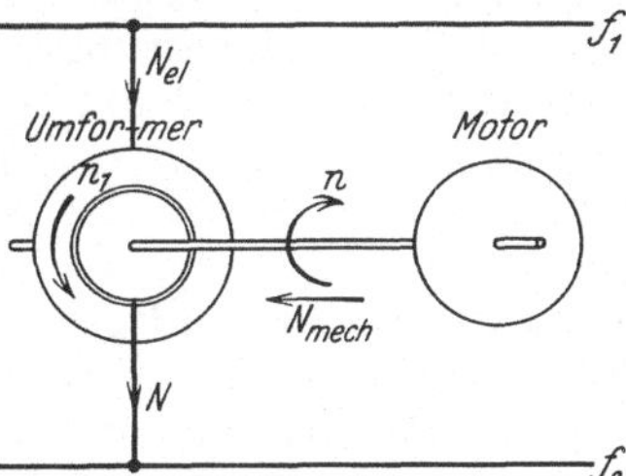

Abb. 487. Periodenumformer für Frequenzerhöhung.

g) Doppelmotor. Um Drehzahlen zu erreichen, die höher liegen als die synchrone, baut man ineinander geschobene Motoren. Ein Motor wird konzentrisch von einem zweiten umschlossen. Der Läufer des äußeren Hilfsmotors trägt zugleich die Ständerwicklung für den inneren Hauptmotor. Der feste äußere und der drehbare innere Ständer werden beide von demselben Netz gespeist. Das Drehfeld des inneren Motors erhält außer seiner durch die Frequenz gegebenen Drehfeldgeschwindigkeit noch die Geschwindigkeit der Drehung des inneren Ständers. Der Summe beider Geschwindigkeiten entspricht die Drehzahl des inneren Läufers, die z. B. bei zweipoliger Ausführung beider Motoren und einer Netzfrequenz von 50 Hz 6000 U/min beträgt. Bei Anwendung der Polumschaltung sind Abstufungen der Drehzahl möglich.

h) Frequenzumformer. Ein anderes Mittel, übersynchrone Drehzahlen zu erreichen, besteht darin, durch einen Frequenzumformer ein besonderes Netz erhöhter Frequenz herzustellen. Man verwendet dazu einen Asynchronmotor mit Schleifringläufer, der entgegen dem Drehfeld angetrieben wird, siehe Abb. 487. Dieser Zustand entspricht dem Bremszustand des Asynchronmotors. Eine Periodenerhöhung ist auch bei dem übersynchronen Antrieb mit dem Drehfeld möglich[2]. Ist p die Polpaarzahl des mit der Frequenz f_1 gespeisten Umformers und wird er mit der Drehzahl n angetrieben, so ergibt sich die Sekundärfrequenz zu

$$f_2 = f_1 + \frac{p \cdot n}{60}.$$

Das Verhältnis der elektrischen umgeformten Leistung N_{el} zu der mechanisch zuzuführenden Leistung N_{mech} ist dabei

$$\frac{N_{el}}{N_{mech}} = \frac{f_1}{f_2 - f_1}.$$

[1] Görges: Elektrotechn. Z. Bd. 15 (1894) S. 644.
[2] Stefan, B.: AEG-Mitteilungen 1931 S. 94.

B. Messungen.

9. Vorschriften des VDE. Für Asynchronmaschinen kommen folgende Vorschriften des VDE in Betracht: Regeln für die Bewertung und Prüfung von elektrischen Maschinen R.E.M./1930. — Regeln für die Bewertung und Prüfung von elektrischen Maschinen und Transformatoren auf Bahn- und anderen Fahrzeugen R.E.B./1930. — Normalbedingungen für den Anschluß von Motoren an öffentliche Elektrizitätswerke. — Normen für die Bezeichnung von Klemmen bei Maschinen, Anlassern, Reglern und Transformatoren. — Vorschriften für die Ausführung schlagwettergeschützter Maschinen, Transformatoren und Geräte.

Zu den Vorschriften über elektrische Maschinen sind Erläuterungen von G. Dettmar erschienen[1]. Außerdem bestehen eine Anzahl deutscher Normen bezüglich Maschinen und Transformatoren, unter denen hier besonders die Normen für offene Drehstrommotoren mit Kurzschlußläufer und offene Drehstrommotoren mit Schleifringläufer hervorgehoben seien, die sich auf Nennleistung, Wirkungsgrad, Leistungsfaktor, Anlaufmoment, Anlaufstrom, Kippmoment und Abmessungen erstrecken. Diese Normen sind in den genannten Erläuterungen von Dettmar mit angegeben. An weiteren VDE-Bestimmungen, die die Untersuchung von Asynchronmotoren, wenn auch loser, betreffen, seien genannt: Regeln für die Bewertung und Prüfung von Anlassern und Steuergeräten R.E.A./1928. — Regeln für die Bewertung und Prüfung von Steuergeräten, Widerstandsgeräten und Bremslüftern für aussetzenden Betrieb R.A.B./1927. — Die Vorschriften nebst Ausführungsregeln für die Errichtung von Starkstromanlagen (V.E.S. 1 und 2/1930). — Vorschriften nebst Ausführungsregeln für den Betrieb von Starkstromanlagen.

10. Prüfung der Wicklung. Der Anlauf eines neuen Motors stellt zugleich seine erste Prüfung dar. Es kann vorkommen, daß ein Motor nicht anläuft. Mögliche Gründe hierfür sind: Fehlschaltung oder Windungsschluß im Stator, Schleifen des Rotors im Stator infolge hervorstehender Nutenisolation oder den Luftspalt verklebende Tränkmasse, ferner Fehlschaltungen in der Rotorwicklung, konstruktive Fehler bei Kurzschlußmotorenläufer wie ein ungünstiges Verhältnis der Nutenzahlen können gleichfalls der Anlaß zu schlechtem Anlauf sein.

Im allgemeinen wird es möglich sein, einen Motor durch Anlassen mittels eines Generators — das im Prüffeld übliche und empfehlenswerteste Anlaßverfahren — langsam hochzufahren. Läuft der Motor, so kann man durch Unterbrechen je einer Ständerzuleitung feststellen, ob alle Phasen symmetrisch gewickelt und schlußfrei sind. Nur in diesem Fall arbeitet der Motor bei jeder der drei Proben mit gleichem Strom. Gegebenenfalls kann man auch die in der ausgeschalteten Phase induzierte EMK zur Beurteilung heranziehen. Ist in einer Ständerphase Anfang und Ende vertauscht, so macht sich dies außer beim Ständerstrom und dem nur schwer erfolgenden Anlauf noch durch ein besonderes Geräusch bemerkbar. Liegt der gleiche Fehler beim Schleifringläufer vor, so macht er sich durch das Auftreten ungleicher Spannungen an den Schleifringen des stillstehenden Rotors bemerkbar. Ist eine Phasenwicklung bei einem in Dreieck geschalteten Rotor verkehrt angeschlossen, so kann im offenen Läufer ein Strom entstehen und der Motor allerdings nur mit geringem Anzugsmoment anlaufen. Zur allgemeinen Kontrolle der Wicklung ist natürlich auch die Widerstandsmessung heranzuziehen.

11. Messung der Schlüpfung. a) Stroboskopische Scheibe. Am häufigsten werden für die Messung der Schlüpfung von Asynchronmotoren strobo-

[1] Erläuterungen zu den Regeln von Maschinen und Transformatoren, 7. Aufl. Berlin: Julius Springer 1930.

skopische Verfahren benutzt. Ihr besonderer Vorteil besteht außer in ihrer Einfachheit darin, daß sie verlustfrei arbeiten. Dies ist insbesondere von Bedeutung für die Untersuchung von kleinen Motoren und für gewisse Einzelverlustmessungen, wo eine zusätzliche Belastung nicht vernachlässigt werden darf. Der zu untersuchende Motor trägt auf einer Welle eine mit Merkzeichen versehene sog. stroboskopische Scheibe von der Art, wie sie in Abschnitt VI (Abb. 303 S. 267) dargestellt ist. Die Scheibe wird mit einer Lichtquelle beleuchtet, die von gleichem Wechselstrom wie der Motor gespeist wird. Läuft der Motor synchron, so scheint die Scheibe still zu stehen. Schlüpft er, so dreht sich die Scheibe scheinbar der Schlupfdrehzahl entsprechend, also langsam und gut beobachtbar. Bei übersynchroner Drehzahl dreht sich das stroboskopische Bild im gleichen Sinn wie die Motorwelle, bei untersynchroner Drehzahl entgegengesetzt. Für die Beleuchtung ist an Stelle der früher benutzten Bogenlampe die Verwendung von Glimmlampen empfehlenswert, die nur sehr geringe Leistung verbrauchen. Wählt man außerdem die an der Lampe liegende Spannung so, daß sie nur wenig über der Zündspannung liegt, so werden die Bilder zwar lichtschwach aber außerordentlich scharf. Von den handelsüblichen Glimmlampen sind besonders die Konstruktionen geeignet, bei denen die eine Elektrode so ausgebildet ist, daß sie die andere Elektrode praktisch verdeckt. Bei ihnen ist also die sekundliche Anzahl des Aufleuchtens gleich der Frequenz des Wechselstromes. Hat die stroboskopische Scheibe so viel schwarze Merkzeichen auf weißem Grund wie der Motor Polpaare p hat oder nur ein einziges, und beobachtet man zur Messung der Schlüpfung die Anzahl z der Vorübergänge von schwarzen Merkzeichen an einer festen Marke in der Zeit t Sek., so gilt für die Schlüpfung

$$s\% = \frac{100 \cdot z}{f \cdot t},$$

wobei f die Frequenz des Wechselstromes ist, der Motor und Lampe speist. Für den technischen Wechselstrom von 50 Hz vereinfacht sich die Schlüpfungsformel zu

$$s\% = \frac{2\,z}{t}.$$

Im allgemeinen wird man bei 50periodigem Wechselstrom ohne besondere Übung nicht über 5% Schlüpfung zählen können. Soll eine größere Schlüpfung stroboskopisch gemessen werden, so kann man z. B. bei mehr als zweipoligen Motoren so vorgehen, daß man die Lampenfrequenz auf die Frequenz f/p vermindert und die Scheibe nur mit einem Merkzeichen wählt. Für eine Netzfrequenz von 50 Hz bei einem vierpoligen Motor und eine Lampenfrequenz von 25 Hz wird

$$s\% = \frac{4\,z}{t}.$$

Die Erniedrigung der Lampenfrequenz kann man elektrisch, z. B. durch eine vom Motornetz gesteuerte Blinkschaltung (Kippschwingung)[1] oder durch einen kleinen Umformer oder mechanisch durch ein Unterbrechergetriebe herbeiführen. Ein anderes Verfahren zur Messung großer Schlüpfung besteht darin, daß man eine stroboskopische Scheibe mit vielen Ringen verschiedener Merkzeichenzahlen verwendet. Man wird dann immer einen Ring finden, der sich so langsam zu bewegen scheint, daß man die Zahl der Vorübergänge messen kann. Für die Formeln, nach denen man die Schlüpfung in diesem Fall berechnen

[1] Z. Instrumentenkde. Bd. 48 (1928) S. 416.

kann, sei auf die zusammenfassende Darstellung von Linckh und R. Vieweg[1] verwiesen. Für den Fall der Messung eines sehr kleinen Schlüpfungsbetrages, wie er z. B. bei leerlaufenden Motoren auftritt, wo bei der üblichen Anordnung zwischen zwei Vorübergängen eines Bildes an einer Marke über eine Minute vergehen kann, kann man durch Vergrößerung der Merkzeichenzahl die Folge der Vorübergänge dichter gestalten. Man kommt dann mit geringerer Meßzeit aus.

Trotz seiner Einfachheit bedarf das stroboskopische Verfahren einer gewissen Vorsicht. Wählt man behelfsmäßige Merkzeichen, z. B. einen Keil auf der Welle oder die Schraube einer Kupplung, so muß man Zahl und Anordnung genau berücksichtigen, um vor Täuschungen um ein ganzzahliges Vielfaches sicher zu sein.

b) Verschiedene Schlüpfungsmesser. In der Literatur sind zahlreiche Spezialanordnungen zur stroboskopischen Schlüpfungsmessung angegeben worden, auf die hier nicht eingegangen werden kann. Erwähnt sei der Schlüpfungsmesser von Benischke[2], der nach der sog. Zweischeibenmethode arbeitet. Auf der Welle eines kleinen, vom Netz direkt gespeisten Synchronmotors ist eine Scheibe mit radialen Schlitzen befestigt. Betrachtet man durch die Schlitze der synchron umlaufenden Scheibe eine mit Strahlen versehene zweite Scheibe, die sich auf der Welle des zu untersuchenden Asynchronmotors befindet, so kann aus der langsamen scheinbaren Bewegung der Strahlen auf die Schlüpfung geschlossen werden. Schaltet man nun während einer gewissen Zeit ein mit dem zu untersuchenden Motor verbundenes Zählwerk ein und beobachtet man während der gleichen Zeit die Vorübergänge eines Strahles, so kann die Schlüpfung ermittelt werden, ohne daß man die Frequenz des Netzes zu kennen braucht.

Auch nichtstroboskopische Verfahren sind in großer Anzahl bekannt geworden. Einige seien nachstehend genannt. Die direkte Messung der synchronen Drehzahl n_0 mittels Frequenzmessers oder Synchronmotors und der asynchronen Drehzahl n mittels Tachometers liefert ungenaue Schlüpfungswerte, da es sich um die Differenz zweier nahezu gleicher Größen handelt.

Die Schlupfdrehzahl n_s kann auch durch Messung der Frequenz im Sekundäranker ermittelt werden. Z. B. kann man bei Phasenankern zwischen zwei Schleifringen einen polarisierten Stromindikator einschalten, etwa eine Klingel oder einen Strommesser. Auch ein Spannungszeiger kann angeschlossen werden, selbst bei kurzgeschlossenen Schleifringen. Man verfolgt die Vollschwingungen des Induktors in der Zeiteinheit und hat damit direkt die Frequenz des Rotorstromes. Bei Kurzschlußmotoren läßt man eine mit einem Telephon verbundene Induktionsspule durch das Streufeld des Rotors beeinflussen, indem man sie in die Nähe des Luftspaltes bringt. Die Zahl der Tonmaxima je Zeiteinheit gibt die doppelte Frequenz des Rotorstromes; durch Einschalten eines Ventils ist auch diese Anordnung polarisierbar, so daß man direkt die Frequenz zählen kann.

Eine Anzahl von Schlüpfungsmessern arbeiten in der Weise, daß eine Art Kommutator, dessen Segmentzahl gleich der Polzahl des Motors ist, von der Läuferwelle angetrieben wird. Der Kommutator wird über Schleifringe und Bürsten mit Netzfrequenz gespeist. In diesem Kreis liegt wieder ein polarisiertes Instrument. Bei dem Asynchronometer nach Horschitz[3] wird der dem Schlupf entsprechende Wechselstrom über Klinke und Sperrad zum Antrieb eines Zählwerkes benutzt, während ein zweites Zählwerk gleichzeitig die Umdrehungen des Asynchronmotors mißt. Aus der Anzeige beider Zählwerke kann unabhängig von der Versuchsdauer die Schlüpfung berechnet werden.

---

[1] Arch. Elektrotechn. Bd. 15 (1926) S. 509.

[2] Elektrotechn. Z. Bd. 25 (1904) S. 392. [3] Elektrotechn. Z. Bd. 31 (1910) S. 276.

Ein Verfahren zur direkten Schlüpfungsmessung haben R. Vieweg und Linckh[1] beschrieben. Man verwendet zwei Unipolarmaschinen, die durch Einregeln des magnetischen Nebenschlusses auf genau gleiche Spannung bei gleicher Drehzahl abgeglichen sind. Eine der Maschinen wird mit dem zu untersuchenden Asynchronmotor gekuppelt, die andere mit einem von gleichem Netz gespeisten Synchronmotor. Schaltet man nun die beiden Maschinen, wie Abb. 488 zeigt, über ein Nullinstrument gegeneinander auf den Widerstand $a + b = 1000\ \Omega$, so ist bei stromlosem Galvanometer unmittelbar die prozentische Schlüpfung ablesbar. 1% Schlüpfung entspricht 10 Ω des Widerstandes b, der auf 0,1 Ω einstellbar ist. Das Verfahren gestattet 0,05% Schlüpfung unmittelbar und momentan sicher zu messen.

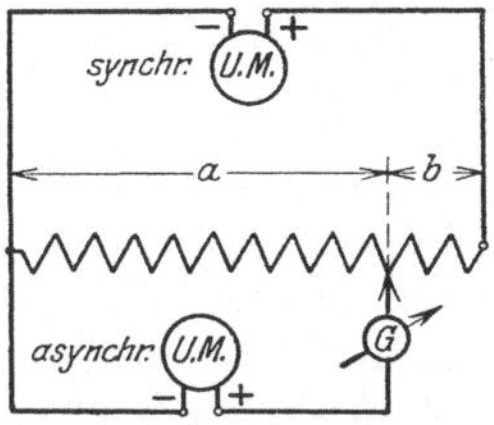

Abb. 488. Direkte Schlüpfungsmessung mit 2 Unipolarmaschinen.

12. Kupferverluste. Die Bestimmung der Stromwärmeverluste erfolgt allgemein durch Messung des Widerstandes der Kupferwicklung. Mißt man mit Gleichstrom den Widerstand R zwischen 2 Anschlußklemmen des Stators oder 2 Schleifringen eines Phasenankers, so ist bei einem Betriebsstrom J in einer Zuführungsleitung der Stromwärmeverlust

$$V_{Cu} = \frac{3}{2} J^2 R.$$

Hierbei ist es gleichgültig, ob die Wicklung in Stern oder Dreieck geschaltet ist, vgl. Abschn. VII, S. 284. Für die Ermittlung der Kupferverluste im betriebswarmen Zustand gilt wie für alle Maschinen so auch für Asynchronmotoren die Bestimmung der R.E.M., daß die Endtemperatur bei Nennbetrieb, wenn sie nicht unmittelbar beim Probelauf festgestellt ist, für die Untersuchung mit 75^0 einzusetzen ist. Die Stromwärmeverluste in der Sekundärwicklung können außer in der angegebenen Weise aus der Schlüpfung berechnet werden, bei Kurzschlußläufern ist man auf diese Bestimmungsart angewiesen. Es ist nach Ziffer 3 dieses Abschnittes

$$V_{Cu_2} = s \cdot N_{12},$$

wobei N_{12} die Luftspaltleistung, d. h. die auf den Rotor übertragene Leistung ist, die sich praktisch aus der Aufnahme nach Abzug der Leerverluste ergibt. Wird die Stromstärke direkt im Sekundäranker gemessen, so nimmt man wegen der niedrigen Frequenz träge Meßgeräte, z. B. Hitzdrahtinstrumente.

13. Leerlaufversuche. Die Leerlaufversuche dienen zur Bestimmung der Leerverluste. Die Verluste des leerlaufenden Motors setzen sich zusammen aus den primären und sekundären Kupferverlusten und den Leerverlusten. Als solche gelten:

a) Verluste in Eisen, in anderen Metallteilen und der Isolation bei Leerlauf (sog. Eisenverluste).

b) Verluste durch Lüftung, Lager- und Bürstenreibung (Reibungsverluste).

Die sekundären Kupferverluste sind im allgemeinen vernachlässigbar, die primären Kupferverluste werden nach Ziffer 12 bestimmt.

a) Trennung der Eisen- und Reibungsverluste. Der Hauptleerlaufversuch dient zur Trennung der Eisen- und Reibungsverluste, vgl. Abschn. VII, B, 16. Man mißt bei verschiedenen Klemmenspannungen die vom Stator aufgenommene elektrische Leistung N_0 und die Stromstärke J_0. Der leerlaufende Rotor ist hierbei kurzgeschlossen, die Frequenz ist die Nennfrequenz. In einem Diagramm wird die aufgenommene Leistung über dem Quadrat der Span-

[1] Elektrotechn. Z. Bd. 46 (1925) S. 1107.

nung aufgetragen. Die erhaltene Kurve wird bis zum Schnittpunkt mit der Ordinatenachse verlängert und ergibt hierdurch den Reibungsverlust V_R. Die Eisenverluste F_{Fe} ermittelt man als Differenz der Leerlaufverluste N_0 und der Stromwärme und Reibungsverluste $(C_{Cu_0} + V_R)$, vgl. Abb. 345 S. 297.

b) Trennung der Hysterese- und Wirbelstromverluste. Die Eisenverluste V_{Fe} können in Verluste durch Hysterese (V_H) und Verluste durch Wirbelströme (V_W) getrennt werden. Man geht hierbei von der Annahme aus, daß bei konstantem magnetischem Fluß die Verluste V_H linear, die Verluste V_W hingegen quadratisch mit der Frequenz wachsen. Mithin ergibt die Beziehung

$$\frac{V_{Fe}}{f} = \frac{V_H}{f} + \frac{V_W}{f}$$

eine gerade Linie. Trägt man also in einem Diagramm die Frequenz als Abszisse, die Verlustleistung dividiert durch die Frequenz als Ordinate auf, so ergibt sich eine Gerade, die auf der Ordinatenachse den Wert V_H/f abschneidet (Abb. 346 S. 297). Die Messungen werden in der Weise ausgeführt, daß man den Motor mit verschiedenen Frequenzen, bei konstanter Induktion, also konstantem U_1/f leerlaufen läßt. Von der Aufnahme werden die Stromwärme- und Reibungsverluste, deren Bestimmung oben beschrieben ist, abgezogen. Man erhält so V_{Fe} in Funktion der Drehzahl und kann nun graphisch nach Abb. 346 die Verluste trennen.

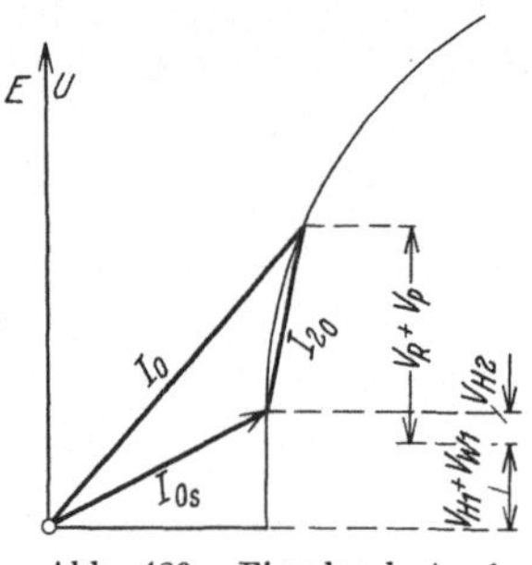

Abb. 489. Einzelverluste im Heylandkreis.

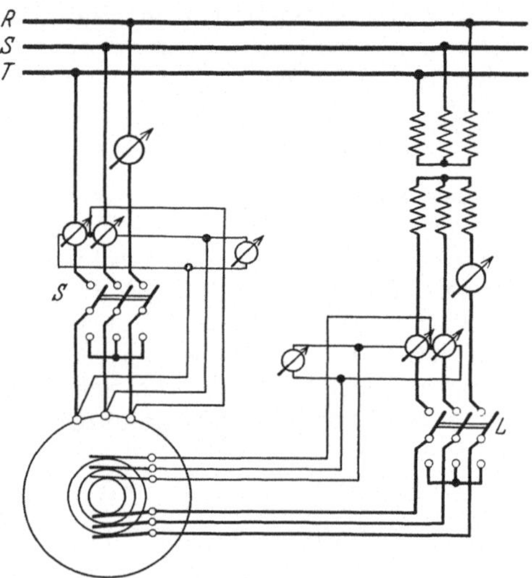

Abb. 490. Schaltung zur Messung der Einzelverluste nach Richter.

c) Trennung der Einzelverluste. Ein Verfahren bei Induktionsmotoren mit Schleifringanker alle Einzelverluste zu trennen, hat R. Richter angegeben[1]. Die Einzelverluste, deren Kenntnis zur vollständigen Bestimmung des Motors erforderlich ist, sind:

Wirbelstrom- und Hystereseverluste der Grundwelle im Ständer V_{W_1} und V_{H_1}, Wirbelstrom- und Hystereseverluste der Grundwelle im Läufer V_{W_2} und V_{H_2}, Pulsationsverluste (zusätzliche Eisenverluste im Leerlauf) V_P und Reibungsverluste (Lager- und Luftreibung) V_R.

Die Pulsationsverluste werden ebenso wie die Reibungsverluste mechanisch vom Läufer aus gedeckt. Der Hystereseverlust V_{H_2} im Läufer bei Stillstand ist numerisch gleich der beim Durchgang durch den Synchronismus vom Hysteresemoment bedingten Leistung, Abb. 491. Die Berücksichtigung der Verluste im

[1] Elektrotechn. Z. Bd. 42 (1921) S. 1.

Heylandschen Kreis ist in Abb. 489 veranschaulicht. Hierbei bedeutet J_0 den Leerlaufstrom bei Leerlaufschlüpfung, J_{0s} den Leerlaufstrom bei synchronem Antrieb und J_{2_0} den Leerlaufstrom im Sekundäranker. Die Schaltung des Motors zeigt Abb. 490. Es werden nun folgende Messungen ausgeführt:

I. Messung des Verbrauches der Ständerwicklung bei Stillstand des Läufers und geöffnetem Läuferkreis. Nach Abzug der Kupferverluste erhält man:

$$\text{I.} = V_{W_1} + V_{H_1} + V_{W_2} + V_{H_2}\,.$$

II. Messung des Verbrauches bei Leerlauf mit kurzgeschlossenem Läufer und aufliegenden Bürsten. Nach Abzug der Kupferverluste ergibt sich:

$$\text{II.} = V_{W_1} + V_{H_1} + V_P + V_R = V_{Fe} + V_R\,.$$

III. Messung des Verbrauches unmittelbar nach dem Öffnen des Läuferkreises (also bei Leerlaufdrehzahl, wobei die Pulsationsverluste und die Reibung kinetisch gedeckt werden). Nach Abzug der Kupferverluste ergibt sich

$$\text{III.} = V_{W_1} + V_{H_1} + V_{H_2}\,.$$

IV. Leerlaufmessung bei kurzgeschlossener Ständerwicklung und Speisung des umlaufenden Läufers. Die Läuferspannung ist so einzustellen, daß bei Stillstand und Übereinstimmung der Wicklungsachsen beider Teile an der offenen Ständerwicklung die Netzspannung gemessen wird. Genauer ist der Läufer aus dem Mittel aus dieser Spannung und derjenigen Läuferspannung zu speisen, die sich bei Speisung der Ständerwicklung mit der Netzspannung ergibt. Nach Abzug der Stromwärme erhält man

$$\text{IV.} = V_{W_2} + V_{H_2} + V_P + V_R\,.$$

V. Messung des Verbrauches bei Speisung des Läufers unmittelbar nach Öffnen des Ständerkreises.

$$\text{V.} = V_{W_2} + V_{H_2} + V_{H_1}\,.$$

Die mechanischen Verluste werden wie bei III kinetisch gedeckt.

VI. Durch Messung des Verbrauches bei veränderlicher Klemmspannung und Extrapolation erhält man die gesamten Reibungsverluste V_R (vgl. Abb. 345 S. 297). Von diesen können noch die durch Bürstenreibung hervorgerufenen Verluste V_B durch einen Leerlaufversuch ohne Bürsten abgetrennt werden. Aus den Messungen I bis V ergibt sich

$$\begin{aligned}
V_R + V_P &= \tfrac{1}{2}(\text{II} + \text{IV} - \text{I})\,,\\
V_{W_1} &= \text{I} - \text{V},\\
V_{W_2} &= \text{I} - \text{III}\,,\\
V_{H_1} &= \text{V} + \tfrac{1}{2}(\text{II} - \text{IV} - \text{I})\,,\\
V_{H_2} &= \text{III} + \tfrac{1}{2}(\text{IV} - \text{I} - \text{II})\,.
\end{aligned}$$

Bei der praktischen Ausführung der Messung empfiehlt es sich zwischen II und VI den Motor niemals still zu setzen, damit die Lagerreibung möglichst unverändert bleibt. Mit den in Abb. 490 vorgesehenen Umschaltern S und L lassen sich die Schaltungen leicht bewerkstelligen.

a) Hysteresemoment. Zur Bestimmung des Hysteresemomentes wird der Läufer von einem geeichten Hilfsmotor (vgl. S. 276), einer Bremsdynamo oder unter Zwischenschaltung eines Torsionsdynamometers bei verschiedenen Drehzahlen etwas oberhalb und unterhalb des Synchronismus angetrieben. Wird nun der

Ständer erregt, so tritt beim Durchgang durch den Synchronismus das Hysteresemoment in Erscheinung, das von dem schneller auf den langsamer sich bewegenden Teil (Läufer oder Drehfeld) ausgeübt wird. Kurve *1* in Abb. 491 stellt die mechanisch zugeführte Leistung dar, Kurve *2* die dem Ständer elektrisch zugeführte Leistung nach Abzug der primären Kupferverluste. Beide Kurven zeigen einen Leistungssprung[1] von entgegengesetzt gleicher Größe. Der Sprung ist numerisch gleich $2 \cdot V_{H_2}$ und entspricht dem doppelten Hysteresemoment mal $\frac{2\pi \cdot n}{60}$.

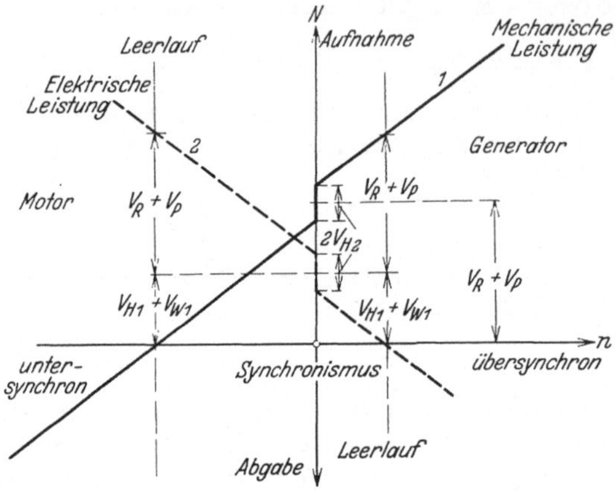

Abb. 491. Messung des Hysteresemoments.

Ein Verfahren ohne Hilfsmotor zur Bestimmung des Hysteresemomentes bzw. der Hystereseverluste V_{H_2} ist oben bei den Leerlaufmessungen nach Richter beschrieben (vgl. S. 397).

14. Kurzschlußversuch. Beim Kurzschlußversuch wird der Rotor kurzgeschlossen und festgebremst, während an den Stator eine veränderliche Klemmenspannung angelegt wird. In Abhängigkeit von dieser mißt man den Statorstrom beim Kurzschluß J_{1_K}, die zugeführte Leistung N_{1_K} und errechnet den Leistungsfaktor $\cos\varphi_K$. Die Frequenz ist die Nennfrequenz. In graphischer Darstellung ergibt sich oft nahezu eine Gerade für den Kurzschlußstrom J_K. Abb. 492 veranschaulicht die Beziehungen, die Kurve für die zugeführte Leistung ist eine Parabel, der Leistungsfaktor ist praktisch konstant. Da die

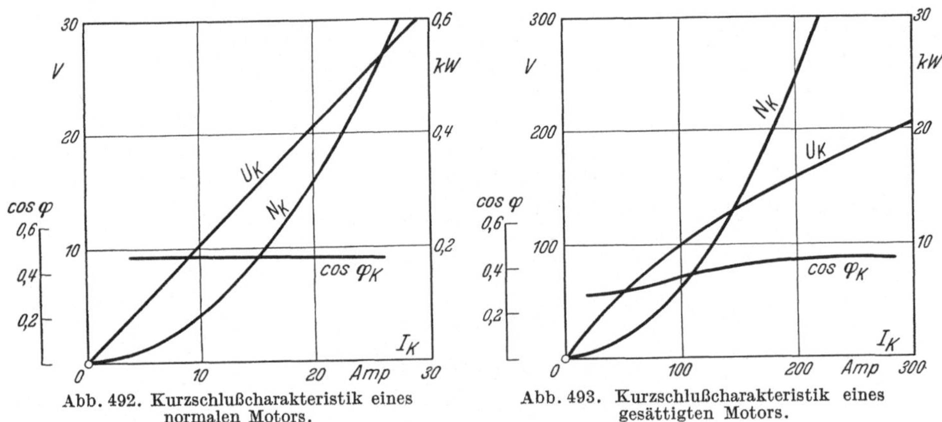

Abb. 492. Kurzschlußcharakteristik eines normalen Motors.

Abb. 493. Kurzschlußcharakteristik eines gesättigten Motors.

im Kurzschlußversuch aufgenommenen Größen etwas von der räumlichen Lage des Läufers abhängen, muß man für genaue Messungen einen Mittelwert für verschiedene Stellungen bilden. Hierzu kann man so vorgehen, daß man den Rotor langsam antreibt — am besten gegen sein Drehmoment — und die bei verschiedenen Hilfsdrehzahlen zu gleichen J_K gehörigen Werte der

[1] Lehmann: Elektrotechn. Z. Bd. 31 (1910) S. 1249.

Kurzschlußspannung U_{1_K} und der Leistung N_{1_K} ermittelt. Man extrapoliert auf die Hilfsdrehzahl Null.

Die lineare Beziehung zwischen J_{1_K} und U_{1_K} ist bis zur vollen Spannung im allgemeinen nur bei schwach gesättigten Motoren und Motoren mit geringer Nutenstreuung vorhanden. Hierbei bewirkt die Nutenstreuung, daß mit wachsender Belastung die Zahnsättigung beträchtlich zunimmt. Das Kreisdiagramm geht dann in ein elliptisches über. Die Durchführung des Kurzschlußversuches bis zur vollen Spannung ist nur selten, z. B. bei kleinen Motoren möglich. Im allgemeinen muß der Versuch ungefähr bei ⅓ der Nennspannung abgebrochen werden, da sonst die auftretenden großen Ströme den Wicklungen schaden können. Um nun den Kurzschlußstrom bei Nennspannung zu ermitteln, nimmt man an, daß die Kurve des Kurzschlußstromes vom höchsten gemessenen Wert an linear verläuft, und extrapoliert bis zur Nennspannung. Abb. 493 zeigt den Verlauf von Kurzschlußstrom und Leistungsfaktor für eine gesättigte Maschine.

Der Kurzschlußversuch ist für die Aufstellung des Kreisdiagrammes von Bedeutung. Eine Abweichung des Heylanddiagrammes von der Kreisform wird außer durch die oben erwähnte Zahnsättigung noch durch die höheren Harmonischen der Stator- und Rotorfelder verursacht[1].

In der Kurzschlußcharakteristik ist der Punkt besonders wichtig, bei dem der Kurzschlußstrom gleich dem Nennstrom des Motors ist. Man kann aus ihm die Kupferverluste bei Nennbetrieb ermitteln, ohne diesen selbst durchzuführen. Allerdings ergeben sich die Kupferverluste wegen der hohen Frequenz im Sekundäranker etwas zu groß.

15. Zusatzverluste. Allgemeines. Die Zusatzverluste bei Asynchronmotoren werden im wesentlichen durch die Zunahme der Eisenverluste mit der Belastung infolge von Oberwellen verursacht. Unter den Eisenverlusten versteht man die im Leerlauf auftretenden Eisenverluste des Grundfeldes und die Pulsationsverluste (vgl. S. 396). Die Zusatzverluste wachsen verhältnisgleich $(J^2 - J_0^2)$, wobei J_0 den Strom im Primäranker bei Leerlauf, J den Strom im Primäranker bei Belastung bedeutet. Nach den R.E.M. § 63 werden bei der indirekten Wirkungsgradbestimmung bei Asynchronmotoren ½ % der Aufnahme als Näherungswert für die Zusatzverluste angenommen. Wie durch Messungen der zusätzlichen Verluste in kleinen Drehstrommotoren von Rogowski und V. Vieweg[2] nachgewiesen wurde, entspricht dieser Wert nicht den im Mittel auftretenden Zusatzverlusten, sondern die Zusatzverluste sind größer, sie betragen 1 bis 2 % der Aufnahme. Man kann sie nach drei verschiedenen Verfahren bestimmen.

a) Synchrones Kurzschlußverfahren[3]. Beim synchronen Kurzschlußverfahren (vgl. R.E.M. § 62, Messung der Lastverluste bei Synchronmaschinen) wird die Maschine mit synchroner Drehzahl durch eine geeichte Hilfsmaschine oder unter Zwischenschaltung eines mechanischen Dynamometers angetrieben. Bei Schleifringläufermotoren wird der Sekundäranker derart mit Gleichstrom erregt, Abb. 494, daß der kurzgeschlossene Primäranker einen Strom

$$J_k = \sqrt{\tfrac{1}{2}(J^2 - J_0^2)}$$

führt. Bei Kurzschlußläufermotoren werden zwei Ständerphasen mit einem Gleichstrom von der Größe

$$J_g = \sqrt{J^2 - J_0^2}$$

[1] Möller, H.: Elektrotechn. Z. Bd. 53 (1932) S. 861.

[2] Arch. Elektrotechn. Bd. 14 (1925) S. 574.

[3] Linckh, H. E.: Beitrag zur Bestimmung der Zusatzverluste in Drehstromasynchronmotoren. Arch. Elektrotechn. Bd. 23 (1929) S. 19.

gespeist. Die Leistungsaufnahme N nach Abzug der Reibungs- und Stromwärmeverluste ist gleich den Zusatzverlusten beim Strom J.

Die Reibungsverluste werden durch eine Messung ohne Erregung bestimmt. Die Ermittlung der Stromwärmeverluste im Kurzschlußläufer kann dabei erfolgen:

α) durch ein Extrapolationsverfahren. Der synchrone Kurzschlußversuch wird bei mehreren Drehzahlen, aber bei gleichem Erregerstrom J_g ausgeführt. Die mechanisch zuzuführende Leistung N (nach Abzug der Reibungsverluste) wird über der Drehzahl n aufgetragen. Der Abschnitt auf der Leistungsachse entspricht dann den gesuchten Stromwärmeverlusten $V_{k_2} = r_2 J_g^2$ im Läufer (r_2 = Läuferwiderstand). Da die Zusatzverluste etwa mit der 1,5. Potenz der Frequenz anwachsen, ist es vorteilhaft, die Verluste über der 1,5. Potenz der Drehzahl aufzutragen und geradlinig zu extrapolieren, Abb. 495.

Der Betrag $c \cdot J_g^2 \cdot n^{1,5}$ stellt die Zusatzverluste beim Erregerstrom J_g und der Drehzahl n dar. c ist ein für jeden Motor verschiedener Faktor. Wird der Versuch für einen zweiten Wert, z. B. J_g', des Erregerstromes ausgeführt, so muß diese zweite Gerade die Drehzahlachse im gleichen Punkt schneiden wie die erste (Versuchskontrolle). Die Entfernung des Schnittpunktes vom Achsenursprung ist durch den Wert r_2/c gegeben.

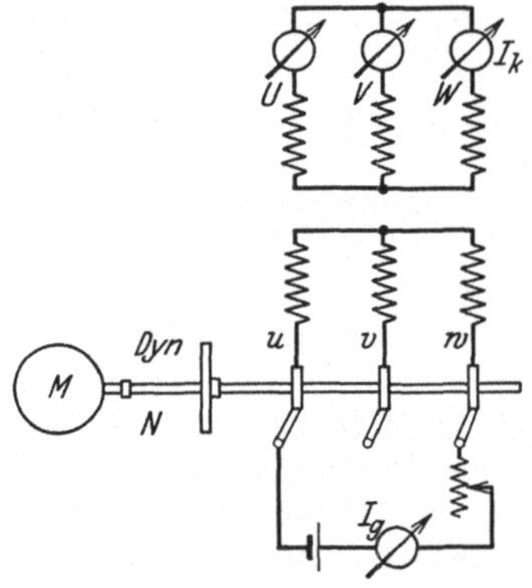

Abb. 494. Synchrones Kurzschlußverfahren.

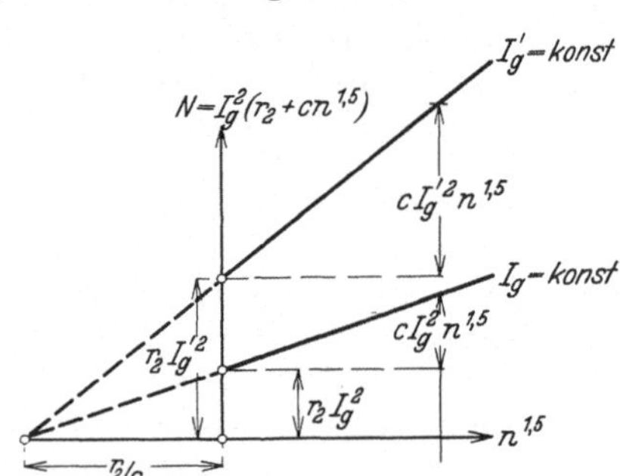

Abb. 495. Kupferverluste beim synchronen Kurzschlußverfahren.

β) durch den Kurzschlußversuch bei Stillstand als Differenz der elektrisch zugeführten Leistung und der Ständerstromwärmeverluste. Der Gleichstromerregung J_g entspricht dabei der Kurzschlußstrom

$$J_k = \sqrt{\tfrac{2}{3}} J_g .$$

γ) aus den Schlupfverlusten. Sind $V_{Cu_2} = N_{12} \cdot s$ die Schlupfverluste beim Ständerstrom J (vgl. S. 382), so ergeben sich die Läuferstromwärmeverluste bei der Gleichstromerregung J_g zu

$$V_{k_2} = V_{Cu_2} \frac{2 J^2}{3 (J^2 - J_0^2)} .$$

Bei allen drei Verfahren ist darauf zu achten, daß der Läuferwiderstand sich bei den Messungen nicht ändert.

Bei Stromverdrängungsläufern (Doppelkäfigmotoren) versagt das Extrapolarisationsverfahren ebenso wie das Verfahren, die Läuferstromwärmeverluste aus den Schlupfverlusten zu ermitteln, da der Widerstand des Läufers von der Drehzahl nicht mehr unabhängig ist. Hier kann nur der Kurzschlußversuch bei Stillstand unter β) zur Bestimmung der Läuferstromwärmeverluste verwendet werden, da der Läufer hinsichtlich der Stromwärmeverluste dabei gleichen Bedingungen unterworfen ist, wie beim synchronen Kurzschlußversuch.

b) Übererregungsverfahren für Motoren mit Schleifringläufer. Bei Maschinen mit Schleifringläufer ist noch ein zweites Verfahren anwendbar, das Übererregungsverfahren. Der Primäranker wird an die Netzspannung gelegt und der Sekundäranker derart mit Gleichstrom erregt, daß die Maschine als übererregte Synchronmaschine läuft und der Primäranker den Strom $J_ü$ führt. Ist $V_ü$ die Zunahme der zugeführten Leistung gegenüber Normalerregung ($\cos\varphi = 1$) nach Abzug der primären Stromwärmeverluste, so ergeben sich die Zusatzverluste V_z beim Strom J zu

$$V_z = \frac{J^2 - J_0^2}{J_ü^2 + J_ü J_0} V_ü .$$

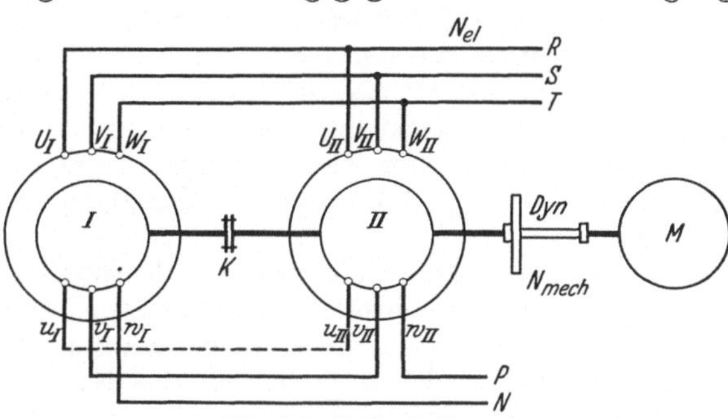

Abb. 496. Kreisschaltung.

Die Formel gilt grundsätzlich für jeden Wert von $J_ü$. Man wählt zweckmäßig $J_ü$ etwa gleich 80% des Nennstromes. Das Übererregungsverfahren ist bequem, da keine Kupplung mit einem Hilfsmotor notwendig ist und die Leistung wattmetrisch gemessen werden kann. Der erforderliche Strom $J_ü$ im Primäranker kann jedoch nur durch hohe Stromüberlastung der Sekundärwicklung erreicht werden, so daß die Messungen sehr rasch vorgenommen werden müssen.

c) Kreislaufverfahren für Motoren mit Schleifringläufer[1]. Zwei gleiche Schleifringankermotoren I und II (Abb. 496) werden starr gekuppelt und mit ihren Ständerwicklungen gleichsinnig ans Netz gelegt. Sind die Läuferwicklungen ebenfalls gleichsinnig verbunden und werden die Läufer in eine solche Stellung zueinander gebracht, daß ihre elektrische Winkelverschiebung Null ist, so heben sich die in den Läuferwicklungen vom Ständer her induzierten Spannungen gegenseitig vollständig auf, so daß ein Läuferstrom nicht entstehen kann. Die Winkelverschiebung Null zwischen den Läuferwicklungen wird mit Hilfe einer verstellbaren Kupplung K erreicht.

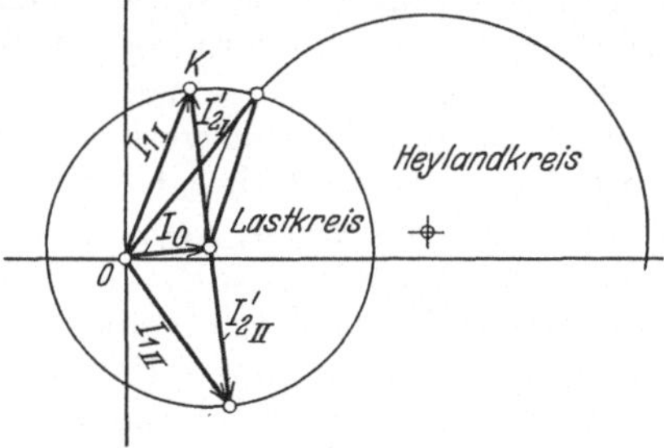

Abb. 497. Stromdiagramm zur Kreisschaltung.

Wird nun der Läuferkreis in der in Abb. 496 eingezeichneten Weise z. B. mit Gleichstrom PN erregt und das Aggregat durch einen Hilfsmotor M angetrieben, so entstehen in den Ständerwicklungen der Erregung verhältnisgleiche Kurzschlußströme (Lastströme) J'_{2_I} und $J'_{2_{II}}$ (Abb. 497). Da eine Leistungsübertragung nicht stattfinden kann, ist die Phasenlage von Laststrom J'_2 und Leerlaufstrom J_0 (Netzvektor) beim Synchronismus beliebig einstellbar. Die Lastströme können sich daher auf dem Lastkreis verschieben. Bei asynchroner Drehzahl des Hilfsmotors rotiert der Netzvektor relativ zum Vektor des Laststromes. Am zweckmäßigsten ist der synchrone Betrieb mit der Phasenlage $J'_2 \perp J_0$, Punkt K des Lastkreises. Man erkennt diese Stellung daran, daß in ihr die resultierenden Ständerströme J_{1_I} und $J_{1_{II}}$ beider Maschinen gleich groß sind.

Die bei dem Kreislauf auf der Drehstromnetzseite zuzuführende Leistung N_{el}

[1] Rolf, E.: Das Kreislaufverfahren für Drehstromasynchronmotoren mit Schleifringläufer und seine Anwendung zur Messung der Zusatzverluste. Dissertation T. H. Hannover 1930.

setzt sich im wesentlichen zusammen aus den Ständereisenverlusten des Grundfeldes und den Stromwärmeverlusten des Ständerleerlaufstromes sowie aus der Leistung des Hysteresedrehmomentes, die beim Synchronismus beliebig motorisch oder generatorisch wirken kann, in jedem Fall aber als mechanische Leistung in gleicher Größe, jedoch mit umgekehrtem Vorzeichen wieder in Erscheinung treten muß. Die an der Welle durch den Hilfsmotor M mechanisch zuzuführende Leistung N_{mech} deckt außer der Leistung des Hysteresedrehmomentes die gesamten Reibungsverluste, die Kupferverluste der Lastströme in den Ständerwicklungen und die Pulsationsverluste bei Leerlauf und Belastung. Die Änderung der Pulsationsverluste bei Belastung sind die Zusatzverluste. Macht man daher zwei Messungen mit und ohne Gleichstromerregung, so ergibt die Differenz $(N_{el} + N_{mech})$ erregt $-(N_{el} + N_{mech})$ unerregt nach Abzug der Ständerkupferverluste die Zusatzverluste.

Von den drei Meßverfahren zur Bestimmung der Zusatzverluste kommt in erster Linie das synchrone Kurzschlußverfahren in Frage, da es das einzige Verfahren ist, das auch für Kurzschlußankermotoren anwendbar ist. Das Übererregungsverfahren ist einfacher als das Kreislaufverfahren, das außerdem zwei gleiche Maschinen voraussetzt.

16. Erwärmung. Für die Messung der Erwärmung sei im allgemeinen auf Abschnitt VII, C verwiesen. Eine spezielle Bestimmung der Temperaturerhöhung durch Leerlauf und Kurzschluß kommt für große Motoren in Frage, bei denen die Herstellung des Nennbetriebes im Versuchsfeld Schwierigkeiten bietet. Man ermittelt getrennt die Erwärmung bei Leerlauf und bei Kurzschluß. Durch Addition ergibt sich eine Erwärmung, die ein wenig größer ist (5%) als bei Nennbetrieb. Um die gleiche Einwirkung der Lüftung wie bei normalem Lauf zu erzielen, treibt man den Motor beim Kurzschluß mit voller Drehzahl entgegen seinem eigenen Drehsinn an. Für diese Methode ist Bedingung, daß die zusätzlichen Kupferverluste (vgl. 5) nicht zu groß sind, da sonst bei Antrieb gegen das Drehfeld wegen der erhöhten Periodenzahl die Kupferverluste und damit die Erwärmung beträchtlich zu groß ausfallen, z. B. tritt dies bei Stromverdrängungsmotoren auf (vgl. S. 347).

17. Isolierfestigkeit. Asynchronmotoren werden wie alle Maschinen Spannungsproben unterworfen. Nach den R.E.M. § 48 bis 53 werden eine Wicklungsprobe von einer Minute Dauer, eine Sprungwellenprobe bei Wicklungen über 2,5 kV von 10 Sek. Dauer, eine Windungsprobe von 3 Minuten Dauer und eine Klemmenprobe von einer Minute Dauer vorgenommen. Für alle Einzelheiten sei auf die allgemeinen Ausführungen im Abschnitt X, 11 verwiesen. Als Besonderheit bei Asynchronmotoren sei erwähnt, daß als Spannung U, nach der die Prüfspannung für die Wicklungsprobe bemessen wird (z. B. $2U + 1000$) bei Läuferwicklungen von Asynchronmotoren, die dauernd in einer Richtung umlaufen, die Läuferspannung gilt und bei Umkehrasynchronmotoren 1,5mal Läuferspannung, ferner bei Maschinen, die im Sternpunkt kurz geerdet sind, 0,8mal Nennspannung. Die Wicklungsprobe kann bei Drehstrommotoren auch im Stillstand ausgeführt werden, wenn man den Läufer mit entsprechender Spannungserhöhung prüfen will.

Die einminutige Klemmenprobe wird mit der 1,5fachen Prüfspannung der Wicklung vorgenommen. Vor den Spannungsproben wird der Asynchronmotor einer Schleuderprobe unterworfen, die als bestanden gilt, wenn sich keine schädlichen Formänderungen zeigen und die Spannungsproben nachträglich ausgehalten werden. Die Schleuderdrehzahl ist 1,2mal Leerlaufdrehzahl und die Prüfdauer zwei Minuten. Ein, wenn auch sehr selten auftretender Fehler bei Asynchronmotoren besteht darin, daß sich der gesamte Läuferkörper auf der Welle unter dem Einfluß der Schleuderdrehzahl verschieben kann.

Vom Standpunkt der Isolierung kommt eine besondere Bedeutung der Läuferspannung zu. Läuferspannung ist die in der offenen Sekundärwicklung im Stillstand auftretende Spannung zwischen zwei Schleifringen. Es kommt vor, daß die beim Anlasser an den Schleifringen auftretende Spannung größer ist als die Spannung, mit welcher der Ständer gespeist wird. Ist also die Primärspannung kleiner als 250 V gegen Erde, so kann doch im Augenblick des Anlassens, wenn auch nur ganz kurze Zeit, an den Schleifringen und an dem Anlasser eine Spannung entstehen, die höher als 250 V gegen Erde ist. In diesem Fall gelten aber nach den Errichtungsvorschriften andere Montagebestimmungen und andere Vorschriften für die Isolierung der Leitung und Apparate.

18. Wirkungsgrad. Der Wirkungsgrad von Asynchronmotoren wird im Prüffeld meist nach dem Einzelverlustverfahren indirekt gemessen. Vgl. Abschnitt VII, B.

Die Ständerverluste V_1 setzen sich zusammen aus den primären Stromwärmeverlusten V_{Cu_1}, die aus Stromstärke und Wicklungswiderstand berechnet werden und den Eisenverlusten V_{Fe} bei Leerlauf, deren Ermittlung in Abschnitt XI, 13 beschrieben ist. Die Änderung der Eisenverluste mit der Belastung wird vernachlässigt.

Die Läuferverluste V_2 umfassen in der Hauptsache die Läuferstromwärmeverluste C_{Cu_2}. Die Läufereisenverluste sind verhältnismäßig sehr gering, da die Frequenz des Läuferstromes klein ist. Mit steigender Belastung, also wachsendem Schlupf, nehmen zwar die Läufereisenverluste zu, werden jedoch vernachlässigt. Bei Schleifringläufern treten noch Bürstenübergangsverluste auf, die z. B. bei metallhaltigen Bürsten mit 0,3 V berücksichtigt werden. Am bequemsten wird der gesamte Rotorverlust aus Stromwärme und Übergangsverlusten als Produkt aus der vom Ständer auf den Läufer übertragenen Leistung (Luftspaltleistung) N_{12} und der Schlüpfung s ermittelt zu

$$V_{Cu_2} = N_{12} \cdot s\,.$$

Zu den Läuferverlusten gehören auch die Zusatz- und Reibungsverluste.

Als Zusatzverluste V_z werden nach den R.E.M. 0,5% der dem Stator zugeführten Leistung N_1 berücksichtigt. Man berechnet hiernach die Zusatzverluste bei Nennleistung und rechnet für andere Lastpunkte proportional J^2 oder genauer $(J^2 - J_0^2)$ um.

Die Ermittlung der Reibungsverluste V_R erfolgt durch Leerlaufversuch und ist in Abschnitt XI, 13 beschrieben.

$$V_R = N_0 - V_{Cu_0} - V_{Fe}\,.$$

Die für die Bestimmung des Wirkungsgrades wichtigen Leistungsgrößen sind nachstehend zusammengestellt.

Leerlauf:	Zugeführte Leistung . .	N_0	$= 3\,U_1\,J_0 \cos\varphi_0$,
	Eisenverluste	V_{Fe}	$= N_0 - V_{Cu_0} - V_R$,
	Reibungsverluste . . .	V_R	$= N_0 - V_{Cu_0} - V_{Fe}$,
Belastung:	Zugeführte Leistung .	N_1	$= 3\,U_1\,J_1 \cos\varphi_1$,
	Ständerverluste	V_1	$= V_{Cu_1} + V_{Fe}$,
	Luftspaltleistung . . .	N_{12}	$= N_1 - V_1$,
	Läuferverluste	V_2	$= V_{Cu_2} + V_z + V_R$,
	Läuferstromwärmeverluste	V_{Cu_2}	$= N_{12} \cdot s$,
	Zusatzverluste	V_z	$= 0{,}005\,N_1$,
	Abgegebene Leistung .	N_2	$= N_{12} - V_2 = N_{12} - V_{Cu_2} - V_z - V_R$,
	Wirkungsgrad (indirekt)	η	$= \frac{N_2}{N_1}$.

Für praktische Zwecke genügt es meist, die Reibungsverluste bei den Ständerverlusten zu berücksichtigen, ohne sie von den Eisenverlusten zu trennen.

19. Drehmoment. a) Anzugsmoment. Entnimmt man dem Heylandschen Diagramm zusammengehörige Werte von Drehmoment und Schlüpfung, so gibt sich der in Abb. 498 Kurve *1* dargestellte Verlauf des Drehmomentes, das der Motor bei dem gegebenen Läuferwiderstand entwickelt, wobei das Nenndrehmoment gleich eins gesetzt ist. Schaltet man in den Läuferkreis Widerstand ein, z. B. so, daß sich der gesamte Sekundärwiderstand und damit der Schlupf auf das 2,5- oder 5fache erhöht, so erhält man die Kurven *2* und *3*. Wie die Abb. 498 zeigt, läßt es sich also erreichen, daß der Motor mit dem größten Drehmoment (Kippmoment) anläuft. Wird der Motor gegen sein Drehfeld von außen angetrieben, so ist der Schlupf größer als eins. Der Motor wirkt dann als Bremse. Treibt man den Motor übersynchron an, so wird die Schlüpfung negativ, die Maschine arbeitet als Generator, sie liefert Energie in das Netz zurück, von dem sie gleichzeitig den Magnetisierungsstrom aufnimmt.

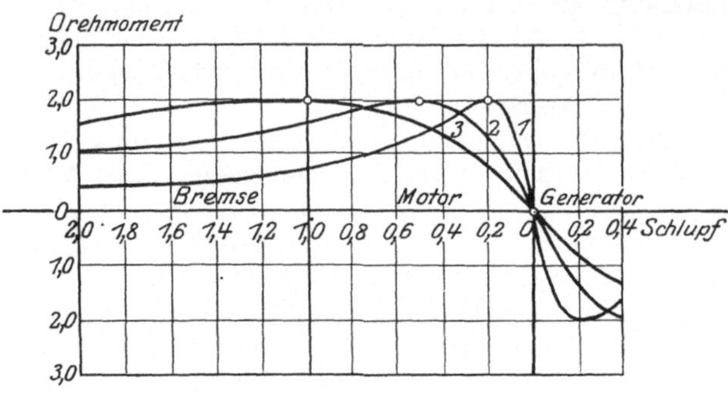

Abb. 498. Drehmomentverlauf.

Zwischen der Abfallschlüpfung s_m, dem Kippmoment D_m, der Schlüpfung s und dem Drehmoment D besteht bei Vernachlässigung des Statorwiderstandes nach Kloß[1] die einfache Beziehung

$$\frac{D}{D_m} = \frac{2}{\frac{s}{s_m} + \frac{s_m}{s}}.$$

Für das Anzugsmoment ($s = 1$) gilt daher

$$\frac{D_a}{D_m} = \frac{2}{\frac{1}{s_m} + s_m}.$$

Das Anzugsmoment ist das bei der Drehzahl Null auftretende Drehmoment, auch Stillstandsmoment genannt. Das Anlaufmoment ist um das Lagerreibungsmoment des Motors kleiner.

Nach den R.E.M. sollen Wechselstrommotoren bei Nennspannung und Nennfrequenz mit dem zugehörigen Anlasser in jeder Läuferstellung und während des ganzen Anlaufs ein Drehmoment (Anlaufmoment) entwickeln, das mindestens 30% des Nenndrehmomentes beträgt.

b) Anlauffaktor. Für die Bewertung der Anlaufverhältnisse eines Asynchronmotors ist jedoch nicht nur das Anlaufmoment D_a maßgebend, da ein großes Anlaufmoment stets mit großem Anlaufstrom oder großem Läuferwiderstand erreicht werden kann, letzterer bedingt aber eine große Schlüpfung. Die verschiedenen Einflüsse berücksichtigt der Anlauffaktor nach Voigt[2]

$$k = \frac{1}{s} \frac{D_a}{D} \left(\frac{J_2}{J_{2_k}}\right)^2.$$

---

[1] Arch. Elektrotechn. Bd. 5 (1916) S. 59.

[2] Arch. Elektrotechn. Bd. 23 (1929) S. 25. Elektrotechn. u. Maschinenb. Bd. 49 (1931) S. 239.

An Stelle des Wertes $\left(\frac{J_2}{J_{2_k}}\right)^2$, der bei Kurzschlußläufern der Messung nicht zugänglich ist, kann der Wert $\frac{J_1^2 - J_0^2}{J_{1_k}^2}$ eingesetzt werden. Bei Käfigankermotoren mit ungünstigen Streuungsverhältnissen kommt es vor, daß sie bereits bei geringen Drehzahlen stabil, d. h. ohne weitere Beschleunigung laufen. Die Motoren schleichen. Die Drehmomentkurve solcher Motoren nimmt nicht wie Kurve *1* der Abb. 498 mit zunehmender Drehzahl zu, sondern enthält Einsattelungen. Ein Anlauf erfolgt nur dann, wenn das Lastmoment kleiner ist als der tiefste Sattel der Drehmomentkurve[1].

Auch bei Stromverdrängungsmotoren treten mitunter Sattelbildungen in der Drehmomentkurve auf.

20. Anlaufmessungen. a) Anlaufcharakteristik. Zur Bestimmung der Anlaufcharakteristik wird der Motor abgebremst. Wichtig ist dabei, daß ein Drehstromnetz großer Leistung zur Verfügung steht, da sich sonst durch Spannungsabfälle Schwierigkeiten namentlich in der Nähe des Kippunktes ergeben. Den ersten Teil der Kurve zwischen der Schlüpfung Null und der Abfallschlüpfung gewinnt man ohne weiteres. Dagegen ist die Aufnahme des zweiten Teiles des Drehmomentes zwischen Kipppunkt und Stillstand schwieriger. Wird nämlich die Schlüpfung infolge einer hohen Belastung größer als die Abfallschlüpfung, so wird das Drehmoment des Motors kleiner und der Motor fällt bis zum Stillstand ab, wenn nicht das Belastungsmoment mit sinkender Drehzahl stärker abnimmt, als das vom Motor entwickelte Moment. Um daher in diesem Gebiet Messungen vornehmen zu können, muß man ein Belastungsmoment erzeugen, das sehr stark mit der Geschwindigkeit zunimmt. Seil- und Backenbremsen eignen sich daher nicht für solche Messungen, wohl aber ein Nebenschlußgenerator. Man kann daher mit einer elektrischen Leistungswaage (Bremsdynamo) arbeiten oder ein mechanisches Torsionsdynamometer zwischen den Motor und die Belastungsmaschine einschalten, vgl. S. 276. Wegen der Erwärmung kommt es auf rasches Ablesen an. Bei einiger Übung dauert eine Messung mit dem Torsionsdynamometer etwa 5 bis 10 Sek. Um die Erwärmung normal zu halten, entlastet man nach jedem Meßpunkt, so daß sich die Wicklungen durch die Lüftung bei der normalen Drehzahl wieder abkühlen. Die Anlauferwärmung der Kurzschlußankermotoren ist je nach der Bauart des Läufers verschieden. Beim Doppelkäfigankermotor ist die Erwärmung der Läuferwicklung im Anlauf am größten[2].

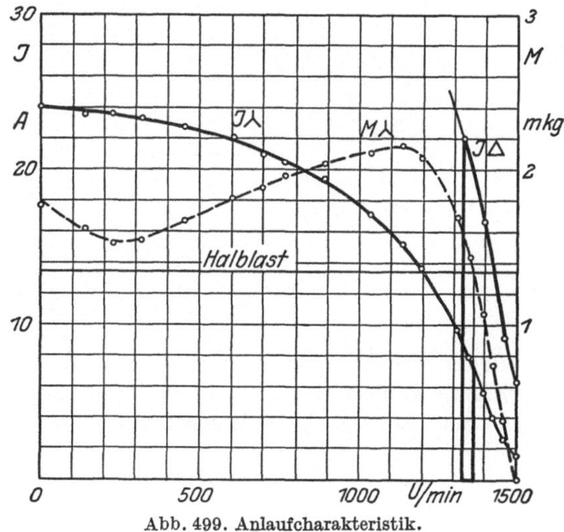

Abb. 499. Anlaufcharakteristik.

Die mit einem Torsionsdynamometer aufgenommene Anlaufcharakteristik für einen Stromverdrängungsmotor gibt Abb. 499 wieder. Der Motor wurde in Sternschaltung bei der für Dreieckschaltung vorgeschriebenen Spannung von 220 V

[1] Möller: Dissertation T. H. Darmstadt 1929.
[2] Liwschitz, M.: Elektrotechn. Z. Bd. 51 (1930) S. 962.

abgebremst (Kurven $J \curlywedge$ und $M \curlywedge$ in Abb. 499) und sodann durch einen zweiten Versuch bei Dreieckschaltung und 220 V Spannung belastet (Kurve $J\triangle$). Der Stromverlauf für Halblastanlauf mit Stern-Dreieckschalter ist durch den ausgezogenen Linienzug gekennzeichnet.

Der Drehmomentverlauf in Abhängigkeit von der Drehzahl kann auch in der Weise bestimmt werden, daß man die Drehzahlzeitkurve beim Leerlauf mit Schwungmasse oszillographisch aufnimmt und graphisch differenziert. Dieses

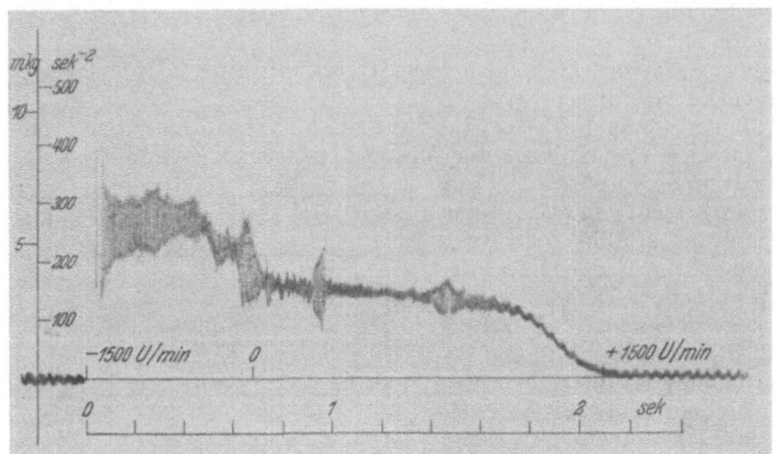

Abb. 500. Anlaufmessung mit Beschleunigungsmesser.

wieder von Elsässer[1] vorgeschlagene Verfahren gibt jedoch eine wesentlich geringere Genauigkeit als die direkte Messung vgl. S. 271.

Sehr genaue Anlaufmessungen lassen sich mit dem piezoelektrischen Beschleunigungsmesser aufnehmen (vgl. S. 272). Abb. 500 zeigt den charakteristischen Drehmomentverlauf eines Kurzschlußankermotors mit den durch die Nutung bedingten Oberschwingungen.

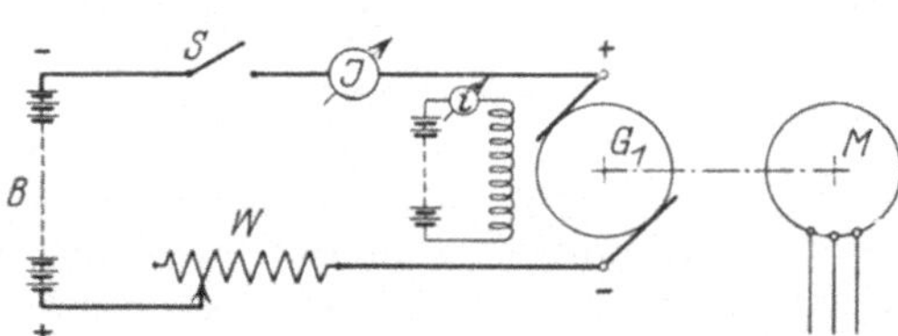

Abb. 501. Bremsschaltung mit regelbarem Widerstand.

b) Gleichlastverfahren. Weiterhin kann der Anlauf durch einen Anlaufversuch mit Gleichlast untersucht werden. Die Gleichlast kann für kleine Motoren durch Belastung mit einer Seil- oder Backenbremse erzeugt werden[2]. Für größere Motoren verwendet man eine Gleichstrommaschine in Gegenschaltung nach Abb. 501. M ist der zu untersuchende Motor, G_1 die als Bremse dienende Gleichstrommaschine, deren Feld durch eine Hilfsbatterie konstant erregt ist und deren Anker von einer Batterie B unter Zwischenschaltung eines von Hand regelbaren Widerstandes W gespeist wird. Wird durch stetiges Nachregeln der Widerstand W während des Anlaufes so vergrößert, daß der Ankerstrom J konstant bleibt, so ist auch das Bremsmoment konstant.

Um das umständliche und bei kurzen Anlaufzeiten ungenaue Nachregeln des Widerstandes W zu vermeiden, wird bei einer von Richter[3] angegebenen

[1] Siemens-Z. 1930 Nr. 3. [2] Kloß: Elektrotechn. Z. Bd. 48 (1927) S. 721.

[3] Richter: Elektrotechn. u. Maschinenb. Bd. 40 (1922) S. 157. Unger: Elektrotechn. u. Maschinenb. Bd. 48 (1930) S. 745.

Schaltung die Regelung mit einer für langsame Anlaßvorgänge ausreichenden Genauigkeit durch eine geeignete Schaltung der Erregerwicklung einer Hilfsmaschine erreicht.

Bei der Bremsschaltung von Linckh[1] nach Abb. 502 wird der vom Strom J an dem Widerstand W erzeugte Spannungsabfall mittels eines Schnellreglers konstant gehalten. In dem Oszillogramm, Abb. 503, ist der Verlauf von Drehzahl und Ständerstrom des gleichen Motors wie in Abb. 499 beim Halblastanlauf mit Stern-Dreieckschalter aufgezeichnet. Die Ströme der Abb. 503 stimmen mit denen der Abb. 499 überein.

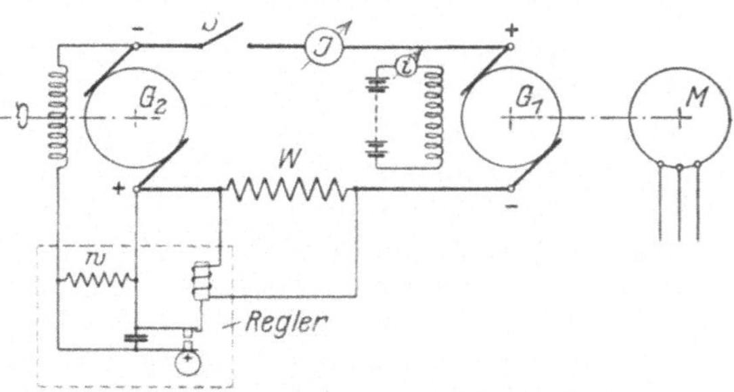

Abb. 502. Bremsschaltung mit Schnellregler.

Bei der Aufnahme von Schaltströmen treten rasch abklingende Überströme auf, die durch den Feldaufbau bedingt sind (sog. Rush)[2]. Dieser Stromstoß von zwei bis drei Halbwellen

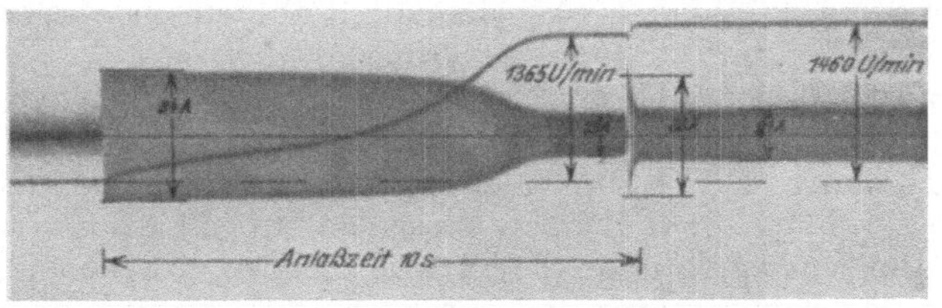

Abb. 503. Anlaufversuch mit Stern-Dreieckschalter.

Dauer wird bei der Auswertung des Oszillogrammes berücksichtigt. Beim Anlaufversuch kann für Messungen geringerer Genauigkeit an Stelle des Oszillographen ein Strommesser mit vorgeschobenem Zeiger verwendet werden (vgl. § 10 der Anschlußbedingungen).

Allgemeine Literatur.

Arnold, la Cour u. Fränkel: Die Induktionsmaschinen (Arnold: Die Wechselstromtechnik Bd. 5 Teil 1). Berlin: Julius Springer 1909. Benischke: Die asynchronen Wechselstrommotoren, 2. Aufl. Berlin: Julius Springer 1929. Brion: Die elektrische Meßtechnik II. Sammlung Göschen 886. Berlin u. Leipzig: Walter de Gruyter & Co. 1929. Heubach: Der Drehstrommotor, 2. Aufl. Berlin: Julius Springer 1923. Jahn: Messungen an elektrischen Maschinen, 5. Aufl. Berlin: Julius Springer 1925. Karapetoff: Experimental Electrical Engineering. New York 1922/27. Kittler-Petersen: Allgemeine Elektrotechnik. II. Bd. 1909; III. Bd. 1910. Stuttgart: Ferdinand Enke. Linker: Elektrotechnische Meßkunde, 4. Aufl. Berlin: Julius Springer 1932. Punga u. Raydt: Drehstrommotoren mit Doppelkäfiganker. Berlin: Julius Springer 1931. Rziha u. Seidener: Starkstromtechnik, 7. Aufl. Berlin: Ernst & Sohn 1930. Sallinger: Die asynchronen Drehstrommaschinen. Berlin: Julius Springer 1928. Skirl: Elektrische Messungen. Siemens-Handbücher VI. Berlin: Walter de Gruyter & Co. 1928. Skirl: Wechselstrom-Leistungsmessungen, 3. Aufl. Berlin: Julius Springer 1930. Strecker: Hilfsbuch für die Elektrotechnik, 10. Aufl. Berlin: Julius Springer 1925.

---

[1] Elektrotechn. Z. Bd. 51 (1930) S. 1101 und Bd. 52 (1931) S. 561.

[2] Vgl. z. B. R. Rüdenberg: Elektrische Schaltvorgänge. Berlin: Julius Springer 1923. A. Fränkel: Theorie der Wechselströme, 3. Aufl. Berlin: Julius Springer 1930.

XII. Wechselstrom-Kommutatormaschinen.

Von **M. Schenkel**, Berlin.

A. Kommutator- und Bürstenprüfung.

1. Festigkeitsprüfung. Die Güte der Stromwendung hängt wesentlich davon ab, daß weder die leitenden noch die isolierenden Lamellen des Kommutators während des Laufs durch die Erwärmung oder die Fliehkräfte ihre Lage ändern. Zu diesem Zwecke ist der Kommutator mit einem Niethämmerchen zu beklopfen, jedoch ohne Schlagspuren zu hinterlassen. Der Schlagton muß klingend und hart sein, dumpfer Schlagton deutet auf lockere Lamellen hin. Die leitenden Lamellen dürfen sich unter dem Schlage nicht verschieben. Es empfiehlt sich, alle Lamellen, und zwar an beiden Enden, so zu untersuchen, da die Lockerung mitunter auf einen Teil des Umfangs beschränkt ist. Lose Kommutatoren heizt man durch Reibung mit einer Holzbackenbremse, wobei der Anker durch Fremdantrieb auf Nenndrehzahl zu halten ist, auf etwa 100 bis 120 C. Darauf zieht man die Druckschrauben des Kommutators mit einer dem Gewinde entsprechenden Kraft[1] nach. Dieses Verfahren wiederholt man zweckmäßig etwa dreimal. Auch während der Abkühlung — also ohne die Reibbremse — läßt man den Kommutator mit Nenndrehzahl laufen.

Die Kommutatoroberfläche muß vollkommen rund laufen, was mit bekannten Mitteln zu prüfen ist, vgl. auch S. 327ff.

2. Lamellenteilung. Die Kommutierung ist sehr oft empfindlich abhängig von der Bürstenstellung. Grundlage zu dieser ist eine fehlerlose Lamellenteilung. Zu deren Prüfung zeichnet man die genaue Teilung auf einen Papierstreifen, legt diesen um den Kommutator und vergleicht die Lamellen damit. Bei großen Kommutatoren wendet man dieses Verfahren abschnittweise an. Bei Doppelkommutatoren ist außerdem noch die genaue Übereinstimmung der einzelnen Lamellen beider Teile zu prüfen. Dies kann man am besten mit Hilfe einer horizontal geführten Reißnadel tun. Ist D_k der Durchmesser des Kommutators in mm, l_k die Anzahl der Kommutatorlamellen, so ist die Teilung τ_k der Lamellen in mm:

$$\tau_k = \frac{\pi \cdot D_k}{l_k}\,\text{mm}.$$

3. Bürstenprüfung. Zuerst ist die Bürstenteilung τ_b zu untersuchen. Sie soll sein $\tau_b = \frac{\pi \cdot D_k}{p \cdot q}$ in mm, wobei p die Polpaarzahl der Maschine und q ihre Phasenzahl ist. q ist bei Maschinen für Einphasenstrom gleich 2 zu setzen, weil der in der Technik so bezeichnete Strom eigentlich aus 2 um 180 Grad verschobenen Einphasenströmen besteht[2]. Die Bürstenbolzenabstände sind indessen nicht immer gleich dieser so ermittelten Bürstenteilung, sondern können auch ganze Vielfache dieser Zahl sein. Da die Bürsten immer auf fest an den Bürstenträgern angeordneten Bürstenbolzen sitzen und so von der Fabrik geliefert werden, kann man leicht erkennen, um welche Vielfache es sich nur handeln kann, sobald man τ_b nach der obigen Formel berechnet hat. Wie man aber sonst diese Vielfachen ermitteln kann, ist weiter unten unter Abschnitt „Phasenzugehörigkeit" beschrieben. Die Bürsten müssen nun so eingestellt werden, daß erstens die Kanten aller Bürsten eines Bolzens genau mit der Kante einer Kommutatorlamelle parallel laufen — sofern nicht absichtlich eine sog. „Staffelung" vorgesehen ist — und daß zweitens die Kanten der Bürsten eines Bolzens von

---

[1] Siehe z. B. Hütte.

[2] Siehe Schenkel: Elektrotechnik Teil I S. 151/153. Leipzig: J. J. Weber 1923.

den Kanten der Bürsten eines anderen Bolzens genau den Abstand einer Bürstenteilung τ_b oder eines Vielfachen davon haben. Nur unter Einhaltung dieser Vorsicht kann man auf guten Lauf mit Strom rechnen. Nach dieser Einstellung überprüfe man noch die anderen Kanten der Bürsten. Auch sie müssen die nämlichen Bedingungen erfüllen. Außerdem muß man, insbesondere bei den sogenannten „Schräghaltern" die gleichmäßige Schrägstellung dadurch prüfen, daß alle Bürsten gleichviel Kommutatorlamellen überdecken. Die Überdeckung beträgt zwischen 1 und 2 Kommutatorteilungen und fast nur bei den einphasigen Reihenschlußmotoren für die niedrigen Frequenzen 15 und $16\frac{2}{3}\,\text{sec}^{-1}$ bis zu 3 Lamellenteilungen.

Sodann ist der Bürstendruck zu messen. Man bedient sich dazu, da es sich nicht um eine Präzisionsmessung, sondern nur um eine Überprüfung der Gleichmäßigkeit handelt, einer Federwaage. Unter Vermittlung eines geeigneten Häkchens oder Fadens mißt man den Zug, der nötig ist, um die Bürste eben vom Kommutator abzuheben, sowie den, der sich einstellt, wenn man die Bürste sich wieder nach der Kommutatoroberfläche hin bewegen läßt. Das Mittel beider Werte ist der Bürstendruck, der für alle einzelnen Bürsten ermittelt werden muß und nicht mehr Spiel als $\pm$ 10% vom Gesamtmittel aufweisen sollte. Da die Bürstenfedern mitunter altern, empfiehlt sich die Wiederholung dieser Messung von Zeit zu Zeit. Ob der Bürstendruck nicht bloß gleichmäßig, sondern auch seiner Größe nach richtig ist, prüft man durch Berechnung des „spezifischen Bürstendruckes" $p_b = \frac{\text{Bürstendruck}}{\text{Bürstenauflagefläche}}$, der so ermittelte Wert soll zwischen 150 und 250 g/cm² liegen. Genauere Werte kann nur der Kohlenbürstenlieferant angeben. Breite (breiter als 12 mm) und weiche Bürsten werden zweckmäßig mit einem Schrägschlitz versehen, durch den der im Laufe der Zeit gebildete Bürstenstaub abrollen kann. Der Schlitz kann 2 mm breit und 1 mm tief sein, dieses Mittel trägt zur Erzielung einer guten Schleiffläche viel bei. Dann erfolgt das Einschleifen der Bürsten mittels Glaspapier.

4. Messungen an Bürsten. a) Der spezifische Widerstand wird dadurch bestimmt, daß man einen mäßigen Strom durch die unter Einlage von Metallfolie zwischen 2 Metallbacken geklemmte Kohle leitet und in etwa 1 cm Abstand von den Backen die Spannung abgreift (Kap. I, G, 3, 3). Ist q der Querschnitt der Bürste in mm², durch den der Strom I in Ampere hindurchgeht, l die Entfernung zwischen den Spannungsmeßstellen in m, U die gemessene Spannung in Volt, so ist der spezifische Widerstand $\sigma = \frac{U \cdot q}{I \cdot l}$. Dieser Wert soll zwischen 20 und 70 $\frac{\Omega \cdot \text{mm}^2}{\text{m}}$ liegen. Kleinere Werte sind wegen der Stromwendung, größere wegen zu hoher Erwärmung der Bürsten durch den Nennstrom nicht rätlich. Ist nämlich die Stromdichte durch den Nennstrom $= i$ in A/cm², so entwickelt der Nennstrom in jedem cm³ der Bürste die Wärme $Q = \frac{i^2 \cdot \sigma}{10000}$ Watt, während die Oberfläche der Bürste je nach der Art der Halterung nur 0,20 bis 0,70 W/cm² abstrahlen kann. Zu der obigen Wärme tritt noch die durch Reibung am Kommutator und durch die Übergangswiderstände daselbst und an der Stromzuführung.

b) Die Übergangsspannung e_b wird am besten auf einem Schleifring gemessen, dem durch eine Bürste Strom zu-, durch eine andere Strom abgeführt wird. Sie darf für die vorliegenden Maschinen wegen der Stromwendung und etwaigen zu bewältigenden transformatorischen Spannungen nicht zu klein sein und soll zwischen $2 \cdot e_b = 1{,}5$ und 2,5 V für ein Bürstenpaar liegen.

c) Die Lamellenspannung ist die wichtigste der charakteristischen Bürstengrößen. Man mißt sie, indem man die Bürste auf zwei den Lamellen des Kommutators ähnlichen Kupferschienen unter möglichst inniger Berührung (eintuschieren!) preßt, Strom von einer zur anderen Schiene gibt und die Spannung an den Schienen mißt. Sie ist die Lamellenspannung. Man trägt zweckmäßig die Lamellenspannung über der Stromdichte auf (Abb. 504). Man erhält eine anfangs gerade, später abgekrümmte Linie. Auf dieser bestimmt man noch den „Glühpunkt", d. h. die Lamellenspannung bei einer meist hohen Stromdichte, bei der die Bürste an der Auflage punktweise zu glühen beginnt. Dieser Punkt soll reichlich hoch über derjenigen Lamellenspannung liegen, die die Bürste in Nennbetrieb wirklich bekommt (Messungen siehe später). Für die vorliegenden Maschinen soll die Lamellenspannung für wenig beanspruchte Bürsten größer als 2,5 V, für mittel beanspruchte 3 V, für stark beanspruchte 3,5 bis 4,5 V bei der normalen Stromdichte sein. Höhere Werte sind meist nur auf Kosten des spezifischen Widerstandes zu erzielen. Der Glühpunkt soll wenigstens 30% über diesen jeweiligen Werten liegen. Da die Messungen infolge der Kontaktverschiedenheiten ziemlich schwanken, muß man die Kurve Abb. 504 als Mittel aus mehreren, jeweils frischen Bürsten bestimmen.

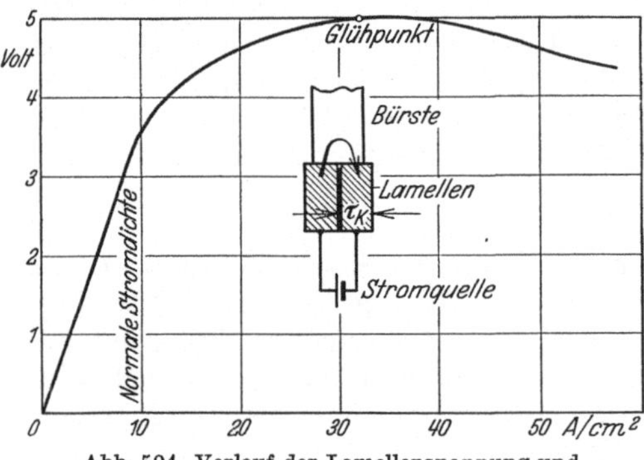

Abb. 504. Verlauf der Lamellenspannung und ihre Messung.

d) Die Kantenspannung ist mit der Lamellenspannung verwandt, weniger wichtig als diese, dient aber mit zur Charakterisierung einer Bürste. Man erhält sie, indem man den Abstand der Kupferschienen gleich 1 bzw. 2 Lamellenteilungen plus 1 Isolationsstärke macht und nun die Messung wie bei der Lamellenspannung wiederholt. Sie liegt wegen der geringeren Berührungsflächen zwischen Kupfer und Bürste und des eingeschalteten längeren Stromweges durch die Bürste höher als die Lamellenspannung. Im allgemeinen genügt es, wenn die Kantenspannung 50% größer ist als die Lamellenspannung.

e) Die Reibungsziffer μ kann, sofern sie nicht auf besonders dazu hergerichteten Apparaten bestimmt wird, dadurch gemessen werden, daß man die Maschine leer einmal mit und einmal ohne Bürsten, die natürlich nach obigem behandelt und gut eingelaufen sein müssen, antreibt mittels eines Hilfsmotors und den Unterschied in dessen Leistungsaufnahmen mißt. Ist diese Leistung Q_r in Watt, ferner p_b der spezifische Bürstendruck in kg/cm², ferner v_k die Umfangsgeschwindigkeit des Kommutators in m/s, F die gesamte Anlagefläche aller Bürsten in cm², so kann man μ aus der Formel:

$$Q_r = p_b \cdot v_k \cdot \mu \cdot F \cdot 9{,}81 \text{ Watt}$$

berechnen[1]. Diese Zahl liegt bei den für Kommutatormaschinen brauchbaren Bürsten zwischen 0,15 und 0,30. Zählt man zur Reibungswärme Q_r noch die durch den Stromübergang verursachte Wärme Q_i

$$Q_i = i \cdot e_b \cdot F \text{ Watt}^{1)},$$

[1] Siehe Schenkel: Die Kommutatormaschinen für einphasigen und mehrphasigen Wechselstrom S. 96. Berlin: Walter de Gruyter & Co. 1924.

und dividiert die Summe beider durch die von den Bürsten bestrichene Oberfläche des Kommutators in cm^2, so soll diese Ziffer

für kleine nicht besonders gelüftete Kommutatoren	1,0 W/cm^2
für mittlere auch innen gelüftete Kommutatoren	1,5 „
für angeblasene Kommutatoren	1,8 „
für mit besonders reichlichen Kühlfahnen versehene Kommutatoren	2,2 „

nicht übersteigen. Hiernach kann man beurteilen, ob die Lüftung eines Kommutators einer Verbesserung bedarf, falls er zu ungünstig aufgestellt ist.

Es sei endlich noch erwähnt, daß man die Güte des Bürstenkontaktes neuerlich durch Aufnahme von Oszillogrammen der Übergangsspannung e_b im Lauf bei Stromdurchgang beurteilt[1], sowie die Güte des Bürstengefüges durch mikroskopische Aufnahmen von Materialschliffen.

B. Wicklungs- und Schaltungsprüfungen.

5. Anker und Kommutatoren. Wegen der Geschlossenheit der Ankerwicklungen sind besondere Verbindungen nicht herzustellen, die Untersuchungen beschränken sich daher auf die Bürstenfolge. Hierbei ist auf die Bürstenteilung τ_b zurückzugreifen. Sind soviel Bürstenbolzen vorhanden als dieser entspricht, so werden die Bürstenbolzen der Phasenzahl q nach abgezählt, wobei beim technischen Einphasenstrom der Wert $q = 2$ zu benutzen ist. Man erhält also meistens die Bürstenfolgen: *1*, *2* usw. bei Einphasenstrom, *1*, *2*, *3* usw. bei Drehstrom. Bürstenbolzen, auf die gleiche Nummern fallen, müssen zu ein und demselben Sammelring führen. Bei Einphasenstrom sind alle mit *1* numerierten Bolzen, z. B. der Stromeintritt, alle mit *2* numerierten der Stromaustritt. Bei Dreiphasenstrom gehören alle Bolzen mit der Nummer *1* zur Phase *1*, alle mit *2* numerierten zu einer anderen und alle mit *3* numerierten zur letzten Phase. Die gewählte Nummernfolge ist zunächst noch nicht mit der Phasenfolge gleichbedeutend. Es gibt Maschinen mit doppelten Bürstensätzen; bei diesen ist jeder einzelne Bürstensatz nach dieser Regel zu behandeln, der Zählsinn muß nur der gleiche sein. — Die Besetzung des Kommutators mit Bürstenbolzen kann indessen auch unvollständig[2] sein. Bei Wellenwicklung kommt das sehr oft vor, aber auch bei Schleifenwicklung, wenn sie mit sehr vielen Ausgleichsverbindungen ausgeführt ist, die bei Wechselstromkommutatormaschinen sowieso am Platze sind. Zweck der unvollständigen Besetzung ist meistens, die nötige Abkühlung des Kommutators sicherzustellen, gemäß den auf S. 410 erwähnten Gesichtspunkten, und Platz zur Instandhaltung des Kommutators zu gewinnen. In

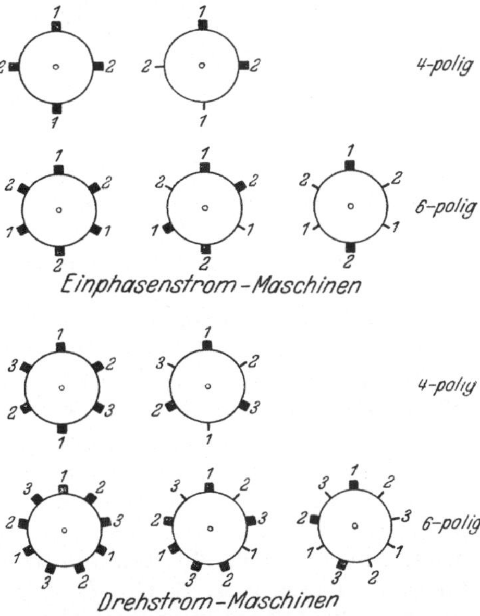

Abb. 505. Lage der Bürsten bei ein- und mehrphasigen Kommutatormaschinen verschiedener Polzahl.

[1] Schröder: Arch. Elektrotechn. Bd. 17 (1926) S. 370.
[2] Siehe Schenkel: Die Kommutatormaschinen 1924 S. 95.

solchen Fällen denkt man sich die Bürstenbesetzung zu einer vollständigen ergänzt und wendet dann erst die Regel an. Abb. 505 zeigt einige Möglichkeiten, die sich für 4- und 6polige Einphasen- und Drehstrommaschinen ergeben, wobei die vorhandenen Bürstenbolzen durch schwarze Rechtecke, die fehlenden durch kurze Striche angedeutet sind. — Die vorläufige Numerierung der Bürstenbolzen mit *1, 2, 3* wird später nach der Festlegung des Drehfeldsinnes durch die Buchstaben *U, V, W* ersetzt, zu denen bei doppeltem Bürstensatz noch die Buchstaben *X, Y, Z* hinzukommen.

6. Ständerwicklungen. Bei Mehrphasenwicklungen sondert man zuerst die beiden Enden jedes Zweiges mit Hilfe eines Isolationsprüfers oder einer Glühlampe aus und bezeichnet sie provisorisch. Bei den am meisten gebrauchten Dreiphasenwicklungen schließt man — bei im übrigen offenen Stromkreisen, also auch abgehobenen Bürsten — einen beliebigen Zweig an eine kleine Wechselspannung an (Abb. 506) und beachtet die in den andern beiden Zweigen induzierten Spannungen. Diese müssen gleich groß sein. Nun verbindet man (b) diese beiden Zweige so, daß sich ihre beiden Spannungen zu einer größeren gemeinsamen Spannung addieren. Diese Gruppe wieder verbindet man (c) einpolig mit dem gespeisten Zweig derartig, daß die nunmehr an den beiden freien Enden des Schaltungszuges meßbare Spannung ein Minimum wird. Man gelangt so, wenn man das letzte Voltmeter überbrückt, zu der als Dreieckschaltung bekannten Verbindung der drei Phasen. Man bezeichnet nun die 6 verbundenen Punkte, bei einem beliebigen anfangend, mit G_1, H_1, G_2, H_2, G_3, H_3, wobei gleiche Indizes nunmehr die Anfänge und Enden je eines Zweiges kennzeichnen. Man muß nun, wenn man z. B. die drei *H*-Punkte miteinander zum Nullpunkt kurz verbindet, und den drei *G*-Punkten Drehstrom zuführt (Sternschaltung), 3 gleiche Stromstärken in den *G*-Anschlüssen und 3 gleiche Spannungen an den Zweigen messen. Andere Phasenzahlen als 3 kommen fast gar nicht vor, so daß von einer Beschreibung der entsprechenden Verfahren abgesehen werden soll.

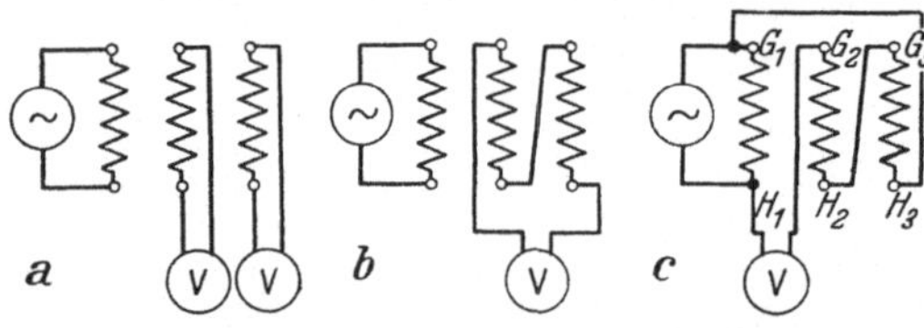

Abb. 506a bis c. Bestimmung der Phasenfolge bei einer dreiphasigen Wicklung.

7. Anker und Ständerwicklungen. Bei allen Mehrphasenmaschinen besteht die Hauptrolle der Ständerwicklung in der Kompensation des Ankers. Diese ist ein Maximum, wenn die Bürsten des Ankers eine bestimmte Stellung einnehmen, die man als die „Kurzschlußstellung“ bezeichnet. Zu ihrer Auffindung legt man die Bürsten auf den Kommutator auf und speist wieder einen Ständerzweig, z. B. $G_1—H_1$ für sich, mit einer geringen Spannung. Dann mißt man die 3 Spannungen zwischen den an die Bürstensammelringe angeschlossenen 3 Klemmen eines Bürstensatzes und verschiebt den Satz so lange, bis die Spannung zwischen 2 der 3 Klemmen Null geworden ist. Die anderen beiden Spannungen müssen dann einander gleich sein. Die dritte noch übrige Klemme bezeichnet man nun mit *U*. Dieses Verfahren wiederholt man am Ständerzweig $G_2—H_2$ und findet damit die Klemme *V*. Die nun noch übrige Klemme erhält den Buchstaben *W*. Ist ein zweiter Bürstensatz vorhanden, so behandelt man diesen ebenso, nur daß man den Klemmen die Buchstaben *X, Y, Z* gibt. Die Verbindungen $G_1—H_1—U$, $G_2—H_2—V$, $G_3—H_3—W$ sind nun bereits die richtigen, d. h. sie ergeben ein Maximum der Ankerkompensation, oder sie ergeben ein Minimum der Kompensation, d. h. Anker und Ständerwicklung unterstützen sich in ihrer magnetisierenden Wirkung. Dann hat man nur noch entweder den ganzen Bürstensatz um 180 el. Grade = 1,5 Bürstenteilungen zu verschieben oder die Enden G_1 mit H_1, G_2 mit H_2, G_3 mit H_3 miteinander zu vertauschen. Man vertauscht dann auch zweckmäßig die Bezeichnung, damit die Folge G_1—H_1—U gewahrt bleibt. Diese Feststellung macht man jedoch zweckmäßig erst an der fertig geschalteten Maschine in Verbindung mit der Feststellung der Übereinstimmung der Drehrichtung des Drehfeldes mit der des Ankers und es soll dies daher weiter hinten bei den einzelnen Maschinen beschrieben werden, da die Verfahren bei diesen einige Unterschiede zeigen.

Wesentlich einfacher ist die Prüfung der richtigen Schaltung bei den beiden hier behandelten allein noch praktisch wichtigen Einphasenmaschinen, dem Repulsionsmotor und dem Reihenschlußmotor. Der Repulsionsmotor hat keine Verbindung zwischen Anker und Ständer. Man braucht also nur die Kurzschlußstellung zu suchen. Zu dem Zwecke legt man bei offenem Ankerkreis Spannung an den Ständer und mißt die Spannung an den beiden Sammelringen der Bürsten. Da wo diese ein Maximum erreicht, liegt sie. Von ihr aus dreht man den Bürstensatz um 90 el. Grade = 0,5 Bürstenteilung nach irgendeiner Seite und hat ihn dadurch in die „Anlaufstellung" gebracht, von der aus durch „Bürstenverschiebung" der Anlauf erfolgen kann, nachdem man die beiden Sammelringe wieder kurzgeschlossen hat. Hat der Repulsionsmotor 2 Bürstensätze (Deri-Motor), so bringt man zuerst beide in die „Kurzschlußstellung", wie oben beschrieben, und verbindet dann die Sammelringe der nebeneinander zu stehen kommenden Bürsten (Abb. 507). Dies ist dann in diesem Falle zugleich die „Anlaufstellung", von der aus der eine der Bürstensätze bewegt wird, während der andere stehenbleibt.

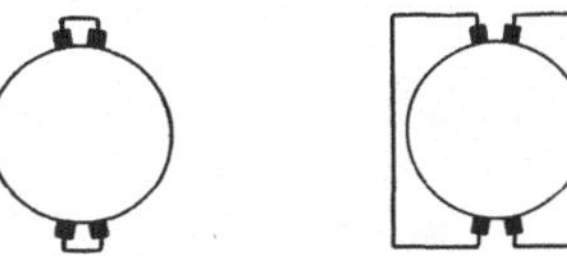

Abb. 507. Bürstenstellungen an einem 2poligen Repulsionsmotor nach Déri, links bei Anlauf, rechts bei höchster Drehzahl.

Beim Einphasenreihenschlußmotor wird die „Kurzschlußstellung" dadurch gefunden, daß man den Anker A mit der Kompensationswicklung K in Reihe schaltet und an die Kompensationswicklung eine kleine Wechselspannung legt (Abb. 508). Am Anker tritt dann eine Spannung von etwa der gleichen Größe auf, da bei diesem Motor beide Wicklungen annähernd die gleiche Leiterzahl besitzen. An den beiden nicht verbundenen Klemmen mißt man, wenn die Schaltung und die Bürstenstellung richtig sind, jedoch nur eine wesentlich kleinere Spannung. Man verschiebt die Bürsten so lange, bis die an den Ankerklemmen meßbare Spannung ein Maximum ist. Ein anderes Verfahren, das die richtige Bürstenstellung noch genauer liefert, — und darauf kommt es wegen der Kommutierung immer sehr genau an — besteht darin, der Feldwicklung des Motors eine geringe Erregung durch Gleichstrom zu geben, diese plötzlich auszuschalten und die an den Ankerbürsten auftretende Stoßspannung mit einem empfindlichen Gleichstromvoltmeter zu beobachten. Wenn der Ausschlag dieses Instrumentes dabei Null bleibt, ist die Bürstenstellung in bezug auf die Erregerwicklung richtig und damit auch in bezug auf die Kompensationswicklung, da diese aus Herstellungsgründen immer um 90 el. Grade gegen die Erregerwicklung versetzt ist.

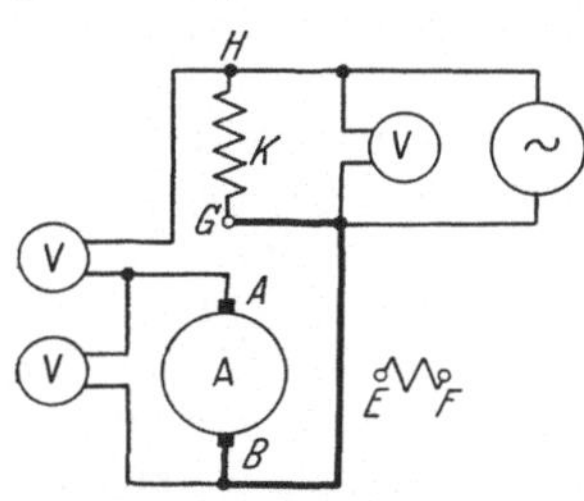

Abb. 508. Bestimmung der „Kurzschlußstellung" beim Einphasen-Reihenschlußmotor.

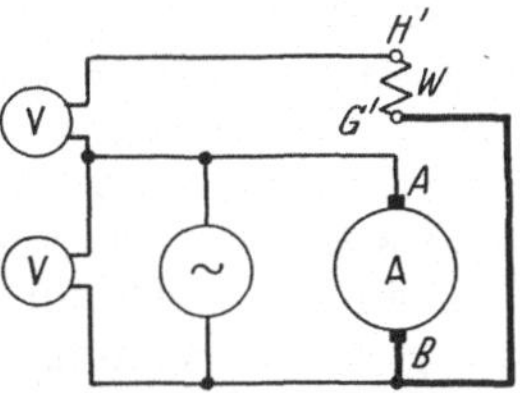

Abb. 509. Bestimmung der richtigen Schaltung der Wendepolwicklung beim Einphasen-Reihenschlußmotor.

Größere Einphasenreihenschlußmotoren haben Wendepole, und zwar heute in der Regel vom Hauptstrom durchflossene. Diese Wendepolwicklung muß ebenso wie die Kompensationswicklung dem Anker entgegenwirken. Nachdem man, wie oben angegeben, die richtige Bürstenlage des Ankers gefunden hat, schaltet man die Wendepolwicklung W mit dem Anker A in Reihe und legt an den Anker eine kleine Wechselspannung. An der Wendepolwicklung tritt dann eine Spannung auf (Abb. 509), nur ist sie viel kleiner als die an den Anker gelegte. Die Schaltung ist richtig, wenn die zwischen den freien Klemmen gemessene Spannung kleiner ist als die an den Anker angelegte. Die heute für den Reihenschlußmotor übliche Klemmenbezeichnung gibt Abb. 508 und 509 zugleich mit an.

C. Allgemeine Messungen.

8. Luftspalt. Mit Hilfe von etwa 5 mm breiten Stahlbändern verschiedener Dicke prüft man den Luftspalt auf seine Größe, sowie auf Gleichmäßigkeit rund um den Anker herum, sowohl auf der einen wie der anderen Seite der Maschine. Diese Messung ist wichtig, da Fehler im Luftspalt entweder zu große Magnetisierungsströme, oder bei Reihenschlußmaschinen falsche Drehzahlen oder endlich Verschlechterung in der Stromwendung zur Folge haben können.

9. Übersetzungsverhältnis. Besitzt man die richtigen Bürstenstellungen und Wicklungsanschlüsse, so kann man jede einzelne Wicklung unter die ihr betriebsmäßig zukommende Spannung setzen und mißt die in anderen Wicklungen induzierten Spannungen. Die dazu erforderlichen Schaltungen sind ähnlich wie die zur Ermittlung des Schaltsinnes und der Bürstenstellungen, nur kann man sie nun mit den betriebsmäßigen Spannungen ohne Gefahr vornehmen. Zur rechnerischen Auswertung der gefundenen Übersetzungsverhältnisse muß man die Wicklungsfaktoren der einzelnen Wicklungen berücksichtigen, die man in den Lehrbüchern der Elektrotechnik findet. Im allgemeinen besitzt für Wechselstromkommutatormaschinen die Bestimmung dieser Werte keine sehr große Bedeutung.

10. Magnetische Charakteristik. Eine Aufnahme dieser Charakteristik — vgl. Kap. II A 3, VIII 3b, X 4 — empfiehlt sich bei allen Kommutatormaschinen und wird bei denen mit veränderlichem Felde — Reihenschlußmotoren, Phasenschieber, Regelsatzmaschinen — zur Notwendigkeit. Sind die Daten der Maschine bekannt, so ermöglicht diese Charakteristik die rechnerische Kontrolle des Luftspaltes, zum Teil auch des Drehmomentes. Am wichtigsten aber ist es, mit ihrer Messung die gewisser Spannungen, vornehmlich der zwischen 2 Lamellen des Kommutators induzierten Spannung — bei abgehobenen Bürsten zu messen — zu verbinden. Bei den Kommutatormaschinen wird die magnetische Charakteristik auf verschiedene Weisen bestimmt. Am häufigsten ist der Fall, daß das Feld der Maschine durch einen Wechsel — oder Mehrphasenstrom der Frequenz 15 bis 60 Hz erregt wird. Dann mißt man am besten Strom und Spannung an der erregenden Wicklung bei abgehobenen Bürsten und zugleich die Lamellenspannung. Wird das Feld aber durch Ströme sehr niedriger Frequenz, Gleichstromerregung eingeschlossen, erregt, so mißt man nur diese Ströme durch ein Hitzdrahtinstrument, die Spannung jedoch am umlaufenden Anker, den man in diesem Falle mit seinen Bürsten besetzen kann.

11. Streuungsmessungen besitzen bei Kommutatormaschinen außer ihrer Notwendigkeit für wissenschaftliche Zwecke selten eine größere praktische Bedeutung, da die Kenntnis der Streuung infolge der fast immer hohen Leistungsfaktoren oder der Kompensationsmöglichkeiten bei fertigen Maschinen nicht erforderlich ist. Will man sie aber doch einmal messen, so empfiehlt es sich, Anker und Ständer auseinander zu bauen und die Streuung durch Speisung der

Anker- oder Ständerwicklung mit Wechselstrom und Spannungsmessung zu bestimmen. Das in der Ständerbohrung bzw. in der Luft um den Anker herum entstehende Feld, das nicht mit zur Streuung gehört und in der Regel etwa 40% der gemessenen Spannung beansprucht, muß durch bekannte Verfahren[1] auf rechnerischem Wege zwecks Abzug von dem der gemessenen Spannung entsprechenden Felde ermittelt werden. Dieses Verfahren ist bei fast allen Wicklungen, die an Kommutatormaschinen vorkommen, verwendbar, nur nicht an den Wicklungen ausgeprägter Pole. Bei solchen muß man zu dem Mittel greifen, einige Windungen dünnen Drahtes auf den stillstehenden Anker gegenüber dem Polschuh zu befestigen und die in diesen hervorgebrachte Spannung zu bestimmen. Um die Streuung dabei ohne Benutzung einer Berechnung direkt durch Messung zu finden, wählt man die Windungszahl dieser Hilfsspule gleich der Windungszahl eines Poles.

Die Messung noch anderer Spannungen ist in der Regel nicht erforderlich.

12. Verlustmessungen. Die Messung der sog. „Einzelverluste", die bei gewöhnlichen Generatoren und Motoren wegen der R.E.M.-Vorschriften (§ 58 bis § 64 der Ausgabe 1930) eine große Rolle spielt, tritt bei Kommutatormaschinen sehr zurück. Wegen des Kommutators und der Kommutierung können diese Maschinen nicht in so großen Abmessungen gebaut werden, daß nicht eine direkte Messung des Wirkungsgrades (R.E.M. 1930, § 57) möglich wäre. Zum anderen sind gute Einzelverlustmessungen bei diesen Maschinen schwierig auszuführen.

a) Luft- und Lagerreibung bestimmt man durch Antrieb der unerregten und nicht mit Bürsten besetzten Kommutatormaschine mit dem geeichten Motor, ebenso die Bürstenreibungsverluste, wie unter „Reibungsziffer" beschrieben. Zur Bestimmung der Stromwärmeverluste mißt man nach S. 409 die Übergangsspannung e_b einer Bürste zum Kommutator und multipliziert mit dem Bolzenstrom und der Bolzenzahl. Die Bürstenkurzschlußverluste sind schwierig genau zu bestimmen. Man mißt dazu die Aufnahme des geeichten Antriebsmotors bei veränderter Erregung der zu untersuchenden Kommutatormaschine, einmal mit und einmal ohne Bürsten auf dem Kommutator. Vom Unterschiede dieser Aufnahmen zieht man die vorhin bestimmte Bürstenreibung ab. Hierbei braucht an der erregenden Wicklung keine Leistung gemessen zu werden, außer bei Maschinen mit ausgeprägten Polen, bei denen man auch hier die Differenz der Leistungsaufnahmen bilden und zu der vorhin gebildeten Differenz zuschlagen muß. Soweit erhält man eine richtige Messung, jedoch liegt nun die Schwierigkeit ihrer Verwertung darin, daß man die unter den Bürsten im Betrieb wirksamen Restspannungen nicht genau kennt, sondern nur schätzen kann. Aus der Aufnahme der Transformatorspannung (S. 410) bestimmt man die zu diesem Rest gehörige Erregung und mit deren Hilfe findet man aus der eben geschilderten Messung die Bürstenkurzschlußverluste. — Ein anderes Verfahren gibt Kozisek an[2].

b) Eisenverluste. Es ist zu beachten, daß die Eisenverluste bei allen Kommutatormaschinen teils auf elektrischem Wege über die erregende Wicklung, teils auf mechanischem Wege durch die auf den Anker wirkende Antriebskraft gedeckt werden. Läuft die Maschine selber als Motor, so wird ein Teil ihres Drehmomentes zum letzten Zwecke verbraucht, wird sie angetrieben, so besorgt das die Antriebsmaschine. Man mißt daher die Eisenverluste, indem man bei abgehobenen Bürsten sowohl die der erregenden Wicklung als auch

[1] Siehe Schenkel: Praktische Streuungsberechnung, insbesondere bei Wechselstromkollektormotoren, Elektrotechn. u. Maschinenb. 1911 Heft 50 u. 51.

[2] Kozisek: Eine neue Bürstenprüfeinrichtung. Siemens-Z. 1928 S. 596.

die dem geeichten Motor zugeführten Leistungen mißt, diese addiert und davon die Luft und Lagerreibungsverluste abzieht. Diese Messungen hat man in der Gestalt von Meßreihen sowohl für verschiedene Erregungen, als auch für verschiedene Drehzahlen auszuführen. Die durch die Erregung elektrisch zugeführten Verluste nennt man schlechthin „Eisenverluste", die durch die Antriebskraft gedeckten heißen „Rotationseisenverluste". Es ist zu beachten, daß die Summe dieser Eisenverluste, so wie sie aus den Messungen hervorgeht, nicht immer mit der Drehzahl steigt. Bei Drehstrommaschinen, deren Anker dabei allmählich sich dem Synchronismus nähert, werden die Eisenverluste im Anker immer kleiner und im Synchronismus zu einem Minimum, um erst dann wieder zu wachsen.

13. Messungen der Maschinencharakteristiken. Der Begriff „Charakteristik" umfaßt hier verschiedene Zusammenhänge betrieblich wichtiger Größen. Es gibt solche allgemeinerer Art, die für mehrere verschiedene Maschinenarten gelten, und solche spezieller Art, die nur einer bestimmten Maschinenart zu eigen sind.

Die wichtigste Aufgabe besteht darin, über verschiedenen Drehmomenten, mit denen man die Maschine belastet (positiven oder negativen), die Drehzahlen aufzunehmen, die man, sei es durch die gegebenen Einstellungsmöglichkeiten (Bürstenverschiebung, Spannungsänderung), sei es durch begrenzende Faktoren (Kommutierung, mechanische Festigkeit, Erwärmung, Ventilation) erreichen kann. Das auf diese Weise bestrichene Bereich hat man dann mit dem durch die angetriebene Einrichtung geforderten zu vergleichen. Im einzelnen geht man dabei so vor, daß man mit einer Bremseinrichtung (vgl. Kap. V 5) ein bestimmtes Drehmoment einstellt, darauf die Maschine auf verschiedene Drehzahlen bringt und dies nun für verschiedene Drehmomente tut. Die so erhaltenen Kurven heißen „Betriebscharakteristiken" oder „Bremsreihen". Mit diesen Messungen verbindet man solche über den Wirkungsgrad, den Leistungsfaktor, die Lüftung, die Erwärmung.

Maschinen, deren Drehzahl sich mit dem Momente nur wenig ändert, bezeichnet man als „Maschinen mit Nebenschlußverhalten", solche bei denen sich die Drehzahl mit dem Momente nach einer hyperbelähnlichen Kurve ändert, als „Maschinen mit Reihenschlußverhalten", Bezeichnungen, die den Gleichstrommotoren als den ältesten unter den elektrischen Motoren entlehnt worden sind.

14. Der Anlauf. Ehe die Maschinen auf ihre Betriebszustände kommen können, müssen sie den „Anlauf" durchmachen, der deshalb auch sehr wichtig ist, weil dabei oft die höchsten Momente verlangt werden. Man hat dabei ein „Anzugsmoment" und „Anlaufmomente" zu unterscheiden. Das „Anzugsmoment" ist dasjenige Drehmoment, das die Maschine ausschließlich bei der Drehzahl Null ausübt; die „Anlaufmomente" sind dagegen alle diejenigen Momente, die die Maschine während der Steigerung ihrer Drehzahl von Null bis zur Betriebsdrehzahl ausübt. Es sei darauf hingewiesen, daß das Anzugsmoment sowohl größer als auch kleiner sein kann als eines der Momente während des eigentlichen Anlaufes, so daß sowohl seine Messung als auch die der Anlaufmomente erforderlich ist.

a) Das Anzugsmoment. Bei seiner Messung hat man vor allem für eine sehr konstante Spannung zu sorgen, da der Anzugsstrom meist groß ist und daher leicht Spannungssenkungen hervorruft, die die Messung täuschen. Das Moment mißt man am besten durch den Druck, den ein Bremszaum auf eine Dezimalwaage ausübt, und zwar mißt man einmal beim Durchgang der Waagenzunge von oben nach unten und das andere Mal von unten nach oben und nimmt die Mittel. Da der Strom leicht schwankt und die Messung wegen der Überlastung der Maschine möglichst rasch gehen muß, bedient man sich bei der Strommessung eines Strommessers mit vorgeschobenem Zeiger und stellt den Vorschub derartig ein, daß sich der Zeiger vom Vorschub gerade abhebt.

b) Die Anlaufmomente. In vielen Fällen kann man die Anlaufmomente mit Hilfe einer der üblichen Belastungsweisen durch Bremszaum oder Belastungsmaschine messen. Solche Verfahren unterscheiden sich außer durch die niedrigeren Drehzahlen in nichts von den oben beschriebenen Messungen der Charakteristiken. Sie sind aber nur dann anwendbar, wenn die Charakteristik des Bremsmittels und die der Maschine so zueinander liegen, daß Stabilität des Betriebes gesichert ist. Das ist am besten aus Abb. 510 zu sehen, wo M_m den Verlauf des Anlaufmomentes der Maschine und M_B den Verlauf des Momentes der Bremseinrichtung über der Drehzahl darstellt. Rechts ist Labilität, links Stabilität dargestellt. Ist es nun nicht möglich, eine Bremsmethode zu finden, die immer stabile Verhältnisse ergibt, so kann man die Anlaufmomente nur unter Benutzung von Trägheitsmomenten bestimmen, vgl. Kap. V 4.

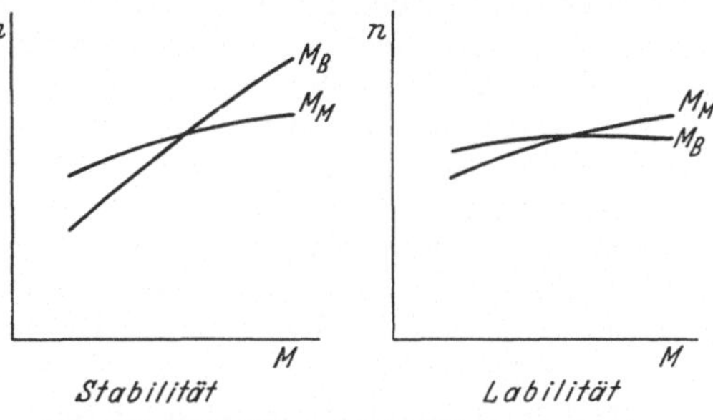

Abb. 510. Stabilität und Labilität der Drehzahl.

D. Besondere Messungen an einzelnen Maschinenarten.

15. Einphasiger Reihenschlußmotor. Hat man gemäß S. 413 die richtige Verbindung des Ankers *A* mit der Kompensations- und Wendepolwicklung *K* und *W* hergestellt, so darf man die Erregerwicklung *E* in beliebigem Sinne einschalten, da man für den einen Sinn Rechtslauf, für den anderen Linkslauf erhält. Will man den Motor abwechselnd in beiden Richtungen fahren lassen, so ist es zweckmäßig, die Erregerwicklung über einen Umschalter (Fahrtrichtungsschalter) anzuschließen. Abb. 511 zeigt das Schaltbild mit den heute üblichen Klemmenbezeichnungen. Die erste Prüfung besteht in einer nochmaligen (vgl. S. 413) Prüfung der richtigen Bürstenstellung bei Belastung. Sie ist wegen des richtigen Arbeitens der Wendepole besonders wichtig und hat sehr gut eingelaufene Bürsten zur Voraussetzung. Bei gleicher Spannung und gleichem Drehmoment müssen Drehzahl und Stromaufnahme in beiden Drehrichtungen die gleichen sein. Die genaueste Bürstenlage und gleichmäßig gut eingelaufene Bürsten sind deshalb von so erheblicher Bedeutung, weil bei Mängeln in dieser Hinsicht der mit vielen Leitern bewickelte Anker leicht einen erheblichen Einfluß auf den magnetischen Fluß bekommen kann, da die Erregerwicklung ihm gegenüber wenig Leiter besitzt. Es ist besonders dafür zu sorgen, daß sich während der Messungen die Bürstenbrücke nicht durch Erschütterungen wieder verschiebt. Man nimmt daher diese Rechts- und Linkslaufkontrolle öfters während der Messungen vor. Dabei ist zu beachten, daß die Umschaltung der Erregung nur bei geöffnetem Stromkreis oder bei ganz stillstehendem Motor vorgenommen werden darf, da sich sonst die Maschine ruckartig

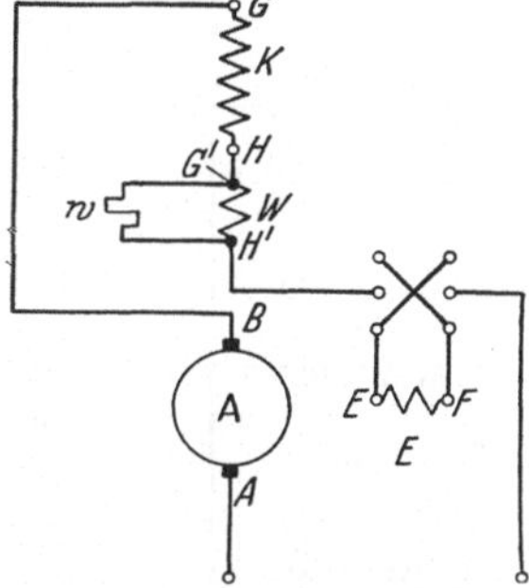

Abb. 511. Schaltbild des Einphasenreihenschlußmotors.

durch Gleichstrombildung bremst und dabei beschädigt werden kann. Es folgt dann die Einstellung der Stromwendung, die heute fast nur noch durch einen Widerstand w parallel zur Wendepolwicklung W (Abb. 511), vorgenommen wird. Der Widerstand w ist für die am meisten vorkommenden Betriebsfälle einzustellen, da er bekanntlich nicht für alle eine vollkommene Beseitigung der unter den Bürsten auftretenden Spannungen ergeben kann[1]. Die Stromwendung ist auch bei Rechts- und Linkslauf zu beurteilen.

Es folgt dann die Aufnahme der magnetischen Charakteristik, wie vorn beschrieben, daraus die (rechnerische) Kontrolle des Drehmomentes, das mit dem später durch Bremsversuche ermittelten bis auf den für Luft und Lagerreibung und Ankereisenverluste abzuziehenden Betrage übereinstimmen muß.

Dann folgt die Aufnahme der Charakteristiken, in diesem Falle also der Drehzahlen über den verschiedenen Drehmomenten abhängig von der Spannung. Dabei werden Wirkungsgrad und Leistungsfaktor mit bestimmt. Damit sind die betriebswichtigen Messungen erledigt. Die Aufnahme eines Strom- und Spannungsdiagrammes hat geringere Bedeutung, weshalb hier nur auf dessen Zusammensetzung in der Literatur[2] hingewiesen sein soll sowie darauf, daß sich manche, insbesondere die nebensächlicheren Werte eines solchen Diagrammes nur ungenau messen lassen, da in einigen der am Motor vorhandenen Spannungen ziemlich stark ausgeprägte höhere Harmonische vorkommen, die man meßtechnisch bei den Instrumentenablesungen nicht ausschalten kann.

Häufig ist dagegen die Bestimmung der Einzelverluste nach den vorn gegebenen Regeln wichtig. Um eine Vorstellung von den Größenordnungen zu geben, sind in der Zahlentafel 1 die Stromstärken, Spannungen und Verluste in den einzelnen Teilen eines Bahnmotors für die Leistung 420 kW bei 780 U/min, der Frequenz 15 Hz und der Spannung von 400 V zusammengestellt. Bei $\eta = 89{,}6\%$ und $\cos\varrho = 0{,}978$ führt dieser Motor dabei 1200 A.

Zahlentafel 1.

	Ohmscher Sp.-Verlust $J \cdot w$ V	Induktiver Sp.-Verlust $J \cdot x$ V	EMK V		Verluste	
			Feld	Rotation	W	
Anker	6,8	23,3	—	372,5	8160	ohmisch + Zus.
	—	—	—	—	12100	Eisenv. d. Rotation
	—	—	—	—	8700	Reibung
Kompensation	4,7	20,5	—	—	5640	ohmisch + Zus.
Wendepol...	0,3	0,4	1,6	—	360	ohmisch + Zus.
Kom. Widerst.	1,6	—	—	—	1920	ohmisch
Erregung ...	1,5	—	—	—	1800	ohmisch + Zus.
	1,2	3,8	34,2	—	1440	Eisenv. v. Rotor + Stator im Stillst.
Kommutator	—	—	—	—	5800	Reibung
	2,5	—	—	—	3000	Bürstenübergang
	18,6	48,0	35,8	372,5	48920	Summe

Der Reihenschlußmotor wird heute wohl nur noch als Lokomotivmotor, wofür er sich allerdings als der beste durchgesetzt hat, verwendet. Man kann ihn durch umständlichere Schaltung auch als elektrische Bremse benutzen; auch Stromrückgewinnung ist dann möglich[3].

[1] Siehe Schenkel: Die Kommutatormaschinen 1924 S. 124 bis 125.
[2] Siehe Schenkel: Die Kommutatormaschinen 1924 S. 115.
[3] Kuntze: Siemens-Z. 1927 S. 32.

Neuartige Messungen kommen dabei nicht vor; nur ist darauf zu achten, daß wegen der geänderten Charakteristik der Motors auch eine andere Wendepolschaltung und Einstellung nötig ist.

16. Repulsionsmotor. Die Aufnahme der magnetischen Charakteristik hat beim Repulsionsmotor wenig praktischen Wert, weil das in der Achse der Ständerwicklung entstehende Feld wegen der konstanten Netzspannung auch konstant ist, während das senkrecht zur Achse der Ständerwicklung mit der Bürstenverschiebung sich ausbildende Feld, das das Drehmoment der Maschine ergibt, nur durch Kunstschaltungen meßbar ist. Man nimmt daher hier nur den Magnetisierungsstrom auf, der bis auf die Verluste unter den Bürsten in der Nullage gleich dem Einschaltstrom des Motors für diese Nullage der Bürsten ist. Das vom Anker entwickelte Drehmoment ist dabei Null. Man nimmt dann die Anzugmomente für eine Reihe von Bürstenstellungen auf bis zu derjenigen, bei der der Motor zu laufen beginnt. Solche Anzugspunkte gibt es natürlich eine ganze Anzahl je nach dem äußeren Moment. Bei der Aufnahme der Charakteristiken — Drehzahl über Moment — kann man verschieden verfahren: entweder läßt man den Bürstenverschiebungswinkel konstant und verändert das Moment — die meist gebräuchliche Methode — oder man läßt das Moment unveränderlich und verschiebt die Bürsten. Zu erwähnen ist, daß man die Bürstenlage von derjenigen Stellung der Bürsten aus zu zählen hat, in der bei Stillstand der Netzstrom ein Minimum ist, und nicht von der sog. „Kurzschlußstellung“ aus, die beim Betriebe ja nie erreicht wird.

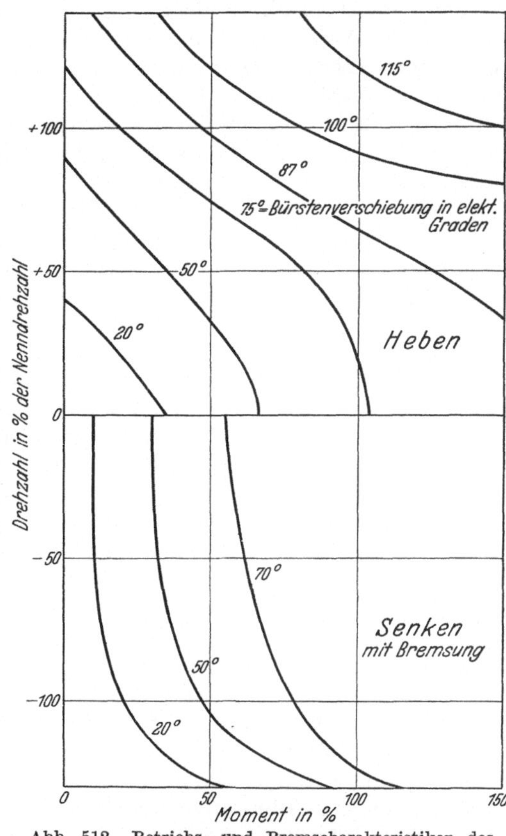

Abb. 512. Betriebs- und Bremscharakteristiken des Repulsionsmotors.

Die Drehrichtung wird beim Repulsionsmotor durch Bürstenverschiebung nach der anderen Seite umgekehrt. Der Repulsionsmotor dreht sich immer entgegengesetzt zur Bürstenverschiebung. Auch bei ihm ist der Wechsel der Drehrichtung während des Laufes nicht unmittelbar zulässig. Er erregt sich bei diesem Versuche mit sehr starkem Wechselstrom niederer Frequenz, der die Bürsten zum Glühen bringen und mechanische Beschädigungen verursachen kann. Bei einem bestimmten Widerstande jedoch, dessen Größe von der Drehzahl abhängt, und der vorzugsweise im Ankerkreise, aber auch teilweise noch im Ständerkreise wirksam ist, hört diese schädliche Selbsterregung auf, der Motor wirkt dann — unter Umkehr seiner Drehrichtung — als Bremse und vernichtet die ihm mechanisch zugeführte Energie größtenteils in diesem Widerstande. Bei den höchsten Drehzahlen bleibt noch ein wenig Energie für Rückgang in das Netz übrig. Abb. 512 zeigt die Betriebs- und Bremscharakteristiken eines Repulsionsmotors, die letzten unter Einschaltung eines Widerstandes.

Bei der Aufnahme der Charakteristik wird wieder der Wirkungsgrad und der Leistungsfaktor gemessen. Eine Bestimmung der Einzelverluste wird in der Regel nicht vorgenommen, weil der Repulsionsmotor meist nur für kleinere Leistungen gebaut wird, bei denen die Anzahl der verschiedenen Betriebszustände gering ist, und weil er meist direkt gebremst werden kann. Es gibt Repulsionsmotoren, deren Anker — auf verschiedene Weisen — bei Erreichung einer Drehzahl ganz in der Nähe der synchronen durch eine Zentrifugaleinrichtung kurzgeschlossen wird. Der Motor verwandelt sich dann in einen asynchronen Einphaseninduktionsmotor und muß dann natürlich auch als solcher untersucht werden. Sein Charakter als Repulsionsmotor dient ihm dann nur beim Anlauf, weshalb die Aufnahme von Repulsionsmotorcharakteristiken mit Ausnahme der Anlaufcharakteristiken unnötig sind. Dagegen ist eine genaue Bestimmung der beiden Drehzahlen nötig, bei der der Zentrifugalapparat in oder außer Wirksamkeit tritt. Meist ist auch eine Bestimmung der Anzugmomente und -ströme wichtig, besonders mit Rücksicht auf Anschlußvorschriften.

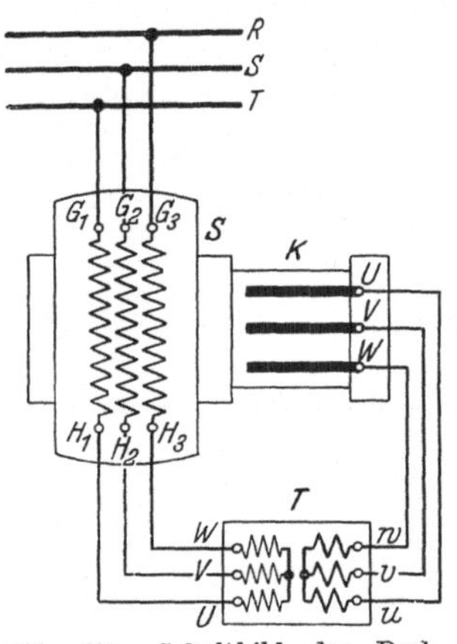

Abb. 513. Schaltbild des Drehstrom-Reihenschlußmotors mit einfachem Bürstensatz.

17. Mehrphasiger Reihenschlußmotor. Die Herstellung der richtigen Verbindung zwischen Ständer und Anker ist beim Drehstromreihenschlußmotor bereits durch das auf S. 412 angegebene Verfahren erledigt, da bei ihm diese beiden Maschinenteile fast die gleiche Amperestabzahl haben. Man muß lediglich bei der Ausübung dieses Verfahrens beachten, ob der Motor einen Zwischentransformator zwischen dem Ständer und dem Anker hat oder nicht. Hat er keinen (der seltenere Fall), so gilt das Verfahren nach S. 412 unmittelbar, hat er aber einen, so muß das Verfahren unter Zwischenschaltung dieses Transformators ausgeübt werden. Dazu ist natürlich Voraussetzung, daß man am Zwischentransformator zuvor die zueinandergehörigen Phasen und die Klemmen richtig bestimmt hat. Dies ist im Kap. IX 2 beschrieben.

a) Motor mit einfachem Bürstensatz (Abb. 513). Nach Herstellung der Schaltung G_1—H_1—U usw. und Auffindung der „Kurzschlußstellung“ verdreht man den Bürstensatz nach einer beliebigen Seite um 180 elektrische Grade = 1,5 Bürstenteilungen, darf nunmehr Spannung geben und verschiebt nun die Bürsten nach einer beliebigen Seite hin. Läuft der Motor entgegen dem Sinne der Bürstenverschiebung an und nehmen beim Wiederzurückziehen der Bürsten Strom und Drehzahl wieder ab, so ist die Schaltung betriebsfertig und kann endgültig die genannten Klemmenbezeichnungen erhalten. Man bezeichnet die Nullstellung der Bürsten durch eine Marke. Nun ist noch zu beachten, daß der Motor stets im Sinne des Drehfeldes umlaufen muß. Man erkennt dies daran, daß er dann leicht anläuft und den Synchronismus ohne Feuer erreicht, die Spannung zwischen 2 Läuferklemmen nimmt ab. Andernfalls läuft er schwer an, brummt, feuert mit steigender Drehzahl, die Spannung zwischen 2 Läuferklemmen wächst. Im letzten Falle hat man zur Umkehr der Drehzahlen 2 der Zuleitungen nach dem Netz in bekannter Weise miteinander zu vertauschen, jedoch keinerlei Veränderung in den Verbindungen der Motorwicklungen unter sich mehr vorzunehmen.

b) Motor mit doppeltem Bürstensatz. Den einen der Bürstensätze, den „festen“, läßt man in der Kurzschlußstellung stehen, z. B. den Satz U, V, W, den anderen, den „beweglichen“ stellt man so neben den festen, daß

Bürsten X mit U, Y mit V, Z mit W auf gleicher Kommutatorlamelle steht. Man stellt dann die Verbindungen Stromquelle—G_1—H_1—U—X—Stromquelle her (Abb. 514) bzw. man schaltet den Sekundärteil des Zwischentransformators zwischen U und X, V und Y, W und Z. Dann legt man den Motor an Spannung, und beobachtet einen Strommesser, den man in einen der Ständerzweige einschaltet. Erfolgt Anlauf mit etwas steigendem Strome entgegengesetzt zur Richtung, in der man nun den „beweglichen" Bürstensatz verschiebt, so ist die Schaltung und Bürstenstellung richtig; man bezeichnet die Ausgangslage durch eine Marke als „Nullstellung". Bei Wechsel der Verschiebungsrichtung muß sich die Drehzahl umkehren. Darauf folgt dann die Prüfung auf Übereinstimmung der Drehrichtung mit dem Drehsinne des Drehfeldes, nach dem gleichen Verfahren wie oben beim Motor mit einfachem Bürstensatz.

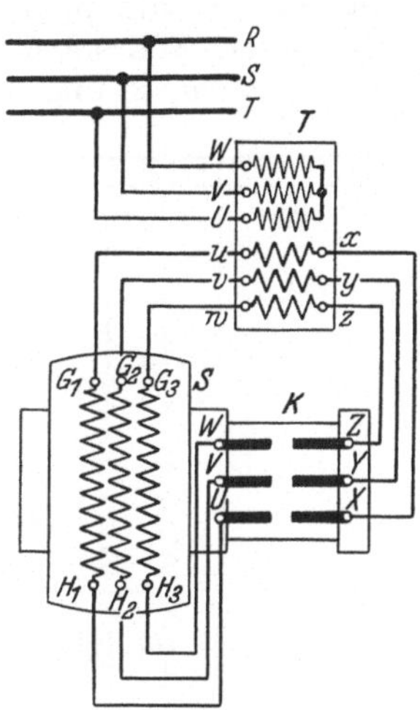

Abb. 514. Schaltbild des Drehstrom-Reihenschlußmotors mit doppeltem Bürstensatz.

Die Bürstenverschiebung darf im Betriebe von der Nullstellung aus gerechnet nur 150 bis 160 el. Grade sein. Zur Begrenzung müssen Anschläge eingestellt werden. Bei Motoren mit doppeltem Bürstensatz, die nur nach einer Drehrichtung zu laufen haben, kann man den „festen" Bürstensatz im Sinne der Motordrehrichtung etwas verschieben, um den Leistungsfaktor zu heben Diese Verschiebung darf etwa 10 bis 15 el. Grade betragen.

Die Einrichtung des Zwischentransformators dient in erster Linie der Anpassung der Ständerwicklung an jede beliebige Netzspannung, in zweiter Linie der Begrenzung der Drehzahl des Motors nach oben mittels größerer Sättigung des Eisens dieses Transformators. Man hat daher für einen Motor, der einen solchen gesättigten Zwischentransformator hat, eine Kurve der Grenzdrehzahlen über der Bürstenverschiebung bei völlig entlastetem Motor aufzunehmen. Die Einrichtung des doppelten Bürstensatzes bezweckt, auch bei großen Drehmomenten ganz niedrige Drehzahlen des Motors möglich zu machen, eine Eigenschaft, die der Motor mit einfachem Bürstensatz nur dann aufweist, wenn das Moment der Last selber mit der Drehzahl stark abnimmt (Ventilatorantrieb). Man wird daher für solche Motoren auch eine Kurve der Momente bei ganz niedrigen Drehzahlen über der Bürstenverschiebung aufnehmen, die dann zugleich die Anzugmomentenkurve des Motors ist.

Drehstromreihenschlußmotoren können nur bei Einschaltung von Widerständen zum Bremsen verwendet werden und dabei auch etwas Leistung an das Netz zurückgeben. Besonders zweckmäßig ist die Schaltung der Widerstände nach Abb. 515, welche besonders für den Kranbetrieb geeignet ist, da sie einen stetigen Übergang vom Senken mit Kraft zum Senken mit Bremsung gestattet und damit den Drehstromreihenschlußmotor zu dem für den Kranbetrieb überhaupt am besten geeigneten Motor macht, den Gleichstromreihenschlußmotor nicht ausgenommen. Die Prüfung eines solchen Motors hat sich auf die Aufnahme aller dieser Charakteristiken zu erstrecken, natürlich einschließlich der Wirkungsgrade und Leistungsfaktoren.

Die Drehrichtungsumkehr erfolgt, wie schon oben erwähnt, einfach durch Verschieben der Bürsten, die beweglich sind, nach der anderen Seite von der „Nullstellung" aus.

18. Drehstromnebenschlußmotor. Jeder Nebenschlußmotor ist dadurch gekennzeichnet, daß sein Feld unbeeinflußt vom Strome praktisch konstant ist und daher in der Regel von der Spannung aus erzeugt wird.

Die Drehzahl wird dadurch geregelt, daß dem Anker eine veränderliche Spannung zugeführt wird, der er durch Drehung in dem konstanten Felde eine annähernd gleich große entgegensetzt, derart, daß sein Strom im Leerlauf ein Minimum und bei Belastung nur durch die Schlüpfung bestimmt wird. Unter „Anker“ ist hierbei nicht immer der mechanisch umlaufende Teil zu verstehen, wohl aber immer derjenige Teil, der induziert wird, also nicht direkt vom Netz aus gespeist wird. Die erforderliche Spannung wird zwecks Vermeidung von Zusatzapparaten am liebsten dem vom Netz gespeisten Teil gleich entnommen. Soll sie sich mit der im induzierten Teil erzeugten Spannung aufheben können, so folgt daraus, daß die Bürsten des Ankers grundsätzlich in der „Kurzschlußstellung“ stehen müssen. Bei Abweichungen von ihr können sich die Spannungen nie ganz aufheben, sondern für den Rest entstehen wattlose Ströme, die den Leistungsfaktor der Maschine im voreilenden oder nacheilenden Stromsinn beeinflussen. Durch geringe Abweichungen der Bürstenlage von der „Kurzschlußstellung“ stellt man also den gewünschten Leistungsfaktor her. Wird die erforderliche Spannung dem am Netz liegenden Teil nicht selber entnommen, sondern anderweit beschafft, so kann die Bürstenstellung von der Kurzschlußstellung abweichen, wenn auf dem Beschaffungswege eine Phasenverschiebung der Spannung vorgenommen wurde. Hier werden wir solche Fälle nicht betrachten bzw. annehmen, daß auf dem Beschaffungswege die Spannung in einer solchen Phase zum induzierten Teil gelangt, als ob sie dem am Netz liegenden Teil selber entnommen wäre.

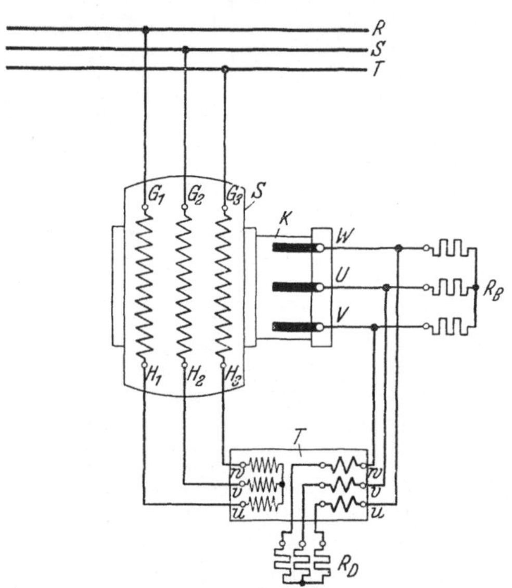

Abb. 515. Bremsschaltung des Drehstrom-Reihenschlußmotors mit einfachem Bürstensatz. R_B und R_D sind die Bremswiderstände.

Man hat also als erste Arbeit an einem Drehstromnebenschlußmotor die Bürsten in die „Kurzschlußstellung“ zu bringen, und zwar benutzt man dazu den später mit den Bürsten in Verbindung bleibenden Teil der Ständerwicklung (bei läufergespeisten Motoren die ganze Ständerwicklung). Man hat dabei aber zu beachten, daß das Übersetzungsverhältnis dieser beiden Teile nicht gleich Eins ist, sondern vom Regelbereich des Motors abhängt. Erstreckt sich dieses Bereich von Stillstand bis Synchronismus, so hat es den Wert Eins, erstreckt es sich aber z. B. nur von der halben bis zur vollen synchronen Drehzahl, so hat der induzierte Teil doppelt so viel Windungen wie der andere. Unter Beachtung dieses Umstandes hat man bei der Suche nach der Kurzschlußstellung nach den Regeln von S. 412 zu verfahren. Handelt es sich dabei um einen läufergespeisten Motor, bei dem die Lage der Bürsten auf dem Kommutator zugleich maßgebend für die Höhe der entnommenen Spannung ist, so bringt man zuvor die beiden Bürstensätze in diejenige Lage zueinander, in der zwischen zwei später zu einer Phase gehörigen Bürsten U und X die höchste Spannung entnommen werden kann. Diese Lage ist durch einen Abstand der Bürsten U und X von einer Polteilung = 1,5 Bürstenteilungen (bezogen auf vollständige Besetzung) gekennzeichnet. Nach Auffindung der „Kurzschlußstellung" bleiben die Bürsten in dieser. Der Motor darf jetzt an Spannung gelegt werden und nimmt dann entweder die unterste oder die oberste Drehzahl seines Regelbereiches an. Die Regelung selbst erfolgt dann in bekannter Weise[1]. Auch hier ist darauf zu achten, daß der Motor im Sinne des Drehfeldes umläuft. Zur Einstellung des Leistungsfaktors nimmt man zuletzt eine gemeinsame Verschiebung aller Bürsten vor. Meist stellt man sich den Leistungsfaktor Eins bei der Vollast her. Abb. 516 und 517 zeigen die Schaltverbindung des läufergespeisten und des ständergespeisten Motors. Die Versorgung des Ankers mit Spannung aus dem Ständer kann ersetzt werden durch einen am Netz liegenden Stufentransformator. Neuerdings hat man auch vorgeschlagen, zur Vermeidung der Kontakte die Regelung der Größe der Spannung durch einen Drehtransformator vorzunehmen. Dann muß man, um die

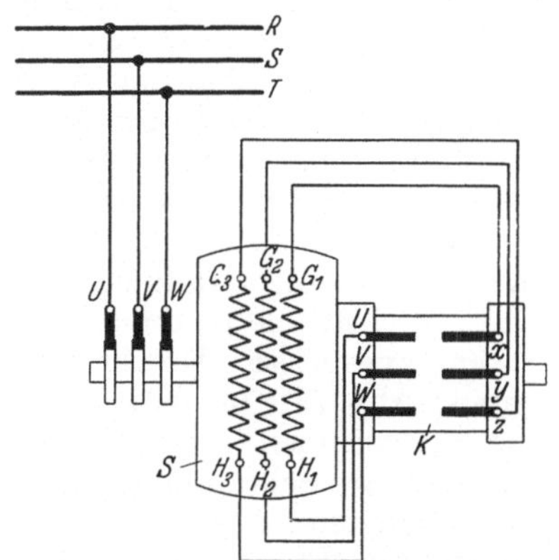

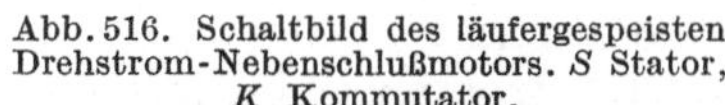
Abb. 516. Schaltbild des läufergespeisten Drehstrom-Nebenschlußmotors. S Stator, K Kommutator.

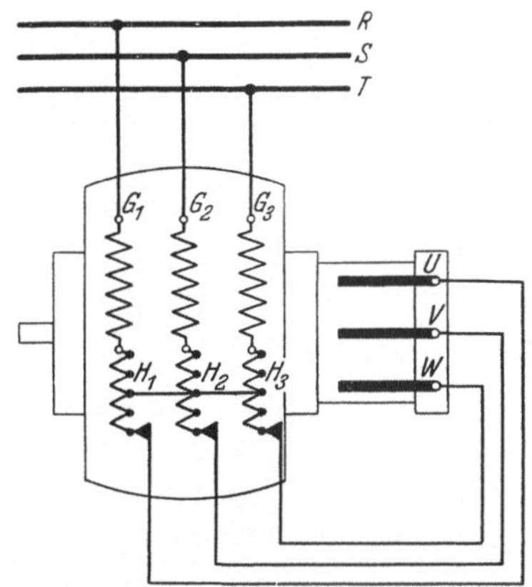

Abb. 517. Schaltbild des ständergespeisten Drehstrom-Nebenschlußmotors.

oben erwähnten richtigen Phasenlagen zu erhalten, entweder einen Doppeldrehtransformator verwenden oder eine betriebsmäßige Verschiebung der Bürsten mit benutzen.

Die Regelgrenzen sind durch die gelieferte Einrichtung, d. h. durch die Stufen am Ständer oder Transformator bzw. durch die Bürstenverschiebung festgelegt. Meist ist die oberste Drehzahl das dreifache der tiefsten, d. h. man erreicht 50% über und unter dem Synchronismus.

Die Belastungscharakteristiken (Abb. 518) sind gerade Linien mit einer der Schlüpfung entsprechenden Neigung.

19. Kommutatorschlupfmaschinen. Allgemeines. Die Aufgabe, die niederfrequenten Ströme, die aus den Läufern von Asynchronmaschinen kommen, aufzunehmen, und zu verwerten — hierbei handelt es sich immer um Mehrphasenströme — kann grundsätzlich von einem Anker mit Kommutator erfüllt werden. Maschinen, die mit einem solchen versehen sind und für diesen Zweck benutzt werden, nennt man allgemein — also ohne Rücksicht auf ihre Schaltung im einzelnen „Schlupfmaschinen". Von den im vorstehenden behandelten Maschinen eignen sich daher unmittelbar nur die, deren Anker auch sonst irgendwie unmittelbar

[1] Siehe Schenkel: Kommutatormaschinen 1924 S. 179.

mit der Spannungsquelle in Verbindung steht, das sind die Reihenschlußmotoren. Daß dabei der Drehstromreihenschlußmotor am meisten verwendet wird, ist durch seine Natur gegeben. Aber auch der Einphasenreihenschlußmotor wird verwendet, natürlich nur als Doppelmotor in alsdann zweiphasiger Schaltung. Aus diesen beiden Maschinenarten ist für den besonderen Zweck, als Schlupfmaschinen zu arbeiten, die Drehstrommaschine mit ausgeprägten Polen entstanden, meist unter dem Namen „Scherbiusmaschine" bekannt, da sie von Scherbius zuerst in größerem Maße verwendet wurde.

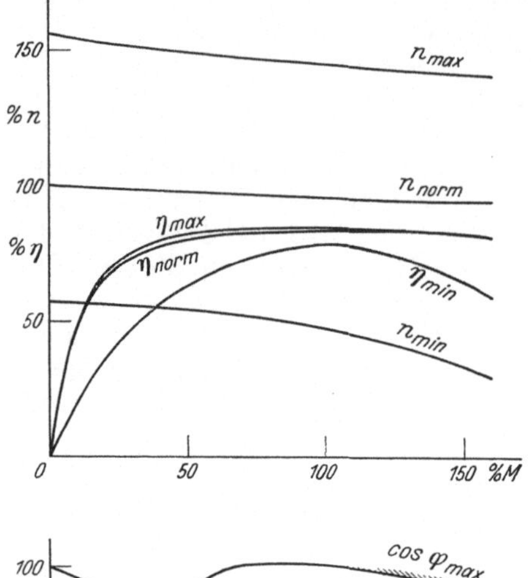

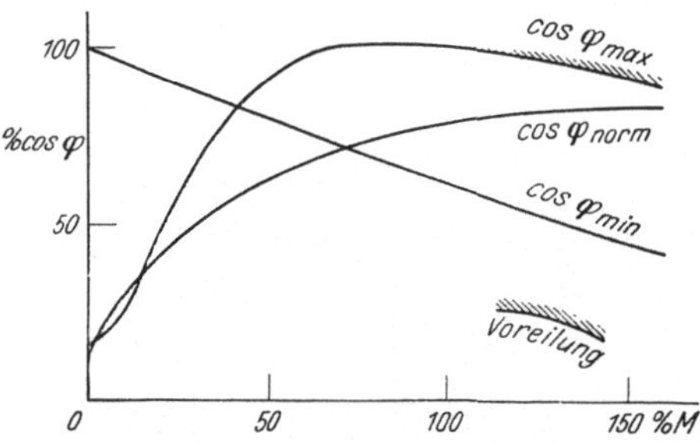

Abb. 518. Belastungscharakteristiken der Drehstrom-Nebenschlußmotoren nach Abb. 516 und 517 bei höchster, Nenn- und niedrigster Drehzahl, Regelbereich rund 1:3.

Außer diesen drei Maschinen gibt es noch eine Reihe anderer Schlupfmaschinen, die zum Teil in ihrem Aufbau einigen der vorn behandelten Motoren ähnlich sind, sich aber in der Schaltung von ihnen unterscheiden, zum Teil aber auch unter den Motoren kein verwandtes Gebilde haben. Diese sind der Phasenschieber, auch eigenerregte Drehstromerregermaschinen genannt, der Frequenzwandler, die läufergespeiste Drehstromerregermaschine, und die ständergespeiste Drehstromerregermaschine. Abb. 519 bis 521 zeigen diese wichtigen Maschinen. Über Untersuchungen an den als Schlupfmaschinen geeigneten Motorarten ist gegenüber dem bei diesen Motoren bereits erläuterten nichts Neues zu sagen.

Die Drehstrommaschine mit ausgeprägten Polen wird in der Regel mit Wendepolen ausgeführt. Deren Schaltung ist einfach, sobald sie nur reine Stromwendung zu besorgen haben, sie sind dann jeweils mit dem Strome einer Phase zu erregen. Haben die Wendepole auch noch eine transformatorische Spannung unter den Bürsten wegzubringen, so sind die Schaltungen umständlicher[1]. Die Kompensation wird meist unter Hinzuziehung aller 3 Phasen bewerkstelligt[2]. Zur Prüfung sind aufzunehmen: Die Spannungscharakteristik und die Feldcharakteristik. Die erste wird am besten bei einer Gleichstromerregung der Pole aufgenommen, bei der der durch einen Pol geführte Strom die beiden anderen in Parallelschaltung durchfließt. Aufzunehmen ist die durch Drehung im Anker erzeugte Spannung abhängig vom erregenden Gleichstrom. Die Feldcharakteristik besteht in einer Aufnahme der an der Feldwicklung erforderlichen Spannung in Dreiphasenschaltung bei verschiedenen Frequenzen, einschließlich der Frequenz Null. Für letzte kann man natürlich nur einen Moment

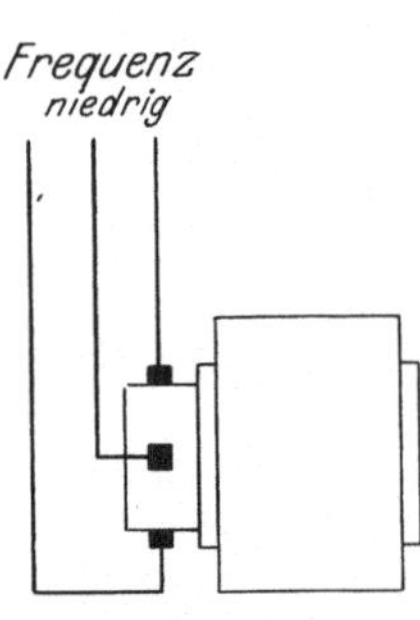

Abb. 519. Schaltbild des dreiphasigen Phasenschiebers.

[1] Rüdenberg: Die Kommutierung in Drehstrom-Kollektormaschinen. Elektrotechn. u. Maschinenb. Bd. 29 (1911) S. 467.

[2] Arnold: Die Wechselstromtechnik Bd. 5 Teil 2 S. 168ff. Berlin: Julius Springer 1912.

der Stromverteilung herausgreifen wie oben geschildert. Bei dieser Messung müssen die Bürsten vom Anker abgehoben sein.

Die erwähnten 3 Maschinen werden in Reihenschlußschaltung selten benutzt, da sie dem mit ihnen verbundenen Asynchronmotor die selten gewünschte Reihenschlußcharakteristik aufprägen würden. Häufiger kommen sie in Nebenschlußschaltung vor, d. h. in einer Schaltung, bei der die Feldwicklung nicht mit vom Ankerstrom durchflossen, sondern anderweit gespeist wird (siehe unten).

20. Phasenschieber. Der Phasenschieber (Abb. 519) ist die einfachste Schlupfmaschine. Das Feld wird nur von dem in den Anker eintretenden Strom erzeugt. Die Prüfung besteht lediglich in einer Aufnahme der bei einer bestimmten Drehzahl erzeugten Spannung zwischen den Bürsten abhängig vom Ankerstrom. Man benötigt dazu eine Maschine, die Ströme niederer Frequenz erzeugen kann, wozu man sich zweckmäßig einer größeren fremderregten Drehstromkommutatormaschine bedienen kann. Außerdem empfiehlt sich eine Messung der zur Drehung der Maschine erforderlichen Leistung. Diese deckt nur Verluste, da die Maschine ohne Ständerwicklung kein Nutzdrehmoment entwickeln kann.

Steht die Asynchronmaschine zur Verfügung, die der Phasenschieber erregen soll, so empfiehlt es sich, deren Leistungsfaktor abhängig von der Belastung aufzunehmen.

Bei einer neueren Abart des ganz einfachen Phasenschiebers legt man eine Kurzschlußwicklung in Form eines Käfigs in den Ständer. Sie erhält eine gewisse Erregung der Maschine aufrecht, auch wenn der Ankerstrom ziemlich kleine Werte annimmt. Zweck dieser Einrichtung ist es, die zugehörige Asynchronmaschine bis nahe an ihren Leerlauf heran auf den Leistungsfaktor Eins kompensieren zu können. Bei einer solchen Drehstromerregermaschine muß man daher besonders die Spannungen bei kleinen Ankerströmen aufnehmen.

Zur Verbesserung der Kommutierung versieht man diese Phasenschieber häufig mit Kommutierungsnuten, das sind Unterbrechungen des Ständereisens gegenüber den kommutierenden Leitern. Die Maschinen bekommen dadurch gleichzeitig ausgeprägte Pole, weshalb sie etwas mehr Leistung zu ihrem Antriebe benötigen. Diese Nuten füllt man wiederum oft mit Keilen aus gut leitenden Stoffen, z. B. Kupfer oder Messing, um durch die darin erzeugbaren Dämpferströme die Stromwendung günstig zu beeinflussen. Sonstige besondere Mittel zur Stromwendung besitzen diese Maschinen aus Gründen der Billigkeit nicht.

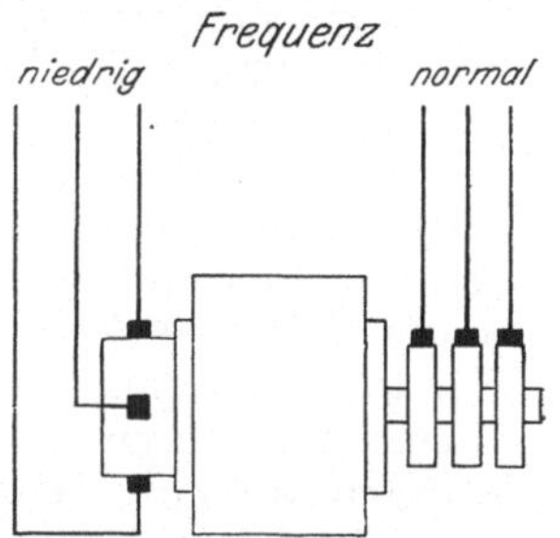

Abb. 520. Schaltbild des dreiphasigen Frequenzwandlers.

21. Frequenzwandler. Der Frequenzwandler (Abb. 520) erhält sein Feld durch die seinen Schleifringen aufgedrückte Spannung. Man hat daher seine magnetische Charakteristik von der Schleifringseite her zu messen. Meist wird hier eine der üblichen normalen Netzfrequenzen, z. B. 50 Hz, zugeführt. Die Bürsten auf der Kommutatorseite müssen dabei abgehoben sein. Will man dabei auch Verluste richtig berücksichtigen und messen, so muß der Anker synchron angetrieben werden. Neben der Schleifringspannung wird auch die Kommutatorspannung gemessen, ferner die durch das auf die Schleifringe gegebene Drehfeld erzeugte Lamellenspannung.

Der dem Kommutator zugeführte niederfrequente Strom verläßt den Anker des Frequenzwandlers, umgewandelt auf die höhere Frequenz des Netzes, durch die Schleifringe wieder, so daß man auf der Schleifringseite die geometrische Summe aus dem kommutatorseitigen Strom und dem oben bestimmten Magnetisierungsstrom mißt. Der Frequenzwandler entwickelt daher ebenfalls kein Nutzmoment, nur Verluste bestimmen die Höhe der für ihn erforderlichen Antriebsleistung. Die geometrische Stromsumme kann man durch Bürstenverschiebung bzw. wenn der Frequenzwandler mit einer Asynchronmaschine gekuppelt ist, durch die Kupplungsstellung ändern, eine wichtige und bei der gemeinsamen Einstellung mit dem Asynchronteil ganz besonders zu beachtende Eigenschaft. Aus diesem Grunde kann der Frequenzwandler nie selbständig laufen wie der Phasenschieber, sondern muß in einer starren Verbindung mit dem Asynchronmotor stehen. Diese Verbindung kann mechanisch, aber auch elektrisch starr sein.

Die Kommutierung des Frequenzwandlers ist schwierig, weshalb er heute nur noch für kleine Leistungen von einigen kVA, d. h. fast nur noch als Hilfsmaschine, z. B. zum Erregen der Erregerwicklung ständergespeister Drehstromerregermaschinen, ausgeführt wird. Sie kann wie beim Phasenschieber durch dieselben Mittel in dem sonst wicklungslosen Ständer verbessert werden.

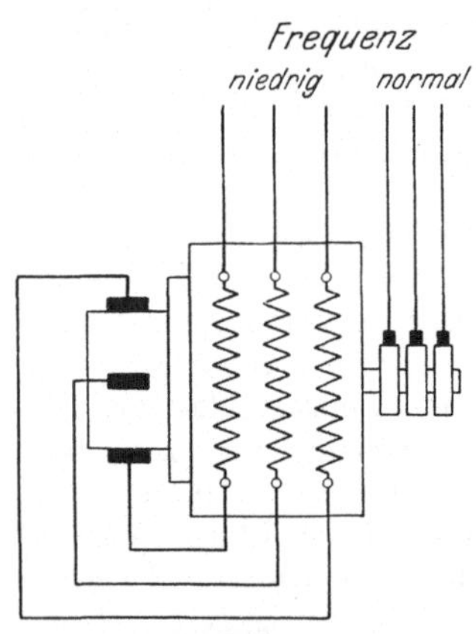

Abb. 521. Schaltbild der läufergespeisten Drehstromerregermaschine.

22. Läufergespeiste Drehstromerregermaschine. Die läufergespeiste Drehstromerregermaschine (Abb. 521) entsteht aus dem Frequenzwandler, wenn der Ständer eine vom Kommutatorstrom durchflossene Kompensationswicklung erhält, die die magnetischen Wirkungen des Kommutatorstromes im Anker — bis auf die unvermeidliche Streuung — vollständig aufhebt. Die Vorteile dieser Anordnung bestehen in wesentlicher Verbesserung der Kommutierung und in Entlastung der Schleifringe, die nun nur noch den Magnetisierungsstrom zu führen haben. Durch die Forderung der vollkommenen Kompensierung des Ankers sind die Kommutatorbürsten an die Stelle gebannt, deren Aufsuchung auf S. 412 ausführlich beschrieben wurde. Diese Arbeit ist daher hier vor allem auszuführen. Bei der Benutzung dieser Stellung beachte man, daß sich diese Maschinen bei kleinen Ungenauigkeiten in der Bürstenteilung oder -auflage leicht selbst erregen. Man beuge dem vor, indem man die Kommutatorbürsten ein wenig (½ bis 1 Lamellenbreite) in der Drehrichtung des Ankers verschiebt. Im übrigen ist aus obigen Gründen eine Bürstenverschiebung ausgeschlossen, die erforderliche Phasenlage zwischen dem Kommutatorstrom und der Schleifringspannung kann daher nur durch die Kupplungsstellung eingerichtet werden, der also hier eine besonders wichtige Bedeutung zukommt.

Gemessen wird hauptsächlich die magnetische Charakteristik von den Schleifringen aus wie beim Frequenzwandler und die Lamellenspannung, ferner die Verluste. Bei den Eisenverlusten ist hier wieder darauf hinzuweisen, daß sie im Synchronismus nur von den Schleifringen her elektrisch gedeckt werden, dagegen wird bei Abweichungen vom Synchronismus ein entsprechender, meist kleiner Teil vom Antrieb her mechanisch gedeckt.

Infolge des Vorhandenseins einer Ständerwicklung übt die Maschine ein — positives oder negatives — Nutzdrehmoment aus, das entweder durch starre Kupplung mit der zugehörigen Asynchronmaschine oder durch eine Belastungsmaschine aufgenommen werden muß. Die Drehzahl der Maschine muß auf mechanischem oder elektrischem Wege mit der der Asynchronmaschine gleich gemacht werden. Das Nutzdrehmoment hängt vom Phasenwinkel zwischen dem Kommutatorstrom und der Schleifringspannung ab.

Wegen ihrer besseren Kommutierung, die wieder durch die beim Phasenschieber erwähnten Dämpfungsmittel unterstützt werden kann, eignet sich die Maschine für größere Leistungen als der Frequenzwandler, etwa bis 300 kVA. Für noch höhere Leistung kann sie, wenigstens bei der Schleifringfrequenz 50 Hz, nicht mehr gebaut werden, weil die vom Drehfelde herrührende Lamellenspannung unter den Bürsten bei dieser Maschine nie Null wird, sondern immer konstant bleibt.

23. Ständergespeiste Drehstromerregermaschine. Die ständergespeiste Drehstromerregermaschine (Abb. 522) wird benötigt, wenn man Schlupfmaschinen von noch höherer Leistung braucht. Soll nämlich in solchen Fällen der Strom nicht zu hoch sein — um unförmige Kommutatoren zu vermeiden — so muß man die Maschine für höhere Spannungen — 100 bis 500 V — bauen. Nun besteht zwischen der Klemmenspannung und der Lamellenspannung ein bestimmter Zusammenhang[1], der besagt, daß große Spannungen bei kleinen Lamellenspannungen nur zu erreichen sind, wenn die Frequenz der Erregung klein ist. Das ist aber bei diesen Maschinen der Fall. Denn das im Ständer mit niederer Frequenz erregte Drehfeld induziert unter den Ankerbürsten nur ganz kleine „Transformatorspannungen".

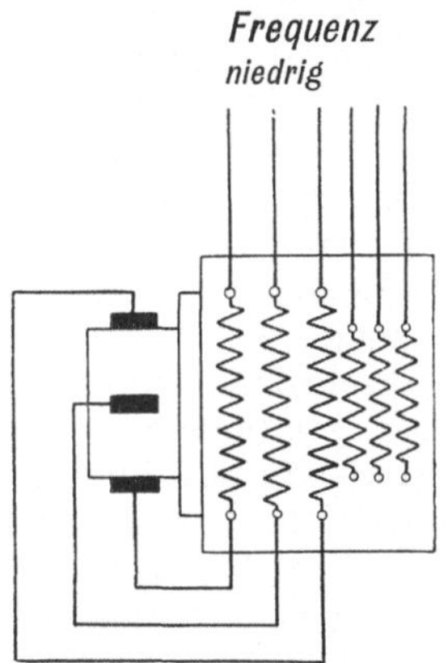

Abb. 522. Schaltbild der ständergespeisten Drehstromerregermaschine.

Die ständergespeiste Maschine ähnelt am meisten der Drehstromreihenschlußmaschine im Aufbau, d. h. sie hat einen Kommutatoranker, eine Kompensationswicklung und eine Erregerwicklung im Ständer. In der Schaltung ist sie aber anders. Anker und Kompensationswicklung befinden sich gegenseitig immer in „Kurzschlußstellung", damit die Feldentwicklung durch die Erregerwicklung ungehemmt besorgt werden kann und die Erregerwicklung ist für sich gespeist. Wie sie gespeist wird, ist Sache der besonderen Schaltung und ihres Zweckes; immer aber erfolgt die Speisung mit Niederfrequenz, die fast immer bis zur Frequenz Null, d. h. bis zur Gleichstromspeisung, führt.

Steigen die Forderungen an Leistung so hoch, daß auch die Stromwendung an sich nur noch durch Einbau von Wendepolen bezwungen werden kann, so gelangt man zu der ständererregten Drehstromerregermaschine mit ausgeprägten Wende- und daher auch mit ausgeprägten Hauptpolen, die schon oben erwähnt worden war („Scherbiusmaschine"). Bei dieser wird nur noch die Kompensationswicklung als in den Hauptpolen verteilte Wicklung ausgeführt, während die Erregerwicklung als konzentrierte Polwicklung hergestellt wird, und nur noch in der Schaltung der 3 Pole eine Ähnlichkeit mit einer Mehrphasenwicklung hat. Diese Maschine besitzt die meiste Ähnlichkeit mit dem Einphasenreihenschlußmotor einerseits und der Gleichstrommaschine andererseits.

Die an dieser Maschine erforderlichen Messungen hatten wir bereits auf S. 420 kennen gelernt, so daß hier Neues nicht hinzuzufügen ist.

Auch diese Maschine liefert ein Nutzdrehmoment. Ihre Verbindung mit der Asynchronmaschine, die sie bedient, braucht aber keine starre zu sein, lediglich die Bedingung ist zu erfüllen, daß die Erregung Ströme derselben Frequenz erhält wie der Anker. Wir finden sie daher in starrer Kupplung der Asynchronmaschine, aber auch angetrieben durch irgendeine andere Maschine.

Über die Schaltungen, in denen sie in Verbindung mit der Asynchronmaschine

[1] Schenkel: Die Kommutatormaschinen 1924 S. 98 Formel (31).

auftritt, und Messungen in Gemeinschaft mit der Asynchronmaschine siehe z. B. Liwschitz[1]. Es sei nur noch erwähnt, daß sie keine besondere Kupplungsstellung mit der Asynchronmaschine benötigt, daß dagegen die der Erregung gegebene Phase von entscheidendem Einfluß auf das gemeinsame Arbeiten ist.

XIII. Rotierende Umformer.

Von **M. Schenkel,** Berlin.

1. Allgemeines. Die Prüfung von rotierenden Umformern hat im allgemeinen nach zwei Gesichtspunkten zu erfolgen:

a) als Kontrolle, ob der Umformer den Garantiewerten entspricht,

b) zur Kontrolle des Ausfalles der Ausführung, Gewinnung von Unterlagen zur Bestimmung mitzuliefernder Teile, wie Regler, Parallelwiderstände, Drosselspulen, Haupttransformator, Anlasser, und zur Einstellung der Kommutierung.

Die für die Garantien auszuführenden Messungen gehen in der Regel aus dem dem Auftrage zugrunde gelegten Lastenheft hervor; wenn nicht, so sind Vorschriften, z. B. die R.E.M., maßgebend.

Die Vorproben erstrecken sich auf Überprüfung der richtigen Schaltung Erregung der Wendepole und anderer Wicklungen, der Messungen derer Widerstände, der richtigen Polfolge, des Isolationswiderstandes und der durch die Vorschriften vorgeschriebenen Wicklungsproben mit höheren Spannungen. Der Isolationswert eines Umformers für die normalen Gleichspannungen üblicher Betriebe muß mindestens 1000 Ohm betragen. Bei den Ankern tritt zu diesen Proben noch die Messung der Widerstände zwischen 2 benachbarten Kommutatorlamellen, ferner zwischen 2 unter Polteilung liegenden Kommutatorteilen und zwischen den Schleifringen. Hierbei wird gleichzeitig die richtige Reihenfolge der Schleifringe und ihre Anschlüsse an die Kommutatorwicklung mit geprüft. Es ist hierbei auch die Bezeichnung wichtig. Bei Umformern mit 3 Schleifringen soll deren Reihenfolge, von der Anker- nach der Lagerseite gezählt UVW sein, und die Anschlüsse an die Kommutatorwicklung müssen um 120^0 el. versetzt sein. Bei Umformern mit 6 Schleifringen muß die Reihenfolge, vom Anker aus gezählt, sein: $UZ\ VX\ WY$, wobei U und X, V und Y und W und Z jeweils im elektrischen Durchmesser gelegene Anschlüsse an die Wicklung sein sollen. Trägt man diese Anschlüsse daher auf einen die Wicklung vorstellenden Kreis auf, so ist die Reihenfolge folgende: $XWYUZV$. Bezeichnet man bei der Widerstandsmessung den Widerstand, welchen man an 2 im Durchmesser gelegenen Punkten, z. B. also U und X oder V und Y oder W und Z mißt, mit R_K, so ist dieser Widerstand gleich demjenigen, welchen man an den entsprechenden +- und —-Kommutatorbürsten messen würde. Dieser Widerstand R_K ist gleich $\frac{R}{4a^2}$, wenn R der Widerstand der aufgeschnitten gedachten Ankerwicklung ist und a die Anzahl der parallelen Leiter. Diese Beziehung ist von den Gleichstrommaschinen her bekannt. Besitzt der Umformer jedoch 3 Schleifringe, so mißt man zwischen den Punkten U und V einen Kombinationswiderstand, bestehend aus dem Widerstand des direkten Weges zwischen U und V und des Umweges zwischen U über W nach V. Dieser Kombinationswiderstand R_C beträgt $\frac{8}{9}R_K$.

[1] Liwschitz, M.: Arch. Elektrotechn. Bd. 18 (1927) S. 466; Bd. 19 (1928) S. 335; Bd. 22 (1929) S. 577 u. 583.

Bei den Widerstandsmessungen ist ferner zu beachten, daß bei den Wendepolen oft die Verbindungsbügel einen wesentlichen Teil des Gesamtwiderstandes der Wendepolkreise ausmachen.

2. Leerlaufsmessung. a) Leerlauf von der Gleichstromseite. Die Leerlaufsmessungen teilen sich in solche von der Gleichstromseite und solche von der Drehstromseite aus. Über die Messungen von der Gleichstromseite aus siehe Kap. VII 4c „Gleichstrommaschinen". Der Zweck dieser Messungen ist die Bestimmung der Leerlaufsverluste für die Wirkungsgradsmessung, die Kontrolle der Montage und der Lager und die Gewinnung von Unterlagen für den Regler. Es ist nur noch zu erwähnen, daß bei dieser Gelegenheit die Wechselspannungen zwischen allen vorhandenen Schleifringen gemessen werden, um die Richtigkeit der Schleifringanschlüsse nochmals nachzuprüfen. Die Leerlaufsverluste werden aus der bei Gleichstrommaschinen bekannten Art und Weise errechnet. In einzelnen Fällen können auch die Verluste durch Antrieb mit einem besonderen Motor bestimmt werden. Es ist noch darauf hinzuweisen, daß der für die größte und kleinste im Betrieb auftretende Gleichspannung erforderliche Erregerstrom im Leerlauf von der Gleichstromseite her besonders bestimmt werden muß, da er zur Bemessung des Regelwiderstandes für die Erregerwicklung von Bedeutung ist.

b) Leerlauf von der Drehstromseite. In dieser Messung unterscheidet sich der Umformer von der gewöhnlichen Gleichstrommaschine. Der Zweck des Leerlaufs von der Drehstromseite ist

a) die Messung einer V-Kurve, mindestens aber die Messung eines Punktes bei $\cos\varphi = 1$ und bei $\cos\varphi = 0{,}5$ nacheilenden Blindstromes,

b) bei Regelung mit Drossel vor den Schleifringen die Bestimmung des Reglers und seiner Widerstände.

Es tritt der kleinste Magnetisierungsstrom bei der größten Untererregung, d. h. bei kleinster Leerlaufspannung auf. Außerdem dient diese Messung dazu, um den Einfluß der Blindstromabgabe auf den Erregerstrom festzustellen. Der Umformer wird hierbei über Schleifringe von der Drehstromseite aus mit Nennfrequenz gespeist. Die Gleichstromseite liefert nur den Erregerstrom für ihre Selbsterregung. Findet die Probe im Prüffelde statt, so wird der Umformer hierbei meistens zuerst von der Gleichstromseite aus angelassen, da dies bequemer ist. Nach erfolgtem Hochlaufen wird auf Selbsterregung geschaltet und die Gleichstromseite bis auf die Erregerwicklung geöffnet. Der Leerlaufsbetrieb von der Drehstromseite braucht in der Regel nur bei Nennspannung ausgeführt zu werden. Doch soll bei der gleichen Gleichspannung auch ein Leerlaufbetrieb von der Gleichstromseite durchgeführt sein, um einen unmittelbaren Vergleich beider Leerlaufwerte zu ermöglichen. Es wird gemessen: die Wechselspannung, die den Schleifringen mit Nennfrequenz zugeführt wird, die Stromaufnahme und die Leistungsaufnahme, die Spannung an der Erregerwicklung sowie die Gleichspannung an den Kommutatorbürsten. Zur Aufnahme der V-Kurve wird in der von Synchronmaschinen her bekannten Weise der Erregerstrom und damit die Spannung an der Erregerwicklung verändert. Der kleinste auftretende Erregerstrom ist maßgebend für die Bemessung des Regelwiderstandes für die Erregerwicklung. Er muß daher auf alle Fälle besonders bestimmt werden. Bei Einankerumformern, die im Leerlauf zur Abgabe von Blindleistung bestimmt sind, soll außerdem noch ein Betrieb als leerlaufender Synchronmotor vom Drehstromnetz mit so starker Übererregung durchgeführt werden, daß die gewährleistete Blindleistungsabgabe an den Schleifringen erfolgt.

3. Messung bei Belastung. Äußere Kennlinie. Die äußere Kennlinie stellt den Zusammenhang zwischen der Gleichstromspannung als Ordinate und dem Gleichstrom als Abszisse vor, wobei die den Schleifringen zugeführte Spannung und die Drehzahl des Umformers, d. h. die zugeführte Frequenz, konstant zu halten sind und ebenso der Regelwiderstand konstant ist. In der Art dieser Messung unterscheidet sich der Umformer nicht von entsprechenden Versuchen an der Gleichstrommaschine. Natürlich muß der Umformer hierbei nicht fremderregt, sondern auf Selbsterregung geschaltet sein. Die Messung der äußeren Kennlinie ist besonders dann wichtig, wenn zum Umformer eine vor den Schleifringen liegende Drosselspule gehört, und zwar deshalb hier besonders, weil bei Verwendung einer Drosselspule die Spannungsänderung wesentlich größer ist als ohne solche. In diesem Falle ist die Spannungserhöhung zu messen, die beim Übergang von Vollast oder Nennbetrieb auf Leerlauf eintritt.

4. Erwärmungsprobe. Die Erwärmungsproben werden in der Regel bei Nennlast vorgenommen, und es gilt hier das gleiche wie bei anderen Gleichstrommaschinen. Bei beiden Messungen nach 1 und 2 wird auf der Drehstromseite die Leistungsaufnahme, der $\cos\varphi$, der Schleifringstrom mit gemessen. Die besonders sorgfältige Messung des Vollastpunktes ist wichtig wegen des Wirkungsgrades, der allerdings in der Regel, wie später beschrieben, nicht als Differenz zwischen der aufgenommenen und der abgegebenen Leistung, sondern aus Einzelverlusten gewonnen wird, da die Messung der Aufnahme und Abgabe zu diesem Zweck zu ungenau ist.

Bei diesen Messungen verwendet man bei 3 Ringen die 2-Wattmetermethode, bei 6 Ringen die 3-Wattmetermethode, indem für jede Phase 1 Wattmeter angesetzt wird. Der Zweck der Messungen ist der, neben den elektrischen Daten auch diejenigen, welche auf das Schild der Maschine geschrieben werden sollen, kennenzulernen. Um ferner zu prüfen, ob die für die Bemessung des zum Umformer gehörigen Transformators und die für die Regler gemachten Spannungsangaben richtig sind, pflegt man auch das Übersetzungsverhältnis zwischen Wechselspannung und Gleichspannung zu bestimmen. Das Verhältnis ist ungefähr aus der nachfolgenden Tabelle zu ersehen:

Gleichspannungsbereich ca. Volt		3 Ringe $e_{\sim}$ zwischen $U\,V$		6 Ringe $e_{\sim}$ zwischen $U\,X$ gem.	
		Leerl.	Voll.	Leerl.	Voll.
115	cos = 1÷0,95	0,62	0,68	0,72	0,78
	50% nacheil.	0,64	—	0,74	—
230	cos = 1÷0,95	0,62	0,66	0,72	0,76
	50% nacheil.	0,64	—	0,74	—
500 und mehr	cos = 1÷0,95	0,62	0,65	0,72	0,75
	50% nacheil.	0,64	—	0,74	—

Die Messung des Leistungsfaktors ist wichtig für die Bestimmung der Ankerverluste und ausschlaggebend für die Magnetamperewindungen. Es ist daher die genaue Einstellung des der Dimensionierung zugrunde gelegten Leistungsfaktors für den Umformer besonders wichtig. Die Ankererwärmung und die Magneterwärmung und der Nebenschlußregler sind stark vom Leistungsfaktor abhängig (vgl. das, was über Wirkungsgradbestimmung und Stromwärme gesagt ist). Nachfolgende Werte werden in der Regel für Einankerumformer gefordert:

a) Wenn keine Regulierung verlangt ist oder wenn ein Drehtransformator zur Regelung des Umformers gehört, wird meistens bei Vollast $\cos\varphi = 1$ gefordert bzw. eingestellt.

b) Bei einer Verwendung mit Drossel wird bei Vollast meistens $\cos\varphi = 1$ bis ca. 0,9 voreilend verlangt. In der Regel ergibt dies, wenn von Vollast auf Leerlauf übergegangen wird, $\cos\varphi = 0{,}5$ nacheilenden Stromes.

5. Untersuchung der Stromwendung. Die Untersuchung der Stromwendung wird, wenn Wendepole vorhanden sind, in der gleichen Weise wie bei Gleichstrommaschinen vorgenommen, indem bei Belastung von einer fremden Stromquelle geringer Spannung Zusatz- oder Absatzstrom durch die Wendepole geschickt und die Kippfeuergrenze bestimmt wird. Für die Durchführung dieser Versuche siehe Kapitel Gleichstrommaschinen. Auch bei Einankerumformern ist in der Regel eine Regelfähigkeit des Wendefeldes vorgesehen, indem unter die Wendepole Bleche gelegt oder herausgenommen werden können, um durch Verminderung oder Vermehrung des Wendepolluftspaltes das Wendefeld entsprechend ändern zu können. Diese Untersuchungen sind rein praktisch vorzunehmen. Es soll aber an dieser Stelle darauf hingewiesen werden, daß man häufig auch aus dem Zu- oder Absatzstrom, den man um die Wendepole schickt, bei solchen Wendepolen, bei denen keine Bleche vorgelegt oder entfernt werden können, die vorzunehmende Änderung des Luftspaltes auf rechnerischem Wege ermittelt. Es sei hierbei darauf hingewiesen, daß die hierfür geltenden Berechnungen, den zu ändernden Luftspalt aus dem Zu- oder Absatzstrom zu finden, sich etwas von den entsprechenden Berechnungen bei Gleichstrommaschinen unterscheiden, weil im Einankerumformer nicht wie bei der Gleichstrommaschine nur die Ankeramperewindungen von seiten des Gleichstromes, sondern auch die von seiten des Wechselstromes wirksam sind und daher, wo Zu- und Absatzstrom relativ zueinander wirken, diese beiden Amperewindungen eine andere Bedeutung besitzen. Hinsichtlich der Ausführung der Berechnungen muß auf die Spezialwerte der Gleichstrommaschinen verwiesen werden.

6. Wirkungsgradbestimmung. Zur Bestimmung des Wirkungsgrades von Umformern ist das unmittelbare Verfahren der Gleichstrommessung auf der Drehstrom- und auf der Gleichstromseite ungeeignet. Der Unterschied zwischen diesen beiden Leistungsaufnahmen und Abgaben ist so gering bei dem hohen Wirkungsgrad, daß die unvermeidlichen Meßfehler zu erheblich ins Gewicht fallen. Diese Bestimmungsart des Wirkungsgrades kann daher zu einer angenäherten Prüfung dienen, keinesfalls aber zum Nachweis der Einhaltung von Garantiewerten.

Soll der Wirkungsgrad genauer bestimmt werden, so muß er nach dem mittelbaren Verfahren aus den Einzelverlusten errechnet werden[1]. Die in Umformern auftretenden Verluste bei Belastung sind Leerverluste, die aus Eisen- und Reibungsverlusten bestehen, Lastverluste, die sich aus den Stromwärmeverlusten und Übergangsverlusten an Kommutatorschleifringen und aus den Zusatzverlusten zusammensetzen, sowie Erregerverluste. Die Leerverluste werden im Leerlaufbetrieb von der Gleichstromseite aus gemessen. Sie sind aus den aufgenommenen Schaulinien für die Nennspannung zu ermitteln (siehe S. 429 bzw. Kap. VIII Gleichstrommaschinen). Nach den VDE-Vorschriften wird der Ankerwiderstand auf die Gleichstromseite bezogen, d. h. auf den Widerstand R_K, und der hieraus gerechnete Stromwärmeverlust wird mit einem Beiwert k multipliziert, um die Stromwärmeverluste zu erhalten nach der Formel:

$$V = k \cdot I^2 \cdot R_K .$$

[1] R.E.M. 1930 § 57, 58 und folgende.

Der Beiwert k ergibt sich für die verschiedenen Phasenzahlen der Umformer aus folgender Aufstellung:

Phasenzahl	1	2	3	6	12
Zahl der Schleifringe .	2	4	3	6	12
Beiwert k	1,45	0,39	0,58	0,27	0,20

Diese Beiwerte beziehen sich auf den Leistungsfaktor $= 1$. Arbeitet der Umformer mit Phasenverschiebung, so steigen die Ankerstromwärmeverluste rasch an, der Beiwert k wird größer. Ferner gelten die genannten Beiwerte k nur für sinusförmigen Verlauf des Wechselstromes. Bei verschlechterten Kurven würde mit höheren Werten zu rechnen sein. Es möge in dieser Beziehung auf einschlägige Werke verwiesen werden. Die Ständerwicklungen werden von reinem Gleichstrom durchflossen, mithin sind die Verluste auf einfache Weise zu errechnen. Die Wicklungswiderstände müssen dabei natürlich auf den Betriebszustand umgerechnet werden, das ist nach den VDE-Vorschriften auf 75^0. Die Übergangsverluste an Kommutator und Schleifringen werden wie bei Gleichstrommaschinen errechnet, indem für den Spannungsabfall an jeder Bürste 1 V bei den Kohle- oder Graphitbürsten auf dem Kommutator, 0,3 V bei den metallhaltigen Bürsten eingesetzt wird, falls nicht diese Werte durch eine besondere Messung festgestellt werden.

Die Zusatzverluste sind bei den Einankerumformern sehr schwierig zu messen. Man hat daher in den VDE-Vorschriften ½ % der Nennleistung bei Vollast auf der Gleichstromseite dafür eingesetzt. Für die Teillasten wird angenommen, daß die Zusatzverluste dem Quadrate der Stromwärmeverluste proportional sind. Den Fehler, welchen man mit dieser willkürlichen Einsetzung macht, nimmt man übereinkunftsgemäß in Kauf, da er nicht mehr so sehr erheblich ist.

Die Verluste in der Erregerwicklung bei selbsterregten Einankerumformern können hier mit einbezogen werden, ebenso die Verluste in den Regel-, Vorschalt- und Justierwiderständen. Dagegen sind die zum Umformer gehörigen Transformator- oder Drosselspulenverluste nicht mit einzubeziehen, sondern getrennt anzugeben.

7. Anlassen von Umformern. Man unterscheidet folgende Anlaßverfahren:

1. Anlassen von der Gleichstromseite des Umformers,
2. Anlassen mittels seines Anwurfsmotors,
3. Anlassen von der Drehstromseite mit einer Teilspannung.

Bei dem unmittelbaren Anlassen von der Drehstromseite, welches das einfachste und gebräuchlichste Verfahren ist, wird den Schleifringen unmittelbar vom Drehstromnetz über besondere Anzapfungen des zugehörigen Transformators Drehstrom von Nennfrequenz und niedriger Spannung zugeführt. Die Wechselströme, die in der Dämpferwicklung des Umformers entstehen, bringen den Umformer wie einen Induktionsmotor zum Anlaufen, an dessen Ende die ausgeprägten Pole schließlich den Anker in Synchronismus ziehen. Das Einlaufen in den Synchronismus wird durch Erregung der Pole erheblich erleichtert, zu welchem Zweck auf die richtige Schaltung der Nebenschlußwicklung bei Selbsterregung (siehe vorn) hinzuweisen ist. Bei Stillstand und beim Durchlaufen der Drehzahlen unterhalb der synchronen läuft das Drehfeld in bezug auf das Magnetgestell um und erzeugt dabei in der Magnetwicklung Wechselspannungen, die eine gefährliche Höhe von mehreren 1000 V annehmen können. Die Gefahr dieser hohen Spannungen wird jedoch dadurch beseitigt, daß beim Anlaufen die Erregerwicklung dauernd über den Anker des Umformers oder über eine Stromquelle oder über den vorgeschalteten Regelwiderstand geschlossen bleibt, wobei im Regler so viel Widerstand vorgeschaltet wird, wie mit Rücksicht auf die entstehenden Wechselspannungen zulässig ist. Es ist daher eine der wichtigsten

Messungen, die im Moment des Einschaltens auftretende Magnetwicklungsspannung zu messen. Das Ankerfeld läuft während des Anlaufes auch in bezug auf die Bürsten um und erzeugt hier Ströme, die eine Funkenbildung an den Bürsten zur Folge haben. Um dieses Feuer möglichst niedrig zu halten, wird die Anlaufspannung meist so gering gewählt, daß der Umformer eben noch mit Sicherheit anläuft. In der Regel genügt etwa ein Drittel der Nennspannung. Während dieser Messung ist die Zulässigkeit des Bürstenfeuers zu untersuchen. Ist es nicht zulässig, so können als Abhilfe z. B. andere Bürstensorten oder schmälere Bürsten gewählt werden. Auch kann durch Anwendung von Preßölschmierung in den Lagern die Anlaufszeit und damit die Beanspruchungszeit der Bürsten gekürzt werden. Schließlich kann noch die Dämpferwicklung geändert werden, da von ihren Widerstandsverhältnissen ebenso die Anfangsgeschwindigkeit des Umformers abhängt.

Der von den Schleifringen während des Anlaufes aufgenommene Strom ist gegen die Spannung stark phasenverschoben, so daß erhebliche Blindstromaufnahmen aus dem Netz auftreten. Die Gesamtstromaufnahme beim Anlaufen ist an den Schleifringen das 1- bis 2fache des Nennstromes. Da der Umformer jedoch nur mit ungefähr 30% seiner Nennspannung anläuft, so treten diese starken Anlaufströme nur in den benutzten Teilen der Sekundärwicklung des Transformators auf, während auf der Primärseite der Anlaufstrom nur 30 bis 50% des Nennstromes beträgt. Die zum Anlaufen vom Stillstand bis zur vollen synchronen Drehzahl erforderliche Anlaufszeit beläuft sich je nach Größe des Umformers auf 10 bis 30 Sek.

Die nach dem Anlaufen des Umformers auf der Gleichstromseite entstehende Polarität kann bei Selbsterregung nicht im voraus bestimmt werden, sondern stellt sich zufällig ein, da der Erregerstrom seine Richtung dauernd wechselt. Nach dem Anlaufen ist daher die Polarität erst besonders zu überprüfen. Hat sich die falsche Polarität eingestellt, so wird durch kürzeres Öffnen des Primär-oder Anlaßschalters auf der Drehstromseite von etwa 5 bis 10 Sek. Dauer der Anker aus dem Synchronismus gebracht und dann von neuem eingeschaltet. Dieses Schalten darf aber nur bei der Anlaßteilspannung und bei geschwächtem Erregerstrom vorgenommen werden, damit der Umformer seine falsche Polarität möglichst rasch verliert. Im Regler des Erregerkreises muß daher auch beim Umpolen möglichst viel Widerstand vorgeschaltet werden. Dieser Widerstand muß bei diesen Untersuchungen bestimmt werden. Er muß so beschaffen sein, daß er Selbsterregung bei geöffnetem Drehstromschalter, d. h. ein von selbst einsetzendes Ansteigen der Kommutatorspannung vermeidet. Andererseits darf er nicht zu groß sein, damit die Spannung an dem Magneten, die, wie oben erwähnt, durch das Drehfeld induziert wird, nicht zu groß wird.

Es sei noch kurz die Umschaltung nach erfolgtem Anlauf und nach Prüfung der Richtigkeit der Pole erwähnt. Bei diesem Umschalten auf volle Spannung muß die Polarität auf der Gleichstromseite auch während des Umlegens des Drehstromschalters erhalten bleiben. Deshalb muß vor dem Umschalten der Regler im Erregerkreis auf kleineren als den oben bestimmten Vorschaltwiderstand eingestellt werden. Diese Umstellung des Widerstandes auf einen kleineren Wert ist auch wichtig, damit das Feuer an den Schaltkontakten des Anlaßschalters geringer wird, weil durch die Einstellung auf kleineren Vorschaltwiderstand der Leistungsfaktor und damit die Ströme auf der Schleifringseite vermindert werden.

Diese Reglerstellungen und die Einstellung der Widerstände sind auszuprobieren. Endlich wird durch diesen stärkeren Vorschaltwiderstand ein Überschlag auf der Kommutatorseite vermieden, der hierbei infolge der starken

Feldwechsel leicht auftreten kann. Es sei kurz erwähnt, welche Umschaltverfahren man kennt:

1. Gleichzeitiges Umschalten aller Phasen des Umformers von der Teilspannung auf die volle Spannung;
2. getrenntes Umschalten der Phasen ohne Schutzwiderstand;
3. getrenntes Umschalten der Phasen mit Schutzwiderstand.

Das Verfahren 1. wird bei Gleichspannung bis etwa 1600 V ohne oder mit Drosselspule angewendet und muß schnell erfolgen.

Das Verfahren 2. wird an Umformern von 600 bis 1000 V ohne Drosselspule in der unteren Seite des Transformators, und von 600 bis 1000 V mit Drosselspule in der oberen Seite des Transformators angewendet. Das Umschalten der einzelnen Phasen erfolgt langsam nacheinander.

Das Verfahren 3. wird für Umformer mit Gleichspannung von 1000 bis 1200 V ohne Drosselspule angewendet. Bei diesem Verfahren wird in der Unsymmetriestellung in der zuerst umgeschalteten Phase zunächst ein Widerstand eingeschaltet, der beim Umschalten des 2. Schalters für die beiden anderen Phasen kurzgeschlossen wird.

8. Kurzschlußversuch. Bei Umformern für Betriebe, in denen betriebsmäßig Kurzschlüsse vorkommen, muß geprüft werden, ob die Maschine genügend sicher gegen Rundfeuer ist. Diese Probe muß mit dem zugehörigen Schalter oder einem ähnlichen mit gleicher Auslösezeit vorgenommen werden. Bei Spannungen über 500 V kommen hierfür heute nur noch Schnellschalter in Betracht. Es wird ein einstellbarer Begrenzungswiderstand, der Schnellschalter, ferner ein normaler Automat und endlich ein Handschalter in Reihenschaltung an den Kommutator des Umformers gelegt, und zwar, falls ein Pol geerdet ist, an den geerdeten Pol, damit bei Störungen keine Lichtbögen nach anderen Maschinenteilen hervorgerufen werden, die geerdet sind. Der Kurzschluß wird durch Schließen des Handschalters eingeleitet und wird darauf vom Schnellschalter unterbrochen, an dessen Klemmen ein Parallelwiderstand liegt, der so bemessen ist, daß nach einiger Zeit der normale Automat ebenfalls auslöst und den ganzen Strom unterbricht. Bei schnellem Abschalten treten an dem Kommutator durch das Verschwinden der von den Kurzschlußströmen erzeugten Magnetfelder Überspannungen auf. Man schaltet daher den Strom nicht auf 0, sondern nur bis etwa den 1- bis 1,5fachen ab. Hiernach ist der zum Schnellschalter parallelgeschaltete Widerstand einzustellen. Bei dem Versuch selbst fängt man vorsichtshalber mit der Einstellung auf 1- bis 2fachen Nennstrom an. Das Einschalten des Handschalters muß aus einer Entfernung von einigen Metern mit Hilfe einer Schnur vorgenommen werden. Es ist zweckmäßig, den Kurzschlußvorgang mit dem Oszillographen aufzunehmen, wobei der Verschluß des Oszillographen durch einen am Handschalter angebrachten Hilfskontakt ausgelöst wird, um den richtigen Zeitmoment zu erfassen. Der Beobachtung unterliegt die Heftigkeit des Kommutatorfeuers, insbesondere ob Rundfeuer aufgetreten ist. Man vergleiche nachher im Stillstand die an der Spiegelfläche des Kommutators sichtbaren Lichtbögenwirkungen in ihrer Intensität und Zeitverlauf mit dem Oszillographen. Bei gutem Schnellschalter und Einanker tritt selbst bei vollem Kurzschluß kein schädliches Rundfeuer auf. Vor dem Versuch umwickelt man vorsichtshalber alle blanken Teile auf der Kommutatorseite. Etwa auftretendes Rundfeuer bläst elektrodynamisch von der Ankerwicklung zum Lager, weshalb diese Seite besonders sorgfältig zu isolieren ist.

9. Zubehörapparate. Umformer werden häufig mit einem Fliehkraftschalter ausgerüstet. Bei umgekehrtem Betriebe des Umformers, d. h. Lieferung von Drehstrom aus der Gleichstromseite kann bei gewissen Phasenverschiebungen auf der

Drehstromseite und Feldschwächung eine unzulässige Tourensteigerung des Umformers auftreten. Es ist der Zweck des Fliehkraftschalters, diese Zufälligkeiten zu verhindern; es muß dann der Fliehkraftschalter auf seine präzise Wirksamkeit geprüft werden.

Ferner sind die Umformer häufig zwecks Vermeidung von Rillen auf dem Kommutator mit einem sog. Wellenspieler versehen, d. h. einer Einrichtung, welche während des Laufes den Anker um einige Millimeter hin und her pendeln läßt. Auch diese Einrichtung muß auf richtiges Arbeiten eingestellt werden.

XIV. Gleichrichter.

Von **M. Schenkel**, Berlin.

A. Die Vakuumtechnik.

1. Allgemeines. Eines der hervorstechendsten Unterscheidungsmerkmale gegenüber der sonstigen Starkstrommeßtechnik und zugleich ein den meisten noch wenig bekanntes Gebiet, ist in der Gleichrichtertechnik die Vakuumtechnik. Sie unterscheidet sich auch von sonstigen Verwendungen eines Vakuums durch die Tatsache, daß alle Gleichrichter ein Hochvakuum brauchen. Es ist kurz dadurch gekennzeichnet, daß es mit Hilfe einer einfachen Barometersäule nicht mehr oder höchstens ganz ungenau gemessen werden kann. Denn es rechnet von 2 bis 3 mm Quecksilbersäule bis herab zu Millionsteln Millimeter. Vorangestellt sei daher:

2. Vakuummessung. Aus den zahlreichen Mitteln zur Vakuummessung sollen hier nur die in der Starkstromtechnik eingebürgerten näher besprochen werden: Das Mac Leodsche Manometer und das Hitzdrahtvakuummeter nach Pirani.

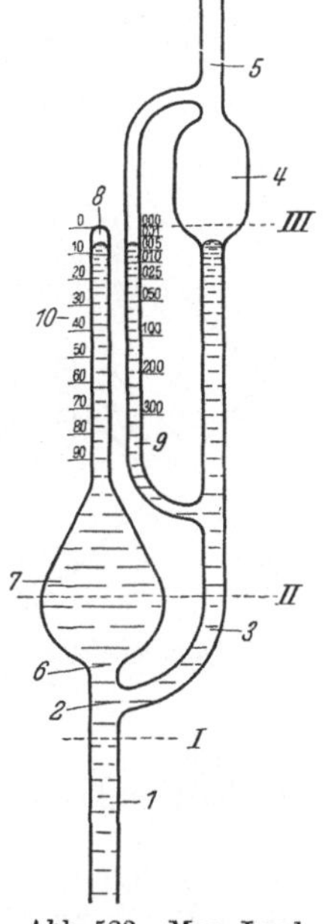

Abb. 523. Mac Leodsches Manometer.

Das Mac Leodsche Manometer mißt den Druck eines Vakuums absolut auf der Grundlage des Mariotteschen Gesetzes für Gase. Abb. 523 stellt dieses Manometer dar. An das Ende einer veränderbaren Barometersäule *1* — zu dieser Veränderung dient irgendein heb- und senkbares Gefäß voll Quecksilber am unteren Ende der Barometerröhre — ist eine Wegteilung *2* angeschmolzen. Deren rechter Arm *3* führt über ein Gefäß *4* mittels der Röhre *5* zu dem zu messenden Vakuum. Der linke Arm *6* führt in eine Glasbirne *7* von etwa 61,6 cm³ Inhalt, deren spitzes Ende in eine Kapillare *8* von etwa 2 mm Durchmesser und etwa 100 mm Länge ausgezogen ist. Diese Kapillare ist oben verschlossen. Neben ihr ist zur Vermeidung von Meßfehlern durch die sog. Kapillardepression eine zweite Kapillare *9* gleichen Durchmessers angeordnet, die von der Röhre *3* abzweigt und das Gefäß *4* überbrückt. Hinter beiden Kapillaren befindet sich eine Skala *10*, deren Nullpunkt am Ende der geschlossenen Kapillaren liegt. Die Skala ist links in mm eingeteilt, rechts trägt sie eine Einteilung nach mm Quecksilbersäule. Der Druck 0,01 mm Hgsäule fällt z. B. mit der Länge 14 mm der geschlossenen Kapillare zusammen. Ist dieses Gerät nun an ein Vakuumgefäß angeschlossen, in dem man das Gas, das noch darin ist, als ruhend annehmen darf, so herrscht bei der Stellung *I* der unteren Barometersäule wegen der Kommunikation bei *2* in Birne und Kapillare der gleiche Druck wie im Vakuum.

Wird nun die Säule gehoben, so schließt sie bei *2* diese Kommunikation alsbald ab. Es ist nun in Birne und Kapillare ein Gasvolumen von 61,6 cm³ abgeschlossen, das den gleichen Druck wie das Gas im Vakuumgefäß hat. Wird die Säule jetzt weiter gehoben, z. B. in Stellung *II*, wo das Quecksilber bereits die Hälfte der Birne füllt, so wird der abgeschlossene Gasinhalt der Birne komprimiert. Diese Hebung und Kompression wird solange fortgesetzt, bis das Quecksilber in der rechten Kapillare *9* den Nullpunkt der Skala erreicht hat, Stellung *III*. Das Gas ist jetzt in der Kapillare *8* bis auf 8 mm zusammengedrückt worden, sein Druck entspricht also jetzt einer Quecksilberhöhe von 8 mm, er sei mit p_k bezeichnet. Ist p der Druck des noch nicht komprimierten Gases, also der Druck im Vakuumraume, und $v = 61{,}6\ \text{cm}^3$ sein Volumen, also das Volumen von Birne plus Kapillare bei Schluß der Kommunikation *2*, endlich

$$v_k = \frac{\pi}{4} \cdot 2^2 \cdot 8 = 25{,}1\ \text{mm}^3 = 0{,}0251\ \text{cm}^3$$

das komprimierte Volumen, so ist nach dem Mariotteschen Gesetz:

$$p = p_k \cdot \frac{v_k}{v} = 8 \cdot \frac{0{,}0251}{61{,}6} = 0{,}00326\ \text{mm Hg-Säule.}$$

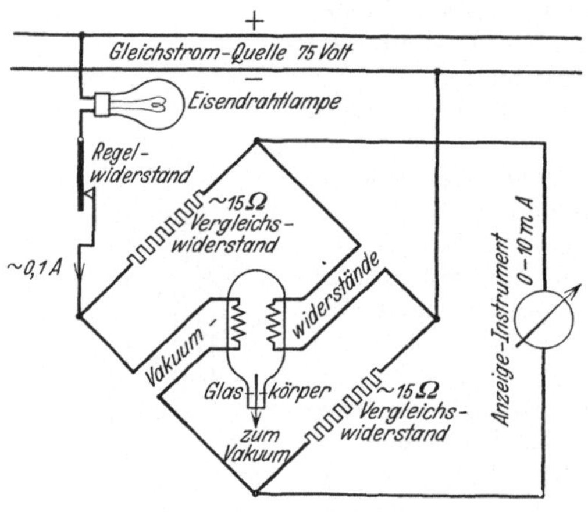

Abb. 524. Schaltbild des Hitzdrahtvakuummeters nach Pirani.

Aus diesem Gesetz folgt, daß die rechte Skala quadratisch ansteigen muß. Da das Manometer das Mariottesche Gesetz zur Grundlage hat, kann es nur Gasdrücke, nicht Dampfdrücke messen. Es mißt daher nicht immer den Totaldruck in einem Vakuumgefäß, nämlich dann nicht, wenn kondensierbare Dämpfe darin sind, wie z. B. Wasserdämpfe, Quecksilberdampf. Solche werden über der komprimierenden Kapillaren kondensiert. Wegen der Meßgenauigkeit und der möglichen Fehlerquellen sei auf die obigen Werke verwiesen, da in der Starkstromtechnik meist nicht der absolute Druck Ziel der Messung mit dem Instrument ist. Man benutzt es hier mehr als Vergleichsinstrument, weil der Druck in absolutem Maße keine so große Rolle in den Starkstromgleichrichtern spielt und der Quecksilberdampfdruck ohnehin nicht mit meßbar ist.

Diese letzte Eigenschaft und der Umstand, daß das Mac Leodsche Manometer keine Momentanablesung des Druckes erlaubt, hat zur jetzt bevorzugten Anwendung des Hitzdrahtvakuummeters (nach Pirani) geführt. Der wesentlichste Teil ist ein glühlampenartiger Glaskörper, der unten nach dem zu messenden Vakuum zu offen ist und dessen Leuchtdrahtgestell mit 2 Fäden aus schwer schmelzbarem Metall (Nickel, Platin) bespannt ist. Vier Einschmelzungen leiten von diesen Drähten nach außen. Dieser Glaskörper liegt innerhalb einer Schutzhülle, die oben 4 Klemmen für die erwähnten Drähte und 2 Rollen für die unten zu erwähnenden Widerstände trägt. Die Schutzhülle kann in ein Rohr versenkt werden, das unten einen Flansch zur dichten Verbindung mit dem Vakuumgefäß hat. Abb. 524 zeigt die Schaltung. Die beiden Hitzdrähte in der Lampe und die beiden Widerstände bilden zusammen eine Wheatstonesche Brückenschaltung, in deren Brücke das die Widerstandsänderung der Hitzdrähte anzeigende Meßinstrument liegt. Die Arbeitsweise des Instrumentes beruht auf der Veränderung der Temperatur der Lampendrähte mit der Wärmeableitungsfähigkeit der sie umgebenden Gase. Diese nimmt mit zunehmender Verdünnung der Gase ab, wobei der Grad der Abnahme natürlich von der Natur des Gases oder Dampfes abhängt. Man muß daher dieses Instrument mit Hilfe eines Mac Leodschen Manometers eichen und muß dabei dieselben Gasgemische verwenden, deren Verdünnungsgrad man später messen will. Die Erfassung des Quecksilberdampfes bietet bei dieser Eichung allerdings gewisse Schwierigkeiten. Grundsätzlich mißt aber das Hitzdrahtinstrument Gas- und Dampfdrücke zusammen, also den Totaldruck. Man beobachtet daher auch häufig Unterschiede in den Angaben der beiden Instrumente. Der Heizstrom der Drähte beträgt etwa 50 mA, ihre Temperatur etwa 250°. Abb. 525 zeigt den Zusammenhang zwischen dem Strom in mA im Brückeninstrument und dem Druck. Die Skala des Brückeninstruments wird meist mit mm Hg-Säule beschriftet.

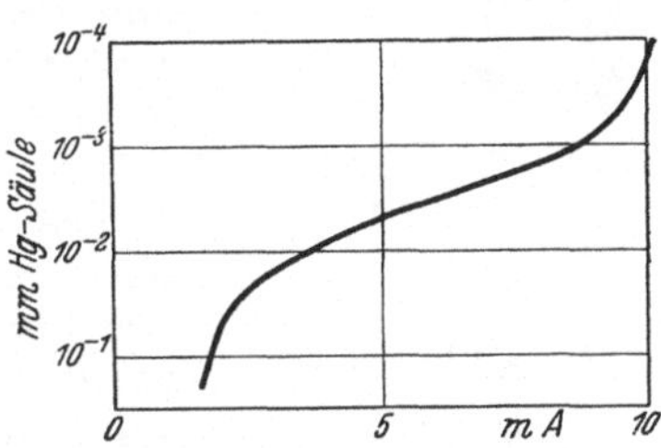

Abb. 525. Strom im Brückeninstrument des Hitzdrahtvakuummeters über dem Gas- bzw. Dampfdruck.

Eine große Annehmlichkeit dieses Meßverfahrens bildet die Möglichkeit, das Vakuum an der Schalttafel oder an einer beliebigen anderen Stelle ablesen zu können. Über Empfindlichkeit und Fehlerquellen siehe die angezogenen Werke.

Folgende Angaben über die Drücke der Restgase in eisernen Großgleichrichtern mögen eine Vorstellung von den in Frage kommenden Größen geben:

Normaldruck der Restgase bei Nennlast . . . . etwa 0,0015 mm Hg
Betriebsgrenzdruck, nach dessen Überschreitung der Gleichrichter unsicher werden kann . . . . „ 0,0130 „ „

Wie aus obigem bereits hervorgeht, ergeben die Meßmethoden im wesentlichen Aufschluß über Gasdrücke, aber weniger gute Ergebnisse über Dampfdrücke. Die Messung der letzteren wird auch noch dadurch erschwert, daß die Dämpfe in Gleichrichtern heftige Bewegungen ausführen, daher die Druckverteilung innerhalb ein und desselben Gefäßes verschieden sein kann. Die Ergebnisse der Druckmessungen haben daher mehr den Wert eines Vergleichs und einer Orientierung als den einer absoluten Messung.

3. Vakuumpumpen. Zur Erzeugung des Vakuums dienen in der Starkstromtechnik Vor- und Feinpumpen. Als Vorpumpen dienen allgemein in Öl laufende Schieberpumpen und als Feinpumpen Quecksilberdampfpumpen. Die Schieberpumpe, deren Prinzip als bekannt vorausgesetzt werden kann, verbraucht 230 bis 330 W Antriebsleistung und vermag mit einem solchen umlaufenden Zylinder ein Vakuum bis zu 0,020 mm Hg-Säule herzustellen und, solange sie läuft, gegen den Druck der Atmosphäre aufrecht zu erhalten. Im Stillstande hält sie jedoch auf die Dauer nicht dicht, da der Außendruck das Öl allmählich durch die schmalen Dichtungsflächen zwischen den Schiebern und der Gehäusewand hindurchdrückt und schließlich die Außenluft folgt. Beim Betrieb dieser Pumpe sind daher einige Sicherungsmaßnahmen nötig, da das Stehenbleiben der Pumpe auch zufällig, z. B. beim Wegbleiben des Antriebsstromes erfolgen kann. Diese sind:

1. Ein Signal beim Stillstand der Pumpe.

2. Ein Ölfanggefäß zur Aufnahme des vom äußeren Luftdruck durchgedrückten Öles.

3. Ein vakuumdichter Abschluß gegen die nachdringende und auch das Ölfanggefäß noch durchdringende Luft. Hierfür benutzt man einen Vakuum-

hahn oder noch besser eine barometrische Quecksilbersäule (Quecksilberverschluß) Diese hat den Vorteil, daß sie durch die nachdringende Luft selbst betätigt wird, während man zur Betätigung eines Hahnes eine meist weniger einfache Antriebsvorrichtung braucht.

Über andere weniger benutzte Pumpen siehe die erwähnten Werke.

Abb. 526 zeigt einen gebräuchlichen Vakuumhahn mit Quecksilberabdichtung im Schnitt, der wohl ohne besondere Erläuterung verständlich ist, Abb. 527 einen gebräuchlichen Membranhahn mit Abdichtung durch Gummi, bei dem mittels einer von außen durch eine Schraube durchgebogenen Membran eine Gummischeibe auf die Öffnung der zum Vakuum führenden Rohrleitung gedrückt wird, wenn der Hahn geschlossen werden soll.

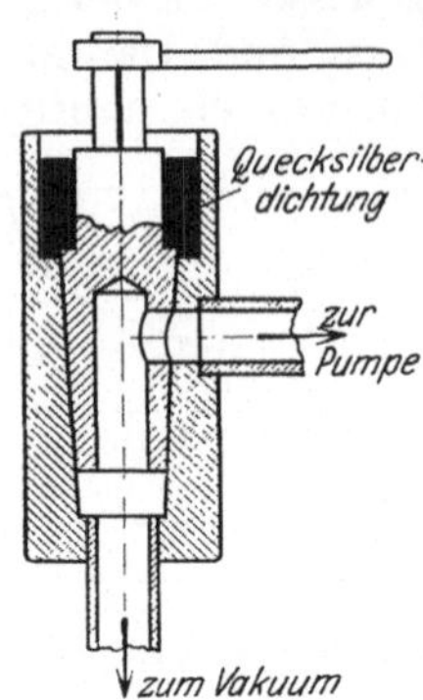

Abb. 526. Vakuumhahn mit Quecksilberdichtung.

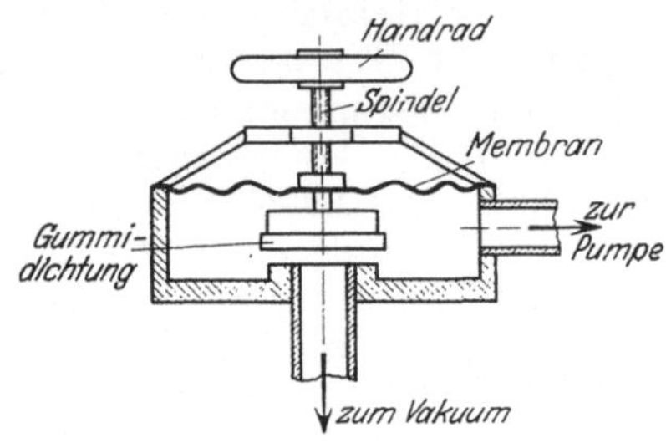

Abb. 527. Vakuumhahn mit Membran.

Das mit diesen Pumpen selbst bei mehrfacher Reihenschaltung erreichbare Vakuum — etwa 0,001 mm Hg-Säule — ist für viele Zwecke zu schlecht und die Zeit zur Erzielung des Minimums an Druck zu lang. Man verwendet daher diese Pumpen jetzt lediglich als Vorpumpen zu den sog. Quecksilberdampfpumpen.

4. Quecksilberdampfpumpen. Diese können nicht unmittelbar gegen den Druck Atmosphäre arbeiten. Sie erzeugen wesentlich niedrigere Drucke — niedriger als $1 \cdot 10^{-6}$ mm Hg-Säule — bei wesentlich kürzerer Zeit und haben den Vorzug, daß sie alle Gase und Dämpfe rasch absaugen. Über die Theorie und technischen Einzelheiten solcher Pumpen siehe die erwähnten Werke, wo sich auch deren viele Abarten beschrieben finden. In der Verbindung mit Gleichrichtern wird meist die Gaedesche dreistufige Diffusionspumpe aus Metall verwendet. Konstruktive Einzelheiten möge der Leser den Veröffentlichungen der Firma Leybold-Köln entnehmen. Die oberste Stufe wirkt als Hochvakuumpumpe mit sehr großer Saugleistung. Nach Gaede beträgt hier die Sauggeschwindigkeit bei einem Drucke von 10^{-4} mm für Luft 40000 cm³/s. Die beiden anderen Düsen (Stufen) wirken als Dampfstrahlpumpen. Da die Querschnitte der Pumpe nicht sehr groß sind, ist die schließlich erreichte Sauggeschwindigkeit von 15000 cm³/s zwar kleiner als die der obersten Stufe, aber doch immer noch allen anderen Pumpen gegenüber beachtenswert hoch.

Das Kompressionsvermögen der untersten Stufe reicht zur Überwindung eines Gegendruckes von 20 mm Hg-Säule aus.

Zur Anheizung des Quecksilbers braucht eine solche dreistufige Pumpe etwa 800 W und zur Kühlung eine Wassermenge von 4 l/min, wenn das zugeführte Wasser etwa 15° C mißt. Es erwärmt sich um etwa 3° C.

Saugleistung. Abgesehen von dem erreichbaren Enddruck ist die Saugleistung ein wichtiges Kriterium aller Pumpen. Sie ist definiert durch den Wert

$$S = \frac{V}{t} \cdot \ln\left(\frac{p_1}{p_2}\right),$$

wenn V das Volumen des zu evakuierenden Gefäßes in cm³, t eine Evakuierungszeit in Sek. und p_1 und p_2 die Drücke im Gefäß zu Anfang und zum Ende dieser

Zeit sind. Bei einer Schieberpumpe ist $S = 2300$ bis $2700\ \mathrm{cm^3/s}$, bei der Diffusionspumpe $S = 15000\ \mathrm{cm^3/s}$, also etwa 6 mal so groß als bei Schieberpumpen.

Die Saugleistung wird gemäß der Formel dadurch gemessen, daß man die Pumpe an ein Gefäß mit dem zuvor ausgemessenen Volumen V anschließt, den Anfangspunkt p_1 mit dem Mac Leodschen Manometer bestimmt und die Pumpe dann während einer Zeit t wirken läßt. Mißt man nach deren Ablauf den Druck p_2, so hat man alle Größen zur Ausrechnung der Saugleistung nach der Formel in der Hand. Bei dieser Untersuchung empfiehlt es sich, den Druck nicht nur am Anfang oder Ende der Zeit t, sondern auch noch dazwischen zu messen und die Druckwerte über t aufzutragen. Man kann dann an dieser Kurve nachprüfen, ob oder wie weit sie logarithmischen Charakter hat. Dies ist nämlich nicht immer, besonders nicht am Ende der Pumpperiode, der Fall. Die Kurve gestattet dann, sich ein genügend genau logarithmisches Stück der Kurve zum Berechnen von S auszusuchen.

Ein anderes Verfahren zur Bestimmung der Saugleistung beruht darin, das Gefäß V mit der Außenluft durch eine Kapillare vom Radius r (in cm) und der Länge L (in cm) zu verbinden und nun die Pumpe am Gefäß V wirken zu lassen. Ist p_1 der Außendruck (in $\mathrm{kg/cm^2}$) (Atmosphärendruck), so stellt die Pumpe nach einiger Zeit einen konstanten niedrigen Innendruck p_2 (in $\mathrm{kg/cm^2}$) im Gefäß V her. Es gilt dann für die Saugleistung

$$S = \frac{1}{\sqrt{\varrho_1}} \cdot \frac{(p_1 - p_2)}{\mathrm{L}} \cdot \frac{4}{3} \cdot \sqrt{2\pi} \cdot r^3 \text{ in } \mathrm{cm^3/s},$$

worin ϱ_1 die Gasdichte in $\mathrm{kg/cm^3}$, bezogen auf die absolute Druckeinheit $1\ \mathrm{dyn/cm^2}$ ist. Durch Verkürzen der Kapillare kann man im Gefäß V verschiedene Drücke p_2 einstellen. Man erkennt beiläufig aus dieser Formel, welche Bedeutung bei Hochvakuumleitungen ein großer Rohrdurchmesser $2r$ auf die durch ein Rohr bei einer bestimmten Druckdifferenz $p_1 - p_2$ schaffbare sekundliche Gasmenge hat, denn obige Formel gilt natürlich nicht bloß für eine Kapillare, sondern für jedes Stück L einer Vakuumrohrleitung mit dem Rohrdurchmesser $2r$. Man kann sie bei gewünschter Fördermenge S zur Berechnung des Druckgefälles $p_1 - p_2$ benutzen. Alle Gleichrichterhochvakuumleitungen werden daher mit möglichst großen Rohrdurchmessern gebaut, um die Evakuiergeschwindigkeit nicht unnötig zu verkleinern. Auch behelfsmäßige Leitungen, die man bei Prüfungen öfters anlegen muß, muß man daher stets aus starken Rohren bauen.

5. Druck der Quecksilberdämpfe. Da, wie vorn erläutert, die Messung des Druckes von Hg-Dämpfen nicht mit allen Vakuummetern möglich ist, so ist es von Wert, wenigstens den Zusammenhang dieses Druckes mit der Temperatur des Dampfes zu kennen, wenn der Dampf gesättigt ist. In diesem Zustande hängt nämlich der Dampfdruck nur von seiner absoluten Temperatur ab. Hertz und später Knudsen fanden dafür:

$$\log p = 10{,}574 - 0{,}847 \cdot \log T - \frac{3342}{T}.$$

Diese Formel ist in der Abb. 528 dargestellt. Man kann sie z. B. anwenden, um durch eine Temperaturmessung an Wänden, an denen Quecksilber kondensiert, den in der Nähe der Wände herrschenden Hg-Druck zu berechnen. Für überhitzten oder rasch strömenden Quecksilberdampf ist die Formel natürlich nicht benutzbar.

6. Vakuumhaltung. Gutes Vakuum ist die wichtigste Voraussetzung für guten Betrieb eines Gleichrichters. Die Folgen schlechten Vakuums sind: bei sehr schlechtem Vakuum Rückzündungen, bei minderwertigem Vakuum schweres Anspringen der Anoden, besonders bei Parallelbetrieb von mehreren Anoden oder mehreren Gefäßen, Erhöhung des Spannungsabfalles, also der Verluste, also Verschlechterung des Wirkungsgrades, Verschmutzung des Gefäßinneren und seiner Innenteile, Verdickung des Kathodenquecksilbers. Gleichrichtergefäße sind daher zuerst ohne Strom auf Dichtigkeit zu untersuchen. Bei Glasgleichrichtern sind die Einschmelzstellen, bei Großgleichrichtern die Schweißnähte und die Dichtungen die verdächtigsten Stellen. Wesentlich seltener sind Poren in den verwendeten Baustoffen die Ursache zu schlechtem Vakuum. Immerhin empfiehlt es sich, bei gewalzten Materialien die Walzrichtung zu beachten. Die Dichtigkeit von Glasgefäßen kann nur durch die weiter unten beschriebenen Dauerbeobachtungen festgestellt werden. Die der eisernen Großgleichrichter kann wenigstens bis zu einem gewissen Grade zuvor dadurch festgestellt werden, daß man das Gefäß mit 4 bis 6 Atmosphären Luftüberdruck (Vorsicht wegen Zulässigkeit dieses Druckes!) versieht und alle Schweißnähte mit Seifenwasser abpinselt. Kleinere Gefäße kann man auch in Wasser untertauchen. Bei beiden Verfahren verraten sich undichte Stellen durch Bläschenbildung. Solche Stellen sind nachzuschweißen, nicht zu verstemmen, da Verstemmen keine Hochvakuumdichtigkeit liefert. Gefäße, bei denen man Verdacht auf Undichtigkeit hat, sind nach diesem Verfahren abzusuchen, wobei man voneinander trennbare Teile je für sich zu untersuchen hat. Diejenigen Teile sind gut, die das Vakuum längere Zeit (siehe unten, Standprobe) ohne wesentlichen Abfall halten, ohne daß man nachpumpt.

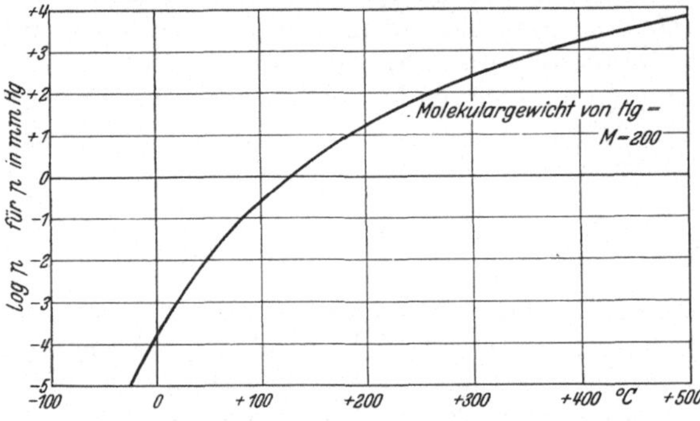

Abb. 528. Druck des gesättigten Quecksilberdampfes über der absoluten Temperatur.

Ist das Gefäß dicht, so wird es ausgepumpt bis zum besten Vakuum und dann unter Strom gesetzt. Hierzu verwendet man eine der Betriebsschaltung ähnliche Schaltung, bei der man aber nur mit so niedrigen Spannungen arbeitet, als es die Förderung des Nennstromes des Apparates durch einen Widerstand erfordert, der bei kleineren Gleichrichtern bis zu 5 V, bei sehr großen bis zu 0,5 V Spannung verbraucht. Da der Spannungsabfall noch nicht entgaster Gleichrichter größer ist als der gut entgaster, so benötigt man dazu Mehrphasentransformatoren von 40 bis 80 V Spannung je Phase. Die je Phase erforderliche effektive Stromstärke berechnet man mit Hilfe der später genannten sog. „Stromfaktoren“ C_i. Man muß dabei aber berücksichtigen, daß sich bei diesem Betriebe die Ströme der einzelnen Anoden stark überlappen und diese Faktoren dadurch niedriger werden. Man kann die später angegebenen Werte mit einem Faktor 0,75 multiplizieren. Durch den Strom und die Erwärmung der aktiven Teile werden „okkludierte“ (eingeschlossene) Gase ausgetrieben. Man muß deshalb anfangs den Strom öfters abschalten und dazwischen das Vakuum durch die Pumpe wieder verbessern. Man darf auch nicht gleich mit dem Nennstrom, sondern nur mit etwa $^1/_{10}$ desselben beginnen. Der Vorgang dieser Entgasung dauert bei neuen Apparaten, die noch nie Strom führten, etwa 10 Stunden bei solchem aus Glas und 25 bis 40 Stunden bei solchen aus Eisen. Am Ende der Entgasung empfiehlt es sich, auch noch mit Überlastströmen, evtl. sogar mit kurzen, besonders hohen Stromströmen zu entgasen.

Das Kriterium für ein gutes erreichtes Vakuum ist die Standprobe: Man schließt den Gleichrichter von der Pumpeinrichtung ab und überläßt ihn sich selbst 12 Stunden, am besten über Nacht. In dieser Zeit soll das Vakuum nicht mehr als bis auf 0,025 mm Hg-Säule gesunken sein.

Bei Eisengleichrichtern ist es gut, diese Messungen wenigstens teilweise vor dem Anstrich des Gefäßes mit Farbe und vor der Bespülung seiner Wände durch das Kühlwasser auszuführen, da beides Poren verstopfen und dadurch ein falsches Bild geben kann, besonders wenn mit dem Mac Leod gemessen wird (siehe S. 436).

Bei Glasgleichrichtern gibt es noch andere Mittel zur Prüfung: Man legt 2 Anoden des Gefäßes einer Funkenstrecke eines Funkeninduktors parallel, dann sollen gute Gefäße bei Funken von über 20 mm Länge noch nicht leuchten, oder man wendet das Glasgefäß und läßt das Quecksilber vorsichtig von dem Kathodenraum in den Kondensraum fallen, dann soll das ein klirrendes Geräusch und kein dumpfes Aufschlagen geben.

Glasgefäße gestatten auch durch die Färbung der Entladung Schlüsse auf die Güte des Vakuums. Quecksilberdampfgleichrichter zeigen bei geringem Luftzutritt unmittelbar nach dem Zünden eine rosa-violette Farbe (Stickstoff), bei Glühkathodengleichrichtern, die mit Argon gefüllt sind, das für sich rötlich violett leuchtet, verursacht Luftbeimengung eine gelb-rote, Kohlensäure oder Kohlenwasserstoffe eine weißliche Färbung. Dagegen sind Verspiegelung oder Verschmutzung des Kondensationsraumes keine Anzeichen für geringes Vakuum.

Im Betriebe wird das Vakuum nur bei Großgleichrichtern aus Eisen geprüft. Es ist vor jedesmaligem Einschalten und sodann in regelmäßigen Abständen nachzumessen, außerdem sofort nach Rückzündungen, da diese durch Vakuummängel (Dichtungsfehler, Pumpenfehler) verursacht werden können und die Ursache auf diese Weise sofort gefunden werden kann. Hat man verschiedene Meßgeräte oder Gleichrichter verschiedener Herkunft, so muß man bei Vergleichen etwas vorsichtig sein, da die Ergebnisse von den Anordnungen der Apparatur abhängen können.

B. Elektrische Messungen.

7. Isolationsmessung. Die Entwicklung der Gleichrichter kann noch nicht als abgeschlossen betrachtet werden. Im Gegensatz zu den elektrischen Maschinen bestehen daher bis heute für sie noch keinerlei Vorschriften über Isolationsproben, Wirkungsgrad- und Erwärmungsmessungen, Überlastbarkeiten usw.

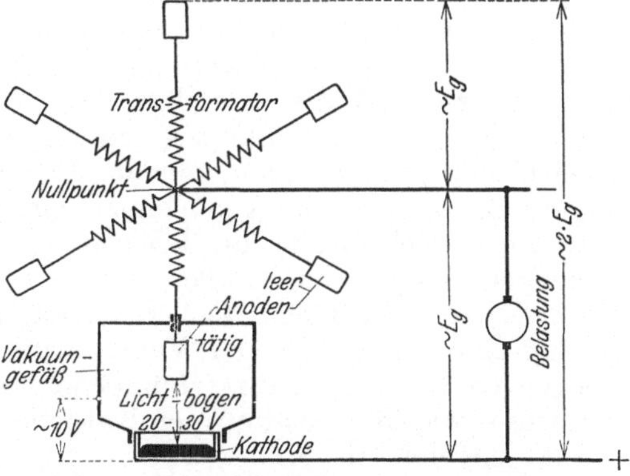

Abb. 529. Spannungsverhältnisse am Mehrphasengleichrichter, aufgezeichnet für Isolationsmessungen.

Die Isolationsmessung ist für Gleichrichter und die an sie angeschlossenen Apparate deshalb besonders wichtig, weil im Gleichrichterbetrieb nicht nur normalerweise Spannungen vorkommen, die höher sind als die Gleichspannung, sondern weil auch unter gewissen Umständen infolge der leichten Erlöschbarkeit der Bogenentladung Überspannungen auftreten können. Die normalerweise vorkommenden Spannungen erkennt man am besten aus Abb. 529. Zu deren Verständnis ist zu bemerken, daß die

Spannungen für den Gleichrichter nur im Transformator erzeugt wird, während im Gleichrichter selbst nur der kleine Lichtbogenspannungsabfall vorkommt, dessen Größe von nur 20 bis 30 V man für die Zwecke der Isolationsprüfung außer acht lassen kann. Demgemäß ist immer eine Anode oder Anodengruppe des Gleichrichters auf der Spannungshöhe der Kathode, also des Pluspoles, während andere Anoden sogar die Spannung des Minuspoles wesentlich übersteigen. Man muß sich den in der Abb. 529 gezeichneten Phasenstern des Transformators im Takte der Netzfrequenz umlaufen denken, um die Spannungen zu erkennen, die die Anoden während einer Periode des zugeführten Stromes durchlaufen. Welche Spannungen gegen Erde sich daraus ergeben, hängt nun wieder davon ab, ob die Kathode oder der Nullpunkt des Transformators geerdet sind. Meist ist das letztere der Fall, weil die Minuspolerdung im Falle von Erdschlüssen für benachbarte Apparate weniger gefährlich ist. Da das Gleichrichterzubehör je nach seinem Zwecke mit den Anoden, der Kathode, dem Gefäß oder dem Transformatornullpunkt verbunden ist, so ergeben sich als die Spannungswerte, die Teile der Gleichrichteranlage untereinander haben können, bei der Phasenzahl unendlich die Gleichspannung (Betriebsspannung) E_g, die doppelte Betriebsspannung $2 \cdot E_g$ und die Nullspannung. Da die Phasenzahl nicht unendlich groß ist, so ergeben sich für ungerade Phasenzahlen etwas kleinere Werte als die Betriebsspannung, die aber wiederum wegen des Spannungsabfalls im Gefäß etwas erhöht werden. Man kann daher für Isolationsprüfzwecke mit den obigen, bequem zu merkenden Werten arbeiten. Die Höhe der Prüfspannung wählt man am besten nach den Vorschriften, wie sie für Maschinen in den Verbandsvorschriften enthalten sind, das ergibt in der Regel den dreifachen Wert der an der betreffenden Stelle betriebsmäßig vorkommenden Spannung.

Als mit der Kathode verbunden anzusehen sind die Hilfs- und Steuerkreise, wie Zündkreis, Hilfserregerkreis, Dampfpumpenkreis, während mit den Anoden meistens nur Schutzwiderstände, Überspannungsableiter verbunden sind.

Ist die Kathode geerdet, so darf das Eisengefäß der Großgleichrichter berührt werden, da es gegen die Kathode stets nur einen durch die Entladung festgelegten Spannungsunterschied von etwa 10 V bekommt (Abb. 529). Jedoch darf es selbst keinesfalls geerdet oder mit der Kathode verbunden sein, da sonst im Innern des Vakuumgefäßes die Entladung auf die Gefäßwand überspringen kann, was zu Rückzündungen führt. Ist der Transformatornullpunkt geerdet, so darf die Kathode und daher das Vakuumgefäß nicht berührt werden, es sei denn von einem isolierten Standpunkt aus. Ist ein solcher vorgesehen (Linoleumboden), so muß die Zuverlässigkeit seiner Isolation geprüft werden. Ferner darf man nicht von ihm aus geerdete Gegenstände (Geländer!) erreichen oder bei einem Fall berühren können. Das Kühlwasser ist durch Gummischläuche ohne Armierung von genügender Länge zu- und abzuführen (Länge größer als 1 m). Auch hier ist die Isolation des Gefäßes gegen Erde gut zu prüfen. Ist die Betriebsspannung größer als 250 V, so empfiehlt sich, die oben genannten Hilfskreise über kleine Isoliertransformatoren anzuschließen. Je nach Anordnung sind auch Teile der Vakuumeinrichtung mit in den Kreis dieser Überlegungen einzubeziehen (Pumpenmotoren, elektrische Vakuummeßgeräte!). Ebenso, wie die Isolation der Kathode — mit kleiner Spannung — gegen das Vakuumgefäß zu prüfen ist, so hat man auch die der Anoden gegen das Gefäß zu untersuchen (mit höheren Spannungen, wie oben beschrieben). Hierbei darf man nicht vergessen, daß im Innern des Gefäßes ein Stromübergang durch das Vakuum stattfinden kann. Man macht diese Prüfung daher besser vor dem Auspumpen. Auf solche möglichen Stromübergänge im Vakuum hat man auch bei der Isolationsprüfung isolierender Zwischenstücke in Vakuumleitungen zu achten. Gefährlich ist dabei vor allem ein unvollkommenes Vakuum, da der Zusammenhang zwischen der Vakuumdurchschlagsspannung und dem Druck bekanntlich ein Minimum aufweist, das relativ niedrig, nämlich im Durchschnitt nur bei etwa 250 V, liegt.

Außer den beschriebenen Spannungen kommen noch infolge der leichten Veränderlichkeit des Lichtbogens in Gleichrichteranlagen Überspannungen vor, auf die man bei der Prüfung besonders des Zubehörs zum Gleichrichter achten muß. Sie treten nicht immer, sondern nur unter gewissen Bedingungen auf. Die häufigste Ursache ist niedere Außentemperatur, falls diese abkühlend auf den Gleichrichter wirken kann. Daher sind besonders bei Glasgleichrichtern solche Überspannungen häufig. Die Unruhe des Lichtbogens beruht auf einer Ionenverarmung in seiner Bahn bei zu starker Kondensation des Quecksilberdampfes. Gleichrichter mit reiner Gasfüllung dürften daher diese Erscheinung weniger zeigen; sie ist auch bisher nur an Quecksilberdampfgleichrichtern bekannt geworden. Infolge der dann sehr plötzlichen Änderung des Stromes treten die Überspannungen an allen Apparaten mit Selbstinduktion auf, also an Transformatoren, Drosselspulen, Zählerspulen, Strom- und Spannungsmesserspulen. Sie führen nicht nur zu Durchschlägen der Spulen selbst, sondern auch zu Leitungsdurchschlägen und können damit zu empfindlichen Störungen Anlaß geben, besonders wenn damit die Isolierung der Kathode der Eisengleichrichter in Mitleidenschaft gezogen wird. Es gibt dann sogar Rückzündungen als Folge solcher Überspannungen (vgl. S. 441). Die Isolationsprobe all solcher Teile der Anlage sollte daher nicht nach den für die betreffende Betriebsspannung gültigen Normen, sondern mindestens mit 3000 V erfolgen. Die in Gleichrichteranlagen vorkommenden Überspannungen erreichen Höchstwerte bis zu 6000 V Scheitelwert, und 4000 V Scheitelwert sind häufig. Sorgfältig entworfene Gleichrichteranlagen sehen daher genügend viele Ableitungsmittel vor. Dazu zählen an solchen Stellen, die vom Netz her Energienachschub bekommen können, Funkenableiter mit Löschungseinrichtungen, an anderen Stellen, wo kein oder wenig Energienachschub möglich ist, Schutzwiderstände hoher Ohmzahl oder Kondensatoren oder Kombinationen aus beiden. Diese Schutzeinrichtungen sind mit möglichst kurzen Leitungen mit den gefährdeten Punkten zu verbinden. Abb. 530 zeigt die wichtigsten dieser Schutzeinrichtungen, nämlich den Gefäßschutz, den Transformatorschutz und den Spulenschutz.

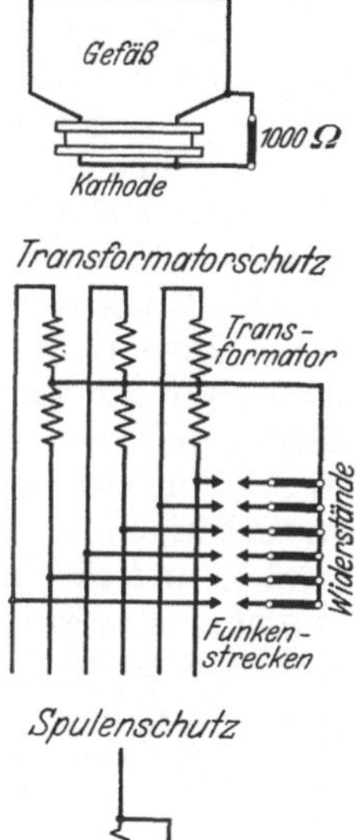

Abb. 530. Die wichtigsten Schutzeinrichtungen in Gleichrichteranlagen.

8. **Strom-, Spannungs- und Leistungsmessungen.** Bei allen Strom-, Spannungs- und Leistungsmessungen ist zu beachten, daß die Kurvenformen der Ströme und Spannungen in Gleichrichteranlagen stark von der Sinusform abweichen. Über die Entstehung und das Aussehen dieser Kurvenformen ist eine so umfangreiche Literatur vorhanden, daß hier Wiederholungen dieser bekannten Dinge nicht erforderlich sind[1].

---

[1] Eine Auswahl der besten Arbeiten ist folgende: Faye-Hansen: Primäre Stromkurvenformen und Leistungsfaktoren bei Gleichrichtern. Elektrotechn. Z. 1925 S. 1104. Dällenbach u. Gericke: Die Strom- und Spannungsverhältnisse der Gleichrichter. Arch. Elektrotechn. Bd. 14 (1925). Buch Graetz: Starkstromtechnik Bd. 5 S. 583 über elek-

Im allgemeinen hat man zu unterscheiden zwischen 3 Messungen: Des Scheitelwertes, des arithmetischen Mittelwertes und des Effektivwertes.

Die Kenntnis der Scheitelwerte ist selten notwendig. Man mißt sie entweder durch oszillographische Aufnahme der Kurve oder — bei Hochspannung beliebt — durch Aufladen eines Kondensators, an dem ein elektrostatisches Voltmeter liegt, über eine Ventilröhre[1].

Die arithmetischen Mittelwerte haben eine etwas größere Bedeutung, da es üblich geworden ist, die von einem Gleichrichter gelieferte Stromstärke und Spannung als arithmetische Mittelwerte zu messen. Üblich ist dies deshalb geworden, weil sich der arithmetische Mittelwert auf der Gleichstromseite eines Gleichrichters in der Regel, d. h. von der Phasenzahl drei ab kaum mehr merklich vom Effektivwert unterscheidet und die in diesen Werten enthaltenen Wechselstromanteile ohnedies zumeist für den Abnehmer des Stromes wertlos sind. Man muß sich aber dessen bewußt sein, um Fehler zu vermeiden. Bei Einphasengleichrichtung allein ist der Unterschied noch beachtlich sowie dann, wenn die etwas wellige Spannung des Gleichrichters auf einen Stromkreis sehr kleinen Widerstandes mit sehr unveränderlicher Gegen-EMK (Batterie) arbeitet. Arithmetische Mittelwerte mißt man mit polarisierten Instrumenten.

Die Effektivwerte sind die wichtigsten Werte. Auf der Wechselstromseite eines Gleichrichters mißt man fast immer nur Effektivwerte. Die sog. Rechnungsfaktoren beziehen sich nur auf sie. Man versteht unter diesen Faktoren Zahlen, mit denen man die gleichstromseitig meßbaren arithmetischen Mittelwerte von Strom und Spannung multiplizieren muß, um einen der wechselstromseitigen Effektivwerte zu erhalten. Man unterscheidet dabei die theoretischen und die praktischen Rechnungswerte. Erstere entstehen unter der Annahme, es werde der Gleichrichteranlage sinusförmige Spannung zugeführt, und es seien keinerlei Einflüsse außer der Schalterwirkung des Ventils da. Unter dieser Annahme sind die Rechnungswerte rein rechnerisch ermittelbar[2]. Solche Werte, für den Anodenstrom mit C_i, für die sekundäre Transformatorspannung mit C_e bezeichnet, sind $C_i = \frac{1}{\sqrt{n}}$ (angenähert) und $C_e = \frac{\pi}{n \cdot \sqrt{2} \cdot \sin \pi/n}$, wenn n die Phasenzahl ist. In Wirklichkeit wirken die vorhandenen Induktivitäten immer verspätend auf den Strombeginn und verspätend auf das Stromende einer Anode, derart, daß zwischen die Zeiten, zu denen nur eine Anode tätig ist, solche eingeschoben sind, wo 2 Anoden tätig sind. Dadurch hilft eine Anode der anderen und die Effektivwerte des Stromes einer einzelnen Anode sind dementsprechend geringer. Daher sind auch die praktischen Rechnungsfaktoren kleiner als die theoretischen. Da dies oft eine günstige Rückwirkung auf die Belastung der anderen Apparatur hat, führt man diesen Zustand oft mit Absicht herbei. So beträgt z. B. der Stromrechnungsfaktor einer sechsphasigen Gleichrichteranlage ($n = 6$) rein rechnerisch 0,42, praktisch 0,40 und kann durch die Mittel der Stromteilung (Stromteiler, Saugdrosselspulen) bis auf 0,28 herabgedrückt werden[3].

Effektivwerte mißt man durch Wechselstrominstrumente. Am genauesten sind dazu die dynamometrischen und die Hitzdrahtinstrumente, doch geben

---

trische Gleichrichter von Dr. Jungmichl (übersichtliche Zusammenstellung der sog. Rechnungsfaktoren). Buch K. E. Müller: Quecksilberdampfgleichrichter Bd. 1 u. 2. Leipzig: Barth 1928. Buch Prince u. Vodges: Principles of Mercury arc Rectifiers and their circuits. New York: McGraw-Hill Book Co. 1927.

[1] Siehe Schenkel: Elektrotechn. Z. Bd. 45 (1924) S. 490.

[2] Siehe z. B. Schenkel: Elektrotechnik Teil II S. 208. Leipzig: J. J. Weber 1924.

[3] Jungmichl: Die Saugdrosselspule in Gleichrichteranlagen. Wiss. Veröff. Siemens-Konz. Bd. 4 (1928) S. 34.

auch die heutigen Weicheiseninstrumente trotz der Gleichrichterkurvenformen Werte, die kaum um mehr als 1% abweichen. Zu Garantiemessungen wird man natürlich immer die dynamometrischen Instrumente benutzen (Wirkungsgradmessungen siehe unten).

Sind die Stromstärken zu groß, so darf man Stromtransformatoren verwenden, muß aber auf geringe Streuung und Sättigung dieser achten[1].

Eine Besonderheit bilden bei den Gleichrichtermessungen Fälle, in denen man auch die Wechselstromkomponente einer Strom- oder Spannungskurve (meist der letzteren) für sich bestimmen will. Man kann zu diesem Zwecke ein Voltmeter mit einem Kondensator in Reihe schalten und aus der Angabe P_v des Voltmeters, dessen Widerstand w_v und der Kapazität C des Kondensators die Wechselstromkomponente P_w allein errechnen, da der Kondensator die Gleichstromkomponente sperrt.

Die Formel lautet:

$$P_w = P_v \cdot \sqrt{1 + \left(\frac{1}{\omega \cdot C \cdot w_v}\right)^2}.$$

Man bedient sich dieser Meßmethode neben dem Oszillographen häufig bei der Nachprüfung von Fernsprechstörungen, um sich schneller, als es mit dem Oszillographen möglich ist, einen raschen Überblick über die vorkommenden Werte zu verschaffen.

9. Leistungsmessungen. Die Leistungsmessungen werden meistens zum Zwecke der Wirkungsgradbestimmung vorgenommen und sollen daher hier mit der Verlustmessung zusammen erörtert werden. Auch hier ist wieder darauf zu verweisen, daß es allgemein gültige Bestimmungen wie für Maschinen für Gleichrichter noch nicht gibt. Man kann sich aber ähnlich wie bei den Maschinen einer direkten Methode — Messung der zugeführten und der abgeführten Leistung — und einer indirekten Methode — Messung der Einzelverluste — bedienen. In beiden Fällen pflegt man den Wirkungsgrad auf die Gruppe: Gleichrichter plus Transformator zu beziehen, da der Gleichrichter ja ohne den Transformator nicht arbeiten kann. Hinsichtlich der Berücksichtigung der Hilfsapparate geht man bei den Eisen- und Glasgleichrichteranlagen verschieden vor: Bei den ersten pflegt man den Verbrauch aller Hilfsapparate für sich zu bestimmen, da sie in ihrer Bedeutung gegenüber dem Großgleichrichter zurücktreten, bei den letzten pflegt man sie in den Wirkungsgrad mit einzuschließen, da sie hier meistens für die Gesamtanlage mehr ausmachen. Der Wirkungsgrad des Gleichrichtergefäßes für sich allein wird für praktische Zwecke selten bestimmt und meist nur in den Fabrikprüffeldern gemessen, da seine Messung besondere Einrichtungen erfordert.

a) Direkter Wirkungsgrad. Die direkte Methode ist einfach und schließt sich an die bekannten Methoden eng an: Man mißt die dem Transformator primär zugeführte Leistung durch zwei dynamometrische Wattmeter in der bei Mehrphasenstrom bekannten Weise. Man sollte der Sicherheit halber immer die Zweiwattmetermethode verwenden, da infolge des Lichtbogens die Belastung der Phasen nie absolut symmetrisch ist, wenn auch die Abweichungen nur gering sind. Stehen keine Wattmeter zur Verfügung, so können auch Zähler benutzt werden, aber nur um ein angenähertes Ergebnis zu erhalten (siehe hinten). Weiter mißt man die abgegebene Leistung gleichstromseitig, und zwar meist durch das Produkt der arithmetischen Mittelwerte des Gleichstromes und der Gleichspannung. Von der Phasenzahl 6 an ergibt diese Messung keinen Unterschied mehr gegenüber der Messung mit einem Wattmeter oder gegenüber dem Produkt aus den Effektivwerten des Gleichstromes und der Gleichspannung. Bei der Phasenzahl 3 am

[1] Vgl. Siemens-Z. 1926 Heft 8 S. 380.

Gleichrichter ist der Unterschied noch meßbar, bei der Phasenzahl 2 sehr merklich. In diesen beiden letzten Fällen muß man sich daher überlegen, was man mit der Wirkungsgradmessung erzielen will. In der Regel verwertet man das Produkt der arithmetischen Mittelwerte auch hier und bucht damit die Leistung der in den Strom- und Spannungskurven enthaltenen Oberwellen als Verluste. Das ist immer berechtigt, wenn man mit dem Gleichrichter auf Gleichstrommaschinen oder Batterien, aber nicht richtig, wenn man auf Wärme erzeugende Apparate (Lampen, Heizkörper) arbeitet. — Benutzt man gleichstromseitig dynamometrische Meßinstrumente, so denke man an die mögliche Beeinflussung durch fremde konstante Magnetfelder (Erdfeld, Felder aus den Drosselspulen der Gleichrichteranlage, Felder von den gleichstromseitigen Starkstromkabeln). Über die Anwendung der direkten Methode auf das Gleichrichtergefäß allein siehe nächsten Abschnitt.

b) Indirekter Wirkungsgrad. Bei der indirekten Methode zur Bestimmung des Wirkungsgrades bedient man sich der Messung der Einzelverluste. Hierbei macht die Berücksichtigung der Kurvenformen im Gleichrichterbetrieb kleine Schwierigkeiten und bringt Ungenauigkeiten in die Messung.

10. Verlustmessungen. Die Einzelverluste im Transformator werden wie gewöhnlich (siehe Kap. IX 3 und 4 über Transformatormessungen) bestimmt. Sowohl bei den Eisenverlusten wie bei den Kupferverlusten hat man aber die Besonderheiten des Gleichrichterbetriebs zu beachten. Eine brauchbare Methode, dies bei den Eisenverlusten in einfacher Weise zu tun, hat man bis jetzt noch nicht, man hat aber durch sorgfältige Messung des Transformatorwirkungsgrades nach der direkten Methode festgestellt, daß die zusätzlichen Eisenverluste den Wirkungsgrad des Transformators allein um etwa 0,5% vermindern. Die Kupferverluste rechnet man mit Hilfe der vorn erwähnten gemessenen Rechnungsfaktoren für den Strom um. Hierbei ist vor allem zu beachten, daß im Gleichrichterbetrieb die Sekundärwicklung ganz anders belastet ist als bei dem mehrphasigen Kurzschluß, den man zur Ermittlung der Kupferverluste ausführt. Da die Verhältnisse im einzelnen von der Phasenzahl und Schaltung abhängen und es da eine ganze Reihe von Kombinationen gibt, so muß hier auf die oben erwähnten Arbeiten hingewiesen werden.

Für die wichtige Messung der Verluste im Gleichrichtergefäß selbst stehen vier Verfahren zur Verfügung, die in der Reihenfolge ihrer Einfachheit genannt seien:

Die Bestimmung durch eine besondere Gleichstrommessung,
die Bestimmung aus der Kühlwassererwärmung (nur bei Großgleichrichtern),
die Bestimmung durch eine direkte Wattmetermessung,
die Bestimmung durch eine Leistungsdifferenzmessung.

Bei der Bestimmung der Verluste durch eine besondere Gleichstrommessung schickt man den Nennstrom in Form von Gleichstrom so durch das Gefäß, daß sich die Anoden gleichmäßig in den Strom teilen. Man braucht dazu eine Gleichstromquelle niederer Spannung, also eine Niedervolt-Gleichstrommaschine oder einen anderen Gleichrichter, den man mit niederer Wechselstromspannung wie beim Entgasen (Formieren) speist. — Man mißt diesen Strom sowie die Spannung zwischen den Anoden und der Kathode. Man braucht ferner soviel gleiche Widerstände als Anoden da sind, damit sich der Gesamtstrom gleichmäßig auf die Anoden verteilt. Das Produkt aus den beiden gemessenen Werten ist der Verlust im Gleichrichtergefäß. Die Messung setzt voraus, daß der Spannungsabfall im Gefäß, insbesondere in den Anodenarmen oder Anodenrohren, wenig von der Stromstärke abhängt, eine Bedingung, die beim Gleichrichter, wenn er nicht zu stark belastet ist, zutrifft. Man kann sie dadurch prüfen, daß man den gleichen Strom außer auf alle auch noch auf nur die Hälfte der Anoden verteilt[1]. Bei starker Belastung der Gefäße ändert sich der Verlust mit der Stromstärke zu sehr und es ist dann die dritte Methode zur Kontrolle mit zu empfehlen. Zu beachten ist, daß der Verlust sehr stark von der Temperatur, also der Kühlung des Gleichrichters, abhängt.

Die Messung der Verluste im Großgleichrichtergefäß mit Hilfe der Menge und der Erwärmung des Kühlwassers erscheint auf den ersten Blick wenig zweckmäßig zu sein, ist aber nicht schlecht. Die Wassermenge mißt man am besten mit Hilfe des „Venturirohres", einer Düse, durch die das Wasser strömen muß und die durch ihre Druckdifferenz, die gemessen wird, die durchströmende Wassermenge anzeigt[2]. Es hat gegenüber anderen Wassermengenmeßverfahren den Vorteil, daß die sekundliche Wassermenge in jedem Moment ablesbar ist, so daß man Veränderungen sofort bemerkt. Die Temperaturzunahmen der Wassermengen im Gleichrichter sind nicht hoch. Sie liegen zwischen 5^0 und 45^0 C bei seinen einzelnen Teilen. Man muß diese Temperaturen daher mit Thermometern messen, an denen man zehntel Grade ablesen kann. Ist die sekundliche Wassermenge Q in l/s, ihre Erwärmung t^0 C, so entspricht dies einer durch das Wasser abgeführten Leistung von $W = Q \cdot t \cdot 4150$ W. Man hat als den Hauptungenauigkeitsfaktor dieser Messung die außerdem noch durch die Gleichrichterwände oder andere Stellen desselben durch die Luft abgeführte Wärme anzusehen. Diese Wärme muß man daher näherungsweise berechnen und zu der Wassermengenwärme dazuschlagen. Man berechnet solche abgeführten Leistungen nach der Formel

$$W = F \cdot t \cdot \mu \cdot f \text{ Watt},$$

worin

F die wärmeabführende Oberfläche in m^2, geometrisch ausgerechnet,
t die Übertemperatur (Erwärmung) dieser Fläche in ^{0} C,
μ den Wärmeabführungsfaktor in Watt/m^2 ^{0}C,
f den Flächenausnutzungsfaktor

bedeuten. μ hat für ruhende bzw. sich selbst in Bewegung setzende Luft den Wert 15, für bewegte Luft je nach deren Bewegung Werte von 16 bis 70 W/$m^2 \cdot {}^0$C. f hat für glatte Flächen den Wert 1,0, für gefaltete Flächen (Rippenkühlkörper) den Wert 0,7. Im allgemeinen sind die durch die Luft abgeführten Wärmemengen bei Großgleichrichtern klein gegenüber den durch Wasser abgeführten.

Die Messung der Verluste durch eine direkte Wattmetermessung ist ebenfalls möglich[3]. Die Stromspule des Wattmeters wird dazu in den Stromkreis der Anode gelegt (man benutze gegebenenfalls mehrere Wattmeter, um die Genauigkeit zu erhöhen), die Spannungsspule an den Lichtbogen, d. h. zwischen Anode und Kathode. Grundsätzlich erfaßt man mit dieser Messung die wahren Verhältnisse einschließlich aller Schwankungen der Stromstärke und der Spannung am Lichtbogen. Diese Messung bildet daher eine wertvolle Ergänzung zu den beiden vorgenannten. Diese Vorzüge werden aber etwas herabgemindert dadurch, daß in der Sperrzeit die hohe Spannung zwischen Anode und Kathode auftritt, daß daher die Spannungsspule einen großen Vorschaltwiderstand bekommen muß und damit der Ausschlag des Wattmeters klein, die Messung also wieder weniger genau wird. Man kann sich mit überlastbaren Wattmetern helfen, wie es sie für die Bestimmung von Eisen- oder dielektrischen Verlusten gibt. Das Verfahren ist daher bei Gleichrichtern für niedere Gleichspannungen besser

---

[1] Güntherschulze: Arch. Elektrotechn. Bd. 1 (1913) S. 491.
[2] Näheres in Siemens-Z. 1928 S. 553. [3] Epstein: Elektrotechn. Z. Bd. 39 (1913) S. 1415.

brauchbar als für solche mit hoher Gleichspannung und man kann es daher auch in der Weise verwenden, daß man den Gleichrichter auf eine niedrige Spannung laufen läßt (Entgasungsbetrieb wegen zu starker Veränderung der Stromform ausgeschlossen). Umständlicher ist es bei vielen Anoden, weil man dann der Genauigkeit wegen mehrere Wattmeter nehmen muß.

Bei der Bestimmung der Verluste durch eine Leistungsdifferenzmessung mißt man die vom Transformator an das Gefäß abgegebene Leistung in den Anodenkreisen und zieht davon die gleichstromseitig vom Gefäß abgegebene Leistung ab. Diese Messung ist als Differenzmessung auch ungenau und erfordert eine größere Anzahl von Wattmetern, da man auch hier des Lichtbogens wegen nicht die Annahme machen darf, daß alle Phasen genau gleichmäßig arbeiten. Man bedient sich daher oft lieber der Messung der zugeführten Leistung auf der Primärseite des Transformators und berücksichtigt dessen Verluste, wie oben angegeben.

Diesen praktischen Messungen reiht sich ferner als Laboratoriumsmessung noch die Messung des Spannungsabfalles mittels des Oszillographen an. Dieses Verfahren leidet auch unter der Schwierigkeit, daß wegen der hohen Spannung in der Sperrzeit ein großer Vorschaltwiderstand vor der Meßschleife des Oszillographen nötig ist. Man kann diese Schwierigkeit durch synchron laufende Kontaktapparate oder durch Kunstschaltungen mit anderen Gleichrichtern umgehen. Das erhaltene Ergebnis erfordert schließlich noch eine Auswertung, indem man aus den Augenblickswerten des Stroms und der Spannung die Augenblicksprodukte bilden und deren Kurve planimetrieren muß. Das Verfahren ist deswegen hier erwähnt, weil es im Laufe der Zeit eine Ausbildung dahin erhalten hat, daß man damit nicht bloß den Spannungsabfall während des Stromdurchganges, sondern auch den Stromdurchgang während der Sperrzeit messen kann. Dieser als „Rückstrom“ bezeichnete Strom ist sehr klein, Größenordnung Milliampere, hat aber eine Bedeutung erlangt zur Beurteilung der Rückzündungssicherheit einer gegebenen Anodenanordnung. Auf Einzelheiten einzugehen ist hier nicht der Platz, es sei auf das erwähnte Buch von Prince und Vodges[1] verwiesen, wo eine Schaltung mittels Hilfsgleichrichter beschrieben ist[2].

11. Zähler in Gleichrichteranlagen. Wegen der besonderen Kurvenformen im Gleichrichterbetriebe hat man Zweifel in die Richtigkeit der Angaben von Zählern gesetzt und darüber eine Reihe von Untersuchungen angestellt. Es hat sich gezeigt, daß bei den üblichsten Gleichrichtern mit 3 und 6 Phasen die Fehler unter 1% liegen, wenn man die Zähler im Primärkreis des Gleichrichtertransformators und im Gleichstromkreis wie sonst üblich benutzt. Diese Fehlermöglichkeit ist für die gewöhnliche Benutzung der Zähler also unerheblich; sie ist höchstens zu beachten, wenn man wie vorn erwähnt, Zähler mangels Wattmetern zur Wirkungsgradbestimmung benutzen wollte. Die Verwendung von Zählern in den Anodenkreisen ist nicht anzuraten. Sie ist grundsätzlich möglich, es ist aber Vorsicht wegen Streuung, Sättigung der Transformatoren und wegen Beeinflussung durch die Kurvenformen geboten. Bei Einphasengleichrichterbetrieben ist allerdings der Zählerfehler größer, nach Versuchen der Siemens-Schuckert-Werke beträgt er 3 bis 5% gegenüber einer Verwendung desselben Zählers auf eine normale Einphasenwechselstrombelastung, und zwar gibt der Zähler im Gleichrichterbetrieb mehr Arbeit an als im normalen Einphasenwechselstrombetrieb. Unterschiede merklicher Art an Zählern bei Gleichrichterbetrieb auf Widerstände, Maschinen mit Gegen-EMK oder

---

[1] Ausgabe 1927 S. 67 (Fig. 31).
[2] Siehe auch Güntherschulze: Elektrotechn. Z. Bd. 31 (1910) S. 28.

Batterien konnten trotz der dabei vorhandenen Kurvenformverschiedenheiten nicht festgestellt werden, auch in dem erwähnten Versuch mit Einphasengleichrichtung lag der Unterschied noch unter 1%.

12. Leistungsfaktor in Gleichrichteranlagen. Die Messung des Leistungsfaktors wird in Gleichrichteranlagen genau so vorgenommen wie sonst. Das Ergebnis ist aber anders zu bewerten. Ein Teil des Leistungsfaktors entsteht nämlich nur durch die eigenartigen Kurvenformen des Gleichrichterbetriebes und bedeutet aus diesem Grunde keine Blindleistung. Für diesen Teil kann man daher auch den Begriff der Phasenverschiebung, den man sonst mit dem Leistungsfaktor verbindet, nicht benutzen. Man hat daher für diesen Teil den Namen: Verzerrungsfaktor gebraucht. Der andere Teil des Leistungsfaktors entsteht durch den Blindleistungsbedarf der Bestandteile der Gleichrichteranlage (nicht des Gleichrichtergefäßes) wie Transformator, Drosselspulen u. dgl. Nur diesem Teile kann daher eine Phasenverschiebung zugeordnet werden. Meßmethoden zur einfachen Trennung der beiden Teile gibt es noch nicht; man muß sich des Oszillographen und der Zerlegung der aufgenommenen Kurven in ihre Harmonischen bedienen, wenn es einmal darauf ankommen sollte, beide Teile getrennt zu besitzen. Das könnte z. B. bei Blindleistungs-Tariffragen der Fall sein[1]. Im allgemeinen wird es nicht oft notwendig werden, derartige Messungen auszuführen, weil die Leistungsfaktoren der Gleichrichteranlagen ohnehin nicht schlecht sind. Gleichrichter mit dreiphasiger Gefäßspeisung pflegen Beträge von 0,89 bis 0,9, solche mit sechsphasiger Gefäßspeisung Beträge von 0,93 bis 0,96 aufzuweisen.

[1] Über die Ergebnisse solcher Messungen siehe Schenkel: Elektrotechn. Z. Bd. 46 (1925) S. 1369.

Allgemeine Literatur.

Für einen kurzen Überblick siehe Schenkel: Elektrotechnik Teil II S. 206. Leipzig: J. J. Weber, mit theoretischer Ergänzung nach Teil I S. 204; ferner Güntherschulze: Elektrische Gleichrichter und Ventile 2. Aufl. Berlin: Julius Springer 1929; für tieferes Eindringen K. E. Müller: Quecksilberdampfgleichrichter I und II. Berlin: Julius Springer 1925/1929. Prince u. Vodges: Principles of mercury arc rectifiers and their cir cuits. New York: Mc Graw-Hill Book Co. 1927. Jolley: Alternating current Rectification. London: Chapmann & Hall 1926.

Spezialwerke: Goetz, Alexander: Physik und Technik des Hochvakuums. Braunschweig: F. Vieweg & Sohn. Dushman, S.: Die Grundlagen der Hochvakuumtechnik. Berlin: Julius Springer 1926.

Namen- und Sachverzeichnis.

***Messungen an elektrischen Maschinen.** Apparate, Instrumente, Methoden, Schaltungen. Von Dipl.-Ing. **Georg Jahn**, Oberingenieur. Fünfte, gänzlich umgearbeitete Auflage des von **R. Krause** begründeten gleichnamigen Buches. Mit 407 Abbildungen im Text und auf 1 Tafel. VII, 394 Seiten. 1925. Gebunden RM 21.—

Elektrische Maschinen. Von Professor Dr.-Ing. **Rudolf Richter**, Karlsruhe.

*Erster Band: **Allgemeine Berechnungselemente. Die Gleichstrommaschinen.** Mit 453 Textabbildungen. X, 630 Seiten. 1924. Gebunden RM 32.—

*Zweiter Band: **Synchronmaschinen und Einankerumformer.** Mit Beiträgen von Professor Dr.-Ing. Robert Brüderlink, Karlsruhe. Mit 519 Textabbildungen. XIV, 707 Seiten. 1930. Gebunden RM 39.—

Dritter Band: **Die Transformatoren.** Mit 230 Textabbildungen. VIII, 321 Seiten. 1932. Gebunden RM 19.50

Krankheiten elektrischer Maschinen, Transformatoren und Apparate. Ursachen und Folgen, Behebung und Verhütung. Bearbeitet und herausgegeben von **Robert Spieser**, Professor, Dipl.-Ing., Technikum Winterthur. Mit 218 Abbildungen im Text. XII, 357 Seiten. 1932. Gebunden RM 23.50

***Kommutatorkaskaden und Phasenschieber.** Die Theorie der Kaskadenschaltungen von Drehstromasynchronmaschinen mit Drehstromkommutatormaschinen zur Regelung des Leistungsfaktors, der Drehzahl und der Leistungscharakteristik. Von Dr.-Ing. **Ludwig Dreyfus**, Västerås, Schweden. Mit 115 Textabbildungen. IX, 209 Seiten. 1931. RM 26.—; gebunden RM 27.50

***Die asynchronen Drehstrommaschinen** mit und ohne Stromwender. Darstellung ihrer Wirkungsweise und Verwendungsmöglichkeiten. Von Dipl.-Ing. **Franz Sallinger**, Professor an der Staatlichen Höheren Maschinenbauschule Eßlingen. Mit 159 Textabbildungen. VI, 197 Seiten. 1928. RM 8.—; gebunden RM 9.20

***Der Quecksilberdampf-Gleichrichter.** Von **Kurt E. Müller-Lübeck**, Ingenieur der AEG-Apparatefabriken, Treptow.

Erster Band: **Theoretische Grundlagen.** Mit 49 Textabbildungen und 4 Zahlentafeln. IX, 217 Seiten. 1925. Gebunden RM 15.—

Zweiter Band: **Konstruktive Grundlagen.** Mit 340 Textabbildungen und 4 Tafeln. VI, 350 Seiten. 1929. Gebunden RM 42.—

***Elektrische Gleichrichter und Ventile.** Von Professor Dr.-Ing. **A. Güntherschulze.** Zweite, erweiterte und verbesserte Auflage. Mit 305 Textabbildungen. IV, 330 Seiten. 1929. Gebunden RM 29.—

***Hilfsbuch für die Elektrotechnik.** Bearbeitet und herausgegeben von Dr. **Karl Strecker.** Zehnte, umgearbeitete Auflage.

Starkstromausgabe. Mit 560 Abbildungen. XII, 739 Seiten. 1925. Gebunden RM 20.—

* *Auf die Preise der vor dem 1. Juli 1931 erschienenen Bücher wird ein Notnachlaß von 10% gewährt.*